Qu'est-ce que l'Univers ?

Université de tous les savoirs

sous la direction
d'Yves Michaud

Qu'est-ce que l'Univers ?

volume 4

EDITIONS
ODILE JACOB

L'équipe de l'Université de tous les savoirs est composée de : Yves Michaud (conception et organisation), Gabriel Leroux (assistant à la conception et à l'organisation), Juliette Roussel (rédaction et suivi éditorial), Sébastien Gokalp (programmation et suivi éditorial), Agnès de Warenghien (communication et production audiovisuelle), Julie Navarro (gestion), Karim Badri Nasseri (logistique), Catherine Lawless (communication et études de la mission 2000 en France).

Ont participé à cet ouvrage pour l'établissement des textes et leur relecture : Pierre Borgnat (Doctorant en physique à l'École normale supérieure de Lyon), Sébastien Charnoz (Doctorant en astrophysique à l'université Paris-VII), Sébastien Couvidat (Doctorant en astrophysique au CEA-Saclay), Jean-Christophe Dubacq (Docteur en informatique, enseignant à l'université de Caen), Yvan Girard (Doctorant en chimie à l'université Paris-VI), Vincent Rossetto (Doctorant en physique théorique à l'ESPCI).

15, RUE SOUFFLOT, 75005 PARIS

www.odilejacob.fr

ISBN 2-7381-0917-9

Introduction

Les 74 leçons de l'Université de tous les savoirs réunies dans ce volume sous le titre de « Qu'est-ce que l'Univers ? » traitent exclusivement des sciences exactes — mathématiques, astrophysique, physique du globe, physique et chimie. Il serait prétentieux de vouloir tirer en quelques pages les enseignements de cet ensemble de contributions dues aux plus prestigieux de nos scientifiques. Les philosophes des sciences et spécialistes d'épistémologie auront l'occasion de le faire quand ils auront pris connaissance de ces textes qui nous mettent en contact avec la connaissance en train de s'élaborer et à la pointe de ses recherches. Quelques remarques seront quand même utiles pour appréhender le plan de cet ouvrage et ses orientations.

Logique du parcours

Comme on le remarquera aussitôt, puisque littéralement cela saute aux yeux, manquent à cet ensemble les sciences de la vie. Il est donc bien question de l'Univers mais d'un univers sans vie. On pourra évidemment toujours argumenter subtilement qu'il est peu probable qu'il y ait de la vie dans l'Univers en dehors de notre planète mais ce serait une défense aussi peu honnête que peu convaincante. En fait, il n'est pas question ici de la vie pour la simple raison que le sujet a été traité dès les premières leçons de l'Université de tous les savoirs et que les conférences concernant la vie et le vivant ont été publiées dans le volume 1 *Qu'est-ce que la vie ?* et le volume 2 *Qu'est-ce que l'humain ?*.

Si les sciences de la vie avaient été examinées conformément à l'ordre classique des connaissances, elles auraient trouvé leur place dans la section consacrée à la chimie sous la forme d'un module thématique entièrement consacré à la chimie de la vie (biochimie). Comme je m'en suis expliqué dans les introductions des volumes 1 et 2, j'ai renoncé à suivre cet ordre qui n'aurait pas tenu compte du dynamisme exceptionnel des sciences de la vie aujourd'hui non plus que de leur importance sociale, économique, humaine et tout autant existentielle compte tenu de leur nouvelle et exceptionnelle puissance. D'une manière assez comparable, ce qui concerne l'informatique et la science de la communication a aussi été envisagé à part, mais cette fois dans la série des leçons consacrées aux techniques. De même encore, la connaissance des matériaux, qui aurait fort bien pu figurer dans le prolongement de la physique et de la chimie, a été renvoyée à ce même ensemble de leçons sur les techniques et les sciences appliquées. Toutes ces conférences paraîtront donc dans le volume 5 *Qu'est-ce que la technique ?*.

Ce traitement à part des sciences de la vie et le renvoi d'un certain nombre de sujets tout à fait importants concernant les matériaux, l'informatique et la communication à la rubrique des techniques appellent une première réflexion. On pourra évidemment critiquer ces choix en les mettant au compte de l'imperfection de l'ordre retenu. Tout ordre a ses défauts de même que toute « classification des sciences » peut faire l'objet de critiques plus ou moins profondes. Pour ma part, j'ai surtout voulu rendre manifeste à travers ces options la double détermination qui pèse aujourd'hui sur la connaissance et la recherche scientifique : la détermination à partir des enjeux sociaux et le poids des facteurs techniques.

Au XVIIe siècle, dans un texte du chapitre 10 du *Léviathan*, Hobbes passant en revue les pouvoirs pouvait encore estimer que les sciences ne constituent pas un bien grand pouvoir parce qu'elles ne sont ni assez répandues ni assez reconnaissables : il n'y a, selon lui, pas assez d'hommes assez savants pour savoir reconnaître la science et la distinguer des diverses sortes de fausse science (on pense, bien sûr, à la magie et à la sorcellerie toujours répandues à l'époque). Hobbes admettait tout juste l'importance et l'efficacité de quelques connaissances appliquées comme l'art des fortifications et des machines de guerre. Certes notre philosophe n'était pas en ces questions le meilleur expert de son temps (sa conception des sciences reste plus médiévale qu'elle n'est moderne), mais son avis témoigne du statut encore incertain, isolé et pourquoi ne pas dire marginal de la science à son époque, un statut qui ne commencera vraiment à changer qu'avec la création de la *Royal Society* dans les années 1670. Pour nous, les choses se présentent évidemment sous un autre jour. Non seulement les besoins sociaux (ou ce que nous nous imaginons, chacun de notre côté et avec notre compétence très variable, qu'ils doivent être) commandent en partie les orientations de la recherche à travers les politiques scientifiques et leur financement, mais les applications techniques représentent bien plus que des applications envahissant notre vie quotidienne puisqu'elles entraînent le plus souvent la recherche aussi bien en termes d'application que d'effets en retour sur les connaissances fondamentales. C'est pour rendre manifeste cette double détermination que j'ai estimé approprié de traiter des sciences de la vie à part et en ouverture de l'Université de tous les savoirs et aussi de consacrer aux techniques une section particulière, alors que certaines relèvent à l'évidence de la recherche fondamentale, comme le montrent la conférence de Pierre-Gilles de Gennes sur les matériaux biomimétiques et celle d'Olivier Stern sur la cryptographie informatique. Bien sûr, d'autres stratégies auraient été envisageables pour arriver au même résultat, par exemple, en mêlant leçons fondamentales et leçons techniques ou technologiques, de manière à faire apparaître dans chaque domaine cette intrication. En un certain sens, c'est bien ce que j'ai aussi essayé de faire dans le cas de l'astrophysique lorsqu'il est question, au milieu des considérations théoriques et abstraites, des moyens d'observation, ou encore lorsqu'à propos de la physique des particules il est traité des programmes de recherche et des grands équipements, mais ces suggestions ne sont pas forcément assez claires. Aller plus loin aurait cependant rendu inutilement confus le parcours des sciences et surtout l'aurait distendu à l'excès, avec le risque de lasser l'attention et donc de manquer, pour d'autres raisons, l'objectif recherché.

En fait, plus que jamais la demande sociale telle qu'elle se manifeste à travers les politiques de la science et les choix budgétaires marque, façonne et oriente la recherche. Plus que jamais aussi les applications techniques sont au cœur de la recherche, soit sous la forme de retombées industrielles soit sous la forme d'un renforcement des appareillages et moyens d'expérimentation. On constate de manière exemplaire cette double pression en ce moment avec le développement de la « génomique » et la compétition économique et technique qu'elle a déclenchée : non seulement les enjeux de société et les perspectives de l'industrie de la santé y jouent un rôle décisif mais il ne faut pas oublier la part qu'y prennent les robots d'analyse des fragments d'ADN. Il en va de même avec les programmes de grands équipements ou les options en matière d'exploration spatiale. Tous ces programmes lourds engagent non seulement des choix scientifiques mais aussi des intérêts sociaux et nécessitent des arbitrages entre disciplines scientifiques, quand ne s'y ajoutent pas des incidences d'emploi et de retombées économiques locales. En retour, les observations et les résultats ainsi rendus possibles contribuent de manière décisive à l'avancement de telle branche ou tel secteur du savoir plutôt que de tel autre.

Ces grandes tendances soulignées, il faut aussitôt introduire des nuances

On doit en effet compter avec ce facteur essentiel que constitue l'inertie des systèmes de recherche et d'enseignement. Les sciences se développent au sein de systèmes sociaux qui sont aussi bien ceux de l'enseignement que de la recherche, systèmes qui sont publics mais pas toujours ou pas uniquement, pour peu que l'on considère l'ensemble des pays et pas seulement la France. Ces systèmes reproduisent, transmettent et accroissent les connaissances et préparent la relève des générations de chercheurs. Ils mettent en jeu bien autre chose que des ressources humaines : des équipements et même de très grands équipements (télescopes, accélérateurs, sites d'observation et d'expérience) ainsi que des programmes de financement et de recrutement à long terme lourds et coûteux — par exemple les programmes d'exploration spatiale. Autant dire que les politiques scientifiques ne peuvent peser sur les orientations qu'autant que l'inertie de ces systèmes d'enseignement et de recherche le permet. C'est, on s'en doute, un obstacle à la fameuse flexibilité si prisée de nos sociétés « hyper-modernes » — mais pas forcément un mal. Les inerties institutionnelles, si dommageables à certains égards, ont en effet par ailleurs le mérite d'écrêter les effets de changement trop rapide et d'éviter les réponses sismographiques (on parle aujourd'hui plutôt « d'urgence ») à une demande sociale parfois à très courte vue. Elles viennent ainsi involontairement au secours de l'indispensable ouverture de principe de la recherche scientifique à l'imprévu et à l'activité non immédiatement productive, qui est vitale pour la recherche fondamentale. Qui eut dit dans les années 1960 que l'effet laser aurait non seulement les applications techniques qu'il a reçues depuis mais l'importance qu'il a pris au cœur même de la recherche fondamentale ? On pourrait en dire autant de la superfluidité, de la supraconductivité, ou de l'effet tunnel quantique.

Une autre nuance concerne cette fois la vision que l'on se fait de la science — et ceci devrait conduire à tempérer notre sentiment de nouveauté.

La représentation courante, on pourrait presque dire la mythologie, de la science tend à faire du savant un découvreur utilisant de manière presque exclusive son intelligence et son génie pour faire ses découvertes. Ce n'est pas entièrement faux. Le fait est que toute découverte consiste au bout du compte dans une production ou création conceptuelle, voire, dans le cas des très grandes découvertes, dans la création d'un corps de concepts qui modifient du tout au tout le paradigme de la connaissance jusqu'ici en vigueur. Les historiens des sciences n'ont donc pas tort de mettre avant tout l'accent sur l'économie des changements conceptuels dans les sciences. Le prix à acquitter pour cela est cependant que l'on tend à ne pas voir, ou à voir insuffisamment, l'environnement technique et matériel du travail, l'appareillage de la découverte, y compris lorsque, comme le soulignait Gaston Bachelard, les concepts se matérialisent dans des machines, des instruments, voire des sites impressionnants d'observation et d'expérimentation. Cet appareillage, comme la visite de n'importe quel musée de la science le montre à l'évidence, est toujours hautement complexe, coûteux et, surtout, exceptionnel, inhabituel et ingénieux pour son temps — il est à la pointe de l'ingéniosité technique. Les opérations de refroidissement des atomes par laser, le microscope à effet tunnel, les accélérateurs pour la recherche sur les particules sont à la fois à la pointe de la recherche technique et de l'inventivité la plus ingénieuse — et ils coûtent très cher —, pour ne rien dire des missions d'exploration spatiale. La recherche scientifique du XXe siècle rend encore plus sensible l'importance de cet environnement technologique. Beaucoup de conférenciers de l'Université de tous les savoirs ont cherché à faire percevoir cette importance de la technique et des montages expérimentaux. Au niveau de l'enchaînement des leçons, j'ai essayé aussi de la suggérer en programmant quelques conférences plus « technologiques » au sein du cycle, mais il aurait fallu faire encore plus et mieux et, de toute manière, rien ne remplacera la visite directe de certains laboratoires ou sites de recherche. S'il y a donc un manque dans cette série pourtant très longue, c'est une illustration convenable de cette base technologique de l'activité scientifique, une sorte de « leçon de choses » sur le monde des appareils et des laboratoires.

Il faut ajouter une réflexion d'un autre ordre : elle concerne l'interprétation souvent faite de la rationalité technique. Il est devenu courant, notamment dans le prolongement et la diffusion vulgarisée de la philosophie de Habermas, de rabattre la science sur un « intérêt à la manipulation instrumentale » qui serait directement d'essence technique. Cette projection simpliste de la technique sur la science ne sert malheureusement ni la science ni la technique. Elle dispense de s'intéresser précisément à la nature de la technique contemporaine, pour laquelle d'ailleurs le terme de technologie, tel qu'il est couramment diffusé avec ce qu'il véhicule de sophistication, d'automatisation et de référence à l'informatique, convient mieux. Il est regrettable qu'on continue bien souvent chez les philosophes et les épistémologues à appréhender la technique en termes de machines du XIXe siècle et de manipulation mécanique. Dans le même temps, la caractérisation de la science comme « instrumentale » fait d'elle un bloc monolithique, la simplifie outrageusement et masque sa diversité ainsi que sa recherche aussi bien de l'application technique que de la connaissance fondamentale la plus théorique au sens de la contemplation grecque. La vérité est qu'on serait bien en mal de caractériser aujourd'hui univoquement la science et ses intérêts — c'est précisément une des leçons de ces leçons que de nous faire voir cette pluralité d'orientations et leur coexistence.

Quels sont maintenant les points saillants de cet ensemble de contributions ?

LE CARACTÈRE COLLECTIF ET CONCURRENTIEL DE LA RECHERCHE

À travers les retours en arrière et coups d'œil sur l'évolution récente du sujet par lesquels s'ouvrent beaucoup des leçons, on perçoit très clairement le caractère collectif de la science. La recherche scientifique, que ce soit en physique, en astrophysique ou en mathématiques, est le fait d'une communauté internationale. Ce n'est pas une nouveauté : il y a toujours eu une communauté nationale puis internationale de la science mais cette communauté est désormais pour nous mondiale et elle fonctionne avec une productivité de nature industrielle.

Cette communauté est une communauté de coopération mais aussi de concurrence. La coopération se traduit par les programmes internationaux de recherche, d'équipement et d'exploration, par le système international de publication et de validation des publications, par les échanges et missions des scientifiques, les congrès internationaux, les bourses de mobilité données aux jeunes chercheurs et, il faut bien le reconnaître, par les mouvements migratoires des populations scientifiques, qui compensent ou corrigent les variations (crises ou surplus) des recrutement locaux. Même si cela ne justifie pas une théorie sociologique de la vérité, les théoriciens d'une approche sociale de la connaissance trouvent là en partie la justification de leur point de vue.

Cette coopération, bien qu'elle soit à beaucoup d'égards très solidaire, n'est nullement pacifique : les équipes sont en concurrence féroce et impitoyable pour les moyens et les ressources, pour attirer les chercheurs, pour faire reconnaître les premières leurs avancées. Il en résulte une forte accélération de la recherche, une inflation des publications et des résultats, une mondialisation de l'activité et de la circulation de l'information.

LE RENOUVEAU DE LA COSMOLOGIE

Laissons de côté les considérations de sociologie de l'activité scientifique pour nous intéresser maintenant au fond.

Le « commun des mortels » s'est habitué à se représenter l'aventure humaine dans le cadre d'un système solaire aussi harmonieux et aussi bien usiné qu'une horloge. Notre représentation cosmologique est restée en gros newtonienne : les extraterrestres, s'ils venaient à se manifester ne pourraient être que des « martiens » et la vie dépend du soleil. Cette représentation s'est mise en place à travers une première révolution menant « du monde clos à l'univers infini » (Alexandre Koyré). Le XXe siècle a vu se produire une deuxième révolution du même ordre mais sans commune mesure lorsque ce cadre a explosé au profit d'une conception d'un univers en expansion dans l'espace-temps de la relativité générale et dont l'ordre de grandeur n'a plus rien à voir avec ce que nous croyions pouvoir imaginer. Non seulement ce modèle de l'univers dessiné par Einstein s'est compliqué et enrichi à partir des années 1920 pour finalement s'imposer théoriquement, mais il s'est aussi « concrétisé » en ce sens qu'il a, pour ainsi dire, pris chair et substance durant la deuxième moitié du XXe siècle, en particulier avec le développement des techniques radio-astronomiques, grâce aux missions spatiales d'exploration et à la mise sur orbite de moyens d'observation d'une puissance jamais approchée. Ce qui était un modèle intellectuel a pris une sorte de réalité concrète, y compris quand cette réalité concrète est « en réalité » inventée à coups de modélisations informatiques. Corrélativement, les échelles spatio-temporelles de cet univers (15 milliards d'années...) et les moments du processus donnent le vertige. Par comparaison, ils rendent encore plus frappantes qu'aux temps de Pascal ou de Newton la fragilité et la ténuité de la réalité humaine. Ils confèrent aussi à la connaissance un caractère d'énigme : quelque part dans un canton de cet univers en expansion des êtres s'efforcent de produire des représentations des processus qui les emportent. Intelligibilité et inintelligibilité ici s'entremêlent d'une manière qui perturbe toutes les certitudes. Elles font aussi apparaître les interrogations philosophiques ou religieuses (je ne dis pas les réponses) comme aussi futiles que justifiées — et *vice versa*.

LES SYSTÈMES DE REPRÉSENTATION SCIENTIFIQUES ET LA REPRÉSENTATION COMMUNE

Ce que rendent manifeste aussi bien l'astrophysique relativiste que la physique et la chimie quantiques, pour ne rien dire des mathématiques, c'est le divorce (mais bien fondé et bien articulé) entre nos représentations humaines, propres à des animaux plus ou moins immergés dans le monde sensible, et celles des sciences, entre nos modes de représentation scientifiques, essentiellement mathématiques, et les images courantes que nous nous faisons du monde et des choses dans nos conduites quotidiennes. Ce divorce est bien fondé en ce sens que nous pouvons rendre compte des étapes et des ruptures qui nous conduisent d'un monde à l'autre. Il est bien articulé au sens où nous pouvons aussi situer notre univers perceptif au sein de l'éventail de nos modes de représentation. Les conférences de mathématiques, en particulier celles qui portent sur les objets géométriques, sont à cet égard exemplaires.

Cette coupure entre le monde que l'on appelle traditionnellement celui de l'intuition sensible et les mondes de la représentation scientifique n'a rien non plus d'une nouveauté exceptionnelle. On peut suivre dès la naissance de la science moderne galiléenne ou newtonienne ce processus d'abstraction et finalement de rupture de la connaissance scientifique d'avec l'intuition sensible du monde dit phénoménal. Sauf qu'il ne reste depuis longtemps plus rien d'intuitif qui pourrait laisser croire à une relation du type de celle que Kant croyait pouvoir maintenir entre perception et connaissance scientifique. Ce qui rend, soit dit au passage, encore plus difficile la tâche de la vulgarisation scientifique. Aussi bien les conférences de mathématiques que celles sur la nature de l'Univers, celles portant sur la physique ou la chimie quantique auront amplement montré que les représentations scientifiques sont absolument coupées des représentations de l'imagination, sont coextensives à des formalismes mathématiques raffinés et non intuitifs et se rattachent finalement à l'expérience à travers des dispositifs techniques qui eux-mêmes sont des produits de la construction scientifique. Il ne s'ensuit nullement pour autant que la science décrive un rêve ou tourne sur elle-même dans un univers formel : c'est plutôt que nous n'avons accès comme êtres naturels qu'à des formes, des forces et des champs qui ne constituent qu'une infime partie de la réalité appréhendée sous des conditions sensorielles extrêmement limitées. Nous ne percevons qu'une infime portion de la réalité et pour le reste devons nous aider de prothèses qui sont, pour certaines sensorielles et techniques, pour la plupart des autres intellectuelles, c'est-à-dire conceptuelles.

LES NANOTECHNOLOGIES

Si les représentations de l'Univers nous conduisent à concevoir des espaces-temps par rapport auxquels le nôtre n'est quasiment rien et des processus physiques qui nous sont intuitivement incompréhensibles, à l'autre extrême, la physique des trente dernières années nous achemine vers la saisie et l'action sur un monde qu'on aurait dit, il n'y a guère, infiniment petit, à ceci prêt que cet « infiniment petit » est désormais mesurable et quasiment manipulable — de l'ordre du nanomètre. On ne peut pas dire qu'il en aille là d'une révolution théorique : la théorie atomique et quantique était ce qu'elle était avant que l'on descende pour de bon à ces échelles. Il s'est en revanche produit un perfectionnement continu des instrumentations et des modes de calcul, des moyens d'investigation et des appareillages de contrôle et de guidage des phénomènes qui a ouvert une dimension nouvelle aux interventions humaines. C'est vrai pour la manipulation des atomes « un à un », pour la fabrication des circuits électroniques, pour la perception des surfaces et des textures, avec des conséquences qui commencent à se manifester au niveau des applications technologiques, comme on le verra dans les conférences sur les matériaux à paraître dans le volume 5 de la série. Pendant longtemps la science de la matière est restée en partie abstraite et théorique parce que les modèles d'intelligibilité restaient hautement simplificateurs (par exemple ceux de la physique statistique du XIXe siècle) et les appareillages grossiers. Avec les nanotechnologies, elle touche le champ des manipulations pratiques.

LA CONNAISSANCE DE LA COMPLEXITÉ ET CELLE DE L'USINE VIVANTE

Si les grandes découvertes théoriques du XXe siècle dans le domaine des sciences de l'Univers et de la matière ont été faites pour la plupart avant les années 1930, l'apport des années récentes pourrait être caractérisé à partir de trois points : la complexification de l'approche mathématique, l'aide informatique à la mathématisation, le perfectionnement des techniques d'instrumentation et de manipulation. Ce qui rend à son tour possible une nouvelle forme de connaissance, celle des phénomènes complexes qui échappaient jusqu'ici à la théorisation et notamment le début de la connaissance du fonctionnement de l'usine vivante. Je ne reviendrai pas ici sur les progrès exceptionnels de la chimie de la vie ni sur le déchiffrement du génome qui témoignent amplement de l'importance de la connaissance de la complexité, de l'assistance décisive qu'apportent les ordinateurs pour le traitement de ces masses de données et d'arrangements de données et des capacités surprenantes de micro-manipulation des matériaux de la vie. Il en va de même pour la physique de la matière molle, des tas et de la matière granulaire, pour la chimie des colles, pour la connaissance des mécanismes de la conduction électrique. Chaque fois, cette connaissance qui porte sur de « nouveaux objets » et des processus complexes mobilise une mathématisation inventive, des techniques d'observation inédites, des modélisations informatiques qui étaient jusque-là impraticables et dans tous les cas l'approche fait surgir un objet ou un domaine composite ou transversal par rapport aux frontières classiques de la connaissance, par exemple aux frontières de la physique de la matière et de la chimie, de la connaissance du vivant et de celle des matériaux. De plus en plus les approches se font transdisciplinaires et inventent des points de vue nouveaux dans ce déplacement même.

LA THÉORIE QUANTIQUE ET SA VÉRIFICATION

Si la théorie de la relativité a connu de nombreuses vérifications, la physique quantique dont nous fêtons en 2000 le centenaire de l'invention, qui constitue la base de toute notre connaissance physique, aura attendu beaucoup plus longtemps pour dépasser le stade des expériences de pensée et des calculs. Ce que les nombreuses conférences qui lui sont ici consacrées montrent, c'est que si son interprétation continue à faire l'objet de discussions animées (interprétation positiviste de l'école de Copenhague face aux interrogations sur la réalité des concepts quantiques et les diverses manières de réconcilier la théorie avec nos vues de la nature), l'activité des physiciens se développe désormais aussi au plan des expériences et des manipulations techniques. Les expériences virtuelles ou de pensée sont devenues réalisables ; par exemple on peut piéger un photon ou un atome, le manipuler avec un faisceau laser, produire de l'intrication quantique. Les expérimentateurs peuvent maintenant dire leur mot. Il n'est pas certain que nous « comprenions » pour autant la théorie quantique tant elle est éloignée des termes de notre relation empirique à la nature, mais la théorie est opérante, nous comprenons mieux ses paradoxes (à travers notamment l'approfondissement de la notion de décohérence) et les scientifiques l'utilisent continuellement aussi bien théoriquement que techniquement. Je n'en dirai pas plus sur ce point tellement mieux éclairé par les leçons des spécialistes dans ce volume.

LES MATHÉMATIQUES

Les quinze conférences consacrées aux mathématiques (sans oublier la conférence de Pierre Cartier sur « mathématiques et réalité » dans le premier volume ni celle de Jean-Philippe Bouchaud sur les turbulences financières à paraître dans le volume 6) ne prétendent pas rendre compte de toutes les directions de recherche mais donner une vue de la diversité de ces explorations et de leur incroyable fécondité. Cela va de l'étude de domaines nouveaux (fractales, physique quantique, espace relativiste) à la solution de conjectures comme celle de Fermat en passant par le travail sur de nouveaux domaines (économie mathématique, algorithmes de compression de données, nœuds, fluctuations boursières ou turbulences climatiques), la réflexion sur les fondements et les définitions, la théorie de la démonstration, sans oublier les développements considérables de la simulation numérique et l'emploi du calcul informatique dans l'assistance au travail du mathématicien. Il serait bien téméraire de ma part d'émettre quelque opinion générale que ce soit sur « la nature » des mathématiques aujourd'hui. Disons seulement que la création de concepts y est essentielle et que les mathématiciens élaborent sans cesse des modèles qui peuvent trouver les applications les plus inattendues mais soulèvent en retour de nouveaux problèmes conceptuels. Lors de la préparation du programme de l'Université de tous les savoirs, le mathématicien Vladimir Arnold, que nous n'avons pu accueillir hélas pour des raisons accidentelles, m'avait écrit que les mathématiques sont « la branche de la science empirique où les expériences ne coûtent pas cher ». Cette formule provocante ne résout certainement pas les problèmes métaphysiques des conditions de leur application à la réalité empirique si variée mais elle donne une assez bonne idée de l'état d'esprit des mathématiciens d'aujourd'hui et de la puissance de leurs instruments et constructions, dont toutes les autres sciences sont aujourd'hui redevables.

Yves Michaud
15 décembre 2000

I

PERSPECTIVES
SUR LES MATHÉMATIQUES ACTUELLES

Les bases cérébrales de l'intuition numérique

par STANISLAS DEHAENE

Le cerveau des mathématiciens fascine. Par quels mécanismes un tissu de neurones et de synapses, un imbroglio de neurotransmetteurs peuvent-ils « transformer du café en théorèmes » ? Quelles représentations mentales et quelles architectures neuronales donnent au cerveau humain — et à lui seul — accès aux vérités des mathématiques ? Périodiquement, certains affirment avoir trouvé la réponse dans le cerveau du plus mythique des savants du XXe siècle, Albert Einstein. De son vivant déjà, le grand physicien était sollicité pour toutes sortes d'expérimentations qui suscitaient les commentaires amusés de Roland Barthes : « Une image le montre étendu, la tête hérissée de fils électriques : on enregistre les ondes de son cerveau, cependant qu'on lui demande de "penser à la relativité". » Plus tard, le précieux encéphale sera préservé, photographié, étiqueté, découpé, perdu et retrouvé. Il ressort périodiquement de son bocal pour de nouvelles révélations. En 1985, Marian Diamond, de l'université de Californie à Berkeley, rapporte une densité plus élevée de cellules gliales, qui constituent l'environnement des neurones corticaux, dans une région pariétale du cortex d'Einstein. En 1999, Sandra Witelson, de l'université McMaster dans l'Ontario, affirme avoir identifié, plus de quarante ans après la mort du physicien, une anomalie macroscopique de son anatomie cérébrale : ses lobes pariétaux seraient enflés, et leurs sillons se seraient si profondément détournés de leur tracé normal qu'une région corticale entière, l'opercule pariétal, en serait absente.

Je fais partie de ceux, nombreux, qui estiment anecdotiques et prématurées ces recherches qui prétendent trouver l'origine du génie dans quelques centimètres cubes de cortex supplémentaire. Malgré

Texte de la 167e conférence de l'Université de tous les savoirs donnée le 15 juin 2000.

leurs avancées spectaculaires, les neurosciences cognitives ne sont pas prêtes à analyser le substrat neural de variations individuelles aussi subtiles que celles qui distinguent un prix Nobel d'un physicien de moindre envergure. Il leur revient de plein droit, par contre, de commencer à explorer ce qu'il y a de commun à tous les cerveaux capables de mathématiques. En dernière analyse, comme l'affirme Jean-Pierre Changeux dans son dialogue avec le mathématicien contemporain Alain Connes*, « les objets mathématiques s'identifient à des états physiques de notre cerveau, de telle sorte qu'on devrait en principe pouvoir les observer de manière extérieure grâce à des méthodes d'imagerie cérébrale ». De fait, les nouvelles méthodes des sciences cognitives et de l'imagerie par résonance magnétique permettent aujourd'hui d'aborder empiriquement la représentation cérébrale des plus simples des objets mathématiques, ceux qui sont partagés par l'ensemble de l'humanité : les petits nombres entiers.

Focalisés sur les abstractions des mathématiques les plus récentes, quelques mathématiciens pourront ne voir là que des travaux d'intérêt périphérique sur des objets trop simples qui ne font pas ou plus partie du champ de la recherche mathématique. Ce serait oublier, cependant, que les nombres font partie des briques de base sans lesquelles l'édifice des mathématiques n'aurait jamais pu s'élever. La question des fondements de l'arithmétique occupe une place centrale en philosophie des mathématiques, depuis Platon et Descartes jusqu'à Bertrand Russell ou David Hilbert. Nos recherches suggèrent qu'un des fondements de l'arithmétique, l'intuition du concept de nombre, trouve son origine dans l'architecture de notre cerveau qui représente spontanément, vraisemblablement dès la naissance, ce paramètre essentiel du monde physique.

Les bases cérébrales de l'intuition numérique

Comment cerner l'intuition numérique en laboratoire ? Considérons un exemple très simple : l'addition des petits nombres. L'addition 43 + 39 = 51 est-elle juste ? Un coup d'œil suffit pour répondre que non. Sans avoir à faire le calcul, nous reconnaissons que le résultat proposé est manifestement faux. Nous utilisons spontanément une métaphore spatiale : le résultat proposé, 51, est trop « distant », peut-être même « trop à gauche ». Cette opération mentale d'approximation et de comparaison se déroule hors de notre introspection : nous savons que le résultat est trop petit, mais nous ne savons guère comment nous savons que nous le savons. Voilà

* Connes (A.), Changeux (J.-P.), *Matière à pensée*, Odile Jacob, 1989 « Poches Odile Jacob », 2000.

caractérisée, en quelques phrases, cette intuition arithmétique que nous possédons tous. Il s'agit d'une sorte de carte spatiale, de « ligne numérique » sur laquelle nous posons mentalement les quantités et qui nous permet immédiatement de repérer les relations de proximité entre nombres, en sorte que nous savons immédiatement, mais de façon imprécise, quelle place tel nombre occupe relativement à d'autres.

La simplicité de ce sens du nombre est trompeuse. En effet, en dépit de son minimalisme, notre intuition numérique partage avec l'introspection des grands mathématiciens au moins deux traits fondamentaux. Tout d'abord, la pensée mathématique de haut niveau s'élabore souvent sans le support du langage. « Les mots et le langage, écrits ou parlés, ne semblent pas jouer le moindre rôle dans le mécanisme de ma pensée », affirme Einstein. De même l'intuition numérique ne fait appel ni aux mots, ni aux aires corticales du langage, mais dépend des régions pariétales associées à la perception de l'espace. En second lieu, la découverte mathématique repose sur des mécanismes inconscients. « Ce qui frappe », dit Poincaré, « ce sont les apparences d'illumination subite, signes manifestes d'un long travail inconscient ; le rôle de ce travail inconscient dans l'invention mathématique me paraît incontestable. » En ce qui concerne l'intuition du nombre, cette introspection fréquente chez les mathématiciens peut être confirmée rigoureusement par les méthodes de la psychologie expérimentale, qui démontrent l'existence de calculs subliminaux.

Le caractère non linguistique de l'intuition des nombres apparaît clairement chez les personnes bilingues. Il faut cependant distinguer clairement le calcul exact de l'intuition des quantités. Le calcul exact dépend des circuits du langage. Tous ceux qui maîtrisent bien une seconde langue peuvent en faire l'expérience : même après des années, il est extrêmement difficile de faire des calculs mentaux dans une langue autre que celle dans laquelle nous avons appris l'arithmétique. Je connais un collègue italien qu'un séjour de plus de vingt ans aux États-Unis a transformé en bilingue presque parfait. Il parle et écrit en anglais dans une syntaxe rigoureuse et avec un vocabulaire étendu. Pourtant, dès qu'il doit faire un petit calcul, on l'entend marmonner les nombres dans son italien natal. Il ne parvient toujours pas à calculer avec fluidité en anglais. Cette anecdote révèle à quel point la mémoire « exacte » de l'arithmétique dépend du langage. Mais qu'en est-il de la faculté d'approximation intuitive ?

Dans une étude comportementale conduite par Elizabeth Spelke au Massachusetts Institute of Technology, des sujets parlant couramment le russe et l'anglais étaient entraînés, dans l'une de leurs deux langues, à résoudre une série de problèmes d'addition. Certains problèmes requéraient une réponse exacte, et ne pouvaient donc pas être résolus par la seule intuition. Les autres ne nécessitaient que l'évaluation d'un ordre de grandeur. Après entraînement dans une langue donnée, on examinait ensuite la capacité des sujets à résoudre les mêmes problèmes posés dans l'autre langue. Au bout de quelques séances, tous les sujets donnaient plus vite la bonne réponse aux problèmes qui demandaient une réponse exacte lorsque la question leur était posée dans la langue utilisée au cours de l'entraînement, que lorsqu'elle était posée dans l'autre langue. Cela confirmait que ces connaissances exactes sont stockées dans le cerveau dans un format linguistique spécifique à une langue donnée. Cependant, les problèmes approximatifs se comportaient différemment : les performances étaient équivalentes dans les deux langues. Une fois mémorisé que 50 + 47 font environ 100, répondre à la même question dans une autre langue ne pose aucune difficulté supplémentaire.

Nos connaissances sur les quantités approximatives sont donc stockées sous une forme indépendante du langage. Il y a au moins deux circuits cérébraux du calcul mental : un circuit verbal, qui permet de coder les nombres sous forme de mots et de stocker des tables sous formes de phrases apprises par cœur dans une langue donnée ; et un circuit non verbal, où les quantités sont représentées sous une forme spatiale, et qui permet l'approximation.

Grâce à l'imagerie fonctionnelle par résonance magnétique (IRM) du service hospitalier Frédéric-Joliot d'Orsay, nous avons pu visualiser directement quelles aires du cortex cérébral contribuent à ces deux circuits. L'IRM permet de voir l'entrée en activité des circuits cérébraux dans une tâche cognitive. Toute activation d'un groupe de neurones s'accompagne en effet d'une augmentation locale du débit sanguin dans les capillaires qui entourent cette région. Cette augmentation vient compenser la consommation accrue d'oxygène et de glucose dans le tissu nerveux. L'afflux de sang altère les propriétés magnétiques locales des tissus examinés, et modifie de façon mesurable le signal de résonance magnétique. Celui-ci reflète donc, indirectement, l'état d'activité des populations de neurones du tissu.

Pendant la mesure d'IRM, nous avons demandé à un groupe d'étudiants de résoudre alternativement des problèmes d'approximation (par exemple, 2 + 1 font-ils environ 4 ou 9 ?) et d'autres qui exigeaient un calcul exact (2 + 1 font-ils 3 ou 5 ?). Bien que les sujets aient été soumis aux mêmes problèmes d'addition dans les deux cas, les résultats ont montré que l'adoption d'une stratégie d'approximation ou de calcul exact s'accompagnait de modifications radicales de l'activité cérébrale. Le calcul exact activait un réseau latéralisé dans l'hémisphère gauche et impliquait des aires associées au traitement linguistique de haut niveau (la portion inférieure du cortex frontal gauche et le gyrus angulaire). Au cours de l'approximation, au contraire, l'activité était bilatérale et équivalente dans les deux hémisphères cérébraux. Elle était centrée sur le sillon intrapariétal, une région située hors des aires du langage et associée à la manipulation des objets dans l'espace *(Fig. 1)*. Cette région cérébrale joue un rôle crucial dans l'intuition des nombres.

Elle s'active dès que nous devons réfléchir aux quantités mises en jeu dans un problème d'arithmétique. Bien entendu, elle n'est pas dépositaire de l'ensemble de nos connaissances mathématiques. Il ne s'agit pas d'une « bosse des maths » au sens des phrénologistes du XIXe siècle. Insérée au sein d'un vaste réseau distribué, et en coordination étroite avec les aires associées au traitement des mots et des chiffres, la région pariétale semble contribuer à une fonction restreinte mais cruciale, le positionnement des nombres dans l'espace des quantités.

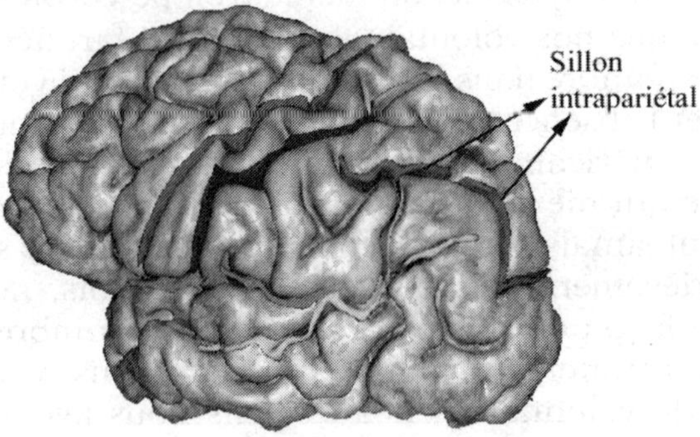

Figure 1 – Localisation du sillon intrapariétal, où l'on observe une intense activité cérébrale lors du calcul mental et du traitement des quantités. Seul l'hémisphère gauche est visible, vu de trois quarts arrière.

Activations cérébrales et lecture subliminale

Récemment, Lionel Naccache et moi-même sommes parvenus à démontrer que la région pariétale peut effectuer ses calculs sans que nous en ayons aucunement conscience, confirmant ainsi les hypothèses de Poincaré et d'Hadamard. Dans le domaine des nombres au moins, l'intuition mathématique se fonde bien sur la possibilité d'un intense travail inconscient.

Notre expérience est simple. Un volontaire est placé face à un écran d'ordinateur. On le prévient que vont s'afficher au centre de l'écran, d'abord un signal composé de lettres aléatoires, puis un nombre. Celui-ci peut être écrit en toutes lettres (SIX) ou en chiffres arabes (6). La personne dispose de deux boutons, l'un à la main droite, l'autre à la main gauche. On l'instruit d'appuyer le plus rapidement possible à droite si le nombre est supérieur à 5, et à gauche s'il est inférieur à 5. Les boutons sont connectés à l'ordinateur, qui mesure à la milliseconde près combien de temps s'écoule entre l'apparition du nombre sur l'écran et la réponse motrice du sujet.

Voilà tout ce que notre volontaire a conscience de faire… mais nous ne lui avons pas tout dit. À son insu, chaque nombre cible est précédé d'un autre nombre totalement invisible, que nous appellerons le nombre amorce. Comment celui-ci est-il rendu invisible ? Nous utilisons une méthode de masquage visuel qui consiste à faire précéder et suivre le mot amorce, que l'on désire effacer de la conscience, par des chaînes de caractères sans signification telles que XHJGKS ou PLMZTA. Lorsque ces lettres sont présentées exactement au même point que le mot amorce, et que la durée de présentation de ce dernier n'excède pas quelques centièmes de secondes, le sujet ne perçoit qu'un clignotement de caractères illisibles. Il est incapable de déchiffrer le mot masqué, ou même d'en percevoir l'existence.

Bien que tous nos volontaires nient ainsi farouchement avoir vu le moindre nombre dans les instants précédant la cible, cela suffit-il à affirmer l'absence de toute conscience ? Comme l'a souligné le philosophe américain Daniel Dennett, il est impossible de savoir si la personne qui nie avoir eu conscience d'une information n'en a effectivement jamais perçu la teneur, ou si elle ne se souvient plus d'en avoir brièvement pris conscience. Toutefois, nous pouvons quantifier, de façon objective, à quel point le nombre masqué est inaccessible au traitement conscient. Nous avons recruté un nouveau groupe de volontaires chez lesquels nous avons examiné la capacité de perception des nombres amorces dans des conditions extrêmes. Nous fournissions à ces nouveaux volontaires tous les détails sur la nature des nombres amorces utilisés dans notre expérience. Nous leur disions également de focaliser leur attention sur ce nombre amorce, et de négliger totalement le second nombre. Dans ces conditions, parviendraient-ils à recueillir consciemment au moins quelques bribes d'informations sur l'amorce ? La réponse fut clairement non. À la durée de présentation utilisée dans nos expériences, les volontaires entraînés ne parvenaient même pas à dire s'il y avait une amorce ou pas (en fait, ils répondaient presque toujours qu'il n'y en avait pas). Ils étaient encore moins capables de dire si l'amorce était un nombre ou une chaîne aléatoire de lettres. Dans les deux cas, leur capacité de détection, mesurée par la théorie de la détection des signaux dans le bruit, était nulle.

La profondeur du traitement de tels stimuli subliminaux dans le cerveau humain a toujours fait l'objet d'un intense débat en psychologie. Certains psychologues soutiennent qu'un mot subliminal peut éventuellement être analysé au niveau de la forme visuelle de ses lettres, mais certainement pas au niveau de son sens. Nos données montrent clairement que leur scepticisme n'est pas justifié. Plusieurs résultats démontrent que le nombre amorce, quoique totalement invisible, peut être comparé inconsciemment avec un autre nombre, ce qui implique que son sens — la quantité qu'il représente — a été analysé. Tout d'abord, les réponses de nos sujets sont accélérées lorsque le nombre invisible représente une quantité proche de celle du nombre qu'ils ont à juger consciemment. Ainsi, il est plus facile de juger consciemment que 6 est plus grand que 5 lorsque cette présentation est précédée du nombre subliminal 9 (qui est également plus grand que 5), que lorsqu'elle est précédée du nombre 1 (qui est plus petit que 5). À l'extrême, cette facilitation devient très importante lorsqu'il y a répétition de la même quantité dans le nombre amorce et dans le nombre cible. « Voir » le chiffre 4, inconsciemment, quelques centièmes de secondes avant de le revoir, cette fois consciemment, accélère grandement notre vitesse de traitement de l'information numérique.

Crucialement, le changement de notation n'affecte en rien le traitement subliminal des quantités. Même lorsque les nombres cibles et amorces sont présentés dans des notations différentes (par exemple amorce QUATRE, cible 4), le même degré de facilitation est observé. Ainsi, l'influence inconsciente s'exerce à un niveau de traitement sémantique des informations qui ne dépend pas de la notation utilisée. Serait-ce donc la représentation spatiale des quantités ? Grâce à l'IRM, nous avons pu visualiser directement les aires cérébrales traversées par l'information inconsciente, et démontrer l'implication du cortex pariétal. La répétition subliminale d'un même nombre conduit à une habituation de l'activation cérébrale dans les régions pariétales qui sous-tendent le sens approximatif des quantités. L'influence du nombre invisible s'étend même bien au-delà : les aires motrices, qui s'activent lorsque nous préparons un mouvement de la main, montrent une pré-activation induite par l'amorce. Si par exemple, le nombre invisible est plus petit que 5 alors que le suivant est plus grand, on pourra voir s'activer très brièvement l'aire de contrôle de la main gauche, puis la rectification de cette activation en direction de la main droite. Il s'agit là de la première démonstration qu'un stimulus inconscient peut traverser le cerveau de part en part, depuis les aires visuelles jusqu'aux représentations sémantiques et aux circuits moteurs, sans pour autant que le sujet s'en aperçoive.

Que conclure de ces expériences ? Le traitement subliminal des mots fait l'objet d'un très vieux débat en sciences cognitives, et il ne suffira sans doute pas de quelques nouveaux résultats pour convaincre les plus sceptiques. Néanmoins, notre expérience apporte de l'eau au moulin de ceux qui, tels le psychologue anglais Anthony Marcel, affirment depuis longtemps que notre cerveau restitue inconsciemment le sens des mots. Nos manipulations indiquent qu'une chaîne sensori-motrice complexe, qui implique une opération mathématique, peut s'exécuter sans conscience. La particularité de nos expériences est de démontrer que même des instructions arbitraires — appuyez à droite si vous voyez un nombre plus grand que 5 — sont susceptibles de s'exécuter intégralement sans être accompagnées d'un sentiment de contrôle conscient. Quelles sont les limites du traitement inconscient dans le cerveau ? Y a-t-il certaines opérations qui ne peuvent s'effectuer que sous contrôle conscient ? Ces fonctions pourraient-elles expliquer l'avantage évolutif qu'a apporté l'émergence de la conscience chez les primates supérieurs et *l'homo sapiens* ? L'exploration de ces questions permettra peut-être de confirmer ou infirmer les introspections des mathématiciens qui rapportent que même des opérations aussi complexes que la démonstration d'un théorème d'algèbre sont susceptibles de s'exécuter en l'absence de conscience.

Perdre l'intuition du nombre

L'intuition du nombre est si profondément ancrée dans la profondeur de nos sillons pariétaux, si inconsciemment présente derrière le moindre de nos calculs, que nous n'en réalisons pas l'importance. Nous comprenons sans le moindre effort que 3 est plus petit que 5. Il nous paraît tellement évident que 2 et 2 font 4 que nous ne nous interrogeons guère sur l'appareil cérébral qui est à l'origine de cette intuition.

Nous ne prenons conscience de son importance, paradoxalement, que lorsqu'elle se détériore. Depuis près de quatre-vingts ans, les neurologues savent qu'une lésion cérébrale de la région pariétale, à l'âge adulte comme dans la petite enfance, peut entraîner une incapacité totale de comprendre ce que signifient les nombres. Dans certains cas, le déficit est si global que même la lecture et l'écriture des nombres deviennent impossibles ; ces objets deviennent soudain si vides de sens que le patient est incapable d'en faire le moindre usage. D'autres patients peuvent conserver de bonnes capacités de lecture et d'écriture des nombres, voire de récitation par cœur de la table de multiplication. Cependant, même s'ils se souviennent des mots « trois fois neuf, vingt-sept », ils n'en connaissent plus le sens.

À l'hôpital de la Pitié-Salpêtrière, le professeur Laurent Cohen et moi-même avons examiné un homme âgé d'une soixantaine d'années et qui avait eu l'infortune de subir un accident vasculaire dans la région pariétale droite. Il éprouvait de telles difficultés de soustractions que nous avions dû interrompre le test après qu'il ait échoué sur le calcul de 3-1 (il avait répondu 7). Ses difficultés n'étaient pas liées à une modalité particulière de présentation : il faisait autant d'erreurs, que les problèmes lui soient présentés par écrit ou par oral, et qu'il doive produire le résultat à haute voix ou se contenter de le sélectionner parmi plusieurs. Il échouait également dans des tests de comparaison, jugeant par exemple que 6 était plus petit que 5. Dans un test de bissection, il jugea tout naturellement que le nombre qui tombe entre 2 et 4 est 6 « parce que deux-quatre-six ». Il comprenait pourtant notre requête, puisqu'il savait dire quel jour tombe entre mardi et jeudi, ou quelle lettre se situe entre B et D. Seul le domaine des nombres semblait dramatiquement détérioré.

Nous disposons aujourd'hui de plusieurs observations similaires, chez des patients de tous âges et de tous pays. Toutes indiquent que les lésions de la région pariétale s'accompagnent de troubles sévères de l'intuition des quantités — y compris, semble-t-il, chez le très jeune enfant. La dyscalculie du développement est un trouble de l'arithmétique comparable à la dyslexie en ce qu'elle touche une fraction importante des enfants (entre 3 et 6 % selon les rares enquêtes épidémiologiques disponibles). Certains au moins de ces enfants souffrent de déficits isolés de l'arithmétique, remarquablement comparables à ceux que l'on peut observer chez l'adulte après un accident vasculaire. Mes collègues anglais Brian Butterworth et Luisa Girelli ont ainsi étudié un jeune adulte d'intelligence normale, appelé Charles, qui a toujours souffert de difficultés extrêmes avec les nombres. Charles possède une thèse de psychologie, maîtrise le langage à la perfection, et a bénéficié d'une éducation normale doublée de cours particuliers en mathématiques. Néanmoins, il doit toujours compter sur ses doigts pour réaliser le moindre calcul. Les tests psychologiques révèlent au moins deux déficits majeurs. Premièrement, Charles n'a aucune perception immédiate du nombre. Il est incapable de décider combien d'objets sont présents devant lui, même s'il n'y en a que 2 ou 3, si on ne lui laisse pas le temps de les compter. Deuxièmement, l'intuition de la taille des nombres lui fait défaut. Nous prenons normalement d'autant moins de temps pour comparer deux nombres que la distance qui les sépare est grande, sans doute parce que des nombres clairement séparés sont plus faciles à positionner mentalement sur l'espace des quantités. Chez Charles, cet effet de distance est inversé : il lui faut d'autant « plus » de temps que les nombres sont distants, parce qu'il doit compter même pour se rendre compte que 9 est plus grand que 2.

Aucun examen d'imagerie cérébrale n'a été proposé à Charles. Cependant, un autre cas de dyscalculie du développement, récemment examiné en spectroscopie par résonance magnétique, montre une anomalie focale du métabolisme exactement là où nous postulons que se situent les circuits neuronaux de la compréhension des quantités : la région pariétale inférieure. Il semble que, bien avant la naissance, la migration neuronale des neurones du cortex pariétal ait été anormale. Certaines maladies génétiques, mais aussi d'autres facteurs tels que la prématurité ou l'exposition à l'alcool au cours de la grossesse, semblent favoriser ces dysfonctionnements cérébraux précoces et accroître l'incidence de la dyscalculie.

Intuition et éducation mathématique

La dyscalculie du développement, plus que toute autre donnée empirique, place le cerveau au cœur de notre compétence mathématique. On a cru voir dans les mathématiques une construction culturelle fondée sur l'invention de symboles et de règles formelles, ou encore un langage universel pour décrire la structure de l'univers. Mais cette construction, ce langage, ne prennent leur sens que parce que notre cerveau est doté, dès la naissance, de circuits neuronaux aptes à saisir la structure intuitive du domaine qui deviendra celui des mathématiques. Si les mathématiques de haut niveau se construisent grâce au langage et à l'éducation, leurs fondements les plus élémentaires — concepts de nombre, mais aussi d'espace, de temps, d'opération... — sont à rechercher dans l'organisation même de notre cerveau. Les recherches en neurosciences cognitives de l'arithmétique confirment de façon éclatante la modularité des opérations cérébrales. Le cerveau n'est pas un organe isotrope qui absorberait comme une éponge la culture de son environnement. Il est plutôt comme une collection d'organes, chacun pré-adapté pour préparer l'enfant en développement à trouver, dans son environnement, des points de repères cognitifs. L'école, que ce soit en mathématiques ou dans d'autres domaines, ne peut construire que sur ces intuitions fondatrices incrustées dans nos circuits cérébraux au cours de l'évolution. Qu'une maladie neurologique interfère avec l'une de ces pré-adaptations, et c'est un domaine du savoir, l'arithmétique peut-être, qui risque de s'étioler, voire de disparaître.

Replacer le cerveau et ses représentations modulaires aux fondements de l'apprentissage des mathématiques n'oblige pas à adhérer à une forme naïve de réductionnisme. Il ne faut nier ni l'existence de représentations cérébrales stables des objets mathématiques, ni l'influence de la culture et de l'éducation sur ces états neuronaux. Les états d'activité que nous voyons par imagerie cérébrale chez l'adulte sont le résultat des contraintes croisées de l'apprentissage et de la structure initiale des réseaux cérébraux. Souligner le rôle des contraintes biologiques n'implique aucun fixisme, ni aucune passivité face au handicap. De même que la myopie se soigne par le port de lunettes, rien n'interdit de penser que l'étude attentive des réseaux neuronaux des dyscalculiques ne conduira pas au développement de stratégies d'éducation ou de rééducation optimisées pour ces enfants. Au minimum pourra-t-on éviter que ces élèves, qui sont répétons-le d'intelligence normale dans de nombreux domaines, ne soient étiquetés comme cancres ou paresseux et découragés de poursuivre leurs études.

Inversement, l'existence d'une base biologique universelle du sens des nombres n'implique en rien que celle-ci montre des variations anormales chez les surdoués des mathématiques. S'il existe d'authentiques déficits de l'intuition numérique, rien, pour l'instant, n'indique que dans la population normale, certains naîtraient dotés d'une plus grosse « bosse des maths ». Bien au contraire, tout suggère que l'intuition numérique fait partie du patrimoine génétique de tous, mais qu'elle est susceptible de s'épanouir à des degrés divers selon le travail et la passion que nous y apportons. Les enquêtes internationales montrent que les stratégies éducatives européennes, américaines ou asiatiques ont un impact radical sur le taux de réussite des étudiants aux mêmes tests. Les biographies des plus grands mathématiciens soulignent que ceux-ci ont travaillé et réfléchi intensément et quotidiennement, souvent dès le plus jeune âge, avant de voir leur talent s'épanouir. Peut-être le mathématicien de talent est-il celui qui, mieux que les autres, sait exploiter les multiples intuitions que notre cerveau projette sur le monde.

RÉFÉRENCES

– DEHAENE (S.), *La Bosse des maths*, Paris, Odile Jacob, 1997.
– BUTTERWORTH (B.), *The Mathematical Brain*, London, Macmillan, 1999.
– DEHAENE (S.), SPELKE (E.), STANESCU (R.), PINEL (P.) et TSIVKIN (S.), « Sources of mathematical thinking : Behavioral and brain-imaging evidence », *Science*, n° 284, p. 970-974, 1999.
– DEHAENE (S.), NACCACHE (L.), LE CLEC'H (G.), KOECHLIN (E.), MUELLER (M.), DEHAENE-LAMBERTZ (G.), VAN DE MOORTELE (P.-F.) et LE BIHAN (D.), « Imaging unconscious semantic priming », *Nature*, n° 395, p. 597-600, 1998.
– LEVY (L.-M.), REIS (I.-L.) et GRAFMAN (J.), « Metabolic abnormalities detected by H-MRS in dyscalculia and dysgraphia », *Neurology*, n° 53, p. 639-641, 1999.
– WITELSON (S.-F.), KIGAR (D.-L.) et HARVEY (T.), « The exceptional brain of Albert Einstein », *Lancet*, n° 353 (9170), p. 2149-53, 1999.

L'Énigme du théorème de Fermat

par Yves Hellegouarch

Pendant très longtemps le « Dernier Théorème de Fermat » a été une « énigme » des mathématiques au sens donné à ce mot par Thomas Kuhn dans son ouvrage sur *La Structure des révolutions scientifiques*. Il s'agit en effet d'une assertion dont la preuve a résisté à 350 années d'efforts de la part d'un nombre incalculable de mathématiciens. Comme toutes les autres affirmations du mathématicien toulousain avaient pu être élucidées (plus ou moins facilement) à l'aide des ressources de la science « normale » cette assertion est devenue mythique sous le nom de « Dernier Théorème de Fermat ».

Dans les années 1970, l'effet de découragement de ces 350 années d'échecs relatifs était tel qu'il était de bon ton de dire que l'assertion de Fermat n'était pas suffisamment générale pour être considérée comme significative ou qu'elle était soit indémontrable soit fausse. Mais en l'espace d'une trentaine d'années la communauté mathématique a radicalement changé sa perception de la question en passant d'un désintérêt plus ou moins courtois à l'enthousiasme le plus vif ! On s'est soudainement mis à croire à la véracité de l'assertion de Fermat vers 1985 et cette disposition d'esprit a été un puissant stimulant pour l'édification des difficiles théories qui ont conduit à sa démonstration.

Le temps qui m'est imparti ne me permet pas de m'interroger sur la signification du succès populaire de ce mythe ni de résumer ces 350 années d'efforts non concluants et je me bornerai à quelques mots sur la nature du problème et sur les grandes lignes de la stratégie de sa preuve avant de conclure. Naturellement il n'est pas question d'entrer ici dans les détails d'un travail très technique.

Texte de la 168e conférence de l'Université de tous les savoirs donnée le 16 juin 2000.

Nature du problème

La page des *Arithmétiques* de Diophante qu'étudiait Fermat lorsqu'il a écrit sa remarque célèbre proposait de « diviser » un carré donné en deux autres carrés — par exemple de « diviser » 25 en 9 plus 16. Ce que Fermat a remarqué est qu'il n'est pas possible de faire de même avec des puissances n-ièmes lorsque $n \geq 3$. Plus tard il a donné sa démonstration pour $n = 4$ et a affirmé à plusieurs reprises qu'il possédait une démonstration pour $n = 3$ (ce qui n'est pas facile).

La nature de ce problème était étrange pour les contemporains de Fermat qui étaient plus familiers des « grandeurs » que des « nombres » — entendez « nombres entiers naturels strictement positifs ». En effet l'assertion de Fermat est complètement fausse lorsqu'on ne s'intéresse qu'aux « grandeurs » (nombres réels). Elle le serait aussi si l'on s'intéressait à d'autres systèmes de nombres, analogues aux nombres réels, et que l'on appelle des nombres p-adiques (ici p désigne un nombre premier).

Si cela n'avait pas été le cas, le problème aurait été facile à démontrer ; il aurait été « localement trivial » comme on dit de nos jours. Si, par exemple, Fermat avait écrit que l'équation $a^n + 2b^n = 4c^n$ est impossible en entiers strictement positifs lorsque $n \geq 3$, cela aurait été facile à prouver car cette équation ne possède pas de solutions 2-adiques non triviales. Comme Fermat aimait faire « sécher » ses correspondants, il ne s'intéressait qu'aux problèmes difficiles et, en fait, son assertion est difficile car elle ne peut pas être prouvée par un nombre fini de considérations locales : on dit que c'est un problème « global ».

Bien que Fermat ait partagé avec Descartes l'honneur de la création de la « géométrie analytique » il n'est pas certain qu'il ait envisagé son problème en termes géométriques. Pourtant, lorsque n est impair, son assertion revient à dire que la courbe projective d'équation :

$$X^n + Y^n + Z^n = 0 \qquad (F_n)$$

ne possède que trois points rationnels lorsque $n \geq 3$, ce sont les points de coordonnées homogènes (0, 1, – 1), (– 1, 0, 1) et (1, – 1, 0). Nous dirons que ces trois gêneurs sont les *points triviaux* de la courbe (F_n). Ils sont en partie responsables de la difficulté du problème car ils existent bel et bien.

Voici une représentation affine de la courbe (F_n) pour n impair ≥ 3 *(Fig. 1)* :

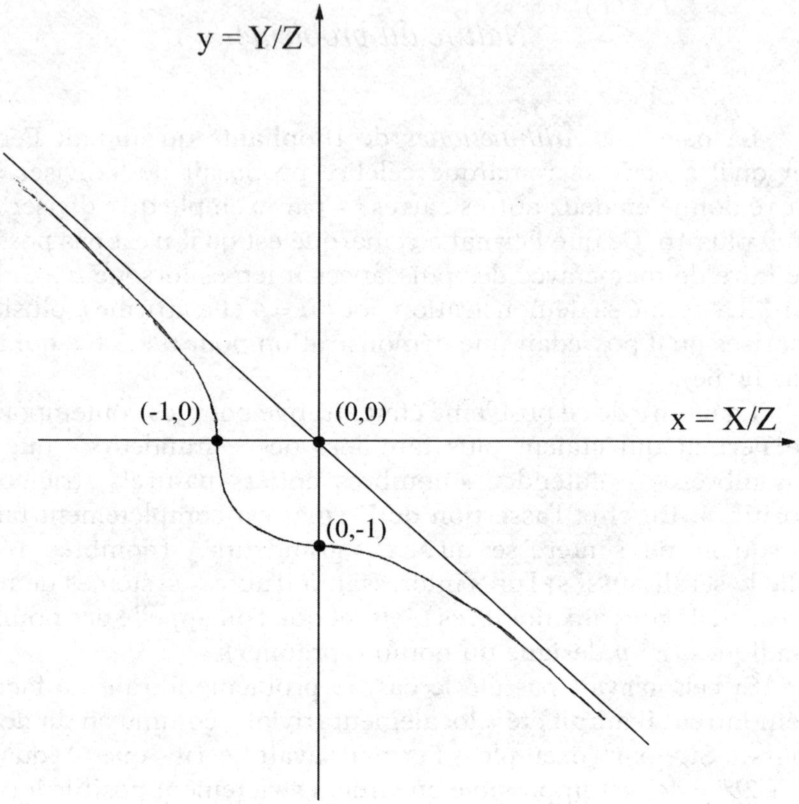

Figure 1 – Courbe de Fermat F_n pour n impair ≥ 3.

Terminons en remarquant que l'assertion de Fermat n'est qu'une goutte d'eau dans un océan d'assertions semblables dont beaucoup sont encore plus difficiles à prouver. Une telle assertion, très voisine de celle de Fermat, est la conjecture de Dénes qui affirme que si $n \geq 3$ et si la somme de deux puissances n-ièmes est le double d'une puissance n-ième, alors toutes ces puissances sont égales. Cette assertion signifie, lorsque n est impair, que la courbe de Dénes :

$$X^n + Y^n + 2Z^n = 0 \qquad (D_n)$$

ne possède que deux points rationnels qui sont (1, – 1, 0) et (– 1, – 1, 1). Voici une représentation affine de la courbe (D_n) pour n impair ≥ 3 *(Fig. 2)* :

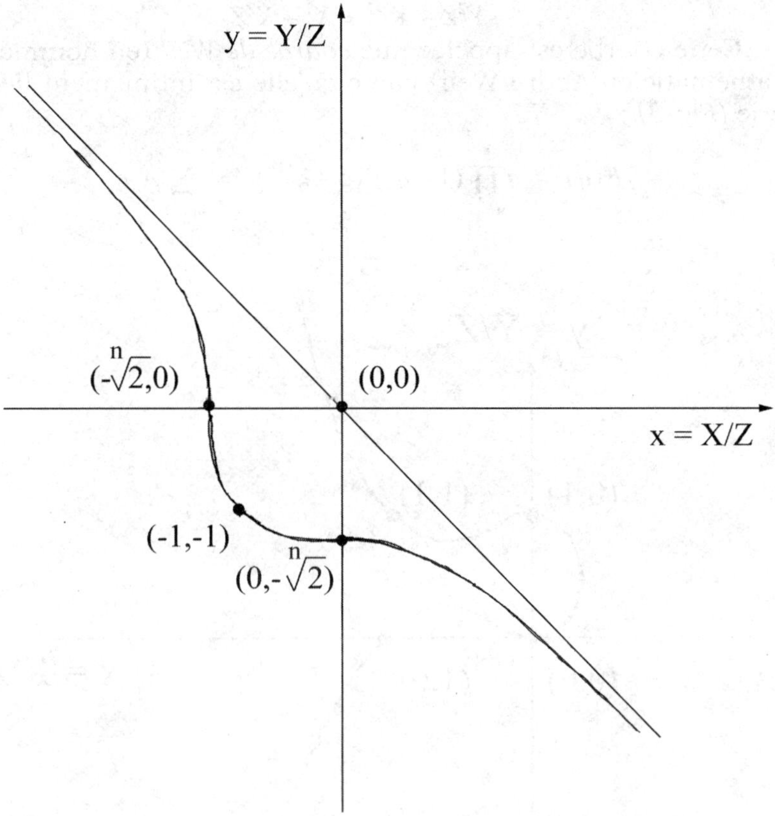

Figure 2 – Courbe de Dénes D_n pour n impair ≥ 3.

Stratégie de la preuve de Wiles

L'origine de la nouvelle approche du théorème date probablement de la fin des années 1960 (pas plus tard que 1969 en tout cas) et provient d'un problème de la théorie des courbes elliptiques définies sur les rationnels qui était encore ouvert à cette époque (conjecture de Beppo-Levi, encore appelée « conjecture folklorique ») et qui est devenu un théorème de Barry-Mazur en 1977.

Une courbe elliptique définie sur $\mathbb{Q}$ peut-être représentée par une cubique plane (c'est-à-dire une courbe du troisième degré) à coefficients rationnels, possédant au moins un point rationnel ($X^3 + 2Y^3 + 4Z^3 = 0$, n'est donc pas une courbe elliptique définie sur $\mathbb{Q}$) et sans point multiple ($Y^2Z - X^3 = 0$ n'est pas une courbe elliptique).

Grâce à ses points triviaux (F_3) est une courbe elliptique définie sur $\mathbb{Q}$. En voici une autre :

$$Y^2Z - YZ^2 = X^3 - X^2Z \qquad (E)$$

Cette courbe est appelée une *courbe de Weil* (en hommage au mathématicien André Weil) parce qu'elle est intimement liée à la série *(Fig. 3)* :

$$F(q) = q\prod_{n=1}^{\infty}(1-q^n)^2(1-q^{11n})^2 = \sum_{n=1}^{\infty} A_n q^n$$

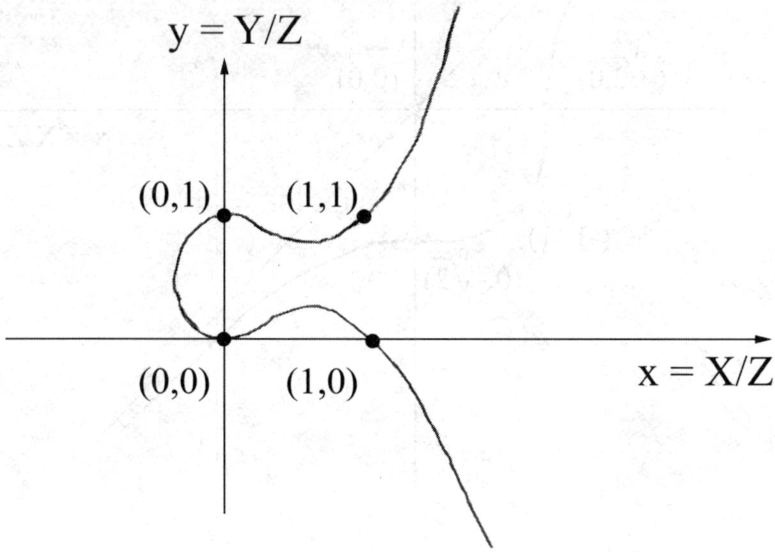

Figure 3 – Exemple de courbe de Weil.

En effet on montre que le nombre de points de la réduction de la courbe *(E)* dans un corps fini $\mathbb{F}_l$ (pour $l \neq 11$) est égal à $l + 1 - A_l$. Or si l'on pose $q = e^{2i\pi z}$, où z est un nombre complexe de partie imaginaire positive, on s'aperçoit que la fonction analytique $z \rightarrow F(e^{2i\pi z})$ possède des propriétés d'invariance extrêmement fortes vis-à-vis d'un groupe de déplacements du demi-plan complexe supérieur pour la géométrie de Poincaré (groupe $\Gamma_0(11)$). On dit que $F(e^{2i\pi z})$ est une « forme modulaire parabolique normalisée de poids 2 pour le groupe $\Gamma_0(11)$ ». Mais peut-être aimeriez-vous savoir quels sont les éléments du groupe $\Gamma_0(11)$? Ce sont les déplacements $z \rightarrow \dfrac{(az+b)}{(cz+b)}$, avec a, b, c, d dans $\mathbb{Z}$, $ad - bc = 1$ et c divisible par 11.

La conjecture de Shimura-Taniyama-Weil (STW en abrégé) initiée par Taniyama en 1958 consiste à dire que toute courbe elliptique définie sur $\mathbb{Q}$ provient d'une forme modulaire analogue à $F(e^{2i\pi z})$.

Depuis assez longtemps on sait définir une addition sur les points complexes d'une courbe elliptique E définie sur $\mathbb{Q}$. On choisit comme zéro ω pour cette addition un des points rationnels de E et on se débrouille pour que trois points alignés aient une somme fixe. L'ensemble des points complexes de E (noté $E(\mathbb{C})$) devient alors un groupe abélien pour cette addition et le sous-ensemble des points rationnels de E (noté $E(\mathbb{Q})$) en est un sous-groupe. Si p est un nombre premier on peut diviser le zéro ω du groupe $E(\mathbb{C})$ par p et on trouve p^2 points M de $E(\mathbb{C})$ tels que M ajouté à lui-même p fois redonne ω. Ces points forment un sous-groupe de $E(\mathbb{C})$ que l'on appelle le groupe des points de p-division de E et que l'on note $E\,[p]$. On montre qu'il est isomorphe au produit de deux groupes cycliques d'ordre p, c'est donc un plan vectoriel sur le corps fini $\mathbb{F}_p$.

Arrivés à ce stade nous devons définir la fermeture algébrique des rationnels $\mathbb{Q}$ dans le corps des complexes $\mathbb{C}$, car c'est un des objets essentiels de la théorie. Pour cela nous pouvons considérer le groupe $\mathrm{Aut}(\mathbb{C})$ des automorphismes du corps des complexes : c'est l'ensemble des permutations de $\mathbb{C}$ qui préservent l'addition et la multiplication de $\mathbb{C}$, il y en a une infinité. Un nombre complexe z est dit « algébrique » s'il ne possède qu'un nombre « fini » d'images par tous les éléments de $\mathrm{Aut}(\mathbb{C})$. Pour donner des exemples, on vérifie facilement que $i = \sqrt{(-1)}$ et $\sqrt[3]{2}$ sont des nombres algébriques, mais un théorème célèbre nous apprend que π n'en est pas un. En effet, on montre que pour qu'un nombre complexe soit algébrique, il faut et il suffit qu'il soit racine d'un polynôme non nul à coefficients rationnels. Or Lindemann a démontré en 1882 que le nombre π ne possède pas cette dernière propriété.

Comme les automorphismes de $\mathbb{C}$ conservent l'alignement sur une cubique E définie sur $\mathbb{Q}$, ils induisent des automorphismes du groupe $E[p]$ et, comme ce groupe est fini, on en déduit que tous les points de $E[p]$ ont des coordonnées algébriques. L'ensemble de tous les nombres algébriques de $\mathbb{C}$ est stable pour l'addition et la multiplication, c'est donc un sous-corps de $\mathbb{C}$ qui est appelé le corps des nombres algébriques et que l'on note $\overline{\mathbb{Q}}$. Le groupe des automorphismes de ce corps est appelé le « groupe de Galois absolu $G_{\overline{\mathbb{Q}}}$ ». Ce groupe infini est un des protagonistes essentiels de notre histoire car il permet de caractériser la rationalité d'un nombre algébrique : un nombre algébrique invariant par tous les automorphismes de $\overline{\mathbb{Q}}$ est rationnel (la réciproque est évidente). L'action du groupe de Galois absolu sur $E[p]$ permet donc de savoir si $E[p]$ possède des points rationnels : est rationnel un point de $E[p]$ qui ne bouge pas sous cette action. L'idée d'une telle action est une « représentation galoisienne » (dans un jargon plus technique on dit aussi qu'il s'agit d'une représentation linéaire continue de $G_{\overline{\mathbb{Q}}}$, de degré 2 sur le corps $\mathbb{F}_p$).

En 1969, aux Journées Arithmétique de Bordeaux, j'ai proposé d'associer à une solution primitive (a, b, c) de l'équation (F_p) avec

p premier ≥ 5, une cubique définie sur les rationnels dont voici l'équation :

$$y^2 = x(x - a^p)(x + b^p) \qquad (\Gamma_{a,\,b,\,c})$$

et d'en étudier les points de p-division.

Je ne vous ai pas encore dit ce qu'est une « solution primitive » de l'équation *(F_p)*, c'est simplement une solution (a, b, c) telle que a, b, c soient premiers entre eux.

Dans l'écriture de l'équation de $\Gamma_{a,\,b,\,c}$, le nombre c n'apparaît pas. En fait il est caché et un changement convenable de l'origine des abscisses montre que les courbes $\Gamma_{a,\,b,\,c}$, $\Gamma_{b,\,c,\,a}$ et $\Gamma_{c,\,a,\,b}$ sont les mêmes.

En réalité cette construction donne deux courbes $\Gamma_{a,\,b,\,c}$ et $\Gamma_{b,\,c,\,a}$ et, beaucoup plus tard, on a appelé « courbe de Frey » la plus belle de ces courbes. Ces cubiques permettent de donner un sens mathématique à la distinction entre solutions triviales et solutions non triviales de *(F_p)* puisqu'elles ne sont des courbes elliptiques que si la solution (a, b, c) est non triviale.

En réalité nos courbes elliptiques hypothétiques sont surtout intéressantes par les représentations du groupe de Galois absolu qu'elles fournissent à travers leurs points de p-division. Ces représentations donnent une image étrangement policée du monstrueux groupe de Galois absolu, de sorte que nos courbes (telle la jument de Roland) sont trop belles pour exister, mais comment le voir ?

Telle était la question en 1969 : à l'impossibilité de l'existence de solutions primitives non triviales de l'équation de Fermat on avait substitué l'impossibilité d'existence des courbes $E_{a,\,b,\,c}$. C'est-à-dire que l'on avait simplement déplacé le problème, mais en le transformant de manière substantielle. Un point d'attaque possible aurait été de dire que ces courbes contredisaient les conjectures formulées par J.-P. Serre au sujet des représentations galoisiennes de degré 2, mais ces conjectures paraissaient encore difficiles et lointaines. Ce n'est qu'en 1985 que Gerhard Frey eut l'intuition fondamentale de la marche à suivre : les courbes $E_{a,\,b,\,c}$ ne peuvent pas vérifier la conjecture de Shimura-Taniyama-Weil, sinon les conjectures de Serre devraient s'appliquer à nos représentations linéaires du groupe de Galois absolu et on aurait une contradiction.

Cette géniale intuition était en fait une conjecture sur deux conjectures : elle conjecturait que si les courbes $\Gamma_{a,\,b,\,c}$ vérifiaient la conjecture STW elles vérifieraient alors les conjectures de Serre. La conjecture de Frey fut démontrée en 1986 par Ken Ribet, ce qui lui valut le prix Fermat. C'est un travail considérable et extrêmement habile sur les formes modulaires dans lequel on prouve une sorte de théorème de « descente » à la Fermat.

Moyennant la conjecture de Shimura-Taniyama-Weil, Ribet prouve la non-existence de la forme modulaire parabolique normalisée qui devrait être associée aux représentations du groupe de Galois absolu à travers les points de p-division des courbes $\Gamma_{a,\,b,\,c}$: cette forme modulaire serait trop simple pour ne pas être nulle, ce qui est impossible puisque le premier terme de son développement doit être égal à q.

Il ne restait plus qu'à démontrer la conjecture de Shimura-Taniyama-Weil, tâche qui paraissait alors inaccessible aux spécialistes les plus chevronnés. Pourtant cette tâche a été réalisée (pour une classe de courbes elliptiques suffisamment large pour inclure les courbes de Frey) le 19 septembre 1994 par Andrew Wiles, après une longue période de réflexion solitaire dans laquelle il a utilisé les travaux de très nombreux mathématiciens (citons sans vouloir être exhaustif : Tunnel, Langlands, Serre, Mazur, Taylor, de Shalit).

Quant à la conjecture STW elle-même, qu'est-elle devenue ? Après avoir été peu à peu grignotée par Brian Conrad, Fred Diamond et Richard Taylor, elle est finalement tombée en 1999 grâce à l'aide décisive de Christophe Breuil. Parallèlement à ces travaux extrêmement techniques, de nombreuses applications à des équations à la Fermat ont été développées. En particulier la conjecture de Dénes (plus difficile que celle de Fermat !) est devenue un théorème de Darmon et Merel.

Brève conclusion

L'énigme dont nous avons parlé a été un stimulant puissant pour écrire un énorme chapitre de la théorie des nombres et son statut est passé de celui d'énigme à celui de paradigme.

Rappelons ce que dit Kuhn à ce sujet :

« Le *succès* d'un paradigme est en grande partie au départ une promesse de succès, révélée par des exemples choisis et encore incomplets. La science normale consiste à réaliser cette promesse, en étendant la connaissance des faits que le paradigme indique comme particulièrement révélateurs, en augmentant la corrélation entre ces faits et les prédictions du paradigme, et en ajustant le paradigme lui-même. » En fait, le paradigme de Fermat a été étendu aux équations :

$$x^p + y^p + l^\alpha z^p = 0$$

Pour $p \geq 11$, $\alpha \geq 0$ et $l = 3, 5, 7, 11, 13, 17, 19, 23, 29, 53$ et 59 par J.-P. Serre et on a vu que le cas $l = 2$, $\alpha = 1$, est tombé pour ($p \geq 3$) grâce à Darmon et Merel.

Mais Darmon et Granville ont encore étendu la même démarche à des équations du type :

$$x^n + y^n = z^2 \; ; \; x^n + y^n = z^3 \; ; \; Ax^p + By^q = Cz^r$$

Il serait fallacieux de croire que ce chapitre achève la théorie des nombres. Bien au contraire, il ouvre la porte sur d'autres conjectures (conjecture *ABC*, conjecture de Birch et Swinnerton-Dyer, etc.) et s'inscrit dans un vaste programme (le « programme de Langlands ») qui vise à relier de grandes parties de la géométrie algébrique, de l'algèbre et de l'analyse.

Nous ne pouvons pas parler ici de toutes ces énigmes, mais il est néanmoins tentant de dire un mot de la conjecture *ABC* car elle ressemble à la conjecture de Fermat (devenue Théorème de Wiles). Une relation *ABC* est une relation du type :

$$A + B + C = 0$$

dans laquelle *A, B, C* sont des entiers non nuls et premiers entre eux. On appelle « radical » de cette relation, et on note rad(ABC), le produit des nombres premiers qui divisent le produit *ABC*.

Deux conjectures voisines (la conjecture de Szpiro énoncée en 1983 et la conjecture *ABC* proprement dite énoncée par D. W. Masser et J. Oesterlé en 1985) affirment que les nombres *A, B, C* ne peuvent pas être grands en valeur absolue lorsque rad(ABC) est petit.

D'une manière légèrement plus précise, la conjecture de Szpiro dit que | ABC | ne peut pas être très grand lorsque rad(*ABC*) est petit et la conjecture *ABC* dit que sup(| A |, | B |, | C |) ne peut pas être très grand lorsque rad(ABC) est petit.

On trouvera dans les textes de Hellegouarch et Oesterlé cités dans la bibliographie, des énoncés précis de ces conjectures. Retenons cependant que ces conjectures entraînent (grâce à un théorème de Siegel) qu'il n'existerait qu'un nombre fini de relations ABC telles que :

$$|\mathrm{ABC}| > \mathrm{rad}(ABC)^{4,41901}$$

(une de ces relations a été trouvée par A. Nitaj) et qu'il n'existerait qu'un nombre fini de relations *ABC* telles que :

$$\sup(|A|, |B|, |C|) > \mathrm{rad}(ABC)^{1,62991}$$

(une de ces relations a été trouvée par E. Reyssat à l'université de Caen).

Ces conjectures entraînent le dernier théorème de Fermat sous forme asymptotique : il existe un nombre N tel que la courbe (F_p) n'admette que des points triviaux pour $p \geq \mathrm{N}$.

En fait la conjecture de Szpiro, comme la démonstration de Wiles, provient de la théorie des courbes elliptiques car (depuis 1972) on sait qu'il est intéressant d'associer à une relation *ABC* la courbe elliptique

$E_{A,\,B,\,C}$ $$y^2 = x(x - \mathrm{A})(x + B)$$

(Comme plus haut on a, en général, deux courbes à translation près).

La conjecture de Szpiro n'est en fait que la traduction en termes de relation ABC d'une conjecture sur les courbes elliptiques appliquées à la courbe $E_{A,\,B,\,C}$.

Conclusion

Une question souvent posée est de savoir si la démonstration de Wiles aurait pu être trouvée par Fermat. La réponse à cette question est négative car la démonstration de Wiles est très technique et les techniques utilisées sont caractéristiques des mathématiques du XXe siècle.

Que dire de la stratégie utilisée sinon que l'on est loin des conseils que le prudent Descartes dispensait dans ses *Règles pour la direction de l'esprit* :

« Si dans la série des choses à rechercher, il s'en présente quelqu'une dont notre entendement ne puisse avoir suffisamment bien l'intuition, il faut s'arrêter là, il ne faut pas examiner ce qui suit, mais s'abstenir d'un travail superflu (règle VIII). »

La stratégie globale n'a rien de cartésienne puisqu'on y remplace un problème particulier par un problème infiniment plus général et que l'on attaque celui-ci à coup de conjectures divinatoires. Décidément J. M. Keynes avait bien tort : Newton n'était pas le dernier des magiciens !

RÉFÉRENCES

– KUHN (T.-S.), *La Structure des révolutions scientifiques*, Flammarion, 1983.

– GOLDSTEIN (C.), « Le métier des nombres », in *Éléments d'histoire des sciences*, Bordas 1989.

– GOLDSTEIN (C.), *Le Théorème de Fermat enfin démontré*, La Recherche, Hors série, L'Univers des Nombres, 2-8-1999, p. 21-29.

– HELLEGOUARCH (Y.), *Invitation aux mathématiques de Fermat-Wiles*, Masson, 1997.

– SERRE (J.-P), *Cours d'Arithmétique*, PUF, 1977.

– OESTERLÉ (J.), *Nouvelles approches du théorème de Fermat*, Séminaire Bourbaki 1987-88, n° 694.

– GELBART (S.), « An elementary Introduction to the Langlands Programme », *Bull. Of the Amer. Math. Soc.*, n° 10, 1984, p. 177-219.

– CORNELL (G.), SLIVERMAN (J.H.), STEVENS (G.), *Modular Forms and Fermat's Last Theorem*, Springer, 1997.

– WILES (A.), « Modular Elliptic-Curves and Fermat's Last Theorem », *Annals of Mathematics*, n° 142, 1995, p. 443-551.

– TAYLOR (R.) and Wiles (A.), « Ring theoretic properties of certain Hecke algebras », *Annals of Mathematics*, n° 142, 1995, p. 553-572.

Les fondements des mathématiques

par Jean-Yves Girard

Le formalisme mathématique

Le XIXe siècle est le siècle de la réflexion sur l'analyse — la théorie des fonctions, des dérivées, des intégrales. Un travail impressionnant amène à découvrir, à côté des fonctions classiques comme sin x des « passagers clandestins » : par exemple une courbe sans tangente. Il devient alors nécessaire de se pencher sur la nature des objets mathématiques. C'est à cette question que prétend répondre la *théorie des ensembles* de Cantor, élaborée dans les années 1880, mais qui ne prendra sa forme définitive qu'au début du XXe siècle. La théorie des ensembles permet de reconstruire les nombres réels — utilisés en analyse — à partir des entiers naturels 0, 1, 2, ..., qui eux, sont définis à partir de rien, du moins le pense-t-on : ainsi 0 est l'ensemble vide...

La théorie des ensembles est souvent présentée comme le langage des mathématiques. Rien n'est plus faux : s'il fallait manier les nombres réels en suivant leur définition ensembliste, on ne pourrait plus résoudre... une simple équation du second degré. Ce qui est vrai par contre, c'est que la théorie des ensembles énonce pour la première fois l'unité de principe des mathématiques. Le fait de pouvoir — en principe seulement, mais c'est énorme — ramener toutes les mathématiques à des constructions ensemblistes, nous permet d'utiliser indifféremment des méthodes d'analyse ou d'algèbre — le calcul avec des lettres, des

Texte de la 169e conférence de l'Université de tous les savoirs donnée le 17 juin 2000.

variables, des équations — pour résoudre un problème : elles ne se contrediront pas. Ce qui contraste avec la Physique, constituée d'îlots reliés par des passerelles incertaines*.

Dans cette entreprise d'unification, un rôle central est dévolu à l'arithmétique — la mathématique des entiers naturels. C'est autour de 1900 qu'apparaît l'*Arithmétique* de Peano, un des formalismes les plus puissants qui soient.

L'Arithmétique de Peano AP

Nous allons survoler rapidement le *formalisme* de Peano, ses *termes*, propositions, *axiomes* et *règles*.

Termes : 0 ; $x, y, z\ldots$; St ; $t + t'$; $t \times t'$

Ce qui se lit : un *terme* c'est soit l'expression *zéro* 0, soit une variable x, y, z... soit le *successeur St* d'un terme, soit la *somme* de deux termes $t + t'$, soit le *produit* de deux termes $t \times t'$. Les termes sont la *bureaucratie* des objets, ici les entiers. Ainsi l'entier 6 sera-t-il représenté par *SSSSSS0*... Remarquez la touchante régression à la numération prébabylonnienne, 6 c'est 6 bâtons *S*... c'est ça la modernité !

Propositions : $t = t'$; $\neg P$; $P \vee P'$; $P \wedge P'$; $P \Rightarrow P'$; $\forall x P$; $\exists x P$

Ce qui se lit : une *proposition est* soit une *égalité* $t = t'$ entre deux termes, soit la *négation* $\neg P$ d'une proposition, soit la *disjonction* $P \vee P'$, soit la *conjonction* $P \wedge P'$, soit l'*implication* $P \Rightarrow P'$ de deux propositions, soit une *quantification* « pour tout » $\forall x P$ ou « il existe » $\exists x P$. Les propositions sont la bureaucratie des propriétés. Exemple : le cas d'exposant 3 du théorème de Fermat (on a écrit $t \neq u$; au lieu de $\neg(t = u)$).

$$\forall x \forall y \forall z (x \neq 0 \wedge y \neq 0 \wedge z \neq 0) \Rightarrow (x \times (x \times x)) + (y \times (y \times y)) \neq z \times (z \times z))$$

Le fait d'écrire une proposition ne préjuge en rien de sa vérité : pour la bureaucratie formelle, toutes les propositions sont égales en droit, du moins pour le moment.

Axiomes : $P \Rightarrow P$, $x = x\ldots$

Ces axiomes logiques sont souvent laissés à l'arbitraire des auteurs. Ils n'énoncent rien de très surprenant ; ce qui est par contre surprenant c'est qu'on puisse en faire quelque chose !

$x + 0 = x$; $x + Sy = S(x + y)$; $x \times 0 = 0$; $x \times Sy = (x \times y) + x$; $Sx \neq 0$; $Sx = Sy \Rightarrow x = y$.

---

* Bourbaki a introduit le néologisme *la* Mathématique, dans le même esprit il faudrait dire *les* Physiques.

Ce deuxième groupe d'axiomes définit en quelque sorte somme et produit en termes de 0 et S : par exemple un terme clos (sans variable) sera « démontré » égal à une expression $\overbrace{S \dots S}^{k} 0$ au moyen de ces axiomes. Les deux derniers axiomes sont spéciaux, ils forcent tous les entiers $\overbrace{S \dots S}^{k} 0$ à être distincts.

Règles de démonstration :

$$\frac{P \quad P \Rightarrow Q}{Q} \qquad\qquad \frac{\mathrm{P}[0] \quad P[x] \Rightarrow P[Sx]}{P[y]}$$

Le Modus Ponens est la base de tout raisonnement mathématique : je démontre un lemme P, puis je démontre $\mathrm{P} \Rightarrow Q$ — c'est-à-dire Q sous l'hypothèse P ; en recollant les morceaux, j'obtiens Q. L'induction est spécifique aux entiers : une propriété vérifiée en 0 et « qui passe au successeur » est vraie pour tout entier. Le raisonnement par récurrence est nécessaire, ne serait-ce que pour démontrer l'équation $0 + x = x$. Une démonstration, c'est — en commençant par des axiomes — un enchaînement de règles, de façon à obtenir des théorèmes ; remarquez la précision implacable de la machine.

Mathématiques vs. Informatique

En dépit de certaines prises de position excessives, il est impossible de penser les mathématiques comme une activité purement formelle, bureaucratique : aucune équipe de bureaucrates n'aurait été capable de démontrer le théorème de Fermat en — disons — explorant les possibilités du formalisme Peanien, car il en a fallu des *idées* pour le démontrer, ce théorème ! D'ailleurs la démonstration automatique — par ordinateur — ne fonctionne pas, et ne fonctionnera jamais, à cause de ces fichues idées*.

Par contre, les mathématiques sont bien « formalisables », ce qui veut dire *susceptibles* d'être écrites dans un langage formel — mais seulement en principe, pensait-on. Ce qui n'était qu'un vœu pieux au début du XXe siècle est devenu réalité : les ordinateurs sont maintenant capables de *vérifier* les démonstrations mathématiques. Ça demande beaucoup de travail intelligent de la part du concepteur de logiciel, qui doit interpréter de nombreux raccourcis fulgurants du genre « on voit bien que… », car justement l'ordinateur n'est qu'un *cybercrétin* qui ne voit rien, ne sent rien, et passe

* Le premier théorème d'incomplétude est une réfutation de la démonstration automatique.

son temps à vérifier les parenthèses fermantes comme d'autres à arracher leurs ailes aux mouches.

L'activité de l'ordinateur est vraiment « formelle », rappelez-vous ces doux messages, « syntax error », ou « UNE ERREUR FATALE EST APPARUE À 0028:C000BCED DANS LE VXD VMM(01) +0000ACED » : la précision absolue, sans qu'il y ait de pensée derrière, tels sont les langages informatiques. Le formalisme mathématique est une sorte de langage informatique : on « exécuterait » le langage mathématique en combinant des axiomes et des règles, avec la seule nuance — négligeable pour cet exposé — que le langage informatique est déterministe, — il s'exécute dans un ordre précis — alors que ce n'est pas le cas des mathématiques. Cette analogie est très précieuse, tant qu'on n'oublie pas que le formalisme n'est qu'un aspect des mathématiques.

Venons-y justement, au formalisme, et commençons par les machines, c'est plus facile. Très souvent l'ordinateur se met à mouliner, sans donner la moindre réponse : il calcule, calcule, et n'en sort plus. La question qui se pose (et qui est le problème de base des langages formels) : faut-il attendre, ou faire Ctrl-C, arrêter le programme ? C'est un dilemme vieux comme la ville de Rome : vous attendez le 64 Piazza Venezia, le 64 qui n'arrive pas ; que faire, attendre ou rentrer à pied ? Dans le premier cas on garde intacte la foi, dans le second on a la satisfaction de rentrer chez soi après une petite marche... Question, peut-on détecter la « mise en boucle » de l'ordinateur et donc l'opportunité de faire Ctrl-C ?

La réponse est pleine de bon sens : de même qu'il n'y a aucun service capable de vous dire si le bus finira par arriver, il n'y a aucun moyen de tester la mise en boucle. Une boucle, c'est l'absence d'information à l'état pur, on ne sait rien, mais on pourrait savoir, peut-être dans 10 minutes, 10 jours, etc. La réponse au « problème d'arrêt des programmes » est négative. Elle montre la différence de nature entre « ne pas savoir » et « savoir que non ». Cette nuance essentielle sous-tend la partie classique des fondements mathématiques. On la retrouvera sous diverses formes, en particulier la distinction récessif/expansif et le théorème de Gödel.

La diagonale de Cantor

Dans notre parcours anachronique, retournons en 1880. C'est à ce moment que Cantor, l'inventeur de la théorie des ensembles, met au point une machine infernale, que l'on va retrouver dans toutes les questions de fondements... C'est le paradoxe à l'état natif ; à ce propos, rappelons que $\delta \acute{o} \xi \alpha$ peut se lire « dogme, opinion, intuition... » : il y a donc différentes sortes de paradoxe. Celui de Cantor choque certaines intuitions, comme en son temps l'irrationalité de $\sqrt{2}$.

La question est celle du dénombrement : on sait énumérer les entiers pairs 0, 2, 4, 6,..., une liste infinie d'ailleurs. On saurait faire la liste de tous les programmes dans un langage de programmation donné, par exemple en les rangeant par taille croissante, et à taille égale par ordre alphabétique, mais saurait-on faire une liste de toutes les listes infinies ? La réponse de Cantor, négative, est le célèbre argument diagonal : soient L_1, L_2, L_3,... toutes les listes infinies — disons — de zéros et de uns. Désignons par $L_m[n]$ le n^{ième} élément de la liste L_m ; on peut alors former une liste $M = 1 - L_1[1], 1 - L_2[2], 1 - L_3[3],\ldots$, c'est-à-dire $M[n] = 1 - L_n[n]$. Mais M fait elle-même partie de la liste, soit $M = L_N$, et on conclut que $L_N\,[N] = \mathrm{M}[N] = 1 - L_N\,[N]$, rideau !

L'expansivité

La question générale qui se pose pour les langages formels est la suivante : peut-on traiter les informations négatives ? Par information négative, j'entends une information absente, par exemple quelque chose qui n'a pas été énoncé. Dans les années 1960, des informaticiens peu inspirés ont cru répondre positivement, en prenant l'exemple de ces cases que l'on ne remplit pas, et qui sont interprétées par des options par défaut : la machine verrait qu'on ne répond pas...

C'était aller bien vite en besogne, en négligeant ce petit détail : on ne remplit pas la case, « mais on appuie sur la touche **Retour** », ce qui a pour conséquence de dire à la machine : « je n'ai pas répondu ». Une fois reçu ce message, elle peut continuer, sinon elle attendrait comme un bon toutou. Nous revoilà en train d'attendre un bus, et de retour... au problème d'arrêt. Et c'est justement le paradoxe de Cantor qui permet de démontrer l'impossibilité du « test de mise en boucle », c'est-à-dire l'impossibilité de traiter des informations négatives.

Ce type de comportement des langages informatiques, on va l'appeler *expansivité* : ils sont expansifs, car ils n'acceptent que de l'information positive, et plus on leur en donne, plus ils sont contents, c'est-à-dire plus ils nous donnent de réponses : pensez à une recherche de fichiers sur un ordinateur.

Le langage mathématique est expansif pour les mêmes raisons : il accumule les théorèmes, et plus il en a, plus il en produit. Ce n'est pas le cas général, pensez à la médecine : une vérité médicale c'est une vérité qu'on n'a pas encore infirmée, voyez le sang contaminé, ou le débat sur les OGM : en médecine la vérité est plutôt récessive, elle s'amenuise avec l'information.

Les paradoxes

Comme nous l'avons dit, il y a plusieurs sortes de paradoxes. Les plus profonds sont les paradoxes de l'intuition, qui souvent résistent à toute tentative de réduction. La courbe sans tangente, ou encore la courbe de Peano qui passe par tous les points d'un carré et qui nous fait douter de la différence entre une ligne et un plan, ce sont de vrais paradoxes de l'intuition.

Mais il y a aussi les paradoxes formels, moins profonds peut-être, mais plus spectaculaires. Ainsi le paradoxe de Russell* (1905) produit une contradiction dans la théorie des ensembles naïve**. On rappelle que cette contradiction est obtenue en considérant l'ensemble $X = \{x \; ; \; x \notin x\}$, pour lequel on peut démontrer à la fois que $X \in X$ et que $X \notin X$. Le principe de logique $P \wedge \neg P \Rightarrow Q$ nous dit d'autre part que d'une contradiction on peut déduire n'importe quoi ce qui brise le ressort du formalisme.

Dès 1900, le grand mathématicien Hilbert propose de démontrer la *cohérence* (c'est-à-dire la non-contradiction) de l'arithmétique **AP**. Vers 1920, il récidive avec un programme « finitiste » très élaboré, dont nous allons reparler. Il s'agit bien d'une réduction des paradoxes aux seuls paradoxes formels, en négligeant ceux de l'intuition ; il est vrai que les paradoxes formels sont plus graves sur le moment, mais ceux de l'intuition perdurent. C'est un peu comme si l'on menait une guerre en ne nourrissant que le front, sans se soucier de l'arrière...

La récessivité

Drôle d'idée que de démontrer la cohérence des mathématiques par des méthodes mathématiques. C'est comme un Parlement qui voterait sa propre amnistie. Hilbert ne tombe pas tout à fait dans ce panneau : on n'a pas droit à toutes les méthodes disponibles dans **AP**, seulement à un petit noyau incontestable de méthodes « finitistes ». Ce n'est pas vraiment le Parlement qui décrète l'amnistie, c'est une commission parlementaire faite de « sages ».

Ce club de sages, c'est essentiellement les propriétés *récessives*. Il s'agit d'identités universelles, du genre $\forall n \; (n+1)^2 = n^2 + 2n + 1$, ou encore $\forall a,b,c, \; abc \neq 0 \Rightarrow a^3 + b^3 \neq c^3$.

---

* Bertrand Russell qui s'est illustré dans bien d'autres domaines.
** Théorie corrigée depuis en la théorie **ZF** de Zermelo-Fraenkel.

Par exemple, on pourrait essayer de montrer qu'un théorème a *toujours* (propriété récessive) un nombre pair de symboles ; si P est démontrable, il a donc un nombre pair de symbole et sa négation $\neg P$ qui en a un nombre impair n'est pas démontrable... Mais c'est vraiment trop naïf !

Le Popperisme

Le philosophe néo-positiviste Popper a repris à son compte et développé les thèses de Hilbert. Selon lui, un énoncé scientifique n'a de valeur que s'il existe un protocole capable — en principe — de le « prendre en défaut ». Ce qui se justifie à peu près avec les lois de la physique, que l'on vérifie à un certain degré de précision, ce protocole de vérification étant susceptible de prendre la loi en défaut. Cette approche avantage des activités para-scientifiques comme la médecine, le « jusqu'ici ça va » étant l'exemple même de scientificité selon Popper. Il semble tout de même qu'un bon conducteur c'est celui qui connaît son code... et non pas celui qui n'a pas (encore eu) d'accident.

En mathématiques, vérifier à la précision $1/N$, c'est vérifier jusqu'à l'entier N, par exemple vérifier $(n + 1)^2 = n^2 + 2n + 1$ pour $n < 10^{10}$. On voit que le Popperisme mathématique accorde un sens aux seuls énoncés récessifs, tout comme Hilbert. Au fait, la cohérence formelle est une propriété récessive, douée de scientificité selon Popper : on peut la résumer par « jusqu'ici pas de contradiction ». Elle a effectivement un protocole de mise en défaut, la découverte d'une contradiction, qui pourrait en l'occurrence être écrite noir sur blanc, comme c'est d'ailleurs arrivé avec le paradoxe de Russell. Que la cohérence soit récessive ne devrait guère nous étonner : Hilbert n'allait pas refuser toute signification à sa propriété favorite, la cohérence.

La relation entre récessif et expansif est simple : une propriété est expansive quand sa négation est récessive. Exemple « être démontrable »* est expansive, alors que « ne pas être démontrable** » est récessive.

Le théorème de Gödel

Le formalisme est lui-même un objet mathématique, remarque Hilbert dès 1904. Cela vient de la rigueur implacable des langages formels ; de plus cette remarque est une pièce essentielle du

* Et rappelons-le « le bus arrive ».
** Ainsi que « le bus ne viendra pas ».

programme de Hilbert, qui veut utiliser des moyens mathématiques pour arriver à ses fins.

Bizarrement il faut attendre 1931 et le logicien Gödel pour que cette remarque soit vraiment prise au sérieux :

Les *objets* du formalisme de **AP**, termes, propositions, sont représentés par des « nombres de Gödel » : $\ulcorner t \urcorner$, $\ulcorner P \urcorner$. « Banale » énumération des propositions, dans laquelle certains ont voulu voir des significations cachées, quasi numérologiques. Enfin, pas si banale que ça si on pense aux difficultés techniques auxquelles s'est heurté Gödel à l'époque.

Les *propriétés* du formalisme sont représentées par des propositions de l'arithmétique de Peano **AP**, ainsi « P est démontrable » devient $\neg Thm_{\mathrm{AP}}[\ulcorner P \urcorner]$, tandis que « **AP** est cohérente » devient $Coh_{\mathbf{AP}}$. Ces propositions n'ont pas de sens arithmétique immédiat.

Un recyclage somme toute assez facile de la diagonale de Cantor permet alors de produire une proposition G qui est littéralement $\neg Thm_{\mathrm{AP}}[\ulcorner G \urcorner]$, c'est-à-dire sa non-prouvabilité. S'achemine-t-on vers une nouvelle version du paradoxe du menteur « Je mens » et donc vers une contradiction de **AP** ?

Non : rien ne nous dit que vérité et prouvabilité coïncident, et alors « Je ne suis pas prouvable » ne veut plus dire « Je ne suis pas vrai ». En regardant de près, il y a une seule possibilité de s'en sortir, c'est-à-dire de préserver la cohérence de **AP** : c'est que G soit vraie, auquel cas elle n'est pas prouvable. C'est ce qu'on appelle le premier théorème d'incomplétude.

Un travail pervers de… formalisation du premier théorème mène au second théorème : on peut prendre pour proposition vraie, mais non prouvable, la proposition $Coh_{\mathbf{AP}}$ qui exprime la cohérence de **AP** : « Si **AP** est cohérente, elle ne prouve pas sa propre cohérence ».

Il importe de remarquer que G, tout comme $Coh_{\mathbf{AP}}$ sont récessives, mais non prouvables. Par contre la prouvabilité de G, comme celle de $Coh_{\mathbf{AP}}$ est expansive. G, $Coh_{\mathbf{AP}}$ ne sont donc pas équivalentes à leur prouvabilité : c'est la distinction entre récessif et expansif, c'est la différence entre ne pas savoir et savoir que non, entre ne pas pouvoir démontrer et démontrer que non. On en est toujours au problème d'arrêt, en résumé :

RÉCESSIF ≠ EXPANSIF

VRAI ≠ PROUVABLE

P NON DÉMONTRABLE ≠ $\neg P$ DÉMONTRABLE.

Négations et négationnistes

Un tel résultat ne vous vaut pas beaucoup d'amis. Les réactions au théorème de Gödel furent vives, et presque toutes de nature négative, voire négationniste. Commençons par ceux qui produisent régulièrement des réfutations du théorème de Gödel. C'est compatible avec une certaine vision du Popperisme, pour laquelle tout est faux, il suffit d'attendre, tous des pourris d'ailleurs... Une réfutation du théorème de Gödel — par ailleurs démontré — induisant une contradiction dans **AP**, on voit que ces personnes — au demeurant particulièrement stimulées par le millésime 2000 — ne cherchent rien d'autre qu'à démolir cet échafaudage prétentieux, les mathématiques. La réfutation du théorème de Gödel, c'est leur « gaz sarin » à eux. Mais vous pouvez dormir sur vos deux oreilles, car n'est pas le Capitaine Némo qui veut...

D'ailleurs qui réfute le théorème le renforce : en effet **AP** devient contradictoire, mais le théorème c'est « si **AP** est cohérente... », et comme du faux on déduit n'importe quoi... Ce théorème est insubmersible ! En particulier, il n'y a aucun protocole susceptible de le mettre en défaut ; il n'aurait donc aucune scientificité si on suit Popper... à moins que ce ne soit le Popperisme qui manque d'envergure !

Après les clowns, les nostalgiques de la « solution finale » — pour reprendre cette expression typique du scientisme allemand — du problème de la cohérence. Là c'est plus tordu, on salue en Gödel le plus grand logicien de tous les temps, on monte en épingle les bizarreries des nombres de Gödel, on en fait une espèce de super-puzzle. Cet ensevelissement sous les fleurs est caractéristique de ce monument de vulgarité « Gödel-Escher-Bach ». Le message implicite est clair, le théorème de Gödel est un résultat artificiel, contre nature, qui ne peut altérer la marche triomphante de la science positive.

Pourtant il est bien simple ce théorème. Il dit que le Parlement ne peut pas se faire amnistier par une sous-commission, même pas par lui-même : il faut au moins qu'il s'adjoigne des membres extérieurs, n'est-ce pas le bon sens ? Ou encore, qu'on ne peut pas revisser ses lunettes en les gardant sur le nez.

Évidemment ce n'est pas tous les jours que le bon sens peut s'exprimer de façon aussi radicale. Mais il faut bien dire que Hilbert avait tendu une sacrée perche en cherchant une solution formelle au problème de la cohérence. En fait le formalisme se réfute lui-même par saturation de simplifications scientistes : démontrer la cohérence dans les mathématiques. Vous l'avez voulu, Georges Dandin !

Le post-Gödelisme

Ce qui est le plus critiquable dans l'idéologie formaliste, c'est ce rôle central tenu par la cohérence. Comme le faisait remarquer le logicien Kreisel, qui a beaucoup œuvré contre les abus du formalisme : « Les doutes quant à la cohérence sont plus douteux que la cohérence elle-même ». D'autre part il y a tant et tant de théories cohérentes sans le moindre intérêt qu'on ne voit pas la raison de s'obnubiler sur cet aspect relativement marginal des formalismes. D'ailleurs que dirait-on d'un contrôle technique des véhicules qui ne s'intéresserait qu'à une seule question, la bonne marche du moteur, et qui laisserait passer des voitures sans direction, sans freins ?

La cohérence, malgré tous les efforts de réflexion, reste un sujet hautement idéologique : « Je sais qu'une démonstration de cohérence de **ZF** n'a pas de valeur, mais ça me rassurerait d'en voir une ».* Rassurer contre quel danger et par quelles méthodes ? Au même titre que ce produit indémodable, l'assurance contre l'« explosion de la Terre ». Alors il n'est pas étonnant qu'on cherche toujours à prolonger le programme de Hilbert, quitte à le replâtrer un peu.

Ce qui est le plus étonnant, ce n'est pas tant ce besoin de croire des épigones de Hilbert, mais la réussite paradoxale de certains travaux, comme ceux de Gentzen dans les années 1930. Conçus en vue d'un replâtrage du programme de Hilbert, ils n'ont rien replâtré du tout. Par contre, ils ont amené — mais beaucoup plus tard, disons après 1970 — un renouveau de la problématique des fondements.

Comment relisons-nous Gentzen de nos jours ? Son travail, qui porte sur l'étude de l'interaction entre une preuve de P et une preuve de $\neg P$ (en cas de contradiction), se traduit informatiquement en l'interaction entre un programme (correspondant à la preuve de P) et son environnement (correspondant à la preuve de $\neg P$), typiquement entre un argument et une fonction. C'est ce qu'on a appelé le paradigme de Curry-Howard (~1970).

Ces idées devaient être raffinées au moyen de la logique linéaire (~1985), qui introduit une symétrie entre le programme et son environnement. La nouveauté par rapport à la logique ancienne (dite maintenant *classique*) est qu'il s'agit d'un point de vue procédural (la logique linéaire ne réfère à ses propres procédures) et non plus réaliste (la logique classique réfère à une « réalité » externe).

La ludique ou l'extinction du Popperisme

La logique linéaire explique les mathématiques de façon ludique, comme une espèce de jeu.

* Propos tenus par le logicien formaliste K. Schütte à l'auteur, 1972.

Deux machines $\mathfrak{M}$, $\mathfrak{N}$ discutent en vase clos. Chacune peut choisir un *dessein*, c'est-à-dire un programme qui « teste l'autre ». Alors :

Consensus : Soit, au bout d'un moment l'une des deux finit par jeter l'éponge.

Dissensus : Soit, elles se chamaillent à l'infini.

Nous dirons que $\mathfrak{M}$ et $\mathfrak{N}$ ont des comportements *duaux* quand $\mathfrak{M}$ ne se permet que les desseins *consensuels* avec les desseins de $\mathfrak{N}$, et *vice-versa*.

$\mathfrak{M}$ correspond à l'interprétation procédurale suivante : pour tout test dans $\mathfrak{N}$, c'est moi qui ai (avec le dessin que j'ai choisi) le dernier mot dans l'interaction. Ça ressemble à du Popperisme, passer une infinité de tests, mais ce n'en est pas. En effet, quels sont donc ces tests de $\mathfrak{N}$? Ce sont ceux pour lesquels il n'y a pas dissensus (c'est-à-dire récusation) avec un dessein de $\mathfrak{M}$; $\mathfrak{M}$ a dans sa besace d'autres desseins qui ne sont pas là pour avoir le dernier mot, seulement pour récuser certains tests embarrassants. La nouveauté par rapport au Popperisme, c'est donc que la notion-même de test est testable, ce qui permet de sortir du carcan récessif/expansif. On peut en principe donner un sens interactif à toutes les mathématiques courantes.

Les desseins sont des sortes de démonstration dans laquelle on se permet une erreur de logique, très volontaire : le *daimon* ✠, celui qui jette l'éponge, celui qui n'attend pas le bus ; c'est une espèce d'axiome sauvage. Les mathématiques s'expliqueraient finalement hors de toute réalité externe, par une interaction entre objets (les desseins) de même nature, une dualité moniste.

Les ondelettes et la révolution numérique

par Yves Meyer

La mode des ondelettes

Les ondelettes sont à la mode et c'est pourquoi on m'a demandé d'en parler à l'Université de tous les savoirs.

Les ondelettes sont à la mode, car elles sont utilisées dans les « nouvelles technologies » (multimédia, nouveau standard de compression des images numériques, etc.). Nous y reviendrons.

La mode des ondelettes est un phénomène international. En ouvrant le dernier numéro (mai 2000) des *Notices of the American Mathematical Society*, on y découvre, à la page 571, Ingrid Daubechies, recevant un prix pour ses travaux sur les ondelettes et, à la page 570, Ronald Coifman décoré par le Président Clinton pour ses contributions à l'analyse par ondelettes.

Les ondelettes sont à la mode, comme l'ont été le chaos, les fractales, la théorie des catastrophes. Dans tous ces exemples, les recherches sont motivées par certains phénomènes complexes, que l'on observe réellement dans la nature, et qu'il s'agit d'étudier et d'analyser.

Ici nous opposons volontairement « nature » à « laboratoire ». Prigogine écrit dans *Les Lois du chaos* : « Ce qui nous intéresse aujourd'hui, ce n'est pas nécessairement ce que nous pouvons prévoir avec certitude. La physique classique s'intéressait avant tout aux horloges, la physique d'aujourd'hui plutôt aux nuages. »

La physique dont parle Ilya Prigogine a pour finalité d'élucider les phénomènes naturels. Benoît Mandelbrot dit à peu près la même chose : « Le monde qui nous entoure est très complexe. Les

Texte de la 170e conférence de l'Université de tous les savoirs donnée le 18 juin 2000.

instruments dont nous disposons pour le décrire sont limités. » Les formes des nuages conduiront Mandelbrot aux fractales.

Le mathématicien René Thom se propose d'explorer la morphogenèse, l'apparition de formes ou celle d'événements imprévus à l'aide de la « théorie des catastrophes ». Certains chercheurs pensent que cette théorie est aussi utile à la linguistique qu'à l'étude de l'apparition des révoltes dans les prisons.

David Ruelle a, en un sens, été l'auteur de la « théorie du chaos déterministe » qu'il applique, avec succès, à l'étude de la turbulence, autre phénomène naturel très mal compris. La turbulence concerne l'apparition des tourbillons dans l'écoulement d'un fluide ou celle des tornades dans l'écoulement atmosphérique.

Ces mêmes remarques conviennent aux ondelettes. La « théorie des ondelettes » est elle aussi motivée par l'étude des phénomènes naturels. Les motivations concernent le signal de parole, la musique, l'image, les processus de la vision humaine, etc.

Le succès de ces théories auprès du grand public vient de ce qu'elles étudient la complexité du monde familier qui nous entoure : elles nous parlent du temps, de l'espace, de la causalité, de l'avenir effrayant et imprévisible, des formes des nuages, de la structure des langues et de tant d'autres choses qui nous touchent.

Le chercheur n'est plus retranché dans sa tour d'ivoire où, solitaire, il se penchait sur des artefacts qu'il avait lui-même créés. Certains scientifiques, comme Pierre-Gilles de Gennes, se félicitent de cette évolution de la science vers des choses immédiates, simples en apparence, mais fort complexes au demeurant.

Cependant ces quatre théories (ondelettes, chaos, etc.) n'ont pas une bonne réputation auprès de certains scientifiques, car elles parlent davantage la langue de la poésie que celle de la science. Nous retrouverons cependant cette langue de la poésie ou même de la prophétie dans le programme scientifique de Joseph Fourier, décrit plus loin. On objecte aussi que ces théories ouvrent des perspectives trop étendues et que, le plus souvent, les schémas intellectuels qu'elles suggèrent ne dépendent pas du contexte scientifique et sont les mêmes pour toutes les disciplines, ce qui paraît suspect. En outre, beaucoup de travaux utilisant ces nouveaux schémas sont de qualité très moyenne.

David Ruelle écrit dans *Hasard et Chaos* : « Revenons au succès qu'a eu la théorie du chaos. Ce succès a été bénéfique pour les mathématiques où la théorie des systèmes dynamiques a profité des idées nouvelles sans dégradation de l'atmosphère de la recherche (la difficulté technique des mathématiques rend la tricherie difficile). En physique du chaos, malheureusement, le succès a été de pair avec un déclin de la production de résultats intéressants, et cela malgré les annonces triomphalistes de résultats fracassants. »

Ces remarques s'appliquent aux ondelettes. Alors le chercheur se méfie. Il se méfie des constructions intellectuelles dont le propos est de tout expliquer. Il se méfie des ondelettes. Tout cela devient fort inquiétant, il faut en savoir plus et nous sommes amenés à nous poser les quatre questions suivantes sur le statut des ondelettes :

— Les ondelettes sont-elles une invention pratique, comme celle de la roue ? (Il n'y a évidemment pas de science de la roue, mais, depuis qu'elle a été inventée, son usage n'a jamais cessé.)

— Les ondelettes sont-elles une théorie ? Si c'est le cas, à quel secteur scientifique cette théorie appartient-elle ? Comment la théorie des ondelettes peut-elle être vérifiée ou infirmée ?

— Une troisième possibilité existe. Le succès des ondelettes serait, comme celui des fractales et du chaos, dû à un malentendu. Par un effet pernicieux de la vulgarisation, un outil scientifique dont l'usage devrait être limité à un certain contexte est mis « à toutes les sauces ». Doit-on parler d'imposture ?

— En sens inverse, certains succès obtenus par les ondelettes illustreraient-ils ce que les Anglo-Saxons appellent la « fertilisation croisée » ?

Quelques mots d'explication : il arrive que certains secteurs de la science moderne soient fécondés par des greffes de méthodes ou de concepts provenant d'une discipline différente. Par exemple, la vitesse issue de la mécanique est devenue la « dérivée » des mathématiciens et sert aujourd'hui à étudier toute modification d'un phénomène dépendant d'un ou de plusieurs paramètres. Il n'y a ici aucune supercherie.

Ces problèmes étant posés, nous allons essayer de les résoudre en utilisant une approche historique. Les travaux contemporains sur les ondelettes sont, en fait, issus de trois programmes scientifiques. En analysant ces programmes, nous aurons la surprise d'y découvrir cette même ambition d'aborder tous les savoirs que certains critiquent dans la « théorie des ondelettes ». On y trouve les mêmes enjeux, les mêmes défis et les mêmes risques d'imposture que dans les quatre théories précédentes.

Nous remonterons d'abord à Joseph Fourier. Il a proposé un programme scientifique interdisciplinaire que nous analyserons de façon détaillée dans la section suivante.

Nous examinerons ensuite le programme de l'Institute for the Unity of Science. Aussi prophétique que celui de Fourier, et encore plus ambitieux, ce programme englobait ce qui s'appelle aujourd'hui les sciences cognitives et a conduit à la conception, puis la construction, des premiers ordinateurs. La réflexion théorique a précédé la technique !

Nous en viendrons enfin au remue-ménage déclenché par Jean Morlet. En 1981, alors qu'il était encore ingénieur de recherche chez Elf-Aquitaine, il a proposé les ondelettes « temps-échelle » comme un outil permettant de mieux analyser certains signaux sismiques.

L'étude des chemins qui ont conduit, à travers l'histoire, aux travaux contemporains nous permettra de répondre enfin aux quatre questions que nous avions posées. Ce sera notre conclusion.

Le programme de Fourier

Il importe de débuter par le programme de Fourier, car la découverte des ondelettes se situe dans la logique même de ce texte visionnaire.

En 1821, il y a presque deux siècles, Joseph Fourier écrivait dans son célèbre *Discours préliminaire* :

« L'étude approfondie de la nature est la source la plus féconde des découvertes mathématiques. Non seulement cette étude, en offrant aux recherches un but déterminé, a l'avantage d'exclure les questions vagues et les calculs sans issue : elle est encore un moyen de former l'analyse elle-même, et d'en découvrir les éléments qu'il nous importe le plus de connaître...

Considérée sous ce point de vue, l'Analyse mathématique est aussi étendue que la nature elle-même ; elle mesure le temps, les forces, les températures... Son attribut principal est la clarté ; elle n'a point de signes pour exprimer les notions confuses. Elle rapproche les phénomènes les plus divers et découvre les analogies les plus secrètes qui les unissent.

Si la matière nous échappe, comme celle de l'air et de la lumière par son extrême ténuité, si les corps sont placés loin de nous, dans l'immensité de l'espace, si l'homme veut connaître le spectacle des cieux pour des époques successives que séparent un grand nombre de siècles, si les actions de la gravité et de la chaleur s'exercent dans l'intérieur du globe solide à des profondeurs qui seront toujours inaccessibles, l'Analyse mathématique peut encore saisir les lois de ces phénomènes. Elle nous les rend présents et mesurables, et semble être une faculté de la raison humaine destinée à suppléer à la brièveté de la vie et à l'imperfection des sens ; et, ce qui est plus remarquable encore, elle suit la même marche dans l'étude de tous les phénomènes ; elle les interprète par le même langage, comme pour attester l'unité et la simplicité du plan de l'Univers, et rendre plus manifeste cet ordre immuable qui préside à toutes les causes naturelles. »

Il faut observer que Fourier donne aux mathématiques un rôle très original. Loin de placer les mathématiques au-dessus des autres sciences, il demande, au contraire, que la recherche en mathématique soit nourrie par des problèmes scientifiques. Cette position s'oppose à celle de Richard Dedekind, reprise par Jean Dieudonné, où les mathématiques sont isolées des autres sciences et étudiées pour « l'honneur de l'esprit humain ».

Un des usages les mieux connus de l'analyse de Fourier est l'analyse et la synthèse des sons, à l'aide des sons purs. Un son est caractérisé par sa hauteur, son intensité et son timbre. L'utilisation des séries de Fourier permet de décomposer les sons en sons purs et, ce faisant, d'en déterminer et calculer les caractéristiques. Le timbre d'un son est caractérisé par l'intensité relative de ses harmoniques. Le rôle de l'analyse de Fourier est de déterminer ces harmoniques et, pour cette raison, l'analyse de Fourier est souvent appelée analyse harmonique.

Ces sons purs sont définis à l'aide d'un seul paramètre, à savoir la fréquence. Ce sont des vibrations parfaites, éternelles, sans début ni fin, émises depuis l'origine des temps et qui dureront toujours. Si l'on admet les formules de Fourier, exactes pour le mathématicien, mais contestables pour l'acousticien, alors les commencements et les interruptions des sons que l'on entend seraient dus à des interférences destructives, créant le silence à partir d'une opposition exacte de phases.

On pourrait représenter l'analyse de Fourier comme un orchestre idéal dont chaque instrumentiste jouerait indéfiniment la même note ; le silence serait alors obtenu par des sons qui s'annuleraient exactement les uns les autres et non par l'absence de son. Bien entendu, ce n'est pas ainsi qu'un orchestre joue ou cesse de jouer et la variable temporelle doit avoir un rôle beaucoup plus actif et dynamique.

Cette décomposition des sons en sons purs est donc imparfaite, car elle ne rend pas compte, dans le cas de la musique, des sons complexes produits par l'attaque de l'instrument, par la recherche de la note et, plus généralement, elle est inadaptée à l'étude des sons transitoires et des bruits divers. L'analyse de Fourier n'est réellement efficace que si elle est limitée à l'étude des phénomènes périodiques ou, plus généralement, stationnaires.

C'est pour prendre en compte d'autres phénomènes qui ne sont pas stationnaires et, plus particulièrement, des phénomènes transitoires que l'analyse de Fourier a été modifiée, améliorée, et c'est ainsi que les ondelettes « temps-fréquence » sont nées.

Elles s'opposent aux ondes parce qu'elles ont, comme les notes d'une partition de musique, un début et une fin. L'analyse par ondelettes a donc pour modèle la partition musicale où la durée des notes est indiquée en même temps que leur hauteur. Mais l'analyse par ondelettes a pour ambition d'être une description exacte et non symbolique de la réalité sonore. En ce sens elle est plus proche du disque compact audio que de la partition car la synthèse qui fait partie de l'analyse par ondelettes est automatique et n'a pas besoin d'être interprétée.

Les ondelettes qui conviennent au signal audio avaient été recherchées, dès 1945, par Léon Brillouin, Dennis Gabor et John von Neumann et nous reviendrons sur ces recherches dans la section suivante. Mais ces pionniers avaient fait des choix arbitraires, basés sur des *a priori* contestables. Les ondelettes de Gabor ou « gaborettes » sont des signaux ondulatoires (c'est-à-dire des cosinus ou sinus), amplifiés ou atténués par une enveloppe gaussienne. On les déplace par des translations qui sont adaptées aux fréquences utilisées. Si l'on utilise seulement des fréquences entières, en progression arithmétique, alors les translations doivent nécessairement être des multiples entiers de 2 πr. Ces choix arithmétiques sont ceux des séries de Fourier. Mais Roger Ballan et Francis Law démontrèrent que ce système ne permettait pas de représenter des fonctions arbitraires. Les ondelettes que l'on utilise aujourd'hui sont plus subtiles. Elles sont nées, en 1987, des travaux de Kenneth Wilson (prix Nobel de physique pour ses travaux sur la renormalisation et les phénomènes critiques). Elles ont été perfectionnées, en 1989, par Ingrid Daubechies, Stéphane Jaffard et Jean-Lin Journé, puis par Ronald Coifman et moi-même en 1990. Signalons aussi les travaux d'Henrique Malvar. Ces ondelettes sont utilisées dans le son numérique Dolby qui aujourd'hui accompagne la plupart des films. Nous reviendrons sur ces avancées technologiques.

L'analyse de Fourier n'est pas seulement utilisée pour analyser les sons, elle s'applique aussi au traitement des images, elle intervient de façon cruciale dans la cristallographie, dans la biochimie et dans des champs de la connaissance si divers et variés qu'il est impossible d'en dresser une liste exhaustive. Fourier en avait l'intuition et sa prophétie s'est réalisée.

Le programme de l'Institute for the Unity of Science

En 1944, avant même que les ordinateurs n'existent, des mathématiciens comme John Von Neumann, Claude Shannon, Norbert Wiener, des physiciens comme Léon Brillouin, Dennis Gabor, Eugène Wigner, et d'autres chercheurs ont proposé et déclenché un programme scientifique dont le but était d'étendre aux sciences cognitives (qui n'existaient pas encore sous ce nom) le formidable mouvement d'unification que les sciences physiques avaient opéré à la fin du XIXe siècle.

Il s'agit de l'unification des problématiques de la mécanique statistique, de la thermodynamique et du calcul des probabilités. De cette unification est née la notion d'entropie. Grâce au concept d'entropie, on put reformuler le second principe de la thermodynamique, à savoir la dégradation irréversible de l'énergie au cours des transformations d'un système supposé isolé. Il y a dégradation parce que l'entropie, mesurant le désordre, augmente inéluctablement.

Dès les années 1945, Claude Shannon eut l'idée d'appliquer ce concept d'entropie à la théorie des communications, en identifiant l'ordre mesuré par l'entropie (en fait, l'ordre est l'entropie affectée d'un signe moins) à la quantité d'information contenue dans un message.

Une seconde découverte majeure de Shannon dans le domaine des télécommunications concerne le débit d'un canal de transmission. Un tel canal, qui préfigure les autoroutes de l'information, est défini par ce que l'on appelle une fréquence de coupure. L'existence de la fréquence de coupure vient des limitations de la technologie. La fréquence de coupure du canal auditif humain est 20 000 hertz. Shannon calcule le volume maximum d'information que l'on peut transmettre par seconde, à l'aide d'un canal dont la fréquence de coupure est fixée, en présence d'un léger bruit.

Le problème de l'encombrement des autoroutes de l'information était ainsi posé. La question suivante est l'utilisation optimale du canal. Comment faire circuler harmonieusement, sans heurt, cette information ? Comme nous l'avons indiqué dans la section précédente, les pères fondateurs (Shannon, Gabor, von Neumann, Brillouin) abordèrent ce problème et les solutions qu'ils découvrirent sont appelées les « ondelettes de Shannon » et les « ondelettes de Gabor ». L'utilisation de ces ondelettes était limitée au traitement de la parole. C'est pourquoi ces ondelettes s'appelaient des « logons » ou éléments de discours. Ces premières solutions ont été améliorées, ce qui a conduit aux bases orthonormées d'ondelettes « temps-fréquence » déjà mentionnées.

Ces recherches étaient motivées par les problèmes posés par les communications téléphoniques. Le traitement de l'image n'était pas au programme de l'Institute for the Unity of Science.

À partir de là l'élan était donné et le programme de l'Institute for the Unity of Science consistait à relier les avancées les plus récentes effectuées dans le domaine des « sciences dures » aux progrès de l'étude de l'organisation structurale des langues naturelles et du vivant. Les sciences dures incluaient toute la physique, la mécanique statistique, l'électronique, la logique mathématique, les premiers balbutiements de la robotique et les premiers essais de compréhension de ce qui allait devenir l'étude de la complexité.

Norbert Wiener publiait, en 1950, un essai intitulé *Speech, language and learning* où il utilisait ses découvertes sur les rétroactions ou *feedbacks*. Le 19 janvier 1951, Wiener et Rosenblith lançaient le programme *Cybernique et Communications* dans le cadre de l'Institute for the Unity of Science. Il s'agissait, en particulier, d'interpréter les modes de fonctionnement du langage et même du cerveau et de la pensée humaine à partir de modèles issus de la logique ou de l'intelligence artificielle. Il s'agissait de comprendre les mécanismes régulateurs de la biologie à l'aide des rétroactions découvertes et étudiées par Norbert Wiener.

L'Institut était une structure souple, un institut sans mur, permettant de financer et de fédérer les travaux des scientifiques qui travaillaient sur ces programmes. Les ordinateurs n'existaient pas encore et leur conception, puis leur réalisation seront directement issus des réflexions de John von Neumann et de Norbert Wiener. Par exemple, Wiener fit le 14 février 1945 une conférence sur « le cerveau et les machines à calculer ».

L'Institute for the Unity of Science est créé en 1946 et cette date n'est pas innocente. Tout d'abord Gabor, von Neumann et Wigner sont tous les trois nés à Budapest. Tous trois ont dû fuir la barbarie nazie.

En outre, le programme de travail de l'Institute for the Unity of Science doit beaucoup aux découvertes sur le management scientifique, issues de l'effort de guerre. Par exemple, Wiener fut conduit à l'étude des rétroactions et de la prédiction statistique dans le cadre de l'aide à la décision des servants des batteries anti-aériennes. Il s'agissait de pointer la pièce d'artillerie sur la position anticipée du bombardier nazi. Ces travaux ont aidé à gagner la bataille de Londres.

Une autre conséquence de l'effort de guerre a été la recherche sur les problèmes posés par la communication et le bruit, à bord des bombardiers alliés. L'Institute for the Unity of Science allait naturellement continuer cet effort et son programme de recherche dans le domaine de la communication portera sur les thèmes suivants : message, signal, information, canal de transmission, circuit, réseau, reconnaissance, bruit. Cette liste est aussi celle des problèmes où les ondelettes ont joué un rôle essentiel.

La découverte, par Jean Morlet, des ondelettes « temps-échelle »

Les ondelettes « temps-échelle » ont vu le jour grâce à un objet et un organisme qui ont joué un rôle fédérateur semblable à celui de l'Institute for the Unity of Science décrit ci-dessus. L'objet est une photocopieuse et l'organisme est un laboratoire propre du CNRS, le Centre de physique théorique de Marseille-Luminy, admirablement situé près des calanques. Cette photocopieuse, qui aurait dû recevoir une médaille du CNRS, était utilisée à la fois par les chercheurs du département de mathématiques et par ceux du département de physique théorique de l'École polytechnique. Jean Lascoux, un physicien d'une culture universelle, photocopiait tout ce qui lui paraissait digne d'être diffusé. Au lieu de manifester de l'impatience pour son usage un peu personnel et excessif de cet instrument de travail collectif, j'aimais attendre qu'il ait fini en discutant avec lui. En septembre 1984, il me demanda ce que j'avais fait pendant les vacances et, après ma réponse, il comprit aussitôt que le travail qu'il était en train de photocopier pouvait m'intéresser. Il s'agissait d'un document de quelques pages écrit par un physicien, spécialiste de la mécanique quantique, Alex Grossmann, et par un ingénieur visionnaire, Jean Morlet, travaillant pour Elf-Aquitaine. Je pris le premier train pour Marseille afin de rencontrer Grossmann, au Centre de physique théorique de Luminy, et c'est ainsi que tout a commencé et que les ondelettes furent créées.

Les programmes scientifiques des premiers congrès sur les ondelettes qui se tenaient à Luminy, près des calanques, étaient aussi ambitieux que celui de l'Institute for the Unity of Science. Nous disposions d'un nouvel instrument d'analyse, capable de plonger au cœur même des signaux transitoires et d'en explorer la complexité : on pense ici à l'attaque d'une note, aux quelques millisecondes où le son se cherche, c'est-à-dire à tout ce qui échappe à l'analyse de Fourier (et aussi aux ondelettes « temps-fréquence »). Cet instrument, nous l'utilisions pour analyser des électroencéphalogrammes, des électrocardiogrammes, des signaux acoustiques, etc. et nous espérions y découvrir ce que personne n'avait su voir. Lors de ces premiers congrès, nous discutions avec des médecins, des musiciens, des physiciens, des ingénieurs et arrivions à recréer l'atmosphère des années 1945, sans même avoir conscience d'imiter l'Institute for the Unity of Science (dont nous ignorions l'existence).

Nous pensions faire des progrès scientifiques décisifs en établissant une atmosphère propice à l'interaction pluridisciplinaire et à la fertilisation croisée. Cette fertilisation croisée n'était pas, à nos yeux, la recherche d'un niveau pauvre, vague et imprécis de communication entre les sciences. Bien au contraire, il s'agissait, pour nous, d'une sorte de mouvement intellectuel où les différentes thématiques scientifiques puissent s'enrichir mutuellement. En relisant les actes de ces congrès, on mesure à quel point nous étions naïfs. Nous étions naïfs, car nous pensions que le nouveau jouet dont nous disposions pouvait résoudre de nombreux problèmes. Aujourd'hui la liste des problèmes résolus par cet outil est un peu plus courte.

Un des problèmes résolus concerne le traitement de l'image. Ces nouvelles ondelettes sont à l'origine du nouveau standard de compression des images fixes (JPEG-2000). Un paramètre d'échelle et un paramètre de fréquence interviennent dans la construction de ces nouvelles ondelettes. L'un est l'inverse de l'autre et cela explique les succès rencontrés en traitement de l'image où cette loi était essentielle.

Si nous avons comparé le climat fiévreux qui a entouré la naissance des ondelettes à celui qui accompagna la création de l'Institute for the Unity of Science, il convient cependant d'être modeste et de souligner que nos travaux étaient beaucoup moins révolutionnaires. En effet, la découverte des ondelettes « temps-fréquence » peut aujourd'hui apparaître comme une simple remarque corrigeant une erreur commise par Gabor et von Neumann. L'usage des ondelettes « temps-échelle » était une aventure plus singulière, car elle ne reposait pas sur une heuristique admise dans la communauté du traitement du signal. Le fait d'analyser un signal unidimensionnel en comparant différentes copies faites à des échelles différentes n'est certainement pas une démarche intuitive.

En revanche, en ce qui concerne l'image, cette même démarche est tout à fait légitime et on a l'habitude d'écrire que l'inverse d'une échelle est une fréquence. En outre, il faut savoir qu'indépendamment des travaux de Morlet et en travaillant dans un contexte tout à fait différent, David Marr a aussi découvert les ondelettes « temps-échelle ». Le traitement de l'image et ses liens avec la vision humaine et la vision artificielle ne faisaient pas partie du programme de l'Institute for the Unity of Science et David Marr a consacré les dix dernières années de sa vie à essayer de comprendre ces problèmes.

Professeur à Cambridge (Royaume-Uni), Marr fut ensuite nommé au MIT (Massachusetts) pour rejoindre une équipe travaillant sur le problème de la vision artificielle qui se révélait crucial pour la robotique. Il s'agit de l'élaboration de décisions à partir des données fournies par les caméras équipant le robot. Les ingénieurs croyaient naïvement que les problèmes seraient simplement résolus en multipliant le nombre des senseurs, mais Marr démontra que la vision est un processus intellectuel complexe, basé sur des algorithmes dont la mise en œuvre nécessite une science nouvelle.

Son livre, intitulé *Vision, A Computational Investigation into the Human Representation and Processing of Visual Information*, est en fait, un livre posthume, écrit pendant les derniers mois de sa lutte contre la leucémie. Marr nous confie son programme scientifique en s'adressant à nous comme à un ami. Chemin faisant, il anticipe les ondelettes de Morlet, il en fournit une représentation analytique précise et prévoit le rôle qu'elles vont jouer en traitement de l'image. Cette partie de l'œuvre de David Marr sera reprise et modifiée par Stéphane Mallat.

Les ondelettes inventées par David Marr et Jean Morlet étaient destinées à remplacer la FFT *(fast Fourier transform)* en traitement de l'image. Mais il fallait pour cela que l'analyse et la synthèse puissent s'effectuer à l'aide d'algorithmes rapides. Ingrid Daubechies et Stéphane Mallat allaient s'illustrer dans la découverte de ces algorithmes qui jouent un rôle essentiel dans les problèmes de la compression et du débruitage.

Aujourd'hui les applications des ondelettes « temps-échelle » couvrent des domaines très variés et, dans une interview au journal *Le Monde* du jeudi 25 mai 2000, S. Mallat cite, en vrac, le nouveau standard de compression des images fixes, l'imagerie satellitaire, Internet, etc.

Un des grands succès des ondelettes concerne le débruitage des sons et des images. Ce succès s'explique de la façon suivante.

Les ondelettes partagent avec le langage une souplesse d'utilisation et de création tout à fait remarquables et qui expliquent leurs succès. Cette souplesse signifie que l'on peut changer de façon presque arbitraire l'ordre des termes sans changer la signification de ce que l'on écrit. Dans le langage des mathématiciens, on dira que les ondelettes forment une base inconditionnelle. Cela se relie aux travaux de deux analystes dont je voudrais évoquer la mémoire. Il s'agit d'Alberto Calderón et d'Antoni Zygmund. L'œuvre de Calderón et Zygmund revit aujourd'hui grâce aux belles découvertes d'Albert Cohen sur les coefficients d'ondelettes des fonctions à variation bornée, découvertes qui fondent l'utilisation des ondelettes dans la compression et le débruitage des images fixes. Les applications des ondelettes aux statistiques ont été un des grands succès de cette théorie. Éliminer le bruit dans un signal était l'une des obsessions des pionniers de 1945. C'est maintenant une réalité scientifique grâce aux travaux de David Donoho et de ses collaborateurs.

La révolution numérique

Comme nous venons de l'indiquer, les ondelettes ont une relation privilégiée avec le traitement de l'image. Par exemple, le nouveau standard de compression des images fixes, le célèbre JPEG-2000, est basé sur l'analyse par ondelettes. Cela nous amène à parler des enjeux de la « révolution numérique ». La révolution numérique envahit notre vie quotidienne, elle modifie notre travail, notre relation aux autres, notre perception des sons et des images. En ouvrant un magazine, on a toutes les chances d'y trouver une apologie des caméras numériques ; ces publicités sont en général bien faites et nous fournissent une première définition de la finalité de la révolution numérique : la possibilité d'agir, d'intervenir sur les images et les sons (les enregistrements sonores, les photographies ou les films dans le cas de la caméra numérique), de les manipuler, de les améliorer, etc. Le son numérique Dolby qui accompagne la plupart des films contemporains est directement issu de la révolution numérique.

Voici quelques autres exemples. Tout d'abord le téléphone est aujourd'hui digital. Digital s'oppose à analogique. En simplifiant, une copie analogique peut être comparée au tirage d'une gravure, d'une eau-forte, à l'aide de la planche de cuivre qui a été burinée par le graveur. On pense aussi au disque microsillon. Dans le cas du téléphone, la copie de la voix s'effectuait à l'aide d'un courant électrique dont les vibrations reproduisaient exactement les vibrations acoustiques émises par le locuteur. La transmission, sur de longues distances, de ce signal électrique se payait par une certaine altération due aux lois de la physique.

Il en résultait des grésillements qui nous renseignaient sur la distance parcourue par le courant électrique, mais qui étaient très désagréables. En revanche, le son numérique ou digital est inaltérable, tout comme le disque compact est inusable.

Reste à savoir comment le son analogique devient digital. Le son digital est un exemple de la numérisation d'une information analogique. Numériser signifie que l'on est capable de coder les vibrations acoustiques (qui constituent un signal continu) à l'aide de longues suites de 0 et de 1. Ce codage s'effectue en deux temps. La première étape est l'échantillonnage qui est une sorte de lecture où l'on ne retiendrait qu'un point sur dix. En principe, sans hypothèse sur le signal continu, il est impossible de se contenter de cette « lecture rapide ». Comme nous l'avons signalé dans la section précédente, Claude Shannon a cependant résolu ce problème au niveau théorique. Mais cette première « lecture rapide » fournit encore un volume trop grand pour pouvoir circuler sans peine sur les « autoroutes de l'information ».

Il faut alors « comprimer » et ce nouveau défi pourrait être comparé au remplissage optimal d'une valise à la veille d'un voyage. Se pose alors le problème de construire les meilleurs codes de compression et de comprendre comment la nécessaire comparaison entre différents codes doit être effectuée. C'est dans ce choix d'un bon code que les ondelettes entrent en jeu.

Un second exemple de la révolution digitale est le disque compact audio, lancé en 1982. En quatre ans, il a détrôné les disques microsillons en vinyle. Ce disque compact audio a été suivi par le CD-Rom dont l'utilisation a bouleversé le multimédia. Le son et l'image peuvent désormais être enregistrés sur le même support. Aujourd'hui le DVD (Digital Versatile Disc) rencontre un succès foudroyant. Malgré un ruineux combat d'arrière-garde des laboratoires de recherche de Thomson, l'image numérique envahit la télévision contemporaine.

D'autres applications actuelles ou prévisibles concernent l'imagerie médicale (l'archivage des mammographies utilisera des algorithmes de compression numérique, basés sur les ondelettes), l'imagerie satellitaire, les images fournies par le télescope Hubble, etc. Bien entendu, le multimédia, le web, sont des produits directs de la révolution numérique.

Pour le grand public, la révolution numérique semble faire partie des technologies de pointe, mais, en se penchant sur son histoire, on voit qu'elle était, en un sens, une composante du programme scientifique de l'Institute for the Unity of Science.

Conclusion

Nous pouvons maintenant répondre aux questions posées dans l'introduction.

Les ondelettes ne sont pas une invention pratique, comparable à la roue, mais elles font partie de ce que l'on appelle aujourd'hui le logiciel, le *software*. Elles jouent un rôle important dans la révolution numérique. Les ondelettes sont aujourd'hui devenues un outil. L'« outil ondelettes » sera peut-être remplacé par un outil plus maniable dans les années à venir. Cet outil ne sera jamais infirmé. De plus l'outil ondelettes est, en réalité, une boîte à outils, comportant des instruments très différents. En outre cette boîte à outils s'enrichit continuellement.

Les ondelettes ont été une théorie, mais ce n'est plus le cas aujourd'hui. Les recherches théoriques sur les ondelettes ont cessé. Pendant près de six ans (1984-1990), Ronald Coifman, Ingrid Daubechies, Stéphane Mallat et moi-même avons réussi à unifier plusieurs lignes de recherche venant de disciplines très différentes : il s'agissait de travaux conduits en traitement du signal, sous le nom de codage en sous-bandes, d'une méthodologie de la physique mathématique appelée « états cohérents », des anticipations de Gabor et de Shannon dans le cadre de l'Institute for the Unity of Science et, finalement, d'une technique de calcul d'usage universel, celle de bases orthonormées. Ces recherches ont conduit à l'écriture de divers logiciels utilisés dans la technologie du traitement du signal et de l'image.

Cette unification a été un grand succès, mais a aussi eu des effets négatifs. Elle a entraîné une croyance presque religieuse dans la pertinence des méthodes basées sur l'analyse en ondelettes. Il y a un usage intempestif des ondelettes, mais cela n'est pas propre aux ondelettes. Comme nous l'avons déjà observé, il y a un usage intempestif des résultats de toutes les grandes aventures intellectuelles.

Certains outils intellectuels peuvent convenir à toutes les sciences, sans pour autant perdre leur précision. Citons en vrac, vitesse, accélération, fréquence, etc. Le sens de ces mots ne dépend pas du contexte utilisé. Les ondelettes pourraient faire partie de cette liste. En effet, comme c'est le cas pour l'analyse de Fourier, l'analyse par ondelettes n'est jamais fausse, elle ne dépend pas du contexte, elle exprime une vérité universelle, mais elle peut manquer de pertinence. Cette vérité universelle est constituée par un ensemble de résultats mathématiques autonomes et rigoureux. Ces résultats s'appliquent donc, en principe, à tous les signaux, quelle que soit leur origine physique. Cela n'implique évidemment pas que cette application soit pertinente.

Notre étude historique nous a appris que l'analyse par ondelettes a des racines historiques profondes, qu'elle est le fruit d'une longue évolution. Ce lent processus évolutif continuera, alors même que les ondelettes auront cessé d'être à la mode, car les problèmes que nous essayons aujourd'hui de résoudre à l'aide des ondelettes existeront toujours.

RÉFÉRENCES

À mon avis, les quatre meilleurs ouvrages sur les ondelettes sont :
– COHEN (A.) et RYAN (R.), *Wavelets and multiscale signal processing*, Chapman & Hall ed., 1995.
– DAUBECHIES (I.), *Ten lectures on wavelets*, SIAM, Philadelphia, 1992.
– MALLAT (S.), *A wavelet tour of signal processing*, Acad. Press, 1998.
– VETTERLI (M.) et KOVACEVIC (K.-J.), *Wavelets and subband coding*, Prentice Hall PTR, Englewood Cliffs, NJ 07632, 1995.
Le lecteur plus orienté vers les mathématiques pourra consulter en version anglaise (refondue et mise à jour) ou en version française :
– MEYER (Y.), *Wavelets and Operators*, Cambridge University Press, 1992.
– MEYER (Y.), *Ondelettes et Opérateurs*, Hermann, 1990.
et enfin nous recommandons la lecture du merveilleux (mais contesté) ouvrage :
– MARR (D.), *Vision, A Computational Investigation into the Human Representation of Visual Information*, W. H. Freeman, 1982.

La théorie des nœuds

par Eva Bayer

Un nœud est l'un des objets mathématiques des plus concrets, des plus faciles à expliquer à un non spécialiste. Prenez une ficelle, nouez-la et fixez les deux bouts ensemble : vous avez un nœud. La ficelle est supposée flexible et extensible. Toute transformation continue, qui ne coupe pas la ficelle, est admissible, c'est-à-dire ne change pas le nœud.

Bien que simple à définir, un nœud peut être un objet très compliqué. Cela suffit déjà à expliquer l'attraction qu'il exerce sur les mathématiciens. Ce qui est beaucoup moins évident, c'est que les nœuds intéressent aussi les physiciens, les chimistes, les biologistes. C'est pourtant le cas, depuis le milieu du XIXe siècle, et c'est encore le cas aujourd'hui.

Comme beaucoup de sujets mathématiques, la théorie des nœuds s'est développée à la fois à cause des perspectives d'applications (en physique, chimie, biologie), et pour des raisons internes aux mathématiques. Comme c'est souvent le cas, les dernières ont été encore plus déterminantes que les premières. Sans vouloir sous-estimer l'intérêt et l'importance des applications de la théorie des nœuds — on en connaît de plus en plus, comme on le verra à la fin de cet article — les mathématiciens se seraient intéressés aux nœuds même s'ils avaient pensé que ceux-ci n'ont aucune utilité en dehors des mathématiques. Beaucoup de mathématiciens sont attirés par la beauté de ses objets, si concrets et pourtant si compliqués, et aussi par le défi que représente la difficulté de leur classification et la résolution de certaines questions simples à formuler, mais difficiles à résoudre. Certains problèmes, posés il y a plus de 100 ans, ont été résolus tout récemment ; d'autres sont

Texte de la 171e conférence de l'Université de tous les savoirs donnée le 19 juin 2000.

toujours ouverts. Les progrès arrivent souvent de façon inattendue, et sont souvent basés sur des idées venant de sujets mathématiques (ou physiques) dont on ne soupçonnait pas qu'ils puissent avoir un rapport avec les nœuds. Tout cela fait de la théorie des nœuds une discipline très active, ouverte aux interactions, qui nous réserve sans doute encore des surprises !

Les débuts : Vandermonde, Gauss, Tait

Dès 1771, Alexandre-Théophile Vandermonde mentionne les nœuds dans son mémoire *Remarques sur les problèmes de situation**. Après lui, le premier mathématicien à s'intéresser aux nœuds serait le mathématicien allemand Carl Friedrich Gauss (1777-1855). Parmi les notes les plus anciennes de Gauss, on trouve des esquisses de nœuds. Par la suite, Gauss a consacré deux articles aux nœuds. Dans le premier, datant de 1833, il définit le « nombre d'enlacements » de deux nœuds. Ce nombre est ce qu'on appelle aujourd'hui un « invariant topologique » : il ne dépend pas des grandeurs, longueurs ou angles, mais seulement des positions relatives. En 1833, le mot « topologie » n'existait pas. On parlait de *geometria situs*, et il n'était pas du tout clair ce que ce concept devait recouvrir. Dans sa note de 1833, Gauss a dit que l'étude de l'invariant qu'il venait de définir serait une des tâches importantes *(Hauptaufgabe)* de la *geometria situs*.

Pour représenter les nœuds sur le plan, on utilise les « diagrammes de nœuds ». On part d'une projection du nœud sur le plan, et on distingue le passage supérieur du passage inférieur lors d'un croisement *(Fig. 1)*. Il est naturel — et très utile — de considérer aussi les nœuds à plusieurs composantes, appelés « entrelacs ». On les représente également par des diagrammes. Le deuxième article que Gauss a écrit sur les nœuds (et entrelacs) est de nature combinatoire, et décrit une façon de coder leurs diagrammes. La méthode de Gauss est fondamentale dans ce domaine.

Le premier a avoir tenté une classification systématique des nœuds est Peter Guthrie Tait (1831-1901). Influencé par la théorie de Lord Kelvin, d'après laquelle les atomes seraient des nœuds dans l'éther, Tait a décidé que l'étude des nœuds était fondamentale pour la physique et y a consacré les trente dernières années de sa vie. Il a défini plusieurs concepts qui sont utilisés encore aujourd'hui. Tout d'abord, il a introduit des « mesures de complexité » du nœud. Le plus important d'entre eux est sans doute le « nombre de croi-

---

* Vandermonde (A.-T.), « Remarques sur les problèmes de situation », *Mémoires de l'Académie Royale des Sciences*, Paris (1771), p. 566-574.

Figure 1

sements » du nœud. Il est défini comme étant le plus petit nombre de croisements d'un diagramme représentant le nœud. Si *N* est un nœud, on notera la somme de *N* son nombre de croisements. On appelle « nœud trivial » un cercle non noué. Le nombre de croisements du nœud trivial est 0. Les nœuds non triviaux les plus simples sont le nœud de trèfle et le nœud de huit *(Fig. 2)*. Le nombre de croisements du nœud de trèfle est 3 ; celui du nœud de huit est 4.

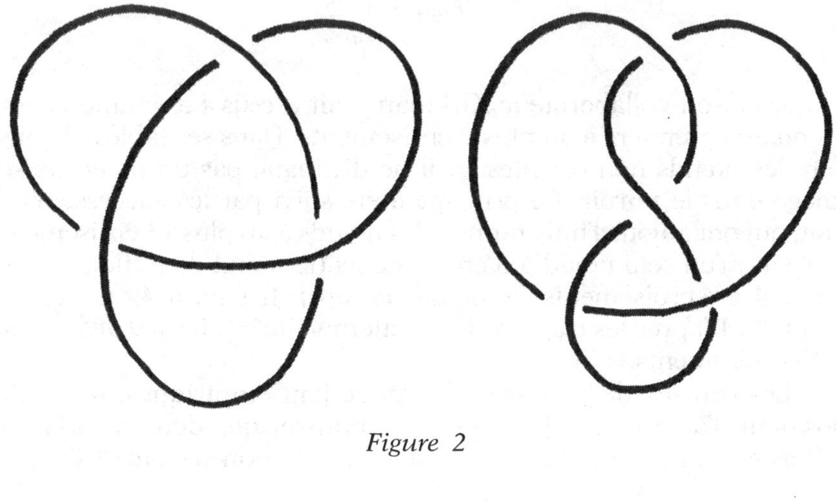

Figure 2

Tait a aussi défini une notion de somme pour les nœuds *(Fig. 3)*. Pour que cette opération soit bien définie, on doit « orienter » les nœuds dont on fait la somme, autrement dit les munir d'un sens de parcours. Si *N* est un nœud, la somme de *N* avec le nœud trivial est égal à *N* : le nœud trivial est donc l'élément neutre par rapport à cette opération. Un nœud est dit « décomposable » si l'on peut l'écrire comme somme de deux nœuds non triviaux. Un nœud non trivial qui n'est pas décomposable est dit « indécomposable », ou « premier ». Tait a constaté expérimentalement que tout nœud se décompose de façon *unique* en tant que somme d'un nombre fini de nœuds premiers. Cela n'a été démontré que beaucoup plus tard par Schubert, en 1949*. Tait n'avait pas à sa disposition les méthodes topologiques nécessaires à cette démonstration.

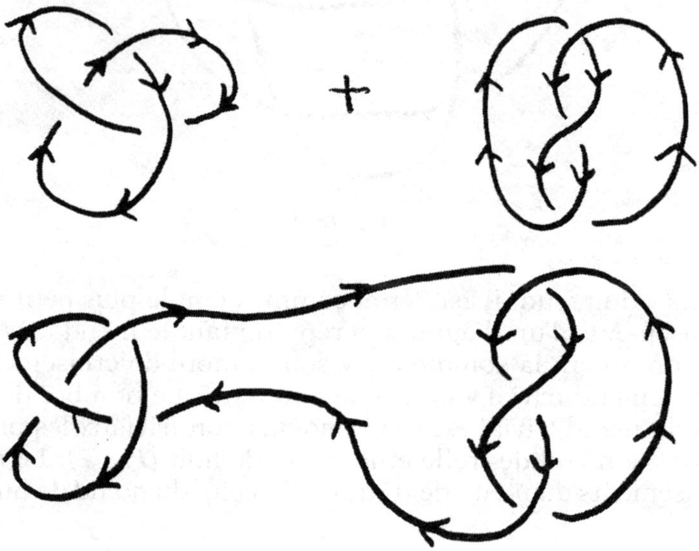

Figure 3

Avec son collaborateur Kirkman, Tait a réussi à énumérer tous les nœuds premiers à au plus 9 croisements. Dans ses tables, il considère les nœuds non orientés, et il ne distingue pas un nœud de son image dans le miroir. Ce principe a été suivi par les successeurs de Tait, qui ont aujourd'hui énuméré les nœuds à au plus 13 croisements. Il n'y a qu'un seul nœud à 3 croisements (le nœud de trèfle), et aussi un seul à 4 croisements (le nœud de huit). Il y en a 49 à 9 croisements**. D'après les travaux de Thistlethwaite***, il y a 9 988 nœuds à 13 croisements.

Les travaux de Tait et Kirkman étaient empiriques. Ils ne disposaient d'aucune méthode pour démontrer que deux nœuds sont différents, ni même qu'il existe des nœuds non triviaux ! Ce n'est

---

* Schubert (H.), « Die eindeutige Zerlegbarkeit eines Knoten in Primknoten », *Sitzungsber. Heidelberg. Akad. Wiss. Math.-Nat. Kl.* (1949), n° 3, 57-104.

** Burde (G.), et H. Zieschang (H.), *Knots*, Berlin, de Gruyter, 1986.

*** Thistlethwaite (M.-B.), « Knot Tabulations and Related Topics », *in Aspects of Topology* James (I.-M.), et Kronheimer (E.-M.), eds., Cambridge University Press, (1985), p. 1-76.

qu'au début du XXe siècle, grâce aux progrès de la topologie, que de telles démonstrations sont devenues possibles.

Tait s'intéressait avant tout aux nœuds « alternés », c'est-à-dire ceux qui admettent au moins un diagramme alterné : un passage inférieur est toujours suivi par un passage supérieur. Le diagramme de la *figure 1* n'est pas alterné. De plus, le nœud qu'il représente n'a aucun diagramme alterné, il n'est donc pas alterné. C'est aussi l'un des exemples les plus simples de nœuds non alternés — en effet, tous les nœuds à moins de 8 croisements sont alternés. Tait avait un certain nombre de « principes » pour classer les nœuds alternés : il s'agit d'énoncés dont il était sûr de la validité, sans pouvoir les démontrer. Aujourd'hui, on les appelle les « conjectures de Tait ». Par exemple, Tait pensait que le « nombre de croisements était additif », autrement dit que si N et N' sont des nœuds, alors $c(N + N') = c(N) + c(N')$. Cela a été démontré en 1987 par Kauffman, Murasugi et Thistlethwaite pour les nœuds alternés*. On ne sait toujours pas si l'égalité vaut aussi pour les nœuds non alternés.

Théorie combinatoire des nœuds : opérations de Reidemeister

La théorie des nœuds a connu un nouvel essor au début du XXe siècle, notamment grâce aux nouvelles méthodes de la topologie : groupe de Poincaré (appelé aussi groupe fondamental), groupes d'homologie, etc. Cela a permis de réaliser de grands progrès. Le lecteur intéressé pourra consulter par exemple les travaux de Burde et Zieschang**, Crowell et Fox*** et Fox****.

En même temps, une autre direction de recherche a aussi beaucoup progressé : il s'agit de la « théorie combinatoire des nœuds ». L'un des problèmes fondamentaux est celui-ci : étant donnés deux diagrammes de nœuds D_1 et D_2, comment décider si les nœuds qu'ils définissent sont les mêmes ? D'une certaine manière, Kurt Reidemeister a apporté une solution à ce problème. Il a défini trois opérations sur un diagramme de nœud, appelés « mouvements de Reidemeister ». Il s'agit de modifier une partie du diagramme, en laissant le reste tel quel. Ces trois opérations ne changent pas le nœud. La première consiste à faire apparaître (disparaître) une

---

* Murasugi (K.), « The Jones Polynomials and Classical Conjectures in Knot Theory », Topology 26 (1987), 187-194.
Murasugi (K.), « The Jones Polynomials and Classical Conjectures in Knot Theory ». II, *Math. Proc. Cambridge Phil. Soc. 102* (1987), 317-318.
** *Op. cit.*
*** Crowell (R.-H.), et Fox (R.-H.), *Introduction to Knot Theory*, Springer Verlag, 1963.
**** Fox (R.-H.), « A Quick Trip through Knot Theory », in *Topology of 3-manifolds and related topics*, Prentice-Hall (1962), 120-167.

petite boucle ; la deuxième à faire apparaître (disparaître) deux croisements jumelés ; la troisième à faire passer une branche au-dessus d'un croisement *(Fig. 4)*. Inversement, Reidemeister* a démontré que « deux diagrammes définissent le même nœud si et seulement si l'on peut passer de l'un à l'autre en faisant un nombre fini de fois les trois opérations ci-dessus ». Malheureusement, on ne sait pas « combien de fois » on doit effectuer ces opérations ! Ce résultat est néanmoins très utile, comme nous le verrons.

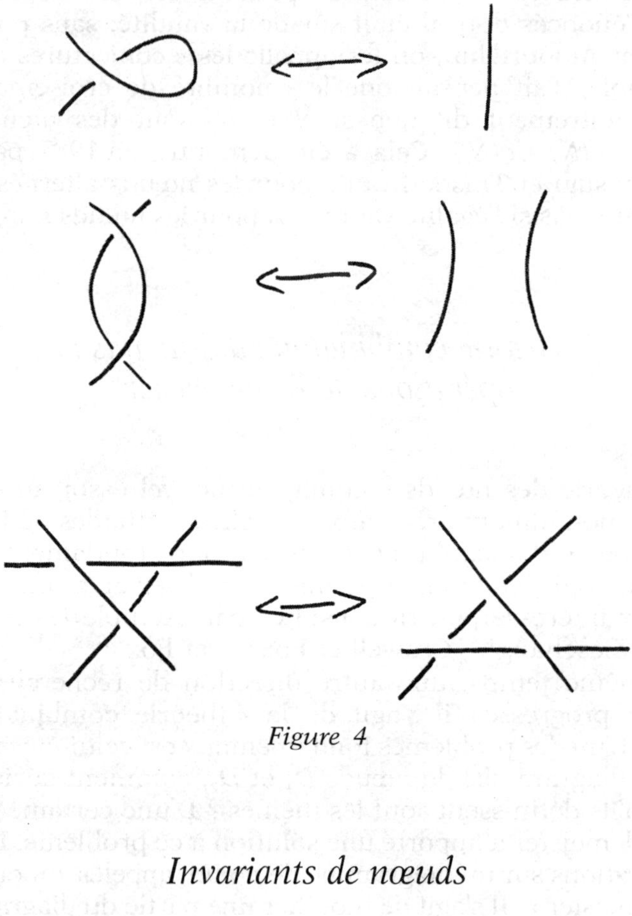

Figure 4

Invariants de nœuds

Pour aborder des problèmes de classification, les mathématiciens utilisent souvent des « invariants ». Un invariant de nœud est un objet qui ne dépend que du nœud, et non de la manière que l'on a de représenter le nœud. Les mesures de complexité définies par Tait en sont des exemples. Ainsi, le nombre de croisements d'un nœud est un invariant. Il y a aussi plusieurs invariants obtenus

* Reidemeister (K.), *Knot Theory*, Chelsea, New York, 1948.

grâce à la topologie algébrique : le groupe du nœud (groupe fondamental du complémentaire), des groupes d'homologie, formes quadratiques et hermitiennes, etc. Ici, nous ne parlerons que d'invariants qui peuvent se décrire grâce à « n'importe quel diagramme du nœud » et qui sont faciles à calculer et à comparer.

L'un des invariants des plus simples, défini par Fox, est donné grâce à la notion de « tricolorabilité ». On dit qu'un diagramme de nœud est tricolorable si l'on peut le colorier en utilisant trois couleurs, en respectant les règles suivantes. Chaque brin doit être colorié d'une seule couleur. À chaque croisement, soit les trois couleurs doivent être présentes, soit une seule couleur doit l'être. Finalement, on doit utiliser au moins deux couleurs sur les trois pour colorier le nœud. On démontre que la propriété d'être tricolorable est un invariant du nœud : autrement dit, soit tous les diagrammes du nœud sont tricolorables, soit aucun ne l'est. Pour cette démonstration, on utilise le théorème de Reidemeister*. En effet, il suffit de vérifier que les mouvements de Reidemeister ne changent pas la propriété de tricolorabilité !

On vérifie facilement que le nœud de trèfle est tricolorable, et que le nœud de huit ne l'est pas. Le nœud trivial n'est pas tricolorable non plus. Ainsi, on peut démontrer que le nœud de trèfle n'est pas trivial, et aussi qu'il est différent du nœud de huit. Cet invariant est donc utile, mais il est très faible : il ne sépare les nœuds qu'en deux classes. Une des démarches de la théorie des nœuds est de chercher des invariants de plus en plus puissants. L'idéal serait de trouver un « invariant complet », c'est-à-dire un invariant qui permet de distinguer tous les nœuds.

Les « invariants polynomiaux » ont pris beaucoup d'importance. Le premier d'entre eux a été défini par J.-W. Alexander en 1928**. Le polynôme d'Alexander n'est pas un invariant complet : par exemple, il ne distingue pas un nœud de son image dans le miroir. Le polynôme d'Alexander du nœud trivial est égal à 1. Il existe aussi des nœuds non triviaux de polynôme d'Alexander 1 — ce polynôme ne permet donc pas toujours de décider si un nœud est trivial ou non. Cependant, c'est un invariant très utile. Par exemple, il permet de distinguer la plupart des nœuds des tables de Kirkman et Tait. Il existe beaucoup de définitions de ce polynôme. Certaines sont combinatoires, et permettent un calcul rapide du polynôme à partir d'un diagramme. D'autres sont basées sur des concepts familiers de la topologie algébrique, et permettent de comprendre cette notion en la situant dans un cadre plus général.

La découverte d'un nouvel invariant polynomial par V.-R. Jones en 1984 a été beaucoup plus surprenante, et a causé une véritable révolution dans la théorie des nœuds. La première définition

---

* Adams (C.), *The Knot Book*, Freeman, 1994.

** Alexander (J.-W.), « Topological Invariants of Knots and Links », *Trans. Amer. Math. Soc. 60* (1928), p. 275-306.

de Jones est basée sur des idées issues de la théorie des algèbres de von Neumann et des algèbres de Hecke, et peut paraître tout d'abord miraculeuse* ! Aujourd'hui, on dispose de plusieurs autres définitions, grâce aux travaux (entre autres) de Kauffman, Witten, et de Jones lui-même. Contrairement au polynôme d'Alexander, on n'en a pas trouvé de définition topologique. Par contre, ce polynôme est lié à des domaines des mathématiques et de la physique dont on ne soupçonnait pas qu'ils puissent avoir un rapport quelconque avec les nœuds. Comprendre ces phénomènes est encore un sujet de recherche en plein développement. Ce polynôme a aussi été à la base de la démonstration des « conjectures de Tait ». Par exemple, le nombre de croisements d'un nœud alterné se lit très facilement à partir de son polynôme de Jones. Ce nouvel outil a donc permis de résoudre des problèmes datant de plus de 100 ans.

D'autre part, il existe aussi une définition de nature combinatoire qui fait apparaître une grande similitude entre les polynômes d'Alexander et de Jones. Il s'agit de la théorie des « invariants d'écheveau », inventée par J. Conway en 1969. La relation d'écheveau est une relation liant les invariants des entrelacs N_+, N_- et N_0, chaque fois que ces trois entrelacs ne diffèrent qu'à un seul croisement, comme dans la *figure 5*. Plus précisément, si P est un invariant à valeurs dans un anneau A (le plus souvent un anneau de polynômes), on dit que P satisfait une relation d'écheveau s'il existe a_+, a_- et a_0 et $\in A$ tels que $a_+ P_{N+} + a_- P_{N-} + a_0 P_{N0} = 0$. Les polynômes d'Alexander et de Jones satisfont tous deux à de telles relations. Il existe aussi un polynôme à deux variables qui permet de retrouver chacun de ces deux polynômes**. Cette belle théorie a cependant ses limites : aucun invariant d'écheveau n'est un invariant complet.

L'approche de Vassiliev, datant de la fin des années 1980, a également apporté une approche nouvelle de la théorie des nœuds.

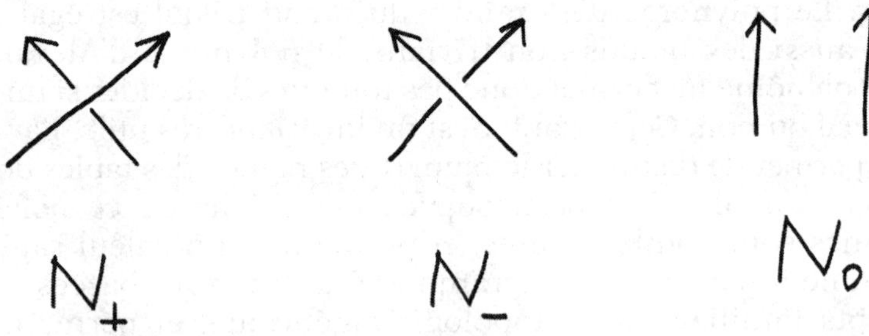

Figure 5

* Jones (V.-F.-R.), « A Polynomial Invariant of Knots via von Neumann Algebras », *Bull. Amer. Math. Soc. 12* (1985), p. 103-111.
Jones (V.-F.-R.), « Hecke Algebra Representations of Braid Groups and Link Polynomials », *Ann. of Math. 126* (1987), p. 335-388.
Harpe (P. de la), Kervaire (M.), et Weber (C.), « On the Jones Polynomial », *Enseign. Math. 32* (1986), p. 271-335.
** Harpe (P. de la), Kervaire (M.), et Weber (C.), *op. cit.*

Elle présente deux innovations majeures. D'une part, en plus des nœuds habituels, Vassiliev considère aussi des « nœuds singuliers », c'est-à-dire ayant des points doubles. D'autre part, sa théorie permet d'aborder « tous » les invariants numériques des nœuds en même temps, et de retrouver les invariants polynomiaux définis précédemment*. Beaucoup de spécialistes pensent que la théorie de Vassiliev permettra de distinguer tous les nœuds, mais ce n'est pas démontré à l'heure actuelle. Il n'est pas possible d'en dire plus ici, mais le lecteur pourra consulter les articles de Vassiliev et Vogel, ainsi que les présentations accessibles aux non-spécialistes dans les articles de Sossinsky**.

Comme nous l'avons vu, on dispose maintenant de beaucoup d'invariants. Si aucun des invariants polynomiaux connus n'est un invariant complet, il existe des invariants plus sophistiqués qui le sont — ou presque. En effet, Gordon et Luecke ont démontré en 1989 que pour les nœuds « premiers », le groupe du nœud est un invariant complet. C'est un résultat important, mais qui ne met pas fin à la recherche sur les nœuds et leurs invariants. Le groupe d'un nœud est un objet compliqué. Il serait très intéressant de trouver un invariant complet plus simple — par exemple, un invariant polynomial.

Déjà au XIXe siècle, une partie des motivations pour l'étude des nœuds venait des perspectives d'applications dans d'autres sciences. C'est encore le cas aujourd'hui. Les liens avec la physique sont nombreux***. La théorie des nœuds intervient aussi en chimie et biologie, et cela de deux manières. D'une part, les chimistes créent des molécules nouées ou entrelacées afin d'obtenir de nouvelles substances ayant des propriétés intéressantes****. La théorie des nœuds est également utile pour l'étude de la topologie de l'ADN. Bien que l'ADN naturel soit rarement noué, des nœuds et entrelacs se forment lors des processus de réplication, transcription et recombinaison. Certains enzymes, appelés *topoisomérases*, modifient la topologie de l'ADN*****. Leur action rappelle les transformations

---

* Birman (J.), et Yin (X.-S.), « Knot Polynomials and Vassiliev Invariants », *Invent. Math. 111* (1993), p. 253-287.

** Vassiliev (V.-A.), « Cohomology of Knot Spaces, Theory of singularities and its Applications » (Arnold (V.-I.), ed.), Advances in Soviet Math. vol. I, rev. ed. *Amer. Math. Soc.* Providence, RI, 1990, p. 23-70.

Vassiliev (V.-A.), *Complements of Discriminants of Smooth Maps*, Topology and applications, rev. ed. *Amer. Math. Soc.* Providence, RI, 1994.

Vogel (P.), « Invariants de Vassiliev des nœuds », Séminaire Bourbaki 1992/93, *Astérisque* 216, Exp. 769, 20p.

Sossinsky (A.), « Les invariants de Vassiliev », *Pour la Science*, dossier hors-série, avril 1997, p. 82-85.

*** Kauffman (L.), *Knots and Physics*, World Scientific, 1991.

**** Sauvage (J.-P.), « La topologie moléculaire », *Pour la Science*, dossier hors-série, avril 1997, p. 112-118.

***** Wang (J.), « Les enzymes qui modifient la topologie de l'ADN », *Pour la Science*, dossier hors-série, avril 1997, p. 120-129.

topologiques qui interviennent dans les relations d'écheveau utilisés pour le calcul de certains invariants polynomiaux *(Fig. 5)*.

RÉFÉRENCES

– BAR-NATHAN (D.), « On the Vassiliev Knot Invariants », *Topology 34*, p. 423-475.
– BIRMAN (J.), « Braids, Links and Mapping Class Groups », *Annals of Mathematics Studies 82*, Princeton University Press, 1976.
– CONWAY (J.-H.), « An Enumeration of Knots and Links », *Computational problems in abstract algebra* (ed. J. Leech), Pergamon Press (1969), p. 329-358.
– DUPLANTIER (B.), « Les polymères noués », *Pour la Science*, dossier hors-série, avril 1997, p. 119.
– GAUSS (C. F.), « Zur matematischen Theorie der electrodinamischen Wirkungen », manuscrit publié dans *Werke*, vol. 5, *Königl. Ges. Wiss. Göttingen*, (1877), 605.
– GORDON (C. McA), LUECKE (J.), « Knots are determined by their complements », *J. Amer. Math. Soc. 2* (1989), p. 371-415.
– JONES (V.-F.-R.), « Les nœuds en mécanique statistique », *Pour la Science*, dossier hors-série, avril 1997, p. 98-103.
– KAUFFMAN (L.), « On knots », *Annals of Mathematics Studies 115*, Princeton University Press, 1987.
– STASIAK (A.), « Nœuds idéaux et nœuds réels », *Pour la Science*, dossier hors-série, avril 1997, p. 106-111.
– TAIT (P.-G.), « On knots », I.II.III., Scientific Papers, Vol I. (1898), p. 273-347.
– WITTEN (E.), « Quantum field theory and the Jones polynomial », *Comm. Math. Phys. 121* (1989), p. 351-399.

Espaces et nombres*

par JACQUES TITS

Tout mathématicien doit un jour ou l'autre faire face à la question : « Y a-t-il encore des choses nouvelles à faire en mathématiques ? En quoi peut bien consister l'activité d'un mathématicien ? » Pour répondre à ce genre de questions, il m'est arrivé jadis, lors de conférences destinées à un public non spécialisé, de m'armer du dernier volume paru des *Mathematical Reviews*. Il s'agit d'une revue publiant de brefs résumés de tous les articles originaux qui paraissent en mathématiques. Chaque fascicule mensuel comportait quelques cinquante à cent pages in 4° lorsque j'ai commencé à y être abonné, à la fin des années 1940. En un an, la publication atteignait ainsi l'épaisseur d'un gros dictionnaire. Dans les années 1970, un volume de cette importance était déjà consacré au seul index annuel. Depuis lors, les *Mathematical Reviews* ont encore enflé, et un an de publication remplirait maintenant deux énormes valises.

Cette masse considérable de choses nouvelles, découvertes année après année, en mathématique, pourrait faire craindre que cette science ne devienne une vraie Tour de Babel, personne ne pouvant évidemment maîtriser une telle quantité d'information. Curieusement, la réalité est tout autre. Beaucoup de mathématiciens restent peu ou prou au courant des grandes tendances de leur domaine, et si l'on réunit un petit groupe d'entre eux venant même d'horizons très différents, ils ne tardent généralement pas à se découvrir des intérêts communs.

Texte d'après la 172e conférence de l'Université de tous les savoirs donnée le 20 juin 2000.

* Faute de temps, je n'ai pas pu rédiger ma conférence dans les délais prévus par les responsables du projet en lui donnant la forme que j'aurais souhaitée. La version très approximative que l'on trouvera ici est basée sur un texte qu'a bien voulu préparer Mlle Juliette Roussel à partir d'un enregistrement de l'exposé oral.

L'algèbre et la géométrie, dont je suis censé vous parler, concernent une part non négligeable de ces mathématiques en expansion. Comme il est exclu que je puisse vous communiquer ici ne serait-ce qu'une infime partie de « tous les savoirs », je me contenterai de passer en revue quelques aspects de ces domaines qui me paraissent importants.

Les origines

Le mot « géométrie » vient du grec *geometria*, c'est-à-dire « terre » et « mesure ». Il évoque l'idée d'arpentage et l'on appelle encore « géomètre expert » le technicien qui s'occupe du levé des plans et du nivellement. La science elle-même, la géométrie, est plus ancienne que le mot. Certaines « constructions géométriques » datent de l'Égypte et de la Mésopotamie du IIe millénaire avant notre ère. L'aspect philosophique et strictement scientifique de cette science remonte à la Grèce antique. « Que nul n'entre ici s'il n'est géomètre » : dans cette formule inscrite au fronton de l'Académie de Platon, il faut entendre le mot « géomètre » au sens le plus large qui soit, celui de mathématicien. Ce sens a été conservé longtemps ; c'était celui utilisé par Pascal lorsqu'il opposait l'esprit de géométrie et l'esprit de finesse.

Le mot « algèbre », lui, vient de l'arabe *al-jabr* qui signifie « contrainte », « réduction » ; il figure dans le titre d'un ouvrage de Al-Khawarizmi, du IXe siècle. Dans le langage populaire, algèbre veut souvent dire « une chose incompréhensible ». « C'est de l'algèbre pour moi » est ainsi synonyme de « c'est du chinois ». Plus sérieusement, lorsque l'on parle d'algèbre, on pense le plus souvent au calcul avec des lettres. L'utilisation de lettres pour désigner des inconnues dans le calcul algébrique date de Viète (1540-1603). C'est à la même époque, peut-être un peu plus tôt, que sont apparues les principales notations de ce calcul : + (addition), – (soustraction), × (multiplication), a^b (notation exponentielle), ...

Les contenus des mots « géométrie » et « algèbre » ont, bien entendu, énormément évolué, mais ils sont cependant, à certains égards, restés fidèles à leurs origines. Les idées primitives de géométrie et d'algèbre sont encore bien présentes dans l'énorme construction à laquelle elles ont donné naissance (énorme, car ces deux domaines représentent peut-être un quart des mathématiques, c'est-à-dire un volume gigantesque de connaissances).

La frontière entre la géométrie et l'algèbre

Nous avons donc affaire à deux sciences bien établies, puisqu'elles sont largement séculaires, voire millénaires. Un aspect un peu inattendu de leur évolution est qu'au cours des siècles, elles ont eu tendance à se rapprocher au point d'en arriver presque à se confondre. À certains égards il n'y a plus de grande distance entre elles. Il subsiste seulement une petite différence qui tient au point de vue adopté : on peut distinguer une « approche géométrique » et une « approche algébrique » des questions. Un bon article présente souvent les deux aspects. Le fait d'adopter un point de vue plutôt qu'un autre est une question d'idiosyncrasie. Les uns sont plus géomètres et les autres plus algébristes.

La vision courante que le public a de la géométrie et de l'algèbre est souvent fausse ou du moins dépassée. En simplifiant, on se représente le géomètre comme quelqu'un qui résout des problèmes, les fameux « problèmes (ou applications) de géométrie ». Selon cette conception, les géomètres de métier résoudraient des problèmes de plus en plus difficiles, mais dans un cadre immuable, celui fixé par les axiomes de la géométrie euclidienne. Certains imaginent la géométrie comme une discipline parfaitement linéaire, avec des théorèmes qui s'enchaînent les uns aux autres. C'est ainsi que l'on peut entendre des phrases telles que « moi, en géométrie, je me suis arrêté au théorème 12 » ou « j'ai été jusqu'au volume de la sphère », etc.

L'algébriste est vu comme quelqu'un qui calcule avec des lettres, qui résout des équations de plus en plus compliquées, du premier, du deuxième, du troisième degré, etc.

Ainsi, l'algébriste et le géomètre se distingueraient des autres scientifiques par le fait qu'ils travaillent dans un cadre et selon des règles immuables. D'où la question « qu'y a-t-il donc de neuf en mathématique ? ». En revanche, il est accordé aux autres scientifiques qu'eux au moins découvrent des choses, des objets nouveaux qu'il s'agit pour eux d'étudier.

La réalité des mathématiques est tout autre. Ce dont elles s'occupent, ce sont aussi des objets nouveaux qu'il faut découvrir et étudier. Ces « objets mathématiques » sont seulement un peu plus abstraits que ceux dont s'occupent les autres sciences, encore que toute science étudie, par essence même, des êtres abstraits. Un physicien parle d'électrons mais, à proprement parler, il n'existe pas vraiment d'électrons ! Il s'agit d'un concept. Bien sûr, les concepts mathématiques sont un peu plus abstraits et donnent aux mathématiciens une liberté que n'ont pas les autres scientifiques. Le mathématicien peut plus librement inventer les objets de son étude.

Cependant, inventer ne veut pas dire inventer n'importe quoi. Les notions que le mathématicien introduit doivent être intéressantes du point de vue de l'ensemble des mathématiques et de leurs applications, qui sont nombreuses. Je voudrais donner un premier exemple d'objet mathématique, en me référant justement à la vision simpliste, évoquée précédemment des algébristes « résolveurs d'équations ». Depuis Abel (1802-1829), et surtout Galois (1811-1832), une équation algébrique a cessé d'être un problème que l'on cherche seulement à résoudre, pour devenir un objet que l'on peut étudier. Une équation a des propriétés, et il arrive assez souvent qu'on l'étudie sans se demander si elle a des solutions ou non, ou même sans s'intéresser à ses solutions, lorsque l'on sait qu'elle en a. Autrement dit, on peut s'intéresser aux *propriétés* des équations plus qu'à leur *résolubilité*.

Un résultat récent, abondamment cité dans la presse non spécialisée, va plutôt dans la direction opposée. Il est ici question d'équations qui n'ont pas de solution. Le dernier « théorème » de Fermat (~ 1640) est une affirmation qui a été annoncée par Fermat :

« *Si n est un entier > 2, l'équation* $x^n + y^n = z^n$ *n'a pas de solution, avec* x, y, z *entiers non nuls.* »

Fermat écrivait dans les marges de ses livres. Dans une marge de son exemplaire de l'« Arithmétique » de Diophante, il a énoncé la propriété ci-dessus, en indiquant qu'il n'avait pas assez de place pour en noter la démonstration. On ne sait s'il possédait vraiment une telle démonstration, mais cela paraît peu probable. Quoi qu'il en soit, ce théorème a été démontré par A. Wiles en 1994, en s'aidant notamment de nombreux résultats auxiliaires, dus à d'autres auteurs*.

Je voudrais attirer l'attention sur la façon dont cette propriété a été énoncée ici. Je n'ai pas dit « L'équation $x^n + y^n = z^n$ n'a pas de solution ». J'ai précisé « avec x, y, z entiers non nuls ». Il est très important en mathématique de préciser toujours toutes les conditions dans lesquelles on se place, sinon on en vient rapidement à dire des choses fausses. Dans le cas présent, l'affirmation « l'équation $x^n + y^n = z^n$ n'a pas de solution » est fausse puisque

$$1^3 + 1^3 = (\sqrt[3]{2})^3$$

Ce qui se passe ici, c'est que $\sqrt[3]{2}$ n'est pas un entier. L'énoncé devient donc faux si l'on oublie la condition d'intégrité de x, y, z.

Cela m'amène à une autre remarque. J'ai déjà parlé de la vision simpliste que l'on a des mathématiciens, dont l'activité consisterait essentiellement à faire des calculs très élaborés ou à dessiner des graphiques compliqués. Or, les ordinateurs faisant ces choses beaucoup plus efficacement que nous, on en déduirait que les mathématiciens sont devenus inutiles. Pour voir l'absurdité d'une telle conception, il suffit de songer au théorème de Wiles : quel ordinateur serait capable de le démontrer ? Pour ne citer qu'un obstacle parmi d'autres, disons que, sans apport extérieur, un simple ordinateur, qui a nécessairement une capacité limitée, ne peut prendre en compte le fait théorique que l'on s'intéresse ici à des nombres entiers « quelconques ».

* Lire à ce sujet la 168e conférence de l'Université de tous les savoirs donnée par Yves Hellegouarch.

Les objets mathématiques

Nous avons déjà entrevu que parmi les objets d'étude des algébristes se trouvent des équations de toutes espèces, par exemple des équations algébriques. Mais les équations algébriques établissent des liens entre des objets plus élémentaires, à savoir des nombres. De manière un peu simplifiée on peut conclure que les objets primitifs dont s'occupent les algébristes sont les nombres ; par ailleurs, il s'avère que ceux-ci interviennent le plus souvent par le biais de *systèmes de nombres*.

De même, les géomètres étudient des *figures*. Les figures sont généralement situées dans des *espaces*, de sorte que les objets d'étude primitifs du géomètre sont, en fin de compte, les espaces. La création, ou la découverte, d'espaces nouveaux, à usages variés, est l'une des activités majeures des géomètres.

Ainsi, les algébristes créent en permanence de nouveaux systèmes de nombres et les géomètres de nouveaux espaces. Je n'essaierai pas, dans cette conférence, de définir les deux notions, de système de nombres et d'espace, avec précision ; je mentionnerai seulement qu'à l'analyse, il n'existe entre elles aucune différence de fonds, mais seulement une différence de contenu intuitif, ce qui étaye les remarques faites plus haut sur l'identité fondamentale entre algèbre et géométrie.

Notons encore au passage que si l'on voit les algébristes comme les mathématiciens qui s'intéressent aux nombres et aux systèmes de nombres, il faut ranger parmi eux les arithméticiens.

Les nombres

J'ai été amené à citer comme objet d'étude privilégié des algébristes les systèmes de nombres plutôt que les nombres eux-mêmes. En effet, il est assez rare qu'un nombre isolé soit un sujet d'étude. Cela arrive cependant, comme on va le voir.

L'EXEMPLE DE Π = 3,141592653589793238...

Ce nombre est, par définition, le quotient de la longueur d'un cercle par la longueur de son diamètre. C'est la première raison pour laquelle il est considéré en pratique. Depuis très longtemps, il a intéressé autant les techniciens que les mathématiciens « purs », arithméticiens et géomètres : nous retrouvons ici l'interpénétration de l'algèbre et de la géométrie.

L'une des premières choses que l'on a essayé de faire est de donner des valeurs approchées de π sous la forme de fractions. Archimède aurait pour la première fois estimé π par 22/7. Ayant imaginé un procédé géométrique permettant d'approcher avec toute précision souhaitée, il avait notamment établi que :

$$3 + 1/7 < \pi < 3 + 10/71.$$

Une autre approximation célèbre est 355/113. Elle a été donnée par un mathématicien chinois, Zu Chongzhi, à la fin du Ve siècle. Le Hollandais Anthonisz, l'a redécouverte onze siècles plus tard. La théorie des fractions continues permet de montrer que 355/113 est une valeur approchée remarquablement bonne de π.

Ce n'est que beaucoup plus tard que la question théorique naturelle évidente a été posée : « Existe-t-il une fraction à termes entiers dont le quotient est exactement égal à π ? » Puisqu'un nombre qui est le quotient de deux nombres entiers est appelé un nombre rationnel, cette question revient à demander si π est un nombre rationnel*. Un mathématicien allemand, J. Lambert, a démontré en 1766 que π n'est pas un nombre rationnel (la démonstration, qui présentait une petite lacune, a été complétée en 1784 par Legendre).

Comme π n'est pas rationnel il n'est pas solution d'une équation du type :

$$a\pi + b = 0$$

avec a et b entiers : autrement dit, une équation à coefficients entiers du premier degré ne peut avoir π comme solution. Plus généralement, π est-il un nombre « algébrique » ? (on nomme ainsi les solutions d'équations polynomiales à coefficients entiers de degré quelconque, c'est-à-dire de la forme $a_0 + a_1x + a_2x^2 + \ldots + a_nx^n = 0$). Il a été prouvé que non : aucune équation à coefficients entiers n'a pour solution le nombre π. En particulier π n'est certainement pas la racine carrée du nombre 10, comme l'avait affirmé un mathématicien vivant au VIIe siècle, Brahmagupta, sinon il satisferait à l'équation polynomiale.

$$\pi^2 - 10 = 0.$$

Le fait que π n'est pas un nombre algébrique — on dit qu'il est « transcendant » — a été démontré en 1882 par Lindemann. Un sous-produit de ce résultat est l'impossibilité de la quadrature du

* Le mot « rationnel » doit être pris ici dans son sens mathématique. Les mathématiques sont truffées de vocables de la vie courante dotés de significations conventionnelles qui ne sont pas celles de la langue commune mais dont le sens usuel est, pour le mathématicien, évocateur de l'objet mathématique qu'il entend désigner (corps, anneaux, faisceaux, ensemble ouvert, spectre, fantôme, etc.). Les notions mathématiques sont trop abondantes et de nature trop variée pour que les mathématiciens puissent, comme les chimistes ou les biologistes, se forger une terminologie cohérente à base de racines latines ou grecques. Je puis citer comme exemple une notion que j'ai introduite dans mes travaux et qui a reçu de N. Bourbaki le nom imagé d'« immeuble » : il ne s'agit évidemment pas de lieux d'habitation !

cercle. De façon précise, la quadrature du cercle n'est pas possible avec les moyens que l'on est censé utiliser, à savoir la règle, le compas et les constructions élémentaires de la géométrie. Cette assertion, due à Lindemann, résolvait définitivement un problème favori des chercheurs amateurs depuis des siècles.

LES NOMBRES PREMIERS

Un autre exemple de nombres qui, même pris isolément, présentent beaucoup d'intérêt, tant pour les mathématiciens que pour les utilisateurs des mathématiques, est celui des « nombres premiers ». Un nombre premier est un nombre entier qui ne peut pas être décomposé en produit de deux entiers supérieurs à 1. Lorsque j'étais enfant, le plus grand nombre premier connu était $2^{127} - 1$. Ce nombre comporte environ 40 chiffres. À cette époque, on était capable de démontrer que ce nombre-là était premier, mais il n'était pas imaginable de donner une méthode générale que l'on puisse appliquer à tout nombre de 40 chiffres afin de déterminer s'il était premier. Les ordinateurs permettent maintenant de résoudre en quelques secondes ce même problème pour des nombres ayant jusqu'à 2 000 chiffres. En revanche, les nombres à 20 000 chiffres dépassent toujours les possibilités de calcul par ordinateur.

Un autre problème, beaucoup plus difficile, concernant toujours les nombres premiers, consiste à trouver deux nombres premiers dont on connaît le produit (problème de factorisation). Les ordinateurs peuvent en apporter la réponse pour des nombres premiers assez petits, mais pour deux nombres premiers de 200 chiffres, par exemple, dont le produit a environ 40 000 chiffres, ils sont impuissants. Il ne s'agit pas ici d'un simple amusement de mathématiciens. Cette question est importante en cryptologie car les produits de deux très grands nombres premiers sont utilisés pour coder des messages*. Voilà donc une question théorique passionnante, qui se révèle utile en pratique : peut-être trop utile d'ailleurs puisqu'elle est utilisée à des fins militaires.

Revenons aux nombres premiers. La suite de ces nombres : 2, 3, 5, 7, 11, 13, 17, 19, 23, 29, 31, 37, 41, ..., est illimitée. C'est là un résultat très ancien, l'un des plus beaux des mathématiques antiques, dû à Euclide au IIIe siècle avant notre ère. Nous disposons maintenant de formules asymptotiques estimant la grandeur du $n^{\text{ième}}$ nombre de la suite en question (« $n^{\text{ième}}$ nombre premier »). Le théorème dit « des nombres premiers », qui fournit une telle estimation, a été démontré à la fin du XIXe siècle par J. Hadamard (1896) et Ch.-V. de la Vallée-Poussin (1899). Une formule conjecturale beaucoup plus précise fait l'objet de la célèbre hypothèse de

* Lire à ce sujet la 252e conférence de l'Université de tous les savoirs donnée par Jacques Stern.

Riemann (1859) dont la preuve est, depuis bientôt 150 ans, l'un des plus fameux problèmes non résolus des mathématiques.

LES SYSTÈMES DE NOMBRES

Comme je l'ai dit précédemment, les systèmes de nombres sont en général des objets plus importants que des nombres particuliers. Chacun de ceux auxquels on s'intéresse constitue à lui seul une branche de l'algèbre, trop vaste pour être abordée ici : citons, parmi bien d'autres, le système des nombres rationnels, des nombres réels, des nombres entiers, des nombres complexes, des entiers modulo un nombre entier *n* donné, etc. Il s'agit là de systèmes, donc chacun est unique en son genre et d'importance primordiale en mathématique. Mais un rôle plus essentiel est encore joué en algèbre contemporaine par certaines classes de systèmes algébriques telles que les anneaux, les corps, les groupes, etc. La théorie des groupes occupe dans pratiquement tous les domaines des mathématiques et même en physique, voire en chimie, une très grande place.

Les espaces

Comme on l'a dit, les géomètres ont pour objets d'étude premiers des espaces. Les espaces euclidiens à trois, quatre, cinq... dimensions sont connus de tous. Les espaces à plus de trois dimensions semblent très compliqués à certains. Ils sont pourtant faciles à définir. Un point dans un espace à trois dimensions est repéré à l'aide de trois nombres. Un point dans un espace à dix-sept dimensions est repéré à l'aide de dix-sept nombres. Il faut utiliser pour cela des nombres réels, au sens technique, c'est-à-dire les fractions décimales illimitées. L'espace euclidien n'est pas qu'un ensemble de points : c'est un ensemble de points structuré d'une certaine manière. Dans la définition d'un espace, il est essentiel d'en donner aussi la structure.

L'analyse mathématique utilise des espaces assez semblables aux espaces euclidiens mais ayant une infinité de dimensions ; contrairement à ce qui se passe pour la dimension finie, l'énoncé de la dimension ne suffit plus, à elle seule, à caractériser un tel espace et il en existe une grande variété. Le plus simple (et le plus utilisé) de ces espaces de dimension infinie est l'espace de Hilbert, mais les espaces de Banach, les espaces de Sobolev... sont d'autres catégories d'espaces très importants en analyse.

Les géomètres considèrent également des espaces n'ayant qu'un nombre fini de points. Je veux en décrire un, particulièrement remarquable : c'est une ensemble M de 24 points dans lequel certains sous-ensembles de 8 points sont distingués et appelés *droites*, et tels que 5 points distincts quelconques appartiennent à une et une seule droite. Un tel espace existe et est unique à isomorphisme près. Le groupe de tous ses automorphismes (c'est-à-dire des permutations de M conservant le système des droites) est un groupe remarquable, appelé « groupe de Mathieu », d'ordre 244 823 040. Les propriétés combinatoires de l'espace M ont été utilisées de façon essentielle lors du premier voyage sur la Lune.

Particulièrement importants en géométrie et surtout en géométrie différentielle, les espaces de Riemann sont aux espaces euclidiens ce que les surfaces courbes sont au plan. Il est donc légitime de les voir comme des « espaces courbes* ». Ils ont été conçus par B. Riemann en 1854. Soixante ans plus tard, Einstein les a utilisés pour fonder sa théorie de la Relativité générale. Riemann a introduit ces espaces dans sa thèse d'habilitation où il parle notamment de questions de physique et de la structure infinitésimale de l'espace physique. Voici (dans la traduction de L. Laugel**) comment il explique pourquoi il a introduit ces espaces courbes :

« La réponse à ces questions [relatives à la nature de l'espace] ne peut s'obtenir qu'en partant de la conception des phénomènes, vérifiée jusqu'ici par l'expérience, et que Newton a prise pour base, et en apportant à cette conception les modifications successives, exigées par les faits qu'elle ne peut pas expliquer. Des recherches partant de concepts généraux, comme l'étude que nous venons de faire [sur les espaces courbes], ne peuvent avoir d'autre utilité que d'empêcher que ce travail [d'explication de la nature] ne soit entravé par des vues trop étroites, et que le progrès dans la connaissance de la dépendance mutuelle des choses ne trouve un obstacle dans les préjugés traditionnels. »

* Lire à ce sujet la 179e conférence de l'Université de tous les savoirs donnée par Jean-Pierre Bourguignon.
** Gauthier-Villars, Paris, 1898.

Analyse, modèles et simulations

par PIERRE-LOUIS LIONS

Introduction

Cet exposé aborde les questions intimement liées des simulations numériques, de la modélisation et des thèmes mathématiques associés qui relèvent de la branche des mathématiques appelée analyse.

Notre objectif est d'expliquer brièvement, et de manière non technique (c'est-à-dire avec très peu de notations mathématiques), ce que sont les simulations numériques, pourquoi celles-ci sont nécessaires ou utiles et enfin le rôle des mathématiques dans le calcul scientifique. Plus précisément, même si le vocable « simulation » (au sens du calcul scientifique) est passé dans le langage courant, nous voulons :

— Illustrer par quelques exemples le thème en pleine expansion depuis quelques décennies des simulations d'équations aux dérivées partielles (EDP en abrégé) non linéaires, c'est-à-dire la résolution numérique de modèles (physiques, chimiques, biologiques, des sciences de l'ingénieur, économiques ou financiers...) basés sur des EDP.

— Rappeler les évolutions de la modélisation à travers quelques éléments historiques et des tendances récentes importantes (non-linéarités, couplages...).

— Montrer les interactions fortes (dans les deux « sens » !) avec les mathématiques et plus particulièrement avec l'analyse mathématique (analyse des modèles, méthodes numériques...).

Texte de la 173e conférence de l'Université de tous les savoirs donnée le 21 juin 2000.

Et nous mentionnerons également les conséquences de ces interactions sur la formation des mathématiciens appliqués (ou également des ingénieurs).

Exemples de problèmes et de simulations

Il n'est pas possible dans ce court article de multiplier les exemples (ni de les présenter en détail) et nous nous contenterons de mentionner deux exemples (de nombreux autres seront évoqués dans la suite) tirés de notre expérience personnelle.

Le premier concerne le problème de la simulation d'une cuve d'électrolyse d'aluminium, problème industriel très difficile de par la multiplicité et la « sévérité » des phénomènes physiques en jeu. L'enjeu est de comprendre ce qui se passe à l'intérieur des cuves de façon à pouvoir les améliorer ou étudier (et concevoir) les futures générations. Les possibilités d'expérimentation étant très réduites, la simulation semble être la seule voie possible. Pour ce faire, la modélisation, c'est-à-dire l'écriture des équations mathématiques (et leurs conditions aux limites) représentant les principaux phénomènes physiques, est bien sûr la première étape (même si, en fait, il s'agit d'établir une véritable hiérarchie de modèles pour prendre en compte successivement et progressivement de plus en plus de phénomènes, et donc la chronologie d'un tel projet n'est pas aussi simple que la présentation que nous en faisons...). Dans le cadre d'une collaboration étroite sur plusieurs années avec Pechiney, une équipe composée d'environ trois ingénieurs et un conseiller de la société et de trois mathématiciens appliqués (aidée par des électrochimistes...) a donc bâti un modèle (en fait, des modèles) prenant en compte les deux domaines physiques prépondérants à savoir l'électromagnétisme et la mécanique des fluides (un tel couplage relève de la magnéto-hydro dynamique, MHD en abrégé). Une fois écrites les équations, il a fallu les analyser mathématiquement et les résoudre numériquement.

Un deuxième exemple concerne le traitement des images et des films numériques. Par exemple, il s'agit d'extraire d'images fortement bruitées les formes des objets ou bien d'extraire de séquences d'images (films) fortement bruitées des objets animés d'un mouvement régulier. À la différence de l'exemple précédent, la modélisation ne peut s'appuyer sur des théories scientifiques établies (comme l'électromagnétisme ou le mécanisme des fluides) et il s'agit donc de la bâtir *ex nihilo* (ou presque...). À nouveau, une fois la mise en équations réalisée, l'analyse mathématique et la résolution numérique prennent le relais. Enfin, comme cela était clairement illustré dans l'exposé, la résolution numérique permet d'expérimenter et donc de corriger les modèles. C'est ainsi que les résultats pratiques sur les images et les films se sont considérablement améliorés en vingt ans par passages successifs d'équations linéaires (équation de la chaleur = filtrage gaussien) à des équations faiblement non linéaires, puis enfin à des équations très fortement non linéaires.

EDP : un outil essentiel

TENTATIVE DE DÉFINITION

Une définition possible d'une EDP est celle d'un ensemble de relations (= équations) entre les dérivées (partielles) d'une fonction. Cette apparente simplicité cache en fait des difficultés considérables illustrées par quelques rappels historiques destinés à montrer que les concepts de dérivées ou de fonctions ont considérablement évolué et que de célèbres controverses ont éclaté sur la signification des équations. Ainsi, de concepts un peu « flous » introduits par Leibniz et Newton, est-on passé progressivement, au XIXe siècle, à une notion précise et restrictive de dérivées. Si cette notion est devenue la notion mathématique centrale, des avancées considérables nécessitées par les EDP (et dans lesquelles des physiciens comme Dirac ont joué un rôle important) ont eu lieu au XXe siècle à travers les travaux de Lebesgue, Sobolev, Leray et Schwartz. Ces avancées se sont traduites par un affaiblissement considérable des restrictions sur les notions de fonctions et surtout de dérivées.

Il est utile également de rappeler les controverses liées à l'équation des ondes (et aux travaux de D'Alembert) :

$$(1) \qquad \frac{\partial^2 u}{\partial t^2} - \frac{\partial^2 u}{\partial x^2} = 0$$

dont les solutions peuvent s'exprimer sous la forme de superposition de deux ondes c'est-à-dire $u = a(x + t) + b(x + t)$. La question est (ou était) alors de savoir pour quelle classe de « fonctions » a et b cette écriture et (1) ont-elles un sens.

Le même type de questions s'est posée quand Fourier a proposé de résoudre l'équation de la chaleur :

$$(2) \qquad \frac{\partial u}{\partial v} - \frac{\partial^2 u}{\partial x^2} = 0$$

par des séries depuis appelées séries de Fourier (dont l'étude a donné naissance au secteur de l'analyse appelé analyse harmonique et qui constituent le précurseur des méthodes spectrales en calcul scientifique).

Pour les lois de conservation comme par exemple :

$$\frac{\partial u}{\partial t} + \frac{\partial}{\partial x}(u^2) = 0, \qquad (3)$$

Riemann a introduit au XIXe siècle une notion de solution discontinue (les discontinuités correspondant au phénomène physique d'ondes de chocs) et commet une erreur célèbre, corrigée par la suite, qui a donné naissance au problème de Riemann qui est à la base de la plupart des méthodes modernes de calcul (on parle de « solveur de Riemann »...) pour de telles équations.

Enfin, signalons la distinction entre les modèles écrits en termes d'EDP et ceux utilisant des Équations Différentielles Ordinaires (EDO en abrégé) qui revient à distinguer le continu du discret, les « structures » flexibles des structures rigides, ou les fonctions des points.

UN EXEMPLE : LA MÉCANIQUE DES FLUIDES ET LA DYNAMIQUE DES GAZ

Ce sujet est un sujet central aussi bien du point de vue de la modélisation que des applications. Il nous paraît utile de rappeler quelques dates sur les principales étapes de la modélisation (même si cette « histoire » est loin d'être achevée de nos jours puisqu'il est aujourd'hui toujours nécessaire de progresser dans la modélisation de la turbulence, des fluides complexes ou des « fluides géophysiques » par exemple). En 1755, motivé par la question « pratique » de la conception de fontaines, Euler introduit les équations qui portent son nom :

$$(4) \quad \begin{cases} \dfrac{\partial \rho}{\partial t} + div(\rho u) = 0, & \rho \geq 0 \text{ est la densité} \\ \dfrac{\partial \rho u}{\partial t} + div(\rho u \otimes u) + \nabla p = 0, & u \text{ est la vitesse et } p \text{ la pression,} \end{cases}$$

système d'équations non linéaires pour lequel Euler souligne la difficulté d'analyser les solutions (difficultés qui sont loin d'être résolues de nos jours !). Navier en 1822 incorpore aux équations précédentes un terme modélisant les effets visqueux (travaux complétés par une étude de Stokes en 1845) et introduit ainsi les équations de Navier-Stokes. En 1872, Boltzmann (à la suite de travaux de Maxwell datant de 1866) propose un modèle pour des gaz rarefiés et montre comment, au moins formellement, on peut retrouver les équations d'Euler à partir de celui-ci. Cette asymptotique formelle est d'ailleurs étudiée par la suite par Hilbert.

Les applications de la résolution numérique de ces modèles abondent : aérodynamique (autour des avions, trains et voitures, ou fusées et navettes spatiales en atmosphère raréfiée), mouvement des fluides, etc. Depuis quelques décennies, de nouvelles applications ont vu le jour : météorologie, climatologie, écoulements sanguins, flots de polymères, modèles de transports, etc.

EDP NON LINÉAIRES

De manière générale (et donc imprécise), les EDP permettent de décrire l'évolution d'un grand nombre de « particules » (au sens d'objets élémentaires qui peuvent être des particules de fluides, des électrons ou des étoiles !) en interaction en terme de comportement collectif (ou moyen). C'est bien sûr comme cela que ces modèles ont été introduits en Physique ou en Mécanique, et c'est toujours le cas pour des sujets plus récents comme le traitement d'images (où les particules sont les pixels et l'interaction est à déterminer en fonction des objectifs), les modèles de transports (les particules sont alors les véhicules) ou la finance (les « particules » étant les agents qui interagissent par *trading*, ces mêmes agents — les *traders* — parlent d'ailleurs de produits liquides bien qu'il n'y ait aucune relation avec les modèles de mécanique des fluides !).

La non linéarité est omniprésente dans les modèles (rares sont les situations où l'addition de causes induit une simple addition des effets !). Elle a, par contre, des origines diverses : principes fondamentaux ou invariances (mécanique des fluides, traitement d'images par exemple), lois constitutives (mécanique des fluides, traitement d'images, finance par exemple), effets de moyennes (chimie quantique, équation de Boltzmann par exemple), etc.

La notion d'échelle est une notion centrale : les modèles ne sont valables qu'à une certaine échelle. Et un enjeu scientifique (et applicatif) fondamental est la compréhension des relations entre les échelles et les modèles associés, ce qui conduit aussi bien à la modélisation du couplage d'échelles que, du point de vue mathématique, à l'analyse de problèmes asymptotiques comme celui étudié par Hilbert pour les liens entre mécanique des fluides (équations d'Euler ou de Navier-Stokes) et équation de Boltzmann, problème qui est d'ailleurs également important pour des applications comme la simulation de fusées ou de navettes pour les altitudes de transition vers l'atmosphère raréfiée.

Enfin, on assiste à la montée en puissance de la modélisation de phénomènes couplés aussi bien du point de vue du couplage d'échelles (polymères, turbulence par exemple) que du point de vue du couplage de modèles physiques (voir la MHD, l'aéroacoustique, l'aéroélasticité, les interactions entre fluides et structures — écoulements sanguins, organes, valves artificielles... —, le couplage entre l'océan et l'atmosphère...). Ces modèles couplés présentent bien sûr de forts aspects multidisciplinaires et les mathématiques y jouent un rôle important pour les applications.

Analyse et applications

Lorsqu'on dispose de modèles, c'est-à-dire d'EDP en ce qui nous concerne, l'objectif est alors de les résoudre numériquement, c'est-à-dire d'écrire des codes (ou logiciels) dans lesquels ces équations sont discrétisées et les équations discrètes ainsi obtenues résolues par des algorithmes. Ces deux étapes relèvent bien sûr des mathématiques. Mais il convient d'insister sur un autre aspect du rôle des mathématiques d'une nature plus théorique : il est en effet toujours utile et parfois (souvent ?) important d'analyser les équations devant être résolues pour les « comprendre », valider les simulations (les résultats produits par les ordinateurs sont-ils fiables ?), vérifier certaines propriétés des modèles attendues (ou non) en fonction des réalités observées, analyser les couplages et les conditions aux limites.

Sur ce dernier thème, on peut d'ailleurs rappeler l'exemple d'Euler et des difficultés analytiques qu'il avait soulignées. En ce qui concerne le premier thème, l'exemple très simple qui suit montre qu'une réflexion mathématique est indispensable. Considérons l'équation (de propagation vers la « gauche » à vitesse constante égale à 1) :

$$\frac{\partial u}{\partial t} = \frac{\partial u}{\partial x} \tag{5}$$

Connaissant la valeur u_0 de u à l'instant initial ($t = 0$), la solution u est donnée à tout instant t par $u_0(x + t)$. Choisissons alors $u_0(x) = 1$ si $x > 0$, $= 0$ sinon. Pour résoudre (5) numériquement, il faut alors discrétiser l'espace et le temps c'est-à-dire remplacer x par $j\Delta$ ($j \in \mathbb{Z}$), t par kh ($k \in \mathbb{N}$) où Δ et h sont des pas de discrétisation donnés, et enfin $u(x, t)$ par u_j^k (une « approximation » de $u(x, t)$ où $x = j\Delta$, $t = kh$). On remplace $\frac{\partial u}{\partial t}$ par le taux de variation $\frac{u_j^{k+1} - u_j^k}{h}$ et on peut, *a priori*, approcher $\frac{\partial u}{\partial x}$ par, au choix, $\frac{u_{j+1}^k - u_j^k}{\Delta}$, $\frac{u_{j+1}^k - u_{j-1}^k}{2\Delta}$ ou $\frac{u_j^k - u_{j-1}^k}{\Delta}$. Des calculs totalement élémentaires montrent que si $h = \Delta$, seul le premier choix permet de « retrouver » la solution exacte $u(x, t)$ alors que les deux autres choix se révèlent catastrophiques, et si $h < \Delta$, aucun choix ne permet de reproduire fidèlement la solution exacte. On comprend donc bien l'importance de maîtriser les aspects mathématiques de ces questions !

Cependant, les aspects non linéaires rendent l'analyse extrêmement difficile : la compréhension mathématique des équations d'Euler (incompressibles ou compressibles) en trois dimensions d'espace reste encore aujourd'hui très limitée. Et, un des prix Clay recensant des questions (7 au total) particulièrement difficiles (et importantes) pour les mathématiciens porte précisément sur l'analyse des solutions des équations de Navier-Stokes (incompressibles, en 3 dimensions). Les progrès mathématiques sont donc lents mais significatifs. Parmi les progrès et tendances récents dans ce domaine, signalons :

— Des notions de solutions pour des classes générales d'équations (comme, par exemple, la théorie des solutions de viscosité qui permet d'aborder aussi bien les équations de type chaleur, que celles intervenant en contrôle optimal, ou en traitement d'images, ou en finance...).

— L'étude d'ensembles de solutions (par opposition à une solution individuelle) qui permet d'aborder des questions aussi variées que l'existence, la stabilité, l'approximation numérique ou les problèmes asymptotiques.

— L'élaboration de nouveaux outils mathématiques qui utilisent des domaines très variés des mathématiques.

Prospective

Signalons brièvement quelques tendances de modélisation qui vont naturellement orienter les travaux mathématiques :

— Couplage de modèles.

— Couplage d'échelles.

— Prise en compte de phénomènes mal connus ou instables par des « termes » stochastiques (ou statistiques).

Le sujet abordé dans cet exposé a des conséquences importantes sur la formation des jeunes mathématiciens appliqués (et des ingénieurs) : une formation vraiment multidisciplinaire est indispensable. De plus, les mathématiciens familiers avec les aspects de modélisation, les aspects d'analyse théorique et les simulations (méthodes, algorithmes et informatique) sont réellement utiles pour les applications.

En guise de conclusion, indiquons que cet exposé a tenté d'illuster des mathématiques en prise directe avec la « réalité », qui pose des problèmes mathématiques fascinants (parmi les plus difficiles de ceux auxquels sont confrontés les mathématiciens).

Nécessité et pièges des définitions mathématiques

par JEAN-PIERRE KAHANE

Cet amphithéâtre est impressionnant pour moi par sa taille, et aussi par le fait que je ne vous connais pas. Il peut être utile que je me présente à vous. Je suis mathématicien, retraité ; mon domaine de compétence est l'analyse de Fourier, qui touche à l'analyse fonctionnelle, à la théorie des probabilités, et, plus ou moins, à toutes les branches des mathématiques. Comme beaucoup de mathématiciens, je suis intéressé par l'histoire des mathématiques et par leur enseignement. Ces préoccupations s'inscrivent bien dans une vision du passé et de l'avenir des sociétés humaines, oui les mathématiques me paraissent avoir un rôle important à la fois par leur permanence et par leur mouvement.

Je viens de nommer l'analyse de Fourier, l'analyse fonctionnelle, la théorie des probabilités. L'analyse de Fourier consiste à décomposer des fonctions en morceaux qu'on appelle les harmoniques, et à les reconstituer à partir de ces morceaux. L'analyse fonctionnelle consiste à traiter les fonctions comme des points dans des espaces qu'on appelle espaces fonctionnels. Les probabilités traitent de l'incertain pour aboutir à des certitudes.

Les définitions que je viens de donner n'ont d'autre utilité que d'amorcer notre entretien. Elles sont vagues et inoffensives, elles ne sont nécessaires ni à la recherche ni à l'enseignement, et à ma connaissance elles ne renferment pas de pièges.

Or, si peu que je sache de vous, je crois savoir que vous êtes venus pour entendre parler de la nécessité et des pièges des définitions mathématiques. Je soupçonne que vous êtes plus curieux des pièges que de la nécessité, et aussi que vous avez peut-être des

Texte de la 174e conférence de l'Université de tous les savoirs donnée le 22 juin 2000.

questions pièges à me poser tout à l'heure, auxquelles je ne saurai pas répondre. Mon but est aussi d'attirer l'attention sur les pièges. Je compte donc vous parler tout à l'heure des définitions mathématiques comme pièges, de vous montrer des embûches et des défis, et de vous donner des exemples de mauvaises définitions, de définitions trompeuses et de définitions impossibles. Bien sûr, nous verrons apparaître des questions de vocabulaire et de logique, et peut-être, à cette occasion, une réflexion sur la nature des concepts mathématiques.

Mais pour commencer, je dois insister sur la nécessité des définitions mathématiques, sur leur rôle essentiel dans la recherche et dans l'enseignement. Dans une théorie mathématique, les propositions s'enchaînent. Les propositions de départ sont les définitions et les axiomes, intimement mêlés. Ainsi, les définitions apparaissent au commencement de toute théorie. Je vais naturellement traiter de ce thème, les définitions comme commencement, mais je débuterai par l'aspect opposé, les définitions comme aboutissement d'un long processus de recherche.

Je vais donc vous parler des définitions comme aboutissement, puis des définitions comme commencement, puis des définitions comme pièges.

L'idée que la définition est un aboutissement ne vous est peut-être pas familière. Pour l'illustrer, je prendrai un exemple, mon exemple favori. Au niveau de la licence, on enseigne un théorème superbe, qui tient en trois mots : « L^2 est complet ». Voici la signification des termes. L^2 est l'espace constitué par les fonctions dont le carré est intégrable au sens de Lebesgue. On y définit des distances, des angles, toute une géométrie calquée sur la géométrie ordinaire de l'espace euclidien. Un espace est complet si on peut y manipuler les suites comme dans l'espace ordinaire : si les points d'une suite se rapprochent les uns des autres quand l'ordre des termes augmente, la suite tend vers une limite. Le fait que L^2 est complet est essentiel en mathématiques et en physique. Le triomphe de l'intégrale de Lebesgue sur les autres théories de l'intégrale, c'est principalement ce théorème, et plus généralement le fait que les espaces L^p constitués des fonctions dont la p-ième puissance de la valeur absolue est intégrable au sens de Lebesgue sont, pour $p \geq 1$, des espaces complets. On distingue ce théorème sous le nom de Frédéric Riesz, et il date de 1910.

Mais Frédéric Riesz ne l'a pas énoncé sous cette forme. À l'époque, il n'y a pas d'espace L^p ni d'espaces complets. Mais il y a un grand intérêt pour l'intégrale de Lebesgue et pour les séries de Fourier. En 1907, le Hongrois Frédéric Riesz et l'Autrichien Ernst Fischer s'affrontent à ce sujet, courtoisement mais fermement, dans les *Comptes rendus de l'Académie des sciences*. Tous deux établissent une propriété très remarquable des séries de Fourier, à savoir que les formules de Fourier (d'un côté, calcul des coefficients à partir de la fonction, et de l'autre, calcul de la fonction à partir des coefficients) font passer naturellement de l'espace L^2 à l'espace l^2 constitué par les suites de nombres dont les carrés forment une suite sommable. Plus tard, en 1949, Frédéric Riesz qualifiera ce théorème, auquel on donne les deux noms de Fischer et de Riesz, de « billet permanent aller-retour entre deux espaces à une infinité de dimensions ».

Le problème, sur lequel Riesz revient dans sa dernière note, est de caractériser les coefficients de Fourier des fonctions intégrables. On n'y parvient pas, mais on caractérise les coefficients de Fourier des fonctions de carré intégrable : c'est le « billet aller-retour » dont il parle en 1949, et que l'on appelle, selon les pays, théorème de Riesz-Fischer ou de Fischer-Riesz. La méthode de démonstration introduit l'espace que nous appelons L^2 et la propriété que nous appelons : être complet. C'est cette méthode que nous retenons maintenant comme théorème, et nous utilisons les concepts sous-jacents « L^p » et « complet » comme notions parfaitement définies. Ainsi le théorème tient en trois mots, mais les deux mots « L^2 » et « complet » sont l'aboutissement d'une longue démarche, un véritable élixir de pensée mathématique. La substance du problème, de la solution, de la méthode, est passée dans les définitions.

Je me suis attardé sur cet exemple mais le phénomène m'apparaît comme absolument général : les définitions pertinentes en mathématiques sont l'aboutissement d'une longue histoire et de beaux travaux. L'histoire, dans ce cas, remonte à Joseph Fourier et au-delà. Riesz et Fischer ont été inspirés par Lebesgue et par Hilbert, et leur géométrie des fonctions a rejoint la théorie des espaces abstraits, de Maurice Fréchet, qui date de 1906. Mais ce n'est qu'en 1932, avec Stefan Banach et sa théorie des opérations linéaires, que les espaces complets prennent leur nom et leur place en analyse, et Banach indique parmi les premiers exemples les espaces L^p, ainsi nommés en hommage à Lebesgue.

La définition des espaces L^p et celle des espaces métriques complets est sans doute l'apport le plus considérable de l'analyse de Fourier à l'analyse fonctionnelle. Mais l'interaction entre les deux domaines s'est poursuivie tout au long du siècle, et elle est ponctuée par une série de définitions : outre les espaces de Hilbert et les espaces de Banach, toute une série d'espaces fonctionnels — espaces de Sobolev, espaces de Besov, espace de Schwartz, algèbre de Wiener, algèbre de Beurling, des notions très générales comme la convolution, et des outils comme la décomposition de Littlewood-Paley, les atomes et les molécules qui ont occupé l'attention au cours des années 1970 et enfin les ondelettes. Je reviendrai sur la convolution et les ondelettes. Dans tous les cas que je viens d'énoncer, les définitions sont le résultat d'un long processus, elles signifient que des notions importantes, simples et puissantes, ont été extraites du magma de connaissances qu'apporte sans cesse le mouvement des mathématiques. Une fois extraites, elles vont structurer le magma, on pourra oublier qu'elles sont un aboutissement et les prendre pour point de départ. Mais leur beauté et leur puissance viennent de ce qu'elles sont un élixir de pensée.

Il en est ainsi, je crois, des objets les plus classiques de la géométrie, les cercles et les sphères, comme des objets les plus généraux dégagés au cours du siècle : les groupes, les espaces métriques, les probabilités. Fréquemment le mot cristallise une notion. Ainsi le mouvement brownien, observé par un botaniste en 1830, étudié par des physiciens, élaboré par Einstein et Wiener, est devenu une entité mathématique bien définie ; quand des physiciens parlent aujourd'hui du mouvement brownien, ils se réfèrent au mouvement brownien défini en mathématique, et non plus en général au mouvement que l'on peut observer de particules en suspension dans un liquide. Ainsi, dans un tout autre domaine, logique et théorie des nombres, la définition des ensembles diophantiens, qui est simple et aurait pu être donnée depuis des siècles, n'est apparue qu'en 1950, pour permettre de traduire sous la forme d'une hypothèse très générale une foule de problèmes particuliers ; l'hypothèse a été démontrée, en 1970, par le russe Matiyassevitch, résolvant du même coup le dixième problème de Hilbert, et elle a valu à son auteur la médaille Fields ; aujourd'hui ces problèmes n'ont plus qu'un intérêt historique, mais les ensembles diophantiens demeurent comme objet d'étude important ; l'une des perles de la théorie est que l'ensemble des nombres premiers est diophantien, et plus précisément qu'il coïncide avec l'ensemble des valeurs prises par un certain polynôme à plusieurs variables lorsque l'on donne aux variables des valeurs entières.

Dans tous les traités de mathématiques, d'Euclide à Bourbaki et au-delà, on part des définitions. On réécrit donc l'histoire à l'envers. Cela n'est pas propre aux mathématiques : que ce soit en astronomie ou en biologie, l'exposé d'un sujet prend régulièrement pour point de départ ce qui est un aboutissement historique. On appelle cela la transposition didactique.

Le traité de Banach sur les opérations linéaires, dont j'ai déjà parlé, est un parfait exemple. Il définit tour à tour les espaces métriques (qu'il appelle « espaces D », D pour distance, ce sont les espaces où l'on définit les distances entre points), les suites de Cauchy (que, suivant Fischer, il appelle « suites convergentes »), les espaces métriques complets et la propriété de Baire (toute intersection dénombrable d'ouverts denses est dense — ce qui, maintenant, sert de définition aux espaces de Baire), les espaces de Banach qu'il appelle « espaces de type B », et, comme exemples, les espaces L^p. Comme on le voit, la terminologie s'est modifiée légèrement depuis lors, mais nous n'avons aucune peine à reconnaître nos espaces métriques, nos suites de Cauchy, nos espaces de Banach parce que les définitions sont parfaitement formalisées. Le fait que les espaces L^p sont des espaces de Banach est le théorème de Riesz que j'ai raconté. Très vite, les définitions prennent chair. Les contemporains pouvaient y reconnaître, merveilleusement agencées, des connaissances éparses élaborées par les analystes et les topologues dans le large domaine que les mathématiciens polonais de l'entre-deux-guerres appelaient théorie des ensembles. Pour nous, aujourd'hui, ces notions sont à la fois classiques et très actuelles. La propriété de Baire n'a cessé de produire des merveilles en analyse ; c'est l'un de nos outils conceptuels les plus puissants pour produire ou pour apprivoiser des monstres. La géométrie des espaces de Banach est un grand sujet d'étude, où les contributions françaises ont été marquantes. Les définitions données par Banach sont le point de départ non seulement de l'œuvre magistrale que constitue son livre, mais d'une grande partie de l'analyse fonctionnelle contemporaine.

J'ai évoqué Euclide, et je voudrais vous parler d'objets mathématiques familiers, le cercle et la sphère. Vous connaissez la définition du cercle selon Euclide, à partir du centre et du rayon. Elle correspond à une expérience familière, le tracé d'un cercle à l'aide d'un compas, ou d'un piquet et d'une corde. Elle est excellente comme point de départ de la géométrie du cercle, telle qu'Euclide l'expose. De fait, la géométrie plane d'Euclide est un mariage de la géométrie du triangle et de celle du cercle, et c'est par elle que la définition du cercle prend sa valeur. On pourrait définir le cercle d'autre façon. Par exemple, le cercle de diamètre AB est le lieu des points d'où l'on voit le segment AB sous un angle droit. Ou encore, le cercle est une courbe fermée de courbure constante — c'est ce qui permet à un aveugle de reconnaître qu'une assiette est circulaire en passant son doigt sur son bord. Ou encore, le cercle enferme la surface maxima pour un périmètre donné — c'est ce qui explique beaucoup de formes circulaires, comme celle de la ronde que forment des enfants en se tenant par la main. Dans toutes ces définitions, il n'est plus question de centre et de rayon et effectivement, dans la vie courante, nous n'avons pas besoin du centre pour reconnaître un cercle. La force de la définition d'Euclide, c'est d'abord que tout le monde peut la comprendre, et ensuite qu'elle permet, par des enchaînements plus ou moins laborieux, de retrouver ces définitions possibles, et bien d'autres, comme propriétés caractéristiques du cercle. Les propriétés angulaires se trouvent déjà chez Euclide, mais il a fallu attendre Newton pour la courbure, et la fin du XIXe siècle pour la propriété isopérimétrique.

Le cercle est un objet inépuisable, et il a pris de nouveaux visages au cours du XXe siècle. Au départ, c'est un objet de la géométrie euclidienne, la géométrie dont les invariants sont les distances et les angles. Mais les mathématiques progressent, comme les êtres vivants, par perte de structure. En perdant comme invariants les distances et les angles mais en conservant les rapports de distances entre points lignés, on obtient la géométrie affine, et le cercle est le paradigme de l'ellipse. En ne gardant que des rapports de rapports, des birapports, on obtient la géométrie projective, et le cercle est alors le modèle de la conique. En conservant seulement la structure topologique du plan, le cercle apparaît comme l'archétype de la courbe fermée plane la plus générale, la courbe de Jordan. On peut aussi oublier que le cercle est une figure plane, et le considérer comme un objet topologique sur lequel opèrent des rotations. Dans la littérature contemporaine, lorsque l'on parle du cercle, c'est ordinairement de cet objet topologique qu'il est question. L'étude des systèmes dynamiques, où les Français se sont particulièrement distingués, d'Henri Poincaré à Jean-Christophe Yoccoz, débute avec la considération de transformations du cercle en lui-même que l'on itère, et de l'allure des orbites d'un point, c'est-à-dire des images successives de ce point au cours des transformations itérées. Tous les phénomènes périodiques peuvent se représenter sur le cercle, et les séries de Fourier peuvent être considérées comme une étude approfondie du cercle considéré comme groupe topologique. Quand il y a plusieurs périodes, le cercle doit être remplacé par un tore, de sorte que, bizarrement, en analyse de Fourier, le cercle apparaît comme un tore à une dimension, et on le désigne non par $\mathbb{C}$, qui est la lettre réservée au corps des nombres complexes, mais par $\mathbb{T}$. On peut passer sa vie — c'est mon cas — à regarder ce qui se passe sur le cercle $\mathbb{T}$.

Il en est à peu près de même pour la sphère. Il est légitime, comme le fait Euclide, de la définir au moyen du centre et du rayon ; c'est là le bon point de départ. Mais cela ne correspond plus à une expérience familière. Pour les Grecs du temps de Platon, l'expérience familière est celle des balles à douze pièces multicolores qu'évoque Socrate dans *Phédon* et qui sont pour lui comme une représentation de la Terre vue du ciel. Platon explique d'ailleurs dans *Timée* que c'est bien là le dodécaèdre régulier, le laissé-pour-compte des polyèdres réguliers qui représentent les quatre éléments, qui a servi au Dieu pour façonner l'univers. La sphère, pour Platon, est la figure la plus parfaite et la plus semblable à elle-même. « La figure la plus semblable à elle-même » n'est pas une bonne définition mathématique, mais c'est une vision très riche de la sphère, que la théorie doit tenter de retrouver à partir de la définition ; d'abord parmi les figures bornées dans l'espace, son groupe d'isométries, ou encore le groupe des déplacements qui la laisse invariante, est le plus grand possible ; ensuite, chaque petit morceau permet d'en retrouver la totalité. Ainsi, pour apprécier vraiment la définition de la sphère par le centre et le rayon, il faut au moins aller jusqu'à la formule de Girard liant l'aire, les angles et la courbure d'un triangle sphérique. La formule de Girard, convenablement interprétée, vaut d'ailleurs sur n'importe quelle surface courbe, et elle peut servir à définir la courbure intrinsèque. La sphère, elle aussi, est inépuisable.

Dans sa première leçon à l'École normale de l'an III, qui fut aussi brillante qu'éphémère, Gaspard Monge commence par définir les objets usuels de la géométrie, en particulier les cercles et les sphères. À la fin du cours, les élèves peuvent interpeller le professeur, et des sténographes notent la discussion, ce qui nous permet d'en profiter. L'élève Joseph Fourier s'adresse à Monge. Il est satisfait de la définition de la sphère, mais non de celle du cercle, qui devrait nécessiter, selon lui, celle du plan. Il propose alors sa définition du plan, comme ensemble des points équidistants de deux points donnés ; puis celle de la droite, comme ensemble des points équidistants de trois points donnés ; puis celle du cercle, comme ensemble des points situés à une distance donnée de deux points donnés. Monge lui répond : « Citoyen, la clarté avec laquelle tu viens d'exposer tes réflexions... [est] une preuve de la sagacité de ton esprit. La définition que tu viens de donner de la ligne droite est rigoureuse... Permets-moi cependant de te faire à cet égard quelques observations. » Et Monge lui dit alors qu'il faut une certaine habitude de la géométrie, et de la ligne droite, pour comprendre sa définition, et que cela n'a pas sa place au début d'un cours. À un siècle de distance, Henri Poincaré fait écho à Monge quand il écrit dans la revue l'*Enseignement mathématique* en 1904 : « Une bonne définition, c'est celle qui est comprise par les élèves. »

Il serait d'ailleurs intéressant de replacer dans leur temps les définitions proposées par Fourier. Bonaparte allait rapporter d'Italie la théorie des constructions faites sans la règle, avec le compas seul — c'est à ce titre qu'il allait appartenir à la première classe de l'Institut, celle des sciences. Fonder la géométrie sur la notion de distance et elle seule était, à cette époque, une tentative sans lendemain. Mais, reprise par Maurice Fréchet en 1906 dans le cadre des « espaces abstraits », c'est le fondement des espaces métriques. Ce que nous appelons aujourd'hui les boules dans les espaces métriques s'appelait autrefois les sphères : ce sont les ensembles de points situés à une distance d'un point (le cercle) inférieure à un nombre donné (le rayon). Fourier ne pouvait pas soupçonner le rôle que les boules dans les espaces métriques allaient jouer dans l'analyse de Fourier.

Il convient également de réfléchir à la formule de Poincaré : « Une bonne définition, c'est celle qui est comprise par les élèves. » C'est un objectif plus qu'une réalité. Plus la définition est générale et puissante, moins elle est directement assimilable. Groupes, espaces métriques, compacité, complétude, espaces vectoriels se définissent en quelques lignes, parfois en quelques mots. Mais ces définitions ne prennent sens que lorsque l'on avance assez dans la théorie pour voir au moins une partie des résultats qui, historiquement, avaient amené à élaborer ces notions. Ainsi les définitions doivent être admises, apprises, avant de pouvoir être véritablement comprises. Pour qu'elles soient admises et apprises, il faut les commenter et les justifier par des exemples et des contre-exemples.

Pour qu'elles soient de mieux en mieux comprises, il faut développer les théories dont elles ne sont que le commencement.

Le premier piège des définitions concerne celles qui sont les plus achevées, les plus parfaites. C'est de croire facile à acquérir ce qui est simple à énoncer. Il me paraît lié à une certaine vision des mathématiques selon laquelle les objets mathématiques et leurs définitions préexistent à l'homme dans un monde idéal, comme des pommes à cueillir dans l'arbre de la connaissance. Une fois la pomme découverte et cueillie, pourquoi ne pas la consommer tout de suite ? Ainsi de la structure de groupe, si simple, si belle, si puissante, que l'on pouvait s'étonner de l'avoir découverte si tard, et qu'il fallait de se hâter de l'introduire à la base de l'enseignement mathématique. C'était l'époque des réformateurs des années 1960, et elle s'est traduite par un échec. Si au contraire on considère les définitions les plus simples comme l'aboutissement d'un long processus de distillations successives, comme un élixir de pensée, on doit traiter chacune comme une forte eau-de-vie, à sentir et à goûter, à consommer lentement avec, si possible, un peu d'aliment solide à côté, à digérer et à assimiler en prenant son temps.

Le second piège est de faire trop confiance aux définitions. Or il y a des définitions malvenues, inutiles ou même nuisibles. Je m'en tiendrai à un exemple, la définition des séries. Depuis un demi-siècle, à la suite de Bourbaki, les ouvrages d'enseignement et les dictionnaires donnent des séries la définition suivante : on appelle série un couple de deux suites (u_n) et (s_n), liées par la relation $s_n = u_1 + u_2 + \ldots + u_n$; la suite (u_n) est celle des termes, la suite (s_n) celle des sommes partielles ; on dit que la série converge et qu'elle a pour somme s lorsque la suite (s_n) converge et qu'elle a s pour limite. Cette définition sonne bien, mais elle est mauvaise. Dans le couple, la seconde suite n'apporte rien, elle est complètement déterminée par la première. La définition ne se justifie que par un jeu de mots : la série converge lorsque la seconde suite converge. Sous ce seul rapport, elle est malvenue. Mais il y a pire : elle ancre d'idée que la seule chose qui importe pour une série c'est qu'elle converge ou qu'elle diverge. Or ce qu'il y a de vivant dans les séries est ailleurs : les séries multiples, pour lesquelles il n'y a aucune notion évidente de somme partielle, les procédés de sommation qui permettent de donner une somme à des séries divergentes, les séries qui convergent rapidement ou lentement, les séries qu'on ordonne selon la taille des termes, les séries asymptotiques qui sont partout divergentes et qui permettent pourtant des calculs numériques d'une grande précision. Quand Fourier puis Cauchy ont précisé ce qu'il fallait entendre par série convergente, c'était un progrès conceptuel majeur. Mais penser qu'il s'agit là de l'essence de la notion de série, c'est en ignorer complètement la richesse. Euler et Bernoulli, au XVIIIe siècle, maniaient avec dextérité des séries divergentes. Fourier, ensuite, a utilisé ses séries trigonométriques pour calculer des températures au moyen, comme il le dit, de séries « extrêmement convergentes ». Les séries de fonctions, et particulièrement les séries trigonométriques, imposent d'introduire divers procédés de sommation. Se limiter à la convergence et à la divergence, c'est châtrer la notion.

Alors, qu'est-ce qu'une série ? Pour moi, c'est une somme infinie à laquelle on s'efforce de donner un sens. Le sens peut être purement formel : sur les écritures de sommes infinies on peut faire des additions, des multiplications et bien d'autres opérations. Il y a toute une algèbre des séries formelles qui ne nécessite aucunement de donner une valeur à la somme d'une série. Cependant, le plus souvent, une série est une somme infinie à laquelle on tente de donner une valeur. Cette valeur peut être définie sans ambiguïté si les termes sont positifs ou s'ils forment une famille sommable. Sinon, tout dépendra du procédé de sommation. Dans tous les cas, le monde de calcul mérite attention. Dans tout ce que je viens de dire, il y a matière à plusieurs définitions mathématiques (séries formelles, procédés de sommation, familles sommables), mais je ne donne pas de définition mathématique de la série.

J'ajoute un mot sur les séries de Fourier. Pour Fourier, comme je l'ai dit, elles étaient d'abord un outil dans sa théorie analytique de la chaleur. Mais il en a vu la portée générale, et il en a fait un objet d'étude qui a donné lieu depuis deux siècles à des travaux difficiles et importants. Les sommes partielles des séries de Fourier ne sont pas des objets faciles à manipuler d'un point de vue général. On sait, depuis plus d'un siècle (du Bois-Reymond, 1873) que la série de Fourier d'une fonction continue peut diverger en un point, et depuis 1926 (Kolmogorov) que la série de Fourier d'une fonction intégrable au sens de Lebesgue (c'est-à-dire une fonction de la classe L^1) peut diverger partout. Ce n'est que depuis 1968 (Carleson puis Hunt) que nous savons que les séries de Fourier des fonctions des classes $L^p, p > 1$, convergent presque partout. Pour les fonctions de la classe L^1, la vitesse de divergence est encore un mystère, mais un grand progrès a été réalisé en 1999 par le mathématicien russe Koryagin. Il s'agit là de remarquables travaux d'orfèvrerie.

Cependant il y a une question plus naturelle que la convergence des sommes partielles au point de vue du calcul numérique : c'est la convergence des sommes que l'on obtient en négligeant les termes les plus petits, disons, les termes de valeur absolue plus petite qu'un ε donné, quand ε tend vers zéro. La question s'est posée dans le cadre d'espaces fonctionnels, tels que L^1 ou les L^p, au début des années 1960, et j'y ai apporté les premières contributions. Elle se pose aujourd'hui, et elle a donné lieu à de beaux travaux, en ce qui concerne le comportement presque partout. Je me borne à indiquer très grossièrement les résultats : ils sont négatifs, c'est-à-dire que l'on a généralement divergence, dans le cas des séries trigonométriques, c'est-à-dire des séries de Fourier proprement dites, et positifs, c'est-à-dire que l'on a convergence, aussi bien dans les espaces fonctionnels usuels que presque partout, dans le cas des séries d'ondelettes.

Ainsi les séries de Fourier sont-elles historiquement responsables du meilleur et du pire. Le meilleur, c'est l'élaboration de la notion de convergence, les travaux magnifiques sur la convergence et la divergence, les procédés de sommation, l'introduction des espaces fonctionnels dont j'ai parlé à l'occasion du théorème de Riesz-Fischer, la théorie des séries orthogonales dont l'avatar contemporain le plus important est la théorie des ondelettes. Le pire, c'est la fixation sur la convergence, en fossilisant l'apport de Fourier et Cauchy. Et cette fixation aboutit à la définition inconvenante, que j'ai donnée tout à l'heure, de la série.

En fait, la notion de série est trop riche pour se prêter à une définition mathématique. C'est une sorte de champ mathématique à l'intérieur duquel des parcelles peuvent être clairement délimitées par des définitions mathématiques précises et pertinentes, mais qu'il ne convient pas de délimiter lui-même de cette façon. Naturellement, la mauvaise définition n'a jamais empêché les mathématiciens de travailler sur les séries comme il convenait. Le piège, il est pour ceux qui enseignent et qui apprennent les mathématiques.

La situation est voisine pour l'intégrale. Dans les programmes de lycée en vigueur l'an dernier, on définissait l'intégrale d'une fonction sur un intervalle comme la différence des valeurs de sa primitive aux extrémités de l'intervalle. On prenait donc comme définition la formule $\int_a^b f(x)dx = F(b) - F(a)$ que l'on appelle, dans d'autres présentations, le théorème fondamental du calcul intégral. On partait donc de l'intégration comme opération inverse de la dérivation, on partait de l'équation différentielle $y' = f(x)$ dont l'intégrale, au sens des équations différentielles, s'appelle la primitive de f. Cette définition n'est pas absurde : elle inscrit l'intégrale dans le cadre de la théorie des équations différentielles, elle se prête d'emblée au calcul formel, issu de Laplace et Lionville, auquel les ordinateurs donnent une nouvelle jeunesse, et elle correspond à une expérience courante, celle des compteurs kilométriques des voitures qui mesurent des distances en intégrant des vitesses. Partir des équations différentielles et introduire de cette façon les fonctions usuelles comme le logarithme et l'exponentielle, et même les fonctions trigonométriques, et traiter l'intégrale comme un aspect du calcul formel est donc un choix possible.

Le piège, c'est qu'il entraîne vers les aspects les plus formels du calcul intégral, vers les exercices de calcul, au détriment de la compréhension de ce qu'est l'intégrale. Alors, qu'est-ce que l'intégrale ? C'est une question qui a intéressé les mathématiciens au cours du XIXe siècle, en relation encore une fois avec l'analyse de Fourier, pour donner un sens à l'intégrale qui figure dans les formules donnant les coefficients de Fourier. Cauchy s'y est attaqué, puis Riemann, et l'intégrale de Riemann est apparue pendant quelques dizaines d'années comme l'essence même de la notion. Puis Lebesgue a proposé sa définition, dont nous avons vu les avantages sous la forme du théorème de Riesz-Fischer. Le XXe siècle a connu une explosion des théories de l'intégration, avec Denjoy et le calcul des primitives, Daniell et les intégrales fonctionnelles, Wiener et la théorie du mouvement brownien, Kolmogorov avec ses espaces de probabilités, Schwartz avec ses distributions, Itô avec ses intégrales stochastiques, Feynman avec ses intégrales de chemins, dont Pierre Cartier et Cécile de Witt ont donné récemment une vraie définition mathématique. Qu'est-ce qu'il y a de commun à toutes ces intégrales ? C'est ce que Youri Menin appelle le point de vue du physicien : l'intégrale, c'est la quantité de quelque chose dans un domaine. Ce n'est pas une définition mathématique, mais c'est la vision qui permet de saisir la portée de la notion ; par exemple, l'intégrale peut représenter une aire, un volume, un flux, une énergie, etc. Cela a une conséquence pédagogique : dans les programmes des lycées, lorsqu'on aborde l'intégrale, il vaut mieux partir du calcul des aires que du calcul des primitives. C'est l'introduction naturelle aux méthodes d'intégration approchée et à l'aspect numérique de l'intégration.

Le piège, en tout cas, serait de croire qu'il existe une et une seule définition correcte de l'intégrale. Il faut aller loin en analyse, en géométrie, en probabilités, pour que les divers aspects de l'intégrale se rejoignent. C'est un champ encore bien plus vaste et plus riche que celui des séries. Il faut prendre la définition comme une porte d'entrée et non comme une délimitation du champ.

Ce que je viens de dire des séries et des intégrales vaut pour un grand nombre de sujets. Je vais me borner comme exemples aux convolutions, aux ondelettes et aux fractales.

Le terme convolution est apparu au cours de ce demi-siècle, mais la notion était bien connue des physiciens : l'action d'un appareil sur un signal est une convolution, et la recherche du signal à partir de l'observation est la déconvolution. Cela s'écrit $A*X = B$: A est la fonction d'appareil, X le signal inconnu, $*$ le symbole de la convolution, B ce que l'on observe. La théorie de la convolution est multiforme : on la trouve en analyse de Fourier avec Norbert Wiener, en théorie des distributions avec Laurent Schwartz, et à chaque pas en analyse numérique et en probabilités. Mais je ne connais aucune définition mathématique qui couvre tous les cas.

Yves Meyer* a parlé ici même des ondelettes, et il n'en a donné une définition, avec réticence, qu'en réponse à une question. C'est que le champ occupé par les ondelettes dépasse maintenant de beaucoup toutes les définitions possibles. La situation a considérablement évolué depuis septembre 1985 et la première conférence qu'il a donnée sur le sujet, au Collège de France. Yves Meyer venait

* Voir le texte de la 170e conférence de l'Université de tous les savoirs donnée le 18 juin 2000 par Yves Meyer précédemment dans ce volume.

de trouver une étrange fonction, qui partageait beaucoup de propriétés avec la fonction en escalier de Haar qui vaut 1 entre 0 et 1/2, –1 entre 1/2 et 1, et 0 ailleurs, mais qui était très régulière : il l'avait définie, elle était déjà tabulée et utilisée, c'était l'ondelette de Meyer, elle apparaissait déjà comme aussi légitime et immuable que les sinus et les cosinus. Or, dans les années qui ont suivi, les ondelettes ont poussé comme des champignons, avec des ondelettes de diverses régularités et diverses formes, adaptées à différents usages. L'essentiel est qu'il y a des systèmes orthogonaux d'ondelettes analogues au système de Haar, et des séries d'ondelettes analogues aux séries de Haar. Mais cela même est une délimitation trop étroite. Yves Meyer a évité le piège en donnant une vue du champ mathématique des ondelettes de l'extérieur, par l'histoire et les applications.

La situation est encore plus évidente pour les fractales. Lorsque son premier livre est apparu, il y a plus de vingt ans, sous le titre *Les Objets fractals*, on avait cru piéger Benoît Mandelbrot en le sommant de donner une définition des fractales. Il n'avait pas réussi à donner de bonne définition, et il n'y en pas. Les fractales sont les objets de la géométrie fractale comme les figures sont les objets de la géométrie. On peut en donner une vision par des exemples et des commentaires, mais il serait imprudent de délimiter le champ de manière précise. Par contre, à l'intérieur du champ, on peut donner des définitions précises.

C'est ainsi que certains objets, parfaitement définis, sont devenus très populaires. L'escalier du diable n'est pas autre chose que ce que Salem et moi appelions la fonction de Lebesgue construite sur l'ensemble triadique de Cantor. Il n'y a pas de doute que la nouvelle terminologie est plus parlante que l'ancienne.

Je vais conclure en évoquant le choix des termes. En mathématiques, nous héritons non seulement de théories et de méthodes, mais de toute une terminologie que nous devons accepter. Il n'est pas question, dans un souci de cohérence, de remplacer triangle et quadrilatère par trigone et tétragone, pour s'aligner sur polygone. Il y a une certaine incohérence du langage, et elle n'a pas que des inconvénients.

Les mots ont des colorations diverses, qui contribuent à faire le paysage mathématique. Ils sont plus ou moins adaptés aux notions, plus ou moins évocateurs. « Convolution » n'est pas mauvais, « ondelette » est bon, « fractale » très bon, « l'escalier du diable » excellent. Bourbaki et Benoît Mandelbrot attestent, de manière différente, que les mathématiques contemporaines ont le souci du vocabulaire et de la langue mathématique.

Il y a, dans le choix des termes, des modes et des tendances. Par exemple, le XIXe siècle est le siècle des mots grecs, réservés aux initiés : holomorphie, monodromie, homographie, homologie, homomorphisme, homéomorphisme, homotopie, anallagmatique, etc. Ce sont des termes assez repoussants, et qui n'ont de valeur que par leur définition et l'usage que l'on en fait.

Au début du XXᵉ siècle apparaissent des notions nouvelles et parfois révolutionnaires, et le vocabulaire semble traduire la volonté de ne pas effaroucher les anciens. C'est une explosion de « presque » et de « quasi » : le « presque partout » de Lebesgue, la « quasi-analyticité » d'Hadamard et de Borel, les fonctions « quasi-périodiques » de Bohl et Esclangon, les fonctions « presque-périodiques » d'Harold Bohr, etc.

Bourbaki est un modèle de langue, sobre et claire. Comme créateur de vocabulaire, tantôt il donne un sens mathématique précis à des mots français du langage courant, comme voisinages, filtres, compact, tantôt il forge des néologismes simples à partir du latin : injectif, surjectif, bijectif.

Le vocabulaire contemporain, au contraire de celui du début du siècle, semble accuser la rupture avec le passé — même lorsqu'il en hérite directement. Ce sont les relations d'incertitude, les fonctions non différentielles, l'analyse non linéaire, l'aléatoire, les catastrophes, le chaos. Curieusement, toutes ces notions ont des définitions mathématiques précises, mais elles entraînent l'imagination du public non prévenu vers des abîmes sans fond. Inutile d'insister sur la résonance entre ce vocabulaire et le désarroi social de notre fin de siècle.

Le début de cette conférence a dû vous donner l'impression que les mathématiques se développaient selon leur logique propre, en créant des notions quand elles étaient mûres, en les développant indéfiniment lorsqu'elles étaient pertinentes. La seule relation à la société que j'y évoquais était la communication et l'enseignement. Le dernier piège que je veux évoquer, c'est de croire les mathématiques détachées de la réalité sociale. Le simple examen de leur vocabulaire montre que ce n'est pas le cas. Et d'ailleurs, toutes les conférences de ce cycle sur les mathématiques, et toutes les manifestations qui ponctuent en France et dans le monde l'année mathématique 2000, montrent que les mathématiques sont enracinées et omniprésentes dans la réalité sociale, et qu'il est temps, selon l'un des mots d'ordre de l'année 2000, de les « faire sortir de leur invisibilité ».

Mathématiques et économie

par IVAR EKELAND

Les économistes n'ont pas bonne presse en France, alors que les mathématiciens sont entourés d'un respect quasi universel. C'est que les premiers ont le malheur de faire profession d'un sujet où chacun s'estime avoir des compétences, tandis que les seconds se présentent comme des conquérants de l'inutile, et bénéficient de toute la sympathie qui entoure champions d'échecs ou navigateurs solitaires, bref tous ceux qui engagent leur vie dans des exploits inaccessibles au commun des mortels, mais universellement reconnus comme fort difficiles. Je n'en veux pour preuve que cette pétition dont la presse s'est fait largement l'écho, où certains étudiants de science économique se plaignaient de la manière, à leurs yeux trop théorique, dont leurs professeurs tentaient de leur enseigner l'économie : imagine-t-on les étudiants de mathématiques se plaindre que les mathématiques qu'on leur enseigne sont trop coupées des réalités, et en appeler au grand public de l'incompétence des universitaires ?

Mais enfin, ce n'est pas mon problème, puisque je suis mathématicien, et c'est de bon cœur qu'ici j'entonne le *Suave mari magno*. C'est donc d'un cœur léger que je vous entretiendrai ce soir des rapports qu'entretiennent les mathématiques et l'économie. Il me semble que la raison profonde de ce qu'il faut bien appeler l'incompréhension française des immenses progrès qu'ont accompli les sciences économiques, et tout spécialement ces trente dernières années, tient au fait que les gens, et parmi les plus cultivés, ne comprennent pas ce qu'est un modèle. Par ce mot j'entends une représentation mathématique de la réalité, et je vais passer toute

Texte de la 175e conférence de l'Université de tous les savoirs donnée le 23 juin 2000.

la première moitié de cette conférence à expliquer cette notion : qu'est-ce qu'un modèle, et comment l'utiliser ?

Rien de mieux que de commencer par un exemple. Prenons deux phrases que nous avons beaucoup entendues ces dernières années. Ce sont :

— « Les immigrés prennent le travail des Français ».

— « Le passage aux 35 heures va créer des emplois ».

Voilà certes des assertions qui ne relèvent pas uniquement du débat académique : ce n'est pas du sexe des anges qu'il est ici question. On pourrait même classer les Français suivant le fait qu'ils approuvent ou non ces propositions, et je suis prêt à parier qu'il s'en trouvera peu pour être d'accord avec les deux à la fois. Pour la majorité d'entre eux, la conviction se fondera sans doute davantage sur des arguments politiques que sur une réflexion personnelle, mais cela n'interdit pas (surtout à un scientifique) de se poser la question : est-ce que c'est vrai ? Comment nous faire une opinion personnelle et ne pas nous contenter du « prêt-à-penser » diffusé par notre parti politique favori ? Qu'y a-t-il dans la tête de ceux qui professent l'opinion contraire ? Indépendamment du fait que ces propos se retrouvent dans la bouche de personnages politiques qui peuvent nous répugner, ont-ils une valeur objective ?

Ces deux assertions parlent finalement d'une seule et même chose : le travail. Qu'est-ce que le travail ? Ce n'est pas un objet simple, comme le triangle ou le cercle ; suivant la définition que l'on en propose, et le point de vue d'où l'on se place, on obtiendra des réponses très différentes, et je vais ici en donner trois exemples, ce qui revient à présenter de ce même objet, le travail, trois modèles différents.

Modèle 1 : Le travail est un gâteau à partager

Chez la majorité des gens qui n'ont pas de culture économique prévaut l'idée que la quantité de travail disponible à un instant donné est un donné inextensible : c'est le nombre d'emplois existants. Il y a une demande totale de travail, correspondant aux besoins de l'économie ; l'offre ne peut pas la dépasser, sauf à employer les gens à creuser des trous dans le sol et à les reboucher, ce qui n'est qu'une forme déguisée de subvention.

Si l'on adopte ce point de vue, si le travail est un gâteau à partager, les réponses à nos questions sont claires. S'il y a trop de convives, il n'y en aura pas pour tout le monde : tout travail pris par un immigré est un travail de moins pour un Français. Inversement, si chacun accepte de se contenter d'une part plus petite, on peut faire plus de parts : il est donc vrai que le passage aux 35 heures crée des emplois. On peut même quantifier tout cela par une équation exprimant que le gâteau est la somme de ses parts, quelle que soit la manière dont on le découpe.

Modèle 2 : Le travail est un facteur de production

Il n'est pas interdit d'avoir une vision plus complète de ce qu'est le travail, et de se rappeler que c'est aussi un facteur de production. Le propre de l'économie, c'est de produire, et non simplement de consommer ce qui existe, et pour produire il faut du travail, sous une forme ou sous une autre. En d'autres termes, l'économie est un moteur et le travail est son carburant. Chacun sait piloter une voiture : pour avoir de la puissance il faut accélérer, c'est-à-dire injecter davantage de carburant dans le moteur ; inversement, si on lève le pied sans précaution, le moteur risque de caler. Cela donne une première idée de ce que peut être une politique économique.

Gâteau si l'on veut, mais la taille du gâteau dépend du nombre de convives. Un immigré supplémentaire, c'est une goutte de carburant de plus dans le moteur, qui tournera donc plus vite, et sera donc capable de tirer une charge plus lourde. Il est fort possible que la production supplémentaire ainsi dégagée permette non seulement de faire vivre l'immigré et sa famille, mais aussi de donner davantage à ceux qui ont déjà : l'immigration serait donc bénéfique pour tous, Français et immigrés. Inversement, passer de 39 à 35 heures peut entraîner, dans un premier temps, une chute de production proportionnellement beaucoup plus importante que 4/39. Même si les chômeurs sont là pour prendre le relais, et ramener dans un deuxième temps la quantité de travail au niveau initial, il y aura une phase de transition difficile à gérer.

On voit que l'on tombe maintenant sur des problèmes d'une autre nature que dans l'exemple précédent. Le fonctionnement de l'économie est influencé de manière complexe par la quantité de travail injectée dans celle-ci. On représentera cette situation par des équations du type Offre = Demande, qui expriment que l'économie tourne à la vitesse exacte qui permet aux consommateurs (et donc, en définitive, aux travailleurs) d'absorber toute la production. L'effet d'une politique d'immigration ou de réduction du temps de travail dépendra beaucoup de l'équilibre auquel on aboutit.

Modèle 3 : Le travail est un produit

Dans ce dernier modèle, le travail est considéré, non plus comme une donnée indifférenciée, mais comme un produit que l'on peut fabriquer, en quantité et qualité variables suivant les besoins. Les différents acteurs de l'économie gèrent leur offre de travail au fil du temps. L'individu choisit son niveau d'éducation générale et sa formation professionnelle de manière à optimiser son offre de travail pendant ses années d'activité, il choisit également son plan d'épargne pour préparer sa retraite. Les entreprises choisissent leurs investissements en tenant compte de l'état prévisible du marché du travail et du niveau de formation des individus : les industries textiles ne s'implantent pas dans les mêmes régions que les compagnies financières. La société choisit le niveau des investissements publics, notamment dans l'éducation, et le système de redistribution des revenus.

L'offre de travail à un instant donné est donc le résultat d'une multitude de décisions prises, à tous les niveaux de l'économie, dans les années antérieures, quelquefois très longtemps auparavant : que je prenne aujourd'hui la décision d'entreprendre des études de médecine, ou que Renault décide de construire une nouvelle usine au Brésil, l'impact de ces décisions ne se fera sentir que dans bien des années. De même, l'immigré d'aujourd'hui aura des enfants qui seront mieux éduqués que lui, et qui interviendront à un autre endroit du marché du travail. Et le passage aux 35 heures peut inciter les entreprises à rechercher des gains de productivité en améliorant les machines existantes plutôt qu'en embauchant du nouveau personnel. Bref, les questions posées n'ont plus de réponse simple et évidente : trop de facteurs rentrent en ligne de compte. D'où le rôle de la modélisation, c'est-à-dire de la définition précise de ceux-ci et de la résolution des équations qui les lient.

Quelle leçon tirer de ces trois exemples ?

Tout d'abord, l'intérêt de la modélisation mathématique. Elle permet d'afficher les hypothèses qui fondent le raisonnement, et qui restent trop souvent implicites dans un développement plus littéraire. Ceux qui pensent que les immigrés prennent le travail des Français pensent bien souvent que la demande de travail est fixée, mais ils ne le disent pas. Elle permet aussi de vérifier la cohérence logique des conclusions présentées avec les hypothèses faites : si vous croyez vraiment que la demande de travail est fixée, alors vous devez croire à la fois que les immigrés prennent le travail des Français, et que le passage aux 35 heures va créer des emplois. Elle permet enfin de dominer la complexité : dans les deux derniers modèles, où les interactions seraient très difficiles à exprimer verbalement, l'écriture des équations permet une grande économie de pensée, et leur résolution, si tant est qu'elle est possible, donne une réponse à la question posée.

Ensuite, l'idée qu'il n'y a pas de super-modèle, de modèle tellement précis et exact qu'il engloberait tous les autres et collerait exactement aux choses. On voit bien que le troisième modèle est meilleur que le premier, mais il n'est pas lui-même parfait. Tout modèle est nécessairement partiel et imparfait, ce qui ne veut pas dire que tous les modèles se valent : le travail du scientifique, physicien ou économiste, consiste à trouver le modèle le mieux adapté à une situation donnée. Pour prendre un exemple que je cite souvent, la Terre n'est pas ronde pour tout le monde. Pour le randonneur, qui utilise la carte au 25/1 000 de l'IGN, la Terre est plate : il ne va pas partir avec un globe terrestre dans un sac à dos ! Pour le pilote qui fait Paris-New York, la Terre est ronde : c'est ce qui détermine la route qu'on lui fait suivre, et qui n'est la plus courte que si l'on se place sur une sphère. Pour l'astronome qui détermine la position de la Lune ou d'un autre satellite artificiel, la Terre n'est pas ronde, mais aplatie aux pôles et bosselée, et chacune de ces irrégularités influe sur la trajectoire qu'il calcule.

Ces leçons sont exactement celles que le physicien a mises en pratique depuis la révolution galiléenne. Mais les modèles mathématiques utilisés en économie sont différents de ceux qui jusqu'à présent étaient utilisés en physique. Certes, la théorie économique construit la société à partir de l'individu, comme la théorie physique construit le solide à partir de l'atome, c'est-à-dire que l'une et l'autre se proposent d'expliquer les phénomènes collectifs par le comportement individuel. Cependant les êtres humains diffèrent des objets physiques par des côtés essentiels dont la modélisation mathématique devra rendre compte, et dont nous ne listons ici que quelques-uns :

— *L'intentionnalité*. L'être humain agit consciemment, ce qui veut dire qu'il agit en fonction d'un but à atteindre. Pour bien comprendre ce que cela veut dire, il suffit d'imaginer que le feu se déclare dans cette salle. Alors l'air chaud et la fumée s'échapperont par les portes que je vois en haut de l'amphithéâtre et vous aussi vous sortirez, mais pour d'autres raisons. Les comportements collectifs qui en résultent seront très différents : les molécules d'air ne paniquent pas.

— *Le comportement stratégique*. Je sais que tu es comme moi, et je vais m'en servir pour prévoir ce que tu vas faire. C'est en utilisant ce précepte que l'on peut jouer aux échecs : je me mets à la place de mon adversaire pour prévoir sa réponse au coup que je me propose de jouer. Dans nombre de situations plus complexes, et plus réalistes, il ne faut pas manquer d'intégrer les réactions de ses adversaires (ou de ses partenaires) à sa propre décision, tout en se rappelant que ceux-ci font de même.

— *L'asymétrie d'information*. Pour reprendre une citation célèbre de John Donne, que Hemingway fait figurer en épigraphe de *Pour qui sonne le glas*, chaque être humain est une île : les îles communiquent par des signaux, mais ne se déplacent pas. En d'autres termes, vous pouvez écouter ce que je dis, vous pouvez voir ce que je fais, vous pouvez lire ce que j'écris, mais vous ne saurez jamais ce que je pense. Chacun peut mentir sur ses intentions et ses possibilités, et peu de gens s'en privent.

Tous ces points se prêtent à la modélisation. Il en est résulté un progrès certain des mathématiques, qui ont bénéficié de l'apport de concepts nouveaux, dont le plus célèbre est sans doute celui d'équilibre, dû à John Nash, mathématicien d'exception dont une récente bibliographie retrace la triste histoire. Dans le cadre de cet exposé, nous ne nous aventurerons pas sur cette piste, et nous soulèverons plutôt une autre question, tout aussi importante et controversée, celle de la vérification expérimentale.

Dans quelle mesure peut-on dire qu'un modèle est vrai ? La question a été longuement étudiée, et pour ma part je me range volontiers sous la bannière du Cercle de Vienne, et plus précisément de Karl Popper, suivant lequel une théorie scientifique ne saurait être vraie qu'à titre provisoire, dans l'attente d'une réfutation que l'on s'ingéniera à susciter en multipliant les expériences destinées à en vérifier les conséquences de plus en plus lointaines. Plus précisément, une théorie physique ne saurait être qualifiée de scientifique si elle n'a pas de conséquence testable, c'est-à-dire si le développement mathématique du modèle qu'elle propose ne conduit pas à des prédictions que l'on puisse confronter à la réalité. On ne sait pas assez que le même critère de scientificité s'applique à l'économie. Construire un modèle n'est rien ; tout le monde peut en faire, et les conversations de cafés comme les tribunes de journaux sont faites de modèles qui ne valent pas plus que le temps perdu à les écouter ou à les lire. Ce qui est difficile, c'est de les corroborer, c'est-à-dire d'en déduire le plus possible de conséquences logiques mais imprévues, et d'aller voir sur le terrain si elles sont vérifiées.

C'est le rôle de l'économétrie que de faire ce genre de travail, et l'attribution du dernier prix Nobel d'économie à deux économètres souligne l'importance qu'il faut y attacher dans la science économique moderne.

Je voudrais, sans trop m'étendre, donner un exemple de ce genre de vérification, tiré d'un travail récent de Chiappori et Levitt. L'une des branches de la science économique, la théorie des jeux, étudie le comportement de deux individus parfaitement rationnels en situation de conflit. Il est traditionnel, quand on expose le sujet, d'invoquer l'exemple du penalty au football. Le gardien se propulse à gauche ou à droite au moment même où le tireur frappe la balle, et celle-ci va beaucoup trop vite pour qu'il puisse attendre de voir de quel côté elle va. Il doit donc décider *a priori* de quel côté sauter, de même que le tireur décide *a priori* de quel côté frapper, et on est alors ramené à une situation classique en théorie des jeux. La gauche et la droite ne jouent pas le même rôle, suivant que le tireur est droitier ou gaucher, et nous parlerons donc d'un côté naturel, qui est le côté gauche si le tireur est droitier. L'analyse théorique nous conduit d'abord à des conséquences qualitatives, la plus importante étant que ni le gardien ni le tireur ne peuvent se permettre une quelconque régularité, qui les rendrait vulnérables aux prévisions de l'adversaire : le gardien qui sauterait toujours du côté naturel, ou celui qui alternerait de manière rigoureuse l'un et l'autre, seraient vite repérés. D'un point de vue mathématique, cette nécessaire imprévisibilité est modélisée par l'aléatoire, et nous dirons donc que le tireur saute du côté naturel avec une fréquence p, et que le gardien saute du côté naturel avec une probabilité q. Tout cela reste qualitatif, et on peut certes arriver aux mêmes conclusions sans faire de mathématiques, mais vient maintenant le côté quantitatif :

Quel rapport entre les nombres p et q ? Sont-ils égaux, $p = q$? Sinon, quel est le plus grand ? L'intuition reste muette, mais l'analyse théorique fournit une réponse : $p < q$, p est plus petit que q. Reste à savoir si cette réponse est correcte ; si elle l'est, la théorie des jeux est corroborée. Si elle ne l'est pas, elle est invalidée. On a donc visionné tous les penalties tirés en championnat de première division, en France (1997-1999) et en Italie (1997-2000), au nombre de 459, et l'inégalité s'est trouvée vérifiée, ainsi d'ailleurs que quelques autres critères que je n'ai pas indiqués ici.

On reproche souvent à la théorie économique d'être irréaliste, en ce qu'elle suppose les individus rationnels et calculateurs. Outre le fait que cette hypothèse est certainement vraie au niveau des institutions, elle n'a pas besoin d'être vraie au niveau des individus pour que la théorie soit vraie. La rationalité peut s'introduire par d'autres biais, l'apprentissage ou le darwinisme. Voyez par exemple ce qui se passe ici. Certes, il ne s'agit pas ici de vie et de mort, ni du destin d'un pays, mais les enjeux économiques n'en sont pas moins considérables pour les personnes concernées : la dernière Coupe de France a été gagnée sur penalty, et cela représente pour les vainqueurs (les perdants), en termes de notoriété et de participation aux coupes européennes, un gain (une perte) qui se chiffre en dizaines de millions de francs. Tireurs et gardiens sont des professionnels, ils s'entraînent en permanence, ils visionnent les adversaires : on peut être certain qu'au moment du penalty, ils ont vraiment réfléchi à ce qu'ils devaient faire, et ils font exactement ce que prédit la théorie ! Pourquoi ? Ni Barthez ni Zidane ne connaissent la théorie des jeux, et ils seraient certainement peu convaincus par le formalisme mathématique. Pourquoi donc se comportent-ils comme le ferait un individu rationnel et calculateur ? Il y a plusieurs réponses possibles, toutes intéressantes. La première, c'est qu'ils parviennent aux mêmes conclusions par un raisonnement non formalisé : l'être humain est rationnel, agit de manière réfléchie, et la théorie des jeux est donc performante parce qu'elle modélise ce type de comportement. La deuxième, c'est que l'expérience leur a appris, au fil des ans, que c'est justement cela qu'il fallait faire ; dans ce cas, ce n'est plus le comportement individuel que modélise la théorie des jeux, mais le résultat final de l'apprentissage, et c'est au niveau du résultat que se situe la rationalité. La troisième, c'est que les joueurs ne réfléchissent pas et n'apprennent rien, ils ne font qu'exprimer des qualités innées et des comportements inscrits dans leurs gènes : si Barthez est un bon gardien, c'est parce qu'instinctivement il fait ce qu'il faut faire. La rationalité est alors darwinienne : c'est parce qu'il était comme cela que ses résultats ont été meilleurs que ceux de ses concurrents, et qu'il est arrivé au sommet de la carrière.

J'aurais voulu terminer cet exposé en parlant d'ingénierie économique et sociale, et en montrant la place grandissante que prennent dans notre vie quotidienne des institutions qui sont le fruit de la théorie économique. La place me manque, et je m'en tiendrai donc là, en vous remerciant pour votre attention.

Les nombres et l'écriture

par JIM RITTER

Mon histoire personnelle avec la question dont je voudrais aborder ici quelques aspects — celle des mathématiques et de l'écriture — remonte à près de trente ans : étudiant en mathématiques et physique théorique à Londres, j'avais accepté d'enregistrer des textes de mathématiques pour un collègue presque aveugle. À ma grande surprise, et pour la première fois de ma vie, je constatai à quel point il est difficile de lire à haute voix un texte de mathématiques. Voici, par exemple, un extrait d'une démonstration mathématique qui se trouve dans un livre de l'époque *(Fig. 1)*.

Les éditeurs du livre, confrontés à cette incongruité, ont pris le parti de la traiter typographiquement comme une illustration pleine page, sans titre courant. Pourtant, il s'agit bien d'une partie intégrante de texte, qui est nécessaire au déroulement de l'argumentation !

Quant à moi, je redécouvrai à cette occasion, pour mon propre compte, deux choses banales : la première est que lire et écrire ne sont pas des activités réciproques, mais radicalement distinctes ; la seconde, c'est qu'un texte mathématique diffère d'un texte romanesque*. Plus précisément, l'écriture n'a pas une structure langagière intrinsèque, un aspect crucial dès qu'on s'intéresse aux aspects cognitifs.

Écriture et mathématiques, en particulier écriture et nombres, entretiennent en revanche des liens extrêmement étroits. Un exemple maintenant élémentaire, mais dont le développement a été long

Texte de la 176e conférence de l'Université de tous les savoirs donnée le 24 juin 2000.

* La littérature a bien sûr joué dans certains cas des possibilités graphiques de l'écriture. Des exemples variés, de différentes époques, se trouvent par exemple dans le catalogue de l'exposition *Poésure et peintrie*, Musées de Marseille, 1993.

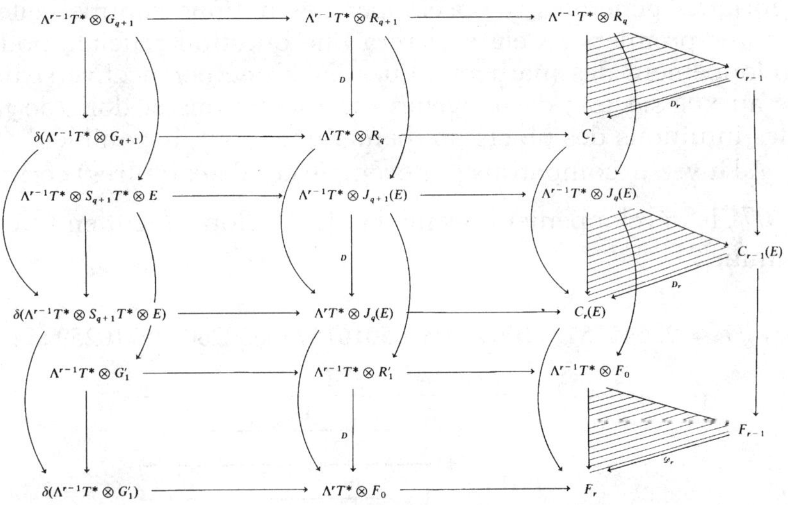

Figure 1 – Une partie de la démonstration de Théorème 5.3 dans Pommaret 1978, p. 185.
[© OPA N.V. with permission from Gordon and Breach Publishers].

et compliqué, historiquement et culturellement, est celui des fractions. La notation pour une fraction générale

$$\frac{p}{q}$$

désignait au début une opération de division qu'on n'effectue pas (dans certains cas, parce qu'on ne peut pas l'effectuer sous les conditions admises pour l'écriture des nombres, par exemple parce que l'écriture du quotient doit être finie)*. Une telle écriture, remarquons-le, transgresse clairement la linéarité, comme c'est souvent le cas en mathématiques. Elle isole dans l'espace de la page cette opération comme un nouvel objet, qu'on va pouvoir alors traiter en soi, en l'incluant à son tour dans des opérations, en le traitant lui-même comme nombre.

Un autre aspect de l'importance de l'écriture en mathématiques est l'unification que l'écriture peut apporter entre des phénomènes, des objets, des domaines, traités jusqu'alors comme distincts. Un cas classique est celui de l'algèbre symbolique. Le symbole désigne d'abord le nombre inconnu cherché. Mais il offre ensuite la possibilité de dénoter de la même façon des grandeurs discrètes (relevant du domaine de l'arithmétique) et des grandeurs continues (relevant du domaine de la géométrie). Les conséquences sont multiples, et dans plusieurs directions : de nouvelles questions

* L'histoire de cette évolution est tracée dans Benoît *et al.*, 1992.

surgissent (peut-on fonder une théorie arithmétique des grandeurs algébriques générales, y développer des notions comme celle de nombres premiers ? Cela s'avérera une question cruciale pour le développement des mathématiques dans une perspective structurale au XIXe siècle) ; de nouvelles représentations et donc de nouvelles intuitions des objets mathématiques sont disponibles.

À l'inverse, comparons par exemple ces deux (autres) écritures de $\sqrt{7}$, le développement décimal et le développement en fraction continue :

$$\sqrt{7} = 2,6457513110645905905016157536392604257102 59\ldots$$

$$\sqrt{7} = 2 + \cfrac{1}{1 + \cfrac{1}{1 + \cfrac{1}{1 + \cfrac{1}{4 + \cfrac{1}{1 + \cfrac{1}{1 + \cfrac{1}{1 + \cfrac{1}{4 + \ldots}}}}}}}}$$

La différence entre l'irrégularité de la suite des chiffres qui interviennent dans le développement décimal et la régularité de la seconde forme d'écriture saute aux yeux. L'alternance rigide de 1 et de 4 nous permet dans ce cas de prédire à toute étape la suite de l'expression et incite en retour à s'interroger sur les caractéristiques des nombres qui ont un tel développement périodique.

Chaque forme de représentation suggère une différente propriété à explorer. Différents modes d'écriture favorisent différents développements de ce qui au départ était un unique objet, l'associent à différents domaines, lui posent différents types de questions. L'écriture unifie ou au contraire discrimine, et ce faisant, peut contribuer à créer de nouvelles dynamiques pour les mathématiques. Elle est à la fois une pratique d'action et une pratique de représentation.

Je voudrais dans ce qui suit mettre en évidence l'articulation de ces différents aspects dans une situation particulière, qu'on peut suivre au long terme, sur près de mille ans. Ce que je vais décrire est à la pointe de la recherche, car nous n'avons commencé à le comprendre que depuis une vingtaine d'années, grâce à un travail de collaboration internationale et interdisciplinaire, qui d'ailleurs a nécessité de puissantes ressources de scannérisation et d'informatique.

Il semble approprié que le terme de ce développement à long terme soit l'an 2000, à peu près. Au risque pourtant de désappointer mes lecteurs, je dois avouer que le 2000 en question est comme on dit en maths « au signe près » : il s'agit de – 2000, 2000 avant J.-C. Je voudrais en effet reconstruire l'imbrication étroite de la naissance de l'écriture en Mésopotamie et d'un objet tellement fondamental des mathématiques que des mathématiciens l'ont dit naturel ou donné par Dieu, le nombre entier « impliqué dans des opérations arithmétiques ». Si le résultat du processus que je vais décrire peut paraître élémentaire, l'étude de ce processus met en fait en évidence des phénomènes généraux et importants.

Je voudrais aussi prendre au mot l'idée d'une « université » de tous les savoirs en essayant de communiquer, non seulement les conclusions de ces recherches, mais la démarche même qui les anime, de donner une idée des problèmes de l'assyriologue, de l'historien ou de l'historienne des sciences, aux prises avec les textes parcellaires, tronqués, dont nous disposons. Une certaine patience est donc requise des lecteurs, mais plus encore leur curiosité pour les messages du quotidien que nous ont légués des personnes d'il y a quatre mille ans.

Naissance de l'écriture et nombre : 3200-2100

LES DÉBUTS DE L'ÉCRITURE

Dans ses premières étapes, l'écriture n'est pas une transcription de la langue parlée : elle apparaît comme un aide-mémoire, servant à garder trace de nombres et d'objets utilisés dans des transactions commerciales.

Les débuts sont maintenant bien connus* : des bulles d'argile creuses contenant des jetons représentant des biens ont été progressivement aplaties alors que les marques des jetons enfoncés sur la surface se substituaient peu à peu aux jetons eux-mêmes, préfigurant ainsi les premières traces d'une écriture. Mais mon histoire, qui n'est pas encore aussi bien connue, commence après celle-ci, lorsque les bulles ont déjà été remplacées par des tablettes (plates) d'argile et les marques de jetons par des traces faites avec des calames de roseau : c'est alors qu'une analyse systématique et complète des systèmes métrologiques employés s'est révélée possible, permettant de suivre en détail l'entrecroisement du développement du nombre et de l'écriture. On assiste alors à une revanche de mille ans de l'écriture sur les maths : si l'écriture apparaît d'abord comme outil au service de la quantification, certains de ses

* Voir Nissen et al. 1994.

développements propres ont d'importantes conséquences techniques et conceptuelles sur les mathématiques.

C'est en Mésopotamie, d'abord dans le grand centre urbain qu'était l'ancienne ville d'Uruk vers – 3100, puis à Djemdet Nasr et enfin dans la ville d'Ur qu'on trouve les premiers écrits. À Uruk comme ailleurs cette écriture sert à un but : l'enregistrement de la production et de la répartition des biens, la comptabilité. À peu près 85 % des 3 900 tablettes trouvées à Uruk sont des textes de comptabilité, les 15 % restants sont des listes de signes, groupés par thème (noms de professions, villes, plantes, etc), et utilisées dans l'enseignement.

Parmi les textes publiés d'Uruk se trouvent quelques 50 tablettes et fragments qui constituent une archive de troupeaux de moutons *(Fig. 2)* : voici un exemple typique avec la face (côté devant) à droite et le revers (côté derrière) à gauche.

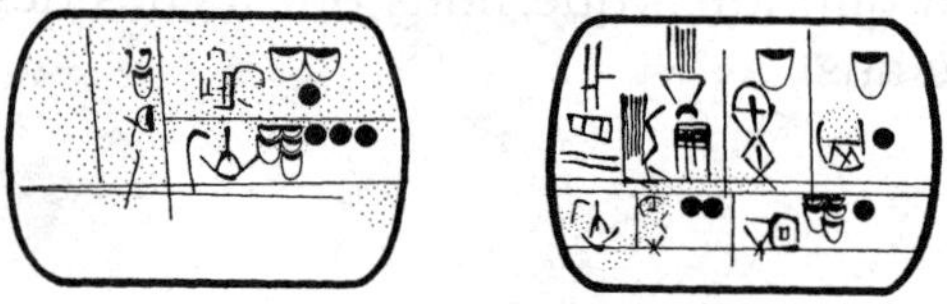

Figure 2 – Tablette de troupeau de moutons W 20274.3 de la ville d'Uruk (vers – 3000). (D'après Green 1980 : p. 22).

On notera qu'il y a deux sortes de signes inscrits, de facture très différente. Une variété est simple, elle consiste en l'impression d'un calame coupé droit et enfoncé dans l'argile, laissant comme marque soit un cercle, soit une encoche, et cela en deux tailles différentes. J'appellerai ces signes numériques car dans le compte ils servent à quantifier l'information. L'autre type de signe est plus complexe, souvent pictographique, comprenant des courbes et des droites. Ces signes non numériques sont tracés avec un calame taillé en pointe et servent à identifier la nature de l'objet ou du bien quantifié.

Grâce à la relative homogénéité de cette archive, il est facile de déterminer la structure des tablettes. Quatre cases sur la face portent chacune le nom d'une catégorie de moutons différenciée par âge et par sexe, couplé avec une quantité (#) : deux cases sur le revers donnent les totaux de moutons adultes et d'agneaux des deux sexes.

Revers

	produit laitier	moutons	#
		(agneaux) d'un an	#

Face

information administrative		# béliers	# brebis
un an	# agneaux	# agnelles	

Le fait que les tablettes contiennent les totaux des entrées nous permet d'établir des relations entre les signes numériques. Ces signes sont organisés additivement, c'est-à-dire qu'on répète autant de fois que nécessaire le signe jusqu'à un certain nombre maximal de répétitions, après quoi on inscrit un autre signe, qui correspond donc à un ordre de grandeur supérieur. Ainsi l'une des tablettes de l'archive nous montre les entrées et le total suivants *(Fig. 3)* :

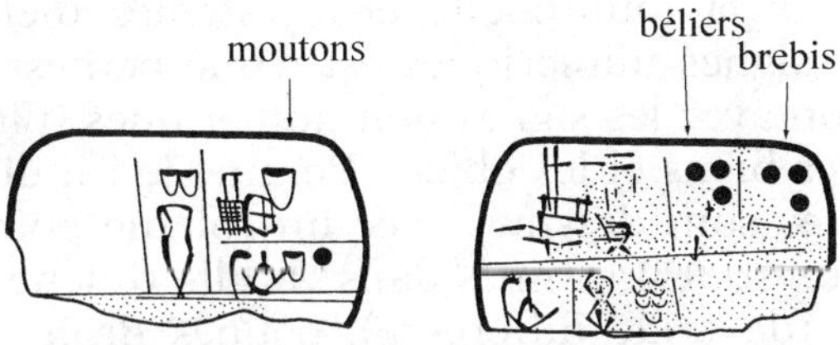

Figure 3 – Tablette de troupeau de moutons W 20274.74. de la ville d'Uruk (vers – 3000). [D'après Green 1980 : p. 21].

Il est clair que dans ce système numérique, utilisé pour compter des moutons, 6 • vaut 1 ▽. Il est possible d'agir ainsi sur un grand nombre de tablettes d'Uruk qui sont des comptes d'animaux. Le même système métrologique est utilisé dans tous les cas et les assyriologues lui ont donné le sigle **S** ; il fonctionne selon le schéma suivant :

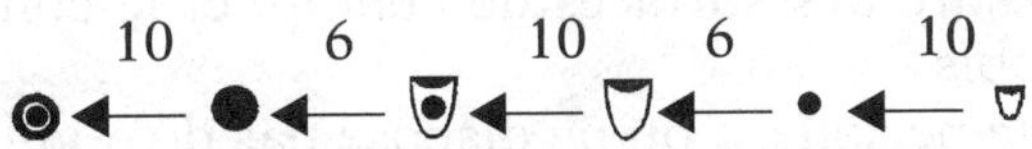

S

Les unités sont rangées par ordre décroissant, le nombre surmontant chaque flèche indique combien l'unité à gauche de la flèche contient d'unités inférieures (à droite de la flèche) : par exemple, 10 ▽ font un •.

De semblables analyses d'autres textes permettent de découvrir les systèmes métrologiques associés aux mesures de longueur, aux mesures de surfaces, aux capacités de grains. Le premier, celui des longueurs, se révèle être identique au système **S**. Mais, et c'est un point fondamental, d'« autres » systèmes sont utilisés pour d'autres biens*. Les aires, par exemple, se mesurent dans un tout autre système, nommé système **G** :

* Pour mettre en évidence de manière fiable ces différents systèmes, il est nécessaire de disposer de longues séries de textes de poids et mesures. Avant leur étude systématique, qui n'a commencé qu'à la fin des années 1980, on ignorait l'existence de ces multiples systèmes. Beaucoup de reconstitutions faisaient au contraire l'hypothèse d'un système unique de poids et mesures en vigueur. Comme nous le verrons, ceci a des conséquences importantes pour comprendre l'évolution de la notion de nombre.

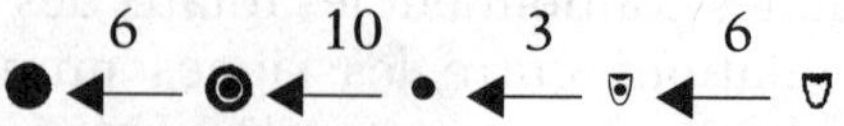

G

Les mesures de capacité de grains utilisent un troisième système de mesures, dit **ŠE** :

ŠE

Et la liste n'est pas close !

En dépit de la multiplicité des systèmes métrologiques, le répertoire des signes numériques est d'une petitesse surprenante en comparaison avec les signes non numériques (plus de 800) qui représentent les biens et les objets. Comme je l'ai dit, si les signes non numériques sont dessinés avec un calame pointu, les signes numériques eux sont imprimés dans l'argile fraîche avec l'aide de deux calames (de taille différente), coupés droit. Chacun d'eux fournit seulement deux marques différentes : un cercle (extrémité ronde du calame) et une encoche (extrémité enfoncée en biais). Ce qui donne un total de quatre signes, ou plutôt sept car certaines combinaisons sont permises.

Pourtant, bien que ces mêmes signes apparaissent dans tous les systèmes métrologiques, leurs valeurs, tant absolues que relatives, varient selon le système, comme on le voit d'ailleurs sur les diagrammes. Le petit cercle représente une valeur 10 fois supérieure à celle de l'encoche si l'on compte des longueurs, mais 6 fois seulement si l'on mesure des grains de blé. Le grand cercle représente une unité plus grande que la combinaison du grand et du petit si l'on mesure des surfaces de champ, et le contraire si l'on compte des brebis.

Bref, à cette période, « on ne dispose pas de nombre écrit » en tant que tel, avec une valeur intrinsèque ; ce qui existe sont des notations écrites pour des nombres d'unités, dont la valeur et le rapport dépendent fortement des biens concernés.

PÉRIODE DYNASTIQUE ARCHAÏQUE

Pendant la période suivante (de – 2800 à – 2350), l'écriture se répand dans toutes les cités-états de la Mésopotamie. Son développement est marqué par deux caractéristiques essentielles pour ce qui suit. D'abord, on découvre la possibilité d'utiliser ce nouvel outil non seulement pour l'information comptable mais aussi pour enregistrer les sons de la langue parlée. C'est à partir de ce moment qu'apparaissent des inscriptions historiographiques, des textes religieux, des lettres, dans lesquels des signes sont utilisés pour leur valeur phonétique, reconstituant par écrit une langue (en l'occurence, le sumérien) ; en suivant cette piste, nous pouvons arriver à la littérature, mais de cette (autre) histoire, je ne parlerai pas.

La deuxième évolution est le changement dans la forme des signes, leur « cunéiformisation ». La difficulté physique pour tracer des courbes continues dans l'argile, le temps nécessaire, provoquent ce premier changement dans l'écriture archaïque. La modification ne touche dans un premier temps que les signes non numériques, puisque les signes numériques sont formés, comme nous l'avons vu, de manière toute différente. Plutôt que de tirer un calame pointu continûment sur la tablette, les scribes commencent à se contenter d'indiquer les contours d'un pictogramme par une suite d'incisions, à l'aide d'une nouvelle sorte de calame à section triangulaire : la production des signes se fait par la répétition d'un seul geste, mais avec des orientations variées. Progressivement, les orientations du trait se réduisent, jusqu'à ce qu'il n'en subsiste que quatre ou cinq bien déterminées. Les signes perdent ainsi leur caractère pictographique d'origine pour devenir ce que les assyriologues ont nommé des signes cunéiformes (de la forme d'un clou). Cette cunéiformisation des signes non numériques *(Fig. 4)* est essentiellement complète vers – 2600, et elle s'accompagne d'une réorientation spatiale des signes privilégiant les axes horizontaux ou verticaux.

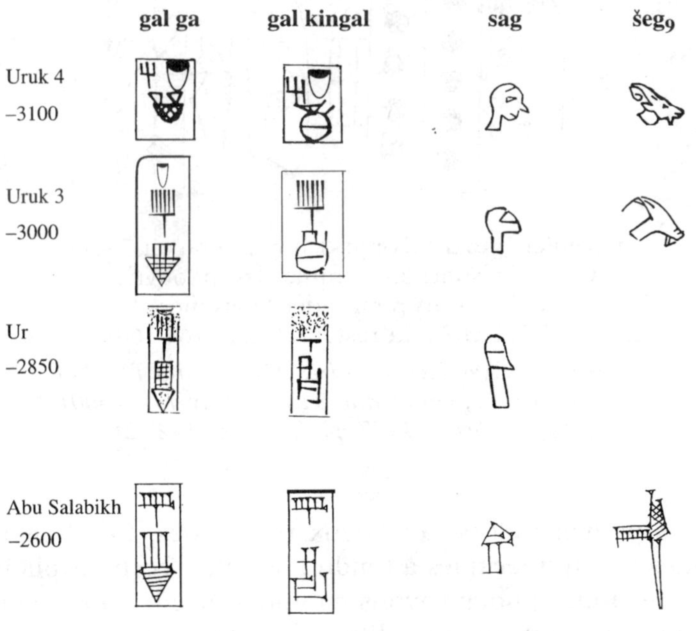

Figure 4 – Cunéiformisation des 5 signes non numériques pendant la période de – 3200 à – 2600.

Mais les signes numériques n'échappent pas totalement à cette cunéiformisation. Parmi les exercices scolaires trouvés dans la ville de Shuruppak et datant de – 2600, il en existe deux dans lesquels une paire d'apprentis-scribes traitent le même problème mathématique. La question est posée dans la partie supérieure (respectivement la face) de la tablette et la réponse de l'élève dans la partie inférieure (respectivement le revers) — les signes numériques utilisés dans la réponse sont évidemment ceux du système **S** *(Fig. 5)*.

1

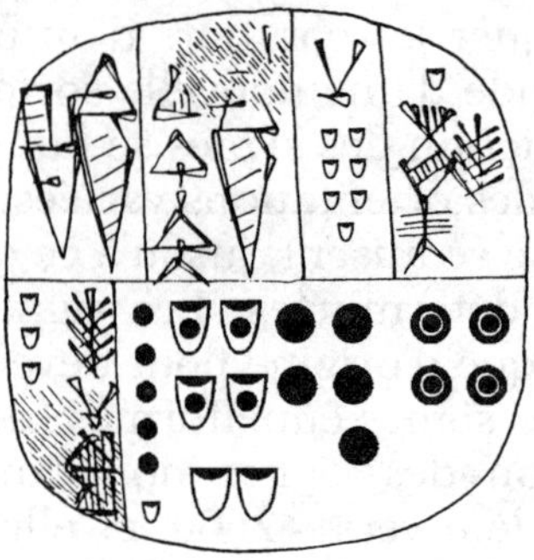

2

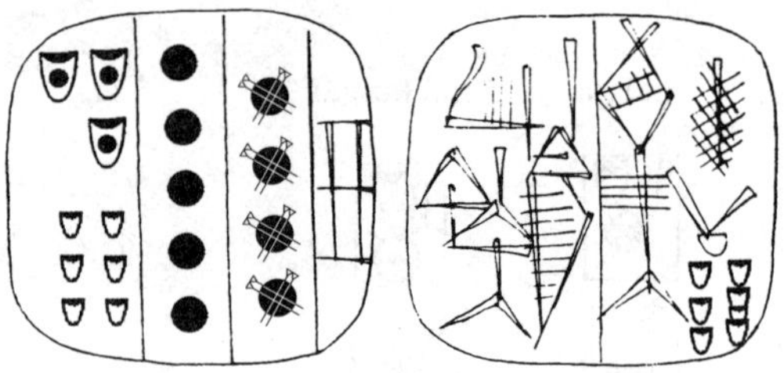

1 grenier (**guru**$_7$) d'orge. 1 homme reçoit 7 **sìla**. (Combien sont) les hommes [resp. ouvriers] (nécessaires pour vider le grenier) ?
164 571 et 3 **sìla** restent. [resp. 164 160]

Figure 5 – Exercices scolaires TSŠ 50 and TSŠ 671 trouvés à Fara, l'ancienne Šuruppak (vers – 2600). [D'après Jestin 1937, pl. 21 (1) et 142 (2)].

Nous pouvons alors faire deux remarques. La phonétisation des signes non numériques a rendu possible d'écrire explicitement le nom des unités ; nous voyons ici apparaître le **sìla**, une mesure de capacité qui vaut environ 1 litre. L'information métrologique est donc partagée entre deux groupes de signes, l'un gérant le pur quantitatif, toujours dans le contexte spécifique d'un système métrologique particulier, l'autre (partiellement redondant) désignant explicitement ce système. Cela ouvrira à terme, nous allons le voir, la possibilité de détacher le premier groupe de son contexte métrologique.

La deuxième chose remarquable est la substitution du signe  par  dans le deuxième texte, le cercle extérieur de l'ancien signe étant remplacé par quatre traits croisés « cunéiformes », incisés avec le calame triangulaire. C'est la partielle application à un signe numérique de la cunéiformisation déjà complète des signes non numériques.

Le même phénomène est visible dans la première table mathématique que nous possédons et qui remonte à la même époque que ces exercices. L'arrangement ordonné et systématique de cette table facilitait son utilisation dans la résolution de problèmes mathématiques*. Voici une traduction des premières cases :

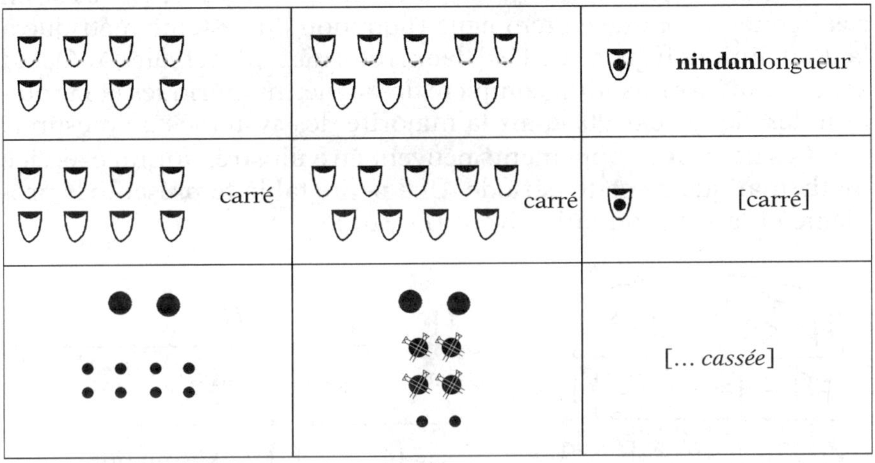

La différence entre un système de numération uniforme comme celui que nous possédons de nos jours et le stade que je suis en train de décrire est particulièrement visible au niveau de cette table de multiplication. Il n'existe bien sûr pas en Mésopotamie à cette date de tables de multiplication « par un nombre » (comme nous avons « la table de multiplication par 3 » ou « par 7 »), le seul produit de quantités ou de biens qui fait sens dans un contexte métrologique comme le nôtre est celui de deux longueurs qui produit une aire : c'est bien les seules tables dont nous disposons. Celle-ci offre une suite décroissante de longueurs et de largeurs de champs carrés (en unités du système **S**) et des aires correspondantes, écrites directement dans les mesures de surface (c'est-à-dire en unités du système **G**). Dans les cases de surface, on voit le signe cunéiformisé que nous avons déjà rencontré dans les exercices. Autrement dit, la cunéiformisation des signes non numériques, qui s'explique parce qu'ils étaient difficiles à tracer, s'étend aux signes numériques, alors que ceux-ci ne posaient pas de difficultés

* Sur l'utilisation des tables, et plus généralement, la forme des textes mathématiques dont nous disposons pour la Mésopotamie, voir par exemple Ritter 1989.

particulières sauf la nécessité de changer de calame pour les tracer. Ce changement matériel, graphique, dans la rationalisation du geste d'écriture, a, comme nous allons le voir, des conséquences importantes pour le domaine numérique.

PÉRIODE D'AKKAD

Le premier empire mésopotamien, celui dit d'Akkad (– 2350 à – 2200), unifie diverses cités sous un même gouvernement et modifie l'administration, qui doit faire face à une tâche accrue ; parmi les réformes instituées, plusieurs concernent la rationalisation du système d'écriture et des systèmes de poids et mesures — c'est un cas fréquent, comme en témoigne l'adoption du système métrique à la Révolution française. Les deux réformes principales d'Akkad sont la cunéiformisation complète des signes numériques et la rotation des signes par 90° dans la majorité des systèmes de mesures.

Ces deux développements peuvent être illustrés sur un exercice mathématique de cette période. Une petite tablette présente le problème et la solution qui suivent *(Fig. 6)* :

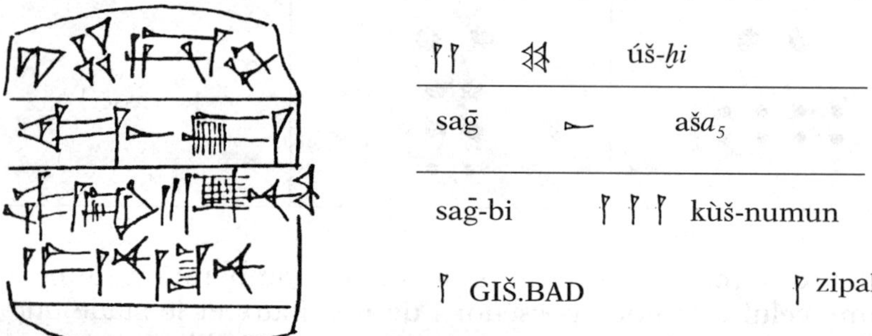

2 𒁹 4 𒌋 est la longueur (du champ).

(Quelle est) la largeur (telle que) 1 𒀸 est la surface ?

Sa largeur : 3 𒁹 **kùš-numun** 1 𒁹 GIŠ.BAD 1 𒁹 **zipaḫ**

Figure 6 – — Exercice scolaire PUL 29 :
calcul des dimensions d'un champ (vers – 2300).
[Limet 1937 : pl. 9].

Comme on le voit ici, la rotation des signes est différentielle selon les systèmes ; les signes des mesures de longueur, tirées du système **S** (lignes 1 et 3), résistent à la rotation par 90° et restent verticaux, contrairement aux signes numériques du système **G** (ligne 2). La cunéiformisation, en revanche, est générale : tous les signes du répertoire — numériques comme non numériques — s'écrivent maintenant avec un seul calame ; l'encoche ▽ est devenue un trait vertical 𒁹, le cercle ● une marque du « coin » de calame 𒌋.

Mais le gain dans la vitesse avec laquelle le scribe peut désormais écrire un texte résulte en une confusion graphique accrue entre des signes qui étaient autrefois tout à fait distincts. Les effets de la rotation par 90° vont d'ailleurs dans le même sens : la réorientation impose une hauteur limitée pour tout signe, interdisant les différences de taille autrefois marqueurs de distinctions dans les systèmes métrologiques. La grande encoche ne peut plus être plus grande que la petite, et l'on constate que cette limitation s'est imposée aussi pour les systèmes qui n'ont pas été réorientés.

Des efforts sont donc faits pour déjouer l'ambiguïté imposée par la cunéiformisation et la rotation, et rétablir ainsi les distinctions essentielles pour déterminer la signification des marques numériques. Par exemple, ici, l'ancienne différence de « taille » entre les deux encoches du système **S** qui marquaient deux ordres d'unité distincts est remplacée par une différence d'« épaisseur » dans le trait vertical de taille fixe qui représente maintenant les deux à lui seul. En prenant en compte d'autres textes de l'époque d'Akkad, on arrive au schéma de cunéiformisation suivant :

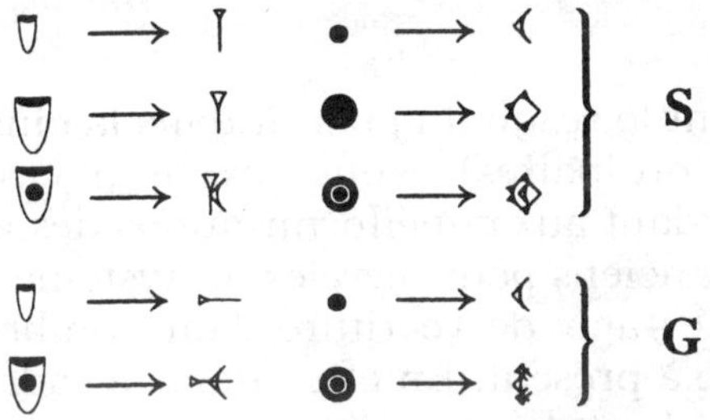

PÉRIODE D'UR III

C'est sur les décombres de l'empire d'Akkad est bâti un nouvel empire, dit d'Ur III. L'augmentation des échanges administratifs écrits accroît encore les exigences d'efficacité des techniques d'enregistrement. Cette course de vitesse de l'écriture aboutit, vers la fin du IIIe millénaire et dans certains contextes, à l'abandon de la distinction entre les deux sortes de traits verticaux dans le système **S** ; le trait vertical épais, dernière trace d'une impression non standard, y est délaissé en faveur du trait simple.

Mais les scribes mésopotamiens vont transformer cette ambiguïté en un avantage pour le calcul, qui nous apparaît rétrospectivement spectaculaire. Qu'il se produise à cette époque nous est connu grâce à un document, un seul parmi la dixaine de milliers de textes de l'époque publiés jusqu'à ici. Il s'agit d'un texte apparemment anodin de comptabilité de livraison de métaux *(Fig. 7)*. Voici les cinq premières lignes de ce document :

Les quatre lignes du début représentent en fait une addition effectuée par le scribe — et laissée sur la tablette pour des raisons

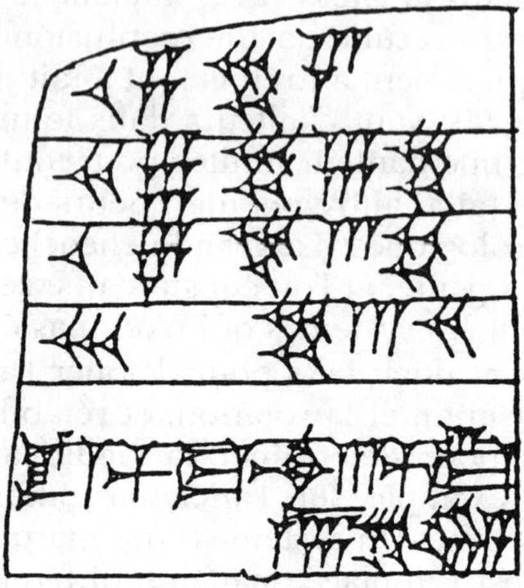

Total : $\frac{1}{2}$ **mana** $3\frac{1}{2}$**gín**
moins 7 **še** d'argent

Figure 7 – Compte de métaux YOS 4 293 (vers – 2100) : les premières 5 lignes [D'après Keiser 1919 : pl. 78].

inconnues — dont le résultat apparaît dans la cinquième ligne (en unités de poids ordinaires). Nous voyons une suite alternée de signes correspondant aux cunéiformisations des anciennes petites encoches et des anciens petits cercles du système **S** (puisque verticaux). Il ne peut s'agir de l'écriture d'un nombre telle que nous l'avons vue jusqu'à présent. En effet, dans le cadre de la cunéiformisation, le grand cercle, nous l'avons vu, a été remplacé par un signe cunéiforme tout à fait différent de celui qui remplace le petit cercle. Ici, au contraire, à la gauche des signes-encoches, on voit toujours les mêmes signes (ex-petits-cercles). Nous sommes en présence d'un système d'écriture dans laquelle seule la « position » du signe (et non plus sa forme graphique même) indique sa valeur, c'est-à-dire un système numérique de position. Nous avons même — coup de chance ! — dans ce premier témoin d'un système positionnel la présence d'un zéro comme « place vide », le blanc laissé à la fin de la première ligne. Contrairement au nôtre, en revanche, qui est à base dix, ce système de position est à base soixante, qui correspond au rapport de la grande encoche à la petite dans le système **S**. Si nous écrivons les quatre premières lignes en termes modernes, nous avons :

$$
\begin{array}{l}
14 \times 60^2 + 54 \times 60^1 + 0 \times 60^0 \\
29 \times 60^2 + 56 \times 60^1 + 50 \times 60^0 \\
17 \times 60^2 + 43 \times 60^1 + 40 \times 60^0 \\
30 \times 60^2 + 53 \times 60^1 + 20 \times 60^0 \\
\hline
90 \times 60^2 + 206 \times 60^1 + 110 \times 60^0 \\
= 1 \times 60^3 + 33 \times 60^2 + 27 \times 60^1 + 50 \times 60^0
\end{array}
$$

Sachant qu'il y a 180 **še** dans un **gín** et 60 **gín** dans un **mana**, ce nombre se convertit en

$$1\ \textbf{mana} + 33\ \textbf{gín} + \left(3 \times 27\frac{50}{60}\right)\textbf{še}$$

$$= 1\ \textbf{mana} + \left(\frac{1}{2}\textbf{mana} + 3\ \textbf{gín}\right) + 83\frac{1}{2}\textbf{še}$$

$$= 1\frac{1}{2}\textbf{mana} + 3\ \textbf{gín} + (90 - 7)\textbf{še} + \frac{1}{2}\textbf{še}$$

$$= 1\frac{1}{2}\textbf{mana} + 3\frac{1}{2}\ \textbf{gín} - 7\textbf{še}\left(+\ \frac{1}{2}\textbf{še}\right)$$

c'est-à-dire la quantité exprimée en ligne 5 à un demi-**še** près (ou 50 mg sur plus de 1,5 kg).

Encore plus important que la création d'un système de position est le fait que celui-ci est pour la première fois indépendant du système métrologique. Tous les nombres sont dans un même système — sauf à la dernière ligne lorsqu'il s'agit de fournir finalement la solution concrète, qui doit être un poids (donc écrite dans le système de mesure correspondant). C'est un pas majeur en avant dans un long processus d'abstraction du nombre, un processus qui continuera jusqu'à nos jours. Contrairement à ce que nous avons observé sur les premières tables évoquées plus haut, il devient possible d'« opérer » sur ces nombres sans restriction, par rapport à un système de mesures quelconque. Dans les deux millénaires qui restent à la civilisation mésopotamienne, on les additionnera et les multipliera, on prendra leurs racines carrées et leurs inverses au gré des procédures de solution des problèmes mathématiques, sans plus prendre en compte dans les calculs leur éventuelle origine métrologique concrète dans le problème considéré.

Conclusion

La reconstitution détaillée et concrète, au-delà de son intérêt propre pour comprendre la genèse d'une de nos notions les plus courantes, illustre plusieurs aspects importants des rapports entre écriture et nombres que j'avais évoqués dans l'introduction.

Nous avons vu ainsi comment l'effacement de la distinction des signes représentant une quantité dans différents systèmes métrologiques, c'est-à-dire une unification notationnelle, restructure l'organisation de portions de textes mathématiques.

Nous avons également observé certains effets des tensions entre le processus de linéarisation de l'écriture et les ambiguïtés qui en résultent. Au départ, l'écriture des nombres en Mésopotamie n'est pas du tout linéaire, l'ordre des signes par exemple est arbitraire à l'intérieur d'une case. Les transformations de l'écriture nécessitent des compensations dans le cas des mathématiques ; ainsi la dissociation dans l'écriture de différents éléments, l'information quantitative et le nom de l'unité à laquelle elle est attachée, crée la possibilité d'isoler cette information quantitative et d'opérer sur elle seule diverses transformations.

L'effet dynamique créé par plusieurs modifications aboutit, enfin, à un nouvel objet mathématique, le nombre sexagésimal inclus dans des calculs, dans le cadre d'un système unique de numération positionnel. La naissance de cet objet n'est bien sûr pas un simple réflexe automatique de réformes orthographiques ; mais la nature même du support de l'écriture, les besoins bureaucratiques croissants des états mésopotamiens, ont de manière cruciale, stimulé ce changement et contraint sa direction.

Ces rapports étroits entre nombres et écriture, je l'ai indiqué en commençant, se sont poursuivis bien après la période que j'ai étudiée en détail ici. Ils sont loin d'être épuisés à la fin de « notre » deuxième millénaire. L'écriture des nombres dans des programmes informatiques, en particulier les problèmes liés à la nécessaire finitude de cette écriture par rapport aux types de nombres écrits usuels, fournit un exemple récent de la fécondité actuelle de ces relations. Je pense que ces relations sont d'autant plus intéressantes à observer que l'écriture est spontanément perçue maintenant comme une simple réflexion de la langue parlée — en témoigne le fait qu'Internet a longtemps été incapable de gérer les formules mathématiques autrement que comme images.

C'est par une question ouverte que je voudrais terminer. Il est beaucoup question de la disparition du support écrit, et surtout de l'écriture (perçue comme simple enregistrement), au profit d'une information fondée sur les images. Compte tenu des relations profondes entre mathématiques et écriture, il me semble intéressant de nous demander si et comment l'écriture et l'activité mathématique s'en trouveraient transformées.

RÉFÉRENCES

– BENOÎT (P.), CHEMLA (K.) et RITTER (J.) (éd.), *Histoire de fractions, fractions d'histoire*, Bâle, Birkhäuser, 1992.
– GREEN (M.), « Animal Husbandry at Uruk in the Archaic Period », *Journal of Near Eastern Studies* 39, 1980, p. 1-35.
– JESTIN (R.), *Tablettes sumériennes de Suruppak conservées au Musée de Stamboul*, Paris, de Boccard, 1937.
– KEISER (C.), *Selected Temple Documents of the Ur Dynasty*, New Haven, Yale University Press, 1919.

– LIMET (H.), *Études des documents de la période d'Aggadé appartenant à l'Université de Liège*, Paris, Les Belles Lettres, 1973.
– NISSEN (H.), DAMEROW (P.) et ENGLUND (R.), *Archaic Bookkeeping. Writing and Techniques of Economic Administration in the Ancient Near East*, Chicago, University of Chicago Press, 1994.
– POMMARET (J.-F.), *Systems of Partial Differential Equations and Lie Pseudogroups*, New York, Gordon and Breach, 1978.
– RITTER (J.), « Babylone-1800 » *in* Michel Serres (éd.), *Éléments d'Histoire des Sciences*, Paris, Bordas, 1989, p. 17-37.

La turbulence

par Uriel Frisch

Comme ma conférence se situe dans le cadre du thème « Perspectives sur les mathématiques actuelles », je vais bien entendu vous parler aussi des aspects de la turbulence qui relèvent des mathématiques. Toutefois, le sujet est très interdisciplinaire et touche, comme vous le verrez, aussi à la physique, à la mécanique des fluides, à la météorologie et à l'astrophysique. Apres une brève introduction, je vous dirai deux mots de la formulation du problème, puis je vous parlerai de transition, de chaos, d'effet papillon, de mouvement brownien, de chou-fleur et enfin du million de dollars que M. Clay nous a promis.

Le mot « turbulence » signifiait à l'origine « mouvements désordonnés d'une foule » (en latin *turba* signifie foule). Au Moyen Âge « turbulences » était utilisé comme synonyme de « troubles ». C'est ainsi que, sur un manuscrit en vieux français exposé au musée J. Paul Getty à Los Angeles, j'ai trouvé récemment un « Seigneur, délivrez-nous des turbulences ». Comme vous le voyez, le sens a ensuite évolué.

Tout d'abord, la turbulence fait partie de l'expérience quotidienne : nul besoin d'un microscope ou d'un télescope pour observer les volutes de la fumée d'une cigarette, les gracieuses arabesques de la crème versée dans le café, ou les enchevêtrements de tourbillons dans un torrent de montagne *(Fig. 1)*. Ce que nous voyons est très complexe, très désordonné, mais c'est très loin d'être le désordre total. Quand on regarde un écoulement turbulent, même en instantané, sur une photo, ce que l'on voit est autrement plus fascinant que le chaos total obtenu, par exemple,

Texte de la 177e conférence de l'Université de tous les savoirs donnée le 25 juin 2000.

Figure 1

en projetant une poignée de sable sec sur une feuille de papier. La turbulence, quand vous l'observez, est pleine de structures, en particulier de « tourbillons », entités connues depuis l'Antiquité, étudiées et peintes par Léonard de Vinci (qui fut sans doute le premier à utiliser le mot de turbulence — *turbolenza* en italien — pour décrire les mouvements complexes de l'eau ou de l'air). Je crois que c'est ce mélange intime d'ordre et de désordre qui en fait à la fois le charme et, il faut bien le dire, une des principales difficultés.

Il est très facile d'obtenir de la turbulence. En fait, chaque fois qu'un fluide s'écoule autour d'un obstacle, par exemple dans le sillage d'un bateau, et si la vitesse est suffisante, on aura de la turbulence. On en trouve donc un peu partout : la circulation du sang à l'intérieur des vaisseaux sanguins, les écoulements de l'air autour d'une automobile ou d'un avion — responsable des fameuses « turbulences » pour lesquelles on nous demande d'attacher nos ceintures —, ou encore les mouvements de l'atmosphère en météorologie, les mouvements du gaz constituant les étoiles comme notre Soleil, et enfin les fluctuations de densité de l'Univers primitif donnant naissance ultérieurement aux grandes structures de l'Univers actuel, comme les amas de galaxies (*Fig. 2*, voir hors-texte). Sans toute cette turbulence, la pollution urbaine persisterait pendant des millénaires, la chaleur produite par les réactions nucléaires dans les étoiles ne pourrait pas s'en échapper sur une échelle de temps acceptable et les phénomènes météorologiques deviendraient prévisibles à très long terme.

Les équations qui gouvernent les mouvements des fluides, qu'ils soient turbulents ou non, ont été écrites pour la première fois par Claude Navier en 1823. Elles sont souvent appelées équations de Navier-Stokes en raison des perfectionnements apportés ultérieurement par George Stokes. En fait il s'agit essentiellement des équations de Newton, qui relient la force et l'accélération, équations qu'il faut appliquer à chaque parcelle du fluide ce qui fut fait pour la première fois par Léonard Euler il y a trois siècles. L'apport crucial de Navier a été d'ajouter aux équations d'Euler un terme de friction entre les diverses couches de fluide proportionnel au coefficient de viscosité et aux variations de vitesse *(Fig. 3)*. Ces équations, que l'ont sait par exemple résoudre avec l'ordinateur, comportent encore des défis majeurs sur lesquels je vais revenir.

La turbulence est devenue une science expérimentale vers la fin du XIXᵉ siècle quand l'Anglais Osborne Reynolds a pu observer la transition du régime laminaire au régime turbulent. Vous savez que, dans un tuyau, si l'eau passe lentement, on aura des filets bien réguliers, c'est-à-dire un écoulement laminaire. Si elle va trop vite, il apparaît un très grand nombre de tourbillons et les pertes de charge dans le tuyau vont être très différentes. Reynolds put mettre en évidence des lois assez simples relatives à n'importe quel tuyau pour cette transition vers la turbulence ; il introduisit un nombre, appelé depuis nombre de Reynolds, qui n'est autre que le produit du diamètre du tuyau D et de la vitesse moyenne de l'écoulement dans le tuyau V, le tout divisé par la viscosité du fluide ν (viscosité de l'air environ 0,1 cm^2/s, viscosité de l'eau 0,01 cm^2/s) soit $Re = DV/\nu$. Reynolds a montré que lorsque ce nombre dépasse une certaine valeur critique, de l'ordre de quelques milliers, l'écoulement

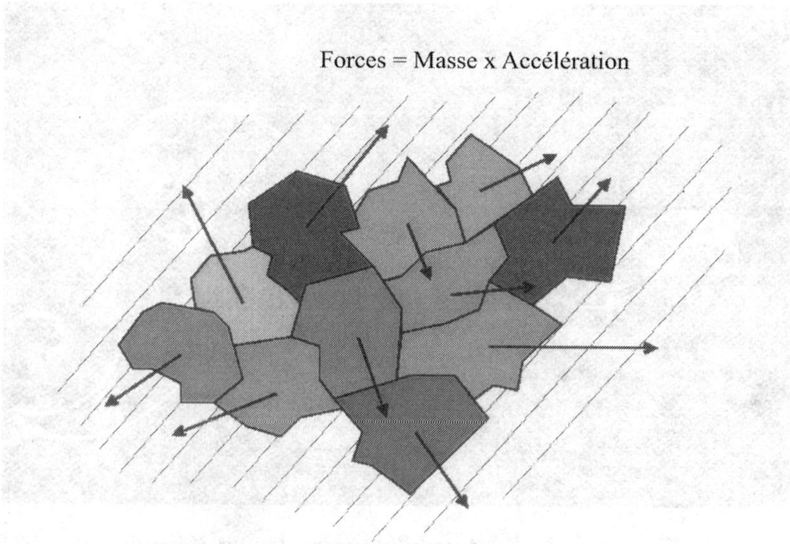

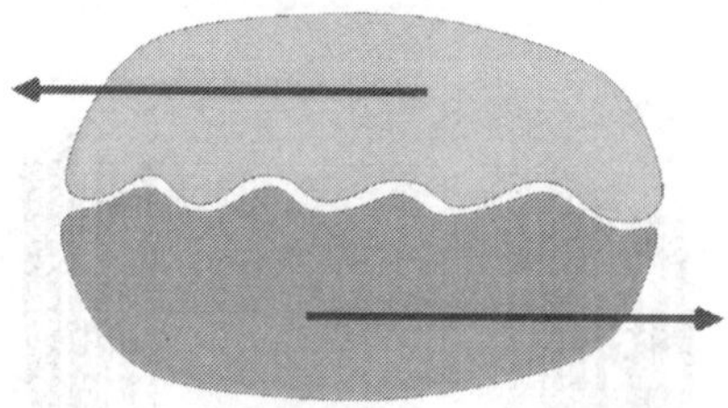

Figure 3

devient turbulent tout d'un coup. Des transitions analogues mais plus spectaculaires s'observent dans des écoulements ouverts derrière un cylindre *(Fig. 4)*. Léonard de Vinci avait déjà vu le phénomène d'allée tourbillonnaire et l'avait représenté de façon presque correcte *(Fig. 5)*.

Une caractéristique très importante de ces écoulements turbulents, qui apparaît dès la transition, est leur caractère chaotique. De façon plus précise, les écoulements turbulents apparaissent comme non prévisibles. Qu'est-ce que cela veut dire, non prévisibles ? Supposons que l'on connaisse de façon détaillée la configuration de l'écoulement à un instant donné. Alors, bien que cet écoulement soit régi par des équations bien déterminées, déterministes comme on dit, dans la pratique il n'est pas possible de prédire l'évolution ultérieure pour des temps longs. Cette théorie du chaos, qui doit beaucoup à Henri Poincaré, à David Ruelle, à Edward Lorenz et à l'École russe de Kolmogorov et de ses élèves Vladimir Arnold et Yacov Sinai, a des implications très importantes

Figure 4 – L'allée tourbillonnaire de von Kármán.

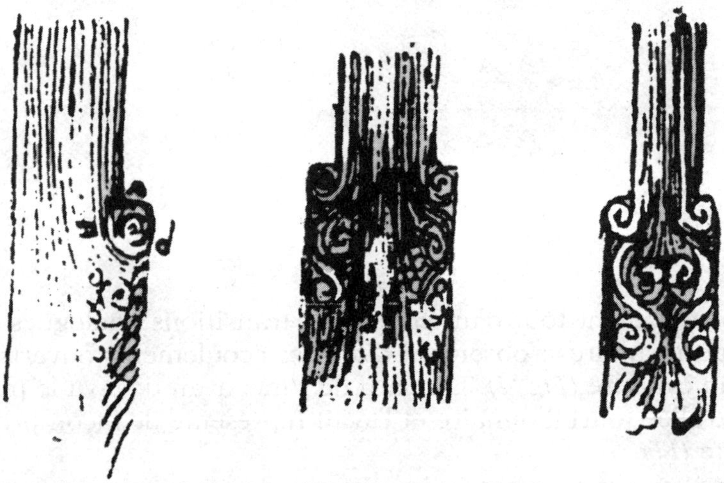

Figure 5 – Recirculations à l'aval d'un élargissement brusque par Léonard de Vinci.

en météorologie. Imaginons que, pour prévoir le temps, on mesure, à un instant donné, le vent, la pression, la température en tous les points de la planète et que l'on essaie de prédire l'évolution ultérieure du temps par un calcul à l'ordinateur. En fait, au bout d'un temps relativement court, vous ne pourrez plus prédire de façon détaillée dans quel état se trouve l'atmosphère, et cela quelle que soit la puissance des ordinateurs. On dit que la turbulence atmosphérique est non prévisible, elle finit par être sensible au moindre éternuement ou à un battement d'aile d'un papillon, comme l'a suggère le météorologue américain E. Lorenz. Son « effet papillon » est illustré sur la *figure 6* où les courbes représentent non pas la trajectoire d'un papillon mais — de façon symbolique — la trajectoire du point représentatif de l'ensemble du système étudié. La courbe du haut correspond au cas sans papillon et la courbe du bas à la trajectoire modifiée par la présence initiale d'un battement d'aile d'un papillon. Les deux trajectoires restent d'abord proches (pour le montrer j'ai répété la première trajectoire en pointillé) puis s'écartent assez vite. Dans la pratique il n'est pas possible de prédire en détail le temps qu'il fera au-delà d'environ une dizaine de jours. Toutefois des progrès récents, qui doivent beaucoup aux travaux de Michael Ghil, Bernard Legras et Robert Vautard, rendent concevables des prévisions un peu plus grossières à l'échelle de plusieurs semaines, voire de plusieurs mois dans les régions tropicales.

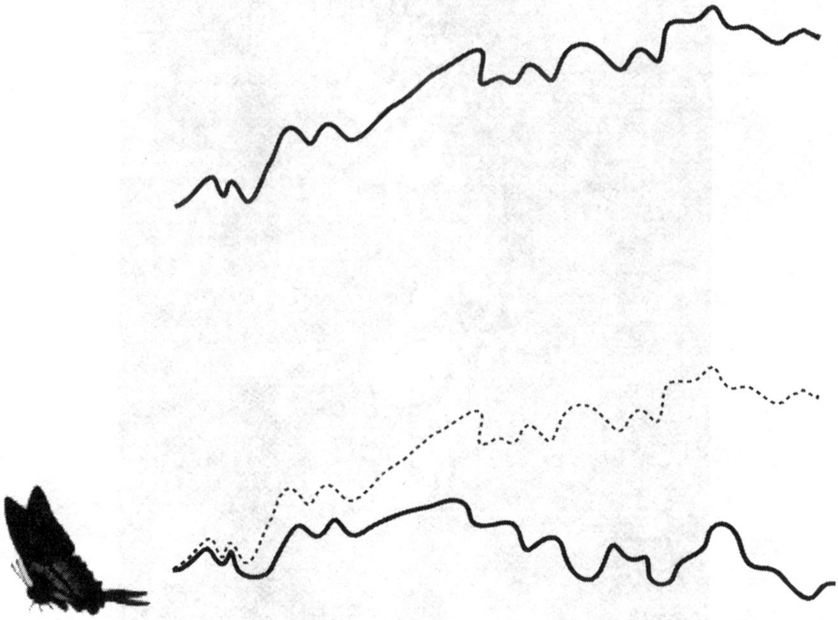

Figure 6 – L'effet papillon.

En géophysique et en astrophysique, des nombres de Reynolds gigantesques de centaines de millions et bien au-delà sont monnaie courante. Un point très intéressant est que, lorsqu'on augmente le nombre de Reynolds, ce qui peut se faire par exemple en diminuant la viscosité, il apparaît de plus en plus de tourbillons de petite taille comme vous le voyez sur la *figure 7* qui présente un jet turbulent. Chaque tourbillon est un peu comme une molécule. C'est ce que l'on appelle des « degrés de liberté ». Lorsque le nombre de Reynolds est grand, cela veut dire qu'il y a beaucoup de degrés de liberté ;

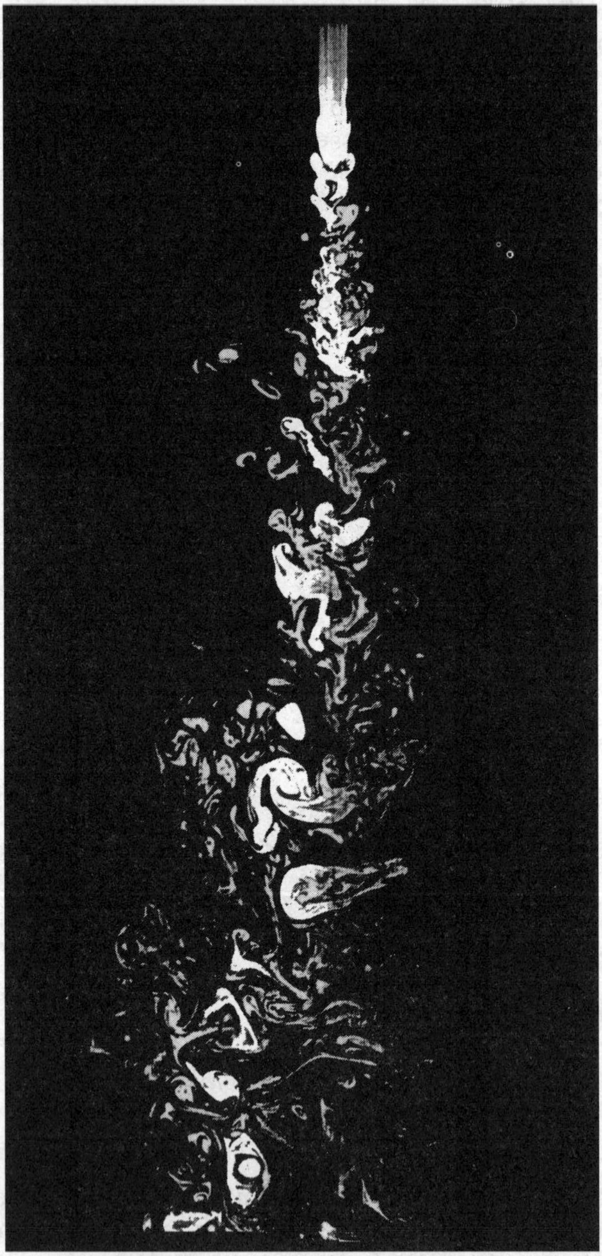

Figure 7 – Jet d'eau turbulent (d'après Dimotakis, Lye et Papantoniou, 1981).

c'est ce que l'on appelle le régime de turbulence développée. Il est facile d'observer ce régime dans une soufflerie de grande taille comme celles où l'on teste les maquettes d'autos et d'avions. On peut aussi maintenant réaliser des souffleries sur table qui exploitent les propriétés très particulières de l'hélium à basse température, comme l'ont montré les travaux de Bernard Castaing à Grenoble et de Patrick Tabeling à Paris. Si on examine le comportement en fonction du temps de la vitesse en un point d'un tel écoulement mesuré par une sonde, on est frappé de l'analogie avec la courbe du mouvement brownien *(Fig. 8)*. Cette dernière peut être imaginée comme le relevé en fonction du temps de la position d'un ivrogne arpentant la grande rue d'un village aux innombrables bistrots, ivrogne qui déambulerait tantôt dans un sens tantôt dans l'autre sans jamais se souvenir du sens précédent de sa marche au hasard. Il est facile de voir que le déplacement typique d'un tel ivrogne pendant un certain intervalle de temps est proportionnel non pas au temps écoulé mais à sa racine carrée (la même loi que celle qui régit les erreurs dans les sondages d'opinion). Dans un écoulement turbulent développé on trouve que la variation de la vitesse pendant un certain intervalle de temps est proportionnelle, non à la racine carrée mais à la racine cubique du temps écoulé. Cette loi en racine cubique, obtenue en fait par un argument dimensionnel lié à la conservation de l'énergie, fut prédite en 1941 par le mathématicien russe Andrei Kolmogorov et a été assez largement

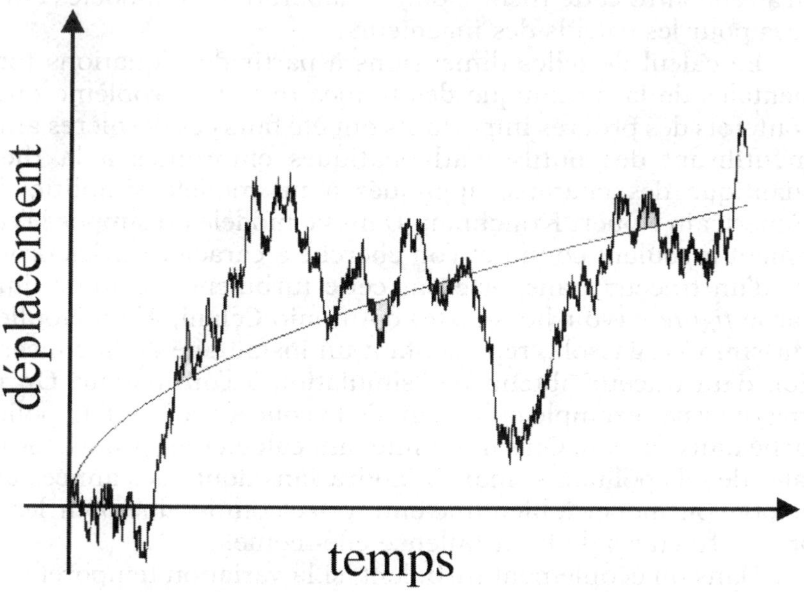

Figure 8 – Mouvement brownien.

validée par des expériences et des simulations sur ordinateur. En fait, dès 1922 l'Anglais Lewis Fry Richardson, avait pressenti ce qui se passait en présentant sa vision de la cascade d'énergie des grandes vers les petites échelles d'un écoulement turbulent, vision directement inspirée d'un poème du poète anglais Jonathan Swift :

« *So, nat'ralists observe, a flea*
Hath smaller fleas that on him prey;
And these have smaller yet to bite 'em,
And so proceed ad infinitum. »

Plutôt que de me hasarder à traduire, je vous demande d'imaginer une grosse puce en train de sucer le sang de votre chien, sang qui va ici jouer le rôle que l'énergie cinétique joue en turbulence. Maintenant, imaginez que la grosse puce est à son tour assaillie de puces plus petites qui lui sucent le sang et ainsi de suite jusqu'a atteindre des puces tellement petites que le sang y est décomposé par des processus moléculaires. Le monstre ainsi sorti de l'imagination de Swift constitue ce que Benoît Mandelbrot a appelé une fractale. Ces fractales peuvent être caractérisées par une dimension qui n'est pas un nombre entier. Les objets de dimension entière 0, 1, 2, 3 sont, par exemple, des points, des lignes, des surfaces et des volumes. Pour imaginer un objet de dimension fractale entre 2 et 3 pensez par exemple à un chou-fleur. La dimension fractale de la turbulence — plus précisément ce que les mathématiciens appellent la dimension de Hausdorff de la dissipation d'énergie — est très proche de trois. Si c'était vraiment trois, la théorie proposée par Kolmogorov en 1941 serait exacte, ce qui explique le succès qu'a rencontré cette théorie dans l'élaboration de modèles empiriques pour les calculs des ingénieurs.

Le calcul de telles dimensions à partir des équations fondamentales de la mécanique des fluides reste un problème ouvert. Toutefois des progrès importants ont été faits ces dernières années en utilisant des outils mathématiques empruntés à la théorie quantique des champs, appliqués à un modèle simplifié dû à l'Américain Robert Kraichnan. Dans ce modèle on suppose l'écoulement turbulent connu et l'on cherche à caractériser les propriétés d'un traceur transporté par cette turbulence, comme illustré par la *figure 9* (voir hors-texte) d'Antonio Celani, Alain Noullez et Massimo Vergassola, représentant un instantané de la concentration d'un traceur obtenu par simulation à l'ordinateur. On peut imaginer par exemple qu'il s'agit de la concentration d'un polluant lâché dans l'océan, On sait maintenant calculer les propriétés fractales de tels polluants, mais il faudra sans doute des années avant de pouvoir mener à bien une entreprise comparable pour les propriétés fractales de la turbulence elle-même.

Dans un écoulement turbulent, si la variation temporelle de la vitesse en un point est généralement bien donnée par la loi en racine cubique de Kolmogorov, on sait depuis longtemps que ce n'est pas toujours vrai. Déjà en 1843 Adhémar Barré de Saint Venant observe que « les écoulements dans les canaux de grande section, ceux dont nous dirions aujourd'hui qu'ils possèdent un grand nombre de Reynolds, présentent des ruptures, des tourbillonnements et autres mouvements compliqués ». Le point intéressant ce sont les ruptures. On sait expérimentalement que la vitesse de l'écoulement peut varier de façon considérable entre deux points voisins. Si par hasard l'échelle de cette variation devenait comparable à la distance parcourue par les molécules du fluide entre deux collisions successives, alors il faudrait repenser les fondements mathématiques des équations de Navier-Stokes. La façon traditionnelle d'obtenir ces équations suppose en effet une forte séparation entre le monde microscopique des molécules et le monde, appelé « macroscopique » où le fluide est traité comme un milieu continu.

Cela m'amène au grand défi mathématique qui fait l'objet d'un des sept prix d'un montant d'un million de dollars annoncés récemment par la fondation Clay au Collège de France. Le problème est de montrer que les équations de Navier-Stokes conduisent à un problème « bien posé ». Cela veut dire que si l'on connaît le mouvement du fluide à un instant initial le problème a une solution unique à tout instant ultérieur. Notez que cette fois le problème n'est pas celui des erreurs mais de l'unicité de la solution. Ce problème a été résolu dans les années 1930 par Jean Leray dans le cas de deux dimensions d'espace (ce qui est pertinent en météorologie et en océanographie). Le problème est beaucoup plus difficile en dimension trois. Je vais essayer maintenant de donner un tout petit aperçu de la difficulté, sans utiliser de formalisme mathématique. Tout d'abord il faut noter que dans un fluide qui n'est pas en mouvement uniforme les filets fluides frottent les uns contre les autres en raison de la viscosité, ce qui tend à ralentir leur mouvement relatif. À faible vitesse, donc à faible nombre de Reynolds (ce dernier est proportionnel à la vitesse), les effets du frottement visqueux sont très importants pour tous les tourbillons présents dans l'écoulement. Ce frottement rabote tout et l'on sait démontrer — ce n'est pas très difficile — que le problème est bien posé. En revanche, à grand nombre de Reynolds, les effets du frottement visqueux sont limités aux plus petits tourbillons et le problème est proche du problème du fluide parfait dans lequel la viscosité est ignorée. On sait montrer que ce dernier problème est bien posé pendant un temps court mais pas au-delà. En gros, le mieux qu'on sait démontrer pour l'instant, c'est que le fluide parfait ne se comporte pas mieux qu'un mobile dont l'accélération serait proportionnelle au carré de la vitesse, hypothèse qui conduit à une augmentation catastrophique de la vitesse qui peut devenir infinie au bout d'un temps assez court *(Fig. 10)*. Certaines simulations numériques suggèrent que le fluide parfait est en réalité bien plus sage — ne diverge pas —, et conduit de ce fait à un problème bien posé

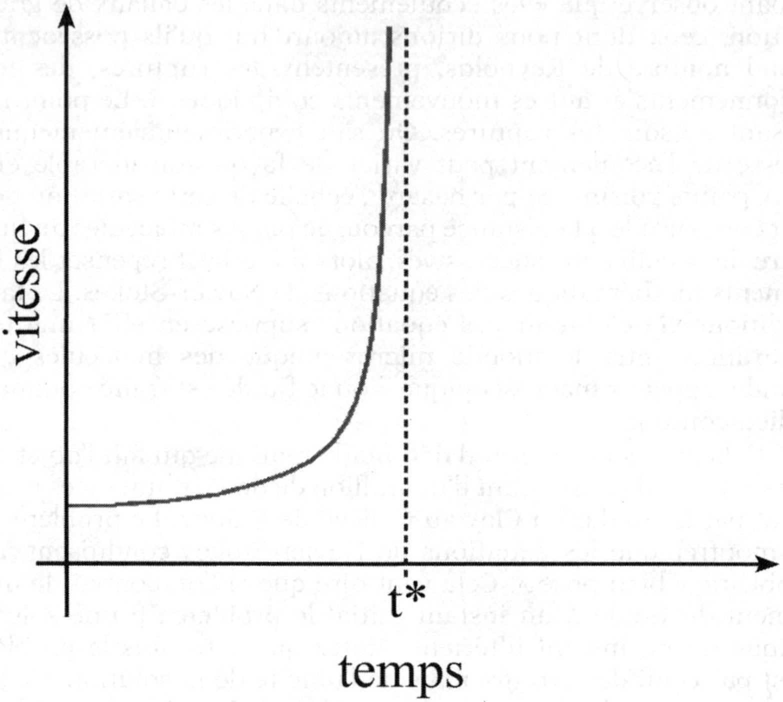

Figure 10 – L'accélération est proportionnelle au carré de la vitesse : la vitesse explose au bout d'un temps fini.

pour des temps arbitrairement longs. Il est possible aussi que les solutions pour le fluide parfait divergent rapidement mais que l'effet du frottement visqueux empêche cette divergence. C'est précisément ce qui se passe dans la théorie de 1941 de Kolmogorov, mais pas nécessairement dans la réalité.

En conclusion, je voudrais souligner que la turbulence a un statut très particulier dans la physique contemporaine. Elle est souvent considérée comme un des grands problèmes ouverts de la physique, mais contrairement à d'autres problèmes frontières de la physique, les phénomènes auxquels on s'intéresse en turbulence ne se situent ni dans l'infiniment petit ni, en général, dans l'infiniment grand. Ces phénomènes sont parfaitement décrits par la mécanique de Newton, sans qu'il soit nécessaire de faire intervenir la mécanique quantique ou la mécanique relativiste, c'est-à-dire les idées modernes de la physique sur l'espace, le temps et la matière. Comme vous le voyez, la physique, dite « classique », celle qui est enseignée au lycée, comporte encore quelques grands mystères.

Les probabilités et le mouvement brownien

par PHILIPPE BIANE

Les lois du hasard

Il peut paraître paradoxal de parler de lois du hasard, car ce mot évoque pour nous l'imprévisible, sur lequel nous n'avons aucune prise, et pourtant le hasard obéit à des règles bien précises. La connaissance de ces règles permet de faire des prédictions dans des situations où l'on ne maîtrise pas toutes les données, parce qu'elles sont trop nombreuses pour être connues en totalité. L'exemple le plus visible, qui est devenu quasi quotidien dans les sociétés démocratiques modernes, est celui des sondages d'intention de vote qui permettent de prédire le résultat d'une élection sans avoir à interroger tous les électeurs. Comprendre la nature des lois du hasard est indispensable si l'on veut connaître la portée et les limites de ces méthodes. Tout d'abord il faut savoir que la nature de ces lois est asymptotique : on ne peut pas déduire d'information probabiliste de la réalisation d'un événement particulier, seules les séries d'événements ont une signification statistique, d'autant plus fiable que leur nombre est grand. Ainsi lorsqu'on jette une pièce de monnaie en l'air, la symétrie de la pièce fait qu'il y a autant de chances pour qu'elle retombe sur « pile » ou « face », mais cette symétrie est brisée lorsque la pièce est retombée, et seule l'une des deux alternatives est réalisée. L'équiprobabilité n'est observable que si l'on répète l'expérience un grand nombre de fois : il est bien connu qu'alors les fréquences d'apparition des « pile » et des « face » se rapprochent de 1/2. Cette observation se généralise

Texte de la 178e conférence de l'Université de tous les savoirs donnée le 26 juin 2000.

pour donner le résultat fondamental du calcul des probabilités, qui est la loi des grands nombres. Sous sa version la plus simple elle exprime le fait que si l'on répète un grand nombre de fois une même expérience aléatoire, dont le résultat est une valeur numérique, alors la moyenne des résultats obtenus tend à se rapprocher de l'espérance mathématique de l'expérience. Cette espérance est, par définition, la somme pondérée de tous les résultats possibles, chacun étant affecté d'un poids égal à sa probabilité d'apparaître. Si nous reprenons l'exemple du jeu de pile ou face, et si nous décidons de compter 1 pour chaque face, et 0 pour chaque pile obtenus lors de lancers de pièces, la loi des grands nombres nous assure que la moyenne des résultats obtenus, qui ici est égale à la fréquence d'apparition des « face », se rapproche de 1/2 quand le nombre de tirages devient grand, conformément à l'expérience.

C'est la loi des grands nombres qui justifie les méthodes d'échantillonnage utilisées en statistique, c'est elle encore qui permet de savoir qu'à long terme un casino est toujours gagnant, et même d'estimer son bénéfice futur. Enfin, on nomme aussi parfois, de façon plus générale, mais aussi moins précise, « loi des grands nombres » tout résultat qui prédit le comportement déterministe, au niveau macroscopique, d'un système composé d'un grand nombre d'éléments microscopiques, interagissant de manière complexe et qui échappent à une description détaillée. C'est ainsi que les quantités intensives de la thermodynamique classique (pression, température, etc.) sont des moyennes, sur de petites régions de l'espace de quantités qui varient énormément sur des distances encore plus petites. Le comportement parfaitement prévisible, à notre échelle, de ces moyennes, qui se traduit par les lois bien connues de la physique des gaz, est un effet de cette loi des grands nombres plus générale.

La loi des grands nombres n'a qu'une valeur asymptotique, on observe donc, lorsqu'on reste avec des nombres finis, des écarts par rapport au comportement moyen attendu. Ces écarts eux aussi suivent des lois précises, mais cette fois ce n'est plus leur valeur que l'on peut prédire, seulement leur répartition statistique. Ainsi le théorème de la limite centrale prédit que l'écart à la limite dans la loi des grands nombres suit approximativement une loi gaussienne (décrite par la fameuse « courbe en cloche ») dont la variance, qui mesure l'étalement de la courbe, est proportionnelle à l'inverse du nombre d'expériences. Pour voir, en termes plus concrets, ce que cela signifie, considérons l'expérience consistant à répéter N fois le tirage d'une pièce de monnaie, N étant un nombre supposé très grand. La quantité :

$$E = 2\sqrt{N} \times ((\text{fréquence des « face »}) - 1/2)$$

représente l'écart entre la fréquence théorique, 1/2, et la fréquence du nombre de faces observée pendant l'expérience, multiplié par un facteur de renormalisation $2\sqrt{N}$. Répétons cette expérience 200 fois (ce nombre étant pris pour fixer les idées, cela revient donc à lancer $200 \times N$ fois la pièce), et répartissons les fréquences relatives des résultats obtenus pour la quantité E dans un histogramme, alors on obtient typiquement un diagramme ressemblant à celui de la *figure 1*. Les valeurs exactes des hauteurs des colonnes peuvent fluctuer en fonction de l'expérience, mais leur allure générale reste presque toujours proche de la courbe gaussienne, qui est le graphe de la fonction $e^{-x^2/2}/(\sqrt{2\pi})$, tracé sur la figure, et aura tendance à s'y conformer encore plus précisément si le nombre d'expériences, qui ici était égal à 200, est augmenté. Il est remarquable que la façon dont les résultats se répartissent à la limite est indépendante de la nature de l'expérience que l'on répète. Cette universalité de la loi gaussienne est à l'origine de son intervention dans de nombreux problèmes de probabilités. Le théorème de la limite centrale permet de donner des intervalles de confiance pour les estimations par échantillonnage, comme les sondages d'intention de vote. Il permet aussi d'expliquer la « loi des erreurs », c'est-à-dire le fait que les erreurs de mesure des grandeurs physiques, qui ont de multiples causes indépendantes entre elles, tendent à se répartir suivant une distribution gaussienne.

La loi des grands nombres et le théorème de la limite centrale, qui sont les deux résultats fondamentaux du calcul des probabilités, étaient en essence connus dès le XVIIIe siècle. Le développement

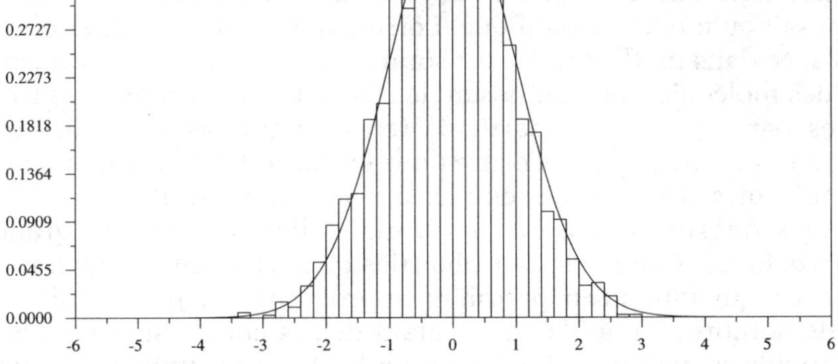

Figure 1 – Le théorème de la limite centrale.

de la théorie des probabilités au XIXe puis au XXe siècle a fait une place de plus en plus importante à l'étude des processus stochastiques, c'est-à-dire des phénomènes qui évoluent de façon aléatoire au cours du temps. Parmi ces processus stochastiques, un rôle central est tenu par le mouvement brownien, tant du point de vue de la théorie que de celui des applications. Je vais tenter dans cet exposé de présenter le mouvement brownien, et d'expliquer pourquoi et comment on l'utilise pour modéliser les phénomènes de bruit. Les applications technologiques de ces modélisations sont nombreuses, allant de l'aéronautique à la finance en passant par les télécommunications.

Le mouvement brownien

L'observation du mouvement brownien est probablement aussi ancienne que l'invention du microscope, en fait il suffit d'observer de l'eau avec un fort grossissement pour y voir de petites particules en suspension agitées d'un mouvement désordonné et incessant. C'est le botaniste Brown qui, observant des particules de pollen à la surface de l'eau fit le premier, en 1827, une description précise de ce phénomène et lui laissa son nom. Une courbe comme celle représentée sur la *figure 2*, qui peut s'obtenir facilement par simulation sur un ordinateur personnel, représente un exemple typique de trajectoire d'une particule animée d'un mouvement brownien, observée pendant un intervalle de temps donné. Le caractère extrêmement irrégulier de ces trajectoires, qui apparaît clairement sur la figure, avait beaucoup intrigué ceux qui avaient observé ce phénomène à l'époque de Brown. Plusieurs hypothèses sur son origine furent proposées, dont certaines, de type vitaliste, supposaient que les particules possédaient une énergie propre qui les faisait se mouvoir, mais la véritable explication ne fut donnée qu'à la fin du siècle dernier, alors que la théorie de la structure atomique de la matière s'imposait au monde scientifique. Lorsqu'une petite particule solide est placée dans un fluide, elle est soumise au bombardement incessant des molécules qui composent le fluide. Ces molécules sont très petites par rapport à la particule (en pratique les particules en question ont une taille de l'ordre du micron, soit 10^{-3} μm alors que les molécules d'eau, par exemple, ont un diamètre de l'ordre de quelques Angström, soit 10^{-7} μm), mais elles sont en très grand nombre, et leurs vitesses sont réparties dans l'espace de façon isotrope, ce qui fait qu'en première approximation, par la loi des grands nombres, l'impulsion résultant de ces chocs est nulle. Plus la particule est petite, moins elle subit de chocs par unité de temps, et plus elle est sensible aux écarts par rapport à la loi des grands

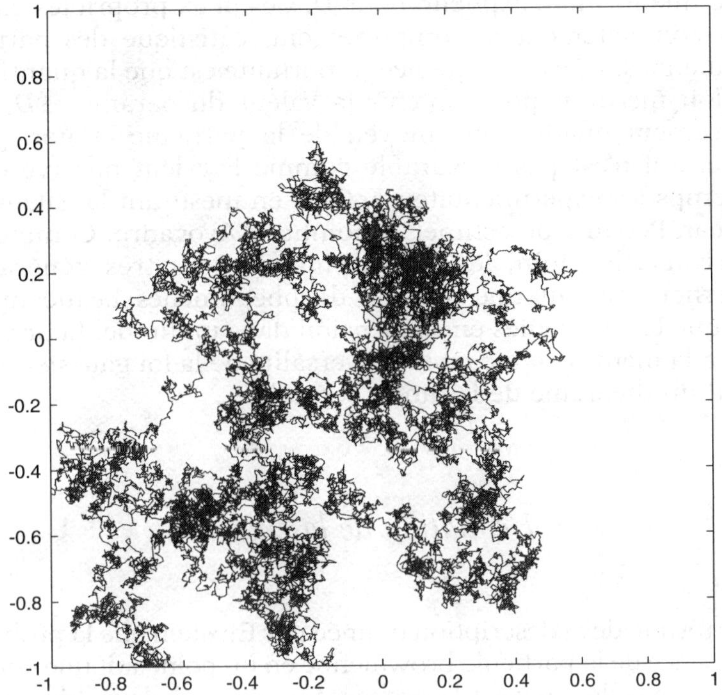

Figure 2 – Trajectoire d'une particule brownienne.

nombres, si bien qu'en dessous d'une certaine taille les chocs cessent de se compenser exactement et produisent ce mouvement désordonné, dont la direction change de façon incessante. C'est Einstein qui le premier, en 1905, réussit à faire de cette observation une théorie physique quantitative. La théorie d'Einstein fut bientôt confirmée expérimentalement par Jean Perrin, qui en déduisit la première détermination précise du nombre d'Avogadro (le nombre d'atomes contenus dans un gramme d'hydrogène). Ces travaux, associés à ceux de Planck sur la radiation du corps noir, firent tomber les réticences des derniers sceptiques envers la théorie atomique, qui n'était pas à l'époque unanimement acceptée. Dans son mémoire, Einstein donne la description suivante du mouvement brownien :

a) entre deux instants s et t, le déplacement de la particule brownienne est aléatoire et suit une loi gaussienne de variance $D \times (t - s)$ où D est un paramètre dépendant des caractéristiques physiques de la particule, comme la masse et le diamètre, et du fluide (viscosité, température, etc.) ;

b) ce déplacement est indépendant du chemin parcouru par la particule avant le temps s.

La variance du a) est la valeur moyenne du carré de la distance entre les positions de la particule aux instants s et t, et Einstein donne une formule explicite pour D. Ces deux propriétés caractérisent complètement le comportement statistique des particules browniennes. Une conséquence importante est que la quantité que l'on doit mesurer, pour obtenir la valeur du paramètre D, est le déplacement quadratique moyen de la particule et non pas sa vitesse, qui n'est pas mesurable comme l'avaient observé depuis longtemps les expérimentateurs. C'est en mesurant la valeur de D que Jean Perrin a pu estimer le nombre d'Avogadro. Comme nous le verrons plus loin, les lois d'Einstein sont très générales et concernent en fait une gamme de phénomènes beaucoup plus large que les particules en suspension dans un fluide. Leur universalité a la même origine que l'universalité de la loi gaussienne provenant du théorème de la limite centrale.

L'équation de la chaleur

Il résulte de la description donnée par Einstein que la probabilité de présence de la particule brownienne en un point suit une équation identique à celle qui régit la propagation de la chaleur, bien que ces phénomènes physiques soient tout à fait distincts l'un de l'autre. Cela se traduit concrètement de la manière suivante. Déposons une quantité de chaleur donnée en un point x d'un corps homogène.

Au bout d'un temps t, cette quantité de chaleur, en se répartissant dans le corps a fait monter la température en un point y du corps, d'une quantité ΔT. Oublions maintenant la quantité de chaleur et la température, et supposons qu'une particule animée d'un mouvement brownien soit placée au même point x, alors la probabilité (ou plus exactement la densité de probabilité, pour les puristes) $p(t, x, y)$ que cette particule se retrouve au point y au bout du même temps t est proportionnelle à ΔT, autrement dit $p(t, x, y) = c\Delta T$, le coefficient c ne dépendant que des caractéristiques physiques du corps et pas des points x et y ou du temps t. Outre la propagation de la chaleur, le mouvement brownien est également associé, toujours *via* les lois d'Einstein, au comportement des charges électriques à l'équilibre. Là encore, je vais donner un exemple concret de l'interprétation brownienne d'un phénomène physique simple, illustré par la *figure* 3. Considérons un corps conducteur chargé électriquement. En l'absence de champ électrique extérieur, les charges se répartissent spontanément à la surface du corps selon une configuration qui tend à minimiser l'énergie électrostatique. Si maintenant une particule suivant les lois d'Einstein est lâchée d'un point de l'espace situé très loin du corps alors la probabilité pour que l'endroit où elle touche pour la première fois le corps soit un point donné sur la surface est pro-

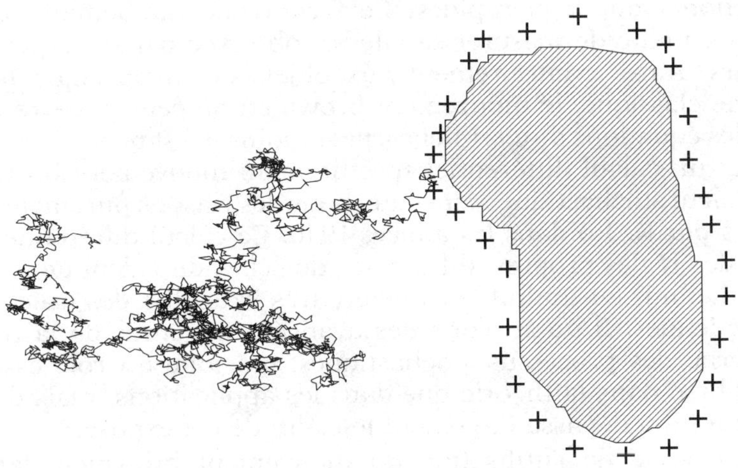

Figure 3 – La charge d'un point à la surface d'un corps conducteur est proportionnelle à la probabilité qu'une particule brownienne touche le corps en ce point.

portionnelle à la charge électrique de ce point dans la configuration d'équilibre. Cela permet de relier le comportement du mouvement brownien avec certaines conséquences bien connues des lois de l'électrostatique, comme le principe du paratonnerre ; en effet, la tendance du mouvement brownien à explorer l'espace autour de lui, bien visible sur la *figure 2*, fait qu'il a plus de chance, en s'approchant d'un corps de le toucher pour la première fois à un endroit où celui-ci présente une partie saillante. Traduit en termes électrostatiques, cela signifie que les charges électriques ont tendance à se concentrer dans les pointes, comme dans un paratonnerre. Précisons encore une fois que ces phénomènes physiques ne sont reliés entre eux qu'à un niveau purement mathématique, celui des équations qui les décrivent, en particulier, le mouvement de la particule brownienne est supposé être totalement indépendant de la charge éventuelle du corps en question.

Théorie mathématique et applications technologiques

C'est N. Wiener qui le premier, dans les années 1920, montra que l'on pouvait définir de façon rigoureuse un objet mathématique vérifiant les lois d'Einstein, en particulier il démontra que les trajectoires du mouvement brownien mathématique sont continues, et nulle part différentiables, ce qui signifie qu'à aucun instant la vitesse d'un mouvement brownien ne peut être définie, ses changements de direction étant trop rapides. Cela confirme mathématiquement l'impossibilité de mesurer sa vitesse, observée par les expérimentateurs. Ainsi, contrairement aux objets de la physique newtonienne classique, le mouvement brownien ne peut pas être décrit par des équations différentielles, néanmoins, il est possible de développer un calcul différentiel spécifique au mouvement brownien, le « calcul stochastique », inventé, pour des raisons purement théoriques par K. Itô dans les années 1940. Ce calcul différentiel possède des règles propres, différentes de celles du calcul de Newton et de Leibniz, et traduit le caractère très irrégulier des trajectoires browniennes. Il s'agit d'une des avancées majeures de la théorie moderne des processus stochastiques, qui joue un rôle essentiel aussi bien dans la théorie que dans les applications, mais dont la présentation dépassa largement le cadre de cet exposé.

L'origine de l'utilisation du mouvement brownien dans de nombreuses modélisations tient dans une remarque faite par L. Bachelier dans sa thèse sur la spéculation financière, parue en 1900, soit un peu avant le mémoire de 1905 d'Einstein. Bachelier avait montré qu'un mouvement aléatoire dont le déplacement pendant un intervalle de temps infinitésimal dt est de moyenne nulle, et de variance $D \times \mathrm{d}t$, satisfait aux lois d'Einstein. On peut donner à cette remarque une forme mathématique précise, connue sous le nom de « théorème d'invariance de Donsker ». Je ne décrirai ce résultat, qui constitue une sorte de version dynamique du théorème de la limite centrale, mais je voudrais souligner qu'une conséquence importante en est qu'en faisant très peu d'hypothèses sur la nature d'un mouvement aléatoire, on montre que celui-ci doit satisfaire aux lois du mouvement brownien. Essentiellement, on en déduit qu'un objet soumis à une multitude d'influences, toutes de petite intensité, agissant indépendamment les unes des autres et constamment, se comporte comme une particule brownienne. Cela justifie le recours au mouvement brownien mathématique pour modéliser les effets de perturbations aléatoires, de bruits dont la nature exacte ou la structure détaillée ne sont pas connues. Ces modélisations trouvent de nombreuses applications technologiques. Ainsi le guidage d'une fusée, ou d'un satellite, s'effectue à distance en modifiant sa trajectoire en fonction des données transmises par des capteurs placés à son bord. La fusée est en effet constamment déviée de sa trajectoire théorique par des petites perturbations d'origines diverses par exemple atmosphériques, ou dues aux fluctuations locales du champ gravitationnel terrestre, et les communications entre la fusée et la base sont elles aussi entachées par des bruits d'origine électromagnétique. Toutes ces perturbations ne peuvent être décrites exactement, mais il est naturel, pour les raisons mentionnées plus haut, d'avoir recours à un mouvement brownien pour les modéliser. On peut alors extraire du flux continu d'informations envoyées par la fusée une composante due au bruit, et rétablir la meilleure approximation possible de sa trajectoire réelle. Le filtre de Kalman-Bucy est la plus ancienne des méthodes utilisées pour effectuer ce débruitage, ayant servi en particulier lors des premières missions Apollo de la NASA. Depuis cette époque, la théorie du filtrage a fait des progrès notamment dans la résolution de problèmes dits « non linéaires » où l'observation ne dépend plus linéairement du signal émis, avec d'importantes applications dans le domaine des télécommunications.

L'idée originelle de Bachelier, qui était de modéliser par des marches au hasard les cours des actifs cotés en bourse a connu un développement spectaculaire ces dernières années, et le mouvement brownien fait désormais partie de l'attirail des financiers. Ainsi la formule de Black et Scholes est aujourd'hui universellement utilisée pour calculer la valeur des options proposées sur les marchés financiers. Rappelons qu'une option est un contrat à terme contingent, c'est-à-dire dont la réalisation est laissée à l'appréciation du client. Par exemple une option d'achat à six mois sur le dollar est un contrat qui permet au client d'une banque d'acheter, six mois après la date du contrat, une certaine quantité de dollars, à un taux de change fixé dans le contrat. Évidemment, le client n'a intérêt à exercer son option que si le taux fixé par le contrat est inférieur au cours du dollar à l'échéance. Une telle option représente un contrat d'assurance contre les fluctuations des taux de change, et doit donc donner lieu au paiement d'une prime par le client, dont le calcul est l'objet de la formule de Black et Scholes. Cette formule s'obtient par un raisonnement fondé sur le calcul stochastique, qui utilise une modélisation des cours des différents actifs par des mouvements browniens, ou des processus stochastiques très proches. Le paramètre D des lois d'Einstein, qui est ici appelé volatilité, est une mesure de l'importance des fluctuations des cours, qui peut être évaluée statistiquement, et dont l'évolution au cours du temps peut être prise en compte dans des modèles plus sophistiqués. Insistons encore sur le fait que toutes ces applications n'auraient pas pu voir le jour sans le développement des outils théoriques puissants inventés par Itô.

Perspectives actuelles

Il est possible de considérer des mouvements browniens ayant lieu dans des espaces plus compliqués que l'espace euclidien usuel, comme des espaces courbes (ce qui se traduit par la variation du coefficient D avec l'endroit où se trouve la particule, et la direction de son déplacement), des espaces munis de structures algébriques, comme des groupes, des espaces fractals, ou bien encore des espaces dont la structure est elle-même aléatoire, par exemple pour modéliser un milieu comportant des impuretés. Le comportement du mouvement brownien reflète alors une partie de la structure de l'espace sous-jacent. On peut également s'intéresser au comportement de plusieurs particules browniennes interagissant, ou bien susceptibles de mourir et de se reproduire, comme dans certains modèles issus de la biologie. Toutes ces généralisations font l'objet de recherches actives, mais le mouvement brownien ordinaire recèle encore bien des mystères. Les questions que l'on se pose à son sujet, et les outils utilisés pour l'étudier, dépendent fortement de la dimension de l'espace dans lequel il évolue. En dimension d'espace égale à un, la structure d'ordre de la droite réelle permet d'utiliser des méthodes combinatoires, ainsi que la théorie des fonctions spéciales, en lien avec les équations différentielles ordinaires. En dimension 2, c'est l'analyse complexe, et la théorie des fonctions analytiques qui prédominent. Il s'agit de domaines de recherches très dynamiques, et je terminerai cet exposé en évoquant un résultat mathématique obtenu très récemment. L'examen de la *figure 2* révèle le caractère extrêmement tortueux de la courbe brownienne. On peut donner une mesure de la complexité de cette courbe en lui assignant un nombre, appelé « dimension de Hausdorff », dont on montre assez facilement qu'il est égal à deux, ce qui signifie que la courbe brownienne possède beaucoup de caractéristiques d'un espace à deux dimensions. Le bord de cette courbe est lui aussi un objet complexe, mais toutefois moins que la courbe tout entière. Il y a une vingtaine d'années, B. Mandelbrot avait conjecturé, sur la foi de simulations informatiques, que la dimension de Hausdorff de ce bord devait être égale à 4/3. Il s'agit d'un problème mathématiquement beaucoup plus difficile que celui où l'on considère la courbe dans son entier, mais il vient d'être résolu grâce aux travaux de G. Lawler, O. Schramm et W. Werner. L'apparition d'un nombre rationnel simple comme ici 4/3 dans un problème aussi complexe est l'illustration de l'existence d'une profonde symétrie sous-jacente. La symétrie en jeu dans ce problème porte le nom d'« invariance conforme », et semble reliée, de façon encore mystérieuse pour les mathématiciens, aux théories physiques, comme la théorie quantique des champs, qui tentent de décrire la structure de la matière à son niveau le plus élémentaire. Il ne fait pas de doute que l'exploration de ces relations donnera lieu à de nouvelles découvertes fondamentales.

RÉFÉRENCES

Ouvrages généraux

– N. BOULEAU, *Martingales et marchés financiers*, Paris, O. Jacob, 1998.
– C. BOUZITAT, G. PAGES, *En passant par hasard : probabilités de tous les jours*, Paris, Vuibert, 1999.
– I. EKCLAND, *Au hasard, la chance, la science et le monde*, Point Sciences, Paris, Le Seuil, 2000.

– J. PERRIN, *Les Atomes*, Paris, Gallimard, 1970 (réédition).
– H. POINCARÉ, *Calcul des probabilités*, Paris, Éd. J. Gabay, 1987 (réédition).

Quelques ouvrages plus spécialisés :

– P. LÉVY, *Processus stochastiques et mouvement brownien*, Éd. J. Gabay (Les grands classiques Gauthier-Villars), 1992 (réédition).
– B. OKSENDAL, *Stochastic Differential Equations*, Berlin, Springer Verlag, 1998.
– D. REVUZ, M. YOR, *Continuous Martingales and Brownian Motion*, Berlin, Springer Verlag, 1991.

Espaces courbes

par Jean-Pierre Bourguignon

En vous conviant à une promenade mathématique dans les espaces courbes, mon ambition est de vous introduire au cheminement qui a conduit les mathématiciens à ce concept vers la fin du XVIIIe siècle, à ce qu'ils en ont fait ultérieurement, et finalement de vous proposer d'explorer les domaines très variés des sciences où les espaces courbes sont aujourd'hui utilisés pour modéliser des réalités diverses. C'est au cours de ce rapide aperçu historique que nous rencontrerons en chemin les géométries non euclidiennes, dont la naissance est un des grands moments de l'histoire des mathématiques. D'une certaine façon, la période récente a — à sa manière — vu foisonner des développements qui ont élargi le concept d'espace courbe en vue de son utilisation dans des directions très variées, certaines intrinsèquement liées aux mathématiques, d'autres à des préoccupations qui leurs sont extérieures.

À la recherche de l'espace courbe perdu

Pour situer le problème que pose le concept d'« espace courbe », on peut essayer de partir des deux termes de cette expression.

Pour cela suivons la grille de lecture que nous proposent divers auteurs : l'édition de 1890 du Petit Robert donne du mot « espace » la définition suivante : « lieu, plus ou moins délimité, où peut se passer quelque chose », qui reprend sous une forme plus vague,

---

Texte de la 179e conférence de l'Université de tous les savoirs donnée le 27 juin 2000.

donc *a priori* plus englobante, celle que donnait Emmanuel Kant : « L'espace, forme *a priori* de la sensibilité extérieure » ; une version plus récente du Petit Robert prend implicitement acte de l'extension de la notion d'espace qui s'est produite en mathématiques (sans y faire référence cependant) en proposant un sens élargi au mot « espace » sous la forme « milieu conçu par l'abstraction de l'espace ordinaire ».

La définition que le Petit Robert donne du mot « courbe » ne permet pas vraiment d'entrevoir le concept d'un « espace courbe » puisque pour l'adjectif « courbe » on trouve : « qui change de direction sans former d'angle, qui n'est pas droit », donc fait implicitement référence à un contexte unidimensionnel, alors que pour exister de façon non triviale « un espace courbe doit avoir au moins deux dimensions ».

Julien Gracq offre dans *La Littérature à l'estomac* une perspective plus intéressante qui donne droit de cité aux espaces courbes. Il dit en effet* : « [...] alors, comme un enlisé qui lève la main frénétiquement hors du sable avant de consentir à sa nuit, il y avait encore des gens du monde pour contester passionnément, dans une crise de colère rouge, que l'espace fût courbe comme le voulait Einstein, des préposés au balisage pour ricaner rageusement de la dérive des continents ».

Certains peintres du XXe siècle comme Delaunay et Vasarely ont relevé le défi de représenter des espaces courbes ou de les utiliser comme mode de figuration d'une autre réalité plus intérieure. Le *Manifeste du Cubisme* de Gleizes aborde cet aspect très directement au nom de la nécessité d'intégrer dans le champ de la peinture moderne d'autres domaines de la connaissance que la perception sensible immédiate.

Du côté de chez Euclide

Euclide publia vers le VII-VIe siècle avant notre ère, les *Éléments*, un des ouvrages les plus influents de l'Histoire de l'Humanité. Il y utilise une approche « synthétique » de la géométrie dans laquelle les points, les droites, les plans sont définis de façon « axiomatique » chacun pour soi, ainsi que les diverses « relations d'incidence » qu'ils entretiennent entre eux : un point sur une droite, le point d'intersection de deux droites, etc. En particulier, chez Euclide, deux droites sont dites « parallèles » si elles n'ont pas de point d'intersection aussi loin qu'elles soient prolongées. Parmi les courbes qui

* Je remercie Bernard Cerquiglini de m'avoir fait profiter, pour localiser ce texte, des possibilités immenses du *Trésor de la Langue Française*, projet dont il a la charge.

jouent aussi un rôle important dans la géométrie d'Euclide, on trouve les cercles, ensemble des points à une distance donnée d'un point, le centre du cercle, et plus généralement les côniques, courbes obtenues par section d'un cône par un plan, à savoir les ellipses, les paraboles et les hyperboles, suivant la position du plan sécant par rapport à l'axe du cône.

Dans les *Éléments*, on trouve un axiome qui a provoqué beaucoup de discussions au cours des siècles : c'est le fameux « axiome des parallèles » qui stipule que « par un point extérieur à une droite donnée, il passe une et une seule droite parallèle à celle-ci ». Il y eut de nombreuses tentatives pour prouver que cet axiome pouvait en fait être déduit des axiomes précédents, et donc devenir un « théorème » de la géométrie. Cette question, d'intérêt *a priori* purement académique, a joué un grand rôle dans la naissance du concept d'espace courbe, qui est le cœur de notre sujet.

Pour introduire la notion de « courbure », intéressons-nous à une courbe lisse générale C tracée dans un plan. Prenons un point p sur cette courbe, et essayons d'approximer la courbe au voisinage de ce point par des courbes simples, comme des droites et des cercles. Une première condition naturelle est bien évidemment que ces courbes passent par p. La droite passant par p qui donne la meilleure approximation est *tangente* à la courbe C, c'est-à-dire limite de droites passant par p et recoupant C en un autre point de plus en plus proche de p. Les cercles passant par p centrés sur la droite normale à C en p (c'est-à-dire perpendiculaires à la tangente à C en ce point) sont tous tangents à la tangente en p. En général, les points de C au voisinage de p sont tous à l'extérieur des cercles de très petit rayon centrés sur la normale, et tous à l'intérieur des cercles de très grand rayon dont les centres s'éloignent dans une direction. « Il existe en fait un et un seul cercle qui a la propriété que certains des points de la courbe proches de p sont à l'intérieur de ce cercle et d'autres à l'extérieur. » Ce cercle est appelé le « cercle de courbure » de la courbe au point p et son rayon le « rayon de courbure » R_p de la courbe en ce point. Cette quantité numérique est un invariant important pour décrire le comportement de courbe au voisinage de p car il décrit comment la tangente à la courbe tourne dans ce voisinage. Le cercle de courbure fournit une approximation à un ordre plus élevé au voisinage de p : on dit qu'il est « osculateur » à C en p.

Sur une courbe on peut trouver des points particuliers, appelés « points d'inflexion », où le centre du cercle de courbure est rejeté à l'infini. Il est commode dans ce cas de considérer que la tangente en p est son cercle de courbure. Bien entendu pour des courbes particulières comme les droites, ce phénomène se produit en fait en tout point. Pour les cercles, un autre phénomène a lieu : il est son propre cercle de courbure en chacun de ses points.

Le côté de Göttingen

Pour avancer sur le chemin nous conduisant au concept d'espace courbe, nous considérons maintenant un morceau de surface lisse S dans l'espace ordinaire à trois dimensions. Nous voulons mieux comprendre la structure de S au voisinage d'un de ses points, soit p. Pour cela nous suivons la même approche que pour une courbe dans le plan. Le plan qui approxime le mieux la surface S au voisinage de p est le plan tangent en p, et la « normale » à S en ce point est la droite perpendiculaire en p à ce plan. L'intersection de S avec un plan contenant la normale est une courbe de ce plan à laquelle nous pouvons appliquer la discussion du paragraphe précédent. Pour chaque plan normal P (plan contenant la normale à S en p), nous pouvons donc définir un rayon de courbure de la surface S en p associé à ce plan que nous notons R_p. En fait il sera plus commode de travailler avec la « courbure » K_p, qui n'est rien d'autre que l'inverse du rayon de courbure (c'est-à-dire $K_p = 1/R_p$). Nous notons $K_{maximum}(p)$ la valeur maximum que la courbure prend lorsque le plan P parcourt tous les plans normaux en p, et $K_{minimum}(p)$ sa valeur minimale. Il convient ici de prendre soin de choisir un sens de parcours sur la normale en p, ce qui permet d'attribuer un signe à la courbure, « positif » si le centre du cercle de courbure est dans le sens du parcours de la normale, et « négatif » s'il est dans le sens contraire. Les valeurs $K_{maximum}(p)$ et $K_{minimum}(p)$ s'échangent lorsqu'on change ce sens de parcours.

Le théorème qui fonde la notion d'espace courbe est le *Theorema Egregium* de Carl Friedrich Gauss. Ce mathématicien, une des grandes figures mathématiques de la fin du XIXe siècle, était professeur à l'université de Göttingen. Il publia ce résultat en 1827 dans les *Disquisitiones generales circa superficies curvas*... (« Discussions générales sur les courbes tracées sur les surfaces... ») mais on sait que Gauss en possédait une démonstration quelque 25 ans plus tôt, ce qui fournit une belle illustration de la devise *Pauca sed matura* de celui que l'on a surnommé le « prince des mathématiciens ». Le *Theorema Egregium* affirme que « le produit de la plus grande valeur de la courbure par la plus petite valeur, c'est-à-dire la quantité $K(p) = K_{maximum}(p) \,.\, K_{minimum}(p)$, est intrinsèque », ce qui signifie qu'elle est accessible à des mesures faites sur la surface sans faire appel à aucune construction le long des normales. Ce fait est *a priori* très surprenant vu le cheminement que nous avons suivi pour introduire la courbure. Il dit en effet que l'espace formé par la surface S hérite une géométrie propre de l'espace ambiant. Des êtres astreints à ne pas quitter S, qui n'auraient donc pas la notion d'une troisième dimension, ne connaîtraient que cette géométrie, qui n'est pas euclidienne.

À l'ombre des nouvelles géométries en fleurs

L'apparition de nouvelles géométries a été le résultat de l'intensification des recherches sur l'axiome des parallèles et d'une maturation considérable des idées géométriques sur la géométrie différentielle (comme les recherches dont nous avons parlé aboutissant au *Theorema Egregium*). Les nouvelles géométries ont été introduites par une démarche particulièrement créatrice, poursuivie de façon indépendante par plusieurs personnes : Nicolas Lobatchevski, un professeur de l'Université de Kazan qui publia en 1835 une *Géométrie imaginaire* et aussi des *Geometrische Untersuchungen der Theorie des Parallellinien* (« Recherches géométriques de la théorie des parallèles »), Janos Bolyai, un jeune officier fils d'un ami de Gauss, Wolfgang Bolyai, dont le travail a été publié comme appendice d'un texte de son père sur la *Science de l'Espace*, et aussi Carl Friedrich Gauss qui, sans arriver à la solution formelle du problème, est certainement celui qui en a le plus clairement perçu toute la portée.

En quoi consiste cette « révolution » ? Avec l'apparition de ces nouvelles géométries ce n'est rien moins que la fin du modèle unique de la géométrie dont il est question, c'est-à-dire la fin d'une époque de plus de deux millénaires !

Comment peut-on se saisir de ces nouvelles idées ? Il est en fait utile de considérer d'emblée, et en parallèle, « trois » géométries modèles.

LA GÉOMÉTRIE EUCLIDIENNE

Nous connaissons bien les triangles, figures emblématiques de la géométrie euclidienne : trois points A, B et C étant donnés, le triangle ABC a pour côtés les segments de droites AB, BC et CA ; les angles en A, B et C ont des mesures notées α, β et γ.

Il résulte de l'axiome des parallèles que la somme des angles de tout triangle euclidien vaut exactement deux angles droits, soit 180°, ce qui s'exprime par $\alpha + \beta + \gamma = \Pi$ (si on mesure les angles en radians, unité qui a la préférence des mathématiciens). La technique de calcul qui permet de calculer tout ce qu'on souhaite sur les triangles euclidiens est la « trigonométrie ».

LA GÉOMÉTRIE SPHÉRIQUE

Elle avait été développée depuis longtemps par les astronomes qui repèrent la position des étoiles sur la demi-sphère qu'est la voûte céleste mais, jusqu'au début du XIXe siècle, personne n'avait songé à en faire une géométrie en soi, qui aurait pu concurrencer la géométrie euclidienne. Pour cela il faut prendre le point de vue de considérer comme triangle sphérique la figure déterminée par trois points A, B et C dont les côtés sont formés des segments de grands cercles de la sphère joignant ces sommets ; ces arcs de grands cercles déterminent trois angles de mesures α, β et γ comme dans le cas euclidien. Il faut noter que, comme dans le cas euclidien, les côtés d'un triangle sphérique sont les plus courts chemins joignant les sommets : les grands cercles sont les « droites » de cette géométrie. En fait les axiomes de la géométrie euclidienne sont satisfaits par cette géométrie, sauf l'axiome des parallèles puisque toutes les « droites », c'est-à-dire les grands cercles, se recoupent, rendant impossible de trouver une parallèle à une droite donnée passant par un point en dehors de cette droite.

Si on suppose la sphère de rayon 1, la formule fondamentale qui remplace la formule euclidienne classique est alors $\alpha + \beta + \gamma = \Pi + \text{Aire } ABC$ (c'est là qu'on voit l'avantage d'utiliser les radians). Il y a donc un excès angulaire en géométrie sphérique.

Les astronomes avaient élaboré depuis plusieurs siècles une technique de calcul qui permet de généraliser à ce cadre tous les calculs habituels du plan, qu'on appelle la « trigonométrie sphérique ».

Comme, par tout point extérieur à une droite (c'est-à-dire ici un grand cercle), il n'est pas possible de trouver une droite qui ne recoupe pas la droite donnée car tous les grands cercles se coupent en des points antipodaux, cette géométrie ne satisfait évidemment pas à l'axiome des parallèles. Cela établit de façon non équivoque l'indépendance de l'axiome des parallèles des axiomes précédents.

La géométrie sphérique présente aussi quelques autres propriétés surprenantes qui méritent qu'on s'y arrête, dans la mesure où une géométrie de ce type peut être intéressante dans d'autres situations comme nous le montrons plus loin. Ainsi mettons-nous en un point de la sphère qu'on peut considérer comme le pôle nord de la sphère pour faciliter la discussion, ce qui n'est pas gênant car dans cette géométrie tous les points sont équivalents. Que « voit »-on quand on regarde dans toutes les directions à partir de ce point ? En prenant l'analogie de la propagation de la lumière suivant les plus courts chemins, tous les rayons lumineux partant du pôle nord vont se recouper au pôle sud. Cela a pour conséquence que, si on suit le chemin des rayons lumineux en sens inverse, dans chaque direction arrivant au pôle nord arrive un rayon émanant du pôle sud, créant donc une « image » de ce point. Il est intéressant de noter que cette « multiplication des images du même point », phénomène impossible en géométrie euclidienne, a été exploité par les peintres cubistes comme Picasso et Delaunay.

LA GÉOMÉTRIE HYPERBOLIQUE

C'est la géométrie introduite par Nicolas Lobatchevski et Janos Bolyai, dont l'apparition a tout changé dans la conception que l'on avait de la géométrie et mis fin au règne sans partage de la géométrie euclidienne. Au moment de son introduction, aucun modèle simple de cette géométrie n'était disponible, ce qui valut à Lobatchevski les critiques les plus acerbes... et les plus stupides. Le mathématicien italien Eugenio Beltrami proposa vers 1868 une façon efficace et naturelle de présenter cette nouvelle géométrie. Il va de soi que ce manque de simplicité des premiers modèles proposés n'a pas facilité sa propagation et sa reconnaissance, alors qu'il ne s'agissait de rien moins que de briser des habitudes millénaires.

Le modèle de Beltrami se présente ainsi. L'espace est l'intérieur d'un disque plan de rayon 1. Les « droites » sont les cercles euclidiens de ce plan qui sont orthogonaux au cercle bord du disque de rayon 1. Les mesures des angles sont les mesures habituelles, alors que les mesures des longueurs ne sont pas les mesures euclidiennes. Un signe évident de cette différence est le fait que le cercle de rayon 1 est à l'infini dans cette espace, c'est-à-dire que les longueurs « hyperboliques » sont dans un rapport de plus en plus grand par rapport aux longueurs euclidiennes lorsqu'on se rapproche du bord. Lorsqu'un sommet d'un triangle, dont deux sommets sont fixés, se rapproche du bord, les côtés issus de ce sommet forment un angle de plus en plus petit, de telle sorte que, si on applique ce processus successivement aux trois sommets, la somme des angles d'un triangle hyperbolique peut être rendue arbitrairement petite, une manifestation extrême du fait qu'elle est toujours inférieure à Π. Comme dans le cas sphérique, le défaut à Π provient aussi de l'aire « hyperbolique » du triangle *ABC*, mais cette fois avec le signe opposé (une trace, comme nous le verrons plus tard, du fait, que cette géométrie est à courbure négative).

Dans cette géométrie, l'axiome des parallèles est aussi violé mais pour une autre raison que dans la géométrie sphérique : par un point pris hors d'une « droite hyperbolique », il existe une infinité de « droites hyperboliques » parallèles, à savoir tous les cercles perpendiculaires au cercle unité dont les intersections avec celui-ci se trouvent sur l'arc délimité par la « droite hyperbolique » donnée du côté du point donné.

Riemann et Ricci-Curbastro

En 1854 Bernhard Riemann fit faire à la géométrie un pas encore plus considérable à l'occasion de sa leçon inaugurale, c'est-à-dire un exposé sur un sujet choisi par le jury seulement quelques semaines avant la soutenance, en fait dans ce cas par Carl Friedrich Gauss. Ce texte ne fut publié qu'après sa mort en 1866 sous le titre *Uber Die Hypothesen, welche der Geometrie zu Grunde liegen* (« Les hypothèses sur lesquelles est fondée la géométrie »). Cette géométrie est appelée aujourd'hui la « géométrie riemannienne ».

L'idée fondamentale, et radicalement nouvelle, due à Bernhard Riemann est d'introduire, pour mesurer la longueur des courbes, une métrique qui dépend du point. Il est encore possible de trouver les substituts des droites : ce sont les « géodésiques », courbes qui réalisent les plus courts chemins pour des points assez proches. Bien que Riemann ait développé implicitement tous les outils que nécessitait cette géométrie, c'est plus de trente ans plus tard que Gregorio Ricci-Curbastro a rendu tous ces outils transparents.

Une des propriétés très importante de la géométrie riemannienne est le fait qu'elle englobe la géométrie euclidienne (le cas où on peut trouver des coordonnées dans lesquelles la métrique est à coefficients constants), mais aussi les géométries sphérique et hyperbolique. L'invariant fondamental introduit par Bernhard Riemann qui mesure la déviation de sa géométrie à la géométrie euclidienne est le « tenseur de courbure de Riemann », un objet mathématique complexe que l'on peut cependant calculer dès que la métrique est donnée explicitement. C'est grâce à cet objet que l'on peut retrouver la courbure sous la forme introduite par Carl Friedrich Gauss. Pour faire le lien, on peut considérer les « cercles » dans une section de cette géométrie à deux dimensions : un cercle est toujours défini comme la figure C_r formée des points à distance r d'un point p (pour r assez petit si on veut être tout à fait rigoureux). La longueur du cercle C_r admet comme développement $2\pi\left(r - \frac{1}{6}K_p r^3 + \dots\right)$, autrement dit la courbure K_p apparaît comme l'écart principal de longueur des cercles entre la valeur euclidienne et la valeur riemannienne (à un coefficient universel près, ici $-\frac{1}{6}$). Cela donne donc aux êtres astreints à vivre sur la surface S auxquels il a été fait allusion auparavant, la possibilité de détecter que leur géométrie n'est pas euclidienne.

La géométrie euclidienne s'identifie localement à la géométrie riemannienne à courbure nulle, et les géométries sphérique et hyperbolique aux géométries riemanniennes à courbure constante, respectivement positive et négative.

La Flexible ou Einstein comblé

Ces nouvelles géométries se sont révélées être le cadre de pensée adapté pour traiter de diverses théories physiques.

Albert Einstein a réussi une telle appropriation pour sa théorie de la relativité générale grâce à des discussions avec Marcel Grossmann, son collègue de l'ETH de Zurich, qui l'a informé de l'existence des travaux de Ricci-Curbastro prolongeant ceux de Riemann. Pour lui, les forces de gravitation ne sont que des effets géométriques liés à la courbure de l'espace-temps provoquée par la présence de masses : la géométrie de l'espace-temps est déterminée par la distribution des champs physiques, via l'équation d'Einstein. Cette équation fondamentale dans la théorie relie la courbure de l'espace-temps au tenseur d'impulsion-énergie qui exprime la physique des interactions autres que la gravitation, comme l'électromagnétisme ou les forces nucléaires. Dans ce contexte, les plus courts chemins ne sont rien d'autre que les trajectoires des objets en chute libre. Tous les outils développés par Riemann et Ricci-Curbastro trouvent ainsi leur utilisation dans le cadre de la théorie de la relativité générale, montrant la remarquable flexibilité de la géométrie riemannienne.

Des effets physiques que la théorie newtonienne de la gravitation ne prédit pas permettent de tester la théorie d'Einstein. C'est le cas par exemple de la déviation des rayons lumineux par une étoile massive, au voisinage du soleil à l'occasion d'éclipses ou de façon beaucoup plus significative dans le rayonnement des pulsars binaires, des couples d'étoiles très denses. Grâce aux photos prises par Hubble, le nouveau télescope en orbite autour de la Terre, on dispose maintenant d'images de « lentilles gravitationnelles », c'est-à-dire des images multiples d'une étoile dont les rayons sont passés au voisinage d'un objet très massif (souvent invisible parce que ne rayonnant pas). Cela est une manifestation de zones de l'espace-temps à courbure positive à cause de la présence de masses importantes. C'est une sorte de manifestation astrophysique de la vision cubiste des peintres du début du siècle.

Il est intéressant de noter que des corrections relativistes sont nécessaires pour pousser la précision du système de détection GPS (*Global Positioning System*), qui est pour le moment un peu inférieure à une centaine de mètres, à un niveau supérieur, par exemple quelques millimètres sur une année comme c'est nécessaire pour faire la surveillance des bords des failles dans les zones sismisques.

La Chromatique

Un espace dont l'intérêt a été mentionné dès les premières extensions de la géométrie est l'« espace des couleurs ». En effet il est aujourd'hui devenu banal de dire que toute couleur peut être obtenue par superposition de trois couleurs fondamentales, sans avoir besoin de toute l'information que donne la décomposition de la lumière par le prisme. Plus précisément, si on ne s'intéresse qu'à la qualité de la couleur, toute couleur peut être repérée par deux paramètres (typiquement la proportion de deux couleurs fondamentales), le troisième indiquant l'intensité. L'espace des couleurs apparaît ainsi comme une partie du « plan projectif réel », la version rigoureuse mathématiquement de la perspective des peintres déjà assimilée dès la Renaissance.

Une étape géométrique supplémentaire a été franchie en munissant l'espace des couleurs d'une métrique qui s'appuie sur la perception de la proximité des couleurs, notion qui est malgré tout subjective, comme nous le rappelle des maladies comme le daltonisme, formes extrêmes de déformation de la perception des couleurs. Des savants fameux comme Hermann von Helmholtz ou Erwin Schrödinger ont laissé leur nom à des métriques particulières dont les expressions permettent par exemple de définir des dégradés entre deux couleurs données, tout simplement en se déplaçant le long d'une géodésique associée à une métrique. Cette approche trouve son application dans divers secteurs de l'industrie, de l'imprimerie au secteur automobile (harmonie des couleurs pour l'aménagement intérieur) en passant par l'industrie audiovisuelle.

L'espace courbe ubiquiste

Dans les trente dernières années se sont multipliées les occasions d'utiliser des modèles géométriques ou de les généraliser, ce qui nous permet de dire qu'aujourd'hui on retrouve les espaces courbes un peu partout.

En physique des solides par exemple, notamment dans l'étude des semi-conducteurs, le rôle joué par les défauts a conduit à introduire le concept de « cristal frustré ». Il s'agit de rendre compte de la présence de défauts dans un substrat cristallin en utilisant un langage géométrique : un atome de trop déforme la maille du cristal et le fait se comporter comme un espace à courbure positive, alors qu'un atome manquant le fait au contraire se comporter comme un espace à courbure négative. Diverses considérations topologiques, reliant la courbure à la forme totale de l'espace due à Gauss, Ocian Bonnet et Henri Poincaré, permettent alors de relier la densité des défauts à des paramètres globaux du cristal.

Les espaces lisses se sont révélés un cadre de travail trop rigide tant pour des raisons mathématiques qu'à des fins de modélisation. Pensez par exemple aux modèles discrets de surfaces qu'utilisent de façon constante les ordinateurs, machines qui ne peuvent manipuler les données qu'en nombre fini. L'extension de la géométrie dans cette direction a été accomplie dans la seconde moitié du XXe siècle et les noms d'Alexander Danilovich Alexandrov et de Misha Gromov y sont notamment associés. En fait, la partie la plus subtile de ces travaux concerne les hypothèses les plus faibles qu'il faut mettre sur une géométrie pour qu'on dispose encore du concept de courbure. Il est intéressant de constater que c'est en revenant au contrôle des mesures des triangles que cette démarche est finalement couronnée de succès. Il est possible aujourd'hui de parler de la courbure d'un graphe métrique, c'est-à-dire un graphe dont les arêtes ont été munies d'une longueur. Des exemples particulièrement intéressants de graphes sont fournis par les réseaux informatiques, comme Internet. La redondance dans ces réseaux est en relation directe avec la présence de zones à courbure positive. Or la redondance garantit la robustesse, c'est-à-dire une moindre fragilité en cas de perte d'une liaison.

Une étude de la complexité d'un système peut être conduite en liaison avec ses propriétés de courbure (si tant est qu'on puisse la définir). Les systèmes à courbure négative sont connus pour leur comportement ergodique, et par suite pour leur capacité à engendrer une grande complexité et à contenir une très grande quantité d'informations (en fait croissant exponentiellement avec le nombre de sites). Ces outils devraient se révéler aussi pertinents pour étudier les problèmes posés par la quantité gigantesque de données collectées dans le cadre du séquençage du génome. Nous touchons là à un autre domaine dans lequel le besoin du recours à des concepts mathématiques se fait sentir de façon pressante. Les espaces courbes devraient être, sous une forme ou sous une autre, de la partie.

Épilogue

En conclusion, cette promenade dans les espaces courbes a permis de mettre en évidence que :

— Les mathématiques sont *créatrices de concepts* (ici la courbure).

— Les mathématiques sont des *réservoirs de modèles* (ici les géométries).

— Les mathématiques sont *génératrices de questions* (ici la question de l'indépendance de l'axiome des parallèles).

— Mais aussi qu'elles sont *immergées dans la société* (voir les exemples cités dans le texte).

L'anneau fractal de l'art à l'art à travers la géométrie, la finance et les sciences

par Benoît Mandelbrot

La géométrie fractale n'est pas vieille, puisque je n'en ai eu l'idée que peu avant 1975. Son domaine s'étendant et les résistances s'effaçant, on voit que l'idée sous-jacente vient spontanément aux humains, et qu'une intuition de la fractalité a fait partie du patrimoine de l'humanité, en Afrique et en Asie autant qu'en Europe.

On pense aux sorciers et aux fées quand une idée en apparence insignifiante se met soudain à déverser des conséquences variées et importantes. Pour introduire et faire comprendre les fractales, demandons-nous donc si un objet géométrique peut prendre la même forme, qu'on l'examine de près ou de loin. Cette propriété fut récemment baptisée auto-similarité. Elle semble d'une parfaite insipidité, mais c'est la graine d'une floraison de développements constituant toute une géométrie. Insipidité est également le terme approprié pour dénoter la droite et le plan idéaux, qui sont des exemples d'auto-similarité connus de tout le monde. En revanche, la sphère n'est pas auto-similaire ; quand on la regarde de près, en étant dessus, elle paraît plate ; de loin, comme tout objet borne, elle paraît ponctuelle.

Il y a cent ans, de 1875 à 1925, des mathématiciens perspicaces prirent conscience d'une poignée de curiosités ou de monstres, objets qu'ils présentèrent comme nouveaux, sans contrepartie dans la nature et contredisant l'intuition géométrique. Certains de ces objets étaient auto-similaires, car cette qualité les rendait plus faciles à décrire. Beaucoup plus tard, j'allais les séparer des autres curiosités en question, vouer ma vie scientifique à leur étude, et les

Texte de la 180e conférence de l'Université de tous les savoirs donnée le 28 juin 2000.

baptiser « fractales ». On en voit un exemple dans la partie « géométrique » de l'illustration qui accompagne ce texte. Cette chronique brossera à grands traits chacune des trois grandes étapes récentes de l'étude des fractales.

En premier lieu, surprise absolue et le plus grand bonheur intellectuel de ma vie, je reconnus à ces monstres un autre rôle tout à fait nouveau. On les qualifiait imprudemment d'« exceptionnels ». Je montrai, tout au contraire, que la fractalité n'est pas loin d'être la règle dans la nature. Selon le cas, elle ne concerne que des détails ou touche à l'essentiel.

Cette thèse osée et interdisciplinaire provoquant l'incrédulité, il faut la préciser et la rendre « naturelle ». Le point essentiel est que la droite et le plan sont parfaitement lisses, mais en règle presque générale les choses sont loin de cet idéal : non pas lisses mais rugueuses dans le détail ou dans l'essentiel.

Songeons maintenant à l'ensemble des messages que nous recevons de nos sens. Ceux de la vue et l'ouïe, considérés comme raffines, se trouvent également avoir été le plus tôt et le mieux explorés ; c'est peut-être une façon de constater qu'ils étaient (très relativement parlant !) les plus faciles à explorer.

À l'autre extrême, le sens du lisse ou du rugueux restait en dehors des sciences. Il appartenait au monde de la mécanique pratique des frottements dont les ingénieurs cherchent à se débarrasser. Il semblait impossible d'en extirper un quelconque concept. Les questions que posait la rugosité n'étaient pas sottes, mais inabordables. Faute de mieux, elles ne recevaient que des réponses évasives et inadéquates. Par exemple, songez donc aux questions incontournables que voici :

— Comment mesurer la rugosité ou volatilité des chroniques boursières, ne serait-ce que pour pouvoir évaluer les risques financiers de façon réaliste ?

— Comment mesurer la côte de la Bretagne ?

— Comment caractériser la forme d'une côte, d'une rivière, d'une ligne de partage des eaux, ou de la frontière d'un bassin d'attraction dans le contexte de l'hydraulique, mais aussi des systèmes dynamiques ?

— Comment définir la vitesse du vent en plein orage ?

— Comment mesurer et comparer les rugosités d'objets communs, tels qu'une pierre cassée, un talus, une montagne, ou un bout de fer rouillé ?

— Quelle est la forme d'un nuage, d'une flamme ou d'une soudure ?

— Quelle est la densité des galaxies dans l'Univers ?

— Comment varie l'activité sur le réseau Internet ?

À toutes ces questions (ou fragments de questions) c'est la géométrie fractale (continuée par la multifractale) qui allait apporter les premières réponses satisfaisantes. Dans chaque cas, les réponses se fondent sur la qualité — elle-même surprenante — que la rugosité se trouve souvent être fractale. Dans beaucoup de phénomènes naturels ou créations de l'Homme (telles que la Bourse ou Internet), cela permit à la géométrie fractale de devenir la rampe de lancement de la première théorie du rugueux « simple ».

Pour résumer, et apaiser toute inquiétude que les fractales auraient pu susciter, cette nouvelle géométrie, je la fis naître de l'union entre une certaine mathématique ésotérique et le plus grossier de nos sens. Elle dura, fructifia, s'imposa et ne manquera jamais de problèmes à traiter. De plus, son domaine s'étendit, d'abord à l'aval puis à l'amont de mes travaux scientifiques.

À l'aval, elle conduisit à un deuxième étonnement absolu, cette fois esthétique. Les nouvelles images fractales, fruits sans nombre de ce qui avait d'abord paru une mésalliance, et dont l'accouchement se fit dans un centre informatique, furent de plus en plus largement perçues comme belles ou tout au moins hautement décoratives. L'ensemble de Mandelbrot vient inévitablement à l'esprit. Une formule ancienne, paraissant d'une parfaite insipidité, se révéla la source d'images fantastiques qu'on voit désormais partout, à tel point qu'elles se fondent dans l'univers visuel de l'humanité. Elles ne vont pas subir le sort commun des modes. Selon la belle expression de mon ami, le regretté Marcel-Paul Schutzenberger, elles marquent un nouveau style.

L'aval de la géométrie fractale s'ajoutant désormais à son étrange interdisciplinarité, l'incrédulité renaît sous une forme plus forte encore. La géométrie fractale jouant à la fois tant de rôles divers, comment se fait-il qu'elle n'ait que vingt-cinq ans d'âge ? Que les premières « protofractales » n'en aient que cent ?

Avoir déclenché tout cela (la chance d'être l'homme qu'il fallait, quand il fallait et où il fallait) est un privilège merveilleux qui doit être accepté avec humilité. Dès mon livre de 1975, et surtout le livre anglais de 1982, la géométrie fractale s'est littéralement et tout à fait spontanément envolée. Mais je n'ai jamais eu la présomption d'avoir « inventé » tout cela *ex nihilo*. Tout au contraire, je cherchais des précurseurs (Gustave Eiffel ?) dont je me plaisais à citer des phrases sans suite, mais parmi eux aucun ne pouvait être perçu comme ultime « inventeur ». Quelle corde sensible de l'humanité avait-elle donc attendu que je la fasse résonner ?

Résolvant ce grand mystère, une troisième surprise apparut et se plaça à l'amont de mes travaux. Mes ouvrages me valurent beaucoup de lecteurs de tous bords et un courrier abondant plein de variété et d'enseignements. Voici ce qui en ressort. Dans l'histoire des fractales, la période 1875-1925 reste un moment fort, spécialisé et trompeur. Mais il semble bien que l'on ne puisse identifier quelque commencement que ce soit.

Précisons que les fractales sont des formes telles que, indépendamment des sens que l'on donne aux mots, le détail reproduit la partie et la partie reproduit le tout. Pour s'en assurer, divers procédés commencent par tracer les grandes lignes d'une figure, puis utilisent un générateur pour ajouter des détails de plus en plus petits. Il est donc essentiel d'avoir une progression sans fin, idée familière aux théologiens. Dans le bouddhisme zen, on trouve le thème (repris par Leibniz) de la goutte de rosée dans laquelle est incluse en miniature tout une réplique du monde, y compris des gouttes de rosée et ainsi de suite à l'infini. Cette théologie de la goutte d'eau trouve un écho dans de nombreux mandalas tibétains, avec leur bouddhas de toutes tailles, et on l'aperçoit aussi dans la Grande Vague du peintre Hokusai.

Pour changer de continent et de métier, le thème du générateur répété se trouve dans l'univers de Kant (fait de galaxies groupées en amas, super amas et ainsi de suite sans fin), dans les célèbres dessins de « fontaines » de Léonard de Vinci, avec leurs tourbillons superposés, dans l'Ange de Gustave Doré, fait d'anges plus petits, sans parler du visage de la mort de Salvador Dali.

Pour changer encore de continent, on nous a récemment appris que l'art de nombreuses nations africaines regorge de fractales d'une subtilité pleine de signification car objets de tradition.

Passant aux écrits de peintres, quoi de plus beau que ces mots d'Eugène Delacroix : « Swedenborg prétend, dans sa théorie de la nature,... que les poumons se composent d'un nombre de petits poumons, le foie de petits foies, la rate de petites rates, etc.

« Sans être un aussi grand observateur, je me suis aperçu, il y a longtemps de cette vérité : j'ai dit souvent que les branches de l'arbre étaient elles-mêmes de petits arbres complets ; des fragments de rochers sont semblables à des masses de rochers, des particules de terre à des amas énormes de terre. Je suis persuadé qu'on trouverait en quantité de ces analogies. Une plume est composée d'un million de plumes. »

Arrêtons-nous sur Swedenborg, dont les mots allaient être cités par Emerson. Il ne brillait pas par ses connaissances en biologie mais son intuition que le monde est ainsi fait partait d'observations authentiques. C'est ainsi que Delacroix aurait moins fait tiquer s'il avait choisi le chou-fleur. Il ne s'agit donc pas ici de validité scientifique ; cependant son opinion fausse mérite d'être citée, car elle attire l'attention sur un fait patent : l'idée d'emboîtement auto-similaire vient spontanément aux humains, et l'intuition de fractalité a toujours fait partie du patrimoine de l'humanité, en Asie et en Afrique aussi bien qu'en Europe.

Un bipède sans plumes n'est devenu homme qu'après avoir conquis le feu et les condiments et avoir décoré son corps, sa demeure et son temple. Au cours des millénaires, ses motifs décoratifs s'affinèrent.

Certains — bâtisses, broches et colliers — aidèrent à la naissance de la géométrie qui allait être codifiée par Euclide et beaucoup plus tard devenir l'outil essentiel de maintes sciences.

D'autres éléments décoratifs furent laissés de côté, puis se déguisèrent pour participer à une révolution anti-euclidienne en mathématiques et enfin donnèrent une forme à des objets que la vieille géométrie et les sciences étaient forcées de laisser de côté comme « amorphes », c'est-à-dire sans aucune forme qui aurait permis l'analyse de la nature et sa synthèse.

Ayant ainsi traversé plusieurs territoires du savoir désintéressé ou pratique, avec des pointes vers les arts, l'aval et l'amont de l'œuvre d'une vie viennent de se refermer devant nos yeux en un anneau fractal. Parti il y a très très longtemps de l'art, un long périple confus est désormais revenu à son origine.

S'il n'existait pas dans la nature, le chou-fleur variété *romanesco* aurait dû être inventé par un fractaliste. Parmi les objets de tous les jours, c'est la meilleure illustration qui soit du concept de surface rugueuse mais riche en invariances *(Fig. 1)*.

Figure 1 – Le chou-fleur et le concept d'auto-similarité.

Le chou-fleur qu'on récolte entier est fait d'inflorescences dont chacune est un petit chou-fleur, lui-même subdivisé en choux-fleurs encore plus petits, et ainsi de suite. On peut suivre la subdivision à l'œil nu, puis à la loupe, et au microscope. Le concept ainsi illustré est une invariance appelée auto-similarité, dont une généralisation caractérise les fractales. Le brocoli aidant, on peut imaginer que, implicitement, ce concept remonte au Déluge. Cependant, ce n'est que récemment qu'il n'a été formalisé et ses conséquences n'ont été explorées.

La valeur gastronomique du chou-fleur se mesure aux poids et volume, mais combien donc mesure sa surface ? Cela rappelle une question déjà classique : « Combien mesure la côte de la Bretagne ? », avec une nuance de plus.

Les bifurcations des tiges conservent en gros l'aire de la section transversale. Mais si on remonte en partant de la racine, ladite section s'éparpille en boucles de plus en plus nombreuses et de plus en plus petites. Donc le périmètre de la section ne cesse d'augmenter. Et de même, le périmètre total des tiges ne cesse d'augmenter quand on s'approche de leurs pointes. En théorie, il devient infini, en pratique, il dépend de la finesse de l'analyse.

Autre thème fractal : si le chou-fleur bien tassé ne laisse pas la pluie passer entre les inflorescences, on peut distinguer au sein de la surface totale la partie sur laquelle il pleut. L'aire de cette dernière est infinie, elle aussi, mais (pour paraphraser George Orwell), l'est moins que l'est la surface totale.

Quand j'étais étudiant, les mathématiciens enseignaient que les surfaces d'aire infinie étaient leur invention. Voire ! Il semblait plutôt que c'étaient les plans et les sphères qui avaient été inventés par des artisans de toute sorte. La nature, elle, nous offre bien peu de sphères et beaucoup d'objets rugueux, y compris diverses arborescences : les arbres, ainsi que les intérieurs des poumons, des reins et du foie. Rien de surprenant à tout cela : ces arborescences résultent de bourgeonnements successifs, et l'auto-similarité suggère de la part de la nature une économie de moyens qui est remarquable mais… « naturelle ».

Il n'existe aucun rapport entre les fractales et les « poupées russes » qui s'emboîtent en gigogne, de façon que chacune en contienne une plus petite. La plus menue l'est autant que le permettent l'habileté et la sécurité du propriétaire. Si la matière avait été continue, on aurait pu imaginer des poupées convergeant par approximations successives vers un point isolé. Les mathématiciens aiment penser à un point comme la limite de domaines emboîtés de plus en plus petits : les poupées russes n'apportent donc rien de nouveau à la notion *(Fig. 2)*.

Pour passer aux fractales, supposons que chaque poupée en contienne, non pas une, mais trois. Pour simplifier, donnons leur la forme de prismes de hauteur fixe et dont les bases sont des triangles équilatéraux. La base de la grande poupée est le petit diagramme à gauche. On y emboîtera trois poupées, chacune deux fois plus fine, comme dans le deuxième diagramme. Appelons-les H (en haut), G (à gauche), et D (à droite). Puis on recommencera, obtenant 9 et 27 poupées, et ainsi de suite. Deux suites différentes de longueur 5, écrites avec des lettres H, G et D définissent des poupées différentes du cinquième ordre. Tout discours infiniment long forme des lettres H, G et D, et définit une poupée filiforme. À la limite, les bases de ces poupées se fondent en une courbe faite d'une infinité de boucles, auto-similaire, donc fractale. Cette courbe a une longue histoire en décoration, mais j'ai trouvé

Figure 2 – Poupées prismatiques et une fractale ramifiée.

amusant de l'appeler « tapis de Sierpinsky ». L'idée était familière à Salvador Dali, dont on connaît la peinture du *visage de la Mort*.

Un dessin moins amusant serre non plus trois, mais quatre poupées prismatiques : la poupée prismatique initiale se remplissant complètement. Avec seulement les deux poupées G et D, la limite se réduirait au côté le plus bas de la poupée la plus grande. Donc on peut considérer le tapis comme une « chimère » contenue entre le point (dimension 1) et le triangle (dimension 2). On a des bonnes raisons de dire que la dimension fractale du tapis est 1,5849 ; c'est le rapport des logarithmes de 3 (nombre de poupées) et de 2 (rapport de réduction d'une poupée à ses composantes).

L'ivrogne, ayant perdu sa clef, part au hasard à sa recherche *(Fig. 3)*. Sans jamais se rappeler d'où il vient, il « randonne », puis, miracle, la retrouve. Le chemin qu'il a parcouru est représenté par un gribouillis qui, tel quel, n'aurait rien dit d'intéressant à personne. Pour pouvoir réellement examiner sa structure, j'ai fait que les points qu'il a contourné sans les traverser soient colorés en gris. Ainsi assisté, le gribouillis se transforme soudain en une île dont la côte serait aussi rugueuse dans le petit que dans le très petit, donc fractale. C'est d'ailleurs le moyen le plus simple qui soit pour construire un exemple d'une telle côte. Notons aussi que les côtes des îles géographiques sont fractales *(Fig. 3)*. Ayant pris l'habitude de les examiner et d'estimer à l'œil les dimensions fractales qui en mesurent la rugosité, j'ai aussitôt pensé à la dimension 4/3. Puis je l'ai vérifiée numériquement et l'ai formalisé en une conjecture mathématique. Vingt ans plus tard, couronnant maints efforts héroïques, dont ceux de B. Duplantier, la preuve vient d'être donnée

Figure 3 – L'amas brownien ou île de l'ivrogne.

par G. W. Lawler, O. Schram et W. Werner. L'œil serait-il en train de reprendre son vieux rôle stimulant en mathématiques dites pures ?

Imaginons que des cellules de corail cherchent à s'attacher à un corail déjà établi, mais soient réduites pour ce faire à effectuer une randonnée d'ivrogne. C'est à cela que revient un processus physique que le problème des dépôts de carbone dans les moteurs diesel suggéra à T. Witten et L. Sander. Ce processus paraît insipide, mais à la surprise générale son BUG s'avéra, à l'ordinateur, être d'une complexité magique. Une fois de plus, le très simple engendre le très complexe. Ces dendrites dites d'ADL ont beaucoup appris aux sciences en unifiant d'innombrables configurations disparates *(Fig. 4)*. Mais les efforts des meilleurs mathématiciens et physiciens n'ont pas encore réussi à les dominer. Les grandes conjectures ne cessent de s'améliorer avec l'âge.

L'homme qui a « vaincu » le Mont Cernin, Edward Whymper, allait observer que les fragments de roche ressemblent aux structures dont on les avait détachés, les mêmes forces donnant leur forme au tout et aux parties. L'observation doit remonter au Déluge et bien avant qu'on me fasse connaître Whymper, je l'ai exprimée, en ajoutant aussi peu du mien que possible, en une formule très simple, directement programmable sur ordinateur. La *figure 5* (voir hors-texte) présente trois reliefs fractals tout à fait synthétiques dus à R. F. Voss. Ils proviennent de la même formule générale, mais diffèrent par la valeur d'un paramètre. De haut en bas, la fameuse dimension fractale est 2,2, 2,3 et 2,8. Or ils sont perçus comme étant de rugosités différentes. La comparaison démontre que ledit

Figure 4 – Les coraux fractals de l'ADL.

paramètre trouvé dans l'ésotérique mathématique, est une première mesure intrinsèque de la rugosité. Avant la géométrie fractale, cette notion très naturelle était impossible à mesurer.

L'affirmation dans le titre est bien vraie quand on essaie de faire la liste de ses propriétés innombrables et étonnantes. Mais « complexité » est une notion que nul n'a vraiment réussi à mesurer. Et la « clef » qui suffit pour nous livrer l'ensemble de Mandelbrot est, tout au contraire, d'une simplicité spartiate. Un seul petit pas mène de l'insipide au magique. Dans la formule-clef, l'ingrédient actif (comme disent les médecins) est la petite formule $z \times z + c$. Pour le numérophobe, seule compte sa brièveté. Mais tous les programmeurs savent aujourd'hui ce que veut dire l'itération à partir de $c = 0$. Partant d'un nombre complexe, c'est-à-dire d'un point c (on ne perd rien en prenant c dans un cercle de rayon 2 autour de l'origine) on forme c, puis $c \times c + c$, puis $(c \times c + c)$, $(c \times c + c) + c$, etc.

Au bout de (disons) 1 000 répétitions, on vérifie si l'on n'est pas encore sorti d'un cercle de rayon (disons) 10. Si tel est le cas, on a établi que *c* se situe dans l'ensemble de Mandelbrot *(Fig. 6)*.

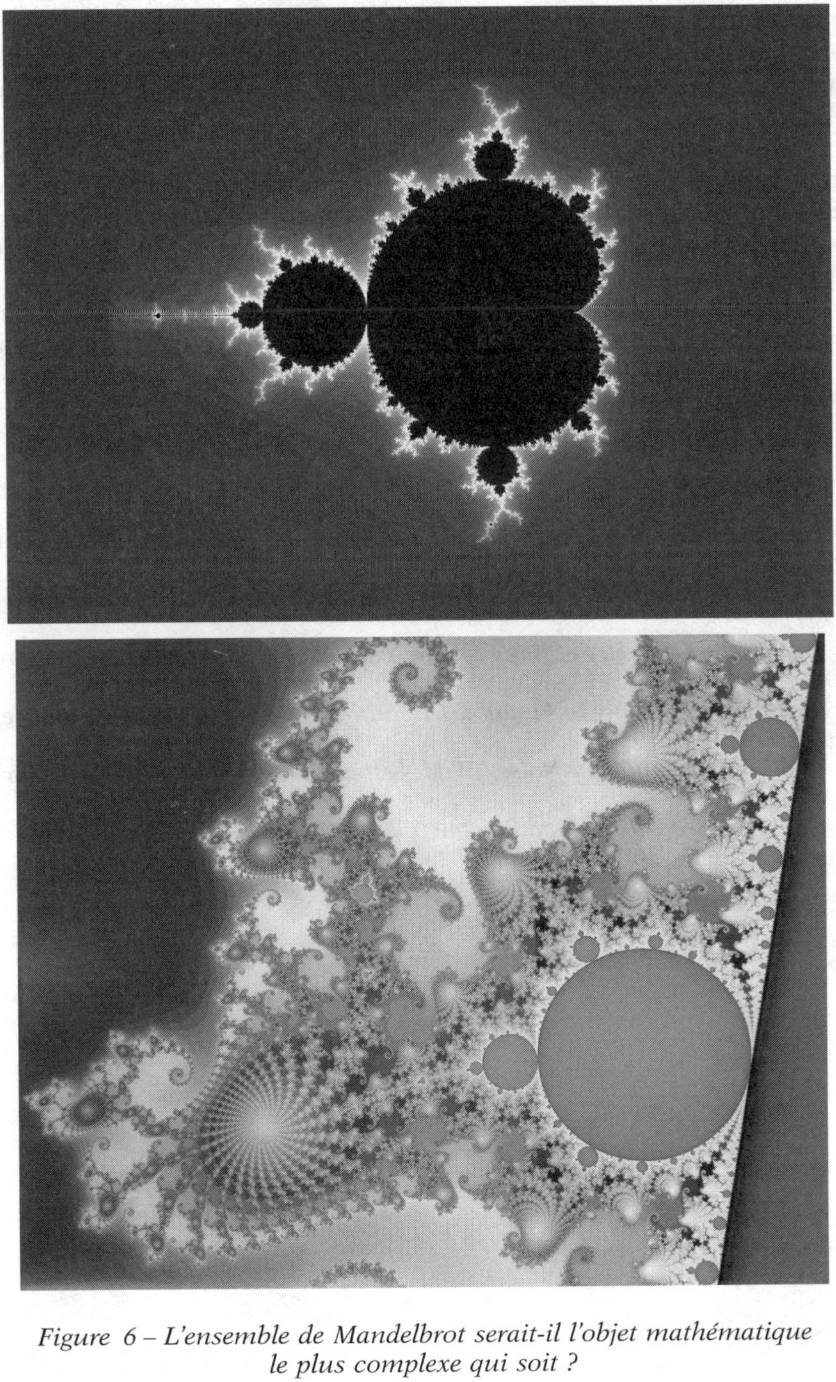

Figure 6 – L'ensemble de Mandelbrot serait-il l'objet mathématique le plus complexe qui soit ?

En 1979-80, j'ai parcouru cet ensemble sur ordinateur, l'examinant avec passion et toute l'intensité que permettaient les moyens primitifs de l'époque. Je constatai divers « faits » expérimentaux que je traduisis en conjectures mathématiques. L'un fut démontré en six mois par A. Douady et J. Hubbard qui ont donné mon nom audit ensemble. D'autres ont pris cinq et dix ans, et ma première observation est devenue une conjecture mathématique célèbre. Elle est là, beaucoup ont tenté de l'escalader et nul n'a encore réussi.

Des hommes se comptant peut-être déjà en millions ont désormais répété cette même démarche et remplissent Internet d'images de « mon ensemble ». À la stupéfaction initiale succède toujours la soif irrésistible d'en voir et savoir plus. Puis la satiété vient et apporte une impression curieuse de « déjà vu ».

L'origine technique de cet ensemble paraît désormais moins importante que son pouvoir magique (le terme est inévitable) d'avoir identifié et de faire résonner une certaine corde sensible commune à l'humanité.

RÉFÉRENCES

– *Les objets fractals : forme, hasard et dimension*, 4e édition, Paris, Flammarion (Collection Champs), 1995.
– *Fractales, hasard et finance*, Paris, Flammarion (Collection Champs), 1997.
– *The Fractal Geometry of Nature*, New York, W. H. Freeman and Company, 1982.
– *Fractals and Scaling in Finance, Discontinuity, Concentration, Risk*, New York, Springer, 1997.
– *Multifractals and 1/f Noise, Wild Self-affinity in Physics*, New York, Springer. 1999.
– *Gaussian Self-Affinity and Fractals: Globality, the Earth, 1/f, and R/S*, New York, Springer, 2000.

Géométrie non-commutative

par Alain Connes

Nos concepts géométriques ont évolué à partir de la découverte des géométries non euclidiennes. La découverte de la mécanique quantique et de la non-commutativité des coordonnées sur l'espace des phases d'un système atomique entraîne une évolution aussi profonde des concepts géométriques vers une nouvelle géométrie qui s'appelle la géométrie non-commutative. Mon but est de donner une introduction à cette théorie sans entrer dans les détails techniques.

Je vais commencer par parler de géométrie euclidienne et d'un fameux théorème de mathématiques dû à un mathématicien anglais, Franck Morley, vers la fin du XIXe siècle.

L'énoncé précis du théorème est le suivant : on part d'un triangle quelconque *ABC*. On divise chacun de ses angles en trois parties égales. On obtient en intersectant les trisecteurs consécutifs trois points α β γ *(Fig. 1)*. L'énoncé du théorème de Morley est :

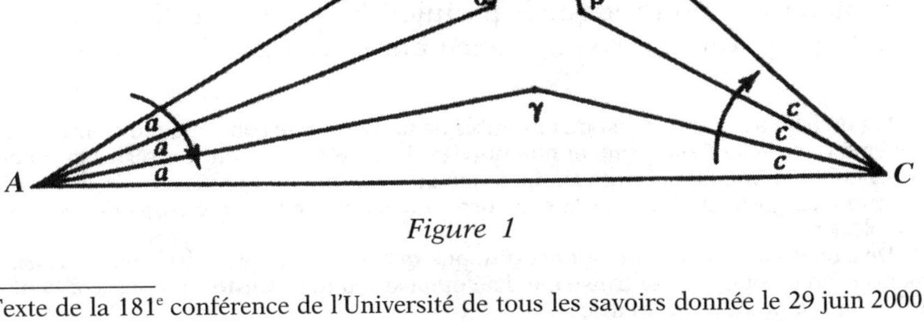

Figure 1

Texte de la 181e conférence de l'Université de tous les savoirs donnée le 29 juin 2000.

Théorème 1
Le triangle $\alpha\ \beta\ \gamma$ est un triangle équilatéral

C'est un résultat simple et très attrayant, et de plus inconnu des Grecs, ce qui est rare, car il est très difficile de trouver des résultats que les Grecs ne connaissaient pas sur la géométrie du triangle.

Le triangle *ABC* dont on part est arbitraire et ne possède donc aucune symétrie ce qui rend d'autant plus étonnant que l'on obtienne automatiquement un triangle équilatéral par cette construction.

Ce résultat géométrique se perçoit directement par les aires visuelles du cerveau et même si l'on n'en connaît pas la démonstration, on peut en comprendre l'énoncé de manière directe grâce à la richesse de la perception visuelle. On peut en donner une démonstration géométrique simple qui consiste à partir d'un triangle équilatère $\alpha\beta\gamma$ et à reconstruire un triangle quelconque *ABC*, mais cette démonstration reste artificielle.

Maintenant je vais présenter un autre théorème de nature totalement différente. Au lieu de faire appel aux aires visuelles du cerveau il fait appel aux aires du langage. C'est un résultat d'algèbre. L'énoncé dont je vais parler est valable pour tout corps*. C'est donc un énoncé simple à démontrer (plus un énoncé est général, plus il est simple à démontrer car le nombre d'hypothèses que l'on doit utiliser est d'autant plus restreint). Soit k un corps, et soit f, g et h trois éléments du groupe** G des transformations affines du corps, c'est-à-dire des applications de k dans k de la forme $x \to ax + b$.

Théorème 2,
Les deux égalités suivantes sont équivalentes :
i) $f^3g^3h^3 = 1$
ii) $j^3 = 1$ et $\alpha + j\beta + j^2\gamma = 0$

On note j le scalaire « a » correspondant à fgh et α, β, γ les points fixes de fg, gh et hf. (On doit supposer que fgh, fg, gh et hf ne sont pas des translations.)

Si l'on compare les deux théorèmes ci-dessus, l'énoncé géométrique du théorème de Morley et l'énoncé algébrique du théorème 2, ce qui frappe c'est que le deuxième énoncé est beaucoup plus facile à démontrer que le premier. En effet, il suffit d'un calcul simple pour vérifier l'équivalence entre les équations i) et ii) du

* Qu'est-ce qu'un corps ? C'est un ensemble de nombres que l'on peut additionner, multiplier et dans lequel tout élément non nul a un inverse de sorte que les règles familières du calcul sont valables. On pense bien sûr aux nombres rationnels, mais il y a bien d'autres exemples de corps comme le corps à deux éléments ou le corps des nombres complexes.

** Dire qu'il s'agit d'un groupe c'est dire que quand on compose deux telles transformations on en obtient une troisième. La composition des transformations s'obtient en effectuant le produit des matrices.

théorème 2. On peut donner le théorème 2 à démontrer à un élève de terminale qui doit être capable d'en faire la démonstration car il s'agit d'une simple vérification. D'un côté, vous avez un résultat géométrique qui est simple à appréhender, de l'autre côté vous avez un résultat algébrique qui fait appel à des manipulations élémentaires. La raison pour laquelle j'ai choisi de juxtaposer ces deux résultats de natures si différentes, c'est d'abord pour bien mettre en évidence cette dualité entre deux manières de fonctionner pour un mathématicien, la manière géométrique et la manière algébrique. En fait, le théorème 2 implique immédiatement le théorème de Morley et en donne une démonstration conceptuelle au sens où celle-ci continue à marcher dans un cadre beaucoup plus général que celui de la géométrie euclidienne.

Pour comprendre l'implication « théorème 2 implique théorème 1 », il suffit de prendre pour corps k celui des nombres complexes et d'associer à un triangle ABC les trois rotations f, g, h autour des trois sommets du triangle et dont les angles sont les deux tiers des angles au sommet. Il est immédiat *(Fig. 1)* que le produit des cubes $f^3g^3h^3$ est égal à 1, car f^3 par exemple est le produit de deux symétries par rapport aux côtés de l'angle en A de sorte que ces symétries se simplifient deux à deux. Il résulte donc du théorème 2 que l'on a $\alpha + j\beta + j^2\gamma = 0$ où α, β, γ sont les points fixes de fg, gh et hf. Mais il est clair que α, β, γ sont les sommets du petit triangle de Morley et ce triangle est donc équilatéral car la condition $\alpha + j\beta + j^2\gamma = 0$ est une caractérisation bien connue des triangles équilatéraux.

C'est exactement ce procédé de traduction entre d'un côté les aires géométriques et de l'autre côté les aires du langage, c'est-à-dire l'algèbre, qui est la base de tout ce que je vais expliquer.

Passons maintenant à la géométrie non euclidienne. Il y a un modèle de la géométrie non euclidienne dû à Klein qui est parfaitement simple *(Fig. 2)*. Dans ce modèle-là, les points de la géométrie sont les points du plan qui sont à l'intérieur d'une ellipse. On exclut tous les points qui sont à l'extérieur de l'ellipse. Les droites sont les intersections des droites ordinaires avec l'intérieur de l'ellipse. Maintenant, il est évident dans ce modèle que le 5e postulat d'Euclide n'est pas valable. En effet, par un point extérieur à une droite (par exemple le point O de la figure) on peut faire passer plusieurs parallèles à une droite donnée (la droite AB de la figure). Bien entendu se donner les points et les droites ne suffit pas pour spécifier la géométrie. Il faut pour cela spécifier la congruence entre deux segments AB et CD, ou plus simplement spécifier la longueur d'un segment AB. En l'occurrence, dans le modèle de Klein, cette longueur est donnée par le logarithme du bi-rapport des quatre points A, B, a, b, où a et b sont les points d'intersection de la droite AB avec l'ellipse, on spécifie de manière analogue les angles entre deux droites L et L'.

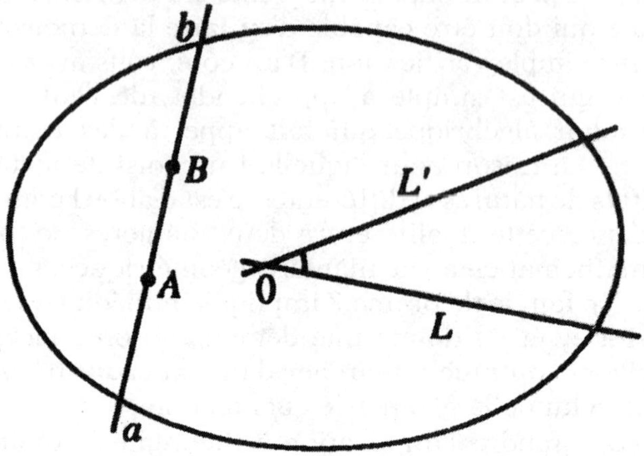

Figure 2

Tous les axiomes d'Euclide sont vérifiés par cette géométrie sauf le 5e axiome de l'unique parallèle à une droite donnée passant par un point donné. Au départ, lorsque Gauss avait fait cette découverte, il ne l'avait pas publiée pensant peut-être qu'il s'agissait plus d'un contre-exemple ésotérique que d'un objet mathématiquement intéressant. Il s'agissait en fait d'un objet d'une très grande richesse et fécondité, qui a conduit les mathématiciens à sortir du cadre traditionnel de la géométrie euclidienne. Cette nouvelle géométrie a engendré deux directions conceptuelles. La première direction est basée sur les symétries et les groupes de Lie, formalisée dans le programme d'Erlangen de Félix Klein. Elle attribue la beauté de la géométrie non euclidienne à l'existence d'un groupe de symétries qui permet de déplacer arbitrairement une figure rigide. En l'occurrence dans le modèle de Klein ce groupe est le groupe des transformations projectives du plan qui préservent l'ellipse.

En fait, Riemann a proposé un point de vue totalement différent. Il s'est attaché à considérer des espaces plus généraux, dans lesquels les mouvements d'un corps rigide ne sont pas nécessairement possibles. En général, par exemple, dans la géométrie de Riemann on ne peut pas déplacer un triangle sans en déformer les longueurs et les angles. La première idée de Riemann c'est qu'il fallait comprendre ce qu'était un espace, dans un sens beaucoup plus large que celui qui était utilisé jusqu'alors. C'est ce qui a engendré la notion de variété différentielle qui permet de modéliser la notion de grandeur variable pluridimensionnelle. Les exemples les plus simples sont l'espace des paramètres d'un système mécanique, l'ensemble des couleurs, l'espace des positions d'un corps solide, etc. La deuxième idée de Riemann c'est de définir la mesure des longueurs à partir d'un élément de longueur infinitésimal qui, lui, peut être transporté d'un point à un autre. Exprimé en coordonnées locales, cet élément de longueur ds admet une expression de la forme :

$$ds^2 = g_{\mu\nu}dx^\mu dx^\nu$$

Une des grandes victoires du point de vue de Riemann sur celui de Klein, due à la flexibilité considérable dans le choix des $g_{\mu\nu}$, c'est le rôle qu'elle joue dans la relativité générale d'Einstein. On peut facilement comprendre pourquoi la flexibilité introduite grâce à l'arbitraire du choix des $g_{\mu\nu}$ (ce qui en général rend le déplacement d'un corps rigide impossible) permet un contact direct avec les lois de la physique. En effet, parmi les concepts de la géométrie euclidienne qui s'adaptent facilement au cas riemannien, le plus simple est celui de droite. L'analogue d'une droite dans la géométrie de Riemann s'appelle une géodésique et est déterminée par une équation différentielle du second ordre :

$$d^2x^\mu/dt^2 = -1/2\, g^{\mu\alpha}\,(g_{\alpha\nu,\rho} + g_{\alpha\rho,\nu} - g_{\nu\rho,\alpha})\, dx^\nu/dt\; dx^\rho/dt$$

Un des moteurs de la relativité générale, antérieur à la découverte des équations d'Einstein, est l'identité entre l'équation des géodésiques et l'équation de Newton de la chute des corps dans un potentiel V. Ainsi, si dans la métrique de l'espace-temps de Minkowski, qui modélise la relativité restreinte on remplace le coefficient du temps dt^2 en lui rajoutant le potentiel newtonien, l'équation des géodésiques devient comme par miracle l'équation de Newton. Ainsi, en altérant non la mesure des longueurs mais la manière dont le temps s'écoule, on peut modéliser la chute des corps par des « droites » de l'espace-temps et résumer à la fois le principe d'équivalence et l'incroyable fécondité de la généralisation de la géométrie obtenue par Riemann.

Ce rôle majeur de la théorie de Riemann dans le développement de la relativité générale fait des $g_{\mu\nu}$ le pain quotidien des physiciens de la relativité générale, ce qui me rappelle une petite anecdote sur le physicien Richard Feynman :

Il était invité à une conférence à Chicago sur la relativité générale. Mais en arrivant à l'aéroport le jour même de son exposé, il réalisa que comme beaucoup de gens distraits, il avait oublié les papiers indiquant le lieu de la conférence. Il demanda à un taxi de le conduire à l'université mais le chauffeur lui expliqua qu'il y en avait plusieurs. Il dit « la plus proche » mais on lui expliqua qu'il y en avait deux, très éloignées de l'aéroport et dans des directions opposées ! Il eut alors l'idée suivante, sachant que d'autres participants arrivaient le même jour, il parcourut la file de taxis en demandant à chacun des chauffeurs de taxi s'il avait conduit récemment des gens qui n'arrêtaient pas de dire « gémunu, gémunu, gémunu ». Il en a finalement trouvé un ! et lui a demandé de le conduire au même endroit.

Mais revenons à des choses sérieuses, il convient de citer explicitement le texte de Riemann pour bien comprendre à quel point celui-ci était conscient à la fois du lien entre les concepts qu'il développaient et la physique, ainsi que des limites naturelles que les connaissances de la physique à son époque impliquaient sur la validité de son point de vue.

Riemann dans *Hypothèses qui servent de fondement à la géométrie* :

« La question de la validité des hypothèses de la Géométrie dans l'infiniment petit est liée avec la question du principe intime des rapports métriques dans l'espace. Dans cette dernière question, que l'on peut bien encore regarder comme appartenant à la doctrine de l'espace, on trouve l'application de la remarque précédente, que, dans une variété discrète, le principe des rapports métriques est déjà contenu dans le concept de cette variété, tandis que, dans une variété continue, ce principe doit venir d'ailleurs. Il faut donc, ou que la réalité sur laquelle est fondé l'espace forme une variété discrète, ou que le fondement des rapports métriques soit cherché en dehors de lui, dans les forces de liaison qui agissent en lui.

« La réponse à ces questions ne peut s'obtenir qu'en partant de la conception des phénomènes, vérifiée jusqu'ici par l'expérience, et que Newton a prise pour base, et en apportant à cette conception les modifications successives, exigées par les faits qu'elle ne peut pas expliquer. Des recherches partant de concepts généraux, comme l'étude que nous venons de faire, ne peuvent avoir d'autre utilité que d'empêcher que ce travail ne soit entravé par des vues trop étroites, et que le progrès dans la connaissance de la dépendance mutuelle des choses ne trouve un obstacle dans les préjugés traditionnels.

« Ceci nous conduit dans le domaine d'une autre science, dans le domaine de la Physique, où l'objet auquel est destiné ce travail ne nous permet pas de pénétrer aujourd'hui. »

Bien sûr, Riemann ne pouvait, pas plus que Hilbert dans sa fameuse liste de 23 problèmes, anticiper l'autre découverte majeure de la physique du XXe siècle qu'est la mécanique quantique. Comme nous allons le voir, cette découverte montre clairement les limites de la notion de variété proposée par Riemann.

Considérons la lumière provenant d'une étoile lointaine et faisons la traverser un prisme. On obtient ainsi un certain nombre de raies qu'on appelle les raies spectrales.

Il y a deux types de raies, celles qui sont dues à des phénomènes d'absorption et les autres qui sont des raies d'émission *(Fig. 3)*. Les spectres d'émission des éléments simples du tableau de Mendeleïev constituent une véritable signature de ces éléments.

Ainsi, la signature d'un corps simple est un ensemble de nombres réels, que l'on appelle son spectre de fréquences et qui permet d'identifier sa présence dans n'importe quel composé. Ce spectre S admet une structure remarquable qui a été découverte expérimentalement, c'est en fait un ensemble de différences $a - b$ où a et b sont les éléments d'un ensemble plus simple $\mathbf{X}$, formé lui aussi de

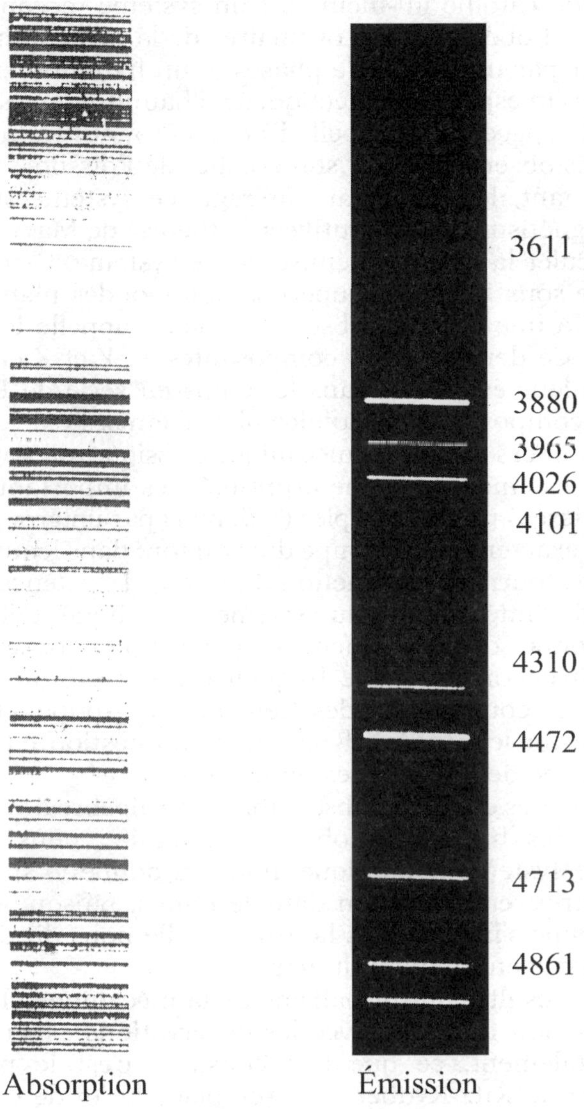

Figure 3

nombres réels. Voilà un principe expérimental appelé « principe de composition de Ritz-Rydberg » qui ne dépend pas du degré de précision avec lequel les expériences ont été faites : lorsqu'on a refait ces expériences de manière plus précise, ce même principe a continué d'être vérifié.

À partir de ce fait expérimental, Heisenberg s'est mis à réfléchir en gros de la manière suivante. Partons de la mécanique classique comme modèle de la physique microscopique : le système que constitue l'atome lui-même est un système mécanique et, en tant que tel, il obéit aux lois ordinaires de la mécanique. On peut le modéliser par un espace de phases et un hamiltonien. L'espace de phase est un espace symplectique, et l'hamiltonien est une fonction sur cet espace qu'on appelle l'« énergie », qui va faire tourner les quantités observables par son crochet de Poisson.

Maintenant, lorsqu'on fait interagir ce système simple avec l'électromagnétisme, on doit utiliser la théorie de Maxwell qui permet de calculer la radiation émise par le système. Cette radiation est obtenue sous forme de superposition d'ondes planes qui correspondent à une certaine observable qu'on appelle le « moment dipolaire ». Ce dernier a des composantes X, Y et Z et, lorsqu'on décompose leur évolution dans le temps en série de Fourier, on obtient les composantes des ondes planes émises par le système.

Si l'on fait ces calculs de mécanique classique, on s'aperçoit que les fréquences émises ont une propriété très importante : elles ne sont pas indexées par des couples (α,β) mais par un groupe commutatif qui est exactement le groupe dual du tore dans lequel les variables d'angles tournent en fonction du temps, l'existence de ce tore découlant de l'intégrabilité du système mécanique. Cela implique qu'étant donné deux fréquences quelconques observées, leur somme doit encore être une fréquence observée, qu'elle va être indexée par la composition des éléments du groupe, et qu'en fait on va retrouver le système dynamique en question en prenant le dual du groupe des fréquences observées.

L'algèbre des quantités observables est l'algèbre de convolution du groupe des fréquences observées. Celui-ci nous permet de retrouver le système dynamique, nous en donne le spectre, mais aussi de retrouver l'évolution dans le temps, puisque la manière dont ce groupe s'inscrit dans la droite réelle nous dit comment le système tourne en fonction du temps.

Mais ce résultat du formalisme de la mécanique classique est en contradiction flagrante avec les observations expérimentales ! Expérimentalement, ce que l'on constate, c'est le principe de composition de Ritz-Rydberg qui remplace la loi de composition du groupe prévu par la théorie classique.

Ce genre de contradiction entre une théorie (en l'occurrence la mécanique classique couplée à la théorie de Maxwell) et les résultats expérimentaux (en l'occurrence ceux de la spectroscopie) est ce que l'on peut rêver de mieux pour faire progresser la physique.

Qu'a fait Heisenberg ? Il est simplement parti de ce que donnait l'expérience. Dans le cas classique, on peut reconstruire l'algèbre des quantités physiques observables (on dit plus brièvement des « observables ») du système à partir du groupe des fréquences. Il suffit d'exprimer une observable comme la somme de ses composantes de Fourier. Elle apparaît alors simplement comme une fonction sur le groupe des fréquences et le produit de deux observables est le produit de convolution. Peu importe la formule exacte de ce produit, tout ce qui compte, c'est qu'elle n'utilise que la structure de groupe de l'ensemble des fréquences. De la même manière, l'évolution dans le temps de ces observables s'écrit simplement à partir de la valeur numérique des fréquences.

Dans le cas quantique, les fréquences observées sont indexées non par un groupe, mais par l'ensemble des couples (α,β). Heisenberg pose alors en principe qu'il faut remplacer, partout où il apparaît dans la théorie classique, le groupe des fréquences par son avatar quantique, c'est-à-dire l'ensemble des couples (α,β).

Il en résulte immédiatement que les quantités observables sont simplement des tableaux de nombres $x_{\alpha,\beta}$ indexés par les couples (α,β). De plus, le produit de deux observables est obtenu très simplement en remplaçant dans la règle de convolution pour un groupe, la loi de groupe par la loi de Ritz-Rydberg. Et l'on obtient une algèbre bien connue des mathématiciens : l'algèbre des matrices.

Heisenberg ne savait pas que cette algèbre était déjà connue des mathématiciens. Il s'est dit : Postulons que nous avons affaire à des quantités observables qui se composent de cette manière, qui s'additionnent en ajoutant les composantes du tableau qui ont les mêmes indices, et faisons évoluer en fonction du temps les observables en utilisant les valeurs numériques des fréquences.

Il a fait des calculs et s'est aperçu que ces objets ne commutent pas entre eux. Le produit de deux matrices AB n'est pas le même que BA, la règle de composition des matrices n'est pas commutative.

Contrairement aux quantités observables auxquelles nous sommes habitués, par exemple la position et la vitesse d'une planète qui sont données par six nombres réels, c'est-à-dire des quantités qui commutent, les quantités observables de la mécanique quantique de Heisenberg, ne commutent pas. Ainsi, si l'on considère l'espace des états possibles du système mécanique formé par un atome, on ne peut plus prendre pour modèle de cet espace une variété au sens de Riemann car la non-commutativité invalide la procédure donnée par Riemann pour paramétrer les points par un nombre fini de nombres réels. La procédure imaginée par Riemann consiste à mesurer d'abord une première coordonnée puis une deuxième et ainsi de suite. Ce que montre la découverte de Heisenberg, c'est que, pour l'espace des états d'un système atomique, dès la première mesure il devient impossible de mesurer de manière cohérente d'autres coordonnées qui ne commutent pas avec la première. On peut parler bien sûr de principe d'incertitude mais cela cache en gardant un langage classique la nouveauté fondamentale mise en évidence par Heisenberg et qui a trait à de nouveaux espaces dont les coordonnées forment une algèbre non-commutative. Bien entendu, de telles algèbres restent associatives ce qui correspond à l'écriture du langage où $(AB)C = A(BC)$.

Le point de départ de la géométrie algébrique est la dualité entre d'un côté un espace géométrique et de l'autre l'algèbre des coordonnées sur cet espace. Mais les algèbres considérées étaient toujours des algèbres commutatives.

Le point de départ de la géométrie non-commutative est l'existence d'espaces naturels jouant un rôle essentiel, aussi bien en physique qu'en mathématiques, pour lesquels l'algèbre des coordonnées n'obéit plus à la règle de commutativité. L'existence et le bien-fondé de tels espaces remonte sans aucun doute à la découverte de Heisenberg, mais il y a un principe mathématique général qui montre que même au sein des mathématiques il est essentiel d'étendre tout l'arsenal géométrique à des espaces « non-commutatifs » c'est-à-dire à des espaces qui correspondent à une algèbre de coordonnées non-commutative.

Ce principe de construction est le suivant : si l'on pense à la plupart des espaces qui nous intéressent, il est bien rare qu'on puisse en épeler les éléments un par un. En général un élément d'un espace est défini comme une classe. En fait, on part d'un espace *Y* beaucoup plus grand que celui *X* qui nous intéresse et *X* est obtenu à partir de *Y* en identifiant entre eux des éléments de *Y*. On dit que *X* est un quotient de *Y*. Soient *a* et *b* deux points de *Y* que l'on veut identifier. La première méthode pour y arriver consiste à ne considérer que les fonctions sur *Y* dont les valeurs en a et b sont les mêmes. Il est clair que l'on obtient ainsi l'algèbre des fonctions sur *X* comme une sous-algèbre de l'algèbre des fonctions sur *Y* et que la commutativité est ainsi héritée par l'algèbre des coordonnées sur *X*.

Dès que l'on considère des situations plus délicates, il y a une autre façon de procéder qui est beaucoup plus fidèle aux subtilités de l'opération de quotient et qui est calquée sur Heisenberg. Elle consiste à garder toute l'algèbre des fonctions sur *Y* mais à introduire l'identification des points *a* et *b* entre eux simplement en leur donnant la possibilité de communiquer grâce aux éléments hors diagonaux des matrices deux fois deux indexées par *a* et *b*. L'on obtient ainsi une algèbre non-commutative qui va coder l'opération de quotient de manière beaucoup plus fidèle et souple que l'opération brutale qui conservait la commutativité.

La théorie a démarré il y a une vingtaine d'années à partir d'exemples. Une théorie mathématique intéressante n'est pas basée sur des généralisations abstraites, mais se nourrit d'exemples. Dans le cas qui nous intéresse, il y a quantité d'exemples provenant non seulement de la physique mais aussi de la géométrie. L'exemple subtil le plus simple est le suivant. On part de l'équation différentielle $dx = \theta\, dy$ sur le tore obtenu en identifiant les bords opposés du carré *(Fig. 4)*. Soit *X* l'ensemble des solutions de l'équation différentielle. Si l'on essaye de décrire *X* par les moyens classiques, de le décrire par une algèbre de coordonnées formée par des fonctions ordinaires, on trouve une chose assez bizarre. On trouve (pour θ irrationnel) qu'il n'y a aucune fonction non constante sur *X*. Ainsi *X* ne se distingue pas d'un point.

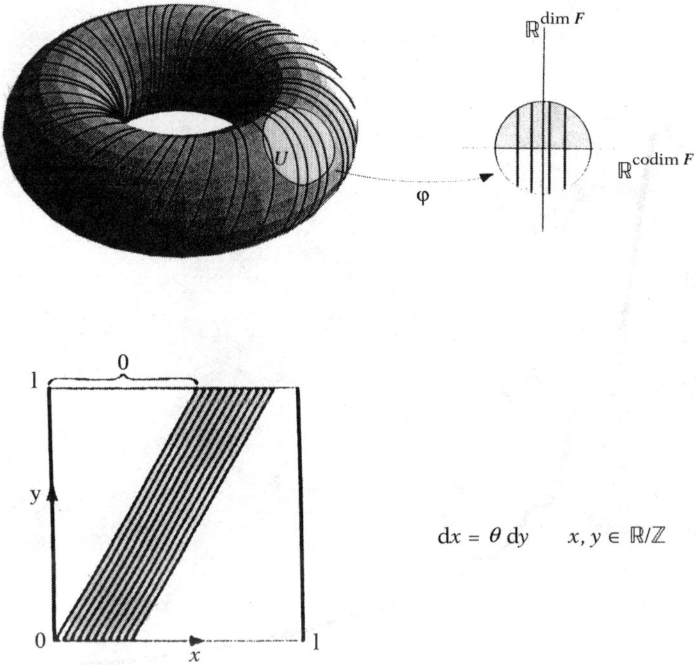

Figure 4

En fait, si l'on utilise l'autre manière de décrire le quotient *X* grâce au non-commutatif, on obtient une algèbre extrêmement intéressante, l'algèbre des coordonnées sur le tore non-commutatif. Cet espace non-commutatif a une histoire intéressante. Il est apparu dans deux domaines totalement distincts de la physique. D'une part dans l'effet Hall quantique grâce aux travaux de Jean Bellissard qui a relié la formule de la conductivité Hall à des invariants topologiques que j'avais introduit en 1980, et dont l'intégralité est reliée à l'intégralité observée expérimentalement sur les plateaux de conductivité *(Fig. 5)*.

La deuxième apparition du tore non-commutatif en physique est beaucoup plus récente et date de 1997. Il apparaît naturellement dans ce qu'on appelle actuellement la théorie des cordes et une théorie un peu plus élaborée, la M-théorie. Les physiciens ont trouvé pour des raisons qui ne sont pas du tout évidentes qu'en fait, le même objet mathématique, le tore non-commutatif, apparaissait dans leur théorie sans qu'on ait besoin de l'introduire de manière artificielle et depuis, il y a plus d'un millier d'articles qui sont parus sur ce sujet.

Je vais tenter de vous donner une idée intuitive de ce qu'est le tore non-commutatif. C'est très bizarre. Si vous essayez de le

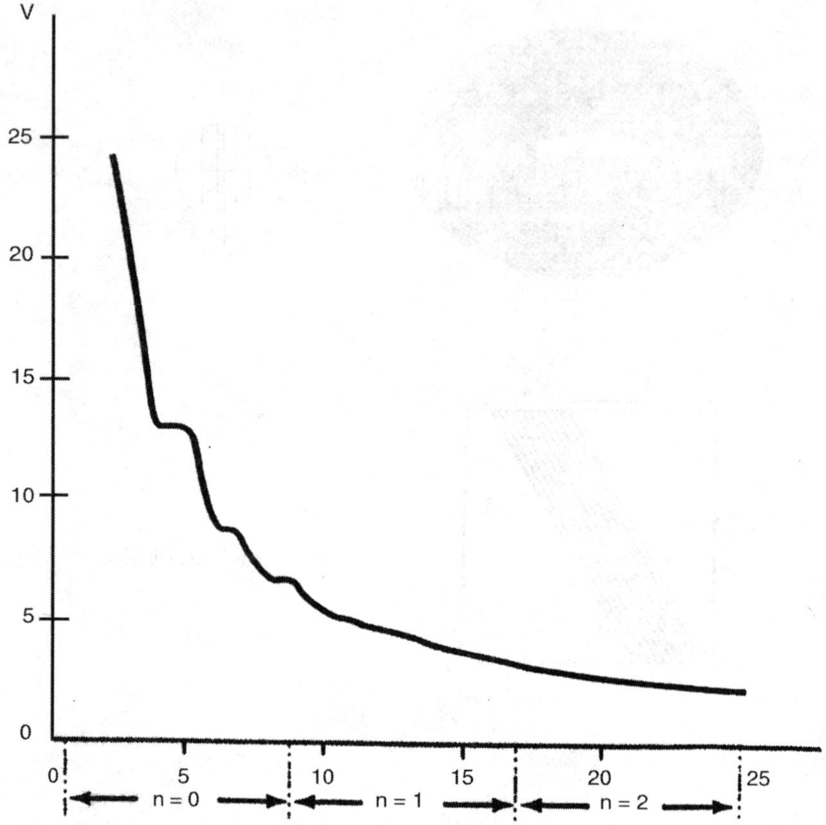

Figure 5

projeter sur un espace à une dimension vous obtenez un ensemble de Cantor, c'est-à-dire un ensemble totalement discontinu (quand θ est irrationnel). Au départ, cela apparaît comme un objet totalement ésotérique. Ce qui a vraiment fait démarrer la géométrie non-commutative c'est que le même genre de théorèmes qui sont vrais en géométrie ordinaire comme celui de Gauss-Bonnet, les théorèmes d'intégralité, continuent à être vrais dans cette géométrie.

Pour comprendre ces espaces géométriques, il faut plus ou moins réécrire tout ce qu'on connaît en mathématiques. Il faut commencer par la théorie de la mesure. On prend un espace et on ne regarde que la quantité d'éléments qu'il y a dedans. Si vous permutez ces éléments, rien ne changera. Dans le commutatif, la théorie de la mesure c'est la théorie de Lebesgue, du début du XXe siècle. Ce n'est pas très difficile car tous les espaces continus sont les mêmes du point de vue de cette théorie de la mesure. La surprise qui au départ a fait démarrer la géométrie non-commutative c'est un phénomène tout à fait étonnant, c'est que même du point de vue de la théorie de la mesure, on s'aperçoit qu'un espace non-commutatif tourne alors qu'un espace classique ne bouge pas. Un espace non-commutatif évolue avec le temps, il tourne avec le temps. Il hérite comme par miracle d'une évolution dans le temps qui est complètement canonique modulo les automorphismes intérieurs. Cette évolution est reliée très profondément à la mécanique quantique.

Une fois acquise la théorie de la mesure, on a ensuite développé l'analogue de la topologie différentielle grâce à la cohomologie cyclique qui a eu de nombreuses applications. Il restait pour atteindre le stade de la géométrie une difficulté essentielle : pour développer la géométrie, Riemann avait utilisé de manière essentielle le calcul infinitésimal. Je vais essayer de vous expliquer ce qu'est l'analogue du calcul infinitésimal en géométrie non-commutative en vous racontant une histoire.

Quand j'étais à l'École normale dans les années 1966-1967, j'avais été fasciné par un livre qui s'intéressait à ce qu'on appelle l'analyse non standard et qui cherchait à donner une version rigoureuse de ce qu'on appelle les infinitésimaux. C'est une notion intuitive et ce livre voulait en donner une formulation rigoureuse. Il partait de la question naïve suivante concernant le jeu de fléchettes *(Fig. 6)*. Soit x un point de la cible, la question est « quelle est la probabilité $dp(x)$ pour que la fléchette arrive exactement au point x ? ».

Il est facile de diviser la cible en deux parties égales de sorte que le point x se trouvant dans l'une des deux l'on en déduise que $dp(x) < 1/2$. En itérant ce procédé, on obtient $dp(x) < 1/4$, et en fait $dp(x) < \varepsilon$ pour tout ε strictement positif. Si l'on admet que $dp(x)$ est un nombre positif, on en déduit que $dp(x) = 0$. Ce résultat n'est manifestement pas satisfaisant car chaque fois qu'on la lance sur la cible la fléchette va bien atterrir quelque part. Un mathématicien bien éduqué peut évidemment penser qu'il connaît la bonne réponse, à savoir une 2-forme sur la cible (ou une mesure) mais il sera bien en peine de donner une réponse valable si on lui demande alors de calculer par exemple l'exponentielle de $-1/dp(x)$.

Ce livre sur l'analyse non standard proposait comme solution « un nombre non standard » qui provenait de notions assez compliquées de logique mathématique.

Au bout de six mois d'études sur la logique, je me suis rendu compte que la solution proposée n'était pas satisfaisante car elle utilisait exactement ce que Lebesgue avait exclu dans sa théorie de l'intégration, à savoir les fonctions non mesurables. On peut déduire des résultats de Lebesgue et de résultats plus récents de logique dus à Paul Cohen et à Solovay qu'en fait jamais personne ne pourra nommer un tel « nombre non standard ». La théorie proposée est ainsi une théorie complètement virtuelle qui manipule des objets chimériques.

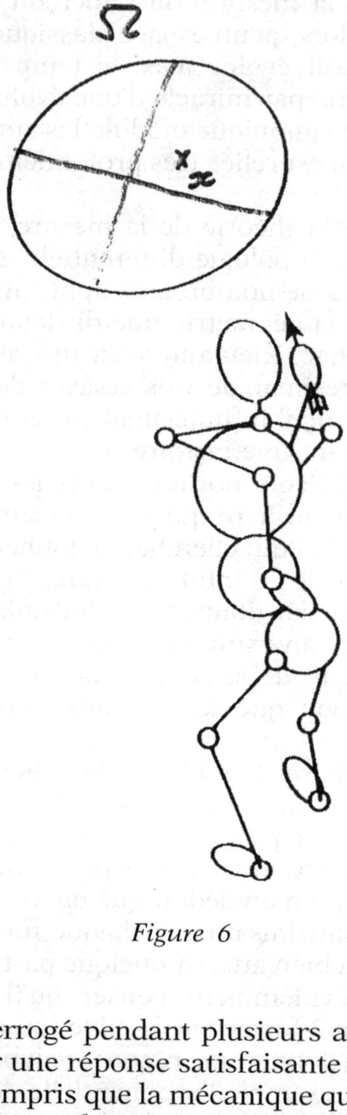

Figure 6

Je me suis interrogé pendant plusieurs années pour savoir si l'on pouvait donner une réponse satisfaisante à la question initiale et j'ai finalement compris que la mécanique quantique donnait une réponse simple et très utile qui a permis de développer l'analogue du calcul infinitésimal en géométrie non-commutative. Pour la trouver il suffit de regarder plus en détail le dictionnaire qui met en regard le classique et le quantique.

Une quantité observable classique prend des valeurs réelles, c'est une variable réelle. En mécanique quantique, c'est un opérateur auto-adjoint dans l'espace de Hilbert. À ce propos il est d'ailleurs étonnant qu'Hilbert ait défini dès les années 1910 le spectre d'un opérateur bien avant que l'on sache que cette notion allait coïncider avec celle de la spectroscopie expérimentale. Mais la terminologie était la même ! Le spectre de l'opérateur est l'ensemble des valeurs possibles de la variable. Lorsque l'opérateur est auto-adjoint, la variable est réelle. Ce qui est remarquable c'est qu'il y avait dans le dictionnaire de la mécanique quantique exactement la place qu'il fallait pour les infinitésimaux. En mécanique quantique il existe des opérateurs T, non nuls, mais dont la taille est inférieure à ε pour tout ε strictement positif ! En fait, la condition correcte est « quel que soit ε strictement positif, on peut conditionner l'opérateur, c'est-à-dire trouver un nombre fini de conditions linéaires, de manière à rendre sa taille plus petite que ε ». Dans le quantique il y a exactement les objets qu'il faut pour formaliser et comprendre la notion intuitive d'infinitésimal. Dans la théorie classique une telle notion n'existe pas car les variables à spectre continu ne peuvent coexister avec les infinitésimaux que si elles ne commutent pas.

On peut alors définir ce qu'est la différentielle d'une variable. Elle est donnée par un commutateur d'opérateurs de la même manière que les crochets de Poisson de la mécanique classique cèdent la place aux commutateurs dans le quantique.

L'intégrale est une notion beaucoup plus délicate qui provient de la découverte par J. Dixmier de traces qui sont nulles sur les infinitésimaux d'ordre supérieur à 1. Il est d'ailleurs étonnant que cette découverte ait été au départ motivée par la recherche d'un contre-exemple à l'unicité de la trace usuelle des opérateurs.

Dans l'exemple de la cible, la réponse est donnée par l'inverse du laplacien de Dirichlet. Cette réponse dépend de manière subtile de la forme de la cible, le calcul de l'intégrale redonne la probabilité usuelle, mais l'on peut faire des calculs qui étaient impossibles auparavant comme celui de l'exponentielle de $- 1/\mathrm{d}p(x)$.

J'en viens pour terminer à l'analogue des deux notions clefs de la géométrie riemannienne, celle de variété différentiable et celle d'unité de longueur infinitésimale $\mathrm{d}s$.

Les variétés ordinaires sont définies en donnant une recette de cuisine qui permet de recoller entre eux des domaines de coordonnées locales, mais les mathématiciens ont réussi à comprendre quelles étaient les propriétés conceptuelles importantes des espaces ainsi obtenus.

La dualité de Poincaré est l'une d'entre elles mais il est nécessaire de la renforcer considérablement en remplaçant l'homologie ordinaire par une théorie plus fine appelée K-homologie. Ce n'est qu'à ce prix par exemple que l'on appréhende les classes de Pontrjagin qui sont des invariants fondamentaux des variétés. Ainsi, une des caractéristiques essentielles d'une variété est de posséder un cycle fondamental en K-homologie. L'une des pierres angulaires de la géométrie non-commutative est la découverte due à M. F. Atiyah qui permet d'interpréter les cycles en K-homologie comme des représentations de l'algèbre des coordonnées dans la scène quantique décrite plus haut. En particulier toute trace du commutatif a disparu et de nombreux résultats, en particulier en topologie des variétés non simplement connexes, ont amplement montré que le cadre non-commutatif était idéal pour traiter de la K-homologie. Il restait à comprendre comment adapter le d*s* de Riemann et c'est ici qu'il suffisait à nouveau de feuilleter des ouvrages de physique contemporaine pour y trouver la réponse. Le diagramme ci-dessous *(Fig. 7)* se rencontre couramment en électrodynamique quantique et décrit l'émission d'un photon par un électron au point x et sa réabsorption au point y. La définition de l'élément de longueur d*s* est très simple et est représentée dans la *figure 7*.

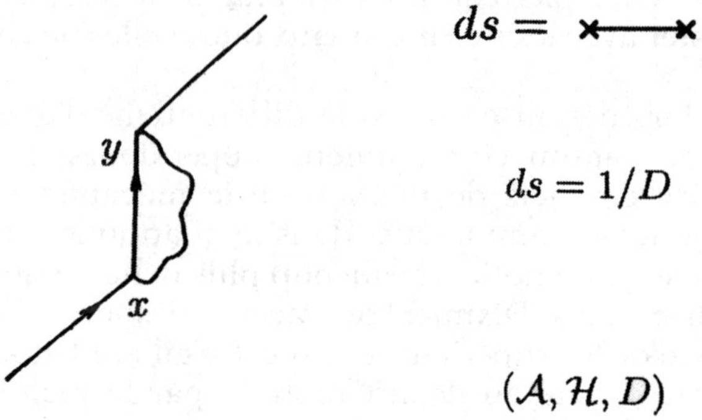

Figure 7

Ainsi d*s* est le propagateur pour les fermions, c'est-à-dire l'inverse de l'opérateur de Dirac D. On en arrive ainsi à la notion fondamentale de triplet spectral, notion étonnamment versatile qui n'est plus restreinte au cas commutatif, donne un meilleur modèle de l'espace temps, s'adapte parfaitement à la dimension infinie et joue un rôle important dans la réalisation spectrale des zéros des fonctions *L* de la théorie des nombres.

II

LES GRANDES QUESTIONS DE LA COSMOLOGIE

Les grandes questions de la cosmologie

par Jean Audouze

Au milieu de l'évocation des différentes disciplines du savoir dans ce cycle de conférences, il s'agit ici de nous intéresser à l'Univers dans sa globalité : est-il possible, en termes scientifiques, de le comprendre dans son ensemble, ses caractéristiques et ses rapports avec le temps (univers immuable et statique ou univers en évolution) ? C'est effectivement le pari que font les astrophysiciens, spécialistes en cosmologie : bien que nous fassions nous-mêmes, êtres humains (et tout ce qui nous entoure), partie intégrante de cet univers observable, qui est également et par essence un objet unique, nous, cosmologistes, avons la prétention de lui appliquer les mêmes méthodes que celles qui sont mises en œuvre dans les autres sciences de la nature : nous faisons partie en effet de « l'expérience ». Cette « expérience » ne peut pas être reproduite et néanmoins nous pensons être capables de comprendre le monde à la manière d'un physicien, d'un chimiste ou d'un biologiste.

La cosmologie, comme les autres domaines du savoir, a une histoire. Celle-ci relate à la fois les bouleversements dans les représentations conceptuelles de l'Univers et reflète les progrès de l'instrumentation et des techniques, ainsi que l'émergence de l'évolution des théories physiques (gravité, électromagnétisme, mécanique quantique, relativité...). L'astronomie a un âge au moins égal à 5 000 ans puisque l'on retrouve les premières traces de l'importance revêtue par l'observation du ciel dans les vestiges laissés par les civilisations mésopotamiennes du troisième millénaire avant notre ère. Malgré la floraison de travaux remarquables comme ceux d'Ératosthène qui fut le premier à mesurer le rayon de la Terre

Texte de la 182e conférence de l'Université de tous les savoirs donnée le 30 juin 2000.

au premier siècle avant J.-C. et des astronomes grecs et arabes qui observèrent et analysèrent entre autres le mouvement des planètes et les configurations des constellations, il faut attendre la Renaissance et la publication en 1543 de l'ouvrage de Copernic *de Revolutionibus Orblum Caelestluin* pour passer d'un univers géocentrique à une représentation héliocentrique tenant compte du mouvement de la Terre et des planètes autour du Soleil. Il est certain que Copernic a véritablement « inventé » cette représentation nouvelle qui ne sera adoptée par la communauté des scientifiques et presque à contrecœur que près d'un siècle après sa publication et non sans connaître de célèbres vicissitudes tel que le procès intenté à Galilée par l'Église. Néanmoins, cet héliocentrisme avait déjà été proposé par Aristarque de Samos dès les années 310-230 avant J.-C.

C'est au XVIIe siècle qu'apparaissent les premières lunettes astronomiques et les télescopes. Isaac Newton formule la théorie de la gravitation universelle en se fondant sur les travaux de Galilée et de Kepler. Ce dernier, en effet, énonça les lois du mouvement des planètes autour du Soleil qui restent encore valides aujourd'hui. Mais l'Univers, bien qu'héliocentrique, restera « étriqué » jusqu'au début du XXe siècle. C'est l'astronome américain Harlow Shapley qui démontra au cours des années 1914-1920 que le Soleil ne se trouve pas au centre de notre Galaxie, la Voie Lactée, mais qu'au contraire, il s'en trouve éloigné d'une distance de l'ordre de 30 000 années-lumière. Cette démonstration est fondée sur la distribution dans l'espace des amas d'étoiles dits « amas globulaires » qui sont constitués d'environ un million d'étoiles dont l'âge est particulièrement élevé *(Fig. 1)*. Cette distribution devient isotrope si le centre de la Galaxie est placé à cette distance dans la direction de la constellation du Sagittaire. H. Shapley démontre aussi que plusieurs corps nébulaires comme la nébuleuse d'Andromède ne sont rien d'autre que des galaxies analogues à notre Voie Lactée et situées à de très grandes distances de nous (deux millions d'années lumière dans le cas de cette galaxie) qui fait pourtant partie du « groupe local des galaxies » auquel appartiennent la Voie Lactée et le grand et le petit Nuage de Magellan. Le Système Solaire occupe désormais une région ordinaire et insignifiante de l'Univers observable qui est constitué d'au moins un milliard de galaxies, chacune contenant quelques centaines (200 pour la Voie Lactée) de milliards d'étoiles comme le Soleil.

Pour observer l'Univers dans son ensemble et aussi dans ses composants les plus grands et les plus ténus, nous disposons depuis une trentaine d'années de moyens de plus en plus performants qui mobilisent non seulement les techniques de l'astronomie du visible mais aussi celles de l'invisible. Nos yeux ne peuvent en effet que percevoir le rayonnement électromagnétique dont la longueur d'onde est comprise entre 400 (violet) et 800 (rouge) nm (nm = manomètre). Les rayonnements de ce type ayant des longueurs d'onde plus grandes sont moins énergétiques : ils

Figure 1 – Amas globulaire M13 (13ᵉ objet du catalogue de Messier) observé dans la direction de la constellation Hercule (photo prise avec le télescope de 193 cm de l'observatoire de Haute-Provence du CNRS). Cet amas situé à 25 000 années-lumières de nous a un diamètre de 33 années-lumières et comprend plus de 100 000 étoiles dont l'âge d'environ 15 milliards d'années est comparable à celui de l'Univers observable.

correspondent à l'infrarouge, au millimétrique et aux ondes radio dont les longueurs d'ondes sont comprises entre quelques centimètres pour aller jusqu'à plus de dix mètres. Les rayonnements plus énergétiques que le visible sont l'ultraviolet et les rayonnements X et gamma. Seuls le visible et les ondes radio sont détectables depuis la Terre (on les observe en radioastronomie depuis la fin de la Seconde Guerre mondiale). Les autres rayonnements ne sont accessibles que depuis l'espace (ballons et surtout satellites artificiels qui se sont multipliés depuis le premier vol Spoutnik en 1957). Les télescopes optiques sont de plus en plus grands : ils ont des diamètres qui peuvent atteindre aujourd'hui la dizaine de mètres et permettent de voir des objets très lointains donc que nous observons dans un passé de plusieurs milliards d'années, compte tenu du caractère fini de la vitesse de la lumière. Le télescope spatial Hubble qui fut lancé en 1990 et qui est pleinement opérationnel depuis 1993, a la grande faculté d'observer le ciel dans le visible, le proche ultraviolet et le proche infrarouge à une altitude de 500 km, ce qui l'affranchit des limitations à l'observation imposées par l'atmosphère terrestre.

Les astrophysiciens ne se contentent pas d'observer ces rayonnements électromagnétiques. Ils s'intéressent aussi aux rayonnements cosmiques particulaires. Ce sont d'abord les rayons cosmiques constitués principalement de noyaux d'atomes très énergétiques donc animés de très grande vitesse qui ne cessent de bombarder la Terre (donc nous-mêmes !). Ils détectent aussi depuis une date récente des particules qui conservent encore leur mystère : les neutrinos. Ceux-ci sont émis par les régions centrales des étoiles et donc du Soleil où se déroulent des réactions nucléaires qui les produisent, ou encore au cours des explosions violentes d'étoiles de grande masse (phénomènes de l'explosion des supernovae).

La détection des ondes gravitationnelles (particulièrement difficiles à mettre en évidence en raison de la faiblesse relative de l'interaction gravitationnelle par rapport aux trois autres, l'électromagnétisme et les deux interactions nucléaires, forte et faible) susceptibles d'être émises au cours des explosions d'étoiles ou de leur disparition à l'intérieur des trous noirs est sur le point d'être possible en Europe et aux USA en attendant leur observation depuis l'espace dans les années 2010-2020. Par ailleurs, pour les raisons qui sont développées plus loin, des expériences de physique des particules comme celles qui sont ou qui seront entreprises avec les accélérateurs présents et futurs du CERN doivent également permettre de comprendre la nature de la matière constituant l'Univers dans son ensemble.

Disposant donc de ces moyens d'investigation de l'infiniment grand et de l'infiniment petit ainsi que des deux théories fondamentales de la physique que sont la mécanique quantique et la relativité et qui ont été formalisées au début du XXe siècle, nous pouvons nous risquer à énoncer les questions fondamentales de la cosmologie et à tenter d'y répondre.

Avant cela, il convient de passer en revue les quelques faits pertinents dont nous disposons et dont on constatera le faible nombre au regard de la complexité des problèmes soulevés par la cosmologie. Ces faits sont au nombre de trois.

L'Univers est « structuré » à toutes les échelles

L'Univers est structuré à toutes les échelles depuis les éléments microscopiques que sont les particules élémentaires et les noyaux des atomes jusqu'aux astres de dimension « astronomiques » que sont les étoiles, les galaxies et leurs amas : on obtient un proton ou un neutron avec trois quarks. Un proton est constitué de 2 quarks *u* (*u* pour *up*) de charge +2/3 et d'un quark *d* (*d* pour *down*) de charge – 1/3, ce qui lui donne une charge +1, un neutron est constitué de un *u* et de deux *d* ; il est donc neutre, de charge 0. Le passage de l'un à l'autre s'effectue par la transformation d'un quark *u* en un quark *d* (ou *vice versa*) avec émission d'un positon (l'anti-électron) et d'un neutrino ; le quark *d* se transforme en *u* avec émission d'un électron et d'un anti-neutrino. Ces transformations de quarks procèdent de l'interaction nucléaire faible puisqu'elles font intervenir les électrons (ou positons) et neutrinos (ou anti-neutrinos). La fusion des quarks en nucléons relève de l'interaction nucléaire forte. Avec un ou plusieurs nucléons (proton et neutron), on obtient un noyau d'atome que l'on complète par son cortège électronique.

Une espèce chimique déterminée (hydrogène, carbone, fer par exemple) est faite d'atomes dont le nombre de protons (dit numéro atomique) est toujours le même : 1 pour l'hydrogène, 6 pour le carbone, 26 pour le fer. Un atome est électriquement neutre quand son cortège électronique contient un nombre d'électrons égal au numéro atomique de l'élément chimique considéré. Si cela n'est pas le cas, on a affaire à un ion, positif s'il manque des électrons ou négatif s'il y a un surplus d'électrons. Une même espèce chimique peut rassembler des noyaux d'atome de masses atomiques différentes, c'est-à-dire avec des nombres différents de neutrons puisque cette masse atomique représente la somme des nucléons dudit noyau. On caractérise ainsi des isotopes ayant les mêmes propriétés chimiques mais dont les propriétés nucléaires sont différentes : le deutérium est l'isotope lourd de l'hydrogène, le carbone existe dans la nature sous la forme de ^{12}C et ^{13}C ; le ^{14}C est radioactif et sa désintégration est utilisée comme « chronomètre » par les archéologues par exemple.

Avec des atomes, on constitue la matière dont nous sommes nous-mêmes façonnés, ainsi que tout ce qui nous entoure. On passe ensuite aux planètes, aux étoiles, aux galaxies jusqu'aux grandes structures de l'Univers.

Les étoiles occupent une place particulière dans cette énumération puisqu'elles sont, selon la formule de Michel Cassé, des réacteurs à fusion thermonucléaire fonctionnant grâce à leur « confinement gravitationnel ». Les étoiles brillent en effet de façon très stable pendant des périodes dont la longueur peut dépasser la dizaine de milliards d'années dans le cas d'étoiles de masse inférieure ou égale à celle du Soleil. En effet, les réactions de fusion thermonucléaire qui se déroulent dans leurs régions centrales transforment lentement une partie de la matière nucléaire en rayonnement lors du passage de l'hydrogène à l'hélium, de l'hélium au carbone et à l'oxygène… Rappelons que la plupart des éléments chimiques dont nous sommes formés sont synthétisés lors des explosions des étoiles au moins cinq à huit fois plus massives que le Soleil, lors du phénomène des supernovae. Nous sommes donc des débris d'étoiles massives ayant la chance d'orbiter autour d'une étoile de faible masse comme le Soleil, qui évolue donc très lentement, ce qui a donc permis à des processus aussi complexes que l'émergence de la vie de se produire à la surface de la Terre.

On peut interpréter cette structuration de l'Univers par le fait que deux forces fondamentales, la force nucléaire forte (qui assure la cohésion de la matière nucléaire) qui assemble les quarks entre eux dans les noyaux d'atomes et la force nucléaire faible qui régit la transformation de certains quarks en d'autres, des protons en neutrons (et *vice versa*) et qui est à l'origine du phénomène de la radioactivité, agissent à très petite échelle (l'intérieur d'un noyau d'atome). Les deux autres, qui nous sont plus familières, l'interaction gravitationnelle et l'interaction électromagnétique, « modèlent » l'Univers à grande échelle.

L'Univers observable est pour ainsi dire le même, quel que soit le lieu considéré

De ce point de vue, contrairement à la vision géocentrique de nos aïeux, la Terre et ses constituants et le Système Solaire sont des éléments de l'Univers tout à fait ordinaires et qui n'ont pas de caractéristiques particulières. C'est pour cette raison que l'on pense que la vie intelligente doit être présente ailleurs que sur Terre, même si les distances qui doivent séparer les lieux où elle a pu se développer ne permettent pas de confirmer cette hypothèse. Tout porte également à croire que les lois de la physique qui s'appliquent aujourd'hui à nous-mêmes et notre environnement immédiat sont celles qui régissent le comportement de l'Univers dans son ensemble, et à toute époque. Un physicien aussi talentueux que le britannique Paul Dirac a essayé sans succès d'élaborer une théorie cosmologique fondée sur la variation avec le temps de la constante de la gravité. Ses successeurs n'ont pas réussi davantage !

Rappelons à ce point que plusieurs cosmologistes, à la suite de Brandon Carter de l'Observatoire de Meudon, ont invoqué ce qu'ils appellent le « principe anthropique » selon lequel l'Univers a été construit pour aboutir à la vie et à l'homme. À ce principe anthropique dit « fort » auquel quasiment personne, y compris B. Carter, ne croit vraiment, on lui substitue un principe anthropique « faible » qui stipule simplement que notre propre existence est une conséquence naturelle des propriétés spécifiques de l'Univers. Cette dernière proposition que j'adopte volontiers, est appuyée par la constatation que l'Univers observable ne serait absolument pas le même si l'une des constantes de la physique (constante de la gravité G, quantum élémentaire d'énergie h, apparaissant dans la mécanique quantique, masse du proton et de l'électron, durée de vie du neutron...) avait été différente.

L'Univers est en expansion à grande échelle

L'astronome américain Edwin Hubble utilisa les observations de ses prédécesseurs, en particulier celles de Miss Henrietta Leavitt, de Vesto Slipher et Francis Pease pour montrer au cours des années 1920 que les galaxies lointaines s'éloignent les unes par rapport aux autres et que leur vitesse relative d'éloignement est proportionnelle à leur distance *(Fig. 2)*. Après beaucoup de discussions, voire de disputes entre astrophysiciens, la valeur de la constante de Hubble H apparaissant dans la relation $v = H \times d$ exprimant la proportionnalité observée entre la vitesse de fuite v d'une galaxie éloignée d'une distance d par rapport à nous est H = 60 km par seconde et par megaparsec (1 megaparsec correspond à une distance de 3 millions d'années-lumière). Cette dernière proposition constitue ce que les cosmologistes appellent la loi de Hubble et permet de déterminer un « âge » pour l'Univers de l'ordre de 15 milliards d'années. La constatation selon laquelle la nuit est noire, comme sous le nom

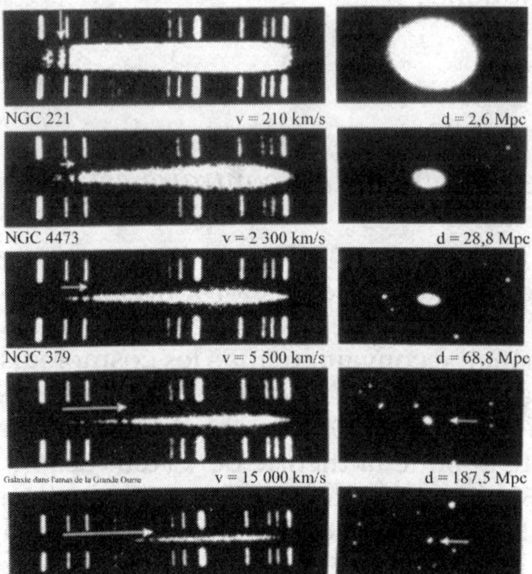

Figure 2 – Pour une série de Galaxies dont les photos se trouvent à droite et dont on a déterminé la distance, on peut voir à gauche le décalage vers le rouge subi par les raies d'absorption de l'hydrogène. Le décalage est représenté par la flèche dirigée de gauche à droite. On remarque que la vitesse de fuite par rapport à nous de la dite Galaxie est proportionnelle à sa distance (ceci constitue les fondements de l'expansion de l'Univers par Hubble au cours des années 1920).

du paradoxe d'Olbers mais que l'écrivain américain Edgar Poe a très clairement explicité dans son essai *Eureka* (traduit en français par Ch. Baudelaire), implique que l'Univers est soit « daté » (c'est-à-dire qu'il a un début et qu'il n'existe pas de toute éternité), soit il est en expansion. On affirme généralement aujourd'hui qu'il est à la fois daté et en expansion. L'âge de l'Univers peut également être déterminé par deux méthodes indépendantes, la première due à Allan R. Sandage, un élève de E. Hubble, qui permet de déterminer l'âge des premières générations d'étoiles constituant ce que les astronomes appellent des amas globulaires et la seconde fondée sur l'analyse par des méthodes chimiques de la teneur de la matière cosmique en éléments chimiques radioactifs à très longue durée de vie tels que ^{232}Th ou ^{238}U par exemple. Cette dernière technique s'est beaucoup développée, en particulier grâce à Claude Allègre et à l'américain Gérald J. Wasserburg qui ont reçu ensemble le prix Crafoord de l'Académie des Sciences de Suède en 1986.

Ces trois façons de déterminer les âges donnent des résultats similaires, à quelques exceptions près que les théories cosmologiques sont aujourd'hui capables d'expliquer. En bref, l'Univers observable est structuré. Il est le même partout et il est actuellement en expansion.

Les questions cosmologiques que l'on peut maintenant énoncer et évoquer sont donc :

L'Univers est-il en évolution, a-t-il une histoire ou au contraire est-il immuable ?

En d'autres termes, le temps a-t-il pris sur l'Univers dans son ensemble ? La découverte de l'expansion de l'Univers par E. Hubble aurait dû en principe convaincre tous les cosmologistes de l'époque que l'Univers a une histoire et qu'il évolue au cours du temps. De fait, à l'exception de l'abbé Georges Lemaître, le cosmologiste belge qui émit à cette époque la théorie de « l'œuf cosmique » qui préfigure celle du Big bang, la majorité des cosmologistes jusqu'en 1965 préféra suivre Hermann Bondi, Thomas Gold et Fred Hoyle. Ceux-ci proposèrent dans les années 1940 l'hypothèse de la création continue de matière permettant de continuer à imaginer que l'Univers en expansion conserve néanmoins une densité de matière constante. En 1965, l'observation en radio du rayonnement fossile diffus par Arno Penzias et Robert Wilson, tous deux prix Nobel de Physique en 1978, montre que l'Univers dans son ensemble est traversé par cette radiation, correspondant à une température de 2,73 K, ruina l'hypothèse de la création continue et fut l'argument décisif en faveur de la théorie du Big bang selon laquelle l'Univers observable connut il y a une quinzaine de milliards d'années une phase très dense et très chaude depuis laquelle il s'est dilaté et donc refroidi (à l'échelle globale).

La théorie du Big bang rencontre actuellement de très grands succès puisqu'elle rend bien compte de tous les tests observationnels, y compris les plus récents comme ceux qui ont été publiés ce printemps même et qui résultent d'observations précises de l'anisotropie de ce rayonnement diffus par le vol ballon italo-américain « Boomerang » ou encore les observations par des chercheurs de l'Institut d'Astrophysique de Paris (IAP) — Yannick Mellier, Bernard Fort, Francis Bernardeau et collaborateurs — des effets gravitationnels sur la propagation des rayons lumineux émis par des galaxies très lointaines. La mission ballon Boomerang a permis d'observer les inhomogénéités du rayonnement cosmologique du fond diffus à 2,73 K avec une résolution angulaire 60 fois meilleure que celle atteinte par la sonde américaine COBE *(Fig. 3)* qui donna ses résultats en 1992 en étant seulement capable de distinguer des angles supérieurs ou égaux à 7°. Avec cette cartographie de ces inhomogénéités, mais qui ne correspondent pour l'instant qu'à une région déterminée du ciel, on peut déterminer non seulement la valeur de la densité globale de l'Univers mais aussi la nature des particules qui y contribuent (voir plus loin). Il est intéressant de constater que cette détermination est en accord d'une part avec les résultats obtenus par les chercheurs de l'IAP qui observent des effets d'astigmatisme cosmique ou encore les courbures subies par la lumière soumise à des champs gravitationnels induits par la présence de la matière ; d'autre part, avec d'autres déterminations indépendantes des caractéristiques du mouvement d'ensemble d'expansion à partir de l'observation des explosions des supernovae de type *Ia*, dont la luminosité intrinsèque est pratiquement la même puisqu'elle correspond dans chaque cas à la désintégration de masses égales de ^{56}Ni en ^{56}Fe qui libèrent toujours des énergies comparables dans le même temps. Malgré ces succès très actuels, la théorie du Big bang est « mortelle » et peut être invalidée dans le futur. Il restera néanmoins que l'Univers est en évolution, qu'il n'est pas immuable et qu'il subit donc la flèche du temps.

Que percevons-nous de l'Univers ?
Quelle est la nature de la matière qui le constitue ?
Peut-on prédire son évolution future ?

Pour cette deuxième catégorie de questionnements, les cosmologistes sont vraiment convaincus que la matière nucléaire visible dont nous sommes fournis ne représente qu'une part infime du

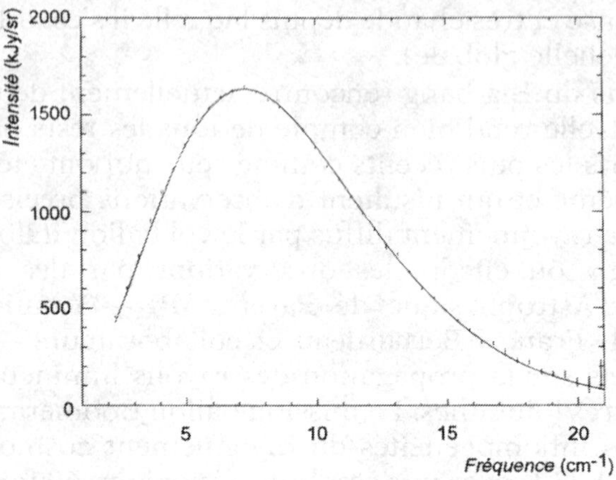

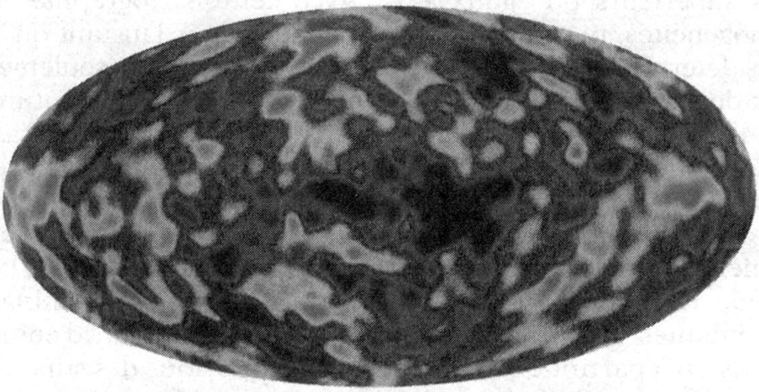

Figure 3 – Les résultats du satellite (1992) concernant le rayonnement radio diffus.
Cette figure monte le caractère parfaitement thermique du rayonnement radio qui correspond à une température de 2,7 K résultant du refroidissement par dilatation d'un rayonnement ultraviolet ayant été émis lors de la formation des atomes d'hydrogène (en haut) (spectre publié par l'Astrophysical Journal) le 20 décembre 1996 et obtenu par D. J. Fixsen, E. S. Cheng, J. M. Gales, J. C. Mather, R. A Shafer et E. L. Wright. La deuxième partie de la figure montre les légères inhomogénéité dans ce rayonnement (de l'ordre de quelques cent millièmes) qui s'explique par la présence de la matière (cliché NASA).

contenu matériel global de l'Univers. En fait, la théorie de la Relativité générale, comme l'ont démontré Stephen Hawking et Roger Penrose, implique que l'Univers est nécessairement en mouvement d'expansion continue si l'Univers a une densité égale ou inférieure à une densité critique égale à 7×10^{-30} g/cm^3 pour une constante de Hubble égale à 60 ki-*n* par seconde et par mégaparsec. Si la densité de matière est supérieure à cette valeur, l'Univers, qui est actuellement en expansion, connaîtra ultérieurement une phase de contraction : son comportement serait alors « cyclique ». À un Big bang survenu il y a une dizaine de milliards d'années et suivi d'une expansion, succéderait un *Big crunch* d'autant plus proche que la densité globale de matière serait plus grande.

Les trois séries d'observations évoquées plus haut :

— La mesure de l'anisotropie du rayonnement fossile par le vol ballon « Boomerang » qui a succédé à la sonde spatiale COBE (dont les résultats furent rendus publics en 1992) et qui sera suivie par les sondes MAP (américaine, envoi prévu en 2001) et PLANCK SURVEYOR (européenne, envol prévu vers 2006-2008).

— Les mesures des propriétés visibles des galaxies et de leurs amas, auxquels on ajoute les déterminations de la morphologie et de la géométrie des grandes structures de l'Univers dont l'aspect hétérogène (qui contraste avec les très faibles anisotropies du rayonnement fossile) est amplement démontré.

— Les caractéristiques précises du mouvement d'expansion d'ensemble de l'Univers telles qu'elles sont révélées par l'observation des explosions des supernovae de type Ia…, donnent actuellement une description cosmologique assez concordante : « la théorie du Big bang serait le scénario plausible concernant l'histoire de l'Univers ». Celui-ci aurait une densité globale strictement égale à la densité critique (les cosmologistes disent que l'Univers est « plat »), ce qui est en accord avec les modèles « inflationnaires » (proposés au début des années 1980 par le physicien américain Alan Guth et plusieurs autres chercheurs) impliquant une accélération brutale de l'expansion de l'Univers dans ses toutes premières phases. Cette densité globale serait due pour 70 % à l'énergie du vide (décrite par la constante cosmologique introduite par Einstein dans ses équations de la dynamique de l'Univers dérivées de la théorie de la Relativité générale) et à 30 % de matière principalement sous forme de particules non nucléaires beaucoup plus massives que les nucléons (proton et neutron) et dont l'agitation thermique est donc faible. On dit alors que la matière sombre de l'Univers serait « froide » pour expliquer la morphologie des grandes structures de celui-ci. Les physiciens des particules ont la charge de la preuve de l'existence de ces particules ! Les physiciens du CERN qui auront la chance dans quelques années de mener des expériences avec le futur LHC (Large Hadron Collider, grand collisionneur à hadrons) détecteront peut-être le fameux « boson de Higgs », particule encore hypothétique qui serait à l'origine de la très grande différence de masse entre celle des nucléons et celle de l'électron. Si tel était le cas, ce « boson de Higgs » relativement massif, sera peut-être le candidat idéal pour constituer la matière sombre froide de l'Univers.

La cosmologie moderne qui utilise les méthodes de l'astronomie et celles de la physique des particules offre donc aujourd'hui un ensemble de réponses cohérentes aux questions relatives à l'Univers dans son ensemble. En admettant que les observations nouvelles continueront à conforter ces images et ces représentations de l'Univers, de nombreux mystères continueront à subsister : les relations entre l'Univers et le temps, la description complète de la phase Big bang, l'existence éventuelle d'Univers « parallèles ». En ce qui me concerne, j'aime à penser que l'horizon du temps de Planck de 10^{-43} s en deçà duquel le physicien ne peut plus rien dire, correspond plutôt à la limite imposée par notre ignorance (ou nos limitations) qu'une véritable « origine » ou « création » de l'Univers. Mais il y a fort à parier que les réponses à ces questions demeureront longtemps à l'extérieur du champ de la science.

RÉFÉRENCES

– AUDOUZE (J.), *L'Univers*, Que sais-je ?, PUF, n° 687, 1997.
– BÉLEN BARREIRO (R.), *New Astronomy Review*, vol. 44, 2000, p. 179.
– DE BERNADIS (P.) et al., *Nature*, 404 (numéro du 27 avril 2000), p. 955 .
– BLAI-NONT (J.), *Le Chiffre et le songe*, Odile Jacob, 1993.
– BURROWS (A.), *Nature*, 403 (numéro du 17 février 2000), p. 727 .
– SILK (J.), *Le Big bang*, Odile Jacob, 1997.
Site à consulter http://www.iap.fr/

La Relativité générale

par Thibault Damour

Avant la Relativité générale

Rappelons d'abord la conception de la réalité physique à la fin du XIXe siècle. La description de la réalité était conçue à travers quatre catégories fondamentales, bien séparées les unes des autres : (1) l'Espace, (2) le Temps, (3) la Force, et (4) la Matière. L'Espace et le Temps définissent les « cadres d'existence », c'est-à-dire le « contenant », de la réalité physique. Le « contenu » est décrit comme de la Matière en évolution sous l'influence d'interactions conçues comme des Forces. L'Espace était conçu comme : tridimensionnel, donné *a priori*, muni d'une géométrie euclidienne, et définissant la notion de repos absolu. Le Temps était : unidimensionnel, donné *a priori*, muni d'une géométrie euclidienne (mesure des durées), et conçu comme ayant la même structure que le temps psychologique, c'est-à-dire consistant d'un « instant présent » qui coule continuellement entre un « passé » qui n'est plus et un « futur » qui n'existe pas encore. La Force était conçue comme causée par la création, par la Matière dans tout l'espace, de certains « champs » (champ gravitationnel, champ électromagnétique). La description théorique du champ électromagnétique (due à Maxwell) était un magnifique accomplissement qui avait unifié les concepts de champ électrique, de champ magnétique et de lumière (= onde électromagnétique). La description du champ gravitationnel (qui remontait à Newton et Laplace) était moins riche et supposait (de façon problématique) que la force gravitationnelle se

Texte de la 183e conférence de l'Université de tous les savoirs donnée le 1er juillet 2000.

propageait d'une manière instantanée (à vitesse infinie). La description de la Matière était en progrès constant à la fin du XIXe siècle : elle incorporait l'idée que la Masse (ou « Quantité de Matière ») était constante (Lavoisier), et que la matière ordinaire était faite d'environ 90 éléments chimiques simples (Mendeleïev) : malgré une forte résistance, l'idée que la matière était ultimement décomposable en « atomes » indivisibles devenait de plus en plus convaincante (grâce à la Chimie, mais surtout grâce aux travaux de Boltzmann en thermodynamique statistique). En 1897, Thomson découvrit l'« électron », qui allait devenir la première « particule élémentaire » connue.

En 1905, Einstein (après d'importants travaux de Lorentz et de Poincaré) apporta un premier bouleversement conceptuel des 4 catégories fondamentales de la physique du XIXe siècle, à travers sa théorie de la Relativité restreinte. Cette théorie unifie les deux catégories séparées d'Espace et de Temps en une nouvelle catégorie : celle d'Espace-Temps. L'Espace-Temps est quadridimensionnel, donné *a priori*, et muni d'une géométrie de Poincaré-Minkowski. Il définit le cadre d'« existence continuée » (c'est-à-dire de l'existence conçue dans toute sa durée) de la réalité. La « géométrie » (ou plus précisément « chrono-géométrie ») de Poincaré-Minkowski d'un espace-temps à 4 dimensions est définie par une généralisation du théorème de Pythagore : pour un triangle rectangle dont tous les côtés sont « dans l'espace » (ou « du genre espace ») le carré de l'hypoténuse est la somme des carrés des deux côtés de l'angle droit, mais pour un triangle rectangle dont un côté de l'angle droit est aligné dans une direction « dans le temps » (ou « du genre temps ») le carré de l'hypoténuse est la *différence* entre le carré du côté du genre espace et le carré du côté du genre temps [mesuré en « unité de lumière » ; par exemple un intervalle de temps d'une seconde doit être mesuré en seconde-lumière (= 299 792 458 m) avant d'être combiné avec la longueur d'un côté spatial]. Notez que l'Espace-Temps est essentiellement une généralisation des « diagrammes de trains » que l'on utilisait autrefois pour résoudre les problèmes de rencontre de trains parcourant une même voie, en sens inverse, à des vitesses différentes, après être partis de gares différentes à des heures différentes. Dans un tel diagramme l'espace (unidimensionnel) mesuré le long de la voie est représenté comme un axe horizontal (axe des « x ») et est combiné avec un axe vertical (« y ») servant à représenter l'écoulement du temps. Le plan *(x, y)* est alors un Espace-Temps bidimensionnel qui permet de représenter par une succession de lignes l'histoire du déplacement de chaque train. Un train au repos dans une gare est représenté par une ligne verticale, alors qu'à un train en déplacement correspond une ligne inclinée dont la pente dépend de la vitesse du train. L'« événement » de la rencontre des deux trains (supposés être sur des voies parallèles, proches mais distinctes !)

correspond alors à l'intersection des deux « lignes d'espace-temps » (généralement appelées « lignes d'univers ») représentant l'histoire du mouvement des trains. Pour passer d'un tel « diagramme de trains » à l'Espace-Temps einsteinien il suffit : (i) de rajouter deux autres dimensions spatiales (« horizontales »),(ii) de gommer la distinction entre les directions spatiales et la direction temporelle (en effaçant les axes de références pour ne garder que les lignes d'univers), et (iii) de munir tout couple de points-événements dans l'Espace-Temps d'une notion d'« intervalle », c'est-à-dire de longueur (au carré) compatible avec la généralisation du théorème de Pythagore mentionnée ci-dessus. C'est cette notion d'« intervalle » qui définit la « chrono-géométrie » (mesure combinée des durées et des longueurs) de l'espace-temps*.

L'Espace-Temps de la Relativité restreinte a apporté plusieurs bouleversements des anciennes catégories : (i) Espace et Temps ont été unifiés sous l'augure de la nouvelle catégorie d'Espace-Temps, (ii) l'existence de l'« instant présent » (du « maintenant ») comme portant la seule réalité de l'étant est fortement mise en doute car il devient incompatible avec la structure géométrique de l'Espace-Temps de sélectionner une famille de « tranches » horizontales correspondant à « l'écoulement du temps », et (iii) les catégories anciennement séparées de Force et de Matière subissent une unification partielle à travers la célébrissime équation d'Einstein ($E = Mc^2$) identifiant (au facteur numérique c^2 prêt, où c dénote la célérité de la lumière dans le vide) l'énergie E (naturellement associée au concept de Force d'interaction) avec la masse M (qui mesure la « quantité » de Matière). On parlera de « masse-énergie » pour désigner ce nouveau concept unifiant M et E/c^2.

Le concept de champ espace-temps

Malgré les importants bouleversements catégoriels apportés par la théorie de la Relativité restreinte, cette théorie ne touche pas au caractère « absolu », c'est-à-dire donné *a priori* et indépendant du contenu matériel, qu'avaient, avant lui, les deux concepts d'Espace et de Temps. En fait, l'Espace-Temps d'Einstein-Poincaré-Minkowski (1905-1908) reste un cadre d'« existence continuée » donné de façon *a priori*, et muni de structures géométriques

---

* Mathématiquement, alors que le théorème de Pythagore usuel conduit à écrire pour le carré de la distance d entre deux points de l'espace euclidien ordinaire (repérés par les coordonnées cartésiennes orthonormées) (x, y, z) et $(x + \Delta x, y + \Delta y, z + \Delta z)$) la formule $d^2 = (\Delta x)^2 + (\Delta y)^2 + (\Delta z)^2$), le théorème de Pythagore généralisé conduit à écrire que l'« intervalle » (carré) s^2 séparant deux événements de l'espace-temps d'Einstein-Poincaré-Minkowski (repérés par des coordonnées lorentziennes (x, y, z, t) et $(x + \Delta x, y + \Delta y, z + \Delta z, t + \Delta t)$) s'écrit : $s^2 = d^2 - c^2(\Delta t)^2 = (\Delta x)^2 + (\Delta y^2) + (\Delta z)^2 - c^2(\Delta t)^2$.

rigides, qui restent « les mêmes » partout et toujours, indépendamment de la présence de matière. Par exemple, le théorème de Pythagore généralisé reste vrai partout et toujours dans l'Espace-Temps. De même, on peut formuler (après définition convenable de la notion d'« angle » dans l'Espace-Temps) un théorème de Thalès-Euclide généralisé disant que la somme des angles d'un triangle est, toujours et partout, égale à 180° (= deux angles droits = π ; radians). Einstein sentait intuitivement que ce caractère absolu de l'Espace-Temps était physiquement inacceptable. Son idée était que comme l'Espace-Temps influe la Matière et les champs de Force (par exemple en « obligeant » une particule libre à aller « tout droit », c'est-à-dire en ligne droite et à vitesse constante, dans l'espace-temps, et en « obligeant » un champ statique à décroître comme l'inverse du carré de la distance), il devait, aussi exister (par un principe généralisé d'Action et de Réaction) une influence en retour de la Matière et des Forces sur la structure de l'Espace-Temps. Il a pu formuler cette idée intuitive sous forme mathématique en généralisant au cas d'un espace-temps quadri-dimensionnel le concept d'« espace courbe » introduit au XIXe siècle par Gauss et Riemann. On définit un Espace-Temps Courbe comme étant une structure quadri-dimensionnelle qui, dans chaque petite « région » de l'espace-temps (c'est-à-dire au voisinage de chaque événement) a la même structure géométrique que l'Espace-Temps de Poincaré-Minkowski. En d'autres termes, on suppose, par exemple, que le théorème de Pythagore, et le théorème de Thalès-Euclide, sont (approximativement) vrais pour tout triangle assez petit, quelle que soit sa position dans l'espace-temps. Un tel Espace-Temps Courbe est donc *localement* semblable à un petit morceau d'Espace-Temps de Poincaré-Minkowski (maintenant appelé « Espace-Temps Plat »), de la même façon qu'une surface courbe dans l'espace euclidien habituel (par exemple, la surface d'une sphère) est localement semblable à un petit morceau de plan (en effet, au voisinage de tout point P, on peut quasiment identifier un petit morceau de surface courbe à un petit morceau du plan tangent en P à la surface). On définit alors la notion de « Courbure » comme la mesure locale de la différence résiduelle entre la géométrie « presque plate » au voisinage d'un point et la géométrie euclidienne habituelle. Par exemple, on peut utiliser la violation du théorème de Thalès-Euclide pour définir la notion de courbure. On définit la valeur de la courbure (moyenne) C de l'espace dans un petit triangle (d'angles α, β, γ) comme étant la valeur limite (quand le triangle devient très petit) du rapport δ/A entre l'aire A comprise dans le triangle et la différence entre la somme des angles et deux droits, $\delta = \alpha + \beta + \gamma - \pi$. Cette définition s'étend au cas d'un Espace-Temps Courbe en utilisant la généralisation de la notion d'angle à la géométrie de l'espace-temps. Il est important de noter que la notion de courbure C de l'espace-temps se trouve ainsi définie uniquement à partir de quantités qui peuvent être mesurées dans l'espace-temps. On peut (et on doit) donc concevoir la « courbure » C de l'espace-temps de façon purement interne, sans imaginer que notre espace-temps quadri-dimensionnel soit une sorte d'hypersurface courbe plongée dans un espace-temps plat à 5, ou plus, dimensions. Pour donner un exemple concret, on peut mesurer la courbure d'espace-temps dans notre système solaire en réalisant un triangle d'espace-temps fait de lignes « droites » joignant trois événements A, B, C où, par exemple, A et B sont deux événements (séparés dans le temps) sur la ligne d'espace-temps définie par le mouvement de la Terre, et où C (le troisième sommet du triangle) est un événement (sur la ligne d'espace-temps définie par le mouvement de Mars) correspondant à l'arrivée sur Mars d'un rayon lumineux émis en A depuis la Terre, suivi de la réémission immédiate (par un détecteur/réémetteur) d'un rayon lumineux dirigé vers la Terre (et intersectant la ligne d'espace-temps de cette dernière en B). On démontre que les trois côtés du triangle ABC sont physiquement réalisés comme les trois segments de lignes « droites » (« géodésiques ») suivants : le côté AB s'identifie à un morceau de la ligne d'univers de la Terre, alors que les côtés AC et CB sont tracés dans l'espace-temps par les rayons lumineux échangés entre la Terre et Mars. Rien ne permet *a priori* d'affirmer que la somme $\alpha + \beta + \gamma$ des angles de ce triangle d'espace-temps soit numériquement égal à π. En fait l'expérience (ou plus exactement l'interprétation théorique d'autres expériences faites en « traçant », au moyen de rayons lumineux, des figures plus compliquées que des triangles entre les lignes d'espace-temps de la Terre et de Mars) a montré que la différence $\delta = \alpha + \beta + \gamma - \pi$ était « non nulle » et de l'ordre du cent millionième (10^{-8}).

La théorie de la Relativité générale d'Einstein permet de comprendre ce fait (qu'elle avait prédit). Le postulat fondamental de cette théorie est que toute présence de masse-énergie dans l'espace-temps influe sur sa chrono-géométrie en la « déformant » depuis son état « au repos » (chrono-géométrie de Poincaré-Minkowski) valable dans un espace-temps vide de matière, jusqu'à un état « courbe », c'est-à-dire une chrono-géométrie dont la courbure n'est pas nulle. Plus précisément, Einstein postula un lien quantitatif précis disant essentiellement qu'en chaque point P de l'espace-temps la courbure $C = \delta/A$ de l'espace-temps au voisinage de P est égale (en moyenne et à un facteur numérique près, $k \cong G/c^2$ où G est la constante de gravitation) à la densité volumique ρ de masse-énergie en P (ρ = masse-énergie/volume). Cette équation d'Einstein, $C = k\rho$, définit complètement la théorie de la Relativité générale. [L'écriture technique habituelle de la théorie d'Einstein contient des objets mathématiques plus compliqués (tenseurs), mais est en fait équivalente à cette formulation simplifiée, si on considère des moyennes sur des « tranches spatiales » de l'espace-temps*.]

Conceptuellement le point le plus important est que la Relativité générale opère ainsi une unification en profondeur des 4 catégories anciennement séparées. En effet la chrono-géométrie de l'espace-temps a perdu son caractère absolu et « rigide » pour devenir une structure « élastique » (ou « flexible ») qui est influée (en particulier, « courbée ») par la présence de masse-énergie (c'est-à-dire de matière et/ou de force). En physique, toute structure répartie dans tout l'espace et le temps et qui peut être modifiée et/ou engendrée par la présence de matière s'appelle, génériquement, un « champ ». La théorie d'Einstein affirme donc que la chrono-géométrie de l'espace-temps est un « champ » modifié par toute présence de masse-énergie**. Dans ce « champ chrono-géométrique de l'espace-temps engendré par la présence de masse-énergie » se trouvent unifiées les 4 catégories d'Espace, de Temps, de Force et de Matière. En fait ce « champ espace-temps » (pour être bref) réalise encore une autre unification. En effet, Einstein a montré que sa théorie du « champ espace-temps » contenait, en première approximation, la vieille théorie de Newton-Laplace du « champ gravitationnel ». Newton concevait la gravitation comme une force créée, par exemple, par la présence du Soleil qui dévie sans arrêt une planète de sa ligne d'univers « naturelle » qui serait une ligne droite dans un espace-temps plat (c'est-à-dire une ligne droite parcourue à vitesse constante). En revanche, Einstein conçoit la gravitation comme un mouvement « naturel », qui suit les lignes les plus droites possibles d'un espace-temps « déformé » (« courbé ») par la présence de masse-énergie dans le soleil.

---

* Pour les conoscenti, j'utilise ici les deux faits suivants : (i) le tenseur d'Einstein $E_{\mu\nu} = R_{\mu\nu} - \frac{1}{2} R g_{\mu\nu}$ s'introduit naturellement en notant que la moyenne de la courbure sectionnelle (de Gauss, $K = C$) sur l'ensemble des 2-plans orthogonaux à une certaine direction (unitaire) u^μ d'espace-temps est proportionnelle à la composante $E_{\mu\nu} = E_{\mu\nu} u^\mu u^\nu$ du tenseur d'Einstein le long de u^μ, et (ii) l'équation tensorielle d'Einstein $E_{\mu\nu} = 8\pi G c^{-4} T_{\mu\nu}$ est équivalente à imposer l'équation scalaire $E_{\mu\nu} = 8\pi G c^{-2} \rho_\mu$ (où $\rho_\mu = T_{\mu\nu} u^\mu u^\nu / c^2$ est la densité de masse-énergie dans le 3-espace orthogonal à u^μ) pour une famille convenable de directions différentes (de genre temps, $g_{\mu\nu} u^\mu u^\nu = -1$).

** Mathématiquement, les mesures locales de durées dT et de longueur dL sont subsumées dans l'intervalle carré $ds^2 = dL^2 - c^2 dT^2$ entre deux événements infiniment voisins de l'espace-temps (repérés par des coordonnées arbitraires ($x^0 = ct, x^1 = x, x^2 = y, x^3 = z$) et ($x^0 + dx^0, x^1 + dx^1, x^2 + dx^2, x^3 + dx^3$)). Cet intervalle carré est donné par une forme quadratique $ds^2 = \sum_{\mu=0}^{3} \sum_{\nu=0}^{3} g_{\mu\nu}(x^\lambda) dx^\mu dx^\nu$ où les coefficients $g_{\mu\nu}(x^\lambda)$, variables de point en point, définissent le « champ chrono-géométrique » (tenseur métrique). La présence de matière ($\rho \neq 0$) « déforme » $g_{\mu\nu}(x^\lambda)$ depuis son état de « repos » Minkowskien, où les $g^{(0)}_{\mu\nu}(x^\lambda)$ sont donnés par une matrice diagonale constante, avec $-1, +1, +1, +1$ sur la diagonale.

L'espace-temps élastique

Regardons de plus près le nouveau concept einsteinien de champ espace-temps s'identifiant au champ gravitationnel. L'idée essentielle est que la structure chrono-géométrique de l'espace-temps (c'est-à-dire la structure qui sous-tend toutes les mesures que l'on peut faire de durées et de distances) n'est plus une structure rigide, donnée *a priori*, une fois pour toutes, mais est devenue un champ, c'est-à-dire une structure « élastique », ou « flexible », qui est créée et/ou déformée par la présence d'une densité volumique de masse-énergie ($C = k\rho$). Ce champ d'espace-temps décrit à la fois la variabilité de point en point de la chrono-géométrie et tous les effets gravitationnels (par exemple l'effet à distance de la Terre sur la pomme, de la Terre sur la Lune, ou du Soleil sur la Terre).

L'exemple le plus simple d'« élasticité » de la chrono-géométrie de l'espace-temps est l'effet de la proximité d'une masse sur la « vitesse d'écoulement local du temps ». En termes concrets, si vous séparez deux jumeaux à la naissance, l'un restant à la surface de la Terre et l'autre allant vivre au sommet d'une très haute montagne (c'est-à-dire plus loin du centre de la Terre), et si vous les réunissez après 100 ans, le jumeau « montagnard » sera plus vieux (aura vécu plus longtemps) que le jumeau resté sur le plancher des vaches. Tout se passe comme si le temps s'écoulait d'autant moins vite que l'on est plus près d'une distribution de masse-énergie*.

Une autre prédiction remarquable de la théorie d'Einstein, illustrant le caractère « élastique » de l'espace-temps est l'existence d'« ondes de déformation » de la chrono-géométrie. On peut démontrer à partir de l'équation fondamentale $C = k\rho$ qu'un changement localisé de la distribution ρ de masse-énergie cause non seulement un changement de la courbure d'espace-temps C au même point (d'espace-temps, c'est-à-dire au même point dans l'espace et au même moment), mais aussi un changement corrélé de la courbure d'espace-temps ailleurs dans l'espace-temps. En fait, comme pour tout champ physique, une modification de la source

* En termes de représentation mathématique, le coefficient $g_{00}(x)$ mesurant la chronométrie (voir note précédente) est déformé par rapport à sa valeur habituelle $g_{00}^{\text{Minkowski}} = -1$ en $g^{00}(x) \approx -1 + 2GM/c^2r$ où G est la constante (de Newton) de la gravitation, M la masse de la Terre et r la distance au centre de la Terre. Dans l'exemple considéré des jumeaux l'effet est très petit (une différence de vie d'environ une seconde sur 100 ans), mais il a été vérifié maintes fois en comparant des horloges atomiques. On verra plus loin que cet effet dit « Einstein » a aujourd'hui d'importantes retombées pratiques (système GPS).

de ce champ crée un « ébranlement » (une « mise en branle » du champ) qui se propage au loin, à partir de la source, dans toutes les directions. Autrement dit une variation locale de la distribution de masse-énergie crée une « onde de déformation de l'espace-temps » qui se propage dans l'espace-temps. On peut donc visualiser l'espace-temps comme une structure « élastique » dont les déformations locales se propagent au loin sous forme d'ondes. On démontre que ces ondes de déformation de l'espace-temps se propagent à la même vitesse que les ondes de déformation du champ électromagnétique (c'est-à-dire à la vitesse de la lumière $c = 299\,792\,458$ m par seconde)*. À cause de l'identité entre le champ espace-temps et le champ gravitationnel ces ondes s'appellent aussi « ondes gravitationnelles ». Par exemple, si deux étoiles (c'est-à-dire deux boules contenant une distribution volumique de masse-énergie) tournent l'une autour de l'autre, leur mouvement crée une déformation de la chrono-géométrie qui se propage au loin (en s'atténuant comme l'inverse de la distance). On n'a pas encore détecté ce type d'ondes de déformation de l'espace-temps, mais d'ambitieux projets sont en construction (en particulier deux détecteurs aux USA, projet LIGO, et un détecteur franco-italien près de Pise, projet VIRGO) pour les détecter. L'idée de base pour les détecter est de mesurer, en permanence, par interférométrie, la géométrie de petits triangles d'espace-temps sur Terre (dont deux côtés sont des rayons lumineux et dont le troisième côté est sur la ligne d'espace-temps d'un miroir séparateur) et d'attendre que cette géométrie soit perturbée par le passage d'une onde de déformation de la chrono-géométrie. [En termes moins précis mais plus simples on mesure, par échange de lumière, la distance entre plusieurs miroirs et on attend qu'une déformation de la géométrie fasse fluctuer cette distance.] On a confiance que ces ondes existent car l'étude expérimentale et théorique combinée du mouvement orbital de certains systèmes binaires d'étoiles mortes (pulsars binaires) a permis de vérifier avec grande précision le fait que l'interaction gravitationnelle entre les deux étoiles se propage, de l'une à l'autre, exactement avec les caractéristiques prédites par la théorie d'Einstein, et en particulier que leur vitesse de propagation est bien égale (à mieux que le millième) à la célérité de la lumière c.

Une troisième prédiction remarquable de l'espace-temps élastique d'Einstein est la possibilité d'une création continue d'espace. C'est le concept d'« expansion de l'espace ». Ce type d'espace-temps peut être « meublé » par une famille (infinie) d'observateurs dont le comportement relatif est inhabituel : chaque observateur (qui

* Pour un milieu élastique ordinaire (comme un solide ; par exemple un bloc de métal) la vitesse de propagation des ondes élastiques augmente avec la rigidité du solide. Quand on compare la vitesse $c = 299\,792\,458$ m/s des ondes élastiques de l'espace-temps avec la vitesse $v \approx 3\,000$ m/s des ondes élastiques dans un solide typique on se rend compte que l'espace est une structure très rigide !

suit sa ligne d'univers et observe les autres observateurs en échangeant des rayons lumineux) trouve, en mesurant par effet Doppler la vitesse relative des autres observateurs, qu'à tout moment les observateurs dans son voisinage immédiat sont « en repos » par rapport à lui (vitesse relative quasi nulle). Il se trouve donc dans une situation analogue à un automobiliste pris dans un gigantesque embouteillage, où tous ses voisins sont au repos par rapport à lui. Notez bien que cette situation de repos relatif local est vraie pour tous les observateurs : pour chaque observateur, rien ne bouge autour de lui. Et cependant, dans un tel espace-temps la distance entre deux observateurs (séparés d'une distance finie, et non plus infinitésimale) est toujours en train d'augmenter au cours du temps. Donc les distances relatives globales finissent par augmenter, même si, à tout moment et partout, « rien ne bouge » localement. Cette situation est réminiscente de ce passage du Parsifal de Wagner où le jeune Parsifal s'étonne de se voir parcourir des distances sans marcher et où le vieux Gurnemanz lui dit qu'« ici, mon fils, le Temps engendre l'Espace ». De même dans un espace-temps en expansion, le simple « passage du temps » engendre des séparations spatiales de plus en plus grande, en absence de vitesses relatives localement mesurables. Une des grandes découvertes du XXe siècle a été le fait que notre univers à grande échelle est bien décrit par un tel espace-temps en expansion (introduit par Friedmann en 1922). Un tel espace-temps a nécessairement commencé par un état où tout l'espace était plein d'un gaz ultra-chaud et ultra-dense (concept de « big bang chaud » introduit par Gamow dans les années 1940). Ce modèle du big bang chaud est confirmé par un grand nombre de données observationnelles. Celles-ci montrent que tout l'espace a atteint dans le passé des températures supérieures au milliard de degré. Il reste cependant à expliquer pourquoi et comment l'univers s'est trouvé, dans son passé, dans un tel état.

Une quatrième prédiction remarquable qui pousse à ses limites le concept einsteinien d'espace-temps élastique est le concept de trou noir (introduit par Oppenheimer à la fin des années 1930). Considérons une boule de matière sans pression interne (ou dont la pression interne est insuffisante pour empêcher son effondrement). Par exemple, on peut imaginer une sphère remplie uniformément de matière froide, réduite en poussière. En théorie newtonienne, l'auto-attraction gravitationnelle de cette boule de poussière va conduire à la faire s'effondrer sur elle-même, jusqu'à ce qu'elle devienne un point, de densité infinie, dans l'espace. En théorie einsteinienne, il se passe quelque chose de complètement différent. En s'effondrant, et donc en se densifiant, la boule de poussière va déformer localement de plus en plus (à cause de l'équation d'Einstein $C = k\rho$) la structure chrono-géométrique de l'espace-temps. De plus cette déformation évolue elle-même dans l'espace-temps. On démontre alors, qu'à cause de cette déformation grandissante, il se passe deux choses différentes : (i) il se crée dans l'espace-temps, autour de la boule et dans son futur, une région d'espace-temps où la chrono-géométrie est si différente de la chrono-géométrie de Poincaré-Minkowski que les rayons lumineux, tout en continuant à se déplacer localement à la « vitesse de la lumière » *c*, n'arrivent plus à s'échapper et à partir vers l'infini, mais restent éternellement « piégés sur place » par cette structure déformée de l'espace-temps (concept de « surface du trou noir » d'où la lumière ne peut sortir), et (ii) en aval de cette structure (dans la direction de l'espace-temps où la boule continue à s'effondrer) l'effondrement de la boule crée un « big crunch », c'est-à-dire l'inverse temporel d'un big bang. Un big crunch est une « fin des temps » dans laquelle tout l'espace intérieur au trou noir cesse d'exister « simultanément » après un temps d'évolution fini (qui est généralement très bref : par exemple pour une étoile de quelques masses solaires qui s'effondre, la fin des temps arrive en environ un millième de seconde). Finalement, le trou noir a un triple aspect : (a) vu de l'extérieur c'est un centre d'attraction gravitationnelle qui a gardé tout l'effet gravitationnel de la masse-énergie qui s'est effondré, (b) vu de la surface c'est une sphère où la lumière fait du surplace (ici c'est l'inverse de la phrase de Gurnemanz : la lumière va le plus vite possible, mais n'arrive pas à se déplacer), et (c) vu de l'intérieur c'est une fin des temps très rapide qui concerne un espace de volume infini, bien que contenu dans une sphère de rayon fini ! On n'a pas encore de preuve observationnelle absolue que de tels objets, qui illustrent de façon dramatique le caractère élastique (jusqu'au déchirement dans le big crunch) de l'espace-temps einsteinien, existent dans notre univers. Cependant beaucoup d'indications indirectes suggèrent qu'un très grand nombre de trous noirs existent dans l'univers, et même se forment continuellement lors de l'effondrement des étoiles les plus massives. La première preuve observationnelle indiscutable de l'existence des trous noirs devra sans doute attendre l'observation des ondes de déformation de l'espace-temps (ondes gravitationnelles) engendrées lors de la formation d'un trou noir par fusion de deux étoiles mortes.

Présent et futur de la Relativité générale

Précisons d'abord que la théorie de la Relativité générale, qui est longtemps restée une belle construction intellectuelle manquant de contact avec la réalité et de vérifications expérimentales, est aujourd'hui une théorie très vivante, en prise avec la réalité et qui a été confirmée par beaucoup d'expériences de haute précision. On a des confirmations expérimentales de la validité de la théorie d'Einstein dans plusieurs régimes : (a) maintes expériences effectuées dans le système solaire (horloges atomiques, mouvement des planètes, déflexion de la lumière, retard gravitationnel des ondes radars, échos laser sur la Lune,...) ont confirmé (à mieux que 0,1 %) que le régime « post-Newtonien » des faibles déformations de l'espace-temps était décrit par la Relativité générale, (b) le chronométrage de précision de certains pulsars binaires a pu aussi confirmer (à 0,3 % près) le fait que les déformations d'espace-temps se propageaient à la vitesse de la lumière, et que la théorie d'Einstein décrivait correctement les fortes déformations de l'espace-temps qui règnent à la surface d'une étoile à neutrons, enfin (c) tout un ensemble de données cosmologiques ne peuvent se comprendre et s'expliquer que dans le cadre de cette théorie.

Il est important de réaliser que la plupart des vérifications expérimentales évoquées ci-dessus ne sont pas de simples confirmations qualitatives du fait que la théorie d'Einstein réussit mieux que la théorie de Newton à expliquer la gravitation. Ce sont des mesures de haute précision qui concernent des prédictions très fines, et en même temps qualitativement profondes, obtenues après d'énormes efforts expérimentaux et théoriques. En fait la théorie d'Einstein est une des théories les mieux vérifiées de la physique et les physiciens ont acquis la conviction qu'elle a définitivement remplacé tous les autres essais (considérés jusqu'à présent) de description théorique de la gravitation et qu'elle nous a fait accéder à un nouveau niveau de description et de compréhension de l'espace-temps et de la gravitation. En outre, cette théorie est aujourd'hui partie intégrante de tout un ensemble de technologies de pointe qui ont beaucoup d'applications scientifiques ou pratiques. Citons seulement un exemple : le système GPS (Global Positioning System). Il s'agit d'une constellation de satellites circumterrestres qui transportent des horloges atomiques de haute stabilité, et émettent des signaux électromagnétiques. En combinant l'information reçue de plusieurs satellites (qui véhicule en particulier le « temps propre » indiqué par l'horloge de bord du satellite), un observateur peut déterminer avec précision sa position dans l'espace-temps, n'importe où (sur Terre ou dans l'espace) et n'importe quand. Ce système de localisation (mis en place par l'armée américaine) a de plus en plus d'applications pratiques importantes : par exemple pour la navigation aérienne ou maritime, ou, même, pour la « navigation » des automobiles privées. Il est remarquable de penser que la description einsteinienne de la déformation de l'espace-temps par la masse de la Terre joue un rôle crucial dans les logiciels du GPS : en effet, la théorie d'Einstein nous dit que la « vitesse d'écoulement du temps » (par rapport à un référentiel stationnaire global) est différente à la hauteur du satellite et sur Terre. Cet effet est seulement d'un milliardième (comme conséquence directe de l'équation $C = k\rho$) mais, si on ne le prenait pas en compte, il introduirait un dysfonctionnement inacceptablement grand (et augmentant continuellement avec le temps) dans le système GPS. [En effet, les performances de ce système reposent sur la haute stabilité des horloges embarquées, meilleure que 10^{-13}, c'est-à-dire une stabilité 10 000 fois meilleure que le changement apparent de fréquence (~ 10^{-9}) dû à la déformation de la chrono-géométrie.]

Bien que la théorie d'Einstein soit une des mieux vérifiées de la physique, les scientifiques continuent à concevoir et à planifier des tests nouveaux, ou encore plus fins, de cette théorie. Par exemple, la NASA est en train de préparer une mission spatiale (« Gravity Probe B », ou « Relativity Mission ») dont le but est d'observer, le plus directement possible, une prédiction de la Relativité générale qui dit (intuitivement) que l'espace est non seulement « élastique », mais aussi « fluide ». Au XIXe siècle, Foucault avait inventé à la fois le gyroscope et son célèbre pendule pour montrer, par des expériences retentissantes, que l'espace était « rigide » (espace absolu de Newton), au sens où, localement sur Terre, un gyroscope ou un pendule continue, malgré la rotation de la Terre, à (essayer de) s'aligner avec une direction « fixe » (ou un plan « fixe ») dans l'« espace rigide absolu ». Cependant, la théorie d'Einstein montre que l'espace n'est pas parfaitement rigide. On démontre par des calculs (à partir de l'équation $C = k\rho$) que le fait que la Terre soit une boule de matière en rotation crée une déformation particulière de la chrono-géométrie de l'espace-temps autour de la Terre qui est analogue à l'effet d'« entraînement en rotation » qu'a une boule de matière tournant au milieu d'un fluide (ou, plus simplement, une cuiller tournant dans la soupe !) : la rotation de la Terre « entraîne », d'une façon minime, tout l'espace autour d'elle à « tourner » comme le ferait un fluide. Cette « rotation de l'espace » se traduit, de façon observable, par une violation des effets discutés par Foucault : en particulier, un gyroscope ne s'aligne plus avec une direction « fixe dans l'espace absolu », mais s'aligne à tout moment selon une direction qui est « entraînée », localement, par le mouvement de rotation de l'espace (lequel est lui-même « entraîné », à distance cette fois, par la rotation de la Terre). Cet effet est très petit, mais devrait être observé en 2001. Intellectuellement, cette observation sera importante (comme le pendule de Foucault l'avait été) pour faire pénétrer dans la conscience d'un grand nombre de personnes l'un des aspects remarquables de la nouvelle conception einsteinienne d'un espace-temps déformable.

Si l'on jette un coup d'œil plus loin dans le futur, l'avenir de la Relativité générale semble être riche. D'abord, il reste la tâche cruciale de vérifier directement deux des prédictions (discutées plus haut) les plus nouvelles de la théorie : (1) l'existence d'ondes gravitationnelles, c'est-à-dire d'ondes de déformation de l'espace, arrivant sur Terre après avoir été émises, il y a très longtemps, dans des sources astrophysiques lointaines, et (2) l'existence de trous noirs. On espère que les détecteurs interférométriques géants (ayant des bras de plusieurs kilomètres) actuellement en construction dans le monde (en particulier le projet franco-italien VIRGO) apporteront dans quelques années des preuves convaincantes de (1) et de (2). Une autre classe de grands problèmes, où la Relativité générale joue un rôle crucial, concerne la cosmologie, et en particulier la cosmologie primordiale. Ici aussi, grâce en particulier à des missions spatiales, on espère avoir, dans les années qui viennent, une riche moisson de données observationnelles. Citons juste quelques mots clefs : (i) le problème de la « matière noire » [il semble que presque 90 % de la matière pondérale répartie dans l'univers ne soit pas faite de matière ordinaire (comme les protons, les neutrons et les électrons) mais d'un autre type de particule], (ii) le problème de la « masse-énergie du vide » [il semble qu'environ 70 % de la densité moyenne de masse-énergie ρ dans l'univers ne soit pas faite de matière pondérale (c'est-à-dire, d'après (i), surtout de particules non encore détectées de matière noire*) mais doive être attribué aux propriétés quantiques du « vide » (c'est-à-dire de l'espace pur, en l'absence de particules réelles), et (iii) le problème de l'« origine du big bang », pourquoi et comment le passé de l'univers est-il descriptible, avec très haute précision, comme un état de gaz en expansion ultra-chaud et ultra-dense remplissant tout l'espace** ?].

Au-delà d'Einstein

Pour finir, indiquons que l'un des plus grands défis de la physique fondamentale actuelle est celui de la compatibilité entre les deux grandes révolutions conceptuelles du XXe siècle : la Relativité générale d'un côté (due à Einstein, 1915) et la théorie quantique (due à Heisenberg, Born, Jordan, Schrödinger, Dirac et d'autres en 1925-1926). La théorie quantique s'est développée durant tout le XXe siècle et s'est révélée être le cadre nécessaire pour la description

* Pour éviter toute confusion entre (i) et (ii), précisons qu'il semble aujourd'hui probable que la densité totale (moyenne) de masse-énergie distribuée dans l'espace cosmologique se décompose en : $\rho_{totale} = \rho_{vide} + \rho_{noire} + \rho_{ordinaire}$ où, approximativement, et pour donner une idée des ordres de grandeur, $\rho_{vide} \approx 67\ \%\ \rho_{totale}$, $\rho_{noire} \approx 30\ \%\ \rho_{totale}$ et $\rho_{ordinaire} \approx 3\ \%\ \rho_{totale} \approx 10\ \%\ \rho_{noire}$.

** Notez que, contrairement à une idée très répandue, le big bang ne doit pas être décrit comme étant l'explosion d'une boule de matière dans un espace préexistant. Le big bang occupe tout l'espace, et crée (selon le concept einsteinien d'espace-temps en expansion expliqué plus haut) lui-même, à tout moment, le surplus d'espace « dans lequel » il s'épand (comme une source d'eau qui sourdrait d'elle-même en créant un volume grandissant d'eau).

fine de la Matière et des Forces qui agissent sur elles. En fait, la théorie quantique, indépendamment de la Relativité générale, a elle aussi apporté des bouleversements profonds dans les vieilles catégories de la physique du XIXe siècle. Ce n'est pas le lieu d'en parler en détail, mais disons simplement que la nouvelle catégorie de Champ Quantique (qui a émergé entre 1930 et 1950) est une unification profonde des anciennes catégories séparées de Force et de Matière, qui utilise, pour sa définition, la notion d'Espace-Temps d'Einstein-Poincaré-Minkowski. À l'heure actuelle, toutes les particules élémentaires (quarks et leptons), et leurs interactions (électromagnétique, faible et forte) sont décrites comme exemples de cette nouvelle catégorie de Champ Quantique. Seule l'interaction gravitationnelle a exhibé une incompatibilité profonde avec la théorie quantique et ne peut pas, à l'heure actuelle, être décrite comme un « champ d'espace-temps quantique ». Il semble aujourd'hui probable que l'unification entre la Relativité générale et la théorie quantique ne pourra se réaliser que dans le cadre d'une théorie quantique plus profonde que la théorie des champs quantiques. Cette théorie plus profonde est actuellement en gestation, et porte (pour le moment) le nom de Théorie des Cordes Quantiques. La nouvelle catégorie de Corde Quantique semble assez riche pour définir un cadre où seraient unifiées les 4 anciennes catégories d'Espace, de Temps, de Force et de Matière. À un certain niveau d'approximation, la théorie des Cordes Quantiques décrit tout élément de la réalité physique comme étant la version quantique d'un mode de vibration d'une « corde » [c'est-à-dire d'un objet unidimensionnel muni d'une tension élastique, comme un petit « élastique » (en caoutchouc) dont la longueur au repos (en l'absence de tension) serait nulle]. On trouve de façon remarquable que si l'on « quantifie » une corde évoluant dans l'espace-temps « plat » de Poincaré-Minkowski, l'un des modes de vibration-propagation de la corde peut s'identifier à (la version quantique d') une onde élémentaire de déformation de l'espace-temps, c'est-à-dire à une onde gravitationnelle de la relativité générale. Par certains aspects, la théorie des cordes quantiques semble être une généralisation profonde de l'idée centrale de la relativité générale : à savoir, l'idée qu'il ne peut pas y avoir de structure « rigide », donnée *a priori*, mais que toute structure physique est « élastique » et « déformable », c'est-à-dire est un champ dynamique. En particulier, tout ce que la Relativité générale avait encore supposé être « rigide » (notamment la valeur numérique de toutes les « constantes d'interaction » de la physique) semble, en théorie des cordes, devenir des champs dynamiques, qui peuvent être influés par le contenu matériel de l'univers. Cette idée est d'ailleurs testable expérimentalement en réalisant des tests de très haute précision de la propriété fondamentale de la gravitation (selon, à la fois, Galilée, Newton et Einstein), à savoir qu'elle agit universellement sur la masse-énergie, de sorte que tous les corps « tombent », avec exactement la même accélération, dans un champ gravitationnel. Des missions spatiales sont actuellement en préparation pour tester l'« universalité de la chute libre » à un niveau de précision mille fois, ou même un million de fois, supérieur à ce qu'on a vérifié aujourd'hui. Si une de ces missions trouve une violation, même infinitésimale, de cette universalité de la chute libre (c'est-à-dire si elle trouve que deux corps différents tombent avec des accélérations légèrement différentes) on aura une indication très précise pour aller au-delà de la Relativité générale et obtenir une description encore plus profonde* de la structure dynamique sous-tendant l'Espace-Temps et la Masse-Énergie-Force-Matière.

Le XXIe siècle nous apportera donc peut-être (espérons-le) de nouveaux bouleversements de l'appareil conceptuel que l'homme utilise pour comprendre (et dominer) l'univers. Il est cependant attristant de constater que malgré l'ancienneté des grandes révolutions conceptuelles du XXe siècle (relativité restreinte 1905, relativité générale 1915, théorie quantique 1925-1930) la plupart de nos contemporains pensent et vivent le monde selon les cadres de pensée du XIXe siècle (qui eux-mêmes remontaient pour la plupart au XVIIe siècle). Par exemple, le fait que le passage du temps (le « maintenant ») ne corresponde à rien dans la réalité physique, c'est-à-dire, pour reprendre une phrase d'Einstein au fils et à la sœur de Besso, que la « séparation entre passé, présent et avenir, ne garde que la valeur d'une illusion, si tenace soit elle » est un des messages importants des théories de la relativité qui est complètement ignoré de nos contemporains (ainsi que des vulgarisateurs de la science).

État de la recherche

L'essentiel des travaux en cours (en anglais) en relativité générale peut être consulté (de façon gratuite) sur internet en se connectant aux diverses archives de http ://xxx.lanl.gov/, et particulièrement l'archive gr-qc (General Relativity and Quantum Cosmology). Accessibilité sur le site miroir français : http ://xxx.lpthe.jussieu.fr/

* Précisons que, si cela arrive, cela ne voudra pas dire que la théorie de la relativité générale est « fausse ». On sait que cette théorie restera éternellement « vraie » dans le très large domaine expérimental où elle a été « vérifiée », et où elle a supplanté la théorie de Newton. Mais, comme toujours en physique, il est possible que le domaine de validité de la relativité générale soit fini, et, qu'au-delà, il faille compléter ou modifier la théorie et utiliser une théorie plus profonde, qui contienne la théorie d'Einstein comme cas limite.

RÉFÉRENCES

Historique

– BALIBAR (F.), *Einstein, la joie de la pensée*, Découvertes Gallimard, Science.

– EINSTEIN (A.), *La Relativité*, Payot, Paris, 1990.

Exposés élémentaires

– DAMOUR (T.) et DESER (S.), article « Relativité », Encyclopaedia Universalis, 1995.

– HAKIM (R.), *Gravitation relativiste*, InterÉditions/CNRS Éditions, Paris, 1994.

– SCHWINGER (J.), *L'Héritage d'Einstein*, Pour la Science, Berlin, Paris, 1988.

Exposés avancés

– LANDAU (L.) et LIFCHITZ (E.), *Théorie des Champs*, Mir, Moscou, 1989.

– MISNER (C. W.), THORNE (K.S.) et WHEELER (J. A.), *Gravitation*, Freeman, San Francisco, 1973.

– OHANIAN (H. C.) et RUFFINI (R.), *Gravitation and Spacetime*, Second Edition, Norton, New York, 1994.

– WEINBERG (S.), *Gravitation and Cosmology*, Wiley, New York, 1972.

La cosmologie moderne : les nouveaux outils d'observations de l'Univers

par LAURENT VIGROUX

La nuit semble être noire. Il n'en est rien. Avec les instruments d'observation modernes, la nuit est brillante. Mais le paradoxe est qu'elle ne soit ni noire, ni infiniment claire. Brillante certes, mais pourquoi si peu ? Dès le XVIIe siècle, le physicien danois Olberg avait montré tout le parti que l'on peut tirer de la brillance du ciel. Si l'Univers était uniforme et infini, la brillance du ciel due à la superposition de l'émission de toutes les sources qui le composent devrait être infinie. Heureusement pour la vie sur Terre, il n'en est rien. Il a fallu attendre le milieu du vingtième siècle pour comprendre les implications profondes de ce paradoxe. Le cadre de cette compréhension a été fourni par Einstein avec sa théorie de la gravitation. Les observations de Hubble dans les années 1920-1930 ont montré que l'Univers était en expansion. On sait maintenant que les constituants de l'Univers ne sont pas immuables, ils évoluent dans le temps. On sait qu'ils ne sont pas répartis de manière uniforme dans l'espace, et on sait que l'Univers observable est fini. C'est pourquoi la nuit n'est que « grise ». Notre compréhension de la cosmologie a fait des progrès spectaculaires ces vingt dernières années. Cela tient aux progrès des observations, grâce surtout aux observatoires spatiaux, mais aussi aux progrès spectaculaires de la théorie et des simulations numériques. Quels sont ces progrès, c'est ce que nous allons passer en revue dans la suite de cette conférence.

Texte de la 184e conférence de l'Université de tous les savoirs donnée le 2 juillet 2000.

Le rayonnement

La principale source d'information sur l'Univers et ses constituants provient de la lumière. Par lumière, on entend l'ensemble du spectre des ondes électromagnétiques, qui s'étend des rayons gamma et X, à haute énergie, jusqu'aux ondes micro-ondes et radios à basse énergie, en passant par la lumière visible, à laquelle nous sommes plus habitués. Le vecteur de l'information qu'est la lumière, est une particule appelée photon, et, dans les théories de physique moderne, on peut décrire la propagation de la lumière aussi bien en termes d'ondes, que de photons (c'est-à-dire en termes de particules plutôt que d'ondes). En général, à basse énergie, le nombre de photons reçus par un télescope moderne est très élevé, de l'ordre de plusieurs centaines de milliers par seconde, et on préfère décrire les phénomènes en termes d'ondes. À haute énergie, les photons sont plus rares, de l'ordre de quelques photons par seconde en rayons X, et de quelques photons par jour dans les gammas de très grande énergie, et on préfère décrire les phénomènes en terme de photons. Mais la physique sous-jacente reste la même. L'avantage principal de la lumière est qu'elle se propage en ligne droite sans être trop absorbée. Elle permet donc d'observer des sources très lointaines et de les localiser. Depuis des temps immémoriaux, la lumière a été le principal, sinon le seul, moyen d'observation du ciel. Les deux principales sources de lumière sont un rayonnement fossile lié aux premières étapes de l'évolution de l'Univers, et la somme des rayonnements émis par les constituants de l'Univers, étoiles, galaxies et amas de galaxies.

Le rayonnement fossile

Contrairement aux rêves des technocrates, les plus grandes découvertes sont le fruit d'actions non préméditées. Il en est ainsi de la découverte du rayonnement fossile. La guerre de 39-45 a eu de nombreux effets négatifs. Elle a néanmoins entraîné un progrès notable des techniques. Hiroshima a montré que ce n'était pas toujours pour le meilleur. Mais les progrès des techniques des radars ont été à l'origine des progrès spectaculaires de la radioastronomie après guerre. Le relais fut pris ensuite par le développement des télécommunications. C'est ainsi que deux ingénieurs de la Bell Laboratories, Penzias et Wilson, en essayant de régler une antenne très sensible, ont buté sur un bruit de fond isotrope et continu. L'étude de ce bruit de fond a permis de l'identifier à un rayonnement prédit dans le cadre des théories d'expansion de l'Univers. Contrairement à ce que l'on affirme souvent, ce rayonnement n'est pas lié au big bang. Il a été produit bien après l'explosion initiale. Il existe dans n'importe quelle théorie d'expansion qui prédit que l'Univers est passé par des phases suffisamment chaudes et denses pour que les atomes soient entièrement ionisés. Dans ces conditions, l'Univers est rempli de protons, de noyaux, d'électrons et de photons. Les photons interagissent avec les électrons. Ils sont en équilibre avec eux, et ne peuvent pas se propager sur de grandes distances. À cause de l'expansion de l'Univers, la matière se refroidit, jusqu'au moment où les atomes se forment. Les électrons se combinent avec les noyaux pour former des atomes. L'Univers devient alors transparent pour les photons, qui n'ont plus rien pour interagir. Le spectre d'énergie des photons est alors celui d'un corps noir à la température de l'Univers à l'époque de la recombinaison. Par la suite, la température de ce corps noir se refroidit du fait de l'expansion de l'Univers. Il est à l'heure actuelle voisin de 2,7 K, c'est-à-dire – 270,3 °C. C'est pour cela que l'on ne l'observe que dans le domaine des micro-ondes et des ondes radio. Le pic de l'émission se trouve vers 1,4 mm. Depuis la découverte initiale, il aura fallu trente ans pour que l'on puisse mesurer ce spectre d'émission de corps noir cosmologique avec une grande précision. Cela fut effectué au moyen du satellite américain COBE lancé en 1989. On peut maintenant affirmer avec certitude que cette émission est bien d'origine cosmologique.

Ce rayonnement est isotrope et uniforme avec une très grande précision. On peut néanmoins déceler des petites déviations, qui, traduites en termes de température, correspondraient à des fluctuations de quelques micro-kelvin. C'est-à-dire des fluctuations de quelques parties par million. Ces fluctuations dans le spectre des photons correspondent à des fluctuations de densité des électrons à l'époque de la recombinaison. L'Univers était alors presque homogène, mais pas tout à fait. Ces fluctuations de densité ont par la suite donné naissance aux galaxies et aux amas de galaxies. Mesurer les fluctuations de température du corps noir cosmologique revient à déterminer les fluctuations de densité pratiquement à l'origine du monde. COBE fut le premier observatoire qui permit de prouver l'existence de ces fluctuations. Malheureusement, ce résultat est peu contraignant pour les modèles cosmologiques, car les échelles angulaires auxquelles COBE avait accès sont sans commune mesure avec la taille des galaxies et des amas que l'on observe aujourd'hui. COBE a prouvé que l'Univers n'était pas complètement homogène ; il n'a pas permis de déterminer dans quel type d'univers nous vivons. Pour progresser, il faut réaliser des instruments qui ont une résolution angulaire voisine de quelques minutes d'arc, bien mieux que les 7 degrés de COBE. BOOMERANG, un télescope américano-italien, lancé en 1999 par un ballon dans un vol circum-antarctique de quinze jours, a réussi pour la première fois à fournir une carte des fluctuations à des échelles angulaires de l'ordre de la vingtaine de minutes d'arc. L'analyse de ces fluctuations a montré qu'elles impliquaient un univers de type plat. Rappelons qu'il y a trois types de géométries possibles dans les modèles d'univers compatibles avec la relativité générale d'Einstein. Ces univers sont définis par leur courbure, positive, négative ou nulle. Les résultats de BOOMERANG *(Fig. 1)* semblent montrer que nous sommes dans ce dernier cas, c'est-à-dire le modèle le plus simple, le plus banal. Tant pis. Pour être tout à fait certain de ces résultats, il faudra attendre le satellite européen PLANCK Surveyor, qui sera lancé en 2007 par l'Agence spatiale européenne. Ce satellite aura une meilleure résolution angulaire que BOOMERANG et les instruments similaires qui sont en cours de réalisation dans divers pays, dont la France, et surtout, il effectuera une cartographie complète du ciel, ce que ne feront pas les autres projets. Vous voulez savoir dans quel univers vous vivez ? Attendez 2007 et vous aurez la réponse.

L'Univers et ses constituants

L'étude du corps noir cosmologique permet de voir quelle était la structure de l'Univers à ses débuts. Cela n'indique en rien comment se sont formés les objets, galaxies, ou amas de galaxies, que nous observons dans notre environnement proche. Heureusement, nous pouvons utiliser une loi physique bien connue pour remonter le temps : la vitesse finie de la lumière. Observer une galaxie située à un milliard d'années-lumière, c'est l'observer telle qu'elle était il y a un milliard d'années. La pêche aux galaxies jeunes consiste à aller rechercher les plus lointaines. Malheureusement, une autre loi de la physique vient contrarier ce plan : la luminosité apparente d'un objet diminue comme le carré de la distance de cet objet ; c'est-à-dire très rapidement. Projetons une galaxie dix fois plus loin, elle nous apparaîtra cent fois plus faible. Pour donner un ordre de grandeur, une galaxie comme la nôtre située à 5 milliards d'années-lumière, soit à la moitié de son âge actuel, nous apparaît cent fois moins brillante que le ciel d'une nuit noire. Autant dire que la recherche des galaxies jeunes nécessite de très grands télescopes, qui sont les seuls à avoir un pouvoir collecteur suffisant pour détecter les galaxies les plus lointaines. C'est pourquoi, cette recherche ne s'est avérée fructueuse qu'après la mise en service des grands télescopes de la classe 8-10 m de diamètre. Les premiers furent les télescopes Keck situé au sommet du Mauna Kea dans l'île d'Hawaii. L'Europe n'est pas en reste avec les quatre télescopes

Figure 1 – Si l'homme avait des yeux qui voient dans le domaine des micro-ondes, plutôt que dans le visible, le ciel aurait l'apparence de cette photo. La brillance du ciel serait dominée par le rayonnement fossile résultant de l'expansion de l'Univers, et on pourrait y distinguer les petites fluctuations qui sont à l'origine des galaxies. Ce photomontage représente une vue du lancement du ballon BOOMERANG sur le plateau antarctique, devant le volcan Erebus. Les fluctuations du fond cosmologique, telles qu'elles ont été mesurées par BOOMERANG.

de 8 m situés dans le désert d'Atacama, et qui constituent le Very Large Telescope. En fait, la recherche a commencé avec le Hubble Space Telescope, satellite de la NASA avec une forte participation de l'ESA. Le fait d'être dans un satellite, au-dessus de l'atmosphère terrestre, permet d'avoir des images beaucoup plus piquées qu'au sol. C'est un atout indispensable pour détecter les objets les plus faibles. La stratégie qui a été suivie ces dix dernières années a consisté à détecter des galaxies lointaines avec le Hubble Space

Telescope, puis à les caractériser avec les télescopes géants au sol. Cette méthode s'est révélée payante, puisque entre 1996 et 1998, plusieurs groupes ont réussi à démontrer que les galaxies lointaines étaient différentes des galaxies locales. Si on retrouve bien le pendant des galaxies proches, on trouve aussi pléthore de galaxies plus petites, et qui ont des couleurs plus bleues que les galaxies locales. Cette couleur est due à la présence d'étoiles jeunes. Ces petites galaxies sont donc dans des phases intenses de formation d'étoiles, environ trois fois le taux observé dans les galaxies proches.

Chercher des galaxies jeunes en utilisant la lumière visible, est-ce la bonne approche ? Pour répondre à cette question, il faut savoir quels sont les mécanismes d'émission de lumière par les galaxies. La source principale d'énergie est la gravitation. C'est elle qui permet à la galaxie d'exister en tant qu'objet individuel. C'est elle aussi, qui permet aux étoiles de se former et d'atteindre en leur centre des densités et des températures suffisantes pour que les réactions nucléaires se déclenchent. La source principale de rayonnement d'une galaxie est due aux étoiles qui la peuplent. Une galaxie normale contient quelques centaines de milliards d'étoiles. L'énergie nucléaire dégagée en leur sein se transforme en rayonnement. Le Soleil nous éclaire à l'énergie nucléaire. Paradoxe amusant sur les énergies propres. Une galaxie n'est pas composée seulement d'étoiles. Elle est aussi remplie de gaz et de poussières. Ces poussières interstellaires sont des grains allant de quelques centaines d'atomes, jusqu'à des grains microscopiques de quelques microns de longueur. Ils se décomposent en deux grandes familles, des grains carbonés, et des silicates. Ces grains absorbent une grande partie du rayonnement des étoiles. Du coup, ils sont chauffés et émettent eux-mêmes de la lumière. Certes, c'est un chauffage modeste, puisque la température moyenne des grains interstellaires est voisine de 20 K, soit – 250 °C. Cela est néanmoins suffisant pour que cette émission soit mesurable dans l'infrarouge. Ce processus de transformation de l'énergie, absorption du rayonnement des étoiles, chauffage des poussières et réémission dans l'infrarouge, peut être si efficace que dans des cas extrêmes, des galaxies rayonnent presque 100 % de leur énergie dans l'infrarouge. Cela fut une des grandes découvertes du satellite IRAS lancé en 1983 et réalisé en partenariat américain, anglais et hollandais. Ce satellite a été à l'origine d'une lignée de satellites dédiés à l'étude du ciel en infrarouge : ISO, satellite européen lancé en 1995, SIRTF, satellite américain qui sera lancé en 2002 et FIRST, satellite européen, qui sera lancé en 2007. Chacun d'eux représente un gain en termes de sensibilité, couverture en longueur d'onde et résolution spatiale. En combinant les observations d'ISO, et celles de COBE, on a pu montrer que les galaxies émettent globalement 3 fois plus d'énergie dans l'infrarouge que dans le visible et l'ultraviolet. ISO a montré que, lorsqu'elles avaient la moitié de leur âge actuel, les galaxies étaient beaucoup plus souvent de forts émetteurs infrarouges. Si seulement 3 % des galaxies actuelles émettent plus d'énergie dans l'infrarouge que dans le visible, elles étaient 30 % dans ce cas il y a 5 milliards d'années. Quelle est l'origine de ce phénomène ? Selon toute vraisemblance, il s'agit d'épisodes de formation d'étoiles intenses qui se sont déroulés dans le passé. Par l'étude des galaxies ultra lumineuses en infrarouge, découvertes par IRAS, on sait que ces galaxies sont en interaction avec d'autres galaxies et qu'elles subissent des flambées de formation d'étoiles très intenses, à la suite de ces interactions. Les observations dans le visible ont montré qu'il y avait, il y a quelque 5 milliards d'années, une population de petites galaxies qui n'ont pas leur équivalent de nos jours ; les observations en infrarouge montrent que les grandes galaxies de l'époque subissaient des flambées de formation d'étoiles liées à des interactions entre galaxies. La tentation est forte de réconcilier ces deux observations dans un scénario où les petites galaxies sont progressivement avalées par les grosses, entraînant ces épisodes de forte émission infrarouge. La vie des galaxies n'est pas plus tranquille que celle des êtres vivants. Les gros mangent les petits. Ce processus de fusion hiérarchique est prédit par les modèles cosmologiques. La vitesse à laquelle il se déroule dépend fortement des paramètres du modèle. On peut donc par l'étude des galaxies lointaines contraindre les modèles et la valeur de leurs paramètres. SIRTF, et surtout FIRST, permettront d'affiner cette vision, et de pouvoir retracer dans le temps cette évolution. ISO n'a pu que décrire ce qui s'est passé lors des cinq derniers milliards d'années, FIRST permettra de remonter presque jusqu'au début de l'histoire des galaxies.

ISO, SIRTF et FIRST permettent de détecter ces galaxies lointaines ; ils permettent d'en mesurer le flux en fonction de leur longueur d'onde ; leur faible résolution angulaire ne leur permet pas d'en réaliser de véritables images. Pour ces observatoires, les galaxies sont des points. Pour en réaliser des images, il faut utiliser un autre principe. Même dans l'espace, la résolution angulaire d'un télescope est limitée par un phénomène appelé diffraction. Il est impossible de résoudre deux sources qui sont séparées par des angles plus petits qu'un angle limite égal au diamètre du télescope divisé par la longueur d'onde de l'observation. Pour un télescope de 2 m en orbite, le pouvoir séparateur est limité dans le visible à 0,1 seconde d'arc, soit 1/36 000 de degré. Cela peut paraître peu, mais c'est déjà trop pour réaliser des véritables images d'objets qui ne font que quelques secondes d'arc de diamètre, comme les galaxies qui nous intéressent. Le diamètre des télescopes en orbite est limité par les capacités de lancement. Même si les USA et l'Europe envisagent de lancer vers 2010 un télescope de 8 m de diamètre en orbite, le New Generation Space Telescope, cela restera encore très loin de ce qu'il faut pour pouvoir faire des images de ces galaxies. Sur terre, à ce phénomène de diffraction se rajoute une déformation des images due à la turbulence atmosphérique ; les images ont des résolutions de l'ordre de la seconde d'arc, les bonnes nuits. La seule solution pour s'affranchir, soit de la diffraction, soit de la turbulence atmosphérique, c'est d'utiliser un autre principe d'imagerie : les interférences. Comme on l'apprend dans les classes de physique, si l'on combine la lumière captée par deux télescopes, on obtient un système de franges noires et brillantes, qui dépend de la phase respective des ondes lumineuses qui arrivent sur les deux télescopes. En analysant le système de franges, on peut calculer le déphasage des deux ondes, et donc en déduire leur direction d'origine. L'avantage de cette méthode est que l'interfrange entre les franges brillantes et sombres dépend du rapport entre la distance qui sépare les deux télescopes et la longueur d'onde de l'observation. En combinant deux télescopes distants de 100 m, on peut obtenir le même pouvoir séparateur qu'avec un télescope monolithique de 100 m de diamètre, et ce, quel que soit le diamètre des télescopes de l'interféromètre. Ce principe est utilisé depuis de nombreuses années en radioastronomie. Il commence à être utilisé dans le visible. Le Very Large Telescope européen aura un mode interférométrique combinant la lumière reçue par les quatre télescopes qui le composent. Mais l'instrument privilégié pour l'étude des galaxies lointaines sera ALMA. L'Atacama Large Millimeter Array sera un réseau de 64 antennes de 12 m de diamètre chacune, qui sera installé de manière conjointe par les Américains et les Européens dans le désert d'Atacama à 5 000 m d'altitude, au Chili. Il fonctionnera dans l'infrarouge lointain et le submillimétrique. Sa mise en service est prévue vers 2010. Il permettra d'obtenir des images avec une résolution angulaire meilleure qu'un centième de seconde d'arc. Enfin, nous pourrons réellement voir à quoi ressemble une galaxie jeune *(Fig. 2)*.

Figure 2 – Une image du sommet du Paranal dans le désert d'Atacama au nord du Chili. Ce sommet porte les quatre télescopes géants constituants le Very Large Telescope qui a été construit par l'European Southern Observatory. La mise en service de cet observatoire va donner aux astrophysiciens européens un outil privilégié pour l'étude de l'Univers lointain.

La matière

L'Univers n'est pas constitué que de rayonnement, il est aussi matériel. Les étoiles, les galaxies, ont été découvertes il y a longtemps. Mais cela ne fait pas le compte. Dès 1935, l'astronome Zwicky, en utilisant le télescope du mont Palomar, avait montré qu'il devait y avoir une quantité de matière importante qui n'avait pas encore été découverte. Il était arrivé à cette conclusion en mesurant les vitesses des galaxies dans les amas de galaxies. Depuis Newton, on sait qu'il existe une relation entre l'accélération des corps et la masse gravitationnelle. Si on augmentait la masse du Soleil, la Terre tournerait plus vite autour de lui. Inversement, si on connaît la distance de la Terre au Soleil et la vitesse de rotation de la Terre, on peut en déduire la masse du Soleil. Il en est de même avec les galaxies dans un amas. La mesure de la vitesse des galaxies dans un amas permet de calculer la masse de l'amas. Comme on connaît la masse des galaxies, de par leur luminosité, il est facile de comparer les deux estimations. Problème : la masse estimée par la dynamique est dix fois plus grande que celle identifiée dans les galaxies. On a trouvé par la suite que les galaxies tournaient également trop vite pour leur masse identifiée dans les étoiles. Il existe donc une composante de matière cachée, qui représente presque 90 % de la masse de l'Univers. Bien que les étoiles et les galaxies soient des objets brillants et remarquables, elles ne représentent qu'une infime partie de l'Univers. Qu'est ce que cette masse cachée ?

Depuis une cinquantaine d'années, les astrophysiciens l'ont cherché sous toutes les formes possibles. D'abord de la matière entre les étoiles ; on a trouvé un milieu interstellaire composé de gaz et de poussières, mais il ne représente qu'un dixième de la masse des galaxies. On a postulé un milieu gazeux dans les amas de galaxies, entre les galaxies. On l'a trouvé. Il s'agit d'un gaz très peu dense, un noyau par litre, et très chaud, quelques dizaines de millions de degrés. Ce milieu a été découvert dans les années 1970 grâce à son émission dans les rayons X. Mais là encore, cela ne suffit pas, bien que ce gaz représente une masse supérieure d'un facteur 2 à la masse présente dans les galaxies. On l'a cherché sous la forme d'étoiles isolées de très faible masse, des gros Jupiter en somme. Ces étoiles sont trop petites pour que des réactions nucléaires s'y déclenchent. Elles restent donc sombres, d'où leur nom de naines brunes. On en a trouvé, mais pas assez. Les recherches se poursuivent. Les physiciens des particules se sont mis de la partie, en cherchant des particules inconnues. Bien que les théories dites supersymétriques, qui tentent de concilier la gravitation et la mécanique quantique, prédisent l'existence de nouvelles particules, il n'est pas évident de chercher des particules dont on ignore tout. Pour l'instant, les recherches sont vaines. La nature de cette matière noire reste la grande énigme de la cosmologie.

Mais la matière noire devient de moins en moins noire. On arrive par des moyens détournés à en réaliser des images. Le gaz des amas est un outil privilégié d'analyse. Ce gaz est maintenu dans l'amas par l'attraction gravitationnelle exercée par la matière noire. Si l'on connaît la répartition de ce gaz, on peut en déduire la répartition de la matière en résolvant les équations de la dynamique. Cette méthode avait été mise au point depuis quelques années, mais on manquait d'une information essentielle : le profil de température du gaz en fonction de la distance à l'amas. Le gaz est en effet en équilibre entre sa pression interne, liée à sa température, et l'attraction gravitationnelle. Sans profil de température, on ne peut pas résoudre les équations de l'équilibre. C'est maintenant chose faite grâce à l'observatoire en rayon X européen XMM-Newton. Ce satellite, lancé à la fin de 1999, vient de permettre pour la première fois de déterminer de manière précise le profil de température du gaz dans un amas. Cela a permis d'en déduire le profil de densité de la matière noire. De là, on peut calculer quelques grandeurs typiques de cette matière noire comme sa température, sa pression interne, ou sa compressibilité. Heureusement pour les théoriciens, ces résultats ne sont en accord avec aucune des théories qui avaient été développées jusque-là. Il leur reste du travail pour encore quelques années. Plus directement, la matière noire fournit elle-même les outils pour l'observer. Dans la gravitation générale d'Einstein, la lumière ne se propage pas en vraie ligne droite. Elle se propage le long de lignes qui sont déformées au passage d'une masse gravitationnelle. Cette prédiction a été vérifiée de manière éclatante au début du siècle en observant comment la position d'une étoile sur le ciel semblait changer, au fur et à mesure que les rayons lumineux entre elle et nous passaient près du Soleil. De la même manière, si nous observons une galaxie située derrière un amas de galaxies, l'image de cette galaxie nous apparaîtra déformée à cause de son passage dans le champ gravitationnel de l'amas. La matière noire déforme les images de l'Univers lointain. Cet effet de lentille gravitationnelle est connu depuis longtemps. Mais ce n'est que depuis quelques années que nous disposons d'instrument d'imagerie suffisamment sensibles et fiables pour pouvoir les utiliser de manière systématique afin d'étudier la distribution de la matière noire dans les amas *(Fig. 3)*. L'image des galaxies déformées par un effet de lentille gravitationnelle se présente sous la forme d'un arc. Le premier arc gravitationnel a été trouvé grâce à des observations menées sur le télescope Canada-France-Hawaii en 1985. Depuis, en particulier grâce au télescope spatial Hubble, on en a trouvé dans presque tous les amas observés. De la forme de l'arc,

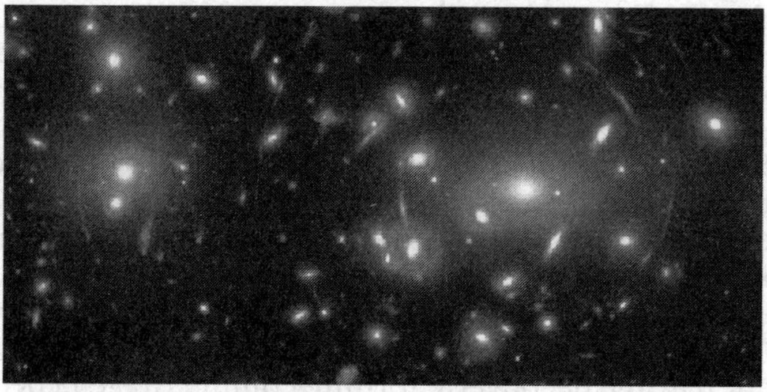

Figure 3 – Une image de l'amas de galaxies Abell 2218 prise par le télescope spatial Hubble. En plus des galaxies de l'amas, qui ont l'apparence d'objets elliptiques ou circulaires, on distingue très nettement une série d'objets qui ont la forme d'arcs. Ce sont en fait des galaxies situées derrière l'amas, et dont l'image est déformée par des effets de lentille gravitationnelle au passage dans l'amas. L'étude de ces arcs permet de remonter à la distribution de la matière noire présente dans l'amas.

on peut en déduire la perturbation des rayons lumineux, et donc la distribution de la matière noire. La problématique de l'observation est renversée. D'habitude, on a une source, un télescope et on étudie l'image. Dans ce cas-là, on dispose d'une source, d'une image, et on calcule le télescope qui a produit cette image. Le télescope à matière noire est le plus gros instrument dont nous disposions ; chaque amas de galaxie représente un télescope de plusieurs centaines de millions d'années-lumière de diamètre et de plusieurs dizaines de milliers de milliards de masses solaires de masse ! Heureusement que la nature nous l'offre. Le télescope à matière noire a déjà permis de faire des cartes de la matière noire dans les amas. Très récemment, encore, grâce à des observations effectuées avec le télescope Canada-France-Hawaii, il a été possible d'étendre cette méthode à des échelles dépassant la taille des amas classiques. Ce sera le domaine privilégié de recherches de MEGACAM, la prochaine grande caméra d'imagerie qui sera installée sur le télescope CFH à la fin 2001.

Un univers plat, des galaxies qui se forment par fusion hiérarchique, de la matière noire qui sert de télescope, les progrès accomplis ces dernières années ont profondément bouleversé notre connaissance de l'Univers et de ses constituants. En combinant les observations à toutes les longueurs d'onde, grâce aux observatoires spatiaux, nous avons pratiquement identifié toutes les sources qui sont à l'origine de la brillance du ciel. Le recensement de l'Univers est maintenant pratiquement achevé. C'est en soi un résultat spectaculaire. L'aboutissement de recherches commencées il y a plus de deux mille ans. Mais l'aventure continue. Il nous faut maintenant comprendre la physique de ces objets, leurs interactions et leur évolution. Il faut préciser le type d'univers dans lequel nous vivons. La génération actuelle des grands télescopes au sol, et la prochaine génération d'observatoires spatiaux permettra d'atteindre tout ou partie de ces objectifs. La grande inconnue reste la nature de la matière noire. Toutes les recherches ont été vaines. Dans quelles directions chercher maintenant ? Des pistes existent. Seront-elles fructueuses ? Bien malin qui peut le prédire. On ne peut qu'espérer que la solution sera trouvée un jour. Ce sera probablement par une découverte fortuite comme l'a été la découverte du rayonnement fossile.

Astrophysique, physique des particules et astroparticules

par François Vannucci

Introduction

L'astrophysique est la science qui étudie la nature à l'échelle de l'infiniment grand, jusqu'aux dimensions de l'univers entier, c'est-à-dire quelques 10^{26} m. À l'opposé, la physique des particules explore la matière à l'échelle de l'infiniment petit et permet actuellement de sonder des distances jusqu'à 10^{-18} m. Astrophysique et physique des particules représentent donc les deux frontières de la connaissance humaine.

La physique des astroparticules est une interface entre ces deux extrêmes. Alors que les objets de l'astrophysique sont de tailles macroscopiques, planètes, étoiles, galaxies…, la physique astroparticulaire étudie des objets microscopiques, les particules élémentaires elles-mêmes, mais au lieu de se limiter aux particules produites auprès des accélérateurs, les sources en sont maintenant astrophysiques. En pratique, cette discipline s'est récemment développée grâce aux physiciens des particules qui, pour certains, se sentaient à l'étroit près des accélérateurs, et qui ont transposé leurs techniques de détection à l'observation des phénomènes violents qui apparaissent dans le ciel.

L'astrophysique utilise comme intermédiaire de l'information, la lumière, c'est-à-dire des photons appartenant à la gamme visible ou proche du visible, détectés grâce à des instruments optiques, plaques photographiques, CCD. La physique astroparticulaire bénéficie d'une panoplie plus large de messagers : photons d'énergies

Texte de la 185e conférence de l'Université de tous les savoirs donnée le 3 juillet 2000.

élevées, mais aussi protons ou noyaux atomiques, électrons et neutrinos. Le but de cette physique est double, elle permet à la fois de mieux comprendre les sources de ces rayonnements, c'est-à-dire les phénomènes à l'origine d'accélérations gigantesques, mais aussi d'affiner la connaissance des propriétés des particules elles-mêmes produites dans des conditions impossibles à obtenir sur terre.

Deux exemples

LES GAMMAS DE HAUTES ÉNERGIES

Seuls les photons visibles peuvent traverser l'atmosphère sans être absorbés. Pour d'autres longueurs d'onde, l'étude se fait en satellite où les conditions d'observation sont idéales. Mais les satellites ont des dimensions limitées, et les flux de photons de très hautes énergies sont si faibles qu'il faut pouvoir disposer de surfaces de détection importantes pour compter un nombre suffisant d'événements. Dans l'atmosphère, les photons énergiques se multiplient en donnant une gerbe dite électromagnétique qui, à son maximum, peut atteindre des millions de particules, essentiellement des électrons et des positrons. Ceux-ci disposent encore d'une énergie suffisante pour donner le long de leur trajectoire de la lumière qu'on peut détecter grâce à des capteurs couvrant de grandes surfaces. Un dispositif de ce type, appelé Cat, est en opération au pied des Pyrénées. Alors qu'en lumière visible on répertorie des milliards de sources, et qu'en rayonnement X, il en reste quelques milliers, on n'a détecté à ce jour que quatre sources certaines aux énergies allant jusqu'à 10^{14} eV, en particulier un pulsar, le Crabe, et deux noyaux actifs de galaxies Mk 421 et 501 qui ont surpris par la très grande variabilité de leur émission. Le spectre des photons arrivant sur terre renseigne d'autre part sur le milieu traversé.

LES RAYONS COSMIQUES CHARGÉS

Les rayons cosmiques chargés ont été étudiés depuis le début du XXe siècle, et si beaucoup de physiciens se sont tournés vers les accélérateurs au milieu du siècle, certains observent à nouveau le ciel qui permet des énergies qu'aucun accélérateur ne peut atteindre. On détecte aujourd'hui des particules, probablement des protons, atteignant des énergies de 50 J, l'énergie d'une balle de tennis lors d'un service ! La *figure 1* montre le spectre de ce rayonnement mesuré jusqu'à ces énergies macroscopiques. Quelques rayons cosmiques de plus de 10^{20} eV ont été observés, et ils posent un problème, car ils ne peuvent provenir de sources très lointaines du fait de l'absorption inhérente à la présence du fond cosmologique, mais d'autre part on ne connaît pas de phénomènes d'accélération suffisamment puissants dans les régions proches de nous. Certaines théories les expliquent comme témoins de phénomènes liés au Big Bang.

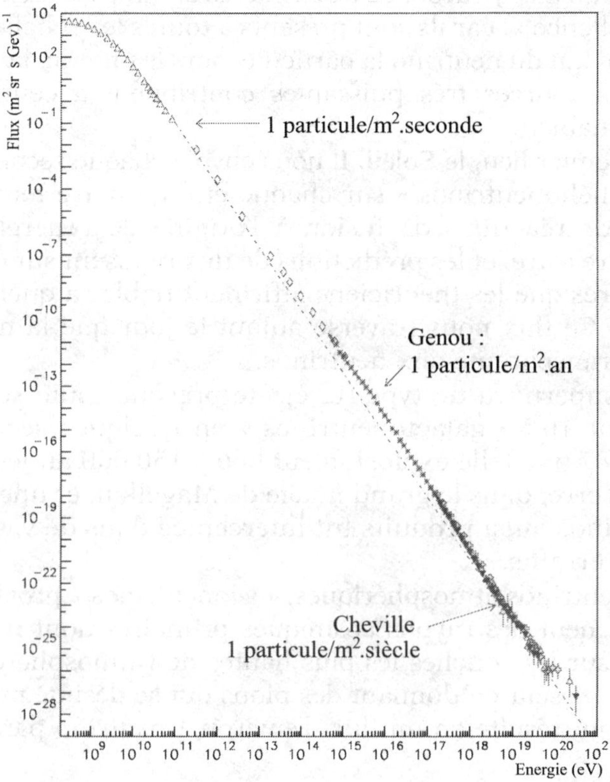

Figure 1 – Spectre des rayons cosmiques mesuré jusqu'aux énergies ultimes.

Pour espérer résoudre l'énigme présente, il faut accumuler des statistiques suffisantes. Or ces rayons sont très rares, puisqu'ils bombardent la terre à raison de 1 par km^2 et par siècle. Il faut donc disposer de très grandes surfaces de collection. L'observatoire Auger se donne pour but d'équiper en instruments 3 000 km^2 d'un plateau en Argentine. Un rayon cosmique ayant l'énergie considérée ici, produit au total des milliards de particules secondaires, et arrose au sol une surface de quelques 10 km^2. Le détecteur consiste en un réseau de capteurs distants les uns des autres de 1,5 km.

Le mystère des neutrinos

Les neutrinos peuvent être considérés comme les astroparticules « par excellence », car ils sont présents à toutes les échelles de l'univers, ce qui fait du neutrino la particule, hors le photon, la plus abondante. Des sources très puissantes contribuent à cette présence incontournable.

En premier lieu, le Soleil. Il nous envoie chaque seconde 60 milliards d'« hélioneutrinos » sur chaque cm^2 de notre terre. Ils proviennent de réactions de fusion à l'origine de l'énergie qui fait briller notre astre, et les prédictions de flux reposent sur des calculs très élaborés que les théoriciens affirment fiables à quelques pour cent près. Ce flux nous traverse autant le jour que la nuit, car la terre est transparente aux neutrinos.

Une supernova de type IIa éjecte presque toute son énergie en libérant 10^{58} « galactoneutrinos » en quelques secondes. En février 1987 une telle explosion eut lieu à 150 000 années-lumière de notre Terre, dans le grand nuage de Magellan, et une vingtaine des neutrinos ainsi produits fut interceptée dans de vastes détecteurs souterrains.

Les neutrinos atmosphériques, « géoneutrinos » proviennent du bombardement des rayons cosmiques primaires dont il a été déjà question, sur les couches les plus hautes de l'atmosphère. Les protons interagissent en donnant des pions qui se désintègrent rapidement, ce qui résulte en un flux d'environ 1 neutrino par minute et par cm^2.

Les neutrinos peuvent aussi provenir de sources extragalactiques encore mystérieuses, telles que noyaux actifs de galaxie, trous noirs..., et ici l'expérimentation en est encore à ses balbutiements.

N'oublions pas l'homme et ses « anthroponeutrinos ». Un réacteur nucléaire EdF produit quelques 10^{20} (anti)-neutrinos par seconde, sans aucun danger pour l'environnement, et les accélérateurs permettent de construire des faisceaux bien maîtrisés qui s'avèrent les mieux adaptés pour les recherches les plus fines concernant les propriétés de ces particules.

Au-delà de toutes ces sources variées, le producteur le plus prolifique fut le Big Bang, il y a environ 14 milliards d'années. Les astrophysiciens nous enseignent que la grande explosion originelle a laissé 300 « cosmoneutrinos » dans chaque cm^3 de l'Univers. Cette densité semble faible, rapportée aux densités de particules dans la matière ordinaire, mais intégrée sur tout le volume de l'univers, elle donne une population de neutrinos plusieurs milliards de fois plus abondante que celle des protons, neutrons et électrons qui forment les atomes.

Comment s'y retrouver dans toutes ces catégories de neutrinos ? Par chance, les différentes populations s'échelonnent en classes d'énergies bien distinctes. Ainsi, les neutrinos cosmologiques possèdent les énergies les plus faibles, le milli-eV, tandis qu'on attend des énergies atteignant l'exa-eV pour les neutrinos extragalactiques. Entre ces extrêmes, les neutrinos solaires se concentrent autour de 1 MeV et les atmosphériques autour de 1 GeV. La *figure 2* montre cette hiérarchie d'énergies.

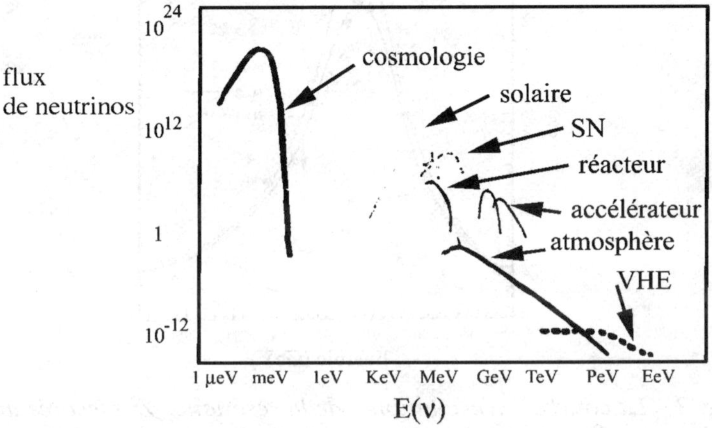

Figure 2 – Distribution en énergies des sources variées de neutrinos.

C'est le paradoxe des neutrinos : ils nous entourent en bataillons innombrables, et pourtant ils ne nous affectent aucunement. Car ils ne subissent que l'interaction dite faible et un seul neutrino de 1 GeV sur 100 000 est arrêté dans la traversée de la terre, d'où le qualificatif de fantôme souvent attribué à cette évanescente particule. La probabilité d'interaction est faible mais pas nulle, sinon, on ne saurait rien d'eux. Or, grâce à des flux très intenses obtenus auprès d'accélérateurs puissants, et grâce à des détecteurs très massifs, on dispose aujourd'hui de millions d'interactions de neutrinos enregistrées au cours de plusieurs générations d'expériences qui ont analysé en détail les propriétés de leur couplage avec la matière.

Parfois, un neutrino produit, lors de son interaction, un électron identifié : c'est un neutrino électronique ν_e. Parfois l'interaction donne un muon, c'est le neutrino muonique ν_μ qui est ici responsable.

ν_e, ν_μ, l'histoire s'arrête-t-elle là ? Le nombre de types de neutrinos existant dans la nature a été mesuré précisément grâce à un accélérateur du CERN : le LEP. Le résultat est sans appel : 2,990 ± 0,016. Cette mesure provient de l'étude du Z^0, le boson neutre, intermédiaire des interactions faibles, produit lors de collisions e^+ e^- et qui se désintègre quasi instantanément. La *figure 3* montre la courbe dite d'excitation du boson Z^0. La largeur de cette courbe en cloche dépend du nombre de neutrinos. Plus il en existe de types différents, plus la courbe est aplatie, et son ajustement permet d'extraire le nombre total de neutrinos cité plus haut. Ainsi, la nature se contente de 3 neutrinos différents et 3 seulement qu'on appelle ν_e ν_μ et ν_τ.

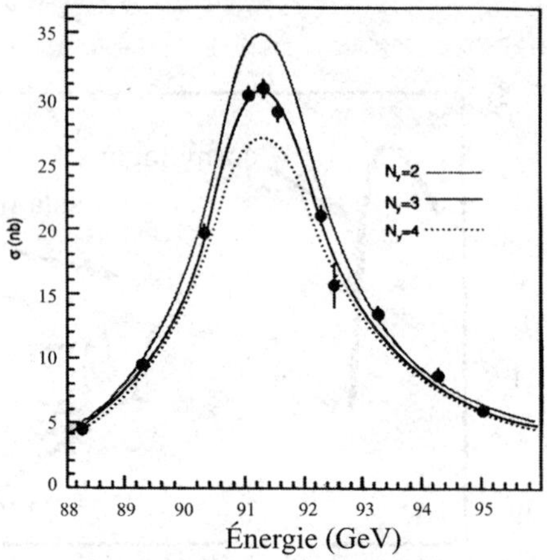

Figure 3 – La courbe « d'excitation » de la résonance Z^0 mesurée au LEP, qui prouve l'existence de seulement trois neutrinos légers différents.

L'expérience Super-Kamiokande et les oscillations

Puisqu'il est nécessaire de disposer de détecteurs énormes pour obtenir un nombre suffisant d'interactions, décrivons l'ambitieuse expérience qui a donné les résultats les plus probants dans le domaine des neutrinos solaires et atmosphériques : Super-Kamiokande. Construite dans une mine de zinc sous une montagne japonaise près de la petite ville de Kamioka, elle a commencé à prendre des données en avril 1997. Le dispositif consiste en un volume gigantesque, d'environ 35 m*35 m*40 m rempli d'eau purifiée, constamment observé par plus de 11 000 tubes photomultiplicateurs, capteurs pouvant détecter la présence de quelques photons visibles. C'est une véritable cathédrale souterraine que montre la *figure 4* (voir hors-texte) pendant la phase de remplissage. On y voit des techniciens sur un canoë effectuant les derniers ajustements des photomultiplicateurs avant que l'eau ne les recouvre.

Un neutrino interagissant dans l'eau produit des particules chargées de différents types qui, si elles ont suffisamment d'énergie, donnent dans la traversée de l'eau des photons visibles produits par l'effet appelé Cerenkov. Cet effet s'apparente à l'émission d'une onde de choc électromagnétique, et naît chaque fois qu'une particule se propage dans un milieu à une vitesse supérieure à celle de la lumière dans ce milieu. Or, dans l'eau, la lumière se propage à 220 000 km/s, et un électron d'énergie 1 MeV dépasse cette vitesse. Un cône lumineux est produit le long de la trajectoire, ce qui résulte en un anneau de photons au niveau des photomultiplicateurs.

Ainsi on mesure le flux des neutrinos solaires au-dessus d'une énergie de 5 MeV, or on ne compte que la moitié du flux prédit par les théoriciens.

Dans la gamme d'énergie entre 100 MeV et quelques GeV, on détecte un signal venant des neutrinos atmosphériques. Dans ce dernier cas, les interactions des neutrinos ν_μ produisent des muons, les interactions des neutrinos ν_e produisent des électrons. Or muons et électrons donnent des anneaux suffisamment distincts pour qu'on puisse compter séparément les ν_μ et les ν_e incidents. La direction de la particule détectée informe d'autre part sur la direction du neutrino qui a donné lieu à l'interaction, du moins aux énergies suffisamment élevées. À nouveau, le résultat n'est pas conforme aux prédictions. Super-Kamiokande détecte bien les neutrinos électroniques au niveau attendu, mais semble mettre en évidence un manque de neutrinos du type muonique. Et l'expérience avance un argument supplémentaire décisif. Les neutrinos atmosphériques proviennent de toutes les directions, puisqu'ils sont produits tout autour de la terre. Ceux reconstruits comme venant « d'en haut » naissent dans l'atmosphère directement située au-dessus du site expérimental. Ils ont parcouru environ 10 km avant d'être détectés. Ceux provenant « d'en bas » sont produits aux antipodes et ont donc parcouru de l'ordre de 10 000 km avant d'atteindre le dispositif expérimental. Or le déficit se manifeste pour les ν_μ « d'en bas », qui ont traversé toute la terre, c'est-à-dire les neutrinos ayant parcouru de longues distances avant leur détection. Les neutrinos interagissant très peu avec la matière, on ne devait pas observer de déficit. La *figure 5* explicite quantitativement le résultat en montrant la distribution en angle zénithal. Le déficit est apparent à $\cos\theta = -1$.

Neutrinos solaires et atmosphériques ont donc bien été mis en évidence, mais dans les deux cas, le flux mesuré présente une anomalie en regard du flux attendu. Le fait de trouver un accord à un facteur 2 près entre des mesures délicates et des prédictions difficiles est déjà une grande réussite. Pourtant les physiciens ne s'en contentent pas et cherchent à comprendre ce désaccord.

On mesure moins de neutrinos que prévu, une partie semble avoir disparu entre la source de production et le point de détection. À moins que certains, au cours de leur voyage, n'aient changé de type. En effet les détecteurs actuels de neutrinos solaires ne sont

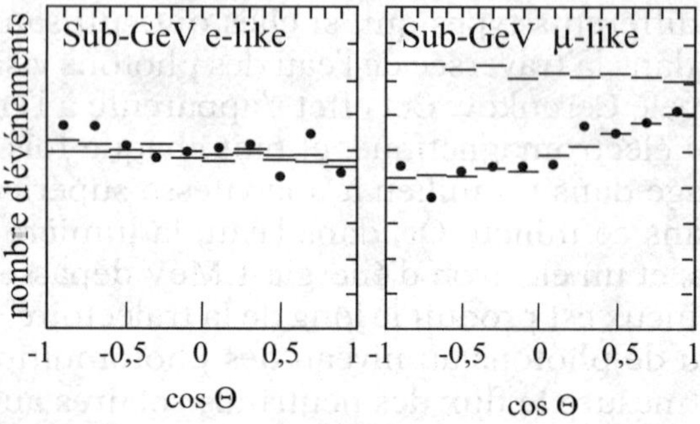

Figure 5 – Distribution en angle zénithal des interactions de neutrinos atmosphériques montrant le déficit des ν_μ montant.

sensibles qu'aux ν_e et il se pourrait que les ν_e produits à l'intérieur du soleil se soient convertis en ν_μ avant d'atteindre la terre. De même, les indications de Super-Kamiokande peuvent s'interpréter comme une conversion de ν_μ en ν_τ qui échappe à la détection, sur des distances de l'ordre du diamètre terrestre.

Ce phénomène dans lequel un type de neutrino se transforme spontanément en un type différent est appelé oscillation. C'est un processus permis en mécanique quantique dès lors que les neutrinos ont une masse. La probabilité du phénomène dépend de la différence des masses au carré entre les neutrinos oscillants. Ce mécanisme revêt beaucoup d'importance, car il permet de sonder des différences de masses très petites, inaccessibles par tout autre moyen. Or la question qui se pose actuellement sur les neutrinos concerne précisément leur masse, et on sait seulement que si masse il y a, elle doit être minuscule.

L'interprétation communément admise du déficit des ν_e solaires par le phénomène d'oscillations amène à une relation entre les masses m_1 et m_2 des états propres correspondant aux ν_e et ν_μ : $m_2^2 - m_1^2 = 5 \cdot 10^{-5}$ eV^2. Pour les neutrinos atmosphériques, le déficit des ν_μ observé suggère une seconde relation entre les masses des neutrinos oscillants : $m'^2_2 - m'^2_1 = 3 \cdot 10^{-3}$ eV^2. Elle s'applique *a priori* aux états propres correspondant au couple ν_μ et ν_τ.

La recherche d'oscillations est un domaine très actif, et plusieurs générations d'expériences en ont cherché les effets, soit auprès de réacteurs, soit auprès d'accélérateurs, sans les mettre en évidence. La situation actuelle n'est pas entièrement claire et une confirmation du signal revendiqué par Super-Kamiokande est attendue. Elle devrait venir de programmes en cours de réalisation, au Japon d'abord, puis au CERN et aux États-Unis, et qui nécessitent de grandes distances de vol pour être sensibles à de très petites masses. Ainsi, en 2005, on enverra un faisceau produit à Genève vers le tunnel du Gran Sasso près de Rome, laissant aux neutrinos 730 km pour osciller. Les détecteurs imaginés sont à la mesure du problème.

La fin de la physique ?

Au cours des cent dernières années, les progrès de la connaissance scientifique ont été spectaculaires. Tant aux confins de l'infiniment grand qu'à ceux de l'infiniment petit, environ huit ordres de grandeur ont été gagnés. On discerne aujourd'hui des détails cent millions de fois plus fins qu'il y a cent ans, et on se rapproche de l'instant même du Big bang. Les frontières du connu semblent d'ores et déjà avoir atteint leurs limites. En effet, on ne peut penser aller au-delà du Big Bang, et la quête de l'infiniment petit bute de plus en plus contre le mur du gigantisme.

Indéniablement, le XXe siècle aura été le siècle de la physique. Le XXIe siècle débute avec le déchiffrage du génome humain, et certains annoncent le siècle de la biologie. D'autant que la biologie est riche de promesses, certains esprits téméraires allant jusqu'à envisager l'immortalité, alors que les retombées de la physique des astroparticules semblent illusoires, et que le domaine apparaît comme un simple passe-temps de physiciens.

Pourtant la physique n'a pas révélé tous ses secrets. Nous sommes peut-être à l'aube d'une nouvelle révolution copernicienne. En effet, l'univers est, semble-t-il, rempli à 95 % d'une matière sombre, détectée par les vitesses anormales de rotation d'objets célestes dans les galaxies *(Fig. 6)*, et d'une énergie sombre résultant d'études de supernovae lointaines et qui indiquent que l'expansion de l'univers est en accélération. Or matière et énergie sombres n'ont, semble-t-il, rien à voir avec notre matière ordinaire. L'essence même de notre monde étudié au cours des derniers siècles semble ne représenter qu'une toute petite partie de l'univers.

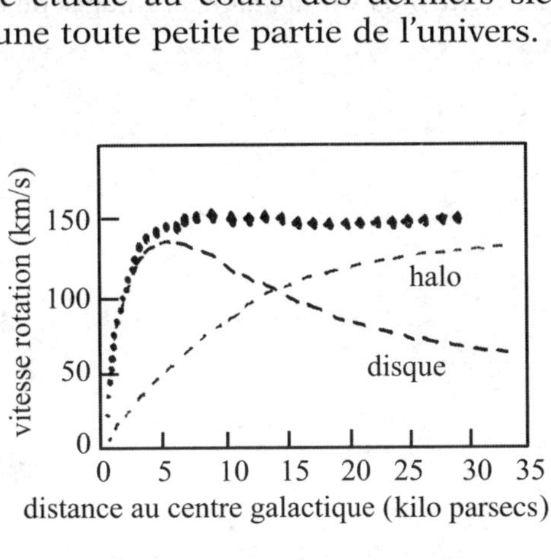

Figure 6 – Évidence de matière sombre révélée par les vitesses de rotation d'objets célestes en fonction de leur distance au centre galactique.

Pendant un temps on espérait que les neutrinos puissent expliquer la matière sombre. En effet, le scénario du Big Bang prédisant une population de neutrinos plusieurs milliards de fois plus abondante que celle des autres particules, une masse avoisinant quelques 10 eV, suffisait pour que la masse totale des neutrinos dépasse celle de la matière visible et donc influence le devenir de l'univers. Un tel scénario était privilégié avant le résultat de Super-Kamiokande. Aujourd'hui, l'expérience japonaise semble indiquer une contribution marginale des neutrinos à la masse de l'Univers, quoique avoisinant la masse visible, celle constituée par l'ensemble des étoiles.

La masse sombre est donc recherchée dans d'autres directions : particules hypothétiques telles que axions ou particules supersymétriques. Quant à l'énergie sombre c'est aujourd'hui un mystère complet.

Il reste donc de grandes énigmes que la physique peut et doit résoudre, mais pour certains cette recherche apparaît comme trop ésotérique et coupée des préoccupations jugées importantes. Pourtant, dévoiler les secrets de l'univers est pour l'homme aussi exaltant que composer un poème ou une sonate. La justification d'une telle recherche est à trouver dans l'enrichissement de l'aventure humaine. Il ne faut pas brider la curiosité intellectuelle. La connaissance est un bien précieux, et on peut espérer qu'un jour, quand la science aura répondu à tous les « comment » de la nature, le « pourquoi » en deviendra un peu plus clair, or c'est bien là la question essentielle posée à l'homme.

RÉFÉRENCES

– WINTER (K.) éditeur, *Neutrino Physics*, Cambridge University Press, 1991.
– CROZON (M.) et VANNUCCI (F.), *Les Particules élémentaires*, « Que sais-je ? », PUF, 1994.
– VANNUCCI (F.), *Les Neutrinos sur la balance*, Images de la Physique/CNRS 1999.

Le Big bang

par Marc Lachièze-Rey

Si les modèles de Big bang sont l'expression de notre cosmologie contemporaine, la discipline est loin d'être nouvelle : aussi loin que l'on remonte dans l'Antiquité, les regards et les pensées sont tournés vers le Ciel, le Monde, le Cosmos, l'Univers... Concernée par l'Univers dans son ensemble, la cosmologie nous indique sans doute quelque chose sur la place que nous y occupons. Aujourd'hui, la cosmologie est devenue une science.

On fait le plus souvent remonter l'origine de la science moderne à l'époque de Galilée et Newton. La cosmologie scientifique prend naissance au même moment. Le vingtième siècle bouleversera cette cosmologie scientifique en lui conférant un caractère relativiste, et en la concrétisant sous forme de modèles, en particulier la famille des modèles de Big bang. Il ne s'agit pas d'un modèle unique, d'une vision totalement figée de l'Univers et de son évolution, mais plutôt d'un ensemble de descriptions possibles, partageant des caractéristiques communes, mais aussi des différences. Une grande part du travail actuel des astrophysiciens et des cosmologues consiste, précisément, à examiner, au sein de la classe des modèles de Big bang, lesquels semblent décrire le mieux notre Univers. Ils vérifient également sans cesse, avec jusqu'à présent des succès toujours grandissants, la validité de cette classe de modèles.

Texte de la 186e conférence de l'Université de tous les savoirs donnée le 4 juillet 2000.

L'Univers

Le concept d'univers, tel que nous le concevons aujourd'hui, constitue l'objet même de la cosmologie. Mais il ne remonte pas plus tôt que le XVIIe siècle, le moment où l'unité du Monde fut reconnue et admise. Deux millénaires plus tôt, Platon qualifiait le Monde de Cosmos, insistant ainsi sur son harmonie (à la source étymologique du terme grec). L'Antiquité décrivait un monde très différent du nôtre : hiérarchisé plutôt qu'unifié, d'extension très petite et bien moindre que ce que nous concevons aujourd'hui puisque limitée au Système Solaire. Ce monde se constituait d'un emboîtement hiérarchique de sphères, centrées sur la Terre située au centre du monde : sphères de la Lune, du Soleil, des planètes, jusqu'à la Sphère des Fixes, portant les étoiles (fixes). Celle-ci constituait la frontière du Monde, fini, borné.

Ces idées, développées essentiellement par Platon et Aristote et mises en œuvre par de nombreux mathématiciens, géomètres et astronomes, ont régné pendant près de deux millénaires. D'origine pythagoricienne, l'idée de la prééminence du cercle et de la sphère fut reprise et promue par Platon. Ces figures hautement symétriques ont joué un rôle déterminant, conforme à la nécessité de décrire le monde harmonieux de manière harmonieuse. Le dogme a tenu deux mille ans, tous les mouvements célestes devant être décrits par des combinaisons de sphères et de cercles en rotation, jusqu'à ce que Johannes Kepler découvre la nature elliptique des orbites planétaires. L'événement, à la charnière des XVIe et XVIIe, constitue l'un des ingrédients essentiels d'une première révolution cosmologique. Cet ample mouvement débute après la Renaissance (avec de nombreux précurseurs comme Nicole Oresme, Nicolas de Cuse...) et se poursuit jusqu'à la fin du XVIIe siècle. Newton y porte la touche finale avec ses *Principia* qui synthétisent les travaux de nombreux précurseurs (Giordano Bruno, Nicolas Copernic, Tycho Brahe, Johannes Kepler, Galilée...). Il établit ainsi les bases de la mécanique, de l'astronomie, de la cosmologie, et fonde la physique moderne.

L'Univers du XVIIe est devenu beaucoup plus vaste que celui de l'Antiquité. Il ne s'arrête pas à la Sphère des Fixes, ne se réduit pas au Système Solaire : les étoiles ne sont pas toutes à la même distance de nous mais se répartissent dans tout l'espace. Copernic déplace le centre du Monde de la Terre vers le Soleil, mais Newton niera l'idée même d'un centre du Monde. Telle est notre conviction actuelle : dans le Monde dépourvu de tout centre, tous les points sont équivalents, aucun n'est particulier. Le Monde — l'Univers en tant que Monde unifié — est homogène. Cela signifie que tous les points sont équivalents dans un univers, et que les lois physiques sont donc partout et toujours identiques. Cette idée d'universalité (des lois physiques, des mouvements, de la composition de la matière) rend tout simplement possible la physique, et l'astrophysique. L'universalité, le concept d'univers, garantit que le résultat d'une expérience menée là-bas est identique à celui d'une expérience menée ici ; que les résultats seront encore les mêmes si je mène l'expérience demain. Une telle reproductibilité fonde la possibilité de faire de la physique.

L'idée d'univers, comme tant d'autres idées nouvelles émises à cette époque, va à l'encontre des conceptions aristotéliciennes : plus de centre du Monde, plus de position privilégiée de la Terre, plus d'espace borné, clos, plus de mouvements circulaires. L'Univers n'est plus constitué de quatre éléments (la terre, l'eau, l'air et le feu) mais de petites particules (retour à l'atomisme). Sa composition est universelle comme le vérifieront les astrophysiciens au XIXe : l'Univers est bien… un univers. La matière est la même sur Terre, dans les étoiles, dans les galaxies, dans le vide interstellaire, etc. Les lois de la gravitation, l'électromagnétisme, la physique quantique, la relativité, s'y appliquent pareillement.

Espace, temps, espace-temps

Newton énonce, et c'est essentiel, les propriétés de l'espace et du temps. Ce cadre immuable de la physique est identifié à l'Univers vu d'un point de vue géométrique. La physique newtonienne ira de succès en succès pendant trois siècles, et reste encore aujourd'hui très efficace pour de très nombreux problèmes. Ce sont des difficultés purement conceptuelles, et non pas observationnelles ou expérimentales — rien ne remet en cause la pertinence de cette théorie pour prédire ou interpréter tous les résultats observés —, qui conduisent à sa remise en cause au début du XXe siècle, et à l'introduction des théories relativistes. En 1917, la Relativité générale renouvelle fondamentalement la cosmologie. Quelques décennies plus tard, se mettra en place la physique quantique, volet complémentaire de la physique du XXe siècle.

Ce début de XXe siècle voit donc un renouveau total de la physique, qui provoquera une seconde révolution cosmologique fondée à la fois sur la nouvelle théorie de la Relativité Générale et sur de nouveaux résultats observationnels. La cosmologie moderne, relativiste, et en particulier les modèles de Big bang, n'auraient pas vu le jour sans cette conjonction remarquable entre nouvelles théories (introduites, j'insiste, pour des raisons purement conceptuelles) et nouveaux résultats d'observations dus à l'introduction de grands télescopes, l'utilisation de la photographie et de la spectroscopie (cela permettant d'étudier des objets très peu lumineux, et donc très éloignés tels que galaxies, quasars,...). Cette convergence entre théorie et observations permit le développement d'une nouvelle cosmologie, aboutissant à la construction des modèles de Big bang.

Le grand Univers

Depuis la fin du XIXe siècle, un grand débat occupait la communauté astrophysique, à propos de l'extension de notre Univers. Après la Renaissance, les philosophes de la nature avaient compris qu'il s'étendait beaucoup plus loin que le Système Solaire, les étoiles se répartissant à des éloignements divers et très importants. Il devenait possible d'envisager un univers très grand, voire même infini comme l'avaient imaginé quelques précurseurs dont Giordano Bruno. À la fin du XIXe siècle, de nombreux dénombrements d'étoiles font comprendre aux astronomes que notre Système Solaire (l'étoile Soleil entourée de ses planètes) n'est qu'une zone minuscule au sein d'un rassemblement d'étoiles beaucoup plus vaste : notre galaxie, la Voie Lactée, comprend des dizaines ou des centaines de milliards d'étoiles. Les astronomes en dessinent les contours, y situent notre Système Solaire. La plupart estiment, à l'époque, que notre galaxie constitue la totalité de l'Univers. Au-delà de notre galaxie, il n'y aurait rien : du vide mais pas de matière, pas d'étoiles. Pourtant, certains avaient déjà soupçonné qu'il y avait peut-être autre chose, bien au-delà. Parmi eux, le philosophe Emmanuel Kant avait par exemple suggéré, dès la fin du XVIIIe siècle, l'existence d'autres univers-îles. En visionnaire, il anticipait notre vision d'un univers constitué d'un rassemblement de galaxies, semblables en effet aux îles d'un archipel au milieu de l'océan.

Ces questions suscitèrent des débats de plus en plus virulents à la charnière des deux siècles. Les arguments présentés par les opposants aux univers-îles semblaient très convaincants, mais il apparut par la suite qu'ils reposaient sur des résultats d'observations erronés. Le débat fut définitivement tranché en 1924 grâce aux observations menées par l'astronome américain Edwin Hubble. Utilisant les grands télescopes à sa disposition, il réussit à montrer qu'un objet céleste, appelé à cette époque la Grande Nébuleuse d'Andromède, se situait en dehors de notre propre galaxie, et même très loin d'elle : il devenait évident que l'Univers s'étendait bien au-delà de notre galaxie, qu'il était immense, beaucoup plus grand que la Voie Lactée. Et il se révélait peuplé d'innombrables galaxies : la nébuleuse d'Andromède (appelée aujourd'hui galaxie d'Andromède) est l'une d'elles, à peu près analogue à la nôtre mais située à des millions d'années-lumière. Par la suite, les astronomes en ont découvert des milliers, des millions, peut-être bientôt des milliards. Ainsi, en 1924, l'Univers est brusquement devenu extrêmement grand, nous ne savons toujours pas aujourd'hui jusqu'à quel point. Nous ne savons même pas si l'espace est fini ou infini. La Relativité Générale, fondée sur une géométrie nouvelle particulière, dite non euclidienne, permet un univers de volume et de circonférence finis, mais dépourvu de toute limite.

Expansion relativiste

L'Univers est donc immense, constitué d'innombrables galaxies. Mais ce n'est qu'un premier aspect de la révolution cosmologique en cours. Toute une série d'observations remontant à la fin du XIXe siècle, effectuées essentiellement par l'astronome américain Vesto Slipher, suggèrent un mouvement apparent et global de toutes les galaxies. Bien plus, des régularités surprenantes se manifestent : toutes s'éloignent, aucune ne se rapproche (les très rares exceptions n'ont guère d'importance dans ce schéma). Enfin, moins les galaxies sont lumineuses (et donc, plus elles sont lointaines), plus elles semblent s'éloigner rapidement. Cela dévoile une sorte de mouvement d'expansion, dont l'extension, la régularité et les propriétés, dépassent de loin l'échelle des galaxies. Les astronomes comprennent rapidement qu'il s'agit d'un phénomène d'échelle cosmologique (impliquant l'Univers dans son ensemble et non pas telle ou telle de ses parties) mais ils ne savent pas l'interpréter. Découverte de manière empirique, cette expansion restait encore en 1929 un mystère complet pour les astronomes, lorsque Hubble énonça sa fameuse loi qui déclare que la vitesse d'expansion d'une galaxie est proportionnelle à son éloignement. La solution avait en fait déjà été trouvée en 1927 par le physicien belge Georges Lemaître (qui avait énoncé la loi de Hubble) mais elle ne fut portée à la connaissance de la communauté astronomique qu'en 1930. Lemaître avait trouvé la solution du problème cosmologique, en montrant que les équations de la Relativité Générale impliquent que l'Univers doit être en expansion ou en contraction. Ayant eu connaissance des premiers résultats observationnels de Slipher, il les avait interprétés comme une manifestation de cette expansion de l'Univers comprise dans un cadre relativiste.

Les résultats initiaux de Lemaître, publiés en 1927 dans une revue belge, n'ayant eu quasiment aucun écho, les cosmologues se demandaient encore, en 1930, comment interpréter les résultats de

Slipher et de Hubble. En 1931, Georges Lemaître envoya une copie de son article à son ancien professeur Arthur Eddington. Ce dernier, le publiant de nouveau, lui donna la publicité qu'il méritait. L'expansion de l'Univers fut alors comprise et admise par la majorité de la communauté astronomique (il est à signaler que le physicien soviétique Alexandre Friedmann avait trouvé dès 1922 les mêmes solutions de la Relativité Générale, néanmoins sans les relier aux résultats observationnels) : le mouvement observé des galaxies, si régulier, d'extension si grande, est bien de nature cosmique, et relativiste. Il est impossible de l'imputer à une cause locale : ce sont ne sont pas les galaxies qui s'attirent ou se repoussent par leurs interactions. Il s'agit d'une propriété de l'Univers lui-même, parfaitement comprise et interprétée dans le cadre de la Relativité Générale.

Cette théorie énonce essentiellement deux points extrêmement nouveaux. Le premier (déjà présent en Relativité Restreinte) implique de mêler l'espace et le temps dans une entité plus globale que l'on appelle l'espace-temps. Deuxième point, la géométrie de cet espace-temps peut être déformée, posséder une courbure, une topologie, et elle peut varier dans le temps. En fait, la nouvelle géométrie spatio-temporelle fait apparaître toute modification des propriétés de l'espace dans le temps comme une courbure de l'espace-temps. C'est un avantage de cette approche : ce que l'on considérait comme une variation dans le temps, est maintenant considéré comme un pur effet géométrique, dans la géométrie étendue incluant la dimension temporelle. Parler de la géométrie de l'espace-temps, c'est donc parler à la fois de la géométrie de l'espace et de son évolution dans le temps. Dans ce cadre, l'expansion cosmique (de l'espace) apparaît comme un aspect géométrique de la géométrie de l'espace-temps.

Les galaxies ne sont pas en mouvement dans l'espace. Mais l'espace lui-même est en expansion, entraînant les galaxies comme le courant d'une rivière peut entraîner des bateaux dont les moteurs sont à l'arrêt. Ces derniers sont immobiles par rapport à l'eau ; de même, les galaxies sont immobiles, ou plutôt comobiles, par rapport à l'espace qui les entraîne. Si l'on ne peut voir directement un tel courant d'espace, la Relativité prévoit un tel phénomène et lui donne un sens : l'espace est en expansion, la découverte observationnelle a coïncidé avec l'invention de la Relativité qui offre un cadre théorique pour l'interpréter.

Une fois l'expansion reconnue, il reste à en tirer les conséquences physiques. Là encore, Georges Lemaître fut un précurseur, avec son modèle de l'atome primitif (1931) qui en tire les conséquences physiques sur l'histoire de l'Univers. On ne connaissait encore, à l'époque, ni la physique nucléaire ni la physique des particules, et à peine la physique quantique, aussi ces idées restaient encore vagues. Mais ces modèles, retravaillés, réajustés, sont finalement devenus les modèles de Big bang. À l'époque, les idées de Lemaître, impossibles à tester, ne suscitèrent que très peu d'intérêt. Dès le début, elles suscitèrent même une certaine hostilité. Le recul historique montre aujourd'hui l'aspect dogmatique (encore parfois présent) d'une bonne part des critiques contre le Big bang, résultant de la difficulté de remettre en cause une idée établie depuis des siècles, quasiment mythique : celle d'un monde éternellement identique à lui-même, sans évolution. Des opposants aux Big bang ont tenté de soutenir, sans doute au-delà du raisonnable, un modèle cosmologique selon lequel l'Univers resterait toujours identique à lui-même (état stationnaire), alors que les observations nous montrent de plus en plus clairement l'expansion et l'évolution des galaxies. Ces modèles, originellement intéressants et astucieux, ne purent résister à la confrontation des observations. D'autres esprits critiques, parfois les mêmes, soulignaient une ressemblance entre les idées de Lemaître et le *Fiat Lux* des Écritures. De ce fait, ils accusaient Georges Lemaître, simultanément physicien et prêtre catholique, de concordisme : n'aurait-il pas introduit ses convictions religieuses dans la physique ? Il faut pourtant rendre justice à Lemaître qui s'est constamment défendu de cette accusation. Les bases scientifiques des modèles de Big bang ont été affermies d'autant plus soigneusement qu'elles ont été fortement critiquées.

L'intérêt pour les modèles de Big bang renaît dans les années 1940, avec le début du développement de la physique nucléaire. Les physiciens nucléaires comprennent que, selon ces modèles, l'Univers a dû passer par un état très dense, très chaud et très concentré, idéal pour le déroulement de réactions nucléaires. Puisque ces dernières fabriquent des éléments chimiques, ne serait-il pas possible que tous les éléments chimiques que l'on rencontre dans l'Univers — fer, azote, oxygène, carbone, etc. — aient été fabriqués durant les instants très reculés de l'Univers, selon le modèle du Big bang chaud ? La réponse est en fait négative, nous le savons maintenant, car ces éléments n'ont pas eu le temps de se former. Cependant, les plus légers d'entre eux (le deutérium, l'hélium et le lithium en partie), ont sans doute bien été fabriqués de cette manière, lors d'un épisode de nucléosynthèse primordiale caractéristique des modèles de Big bang. Nous en avons aujourd'hui la conviction car les distributions universelles de ces éléments sont en accord avec les prédictions de ces modèles.

L'intérêt pour ces modèles a repris de nouveau dans les années 1960. Effectuant de nouveaux calculs de réactions nucléaires, quelques physiciens de Princeton ont pu prédire que, si l'histoire de l'Univers s'est effectivement déroulée conformément aux modèles de Big bang, il doit subsister aujourd'hui des vestiges d'un passé très reculé — l'époque où l'Univers était très chaud et très condensé — sous la forme d'un rayonnement « fossile » observable. Ce rayonnement électromagnétique devrait baigner tout l'Univers d'ondes radio. En 1964, alors que ces physiciens de Princeton commençaient à construire un appareillage pour tenter de le détecter, deux collègues radioastronomes de la compagnie Bell Telephone

(Penzias et Wilson, qui reçurent pour cela le prix Nobel) le découvrent fortuitement en testant une antenne destinée à la radioastronomie. L'ayant tout d'abord interprété comme un parasite gênant à éliminer, ils conclurent finalement à l'existence d'un rayonnement omniprésent. Ses propriétés, rapidement mesurées, se révélèrent en accord avec les prédictions des modèles de Big bang. Ces derniers furent alors acceptés par une large fraction (mais pas la totalité) de la communauté scientifique.

Les fondements du Big bang

Les modèles de Big bang sont quasiment inévitables. Les observations astronomiques et les lois physiques que nous connaissons nous y mènent de manière pratiquement inéluctable. Il s'agit en premier lieu de la constatation de l'immensité de l'Univers fait de galaxies, confirmée depuis 1924 par d'innombrables observations de galaxies lointaines, avec des télescopes toujours plus puissants.

Les cosmologues énoncent un principe fondamental, le principe cosmologique. Exprimant l'abandon définitif des conceptions pré-coperniciennes, il énonce l'équivalence de tous les points : pas de centre, pas de bords. L'Univers est homogène, d'une homogénéité qui prend son sens à l'échelle cosmologique : il peut y avoir une galaxie ici, et pas à côté. Mais aux très grandes échelles, dépassant celles des amas ou des super-amas de galaxies (soit plusieurs dizaines de millions d'années-lumière, mais ceci est bien inférieur aux échelles cosmologiques) il n'y a pas de zone où les galaxies soient plus ou moins nombreuses, ou différentes. Ce principe s'oppose à toute conception « anthropique » ou géocentrique. Il énonce également que l'Univers est isotrope : non seulement il n'y a aucun point particulier, mais aucune direction particulière non plus : pas de haut et de bas, pas de centre de l'Univers, donc pas de direction vers un centre, pas d'axe de rotation. En l'absence d'indices suggérant le contraire, ce principe est adopté pour construire les modèles cosmologiques.

Cependant, le fondement essentiel des modèles de Big bang reste l'expansion de l'Univers. Elle se fonde sur ce que l'on appelle l'effet Doppler : lorsqu'un objet (une source) émet un rayonnement, nous voyons ce rayonnement « resserré » (c'est-à-dire avec une fréquence plus grande) si l'objet se rapproche, ou « desserré » (avec une fréquence inférieure) si la source s'éloigne. Lorsqu'une étoile ou une galaxie émet de la lumière (un type particulier de rayonnement, dans le domaine électromagnétique) qui parvient jusqu'à nous, cette lumière est décalée à une longueur d'onde plus petite ou plus grande (vers le bleu ou vers le rouge) si la source se rapproche ou s'éloigne de nous. C'est exactement ce que l'on observe : un décalage vers le rouge d'autant plus prononcé que la galaxie est éloignée. Dans le spectre d'une galaxie, c'est-à-dire dans la décomposition de la lumière qu'elle a émise, les astronomes savent parfaitement reconnaître un éventuel décalage, vers le rouge ou vers le bleu (on le mesure à partir de certaines « raies » présentes à des longueurs d'onde bien définies). C'est ainsi que, depuis Vesto Slipher, les astronomes mesurent les vitesses des galaxies et établissent l'expansion de l'Univers. Quelques physiciens et astrophysiciens ont contesté cette interprétation, mais ils n'ont pas réussi à proposer d'autre explication satisfaisante. L'expansion de l'Univers est donc très fermement établie.

D'autres ont suggéré que l'évolution de l'Univers pourrait être gouvernée par autre chose que la gravitation. Pourtant, toutes les autres interactions connues, par exemple électromagnétiques, sont de portée très limitée. L'Univers semble donc bien gouverné par la gravitation, elle-même décrite par la théorie de la Relativité Générale (cette dernière hypothèse est aujourd'hui discutée : même si les analyses du Système Solaire et de certains systèmes astrophysiques la confirment*, il n'est pas définitivement prouvé qu'elle s'applique à l'échelle de l'Univers entier. Mais aucune autre théorie n'existe actuellement et il reste raisonnable d'admettre sa validité. Au demeurant, l'adoption d'une théorie concurrente ne modifierait sans doute pas les caractéristiques essentielles des modèles de Big bang).

La Relativité Générale décrit l'Univers comme un espace-temps, muni de propriétés géométriques (courbure en particulier) qui incluent l'évolution temporelle. Selon la Relativité Générale, ces propriétés géométriques dépendent, par les équations d'Einstein, du contenu en énergie de l'Univers. Par exemple, la matière massive contribue à ralentir l'expansion. Selon que l'Univers en contient plus ou moins (en moyenne), c'est-à-dire qu'il est plus ou moins dense, l'expansion se ralentira plus ou moins (il est même possible d'envisager qu'elle s'accélère).

Admettant la Relativité Générale et la physique bien établie (électromagnétisme, physique atomique, thermodynamique, physique nucléaire, astronomie etc.) on est inévitablement conduit aux modèles de Big bang. Pour les contester, et décrire l'Univers par un autre modèle (qui resterait à trouver), il faudrait remettre en cause des pans entiers de notre physique d'aujourd'hui. Par exemple, les partisans des « modèles stationnaires » avaient dû supposer des phénomènes physiques nouveaux : présence de particules de masse négative, création spontanée de matière (à partir de rien). Aujourd'hui, seuls les modèles de Big bang réussissent à décrire ce que nous observons, toutes les propositions de modèles concurrents ayant été démenties par l'expérience. Mais peut-être un jour…

* Voir la 183e conférence de l'Université de tous les savoirs donnée par T. Damour.

Les modèles de Big bang

Ces modèles disent en premier lieu que l'Univers est homogène et isotrope, en expansion. Calculs et observations concordent pour établir que cette expansion se déroule sans changement notable depuis une certaine durée t_U, que l'on appelle âge de l'Univers, actuellement estimé à 15 milliards d'années environ (compte tenu des incertitudes, il vaut mieux dire entre 10 et 25 milliards d'années). Cela implique, conséquence immédiate, que rien dans l'Univers ne peut être plus âgé que t_U. Or, les estimations d'âges de planètes, étoiles, galaxies, donnent à peu près toutes les valeurs possibles entre 0 et 15 milliards d'années. Un succès pour le Big bang ! En effet, si l'Univers n'est pas lui-même âgé de quinze milliards d'années, comment comprendre que nous n'observons aucune étoile ou galaxie d'un âge supérieur ?

À cause de l'expansion, la matière cosmique se trouve dans des volumes de plus en plus grands. Autrement dit, elle se dilue et donc, en conformité avec les lois de la physique, se refroidit. En même temps, dilution et refroidissement sont accompagnés d'une lente structuration. Ainsi, les modèles de Big bang énoncent l'histoire d'un Univers en expansion depuis quinze milliards d'années, en dilution, en refroidissement et qui se structure.

Plus on remonte dans le passé, plus l'Univers était concentré et chaud, moins il était structuré. Il est aujourd'hui peuplé d'objets structurés, aussi bien au niveau microscopique — atomes, molécules, cristaux — qu'au niveau astronomique : des étoiles, des galaxies, des planètes. Rien de tout cela n'existait dans l'Univers primordial. Les modèles de Big bang permettent de reconstituer l'évolution passée de l'Univers par l'application des lois de la physique. Cela conduit à distinguer deux époques : l'Univers primordial correspond au premier million d'années ; l'ère de la matière qui suit est beaucoup plus longue et dure à peu près quinze milliards d'années. Bien que beaucoup plus court, l'Univers primordial fut le siège de nombreux phénomènes d'importance cosmique.

La limite entre ces deux périodes est marquée par une transition, événement très important appelé recombinaison. L'Univers primordial (premier million d'années) était opaque au rayonnement électromagnétique : on ne pourra jamais rien observer directement de cette période. On ne peut que le reconstituer en appliquant les lois de la physique, ce que font les modèles de Big bang. C'est durant l'Univers primordial que furent fabriqués d'abord les particules élémentaires, puis les noyaux atomiques les plus légers. À la fin, précisément au moment de la recombinaison, furent fabriqués les premiers atomes proprement dits. L'Univers primordial était baigné de rayonnement électromagnétique, dont l'énergie dépassait alors de beaucoup celle de la matière (alors qu'aujourd'hui l'énergie du rayonnement est mille fois inférieure à celle de la matière). Les atomes n'étant pas encore formés, il n'existait dans l'Univers primordial aucune structure, hormis quelques noyaux d'atomes.

La recombinaison marque le moment où l'Univers devient transparent. Tout ce que les astronomes sont capables d'observer se situe donc plus tardivement. La recombinaison est elle-même un événement très intéressant car c'est à ce moment-là que fut émis le fameux rayonnement diffus cosmologique, que nous observons tout autour de nous, dans toutes les directions : nous avons l'impression d'être au centre d'une gigantesque sphère brillante de luminosité (en ondes radio) uniforme. Au-delà de cette surface, réside l'Univers opaque inobservable (à cause de la vitesse finie de la lumière, cet « au-delà » possède une signification à la fois spatiale et temporelle). Les plus récentes observations ont montré que l'intensité de ce rayonnement est parfaitement identique dans toutes les directions du ciel, à quelques millionièmes près. C'est l'un des arguments forts qui montre qu'il ne peut avoir été engendré que dans le cadre des modèles de Big bang. En plus de cette remarquable uniformité, il se caractérise par une répartition en énergie extrêmement particulière : un spectre de corps noir, bien connu des physiciens, qui manifeste une situation d'équilibre thermique. L'observation du fond diffus cosmologique indique donc que l'Univers dans son ensemble devait être en équilibre thermique dans un passé très reculé, exactement ce que prédisent les modèles de Big bang. Les très nombreux résultats d'observation du fond diffus cosmologique (dont les plus fameux par le satellite COBE) confirment de mieux en mieux l'accord exceptionnel entre la réalité et les prédictions théoriques des modèles de Big bang.

Après la recombinaison, l'Univers entre dans l'ère de la matière, où il commence à ressembler à ce qu'il est aujourd'hui. Le rayonnement électromagnétique perd son influence au profit de la matière. Celle-ci, continuant à se diluer et à se refroidir, commence à s'organiser. Aux petites échelles spatiales, se forment des atomes (à la recombinaison), des molécules, des cristaux, des poussières... Une partie de ces objets, avec le gaz omniprésent (essentiellement de l'hydrogène) s'agglomèrent et donnent naissance aux galaxies, aux étoiles, aux planètes, aux amas de galaxies... à tous les objets que les astronomes observent dans l'Univers.

Géométrie cosmique

Telle est l'histoire de l'Univers du point de vue de la physique. Cependant, il n'y a pas un seul modèle de Big bang, mais toute une famille dont les membres se distinguent par certaines caractéristiques de leur géométrie. D'une part l'aspect spatial de cette géométrie conduit à distinguer trois familles selon la courbure spatiale négative, nulle ou positive. Un espace à courbure positive généralise, à trois dimensions, la surface d'une sphère. Un espace à courbure nulle généralise à trois dimensions la surface d'un plan. Il existe en outre des espaces à courbure négative, moins familiers. Les trois versions sont possibles, seules les observations permettent de trancher. Les affirmations récentes selon lesquelles « l'Univers serait plat » correspondent à la version intermédiaire où l'espace est plat (les modèles de Big bang se distinguent également, en principe, par leur topologie spatiale). Par ailleurs, la loi d'expansion cosmique constitue la partie temporelle de la géométrie de l'espace-temps. L'expansion indique que l'espace-temps ne peut être plat, même si l'espace peut l'être.

La Relativité Générale permet aussi, en principe, de prévoir le destin de l'Univers. Deux possibilités se présentent, dont nous ne savons pas encore laquelle est la bonne. Ou bien la phase d'expansion continuera indéfiniment. Ou bien elle se terminera et l'Univers débutera une phase de recontraction sur lui-même, processus inverse de l'expansion, qui mènera à une fin grosso modo symétrique au Big bang, appelée le *big crunch*. Nul ne sait ce qui se passera alors, pas plus que l'on ne sait ce qui s'est passé aux tous premiers instants de l'Univers primordial. Peut-être que l'Univers rebondira pour amorcer une nouvelle phase d'expansion. Peut-être sera-ce la fin de tout, ou...

Aujourd'hui, certains indices suggèrent que l'expansion pourrait continuer éternellement, voire s'accélérer. Mais tout cela est à prendre avec de grandes précautions car nous ne savons pas encore précisément lesquels, dans la famille des modèles de Big bang, conviennent le mieux pour décrire notre Univers. Astrophysiciens et cosmologues s'interrogent sur la courbure et la topologie de la géométrie spatiale, sur la valeur de la constante de Hubble qui mesure le taux actuel de l'expansion, sur la forme précise de la loi d'expansion, accélérée ou décélérée, sur son futur, éternel ou débouchant sur un *big crunch*.

Le plus surprenant est la simplicité, notamment géométrique, de ces modèles cosmologiques fondés sur la Relativité Générale. Comment se fait-il que des modèles aussi simples décrivent si bien quelque chose d'aussi compliqué que l'Univers dans sa globalité ? Bien entendu, ce n'est pas aux modèles eux-mêmes qu'il faut demander la réponse à cette question. Certains l'oublient un peu facilement et critiquent les modèles à ce propos, mais il faudrait critiquer de même l'ensemble de la physique, sinon de la science. À vrai dire, tenter de comprendre pourquoi un modèle fonctionne exige de se placer dans un cadre plus général, une sorte de super-modèle, de super-théorie. Nous avons d'ailleurs d'autres motivations à cela car aujourd'hui, les deux théories physiques de base,

Relativité Générale et (physique) quantique, sont incompatibles. Outre le malaise que cela suscite d'un point de vue conceptuel, cela interdit de décrire les trous noirs, ou l'Univers primordial. La recherche est extrêmement active, en vue d'une théorie plus fondamentale que la Relativité Générale ou la physique quantique, qui les engloberait chacune comme une approximation (tout comme la Relativité Générale englobe la physique newtonienne). Cela pourrait mener à une cosmologie (quantique ?) plus globale qui permettrait peut-être de comprendre l'origine du bien-fondé des modèles de Big bang. Cette nouvelle théorie reste encore inconnue même si des pistes intéressantes (cosmologie quantique, supercordes, supersymétrie,...) sont explorées.

L'origine du monde ?

Je ne puis terminer sans évoquer la question de l'origine de l'Univers, que beaucoup associent au Big bang. Le lien n'est cependant pas si clair. L'Univers étant en expansion, toutes les dimensions cosmiques augmentent avec le temps (on repère l'augmentation par l'évolution temporelle d'un facteur d'échelle : toute longueur cosmique augmente avec le temps proportionnellement à ce facteur). Vers le passé primordial, ce facteur d'échelle devient de plus en plus petit, tellement qu'il semble naturel de penser qu'il y eut un moment où il était nul. Ce moment est parfois assimilé à « l'origine de tout », quelquefois appelé Big bang. À vrai dire, la physique et la cosmologie ne prédisent nullement un tel instant. Elles impliquent certes que le facteur d'échelle et toutes les longueurs cosmiques ont été très petites (en comparaison d'aujourd'hui), mais non pas nulles. On ne peut décrire aucun événement qui correspondrait à une explosion cosmique. La reconstitution vers le passé ne peut être menée jusqu'à un hypothétique instant zéro car les densités, énergie, température, très élevées de l'Univers primordial sortent du cadre de notre physique : elles impliquent qu'effets quantiques et relativistes devraient opérer simultanément, une situation que la physique actuelle est impuissante à traiter (à cause de l'incompatibilité mentionnée). Il est impossible de prolonger la reconstitution vers le passé au-delà d'une « barrière de non-connaissance » (aucun événement cosmique spécial identifié, mais la limite de notre ignorance). Elle est baptisée barrière de Planck, en référence à la constante de Planck qui caractérise les phénomènes quantiques.

La physique quantique implique que toute grandeur dynamique doit fluctuer. La Relativité Générale implique que l'espace et le temps sont des grandeurs dynamiques. Espace et temps devraient donc tous deux fluctuer, y compris à l'échelle de l'Univers entier (très ramassé à cette époque). Cela interdit par exemple de savoir si deux événements se déroulent en un même point ou non, à un même instant ou non, si l'un précède l'autre ou si c'est l'opposé. Ces questions perdent même leur sens, ce qui empêche toute approche physique. Sans espace et temps bien définis, on ne peut faire de physique. Peut-être un cadre complètement différent, encore à trouver, permettra-t-il d'opérer sans temps ni espace.

Toujours est-il que la reconstitution du passé de l'Univers ne mène à aucune origine, à aucune création. La simple logique devrait d'ailleurs nous mettre en garde contre une assimilation entre la création de l'Univers et son début temporel. Selon nos conceptions, le temps est partie constituante de l'Univers, si bien que la création de ce dernier (pour autant que cela ait un sens) intègre la création du temps. Or le temps ne peut être créé au sein d'un temps déjà existant !

Une création de l'Univers, si l'on tient absolument à l'envisager, ce serait la création de l'espace-temps, donc de l'espace et aussi du temps. Elle ne peut pas procéder dans le temps, et ne peut donc qu'être atemporelle. Rien dans la physique ou dans la cosmologie ne permet de parler d'un instant de création !

Malgré les immenses succès des modèles de Big bang, il nous faut rester modestes : la cosmologie, et la science en général, ne nous fournira jamais l'explication du monde, et de la place que nous y occupons.

RÉFÉRENCES

– LUMINET (J.-P.) et LACHIÈZE-REY (M.), *Figures du ciel*, Seuil, BnF, 1998.
– LACHIÈZE-REY (M.), *Initiation à la cosmologie*, Dunod, 1999.
– KOYRÉ (A.), *Du monde clos à l'univers infini*, Gallimard, 1973.
– LACHIÈZE-REY (M.) et GUNZIG (E.), *Le Rayonnement cosmologique*, Masson, 1995.
– Friedmann (A.) et Lemaître (G.), *Essais de cosmologie, l'invention du Big bang*, Seuil, Sources, 1997.
– LACHIÈZE-REY (M.), *Connaissance du Cosmos*, Albin Michel, 1987.
– WEINBERG (S.), *Gravitation and cosmology*, John Wiley and Sons, New York, 1980.
– DEMARET (J.), *Univers*, Le Mail, 1991.
– GRIBBIN (J.), *À la poursuite du Big bang*, Éditions du Rocher, 1991.
– MAZURE (A.), Mathez (G.) et Mellier (Y.), *Chronique de l'espace-temps*, Masson, 1994.
– MERLEAU-PONTY (J.), *Cosmologies du XXe siècle. Étude épistémologique et historique des théories de la Cosmologie contemporaine*, Gallimard, Paris, 1965.
– « Le Big bang en questions », *Science et Vie*, Hors série n° 189, décembre 1994.

Les trous noirs et la forme de l'espace

par JEAN-PIERRE LUMINET

Introduction

La question de la forme de l'espace me fascine depuis que, adolescent, j'ai ouvert une encyclopédie d'astronomie à la page traitant de la théorie de la relativité générale d'Einstein. Il y était écrit que, dans la conception relativiste, l'espace-temps a la forme d'un mollusque. Cette image m'avait beaucoup intrigué, et depuis lors, je n'ai eu de cesse d'élucider les mystères implicitement attachés à ce « mollusque universel ». Lorsqu'ils contemplent un beau ciel nocturne, la plupart des gens n'ont d'yeux que pour le spectacle des étoiles, c'est-à-dire le « contenu » de l'univers. Or, on peut aussi s'émerveiller devant l'invisible « contenant » : l'espace n'est-il qu'un réceptacle vide et passif qui accueille les corps, ou bien peut-on lui attribuer une forme, une structure, une architecture ? Est-il plat, courbe, rugueux, lisse, cabossé, plissé, etc. ?

L'ESPACE A-T-IL UNE FORME ?

Il est sans doute difficile à la plupart d'entre vous d'attribuer une forme à quelque chose d'aussi impalpable et d'abstrait que l'espace. Au cours des siècles, maintes conceptions philosophiques ont tenté de « donner chair » à l'espace en le considérant, par exemple, comme une substance éthérée qui, non seulement contient les corps matériels, mais aussi les imprègne et partage avec eux certaines de ses propriétés structurelles. Toutefois, pour le physicien,

Texte de la 187e conférence de l'Université de tous les savoirs donnée le 5 juillet 2000.

les questions sur la forme de l'espace ne sont pertinentes qu'en utilisant le langage des mathématiques, plus spécifiquement celui de la géométrie.

QUEL EST L'ESPACE GÉOMÉTRIQUE QUI EST SUSCEPTIBLE DE REPRÉSENTER L'ESPACE PHYSIQUE ?

Le problème est plus compliqué qu'il ne semble à première vue. Certes, l'espace « immédiat » qui nous environne est correctement décrit par la géométrie euclidienne ordinaire. Mais l'espace microscopique (à très petite échelle) et l'espace cosmologique (à très grande échelle) en diffèrent profondément. À la question de la forme de l'espace, la physique actuelle donne donc des réponses différentes, selon quatre « niveaux » dépendant de l'échelle à laquelle on examine la structure de l'espace. Les niveaux « intermédiaires » 1 et 2 sont assez bien compris, les niveaux « extrêmes » 0 et 3 font l'objet de spéculations théoriques originales.

Niveau 1 : Géométrie (pseudo-)euclidienne. Champ d'application : mécanique classique, relativité restreinte, électrodynamique quantique

À l'échelle « locale », disons entre 10^{-18} centimètre (longueur actuellement accessible à l'expérimentation) et 10^{11} mètres (de l'ordre de la distance Terre-Soleil), la géométrie de l'espace physique se décrit très bien par celle de l'espace euclidien ordinaire. « Très bien » signifie que cette structure mathématique sert de cadre naturel aux théories physiques qui, comme la mécanique classique, la relativité restreinte et l'électrodynamique quantique, permettent d'expliquer correctement la quasi-totalité des phénomènes naturels. L'espace y est à trois dimensions, sans courbure. Dans la théorie relativiste, il est couplé au temps au sein d'une géométrie pseudo-euclidienne quadridimensionnelle plate, dite « espace-temps de Minkowski ».

Niveau 2 : Géométrie différentielle en espace (pseudo-)riemannien. Champ d'application : relativité générale, cosmologie

À l'échelle astronomique (Système Solaire, étoiles, galaxies, Univers dans son ensemble), l'interaction dominante qui « sculpte » l'espace physique est la gravité. Celle-ci est décrite par la relativité générale, qui fait apparaître une structure non euclidienne de l'espace-temps. La géométrie différentielle des variétés riemanniennes permet précisément de décrire de tels espaces courbes. Il y a de nombreuses modélisations possibles. Par exemple, à grande échelle, la courbure est relativement « douce » et uniforme. Les cosmologistes travaillent donc dans le cadre d'espaces à courbure constante. Au voisinage d'objets très compacts, la courbure peut au contraire varier fortement d'un point à l'autre. La géométrie de Schwarzschild est un exemple de modélisation de l'espace-temps physique autour d'un trou noir sphérique.

Niveau 0 : Géométrie multidimensionnelle, géométrie non commutative, etc. Champ d'application : théories d'unification, supercordes, gravité quantique

La description de l'espace à l'échelle microscopique (entre 10^{-33} centimètres et 10^{-18} centimètres) est liée au plus grand enjeu de la physique actuelle : l'unification des interactions fondamentales. Celle-ci tente de marier deux points de vue extrêmement différents : celui de la mécanique quantique, décrivant les interactions en termes de champs, et celui de la relativité, décrivant la gravité en termes de courbures.

Aucune théorie de « gravité quantique » satisfaisante n'a vu le jour, mais plusieurs scénarios sont étudiés. Dans tous les cas, les conceptions géométriques usuelles sur l'espace et le temps sont bouleversées. Par exemple, la théorie des supercordes introduit des dimensions spatiales supplémentaires ; la géométrie non commutative décrit un espace-temps granulaire et « flou » ; la géométrodynamique quantique conçoit l'espace-temps comme un océan bouillonnant d'énergie, agité de « vagues » (les fluctuations quantiques du vide) et ponctué « d'écume » (les univers-bulles).

Niveau 3 : Topologie, espaces « chiffonnés ». Champ d'application : structure globale de l'Univers, topologie cosmique

La question de la forme globale de l'espace (à une échelle supérieure à 10^{25} mètres) pose des problèmes géométriques spécifiques ne relevant plus seulement de la courbure, mais, également de la topologie de l'espace-temps. Celle-ci n'est incorporée ni dans la relativité générale, ni dans les approches unificatrices de la physique des hautes énergies. Pour reprendre l'image pittoresque du « mollusque universel », il ne s'agit plus de savoir s'il possède des bosses ou des creux, mais de savoir s'il s'agit d'un escargot, d'une limace ou d'un calmar.

Une nouvelle discipline est née il y a quelques années : la topologie cosmique, qui applique aux modèles cosmologiques relativistes les découvertes mathématiques effectuées dans le domaine de la classification topologique des espaces.

La suite de la conférence s'attachera exclusivement à la description du niveau 2 dans le contexte des trous noirs, et du niveau 3 dans le contexte des modèles d'univers chiffonnés.

Les trous noirs

Un vieux conte persan dit :

« Un jour, les papillons tiennent une vaste assemblée parce qu'ils sont tourmentés par le mystère de la flamme. Chacun propose son idée sur la question. Le vieux sage qui préside l'assemblée dit qu'il n'a rien entendu de satisfaisant, et que le mieux à faire est d'aller voir de près ce qu'est la flamme.

Un premier papillon volontaire s'envole au château voisin et aperçoit la flamme d'une bougie derrière une fenêtre. Il revient très excité et raconte ce qu'il a vu. Le sage dit qu'il ne leur apprend pas grand-chose.

Un deuxième papillon franchit la fenêtre et touche la flamme, se brûlant l'extrémité des ailes. Il revient et raconte son aventure. Le sage dit qu'il ne leur apprend rien de plus.

Un troisième papillon va au château et se consume dans la flamme. Le sage, qui a vu la scène de loin, dit que seul le papillon mort connaît le secret de la flamme, et qu'il n'y a rien d'autre à dire. »

Cette parabole préfigure le mystère des trous noirs. Ces objets célestes capturent la matière et la lumière sans espoir de retour : si un astronaute hardi s'aventurait dans un trou noir, il ne pourrait jamais en ressortir pour relater ses découvertes.

LES TROUS NOIRS SONT DES ASTRES INVISIBLES

Le concept d'astre invisible a été imaginé par deux astronomes de la fin du XVIIIe siècle, John Michell (1783) et Pierre de Laplace (1796). Dans le cadre de la théorie de l'attraction universelle élaborée par Newton, ils s'étaient interrogés sur la possibilité qu'il puisse exister dans l'Univers des astres si massifs que la vitesse de libération à leur surface puisse dépasser la vitesse de la lumière. La vitesse de libération est la vitesse minimale à laquelle il faut lancer un objet pour qu'il puisse échapper définitivement à l'attraction gravitationnelle d'un astre. Si elle dépasse la vitesse de la lumière, l'astre est nécessairement invisible, puisque même les rayons lumineux resteraient prisonniers de son champ de gravité.

Michell et Laplace avaient donc décrit le prototype de ce qu'on appellera beaucoup plus tard (en 1968) un « trou noir », dans le cadre d'une autre théorie de la gravitation (la relativité générale). Ils avaient cependant calculé les bons « ordres de grandeur » caractérisant l'état de trou noir. Un astre ayant la densité moyenne de l'eau (1 g/cm^3) et une masse de dix millions de fois celle du Soleil serait invisible. Un tel corps est aujourd'hui nommé « trou noir supermassif ». Les astronomes soupçonnent leur existence au centre de pratiquement toutes les galaxies (bien qu'ils ne soient pas constitués d'eau !). Plus communs encore seraient les « trous noirs stellaires », dont la masse est de l'ordre de quelques masses solaires et le rayon critique (dit rayon de Schwarzschild) d'une dizaine de kilomètres seulement. Pour transformer le Soleil en trou noir, il faudrait le réduire à une boule de 3 kilomètres de rayon ; quant à la Terre, il faudrait la compacter en une bille de 1 cm !

LES TROUS NOIRS SONT DES OBJETS RELATIVISTES

La théorie des trous noirs ne s'est véritablement développée qu'au XXe siècle dans le cadre de la relativité générale. Selon la conception einsteinienne, l'espace, le temps et la matière sont couplés en une structure géométrique non euclidienne compliquée. En termes simples, la matière-énergie confère, localement du moins, une forme à l'espace-temps. Ce dernier peut être vu comme une nouvelle entité qui est à la fois « élastique », en ce sens que les corps massifs engendrent localement de la courbure, et « dynamique », c'est-à-dire que cette structure évolue au cours du temps, au gré des mouvements des corps massifs. Par exemple, tout corps massif engendre autour de lui, dans le tissu élastique de l'espace-temps, une courbure ; si le corps se déplace, la courbure se déplace avec lui et fait vibrer l'espace-temps sous forme d'ondulations appelées ondes gravitationnelles.

La courbure de l'espace-temps peut se visualiser par les trajectoires des rayons lumineux et des particules « libres ». Celles-ci épousent naturellement la forme incurvée de l'espace. Par exemple, si les planètes tournent autour du Soleil, ce n'est pas parce qu'elles sont soumises à une force d'attraction universelle, comme le voulait la physique newtonienne, mais parce qu'elles suivent la « pente naturelle » de l'espace-temps qui est courbé au voisinage du Soleil. En relativité, la gravité n'est pas une force, c'est une manifestation de la courbure de l'espace-temps. C'est donc elle qui sculpte la « forme locale » de l'Univers.

Les équations d'Einstein indiquent comment le degré de courbure de l'espace-temps dépend de la concentration de matière (au sens large du terme, c'est-à-dire incluant toutes les formes d'énergie). Les trous noirs sont la conséquence logique de ce couplage entre matière et géométrie. Le trou noir rassemble tellement d'énergie dans une région confinée de l'Univers qu'il creuse un véritable « puits » dans le tissu élastique de l'espace-temps. Toute particule, tout rayon lumineux pénétrant dans une zone critique définie par le bord (immatériel) du puits, sont irrémédiablement capturés.

COMMENT LES TROUS NOIRS PEUVENT-ILS SE FORMER ?

Les modèles d'évolution stellaire, développés tout au long du XXe siècle, conduisent à un schéma général de l'évolution des étoiles en fonction de leur masse. Le destin final d'une étoile est toujours l'effondrement gravitationnel de son cœur (conduisant à un « cadavre stellaire »), accompagné de l'expulsion de ses couches externes. Il y a trois types de cadavres stellaires possibles :

— La plupart des étoiles (90 %) finissent en « naines blanches », des corps de la taille de la Terre mais un million de fois plus denses, constituées essentiellement de carbone dégénéré. Ce sera le cas du Soleil.

— Les étoiles dix fois plus massives que le Soleil (9,9 %) explosent en supernova. Leur cœur se contracte en une boule de 15 km de rayon, une « étoile à neutrons » à la densité fabuleuse. Elles sont détectables sous la forme de pulsars, objets fortement magnétisés et en rotation rapide dont la luminosité radio varie périodiquement.

— Enfin, si l'étoile est initialement 30 fois plus massive que le Soleil, son noyau est condamné à s'effondrer sans limite pour former un trou noir. On sait en effet qu'une étoile à neutrons ne peut pas dépasser une masse critique d'environ 3 masses solaires. Les étoiles très massives sont extrêmement rares : une sur mille en moyenne. Comme notre galaxie abrite environ cent milliards d'étoiles, on peut s'attendre à ce qu'elle forme une dizaine de millions de trous noirs stellaires.

Quant aux trous noirs supermassifs, ils peuvent résulter, soit de l'effondrement gravitationnel d'un amas d'étoiles tout entier, soit de la croissance d'un trou noir « germe » de masse initialement modeste.

COMMENT DÉTECTER LES TROUS NOIRS ?

Certains trous noirs peuvent être détectés indirectement s'ils ne sont pas isolés, et s'ils absorbent de la matière en quantité suffisante. Par exemple, un trou noir faisant partie d'un couple stellaire aspire l'enveloppe gazeuse de son étoile compagne. Avant de disparaître, le gaz est chauffé violemment, et il émet une luminosité caractéristique dans la gamme des rayonnements à haute énergie. Des télescopes à rayons X embarqués sur satellite recherchent de tels trous noirs stellaires dans les systèmes d'étoiles doubles à luminosité X fortement variable. Il existe dans notre seule galaxie une douzaine de tels « candidats » trous noirs.

L'observation astronomique nous indique aussi que les trous noirs supermassifs existent vraisemblablement au centre de nombreuses galaxies — dont la nôtre. Le modèle du « trou noir galactique » explique en particulier la luminosité extraordinaire qui est libérée par les galaxies dites « à noyau actif », dont les plus spectaculaires sont les quasars, objets intrinsèquement si lumineux qu'ils permettent de sonder les confins de l'espace.

En 1979, mon premier travail de recherche a consisté à reconstituer numériquement l'apparence d'un trou noir entouré d'un disque de gaz chaud. Les distorsions de l'espace-temps au voisinage du trou noir sont si grandes que les rayons lumineux épousent des trajectoires fortement incurvées permettant, par exemple, d'observer simultanément le dessus et le dessous du disque. J'ai ensuite étudié la façon dont une étoile qui frôle un trou noir géant est brisée par les forces de marée. L'étirement de l'espace est tel que, en quelques secondes, l'étoile est violemment aplatie sous la forme d'une « crêpe flambée ». Les débris de l'étoile peuvent ensuite alimenter une structure gazeuse autour du trou noir et libérer de l'énergie sur le long terme. Ce phénomène de crêpe stellaire, mis en évidence par les calculs numériques, n'a pas encore été observé, mais il fournit une explication plausible au mode d'alimentation des galaxies à noyau actif.

LA PHYSIQUE EXTERNE DES TROUS NOIRS

La théorie des trous noirs s'est essentiellement développée dans les années 1960-1970. Le trou noir, comme tous les objets, tourne sur lui-même. On peut l'envisager comme un « maelström cosmique » qui entraîne l'espace-temps dans sa rotation. Comme dans un tourbillon marin, si un vaisseau spatial s'approche trop près, il commence par être irrésistiblement entraîné dans le sens de rotation et, s'il franchit une zone critique de non-retour, il tombe inéluctablement au fond du vortex.

Le temps est également distordu dans les parages du trou noir. Le temps « apparent », mesuré par toute horloge extérieure, se ralentit indéfiniment, tandis que le temps « propre », mesuré par une horloge en chute libre, n'égrène que quelques secondes avant que l'horloge ne soit anéantie au fond du trou. Si un astronaute était filmé dans sa chute vers un trou noir, personne ne le verrait jamais atteindre la surface ; les images se figeraient à jamais à l'instant où l'astronaute semblerait atteindre la frontière du trou noir. Or, selon sa propre montre, l'astronaute serait bel et bien avalé par le trou en quelques instants.

Le théorème capital sur la physique des trous noirs se formule de façon pittoresque : « un trou noir n'a pas de poils. » Il signifie que, lorsque de la matière-énergie disparaît à l'intérieur d'un trou noir, toutes les propriétés de la matière telles que couleur, forme, constitution, etc., s'évanouissent, seules subsistent trois caractéristiques : la masse, le moment angulaire et la charge électrique. Le trou noir à l'équilibre est donc l'objet le plus « simple » de toute la physique, car il est entièrement déterminé par la donnée de ces trois paramètres. Du coup, toutes les solutions exactes de la théorie de la relativité générale décrivant la structure de l'espace-temps engendré par un trou noir sont connues et étudiées intensivement.

Par sa nature même, un trou noir est inéluctablement voué à grandir. Cependant, la théorie a connu un rebondissement intéressant au début des années 1980, lorsque Stephen Hawking a découvert que les trous noirs « microscopiques » (hypothétiquement formés lors du big bang) se comporteraient à l'inverse des gros trous noirs. Régis par la physique quantique et non plus seulement par la physique gravitationnelle, ces micro-trous noirs ayant la taille d'une particule élémentaire mais la masse d'une montagne s'évaporeraient car ils seraient fondamentalement instables. Ce phénomène « d'évaporation quantique » suscite encore beaucoup d'interrogations. Aucun micro-trou noir n'a été détecté, mais leur étude théorique permet de tisser des liens entre la gravité et la physique quantique. Des modèles récents suggèrent que le résultat de l'évaporation d'un trou noir ne serait pas une singularité ponctuelle « nue », mais une corde — objet théorique déjà invoqué par des théories d'unification des interactions fondamentales.

L'INTÉRIEUR DES TROUS NOIRS

Le puits creusé par le trou noir dans le tissu élastique de l'espace-temps est-il « pincé » par un nœud de courbure infinie — auquel cas toute la matière qui tomberait dans le trou noir se tasserait indéfiniment dans une *singularité* ? Ou bien le fond du trou noir est-il « ouvert » vers d'autres régions de l'espace-temps par des sortes de tunnels ? Cette deuxième possibilité, apparemment extravagante, est suggérée par certaines solutions mathématiques de la relativité. Un *trou de ver* serait une structure topologique exotique ressemblant à une « poignée d'espace-temps » qui relierait deux régions de l'univers, dont l'une serait un trou noir et l'autre un *trou blanc*. Ces raccourcis d'espace-temps, qui permettraient de parcourir en quelques fractions de seconde des millions d'années-lumière sans jamais dépasser la vitesse de la lumière, ont fasciné les physiciens tout autant que les écrivains de science-fiction. Des études plus détaillées montrent que de tels trous de ver ne peuvent pas se former dans l'effondrement gravitationnel d'une étoile : aussitôt constitués, ils seraient détruits et bouchés avant qu'aucune particule n'ait le temps de les traverser. Des modèles suggèrent que les trous de ver pourraient cependant exister à l'échelle microscopique. En fait, la structure la plus intime de l'espace-temps pourrait être constituée d'une mousse perpétuellement changeante de micro-trous noirs, micro-trous blancs et mini-trous de ver, traversés de façon fugace par des particules élémentaires pouvant éventuellement remonter le cours du temps !

La forme globale de l'univers

À l'échelle de la cosmologie, le « tissu élastique » de l'espace-temps doit être conçu comme chargé d'un grand nombre de billes — étoiles, galaxies, amas de galaxies — réparties de façon plus ou moins homogène et uniforme. La courbure engendrée par la distribution des corps est donc elle-même uniforme, c'est-à-dire constante dans l'espace. En outre, la distribution et le mouvement de la matière universelle confèrent à l'espace-temps une « dynamique » globale : l'univers est en expansion ou en contraction.

La cosmologie relativiste consiste à rechercher des solutions exactes de la relativité susceptibles de décrire la structure et l'évolution de l'univers à grande échelle. Les modèles à courbure spatiale constante ont été découverts par Alexandre Friedmann et Georges Lemaître dans les années 1920. Ces modèles se distinguent par leur courbure spatiale et par leur dynamique.

Dans la version la plus simple :

— Espace de courbure positive (type sphérique).

L'espace, de volume fini (bien que dans frontières), se dilate initialement à partir d'une singularité (le fameux « big bang »), atteint un rayon maximal, puis se contracte pour s'achever dans un « big crunch ». La durée de vie typique d'un tel modèle d'univers est une centaine de milliards d'années.

— Espace de courbure nulle (type euclidien) ou négative (type hyperbolique).

Dans les deux cas, l'expansion de l'Univers se poursuit à jamais à partir d'un big bang initial, le taux d'expansion se ralentissant toutefois au cours du temps.

La dynamique ci-dessus est complètement modifiée si un terme appelé « constante cosmologique » est ajouté aux équations relativistes. Ce terme a pour effet d'accélérer le taux d'expansion, de sorte que même un espace de type sphérique peut être « ouvert » (c'est-à-dire en expansion perpétuelle) s'il possède une constante cosmologique suffisamment grande. Des observations récentes suggèrent que l'espace cosmique est proche d'être euclidien (de sorte que l'alternative sphérique/hyperbolique n'est nullement tranchée !), mais qu'il est en expansion accélérée, ce qui tend à réhabiliter la constante cosmologique (sous une forme associée à l'énergie du vide).

Je ne développerai pas davantage la question, car elle figure au programme de la 186e conférence de l'Utls donnée par Marc Lachièze-Rey.

QUELLE EST LA DIFFÉRENCE ENTRE COURBURE ET TOPOLOGIE ?

Avec la cosmologie relativiste, disposons-nous d'une description de la forme de l'espace à grande échelle ? On pourrait le croire à première vue, mais il n'en est rien. Même la question de la finitude ou de l'infinitude de l'espace (plus grossière que celle concernant sa forme) n'est pas clairement tranchée. En effet, si la géométrie sphérique n'implique que des espaces de volume fini (comme l'hypersphère), les géométries euclidienne et hyperbolique sont compatibles tout autant avec des espaces finis qu'avec des espaces infinis. Seule la topologie, cette branche de la géométrie qui traite de certaines formes invariantes des espaces, donne des informations supplémentaires sur la structure globale de l'espace — informations que la courbure (donc la relativité générale) ne saurait à elle seule fournir.

Pour s'assurer qu'un espace est « localement » euclidien (de courbure nulle), il suffit de vérifier que la somme des angles d'un triangle quelconque fait bien 180° — ou, ce qui revient au même, de vérifier le théorème de Pythagore. Si cette somme est supérieure à 180°, l'espace est localement sphérique (courbé positivement), et si cette somme est inférieure à 180°, l'espace est localement hyperbolique (courbé négativement).

Cependant, un espace euclidien n'est pas nécessairement aussi simple que ce que l'on pourrait croire. Par exemple, une surface euclidienne (à deux dimensions, donc) n'est pas nécessairement un plan. Il suffit de découper une bande dans le plan et d'en coller les extrémités pour obtenir un cylindre. Or, à la surface du cylindre, le théorème de Pythagore est tout autant vérifié que dans le plan d'origine. Le cylindre est donc une surface euclidienne de courbure strictement nulle, même si sa représentation dans l'espace (fictif) de visualisation présente une courbure « extrinsèque ». Bien qu'euclidien, le cylindre présente une différence fondamentale d'avec le plan : il est fini dans une direction. C'est ce type de propriété qui relève de la topologie, et non pas de la courbure. En découpant le plan et en le recollant selon certains points, nous n'avons pas changé sa forme locale (sa courbure) mais nous avons changé radicalement sa forme globale (sa topologie). Nous pouvons aller plus loin en découpant le cylindre en un tube de longueur finie, et en collant les deux extrémités circulaires. Nous obtenons un « tore plat », c'est-à-dire une surface euclidienne sans courbure, mais fermée dans toutes les directions (de superficie finie). Une bactérie vivant à la surface d'un tore plat ne ferait pas la différence avec le plan ordinaire, à moins de se déplacer et de faire un tour complet du tore. À trois dimensions, il est possible de se livrer à ce même genre d'opérations. En partant d'un cube de l'espace euclidien ordinaire, et en identifiant deux à deux ses faces opposées, on crée un « hypertore », espace localement euclidien de volume fini.

LES ESPACES CHIFFONNÉS

Du point de vue topologique, le plan et l'espace euclidien ordinaire sont monoconnexes, le cylindre, le tore et l'hypertore sont multiconnexes. Dans un espace monoconnexe, deux points quelconques sont joints par une seule géodésique (l'équivalent d'une droite en espace courbe), tandis que dans un espace multiconnexe, une infinité de géodésiques joignent deux points. Cette propriété confère aux espaces multiconnexes un intérêt exceptionnel en cosmologie. En effet, les rayons lumineux suivent les géodésiques de l'espace-temps. Lorsqu'on observe une galaxie lointaine, nous avons coutume de croire que nous la voyons en un unique exemplaire, dans une direction donnée et à une distance donnée. Or, si l'espace cosmique est multiconnexe, il y a démultiplication des trajets des rayons lumineux, donnant des images multiples de la galaxie observée. Comme toute notre perception de l'espace provient de l'analyse des trajectoires des rayons lumineux, si nous vivions dans un espace multiconnexe nous serions plongés dans une vaste illusion d'optique nous faisant paraître l'Univers plus vaste que ce qu'il n'est ; des galaxies lointaines que nous croirions « originales » seraient en réalités des images multiples d'une seule galaxie, plus proche dans l'espace et dans le temps *(Fig. 1)*.

Les modèles d'« univers chiffonné » permettent de construire des solutions cosmologiques qui, quelle que soit leur courbure, peuvent être finies ou infinies, et décrites par des formes (topologies) d'une grande subtilité. Ces modèles peuvent parfaitement être utilisés pour décrire la forme de l'espace à très grande échelle. Un espace chiffonné est un espace multiconnexe de volume fini, de taille plus petite que l'Univers observé (dont le rayon apparent est d'environ 15 milliards d'années-lumière).

Les espaces chiffonnés créent un « mirage topologique » qui démultiplie les images des sources lumineuses. Certains mirages cosmologiques sont déjà bien connus des astronomes sous le nom de « mirages gravitationnels ». Dans ce cas, la courbure de l'espace au voisinage d'un corps massif situé sur la ligne de visée d'un objet plus lointain, démultiplie les trajets des rayons lumineux provenant de l'arrière-plan. Nous percevons donc des images fantômes regroupées dans la direction du corps intermédiaire appelé « lentille ». Ce type de mirage est dû à la courbure « locale » de l'espace autour de la lentille.

Dans le cas du mirage topologique, ce n'est pas un corps particulier qui déforme l'espace, c'est l'espace lui-même qui joue le rôle de la lentille. En conséquence, les images fantômes sont réparties dans toutes les directions de l'espace et toutes les tranches du

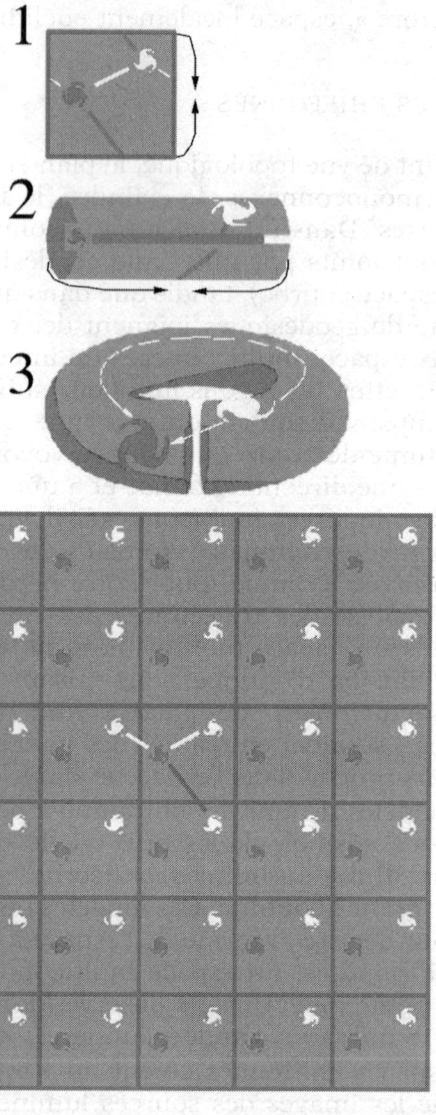

Figure 1 – Un univers très simple à deux dimensions illustre comment un observateur situé dans la galaxie A (sombre) peut voir des images multiples de la galaxie B (claire). Ce modèle d'univers, appelé tore, est construit à partir d'un carré dont on a « recollé » les bords opposés : tout ce qui sort d'un côté réapparaît immédiatement sur le côté opposé, au point correspondant. La lumière de la galaxie B peut atteindre la galaxie A selon plusieurs trajets, de sorte que l'observateur dans la galaxie A voit les images de la galaxie B lui parvenir de plusieurs directions. Bien que l'espace du tore soit fini, un être qui y vit a l'illusion de voir un espace, sinon infini (en pratique, des horizons limitent la vue), du moins plus grand que ce qu'il n'est en réalité. Cet espace fictif a l'aspect d'un réseau construit à partir d'une cellule fondamentale, qui répète indéfiniment chacun des objets de la cellule.

passé. Ce mirage « global » nous permettrait de voir les objets non seulement sous toutes leurs orientations possibles, mais également à toutes les phases de leur évolution.

TESTS OBSERVATIONNELS DE L'UNIVERS CHIFFONNÉ

Si l'espace est chiffonné, il l'est de façon subtile et à très grande échelle, sinon nous aurions déjà identifié des images fantômes de notre propre galaxie ou d'autres structures bien connues. Or, ce n'est pas le cas. Comment détecter la topologie de l'Univers ? Deux méthodes d'analyse statistique ont été développées récemment. L'une, la cristallographie cosmique, tente de repérer certaines répétitions dans la distribution des objets lointains. L'autre étudie la distribution des fluctuations de température du rayonnement fossile. Ce vestige refroidi du big bang permettrait, si l'espace est chiffonné, de mettre en évidence des corrélations particulières prenant l'aspect de paires de cercles le long desquels les variations de température cosmique d'un point à l'autre seraient les mêmes.

Les projets expérimentaux de cristallographie cosmique et de détection de paires de cercles corrélés sont en cours. Pour l'instant, la profondeur et la résolution des observations ne sont pas suffisantes pour tirer des conclusions sur la topologie globale de l'espace. Mais les prochaines années ouvrent des perspectives fascinantes ; elles livreront à la fois des sondages profonds recensant un très grand nombre d'amas lointains de galaxies et de quasars, et des mesures à haute résolution angulaire du rayonnement fossile. Nous saurons peut-être alors attribuer une forme à l'espace.

RÉFÉRENCES

– LUMINET (J.-P.), *Les Trous noirs*, Le Seuil/Points Sciences, 1992.
– LUMINET (J.-P.), *L'Univers chiffonné*, Fayard, 2001.

Le temps, son cours et sa flèche

par ÉTIENNE KLEIN

Un peu de poésie pour commencer

C'est à un physicien britannique, Arthur Eddington, que le temps doit d'être équipé (depuis 1929) d'un emblème, la flèche, que la mythologie attribuait jusque-là à Éros, le dieu de l'amour, représenté comme un enfant fessu et ailé qui blesse les cœurs de ses flèches aiguisées. La flèche du temps ne symbolise plus le désir amoureux, hélas, mais le sentiment tragique que nous éprouvons tous d'une fuite inexorable du temps. Pour les physiciens, elle se traduit par l'irréversibilité de certains phénomènes physiques. Elle se distingue du « cours » même du temps, avec lequel elle est pourtant souvent confondue.

Avant d'entrer dans le vif du sujet, je voudrais vous proposer quelques phrases d'écrivains ou de poètes, qui chacune à sa façon, évoquent soit le cours du temps, soit sa flèche, soit un mélange des deux.

Commençons par Sacha Guitry : « Madame est en retard. C'est donc qu'elle va venir. » C'est le cours du temps qui est ici évoqué, d'une façon non dramatique mais cruellement misogyne. Continuons avec Georges Perros, l'auteur des *Papiers Collés* : « L'horloge sonne. C'est le temps qui tâte son pouls. » Voilà sans doute la façon la plus neutre d'évoquer le fait que le temps passe et de dire qu'il a un cours bien défini. Poursuivons avec Robert Desnos : « La feuille qui tombe et la roue qui tourne te diront que rien n'est perpétuel sur terre. » Cette phrase juxtapose l'idée de temporalité à celle de finitude. Tristan Tzara, un autre poète surréaliste, enfonce

Texte de la 188e conférence de l'Université de tous les savoirs donnée le 6 juillet 2000.

le clou d'une façon qui fait froid dans le dos : « Je me souviens d'une horloge coupant des têtes pour indiquer les heures. » C'est que le temps a à voir avec l'irréversibilité et avec la mort. Loin de pouvoir tuer le temps, c'est lui qui nous dévore. L'Antiquité associait d'ailleurs la planète Saturne au cruel titan Kronos qui dévorait ses enfants au fur et à mesure que son épouse Rhéa les mettait au monde. Mais comme il n'est pas question aujourd'hui de sombrer dans la délectation morose en associant trop directement temps et mort, nous terminerons ce petit florilège par ces mots de Jorge Luis Borges (dans *Aleph*), qui rappellent que la valeur de la vie, la vie comme valeur, s'enracine justement dans la connaissance de son essentielle précarité : « La mort rend les hommes précieux et pathétiques. Ils émeuvent par leur condition de fantômes ; chaque acte qu'ils accomplissent peut être le dernier ; aucun visage qui ne soit à l'instant de se dissiper comme un visage de songe. Tout chez les mortels a la valeur de l'irrécupérable et de l'aléatoire. »

Qu'est-ce que le temps ?

Nos réflexions sur le temps sont presque toujours confuses, sans doute parce que nous ne savons pas trop de quel type d'objet il s'agit. Le temps est-il une chose ? Est-ce une idée ? Est-ce une apparence ? N'est-ce qu'un mot ? Existe-t-il en dehors de l'« âme », selon le terme de saint Augustin ? Est-il un produit de la « conscience », selon le terme de Husserl ? Il est difficile de répondre à ces questions, mais très souvent on croit que les scientifiques, et notamment les physiciens, seront un jour capables de nous révéler la nature du temps, ou du moins d'en proposer une définition qui serait plus exacte que les autres. Il s'agit sans doute d'un malentendu, car il est toujours difficile de définir les mots importants. Peut-être est-ce même impossible puisque, si ces mots sont vraiment fondamentaux, on ne peut pas les rapporter à autre chose qu'à eux-mêmes. Définir, c'est avant tout ramener une conception donnée à une autre plus fondamentale. Mais qu'y a-t-il de plus fondamental que ce qui est déjà fondamental ? Rien, et c'est sans doute pourquoi le philosophe Martin Heidegger avait raison de remarquer que les scientifiques posent finalement très peu de questions comme « Qu'est-ce que le temps ? », « Qu'est-ce que l'espace ? », « Qu'est-ce que la matière ? », alors que c'est souvent la réponse à ces questions que l'on attend d'eux.

On oublie trop souvent que la puissance de la physique vient de ce qu'elle a su limiter ses ambitions. Elle ne s'intéresse pas à toutes les questions qui se posent dans nos têtes, loin s'en faut. Elle prend soin de ne sélectionner que celles qui relèvent de ses compétences et de sa méthode. Par exemple, elle n'essaie pas de résoudre la question de la « nature » du temps, ou du moins, si elle le fait, c'est seulement à la marge de ses théories. Elle cherche plutôt la meilleure façon de représenter le temps, ce qui est une tout autre affaire.

Attardons-nous deux minutes sur l'épineuse question de la définition du temps. Chacun comprend de quoi on veut parler lorsque le mot temps est prononcé, mais personne ne sait vraiment quelle réalité se cache derrière lui. Si le mot est clair, la chose ne l'est pas. Bien sûr, on peut tenter de définir le temps et les philosophes n'ont pas manqué de le faire : le temps est ce qui passe quand rien ne se passe, il est ce qui fait que tout se fait ou se défait, il est l'ordre des choses qui se succèdent, il est le nombre du mouvement selon l'avant et l'après, il est le devenir en train de devenir. Mais toutes ces expressions contiennent déjà l'idée du temps (par exemple, l'idée de « passage » présuppose l'idée d'une temporalité, c'est-à-dire de quelque chose qui s'écoule). Elles ne sont donc que des métaphores du temps, impuissantes à rendre compte de sa véritable nature. Cela n'est pas très grave, car il n'est pas nécessaire de définir le temps pour en proposer une représentation. De fait, les physiciens sont parvenus à en faire un concept opératoire sans être capables de le définir précisément.

La physique et le temps

Y flairant une source de paradoxes, les philosophes n'ont cessé d'interroger la réalité du temps, et ce depuis l'Antiquité grecque. Souvenons-nous par exemple de la solution avancée par Parménide et les Éléates, qui proposaient de confondre la matière et l'espace, excluant par là même le vide et qui se trouvaient contraints de penser le mouvement comme une simple translation, c'est-à-dire comme une succession de positions fixes. Du coup, le temps leur demeurait inexplicable, et c'est pourquoi ils s'attachaient à le démontrer impossible et à tout décrire à partir de l'immobilité. Souvenons-nous également de Héraclite et des atomistes, qui prirent un autre parti : ils proposaient de confondre la matière avec le mouvement et affirmaient la réalité du vide. Selon eux, tout est mobile, tellement mobile même qu'on ne peut pas imaginer de point fixe pour évaluer les changements d'état ni expliquer quoi que ce soit.

L'influence de Parménide a été très forte en physique. En effet, la physique a longtemps cherché à éliminer le temps. Le temps est associé au variable, à l'instable, à l'éphémère, tandis que la physique, elle, est soi-disant à la recherche de rapports qui soient soustraits au changement. Lors même qu'elle s'applique à des processus qui ont une histoire ou une évolution, c'est pour y discerner soit des substances et des formes, soit des lois et des règles indépendantes du temps. Mais dans sa pratique, elle se heurte évidemment au temps, d'une façon telle que la question de savoir si le monde doit être vu plutôt comme un système ou plutôt comme une histoire continue de se poser. La physique a-t-elle vocation à décrire l'immuable ou bien doit-elle être la législation des métamorphoses ?

Le temps existe-t-il ?

Aristote a posé la question de l'existence du temps d'une façon qui a été abondamment discutée : puisque le passé n'est plus, puisque l'avenir n'est pas encore, puisque le présent lui-même a déjà fini d'être dès qu'il a commencé d'exister, comment pourrait-il y avoir un « être » du temps ? Le temps a beau contenir la totalité de ce qui est, nous ne parvenons pas à le penser autrement que comme une limite toujours disparaissante entre deux néants, le passé d'un côté, l'avenir de l'autre. Mais un être qui n'est qu'en cessant d'être, est-ce encore un être ?

Si l'on peut ainsi s'interroger sur l'existence même du temps, il est en revanche très difficile de dire le monde sans faire appel à lui, et tout aussi difficile de nier les marques indélébiles qu'il imprime sur les choses et sur nos propres corps. Le temps se présente à nous d'une façon ambiguë : d'une part, il est ce qui fait que les choses persistent à être (on pourrait donc dire, plus plaisamment, qu'il est le moyen le plus commode qu'a trouvé la nature pour que tout ne se passe pas d'un seul coup) ; d'autre part, il est ce qui les fait changer. Le présent, qui est finalement la seule chose qui nous soit présente, a en effet cela de paradoxal d'être à la fois toujours présent et jamais le même, de sorte que l'on doit admettre qu'il imbrique la permanence et le changement.

Une difficulté soulevée par la question du temps consiste en ce que nous ne pouvons pas nous mettre en retrait par rapport à lui. D'habitude, lorsque nous voulons étudier un objet, nous commençons par l'observer sous divers angles, mais lorsqu'il s'agit du temps, la mise à distance n'est plus possible puisqu'il nous affecte sans cesse. Nous sommes dans le temps et nous ne pouvons pas en sortir. C'est d'ailleurs une caractéristique que le temps partage avec l'espace puisque nous ne pouvons pas non plus nous extraire de l'espace. Mais il y a une différence essentielle entre le temps et l'espace : nous pouvons nous déplacer à l'intérieur de l'espace, aller et venir dans n'importe quelle direction, alors que nous ne pouvons pas changer notre place dans le temps. L'espace est donc le lieu de notre liberté, le temps la marque de notre emprisonnement.

Je cesserai là mes petites digressions philosophiques, par manque de temps d'abord, mais aussi parce que les historiens des sciences s'accordent à dire que la physique moderne a commencé avec Galilée, qui justement prit garde à ne pas se perdre en vaines discussions à propos de la nature ou de la réalité du temps. Il ne s'intéressa qu'au statut qu'il convenait de lui donner dans le champ de la physique. Cela l'amena à considérer le temps comme une grandeur quantifiable susceptible d'ordonner des expériences et de les relier mathématiquement. C'est dans cet esprit qu'il étudia la chute des corps. Il réalisa que si le temps, plutôt que l'espace parcouru, était choisi comme le paramètre fondamental, alors la chute des corps obéissait à une loi simple : la vitesse acquise est simplement proportionnelle à la durée de la chute. Cette découverte signa la naissance de la dynamique moderne, qui allait donner au temps un statut inédit. Jusqu'alors, l'idée que l'on s'était faite du temps était restée centrée sur des préoccupations humaines. Le temps servait essentiellement aux hommes de moyen d'orientation dans l'univers social et de mode de régulation de leur coexistence, mais il n'intervenait pas de façon explicite et quantitative dans l'étude des phénomènes naturels.

Temps physique et temps psychologique

Puisqu'elle est limitée dans ses ambitions, la physique ne prétend pas répondre à toutes les questions qui concernent le temps. Par exemple, elle échoue à rendre compte de la relation entre le temps physique et le temps psychologique, entre le temps des horloges et celui de la conscience. Ces deux temps ont certainement des liens, mais certaines de leurs propriétés sont distinctes, voire antagonistes. Déjà, leurs structures diffèrent. Le temps physique est toujours représenté comme un mince filament qui s'écoule identiquement à lui-même. Mais le temps subjectif, lui, se déploie en ligne brisée, entremêle des rythmes différents, des discontinuités, de sorte qu'il ressemble plutôt à un cordage tressé. Notre conscience éprouve en effet plusieurs temporalités enchevêtrées, tant par leur nature (le temps de nos sensations, celui de nos idées, de nos humeurs,...) que par leurs échelles, tout comme une corde est faite de multiples brins, eux-mêmes composés de fines et courtes fibres.

Temps physique et temps psychologique se distinguent aussi par le fait que le premier, toujours ponctuellement concentré dans le présent, sépare l'infini du passé de l'infini du futur tandis que le second mélange au sein du présent un peu du passé récent et un peu de l'avenir proche. Dans le temps physique, des instants successifs n'existent jamais ensemble, par définition. Le temps psychologique, lui, élabore une sorte de coexistence au sein du présent, du passé immédiat et du futur imminent*. Il unit donc ce que le temps physique ne cesse de séparer, il retient ce qu'il emporte, inclut ce qu'il exclut, maintient ce qu'il supprime. Ainsi, lorsqu'on entend une mélodie, la note précédente est « retenue » avec la note présente et la projection de la note future pour former un ensemble harmonieux. Passé immédiat et futur imminent coexistent donc dans le présent. Sans cette alliance au sein de la conscience, chaque note serait isolée et il n'y aurait pas de mélodie à proprement parler.

Temps physique et temps psychologique se distinguent également par leur fluidité. Le premier s'écoule uniformément (du moins dans la conception classique) tandis que le deuxième a une fluidité si variable que la notion de durée éprouvée n'a qu'une consistance très relative : il n'y a pas deux personnes qui, dans un temps donné, compteraient un nombre égal d'instants. Notre estimation des durées varie avec l'âge, et surtout avec l'intensité et la signification « pour nous » des événements qui se produisent**. Rien de tel pour le temps physique, et c'est bien pourquoi nous portons des montres.

Enfin, les temps physique et psychologique n'accordent pas des statuts semblables aux notions de passé et d'avenir. C'est la question de la flèche du temps, sur laquelle nous reviendrons par la suite. Ce que je veux dire dans un premier temps, c'est que l'irréductibilité des temps physique et psychologique semble insurmontable, du moins pour le moment. On se doute bien que leurs liens se situent à la couture de la matière et de la vie, mais les tentatives pour dériver le temps du « monde » du temps de « l'âme » ou l'inverse n'ont pas vraiment abouti. Le temps mathématisé du physicien ne semble pas épuiser le sens du temps vécu, pas plus que le temps vécu ne donne l'intuition de toutes les facettes du temps physique.

À force de schématisation, la physique a peut-être laissé échapper quelques-unes des propriétés fondamentales du temps. Le temps monotone des physiciens, constitué de tic-tac répétitifs et esseulés, n'est peut-être qu'une idéalisation très appauvrie du temps de la vie.

L'écoulement du temps pourrait-il être discontinu ?

Tout au long de son histoire, la physique a considéré que l'espace est un continuum, c'est-à-dire qu'il est possible d'envisager des portions de longueurs aussi petites que l'on veut, sans jamais

* Les spécialistes des neurosciences expliquent que la conscience fonctionne par séquences de trois secondes, pendant lesquelles un ensemble de données restent présentes simultanément à l'esprit.

** « Plus le temps est vide et plus il nous pèse », remarquait Vladimir Jankélévitch. Ce constat suffit à différencier le temps des objets ordinaires de la mécanique.

atteindre de limite. Le point, qui correspondrait à un nombre infini de divisions, reste toutefois hors d'atteinte, mais on peut en principe s'en rapprocher continûment. Le fait qu'il soit ainsi possible de considérer des longueurs infimes, et même nulles, fait surgir d'énormes difficultés, par exemple lorsque l'on s'intéresse au champ électrique produit par une charge électrique, disons un électron, à la distance r de celui-ci. Ce champ, variant comme $1/r^2$, devient infini lorsque la distance r s'annule. De telles divergences ou singularités conduisent à des difficultés mathématiques que les physiciens tentent d'éviter de différentes façons : soit en assignant un domaine de validité limité aux expressions divergentes (on supposera pour l'exemple cité ci-dessus que, si la distance r devient trop petite, l'expression en $1/r^2$ doit être remplacée par une autre, non divergente) ; soit en utilisant des procédés mathématiques qui abolissent « artificiellement » ces divergences et autorisent le calcul. On peut citer par exemple la théorie des distributions, êtres mathématiques ressemblant à des fonctions discontinues qui prendraient une valeur nulle en tous les points de l'espace, sauf en un nombre fini de points. On peut également évoquer la procédure dite de renormalisation. Celle-ci consiste à éliminer toutes les quantités infinies qui apparaissent dans les calculs en retranchant à celles-ci un petit nombre de quantités elles-mêmes infinies, de sorte d'obtenir un résultat fini.

Une dernière piste, plus audacieuse, consiste à imaginer que l'espace lui-même pourrait être discret, c'est-à-dire structuré selon un réseau, dont la maille, finie et non nulle, représenterait une distance minimale au-dessous de laquelle il serait impossible de descendre. Toute divergence serait ainsi évitée. Mais là aussi, de terribles problèmes se posent. D'abord, quelle serait la taille de la maille et d'où proviendrait-elle ? Ensuite, un tel réseau introduirait des directions privilégiées qui détruiraient l'isotropie de l'espace, c'est-à-dire son invariance par rotation. Or cette invariance joue, avec d'autres symétries du même type, un rôle fondamental dans toute la physique en imposant des lois de conservation très contraignantes.

Des travaux mathématiques récents, notamment effectués par Alain Connes dans les années 1980, pourraient toutefois changer la donne. Ils concernent ce qu'on appelle la géométrie non commutative. Celle-ci permet de considérer des structures spatiales qui présentent un caractère discontinu mais qui ne brisent pas les symétries fondamentales. Cette nouvelle géométrie est obtenue en remplaçant les coordonnées spatiales usuelles, qui sont des nombres ordinaires, par des opérateurs algébriques. L'appellation de la théorie provient de ce que ces opérateurs ne commutent pas entre eux (l'ordre de leur application n'est pas indifférent), mais vérifient au contraire certaines relations de commutation qui définissent les propriétés de l'espace à petite échelle. Les propriétés habituelles de l'espace étant restituées aux échelles de la physique habituelle, ce n'est qu'au-dessous d'une certaine échelle que les effets de cette géométrie apparaissent. Cette échelle, qui pourrait être celle dite de Planck (10^{-35} m), représenterait une limite à la divisibilité de l'espace.

Mais revenons-en au temps. Les physiciens le supposent constitué d'instants qui se succèdent dans une structure continue. Ces instants jouent pour le temps le même rôle que le point pour l'espace. Ils sont tout aussi inaccessibles à la perception. En effet, nous ne sentons pas les instants qui passent. Pour nous, ainsi que nous l'avons déjà dit, le présent est une sorte de fluide continu qui mélange un peu du passé immédiat et du futur imminent, sans qu'aucune de nos sensations ne vienne indiquer l'alchimie par laquelle une succession d'instants parvient à s'épaissir en durée. L'idée d'un temps discontinu, c'est-à-dire d'une atomicité de la durée, est parfois évoquée, mais aucune théorie n'est jamais venue l'éclairer, du moins à ma connaissance. Il faut dire qu'elle pose d'énormes difficultés conceptuelles : comment le temps pourrait-il être constitué d'instants séparés par des durées privées de temps ? L'impossibilité d'observer les instants ne va pas en tout cas contre l'idée d'un temps continu, de la même façon que l'absence d'objet véritablement ponctuel ne va pas contre la possibilité d'un espace continu.

La causalité et l'interdiction des voyages dans le temps

Le mouvement des aiguilles de nos montres incite à assimiler le temps à un flux composé d'instants infiniment proches parcourus les uns après les autres, c'est-à-dire à une variable à une seule dimension. Cette représentation du temps accorde au temps une topologie beaucoup plus pauvre que celle de l'espace, qui, lui, a trois dimensions. Elle n'offre en fait que deux variantes, la ligne ou le cercle, selon que la courbe du temps est ouverte ou fermée. Il n'y a donc *a priori* que deux types de temps possibles, le temps linéaire et le temps cyclique. Le cours du temps se manifeste sur ces courbes par le fait qu'elles sont orientées, c'est-à-dire parcourues dans un sens bien défini, du passé vers le futur.

Si les physiciens ont choisi d'adopter un temps linéaire plutôt que cyclique, c'est en vertu du principe de causalité selon lequel la cause d'un phénomène est nécessairement antérieure au phénomène lui-même. Ce principe de causalité interdit en outre les voyages dans le temps, car ceux-ci permettraient en principe de rétroagir dans le passé pour modifier une séquence d'événements ayant déjà eu lieu. Une telle possibilité conduirait à affronter de pénibles situations : un jeune homme pourrait rejoindre dans le passé sa grand-mère alors que celle-ci est encore jeune, lui faire un brin de cour au volant d'une belle voiture de sport, rater un virage et expédier la jeune femme *ad patres*, l'empêchant ainsi de mettre au monde le premier maillon de la descendance dont le susdit jeune homme fait pourtant partie... Un tel paradoxe, possible avec un temps cyclique puisque ce qu'on appelle la cause pourrait tout aussi bien être l'effet et *vice versa*, ne l'est pas avec un temps linéaire, celui-ci ordonnant les événements selon un enchaînement chronologique irrémédiable. On ne peut pas à la fois aller vers le passé et vers l'avenir. De même qu'un fleuve coule toujours dans le même sens, de l'amont vers l'aval, le temps a un cours bien défini, s'écoulant du passé vers l'avenir, sans jamais rebrousser chemin ni faire de boucle, de sorte qu'un instant donné ne peut jamais se reproduire...

Le principe de causalité se décline de différentes façons selon les théories physiques. Il ne renvoie pas toujours explicitement à l'idée de cause, se contentant parfois d'imposer une chronologie obligatoire entre certains types d'événements. Mentionnons rapidement, à titre d'illustrations, la façon dont il est pris en compte en relativité (restreinte ou générale) et en physique quantique.

EN RELATIVITÉ RESTREINTE

Le principe de causalité est garanti par l'impossibilité de transmettre de l'énergie ou de l'information à une vitesse supérieure à celle de la lumière. Cette impossibilité interdit les voyages dans le temps et les renversements de chronologie.

EN RELATIVITÉ GÉNÉRALE

La causalité est violée s'il existe une boucle temporelle, c'est-à-dire une ligne d'univers refermée sur elle-même. La théorie prévoit que de telles boucles pourraient apparaître derrière l'horizon de trous noirs en rotation très rapide, mais rien ne garantit qu'elles existent.

EN PHYSIQUE QUANTIQUE NON RELATIVISTE

La causalité est inscrite dans l'équation de Schrödinger qui fait jouer au hamiltonien le rôle de générateur infinitésimal des translations dans le temps. Il s'agit d'une causalité sans cause explicite.

EN THÉORIE QUANTIQUE DES CHAMPS

Les contraintes de la causalité s'expriment au moyen des règles de commutation des opérateurs de champs. Un opérateur de création $\Phi^*(x)$ d'une particule au point x et l'opérateur d'annihilation de cette même particule $\Phi(y)$ au point y doivent commuter pour une séparation du genre espace et ne pas commuter pour une séparation du genre temps. Ces règles empêchent une particule de se propager sur une ligne d'univers du genre espace (la particule se propagerait plus vite que la lumière) et imposent, pour une propagation sur une ligne du genre temps, que la création d'une particule précède son annihilation. Ces contraintes ne peuvent être satisfaites que si la décomposition en ondes planes des opérateurs de champs contient des fréquences négatives, correspondant à des antiparticules. L'antimatière est donc la trace « matérielle » du fait que le temps passe en sens unique.

D'une façon générale, le principe de causalité s'exprime par le biais de ce que l'on appelle l'invariance CPT, sur laquelle nous allons nous attarder.

L'INVARIANCE CPT

Certaines symétries géométriques nous sont familières. D'autres, plus abstraites, sont couramment invoquées par les physiciens. C'est le cas de la « parité », de la « conjugaison de charge », et du « renversement du temps ».

La parité est une opération, notée *P*, qui consiste à regarder l'image d'une expérience donnée dans un miroir. Prenons l'exemple d'une expérience réelle mettant en jeu une collision entre particules. Appliquer l'opération *P* à une telle situation consiste à réaliser par la pensée l'expérience telle qu'elle serait vue dans un miroir. La nature des particules mises en jeu reste la même. En revanche, leurs positions sont modifiées puisque droite et gauche sont inversées dans l'opération.

La question se pose évidemment de savoir si, une fois cette opération réalisée, la nouvelle expérience peut ou non se réaliser dans la nature ou en laboratoire. Si la réponse est oui, on dira que l'expérience respecte la symétrie *P*. Dans le cas contraire, on dira qu'elle la viole.

À toute particule est, par ailleurs, associée une antiparticule, de même masse qu'elle et dont toutes les charges, notamment la charge électrique, sont opposées à celle de la particule correspondante. La conjugaison de charge est précisément l'opération qui consiste à transformer (sur le papier) une particule en son antiparticule, et *vice versa*. Par exemple, elle transforme l'électron en positron et le positron en électron, le proton en antiproton et l'antiproton en proton. Cette opération est notée *C*, pour « charge », en raison de l'inversion des charges entre particule et antiparticule.

Partons à nouveau d'une expérience réelle mettant en jeu une collision entre particules. Enregistrons soigneusement les vitesses et les positions de chacune des particules qui interviennent tout au long de l'expérience. Appliquons maintenant l'opération *C* : à chaque fois que l'on rencontre une particule, on la remplace par son antiparticule et on lui impose de suivre exactement la même trajectoire que celle qu'avait la particule dans la situation initiale. Si par exemple on regarde une collision entre un proton et un neutron, l'opération *C* nous décrira la « même » collision, sauf qu'elle se produira entre un antiproton et un antineutron. Si, une fois cette opération accomplie, la nouvelle expérience peut se réaliser, on dira que l'expérience respecte la symétrie *C*. Dans le cas contraire, on dira qu'elle la viole.

Enfin, l'opération « renversement du temps », notée *T*, correspond à un renversement du mouvement plutôt qu'à une inversion du temps proprement dit. Elle consiste à dérouler un phénomène dans le sens inverse de celui dans lequel il s'est produit, autrement dit à passer le film à l'envers. Selon les lois classiques, si à un instant donné t_0, pris comme origine des temps ($t_0 = 0$), les vitesses de chaque astre du système solaire (Soleil, planètes et leurs satellites) étaient renversées, leur trajectoire ne serait pas modifiée, mais la position de chaque astre sur sa trajectoire à l'instant ultérieur t serait celle qu'il occupait à l'instant $-t$.

La parité, la conjugaison de charge et le renversement du temps jouent un rôle fondamental dans les équations que manient les physiciens des particules, par le biais de l'invariance *CPT* : comme son sigle l'indique, l'opération *CPT* est le produit des trois opérations *C*, *P* et *T*. Cette opération ne modifiant aucune des lois connues de la physique, on parle d'invariance *CPT*.

En langage imagé, l'invariance *CPT* se traduit en disant que les lois physiques qui gouvernent notre monde sont identiques à celles d'un monde d'antimatière observé dans un miroir et où le temps s'écoulerait à l'envers. Fondamentalement liée au principe de causalité, qui ordonne les événements selon un enchaînement irrémédiable, elle a notamment comme conséquence une sorte de symétrie entre la matière et l'antimatière. En particulier, elle prévoit que la masse et la durée de vie des particules sont rigoureusement égales à celles de leurs antiparticules.

L'INTERACTION FAIBLE ET LES KAONS NEUTRES

Pendant longtemps, les physiciens, s'appuyant sur le sens commun, crurent que toutes les lois de la physique respectaient la symétrie *P*. N'est-il pas évident, lorsque nous voyons un arrangement d'objets dans un miroir, que nous pourrions réaliser cet arrangement dans la réalité aussi ? Pourtant, il fut démontré en 1957, à la surprise générale, que l'interaction nucléaire faible, responsable notamment de la radioactivité β^- par laquelle un neutron se désintègre en un proton et un électron, ne respecte pas la symétrie P. Autrement dit, l'image dans un miroir d'un phénomène régi par l'interaction faible correspond à un phénomène qui n'existe pas dans la nature et qu'on ne peut pas non plus produire en laboratoire. Cette violation de la parité, apanage de l'interaction faible, permet de définir de façon absolue la droite et la gauche.

On démontra dans le même temps que l'interaction faible violait également l'invariance par conjugaison de charge, d'une façon telle que la symétrie globale *PC* était, elle, préservée. Cette invariance par *CP*, combinée à l'invariance *CPT*, impliquait l'invariance par *T*. Ce résultat rassurant ne tint que quelques années. En 1964, une expérience révéla que l'invariance par *PC* est elle aussi brisée, même si ce n'est que très légèrement, lors de la désintégration (par l'interaction faible) de particules étranges qu'on appelle les « kaons neutres ». Ces particules sont les seules pour lesquelles une telle dissymétrie ait jamais été observée. Mais alors, *CPT* étant toujours conservée, si *PC* ne l'est pas en l'occurrence, c'est que T ne l'est pas non plus, mais cette violation n'avait pas été mise en évidence directement.

Une expérience du CERN, baptisée CPLEAR, a apporté en 1998 une contribution décisive à ce débat. Elle a permis de mettre en évidence, de façon directe, une violation de la symétrie temporelle au sein d'un système microscopique particulier, celui formé par un kaon neutre et son antiparticule. Il est établi depuis longtemps qu'un kaon neutre se transforme au cours du temps en sa propre antiparticule, qui à son tour se retransforme en kaon neutre. Ce que l'expérience CPLEAR vient de mettre en évidence, c'est que la vitesse à laquelle un kaon neutre se transforme en son antiparticule n'est pas exactement la même que celle du processus inverse, contrairement à ce que la symétrie *T* prévoit. C'est la première fois qu'est mesurée directement une différence entre un processus microscopique et le processus inverse. L'origine profonde de cette légère brisure de la symétrie temporelle passé-futur demeure mystérieuse.

La question de la flèche du temps

Pour nous, passé et futur ne sont pas équivalents. Par exemple, nous nous souvenons en partie du passé, mais pas du tout de l'avenir. Cette asymétrie entre passé et futur est la manifestation du cours même du temps. Depuis Newton, les physiciens se demandent si cette distinction existe également au niveau des phénomènes physiques. Font-ils eux aussi la distinction entre le passé et l'avenir ?

Pensons à une table de billard sur laquelle nous faisons entrer deux boules en collision. Après le choc, les deux boules repartent dans des directions opposées. Si les frottements sont négligeables, leurs vitesses resteront constantes. Imaginons que nous ayons filmé la collision et que nous projetions le film à l'envers. Cela équivaut à échanger les rôles respectifs du passé et de l'avenir, c'est-à-dire à inverser le cours du temps. Ce que l'on voit alors à l'écran, c'est une autre collision de deux boules, correspondant à la collision qui s'est réellement produite mais avec toutes les vitesses inversées.

Le point important est qu'un spectateur qui ne verrait que la projection du film inversé serait tout à fait incapable de dire si ce qu'il voit correspond à ce qui s'est réellement passé ou si le film a effectivement été projeté à l'envers. La raison de cette ambiguïté est que la deuxième collision est régie par les mêmes lois dynamiques que la première. Elle est donc tout aussi « physique », au sens où elle est tout aussi réalisable que la collision originale. Autrement dit, une telle collision est « réversible ». Sa dynamique ne dépendant pas de l'orientation du cours du temps, elle ne fait aucune distinction entre le passé et l'avenir. Cela signifie, non pas qu'elle autorise les voyages dans le temps, mais que pour elle le cours du temps est arbitraire.

Selon la physique d'aujourd'hui, tous les phénomènes ayant lieu au niveau microscopique sont comme ces collisions de boules de billard, c'est-à-dire réversibles. Or à notre échelle, nous n'observons que des phénomènes irréversibles, à commencer par le fait que nous vieillissons : si nous filmons une scène de la vie courante et projetons le film à l'envers, nous voyons dès les premières images qu'il y a eu inversion (le plongeur est expulsé de la piscine et se retrouve bien sec sur son plongeoir). À l'échelle macroscopique, le temps ne fait donc pas que passer : il invente, il crée, il use, il détruit, sans jamais pouvoir refaire ce qu'il a défait.

Comment expliquer l'émergence de cette irréversibilité observée à l'échelle macroscopique à partir de lois physiques qui l'ignorent à l'échelle microscopique ? Ce problème, dit de « la flèche du temps » a été ardemment discuté depuis deux siècles. La plus ancienne explication s'appuie sur l'irréversibilité associée au second principe de la thermodynamique, selon lequel l'entropie d'un système isolé ne peut qu'augmenter au cours du temps : de même que de l'eau tiède ne redevient jamais une juxtaposition d'eau chaude et d'eau froide, un système macroscopique qui évolue ne peut revenir à sa configuration initiale. Plus récemment, des physiciens ont suggéré que la flèche du temps proviendrait plutôt de l'expansion même de l'univers, qui orienterait tous les processus physiques selon un cours irréversible. D'autres pistes faisant référence à la physique quantique ou à la physique des particules ont également été proposées. Toutefois, aucune de ces explications ne peut être présentée comme universelle et définitive. Il semble donc qu'il n'y ait pas d'unité théorique autour du concept de temps, comme si deux façons de penser ne cessent de s'affronter, celle qui se fonde sur l'histoire et le temps, et celle qui se fonde sur l'invariance et l'absence de temps. Elles correspondent peut-être à deux composantes contradictoires mais inséparables de notre effort pour comprendre le monde : nous ne pouvons pas penser le monde sans le temps et nous ne savons pas le raconter sans imaginer qu'il monnaie quelque invariance.

III

LE SYSTÈME SOLAIRE

Enfants du Soleil ?
Histoire de nos origines

par ANDRÉ BRAHIC

D'où venons-nous ? Qui sommes-nous ? Où allons-nous ? Sommes-nous seuls ? En d'autres termes : quelle est la place de l'Homme dans l'Univers ? Pour la première fois, après des millénaires d'interrogations, les scientifiques sont arrivés à un certain consensus sur les grandes étapes de la formation du Système Solaire grâce aux formidables progrès de l'Astronomie au cours de ces dernières décennies. Il n'est guère aisé de se représenter l'âge de l'Univers estimé par les astronomes à environ 15 milliards d'années. En imaginant que nous sommes à la fin d'une année fictive qui aurait commencé le 1er janvier avec le début de l'expansion de l'Univers, les premiers hominidés sont apparus le 31 décembre à 22 h 30 et la Renaissance en Europe a eu lieu une seconde avant le premier coup de minuit. Cette seconde a cependant suffi à l'Homme pour observer le Monde et émettre des hypothèses rationnelles et scientifiquement fondées sur l'origine de la Terre et des planètes. Nous n'avons évidemment pas ici pour ambition de retracer toute l'aventure intellectuelle et humaine qui a précédé. Nous nous contenterons de rappeler comment, du développement de la pensée rationnelle à l'âge d'or de l'astronomie, nous sommes maintenant capables de décrire la formation de la Terre et des planètes. Tel un détective qui rassemble les indices pour trouver le coupable, les astronomes recherchent des traces et des témoignages de cette époque reculée. Ils procèdent comme des archéologues qui, à partir de fragments de poteries et de fondations d'anciens bâtiments, reconstituent l'histoire des civilisations passées.

Texte retranscrit d'après la 189e conférence de l'Université de tous les savoirs donnée le 7 juillet 2000.

Sommes-nous les enfants du Soleil ? Non, l'étoile Soleil est notre grande sœur. Nous sommes plutôt les enfants des étoiles et du temps. À l'exception de l'hydrogène et de l'hélium de notre corps qui datent du début de l'Univers, les atomes, dont notre corps est fait, ont été fabriqués par plusieurs générations d'étoiles au cours des 10 milliards d'années qui ont précédé la naissance du Soleil. Il a fallu ensuite près de 5 milliards d'années pour que l'Homme apparaisse.

L'âge d'or de l'astronomie

Rien n'aurait été possible sans le prodigieux développement des sciences de l'Univers depuis les années 1960. Cet âge d'or est dû à la conjugaison de plusieurs facteurs favorables comme l'essor de l'astronomie spatiale, l'utilisation d'ordinateurs puissants, la construction de grands télescopes, la mise au point de nouveaux détecteurs et la croissance de la population des chercheurs. Le nombre d'astronomes professionnels a été multiplié par 30 en moins de 60 ans !

Avec la radioastronomie, née en récupérant les radars de la Dernière Guerre mondiale, et le lancement de satellites artificiels, observatoires astronomiques non perturbés par l'atmosphère terrestre, l'observation du ciel ne se restreint plus au domaine optique. Les astres sont maintenant visibles dans tous les domaines de longueur d'onde, des ondes radio aux rayons γ en passant par le rayonnement millimétrique, infrarouge, optique, ultraviolet et X. Nous pouvons comparer notre situation à celle d'un enfant né avec des lunettes « vertes » qui n'aurait vu jusqu'alors que les objets verts de son environnement. Nous sommes exactement au moment où, adolescent, on lui retire brutalement ses lunettes et où il peut voir enfin toutes les couleurs. Il découvre alors que le monde est beaucoup plus riche et varié que prévu !

Avec l'exploration *in situ* des planètes par des sondes spatiales qui sont nos yeux et nos oreilles projetés à des milliards de kilomètres, nous venons de vivre l'âge d'or de l'exploration du Système Solaire. On peut comparer ce moment à celui de la découverte de l'Amérique et des contrées lointaines par les grands navigateurs tels Christophe Colomb, Magellan et les autres. Ce qui fut un exploit il y a cinq siècles est devenu un élément de notre vie quotidienne. Les planètes et leurs satellites ne sont plus pour nous de simples points de lumière dont on se contente d'étudier le mouvement. Ce sont des « Terres » à part entière dont l'étude échappe aux seuls astronomes pour devenir aussi le domaine des géophysiciens.

Alors qu'au début du XXe siècle, les découvertes de la relativité générale, de la mécanique quantique, des mathématiques « modernes » et de bien d'autres champs de recherche avaient profondément renouvelé des disciplines telles que la physique, la chimie ou les mathématiques, la fin du siècle aura vu l'explosion des sciences de l'Homme et de l'Univers, la biologie et l'astrophysique. En 1900, les hommes ne savaient pas pourquoi les étoiles brillaient, ils ignoraient l'existence des galaxies et ils ne voyaient les planètes que comme des points lumineux dans le ciel. En 2000, les astronomes savent pourquoi les étoiles brillent, ils ont observé des milliards de galaxies et ils connaissent la surface des planètes avec une précision de quelques dizaines à quelques centaines de mètres.

Un tel bouleversement a évidemment de profondes conséquences sur notre société. Sur le plan culturel, la découverte d'un Univers beaucoup plus riche que nous ne l'imaginions auparavant et la grande diversité des phénomènes observés devraient à terme modifier profondément notre vision de la place de l'Homme dans l'Univers. Sur le plan scientifique, l'Univers est un fantastique laboratoire gratuit où se déroulent des phénomènes non reproductibles sur Terre. L'observation de la matière dans des conditions extrêmes de pression, de température et de densité devraient nous permettre de progresser dans des domaines très divers de la physique et de la chimie. Sur le plan industriel, la recherche spatiale est l'objet d'une compétition farouche entre les grandes puissances que sont l'Europe, les États-Unis, le Japon et, dans une moindre mesure, la Russie, la Chine et l'Inde. Le but est tout simplement la domination du monde économique.

Une motivation importante pour étudier nos origines est de mieux connaître notre propre Terre. Il est souvent difficile de nous la représenter comme une planète ordinaire et pourtant, en termes de position et de taille, elle est vraiment commune. Elle est soumise aux mêmes mécanismes physiques que les autres corps du Système Solaire. Pour mieux connaître la Terre, on devrait en toute rigueur faire comme le physicien dans son laboratoire, c'est-à-dire procéder à des expériences. Il est impossible et il n'est surtout pas souhaitable de tenter la moindre expérience sur la Terre, de la chauffer, de la couper en deux, de la secouer, de la déformer, etc. L'étude des autres planètes rend heureusement ces expériences inutiles ! Il suffit de comparer la Terre à un corps plus gros ou plus petit, plus ou moins dense, plus ou moins chaud, de composition chimique différente, etc., pour comprendre le rôle de chaque paramètre.

Un des grands progrès de l'aventure spatiale est d'avoir fait comprendre aux hommes les relations étroites entre les planètes et de les avoir conduits à entreprendre une étude comparée des corps du Système Solaire. Les autres planètes et satellites ont en effet beaucoup à nous apprendre sur la Terre et réciproquement. Par exemple, Vénus a la même masse et les mêmes dimensions que la

Terre, mais tourne beaucoup moins vite et ne possède pas d'eau liquide à sa surface : la météorologie y est donc plus facile que sur Terre. L'atmosphère de Titan est, comme celle de la Terre, composée essentiellement d'azote et la pression au sol est la même que sur Terre, par contre elle est beaucoup plus froide. Les volcans de Mars sont plus grands que leurs homologues terrestres et ceux d'Io sont plus actifs. On pourrait ainsi multiplier les exemples. Alors qu'au XIXe siècle, âge d'or de la géologie, l'étude de la Terre était essentiellement locale, elle est devenue globale au XXe siècle avec la naissance de la géophysique. On peut imaginer qu'au cours des prochaines décennies, l'apparition d'une nouvelle discipline, *la planétologie comparée* permettra de mieux connaître notre Terre. Certains phénomènes terrestres comme le volcanisme, la météorologie ou encore l'activité interne, pourront ainsi être mieux compris et mieux prédits.

Il est maintenant clair qu'une bonne connaissance de la Terre passe par la compréhension de sa place dans l'Univers et de la succession des événements qui ont conduit à l'agglomération des atomes qui la constituent. Avant les années 1960, les géologues ne s'intéressaient pas aux autres planètes et les astronomes ignoraient la planète Terre. Nous comprenons maintenant que celle-ci n'est qu'un membre parmi d'autres de la grande famille du Système Solaire. Comment les atomes se sont-ils formés, et dans quelle proportion ? Comment naissent les étoiles et comment est apparue l'étoile Soleil ? Comment des planètes et satellites se sont-ils rassemblés autour du Soleil ? Autant de questions qui sont un préalable à une bonne connaissance de la Terre et de son évolution !

Raison ou déraison ?

La Grèce antique qui nous a légué le raisonnement rationnel, le Moyen Âge qui nous a enseigné la vertu de l'observation et la Renaissance qui a fait la synthèse des deux ont apporté aux scientifiques les deux instruments de leur démarche : l'observation qui nous fournit des faits auxquels tout le monde doit se soumettre et la théorie qui s'efforce de lier entre eux des faits récoltés dans différentes directions. Il faut bien comprendre que les astronomes peuvent affirmer qu'une théorie est fausse chaque fois qu'une contradiction avec une observation apparaît, mais qu'ils ne peuvent pas affirmer que ce qu'ils disent est vrai tant qu'une observation n'a pas infirmé l'interprétation. En d'autres termes, nous savons comment la Terre ne s'est pas formée. Nous pensons avoir compris les grandes étapes de la vie de la Terre, mais nous ne pouvons pas affirmer que nous détenons la Vérité.

Seule une approche rationnelle des phénomènes nous a permis de progresser. En d'autres termes, l'observation du monde qui nous entoure doit commander et toute théorie doit être quantitativement évaluée. Des calculs précis doivent étayer toute tentative d'explication et toute théorie, tout système, aussi beaux soient-ils, doivent s'incliner devant les faits d'observation, aussi laids soient-ils.

Les débats sur la question de nos origines illustrent bien l'éternel combat entre ceux qui parient sur l'intelligence et ceux qui refusent le doute. Il faut toujours garder en mémoire les persécutions qui se sont abattues sur ceux qui ont eu le courage de leurs opinions, même si elles heurtaient le pouvoir en place. Pour avoir préféré Copernic à Ptolémée, pour avoir remis en cause la physique d'Aristote et son monde fini et immuable et lui avoir préféré un Univers infini, livré à une évolution universelle et éternelle, pour avoir refusé de se renier, Giordano Bruno périt sur le bûcher en 1600. Au XXe siècle, pour ne pas s'être soumis, des scientifiques sont morts dans les camps d'Hitler ou de Staline et beaucoup tombent encore sous les balles de fanatiques religieux.

Mais, plutôt que de s'attarder sur les épines, pensons aux roses et à l'extraordinaire aventure de la connaissance qu'est cette quête de notre passé. Comment ne pas s'émerveiller devant la puissance de l'esprit humain qui parvient à comprendre ce qui s'est passé depuis plusieurs milliards d'années, c'est-à-dire sur une durée de plusieurs dizaines de millions de fois supérieure à celle de la vie d'un homme. L'homme moderne parvient aussi à observer ce qui est à des distances de centaines de millions de milliards de milliards (10^{26}) de fois plus grandes que sa propre taille ! En même temps, les découvertes des astronomes donnent à tous ceux qui voudraient nous placer au centre de l'Univers une formidable leçon d'humilité.

« À quoi bon revenir sur notre passé ? » demanderont certains. « Occupons-nous plutôt du présent ! », ajouteront d'autres. En fait, cette recherche est le meilleur moyen de mieux connaître la Terre et les planètes, de mieux les comprendre et *in fine* de mieux les respecter et de mieux les habiter. Le progrès des techniques et la course à la croissance posent des défis colossaux à l'homme moderne. Saura-t-il maîtriser ses nouvelles inventions ? Ne risque-t-il pas de mettre en danger les conditions de vie sur Terre ? La seule réponse possible réside dans la connaissance du monde qui nous entoure et des mécanismes de son évolution. Reconstituer le long déroulement des événements qui ont abouti au monde actuel est le meilleur moyen de prédire la suite de l'histoire et de maîtriser notre futur.

Les méthodes employées par les scientifiques devraient constituer une formidable leçon intellectuelle pour tous les hommes. Cet aller-retour permanent entre la théorie et l'observation, entre la liberté de la pensée pure et la contrainte des faits, est un excellent exercice pour la conduite de notre existence quotidienne. Chacun peut y apprendre à se méfier des proclamations de foi, à s'incliner devant les faits, aussi dérangeants, aussi contrariants fussent-ils, et à aimer la puissance de l'imagination à condition d'y mettre des garde-fous.

Le voile commence enfin à se lever sur des problèmes non résolus depuis des siècles. Nous avons maintenant des éléments de réponse aux questions que nous nous posions depuis des millénaires. Nous commençons à entrevoir quelle est notre place dans l'Univers et à reconnaître que le monde qui nous entoure est infiniment plus riche que nous ne pouvions l'imaginer. L'époque où nous n'étions que les jouets de forces mystérieuses paraît bien lointaine. Il est frappant que cette marche vers la connaissance soit aussi une conquête de la liberté. Loin d'avoir reçu une réponse toute faite et définitive dans un monde triste et figé, nous prenons conscience de notre appartenance à un monde encore mal connu mais où règnent en maître la variété et la diversité. L'homme a maintenant les moyens de prendre son destin en main. Mais le chemin qui reste à parcourir est si considérable qu'il ne peut que susciter les passions.

Les progrès impressionnants de nos connaissances au cours de la dernière partie du XXe siècle ne doivent cependant pas nous masquer la réalité. Il ne faudrait pas croire que l'approche irrationnelle du monde relève d'un passé révolu. Les attaques contre la science sont encore nombreuses et ne sont pas l'apanage de quelques fondamentalistes religieux fanatiques et bornés. Tous ceux qui ne comprennent pas la nature de sa démarche ont une attitude désinvolte à l'égard de la science et tendent à la rejeter. Cela comprend ceux qui croient que la science est la cause de tous nos maux, comme ceux qui prêtent l'oreille aux irrationnels de tout poil ou ceux qui discourent sur le monde sans le connaître. Croire que la science serait responsable de nos malheurs et se déplacer en avion ou en automobile, regarder la télévision, téléphoner, exiger les meilleurs soins hospitaliers, se chauffer et d'éclairer à l'électricité, etc., est bien paradoxal. C'est ne pas vouloir comprendre que seule l'utilisation de la science par les hommes, donc par les citoyens, est en cause, non la science en elle-même. Celle-ci n'est ni bonne ni mauvaise, elle est. Quand une victime reçoit une balle de fusil, le coupable est le tireur, non les lois de la balistique.

Des tâtonnements primitifs de l'époque où les planètes étaient mystérieuses, et donc dotées de pouvoirs surnaturels, subsistent des croyances qui paraissent bien ridicules comme l'astrologie et les histoires de « soucoupes volantes ». Ce passé maintenant révolu nous a légué quelques escrocs qui tirent profit de la crédulité humaine. Il est évident que la position des planètes au moment de la naissance d'un individu (ou de sa conception ?) n'a strictement aucune influence sur son avenir et l'on ne peut que s'en féliciter. De même, les milliers d'astronomes qui scrutent le ciel avec des instruments de plus en plus performants, au point de détecter en quelques instants l'apparition de toute nouvelle étoile parmi les dizaines de millions connues de même éclat, n'ont jamais vu le moindre débarquement d'extraterrestres. Pourtant, ils sont les premiers convaincus de leur existence probable parmi les innombrables étoiles, à rechercher sérieusement les signes de leur présence et à préparer les bouteilles de champagne pour les accueillir !

Aucun scientifique n'accorde foi à ces âneries ; mais il est des attitudes irrationnelles plus subtiles et tout aussi dangereuses. Par exemple, certains philosophes prétendent que nous ne pouvons pas distinguer le vrai du faux, que le monde qui nous entoure n'est qu'illusion et que toutes les théories se valent. L'histoire de l'aventure scientifique nous prouve le contraire. À ces sceptiques, j'ai toujours envie de retirer la chaise sur laquelle ils vont s'asseoir pour leur demander, lorsqu'ils se retrouvent les quatre fers en l'air, si la douleur qu'ils éprouvent, d'origine purement gravitationnelle, n'est qu'une illusion. Affirmer que toutes les opinions se valent n'est qu'un premier pas avant de basculer dans le négationnisme.

D'autres philosophes ou spécialistes des sciences sociales beaucoup plus sympathiques, et dont les idées sont souvent fécondes, ne rendent pas service à la science quand ils emploient, hors de leur contexte, des termes scientifiques dont ils ne comprennent pas le sens. Des exemples récents nous prouvent que le choix des mots ne peut pas être traité avec désinvolture et que nul n'est jamais assez rigoureux.

Certains scientifiques, qui ont apporté une contribution importante à leur domaine de recherche, se laissent parfois aller à des spéculations qui rappellent les mythes primitifs. Nous sommes impressionnés d'observer quotidiennement comment des systèmes ordonnés sont nés du chaos initial, qu'il s'agisse de planètes, de galaxies ou de la vie. Faut-il pour autant y voir la moindre finalité ? Rien ne permet de l'affirmer aujourd'hui. Le fait de vouloir à tout prix attribuer une finalité à l'Univers montre que certains scientifiques contemporains n'ont pas été vaccinés par l'histoire du géocentrisme et des persécutions qu'il a engendrées. Ils remettent à leur manière l'homme au centre de l'Univers. Dans le débat « entropie et anthropie », ils arguent de la complexité croissante de l'étoile à la planète, puis de la planète à l'Homme, pour suggérer que celui-ci soit bien le but de l'Univers. Quelle ambition démesurée ! Quelle mégalomanie ! Et quelle régression ! Ils ressemblent aux bébés qui se croient le centre du monde et se mettent à hurler si on ne leur accorde pas l'attention exclusive qu'ils désirent. L'idée que l'Univers aurait un but, que nous aurions été assez intelligents pour le découvrir, et que nous serions nous-mêmes ce but, ne paraît pas plus raisonnable qu'imaginer la Terre immobile au centre de l'Univers et le ciel tournant autour d'elle. Simplement, cette vision nombriliste contemporaine se pare d'une terminologie scientifique qui la fait apparaître un peu plus sérieuse.

Se passionner pour l'Univers que les astronomes du XXe siècle nous ont découvert et s'émerveiller de la puissance du raisonnement scientifique ne signifie pas non plus qu'il faille entreprendre une croisade antireligieuse toutes affaires cessantes. La science et la religion suivent actuellement des voies fort éloignées l'une de l'autre. Vouloir démontrer scientifiquement l'existence de Dieu n'est pas plus raisonnable que l'inverse. Croire ou non en un dieu dépend surtout de l'éducation reçue et du milieu fréquenté. Les religions rassemblent actuellement des communautés qui partagent des traditions, une culture et une morale, et elles jouent un rôle social important. Seuls le fanatisme religieux, le prosélytisme forcené, le fondamentalisme agressif et le rejet de l'autre sont insupportables. À ce propos, je crois que le maître mot est celui de tolérance. On doit accepter la culture et l'originalité de l'autre même si l'on ne partage pas toutes ses idées. La diversité fait la richesse du monde. À l'aube de la science moderne, les religions et les mythes primitifs ont joué un grand rôle en permettant aux scientifiques de critiquer les textes écrits et d'affiner leurs méthodes d'analyse. Depuis, les questions posées et les buts poursuivis ne sont plus les mêmes. L'Église catholique n'est pas sortie grandie de la condamnation des thèses de Galilée ou de Darwin. De même, le régime stalinien ne s'est pas glorifié par ses positions sur la biologie.

Les rapports entre la science et la religion peuvent être illustrés par la réplique de Laplace à Napoléon auquel il présentait sa nouvelle théorie de la formation du Système Solaire : « Monsieur le Marquis, je ne vois pas beaucoup Dieu dans votre théorie », lui fit remarquer l'Empereur ; « Sire, c'est une hypothèse dont je n'ai pas eu besoin », lui répondit l'astronome.

Contrairement à ce que pourraient croire certains, la quête de nos origines est loin d'être achevée. Elle est au contraire tout juste ébauchée. Après des millénaires de discussions et de considérations philosophiques qui ont préparé le terrain, la fin du XXe siècle aura marqué un tournant. Pour la première fois, les hommes ont accumulé un faisceau d'indications qui leur permet d'éliminer la plupart des théories cosmogoniques du passé et de s'accorder sur un scénario. Même si de nombreuses étapes sont mal comprises et suscitent des controverses, l'accumulation des observations va nous permettre de tester finement chaque partie de ce scénario. L'exploration du Système Solaire doit continuer, la recherche de nouveaux témoignages sur nos origines doit s'intensifier et cet aller-retour permanent entre les observations et leurs interprétations devrait nous permettre d'avancer à grands pas au cours des siècles à venir. En rapportant sur Terre des échantillons de matière primitive prélevés un peu partout dans le Système Solaire, en améliorant les techniques d'analyse en laboratoire des échantillons, en développant les modèles dynamiques et chimiques et en commençant à recueillir des informations sur d'autres systèmes solaires, nous devrions faire de spectaculaires progrès. Certaines de nos idées sur l'origine de la Terre feront peut-être sourire nos descendants, de la même manière que nous sourions des mythes inventés par nos ancêtres ; mais ils reconnaîtront que quelque chose a changé à la fin du XXe siècle et que nos idées sur nos origines auront été le point de départ de leurs connaissances.

Création ou Éternité ?

La question de nos origines obsède depuis toujours l'esprit humain. Elle a suscité une foule de récits mythiques racontant l'origine du monde, des dieux et des tribus et elle est, de nos jours, au centre de maintes recherches scientifiques. Depuis la nuit des temps, les hommes ont polémiqué pour savoir si notre monde était le résultat de transformations incessantes ou s'il avait été créé un beau jour. Mais comment ? À partir de quoi ? Le passé est imprévisible, disait-on chez les sceptiques, mais les découvertes du XXe siècle les ont fait mentir car un coin du voile vient enfin d'être soulevé ! Les hommes ont passé des millénaires à inventer des mondes imaginaires. Depuis peu, ils ont changé et se sont dotés d'outils d'observation puissants pour découvrir le monde réel ! Première leçon de cette aventure : la nature a beaucoup plus d'imagination que tous les hommes réunis ! Deuxième leçon : nous savons maintenant, grâce aux nombreuses contraintes apportées par les observations, ce qui *ne* s'est *pas* passé. Nous pouvons jeter aux orties les mythes primitifs et les théories cosmogoniques du passé, aussi jolies soient-elles. Nos ancêtres auraient-ils perdu leur temps en se berçant d'illusions ? Non, car leurs tâtonnements ont défriché le terrain et nous ont aidé à formuler de nouveaux concepts. Sans eux, nous serions totalement incapables, de nos jours, de percer le mystère de nos origines. La critique des idées et des dogmes de nos prédécesseurs a engendré la science moderne !

La Terre, le ciel, le Soleil, les étoiles ont-ils existé de tout temps ? Sont-ils éternels ou ont-ils été créés un jour ? Les hommes se sont posés ces questions depuis des millénaires sur tous les continents. L'idée d'un monde éternel, sans commencement ni fin a été présentée et défendue avec force par Aristote. Elle s'opposait au message très fort de la chrétienté qui croyait en un monde créé par un dieu. Ce débat sur l'existence ou non d'un début a fait rage pendant des siècles et fut au centre d'une controverse extrêmement rude au XIIIe siècle au sein de l'université de Paris, centre mondial de la connaissance et du savoir à l'époque. Cette querelle a été aussi vive que celles qui ont entouré, quelques siècles plus tard, les théories de Copernic ou de Darwin.

La quête de nos origines est un sujet scientifique par excellence et pourtant la métaphysique s'en est emparée bien avant la physique. Toutes les religions et systèmes du monde qui ont eu la prétention d'être universels ont proposé une histoire de la création. Objet de tous les fanatismes et de toutes les intolérances pendant des siècles, cette recherche est en même temps une merveilleuse illustration du génie humain. À la fin du XXe siècle, l'Homme a enfin soulevé un petit coin du voile sur ses origines, mais le débat est loin d'être clos !

Loin d'être une simple lubie de scientifique curieux sans grande conséquence pratique, la question de nos origines a toujours fait l'objet de débats extrêmement vifs au point où, dans les cas extrêmes, ceux qui n'étaient pas les tenants de la « bonne théorie » ont été passés par les armes, brûlés ou pendus. Il est tout de même frappant de constater que tous les systèmes qui prétendaient à l'universalité ont voulu imposer, souvent par la force, une théorie de nos origines. Pendant des siècles, les églises, les temples et les mosquées ont imposé leurs vues. Mais, ce ne fut pas le seul fait des religions. Au fil de l'histoire, on retrouve souvent dans ces querelles idéologiques sur nos origines le conflit des systèmes socio-économiques de l'époque. Pendant plus de 150 ans, à l'époque de la primauté de la France et de l'Angleterre dans le monde, les écoles françaises et anglaises se sont opposées sur deux conceptions de la formation des planètes. Entre 1945 et 1990, le débat a porté sur deux théories, celle de l'école américaine et celle de l'école soviétique !

Bien que l'étude de nos origines concerne avant tout les astronomes, les physiciens, les chimistes, les mathématiciens, les minéralogistes, les géophysiciens et bien d'autres, elle a de telles implications philosophiques et sociologiques qu'elle continue de susciter les passions et quelquefois les polémiques. Même entre scientifiques, les disputes sont nombreuses. Les différentes voies d'exploration sont si variées que beaucoup d'auteurs s'ignorent délibérément. En étudiant les textes consacrés à la question de nos origines, on rencontre plus de « philosophes » que « d'ingénieurs » et quelques fois plus de métaphysique que de physique, mais la situation est en train de changer. La recherche spatiale, le développement des moyens d'observation et d'analyse ont fourni des outils si puissants que nous vivons une véritable révolution dans l'histoire de l'acquisition des connaissances et que personne ne peut plus ignorer les contraintes apportées par les observations et par les modèles.

Il nous paraît maintenant évident que la Terre, la Lune, le Soleil, les étoiles et les objets du ciel ont été formés un jour et qu'ils ont évolué. Nos ancêtres pensaient différemment. Beaucoup croyaient que les astres étaient là depuis toujours et seraient là pour l'éternité. Autrement dit, l'idée même d'évolution était étrangère aux hommes. On leur enseignait qu'une puissance supérieure avait créé le monde une fois pour toutes. Il est vrai que cette notion de début, d'évolution, donc de fin est dérangeante. On retrouve de nos jours ce rejet de l'évolution au sein de certaines sectes, de groupes « fondamentalistes » ou encore, au cœur d'un pays techniquement avancé comme les États-Unis, chez les « créationnistes ». Pendant des millénaires, les hommes ont mis dans le ciel des dieux qui avaient d'autres règles de vie mais qui leur ressemblaient beaucoup. Ils avaient un immense avantage sur nous, l'immortalité. Aujourd'hui, nous dirions qu'il s'agit d'un avantage apparent seulement car des êtres immortels ne peuvent pas évoluer ! Mais quelques hommes ont refusé de croire que nous ne serions que de simples esclaves des caprices divins. Ils se sont posé des questions différentes : y a-t-il, après tout, des lois qui régissent cet Univers ? Peut-on les découvrir par l'observation du monde qui nous entoure ?

En l'absence d'observations contraignantes, les théoriciens s'en sont donnés à cœur joie pendant plusieurs siècles, imaginant les situations les plus diverses. Pour beaucoup de ces théories, de nombreuses hypothèses étaient à la limite de la métaphysique. Il faut bien comprendre que, dans le domaine de la science, il n'est point de salut hors des contraintes observationnelles. Combien de théories belles « sur le papier » ont été tuées par d'horribles faits ! Quels que soient nos préjugés et nos préférences, on doit impérativement s'incliner devant les faits d'observation. La science fournit là une belle leçon d'humilité aux hommes, qu'ils soient politiciens, dirigeants ou exécutants ! Toute théorie doit rentrer dans le moule des contraintes observationnelles. La pensée pure, les idées *a priori*, les « grands livres sacrés » ne se sont pas révélés d'une grande utilité et l'acharnement à négliger l'évidence pour mieux croire à la véracité d'un mythe fondateur a souvent été un frein. Par contre, l'analyse critique de ces « *a priori* » et surtout la confrontation avec les observations se sont montrées fécondes.

Toute l'histoire de la recherche de nos origines est une succession sur plusieurs siècles d'idées préconçues, d'hésitations, d'impasses avec un manque souvent cruel de contraintes observationnelles et quelques avancées impressionnantes. Comme le disait Paul Valéry, « plus il y a de métaphysique, moins il y a de physique et réciproquement » !

Ce problème de nos origines ressemble à la reconstitution d'un immense puzzle, et pour corser le plaisir, on ne connaît pas le nombre total de pièces ni le sujet du tableau, beaucoup de pièces ont été à jamais perdues et, de surcroît, plusieurs jeux ont été mélangés. Nous ignorons, par exemple, quelles pièces nous livrent des informations sur nos origines et quelles autres nous racontent la suite de l'histoire. Même si plusieurs pièces supplémentaires ont été récemment acquises, il reste à savoir où les placer et bien que nous y voyions globalement un peu plus clair, de nombreux points restent dans l'ombre.

La principale difficulté provient du fait que le Système Solaire est le seul système planétaire à notre disposition. Vivons-nous dans un système très improbable et unique ? Le Système Solaire est-il un monstre ? Ou bien vivons-nous dans un système banal et très commun dans la Galaxie ? Il est évident que la découverte d'autres systèmes solaires permettrait de dégager des caractéristiques communes et d'éliminer ce qui n'est que coïncidence due à des conditions initiales particulières. Nous nous trouvons actuellement un peu dans la situation où, à partir de l'observation d'un seul individu, nous essayons d'en déduire des règles générales de vie en société. Quelles sont les caractéristiques propres à toute une population ? Qu'est-ce qui est particulier à un individu ? Le fait d'avoir les yeux bleus ou bien de posséder deux jambes ?

Une seconde difficulté est liée au fait qu'il est malaisé de remonter dans le passé. Il semble possible de retrouver les conditions actuelles à partir de plusieurs conditions initiales différentes. Pour l'instant, le problème n'a pas de solution unique. On peut imaginer plusieurs conditions initiales différentes conduisant toutes à ce qu'on observe actuellement.

La recherche spatiale ainsi que toutes les observations modernes ont apporté une énorme quantité de données, le problème se pose de savoir lesquelles sont liées à la formation du Système Solaire. L'énorme quantité d'informations accumulées au cours de ces deux dernières décennies nous a appris au moins une chose : le problème est beaucoup plus complexe qu'on ne le supposait. On est frappé, notamment, par la grande diversité des objets et des mécanismes observés. La Nature est toujours plus riche qu'on ne l'imagine *a priori* ! Elle a en tout cas beaucoup plus d'imagination que le plus brillant des théoriciens ou des philosophes.

Les archéologues du ciel

À partir de quelles observations allons-nous reconstituer l'histoire de nos origines ? Un scénario de la formation du Système Solaire doit évidemment rendre compte de toutes les observations, mais aussi en susciter de nouvelles au risque d'être finalement rejeté. Ces données agissent comme des contraintes sur la construction de tout scénario. Les témoignages des premiers instants du Système Solaire dont se servent les astronomes sont de nature multiple : composition chimique, dynamique des planètes, mesures radioactives, comptage de cratères, étude des astéroïdes et des comètes, observations d'autres étoiles, etc. Il n'est évidemment pas possible de passer en revue toutes ces informations car une encyclopédie serait nécessaire, nous nous contentons ici d'en citer quelques-unes *(Fig. 1 et 2)*.

Figure 1 – La météorite d'Allende.
Trouvée en 1969 au Mexique, elle a conservé en son sein des informations précieuses sur ce qui se passait il y a plus de 4,5 milliards d'années dans le Système Solaire naissant.

L'inventaire du contenu du Système Solaire vient d'être fait après 30 ans d'exploration spatiale. Les objets les moins massifs, tels les astéroïdes, les comètes, les petits satellites, les anneaux des planètes ou encore les météorites ont été relativement peu transformés depuis leur formation. Ils nous permettent donc de retrouver une partie des conditions initiales. Le fait que les planètes tournent dans le même plan sur des cercles nous indique qu'un disque de matière, en rotation autour du jeune Soleil, a précédé leur formation. La composition chimique d'une planète ou d'un satellite résulte en grande partie de la température qui régnait au moment de la formation, elle fournit donc une information essentielle. Le grand nombre de cratères d'impact observés à la surface des corps du Système Solaire témoigne de l'intensité et de l'importance du bombardement dans le processus de formation. L'âge de la Terre est maintenant mesuré avec précision grâce à la radioactivité et aux méthodes de datation.

Depuis peu, les astronomes recueillent des informations précieuses sur notre passé en observant les autres étoiles et leur environnement. Ils sont ainsi capables d'observer les étoiles juste après leur naissance. Les plus jeunes d'entre elles sont entourées d'un disque de matière et émettent de puissants jets dans les directions polaires. Le Soleil a probablement connu la même histoire. Plusieurs dizaines de planètes ont été découvertes en moins de cinq ans autour d'étoiles proches. Elles sont bien différentes de celles que nous connaissons, mais nous avons un bon espoir de découvrir d'autres Terres au cours du XXIe siècle.

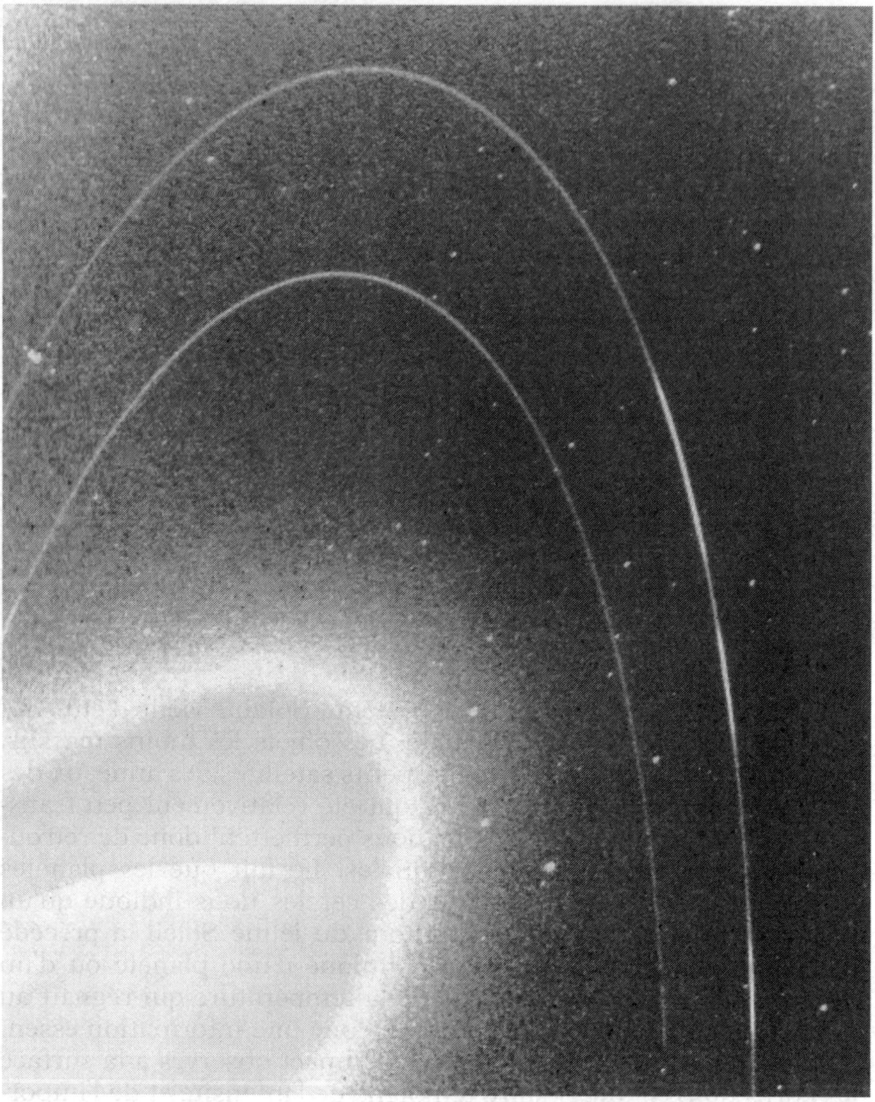

Figure 2 – Les arcs de Neptune.
Découverts en 1984 par A. Brahic et W Hubbard,
ils ont été photographiés en août 1989 par la sonde Voyager 2.
Les deux anneaux visibles sur ce document ont été baptisés
Le Verrier *(anneau intérieur) et* Adams *(anneau extérieur).*
Les trois arcs visibles à droite ont été baptisés de bas en haut Liberté, Égalité *et* Fraternité. *Ces arcs semblent confinés non seulement dans la direction radiale, mais aussi en azimut.*
On distingue en bas à gauche la planète Neptune fortement surexposée pour permettre de voir les anneaux. La lumière solaire vient de la gauche.
La compréhension du mécanisme de confinement des arcs devrait nous permettre de mieux comprendre une étape de la formation des planètes.

Un scénario de nos origines

Compte tenu de tous les faits d'observation accumulés, on peut maintenant décrire dans les grandes lignes l'histoire de la formation du Système Solaire. Même si ce scénario semble accepté par la majorité des astronomes, ce n'est pas pour autant qu'il est vrai ! Il faut plutôt le considérer comme un formidable outil guidant la réflexion scientifique, mais qui nécessitera peut-être un jour une révision en profondeur. Même si quelques étapes de la formation des planètes nous échappent encore, nous pouvons au moins affirmer « comment le Système Solaire ne s'est pas formé » !

À la fin du XXe siècle, on peut dire que le Système Solaire est un « enfant du temps ». Il s'est écoulé plus de dix milliards d'années entre les premiers frémissements du « Big Bang » et la naissance du Soleil et 4,5 milliards d'années entre l'apparition de la Terre et celle de l'homme. Ces durées astronomiques ont permis d'une part de fabriquer tous les atomes nécessaires à notre Terre et d'autre part à l'évolution de prendre son temps pour aboutir à un être aussi complexe, aussi inattendu et aussi imparfait qu'un homme. Comprendre comment la Terre est apparue et a évolué revient à mieux la connaître et en même temps à mieux prédire son avenir. Peut-être un jour éviterons-nous ainsi quelque événement désagréable.

Il est maintenant admis que, quelque part dans la Galaxie, il y a environ 4,5 milliards d'années, un nuage de gaz interstellaire s'est effondré sous son propre poids pour donner naissance à une étoile — le Soleil — et à son cortège de planètes. Au cours de son effondrement, cette nébuleuse primitive s'est aplatie pour former un disque gazeux dont le bulbe central est devenu le Soleil. Au sein du disque, le gaz s'est tout d'abord condensé en petits grains. Des instabilités locales ont rapidement rassemblé ces grains en corps de quelques centaines de mètres de dimension. Le jeu de leurs collisions mutuelles a donné naissance à des embryons planétaires de quelques centaines de kilomètres, puis aux planètes et aux satellites que nous connaissons. L'existence d'eau liquide sur notre planète a permis le développement d'une chimie organique complexe et l'épanouissement de la vie. Même si ces grandes lignes semblent acceptées, de nombreux maillons sont totalement incompris à tel point que des pans entiers de ce scénario ne sont pas encore déchiffrés. Comme disait Pierre Dac, « Le chaînon qui manque entre le singe et l'homme, c'est nous ».

Il y a 4,5 milliards d'années, le jeune Soleil, qui venait juste de s'effondrer sur lui-même, était plusieurs dizaines de fois plus lumineux qu'aujourd'hui et enfoui dans une nébuleuse de gaz et de grains, qui s'est aplatie ensuite sous la forme d'un disque sous l'action de la force centrifuge et de la viscosité. C'est ce dernier qui donnera naissance aux planètes. Les astronomes l'appellent « disque proto-planétaire ». Ce disque passe par cinq phases : un disque de gaz, un disque de grains, un disque de planétésimaux, un disque d'embryons et un disque de planètes *(Fig. 3 et 4)*.

Après le refroidissement brutal du Soleil, à la fin de sa formation, une partie du disque de gaz (environ 1 %) s'est solidifiée sous la forme de grains micrométriques. Loin du Soleil, le disque était froid et des glaces d'eau, de méthane, d'ammoniaque et d'oxyde de carbone sont apparues. La température étant beaucoup plus élevée près du Soleil, des éléments réfractaires sont apparus tels que l'alumine, ou certains composés réfractaires du calcium, du magnésium et des oxydes métalliques. Ainsi, la composition chimique du Système Solaire est une conséquence directe des variations de température dans le disque protoplanétaire.

En frottant contre le gaz, les grains ont perdu une partie de leur énergie orbitale et se sont regroupés dans un disque très étroit situé dans le plan équatorial de la nébuleuse gazeuse. Soit des instabilités gravitationnelles ont conduit à l'effondrement des poussières en des corps, appelés « planétésimaux », et de 500 mètres à un kilomètre de dimension, soit des tourbillons ont rassemblé les grains pour former des corps de taille kilométrique. Dans les deux cas, des « planétésimaux » se forment en quelques milliers d'années.

La nébuleuse protoplanétaire contient alors un disque de planétésimaux qui vont se coller les uns aux autres pour former des embryons planétaires, d'une dimension typique de quelques centaines de kilomètres. La naissance de ces embryons est activement étudiée depuis plus de vingt ans. Deux paramètres importants contrôlent la croissance des embryons : la vitesse de libération des planétésimaux, vitesse en dessous de laquelle deux corps sont liés gravitationnellement, et la vitesse relative d'impact entre ces derniers. Si cette dernière est supérieure à la vitesse de libération des planétésimaux, de l'ordre d'une dizaine de mètres par seconde, deux planétésimaux qui se rencontrent ne peuvent se coller et la croissance devient alors impossible. À l'inverse, si la vitesse relative est très inférieure à la vitesse de libération, le collage est possible et les embryons peuvent apparaître. Deux scénarios de croissance ont été proposés dans les années 1970 et 1980 par les écoles soviétique et américaine. Dans un modèle, tous les corps grandissent à la même vitesse, c'est la croissance ordonnée. Dans l'autre, seul le plus gros corps grandit dans une région donnée du disque étant plus massif, il attire plus efficacement les planétésimaux qui orbitent près de lui, il « mange » tout les corps de son voisinage, ce qui le fait grossir à nouveau et ainsi de suite. C'est l'effet « boule de neige ». Entre le premier scénario très égalitaire et le deuxième plus élitiste, je vous laisse imaginer lequel a été développé par les

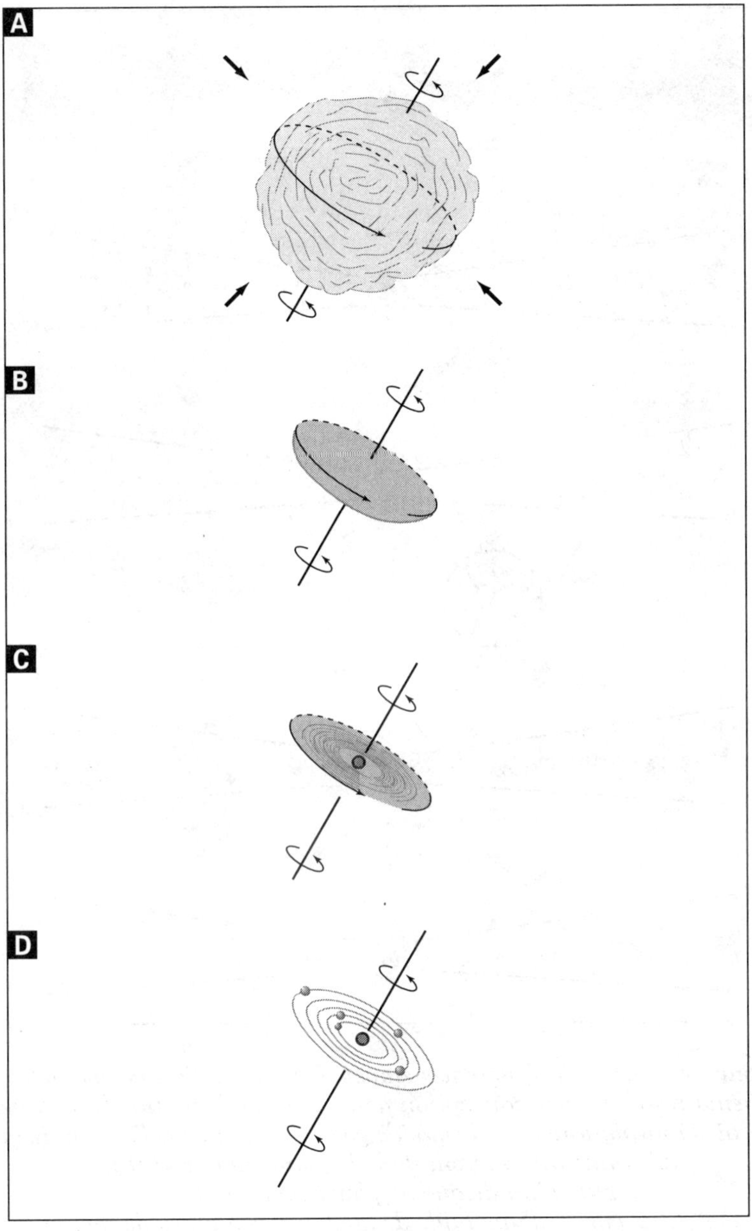

Figure 3 – La formation du Système Solaire.
La nébuleuse primitive (A), formée de gaz et de poussières, s'effondre sur elle-même et, tel un patineur ramenant les bras le long du corps, tourne de plus en plus vite sur elle-même. Elle forme un disque de plus en plus plat (B). Des grains apparaissent dans ce disque (C), puis des planétésimaux, puis des embryons, puis des planètes pour donner le système que nous connaissons aujourd'hui (D). Le passage du disque (C) au système (D) est détaillé sur la figure suivante.

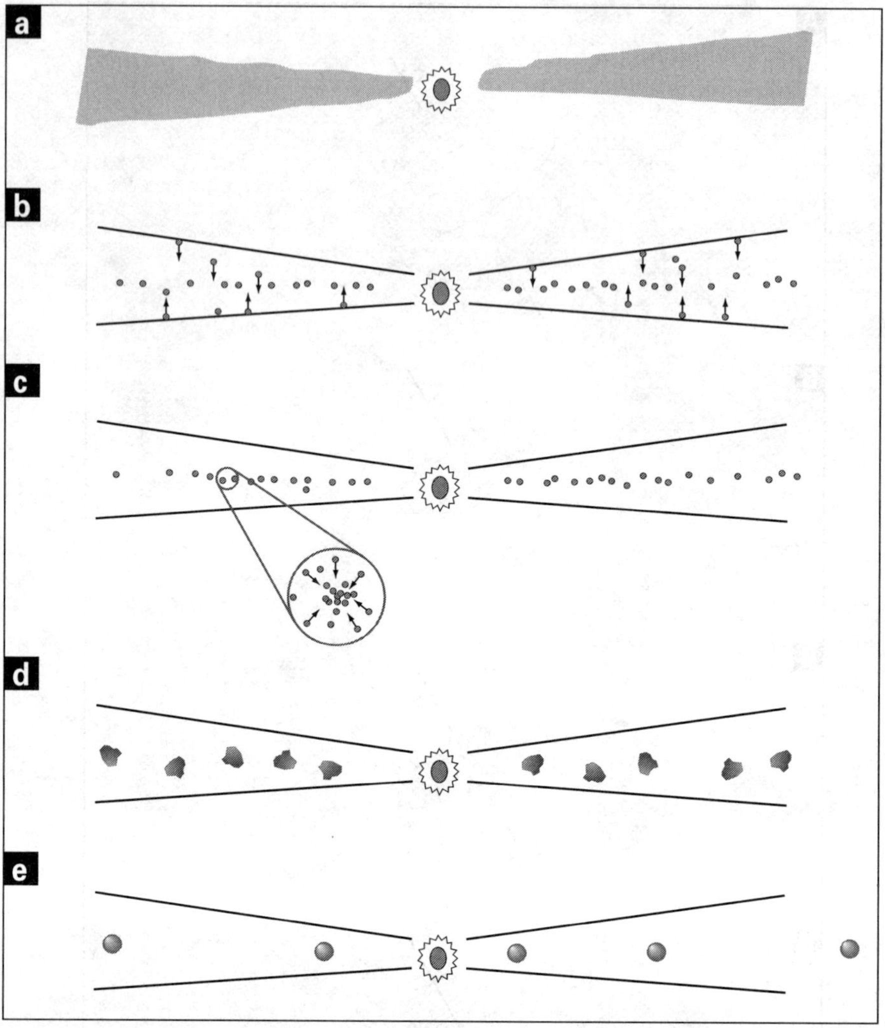

Figure 4 – Les cinq principales étapes de la formation des planètes. Ce schéma résume notre conception actuelle de la formation des planètes, à savoir la formation d'un disque de gaz (a), suivi de celle d'un disque de grains qui migrent dans le plan équatorial (b), puis d'un disque de planétésimaux (c). Ces petits corps, d'une taille de quelques centaines de mètres à quelques kilomètres, forment un disque d'embryons de planètes (d) et finalement les planètes qui nous sont familières (e).

Soviétiques ou par les Américains ! Cependant, l'accrétion ordonnée est beaucoup trop lente : il faut au moins 100 millions d'années pour former les embryons. Il semble donc que l'accrétion par effet boule de neige soit le bon mécanisme, il dure à peine cent mille ans.

Du fait de la présence de glace à grande distance du Soleil, les embryons des planètes géantes sont beaucoup plus massifs que les embryons des planètes terrestres. En conséquence, ils accumulent à leur surface une partie du gaz environnant. Quand le gaz accumulé dépasse une certaine masse critique (environ dix fois la masse de la Terre), une instabilité hydrodynamique se met alors en place accumulant en un temps très court une gigantesque quantité de gaz. À la fin de ce processus, les embryons des planètes géantes sont couronnés d'une atmosphère très massive de gaz, comparable à celles observées aujourd'hui.

Après la phase d'accrétion par effet boule de neige, le disque se compose de centaines d'embryons de planètes qui ont consommé tous les planétésimaux à leur portée. Ils vivent initialement séparés les uns des autres sur des orbites circulaires. Rapidement ils se perturbent gravitationnellement et leurs orbites deviennent de plus en plus elliptiques, jusqu'à ce qu'elles se croisent. Les embryons subissent alors des collisions géantes. Du fait de leur très forte masse, les fragments issus des collisions ne peuvent s'échapper des corps parents et se regroupent pour former de plus gros embryons. Certains astronomes pensent que la Lune aurait été formée à l'issue d'une telle collision géante entre la proto-Terre et un embryon voisin : une partie des fragments se seraient rassemblés pour former la Lune.

Quand ce processus prend fin, au bout de 100 millions d'années environ, le disque ne contient plus qu'un système de quelques jeunes planètes, qui pourrait être notre Système Solaire. Cette vision un peu idyllique cache en réalité de nombreux problèmes : les astronomes n'arrivent pas à former sur leurs ordinateurs des systèmes planétaires semblables au nôtre. Il semble beaucoup plus facile de former quelques dizaines de petites planètes plutôt que neuf planètes seulement. De plus, les orbites des planètes obtenues dans les simulations numériques sont plus elliptiques que dans le Système Solaire.

Au début de leur vie, les planètes sont très chaudes et se refroidissent progressivement pendant plusieurs milliards d'années. Elles subissent alors de profondes transformations. Tout d'abord elles se différencient : les éléments les plus lourds, comme les métaux, descendent vers le cœur de la planète pour en former le noyau, alors que les éléments plus légers, tels les silicates, restent en surface et constituent la croûte. Cependant, le refroidissement ne doit pas être trop rapide sinon cette évolution s'arrête prématurément : la présence d'éléments radioactifs joue un rôle déterminant en maintenant une température interne de plusieurs milliers de degrés pendant plusieurs milliards d'années, rendant possible l'évolution géologique. Sans ces éléments radioactifs, la Terre aurait été une planète géologiquement morte où la vie n'aurait pu apparaître. Grâce à ces éléments qui échauffent le centre de la Terre, les continents dérivent et les volcans naissent, vivent et meurent : ils sont le moteur de la machine « Terre ». Au cours de la phase de refroidissement, les gaz contenus dans les roches s'échappent dégorgés du corps de la planète. Si la masse de cette dernière est suffisante, elle se pare alors d'une fine atmosphère, indispensable pour la vie. Par contre les corps trop peu massifs, comme Mercure ou la Lune, ne peuvent retenir leur atmosphère du fait d'une gravité insuffisante.

Après un milliard d'années, les espèces vivantes apparaissent sur Terre tout d'abord sous forme de cellules isolées, puis deviennent de plus en plus complexes au cours de leur évolution. Elles modifient profondément leur environnement et en particulier l'atmosphère en transformant le gaz carbonique en oxygène. Au cours de ce premier milliard d'années, les planètes du jeune Système Solaire sont encore soumises à un bombardement intense, dont les surfaces cratérisées des planètes et satellites témoignent aujourd'hui. Certains pensent par exemple qu'un corps de dix kilomètres, résidu de la formation des planètes, se serait écrasé sur Terre à l'ère secondaire et serait responsable de la disparition de 80 % des espèces vivantes. Après cette catastrophe, les ancêtres des espèces vivantes contemporaines, en particulier les mammifères, sont apparus. Mais ceci est une autre histoire...

Le scénario que nous venons de décrire n'est en rien une histoire figée : il résulte, à la fin du XXe siècle d'une réflexion rationnelle active qui a débutée dès le XVIIIe siècle. Il illustre combien la recherche de nos origines, loin d'être un simple sujet de curiosité, est le meilleur moyen de mieux connaître la Terre et les planètes et, *in fine*, de mieux les respecter et de mieux les habiter. C'est aussi une belle illustration de la méthode scientifique, qui, par sa soumission absolue aux faits, et son aller et retour incessant entre théorie et observation permet d'améliorer nos connaissances. La pensée scientifique n'est efficace que parce qu'elle met un certain nombre de valeurs fondamentales — rigueur, prudence, modestie, honnêteté intellectuelle, esprit critique — au service de sa passion : connaître. En permettant également à l'homme de s'élever au-delà des apparences et des dogmes, elle est aussi source de liberté*.

---

* Des informations beaucoup plus complètes se trouvent dans l'ouvrage *Enfants du Soleil* publié en 1999 par les éditions Odile Jacob. Quelques passages du texte ci-dessus sont extraits de cet ouvrage.

Les planètes et leur exploration

par PHILIPPE MASSON

Introduction

Les satellites artificiels et les sondes spatiales ont été les véritables explorateurs du système solaire. Cette exploration a suivi une progression logique. La Terre fut survolée pour la première fois en 1957 par Spoutnik 1, puis vint le tour de la Lune en 1959 (Luna 1 à 3) et celui des planètes telluriques à partir de 1962 : Vénus (Mariner 2, 1962), Mars (Mariner 4, 1965) et Mercure (Mariner 10, 1974). Les planètes externes (à l'exception de Pluton) ont été à leur tour explorées par les sondes américaines Pioneer 10 (1973) et 11 (1973), premiers engins à franchir la ceinture des astéroïdes, et Voyager 1 et 2 (1977).

Les premiers, et pendant longtemps les seuls, acteurs de cette exploration furent les Soviétiques et les Américains, auxquels se joignirent de plus en plus fréquemment quelques équipes internationales, notamment européennes. Ce n'est qu'en 1985 que les Européens et les Japonais se lancèrent à leur tour dans l'aventure spatiale avec les sondes Giotto (ESA) et Sakigake et Suisei (ISAS) qui survolèrent la comète de Halley.

L'exploration planétaire a suivi une démarche logique : survol à distance (phase de reconnaissance), mise en orbite (phase d'observation), atterrissage, retour d'échantillons vers la Terre et vols habités (phase d'exploration *in situ*). C'est la stratégie qui a été suivie pour l'exploration lunaire et qui s'est concrétisée par les premiers pas de l'Homme sur la Lune, le 21 juillet 1969. C'est sans doute cette stratégie qui sera suivie pour l'exploration de la planète Mars.

Texte de la 190e conférence de l'Université de tous les savoirs donnée le 8 juillet 2000.

L'exploration lunaire

Du fait de sa proximité de la Terre (384 400 km), la Lune a été l'un des premiers objectifs des Soviétiques et des Américains dès le début de l'exploration spatiale. De 1959 à 1976, les Soviétiques ont lancé 29 missions vers la Lune, réalisant une série de « premières », notamment la découverte du vent solaire (Luna 1, 1959), le premier survol de la face cachée (Luna 3, 1959), le premier atterrissage en douceur (Luna 9, 1966), la dépose d'un véhicule télécommandé (Lunakhod 1, 1970) qui va explorer une dizaine de kilomètres de la surface pendant plus de 10 mois, et trois retours d'échantillons sur la Terre (Luna 16, 1970 ; Luna 20, 1972 ; Luna 24, 1976).

De leur côté, les Américains avec 22 missions, dont les 6 missions Apollo et plus récemment les missions Clementine (1993) et Lunar Prospector (1998), ne furent pas en reste. Après une série d'échecs, ils menèrent à bien le programme Apollo qui se traduisit par 6 vols habités de 1969 à 1972 et le retour sur Terre d'environ 380 kg d'échantillons.

L'analyse de ces échantillons a montré que la Lune est contemporaine de la Terre (4,555 milliards d'années). À l'origine, elle a eu un champ magnétique dont ne restent aujourd'hui que des traces fossiles. Après sa formation, la Lune a subi un bombardement météoritique catastrophique dont l'intensité a fortement décru il y a environ 3,8 milliards d'années, époque à partir de laquelle d'importantes coulées volcaniques (basaltes) se sont répandues à sa surface pendant environ 600 millions d'années, donnant naissance aux Mers lunaires. Globalement, 40 % de sa masse sont constitués d'oxygène, 20 % de silicium, 8 % de calcium, 7 % d'aluminium, 5 % de magnésium et 4 % de titane. Son sol contient aussi une importante quantité d'hélium 3 (13 mg par tonne) produit par les éruptions solaires.

Par contre, l'origine de la Lune demeure encore une énigme. Aujourd'hui, l'hypothèse la plus couramment admise est celle de l'accrétion de débris résultant de la collision de la proto-Terre par un corps de la taille de Mars. Résoudre cette énigme est d'autant plus important qu'il a été démontré que la Lune joue un rôle stabilisateur sur l'axe de rotation terrestre, qui autrement s'orienterait de manière désordonnée, ce qui ne serait pas sans conséquences sur le climat et par conséquent sur la vie sur notre planète.

Le grand nombre de questions sans réponses justifie la poursuite de l'exploration de notre satellite. On peut les classer en trois grandes catégories :

— Les sciences de la Lune : depuis trois milliards d'années, la Lune est restée un corps sans activité interne ; elle permet donc d'étudier les principales étapes de l'évolution des planètes telluriques (différentiation, évolution chimique et cratérisation).

— Les sciences à partir de la Lune : en raison de la stabilité de son sol, de l'absence d'atmosphère et de son faible champ de gravité, la Lune pourrait être utilisée pour l'observation astronomique, en particulier pour l'interférométrie, malgré certains inconvénients (bombardement permanent par des micrométéorites, importantes variations de températures).

— Les sciences sur la Lune : en raison de sa proximité de la Terre, la Lune pourrait servir de base d'expérimentation pour les futures missions habitées vers la planète Mars.

Dans le courant de cette décennie, plusieurs missions spatiales vont poursuivre l'étude de notre satellite naturel : Smart-1 (ESA, 2002), Lunar-A (ISAS, 2003) et Selene (ISAS-NASDA, 2005). Elles ne prétendront pas atteindre les objectifs ambitieux des sciences à partir de et sur la Lune, mais elles apporteront leur contribution à une meilleure connaissance de sa composition et de sa structure interne.

L'exploration des planètes de type terrestres

Il serait fastidieux de passer ici en revue toutes les missions spatiales qui furent consacrées aux planètes telluriques. Les Soviétiques ont en effet consacré 18 missions à la planète Vénus de 1961 à 1984, réussissant à 8 reprises la performance de faire atterrir et fonctionner des sondes automatiques à la surface de cette planète malgré son environnement particulièrement hostile. Les Américains ont pour leur part envoyé 5 sondes pour explorer Vénus entre 1962 et 1990, la dernière d'entre elles (Magellan) réalisant la couverture radar quasi complète de la surface. De 1962 à nos jours, 24 sondes (11 sondes soviétiques, 13 sondes américaines) entreprirent l'exploration de Mars avec des succès divers et quelques réussites spectaculaires, comme les atterrissages des deux sondes Viking Landers (1976) et celui de la sonde Mars Pathfinder (1997) avec à son bord le robot Sojournor. Ce sont incontestablement les observations de la mission Viking, complétées de nos jours par celle de la mission Mars Global Surveyor, qui permettent d'avoir une vision générale de l'histoire de cette planète. Mercure est le parent pauvre de l'exploration planétaire. Une seule mission américaine (Mariner 10, 1974) lui a été consacrée, incomplètement de surcroît. De ce fait, cette planète est la plus mal connue des quatre planètes du système solaire interne. Afin de combler cette lacune, la NASA et l'ESA ont décidé d'entreprendre les missions Messenger en 2004 (NASA) et Bepi-Colombo en 2009 (ESA).

Vénus, que l'on a coutume de considérer comme la planète « sœur » de la Terre en raison de sa taille, possède une atmosphère très dense et nuageuse qui cache complètement et en permanence la surface (pression au sol = 90 fois la pression atmosphérique terrestre ; température au sol = environ 450 °C ; composition de la basse atmosphère = 95 % de CO_2). Il a fallu attendre les images radar des missions soviétiques Venera 15 et 16 (1983) et de la mission américaine Magellan (1990) pour découvrir que plus de 75 % de la surface sont recouverts par des plaines volcaniques relativement jeunes, faiblement cratérisées, parsemées de très nombreux édifices volcaniques et sillonnées par des failles de grandes dimensions. Le reste de la surface est occupé par deux hauts plateaux qui ont des tailles comparables à celles de continents terrestres, tels que l'Afrique et l'Australie. Ces hauts plateaux semblent être la conséquence d'importants mouvements tectoniques. Après sa formation, il y a 4,5 milliards d'années environ, cette planète a probablement subi un important bombardement météoritique. Mais les traces de ce bombardement ne sont plus visibles de nos jours, car les phénomènes géologiques, tels que le volcanisme, les ont fait disparaître et ont « rajeuni » la surface vénusienne. Contrairement à la Terre, sur Vénus l'activité géologique (volcanisme et tectonique) semble avoir cessé environ 600 millions d'années avant nos jours, et depuis cette époque la surface vénusienne n'a pas subi de profondes modifications. Connaître les causes (composition, structure interne) de ces différences d'évolution serait très instructif, notamment pour comprendre certains aspects de l'histoire de notre propre planète. Pour cela, il faudrait pouvoir rapporter sur Terre des échantillons de roches afin de les analyser et de les dater, et réaliser des mesures géophysiques *in situ*. De telles opérations seraient envisageables, mais difficiles à réaliser du fait de l'environnement vénusien. C'est pourquoi aucune nouvelle mission spatiale destinée à la planète Vénus n'est envisagée dans un avenir proche, les agences spatiales américaine (NASA), européennes (ESA, CNES, etc.) et japonaise (ISAS) consacrant une grande partie de leurs efforts et leurs moyens à la planète Mars.

Mars est deux fois plus petite que la Terre et possède une très faible atmosphère de CO_2 (pression = 6,1 mbar). Sa surface est caractérisée par une dissymétrie morphologique entre l'hémisphère sud constitué par des terrains anciens criblés de nombreux cratères de météorites, et l'hémisphère nord qui est occupé par des plaines relativement lisses, peu cratérisées et donc plus jeunes. Ces dernières se situent en contre-bas des terrains les plus anciens de l'hémisphère sud. Par ailleurs, la surface martienne présente certaines ressemblances avec notre planète : volcans, canyons, réseaux fluviatiles, champs de dunes, glissements de terrain, etc. Mais ces reliefs ont en général des dimensions gigantesques. Ainsi, le volcan

Olympus Mons culmine à 27 km d'altitude et a un diamètre de 600 km à la base. De même, le canyon équatorial *Valles Marineris* s'étend sur 5 000 km de longueur et est constitué par plusieurs vallées qui peuvent atteindre 6 km de profondeur et 150 km de largeur et dont les versants sont profondément entaillés par l'érosion. De quelle érosion s'agit-il ? La gravité est sans doute responsable des glissements de terrain que l'on observe sur les pentes des canyons, mais l'eau à l'état liquide a probablement joué un rôle majeur dans l'érosion de la surface martienne. En effet, on y observe d'importants réseaux fluviatiles qui présentent de grandes similitudes avec les fleuves terrestres (réseaux hiérarchisés avec de nombreux affluents et confluents, méandres et îlots, etc.). Ces réseaux, qui sont aujourd'hui asséchés, sont situés dans l'hémisphère sud et se sont écoulés vers l'hémisphère nord où ils se seraient déversés dans un « océan » peu profond (600 m environ). Mais l'eau a complètement disparu de la surface de Mars, peut-être en raison de changements climatiques importants et de la raréfaction de son atmosphère : la faible pression atmosphérique contemporaine (6,1 mbar) ne permettrait pas à l'eau d'exister à l'état liquide. Mais l'eau n'a peut-être pas complètement disparu de la planète Mars. Certains indices morphologiques, semblables à ceux que l'on observe dans les régions périglaciaires terrestres, laissent à penser qu'il pourrait encore en subsister dans le sous-sol martien sous forme de glace ou de sol gelé en permanence, le « pergélisol » au « permafrost ». La question de l'eau sur Mars représente une des grandes énigmes de cette planète, non seulement pour comprendre son évolution, mais aussi parce qu'elle aurait pu permettre l'existence d'une forme de « vie ». L'exploration future de cette planète aura entre autres objectifs de déterminer s'il existe encore de l'eau dans le sous-sol, les causes de sa disparition de la surface et à quand remonte cette disparition. Les toutes dernières découvertes de la sonde Mars Global Surveyor conduisent à penser que cette disparition aurait pu se produire assez récemment (un ou quelques millions d'années avant nos jours), remettant ainsi en cause l'histoire climatique de la planète.

Au cours de cette décennie, plusieurs sondes spatiales tenteront de répondre aux nombreuses questions que se posent les scientifiques au sujet de Mars. La NASA lancera en 2001 une sonde orbitale (Mars Odyssey 2001) pour cartographier en détail la surface, et en 2003 deux robots mobiles destinés à explorer la surface et à en analyser la composition. Ces missions seront le prélude à des projets plus ambitieux ayant pour objectif de ramener sur Terre des échantillons de la planète rouge pour en analyser la composition, en mesurer les âges et rechercher les traces d'une éventuelle activité organique. De son côté, l'ESA lancera en 2003 la sonde orbitale Mars Express qui aura non seulement pour objectif de cartographier la surface mais aussi de détecter la présence du « pergélisol », et qui déposera une station de mesures géophysiques à la surface (Beagle 2). La sonde japonaise Nozomi se placera en orbite martienne en 2003 pour étudier l'atmosphère de la planète. D'autres projets verront également le jour, tels que la mission franco-européenne Netlander qui consistera à mettre en place un réseau de stations géophysiques à la surface de Mars pour en étudier en particulier la structure interne.

L'exploration des planètes externes

L'exploration des planètes du système solaire externe (Jupiter, Saturne, Uranus, Neptune et Pluton) est une entreprise de longue haleine en raison des distances que les sondes spatiales doivent parcourir. Par exemple, la mission Cassini-Huygens (NASA-ESA), lancée de Cape Canaveral en 1997 en direction de Saturne, n'atteindra cette planète qu'en 2004 après avoir parcouru 3,5 milliards de kilomètres ! En effet, les trajectoires des sondes spatiales lancées en direction des planètes externes doivent prendre en compte les lois de la mécanique céleste, et par conséquent des positions relatives de la Terre et des planètes visées afin de minimiser la durée de la phase de croisière. Mais cela ne suffit pas, et il faut accélérer les sondes en les faisant passer à une ou plusieurs reprises à proximité de planètes *flyby* comme la Terre ou Vénus pour bénéficier de leur assistance gravitationnelle. Ces trajectoires allongent bien évidemment les distances parcourues, mais elles raccourcissent très significativement la durée de la croisière. Par exemple, la mission Galileo (NASA), lancée en octobre 1989 pour atteindre Jupiter en décembre 1995, effectua un survol de Vénus en février 1990 (augmentation de la vitesse = 2 km/s) et deux survols de la Terre en décembre 1990 (augmentation de la vitesse = 5,2 km/s) et en décembre 1992 (augmentation de la vitesse = 3,7 km/s).

Jusqu'au lancement de la mission Cassini-Huygens (NASA-ESA) en 1997, l'exploration des planètes externes n'avait été réalisée que par des missions américaines [Pioneer 10 et 11 (lancées en 1973), Voyager 1 et 2 (lancées en 1977) et Galileo (lancée en 1989)] auxquelles participaient des chercheurs ou des équipes scientifiques européens. Les sondes Pioneer 10 et 11 avaient pour mission d'étudier le milieu interplanétaire et l'environnement (en particulier la magnétosphère) des planètes Jupiter et Saturne, avant de se diriger vers les confins du système solaire. Ce programme représentait la phase de reconnaissance précédant l'exploration plus systématique de ces planètes par les sondes Voyager 1 et 2, et ultérieurement par les sondes Galileo (Jupiter) et Cassini-Huygens (Saturne-Titan). Initialement prévue pour l'étude des planètes Jupiter et Saturne et de leurs satellites qui furent survolés respectivement en 1979 et en 1980-1981, la mission Voyager fut prolongée de 8 ans pour permettre à la sonde Voyager 2 d'aller survoler les planètes Uranus (1986) et Neptune (1989). Cette mission est une bonne illustration de l'utilisation de l'assistance gravitationnelle pour infléchir la trajectoire d'une sonde spatiale et pour l'accélérer. C'est ainsi que la durée du vol de Voyager 2 vers Neptune fut réduite de 30 à 12 ans.

Contrairement aux missions Pioneer et Voyager qui ne firent que survoler rapidement les planètes Jupiter et Saturne, les missions Galileo et Cassini-Huygens sont chacune dédiées à l'une de ces deux planètes géantes. Galileo se plaça en orbite autour de Jupiter en 1995 et envoya une petite sonde dans sa haute atmosphère pour en étudier la composition et la dynamique. La petite sonde fonctionna pendant 59 minutes (soit une descente de 200 km) avant d'être détruite. Le reste de la mission, qui se termine actuellement, fut consacré à l'étude de la planète et de ses quatre gros satellites galiléens : Io, Europe, Callisto et Ganymède. La sonde américaine Cassini ne se placera en orbite autour de Saturne qu'en 2004. Elle emporte à son bord la petite sonde européenne Huygens, qui descendra dans l'atmosphère de Titan, le plus gros des satellites de Saturne et de tout le système solaire. Grâce aux mesures effectuées tout au long de la descente de Huygens vers la surface de Titan, les scientifiques espèrent percer les mystères de son atmosphère, siège de processus photochimiques qui pourraient ressembler à ceux qui précédèrent l'apparition de la vie sur la Terre.

Les missions Pioneer, Voyager et Galileo ont révélé ou découvert les caractéristiques surprenantes des atmosphères, des magnétosphères, des anneaux et des nombreux satellites des planètes géantes. Jupiter, Saturne, Uranus et Neptune sont des planètes gazeuses constituées essentiellement par de l'hydrogène et de l'hélium, avec de faibles quantités de méthane, d'ammoniac et de vapeur d'eau, et un noyau rocheux et de glace. L'atmosphère de ces planètes est très turbulente, animée par une circulation très rapide qui a pour conséquence des cyclones géants tels que la grande tache rouge de Jupiter, bien connue des astronomes, ou la grande tache bleue de Neptune, découverte par Voyager 2. La mission Galileo a découvert que Jupiter connaissait une impressionnante activité orageuse due à la circulation verticale de l'eau dans les couches nuageuses supérieures de l'atmosphère.

Ces planètes géantes possèdent toutes des anneaux. Ceux de Saturne étaient connus depuis longtemps, mais les sondes spatiales permirent non seulement d'en étudier la structure « de près », mais aussi de découvrir ou de confirmer l'existence des anneaux de Jupiter, Uranus et Neptune, dont certains sont invisibles ou difficilement observables depuis la Terre. Ainsi, Jupiter possède un anneau très fin qui s'étend jusqu'à 129 000 km du centre de la planète. Cet anneau serait constitué par des grains très fins provenant de la surface des satellites les plus proches, arrachés sous l'effet des impacts de météorites. Les anneaux de Saturne, qui s'étendent sur environ 300 000 km, ont probablement la même origine, mais les éléments qui les constituent sont plus grossiers. Les anneaux les plus externes sont déformés par les effets gravitationnels induits par de petits satellites situés à proximité. Cette particularité fut également observée au niveau des anneaux d'Uranus.

Chacune de ces planètes possède un très fort champ magnétique. Par exemple, celui de Jupiter serait deux mille fois supérieur à celui de la Terre, la densité du vent solaire étant vingt-cinq fois plus faible en raison de la distance séparant la planète géante du Soleil, la magnétosphère jovienne et cent fois plus étendue que la magnétosphère terrestre. Une autre différence importante entre ces deux magnétosphères est la présence d'une source « locale » de particules chargées qui proviennent du satellite Io et de son tore de plasma. L'activité volcanique de ce satellite éjecte dans son atmosphère une grande quantité de gaz et de poussières qui sont ionisés par le rayonnement ultraviolet du Soleil, puis se répartissent en un énorme tore de plasma entourant tout Jupiter au niveau de l'orbite de Io. Le champ magnétique de Saturne est celui d'un dipôle dont le moment est 550 fois plus grand que celui du dipôle terrestre, mais 10 fois plus petit que celui du dipôle jovien. Comme dans le cas de Jupiter, le champ dipolaire de Saturne est déformé par l'action du vent solaire, comprimé dans la direction du Soleil et s'étendant en une longue queue dans la direction opposée. Uranus, dont l'axe de rotation a basculé sans doute sous l'effet d'une collision avec une autre planète, possède aussi un champ magnétique comparable en intensité à celui de la Terre. Mais l'axe du champ est incliné d'environ 60° par rapport à l'axe de rotation de la planète, et la queue de la magnétosphère est fortement déformée par sa rotation. À l'instar de celui d'Uranus, l'axe du champ magnétique de Neptune est fortement incliné (47°) et décalé par rapport au centre de la planète.

Depuis longtemps, les observations terrestres avaient permis de découvrir que les planètes géantes possédaient des satellites. Pour ne citer que quelques exemples, en 1610, Galilée avait observé les quatre gros satellites de Jupiter (Io, Europe, Ganymède et Callisto) ; en 1655, Christiaan Huygens avait découvert Titan, le plus gros satellite de Saturne et du système solaire ; en 1787, William Herschel observait les deux plus gros satellites d'Uranus (Titania et Obéron), suivi en 1851 par William Lassell (Ariel et Umbriel) et par Gerard Kuiper en 1948 (Miranda). Aujourd'hui, grâce aux observations récentes et surtout aux découvertes de la mission Voyager, la liste des satellites des planètes géantes s'est considérablement allongée. À ce jour, Jupiter possède 28 satellites (dont 12 découverts par Voyager 2), Saturne 18 (plus 12 découverts par Voyager 2 mais non confirmés), Uranus 21 (dont 9 découverts par Voyager 2) et Neptune 8 (dont 6 découverts par Voyager 2). Les satellites découverts sont de petites tailles (entre 13 et 77 km de rayon pour les satellites d'Uranus) ce qui explique qu'ils n'aient pu être observés depuis la Terre. Certains d'entre eux, comme Amalthée (satellite de Jupiter), auraient une composition semblable à celle d'astéroïdes. Mais pour la plupart, les satellites des planètes géantes sont constitués de glace avec probablement un noyau rocheux, avec cependant une exception, Io. Ce satellite semble être constitué de roches silicatées, et sa surface est recouverte de coulées volcaniques riches en soufre produites par des éruptions. L'observation de plusieurs éruptions volcaniques atteignant 250 à 300 km d'altitude a été l'une des découvertes les plus spectaculaires de la mission Voyager. La mission Galileo a confirmé que Io était sans doute l'un des corps les plus actifs géologiquement dans le système solaire. Cette activité aurait son origine dans les déformations de ce satellite (par effets de marées) provoquées par les interactions de Io, Europe, Ganymède et Jupiter. Les satellites de glace ont aussi réservés beaucoup de surprises. Certains, comme Callisto, présentent des surfaces « vieilles », criblées de cratères d'impacts de météorites. D'autres au contraire, comme Europe ou Ganymède, montrent une surface relativement « jeune » sillonnée de craquelures isolant des morceaux de « banquise » qui se seraient déplacés les uns par rapport aux autres, peut-être à la surface d'un océan d'eau salée. Cette dernière hypothèse incite la NASA à étudier la possibilité d'une mission spécialement dédiée à l'étude du satellite Europe (mission Europa Ocean Explorer) et plus particulièrement à celle de sa structure interne. Cette mission pourrait être lancée en 2004 pour atteindre le système jovien en 2007.

Que deviennent les sondes Pioneer et Voyager ? Après avoir atteint leurs objectifs, ces sondes se dirigent vers la « sortie » du système solaire, c'est-à-dire la limite de l'héliopause au-delà de laquelle les effets du champ magnétique et du vent solaire ne sont plus perceptibles. La sonde Pioneer 10 a franchi cette limite le 31 avril 1997, et se dirige vers la Constellation du Taureau tout en continuant à transmettre des informations. Par contre, la sonde Pioneer 11 a cessé de fonctionner le 30 septembre 1995, mais continue à se diriger vers la Constellation de l'Aigle. Les deux sondes Voyager ne sont pas encore sorties du système solaire ; elles ne sont encore qu'à 12 milliards de kilomètres (Voyager 1) et 9,3 milliards de kilomètres (Voyager 2) de la Terre dont elles s'éloignent à 43 km/seconde tout en continuant à transmettre de nombreuses informations sur le milieu interplanétaire. Les ingénieurs de la NASA estiment que ces deux sondes devraient continuer à fonctionner au moins jusqu'en 2020.

Pluton est la seule planète externe qui n'ait pas encore été visitée, en raison de son éloignement et de sa position orbitale lors de la mission Voyager. C'est pourquoi la NASA étudie un projet (Pluto-Kuiper Express) destiné à combler cette lacune. Cette mission pourrait être lancée en 2004 pour atteindre Pluton en 2012 ou 2016. Sur le plan financier, ce projet est en compétition avec le projet

Europa Ocean Explorer et un projet de sonde solaire ; la NASA devra donc faire un choix. Quel que soit ce choix, l'année 2004 devrait être une année faste pour l'exploration du système solaire avec l'arrivée autour de Saturne de la mission Cassini-Huygens (NASA-ESA).

Conclusion

En résumé, au cours de la nouvelle décennie, l'exploration des planètes sera riche en événements dans lesquels l'Europe, et en particulier la France, prendra une part active :

— L'exploration lunaire par la sonde européenne SMART-1 (2002) et les sondes japonaises Lunar-A (2003) et Selene (2005).

— L'exploration de la planète Mars par les sondes américaines Mars Odyssey 2001 et Mars Surveyor 2003, la sonde européenne Mars Express (2003) et la sonde japonaise Nozomi (2003).

— L'exploration de Mercure par la sonde américaine Messenger (2004) et la sonde européenne Bepi-Colombo (2009).

— L'exploration de Saturne et de son satellite Titan par la sonde américano-européenne Cassini-Huygens (2004). Nul doute que toutes ces missions apporteront leur lot de découvertes spectaculaires qui permettront à la communauté scientifique internationale de progresser dans la connaissance de notre système solaire.

Diversité et spécificités des mondes planétaires : que nous disent Mars, la Lune, comètes et astéroïdes ?

par JEAN-PIERRE BIBRING

Quarante années d'exploration spatiale ont profondément modifié notre représentation du monde des planètes, et singulièrement de la Terre : ce qui frappe est leur extraordinaire diversité, et c'est l'objet majeur de la planétologie contemporaine que de tenter d'identifier et d'en comprendre les spécificités, dont la moindre n'est pas, pour la Terre, d'avoir abrité les conditions favorables à l'apparition et l'évolution du vivant. D'où vient que des objets, dont on sait aujourd'hui qu'ils se sont formés pratiquement au même moment (il y a un peu plus de 4,5 milliards d'années), d'un même matériau, et en un même lieu de notre Galaxie, aient évolué si différemment ?

Les moteurs des machines planétaires

On est bien loin de maîtriser ce que sont les moteurs de l'activité planétaire : les planètes possèdent des sources d'énergie interne multiples, qui ont un comportement variable dans le temps, et imposent les étapes et le rythme de l'évolution. Contrairement à une idée répandue, l'évolution des planètes ne provient pas du seul fait qu'elles sont en orbite autour du Soleil, et en reçoivent de l'énergie. Bien entendu, l'énergie solaire est fondamentale pour entretenir l'activité atmosphérique, et en particulier la biosphère terrestre ; cette énergie est cependant absorbée très en surface, et ne compte pas dans le bilan énergétique de l'intérieur planétaire. C'est la radioactivité des

Texte de la 191e conférence de l'Université de tous les savoirs donnée le 9 juillet 2000.

éléments (uranium, thorium et potassium essentiellement) présents à l'intérieur de la Terre et de la plupart des autres objets solides planétaires qui en détermine principalement le devenir.

Ces éléments ont la particularité de se désintégrer spontanément (« naturellement ») au bout de périodes se mesurant en milliards d'années : comme c'est l'âge de notre système, ce sont eux qui contribuent le plus à la production énergétique interne. Ils sont toutefois très peu abondants : les « radiateurs » radioactifs sont de piètre efficacité, chaque m^3 de matériau planétaire ne dissipant en moyenne que 10^{-7} W environ ; il a fallu des centaines de millions d'années pour que les intérieurs planétaires soient chauffés jusqu'à atteindre leurs températures maximales, et donc leur niveau d'activité le plus élevé. Toutefois, comme c'est en disparaissant, par radioactivité, que les éléments libèrent de l'énergie, la production énergétique se tarit au cours du temps avec les ressources elles-mêmes : après avoir atteint leur stade d'activité maximale, les planètes se refroidissent progressivement, pour atteindre finalement la « mort géologique ».

Toutes ne s'éteignent pas au même moment : la mort géologique survient d'autant plus tôt, dans l'évolution des objets planétaires, qu'ils sont de petites dimensions. Pour en rendre compte, en simplifiant à l'extrême, supposons que tous soient faits du même matériau, réparti de manière homogène : un mètre cube d'astéroïde, de Lune, de Mars ou de Terre contiendrait donc la même concentration d'éléments radioactifs. De mêmes volumes constituent donc des radiateurs équivalents, et la production globale d'énergie dans un objet est directement proportionnelle au volume total. Mais de même que la température atteinte dans une pièce résulte d'un équilibre entre le chauffage et les pertes, de même le bilan énergétique d'une planète est un équilibre entre cet apport d'origine radioactive et les pertes, qui s'effectuent par le rayonnement de surface, et sont donc proportionnelles au carré du rayon R. Avec des gains en R^3 (volume) et des pertes en R^2 (surface), l'équilibre dépend de R : plus R est grand, plus les gains l'emportent sur les pertes, et plus la température atteinte est élevée. En revanche, les corps les plus petits peuvent rayonner efficacement l'énergie libérée, et demeurer froids. Ainsi, la radioactivité a chauffé les différents objets planétaires jusqu'à des niveaux dépendant de leur taille. Ils se sont ensuite progressivement refroidis pour s'éteindre d'autant plus tôt que, plus petits, ils n'avaient pas atteint des niveaux très élevés.

Ce que nous disent les différents objets

C'est pourquoi les plus petits corps du Système Solaire, qui ont des dimensions très faibles (inférieures à quelques dizaines de kilomètres), n'ont jamais connu d'épisode d'échauffement interne global ayant effacé les propriétés acquises à leur formation. Ils les ont préservées jusqu'à aujourd'hui, et en constituent de ce fait des « fossiles ». En analysant ces objets « primitifs », on a potentiellement accès aux conditions initiales de l'évolution du Système Solaire, dont nous parlons plus bas.

Des cinq objets du Système Solaire interne, de taille et d'histoire semblables, la mort géologique a frappé les plus petits d'abord : la Lune s'est éteinte la première, suivie de Mercure, puis de Mars. On ne sait toujours pas si Vénus est encore active ; la Terre, elle, est toujours soumise à des mouvements internes provoquant tremblements de terre, formation de montagnes et volcanisme intense. Si des catastrophes locales peuvent en découler, cette activité est cependant globalement nécessaire à la vie : c'est grâce au volcanisme que l'atmosphère est régénérée et, par l'apport énergétique solaire, demeure propice au vivant tel qu'on le connaît. Lorsque, par la diminution de la radioactivité, les mouvements de convection internes cesseront, le recyclage atmosphérique s'effacera au profit des mécanismes de piégeage, et avec lui les conditions favorables au maintien d'une biosphère. On peut s'attendre à ce que cela arrive bien avant que le Soleil n'ait fini de briller : la vie sur Terre pourrait disparaître en plein Soleil.

Parce que l'activité géologique de la Terre est importante, elle a pratiquement tout effacé des étapes antérieures : il est très difficile de retrouver la trace des événements ayant marqué son histoire, et donc d'identifier l'origine de ses spécificités. Les objets de plus petites tailles nous le permettent davantage.

L'observation de la Lune nous apprend l'essentiel de ce qui se passait dans le Système Solaire interne peu après la formation des planètes. Des quantités d'objets ont été formés, en nombre considérablement supérieur à celui des planètes et satellites que nous connaissons. Toutefois, leurs orbites étaient telles qu'ils se sont violemment heurtés les uns contre les autres, se fracassant mutuellement et disparaissant lors de ces impacts : c'est ce que l'on observe sous la forme de cratères de toutes tailles, certains larges de centaines, voire de milliers de kilomètres, les plus nombreux étant les plus petits. Il a fallu plusieurs centaines de millions d'années pour « nettoyer » ainsi le Système Solaire, et que ne subsistent que les objets que l'on connaît aujourd'hui. Ces chocs ont affecté l'ensemble des objets : une photographie de la Terre datant de 4 milliards d'années aurait donné l'image d'un objet criblé de cratères d'impacts, semblable à ce qu'est la Lune : de petites dimensions, celle-ci n'a pas subi de « remise à zéro » globale, comme ce fut le cas de la Terre, et présente toujours les traces du bombardement primordial intense. On y distingue également des structures sombres, appelées (à tort) « mers ». Elles proviennent directement de l'activité interne de la Lune : dès qu'en profondeur un magma suffisamment visqueux a été formé et mis en mouvement, il est monté en surface (par convection), surgissant dans les plus accessibles des terrains : il a rempli les cratères d'impacts les plus profonds. La solidification, une fois en surface, de cette lave basaltique, contenant plus de silicates ferro-magnésiens denses (qui se trouvent être plus sombres), a donné naissance aux mers, contrastant avec les plateaux clairs environnant. Ces mers ont été formées entre 4 et 3,3 milliards d'années par rapport à aujourd'hui, c'est-à-dire après le bombardement initial, elles contiennent de ce fait très peu de cratères d'impact. L'analyse des échantillons lunaires et de la surface de la Lune a permis de retracer l'histoire du premier milliard d'années du Système Solaire.

Ainsi, le taux de cratérisation de la Lune nous permet d'évaluer le nombre d'impacts reçus sur Terre : vraisemblablement, plusieurs dizaines de chocs géants ont formé des bassins de plusieurs milliers de kilomètres de diamètre ; il y eut probablement plusieurs milliers de cratères de taille supérieure à une centaine de kilomètres. On n'a pas encore pris la mesure de l'ensemble des conséquences de tels événements sur l'histoire ultérieure de la Terre, et de ses mouvements orbitaux.

Il en est une au moins qui mérite d'être mentionnée : c'est à l'un de ces chocs géants, par un objet de taille comparable à celle de Mars, que l'on doit vraisemblablement la formation de la Lune. Les débris, éjectés et mis en orbite autour de la Terre, se seraient ré-accrétés pour former la Lune, ce qui expliquerait l'ensemble des propriétés qu'on lui connaît, dont le fait que sa composition est semblable à celle des couches extérieures (le manteau et la croûte, à l'exception du noyau) de la Terre. Une spécificité de la Lune, comme satellite de la Terre, est que sa masse en est comparable : on peut presque parler du système Terre/Lune comme d'un système double. C'est un cas unique dans le Système Solaire : Phobos et Deimos autour de Mars, tout comme les satellites des planètes géantes, sont de masses considérablement plus faibles que celles des planètes autour desquelles ils gravitent. Il se pourrait que la Lune, en revanche, ait eu des effets gravitationnels majeurs pour certaines des propriétés orbitales de la Terre, et en particulier en ce qui concerne son obliquité : la Terre tourne sur elle-même autour d'un axe incliné de 23° par rapport à la perpendiculaire au plan de son orbite autour du Soleil (l'écliptique). Cet angle est fondamental pour le climat terrestre, en ce qu'il impose le degré d'insolation des différentes régions au long des saisons. On conçoit aisément que des changements climatiques féroces surviendraient s'il advenait que l'obliquité change beaucoup : imagine-t-on ce qui se passerait si les pôles décidaient de basculer à l'équateur ? La stabilité des climats terrestres, qui pourrait avoir été une condition fondamentale à l'évolution d'une chimie ayant donné naissance au vivant, pourrait être une conséquence directe de l'existence de la Lune. Or, sa formation résulterait d'un événement extrêmement peu probable. Ce pourrait être l'une des spécificités terrestres, que d'être dotée d'un tel régulateur d'obliquité favorisant la pérennité de climats, permettant en particulier à l'eau de demeurer stable à l'état liquide.

Il n'est pas sûr que Mars ait bénéficié d'un tel mécanisme : l'évolution parfois brutale de son climat, sous l'effet de l'évolution chaotique de son obliquité, n'a peut-être pas permis l'existence d'étendues d'eau liquide suffisamment longtemps pour que la vie y naisse. Cela fait partie des défis que nous pose Mars : plus massive que la Lune, Mars a connu des stades d'activité beaucoup plus complexes, comme en témoignent des volcans gigantesques (tel Olympus Mons plus de 25 000 m d'altitude, le plus haut de tout le Système Solaire), des réseaux de gorges (canyons) de plusieurs milliers de kilomètres, des lits de rivières et d'affluents nombreux, aujourd'hui asséchés. Pour autant, Mars est suffisamment petite pour ne pas avoir connu d'épisode effaçant les structures antérieures, si bien qu'on peut distinguer, à sa surface, des régions datant de chacune des étapes de son évolution ; on peut potentiellement y lire la mémoire de toute l'histoire des objets du Système Solaire, jusqu'à la mort géologique : c'est ce qui fait son caractère unique en planétologie comparée. En particulier, il n'est pas exclu que Mars ait connu, en même temps que la vie apparaissait sur Terre, des conditions globales similaires : peut-être abritait-elle de l'eau liquide, une chimie prébiotique, voire une exobiologie. C'est ce qui justifie qu'un grand programme d'exploration spatiale de Mars, auquel la France entend participer à haut niveau de responsabilités, ait été mis sur pied : il devrait permettre, dans la prochaine décennie, de déceler d'éventuels dépôts de roches sédimentaires, traçant, comme les carbonates terrestres, d'anciens sites lacustres ; de mettre en évidence de la glace souterraine, protégeant peut-être des réserves d'eau enfouies ; de collecter des échantillons dans des sites sélectionnés, et de les retourner sur Terre, permettant une analyse, à l'échelle des grains individuels, utilisant les instruments de laboratoire les plus développés : un bond considérable devrait être réalisé dans la compréhension de l'histoire de Mars, avec à la clé celle de problèmes cruciaux de l'évolution de notre propre planète.

La recherche des conditions initiales : astéroïdes et météorites

L'identification des forces (les « moteurs » des machines planétaires) ne suffit pas à décrire l'évolution d'un objet : celle-ci, comme pour la flèche qu'on lance, est également fonction des « conditions initiales » qu'on lui imprime. S'agissant des planètes, que sont ces conditions initiales, en quoi ont-elles pu jouer un rôle, et comment les identifier ?

Les conditions initiales de l'évolution du Système Solaire sont fondamentalement de deux types, dynamique et compositionnel.

La dynamique comprend l'ensemble des chocs, collisions et effets de marée ayant affecté les mouvements des objets, l'accrétion de matière ou leur ablation partielle, dans l'environnement du Soleil central. On a vu par exemple que la formation de la Lune, par collision, a pu jouer un rôle essentiel sur l'évolution ultérieure de la Terre.

Comment avoir aujourd'hui accès à ce que fut la dynamique primordiale ? L'une des approches est d'étudier aujourd'hui des systèmes reflétant les conditions dynamiques du nuage protosolaire (disque d'accrétion) où sont nées les planètes. Il y en a de deux types : les anneaux des planètes géantes, avec les satellites planétaires qui y sont gravitationnellement liés, et l'ensemble des « astéroïdes » (la recherche au XIXe siècle d'une planète supposée se trouver entre Mars et Jupiter, en échouant, a permis la découverte progressive de milliers d'objets, que l'on sait être en fait beaucoup plus nombreux encore, et dont la masse intégrée est celle d'une planète à peine plus massive que Mercure). Ces astéroïdes évoluent autour du Soleil sur des orbites très voisines. Longtemps on a considéré qu'ils provenaient d'une planète ayant explosé sous l'effet des forces de marée de Jupiter ; on pense plutôt aujourd'hui qu'il s'agit au contraire des innombrables petits objets à partir desquels, par collision et accrétion, une planète était en train de se former lorsque, précisément à cause de l'apparition de Jupiter, la croissance a été stoppée. Les astéroïdes constitueraient donc un vestige du système dynamique par lequel les planètes se sont formées, maintenu jusqu'à aujourd'hui en un état inachevé de croissance avortée, et s'offrant à l'observation : seuls les chocs entre ces objets en modifient localement certaines propriétés, et éjectent des fragments qui sont à l'origine des météorites que la Terre collecte.

Les fragments éjectés sont d'autant plus nombreux qu'ils sont petits. La fréquence des gros impacts est très rare : la probabilité de recevoir sur Terre un objet de taille kilométrique est de l'ordre d'une collision tous les 100 millions d'années. Sous la violence d'un tel choc, la quantité de débris éjectés dans l'atmosphère est telle qu'elle suffirait à assombrir durablement, c'est-à-dire pendant plusieurs années, le rayonnement solaire au point de bloquer le développement de la végétation : certains pensent que l'on doit à l'un de ces événements la disparition des dinosaures, faute de nourriture, il y a quelque 65 millions d'années, disparition grâce à laquelle les mammifères, dont l'homme est issu, ont pu se développer.

Beaucoup plus petites, les météorites de masse voisine du kilogramme tombent sur Terre au rythme d'une dizaine par an sur une région grande comme la France. Au total, plusieurs milliers de météorites ont ainsi été identifiées dans le monde, collectées et rassemblées dans des Muséums pour être étudiées. La diversité des météorites reflète celle des astéroïdes, leurs « corps parents », dont elles permettent l'analyse. On peut montrer que certaines d'entre elles proviennent d'objets très « primitifs », en ce qu'ils semblent n'avoir jamais connu d'échauffement important qui aurait modifié leurs propriétés d'origine : on a vu que c'est en effet ce que l'on attend des plus petits corps du Système Solaire. Il n'est pas exagéré d'affirmer que c'est à l'analyse de ces météorites les plus primitives que l'on doit l'essentiel de notre compréhension de l'origine et de l'évolution primordiale du Système Solaire.

Par exemple, c'est ainsi que l'on a pu dater avec précision la formation du Système Solaire, c'est-à-dire l'âge de tous ses objets, à un peu plus de 4,55 milliards d'années : le Soleil et les planètes ne sont pas de première génération dans la Galaxie. Celle-ci était âgée d'une dizaine de milliards d'années quand notre système s'est formé ; c'est ce qui explique qu'il contienne des éléments « lourds », c'est-à-dire autres que *H* et *He*, synthétisés à partir de l'hydrogène dans les cœurs d'étoiles massives, antérieures au Soleil, et réinjectés dans le milieu interstellaire à la mort, souvent explosive (supernovae), de ces étoiles. Ces éléments (*C, N, O, Al, Si, Fe*, etc.) constituent l'ensemble (mis à part l'hydrogène) de ce qui constitue la Terre et les planètes : roches, atmosphère et structures vivantes. Les météorites permettent d'en mesurer les abondances.

Récemment, on a découvert que certaines météorites contenaient également des grains présolaires qui, formés dans l'atmosphère d'autres étoiles, avaient survécu aux différentes phases de croissance des protoplanètes, et se retrouvaient, piégés, avec des propriétés permettant d'identifier ces sites de formation. C'est ainsi que l'on a mis en évidence que l'effondrement de la nébuleuse protosolaire a vraisemblablement été déclenché par l'explosion d'une supernova proche, qui a ensemencé le nuage par du gaz et des grains fraîchement synthétisés ; parmi les atomes injectés, certains, fortement radioactifs, ont servi de source énergétique majeure pour les objets protoplanétaires qui les ont piégés. Au total, les analyses de météorites se sont révélées particulièrement fécondes, pour décrire tout à la fois l'histoire et la « géographie » du Soleil naissant.

La recherche des conditions initiales : comètes et micrométéorites

La brutale apparition de Jupiter n'a pas eu comme seul effet dynamique de préserver, à relativement faible distance héliocentrique, le système des astéroïdes. Elle a également fortement perturbé la croissance des objets en train de croître au-delà de son orbite. À de telles distances du Soleil, la température moyenne, très basse, permet à l'essentiel des constituants volatils, comme l'eau, le gaz carbonique et l'ammoniaque, de se trouver condensés en glaces : c'était effectivement sous cette forme principale que se construisaient les objets protoplanétaires au-delà de l'orbite de Jupiter. Du fait de Jupiter, très peu d'objets ont atteint des tailles importantes : non seulement ils ont vu leur évolution bloquée, alors qu'ils ne faisaient guère plus que quelques kilomètres, mais surtout la plupart d'entre eux ont été éjectés à de très grandes distances du Soleil, sur des orbites des milliers de fois plus distantes du Soleil, où ils se trouvent toujours. Ce n'est qu'au hasard du passage d'une étoile proche que certains ont leur orbite à nouveau perturbée, pour replonger vers le Soleil et devenir « comète ». Alors, à mesure qu'ils s'en approchent, les glaces se subliment, se transforment en queues gazeuses caractéristiques, parfois spectaculaires ; ce processus libère de petits grains : lorsque la Terre croise de tels grains, certains, en pénétrant à vive allure dans l'atmosphère, se détruisent en « étoiles filantes ».

Ces blocs de glace kilométriques, ou « noyaux cométaires », tant qu'ils demeurent dans leur grand réservoir lointain, sont maintenus à des températures tellement basses qu'ils préservent leurs propriétés d'origine. On a donc de bonnes raisons de penser qu'ils sont toujours constitués des molécules et des grains qui constituaient le nuage protosolaire. Lorsqu'ils plongent dans le Système Solaire interne, ils portent avec eux un témoignage précieux, celui de la composition du matériau d'origine.

En 1986, pour le retour de la comète de Halley, pas moins de 5 sondes spatiales (deux japonaises, deux soviétiques et une européenne, Giotto) sont parties à sa rencontre, pour en survoler le noyau même, de très près : Giotto est parvenue à moins de 600 km. Pour la première fois, on a pu procéder à une observation extrêmement rapprochée : on a découvert un objet totalement différent de ce à quoi on s'attendait. On imaginait, s'agissant d'un corps principalement fait de glaces, qu'il serait très brillant : c'est le plus sombre de tous les objets du Système Solaire, plus noir que du charbon. On se demandait si le carbone était plutôt sous la forme de gaz carbonique (CO_2) ou de méthane (CH_4) : on a découvert que plus de la moitié était sous la forme, non pas de ces petites molécules, mais de composés très complexes, qui précisément, mélangés à la glace, lui donnaient cet aspect si sombre. Il pourrait s'agir de polymères organiques de grand poids moléculaire, produits lors de l'effondrement du nuage protosolaire initial, piégés dans ces noyaux cométaires et préservés jusqu'à aujourd'hui : l'étude des comètes nous donne accès au stade d'évolution chimique final du nuage moléculaire dont est issu le Système Solaire.

Certains considèrent que parmi les molécules organiques complexes présentes dans ces noyaux, certaines (« prébiotiques ») pourraient avoir joué un rôle majeur pour initier la vie sur Terre (et peut-être à la surface d'autres planètes, Mars en particulier). Même à l'heure actuelle, la Terre, dans son périple interplanétaire, intercepte chaque année plusieurs dizaines de milliers de tonnes de matière cométaire, principalement sous la forme de micrométéorites : il s'agit de grains éjectés des noyaux cométaires par sublimation des glaces en s'approchant du Soleil, et dont une fraction se désintègre en étoiles filantes. On a toutes les raisons de penser que ce taux était considérablement plus élevé dans les premières centaines de millions d'années, alors que le Système Solaire était encore rempli d'innombrables débris de toutes tailles. Ces impacts ont pu contribuer à apporter une partie (au moins) de l'eau dont nous disposons aujourd'hui : chaque litre d'eau que l'on boit pourrait contenir au moins un verre d'eau cométaire. Bien entendu, la nature de l'eau ne dépend pas de son origine, et le fait qu'elle provienne de comètes ne modifie pas ses propriétés. En revanche, l'apport corrélé de matière organique cométaire, dans les océans terrestres primitifs, il y a quatre milliards d'années, pourrait avoir eu des effets majeurs : synthétisée dans le nuage protosolaire par des processus de chimie cosmique très spécifiques, il pourrait s'agir de molécules et radicaux possédant un niveau de complexité et de réactivité non atteints par la chimie terrestre aquatique d'alors ; leur arrivée pourrait avoir fortement contribué à amorcer l'évolution vers le vivant.

L'intérêt pour déchiffrer le matériau cométaire est tel que deux missions spatiales très importantes ont été développées, l'une par la NASA, StarDust, l'autre par l'Agence spatiale européenne (ESA) : Rosetta. StarDust, actuellement dans l'espace, va passer dans la queue d'une comète, pour y collecter les grains, et les rapporter sur Terre, en 2006 : on espère pouvoir analyser, grain par grain, ce matériau, et en identifier la composition. Rosetta, qui sera lancée de Kourou le 18 janvier 2003, va aller à la rencontre d'un noyau cométaire pour se mettre en orbite et l'analyser pendant des mois ; un petit engin de 80 kg en sera éjecté, pour se poser à même le noyau, forer le sol, prélever des échantillons, et les analyser *in situ*, avec les plus performants des instruments disponibles actuellement : véritables prouesses robotiques, ils devront, de manière parfaitement automatisée, tenter d'identifier la composition élémentaire, isotopique, moléculaire et minéralogique de l'ensemble de cette matière cométaire : glaces et grains, minéraux, réfractaires et organiques ; autant de reliques du matériau d'origine du Système Solaire. Rendez-vous en octobre 2012.

IV

ÉTOILES ET GALAXIES

Généalogie céleste de la matière

par MICHEL CASSÉ

Matière lumineuse, précieuse et céleste

La matière se divise en deux camps : baryonique (nucléaire) et non baryonique (non nucléaire). Les deux formes émanent du big bang. La première est sensible à la lumière — et donc à l'interaction électromagnétique structurante — et la seconde est neutre et indifférente. La matière nucléaire se structure en objets (étoiles, nuages, hommes), l'autre, reste à l'état de particules éparses, n'engageant que des relations via la gravitation.

À l'échelle universelle, la matière (noire) non baryonique constitue 30 % environ de l'univers, alors que la matière nucléaire n'atteint que 2 ou 3 %, le reste est dans la « quintessence », substance à vertu répulsive qui accélère l'expansion de l'univers, au dire de la cosmologie *new look*.

À l'échelle de la Voie Lactée, la matière nucléaire ne constitue qu'une portion congrue (10 % environ). Le halo galactique est largement dominé par la matière noire, essentiellement non baryonique, et constituée de particules lourdes et indifférentes aux interactions forte et électromagnétique, encore hypothétiques, appelées *neutralinos*.

La matière ordinaire et banale, celle des pierres et des arbres, des fleurs et des torrents, du vin et des papillons, du sang et des larmes, mérite d'être qualifiée de précieuse, lumineuse et céleste car elle est rare, photosensible et vient du ciel. Nous ne retiendrons que les préceptes simples de la matière nucléaire :

Texte de la 192e conférence de l'Université de tous les savoirs donnée le 10 juillet 2000.

Ce qui est chaud brille. Ce qui ne brille pas absorbe de la lumière. Ce qui émet ou confisque des notes de lumière se laisse analyser chimiquement.

La matière atomique chaude brille, froide elle absorbe la lumière. Il n'en faut pas plus pour que fleurisse toute une astronomie de l'ombre et de la lumière, des nuages et des étoiles. Aussi est-on en mesure de quantifier la composition de toute une variété de milieux astrophysiques, stellaires ou nuageux. Les avancées spectaculaires des spectrographes au cours des dernières années, associés à des télescopes de grande envergure (HST, VLT, Keck), ont permis un saut qualitatif dans les mesures de composition d'une grande variété d'étoiles et de nuages interstellaires et même extragalactiques. L'échantillon de mesure a été considérablement élargi. Notamment, des mesures précises d'abondance ont été effectuées dans l'atmosphère d'étoiles beaucoup plus vieilles que le Soleil, appartenant au halo galactique ou dans les nuages extragalactiques lointains (donc reculés dans le temps) qui absorbent la lumière des quasars. On peut comparer ces compositions avec celle du Système Solaire et en déduire quelques tendances évolutives *(Fig. 1)*.

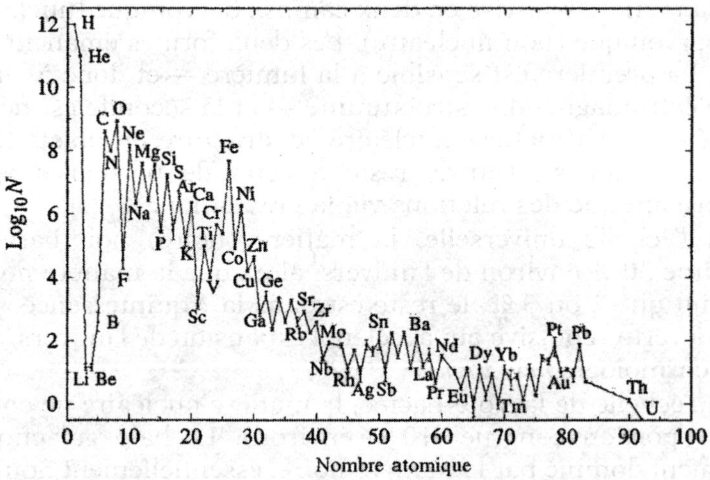

Figure 1 – Table d'abondance des éléments dans le Système Solaire.

Parmi les traits saillants de la distribution des abondances, notons :

— La cime de l'hydrogène (Z = 1) et le sommet de l'hélium (2).

— La gorge profonde qui sépare l'hélium et le carbone (6).

— La croissance continue depuis la région carbone/oxygène (6-8) jusqu'au calcium (20).

— La vallée du scandium (21) suivie du pic du fer (26).

— Le paysage en dent de scie qui descend en pente douce vers les petites collines du platine (78) et du plomb (82).

— Le plat pays du thorium (90) et de l'uranium (92).

Le Soleil constitue, par sa masse, la plus grande partie du Système Solaire, et, en tant que tel, il est plus représentatif que les planètes qui ont été le siège de fractionnements chimiques intensifs. La composition de la photosphère solaire peut donc être comparée à celle des météorites, pierres qui tombent du ciel, seconde source d'information sur la composition du nuage protosolaire, ceci à condition d'exclure les éléments volatils (hydrogène, hélium, carbone, azote, oxygène et néon) qui se sont en partie échappés des météorites depuis leur formation.

Les chondrites carbonées, qui — représentant une fraction infime de la matière du Système Solaire — préservent cependant en leur sein sa composition originelle, car, si on exclut les éléments volatils, elles n'ont été que très peu affectées par le métamorphisme.

L'accord entre les deux sources de données est excellent, et de plus l'analyse des météorites en laboratoire permet de déterminer la composition isotopique de la matière constitutive du Système Solaire, donnée inestimable pour celui qui veut comprendre l'origine et l'évolution des noyaux d'atomes.

Le bilan de composition du nuage ancestral duquel s'est extrait le Système Solaire s'établit ainsi : dans un gramme de matière on compte 0,72 g d'hydrogène, 0,26 g d'hélium, 0,02 g d'éléments lourds. En dépit de sa superbe, le Soleil et son nuage père sont singulièrement pauvres en métaux, puisqu'ils ne constituent que 2 % de sa matière, mais c'est une fortune comparée aux étoiles antiques du halo galactique que l'on pourrait en l'occurrence taxer de déminéralisation.

L'Astrophysique Nucléaire se donne pour but la détermination des mécanismes détaillés qui président à l'édification de chaque espèce nucléaire qui compose la nature, depuis le deutérium (2 nucléons) jusqu'à l'uranium (238 nucléons), de leur site astrophysique de production, et de l'enchaînement des phénomènes nucléaires qui façonnent la complexification de la matière atomique dans les galaxies. Plus précisément, elle vise à expliquer la composition du Système Solaire, les grandes tendances de l'évolution chimique de la Galaxie (enrichissement progressif en métaux, proportions relatives des éléments).

De l'hydrogène à l'uranium, les sources des noyaux d'atomes sont soigneusement établies. Ces sources sont le Big Bang (hydrogène, hélium et une pincée de lithium 7), le rayonnement cosmique (lithium béryllium, bore) et par dessous tout les étoiles.

Évolution stellaire et nucléosynthèse

Les étoiles brillent parce qu'elles transmutent les éléments. Les réactions nucléaires constituent la source d'énergie des étoiles. Les proportions relatives des différents isotopes dans la nature, entre le carbone et l'uranium, sont le résultat de la nucléosynthèse des étoiles. Nous sondons les reins et les cœurs de ces ouvrières en simulant leur existence au moyen de modèles physico-mathématiques.

Le jeu des particules qui entrent dans les réactions nucléaires se limite à p, n, γ, e^+, e^-, ν. Celles-ci sont organisées par les quatre forces conventionnelles de la physique (forte, faible, électromagnétique et gravitationnelle). L'étoile simulée n'est pas l'étoile vraie mais elle partage avec elle les principaux attributs. Les modèles de structure et d'évolution stellaires sont fondés sur des principes généraux d'équilibre mécanique et énergétique. Une étoile théorique se réduit à quelques équations d'équilibre, mais celles-ci ne sont pas indépendantes. Les réactions nucléaires sont suivies pas par pas, ainsi que la composition qui en résulte. La composition chimique de départ est prise comme celle du milieu interstellaire où a pris naissance l'étoile considérée.

La résolution des équations différentielles couplées se fait au moyen de codes numériques perfectionnés. À la sortie, on lit sur un listing les différentes caractéristiques à toutes les profondeurs de l'étoile (température, densité, composition et autres paramètres afférents) et cela tout au long du temps *(Fig. 2)*.

Les phases finales de l'évolution stellaire (qui sont également les plus complexes) sont suivies avec un soin particulier dans la mesure où elles se soldent par une éjection d'une partie de la matière travaillée par l'étoile.

Par exemple, dans l'explosion d'une supernova massive, la température atteint des sommets (5 milliards de degrés dans la couche riche en silicium) et les réactions nucléaires opèrent avec une rapidité si extrême que l'interaction faible (et lente) n'a pas le temps de se manifester. La conversion de protons en neutrons ne s'effectue pratiquement pas, si bien que l'espèce nucléaire la plus abondamment synthétisée est le nickel-56 (pauvre en neutrons). Celui-ci éjecté dans l'espace, transformera en son sein un proton en neutron puis un autre, pour parfaire sa structure nucléaire. La première transmutation prend 7 jours en moyenne, et la seconde 77. Le noyau résultant n'est autre que le fer-56.

Au cours de la dernière désintégration, des rayons gamma d'énergie très spécifique seront émis (847 keV). Cette prédiction théorique attendait confirmation, quand soudain, en hiver 1987, une supernova honora de sa présence le Grand Nuage de Magellan.

Supernovae

On distingue deux variétés de supernovae : les premières provenant de l'effondrement du cœur des étoiles massives, forment des étoiles à neutrons, (et des trous noirs, peut-être) qui, pour se refroidir,

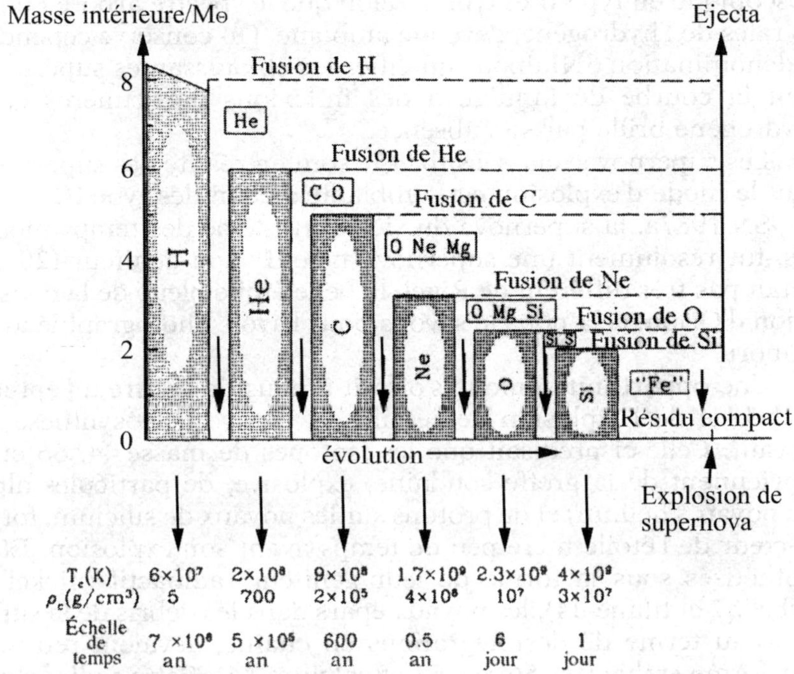

Figure 2 – Évolution schématisée de la structure interne d'une étoile de 25 masses solaires.
(D'après Marcel Arnould de l'Université Libre de Bruxelles).
On peut discerner, en grisé, les différentes phases de combustion ainsi que leurs principaux produits. Entre deux phases de combustion, le cœur stellaire se contracte et la température centrale s'élève.
Les phases de combustion sont de plus en plus courtes.
Avant l'explosion, l'étoile épouse une structure étagée.
Le centre est occupé par le fer et la périphérie par l'hydrogène, l'entre-deux par les éléments intermédiaires.
L'effondrement puis la détente (rebond) du cœur engendre une onde de choc qui rallume les réactions nucléaires dans les profondeurs et propulse dans l'espace les couches qu'elle traverse.
Le cœur effondré se refroidit par émission de neutrinos pour devenir étoile à neutrons (voire trou noir).
La plus grande partie de l'énergie gravitationnelle dégagée par l'implosion du cœur (10^{53} erg) est libérée en 10 secondes environ sous forme de neutrinos.

émettent des flux intenses de neutrinos. La seconde variété ne laisse subsister aucun astre compact et n'émet nul neutrino, mais en revanche requiert une naine blanche dont le compagnon va lui donner la mort. Celles-ci forment la classe des supernovae gravitationnelles, celles-là, la classe des supernovae thermonucléaires.

Cette classification est vouée à remplacer la classification spectroscopique en type II et type I, selon que le spectre arbore ou non les raies de l'hydrogène, devenue ambiguë. On conserve cependant la dénomination SNIa pour qualifier les éblouissantes supernovae dont la courbe de lumière a des inflexions particulières et où l'hydrogène brille par son absence.

Les supernovae classées Ib et Ic sont en réalité des supernovae dont le mode d'explosion est semblable à celui des type II.

SN 1987a, la supernova du siècle, et même des temps modernes, fut résolument une supernova type II : son géniteur (20 M⊙) n'était pas très différent de Rigel, la belle étoile bleue de la constellation d'Orion, cela nous le savons pour l'avoir photographié avant sa mort.

Une opportunité unique s'offrait à nous de mettre à l'épreuve la théorie de l'explosion des étoiles et de la nucléosynthèse qui s'ensuit. Celle-ci prédisait que les isotopes de masse 44, 56 et 57 proviennent de la greffe soudaine, explosive, de particules alpha (ou noyau d'hélium) et de protons sur les noyaux de silicium, forgés au cœur de l'étoile-mère peu de temps avant son explosion. Étant synthétisés sous la forme de leur géniteur radioactif (nickel-56, nickel-57 et titane-44), les noyaux épars dans les débris de la supernova, au terme de désintégrations en chaîne, devaient retrouver leur forme stable (fer-56, fer-57 et calcium-44). Cette radioactivité ne pouvait rester inaperçue *(Fig. 3)*.

Ainsi le message de la supernova magellanique, retardé de 170 000 années par la distance de l'objet, arrivait au bon moment : celui où les hommes s'étaient donné des modèles physiques et des ordinateurs capables de restituer par le calcul l'évolution des étoiles. Message différé certes, mais message exact : les neutrinos arrivèrent avec quelques heures d'avance sur la lumière, comme prévu, et en nombre attendu.

Les supernovae thermonucléaires, quant à elles, se rapprochent, par leur fonctionnement, des bombes du même nom. Leur physique, brutale et complexe, implique des échanges de matière entre deux étoiles, échanges régis par la gravitation.

Ce dont on est assuré, par contre, c'est de l'identité de l'astre explosif : une naine blanche. Les naines blanches gavées de matière dépassent la masse critique de 1,4 M⊙, et elles explosent comme des bombes, sans laisser aucune trace sinon un violent signal lumineux et un nuage en expansion (vestige de supernova). L'explosion est le résultat de la combustion nucléaire catastrophique du carbone dans le corps des naines blanches.

Une caractéristique frappante des SNIa est qu'elles exhibent un remarquable degré de similitude, bien plus que toute autre classe de supernovae, et que leur évolution spectrale est reproductible. Si l'on écarte quelques brebis galeuses, les courbes de lumière montrent une impressionnante homogénéité. La dispersion des magnitudes absolues est de 0,2 magnitude, environ, sur tout

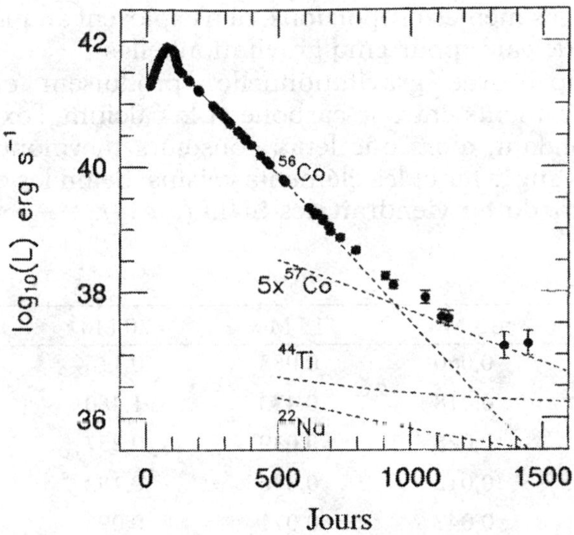

Figure 3 – Déclin de l'éclat de SN 1987A.
Le 23 février 1987, Shelton et Jones annoncèrent la découverte d'une supernova dans le Grand Nuage de Magellan. Ce fut la plus brillante qu'on ait pu observer depuis le temps de Kepler (1604), la première que l'on ait pu examiner dans toutes les bandes du spectre électromagnétique, et la première, encore, à être détectée par son flux de neutrinos. Sa distance relativement proche (170 000 années-lumière) offrit une opportunité unique d'observer une supernova en grand détail, cela avec une variété de techniques de détection différentes.
Le déclin de la courbe de lumière de la supernova, passé 200 jours, suit la décroissance radioactive du ^{56}Co (de demi-vie égale à 77 jours), père du ^{56}Fe et fils du ^{56}Ni. La lumière de la supernova est ensuite entretenue par la décroissance du ^{57}Co et ^{44}Ti de plus longues périodes, ce qui en fait un objet purement radioactif.
L'énergie déposée par les radionucléides (pointillé) correspond à des quantités initiales de ^{56}Ni, ^{57}Ni et ^{44}Ti de 0,075, 0,009 et 0,0001 M_θ respectivement.

l'échantillon analysé et très inférieure à celle des SN des autres types.

Aussi les SNIa sont considérées comme des étalons de luminosité, ou si l'on préfère, pour reprendre le terme usité en cosmologie, des chandelles standards.

Les supernovae, sans distinction de classe, figurent parmi les plus beaux fleurons de l'astronomie. Ce sont les moteurs de l'évolution galactique. Elles ne sont chiches ni en énergie (10^{51} erg), ni en matière ouvragée (2 M⊙ d'oxygène et 0,6 M⊙ de fer, respectivement pour les deux types).

Les deux variétés de supernovae ne produisent pas les éléments dans les mêmes proportions, ni n'explosent au même rythme (1 thermonucléaire pour cinq gravitationnelles).

Les supernovae gravitationnelles produisent efficacement quantité d'éléments entre le carbone et le calcium, l'oxygène étant le plus abondant, alors que leurs consœurs thermonucléaires ne lésinent pas sur le fer et les éléments voisins. Selon les estimations, environ 50 % du fer viendrait des SNIa *(Fig. 4)*.

Élément	13 M⊙	15 M⊙	20 M⊙	25 M⊙
C	0,060	0,083	0,115	0,148
O	0,218	0,433	1,480	3,000
Ne	0,028	0,039	0,257	0,631
Mg	0,012	0,046	0,182	0,219
Si	0,047	0,071	0,095	0,116
S	0,026	0,023	0,025	0,040
Ar	0,0055	0,0040	0,0045	0,0072
Ca	0,0053	0,0033	0,0037	0,0062
Fe	0,150 ?	0,120 ?	0,075	0,050 ?

Figure 4 – Obole d'étoiles exprimées en masse solaire. Les quantités de fer éjectées sont incertaines faute de pouvoir définir avec précision la frontière entre la matière qui s'envole et celle qui reste prisonnière de l'étoile à neutrons.

La richesse en neutrons de la matière qui échappe tout juste à l'emprise gravitationnelle de l'étoile à neutrons est un site prometteur pour le processus *r* qui élabore les noyaux les plus lourds de la nature (jusqu'à l'uranium) par capture rapide de neutrons. Un cocktail bien dosé des deux semble expliquer, du moins qualitativement, les abondances du Système Solaire. Les SNII fournissent tous les éléments entre oxygène et calcium, les SNIa apportent une dernière touche au pic du fer.

Évolution chimique de la Galaxie

Jeu subtil, mais encore incertain, l'évolution galactique est promise à un grand avenir, car elle seule permet d'expliquer la marche de l'histoire de la matière dans les différentes régions du cosmos.

La Galaxie est un système structuré et évolutif, constitué d'un disque et d'un halo, de composition et d'histoire différentes. Les populations stellaires du halo se caractérisent, premièrement par des mouvements (vitesses et orbites) particuliers, et deuxièmement, par une grande pauvreté en métaux.

Le halo est le royaume de la matière noire et des étoiles antiques (rassemblées dans les amas globulaires ou étoiles éparses). Toute formation d'étoiles y a cessé, et les astres désargentés (pauvres en métaux), en orbite autour de la Galaxie, poursuivent leur course inlassable. La matière y a gardé une forme très primitive.

Dans le disque, les nuages accouchent de lignées d'étoiles. Les étoiles synthétisent la variété complète des noyaux d'atomes à l'exception des plus légers.

Elles laissent derrière elles des résidus compacts, naines blanches, étoiles à neutrons et trous noirs. De générations en générations d'étoiles, le milieu interstellaire s'enrichit en éléments complexes, propices à la vie. Les noyaux d'atomes, expulsés par les étoiles, s'entourent d'électrons et s'enchaînent en molécules dans le froid des nuages où naît toute une chimie.

Dans l'exercice que constitue la modélisation de l'évolution chimique de la galaxie (et de toutes les galaxies), on se donne quelques règles ainsi que des conditions initiales.

La composition initiale est celle qui sort du big bang : 76 % d'hydrogène et 24 % d'hélium. Cette matière originelle sert d'aliment aux cycles de transformation suivants :

Gaz → Étoile.

Étoile → Gaz chargé de produits nouveaux + résidu compact.

Chaque étoile travaille à la constitution et à la perfection des métaux et amasse en ses tréfonds les bons oxygène, silicium, fer. La contribution de chaque étoile est versée à la caisse galactique. L'obole est constituée d'un certain nombre d'atomes de chaque type, dont on fait le décompte. Chacune verse selon sa masse. Les plus grosses sont les plus généreuses et versent le plus rapidement. Le décompte, étoile par étoile, s'établit comme l'indique le barème donné plus bas.

Les étoiles massives, par supernovae interposées, et les étoiles de masse intermédiaires, mères des nébuleuses planétaires sont les plus généreuses. Ce sont les véritables moteurs de l'évolution chimique de la Galaxie. Les étoiles de faible masse ($< 1\ M_\odot$) brillent à l'économie et leur évolution est si lente qu'on attend encore leur pleine floraison. Si les étoiles de masse supérieure à celle du Soleil jouent dans l'économie générale de l'univers le rôle d'artisans consciencieux, les astres noirs et petites étoiles jouent celui de boulets.

Progressivement, le gaz galactique se transforme en étoiles, lesquelles restituent une partie de leur substance à leur milieu nourricier et originel, mais une partie seulement. À ce jeu, le gaz est perdant, il finit par s'épuiser. À terme cessera la formation d'étoiles.

Les supernovae se feront toujours plus rares, la composition de la Galaxie ne changera plus.

Cette description de l'évolution chimique de la Voie Lactée est conforme aux observations. Ainsi la teneur en fer des étoiles plafonne depuis plusieurs milliards d'années, ce qui montre un ralentissement évident de l'évolution nucléaire.

Pourtant le fer, roi de la création nucléaire, possède le noyau le plus solide. À supposer que la forme la plus résistante est vouée à dominer, on conclurait que les étoiles préparent son avènement. Pourtant il ne règnera pas, et l'épouvantable vision d'un univers métallique s'efface.

Il y a à cela plusieurs raisons. La première tient à une faiblesse (fondatrice) de la chaîne nucléaire qui relie l'hydrogène (élément premier) au fer, au niveau des noyaux de masse 5 et 8 (instables) La nucléosynthèse du big bang avorte au nombre 7. L'expansion a été trop rapide pour que le carbone se constitue. L'instabilité maladive des fils de l'hélium en est la cause.

La seconde est que la production de fer est amoindrie par le fait que la partie centrale des étoiles massives, où le fer prolifère, implose et est transformée en étoile à neutrons ou pire encore, en trou noir. La troisième est que les supernovae de type Ia (fruit de la vie en couple de certaines étoiles) sont rares. Et la quatrième est celui que nous venons de voir : la Galaxie brille de ses derniers feux et son évolution chimique touche à sa fin.

Conclusion : Astrophysique explosive

Supernova ! Explosion d'étoiles suivie de désintégrations de noyaux radioactifs : la physique cataclysmique est celle que porte au cœur toute une génération d'astrophysiciens on ne peut plus doux et pacifiques, par ailleurs. Ces somptueux événements font dorénavant l'objet d'une telle attention qu'on pourrait dire que l'humanité est entrée dans l'ère des supernovae.

RÉFÉRENCES

– ARNOULD (M.) et TAKAHASHI (K.), « Nuclear Astrophysics », *Reports on Progress in Physics*, 1999, 62, 393.
– ARNETT (D.), *Supernovae and Nucleosynthesis*, Princeton University Press, 1996.
– AUDOUZE (J.), MUSSET (P.) et PATY (M.) (coordonateurs), « Les particules et l'univers », *Nouvelle Encyclopédie Diderot*, PUF, 1990.
– CASSÉ (M.), *Généalogie de la matière*, Odile Jacob, 2000.
– CLAYTON (D. D.), *Principles of Stellar Evolution and Nucleosynthesis*, The University of Chicago Press, 1983.

– Lehoucq (R.) et Cassé (M.), *in* « Supernovae », *Les Houches*, North Holland, 1990, p. 589.
– Prantzos (N.) et Montmerle (T.), *Naissance, vie et mort des étoiles*, Que sais-je ?, PUF, 1998.
– Rolfs (C.) et Rodney (W. S.), *Cauldrons in the Cosmos*, The University of Chicago Press, 1988.
– Valentin (L.), *Physique subatomique : noyaux et particules*, vol I et II, Collection enseignement des sciences, 1982.
– Slezal (E.) et Thévenin (F.), *Nucléosynthèse et abondance dans l'univers*, 1998, Cépaduès Éditions.

Qu'est-ce qu'une étoile ?

par SYLVIE VAUCLAIR

Introduction

L'astronomie est la plus ancienne des sciences : depuis toujours les hommes regardent le ciel et étudient le mouvement de ces points brillants que sont les étoiles sur la « sphère céleste ». Ils les ont regroupées en constellations et ont projeté vers le ciel leurs mythes terrestres.

Ce n'est qu'au cours du XXe siècle, cependant, que la structure, la composition et l'évolution des étoiles ont pu être intimement dévoilées et comprises. Il fallait auparavant découvrir l'énergie nucléaire, qui les nourrit et leur permet de survivre pendant des milliards d'années, ainsi que tous les outils de la physique contemporaine. Il fallait en particulier avoir inventé les ordinateurs et les outils numériques, car les équations qui gouvernent la structure interne des étoiles ne peuvent pas être résolues par un simple calcul analytique.

Quel chemin parcouru en un siècle ! Il suffit, pour le mesurer, de relire les textes écrits par Camille Flammarion dans son *Astronomie populaire*, en 1880. Devant l'impossibilité d'expliquer l'énergie solaire, il s'écriait avec emphase : « La chaleur émise par le Soleil à chaque seconde est égale à celle qui résulterait de la combustion de onze quatrillions six cent mille milliards de tonnes de charbon de terre brûlant ensemble. Cette même chaleur ferait bouillir par heure deux trillions neuf cent milliards de kilomètres cubes d'eau à la température de la glace. Essayez de comprendre !... Que la fourmi essaye de boire l'océan ! »

Texte de la 193e conférence de l'Université de tous les savoirs donnée le 11 juillet 2000.

La Science du XXe siècle est donc la fourmi qui a bu l'océan. Au-delà de leur intimité, les étoiles nous ont révélé leur importance fondamentale dans l'Univers : moteurs de l'évolution du monde, nous leur devons la formation de presque tous les éléments qui composent la matière qui nous entoure et dont nous-mêmes sommes constitués.

Mais les étoiles ne nous ont pas encore livré tous leurs secrets : en cette fin de siècle, la connaissance de ces fascinants objets célestes passe dans une nouvelle dimension, grâce à la découverte de leurs vibrations. L'étude des « oscillations solaires », depuis une vingtaine d'années, a donné naissance à une nouvelle science, appelée « héliosismologie ». Le XXIe siècle verra le développement et l'apothéose de l'« astérosismologie », étude des oscillations (ou vibrations) stellaires. De nouvelles et passionnantes découvertes, concernant la structure et l'évolution des étoiles, viendront certainement compléter les connaissances actuelles, grâce aux expériences spatiales programmées au cours de la prochaine décennie.

Connaissance des étoiles : les observations

Tout ce que nous connaissons des étoiles provient de l'analyse du rayonnement qui nous parvient d'un petit point lumineux dans le ciel. Observées avec les plus grands télescopes, les étoiles sont tellement loin qu'elles apparaissent toujours ponctuelles, même si elles ont en réalité des dimensions cent à dix mille fois plus grandes que celle de la Terre. Mais que de richesses et de découvertes scientifiques précises à partir d'une étude détaillée de la lumière !

Les paramètres importants à mesurer, pour comprendre ce qu'est une étoile, sont : l'énergie lumineuse qu'elle émet par seconde (ou luminosité), sa température superficielle, sa composition chimique et, si possible, sa masse (obtenue uniquement dans le cas d'étoiles doubles, c'est-à-dire de deux étoiles tournant ensemble autour de leur centre de gravité).

L'ÉTUDE GLOBALE DE LA LUMIÈRE DES ÉTOILES : DISTANCE ET LUMINOSITÉ

Pour déterminer la luminosité d'une étoile d'une manière directe, il est indispensable de connaître sa distance. En effet, s'il est relativement aisé de mesurer l'énergie lumineuse reçue d'une étoile sur la Terre, seule une connaissance de sa distance réelle permet d'en déduire l'énergie émise à la source. Comment mesurer la distance d'une étoile ? Comment arpenter l'immensité de l'espace ? La technique de base est bien simple : c'est la méthode utilisée par nos deux yeux pour observer le relief. Il s'agit d'observer le même objet de deux endroits différents, éloignés d'une distance appelée « base de triangulation ». La différence angulaire entre les deux directions d'observation donne la distance de l'objet. Pour obtenir de cette manière la distance des étoiles les plus proches de nous, il faut une très grande base de triangulation : la Terre tout entière ne suffit pas. On utilise alors le fait qu'elle tourne autour du Soleil et on mesure le minuscule changement de direction des étoiles au cours de l'année. Cette méthode, connue depuis longtemps mais rendue récemment très performante grâce au satellite Hipparcos, ne convient que pour les étoiles les plus proches de nous. Pour les autres, on doit utiliser des méthodes statistiques plus compliquées que je ne détaillerai pas ici.

La *figure 1* montre à quelles distances de nous se trouvent individuellement les étoiles les plus brillantes de la constellation de la Grande Ourse. Ces distances sont communément mesurées en années-lumière, ou distance parcourue par la lumière en un an (soit dix mille milliards de kilomètres). C'est l'ordre de grandeur de la distance entre les étoiles de notre Galaxie. L'étoile la plus proche de nous, Proxima du Centaure, se trouve à quatre années-lumière. Dans la Grande Ourse, les distances des étoiles se situent entre 50 et 150 années-lumière environ.

ANALYSE SPECTRALE : TEMPÉRATURE, COMPOSITION, VITESSE

La température superficielle d'une étoile se détermine à partir de sa couleur : les étoiles les plus chaudes sont bleues (température supérieure à 20 000 K) et les plus froides sont rouges (température de l'ordre de 3 000 K). Le Soleil, intermédiaire, a une température de 5 800 K.

Il est souvent difficile à un observateur non initié de reconnaître la couleur des étoiles. C'est que, au-dessous d'une certaine intensité lumineuse, l'œil humain ne repère plus les couleurs vives : il les distingue uniquement comme un vague reflet dans la scintillation d'un rayonnement principalement blanchâtre. Et pourtant les couleurs sont réelles !

Les astronomes emploient des techniques très élaborées pour calculer précisément les températures des étoiles. Toutes reposent sur l'étude du « spectre », ou arc-en-ciel stellaire, c'est-à-dire l'analyse en fréquences (ou en longueurs d'onde) du rayonnement émis. L'arc-en-ciel visible à l'œil nu provient de la lumière solaire décomposée dans toutes ses longueurs d'ondes : cela se produit naturellement par la diffusion du rayonnement dans les gouttes d'eau qui se trouvent en suspension dans l'air ambiant. On obtient le même effet, plus précis et plus détaillé, en utilisant un prisme ou un réseau dispersif au foyer d'un télescope. On découvre alors qu'il existe des milliers de « couleurs manquantes » : le rayonnement du Soleil et

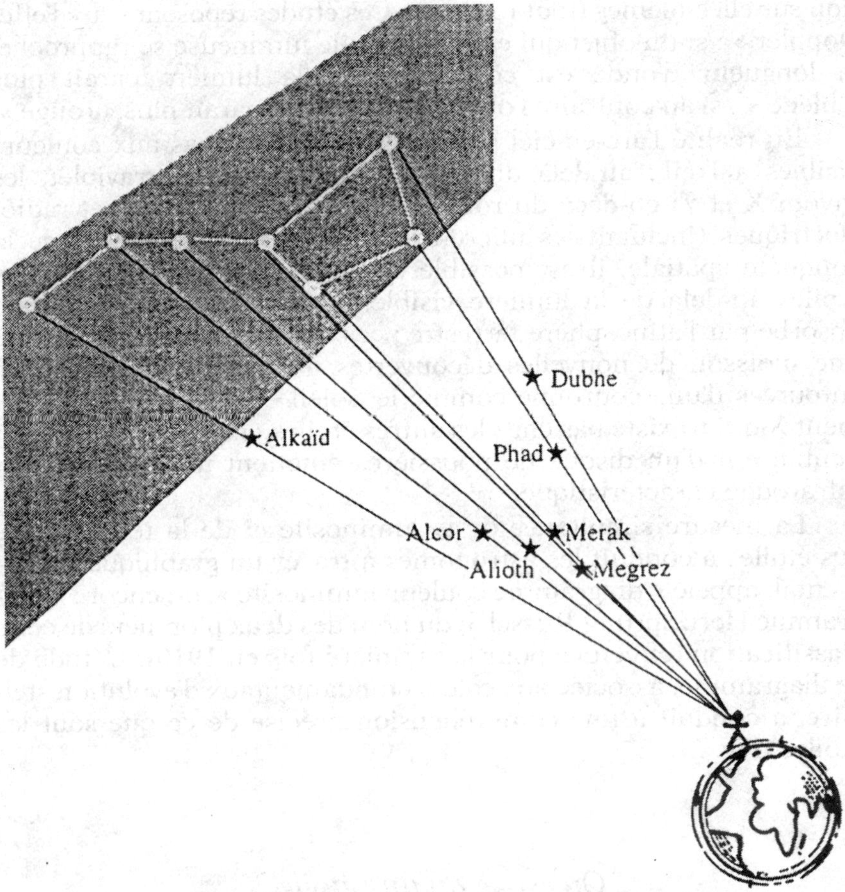

Figure 1 – Distances comparées des étoiles de la Grande Ourse. Megrez se trouve à environ 50 années-lumière, et Alkaïd à 150 années-lumière.

des étoiles est absorbé à des longueurs d'ondes très précises par les atomes qui se trouvent dans leurs régions externes, ce qui produit des raies sombres dans le spectre.

L'étude détaillée des spectres stellaires nous donne ainsi accès, non seulement à la température, mais aussi à la composition chimique des étoiles. Le Soleil, par exemple, présente dans son spectre les signatures de tous les éléments chimiques qui compose la matière qui nous entoure et dont nos propres corps sont constitués : on pouvait s'en douter, puisque le Soleil, la Terre et les autres planètes ont été formés à partir du même immense nuage de gaz galactique !

D'autres informations importantes peuvent être obtenues à partir des spectres stellaires, en particulier la vitesse de déplacement des étoiles par rapport à nous (tout bouge dans l'espace !) et leur rotation sur elles-mêmes (tout tourne !). Ces études reposent sur « l'effet Doppler » : si un objet qui émet une onde lumineuse se rapproche, la longueur d'onde est comprimée et la lumière paraît plus « bleue » ; si au contraire l'objet s'éloigne, elle paraît plus « rouge ».

En réalité l'arc-en-ciel stellaire ne se limite pas aux couleurs visibles à l'œil : au-delà du violet, il comprend l'ultraviolet, les rayons X et γ ; en-deçà du rouge, les rayons infrarouges et radioélectriques (incluant les micro-ondes). Depuis l'avènement de la conquête spatiale, il est possible d'observer le rayonnement des étoiles au-delà de la lumière visible, à des fréquences où il est absorbé par l'atmosphère terrestre : ces observations conduisent à une moisson de nouvelles découvertes. Par exemple, les étoiles entourées d'une couronne comme le Soleil émettent un rayonnement X qui n'existe pas chez les autres étoiles ; ou encore celles qui s'entourent d'un disque de poussières émettent un rayonnement infrarouge caractéristique.

La mesure simultanée de la luminosité et de la température des étoiles a conduit les astronomes à tracer un graphique fondamental, appelé « diagramme couleur-luminosité », ou encore « diagramme Hertzsprung-Russel », du nom des deux pionniers de cette classification (effectuée pour la première fois en 1910). L'étude de ce diagramme, associée aux calculs fondamentaux d'évolution stellaire, a conduit à une compréhension précise de ce que sont les étoiles *(Fig. 2)*.

Qu'est-ce qu'une étoile ?

Une étoile est une « sphère auto-gravitante », c'est-à-dire une énorme boule de gaz chaud, en équilibre sous l'effet de son propre poids. Le Soleil, étoile moyenne typique, a une masse de 2.10^{30} kg, c'est-à-dire deux milliards de milliards de milliards de tonnes, ce qui correspond à 333 000 fois la masse de la Terre. Son rayon est de 700 000 km, soit cent fois environ celui de la Terre. Les autres étoiles ont des masses comprises entre 0,01 et 100 masses solaires environ et leurs rayons peuvent être très variables suivant l'étape de leur évolution : typiquement entre un dixième et plus de mille rayons solaires, depuis les naines jusqu'aux supergéantes.

L'ÉQUILIBRE STELLAIRE

Si nous restons les pieds sur Terre sans nous envoler dans les airs, c'est à cause de notre poids, parce que notre corps est attiré par la grosse masse de la Terre qui le retient. Nous ne tombons pas

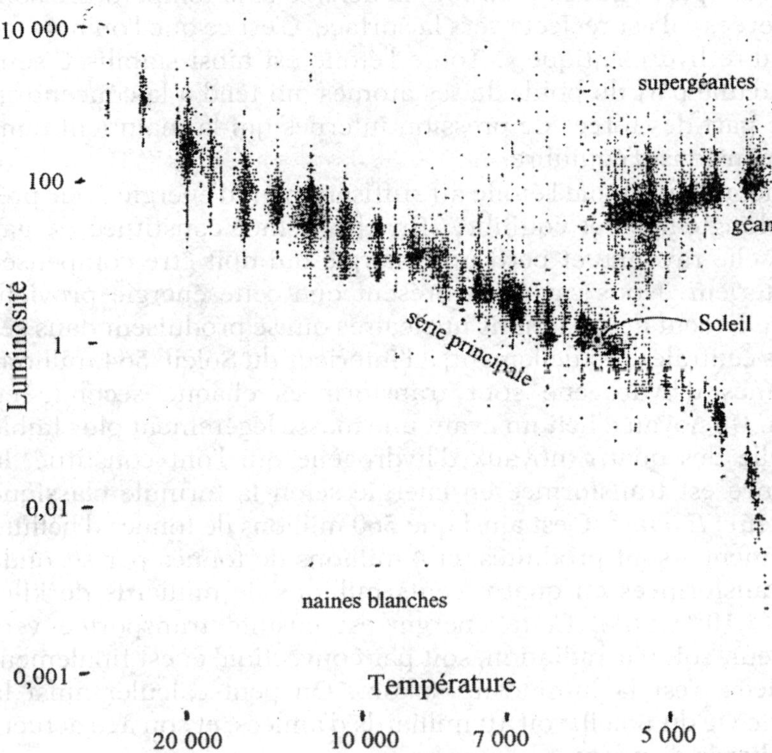

Figure 2 – Ce diagramme représente la luminosité (par rapport à la luminosité solaire) en fonction de la température superficielle (en degrés) pour les 6 700 étoiles les plus proches du Soleil. La température est obtenue à partir de la couleur des étoiles. Elle croît de la droite vers la gauche, d'après une tradition bien ancrée chez les astronomes ! On remarque la diagonale appelée « série principale », le groupe des géantes et des supergéantes en haut à droite, et quelques naines blanches vers le bas. Les étoiles de la série principale sont en train de brûler l'hydrogène en hélium. Les plus massives sont stabilisées avec des luminosités et des températures plus élevées : elles se situent donc plus à gauche dans les diagrammes. Lorsque le combustible hydrogène a disparu, les étoiles deviennent des géantes.

au centre parce que le sol dur nous en empêche. Mais lorsque nous marchons sur de la vase ou dans des sables mouvants, nous nous enfonçons irrémédiablement. Imaginons un atome à la périphérie d'une étoile. Il est attiré vers l'intérieur, et il n'y a pas de sol dur pour le retenir. Mais en tombant, il entre en collision avec d'autres atomes qui ralentissent sa chute, de plus en plus à mesure de sa descente. Finalement, il subit un effet du genre « pépin de melon » : les collisions étant beaucoup plus efficaces en profondeur que vers l'extérieur (parce que la pression, la densité et la température sont plus élevées), il est rééjecté vers la surface. C'est ce que l'on nomme « équilibre hydrostatique ». Toute l'étoile est ainsi stabilisée sous l'effet, d'une part du poids de ses atomes qui tend à la concentrer, d'autre part des forces de pression internes qui la maintient dans ses dimensions d'équilibre.

Encore faut-il que l'étoile ait suffisamment d'énergie pour préserver longtemps cet équilibre. En effet, étant constituée de gaz chaud, elle rayonne et perd une énergie qui doit être compensée de l'intérieur. Nous savons à présent que cette énergie provient essentiellement des réactions nucléaires qui se produisent dans ses régions centrales. Actuellement, à l'intérieur du Soleil, 564 millions de tonnes d'hydrogène sont transformées chaque seconde en hélium. Un noyau d'hélium ayant une masse légèrement plus faible que celle des quatre noyaux d'hydrogène qui l'ont constitué, la différence est transformée en énergie selon la formule classique d'Einstein : $E = mc^2$. C'est ainsi que 560 millions de tonnes d'hélium « seulement » sont produites, et 4 millions de tonnes par seconde sont transformées en quatre cents millions de milliards de kilowatts (4.10^{26} watts). Cette énergie est ensuite transportée vers l'extérieur, soit par radiation, soit par convection, et est finalement rayonnée : c'est la luminosité solaire. On peut calculer ainsi la durée de vie du Soleil, soit 10 milliards d'années, et son âge actuel : 4,5 milliards d'années.

D'OÙ VIENNENT LES ÉTOILES ?

Lorsqu'on admire la voûte céleste par une belle nuit d'été, on distingue aisément cette bande blanchâtre qui traverse tout l'espace : la Voie lactée. C'est notre Galaxie : deux cent milliards d'étoiles dont le Soleil fait partie, gigantesque disque de 100 000 années-lumière de diamètre au sein duquel nous nous situons. Un examen attentif montre que la Voie lactée n'est pas uniforme : elle apparaît comme un ensemble de grandes taches lumineuses entrecoupées de régions sombres. Il existe en effet d'immenses quantités de gaz diffus disséminé entre les étoiles : la « matière interstellaire », souvent concentrée en « nébuleuses ». Ce gaz contient des atomes, des molécules (parfois très complexes), des grains de poussière. Il est soumis à des phénomènes violents : ondes de choc en provenance d'explosions d'étoiles, mouvements de toutes sortes liés à la rotation de la Galaxie, aux ondes qui la traversent et aux collisions diverses. Lorsqu'une masse de gaz se trouve, par hasard, suffisamment concentrée, elle peut s'effondrer sous l'effet de son propre poids et devenir une « proto-étoile ». Le télescope spatial Hubble a permis d'observer, en particulier dans la nébuleuse d'Orion, plusieurs de ces embryons d'étoiles.

Les circonstances qui conduisent à la formation de nouvelles étoiles peuvent être très variées : il faut que, pour une raison ou une autre, le gaz interstellaire soit comprimé au-delà d'un « point de non retour ». On assiste ainsi à des formations d'étoiles « en série » dans d'autres galaxies, appelées précisément « galaxies à sursauts d'étoiles » *(star bursts)*. Parfois, la compression du gaz peut même provenir d'une collision directe entre deux galaxies. C'est le cas de la spectaculaire galaxie « roue de charrette » où l'on distingue un immense cercle brillant autour d'une galaxie centrale qui paraît normale. En réalité, il y a eu collision avec une autre galaxie visible un peu plus loin, ce qui a éjecté un anneau de gaz comprimé qui s'est partiellement transformé en étoiles.

L'étude des étoiles très jeunes montre que certaines sont entourées d'un disque de poussière, qui deviendra probablement dans l'avenir un système planétaire, alors que d'autres semblent « nues ». Par ailleurs, plus de la moitié des étoiles se forment par paires (les « étoiles doubles ») ou même parfois par trois ou plus !

Dans tous les cas, la proto-étoile continue à se condenser en émettant un rayonnement intense (typiquement 10 à 100 fois la luminosité solaire). En se condensant, elle s'échauffe et sa température centrale augmente jusqu'à atteindre la valeur suffisante pour que commencent les réactions nucléaires de fusion d'hydrogène en hélium. Elle se stabilise alors. L'ensemble prend environ 10 millions d'années, ce qui est peu comparé à la durée de vie globale de l'étoile.

Toutes les condensations de gaz interstellaire ne parviennent pas à devenir de véritables étoiles. En effet, seules les sphères gazeuses de masse supérieure à 0,01 masse solaire atteignent une température suffisante pour « allumer » les réactions nucléaires qui vont leur permettre de se stabiliser. Si leur masse est inférieure à 0,001 masse solaire, elles deviennent des planètes. Entre les deux se situent des objets qui ne sont ni de vraies étoiles, ni de vraies planètes : les « naines brunes ».

Il existe aussi une limite supérieure à la masse des étoiles : les sphères gazeuses trop massives sont instables et n'arrivent pas à se former. On situe cette limite à environ 100 masses solaires.

ÉVOLUTION STELLAIRE

Suivant leur masse initiale, les étoiles se stabilisent avec des luminosités et des températures différentes. Les étoiles plus massives sont plus chaudes et émettent un rayonnement plus intense. Ce résultat explique le diagramme « couleur-luminosité » des étoiles observées *(Fig. 2)*. Par exemple une étoile de 10 masses solaires se stabilise avec une luminosité de 1 000 luminosités solaires et une température superficielle de 20 000 K : elle est de couleur bleue.

Bien que nous n'y ayons pas accès directement (sauf dans des cas exceptionnels, voir plus loin) l'intérieur des étoiles nous est bien connu par les études théoriques. Il est possible de montrer (c'est le « théorème de Vogt-Russel ») que la connaissance de la masse et de la composition chimique d'une étoile suffit à la caractériser tout entière, en suivant les étapes de son évolution.

La *figure 3* montre l'intérieur du Soleil. Dans les régions centrales (environ 20 % du rayon) se produisent les réactions nucléaires. Au centre, la température est de 16 millions de degrés, la densité de 150 grammes par centimètres cubes (soit 100 fois la densité de l'atmosphère terrestre au sol) et la pression d'environ 200 milliards de fois la pression atmosphérique ! L'énergie produite par les réactions nucléaires se propage vers la surface sous forme de photons, qui sont sans arrêt absorbés et réémis par les atomes qu'ils rencontrent sur leur chemin. Il faut quelques millions d'années à l'énergie produite au centre du Soleil pour arriver jusqu'à la surface ! C'est à la moitié du rayon que la densité atteint la valeur de la densité atmosphérique sur Terre, mais la pression y est encore de 600 millions d'atmosphères environ. À une fraction du rayon de 72 % se produit un phénomène particulier : des bulles de gaz se mettent à monter vers la surface et d'autres à descendre, comme l'eau qui bout dans une casserole. Il s'agit d'un phénomène de convection, comme celui qui se produit dans l'air ambiant au-dessus de ces systèmes de chauffage qu'on appelle justement « convecteurs ». Dans le Soleil, la zone de convection monte jusqu'à la surface, où elle apparaît dans les images du disque solaire sous forme de « granules » grandes comme la France.

L'intérieur des autres étoiles ressemble à celui du Soleil, avec quelques variantes. Lorsque la masse augmente, la température centrale, la densité et la pression deviennent aussi plus élevées. La zone de convection superficielle est moins profonde ; mais en revanche le cœur de l'étoile devient lui-même convectif pour des masses supérieures à 1,5 masse solaire.

Tout ce que nous venons de décrire se rapporte aux étoiles stabilisées grâce à la fusion d'hydrogène en hélium dans leur cœur nucléaire. Que se passe-t-il lorsque le combustible hydrogène a disparu ? Le centre de l'étoile se contracte et sa température recommence à augmenter. Dans le même temps, les régions externes de l'étoile se dilatent et son rayon croît considérablement. Finalement, tout se stabilise à nouveau lorsque la température centrale est suffisante pour amorcer la fusion nucléaire d'hélium en carbone. L'étoile est alors une « géante rouge ». Plus tard, l'étoile peut évoluer à nouveau pour devenir une « supergéante ». Au cours de cette évolution, les éléments chimiques qui composaient la nébuleuse primitive dont l'étoile est issue, se sont transformés : hydrogène en hélium, hélium en carbone, puis azote, oxygène, etc. D'autres réactions nucléaires annexes se produisent aussi, en particulier la formation

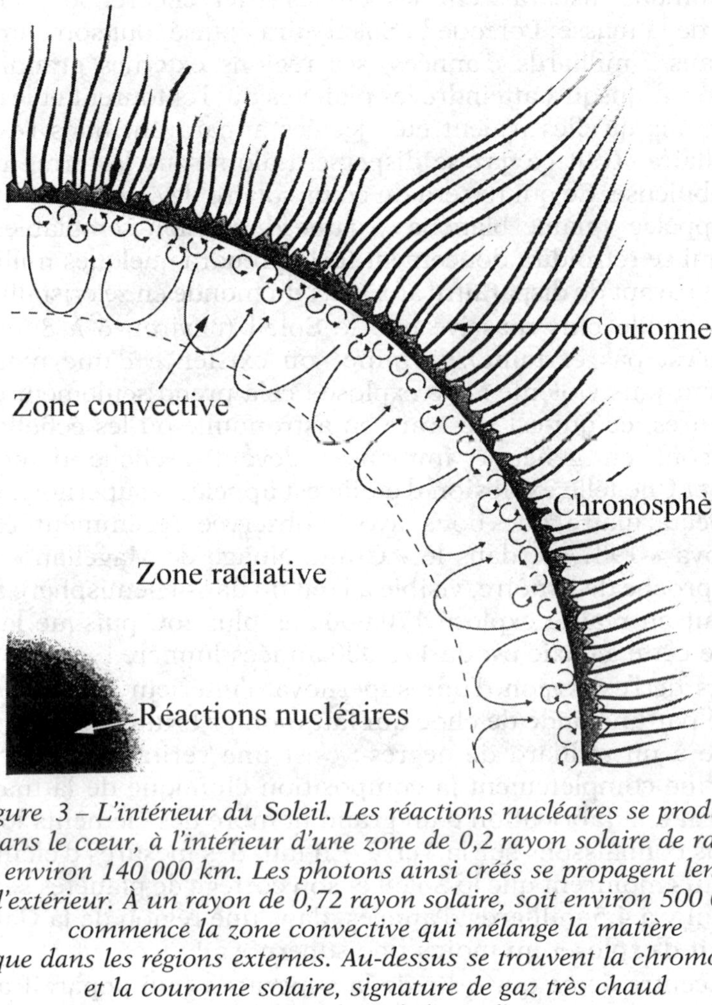

Figure 3 – L'intérieur du Soleil. Les réactions nucléaires se produisent dans le cœur, à l'intérieur d'une zone de 0,2 rayon solaire de rayon, soit environ 140 000 km. Les photons ainsi créés se propagent lentement vers l'extérieur. À un rayon de 0,72 rayon solaire, soit environ 500 000 km, commence la zone convective qui mélange la matière jusque dans les régions externes. Au-dessus se trouvent la chromosphère et la couronne solaire, signature de gaz très chaud qui s'échappe du Soleil vers l'espace.

et l'absorption de neutrons qui conduisent à la formation d'éléments lourds jusqu'à l'uranium...

La richesse des détails que les astrophysiciens connaissent sur les étoiles est fabuleuse et un livre entier ne suffirait pas à les décrire !

LA FIN DES ÉTOILES

La durée de vie des étoiles varie aussi suivant leur masse : une étoile plus massive possède plus de « combustible nucléaire », mais elle perd beaucoup plus d'énergie par seconde : le bilan final ne lui est pas favorable. Une étoile de 10 masses solaires ne peut exister que pendant 100 millions d'années, soit cent fois moins longtemps que le Soleil !

Comment disparaissent les étoiles ? Ici encore, le scénario dépend de la masse. Lorsque le Soleil aura épuisé tout son combustible, dans 5 milliards d'années, ses régions externes grandiront, grandiront… jusqu'à atteindre les planètes qui l'entourent et les avaler, à moins qu'elles n'aient été éjectées auparavant dans l'espace interstellaire. Tout ce gaz se dispersera alors sous la forme d'une belle nébuleuse. Ce qui restera du cœur solaire deviendra une petite étoile appelée « naine blanche », d'une dimension semblable à la Terre, qui se refroidira doucement (cela prendra quelques milliards d'années) avant de disparaître aux yeux du monde en se cristallisant.

Une étoile plus massive que le Soleil (environ 6 à 8 fois, la limite n'est pas certaine), termine son existence d'une manière autrement plus violente : elle explose ! cela prend seulement quelques heures, ce qui est très rare en astronomie où les échelles de temps sont en générale immenses devant l'échelle d'une vie humaine. Une telle explosion d'étoile est appelée « supernova ». La plus spectaculaire que nous ayons observée récemment est la supernova « 1987A », dans le « Grand Nuage de Magellan » (une galaxie proche de la nôtre, visible à l'œil nu dans l'hémisphère sud). Elle avait en réalité explosé 170 000 ans plus tôt, puisque la distance de cette galaxie est de 170 000 années-lumière !

Lors de l'explosion d'une supernova, l'intérieur de l'étoile est traversé par une onde de choc qui fait monter brutalement la température à un milliard de degrés : c'est une véritable bombe qui transforme complètement la composition chimique de la matière et conduit à la fabrication d'un grand nombre des éléments lourds que nous connaissons sur la Terre. En fait, des mesures d'éléments radioactifs montrent que le Soleil et son cortège de planètes se sont formés, il y a 4,5 milliards d'années, dans une région de la Galaxie où venait d'exploser au moins une supernova !

Au centre de ce qui reste de la supernova (qui apparaît après l'explosion comme une nébuleuse tourmentée) se trouve souvent une toute petite étoile, encore plus petite et plus dense qu'une naine blanche, appelée « étoile à neutrons ». Cette petite étoile peut posséder un champ magnétique intense, qui canalise la lumière dans une certaine direction. Comme, de plus, elle tourne vite, le faisceau de lumière est parfois visible avec une grande régularité (s'il est bien orienté) ; elle apparaît alors comme un phare céleste : c'est un pulsar.

Une nouvelle science : l'astérosismologie

Les études théoriques de l'intérieur des étoiles ont récemment reçu une confirmation spectaculaire, grâce à l'héliosismologie, ou étude des oscillations solaires.

Le Soleil vibre, comme un gigantesque instrument de musique. Cette immense sphère gazeuse se comporte comme une caisse de résonance qui entre en vibration sous l'effet des chocs aléatoires qui se produisent dans ses régions externes. Des ondes sonores se propagent à l'intérieur du Soleil (à des vitesses environ mille fois supérieures aux vitesses des ondes sonores dans l'atmosphère terrestre au sol) et se réfléchissent vers l'extérieur. Leurs effets sont détectés par les petits mouvements de surface qu'ils entraînent *(Fig. 4* et *5)*. C'est grâce à l'effet Doppler, dont nous avons déjà parlé, que ces petits mouvements sont repérés et analysés. Leurs périodes d'oscillation sont typiquement de l'ordre de 5 minutes.

Pour étudier les vibrations solaires, il faut pouvoir observer le Soleil en continu plusieurs jours d'affilée. Trois possibilités s'offrent pour cela :

— Observer depuis les régions polaires où le Soleil ne se couche pas pendant plusieurs mois.

— Envoyer des instruments dans l'espace.

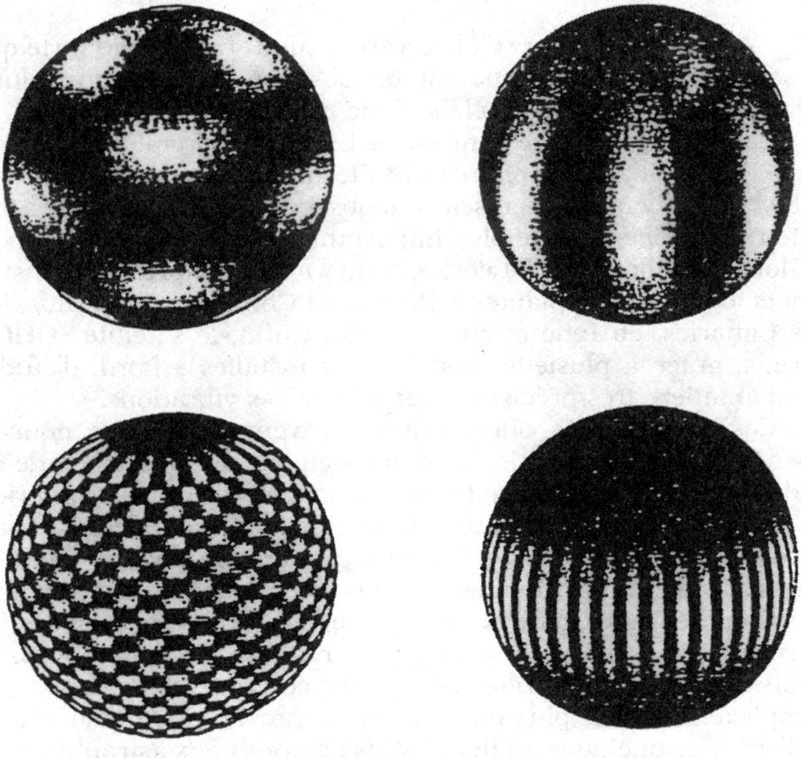

Figure 4 – Exemples possibles de vibrations d'étoiles : les régions claires se rapprochent et les sombres s'éloignent, pour s'inverser quelques minutes plus tard. Dans le Soleil, plusieurs milliers de sortes d'harmoniques de ce type sont détectées.

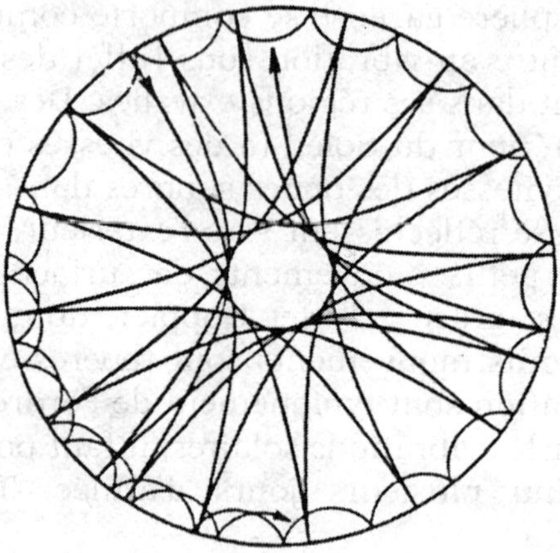

Figure 5 – Propagation des ondes sonores à l'intérieur d'une étoile. Les ondes pénètrent vers l'intérieur en se courbant, et se réfléchissent sur la surface en des points correspondant aux vibrations observées.

— Créer des réseaux d'observation sur Terre de telle sorte que, lorsque le Soleil se couche sur un observatoire, un autre plus à l'Ouest puisse prendre le relais d'une manière coordonnée.

Les trois possibilités ont été utilisées : les premières observations des oscillations solaires ont été obtenues au pôle sud, vers 1980. Par ailleurs, des réseaux d'observation ont été créés tout autour du globe, dont le plus important est le réseau GONG (pour « Global Oscillations Network Group ») qui comprend six instruments identiques implantés à Hawaï, au Chili, aux États-Unis, aux îles Canaries, en Inde et en Australie. Enfin, le satellite SOHO a permis, grâce à plusieurs instruments installés à bord, d'étudier d'une manière très précise l'ensemble de ces vibrations.

Ces observations ont conduit à l'avènement d'une nouvelle science : l'héliosismologie, ou sismologie du Soleil. L'étude de ces ondes sonores permet en effet de connaître précisément l'intérieur de notre étoile, comme l'étude de la réflexion des ondes sismiques dues aux tremblements de Terre ont permis aux géophysiciens de découvrir la composition des régions internes de notre planète.

Comme toute caisse de résonance, le Soleil vibre avec des fréquences comprenant un très grand nombre d'harmoniques. La « caisse » étant sphérique, l'étude de ces harmoniques est très complexe, d'autant plus qu'on arrive à présent à en distinguer... de l'ordre de quelques milliers ! Mais de nombreux astrophysiciens travaillent sur ce sujet, et sont capables maintenant d'en déduire la structure de l'intérieur du Soleil à un pour mille près !

Lorsque l'on compare les résultats de l'héliosismologie avec les études théoriques précédemment connues, l'accord est excellent. Il existe cependant de petites différences qui intéressent beaucoup les chercheurs, car elles ont déjà permis et permettront encore de perfectionner l'étude physique de ces milieux extrêmes, beaucoup plus chauds et plus denses que tout ce que nous pouvons produire sur la Terre.

L'ambition de la prochaine décennie est de mesurer les oscillations d'étoiles comme on sait maintenant mesurer les oscillations solaires. Il faut pour cela envoyer dans l'espace des satellites avec les instruments appropriés. Un projet mené par la France : le satellite COROT, devrait pouvoir être mis sur orbite dans le courant de la prochaine décennie, avec le double but de mesurer les oscillations stellaires et de détecter de nouvelles exoplanètes. Un projet grandiose, au premier rang de l'astrophysique mondiale, qui promet de passionnantes nouvelles découvertes !

Il est fascinant de constater, avec le recul d'un siècle, tout ce que les chercheurs ont réussi à comprendre sur ces objets célestes que sont les étoiles, et tout ce qui nous reste encore à découvrir. Les étoiles sont le moteur de l'évolution de l'Univers : ce sont elles qui, dans leur creuset nucléaire, transforment la matière au cours du temps. S'il n'y avait pas eu des étoiles avant la nôtre dans la Galaxie, particulièrement des supernovae, les éléments chimiques qui composent notre monde actuel n'auraient pas été formés à temps pour faire partie de la nébuleuse dont nous sommes issus. Nous n'aurions simplement pas pu exister aujourd'hui sur la Terre !

Des planètes extrasolaires

par Alfred Vidal-Madjar

Des mondes habités par milliers ou même par milliards dans notre Galaxie, pourquoi pas ? Encore fallait-il découvrir d'autres systèmes planétaires ; c'est aujourd'hui chose faite !

Cette idée de la pluralité des mondes a été depuis fort longtemps débattue par les astronomes, théologiens, philosophes, écrivains et autres penseurs des nombreuses sociétés humaines. En particulier, on reste rêveur devant les intuitions géniales des philosophes grecs lorsqu'on sait quel était l'état de leurs connaissances réelles en astronomie. Par exemple, Thalès pensait déjà que les étoiles étaient faites d'une matière semblable à celle qui se trouve sur Terre. Ensuite, pendant plus d'un millénaire, la religion chrétienne à la suite de Ptolémée placera la Terre au centre de l'Univers interrompant ainsi toute discussion. C'est avec Copernic que renaîtront ces recherches, la Terre n'étant plus qu'une « terre » parmi tant d'autres. Cet argument fût considérablement renforcé par l'observation directe qui devint possible grâce à l'invention de la lunette astronomique par Galilée.

Une ère nouvelle s'ouvrait à l'astronomie. Le débat s'est alors intensifié pour prendre des tournures parfois irrationnelles, essentiellement par manque d'observation. Certaines d'entre elles, difficiles, déclenchèrent cependant de grands remous tels que, par exemple, la découverte de canaux sur Mars à la fin du siècle dernier par Schiaparelli. La progression dans ce domaine fut extrêmement lente car le foisonnement de théories était rarement remis en cause par l'observation directe. Cette confrontation est pourtant la condition indispensable à tout progrès scientifique véritable.

Texte de la 194e conférence de l'Université de tous les savoirs donnée le 12 juillet 2000.

Quoique des progrès remarquables dans la compréhension des mécanismes d'apparition de la vie dans l'Univers aient été effectués au cours de ces dernières décennies, l'étude d'éventuelles civilisations extraterrestres restait, elle, totalement spéculative, jusqu'à la publication d'un article véritablement révolutionnaire, en septembre 1959, par Giuseppe Cocconi et Philip Morrison.

Ils ont fait basculer le débat sur la pluralité des mondes du domaine de la discussion purement académique à celui de la confrontation scientifique. Leurs idées pouvaient en effet être directement mises à l'épreuve de l'observation. Ils prédisaient que, compte tenu de nos connaissances en astrophysique, il était raisonnable de penser que des formes de vies semblables à la nôtre devaient être apparues ailleurs dans l'Univers. Constatant que grâce aux progrès technologiques notre civilisation était capable d'émettre et de recevoir des signaux à grande distance, une autre civilisation qui aurait suivi le même chemin devait pouvoir communiquer avec nous. La question était alors d'évaluer ses chances d'exister et, en conséquence, si cette probabilité était élevée, de définir le moyen logique le plus adéquat pour entrer en contact. Ils proposèrent d'utiliser le rayonnement radio à une longueur d'onde qui doit être inévitablement connue de tout habitant de l'Univers et qui se trouve dans une région du spectre où le bruit de fond Galactique parasite est particulièrement bas : la raie à 21 cm de l'hydrogène, élément le plus simple et le plus abondant de l'Univers.

Cet article a déclenché toute une série de discussions et l'émergence du projet « Ozma » lancé par Frank Drake, grâce auquel il espérait détecter un signal « intelligent » en provenance d'étoiles proches, à cette longueur d'onde de 21 cm. Après un premier résultat négatif, il organisa la célèbre réunion de Green Bank en 1961, au cours de laquelle les arguments originaux étaient reconsidérés. En particulier un point important était débattu : pouvait-on évaluer plus précisément la probabilité d'existence d'une telle civilisation ? En effet, si cette probabilité était trop faible, cette recherche devenait évidemment vaine.

Frank Drake a suggéré que le nombre N de civilisations capables de communiquer dans la Galaxie serait probablement le produit des facteurs suivants :

— Le nombre E d'étoiles qui naissent chaque année dans notre galaxie, la fraction f_p d'étoiles qui seront entourées d'un cortège planétaire, le nombre n_t de planètes qui se trouveront dans des conditions semblables à celles où se trouve la Terre, la fraction f_v d'entre elles où la vie apparaîtra, la fraction f_i pour laquelle la vie évoluera vers l'intelligence, parmi ces sociétés intelligentes, la proportion f_c de celles qui communiqueront et enfin le temps T pendant lequel cet effort de communication sera maintenu.

Il est cependant maintenant clair que cette approche ne peut en aucun cas permettre de calculer une probabilité étant donné que le nombre exact de facteurs à considérer est inconnu. Ces facteurs nous serviront cependant de guide dans notre propos, mais n'oublions jamais que beaucoup d'autres, cachés, pourraient jouer un rôle. Aujourd'hui seule notre ignorance nous empêche de les présenter.

Cette démarche est donc, disons-le, ce qu'il est possible de faire quand on ne sait rien. Elle a le mérite au moins de souligner les éléments du débat qui pourraient être importants.

Les premières estimations de ces facteurs ont été les suivantes :

— *E* est de l'ordre de 10 étoiles nouvelles par an (un ordre de grandeur très simple est donné par l'estimation du nombre d'étoiles de la galaxie, 150 milliards, divisé par l'âge de notre galaxie qui est d'environ 15 milliards d'années. Notre Galaxie a donc dû fabriquer en moyenne 10 étoiles nouvelles par an pour atteindre les 150 milliards présentes actuellement).

— f_p les théories de formation d'étoiles semblent montrer que la nébuleuse primitive en se condensant doit former un disque au sein duquel très probablement les planètes naîtront. Par conséquent f_p pourrait être important puisque c'est le même processus qui fait naître l'étoile et son cortège de planètes au sein de la nébuleuse primitive en forme de disque. Une valeur optimiste doit être de 0,2 car dans les systèmes d'étoiles multiples (les plus fréquents puisque 70 % des étoiles en font partie) il semble difficile d'y concevoir la survie d'un tel disque ; cependant il est tout aussi possible que ces disques disparaissent trop tôt après la formation de l'étoile et que très peu de planètes existent véritablement autour d'autres étoiles, donnant à f_p une valeur infime.

— n_t il semble raisonnable de penser que parmi le cortège de planètes il y en aura toujours une, à peu près à la bonne distance de l'étoile, et de type terrestre (dans le cas du Système solaire on a failli avoir Vénus et Mars en plus de la Terre !) ; n_t peut être probablement de l'ordre de 1.

— f_v la fraction de planètes bien placées où la vie apparaîtra pourrait bien être aussi 1, car rien d'exceptionnel ne semble s'être produit sur la Terre depuis sa formation.

— f_i une fois la vie apparue, les mécanismes de sélection semblent inéluctablement pour faire émerger l'intelligence ; $f_i = 1$.

— f_c la fraction de civilisations intelligentes capables de communiquer semble être liée au progrès technologique lui aussi assez probable ; mettons f_c de l'ordre de 0,2.

— *T* représente la durée de vie d'une telle civilisation et en particulier la durée de son effort de communication ; toute estimation est évidemment hasardeuse, les plus pessimistes annonçant une centaine d'années pour le temps séparant les progrès techniques scientifiques de la fin systématique de telles civilisations par autodestruction « technologique », les plus optimistes répondant que ces progrès donnent au contraire à ces civilisations une chance de survie telle qu'elles peuvent durer « indéfiniment » ; une valeur limite « raisonnable » serait d'un milliard d'années, ordre de grandeur de la durée de vie d'une étoile.

On réalise immédiatement que le paramètre important et même crucial dans cette évaluation est évidemment le paramètre le plus mal connu, *T*. Ainsi les optimistes évaluaient *N* à plusieurs centaines de millions de civilisations capables de communiquer en ce moment dans la Galaxie ($N = 10 \times 0{,}2 \times 1 \times 1 \times 1 \times 0{,}2 \times 10^9$), alors que les pessimistes estimaient ce nombre à environ une centaine et même éventuellement quelques unités, considérant en particulier que les systèmes planétaires sont très rares et que d'autres facteurs doivent aussi être réduits.

Cela semble montrer cependant qu'il est tout à fait plausible que d'autres civilisations existent et que leur recherche pourrait être couronnée de succès. Il est cependant tout aussi possible que nous soyons très peu nombreux dans la Galaxie. Finalement nous savons bien peu de chose.

Malgré ces doutes et étant donné les enjeux, cette recherche s'est intensifiée.

Les résultats restant toutefois strictement négatifs, l'analyse des différents facteurs a été reconsidérée. Nous allons donner ici l'évolution des idées à ce sujet, évolution qui révèle les progrès remarquables effectués ces cinq dernières années grâce à l'observation directe de la naissance des étoiles et aux récentes découvertes de planètes extrasolaires.

Le taux de formation stellaire est plus « faible » qu'initialement évalué et doit se trouver plutôt autour d'une étoile nouvelle par an dans la Galaxie ($E = 1$).

La fraction f_p, d'étoiles capables d'avoir des planètes, a plutôt « augmenté » et est probablement de l'ordre de 0,5, car après la découverte de nombreux disques *proto*planétaires et *post*planétaires, plus de 60 nouvelles planètes ont déjà été recensées autour d'autres étoiles. La première d'entre elles a été trouvée en orbite autour de 51 Pégase, en 1995, par Michel Mayor et Didier Queloz.

Ces planètes nous réservaient en effet plusieurs surprises d'importance qui nous poussent aujourd'hui à réviser f_p à la hausse :

— Elles sont une fois sur deux autour d'étoiles doubles ou multiples, nous permettant d'imaginer des systèmes planétaires autour de la majorité des étoiles de la Galaxie.

— Ces planètes géantes découvertes sont souvent beaucoup plus proches de leur étoile que Mercure du Soleil ; quoique cela soit inattendu, ce résultat est clairement dû à la méthode de détection utilisée, beaucoup plus sensible aux planètes les plus massives et les plus proches de leur étoile.

— Une bonne partie de ces planètes sont sur des orbites fortement elliptiques contrairement à celles de notre Système solaire.

— Une d'entre elles gravite autour d'une étoile de petite masse (0,3 masse soleil) ; ces étoiles représentent, et de loin, la majorité des étoiles de notre Galaxie (80 %) ; ainsi, même si on ne considère que les étoiles simples comme propices à abriter la vie, des planètes doivent probablement exister autour d'une fraction importante d'étoiles de la Galaxie.

— Un système de trois planètes géantes autour de l'étoile Upsilon Andromède a déjà été découvert.

— Une des planètes ainsi découverte « indirectement » par l'attraction qu'elle exerce sur son étoile a été observée « directement » au moment de son passage devant l'étoile, en septembre 1999, confirmant définitivement que ce sont bien des planètes géantes qui ont été trouvées au cours de ces dernières années.

L'ensemble de ces nouvelles observations nous révèle certains de nos préjugés quant à la formation de systèmes planétaires, et nous apprend que la diversité est de règle. Ainsi (*Fig. 1*, voir hors-texte) il est directement observé qu'une étoile sur deux naît avec un disque protoplanétaire autour d'elle, que ce disque survit parfaitement dans des systèmes multiples et qu'il disparaît au bout d'environ dix millions d'années. Enfin, 3 % des étoiles observées à ce jour ont au moins une planète géante ; 0,03 est donc déjà une valeur minimale pour notre paramètre f_p qui ne peut plus être infime comme on le craignait auparavant. De plus, la sensibilité des méthodes de détection actuelles étant limitée à des planètes plus massives que Saturne, et constatant que les planètes les plus nombreuses trouvées sont les plus légères, il est tentant de dire que les minuscules « terres » encore inaccessibles sont probablement encore plus nombreuses. En attendant leur observation effective, l'estimation optimiste mais plausible de f_p n'en est pas moins 0,5, soit une étoile sur deux de notre Galaxie aurait un cortège de planètes. Nous savons donc maintenant qu'il y a entre « cinq milliards et plusieurs dizaines de milliards de systèmes planétaires » dans notre Galaxie !

Dans les domaines liés à la vie, des progrès bien sûr ont aussi été accomplis. En fait, depuis les premières tentatives de recherche de vie extraterrestre, une nouvelle science est née qui traite entièrement du problème de l'apparition de la vie : l'exobiologie. Les études dans ce domaine ont révélé qu'un nombre important de difficultés ont dû probablement surgir sur le chemin de la vie, en tout cas telle qu'elle est apparue sur Terre. Ces travaux montrent non seulement l'importance de l'eau, mais aussi la nécessité d'un cycle alternativement hors et dans ce milieu liquide.

Ainsi, n_t et f_v, doivent être évidemment revus. En particulier Michael Hart a fait une modélisation complète de l'évolution de l'atmosphère terrestre en tenant compte de la présence des océans, de la variation du flux solaire depuis sa formation, des changements de composition de l'atmosphère, de l'effet de serre, de la couverture nuageuse, des glaces, etc. Il a ainsi pu démontrer pourquoi Vénus était si chaude quoique relativement proche de la Terre et pourquoi Mars, qui, elle, a connu l'eau liquide à sa surface pendant plusieurs milliards d'années, n'a pas pu retenir son atmosphère condamnant ainsi l'eau qui restait à être sous forme de glace. Cette modélisation a surtout montré que des circonstances très favorables se sont produites sur Terre pour que la température y reste relativement constante alors que le Soleil augmentait sa luminosité. En particulier, l'atmosphère primitive de la Terre, comme celle de Vénus et de Mars, devait contenir énormément de gaz carbonique qui, produisant le fameux effet de serre, l'avait réchauffée. Mais l'eau liquide étant présente, le gaz carbonique a pu s'y dissoudre et précipiter avec le calcium pour former les roches calcaires aujourd'hui présentes sur la Terre. Ainsi, alors que le soleil se réchauffait, l'effet de serre diminuait, maintenant la température « agréablement » constante. Sur Vénus il faisait trop chaud dès le départ et l'eau s'y trouvant sous forme de vapeur n'a pu dissoudre le gaz carbonique de l'atmosphère. L'effet de serre s'est maintenu et le Soleil aidant, la situation n'a fait que s'aggraver au cours du temps.

Michael Hart a ainsi pu montrer que la position de la Terre dans le Système solaire était bien plus critique qu'on ne le pensait, et en particulier qu'en la rapprochant de quelques pour cent de sa distance actuelle au Soleil, on déclenchait cet effet de serre divergent et jamais l'eau liquide n'aurait pu apparaître. De la même façon, il a montré qu'en l'éloignant d'à peine 1 % du Soleil, les océans se seraient changés en glace et la lumière solaire, réfléchie plus efficacement (la glace est blanche), la Terre serait restée très froide sous un manteau de glace qui n'aurait plus jamais fondu.

Ainsi, nous nous trouvons (et ce n'est pas par hasard) dans la seule zone possible au voisinage du Soleil où l'eau peut rester liquide assez longtemps à la surface d'une planète, zone qui ne représente que quelques pour cent de la taille du Système solaire. De plus, heureusement que la Terre n'était pas plus petite car, incapable de retenir son atmosphère, elle aurait connu le sort de Mars.

Le nombre n_t de planètes favorables à l'apparition de la vie doit donc être revu à la « baisse » et ne doit pas dépasser quelques pour cent, disons $n_t = 0{,}01$.

Le paramètre lié à l'apparition de la vie, f_v, doit aussi être revu.

Il semble en effet qu'une série d'obstacles doit être franchie. La première étape consiste à former des molécules organiques à partir des matériaux originels de la Terre. Dans ce domaine, les expériences d'Harold Urey et Stanley Miller avaient montré qu'on pouvait, en laboratoire, à partir de mélanges gazeux ressemblant aux atmosphères primitives, faire à peu près tous les acides aminés connus (les briques du vivant) à l'aide d'un apport d'énergie comme la lumière ultraviolette ou les décharges électriques. De telles molécules produites dans l'atmosphère à la cadence d'une tonne par seconde, se dissolvent dans les océans où elles peuvent survivre à l'abri des ultraviolets (qui sans cela les dissocieraient). Le cycle « hors de l'eau — dans l'eau » commence ; ces molécules se concentrent petit à petit et finissent par former une soupe organique dans laquelle va se dérouler l'étape suivante.

En fait, trop d'acides aminés ont été produits car dans les êtres vivants terrestres, seuls vingt d'entre eux jouent un rôle. Le processus suivant va consister à créer de longues chaînes de tels acides (polymérisation) mais à partir de certains d'entre eux uniquement. La difficulté ici est que la polymérisation se fait très bien dans l'eau, mais comme l'eau dissocie aussi très bien les chaînes de molécules polymérisées, on se retrouve dans la situation de Pénélope faisant et défaisant sans cesse son travail. Il faut donc trouver un moyen de protéger les polymères de l'eau et le cycle « hors de l'eau — dans l'eau » est à nouveau indispensable. Là, soit des lacs qui s'évaporent, soit des lieux propices aux effets de marée vont devenir nécessaires. La présence d'un gros satellite comme la Lune est sans doute une autre condition indispensable à l'apparition de la vie.

Ensuite ces molécules compliquées doivent s'isoler du milieu extérieur (apparition de la membrane) et trouver un moyen de se reproduire. C'est le passage de l'inerte au vivant, passage très mal connu et non encore résolu. Toutefois on sait déjà faire apparaître des membranes (les célèbres coacervats d'Oparine) et répliquer certains polymères. Pour cette étape, le retour partiel dans le milieu liquide est nécessaire. Encore le cycle « hors de l'eau — dans l'eau. »

Ensuite il faut former les premiers systèmes vivants unicellulaires, cellules qui existaient sur Terre il y a plus de 3,8 milliards d'années puisqu'on a retrouvé leurs traces fossiles.

Puis le mécanisme de sélection naturelle a fait évoluer ces systèmes vivants vers des êtres de plus en plus complexes.

Dans cette succession d'étapes, les choses vont au début très lentement puisqu'il faut au moins 200 millions d'années pour produire une soupe organique assez concentrée dans les océans. Ensuite, de plus en plus rapidement, les mécanismes doivent s'enchaîner pour mener à l'apparition des premiers êtres vivants. Cette succession d'événements apparaît inéluctable, mais semble toutefois dépendre de ce cycle « hors de l'eau — dans l'eau » qui pourrait ne pas toujours se produire. Comme il reste difficile d'évaluer chaque facteur, il semble plus raisonnable de dire aujourd'hui que globalement f_v est de l'ordre de 0,1 compte tenu de cette difficulté.

Viennent ensuite les estimations de plus en plus incertaines qui, de fait, n'ont que peu progressé ces dernières années. On peut toutefois dire que pour l'émergence de l'intelligence, plusieurs sous-étapes aussi peuvent être identifiées, telles que :

— Le développement d'une atmosphère d'oxygène produite par les organismes vivants qui, quoique représentant la plus grande catastrophe écologique de tous les temps, puisque responsable de la disparition de l'essentiel des espèces sur Terre, ce changement a permis le développement des cellules eucaryotes, capables d'employer l'énergie libérée par les réactions chimiques faisant intervenir l'oxygène. Ces nouveaux mécanismes vont pouvoir faire fonctionner, beaucoup plus tard, un système tel que le cerveau, grand consommateur d'énergie.

— Le passage du milieu aquatique à la terre ferme semble aussi nécessaire, et est une nouvelle forme du cycle « hors de l'eau —

dans l'eau » ; il a été rendu possible par la formation de la couche d'ozone qui elle-même a été produite à partir de l'atmosphère d'oxygène ; cette couche protège des rayons ultraviolets du soleil les êtres vivants qui avaient abandonné la protection aquatique ; ce passage sur la terre ferme semble nécessaire au développement du cerveau puisque, même les cétacés aux capacités cérébrales évidentes, sont le fruit de l'évolution d'êtres qui ont fait un certain séjour hors des océans pour y retourner ensuite.

— La régulation thermique semble aussi une étape nécessaire, le cerveau fonctionnant évidemment mieux dans un environnement contrôlé.

— L'apparition des mains et des yeux est probablement également indispensable au bon développement du cerveau, la bonne utilisation de ces sens imposant une gymnastique très formatrice.

— L'emploi d'outils joue sans doute un rôle semblable.

— Le développement d'une structure sociale qui impose aussi de nouvelles contraintes au fonctionnement du cerveau.

L'évaluation du facteur f_i reste toujours très vague mais probablement proche de l'unité, compte tenu des mécanismes très efficaces de la sélection naturelle.

Sur le thème de la communication, peu de progrès ont été faits tant le problème est complexe. Ce qui pourrait être ajouté toutefois est qu'il faudrait non seulement tenir compte de la capacité f_c de communication mais encore du désir f_d de communiquer, paramètre nouveau encore plus obscur. En effet il n'est pas facile de savoir si une civilisation a ou non le désir de communiquer. Cependant, comme toutes peuvent ne pas avoir la même attitude, pour masquer notre ignorance il est « raisonnable » de dire que f_c est de l'ordre de l'unité alors que f_d serait de l'ordre de 0,5.

Ces évaluations sont si difficiles qu'il ne nous reste probablement qu'à plaisanter sur le thème de la communication en imaginant une discussion entre deux dauphins, l'un disant à l'autre : « Il est vrai que les humains font des gestes et émettent des sons, mais il n'y a pas de preuve indiscutable qu'ils communiquent véritablement entre eux. »

Le dernier paramètre, *T*, définissant le temps pendant lequel une civilisation communiquera, est évidemment encore plus vague, mais là encore on pourrait préciser qu'il est difficile d'imaginer qu'une civilisation tente de communiquer sans résultat pendant plus d'un million d'années ; en effet on doit se lasser de tout !

Ainsi nos nouvelles estimations nous donnent pour l'estimation pessimiste *N* de l'ordre de 0,01 civilisation dans notre Galaxie en train de communiquer, alors que pour l'optimiste N serait plutôt de l'ordre de 100 civilisations. Ces chiffres restant hautement incertains, il serait finalement tout à fait possible que nous soyons seuls.

RÉFÉRENCES

– COCCONI (G.) et MORRISON (P.), « Searching for Interstellar Communications », *Nature, 184*, 1959.
– HART (M.-H.), « The Evolution of the Atmosphere of the Earth », *Icarus, 33*, 23, 1978.
– HART (M.-H.), « An explanation for the Absence of Extraterrestrials on Earth », *Q.J.R. Astron. Soc., 16*, 128, 1975.
– MAYOR (M.) et QUELOZ (D.), « A Jupiter-mass Companion to a Solar-type Star », *Nature, 378*, 355, 1995.
– ROOD (R.) et TREFIL (J.), *L'Univers : Sommes-nous Seuls ?*, éd. P. Belfond, 1985.
– SAGAN (C.), *The Dragons of Eden*, Random House Inc, 1977.
– SAGAN (C.) et SCHKLOVSKY (I.-S.), *Intelligent Life in the Universe*, Holden Day, San Francisco, 1968.
– VIDAL-MADJAR (A.), *Il pleut des planètes*, Hachette Littératures, Paris, 1999.
– PRANTZOS (N.), *Voyages dans le futur*, Seuil, Paris, 1998.
– HEIDMAN (J.), VIDAL-MADJAR (A.), PRANTZOS (N.) et REEVES (H.), *Sommes-nous seuls dans l'Univers ?*, Fayard, Paris, 2000.

Évolution des galaxies et des quasars

par FRANÇOISE COMBES

Les différents types de galaxies

Les galaxies sont observées sous de nombreuses formes, de nombreuses variétés. La principale classification distingue les galaxies à disques aplatis, ou galaxies spirales, et les galaxies elliptiques, composées essentiellement d'un sphéroïde de vieilles étoiles. La séquence de Hubble *(Fig. 1)* place les divers types morphologiques selon leur concentration de masse centrale. Les galaxies spirales possèdent elles aussi un sphéroïde concentré de vieilles étoiles en plus de leur disque, et l'importance de ce « bulbe » central augmente progressivement le long de la séquence (de droite à gauche). Le gaz interstellaire se concentre dans le disque, avec les jeunes étoiles nouvellement formées à partir du gaz ; c'est pourquoi la fraction de masse de gaz varie aussi le long de la séquence, cette fois diminue de droite à gauche. La masse totale de la galaxie augmente de droite à gauche. De plus, l'aspect de la spirale évolue aussi le long de la séquence : l'enroulement des bras augmentant quand on se déplace vers la gauche.

La fraction des divers types morphologiques dépend beaucoup de l'environnement. Dans les amas denses de galaxies, les elliptiques dominent. Dans les régions plus isolées, ce sont les spirales qui dominent (elles constituent les deux tiers des galaxies). Les interactions entre galaxies accélèrent le taux d'évolution, c'est-à-dire la formation d'étoiles à partir du gaz, qui fait se concentrer et augmenter la masse de la galaxie.

Texte de la 195e conférence de l'Université de tous les savoirs donnée le 13 juillet 2000.

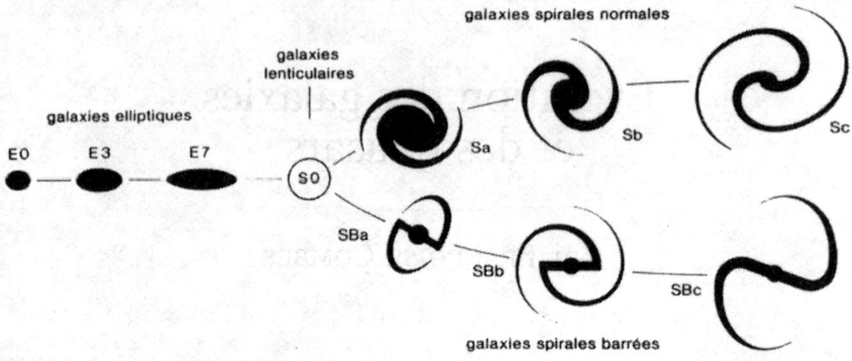

Figure 1 – Séquence de Hubble des galaxies. À gauche, sont les galaxies elliptiques, qui nous apparaissent comme des ellipses en projection sur le ciel, et qui sont en fait des sphéroïdes, plus ou moins aplatis ou allongés À droite, des galaxies spirales à disques, qui contiennent toutefois un sphéroïde en leur centre, ou « bulbe ». Le rapport bulbe sur disque croît de la droite vers la gauche. Il y a deux branches de galaxies spirales : les barrées et les non-barrées. Les premières constituent pratiquement les trois quarts des galaxies spirales.

Galaxies en perpétuelle évolution

Les galaxies sont soumises à des forces contradictoires : d'une part la gravitation, le principal moteur pour rassembler la masse, et en opposition avec cette attraction, la rotation à l'origine de forces centrifuges, et les mouvements d'agitation désordonnée. Or toute galaxie voudrait concentrer sa masse pour minimiser son énergie.

Pour ce faire, il est nécessaire d'avoir du gaz pour réduire les mouvements d'agitation. Les nuages de gaz entrent en collision et dissipent l'énergie par rayonnement.

Les étoiles, elles, ne rentrent jamais en collision (elles sont trop compactes par rapport à leurs distances relatives), et l'énergie cinétique correspondant à leurs mouvements relatifs ne se dissipe jamais. C'est ainsi que les galaxies elliptiques, sans gaz, atteignent un équilibre relatif, grâce à l'agitation désordonnée des étoiles, et n'évoluent plus. Si elles sont aplaties, ce n'est pas par rotation, mais parce que l'agitation désordonnée est plus grande dans la direction du grand axe de l'ellipsoïde.

Les galaxies à disque, elles, possèdent du gaz et peuvent dissiper l'énergie cinétique. De plus, la formation de spirales est très efficace pour évacuer la rotation. Les spirales ne sont pas des bras de matière, comme les nuages de lait dans le café remué, mais ce sont des ondes. Seules les ondes peuvent subsister malgré la rotation différentielle. Car les galaxies ne tournent pas comme un corps solide (comme un disque microsillon), mais le centre tourne beaucoup plus vite que le bord. La matière au centre met des millions d'années pour faire un tour, la matière du bord met des milliards d'années. Dans ces conditions, un bras matériel s'enroulerait très rapidement, de plusieurs centaines de tours depuis le début de l'Univers, et toute spirale serait effacée. Ce problème d'enroulement n'existe pas si les spirales sont des ondes. Ces ondes tournent autour du centre comme un corps solide, bien plus lentement que les étoiles. Les étoiles entrent dans l'onde spirale, et en ressortent, au bout de quelques millions d'années. Les ondes peuvent ainsi durer plus longtemps, mais ne sont pas éternelles non plus. Elles échangent de l'énergie avec la matière, et apparaissent et disparaissent en des échelles de temps de l'ordre de 100 millions d'années. S'il existe du gaz, elles peuvent être sans arrêt renouvelées.

Ces ondes, si elles s'enroulent dans le sens « traînant »* par rapport à la rotation de la galaxie, permettent d'évacuer la rotation vers l'extérieur, et la galaxie est plus concentrée après le passage des ondes. En effet, les spirales observées dans les galaxies s'enroulent toujours dans le sens « traînant ».

D'autre part, les ondes favorisent la formation d'étoiles à partir du gaz. Dans les ondes, la densité augmente, le gaz est comprimé, et les instabilités gravitationnelles se déclenchent : de nouvelles étoiles sont formées dans les bras spiraux. En somme, la formation des bras spiraux accélère l'évolution des galaxies : elle permet à la masse de se concentrer en évacuant la rotation, et aux étoiles de se former à partir du gaz.

Encore plus efficaces que les ondes spirales, sont les ondes barrées ; les ondes spirales peuvent se comparer à des ondes progressives sur une corde, alors que les barres sont des ondes stationnaires. Leur action est d'autant plus durable. La formation de la barre est précédée de la formation d'une spirale, comme le montre la *figure 2*.

Les trois quarts des galaxies spirales sont barrées, d'après de nouveaux résultats en lumière proche infra rouge, qui s'affranchit de l'absorption par la poussière. Les barres sont de puissants facteurs d'évolution, qui transfèrent la masse vers le centre, comme les spirales mentionnées plus haut. Leur action s'autorégule d'elle-même ; lorsqu'il y a trop de masse vers le centre, la barre s'affaiblit et peut même disparaître. Cela se passe en plusieurs étapes.

Grâce à des résonances entre la barre et la matière du disque, des étoiles sont propulsées en hauteur, perpendiculairement au disque. Il se forme ainsi un bulbe en forme de boîte ou de cacahouète *(Fig. 3)*. La concentration de masse centrale contribue donc à former le bulbe.

* Du mot anglais *Trailing*.

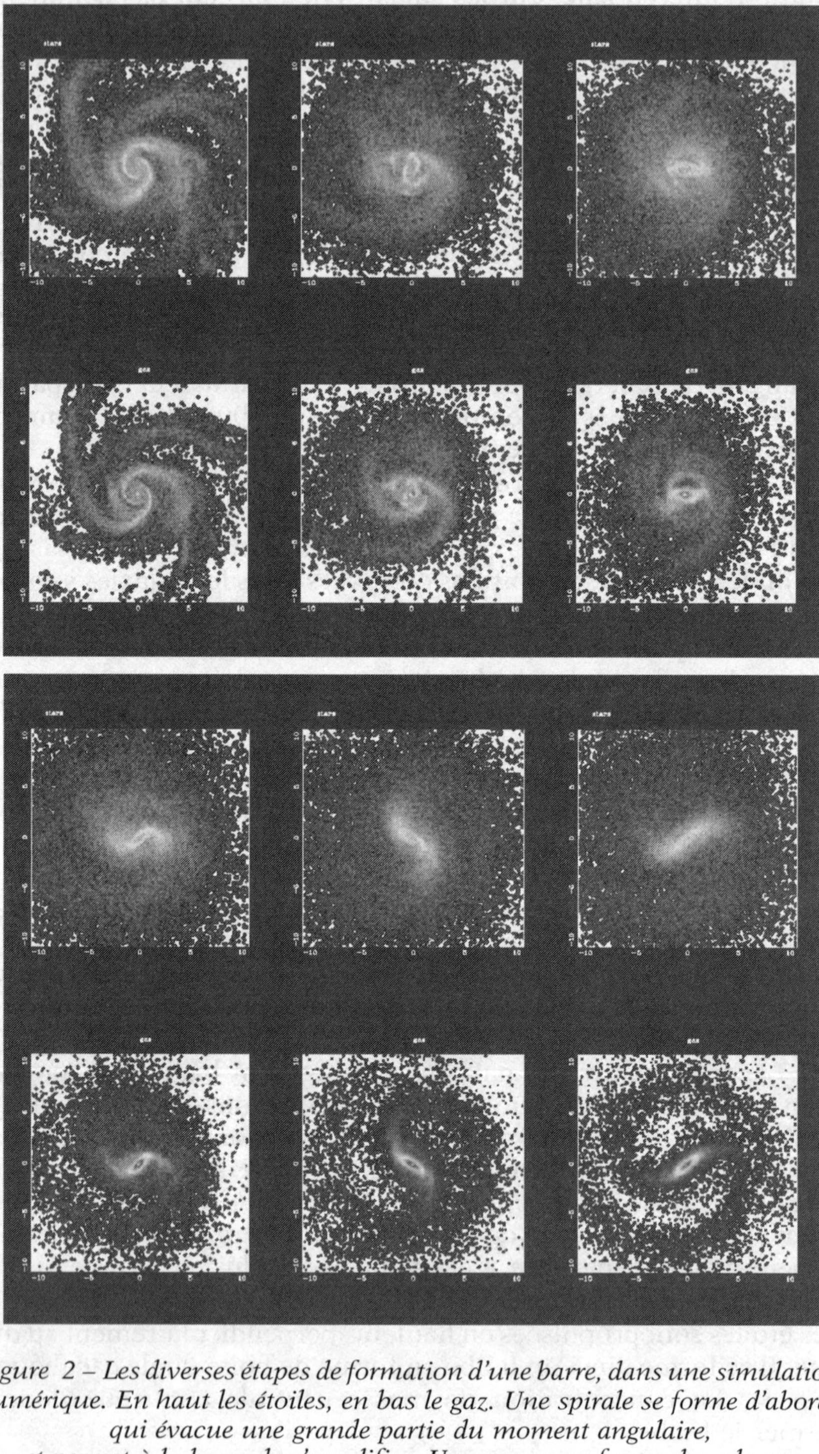

Figure 2 – Les diverses étapes de formation d'une barre, dans une simulation numérique. En haut les étoiles, en bas le gaz. Une spirale se forme d'abord, qui évacue une grande partie du moment angulaire, et permet à la barre de s'amplifier. Un anneau se forme dans le gaz au lieu de résonance avec la barre.

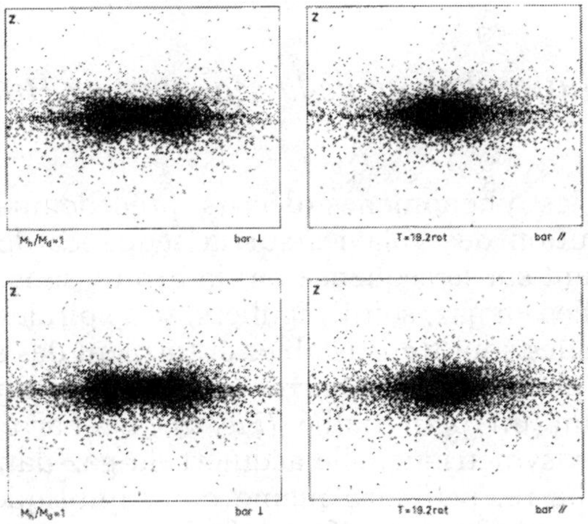

Figure 3 – Projection de la barre à la fin de la simulation, vue par la tranche, lorsque la barre est perpendiculaire (gauche) et parallèle (droite) à la ligne de visée. Les étoiles sont soulevées perpendiculairement au plan par des résonances, et forment une structure en cacahouète (d'après Combes et Sanders, A&A 96, 164, 1981).

Le gaz, lui, s'accumule aussi au centre, dans des régions de résonance, qui forment des anneaux. Des flambées de formation d'étoiles peuvent se produire, lorsque la densité de gaz accumulée est suffisante. Une partie du gaz peut aussi alimenter un trou noir massif déjà formé dans une étape antérieure. Ce phénomène est favorisé par la création d'une seconde barre, à l'intérieur de la première, qui tourne encore plus vite. Les barres/spirales peuvent être imbriquées les unes dans les autres comme les poupées russes (*Fig. 4,* voir hors-texte). Elles se relaient pour concentrer la masse vers le centre.

Lorsque la concentration de masse vers le centre est trop forte, la barre s'affaiblit et disparaît. Le gaz qui tombe sur la galaxie dans les parties externes va alors alimenter le disque, et n'arrivera plus au centre. L'équilibre disque/bulbe se rétablit au profit du disque, et une autre instabilité en forme de barre/spirale peut s'établir, et tout recommence. Plusieurs épisodes de barres/spirales peuvent se développer dans une galaxie au cours de sa vie.

D'où vient cette matière nouvelle qui alimente à nouveau le disque ? Une galaxie est un système ouvert, continuellement en train d'acquérir de la masse. Le gaz provient des parties externes, et tombe vers le centre. Il existe beaucoup de gaz autour des galaxies, observé en radio-astronomie grâce à la raie de l'hydrogène atomique (HI) à 21 cm de longueur d'onde. Le gaz visible en HI s'étend jusqu'à un rayon égal à 4 fois celui du disque visible en optique (*Fig. 5,* voir hors-texte).

Évolution le long de la séquence de Hubble

De tous les phénomènes décrits précédemment, on peut déduire l'évolution des galaxies sur la séquence de Hubble. Les galaxies rentrent sur la séquence par la droite, sous forme de systèmes très riches en gaz, soit irréguliers, soit spirales très peu évoluées. Ces disques sont très instables et forment des spirales et des barres très rapidement. Ces barres concentrent la masse vers le centre, formant un petit bulbe *(Fig. 6)*. La barre s'affaiblit et devient plus axisymétrique, elle acquiert du gaz dans le disque et reforme une barre, peut-être même deux imbriquées. Le bulbe devient de plus en plus massif, et la galaxie remonte la séquence de Hubble. Les disques que l'on observe aujourd'hui sont relativement jeunes, ce ne sont pas les disques d'autrefois. Cette évolution est encore accélérée en présence d'interactions de galaxies.

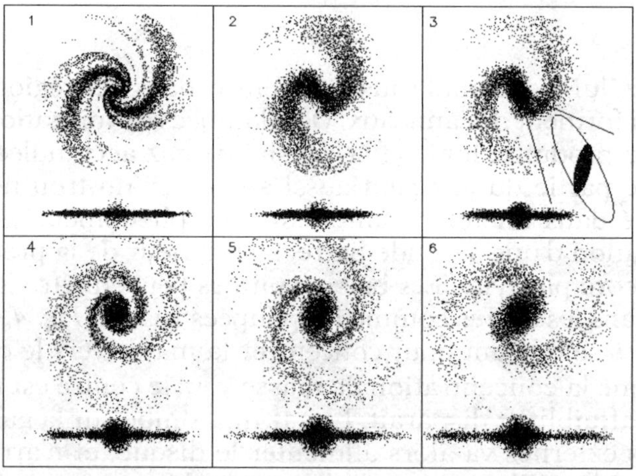

Figure 6 – Schéma de l'évolution des galaxies le long de la séquence de Hubble. Une galaxie à disque peu massif, sans bulbe est instable sous forme de spirale/barre, et celle-ci rassemble la masse vers le centre (voir l'évolution du bulbe, dans la projection de profil). Lorsqu'il y a trop de masse au centre, la barre disparaît, et le gaz provenant de l'extérieur enrichit le disque. Plus tard, une autre barre pourra se former, lorsque le rapport disque/bulbe sera à nouveau favorable. Une barre secondaire (cf. étape 3) peut relayer la barre primaire dans la concentration de la masse vers le centre.

Interactions et fusions de galaxies

Ce n'est que dans les années 1970 que la nature de l'interaction entre galaxies a été élucidée, grâce à des simulations sur ordinateur. C'est une interaction de marée gravitationnelle. Elle donne lieu à des morphologies très différentes de celles des marées dans le Système solaire, car les galaxies sont des systèmes assez peu liés, très déformables. Les premières simulations simples, à 3 corps, ont remarquablement réussi à montrer le mécanisme de la formation des spirales à deux bras.

L'interaction de marée est bisymétrique, de même que les marées terrestres engendrées par le Soleil et la Lune (il y a deux marées par 24 h). Les deux perturbations de départ sont étirées en filaments et ponts entre galaxies. Elles s'enroulent grâce à la rotation différentielle de la galaxie, qui tourne plus vite au centre qu'aux bords.

Le gaz d'hydrogène atomique est beaucoup plus déformable, car moins lié gravitationnellement à la galaxie, aussi forme-t-il des morphologies plus spectaculaires (*Fig. 5*, voir hors-texte).

Lorsque la collision est de plein fouet, il se forme des ondes en forme d'anneau qui se propagent du centre vers le bord, comme les ondes émises à la surface de l'eau par le jet d'une pierre. Au passage de l'onde, se déclenche une flambée de formation d'étoiles, qui rend l'anneau particulièrement brillant (*Fig. 7*, voir hors-texte). Dans la direction perpendiculaire au plan, la galaxie est aussi très déformée. Après excitation, le plan gauchi et tordu en forme de crêpe, oscille pendant longtemps. Tous les plans de galaxies sont observés ainsi gauchis, même en l'absence de perturbation extérieure évidente. Ce phénomène est intéressant, car il permet de nous renseigner sur le potentiel gravitationnel à trois dimensions, et notamment sur la forme des halos de matière noire, cette matière qui ne rayonne pas, mais que l'on soupçonne dominer la masse des galaxies, grâce aux mouvements de la matière.

Lors des interactions entre galaxies, celles-ci échangent de la matière ; il est facile de le reconnaître, lorsqu'elles n'ont pas le même sens de rotation. De nombreux systèmes ont ainsi été observés avec deux courants en contre-rotation, certaines étoiles tournant dans un sens et certaines dans l'autre. Parfois le gaz ne tourne pas dans le même sens que les étoiles. Ces systèmes donnent lieu à des instabilités particulières à un bras spiral. Parfois l'accrétion de matière n'est pas dans le même plan, et une partie de la matière tourne dans un plan perpendiculaire au plan principal (cas des anneaux polaires). L'interaction entre notre propre galaxie, la Voie

Lactée, avec les Nuages de Magellan, a donné lieu à la formation du courant « magellanique », un anneau polaire de gaz, qui tourne au-dessus de nos têtes, dans un plan perpendiculaire à celui de la Voie Lactée.

Autour d'une galaxie elliptique, les étoiles d'une galaxie compagnon, une fois celle-ci détruite par les forces de marée, oscillent selon leur énergie dans le potentiel de la galaxie principale, et dans leur ballet dessinent des coquilles d'étoiles éphémères. Ce phénomène est observé dans pratiquement la moitié des galaxies elliptiques (*Fig. 8*, voir hors-texte).

La collision entre galaxies est très inélastique. Il faut beaucoup d'énergie pour déformer les galaxies. Cette énergie est prise aux dépens de l'énergie orbitale, donc du mouvement relatif des galaxies l'une par rapport à l'autre. Cela freine les galaxies, qui se rapprochent l'une de l'autre en spiralant. Après une ou deux révolutions, elles coalescent, elles s'effondrent l'une sur l'autre. Le moment angulaire et la rotation sont absorbés par la matière noire autour. Le gaz HI part essentiellement dans les queues de marée. Le gaz plus dense, moléculaire, s'accumule au centre. Cette accumulation déclenche un feu d'artifice, une flambée de formation d'étoiles. Certaines galaxies forment des étoiles à raison de 1 000 par an, alors que le taux normal est plutôt de l'ordre d'une par an. À ce rythme, elles vont épuiser leur gaz rapidement ; comme cela ne peut durer qu'une courte période, on l'appelle un sursaut de formation d'étoiles, ou *starburst*.

Formation de trous noirs massifs

Un trou noir est, par définition, un objet assez compact pour qu'il existe autour de lui un horizon au-delà duquel la vitesse de liberation est supérieure à la vitesse de la lumière. Autrement dit, même la lumière ne peut en sortir, si elle s'aventure en deçà d'une distance du centre égale à l'horizon. À la fin de l'évolution d'une étoile massive, une supernova peut exploser et laisser un résidu compact. C'est un trou noir, si sa masse est supérieure à 3 masses solaires. Mais sa masse ne vaudra pas plus que 10 masses solaires, comme ordre de grandeur.

Pourtant, au centre des galaxies, existent des trous noirs supermassifs, de l'ordre de 100 millions à quelques milliards de masses solaires. Leur existence donne lieu à des phénomènes très lumineux, lorsque la matière tombe sur le trou noir, avant d'arriver à l'horizon. C'est ce que l'on appelle le phénomène de noyaux actifs de galaxies (NAG) et quasars.

Les quasars

L'origine du mot « quasar » vient de la contraction de « quasi-stars ». Ce sont des objets ponctuels, comme des étoiles, au spectre inhabituel. Les raies d'émission observées ne correspondent à aucune de celles observées dans les étoiles. C'est Marteen Schmidt qui en 1964 a le premier élucidé le mystère. Le spectre peut très bien se comprendre par des raies connues, si on admet qu'il a été décalé vers le rouge d'une grande quantité. Ce décalage vers le rouge est dû à l'effet Doppler résultant de l'expansion de l'Univers. Toutes les galaxies s'éloignent de nous à une vitesse proportionnelle à leur distance. Comme les quasars s'éloignent de nous à très grande vitesse, ce sont des objets très lointains. Ils sont restés pendant très longtemps les objets les plus lointains connus, ce n'est que très récemment que l'on a pu détecter, grâce au télescope spatial Hubble, des galaxies encore plus lointaines.

C'est parce que les quasars rayonnent beaucoup (mille fois autant que la Voie Lactée) qu'il est possible de les voir aussi loin. De plus, ils sont bien plus rares que les galaxies, aussi n'y en a-t-il pas de très proches. Il existe des noyaux actifs de galaxies de moindre importance : galaxies de Seyfert, Liners par exemple. Ceux-là peuvent se trouver plus près de nous. Dans ces systèmes actifs, on peut voir nettement la galaxie-hôte, sous-jacente, et les objets n'apparaissent pas si ponctuels. La nature de l'activité est la même : le rendement est très efficace, pour qu'une petite région, le noyau, puisse rayonner beaucoup plus qu'une galaxie toute entière. Ce rendement exceptionnel ne peut pas venir seulement des réactions nucléaires qui font rayonner les étoiles. Il s'agit de la transformation de l'énergie gravitationnelle directement en énergie de rayonnement autour d'un trou noir, dans un disque d'accrétion. Le rendement peut être de l'ordre de 10-20 % de l'énergie de masse mc^2 (alors que le rendement de l'énergie nucléaire est un peu moins de 1 %).

Lorsque le gaz spirale vers le trou noir, avant d'atteindre l'horizon, au-delà duquel même la lumière qu'il émet sera avalée par le trou noir, il émet du rayonnement très énergétique, sous forme de rayons X, UV, visible, etc. La température est très élevée, des milliers à des millions de degrés. Les étoiles elles-mêmes peuvent être détruites par effet de marée en passant près du trou noir, et le gaz qu'elles libèrent va alimenter le trou noir.

Comment peut croître le trou noir massif ?

Toute la matière (gaz ou étoile) qui tombe sur le trou noir va l'alimenter, mais le trou noir ne peut pas être boulimique. Le gaz en tombant rayonne beaucoup, et le gaz à proximité du rayonnement peut être repoussé par la pression de radiation. Si le trou noir avale trop de matière, celle-ci va rayonner tellement que la pression de radiation sera trop forte, et repoussera la matière qui tombait sur le trou noir. Il y a donc une luminosité maximale que peut avoir un trou noir en fonction de sa masse : c'est la limite d'Eddington, proportionnelle à sa masse.

Au mieux, si un trou noir avale de la matière à la limite d'Eddington en permanence, il mettra un milliard d'années à atteindre une masse de 300 millions de masses solaires. Mais en fait, c'est une limite idéale, la matière autour du trou noir n'est pas toujours disponible à la limite d'Eddington. Le trou noir doit forcément jeûner, même s'il est au centre d'un amas d'étoiles. Les étoiles qui passent très près du trou noir, peuvent être détruites par ses forces de marée, réduites à l'état de gaz, et avalées ensuite par le monstre. Mais les étoiles avec la trajectoire voulue, passant très près du trou noir, vont disparaître très vite, et il va falloir attendre que d'autres étoiles soient déviées de façon gravitationnelle pour occuper à nouveau ces trajectoires. Cela prend un temps de l'ordre du temps de diffusion des étoiles : quelques centaines de millions d'années. Le taux de croissance du trou noir est donc limité par la diffusion : plusieurs milliards d'années, presque un temps de Hubble, pour obtenir la masse aujourd'hui observée dans les quasars.

Statistique des quasars

On connaît aujourd'hui des dizaines de milliers de quasars. Pour expliquer leur nombre, il y a deux scénarios possibles :

— Soit de rares galaxies ont un trou noir supermassif en leur centre, et rayonnent continuellement sous forme de quasars.

— Soit le phénomène est très répandu, les trous noirs sont moins massifs, mais ne rayonnent que pendant une durée très limitée.

Les observations permettent d'éliminer le premier scénario, car si c'était toujours les mêmes objets, qui rayonnent et donc grossissent en masse, on devrait observer des trous noirs encore plus massifs que ceux que l'on voit aujourd'hui. D'autre part, les trous noirs manquent forcément d'aliments, lorsqu'ils ont tout avalé dans leur voisinage. C'est plutôt le deuxième scénario qui est privilégié : aujourd'hui il existe un trou noir massif dans pratiquement toutes les galaxies, mais la durée d'activité est de quelques dizaines de millions d'années.

Dans notre Galaxie, un trou noir de 2 millions de masses solaires a été mis en évidence par le mouvement propre des étoiles dans le voisinage du noyau. L'étude de plusieurs galaxies proches, avec une grande résolution spatiale, a permis de révéler une relation de proportionnalité entre la masse du trou noir, et la masse du bulbe des galaxies (ou du sphéroïde, s'il s'agit d'une elliptique). La masse du trou noir est égale à 0,2 % de la masse du bulbe.

Manifestations de l'activité

Comment se manifeste l'activité des noyaux ? Les raies d'émission ne ressemblent pas à celles émises par une galaxie normale : les largeurs des raies, exprimées en vitesses, sont énormes, plusieurs milliers de km/s. Plus on s'approche du trou noir, plus les vitesses seront relativistes. D'autre part, l'énergie des photons émis est très grande, par exemple des rayons X très durs, bien plus durs que ne peuvent le faire les étoiles, les supernovae, et les ondes de choc associées. De plus, certains noyaux émettent des jets de gaz ionisé à des vitesses quasi relativistes. Ces jets sont bien visibles en continuum radio, ils sont très étendus, jusqu'à des distances de 300 000 années-lumière, soit 10 rayons galactiques *(Fig. 9)*. La variabilité très courte des émissions, de quelques jours, ou quelques mois, est un reflet de la taille de la région émettrice (quelques jours ou quelques mois-lumière), et révèle aussi un noyau actif, ou un disque d'accrétion autour d'un trou noir massif.

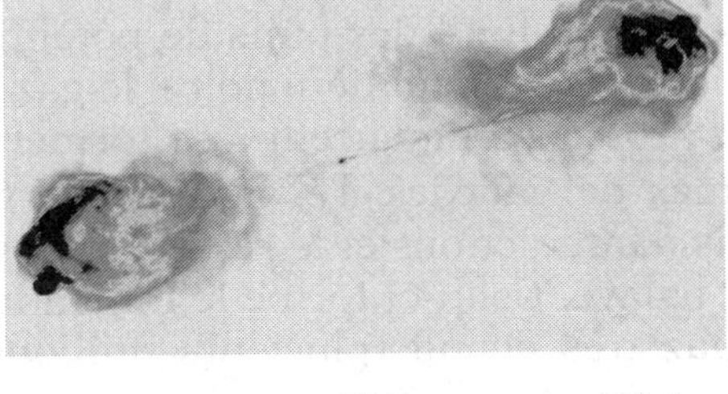

Figure 9 – Certains noyaux actifs sont caractérisés par l'éjection de jets de plasma très rapides, qui peuvent aller très loin dans l'espace, à plus de 10 fois le rayon de la galaxie qui les héberge. Ici les jets de la galaxie Cygnus A, observés en continuum radio avec le VLA (Very Large Array, USA), d'après Perley et al. (1984, ApJ 285, 35).

Notons qu'à plusieurs reprises, la vitesse des jets nous est apparue supérieure à celle de la lumière : on parle de jets superluminiques. Mais ce n'est, bien sûr, qu'un effet d'optique : le jet venant vers nous, les effets relativistes l'amplifient énormément. Et surtout la différence des temps d'arrivée des photons est du même ordre que le temps de traversée du jet. Le matériel au bout du jet émet de la lumière qui arrive plus vite vers nous, et la progression du jet semble aller plus vite que la lumière.

Formation des galaxies et des trous noirs massifs

Aujourd'hui, la grande sensibilité apportée par les grands instruments permet d'observer de plus en plus profondément, des galaxies de plus en plus lointaines.

Remonter dans l'espace revient à remonter dans le temps, car la lumière qui nous parvient de ces galaxies lointaines a été émise il y a très longtemps, lorsque l'Univers était bien plus jeune (*Fig. 10*, voir hors-texte). On peut remonter jusqu'à des *redshifts* (ou décalages vers le rouge) de z = 5-6 avec le télescope spatial Hubble et les grands télescopes optiques de la classe des 10 m (Keck, VLT, Gemini...). Cela équivaut à remonter à une époque où l'Univers n'avait que 5 % de son âge ! On s'aperçoit alors que le nombre de galaxies était plus grand autrefois. Les galaxies se forment par interaction et fusion, d'une façon hiérarchique. Leur nombre a diminué au moins d'un facteur 10, par rapport aux galaxies naines, très riches en gaz très nombreuses à grand décalage spectral. Ces dernières sont les briques de base des galaxies géantes observées aujourd'hui.

Le scénario de formation le plus plausible actuellement fait intervenir des halos de matière noire qui se forment de façon hiérarchique, eux aussi entrant en collision, et formant progressivement des entités plus massives. La matière baryonique (ordinaire) est attirée vers le fond des puits de potentiel par la gravité des halos. Par dissipation de matière noire, le gaz forme un disque galactique, et les étoiles commencent à se former à partir du gaz.

Dans les amas de galaxies, l'évolution des galaxies est plus rapide, il y a plus d'interactions et le réservoir de gaz dans les parties externes est balayé. Celui-ci forme le milieu intra-amas, intergalactique. Ce gaz très chaud (plusieurs millions de degrés) est observé par les rayons-X qu'il émet.

La fusion des galaxies entraîne la formation de sphéroïdes, qui possèdent beaucoup moins de rotation que les disques galactiques. Selon le rapport de masse entre les galaxies qui fusionnent, on peut avoir :

— soit une galaxie elliptique, si les masses sont comparables ;

— soit une galaxie spirale avec un bulbe, si la masse du compagnon est inférieure au tiers de la galaxie principale.

Dans tous les cas, la fusion entraîne encore plus de gaz vers le centre ; une partie engendre une flambée de formations d'étoiles (*starburst*), et quelques pourcents viennent alimenter le trou noir massif central, qui existe dans pratiquement toutes les galaxies.

Trous noirs binaires

Dans ce scénario de formation de galaxies par fusion, une galaxie géante aujourd'hui est le résultat de plusieurs (environ 10) fusions durant le temps de Hubble. On s'attend donc à trouver un grand nombre de fusions de trous noirs massifs *(Fig. 11)*. Lorsque les galaxies fusionnent, les deux trous noirs au centre tombent vers le centre commun de potentiel, par friction dynamique. Puis ils forment un système binaire, stable pendant un certain temps. Leur temps de fusion totale dépend beaucoup de la densité d'étoiles au centre. Les trous noirs binaires ne peuvent perdre de l'énergie qu'en

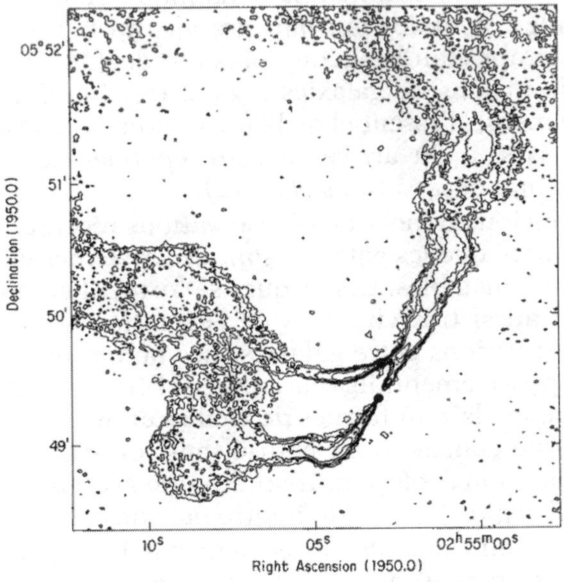

Figure 11 – Lorsque deux galaxies à noyau actif fusionnent, les trous noirs massifs au centre vont finir par fusionner, additionnant leur masse. Ici l'interaction entre deux noyaux actifs, possédant chacun un jet radio (contours VLA), d'après Owen et al. 1985 (ApJ 294, L85).

capturant une étoile, formant un système à trois corps, qui va ensuite éjecter l'étoile. Celle-ci emporte du moment angulaire et de l'énergie, et permet aux deux trous noirs de se rapprocher. Mais peu à peu, les étoiles dans les bonnes trajectoires ont toutes été éjectées, et il faut à nouveau compter sur le temps de diffusion des étoiles (quelques centaines de millions d'années) pour rapprocher les trous noirs. Toutefois, si une autre fusion entre galaxies survenait pendant ce temps, on aurait un système à 3 corps formé de trois trous noirs, et l'un d'entre eux serait éjecté dans l'espace inter-galactique par effet de fronde. Peu à peu les trous noirs massifs se retrouvent-ils à errer isolés dans l'espace inter-galactique ?

En fait, le système binaire de trous noirs n'est pas exactement centré, mais plutôt effectue des petites oscillations autour du centre, ce qui lui permet de capturer plus d'étoiles, et de fusionner plus vite. Cela permet d'éviter la fuite des trous noirs entre les galaxies, et explique bien la présence de trous noirs dans pratiquement toutes les galaxies.

Histoire de la formation des étoiles

Dans le passé, les galaxies étaient plus nombreuses, elles possédaient plus de gaz, et le temps dynamique était plus court. En effet la densité comobile était plus grande, du fait de l'expansion. L'échelle de temps était beaucoup plus rapide. On prévoit alors un maximum de fusions de galaxies à $z = 2$ ($t = 4$ milliards d'années environ). De même, l'essentiel de la formation d'étoiles, et de l'activité des quasars, a dû arriver à cette époque. Cela correspond parfaitement aux observations *(Fig. 12)*.

En conclusion, la moisson d'observations récentes a permis de se rendre compte que les galaxies sont des systèmes en pleine évolution, toujours instables. Les disques se forment en premier, mais se détruisent aussi très vite, lors de l'évolution séculaire, ou des interactions et fusions entre galaxies. Les bulbes ou sphéroïdes se forment progressivement. Ils représentent l'état final de la concentration de masse, ils sont formés de vieilles étoiles, et ne possèdent pas de gaz. Une galaxie ayant épuisé tout son gaz est en quelque sorte figée dans son évolution. Il faudra une accrétion de gaz extérieur pour aller plus loin (fusion entre galaxies par exemple).

Les trous noirs massifs se forment par le même mécanisme que les bulbes grossissent : par chute du gaz et de la matière au centre, par évolution continue des disques (barres, spirales) et par les perturbations extérieures (fusions). Il est alors naturel de trouver une relation de proportionnalité entre la masse des trous noirs et la masse du bulbe dans chaque galaxie. Les galaxies évoluent à

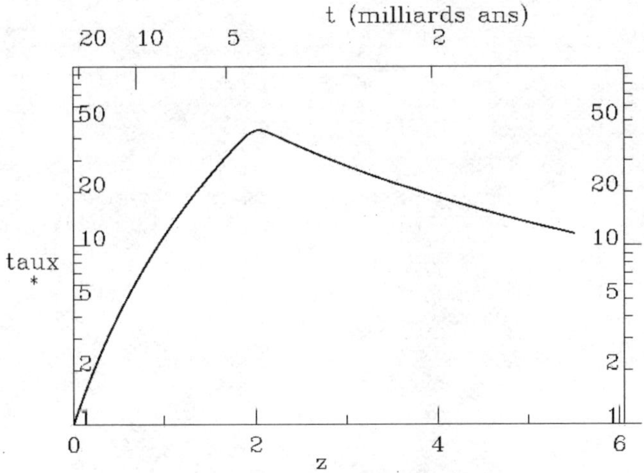

Figure 12 – Histoire de la formation d'étoiles dans l'Univers. Le taux de formation d'étoiles a traversé un maximum vers l'époque z = 2, c'est-à-dire lorsque l'Univers avait 20 % de son âge actuel (d'après Madau et al. 1996, MNRAS 283, 1388).

différentes vitesses, beaucoup plus grandes dans les amas de galaxies, stimulées par les interactions entre les voisins.

V

LA TERRE, LES OCÉANS, LE CLIMAT

Le refroidissement de la Terre

par JEAN-LOUIS LE MOUËL

Introduction

Les organisateurs de cette série de conférences m'avaient proposé de parler de la formation et de l'évolution de la Terre. C'était là un bien vaste sujet dont je n'étais pas sûr d'être capable de traiter les nombreux aspects avec toute la compétence souhaitable. J'ai alors décidé, avec leur accord, de me limiter à l'évolution thermique de la planète, à son refroidissement, puisqu'il s'agit de cela. Le sujet ainsi limité est certes moins fascinant ; mais j'avais en faveur de ce choix au moins trois raisons :

— J'ai maintes fois constaté qu'il est mal compris, même de certains scientifiques ;

— L'histoire thermique de la Terre rencontre des questions aussi essentielles que celle de son âge et celle de l'énergie que peut fournir la machine Terre à l'entretien de phénomènes dissipatifs tels que le champ magnétique terrestre et le mouvement des plaques lithosphériques ;

— J'y ai quelque peu travaillé.

Mais d'abord, un avertissement. Je vais parler du refroidissement de la Terre solide. Les conditions de température à la surface de la Terre sont fixées par les interactions du rayonnement solaire et de l'atmosphère. Le flux d'énergie reçu du soleil sous forme de rayonnement est plus de mille fois plus grand que le flux de chaleur interne, sortant de la Terre solide, dont je parlerai tout à l'heure. Dans la suite de l'exposé je supposerai que la température de la

Texte de la 196e conférence de l'Université de tous les savoirs donnée le 14 juillet 2000.

surface du Globe est fixée, constante et égale à 0 °C, pour la plus grande partie de son histoire.

La question du refroidissement de la Terre est de celles que l'on range dans la catégorie des questions séculaires, ce qui signifie sans doute que l'on s'y intéresse depuis des siècles, mais que la solution n'en est pas encore aboutie. Et, accessoirement, que de nombreux bons esprits se sont employés à l'éclaircir.

C'est qu'on connaît depuis l'Antiquité, depuis le creusement des premières mines, que la température augmente avec la profondeur dans les couches superficielles de la Terre d'environ 3° C/100 m. Cette observation a donné lieu, comme vous pouvez l'imaginer, à des interprétations multiples, parfois peu rationnelles, que je ne reprendrai pas. Ce n'est qu'au début du XIXe siècle que la théorie de la chaleur de Fourier permet de lier quantitativement la chaleur perdue par la Terre à cet accroissement de la température avec la profondeur qu'on appelle le gradient géothermique. Fourier, au demeurant, s'intéressa très directement à la question des températures terrestres qui, dit-il, « nous a toujours paru l'un des grands sujets des études cosmologiques ; et nous l'avions particulièrement en vue en établissant la théorie mathématique de la chaleur. Dès l'origine de nos recherches, nous avons désiré connaître la loi des températures intérieures d'une sphère solide primitivement échauffée par son immersion dans un milieu (chaud) et qui est apportée dans un milieu froid » (1824).

Avant de parler du célèbre modèle de Kelvin, fondé sur la théorie de Fourier, je vais dire un mot d'un travail antérieur de Buffon, de 1755. En effet, Buffon tenta de répondre par l'expérience à cette même question que Fourier devait énoncer 70 ans plus tard dans les termes que je viens de rappeler, avec pour objectif déclaré d'estimer l'âge de la Terre.

Buffon fit faire des boulets de fer forgé (et d'autres matériaux) de différents diamètres (d'1/2 pouce à 5 pouces) et les fit chauffer dans ses forges jusqu'à ce qu'ils fussent portés au blanc. Il mesura alors le temps t_1 mis par le boulet pour refroidir jusqu'à ce qu'on pût le toucher à la main, et le temps t_2 nécessaire pour qu'il arrivât à la température ambiante. Il porta les temps t_1 et t_2 en fonction du diamètre des boulets et trouva une relation linéaire entre ces paramètres. Je cite la conclusion de Buffon (très aventurée ; son changement d'échelle n'était pas légitime) :

« En supposant, comme tous les phénomènes paraissent l'indiquer, que la Terre ait été autrefois dans un état de liquéfaction causé par le feu, il est démontré par nos expériences que si le Globe était composé entièrement de fer ou de matière ferrugineuse, il ne se serait consolidé jusqu'au centre qu'en 4 026 ans, refroidi jusqu'au point de pouvoir le toucher sans se brûler qu'en 46 991 ans, refroidi au point de la température actuelle qu'en 100 696 ans… »

Buffon réduit un peu cette estimation, pour tenir compte de ce que la Terre est plutôt composée de matières « vitrescibles et calcaires », à 75 000 ans. Ce qui était déjà très long en comparaison des âges fondés sur les écritures, tel celui d'Ussher.

Le modèle de Kelvin (1862)

Il fit couler beaucoup d'encre. Pour en saisir toute l'importance, il faut le replacer dans le vaste et vigoureux débat d'idées animant la géologie du XIXe siècle : la lutte entre les tenants de l'uniformitarisme et ceux du catastrophisme, du temps cyclique et du temps sagittal, entre les partisans de la chronologie longue et ceux de la chronologie courte. Kelvin, lui, non sans quelque arrogance dans le propos, s'en tenait aux principes fondamentaux de la physique, dont celui de la conservation de l'énergie : « La Terre perd constamment de la chaleur, ainsi qu'en témoigne l'observation du gradient géothermique ; l'idée d'une activité géologique cyclique est absurde ; cette activité doit au contraire décroître régulièrement avec le temps. »

Voici donc le calcul de Lord Kelvin ; il part de la valeur mesurée du gradient géothermique, disons 1° C/33 m. À l'instant initial $t = 0$ le milieu (la sphère terrestre ; mais dans son calcul Kelvin fait l'approximation légitime d'un modèle plan) est à une température uniforme égale à la température de fusion, T_g, qu'il prend égale à 3 800 °C. Puis Kelvin laisse simplement la Terre — la sphère — se refroidir, par rayonnement de chaleur dans l'espace ; la condition de température à la surface du Globe est, comme je l'ai déjà dit, $T = 0$ °C *(Fig. 1)*.

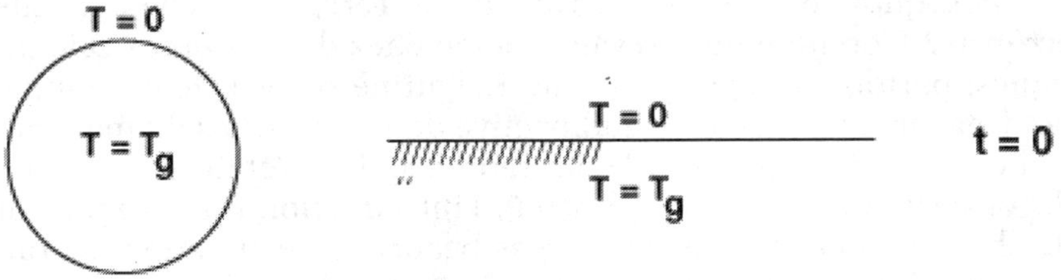

Figure 1

Pour de petites valeurs du temps la valeur du gradient géothermique (dT/dx) va être extrêmement élevée, puis va décroître à mesure que la couche refroidie par diffusion de la chaleur de l'intérieur vers la surface libre augmente d'épaisseur *(Fig. 2)*.

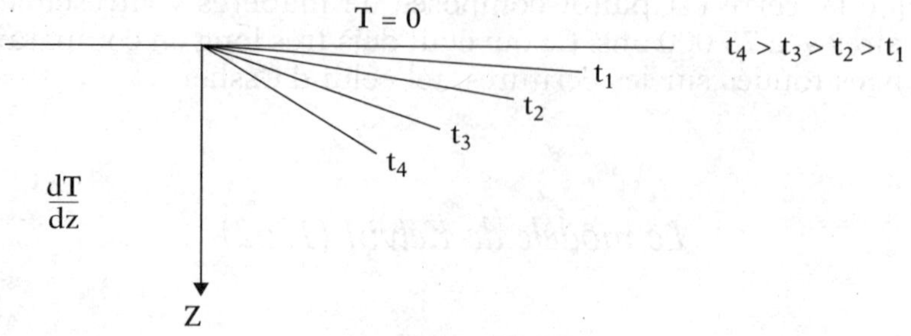

Figure 2

Au bout d'un certain temps, la valeur du gradient dans le modèle, c'est-à-dire de la pente de la droite représentant la température en fonction de la profondeur — dans le voisinage de la surface — atteint la valeur du gradient géothermique observée aujourd'hui, g_o. Ce temps t est facile à calculer.

Il vient :

$$\text{T (âge de la Terre fourni par le modèle)} = \frac{T_g^2}{\pi \kappa g_0^2}$$

Je rappelle que T_g = 3 800 °C et g_o = 1 °C/33 m. κ est la diffusivité thermique, rapport de la conductivité thermique au produit de la densité par la chaleur spécifique. On la mesure pour les roches de la croûte. Prenant comme Kelvin $\kappa = 1{,}2\ 10^{-6}\ \mathrm{m^2\ s^{-1}}$

Il vient : $t = 100.10^6$ ans

La Terre n'était donc pas si vieille que le pensaient les géologues uniformitaristes, les tenants du temps cyclique… Je dois passer sur les longues discussions qui suivirent, sur les modifications apportées à cet âge du modèle, parfois par Kelvin lui-même.

Pourquoi l'estimation de l'âge de la Terre par Kelvin est-elle erronée ? L'opinion qui prévaut, même chez de nombreux scientifiques, parfois géologues, est que Kelvin ne pouvait tenir compte du dégagement de chaleur radioactive dans les roches du manteau — j'y reviendrai — puisque la radioactivité n'était pas encore découverte. Ce n'est pas la raison ; l'introduction du dégagement de chaleur radioactif ne change pas beaucoup l'estimation. La raison est que Kelvin considère que la chaleur de l'intérieur de la Terre est évacuée par le seul processus de « conduction ». En réalité, le principal agent de ce transport dans le manteau terrestre est la « convection », beaucoup plus efficace. Mais, dira-t-on, si l'on met en action ce puissant mode de transport de la chaleur qu'est la convection, le refroidissement de la Terre n'en sera que plus rapide, et on trouvera pour son âge une valeur plus faible encore que celle que donne la théorie conductive de Kelvin ? C'est oublier le principe de son calcul. Le gradient géothermique dans les couches superficielles de la Terre diminue jusqu'à atteindre en quelque cent millions d'années seulement la valeur de 33 °C/km parce que l'énorme quantité de chaleur emmagasinée dans les couches plus profondes ne peut, par la seule conduction, parvenir près de la surface pour nourrir ce gradient géothermique, qui s'effondre. La convection, elle, peut assurer ce transport.

Kelvin n'ignorait évidemment pas la convection, connue de Léonard de Vinci, bien analysée par Fourier, et si facile à observer dans l'atmosphère ou dans une casserole d'eau mise à chauffer. Mais on n'imaginait pas alors que le manteau terrestre, réputé solide, et auquel des calculs du même Kelvin, partant de l'observation des marées, donnaient une rigidité supérieure à celle de l'acier, pût être animé de mouvements de convection. C'est encore un effet des longues durées : les silicates cristallisés du manteau, bien qu'ayant la rigidité de l'acier pour les constantes de temps courtes, fluent à l'échelle des temps géologiques, se comportant alors comme des fluides très visqueux. Qu'on pense au fluage des glaciers ou à l'écoulement de certains matériaux, réagissant pourtant de façon élastique à des variations rapides de contrainte (élastomères).

La convection

La convection est omniprésente dans la nature. C'est le moteur universel de la géophysique, du noyau à l'océan et à l'atmosphère. On peut encore citer Fourier dans la description qu'il en donne en 1824 : « Dans l'océan et les lacs, les molécules les plus froides, ou plutôt celles dont la densité est la plus grande, se dirigent continuellement vers les régions inférieures, et les mouvements de chaleur dus à cette cause sont beaucoup plus rapides que ceux qui s'accomplissent dans les masses solides en vertu de la faculté conductrice. » Tout est dit, ou presque.

Je vais brièvement rappeler quelques notions fondamentales relatives à la convection en prenant l'exemple simple, mais adapté, d'une couche uniforme d'épaisseur h chauffée par en dessous. On supposera qu'elle représente le manteau terrestre *(Fig. 3)*.

CONDITIONS DE LA CONVECTION

La température à la surface est $T_o = 0$ °C, la température en bas de la couche $T_o + \Delta T$ (à la frontière noyau-manteau, FNM), z la verticale descendante. Si la couche ne convecte pas — notamment si

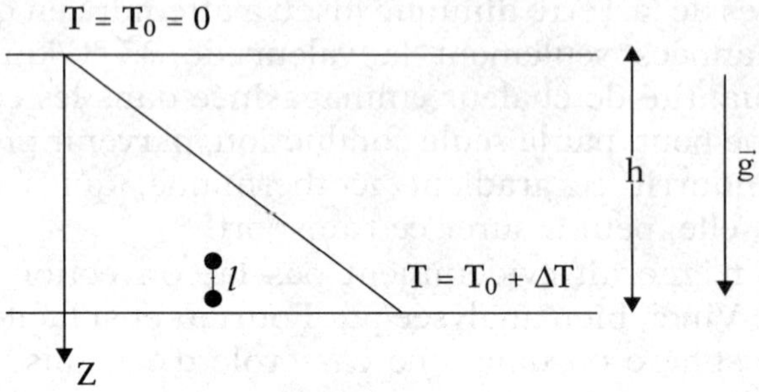

Figure 3

elle est strictement solide — il s'y établit, en état de régime permanent, un gradient de température, une pente, uniformes :

$$\frac{dT}{dz} = \frac{\Delta T}{h}$$

Supposons maintenant qu'une particule, un petit volume du fluide, par suite de quelque fluctuation, partant du fond (de la FNM), s'élève de la hauteur *l*. Si ce petit volume monte assez vite, en raison de la lenteur des transports de chaleur par conduction, déjà soulignée, il n'échangera pas de chaleur avec son entourage pendant la montée, on dit qu'il s'élèvera adiabatiquement. Il se refroidit alors par détente adiabatique puisqu'à sa nouvelle position, à l'altitude *l*, la pression (hydrostatique) est plus faible ; mais la température de son voisinage est aussi plus faible, en vertu du gradient $\Delta T/h$ qui règne dans la couche. Le refroidissement dû à la détente est proportionnel à la variation de pression que connaît la particule, elle-même proportionnelle à *l* :

$$\delta T_a = \left(\frac{dT}{dz}\right)_a l$$

$$\delta T_{env} = \left(\frac{dT}{dz}\right)_{env} l = \frac{\Delta T}{h} l.$$

(env. pour environnement)

Si donc,

$$\left(\frac{dT}{dz}\right)_a < \frac{\Delta T}{h}.$$

la particule, plus légère que son environnement, parce que moins froide, continue de monter, la convection démarre ; dans le cas contraire, elle redescend, la chaleur est transmise par conduction. L'expression du gradient adiabatique est très facile à calculer. C'est la quantité dont se refroidit un volume de fluide quand il monte d'un mètre en raison de la variation de pression associée à cette montée :

$$\left(\frac{dT}{dz}\right)_a = \frac{g\alpha T}{c_p}$$

g est l'accélération de la pesanteur, α le coefficient de dilatation thermique, T la température au point considéré, c_p la chaleur spécifique. J'en donnerai des valeurs tout à l'heure. Mais la condition de superadiabacité n'est que nécessaire. Des effets antagonistes s'opposent à la convection, notamment la force visqueuse. Il faut que la force d'Archimède l'emporte sur les effets antagonistes, ce qui se traduit par la condition

$$R_a = \frac{g\alpha h^3}{\nu\kappa} > R_c$$

R_a est le nombre de Rayleigh (ν est la viscosité ; c'est la quantité qui mesure la résistance à l'écoulement). R_c, nombre de Rayleigh critique, est de l'ordre de 2 000. Dès que le fluide convecte, la chaleur transmise par conduction est négligeable. Et dans le volume animé par la convection, le gradient de température demeure toujours très voisin du gradient adiabatique.

LES COUCHES LIMITES THERMIQUES

À la frontière de deux fluides qui ne se mélangent pas, la chaleur ne peut plus être transportée par un flux de matière par la convection ; elle se transmet de l'un à l'autre, toujours, par conduction, à travers des couches dites couches limites thermiques. Reprenons l'exemple d'une plaque chauffée par le bas *(Fig. 4)* :

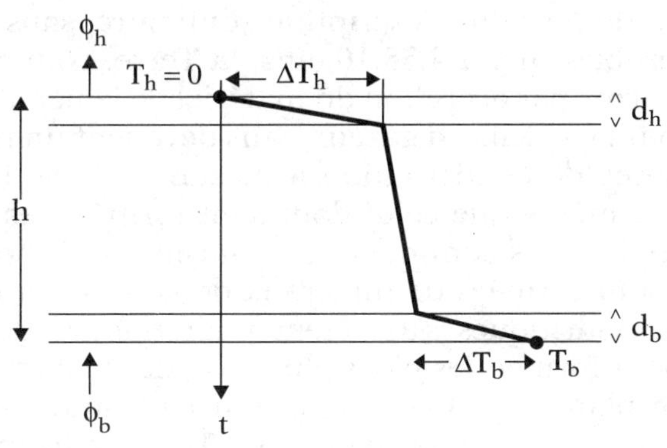

Figure 4

Le flux de chaleur à travers les couches thermiques est donné par la première loi de Fourier ; par exemple :

$$\Phi_n = \Phi_b = \Phi = k\frac{dT}{dz} = k\frac{\Delta T_h}{d_h} = k\frac{\Delta T_b}{d_b}$$

(en état de régime permanent ; toute la chaleur qui entre dans la plaque en sort), k est la conductivité thermique.

L'histoire thermique de la terre (telle qu'on la voit aujourd'hui)

La tentative de Kelvin de calculer l'âge de la Terre par un modèle physique fut la dernière. En 1896, Becquerel découvrait la radioactivité, et, dès 1917, les méthodes de datation radioactives avaient fourni l'âge absolu — bien qu'encore imprécis — de nombreux étages géologiques. Pour ce qui est de l'âge des météorites et de la Terre, il faudra attendre 1956 et les travaux de Patterson. Cet âge est de $4{,}55.10^9$ ans. Je ne dirai rien de cette grande aventure qu'est la découverte des méthodes de datation radioactives ni de ses immenses conséquences, et reviens à mon sujet, le refroidissement de la Terre. Comme dans tout problème d'évolution thermique, il faut se donner un état initial. Dans le cas présent, ce n'est pas facile.

LA FORMATION DE LA TERRE

Pour atteindre ce but, tant bien que mal, il me faut prendre les choses à leur début et évoquer la formation de la Terre. Je me bornerai à en donner une description sommaire, sans discuter les variantes possibles. Il y a $4{,}55.10^9$ ans, la Terre, comme les autres planètes, se forme par accrétion du matériel de la nébuleuse solaire primitive, un nuage d'abord gazeux, puis devenant un nuage de gaz et de poussières de condensation à mesure qu'il se refroidit ; ce matériel est le même que celui dont sont formées les chondrites, les météorites les plus communes parmi celles qui tombent sur la Terre ; elles sont formées de minéraux de silicates et de fer natif. Les grains chondritiques s'accrètent pour donner des billes qui s'accrètent pour former des blocs plus gros, des planétésimaux, des embryons de planètes... Ces corps, tournant autour du soleil se heurtent, se brisent ou se soudent... La Terre se forme ainsi, son rayon atteignant à peu près sa valeur d'aujourd'hui en quelques dizaines de millions d'années (cette estimation est fournie par le calcul, par les modèles d'accrétion). À la fin de cette première étape, la Terre est de composition homogène, avec partout les mêmes proportions de silicates, de fer, d'eau. Quelle est alors la distribution de température ? Le processus d'accrétion fournit évidemment de la chaleur ; une bonne partie de l'énergie gravitationnelle et cinétique des billes, blocs, planétisimaux, qui se heurtent, est en effet transformée en chaleur. L'évaluation précise de la température qui prévaut à la fin de la phase d'accrétion n'est pas facile pour autant. Peut-être la Terre était-elle totalement fondue, plus probablement était-elle partiellement fondue (la raison en est que la température de fusion croît avec la pression, c'est-à-dire avec la profondeur). En tout cas, elle était chaude — je donnerai des chiffres tout à l'heure. Mais là n'est pas encore mon état initial. Car aussitôt le noyau se forme par différenciation. Le fer, plus lourd, migre vers le centre, percolant à travers les grains solides des silicates (je rappelle que la planète n'est pas entièrement fondue). Il ne s'agit pas de fer pur, mais d'un alliage Fer-soufre, ou Fer-oxygène ou Fer-silicium, moins dense que le fer pur, et dont la température de fusion est plus basse. Ce processus de différenciation libère beaucoup d'énergie : les particules de fer, plus denses, se dirigent vers le centre où le potentiel gravitationnel est plus faible, libérant de l'énergie gravitationnelle ; l'élévation de température qui en résulte dépend de la rapidité du processus. Admettons qu'il s'est accompli en quelques dizaines de millions d'années et qu'il n'a pas fondu totalement la planète (une estimation de 2 000 °C pour l'élévation de la température moyenne de la Terre résultant de la différenciation du noyau est souvent avancée). Il faut ajouter un intense bombardement météoritique. Il est probable qu'à la fin de cette phase une enveloppe externe du manteau, de quelques centaines de kilomètres d'épaisseur, et le noyau métallique tout entier, étaient fondus.

Mais la convection est vigoureuse, la couche extérieure se refroidit, et on se retrouve bientôt — disons il y a 4,2 Ma, pour fixer les idées — dans une situation pas très éloignée de celle d'aujourd'hui : un manteau solide — au sens que j'ai déjà discuté ; il se comporte comme un fluide visqueux aux échelles de temps géologiques —, et un noyau métallique entièrement fondu. Considérons l'histoire thermique de la planète à partir de cet état.

L'HISTOIRE THERMIQUE DE LA TERRE AU COURS DES QUATRE DERNIERS MILLIARDS D'ANNÉES

Le noyau est fondu. La température au centre de la Terre est supérieure à la température de fusion du fer (de l'alliage Fe-élément léger) à la pression qui y règne, qui peut être estimée à 5 500 °C. Nous choisissons donc :

$$T_o\,(o) > 5\,500\ °C$$

(j'y reviendrai, changer cette valeur revient à une translation dans le temps). Le noyau convecte, la température y est distribuée selon le gradient adiabatique, qu'on peut estimer à :

$$\left(\frac{dT}{dz}\right)_{a,\ noyau} - 0{,}2\ °C/km$$

La température se trouve ainsi fixée à la FNM (il y a une couche limite conductrice au sommet du noyau ; on la négligera) *(Fig. 5)*.

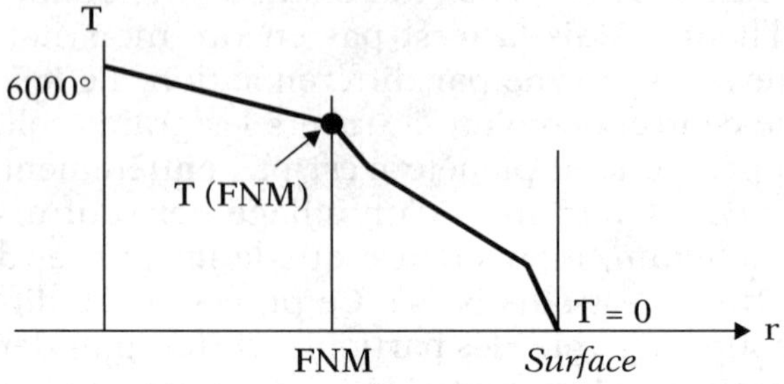

Figure 5

Pour le manteau, donc, le problème se pose ainsi : calculer l'évolution thermique d'une enveloppe de fluide très visqueux qui convecte (le nombre de Rayleigh supérieur à 10^6), et dont la température est connue en haut et en bas. La couche limite supérieure est la lithosphère de la tectonique des plaques, d'une épaisseur de quelque 100 km, la couche limite inférieure est la couche D" des sismologues d'une épaisseur de quelque 200 km (caractérisée par des irrégularités notables de la vitesse des ondes sismiques).

Mais il faut ajouter quelque chose à l'énoncé du problème : le manteau — fait de silicates et d'oxydes, je le rappelle — contient des éléments radioactifs — de l'uranium 238 (durée de vie 4,5 milliards d'années) et 235 (durée de vie 710 millions d'années), du thorium 232 (durée de vie 14 milliards d'années) et du potassium 40 (durée de vie 1,3 milliard d'années) — dont les géochimistes savent estimer l'abondance initiale (avec une bonne marge d'incertitude) qui se chiffre à quelques dizaines de parties par milliard. Un dégagement de chaleur interne, exprimé en watts/m^3, en résulte, qui modifie les paramètres de la convection. Notons que ces éléments radioactifs étaient beaucoup plus abondants il y a $4{,}2.10^9$ ans qu'aujourd'hui, environ dix fois plus.

Le calcul de la convection dans le manteau est difficile ; il se fait aujourd'hui à l'aide de gros codes numériques. Je vous présente une illustration des calculs de S. Labrosse de notre laboratoire de géomagnétisme de l'IPG de Paris (*Fig. 6*, voir hors-texte). Vous remarquez que le transport de chaleur vers le haut se fait surtout par descente de panaches froids, en vert (associée, bien évidemment, à une montée plus diffuse de matériel chaud). Ces modèles convectifs permettent de calculer, à chaque époque, la valeur moyenne (sur un temps de l'ordre de la centaine de millions d'années) du flux de chaleur sortant de la Terre, et la valeur moyenne (sur le même intervalle de temps) de la température au point milieu de la couche convective. Dès lors, tout est fixé. La solution moyenne est unique pour un nombre de Rayleigh et un taux de chauffage radioactif donnés. Malgré la complexité de la convection, le gradient moyen de température dans la partie du manteau qui convecte, à l'intérieur des couches limites thermiques, est proche du gradient adiabatique :

$$\left(\frac{dT}{dz}\right)_{a,\ manteau} \sim 0{,}3\ °\mathrm{C/km}$$

Vous notez que ce gradient est 100 fois inférieur au gradient géothermique mesuré près de la surface, au sommet de la couche limite thermique supérieure à travers laquelle la chaleur est transportée par conduction.

Pratiquement, on fait une suite de calculs pseudo-stationnaires, en tenant compte de ce que le chauffage radioactif et le nombre de Rayleigh diminuent (beaucoup) dans le temps. Le chauffage radioactif pour des raisons évidentes ; le nombre de Rayleigh parce que la viscosité y figure au dénominateur et qu'elle croît quand la température décroît, selon une loi exponentielle en (A/T), dite loi d'activation.

J'en viens aux résultats, illustrés par deux diagrammes. La courbe de la *figure* 7 montre l'évolution de la température T_h à la base de la lithosphère (la couche limite extérieure ; en la multipliant par 1,3 on obtient la température moyenne du manteau, T). Voyez que cette température n'a décru que de 300 °C au cours des 4,3 milliards d'années. La seconde figure *(Fig. 8)* présente l'évolution du flux de chaleur à la surface du Globe, de l'instant initial choisi à nos jours, et sa décomposition en trois parties : la contribution du refroidissement séculaire du noyau (c'est le flux qui traverse la FNM), la contribution du dégagement de chaleur radioactive dans le manteau, celle du refroidissement du manteau, puisqu'il se refroidit aussi ; curieusement, c'est un terme souvent oublié. Aujourd'hui le flux de chaleur dû au refroidissement séculaire (noyau + manteau) est sensiblement égal au dégagement de chaleur radioactive.

Mais ce n'est là qu'un modèle, qui a bien des faiblesses. Au moins doit-on comparer ses prédictions avec les observations disponibles. Voici les deux « contraintes » principales *(Fig. 7)* et *(Fig. 8)*.

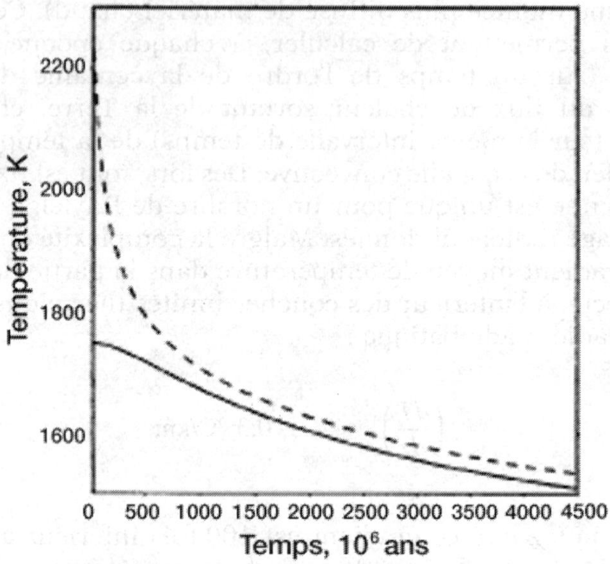

Figure 7

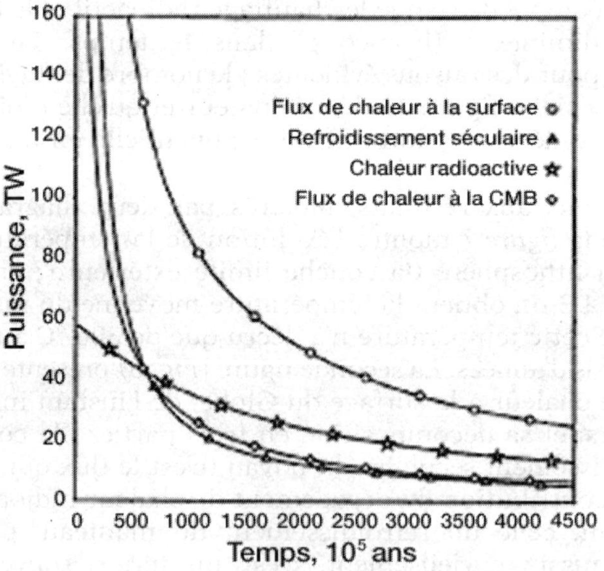

Figure 8

La graine

La sismologie nous apprend qu'une graine interne, de rayon égal à 1 200 km, est solide. Il faut donc qu'au cours de son histoire thermique la température au centre de la Terre soit descendue au-dessous de la température de fusion du mélange alliage Fer-éléments légers (la pente de la courbe représentant la température de fusion en fonction de la pression est plus forte que celle du profil adiabatique), que la graine solide ait ainsi commencé de se former, qu'elle ait crû en taille jusqu'à ce que son rayon atteigne aujourd'hui la valeur de 1 200 km. Il est assez facile de satisfaire à cette contrainte ; il suffit de jouer sur la valeur T_o (o), la température initiale au centre dont j'ai dit seulement qu'elle devait être supérieure à 5 500 °C ; on peut adopter une valeur de 7 000 °C. Mais, avec une telle valeur, il apparaît que la graine solide est « jeune », qu'elle n'a pu commencer à se former qu'il y a 2.10^9 ans (sinon son rayon actuel serait trop grand). Voilà donc qu'après un long détour on revient à un calcul « à la Kelvin » pour fixer non plus l'âge de la Terre, mais, bien plus modestement, l'âge de la graine. Aucune mesure directe d'aujourd'hui ne permet de donner la date de naissance de la graine.

Le flux de chaleur actuel

On mesure le flux de chaleur qui aujourd'hui s'échappe de la Terre. Pour cela, on applique littéralement la première formule de Fourier : on mesure la différence de température ΔT entre deux points distants de *h* selon la verticale, et l'on a :

$$\Phi = k\frac{\Delta T}{h} \text{ en W/m}^2$$

k est la conductivité thermique de la roche dans laquelle on a fait le forage. Ces mesures de flux de chaleur sont aujourd'hui nombreuses, pas assez cependant, et irrégulièrement distribuées à la surface du Globe. Si on fait la moyenne des valeurs de Φ on trouve :

$$\Phi = 80 \text{ mW/m}^2$$

Et, multipliant par la surface de la Terre, on trouve pour la valeur du flux total sortant :

$$F = 40.10^{12} \text{ watts} = 40 \text{ terawatts}$$

On note que notre modèle donne $F = 26$ terawatts aujourd'hui *(Fig. 7)*. Pour améliorer l'accord entre mesures et prédictions du modèle, on peut par exemple augmenter — dans le modèle — le contenu en éléments radioactifs du manteau (significativement : le doubler). Est-ce possible ? Pour certains géochimistes, oui, pour d'autres, non. Mais il est d'autres moyens pour que le manteau ne laisse pas trop vite échapper la chaleur interne (c'est ce qui se passe, le modèle ne maintient pas le gradient géothermique à une valeur assez élevée assez longtemps) : améliorer la loi de variation de la viscosité en fonction de la température et de la pression ; considérer un manteau à deux couches convectant séparément ; prendre en compte l'effet de couverture isolante exercé par les continents. Rien de tout cela n'est simple.

Le champ magnétique de la terre

Je n'ai plus que peu de temps à consacrer au champ magnétique. On s'accorde à considérer qu'il est engendré par une dynamo auto-excitée fonctionnant dans le noyau externe métallique conducteur, liquide, de la planète. La conductivité électrique du noyau peut être estimée à 10^6 Sm^{-1} ; sa viscosité n'est probablement pas beaucoup plus élevée que celle de l'eau. Le principe de la dynamo auto-excitée est le suivant : des mouvements de convection — on l'a vu — animent le fluide conducteur du noyau, en présence d'un champ magnétique ; des courants électriques en résultent (il y a flux coupé) qui maintiennent le champ magnétique même qui leur a donné naissance par induction. Le champ géomagnétique, tel qu'il est observé aujourd'hui dans l'environnement de la Terre, a, en première et grossière approximation, la géométrie du champ qui serait engendré par un dipôle — ou aimant court — placé au centre de la planète et aligné selon son axe de rotation. Il est une raison simple et forte de placer les sources du champ terrestre dans son noyau fluide ; il varie dans le temps — c'est la variation séculaire — si vite qu'il peut changer significativement, en grandeur et en direction, au cours d'une vie humaine. Aucun phénomène qui prendrait sa source dans le manteau solide — au sens où on l'a vu ; la viscosité du manteau est 10^{23} fois celle du noyau — ne pourrait présenter de telles variations.

Pris en moyenne sur quelques millions d'années — les mesures directes ne portent que sur les quelques trois cents dernières années ; pour les temps plus anciens on mesure le champ fossilisé dans les roches de la croûte terrestre —, le champ géomagnétique est strictement celui d'un dipôle axial centré. Et, au cours des temps géologiques, le dipôle s'est inversé un grand nombre de fois : des périodes de polarité stable, pendant lesquelles le dipôle est orienté Nord-sud ou Sud-nord, longues de quelques centaines de milliers d'années, sont interrompues par les renversements, ou inversions, qui se produisent en quelques milliers d'années seulement. Ce sont ces successions de polarités directe ou inverse qui, inscrites dans le plancher des océans, ont permis de mesurer les déplacements des plaques lithosphériques au cours des deux cents derniers millions d'années.

Je ne décrirai pas davantage le champ magnétique mais me bornerai, pour rester dans le fil de mon exposé, à dire quelques mots des sources d'énergie qui peuvent le maintenir contre la dissipation ohmique. Il est assez facile d'estimer la puissance nécessaire à cet entretien. En l'absence de champ inducteur — si l'on figeait le noyau liquide —, le champ magnétique s'évanouirait en un temps τ de quelques dizaines de milliers d'années (les courants électriques circulant dans un milieu de conductivité finie dissipent de la chaleur). On peut aussi, tant bien que mal, évaluer l'énergie W du champ, aujourd'hui (mais rien n'indique qu'elle ait beaucoup varié) ; c'est en gros, à un facteur près, l'intégrale du carré du champ étendue à tout l'espace. Divisant l'énergie W par le temps τ, dit temps de Cowling, on trouve la valeur de la puissance nécessaire à l'entretien du champ. On trouve :

$$P = \frac{W}{\tau} \sim 10^{11} \text{ watts}$$

Comparant cette valeur à celle du flux de chaleur sortant du noyau, dont la valeur actuelle — la plus faible — donnée par notre modèle est de 7.10^{12} watts, on est conduit à penser qu'il y a assez d'énergie thermique disponible pour entretenir le champ magnétique, même si la machine thermique a un faible rendement.

Mais il existe dans le noyau une autre source d'énergie gravitationnelle, qui produit un second champ de forces d'Archimède ; celles-ci s'ajoutent aux forces engendrées par les hétérogénéités de température, moteur de la convection thermique. En effet, l'élément léger constitutif de l'alliage dont est fait le noyau externe n'entre pas dans la graine interne qui croît par solidification du fer (c'est une observation courante que la glace formée à partir d'une eau sale paraît propre). Cet élément libéré, plus léger que l'alliage environnant, fournit les forces de flottabilité dont je parlais. On montre qu'au taux actuel de croissance de la graine, sa solidification peut ainsi fournir une puissance de 10^{12} watts. Surtout, on montre que le rendement de cette énergie gravitationnelle est excellent. La raison en est qu'elle ne peut s'échapper du noyau qu'en se transformant en chaleur, et que la meilleure manière de le faire est d'entretenir des courants électriques ; dans le noyau, la dissipation ohmique est beaucoup plus efficace que la dissipation visqueuse.

Mais la graine, nous l'avons vu, n'a que deux milliards d'années. Et avant ? Il faut sans doute admettre que le mécanisme d'entretien du champ magnétique terrestre a varié au cours des temps géologiques.

Conclusion

En guise de conclusion, je me laisserai aller à quelques spéculations sur l'avenir de la Terre.

On prête au Soleil encore 5 milliards d'années de vie. Alors l'équilibre entre la gravité et les forces de pression alimentées par les réactions thermonucléaires sera rompu, et l'étoile s'effondrera.

Ne regardons donc pas plus loin. La Terre se refroidit. Sera-t-elle une planète morte avant que meure le soleil ? La graine aura-t-elle occupé tout le volume du noyau ? Le manteau aura-t-il cessé de convecter ? Si oui, quelles seront les conséquences sur les conditions régnant à la surface du Globe ? J'ai dit qu'elles étaient largement indépendantes de la chaleur interne ; ce n'est sûrement pas tout à fait vrai. Il n'est guère facile de répondre à ces questions. Il ne suffit pas d'extrapoler hardiment les courbes d'évolution que je vous ai montrées. Peut-être, à la surface de la terre, les choses pourraient-elles ne pas être si différentes, dans quatre milliards d'années, de ce qu'elles sont aujourd'hui.

La tectonique des plaques : de l'océan à l'espace

par XAVIER LE PICHON

Lorsque j'ai commencé ma carrière de chercheur en 1959, nous ne connaissions même pas l'existence de la dorsale médio-océanique, la plus grande structure de notre planète puisqu'elle fait 50 000 kilomètres de long. L'océan était considéré comme au moins aussi âgé que les continents. Or, nous avons découvert qu'il était trente fois plus jeune. Nos connaissances sur la partie de la Terre recouverte par l'eau étaient donc embryonnaires. C'est l'exploration des océans qui a conduit à élaborer dans les années soixante la tectonique des plaques proposant pour la première fois un modèle quantitatif cohérent de l'évolution de notre planète.

Paradoxalement, ce modèle, encore très schématique, s'appuyait sur des données entièrement océaniques. Aujourd'hui, grâce aux techniques géodésiques spatiales, la tectonique des plaques progresse très rapidement à partir de données concernant cette fois exclusivement les continents. Ce n'est plus simplement le mouvement des grandes plaques qui est déterminé. On obtient désormais la description détaillée des déformations continues qui affectent les frontières de plaque et qui se traduisent par l'activité sismique. On atteint ainsi une compréhension bien meilleure de ce que l'on appelle le cycle sismique, cycle qui amène le retour semi-périodique des très grands séismes.

La *figure 1* montre la distribution des reliefs au fond de l'océan mondial, telle que nous la restituent les satellites à partir de la déflection de la surface des océans par la force gravitationnelle. Cet extraordinaire tour de force technique nous révèle un paysage aussi différent de celui des continents que l'est celui de la lune. Le fond

---

Texte de la 197e conférence de l'Université de tous les savoirs donnée le 15 juillet 2000.

de l'océan est dominé par la présence d'une élévation en général médiane, sauf dans le Pacifique, hachée par de grandes fractures perpendiculaires. Nous savons aujourd'hui que c'est à l'axe de ce relief, appelé dorsale médio-océanique, que se forment les nouveaux fonds océaniques au fur et à mesure que s'écartent les plaques adjacentes, à la vitesse de quelques centimètres par an. Ce gigantesque relief fait environ 50000 kilomètres de long; si l'océan était drainé de son eau un observateur lunaire caractériserait la Terre comme la planète de la dorsale! Pourtant il y a quarante ans, quand j'ai commencé ma recherche, on commençait à peine à soupçonner l'existence de cette structure qui joue un rôle clef dans le fonctionnement de la Terre. Nous ne comprenions donc rien à ce fonctionnement.

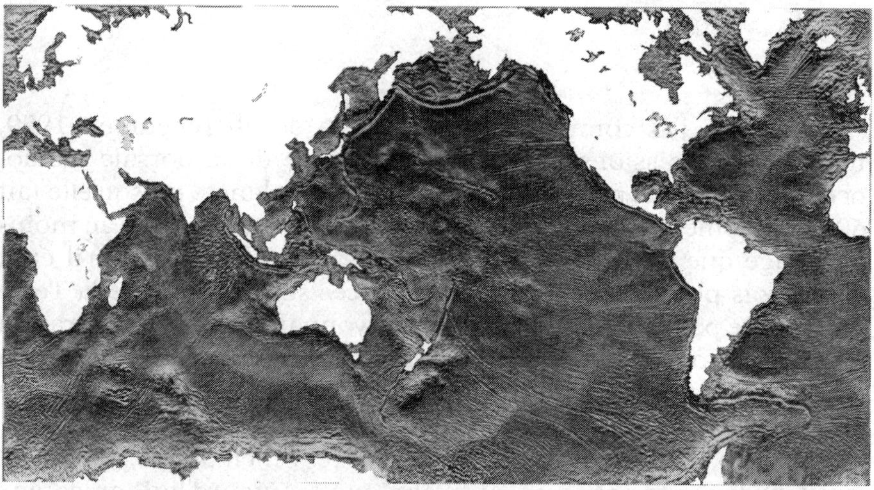

Figure 1 – Bathymétrie de l'océan vue de satellite.
Il s'agit en fait d'une topographie miniature de la surface de l'océan qui reflète la topographie réelle du fond sous l'effet de la force d'attraction gravitationnelle.
L'essentiel de cette topographie était inconnue il y a quarante ans.
Document du GRGS de Toulouse.

De fait, nous pensions que les bassins océaniques sont aussi anciens que les continents et que leur âge se compte en milliards d'années. Nous savons maintenant qu'ils sont environ cinquante fois plus jeunes en moyenne. Nous pensions qu'ils sont tectoniquement calmes. Nous avons découvert qu'ils sont à la source de l'activité sismique et volcanique. Nous les considérions comme le réceptacle des débris de l'érosion des continents depuis leur origine. Mais les énormes couches de sédiment formés par ces débris n'existent pas. Le modèle prévalent admettait que la surface de la Terre n'est affectée que par des mouvements verticaux et considérait la dérive des continents comme un mythe qui avait vécu. Or, non seulement les continents mais la totalité des fonds océaniques sont sans cesse remodelés par la Tectonique des Plaques. Nous nous trompions sur toute la ligne: notre conception du mode de fonctionnement de la Terre était fausse.

C'est bien l'exploration des fonds océaniques, menée à grand train par quelques laboratoires financés par la Marine américaine depuis la fin de la Seconde Guerre mondiale, qui imposa le nouveau modèle de la Terre que l'on a depuis appelé la Tectonique des Plaques. Cette exploration révéla dans les années 1960 que non seulement les fonds océaniques sont géologiquement jeunes, puisque leur âge moyen est d'environ 60 millions d'années et que les plus anciens morceaux datent du milieu de l'ère secondaire, mais que cet âge augmente progressivement lorsqu'on s'éloigne de la crête des dorsales. Il devenait clair que la seule manière de produire une telle distribution des âges est un processus de type « tapis roulants » qui atteignent la surface sous la crête des dorsales et s'en écartent ensuite symétriquement. Et puisque les fonds océaniques couvrent 60 % de la surface de la Terre, il était exclu qu'ils soient créés suite à son expansion. Il aurait alors fallu un accroissement de 250 % de la surface et de 400 % du volume durant une période inférieure à 5 % de son histoire. Il était donc nécessaire qu'une quantité égale de surface de fonds océaniques disparaisse à l'autre extrémité des océans en replongeant dans les profondes fosses dites de subduction qui bordent le pourtour du Pacifique et le nord de l'océan Indien.

Ainsi s'expliquait l'activité sismique globale, présentée dans la *figure 2*, qui se localise le long de la crête des dorsales et des grandes fosses. Ces ceintures sismiques jalonnent les frontières de quelques grandes plaques indéformables et sont dues aux mouvements d'écartement à la crête des dorsales, de rapprochement aux fosses ou de coulissement le long de certaines portions de frontière. L'activité sismique et volcanique est l'expression instantanée et spasmodique du mouvement continu des plaques qui fabrique les reliefs aussi bien océaniques que continentaux. L'étude des séismes devenait partie intégrante de celle de la genèse des reliefs. La sismologie rejoignait la tectonique qui ne s'arrêtait plus à la côte.

La principale originalité de ce modèle vient de ce qu'il est quantitatif. On connaît la direction de mouvement grâce aux séismes et aux failles de coulissement. On peut par ailleurs mesurer la vitesse d'écartement des plaques à l'axe des dorsales, grâce aux anomalies magnétiques créées par les roches volcaniques qui conservent la polarité du champ magnétique terrestre acquise au moment où elles se sont refroidies. Comme le champ s'inverse périodiquement, des bandes alternées de roches aimantées positivement et négativement restituent la chronologie de ces inversions et permettent de

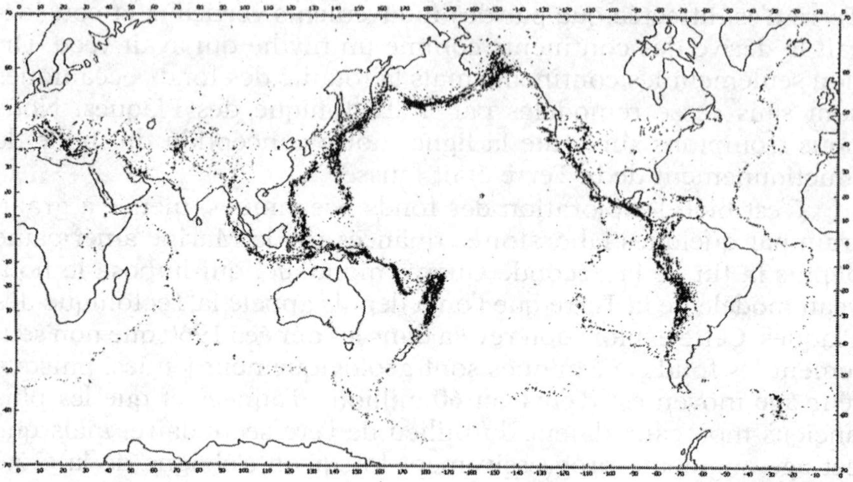

Figure 2 – Sismicité à la surface du globe. Elle apparut pour la première fois dans son ensemble dans les années 60 grâce au réseau de détection des expériences atomiques. La sismicité permet d'identifier les frontières de plaque où le mouvement relatif produit l'activité sismique.

dater le fond des océans. La vitesse d'écartement est la dérivée de la carte des âges, dérivée mesurée sur quelques millions d'années. Le vecteur mouvement relatif des plaques le long de chaque frontière océanique est alors obtenu à partir de la mesure indépendante de la vitesse et de la direction du mouvement. Ce fut la base du premier modèle cinématique global qui utilise ces mesures et le fait que la Terre est une sphère de rayon constant pour calculer le mouvement en tout point des frontières des six plaques principales *(Fig. 3)*.

Le modèle cinématique global était obtenu à partir de mesures provenant uniquement des océans, et principalement des crêtes des dorsales. Aucune information obtenue sur les continents n'était utilisée. C'était donc un modèle purement océanique qui permettait pourtant de déterminer la quantité totale de raccourcissement le long des frontières continentales, comme celle qui suit les Alpes et l'Himalaya. Mais la notion de frontière avait-elle encore un sens dans ces zones où la déformation se distribue parfois sur plusieurs milliers de kilomètres? Pouvait-on par ailleurs avoir confiance dans l'hypothèse d'une constance du mouvement durant les quelques millions d'années sur lesquels la vitesse d'écartement des plaques était moyennée?

C'est à partir du milieu des années 1980 que la géodésie spatiale permit de répondre à ces questions. Grâce à cette nouvelle technique popularisée de nos jours par l'utilisation croissante du GPS *(Global Positioning System)*, on peut désormais mesurer la

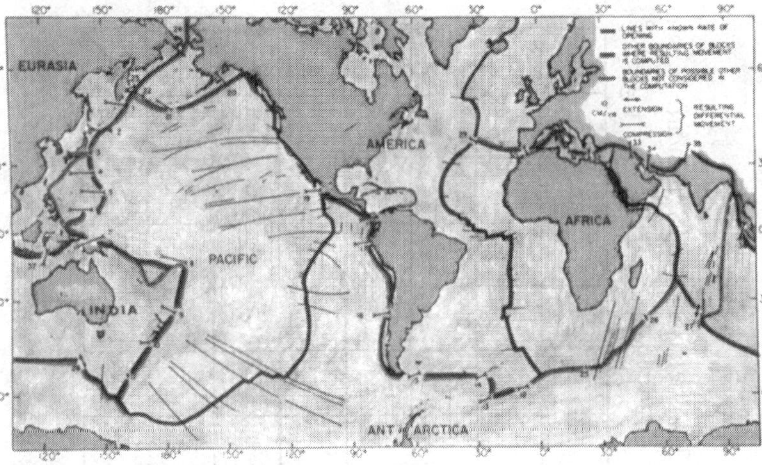

Figure 3 – Figure originale de l'article que je publiai en 1968 qui donnait le premier modèle quantitatif global de déplacement des plaques à la surface de la Terre. Connaissant les mouvements aux frontières en extension à l'axe des dorsales, je calculais les mouvements aux frontières en raccourcissement dans les fosses de subduction sur le pourtour des océans en admettant que la Terre ne changeait pas de volume au cours du temps. J'utilisais six plaques pour rendre le problème unique avec les données dont je disposais. Vingt ans plus tard, la mesure directe des mouvements par satellite a confirmé la validité de mon modèle.

position d'un point sur la portion émergée de la Terre avec une précision croissante qui atteint aujourd'hui 2 à 3 millimètres. En répétant cette mesure, on obtient directement la vitesse de la plaque sur laquelle se trouve le point mesuré. Il s'agit bien sûr d'une vitesse instantanée qui peut inclure un certain nombre de transitoires liés en particulier à l'accumulation de déformations élastiques relâchées durant les séismes suivants. Toutefois, lorsque l'on se place loin de frontières de plaques, ces transitoires sont peu importants et l'on a une bonne estimation de la vitesse moyenne de la plaque. Ce point est démontré par l'accord remarquable entre les vitesses de plaque obtenues à partir des mesures océaniques moyennées sur quelques millions d'années et les mesures géodésiques faites à quelques années d'intervalle *(Fig. 4)*. Notez que cette confirmation démontre de manière définitive que, contrairement à ce que maintenaient les derniers partisans d'un modèle d'expansion de la Terre sans subduction, il y a bien équilibre à la surface de la Terre entre création de nouvelle surface à l'axe des dorsales et destruction de surface par subduction dans les fosses et collision le long des chaînes de montagnes actives.

J'avoue que je fus profondément impressionné lorsque la première mesure géodésique du rapprochement entre Hawaii et le

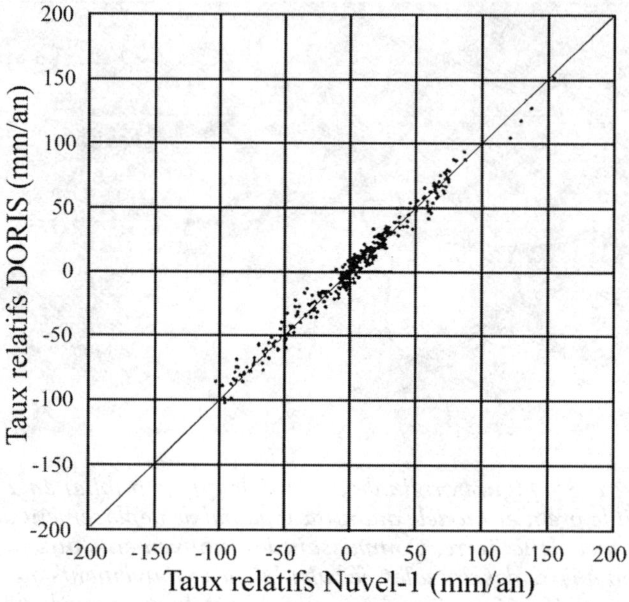

Figure 4 – Mouvements des plaques mesurés par géodésie satellitaire (système français Doris) sur quelques années comparés à ceux mesurés par les taux d'expansion au fond des océans sur 3,5 millions d'années. Un accord parfait correspondrait à la droite. Les faibles déviations peuvent être attribués au moins en partie à la précision encore insuffisante des mesures. Document du GRGS de Toulouse.

Japon, 9 centimètres par an vers l'ouest, vérifia près de vingt ans plus tard la vitesse que j'avais calculée pour mon modèle global. Ainsi, en deux ans de mesure directe, la géodésie retrouvait la vitesse calculée indirectement à partir d'un circuit global et en admettant la constance du mouvement sur dix millions d'années. Désormais un nouvel outil très puissant permettait de mesurer les mouvements de toute portion de plaque émergée en quelques années. On passait d'un système tout océanique moyenné sur quelques millions d'années à un système couvrant tout le domaine émergé et fournissant une véritable vitesse instantanée. On ne dépendait plus des mesures de la vitesse d'expansion à l'axe des dorsales. La cinématique des bassins marginaux devenait accessible aussi bien que celle des zones de déformation continentale.

De fait, on peut maintenant mesurer de manière permanente la position, et donc le mouvement et la déformation, avec la densité d'observations spatiales et temporelles que l'on souhaite. Il est clair que nous entrons dans une nouvelle ère de l'étude de la déformation de la surface terrestre, et que nous avons donc enfin accès à la possibilité d'une modélisation détaillée de celle-ci. Il devient possible d'aborder de manière complètement nouvelle la question de la déformation élastique qui mène aux ruptures sismiques. La *figure 5* montre ainsi l'exemple du réseau d'observation permanente géodésique qui couvre le Japon. Il existe maintenant un site de mesure permanente par GPS tous les 30 kilomètres. Ce réseau permet de suivre en temps réel la déformation du Japon sous l'effet de l'enfoncement des plaques océaniques sous sa bordure orientale. Entre deux séismes, plaque en subduction et arc insulaire japonais sont mécaniquement couplés par le frottement le long de leur plan de contact. Le Japon est poussé vers l'ouest et se raccourcit au

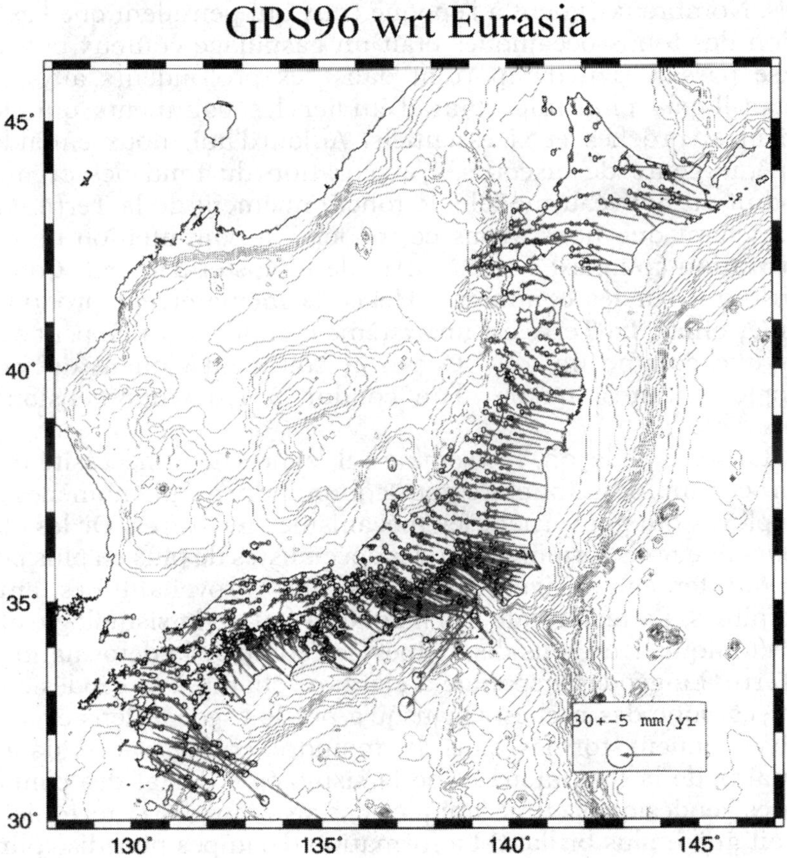

Figure 5 – Vecteurs déplacement mesurés par les stations du réseau GPS permanent du Service Géographique Japonais.
Le Japon se raccourcit en permanence de 3 cm/an dans la direction E-O durant les périodes intersismiques. Au bout d'une centaine d'années, la déformation élastique accumulée d'environ trois mètres est soudainement relâchée et le Japon rebondit vers sa position non déformée.
De telles mesures nous permettent pour la première fois d'entrer dans une compréhension des mécanismes de déformation aux frontières de plaque conduisant aux grands séismes.

rythme de 3 centimètres par an. Au bout d'une centaine d'années, les trois mètres de raccourcissement élastique accumulés sont brutalement restitués au cours de la rupture du grand séisme le long de la fosse qui permet aux deux plaques de rebondir à leur position d'équilibre. La surveillance détaillée d'un cycle sismique complet apportera des connaissances aujourd'hui insoupçonnées sur les mécanismes très complexes qui régissent ces phénomènes. Dès à présent, nous avons beaucoup appris sur la distribution du couplage mécanique sur le plan de contact entre les deux plaques.

En conclusion, je voudrais redire que nous n'avons rien compris à la vie géologique de notre planète tant que nous avons refusé de regarder par-dessus bord vers les profondeurs océaniques. Nombreux étaient à l'époque ceux qui pensaient que l'exploration des fonds océaniques était un gaspillage coûteux puisqu'il ne se passait rien d'important dans ces profondeurs abyssales. N'était-il pas plus important d'étudier les continents qui nous étaient si proches et si essentiels. Aujourd'hui, nous entendons le même genre de discours. L'exploration du fond des océans a conduit au nouveau modèle de fonctionnement de la Terre. Mais maintenant que nous avons ce modèle, la continuation de cette exploration coûteuse est une perte de temps et d'argent. Concentrons-nous sur les continents. Hélas, la même erreur produit les mêmes effets. La Terre est un système complexe qui ne peut s'étudier que comme un tout. Océan et continents jouent des rôles complémentaires. Ignorer l'un conduit à l'incompréhension de l'ensemble.

La seconde leçon, me semble-t-il, concerne la nécessité d'une approche multidisciplinaire pour comprendre les phénomènes très complexes qui gouvernent les mécanismes terrestres. Or les chercheurs que nous formons sont des spécialistes de plus en plus pointus qui tendent à ignorer les résultats provenant des autres disciplines. La tectonique des plaques a fait de la sismologie et de la tectonique deux sous-disciplines de l'étude de la déformation de la Terre. La géodésie spatiale a élargi ce champ à la géodésie et à la mécanique des roches. Or jusqu'à présent, géodésiens et mécaniciens étaient formés sans la moindre connaissance dans le domaine de la tectonique et de la sismologie. L'état des connaissances géodésiques et mécaniques des sismologues et tectoniciens n'était guère plus brillant. La formation d'équipes pluridisciplinaires de spécialistes ayant la culture générale indispensable pour aborder ces problèmes complexes est aujourd'hui le principal problème que nous avons à résoudre si nous voulons pleinement bénéficier de cette véritable mutation de la tectonique.

Séismes et risques sismiques

par Michel Campillo

Depuis toujours synonymes de catastrophes, les séismes ont marqué l'histoire des hommes comme un accélérateur des transformations sociales ou économiques. Par nature phénomènes violents et parfois destructeurs, émanant des profondeurs et en conséquence associés à des forces mystérieuses, les séismes ne sont devenus l'objet d'études scientifiques que depuis un siècle. Ce sont avec des outils de mesures et d'enregistrements des mouvements du sol, les sismographes, qu'a commencé l'approche rationnelle de ces phénomènes. Même lorsque l'on est capable d'enregistrer ses tremblements, la Terre n'en est pas moins opaque et les sismologues ont dû parcourir un long chemin avant d'être capables de proposer des images du processus à l'œuvre pendant les séismes. C'est ce cheminement que nous allons d'abord suivre. Certains grands séismes sont directement visibles en surface et les géologues ont tôt fait le rapprochement entre les grandes failles et les séismes *(Fig. 1)*.

De rares observations directes indiquent clairement qu'un séisme correspond à un rapide glissement sur une faille qui permet de relâcher les tensions qui s'accumulent dans les roches au cours des temps géologiques. Ces mouvements répétés ont pu dans certaines régions marquer le paysage qui en devient un livre de l'histoire sismique. Les images satellitaires, popularisées par leur usage météorologique, ont offert aux géologues des opportunités nouvelles de vision à différentes échelles et ont conduit à de réelles découvertes sur la géométrie et le fonctionnement des grandes failles.

C'est avec le développement de la tectonique des plaques qu'un schéma d'interprétation cohérent permettra de comprendre

Texte de la 198e conférence de l'Université de tous les savoirs donnée le 16 juillet 2000.

Figure 1 – Un exemple de trace d'un séisme en surface : une route à deux voies a été décalée latéralement d'environ six mètres pendant le séisme de Landers en Californie du Sud en 1992. La rectitude de la route montre que le glissement se produit sur une zone très étroite. (Photo M. Campillo.)

comment les grands mouvements qui affectent l'ensemble des continents sont responsables des séismes. Même si des hypothèses limitatives comme l'existence de plaques rigides et continues sont aujourd'hui remises en cause, la théorie globale de la tectonique des plaques reste la base des interprétations modernes des séismes. Ces mouvements sont très lents par rapport aux phénomènes quotidiens : quelques centimètres par an de rapprochement entre deux points distants de plusieurs dizaines de kilomètres correspondent à une déformation géologique très rapide. Les mouvements relatifs des plaques sont pourtant connus et mesurés grâce aux progrès de la géodésie. La géodésie spatiale permet aujourd'hui un suivi constant de la déformation de la surface de la Terre avec une précision et une densité de mesure en constante amélioration qui conduisent à penser que nous sommes à la veille d'une nouvelle vision de la tectonique.

Néanmoins, les séismes se produisent en profondeur et, en l'absence d'observation directe, il est bien difficile de développer des modèles physiques qui rendraient compte quantitativement du phénomène. Heureusement la sismologie est aussi la science des ondes mécaniques dans la Terre. Ce sont les informations que ces ondes portent des profondeurs vers nos instruments en surface qui nous permettent de reconstruire ce qui se passe pendant le bref laps de temps où les failles se mettent en mouvement rapide et produisent les séismes. C'est donc à la manière des médecins qui sondent les corps avec des appareils d'imagerie que les sismologues sondent la planète pour découvrir la genèse des séismes. Il a fallu pour cela, déterminer la constitution de la Terre et les propriétés des différentes couches. Les grandes structures qui composent notre planète sont aujourd'hui reconnues mais de grandes incertitudes persistent à leurs limites. C'est le cas par exemple à grande profondeur (environ 2 800 kilomètres sous nos pieds) avec la limite entre le noyau et le manteau. Plus proche et directement impliquée pour l'étude des séismes, la croûte terrestre est une couche dont l'hétérogénéité est attestée à la fois par les observations de surface et par les études sismologiques. C'est dans la partie supérieure de cette couche d'environ 30 à 40 kilomètres d'épaisseur sous les continents que se produisent les séismes. Dans les zones de subduction cette couche fragile est entraînée vers le bas avec la plaque plongeante et les séismes peuvent se produire en profondeur. La description détaillée de la structure interne de la croûte et des ondes sismiques qui s'y propagent est sommaire. L'aventure est encore en cours : nul ne sait encore reproduire complètement un sismogramme enregistré près d'un séisme tant la nature est complexe et toujours impénétrable. L'avènement du calcul numérique et les progrès de l'instrumentation ont cependant permis d'importantes avancées et il est aujourd'hui possible de reconstruire le scénario d'un grand séisme. Les sismologues s'appuient pour cela sur l'ensemble des observations géodésiques (comment la surface de la Terre a été déformée par le séisme) et sismologiques (quels ont été les mouvements du sol lors du séisme, tant au voisinage immédiat de celui-ci qu'à grandes distances dans le cas des grands séismes). Des méthodes mathématiques dites « méthodes inverses » permettent de reconstruire l'histoire d'un séisme à partir de ces données et de modèles numériques de la réponse de la croûte terrestre. Ces films du déroulement d'un séisme constituent une nouvelle observation du fonctionnement de la Terre qui ouvre de nouvelles voies à la compréhension et à la modélisation des séismes. Ces images nous montrent comment la rupture se propage en profondeur à environ 3 kilomètres par seconde, comment les plans de glissement en profondeur sont différents (et malheureusement pas plus simples que ceux observés en surface). Le front de rupture est capable de « sauter » d'une faille à l'autre ou de développer des oscillations ou même des retours en arrière. Un exemple spectaculaire a été offert par le séisme de Landers qui s'est produit en Californie en 1992. Ce séisme s'est produit dans une région bien instrumentée sur le plan sismologique. De plus, les conditions climatiques font que le désert de Mohave se prête bien aux mesures de télédétection satellitaire. Cela a permis à une équipe du CNES (Massonet *et al.*, 1994) de faire la démonstration de l'efficacité de la méthode d'interférométrie radar qu'elle venait de mettre au point. L'association des observations sismologiques et géodésiques a conduit à la reconstruction de l'histoire du séisme : comment les bords de la faille se déplacent sur une zone d'environ 70 kilomètres d'extension, 15 kilomètres de profondeur et cela pendant moins de 20 secondes. La représentation adoptée ici est expliquée sur la figure suivante *(Fig. 2)*.

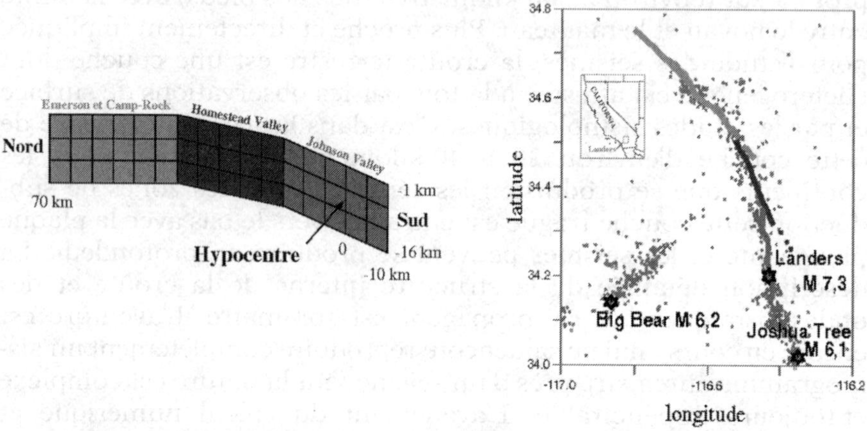

Figure 2 – Les zones de glissement observées en surface pendant le séisme sont indiquées sur la carte par les segments colorés. La rupture s'est produite aussi en profondeur et elle sera représentée sur un plan vertical comme indiqué sur la partie droite de la figure.

La figure suivante montre le développement de la zone en glissement sur les failles actives pendant le séisme (après Hernandez, Cotton et Campillo, 1999)*(Fig. 3)*.

C'est à partir de telles images qu'il devient possible d'envisager la mise au point de modèles mécaniques quantitatifs des tremblements de Terre. Toutes les observations conduisent à penser que les séismes se produisent essentiellement sur des failles préexistantes. Le concept qui s'impose donc pour comprendre les séismes est la friction, le comportement des solides en contact que l'on peut voir en action dans de nombreuses situations de la vie quotidienne et dont Léonard de Vinci notait déjà l'importance pour la compréhension du monde qui nous entoure. Le comportement de corps en contact avec friction permet de bien modéliser comment une faille peut être sismique ou asismique. Cela peut être illustré par une petite expérience qui montre les différents comportements du glissement avec friction. Il suffit pour cela de tirer lentement par le biais d'un ressort une masse posée sur une table. Si le ressort est très raide, la masse se déplace simplement de manière continue à la même vitesse que la main. Si l'on choisit un ressort moins raide, la tension que l'on exerce commence par déformer considérablement le ressort, la masse restant bloquée par la friction. À un

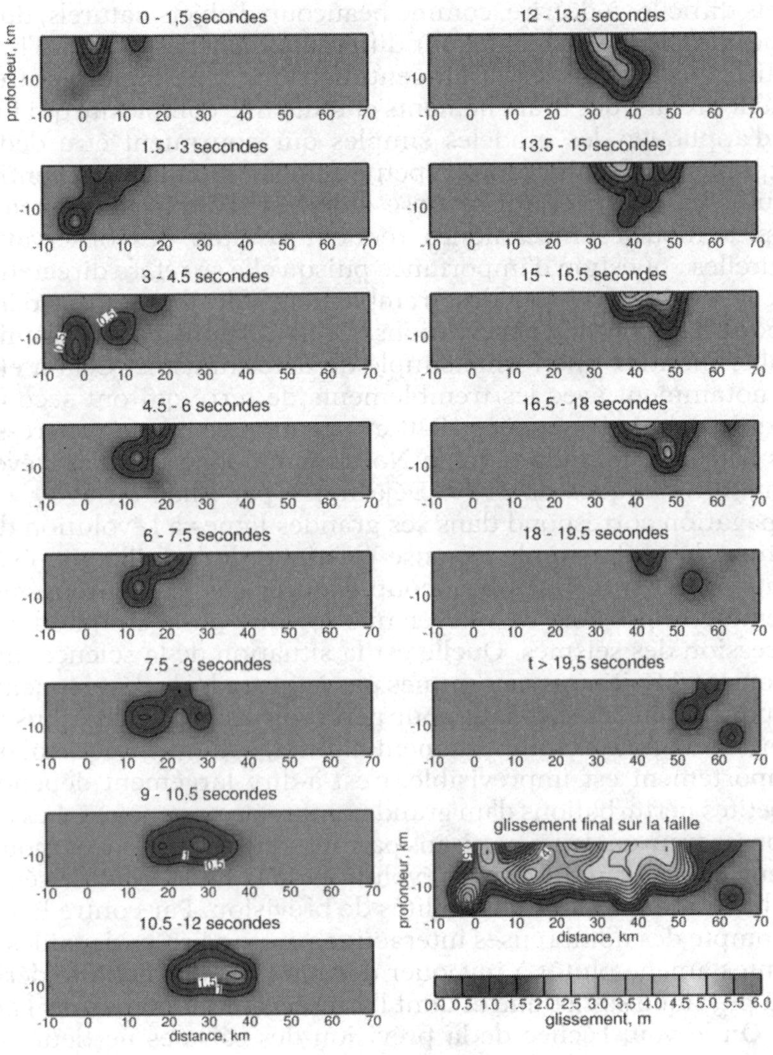

Figure 3 – Les zones actives sont représentées à différents instants. L'échelle de couleurs donne la valeur de la vitesse du glissement qui peut être supérieure à 1 mètre par seconde. Le dernier graphe donne la distribution finale du glissement.

certain point, la masse va se mettre en mouvement rapide, la friction diminue considérablement et le déplacement préalable de la main est rattrapé presque instantanément. On parle de glissement saccadé, un phénomène très proche du comportement des failles sismiques. L'analogie est bien sûr limitée mais l'existence des deux régimes, glissement stable et saccadé donne une bonne image de la physique élémentaire en œuvre dans les systèmes infiniment plus complexes que sont les failles. En effet, les failles sont des objets difficiles à décrire, comme beaucoup d'objets naturels, du fait d'une complexité distribuée sur différentes échelles. Depuis l'image spatiale jusqu'à l'observation centimétrique, une faille montre en effet des relais, des branchements et toute une complexité qui interdit d'appliquer des modèles simples qui pourraient être déduits d'expériences de laboratoire à petite échelle (typiquement centimétrique). La question qui se pose alors est d'évaluer comment de simples modèles mécaniques rendent compte des observations naturelles : question d'importance puisqu'elle se réfère directement à celle de la prévision des tremblements de terre. Considérons d'abord la leçon des observations. Dans certains cas, la sismicité semble montrer une forme simple de déterminisme. Cela a été le cas notamment avec les tremblements de terre qui ont secoué la Turquie depuis les années 1940 et qui montrent une progression vers l'ouest le long de la faille Nord-anatolienne jusqu'aux événements dramatiques de 1999. Déjà notée par Allen en 1969, cette propagation correspond dans ses grandes lignes à l'évolution de la rupture due à la simple réponse élastique de la faille aux événements précédents. Dans beaucoup d'autres cas malheureusement, il semble impossible de relever une logique aussi simple dans la succession des séismes. Quelle est la situation de la science face à ce constat ? Soit nous ne sommes pas à un stade de développement des connaissances suffisant pour percevoir les règles qui nous rendront intelligible le comportement naturel, soit intrinsèquement ce comportement est imprévisible, c'est-à-dire largement dépendant de petites perturbations d'un grand nombre de paramètres. Les deux réponses trouvent leurs partisans parmi les sismologues. Les modèles de nucléation, qui décrivent l'évolution de la faille avant le séisme, semblent indiquer des possibilités de prévision. Par contre la prise en compte des nombreuses interactions entre séismes de tailles différentes amène plutôt à invoquer des modèles d'instabilité dérivés de la physique statistique et dont l'imprévisibilité est parfois l'attribut. On le voit, l'échec de la prévision des séismes ne tient peut-être pas seulement à la faiblesse des moyens mis en œuvre mais pourrait aussi être liée à des raisons objectives.

De nombreuses approches ont été tentées dans le domaine de la prévision et nombre de paramètres ont été mesurés dans l'espoir de pouvoir corréler leurs variations avec l'occurrence d'un séisme. Depuis le comportement animal jusqu'à la chimie des émanations gazeuses en passant par les variations du champ magnétique, toutes les tentatives ont conduit au plus à des résultats ambigus et, en tout cas, il n'existe pas aujourd'hui de méthode opérationnelle. Les sismologues, et parfois le grand public, ressentent souvent cette situation comme un échec de la discipline mais il serait intéressant de s'interroger plus profondément sur la demande sociale qui légitime la recherche en sismologie. Les conséquences économiques et sociales d'une prévision sont telles qu'elles supposent une quasi absolue crédibilité des scientifiques. La réalité des difficultés de la pénétration d'impératifs scientifiques et techniques dans les domaines réglementaire et politique montre qu'il paraît illusoire à court terme de voir émerger la prévision des séismes comme une pratique. Les sismologues n'en sont pas moins actifs dans le domaine des effets des séismes et ils participent, avec les ingénieurs, à mettre au point des techniques d'évaluation qui permettront la réduction du coût humain des tremblements de terre.

L'expérience des grandes catastrophes, en particulier les plus récentes, donnent de précieuses indications sur les approches pratiques qui permettront de limiter les effets des séismes. En effet, une observation majeure et répétée concerne la très grande disparité des dégâts dans une zone donnée. Bien entendu, le voisinage immédiat de la faille est un élément aggravant évident *(Fig. 4)*. La qualité des constructions est souvent mise en cause pour les plus graves dommages. Néanmoins, au-delà de ces éléments, il est maintenant bien établi que l'importance des vibrations du sol pendant un séisme varie rapidement d'un point à un autre suivant la nature des terrains rencontrés. On ne peut évoquer ces effets sans se référer au cas d'école que représente le séisme de Mexico de 1985. La ville a subi des dégâts très importants qui ont conduit à la perte de plusieurs milliers de vies humaines. La source du tremblement de terre était pourtant située à 300 kilomètres de distance. Les couches superficielles du sol sur lesquelles le centre de Mexico est construit sont responsables d'un énorme effet d'amplification. En effet le centre-ville est partiellement bâti sur des argiles peu consolidées qui constituaient le fond du lac qui fût asséché pour installer Mexico. D'une manière moins extrême, mais tout aussi significative, de tels effets ont été observés lors des séismes de Kobé au Japon, de Loma Prieta en Californie ou de Liège en Belgique.

Quoique faisant toujours l'objet de recherches, les effets d'amplification (ou de désamplification) mettent en jeu des phénomènes de propagation et de résonances des ondes sismiques dont la physique est bien comprise. Certains aspects restent néanmoins à éclaircir, comme le fait de savoir si des observations faites pour de petits séismes peuvent être utilisées pour pronostiquer les effets de grands séismes du fait du comportement non linéaire des sols.

Bien que l'on ne puisse prévoir l'occurrence d'un séisme ni en déterminer la grandeur, il est donc d'ores et déjà possible de cartographier en relatif ses effets. Il s'agit d'un outil qui devrait permettre, à un coût raisonnable, une politique d'aménagement du territoire prenant en considération le risque sismique. Les effets d'amplification (ou de désamplification) se font dans des périodes de vibrations bien particulières. De même, chaque type de bâtiment est sensible à des périodes de vibrations spécifiques. À chaque type de sol associé à chaque type de construction correspond donc une vulnérabilité qui doit être minimisée. La construction parasismique pourra bien sûr se rajouter à ce premier degré de précaution.

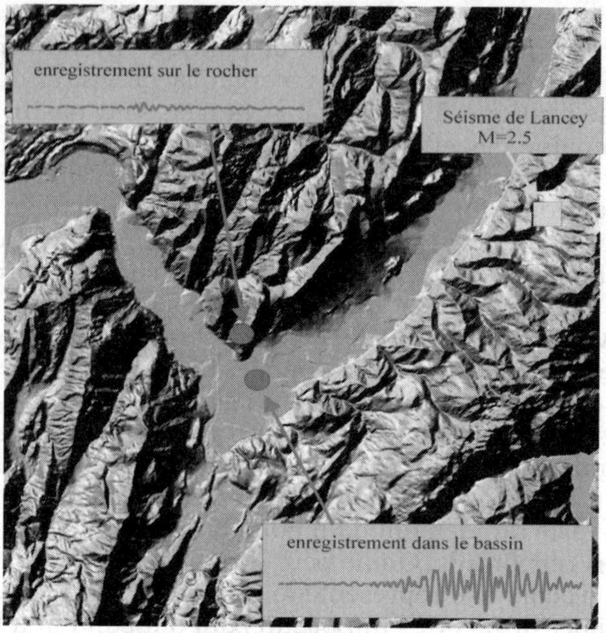

Figure 4 – Un exemple de variation rapide des mouvements du sol pendant un séisme.
Les traces rouges représentent le mouvement horizontal du sol enregistré à 2 sites distants de 2 km dans Grenoble. La distance au séisme est identique. L'enregistrement dans le centre de la vallée sédimentaire montre que l'amplitude et la durée des vibrations est beaucoup plus forte que sur le rocher. Ces observations sont rendues possibles par le déploiement de stations sismologiques depuis plusieurs années. Différents sites de Grenoble sont aujourd'hui dotés d'accéléromètres.

Bien que ces effets aient été bien observés et leur importance généralement admises, la mise en œuvre des principes que nous venons d'évoquer se heurte à de nombreuses difficultés qui dépassent la seule analyse du scientifique et qui montrent que le problème de la prévention des effets dévastateurs des séismes est avant tout un problème social qui ne saurait être abordé efficacement du seul point de vue technique. La mobilisation d'une communauté plus vaste, incluant la sociologie, les sciences politiques et juridiques… est nécessaire pour que les découvertes des sciences de la Terre puissent contribuer en pratique à limiter notre vulnérabilité vis-à-vis des séismes.

Paradoxalement, malgré les progrès continuels des techniques de constructions, les exemples récents de Mexico ou de Kobé nous montrent que nos sociétés ne semblent pas moins vulnérables aux séismes. Le développement des grandes zones urbaines pose des problèmes nouveaux. Nombre de ces grandes régions où sont concentrés hommes, richesses et moyens de production sont directement menacées par les séismes. De surcroît, ces grandes cités sont souvent, pour des raisons pratiques évidentes, construites sur des zones de dépôts sédimentaires et donc dans des configurations qui peuvent devenir très défavorables. Le problème local est évident mais croire qu'une situation géographique différente met à l'abri complètement des conséquences négatives des séismes serait naïf. Un corollaire de la globalisation est en effet l'interdépendance économique à l'échelle de la planète : gérer les prochains grands séismes, de Tokyo ou de Los Angeles par exemple, devient un enjeu global.

Au-dessous des volcans

par Claude Jaupart

Au terme du XXe siècle qui a connu un essor sans précédent des connaissances humaines, les volcans ont perdu une bonne part de leur mystère. Nous les observons depuis longtemps et en connaissons la plupart des manifestations. Nous savons que les volcans du même type ont en général les mêmes éruptions, quel que soit l'endroit. Le travail d'inventaire est terminé et la volcanologie a changé de perspective et de méthodes. Les études actuelles portent sur la physique du phénomène éruptif et se tournent vers les relations entre volcans et sources profondes de magma.

Une éruption est la conséquence de toute une série de phénomènes affectant les roches et les magmas sur des épaisseurs de plusieurs dizaines de kilomètres *(Fig. 1)*. Le volcanologue doit reconstituer un enchaînement complexe et cherche à en établir les lois physiques. Il tente de séparer effets particuliers et mécanismes universels alors qu'il ne dispose que d'informations éparses et incomplètes. Les volcans se ressemblent tous et il est inutile de se concentrer sur les exemples d'une seule région, aussi beaux et variés soient-ils. Il est tout aussi futile de chercher à en étudier le plus grand nombre possible. Pourquoi, en effet, décrire dans le détail les volcans d'Islande et d'Indonésie, alors que ceux du Japon et des Aléoutiennes sont quasiment identiques ? Le volcanologue parcourt le globe à la recherche des exemples les plus clairs et des informations qui lui manquent. Cette quête l'amène parfois à étudier des volcans fossiles, éteints depuis longtemps, que l'érosion et les glissements de terrain ont découpés et mis à nu. Dans ces

Texte de la 199e conférence de l'Université de tous les savoirs donnée le 17 juillet 2000.

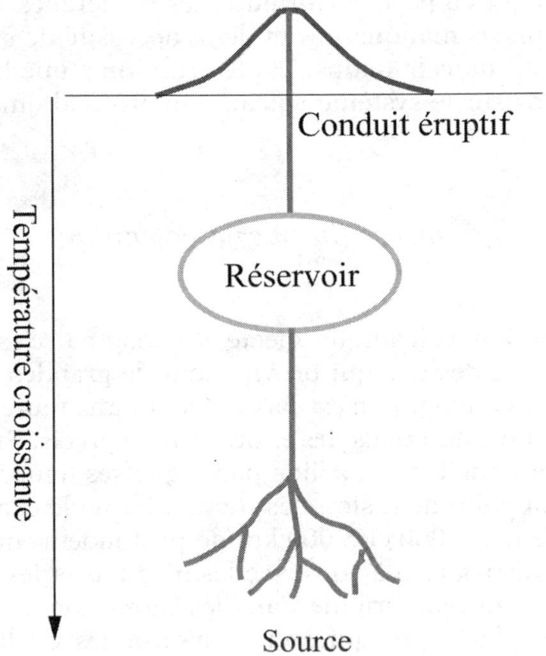

Figure 1 – Coupe schématique à travers un système volcanique. L'édifice n'est que la partie visible d'un réseau magmatique s'étendant sur plusieurs dizaines de kilomètres de profondeur. Le magma se forme dans une zone source qui n'est pas entièrement fondue et s'extrait par un réseau de fractures. Propulsé par la poussée d'Archimède, car il est plus léger que les roches qui l'entourent, le magma monte vers la surface. Près de celle-ci, il s'accumule dans un réservoir. Il y séjourne un certain temps et cristallise partiellement. L'éruption proprement dite est provoquée par la rupture des parois du réservoir.

endroits, il peut pénétrer dans le réseau de plomberie volcanique qui est hors d'atteinte sur un volcan actif.

À l'heure du bilan que représentent les conférences de l'Université de tous les savoirs, quelques questions simples viennent à l'esprit. Pourquoi n'en savons-nous pas plus sur les volcans aujourd'hui ? Pourquoi, par exemple, ne peut-on prédire leurs éruptions longtemps à l'avance ? Est-il justifié d'investir encore dans ce domaine ? Et enfin, pourquoi chaque nouvelle éruption suscite-t-elle autant d'enthousiasme auprès de spécialistes que l'on pourrait croire parfaitement informés, voire blasés ? Pour y répondre, je ferai un résumé succinct des connaissances actuelles en volcanologie et expliquerai comment elles ont été obtenues. Je montrerai pourquoi l'observation directe ne peut suffire à résoudre les problèmes posés et comment l'étude de la dynamique des systèmes volcaniques a permis d'orienter les recherches. Je discuterai enfin des données manquantes et de la nécessité de suivre le phénomène éruptif dans le temps. Toute éruption a une histoire riche d'informations sur le système volcanique profond qui l'alimente.

Les pièces du puzzle volcanique

Une éruption volcanique éjecte du magma, c'est-à-dire une roche fondue, et des gaz qui proviennent de grandes profondeurs dans la Terre. Le magma n'est pas présent dans toutes les régions du globe et est produit dans des endroits bien précis. En effet, notre planète est essentiellement solide parce que ses températures sont en dessous du point de fusion des roches. La seule exception est le noyau situé entre 3 000 et 5 000 km de profondeur, qui est fait de fer liquide mais n'a rien à voir avec les magmas et les volcans. Les magmas trouvent leur origine dans les mouvements internes qui agitent notre planète et qui sont responsables de la dérive des continents. Le mécanisme le plus important est la décompression : un courant ascendant rapproche les roches de la surface, où les pressions sont plus faibles qu'en profondeur. Comme l'illustre la *figure 2*, la température de fusion d'une roche augmente avec la pression : pour une péridotite, roche représentative de la plus grande unité terrestre, le manteau, celle-ci est d'environ 1 200 °C à la pression atmosphérique et atteint près de 1 500 °C à la pression qui règne à 100 km de profondeur. Lorsque le courant ascendant est suffisamment rapide, les roches ne refroidissent pas significativement et c'est la baisse de pression qui induit la fusion. Un volcan est donc toujours situé au-dessus d'une région active du manteau terrestre.

La montée des magmas vers la surface se fait en plusieurs étapes et fait intervenir plusieurs mécanismes différents, comme nous le verrons plus bas. La force motrice, toutefois, est toujours la même : la force d'Archimède, car les magmas sont plus légers que les roches profondes. Ce sont eux qui se frayent un chemin vers la surface, et non les roches qui s'ouvrent pour les faire passer. En d'autres termes, ils sont responsables de leur propre ascension, par opposition à la vision erronée et hélas courante selon laquelle nous nageons au-dessus d'un océan de magma prêt à jaillir à la moindre fracture de la surface. À faible profondeur, les roches ont des densités relativement faibles, ne serait-ce que parce qu'elles sont fracturées, et, dans certains cas, inférieures à celles des magmas les plus courants. Dans ce cas, sans force d'Archimède pour les

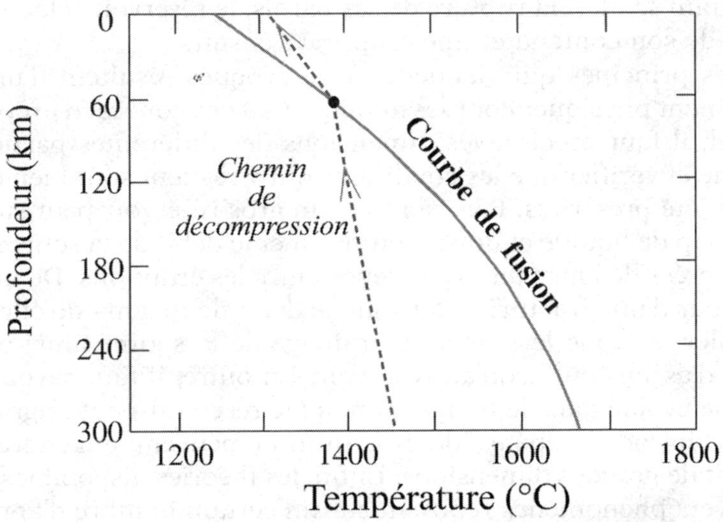

Figure 2 – Diagramme montrant la distribution des températures dans la Terre en fonction de la profondeur. Le trait continu montre la courbe de fusion. Le trait pointillé illustre le chemin suivi par une roche qui remonte rapidement vers la surface. À grande profondeur, la roche est entièrement solide mais elle est à haute température. En remontant, elle refroidit légèrement mais pas suffisamment pour éviter la courbe de fusion : elle fond à une profondeur intermédiaire.

propulser vers le haut, les magmas s'accumulent dans des réservoirs appelés chambres magmatiques.

Les éruptions volcaniques sont des événements rares. Certains volcans n'en font qu'une tous les cinq cents ans, comme le Mont Pinatubo aux Philippines qui a eu une puissante éruption en 1991. D'autres sont en activité quasi constante, comme le Stromboli, dans les îles Éoliennes au large de l'Italie. Comment expliquer de telles intermittences ? La réponse est complexe, mais l'essentiel est de savoir que la source profonde de magma est active pendant longtemps (au moins plusieurs centaines de milliers d'années) et qu'elle relâche constamment du magma. Les courants ascendants animent le manteau terrestre sur une épaisseur de plusieurs centaines de kilomètres et sont stables pendant plusieurs dizaines de millions d'années au moins. La source n'est pas un réservoir fixe qui se vide progressivement, mais une zone constamment traversée par des roches chaudes en provenance de l'intérieur. La quantité de magma produite dépend du flux de matière et non pas du volume de la source. Le magma est extrait grâce à des fractures dont le débit excède le taux de production. Dans cette situation de déséquilibre, le flux sortant n'est pas constant. Plus haut dans le système, le magma vient s'accumuler dans un réservoir qui se remplit jusqu'à un certain seuil. À la rupture de ses parois, le réservoir relâche une partie de son contenu et une éruption s'ensuit.

Les principes qui viennent d'être évoqués résultent d'un raisonnement physique. Pour les appliquer au cas concret d'un volcan naturel, il faut préciser les dimensions des différentes parties du système et vérifier que les conditions qui y règnent sont bien celles qui ont été prescrites. Par exemple, un gros réservoir peut stocker beaucoup de liquide et donc, pour un même débit de la source profonde, créer de longs temps de repos entre les éruptions. De même, la largeur d'une fracture détermine le débit de magma qu'elle peut véhiculer, et donc le temps de drainage de la source ainsi que le temps d'ascension jusqu'au réservoir. En outre, il faut savoir si le système évolue dans le temps ou non : le réservoir peut s'agrandir, et des épisodes répétés de fracturation peuvent engendrer un conduit de grandes dimensions. Enfin, les théories disponibles pour ces divers phénomènes reposent sur un certain nombre d'approximations qu'il est essentiel de confronter à des observations sur un système grandeur nature.

Voir sous terre

Les techniques géophysiques actuelles sont incapables de fournir des images suffisamment précises de la structure du sous-sol. La sismologie, par exemple, repose sur l'étude des temps de trajet des ondes élastiques au travers des roches. Chaque type de roche a des valeurs particulières de la vitesse de propagation des ondes. En auscultant une région sous différents angles, on peut en principe calculer la distribution des vitesses en profondeur et donc dresser une carte des différentes unités du sous-sol. Dans la pratique, la méthode échoue car elle n'est pas assez précise. En effet, les fractures sont minces, les conduits éruptifs étroits et les réservoirs petits : quelques mètres pour les premiers, quelques dizaines de mètres pour les seconds et enfin quelques kilomètres au plus pour les derniers. En outre, un magma est une roche liquide dont les propriétés physiques sont proches de celles de ses voisines solides. Dans ces conditions, les différences de temps de trajet d'ondes qui passent ou ne passent pas au travers d'un réservoir sont infimes. Malgré d'énormes efforts, les réservoirs magmatiques échappent encore à nos outils de détection. *A fortiori*, conduits et fractures sont parfaitement invisibles, et il est hors de question de déterminer l'état du magma qui sommeille dans le réservoir d'un volcan momentanément assoupi.

Les différentes parties d'un système volcanique ne sont pas visibles depuis la surface. Pour adopter une analogie médicale, on ne peut ni disséquer, ni faire un scanner, ni sonder les profondeurs. Il ne nous reste que quelques mesures indirectes, quelques symptômes superficiels, les principes de la physique et enfin l'étude des cadavres volcaniques, autrement dit des systèmes fossiles que l'érosion a ramené à la surface. La difficulté est que, dans chaque cas, on ne peut observer qu'une petite partie de l'ensemble. Pour reconstituer un système tout entier, il est nécessaire d'aller dans des régions différentes et étudier des structures d'âges différents. Bien entendu, les parties analysées ne s'ajustent pas parfaitement, et le travail du volcanologue s'apparente à la reconstitution d'un puzzle à partir de jeux dépareillés et d'échelles différentes.

En Oman, en Crète et dans quelques autres endroits du globe, grâce à l'érosion, on peut observer à la surface terrestre une coupe de près de dix kilomètres de haut à travers le manteau terrestre. Au-dessous d'un empilement de coulées de laves, se trouve un complexe fait de filons verticaux adossés les unes aux autres. Chaque filon a une largeur d'environ un mètre et est rempli de magma trempé, du verre : c'est tout ce qui reste d'une fracture qui alimenta jadis une éruption. Le complexe filonien est le résultat des multiples injections de magma qui sont venues alimenter les coulées de lave. Les filons s'enracinent dans des roches plutoniques, formées par la cristallisation lente d'un grand volume de magma, autrement dit de la chambre magmatique. Plus bas encore dans la coupe, on tombe sur des roches très particulières, qui apparaissent comme un réseau de filaments blancs zébrant une matrice noirâtre. On est alors dans l'ancienne zone source et les filaments sont les reliques figées des micro-canaux qui ont permis l'écoulement et l'extraction du magma.

Le système volcanique que nous venons de décrire s'étend sur quelques kilomètres d'épaisseur seulement, mais il est responsable de la plus grosse quantité de magma émise sur Terre. Il fonctionne dans les dorsales océaniques qui parcourent les fonds marins. Les systèmes volcaniques continentaux sont plus mystérieux parce qu'on ne peut les voir dans leur ensemble : ils sont trop volumineux et l'érosion ne peut les dégager entièrement. En revanche, on peut retrouver leurs divers éléments éparpillés dans différentes provinces géologiques. Pour les filons et les conduits volcaniques, les régions arides du sud-ouest des États-Unis d'Amérique offrent des exemples extraordinaires. On peut y voir des *necks*, c'est-à-dire d'anciens conduits volcaniques solidifiés qui se dressent au-dessus du sol parce qu'ils sont plus résistants à l'érosion que les roches sédimentaires qu'ils traversent. L'exemple le plus célèbre est le *Ship Rock* dans l'état du Nouveau Mexique. On peut aussi admirer de magnifiques *dykes*, qui apparaissent comme des remparts naturels de plusieurs kilomètres de long et de quelques mètres d'épaisseur et qui sont des fractures remplies de magma trempé. On peut enfin se promener sur des massifs plutoniques, qui préservent dans leur masse cristalline de nombreuses traces des écoulements magmatiques. Leurs structures internes font penser aux assemblages sédimentaires, avec leurs bancs, leurs couches, leurs plis et leurs brèches (zones chaotiques). Avec un œil exercé, on peut ainsi se promener à l'intérieur d'une ancienne chaudière volcanique.

Ailleurs, il est possible d'étudier un conduit volcanique fossile sur plusieurs centaines de mètres de hauteur. Le plus bel exemple est à la frontière des États du Nouveau Mexique et de l'Arizona, où des canyons récents ont incisé d'anciens volcans. En escaladant la falaise qui borde l'un de ces canyons, on peut observer les modifications subies par le magma lorsqu'il se rapproche de la surface et se décomprime. On peut aussi se convaincre qu'un conduit volcanique n'est pas un tube vertical aux parois parfaitement lisses et imperméables. En plusieurs endroits, de petites fractures remplies de magma solidifié et de dépôts laissés par des gaz chauds émanent du conduit central et envahissent les roches encaissantes. On reconnaît en eux les fissures qui laissaient échapper les gaz volcaniques et alimentaient les fumerolles de l'ancien volcan.

Les mécanismes physiques mis en jeu

Un volcan fait intervenir nombre de mécanismes physiques très différents et une vaste panoplie de moyens et de méthodes est nécessaire pour les analyser. Commençons par la source à haute température, où le magma est contenu dans les pores et interstices d'une matrice rocheuse. Le magma s'en extrait parce qu'il est plus léger. Pour étudier ce phénomène et calculer le débit de magma, il faut connaître les formes et les dimensions des pores et interstices, et prendre en compte simultanément deux mécanismes différents : l'écoulement d'un liquide dans un réseau de micro-canaux et la déformation de la matrice.

Près de la surface, les températures sont faibles et les roches ont un comportement cassant. Elles peuvent se déformer légèrement dans un régime élastique et cèdent au-delà d'un certain seuil de déformation. Une fois le seuil atteint, le magma crée des fractures qui se propagent vers la surface. Le mécanisme est subtil car il fait intervenir deux effets concurrents qui dépendent de la pression : le frottement visqueux dans le magma et la déformation élastique des roches encaissantes. L'écoulement est propulsé par un gradient de pression et la largeur de la fracture dépend de la surpression locale dans le magma. Pour une surpression donnée à la source, plus l'écoulement est rapide et plus la baisse de pression est forte, et donc plus faible est la surpression à une certaine distance. Or, sans déformation élastique, la fracture ne peut pas s'ouvrir et ne permet pas un débit significatif. Ici encore, le volcanologue doit traiter simultanément deux mécanismes aux lois très différentes, sans pouvoir négliger l'un d'entre eux. De l'interaction entre les deux naissent des comportements très particuliers qui font la spécificité des régimes volcaniques.

Grâce à ces fractures, le magma est amené de la source profonde au réservoir superficiel *(Fig. 1)*, où il vient s'incorporer au mélange existant. Le réservoir augmente de volume grâce à la déformation et au déplacement de ses parois. Dans le régime cassant, le volume peut croître tant que le seuil de rupture n'est pas atteint. On peut montrer que plus le réservoir est grand, plus la quantité stockée est importante. Pour un débit de source donné, ce raisonnement démontre que le laps de temps entre deux éruptions et le volume éjecté par chacune sont des fonctions croissantes du volume du réservoir.

Les modifications du magma lors de sa remontée

Lors de son ascension vers la surface, le magma connaît d'énormes changements de propriétés *(Fig. 3)*. Dans le réservoir, il contient des éléments volatils dissous grâce à la forte pression qui y règne. En remontant, il subit une décompression et atteint la pression de saturation au-dessous de laquelle les volatils ne peuvent rester en solution. À ce niveau, une phase gazeuse apparaît sous forme de bulles dispersées dans le magma liquide. Au fur et à mesure que la pression baisse, la quantité de gaz augmente et les bulles grossissent : c'est alors une mousse qui s'écoule à haute vitesse dans le conduit. Un tel écoulement est instable et les bulles finissent par éclater. Le phénomène, appelé « fragmentation », modifie fondamentalement le mélange volcanique, qui prend la forme de fragments de magma suspendus dans un jet de gaz. Le liquide dense et visqueux du réservoir subit deux métamorphoses qui posent d'énormes problèmes théoriques.

La description qui précède n'est évidemment pas valable si le magma est pauvre en éléments volatils. Dans ce cas, les conditions nécessaires à la fragmentation ne sont pas réunies et c'est une lave qui s'écoule hors du conduit volcanique.

Les mécanismes de la nucléation et de la croissance des bulles de gaz dans un liquide aussi visqueux qu'un magma sont mal compris malgré de très nombreuses recherches. Il faut pourtant les prendre en compte dans un calcul d'écoulement. Pour ne prendre qu'un exemple, les bulles se dilatent car leur pression est plus élevée que le liquide qui les entoure. Par conséquent, dans une

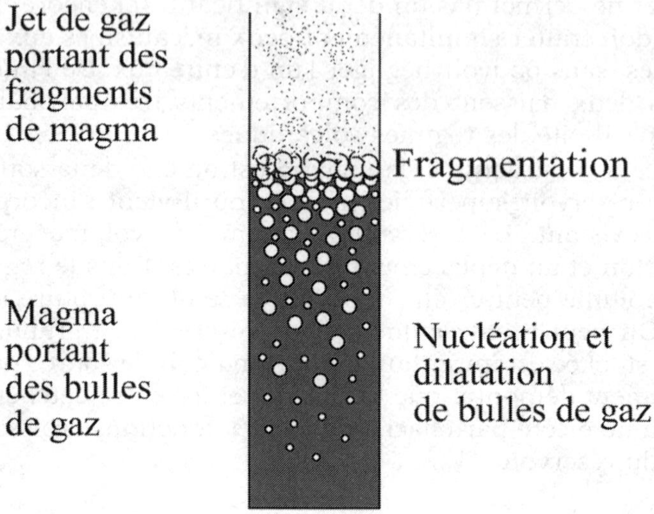

Figure 3 – Schéma illustrant les métamorphoses subies par un magma riche en éléments volatils lors de sa remontée dans un conduit volcanique. La décompression induit la nucléation et la dilatation de bulles de gaz, puis la fragmentation du magma.

éruption à coulée de lave, les gaz volcaniques sont sous pression à la sortie du conduit volcanique et leur dilatation brutale conduit à des explosions dangereuses. Le volcanologue cherche à déterminer dans quelles conditions la pression de gaz est la plus forte et aimerait en prédire la valeur dans chaque cas particulier. Des problèmes analogues se posent dans l'industrie du verre et n'ont pas encore été résolus sur le plan théorique. Les verres sont d'ailleurs obtenus par trempe de roches fondues et sont bel et bien fabriqués dans une sorte de système magmatique ! Il est d'ailleurs instructif de comparer l'ingénieur qui optimise un procédé de fabrication et le volcanologue qui analyse le fonctionnement d'un volcan. L'ingénieur peut se satisfaire d'une compréhension qualitative des phénomènes mis en jeu. Grâce à celle-ci, il peut ajuster son procédé parce qu'il sait dans quel sens agit tel changement de variable ou tel changement de mode opératoire. Le volcanologue n'a pas cette fléxibilité : il n'a qu'une éruption et est incapable d'en changer à volonté les paramètres. Si un phénomène particulier lui pose problème, il ne peut le faire disparaître ou en annuler les effets. Il est obligé de maîtriser la théorie au point de calculer les valeurs de toutes ses variables. Nous sommes encore très loin de cet objectif...

Les variations dans le temps

Un volcan évolue constamment dans le temps et se comporte comme un réacteur chimique au sein duquel le magma change de composition, et donc de propriétés physiques. Trois mécanismes opèrent dans le réservoir. Le magma refroidit et cristallise. C'est un liquide à plusieurs composants et ses cristaux n'ont pas la même composition. Par conséquent, le magma résiduel évolue aussi au fur et à mesure de la cristallisation. En outre, il se mélange avec du magma provenant de la source. Le troisième mécanisme concerne les éléments volatils tels que l'eau et le dioxyde de carbone. Ces éléments sont dissous dans les magmas naturels à faible concentration. Lors du refroidissement, les cristaux ne peuvent contenir ces éléments et c'est le liquide résiduel qui les accepte : leur concentration croît donc au cours du temps par un mécanisme analogue à une distillation. Le réservoir d'un volcan est hétérogène et peut renfermer une phase gazeuse.

Les variations de composition du magma stocké dans le réservoir ne sont pas une vue d'esprit : on peut les mesurer directement sur les coulées de lave qui se superposent à la surface. Grâce à elles, on peut remonter dans le temps. Près d'un centre éruptif, c'est ainsi que l'on trouve en général des coulées basaltiques à la base, qui sont bien les magmas « primitifs » produits par une source profonde, puis des laves plus riches en certains éléments comme la silice et qui sont dérivées d'un basalte par cristallisation fractionnée. L'analyse de cette séquence et des volumes correspondants donne une information sur la taille du réservoir. En outre, en datant chaque coulée, on peut déterminer la vitesse d'évolution du système. On sait qu'un système volcanique est en activité pendant plusieurs milliers d'années. D'une éruption à l'autre, le magma et la quantité de gaz peuvent changer. En outre, le réservoir est rarement homogène et il arrive souvent que les laves changent de composition au cours d'une même éruption, entraînant des changements de régime éruptif.

Le travail du volcanologue

La volcanologie emprunte des directions de recherche très variées et rassemble des spécialistes différents. Certains théoriciens étudient les écoulements et le comportement d'un mélange de liquide et de bulles de gaz. D'autres s'intéressent aux champs de contrainte et de déformation. D'autres enfin cherchent à élucider le mécanisme de fragmentation et à prédire les tailles des fragments de magma qui en résultent. Des physiciens déterminent les propriétés physiques des magmas et des gaz volcaniques, ainsi que les lois de solubilité des éléments volatils. D'autres reproduisent les systèmes volcaniques en modèles réduits et en tirent des lois qu'ils extrapolent aux cas naturels. Des géologues reconstituent les séquences éruptives et l'histoire de volcans bien choisis. Des chimistes utilisent diverses méthodes de traçage pour déterminer les pressions des réservoirs magmatiques et les vitesses d'ascension des magmas. Cette liste n'est pas exhaustive et illustre l'extrême variété des approches.

Sur un volcan, le volcanologue cherche à déterminer les valeurs des variables physiques et chimiques les plus importantes, à replacer ses éruptions récentes dans son histoire et enfin à déterminer les caractéristiques de ses éruptions, comme leurs régimes, leurs durées et la masse totale de matière éjectée à chaque fois. Pendant une éruption, il essaie de suivre les changements de régime et de mesurer les variations temporelles de débit. Ce n'est qu'ainsi qu'il peut espérer tester ses modèles physiques et vérifier ses hypothèses. En outre, il cherche à relier le volcan aux autres phénomènes géologiques qui affectent la région. Escalader les pentes d'un volcan est enthousiasmant mais n'apporte pas grand-chose. Les phénomènes importants se produisent à une échelle bien plus grande et sont imperceptibles à l'œil.

Comprendre le fonctionnement d'un système, c'est faire le lien de cause à effet, mais c'est aussi savoir quoi mesurer. On ne peut se borner à surveiller les volcans en déployant des appareils de plus en plus sophistiqués sans connaître l'origine des signaux émis. L'approche empirique trouve rapidement ses limites. C'est précisément l'éruption qui diffère des précédentes qui pose les plus graves dangers. Dire qu'un volcan va entrer en éruption n'est pas suffisant et il faut aussi en évaluer l'ampleur, le régime et la durée. Au voisinage d'un volcan en phase de réveil, la seule action possible est l'évacuation. Compte tenu des énormes enjeux économiques et sociaux, il est impératif de maîtriser le facteur temps : maintenir toute une population loin des villes et des maisons n'est pas possible pendant longtemps.

Du point de vue de la connaissance fondamentale, savoir comment apparaît et évolue un système volcanique, c'est comprendre comment notre planète modifie sa structure interne et forme ses continents. C'est aussi comprendre la genèse de la plupart des gisements métallifères qui ont fait la fortune de la race humaine. En effet, l'énergie thermique libérée par les magmas entretient des circulations d'eau chaude qui lessivent les roches de leur métaux et les redéposent en des endroits particuliers.

L'utilité des modèles physiques

Face à la complexité des manifestations volcaniques, la tendance naturelle est de mesurer un nombre sans cesse croissant de variables. Le volcanologue moderne localise les secousses sismiques et en détermine les caractéristiques, mesure la déformation, la température, la composition des fumerolles, etc. En multipliant les mesures, il cherche à recouper les différentes informations et assurer son diagnostic. Grâce à cet effort, il sait aujourd'hui détecter le réveil d'un volcan et suivre le magma en train de frayer son chemin vers la surface. Avec un nombre suffisant d'appareils, il est même capable de prédire le point de sortie et la date de l'éruption avec quelques jours d'avance. Il reste néanmoins incapable de prédire les caractéristiques de l'éruption, telles que débit et durée, or ce sont elles qui déterminent l'ampleur des dégâts et les surfaces affectées. Prédire ces variables demande de comprendre le phénomène éruptif, et de connaître les variables essentielles que sont la pression et la taille du réservoir, et les dimensions du conduit volcanique.

Le magma est éjecté vers la surface parce que le réservoir volcanique est sous pression. Or, la surpression maximum est déterminée par le seuil de résistance des parois, et on sait que celle-ci est quasiment indépendante de la composition des roches. On en déduit un résultat fondamental : toutes les éruptions volcaniques sont associées à des valeurs semblables de la pression du réservoir. Les différences de régime éruptif et de débit ne proviennent donc que des propriétés physiques des magmas, de leur contenu en volatils et de la taille des conduits. Cette liste peut sembler longue, et pose effectivement des problèmes difficiles pour l'élaboration d'un modèle physique détaillé et « exact », mais elle exclut l'une des composantes du système. On sait que les propriétés physiques des magmas varient considérablement d'une composition à l'autre et ce fait est à lui seul capable d'expliquer beaucoup. Par exemple, la viscosité d'une lave rhyolitique, riche en silice, est plus de cent mille fois plus forte que celle d'un basalte. Le raisonnement démontre en outre que la taille du conduit est un paramètre essentiel, que nous ne savons malheureusement pas mesurer aujourd'hui.

Les modèles physiques montrent qu'une éruption « explosive », c'est-à-dire riche en gaz, peut avoir deux comportements très différents dans l'atmosphère. Le mélange qui sort de l'évent est plus lourd que l'air et est projeté vers le haut à grande vitesse. La colonne atmosphérique est turbulente et incorpore de l'air au fur et à mesure qu'elle s'élève grâce à ses tourbillons. Le mélange éruptif s'enrichit en gaz et s'allège. Tant qu'il reste plus lourd que l'air, il décélère sous l'effet de la pesanteur. Si sa vitesse ascensionnelle s'annule, il retombe vers le sol et dévale les pentes du volcan dans ce que l'on appelle le régime de « coulée pyroclastique ». Un autre régime est possible si le mélange éruptif devient plus léger que l'air. Dans ce cas, le jet volcanique est propulsé par la force d'Archimède, à la manière d'une fumée d'usine, et peut atteindre de très hautes altitudes dans l'atmosphère. Ce régime a reçu le nom de « colonne Plinienne » en l'honneur des deux Pline, l'Ancien et le Jeune, qui assistèrent à la terrible éruption du Vésuve qui détruisit Pompéi et Herculanum en 79 après Jésus-Christ. Reproduire les deux comportements par le calcul est aujourd'hui chose aisée et permet d'identifier les paramètres importants. Ceux-ci sont au nombre de trois : la vitesse à la sortie de l'évent, les dimensions de l'évent et la quantité de gaz volcaniques dans le mélange éruptif.

Les effets des deux régimes sont très différents. Une coulée pyroclastique est canalisée par les vallées et dévaste tout sur son passage. Mais elle reste concentrée et n'affecte qu'une faible surface. Une colonne Plinienne évacue un débit semblable de magma à haute altitude, où la circulation atmosphérique le disperse. On a pu montrer que les cendres les plus fines de l'éruption de 1991 du Pinatubo, dans les Philippines, ont fait plusieurs fois le tour du globe. Les effets de l'éruption sont donc dilués et ne sont en général pas mortels. On retrouve par exemple des traces de l'éruption de Santorin de 1 600 avant Jésus-Christ à plus de mille kilomètres de distance. Les masses évacuées dans les deux cas sont semblables. Les surfaces affectées étant très différentes, l'épaisseur des dépôts varie en conséquence. Près de Naples, en Italie, on peut voir en de nombreux endroits les couches de fragments volcaniques de l'éruption de 79 après Jésus-Christ du Vésuve. Les phases Pliniennes ont laissé des bancs de deux ou trois mètres d'épaisseur parfaitement réguliers qui se sont formés lentement sous une pluie de ponces et de cendres. Les phases de coulées pyroclastiques, au contraire, sont épaisses de plusieurs dizaines de mètres et révèlent des conditions de dépôt chaotiques entremêlant cendres et énormes blocs de roches arrachés au volcan.

La théorie montre que, dans certains cas, le passage d'un régime à l'autre peut être dû à d'infimes changements des conditions éruptives. On s'attend à une alternance entre coulées pyroclastiques et colonnes Pliniennes. Pour l'observateur, de tels changements sont intempestifs, imprévisibles et par conséquent éminemment dangereux. C'est d'ailleurs ce qui tua Pline l'Ancien près de Pompéi. Selon la légende, il était resté près du volcan en pleine activité pour l'observer (en fait, d'après le récit détaillé de son neveu, il était corpulent et rechignait à se déplacer). Toutes les phases de cette éruption et leur chronologie ont pu être reconstituées grâce aux dépôts et grâce à la chronique de Pline le Jeune. On sait aujourd'hui que les premières phases furent Pliniennes, marquées par une pluie de cendres et de fortes odeurs de soufre : des conditions désagréables mais supportables. Pline l'Ancien ne cherchait pas à quitter la ville parce qu'il ne savait pas que le Vésuve pouvait changer de régime. Ce fut une coulée pyroclastique qui l'emporta, et qui fut fatale à toute la ville de Pompéi.

Déterminer les caractéristiques d'une éruption est aussi essentiel pour évaluer son influence sur le climat. On sait depuis une vingtaine d'années qu'une éruption peut modifier durablement les températures de la haute atmosphère et les cycles saisonniers. Pour que les effets atmosphériques soient importants, un volcan doit injecter ses produits dans la stratosphère, à plus de dix kilomètres d'altitude. Les variables importantes sont la hauteur atteinte par le panache volcanique et la quantité de soufre émise, qui dépend elle-même de la masse totale de magma et de sa concentration en soufre. Ce sont donc trois quantités qu'il faut connaître. Seule la troisième peut être estimée à partir de mesures sur les laves. Les deux premières quantités ne sont pas des propriétés intrinsèques du magma, et dépendent de la dynamique de tout le système volcanique, c'est-à-dire des forces mises en jeu et des dimensions des différentes composantes.

Est-il encore utile d'étudier une éruption ?

À la lecture de cet exposé, on pourrait croire que nous sommes arrivés à un niveau de connaissance satisfaisant et qu'il est inutile d'aller plus loin. Le phénomène éruptif ne serait plus digne de recherches poussées et il suffirait d'inventorier et surveiller les volcans dangereux de notre planète. En réalité, nous disposons de peu de mesures du déroulement d'une éruption et nos progrès sont lents dans ce domaine. Les éruptions sont rares et se produisent souvent dans des régions difficiles d'accès où il est impossible de déployer des réseaux d'observation et de mesure. En outre, les appareils nécessaires n'existent que depuis quelques décennies. On peut dater les débuts de l'ère moderne de la volcanologie à l'année 1971, lorsque l'observatoire volcanologique d'Hawaii étudia dans le détail une éruption du volcan Kilauea. Les mesures rassemblées permirent de suivre le cheminement du magma au sein de l'édifice, de mesurer le débit de lave à la sortie du conduit et de mettre en évidence plusieurs changements de régime. Grâce aux éruptions qui suivirent celles-ci, nous apprîmes comment se comporte un volcan de ce type. L'éruption de 1980 du Mount St Helens, dans la chaîne des Cascades de la côte Ouest des États-Unis d'Amérique, fut tout aussi riche de renseignements car elle était d'un type totalement différent et faisait intervenir des laves beaucoup plus visqueuses et riches en volatils. En outre, elle se prolongea pendant neuf années et montra que, dans le réservoir magmatique, les conditions changeaient progressivement. Les techniques de mesure mises au point à Hawaii durent être modifiées considérablement avant d'être opérationnelles au Mount St Helens.

Jusqu'en 1995, ces deux éruptions servirent d'exemples type et de nombreux volcanologues retournèrent sur leurs dépôts favoris pour les réinterpréter. Cette année-là, l'éruption du volcan Soufrière Hills, sur l'île de Montserrat dans les Caraïbes, changea la donne. Ce petit volcan se réveilla après quelques centaines d'années de sommeil et montra une éruption d'un type inconnu. Ses laves étaient incroyablement pâteuses : elles contenaient plus de 60 % de cristaux et étaient pratiquement solides. En outre, l'éruption alla *crescendo*, avec un débit augmentant très lentement pendant plusieurs années. Le comportement usuel est en sens inverse : un débit décroissant dû à la vidange du réservoir et à la baisse de pression correspondante. À Montserrat, les meilleures équipes de volcanologie du monde se sont relayées pour mesurer les paramètres de l'éruption et ont recueilli une foule de mesures qui feront la joie des spécialistes pendant de longues années.

Conclusion

Une éruption volcanique est aujourd'hui un phénomène bien compris et nous savons en définir les principaux régimes. Bien entendu, nous n'en maîtrisons pas encore parfaitement tous les avatars et de nombreux travaux seront nécessaires pour lever les derniers voiles. Néanmoins, dans ce domaine, nos idées sont claires et notre programme de travail est arrêté pour plusieurs années. Le défi est désormais ailleurs : il s'agit de descendre vers le réservoir, puis vers la zone source. Pour progresser, il nous faudra déterminer les dimensions et la structure du réseau de plomberie souterrain. En effet, comment comprendre un système sans pouvoir l'observer ? Et comment construire un modèle quantitatif sans connaître ses dimensions et sa structure ? À l'heure actuelle, nous en sommes réduits à travailler en aveugle et à procéder par essai et erreur. On conçoit aisément qu'une telle méthode ne permet pas d'arriver rapidement au résultat !

Les volcans ont perdu une bonne part de leur mystère, mais conservent un grand pouvoir de fascination parce qu'ils nous laissent entrevoir le monde infernal qui règne sous nos pieds. C'est bien ce monde-là qui est au cœur des travaux actuels.

Le cycle de l'eau et l'adéquation besoins-ressources au XXIe siècle

par GHISLAIN DE MARSILY

Le cycle de l'eau, alimenté en énergie par la « machine » thermique solaire, fait s'évaporer l'eau depuis les continents et les océans, la fait transiter quelques jours dans l'atmosphère, puis retomber en pluie. On donnera les chiffres principaux des volumes d'eau annuels parcourant ce cycle, et les volumes d'écoulement associés. On précisera aussi les stocks d'eau disponibles.

On parlera ensuite de l'utilisation des eaux par les sociétés humaines, et les évolutions probables des besoins, en fonction de leur nature (alimentation en eau potable, agriculture, industrie). On évoquera alors les difficultés potentielles de satisfaire la demande, et les solutions possibles en fonction des besoins et des coûts.

L'eau sur terre

Sur terre, il y a les eaux que l'on voit : les océans, les glaces polaires, les lacs et rivières, et puis les nuages et la pluie, et enfin celles que l'on ne voit guère : les eaux souterraines *(Fig. 1)*.

Le stock d'eaux souterraines est contenu dans les roches de l'écorce terrestre, sur une profondeur qui varie selon les endroits, et en quantité qui décroît avec la profondeur. En général abondantes sur les cent premiers mètres, elles deviennent très rares après 10 km. Il est cependant vraisemblable qu'en sus, dans le manteau, entre 70 et 2 900 km de profondeur, les roches silicatées en fusion partielle qui le constituent contiennent un peu d'eau, de l'ordre de

Texte de la 200e conférence de l'Université de tous les savoirs donnée le 18 juillet 2000.

Océans	1,35 milliard de kilomètres cubes, soit 97,4 % du total
Glaces	27,5 millions de kilomètres cubes, soit 1,98 % du total
Eaux Souterraines	8,2 millions de kilomètres cubes, soit 0,59 % du total
Mers intérieures, lacs, rivières	207 000 kilomètres cubes, soit 0,015 % du total
Humidité des sols	70 000 kilomètres cubes, soit 0,005 % du total
Humidité de l'air	13 kilomètres cubes, soit 0,001 % du total
Eaux des cellules vivantes	1 100 kilomètres cubes, soit 0,001 % du total

Figure 1 – Le stock d'eau évalué par les scientifiques soviétiques.

0,3 % en poids, mais vu le volume du manteau terrestre, cette petite quantité d'eau représenterait quand même un volume total du même ordre de grandeur que celui des océans, doublant ainsi la quantité d'eau présente sur terre. On voit ressortir cette eau lors des éruptions volcaniques, sous forme de vapeur. Il est certain que le manteau est alimenté en eau par la subduction, quand des plaques océaniques ou continentales sont entraînées vers l'intérieur du manteau, emportant avec elles les eaux contenues dans les anfractuosités des roches. Cependant, l'on ignore si le bilan du manteau est bouclé, c'est-à-dire si les flux émis par les volcans compensent ceux acquis par la subduction. C'est très vraisemblable, car le volume total des océans ne semble pas avoir significativement varié au cours des temps géologiques. Cette eau du manteau est cependant totalement inaccessible aujourd'hui, avec les technologies disponibles. Au-dessous de 2 900 km, et jusqu'au centre de la terre, à 6 500 km, dans le noyau de fer et de nickel, il ne devrait pas y avoir d'eau.

Le cycle de l'eau

À cette vision statique de quantités d'eau présentes sur terre à tout instant, il faut ajouter une vision dynamique, celle des flux d'eau qui constituent ce que l'on appelle le « cycle de l'eau ». Depuis le XVIIIe siècle, on a prouvé que le cycle de l'eau s'établit *per ascensum*, c'est-à-dire par évaporation à la surface de la terre, circulation par l'atmosphère *via* les nuages, puis retombée en pluie. Les anciens au contraire, depuis la Grèce antique, imaginaient un cycle de l'eau *per descensum*, où les océans se vidaient de leur eau par le fond, vers les continents, où la dite eau se dessalait à la traversée des terrains, puis remontait jusqu'aux sources, par un processus thermodynamique non totalement élucidé. Ils expliquaient ainsi ces deux paradoxes, que le niveau des mers ne montent pas malgré l'incessant apport d'eau par les fleuves, et que les dits fleuves continuent de couler quand il ne pleut pas. S'ils voyaient bien la pluie responsable des orages et des crues, ils attribuaient la présence des nuages à la colère de Zeus, et en rien à l'évaporation. Ce furent Claude Perrault et Edmond Haley qui démontrèrent la réalité du cycle *per ascensum*, le premier en montrant que le volume annuel écoulé par la Seine à son embouchure est bien inférieur au volume total des précipitations sur son bassin hydrographique, et le second que la somme du débit des fleuves arrivant en Méditerranée est inférieur au flux évaporé par cette mer, qu'il estimait à partir de mesures faites sur des bacs expérimentaux posés au bord de la mer. Il n'était donc pas nécessaire d'évoquer un trajet souterrain de la mer vers la terre pour expliquer les deux paradoxes cités *(Fig. 2)*.

Évaporation	sur les continents	71 000 km^3/an
	sur les océans	411 000 km^3/an
Précipitations	sur les continents	111 000 km^3/an
	sur les océans	385 000 km^3/an

Figure 2 – Estimation du flux annuel parcourant le cycle de l'eau per ascensum *pour la totalité de la planète.*

En bilan global, il est donc faux de dire que l'évaporation sur les océans alimente les précipitations sur les continents : les océans n'alimentent que 36 % des précipitations continentales, le reste venant de l'évaporation sur les continents eux-mêmes ; dans la réalité, une partie des eaux évaporées sur les continents retombe sous forme de pluie sur la mer, et le pourcentage de pluies d'origine océanique arrivant sur les continents est donc supérieur au chiffre indiqué, mais le pourcentage réel est mal connu. Il est important de noter que ces valeurs des flux annuels, comparés au volume de vapeur d'eau contenu à chaque instant dans l'atmosphère (13 000 km^3), permettent de dire que la vapeur d'eau ne séjourne en moyenne que huit jours dans l'atmosphère avant de retomber en pluie ou neige : le cycle de l'eau *per ascensum* est très fragile, toute modification du taux d'évaporation se traduirait par une variation concomitante du rythme des précipitations. Cela a été constaté par exemple en 1815, lors de l'éruption volcanique du Tambora, en Indonésie, qui a envoyé un volume énorme de poussières dans la haute atmosphère, obscurcissant pendant plusieurs années le ciel, et réduisant du même coup l'évaporation dans l'ensemble de l'hémisphère sud. Car c'est bien évidement le rayonnement solaire qui fournit l'énergie de l'évaporation, c'est-à-dire de changement de phase de l'eau liquide à l'eau vapeur. On explique de la même manière la disparition des dinosaures lors de la transition Crétacé-Tertiaire, il y a 65 millions d'années : du fait de la chute d'une grosse météorite sur terre, qui a d'ailleurs pu engendrer du même coup de formidables éruptions volcaniques, l'atmosphère aurait été chargée de poussières et obscurcie pendant plusieurs années, arrêtant le cycle de l'eau et également la photosynthèse, et conduisant tous les herbivores et l'essentiel de la faune de taille plus grande qu'un rat à la famine puis à la disparition.

Mais poursuivons la description du cycle de l'eau. La partie du flux qui est disponible pour l'écoulement sur les continents est la différence entre les précipitations et l'évaporation, soit 40 000 km^3/an. Ce chiffre se décompose en trois termes :

— L'écoulement de crue dans les rivières quand il pleut, soit 27 000 km^3/an.

— L'écoulement souterrain par les nappes, qui se vidangent dans les rivières ou parfois directement en mer (et qui est la raison pour laquelle les rivières continuent à couler quand il ne pleut pas), soit 10 500 km^3/an.

— L'apport d'eau par fusion des glaces polaires dans l'océan aux latitudes arctiques et antarctiques, soit 2 500 km^3/an.

Il ne faut pas oublier que ces chiffres sont globaux pour la planète entière, et cumulent le fonctionnement tant des grands fleuves, comme l'Amazone, que des zones arides ou semi-arides, comme le Sahel Africain.

LES BESOINS EN EAU

Face à ces chiffres, il est intéressant de donner les chiffres (estimés pour l'an 2000) des consommations d'eau par les six milliards d'êtres humains qui peuplent aujourd'hui la planète, dans la même unité que celle des flux naturels *(Fig. 3)*.

	Prélèvements	Consommation
Agriculture pour l'irrigation	3 250 km^3/an	2 580 km^3/an
Évaporation sur les plans d'eau des barrages	250 km^3/an	250 km^3/an
Industrie	1 280 km^3/an	190 km^3/an
Alimentation domestique	660 km^3/an	90 km^3/an
Totaux	5 440 km^3/an	3 110 km^3/an

Figure 3

La première colonne, prélèvements, représente la quantité d'eau qui est extraite du cycle naturel par les différentes activités humaines, la seconde, consommation, la quantité réellement utilisée. La différence entre ces deux chiffres est due au fait que l'eau prélevée, par exemple pour l'alimentation domestique, est en réalité pour la majeure partie rejetée après emploi dans le milieu naturel où elle rejoint le cycle naturel (rivières...), mais souvent avec une qualité dégradée par les activités humaines ; cette eau peut être traitée et recyclée pour d'autres usages, cela se passe plus ou moins naturellement dans les rivières, où les eaux usées d'une ville sont souvent rejetées, plus ou moins traitées, dans la rivière, puis à nouveau prélevées par les villes plus en aval sur la même rivière. Il en va souvent de même pour l'eau industrielle, qui sert souvent au refroidissement ou au lavage. Seule l'eau évaporée est réellement consommée, c'est-à-dire perdue pour la partie écoulement du cycle. Il s'agit pour l'essentiel de l'eau utilisée en agriculture pour l'irrigation, ou en totalité des pertes par évaporation sur les lacs de barrages.

Si l'on compare ces chiffres avec ceux des flux d'écoulement disponibles, on constate que globalement, pour la terre entière, on prélève déjà plus de 50 % des débits disponibles hors crues (estimés à 10 500 km^3/an), ou plus de 30 % si l'on ne compte que la consommation. Sachant que les principaux fleuves mondiaux, comme l'Amazone, le Saint Laurent, le Congo sont en réalité très peu utilisés, on comprend la forte tension qui s'est peu à peu mise en place sur les ressources en eau, qui a conduit les pays peu favorisés à faire appel aux débits de crue, par la construction de barrages pour les stocker, ou à des ressources différentes telles que les eaux fossiles (Libye par exemple) ou le dessalement de l'eau de mer (Île de Malte, Arabie Saoudite, Koweït...). Il est instructif de noter qu'il y a un siècle, les prélèvements totaux n'étaient estimés qu'à 580 km^3/an, soit à peu près 10 % des prélèvements actuels. Le problème de l'eau est un problème récent, essentiellement lié aux besoins d'irrigation pour l'agriculture (65 % des prélèvements) pour tenter de satisfaire aux besoins alimentaires d'un nombre toujours croissant d'êtres humains.

Les problèmes de l'eau au XXIe siècle

Tenter de prévoir les besoins en eau dans les années qui viennent est donc intimement lié aux prévisions démographiques, et également à la prévision de la distribution sur la planète de cette population, en particulier si la croissance se fait dans des pays riches ou pauvres en eau, ou si des migrations volontaires, ou résultant des famines qui ne vont pas manquer de se produire, ne vont pas conduire à rééquilibrer cette distribution spatiale de la population.

Les Nations Unies ont établi récemment des prévisions démographiques pour l'année 2025 pour chaque pays du monde, et ont fait l'hypothèse que cette population restait sur place et recherchait dans son pays les ressources en eau qui lui sont nécessaires pour satisfaire aux besoins totaux exprimés. Les besoins *minima* ont été estimés à 1 000 m^3 d'eau par an et par habitant, ce qui conduirait aujourd'hui à un besoin de 6 000 km^3/an pour les six milliards d'être humains que nous sommes, valeur proche des 5 440 km^3/an estimés pour les prélèvements actuels. Connaissant à peu près, par pays, les ressources disponibles, ce calcul a conduit à publier une carte du monde pour l'année 2025 *(Fig. 4)*, sur laquelle figurent en gris pâle les pays disposant de moins de 1 000 m^3/an *(water stress)*, et en gris foncé moins de 500 m^3/an *(water scarcity)*.

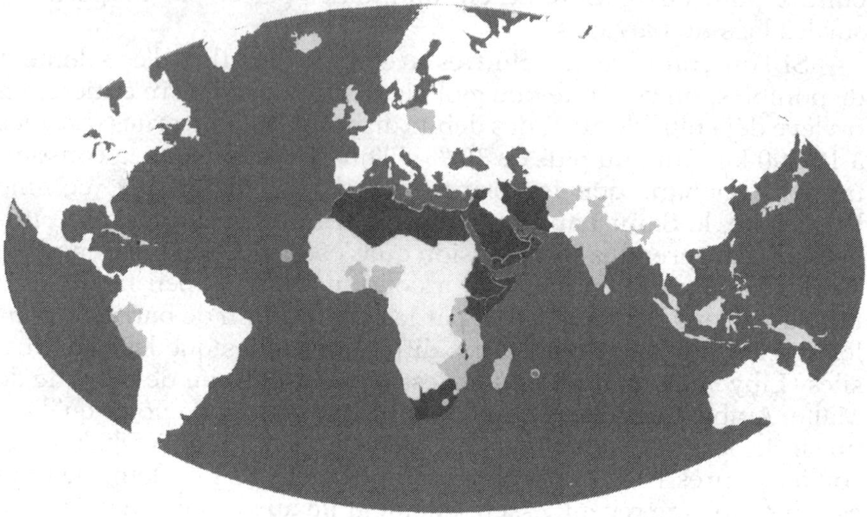

Figure 4 – Carte du monde pour l'année 2025 des pays qui devraient souffrir d'un manque d'eau.

Cette carte est instructive, car on constate que la majeure partie des pays très fortement affectés par le manque d'eau se trouve au rivage sud de la Méditerranée, au Moyen-Orient, dans la Corne de l'Afrique, et enfin en Afrique du Sud. Les grands pays d'Asie, comme l'Inde ou la Chine, ne sont que moins ou pas affectés par ce manque d'eau, encore qu'il faille prendre en compte que les calculs sont faits de façon globale par pays : les déficits prévisibles par exemple en Inde centrale, peu arrosée, sont dans ce calcul compensés par les fortes ressources disponibles dans le Nord de l'Inde, dans les grands fleuves comme le Gange et l'Indus, qui descendent de l'Himalaya. Cette carte sous-entend donc que des transferts massifs d'eau seront réalisés pour subvenir à l'inadéquation des ressources et des besoins au sein d'un même pays, ou encore des transferts de population à l'intérieur d'un pays, ce qui n'est pas forcément réaliste.

Devant ces déficits prévisibles, il y a d'abord la recherche d'une solution technique : augmenter les ressources en eau. Les moyens envisagés sont multiples : le transfert d'eau à grande distance par canaux, ou même par bateaux, éventuellement d'un pays à un autre, la construction de barrages, le dessalement de l'eau de mer, l'appel à des ressources souterraines fossiles, si elles existent, ou même la domestication des icebergs, dont on a dit que l'on pourrait les remorquer du cercle polaire jusqu'aux pays déficitaires, et les faire fondre au soleil. Globalement, on ne manquera jamais d'eau sur terre. Si l'on fait appel par exemple au dessalement de l'eau de mer, les ressources sont pratiquement infinies. Mais le principal problème est économique : où trouver l'argent pour faire ces travaux pharaoniques, et pour payer ensuite l'eau fabriquée par ces investissements onéreux ? Le dessalement de l'eau de mer revient par exemple à près d'un dollar par m^3, aucune exploitation agricole ne peut se permettre aujourd'hui d'irriguer de façon rentable avec de l'eau à ce prix, vu les cours mondiaux des denrées alimentaires. Si l'Arabie Saoudite le fait néanmoins, c'est que l'énergie y est très bon marché, et que le souci d'indépendance alimentaire l'emporte devant les considérations économiques, dans un pays aux ressources financières considérables.

L'idée s'est peu à peu installée que les grands transferts d'eau ne sont peut-être pas économiques, et qu'il vaudrait mieux transférer les produits agricoles produits par l'eau que l'eau elle-même. Ainsi par exemple, il faut 1 000 tonnes d'eau pour produire une tonne de blé : si l'on peut produire le blé dans un pays naturellement bien arrosé, et le transporter dans un pays déficitaire en eau, le coût global sera plus faible que de transporter l'eau et de produire le blé dans le pays déficitaire en eau. On appelle de tels transferts de « l'eau virtuelle »... ! Encore faut-il que la possibilité de produire des excédents dans un pays bien arrosé existe, et que de plus le pays déficitaire exerce une activité non agricole lucrative, qui lui permette de dégager les devises nécessaires à l'achat des denrées agricoles qu'il ne peut pas produire. On en revient donc au problème initial des ressources financières et du développement économique. Il reste enfin le problème de la dépendance politique liée à une dépendance alimentaire.

La Conférence mondiale de l'eau de La Haye de mars 2000

En mars 2000, s'est tenu un gigantesque Deuxième forum de l'eau, à La Haye, avec 4 500 participants, cloturé par une Conférence ministérielle réunissant les représentants de plus de soixante pays. Cette manifestation avait été préparée avec soin par un Conseil mondial de l'eau, organisme indépendant, mais soutenu fortement par la Banque mondiale et l'ensembles des Agences des Nations Unies, en particulier l'Unesco. Ce Conseil mondial de l'eau avait développé, en concertation avec un très grand nombre d'organisations, d'ONG et de pays, développés ou en développement, une « Vision mondiale de l'eau », censée représenter un consensus mondial sur la nature du problème, et sur les solutions à y apporter. Cette Vision mondiale de l'eau a eu le mérite d'imaginer trois scénarios, allant jusqu'à l'année 2025 :

— *Business as usual*, c'est-à-dire que l'on poursuit la politique actuelle sans rien changer. On extrapole simplement les évolutions quantitatives et qualitatives actuelles. La crise est alors au rendez-vous.

— *Technology, economics and the private sector* : technologie, économie et secteur privé. Il s'agit en gros de privatiser le domaine de l'eau, fixer à l'eau un prix commercial, par souci d'efficacité et d'équité. La mondialisation de l'économie en est la base, mais ce scénario laisse de côté les pays les plus pauvres et ne protège pas l'environnement. C'est un scénario réaliste, mais dur à avaler.

— *Values and lifestyles* : valeur et modes de vie. C'est le scénario de l'espoir. Éducation, action au niveau local, développement durable, transparence, équité, solidarité, respect de l'environnement, innovation technologique maîtrisée, organisations internationales et institutions nationales réformées et efficaces, tout y est. C'est le scénario privilégié. Tout ira bien, si la Communauté internationale s'y rallie, et paye le prix nécessaire aux aménagements indispensables pour procurer de l'eau à tous.

Il est bien difficile de décrypter et de comprendre tout cela pour se forger une opinion concrète sur le problème de l'eau au XXIe siècle. Tentons cependant de dégager quelques idées simples, quelques enjeux, quelques options pour envisager vers quoi on se dirige.

La cause première du problème de l'eau n'est pas le manque d'eau, c'est la croissance démographique. Il semble qu'elle se ralentisse, les experts estiment que la population mondiale pourrait se stabiliser vers 2050 en atteignant 8 à 10 milliards d'individus. Mais cette croissance est irrégulière : elle se fait pour l'essentiel dans des pays en voie de développement où existe déjà un stress hydrique. Le problème n'est donc pas véritablement un manque d'eau au niveau global, mais une répartition naturelle inadéquate de la ressource par rapport à la localisation de la croissance démographique. Ajoutons enfin que les pays concernés ont, vis-à-vis de l'eau, des attitudes très différentes. Le problème de l'eau ne peut donc être dissocié des problèmes de société.

La régulation naturelle de l'équilibre d'une population d'êtres vivants, quelle qu'elle soit, s'est toujours faite jusqu'ici par des mécanismes de compétition ou de limitation par les ressources.

Il n'est pas facile aujourd'hui de dire ce qui viendra interrompre la croissance démographique d'*homo sapiens*, qui n'a pas de compétiteur, et si la terre pourra supporter 8 ou 10 milliards d'êtres humains, de façon durable. Cette limitation de la croissance peut être volontaire (limitation des naissances), fortuite (on semble espérer que la réduction de la natalité, qui accompagne le développement économique, arrêtera la croissance avant que les facteurs physiques ne s'en chargent), ou naturelle (limitation par les ressources). Il est clair aujourd'hui que l'eau sera le premier facteur physique limitant qui entrera en jeu, par le biais de la production d'aliments. La crise de l'eau est donc prévisible et, si une solution lui est apportée par la technologie, sans que ne se limite la croissance démographique, un autre facteur physique limitant interviendra tôt ou tard.

Tous les scénarios envisagés pour traiter du problème de l'eau ont jusqu'ici considéré que la croissance démographique maintiendrait sur place les populations. Il peut en réalité se passer trois choses :

— On pallie le manque d'eau en « créant », dans les pays qui en manquent, par la technologie, l'eau indispensable aux besoins (transferts à longue distance, dessalement de l'eau de mer, recyclages et économies diverses, développement de cultures mieux adaptées à la sécheresse, etc) ; le facteur limitant n'est pas l'eau, il y a suffisamment de ressources renouvelables au niveau global, c'est l'argent pour mettre en place la technologie qui peut faire défaut, puisque les déficits hydriques et la croissance démographique se superposent souvent avec la carte de la pauvreté. On peut aussi transporter des denrées alimentaires.

— Les excédents de la croissance démographique engendrent de grandes migrations. C'est ce qui s'est souvent passé dans l'histoire de l'humanité, quand les limites physiques de la croissance ont été atteintes ; que l'on songe aux famines d'Irlande au début du XXe siècle, de Scandinavie au XIXe, qui ont alimenté l'immigration aux Amériques. Du point de vue des territoires « disponibles », le bassin Amazonien, par exemple, est pratiquement vierge ; il serait physiquement possible de le coloniser, en défrichant la forêt, en aménageant les fleuves. Cela coûterait aussi très cher : comment recevoir et faire vivre, dans ces terres nouvelles, les 100 millions d'individus qui, chaque année, devraient se porter volontaires pour y émigrer ? Cependant, on considère souvent cette partie du monde comme la dernière réserve de la planète, le « poumon » de la terre, le sanctuaire de la biodiversité. Faut-il la sacrifier à la croissance démographique ? D'autres territoires sont peu peuplés : l'Australie, le Canada, les États Unis, le bassin du Congo en Afrique, même certaines parties de l'Europe. Les régions concernées sont-elles prêtes à ouvrir leurs portes à 100 millions d'individus annuellement ?

— La violence pourrait connaître diverses formes, allant de la famine, endémique ou catastrophique en années sèches, aux grandes épidémies, devenant un mécanisme tragique de limitation de la croissance démographique. Celle-ci s'accompagne en effet d'une croissance démesurée des grandes mégalopoles. Il existe aujourd'hui 21 villes de plus de dix millions d'habitants (dont 17 dans les pays en voie de développement), contre 3 en 1950. Il en existera plus de 50 en 2025. La qualité sanitaire de la vie dans ces grandes villes est parfois effrayante, les autorités hésitant souvent à aménager la ville, de peur de voir la croissance s'accélérer encore, ou ne disposant pas des ressources pour le faire. Ces grandes agglomérations pourraient favoriser l'éclosion et la transmission de nouvelles maladies. La violence pourrait aussi être plus directe : guerres, conflits autour de l'eau, pour les pays tributaires de ressources à partager (par exemple Turquie et Moyen-Orient pour le Tigre et l'Euphrate, ressources en eau himalayennes pour l'Inde, le Pakistan et le Bangladesh,...). Des guerres civiles entre groupes ethniques pour s'approprier les ressources sont aussi à craindre.

De ces trois scénarios, la Vision mondiale de l'eau a choisi le premier, c'est-à-dire l'aide internationale économique, sans transfert de population. C'est certainement le moins violent, et cela correspond aussi à l'éthique qui anime les puissances à la base de la Vision : une approche anglo-saxonne, imprégnée de protestantisme, de bons sentiments mais aussi de mercantilisme. De la croissance démographique, sujet tabou pour beaucoup, on ne dit rien, on se borne à la constater. C'est l'économie, le commerce, qui résoudra tous les problèmes. La Vision a donc chiffré le coût de la solution économique des problèmes de l'eau : il faudrait investir chaque année, dans le monde, une somme de 160 milliards de dollars US pendant dix ans pour venir à bout des problèmes d'eau. Preuve que le problème de l'eau est économique, et pas un véritable problème de ressources. Il apparaît qu'aujourd'hui, la moitié seulement de cette somme est dépensée annuellement pour l'eau. Où trouver les 80 milliards de dollars qui manquent ? La Vision prône la privatisation du marché de l'eau : faire payer l'eau, et laisser le privé investir pour réaliser les travaux nécessaires, en se remboursant des investissements sur les usagers. La gestion privée de l'eau est considérée par certains comme plus économe, plus efficace que la gestion publique. Faire payer l'eau réduit les gaspillages, et renforce la recherche de méthodes innovantes, par exemple pour l'irrigation. Mais elle s'oppose à l'éthique de beaucoup de civilisations, en particulier dans les pays musulmans, pour lesquels l'eau est un bien gratuit. On rétorque que l'on ne fera pas payer l'eau, mais seulement les services pour la transporter, la purifier ; que l'on inscrira dans une « charte sociale de l'eau » que « l'accès pour tous à l'eau doit être un droit imprescriptible » ; qu'un minimum vital doit être distribué gratuitement. Mais l'approche commerciale a ses limites, et les pays les plus pauvres ne seront jamais en mesure de fournir un marché économiquement attractif. La Vision propose alors une prise en charge par la solidarité internationale de ces besoins non solvables, chiffrés à 12 milliards de dollars US par an. Cette somme est évidemment énorme, et explique que la Conférence ministérielle qui a clôturé les débats se soit abstenue de tout engagement, prenant grand soin d'exclure de sa déclaration toute clause contraignante, alors que la plupart des pays développés connaissent actuellement des excédents budgétaires. On est donc amené à conclure que, sans le dire vraiment, le parti a été pris de compter sur une réduction de la croissance démographique, soit volontaire, soit imposée *de facto* par le spectre de la violence dont nous avons parlé, pour régler les problèmes de l'eau.

Sur cette prospective sombre, il faudrait ajouter les effets (certains, mais difficiles à prédire) des changements climatiques dus à l'effet de serre. Globalement, les précipitations mondiales ne devraient pas beaucoup changer, mais leur distribution dans l'espace changera ; il est hélas probable que les pays du Sud déjà pauvres en eau le deviendront encore davantage, et inversement pour les pays bien arrosés, la limite entre les deux zones devant se situer à la latitude de Lyon environ, avec cependant une très forte incertitude.

Le temps n'est plus hélas à la protection de l'environnement. Déjà, à La Haye, en mars 2000, des conflits se sont fait jour entre les pays en voie de développement et les associations de protection de la nature, qui s'opposaient aux constructions de barrages, soupçonnées de vouloir ainsi servir les intérêts commerciaux des producteurs de céréales nord-américains, en organisant la pénurie. Tous les moyens seront bons pour produire, la construction de grands barrages va s'amplifier (voir par exemple celui des Trois Gorges en Chine), l'emploi des fertilisants et des pesticides se généralisera. La terre arrivera peut-être à nourrir 8 ou 10 milliards d'individus, mais la préservation de l'environnement passera au deuxième plan...

RÉFÉRENCES

– MARSILY (G. de), *L'Eau*, Paris, Flammarion, Collection Dominos, 2e édition, 2000.
– MEYBECK (M.), MARSILY (G. de) et FUSTEC (E.), *La Seine en son bassin*, Paris, Elsevier, 1998.
– ROCHE (P.A.), *La Vision pour l'eau en 2025 : s'est-il passé quelque chose à La Haye ?*, Paris, Agence de l'Eau Seine Normandie, 2000.
– TENIERE-BUCHOT (P.F.) (coordonateur), *L'Eau au XXIe siècle*, Paris, Éditions Futuribles, 2000.

L'observation de l'Océan

par CHRISTIAN LE PROVOST

Pour rappeler le rôle fondamental de l'océan dans les grands équilibres climatiques et environnementaux de notre planète, quelques chiffres suffisent. L'Océan occupe 75 % de la surface de la Terre et contient 96 % de son eau, soit 1,4 milliard de kilomètre cubes. Cette masse d'eau gigantesque a la capacité de stocker une part importante de la chaleur solaire reçue par la Terre. Les courants océaniques transportent cette chaleur de l'équateur vers les pôles. L'océan joue ainsi un rôle de thermostat géant pour notre planète. Il transporte autant de chaleur que l'atmosphère, mais à des échelles de temps beaucoup plus longues. Alors que dans l'atmosphère le « temps » change en quelques jours, les variations dans l'océan sont beaucoup plus lentes : elles sont pluriannuelles à décennales pour l'océan de surface (les mille premiers mètres), et séculaires à millénaires pour l'océan profond.

Et pourtant, cet océan est encore bien mal connu. De ce milieu immense, essentiellement obscur, difficilement pénétrable, et donc forcément hostile, les hommes ont eu longtemps peur, mais n'ont cessé d'être fasciné. Hier source de mythes, l'océan a peu à peu révélé ses mystères, mais il reste un milieu complexe dont l'exploration scientifique n'a véritablement débuté qu'en 1872 par la plus célèbre des expéditions océanographiques : le navire britannique *Challenger* prenait alors la mer pour une mission de quatre ans et allait effectuer des centaines de sondages, enregistrer la température de l'eau à diverses profondeurs, et prélever des échantillons du sol sous-marin.

Texte de la 201e conférence de l'Université de tous les savoirs donnée le 19 juillet 2000.

Quelques caractéristiques fondamentales de l'Océan

Aujourd'hui, nous savons observer plus aisément cet océan, et nous verrons comment un peu plus loin. Mais décrivons d'abord brièvement ce milieu très inhomogène.

Les deux tiers de la chaleur rayonnée par le soleil sur notre planète sont emmagasinés par la mer. Il est donc logique que l'océan soit stratifié en température, avec des eaux chaudes en surface, pouvant atteindre plus de 25 °C dans les zones équatoriales, et des eaux froides, voisines ou inférieures à 4 °C dans ses profondeurs (en dessous de 800 à 1 000 m). Il est aussi stratifié en salinité en fonction de l'origine des masses d'eau qui le composent, et donc stratifié en densité, avec des eaux plus légères en surface et des eaux plus denses dans les couches profondes. Cette stratification varie avec la latitude : les eaux sont chaudes et salées en zones tropicales, plus froides mais plus douces en provenance des pôles. Ce sont ces caractéristiques en température et salinité des masses d'eau qui permettent de caractériser leur origine : on distingue ainsi des eaux d'origine méditerranéenne, que l'on peut suivre loin dans l'océan Atlantique entre 1 000 et 2 000 m, des eaux dites « profondes nord atlantique » formées en mer de Norvège et mer du Labrador et qui s'écoulent lentement sous les eaux de surface d'origine équatoriale transportées par le *Gulf Stream*, des eaux antarctiques, formées dans le courant circumpolaire antarctique, qui pénètrent dans les trois océans (Atlantique, Indien et Pacifique) sous les eaux de surface tropicales, et qui se retrouvent au fond de l'Atlantique Nord et du Pacifique Nord.

L'océan est en mouvement. Il est parcouru par des courants d'amplitudes et de caractéristiques temporelles très différentes. Les courants dus aux marées et aux ondes de tempête sont intenses sur les plateaux continentaux et dominent dans les zones littorales avec des périodes caractéristiques allant de quelques heures (12 et 24 heures pour les marées) à quelques jours. Les grands courants océaniques comme le *Gulf Stream (Fig. 1)* entraînent les couches d'eau supérieures de l'océan (les 800 à 1 000 premiers mètres), principalement sous l'action du vent, avec des échelles de temps caractéristiques de quelques années (il faut environ huit ans pour qu'une masse d'eau de surface fasse le tour de l'Atlantique Nord). Les circulations profondes, au-dessous de la thermocline principale (800 à 1 000 m), constituent la circulation « thermohaline ». Cette circulation est forcée principalement, comme son qualificatif l'indique, par les différences de densité entre les masses d'eau, engendrées en particulier dans les zones d'échanges thermodynamiques intenses avec l'atmosphère aux hautes latitudes (mer de norvège, mer du Labrador, Antarctique), mais aussi en des zones particulières comme le Golfe du Lion en Méditerranée. Ces circulations sont très lentes : elles constituent la boucle lente de la circulation océanique, très mal connue, mais dont l'échelle de temps est de l'ordre du millénaire *(Fig. 2)*.

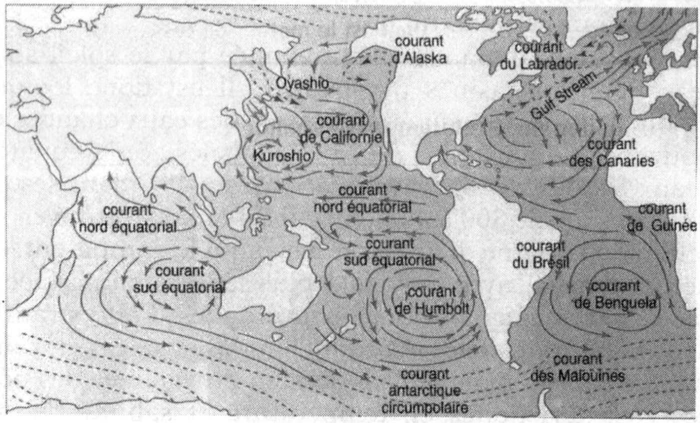

Figure 1 – Les grands systèmes de courants dans les couches de surface de l'océan.

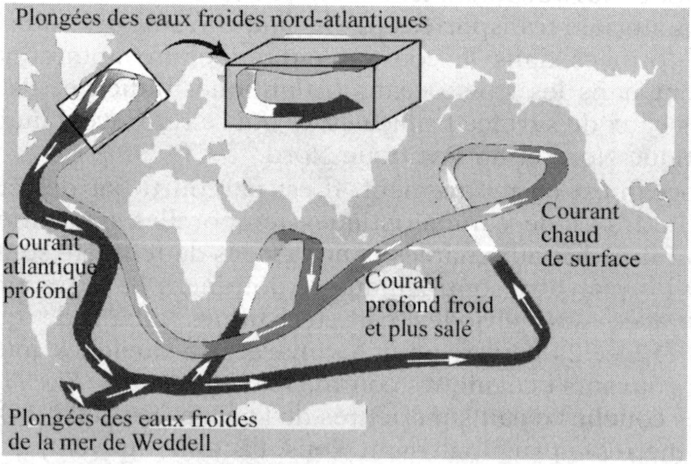

Figure 2 – La boucle lente de la circulation générale des masses d'eau océanique, appelée circulation thermohaline.

Le contexte international de l'océanographie moderne

L'océanographie physique moderne a été marquée au cours des années 1980 et 1990 par la réalisation de grands programmes internationaux d'observation de l'océan, sous l'égide du WRCP *(World Research Climate Programm)*. Le programme TOGA *(Tropical Ocean and Global Atmosphere)* a été dédié à l'observation et l'étude des interactions entre l'océan et l'atmosphère dans les zones tropicales (Pacifique, Indien, Atlantique). Le programme WOCE *(World Ocean Circulation Experiment)* a mobilisé la communauté océanographique internationale pour une observation systématique de l'Océan mondial afin d'acquérir pour la première fois une connaissance véritablement globale de l'océan : la température et la salinité des masses d'eau océaniques, et la vitesse des courants, de la surface au fond, des zones équatoriales aux zones polaires. Ces programmes ont permis la mise en œuvre de moyens d'observation *in situ* à une échelle jamais atteinte auparavant, et couvert pour la première fois simultanément tous les océans. Accompagnant cet effort sans précédent d'observations *in situ*, les techniques de télédétection spatiale ont apporté une vision détaillée de l'océan de surface et de ses variations temporelles avec une précision et une résolution révolutionnaire. Parallèlement, favorisée par l'accroissement exponentiel de la puissance de calcul et de stockage des ordinateurs, cette période a été marquée par des progrès majeurs dans la modélisation de la dynamique et de la thermodynamique de l'océan et dans le développement des techniques d'inversion ou d'assimilation des observations, méthodes permettant de construire une image continue de l'océan dans ses quatre dimensions (horizontale, verticale, et temporelle — sur la période observée et analysée).

Cette discipline, l'océanographie physique, va être marquée dans la décennie qui vient par une transition de la phase d'observation exploratoire précédente vers une phase d'observation à long terme et vers la mise en place de l'océanographie opérationnelle (à l'image de ce qu'est actuellement l'observation et la prévision météorologique pour les sciences de l'atmosphère). Deux programmes se mettent en place : CLIVAR *(Climate Variability)* et GOOS *(Global Ocean Observing System)*.

Le programme CLIVAR a pour objectif l'étude de la variabilité climatique à fréquences interannuelles (typiquement le célèbre phénomène *El Niño*), décennales (comme la NAO : *North Atlantic Oscillation*) et au-delà pluridécennales et séculaires (par exemple l'évolution à long terme du niveau de la mer). Ces études concernent tant l'amélioration des prévisions saisonnières que l'évolution du climat, et l'évaluation de l'impact des perturbations anthropiques possibles ou réelles sur notre milieu.

Le programme GOOS met en place un système d'observation de l'océan permanent et pérenne, couvrant chacun des paramètres décrivant ou contrôlant l'océan, sa physique, sa thermodynamique, et sa composition biogéochimique. Il satisfait aux besoins à long terme du programme CLIVAR. Mais il répond aussi aux besoins plus immédiats de la demande sociale pour un meilleur contrôle de notre environnement et pour une meilleure évaluation de l'impact de l'exploitation par l'homme du milieu marin : son énergie, ses ressources minérales et halieutiques, l'aménagement du littoral, l'exploitation touristique, etc.

GOOS devrait favoriser la transition des programmes d'observation de l'océan du mode scientifique (c'est-à-dire exploratoire) vers le mode opérationnel (permanent et sur le long terme). Quand les réseaux d'observation globaux transmettront leurs observations en temps réel, les données acquises seront exploitées immédiatement : des systèmes intégrés combinant modèles mathématiques et méthodes d'assimilation permettront de produire régulièrement une image de l'état de l'océan dans ses trois dimensions, à un rythme qui variera de quelques jours à la semaine, la quinzaine ou le mois, suivant le secteur d'applications.

Les moyens d'observation

LES PROGRAMMES SATELLITAIRES

Les programmes de télédétection spatiale des dix prochaines années sont déjà planifiés, et en cours de consolidation.

L'altimétrie satellitale s'est imposée (avec les missions franco-américaine TOPEX/POSEIDON et européenne ERS) comme une technique puissante et révolutionnaire d'observation de l'océan. Le dispositif est le suivant *(Fig. 3)* : le satellite survole la Terre, à son bord un radar mesure la distance « altimétrique » qui le sépare de la surface de l'océan. L'altitude du satellite est déterminée à l'aide d'un réseau de balises distribuées à la surface de la terre : le système DORIS. La hauteur de la mer est déduite de ces deux observations avec une précision de quelques centimètres. L'altimétrie satellitaire permet d'obtenir tous les 10 à 35 jours une vision quasi synoptique de la topographie de surface de l'océan, dans laquelle sont inscrites la plupart des signatures des mouvements de l'océan de surface mais aussi en profondeur : ses marées, sa réponse aux forçages atmosphériques, la composante géostrophique des courants, les ondes équatoriales et planétaires, les variations du contenu thermique, etc. Les satellites TOPEX/POSEIDON et ERS sont en fin

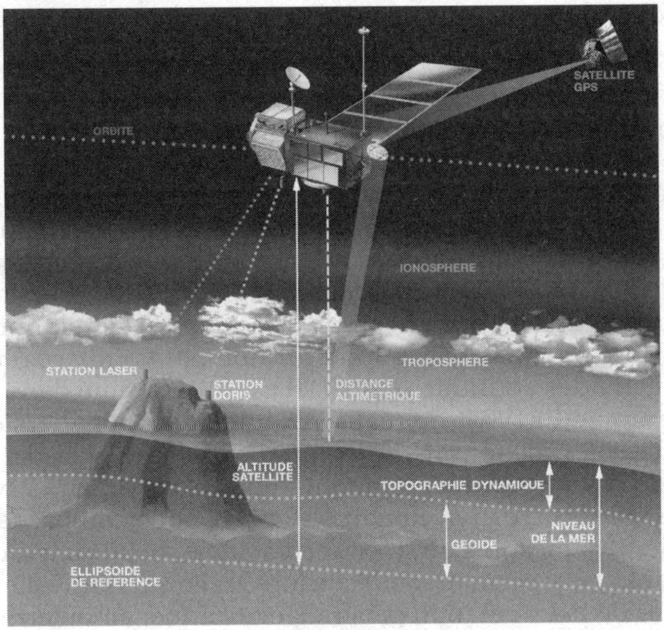

Figure 3 – TOPEX/POSEIDON.

de vie, mais la suite est déjà prévue avec les programmes JASON-1 (mission franco-américaine CNES-NASA) et ENVISAT (mission de l'ESA — Agence spatiale européenne), puis JASON-2, et d'autres missions qui mettront en œuvre de nouvelles générations d'altimètres tel ALTIKA, projet français en cours d'étude. Comme nous l'avons souligné, il est en effet essentiel de maintenir et d'améliorer encore les performances de ces systèmes d'observation sur le long terme, pour comprendre l'évolution de notre climat et surveiller l'évolution de notre environnement.

D'autres missions de télédétection continueront d'assurer la mesure des autres paramètres caractéristiques de l'océan de surface : la température de surface, la couleur de l'eau (en fait la concentration en phytoplancton des masses d'eau de surface), le vent à la surface de la mer, les caractéristiques des états de mer, etc. De nouvelles techniques de télédétection sont à l'étude pour observer la salinité de surface de la mer (la mission SMOS), paramètre, rappelons-le, très important puisqu'il permet avec la température de déterminer la densité des masses d'eau océaniques qui se mélangent dans les grands courants océaniques. De nouvelles missions vont permettre de déterminer avec plus de précision et de détails le champ de gravité (GRACE, GOCE) dont la connaissance est actuellement insuffisante pour déterminer à partir des données altimétriques satellitaires la composante permanente de la circulation générale océanique : l'intensité du *Gulf Stream* dans l'Atlantique, de son équivalent dans le Pacifique : le Kuro Shivo, du courant circumpolaire antarctique, etc. *(Fig. 1)*.

LES PROGRAMMES D'OBSERVATION *IN SITU*

Paradoxalement, ces observations satellitaires sophistiquées ne nous renseignent que sur l'état de l'océan superficiel. Pour avoir connaissance de ce qui se passe dans l'intérieur des océans, il est nécessaire de poursuivre plus classiquement les observations *in situ*, à partir des bâtiments océanographiques, de stations autonomes fixes (retenues par le fond à l'aide de mouillages) ou dérivantes au gré des courants *(Fig. 4)*. Il est programmé dans le cadre du programme CLIVAR de réaliser à intervalles réguliers de quelques années des sections hydrologiques classiques transocéaniques à partir de navires océanographiques pour « surveiller » l'évolution lente des masses d'eau océaniques. Ces sections comprendront en particulier des mesures de traceurs (oxygène, hélium, tritium, carbone 14, etc.) qui permettent de mesurer la composante lente (thermohaline) de la circulation générale océanique, en déterminant le chemin parcouru par ces traceurs à plusieurs années d'intervalle.

Des réseaux fixes équipés de stations autonomes ont été déployés au cours de ces dernières années. Le réseau d'observation du niveau de la mer repose sur un ensemble d'environ 300 marégraphes uniformément répartis le long des côtes et sur la plupart des îles de l'océan mondial. Ce réseau constitue le système GLOSS *(Global Sea Level Observing System)*. Deux réseaux de bouées fixes (retenues par des mouillages de grande profondeur) sont instrumentés pour mesurer les paramètres caractéristiques des échanges océan-atmosphère, la température et les courants de surface, et permettre ainsi de suivre en temps réel l'évolution des océans tropicaux : le réseau TAO dans le Pacifique Équatorial, et le réseau PIRATA pour l'Atlantique Équatorial. Un autre réseau d'observation permet d'échantillonner l'océan de surface à l'aide d'un ensemble de navires marchands qui collaborent bénévolement en effectuant des mesures de température dans les 700 premiers mètres de surface : un système judicieux (XBT) permet de mesurer des profils verticaux de température à partir d'un navire en route, d'enregistrer ces mesures à bord, et de les transmettre via un réseau de satellites de réception pour être recueillies par des centres de traitement de ces données en temps réel.

Ces réseaux vont à l'avenir être complétés par d'autres stations d'observation plus complexes basées sur des systèmes automatiques permettant de mesurer la vitesse des courants, la température, la salinité, et les principaux paramètres biogéochimiques que sont les nitrates, phosphates, silicates, oxygène, chlorophylle..., sur toute la colonne d'eau, de la surface au fond. Ces mesures seront

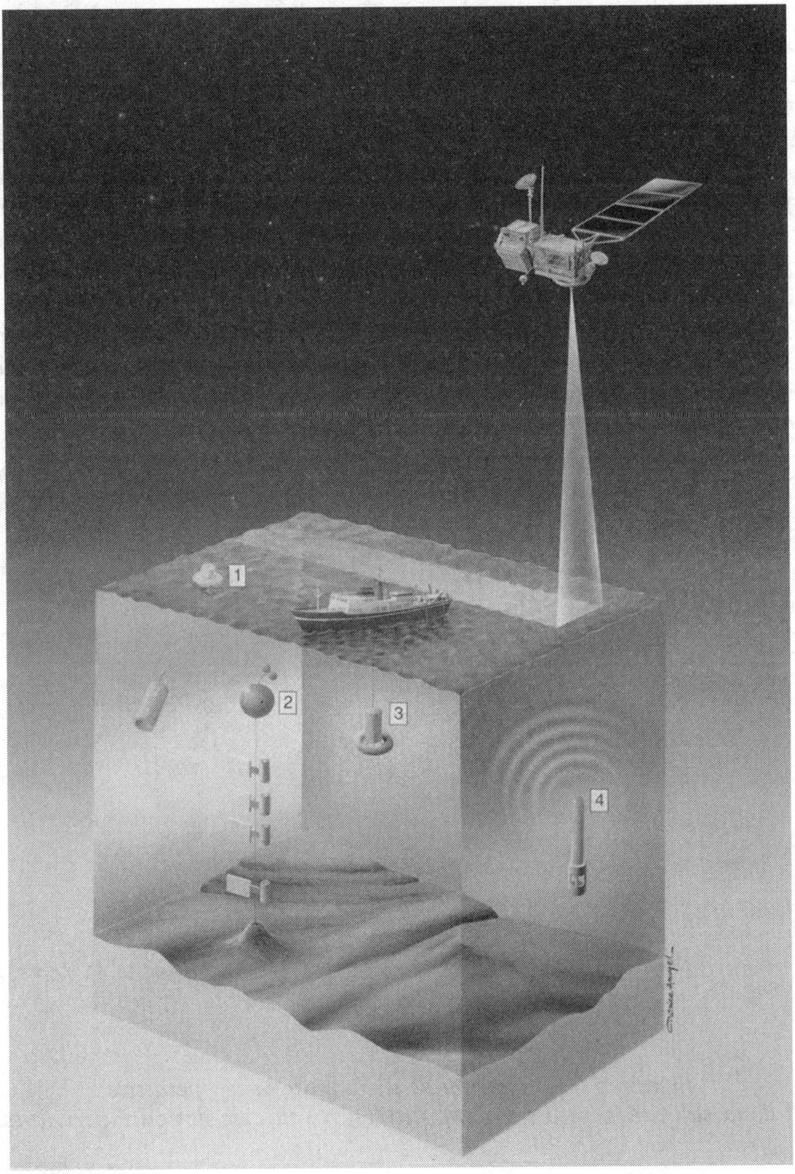

Figure 4 – Les systèmes d'observation de l'intérieur de l'océan.
1 – Bouées dérivantes de surface.
2 – Lignes de mouillages fixes.
3 – Mesures à partir de navires océanographiques.
4 – Flotteurs dérivants de subsurface.

effectuées avec un rythme régulier journalier et les données seront transmises en temps réel par satellite. Un exemple de telle technologie est le système français YOYO-ANAIS.

Nous avons noté plus haut l'importance de connaître la température et de la salinité des masses d'eau pour identifier leurs mouvements. La technique de mesure de la température et salinité a atteint désormais un niveau de fiabilité suffisant pour permettre la mise en œuvre d'un nouveau système d'observation révolutionnaire : le programme ARGO. Il va conduire à ensemencer l'océan mondial de milliers de flotteurs. Ces flotteurs intelligents dériveront à une profondeur choisie (1 000 mètres par exemple), plongeront tous les 15 jours jusqu'à 2 000 mètres et remonteront rapidement jusqu'à la surface en mesurant la température et la salinité le long de ces profils verticaux *(Fig. 5)*. Les flotteurs transmettront leurs données pendant leur séjour en surface vers un système de satellites collecteurs qui les acheminera en temps réel vers des centres d'analyse. Mission accomplie, ces flotteurs replongeront sagement vers leur profondeur. Ce programme n'est pas un rêve. La communauté internationale en a prévu la mise en place pour 2003 : 3 000 flotteurs devraient alors être à la pêche sur tous les océans du globe.

Figure 5 – Le système de mesure de la température et de la salinité in situ *(système ARGO) à l'aide de flotteurs dérivants.*

On comprend que ces actions sont autant d'étapes marquantes vers le système d'observation global et permanent de l'océan dont les scientifiques ont besoin, et vers l'océanographie opérationnelle. La communauté scientifique bénéficiera de ces flots de données systématiques pour étudier comment l'océan évolue à long terme. Bien sûr, elle devra en parallèle continuer à mener des programmes d'étude dédiés à la compréhension des processus fondamentaux qui gouvernent notre Océan, afin de mieux connaître le « pourquoi » de ces observations, afin d'améliorer les lois physiques, thermodynamiques et biogéochimiques exprimant en termes mathématiques cette compréhension — ce que nous appelons « modélisation » de l'océan — et afin d'être mieux à même de prédire le devenir de cet océan.

LA MODÉLISATION DE L'OCÉAN ET L'ASSIMILATION DES OBSERVATIONS

La modélisation numérique de l'océan a considérablement progressé au cours de ces dernières années, grâce à la croissance exponentielle des moyens de calcul et aux investissements considérables des équipes de recherches. Les limitations des capacités de calcul de nos ordinateurs obligent cependant à distinguer encore deux classes de modélisation. D'une part, les modélisations de « basse » résolution permettent de réaliser des simulations sur plusieurs centaines d'années, pour les études climatiques sur le long terme. D'autre part, les modélisations de « haute » résolution sont limitées à des simulations de l'océan sur des périodes de quelques dizaines d'années, mais elles reproduisent les tourbillons et les fronts océaniques qui assurent les mélanges des masses d'eau.

Pour les études sur les modes de variabilité climatique et pour les simulations longues visant à une meilleure compréhension de l'évolution du climat, les modèles d'océan sont désormais couplés à des modèles de l'atmosphère, de la biosphère et de la cryosphère. Les simulations recréent le passé (jusqu'à la reconstitution des paléoclimats) et prédisent le futur. Les études de scénarios associés à l'évolution du contenu de l'atmosphère en gaz à effet de serre en sont de bons exemples.

Les modélisations à très haute résolution (inférieure à la dizaine de kilomètres) deviennent de plus en plus réalistes. Avec ces modèles, il est désormais possible d'étudier plus intimement les mécanismes d'interaction entre les courants océaniques et l'évolution de la composition biogéochimique des masses d'eau. On peut ainsi mieux comprendre leur impact sur la production primaire océanique et mieux appréhender le rôle que joue l'océan dans l'évolution du contenu en gaz carbonique de notre atmosphère.

Enfin, comme nous l'avons noté plus haut, la modélisation des zones côtières va devenir de plus en plus nécessaire pour prédire l'évolution de l'environnement littoral. Cette modélisation est complexe et va demander des efforts spécifiques pour mieux comprendre par exemple les marées et les ondes de tempête, si violentes actuellement.

La synthèse des volumes considérables de données qui seront acquises au travers des systèmes d'observation décrits plus haut, passe par l'« assimilation » de ces informations dans les modèles physiques et biogéochimiques précédemment introduits. Cette combinaison permettra à l'avenir d'obtenir régulièrement une description optimale de l'état de l'océan et de son évolution à l'échelle globale, à la moyenne échelle pour chaque bassin océanique, à l'échelle des marges continentales, et à celle des zones côtières.

Conclusions

On peut résumer en quelques mots cette rapide description de l'océanographie moderne. Essentiellement exploratoire et descriptive jusqu'au début des années 1950, l'océanographie a progressé rapidement pendant la deuxième moitié de ce siècle. Le progrès des techniques d'observation *in situ*, l'apport « révolutionnaire » de la télédétection spatiale, la mobilisation et coordination des moyens à l'échelle internationale, la croissance exponentielle des calculateurs ont permis des pas de géant dans nos connaissances océanographiques.

Mais une nouvelle ère se dessine pour l'océanographie. Nous devons répondre aux interrogations sur l'évolution de notre climat, sur la protection de la qualité de notre environnement, et sur la préservation de nos ressources marines. Les réponses viendront des nouveaux programmes internationaux en préparation : CLIVAR, GOOS, GODAE *(Global Data Assimilation Experiment)*. Ils vont conduire à la mise en place des réseaux d'observation nécessaires pour permettre d'observer l'océan sur le long terme. C'est un nouveau défi pour la communauté océanographique qui, à l'image de la météorologie voici vingt-cinq ans, entre dans l'ère de l'océanographie « opérationnelle ».

Les fleuves sous les mers, courants et marées

par JEAN-FRANÇOIS MINSTER

Je commencerai par une anecdote : la première carte du *Gulf Stream* a été dessinée en 1777 par Benjamin Franklin. La raison en est étonnante. À l'époque, Benjamin Franklin était directeur des Postes, en Amérique qui était encore une colonie. Il avait constaté que les navires qui transportaient le courrier d'Angleterre vers l'Amérique mettaient à peu près deux semaines de plus que pour le trajet du retour. Il a alors interrogé un de ses cousins qui était pêcheur à la baleine et qui lui a expliqué qu'un courant coulait au large, le long des côtes d'Amérique. Benjamin Franklin a alors demandé à tous les navires faisant le trajet entre les deux continents de faire le point par rapport aux étoiles, de relever leur *loch*, c'est-à-dire la trajectoire du navire par rapport à l'eau et d'estimer la différence afin d'en déduire une carte des courants. Petit à petit, il a constitué la première carte du *Gulf Stream*. Il a alors demandé aux marins qui transportaient le courrier d'essayer toujours de partir depuis Boston vers le Sud pour attraper le *Gulf Stream*, parce que, disait-il, le *Gulf Stream* est un fleuve dans la mer qu'on ne peut pas manquer de trouver.

La carte du *Gulf Stream* de Benjamin Franklin était très simple : c'était juste une espèce de grand ruban à travers l'Atlantique. La question qu'on peut se poser aujourd'hui est de savoir où est le *Gulf Stream*, en réalité. Comment varie-t-il dans le temps ? À quelle vitesse et à quelle profondeur coule-t-il ? Combien d'eau transporte-t-il ? En fait, quand on se pose ces questions, on s'aperçoit qu'on n'a pas tellement de perception intuitive des océans.

Texte de la 202e conférence de l'Université de tous les savoirs donnée le 20 juillet 2000.

Quelles sont les grandes raisons d'étudier l'océan ?

La première raison est liée aux transports de chaleur. L'unité utilisée est de 10^{15} Watts, un million de milliards de watts, ce qui représente cent fois le total de l'énergie produite par l'homme. Le transport de chaleur par la Terre est bien connu. Notre planète reçoit un excès de chaleur au niveau de l'équateur, c'est-à-dire qu'elle reçoit plus de chaleur du Soleil qu'elle ne perd de chaleur vers l'espace. C'est le contraire aux pôles. Cet excès, ou ce déficit, sont compensés par un transport de l'équateur vers les pôles. Celui-ci est effectué d'une part par l'océan et d'autre part par l'atmosphère, c'est-à-dire respectivement par les courants et par les vents — la Terre est en fait une gigantesque machine thermique.

Le transport total de chaleur est assez bien connu parce qu'on le détermine à partir d'observations depuis l'espace : on mesure à chaque latitude ce qui rentre, la quantité de chaleur du Soleil, ce qui est réfléchi, et ce qui sort sous forme de chaleur infrarouge émise par la Terre (la Terre émet du rayonnement infrarouge comme vous et moi). On peut donc connaître le bilan à chaque latitude, en déduire ce qu'il faut transporter pour équilibrer ce bilan. La courbe de transport par l'atmosphère est connue depuis la fin des années 1970, parce qu'un modèle météorologique est en fait une représentation de l'atmosphère, qui permet de calculer la quantité de chaleur que celle-ci transporte. La différence entre les deux est *a priori* ce que fait l'océan. On trouve ainsi que l'océan et l'atmosphère jouent à peu près le même rôle.

Cette estimation a d'abord été faite par un des plus grands océanographes du siècle, Henri Stommel, en 1979. Ce résultat n'était à l'époque pas du tout évident : d'ailleurs, les ouvrages d'océanographie des années 1950 expliquaient que l'océan joue un rôle minoritaire dans la machine climatique. En fait, Stommel, en 1979, a démontré que, pour décrire le climat, il fallait prendre en compte l'océan et l'atmosphère. Cela dit, il faut réaliser que les erreurs sur ces estimations sont importantes : en 1979, elles étaient d'à peu près 100 % ! En outre, on ne peut se contenter de deux informations pour en déduire une troisième : il faut essayer de déterminer celle-là également, et savoir si notre connaissance du système est cohérente. C'est pour cette raison qu'à cette époque, la décision a été prise d'organiser une grande expérience pour étudier les courants océaniques, et déterminer leur transport de chaleur. Cette grande expérience s'est appelée WOCE *(World Ocean Circulation Experiment)*. Il nous a fallu dix ans de préparation, huit ans de réalisation pour atteindre ce résultat. Ce programme s'est appuyé sur l'activité de près de quarante pays.

D'autres questions concernent les courants océaniques : par exemple, ils affectent la production primaire annuelle, c'est-à-dire la quantité de carbone fixée par l'activité biologique dans l'océan de surface. On la mesure depuis l'espace en observant la « couleur de la mer », l'océan étant plus vert quand il y a du plancton. Celui-ci est le premier terme du cycle de la vie dans l'océan. Le chiffre global est de 38 milliards de tonnes de carbone par an, du même ordre que la quantité de carbone fixée par la biomasse continentale.

La répartition de la production primaire océanique n'est pas quelconque. Il y a des zones où la production de biomasse est extrêmement faible, par exemple dans l'océan sud, ou en mer des Sargasses. On se souviendra en passant, qu'au cours des années 1970, on pensait que l'océan allait nourrir l'humanité, et qu'il y avait suffisamment de production de plancton pour qu'il y ait d'énormes stocks de poissons dans l'océan sud. On sait aujourd'hui que celui-ci n'est pas le réservoir d'aliments de l'humanité. On sait aussi que l'homme surexploite les stocks de poissons dans l'océan, au point qu'il y a réduction progressive, depuis une dizaine d'années, de la quantité de poissons pêchés. Une des questions sous-jacentes, c'est de réguler cette pêche, ce qui nécessite de comprendre comment fonctionne l'activité biologique dans les océans, et comment se renouvellent les stocks de poissons. Or cela dépend au premier ordre de la répartition des courants, parce que ce sont eux qui transportent les sels nutritifs (nitrates par exemple) qui alimentent le plancton.

Troisième raison d'étudier l'océan : c'est un milieu d'activité économique. En particulier, la grande majorité du pétrole est transportée par voie maritime. En outre, plus de la moitié de la population du globe vit à moins de 30 km des côtes parce que les activités économiques dans les zones littorales sont importantes, parce que le climat y est préférable, et parce que le transport par mer est important. Connaître les courants est important pour cette activité, parce que ce sont eux qui dispersent les polluants, ou parce que les courants affectent les transports maritimes…

L'océan est variable

L'océan est un milieu variable.

À titre d'exemple, si on examine la température de la surface de la mer, de 1980 à 1998, près des Galapagos, on observe des anomalies de température allant de 0 à 4 degrés. C'est une des signatures du fameux phénomène d'*El Niño*. Quatre degrés d'anomalie peut paraître bien faible, sauf que la moitié de la surface de la Terre est comprise entre 30 degrés de latitude nord et sud, que le Pacifique couvre le tiers de la circonférence de la Terre, et enfin qu'une anomalie comme celle-là se fait sentir sur 100 à 200 mètres d'épaisseur.

On peut observer bien d'autres variations de l'océan. On peut citer par exemple le cas de l'oscillation décennale de l'océan Atlantique Nord : à cause d'un réchauffement temporaire, il y a fonte des glaces de mer en mer Arctique, ce qui apporte de l'eau douce à l'océan et on peut suivre le devenir et la trajectoire de cette anomalie de salinité au cours du temps. Celle-ci s'est par exemple propagée vers le sud de la mer du Labrador en 1968, puis est repartie vers le nord-est avec le *Gulf Stream*, en 1974. La boucle se referme en une dizaine d'années. Elle s'accompagne d'anomalies de la température de l'océan, et se traduit par des anomalies du climat au-dessus de l'Europe : quand l'état de l'océan est anormalement chaud, le système dépressionnaire y est anormal.

Évidemment, une des grandes questions que nous nous posons, ce sont les conséquences de l'effet de serre. Depuis 1860 jusqu'à maintenant, la température s'est élevée d'à peu près 0,6 degré. Quand on calcule ce qui se passe à l'aide d'un modèle de climat, c'est-à-dire une simulation numérique représentant l'état de l'atmosphère en relation avec l'océan, les glaces de mer et la biosphère, et que l'on injecte du gaz carbonique et des aérosols dans l'atmosphère, la courbe de réchauffement que calculent ces modèles ressemble beaucoup aux observations. Cela ne démontre pas complètement que le réchauffement observé est une conséquence du gaz carbonique, mais c'est une indication qu'il est la cause probable. L'océan joue un rôle clé dans tout ce système.

Comment étudier l'océan

Tout cela fait que nous voulons comprendre l'océan, décrire les courants et les observer dans la durée. Voyons tout d'abord à quoi ils ressemblent. Une carte d'atlas géographique montre généralement que les courants en surface forment de grandes boucles, comme celle du *Gulf Stream* ou que le courant Antarctique Circumpolaire tourne autour du continent Antarctique, etc. Il faut retenir en outre que l'océan est également parcouru de courants profonds. De façon schématique, l'océan se refroidit en surface dans l'Atlantique nord ; l'eau devient lourde, coule en profondeur, s'écoule au fond de la mer et revient en surface un peu partout dans l'océan, notamment dans l'océan Indien et l'océan Pacifique. En surface, sous l'effet de la chaleur du Soleil, l'eau se réchauffe et revient vers l'Atlantique nord. En réalité, la trajectoire d'une particule d'eau est extrêmement complexe et met du temps : à partir de l'océan Atlantique nord, elle se retrouve dans le Pacifique nord entre 1 000 à 1 500 ans plus tard. Les transports de chaleur dans l'océan sont réalisés autant par les courants profonds que par les courants de surface.

Il nous faut donc étudier l'océan dans sa totalité, en surface comme au fond, et dans la durée. Comment s'y prendre ? Pour l'expérience WOCE, nous avions défini un programme d'observations hydrographiques. C'est le premier outil de l'océanographe, qui consiste à envoyer des navires en mer qu'on s'arrête tous les 15 à 30 km ; on déploie alors des engins au bout d'un treuil qui permettent de mesurer les caractéristiques de l'eau (température, salinité), jusqu'au fond. Chaque station prend quelques heures. Puis le navire fait route, s'arrête à nouveau pour effectuer une nouvelle station. Pour une campagne au travers de l'océan Pacifique sud, il faut deux mois. Ce premier outil de l'océanographie est indispensable. Par exemple, on peut ainsi cartographier les variations de salinité dans l'océan : dans les 1 000 premiers mètres, l'eau est très salée dans la zone équatoriale en surface parce que c'est une zone d'évaporation ; il y fait chaud, et l'eau s'évapore. En revanche, plus près des pôles, l'eau est moins salée, tout simplement parce qu'il pleut beaucoup, ce qui apporte de l'eau douce. L'eau douce est transférée par l'atmosphère de l'équateur vers les pôles. Bien sûr, il faut bien ramener de l'eau peu salée des pôles vers l'équateur ; ce sont les courants qui s'en chargent.

Cela ne suffit pas : à l'évidence, on ne peut pas observer l'océan dans la durée à l'aide de campagnes hydrographiques. La première idée consiste à équiper les navires marchands avec des sondes perdables et automatiques : ce sont des petits poissons à partir desquels une bobine de fil de cuivre se dévide pendant que le poisson tombe dans l'eau ; sur la tête du poisson, un capteur mesure la température de l'eau, tandis que la vitesse de chute fournit la profondeur. On largue chaque année des milliers de poissons de ce type. La carte des lignes ainsi équipées est relativement dense, mais encore insuffisamment. D'autre part, la température n'est qu'un des paramètres à observer. Enfin ces sondes ne marchent que pour les 800 premiers mètres d'eau.

On peut imaginer de laisser des instruments dans l'eau ; cela s'appelle des mouillages. Une gueuse est installée au fond de l'eau. Une ligne est tirée vers la surface par des flotteurs. Sur le câble, on accroche des instruments, par exemple des « courantomètres » qui mesurent la vitesse des courants dans l'eau. Un mouillage a une durée de l'ordre de 2 à 3 ans. Leur nombre des mouillages est assez faible. En réalité, le seul endroit où on a pu déployer une observation systématique de ce type est l'océan Pacifique tropical. Deux navires servent à relever cet ensemble de 80 mouillages et à le maintenir en l'état. L'enjeu en vaut la peine, parce que c'est la zone où se passe le phénomène *El Niño*, dont la prévision a un impact économique tel que cela rembourse largement le système d'observation.

Puisque ce sont les navires qui coûtent cher, il faut construire des engins qui fonctionnent tout seuls. La première idée a été de déployer des bouées à la surface de la mer que l'on positionne chaque jour par le système Argos. On trouve en permanence environ 2 000 bouées de ce type qui dérivent avec les courants. Elles ont une durée de vie de 4 à 5 ans. Encore une fois, l'échantillonnage est loin d'être complet.

On aimerait bien avoir la même chose en profondeur. Les océanographes ont inventé quelque chose d'extraordinaire : il s'agit de bouées que je vais appeler « yo-yo ». Ce sont des bouées dont on est capable de faire varier la densité grâce à une petite pompe qui transfère de l'huile d'un réservoir dans un autre, le deuxième réservoir pouvant se gonfler ou se contracter. La bouée ne change pas de poids mais de volume ; quand elle augmente de volume, elle diminue de densité et va se mettre à flotter, et *vice versa*. On sait ainsi contrôler la profondeur à laquelle va couler la bouée où elle va dériver avec les courants. On sait programmer la remontée de la bouée, qui va alors faire un profil de mesures dans l'eau, jusqu'à la surface ; elle va alors transmettre ses données par satellite. Puis elle recommence. Une telle bouée a une durée de vie d'environ 4 ans. Le projet que nous développons à l'échelle mondiale (il y a déjà 13 pays qui se sont engagés dans cette aventure) est d'en déployer 3 000 dans tout l'océan en 2003 et 2004.

À quoi peuvent ressembler les trajectoires de ces bouées ? C'est là qu'on découvre la complexité de l'océan. En effet, les courants de l'océan sont turbulents comme le sont les vents dans l'atmosphère. À un moment donné, en un lieu donné, le courant peut aller dans n'importe quelle direction, en surface comme en profondeur. On ne peut donc pas se contenter de faire des points d'observation de temps en temps : il nous faut, pour comprendre le climat, des observations denses permettant d'identifier et de filtrer les fluctuations aux plus petites distances dans l'espace et le temps.

On utilise pour cela les satellites. En effet, la grille d'observation d'un satellite consiste par exemple en un point de mesure tous les 7 km le long de son orbite, ce qui correspond à une mesure toutes les secondes. Une telle grille est remplie en quelques jours. En outre, un satellite fonctionne plusieurs années. Par exemple, le satellite TOPEX/Poseidon a été lancé en 1992, et fonctionne toujours. Il sera relayé en 2001 par son petit frère, appelé Jason. Ce satellite est placé sur son orbite à 1 330 km d'altitude ; il embarque un radar qui mesure la distance à la surface de la mer avec une précision de 2 cm. Il faut en outre savoir où est le satellite sur son orbite : on calcule celle-ci par rapport au centre de la Terre à 3 cm près. Par différence entre ces 2 mesures, on est capable de calculer la hauteur de la mer par rapport au centre de la Terre. En moyennant les mesures, la précision est extrême. Pour en donner une idée, de 1992 jusqu'à l'an 2000 (soit environ 2 500 jours d'observation), on observe une variation de hauteur moyenne de la mer de 1,5 mm/an !

Voilà donc le deuxième outil, les satellites, grâce auxquels on mesure aujourd'hui en routine un très grand nombre de paramètres : les courants, mais aussi les marées, la température de la mer, le vent, l'étendue des glaces de mer, la répartition du plancton... L'avantage des satellites, c'est qu'on mesure ces paramètres en continu, globalement, de façon répétée et homogène.

On dispose enfin de la simulation numérique : aujourd'hui, on connaît suffisamment bien le fonctionnement de l'océan (c'est-à-dire les équations qui décrivent les courants) pour représenter l'état de l'océan sur ordinateur. On dispose de puissances de calcul suffisantes pour faire ces calculs au moins à l'échelle d'un océan comme l'Atlantique.

Les océanographes ont donc trois outils : les données *in situ*, les données satellites (les courants observés depuis l'espace), les modèles numériques. Ils ont donc la possibilité d'avoir trois estimations des transports par les courants, en particulier des transports de chaleur dans l'océan. Aujourd'hui, après l'expérience WOCE, les trois estimations sont convergentes, avec une erreur de 20 % à 30 %. Ils pensent donc aujourd'hui connaître suffisamment bien les courants et l'océan pour penser au futur.

Le futur, c'est de prévoir

Il faut prévoir l'état des courants demain pour savoir comment ils vont changer, que ce soit pour les applications économiques, ou pour l'étude du climat de demain s'il y a un réchauffement climatique. Pour ce faire, il faut un outil et une nouvelle logique de travail. Il faut en effet une représentation des courants, c'est-à-dire des modèles numériques parce que c'est le seul outil qui permette de faire des prévisions. Simplement, le modèle numérique ne sera jamais complètement réaliste parce que l'océan est chaotique, et que les courants sont imprévisibles au-delà d'une certaine échéance. Par conséquent, il faut sans cesse des observations pour caler l'état du modèle, comme on le fait dans la prévision météo. L'outil pour caler l'état du modèle s'appelle « l'assimilation de données » : cela veut dire que le modèle numérique assimile l'information des observations. Celle-ci est un calcul lourd, à peu près dix fois plus lourd que le modèle numérique lui-même ; il faut donc pour cela des ordinateurs de la prochaine génération.

À partir de là, le modèle devient réaliste et permet de faire la prévision des courants. Cette prévision n'est pas intéressante en soi : ce que veut le client, c'est quelque chose d'utile pour lui. Le militaire veut un champ de propagation acoustique pour détecter son sous-marin ; la marine marchande veut une carte de courants pour savoir où elle doit faire sa route ; l'aménageur veut savoir où il peut vider sa barge pleine des déchets, pour éviter de polluer une frayère ou les côtes... Donc, il faut transformer cette prévision des courants en information utilisable par les utilisateurs.

Aujourd'hui, on sait faire des prévisions de l'évolution de la température lors d'un phénomène *El Niño* à des échéances de trois à six mois. La situation de 1997-1998 a d'ailleurs été correctement prévue. Notez qu'il y a une grande différence entre la prévision météorologique et la prévision du climat. Dans ce dernier cas, on ne cherche pas nécessairement à savoir s'il y aura une anomalie à tel endroit de l'océan près de telle île, mais plutôt à savoir si, dans l'ensemble, il fera plus chaud ou plus froid. C'est donc une prévision statistique qui est faite : on fait pour cela beaucoup de simulations et on étudie la moyenne statistique des réalisations.

On sait également prévoir les courants océaniques à l'échelle du mois. Ainsi, à Toulouse, le Service hydrographique et océanographique de la marine fournit des prévisions du champ de courants dans l'Atlantique nord-est. Ces prévisions sont fournies aux navires océanographiques ou aux militaires. On commence alors à envisager des applications pratiques. Par exemple, une société de services vend des anomalies de courants aux pêcheurs, lesquels s'en servent pour mieux savoir où aller pêcher en particulier dans le détroit du Mozambique — il ne s'agit pas de pêcher plus mais de pêcher à moindre frais en allant directement là où il doit y avoir des thons.

Nous sommes donc aujourd'hui en train de construire les outils de la prévision océanique. Toutes les techniques sont maîtrisées, mais il faut les transformer en une réalité concrète, utilisable par tous. Il nous faut donc devenir opérationnel. Et c'est ce à quoi nous travaillons.

Les grands fonds océaniques et les gisements de métaux de demain

par THIERRY JUTEAU

La dorsale océanique mondiale

Les fonds océaniques se renouvellent de manière continue par émission de magma basaltique au niveau de la dorsale océanique mondiale. Dans le cadre de la théorie de la tectonique des plaques, c'est ce que l'on appelle « l'accrétion continue des fonds océaniques ». La dorsale océanique est la plus grande chaîne volcanique active de la Terre *(Fig. 1)*. C'est aussi, et de loin, la source principale de roches magmatiques volcaniques et plutoniques à la surface du globe. Cette immense chaîne volcanique est entièrement sous-marine (sauf en de rares endroits où la conjonction avec un « point chaud » fait émerger la dorsale, comme en Islande). Elle s'étend sur plus de 60 000 km de long à travers les océans du globe, et ses reliefs, larges de 1 000 à 3 000 km, occupent environ le tiers de la surface totale des fonds océaniques. La crête de la dorsale culmine en moyenne à – 2 500 m et s'élève donc de 2,5 à 3 km au-dessus des grandes plaines abyssales qui la séparent des talus continentaux.

Enfin, il faut ajouter à cela les zones d'accrétion secondaires des bassins arrière-arc (Bassin Nord-fidjien, Bassin de Lau, Bassin de Woodlark, Bassin de Manus dans le Pacifique sud-ouest ; rift de Caïman dans la mer des Caraïbes, etc.). Dans la région du Sud-Ouest Pacifique, des travaux cartographiques détaillés ont révélé l'existence, dans plusieurs de ces bassins, de segments de dorsale océanique pouvant se relayer sur parfois plus de 1 000 km (Bassin Nord-fidjien par exemple).

Texte de la 203e conférence de l'Université de tous les savoirs donnée le 21 juillet 2000.

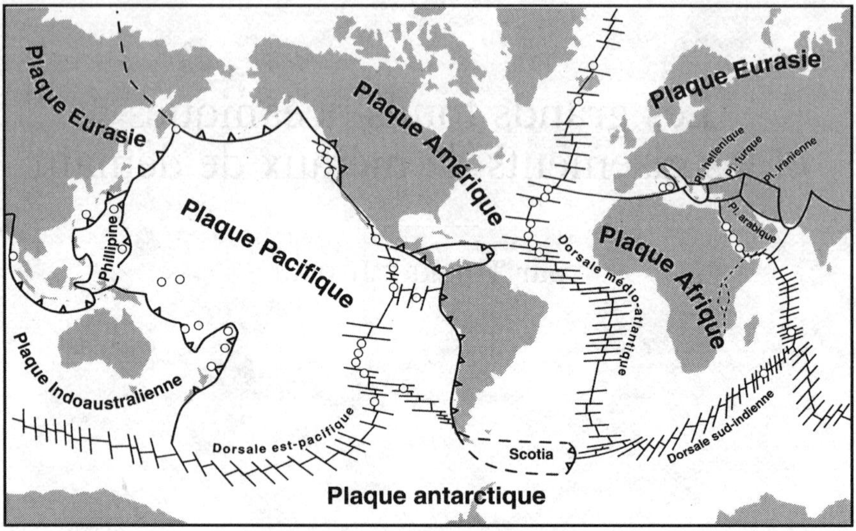

Figure 1 – Carte de l'océan mondial, montrant la dorsale océanique mondiale, les principales fosses océaniques marquant les zones de subduction, et la localisation des champs de sulfures massifs hydrothermaux connus actuellement dans les océans (d'après Yves FOUQUET, Centre Ifremer de Brest, novembre 1999, simplifié).

Le volcanisme sous-marin des dorsales

Sous la couche sédimentaire qui tapisse le fond des océans actuels, le socle dur constituant le sommet de la croûte océanique est partout formé de coulées basaltiques. Des centaines de forages des programmes internationaux DSDP *(Deep Sea Drilling Project)*, puis ODP *(Ocean Drilling Program)*, dans tous les océans du monde, l'ont amplement prouvé. Cette couche basaltique épaisse de plusieurs centaines de mètres en moyenne a été créée et s'est mise en place tout le long de la Dorsale océanique mondiale. Elle occupe actuellement environ 360 millions de km^2, une surface bien supérieure à celle des continents.

Ce volcanisme de grande profondeur reste encore mal connu. Rappelons qu'aucune éruption profonde n'a pu être observée jusqu'à présent, même si des coulées fluides vieilles de quelques jours à peine, ont pu être observées par submersible sur la dorsale Est-pacifique. La zone volcanique active de la dorsale forme une bande étroite, souvent de moins d'un kilomètre de large, à l'axe même de la dorsale. Cette zone active se caractérise par l'aspect noir et brillant du verre basaltique, par le grand nombre de fragiles protubérances vitreuses à la surface des laves, par l'absence complète de sédiment et de faune. À grande profondeur, le basalte émis à

1 200 °C subit en surface une trempe thermique extrêmement brutale en débouchant dans l'eau de mer glaciale à 2 °C. L'effet de cette trempe thermique sur la morphologie des coulées dépend principalement du « volume » de lave émis :

— L'émission de volumes modérés de lave entraîne invariablement la formation de laves en coussins, ou *pillow-lavas*, constituant des corps effusifs à morphologie remarquablement variée, le plus souvent tubulaire, mais jamais planaire. La lave basaltique se vitrifie instantanément en surface, et cette couche de verre épaisse de 1 à 2 cm empêche la coulée de s'étaler en surface, l'obligeant à s'écouler en doigts de gants. Elle forme des tubes qui se chevauchent les uns les autres, et avancent vers le bas de la pente par éclatements successifs de la croûte vitreuse frontale. La pression interne de la lave en fusion dans les tubes fait d'ailleurs craquer la croûte vitreuse en de nombreux endroits, ce qui entraîne la formation de nombreuses protubérances vitreuses et petites coulées secondaires.

— L'émission de volumes très importants mène à la formation de corps effusifs à morphologie essentiellement planaire : lacs de lave, coulées fluides et coulées massives. Les émissions fissurales très volumineuses produisent des lacs de lave. La trempe thermique a peu de prise sur un très gros volume de lave issu d'une large fissure. Une telle masse incandescente de lave ira ennoyer tous les creux topographiques situés sur son chemin, formant un véritable lac de lave temporaire dont la surface, plane sur plusieurs km^2, tranche sur le moutonnement des pillow-lavas encaissants.

À l'échelle d'un segment de dorsale, le rapport entre les surfaces couvertes respectivement par les lacs de lave (y compris les coulées fluides) et par les pillow-lavas se corrèle de manière quasiment linéaire avec le taux d'accrétion : il est maximum et proche de 100 % sur les segments les plus rapides de la dorsale Est-Pacifique, et minimum et inférieur à 10 % sur les dorsales les plus lentes, par exemple sur la dorsale médio-Atlantique, ou encore dans le rift axial de la mer Rouge, où le rapport coulées fluides/pillows avoisine zéro.

LA TECTONIQUE À L'AXE ET LE CYCLE VOLCANO-TECTONIQUE

À peine créée à l'axe, la jeune croûte océanique en cours de refroidissement est immédiatement soumise aux forces de distension de la séparation des plaques et transportée latéralement loin de l'axe. D'innombrables plans de fracture se développent dans la croûte fragile, qui la découpent en une série de blocs bordés de failles.

Les fissures ouvertes sont les signes superficiels les plus communs de la rupture tectonique de la zone axiale. Par définition, elles ne montrent pas de déplacement vertical des deux lèvres. Les escarpements de failles normales sub-verticales, parallèles à l'axe de la dorsale, représentent l'autre type de structure tectonique extrêmement commun dans la zone axiale. Leur rejet vertical varie de quelques dizaines de cm à plusieurs dizaines de mètres. De part et d'autre de la zone volcanique axiale, ces failles découpent la jeune croûte océanique en une série de blocs surélevés *(horsts)* et de blocs effondrés *(grabens)*, parallèles à l'axe. Des failles de détachement à faible pendage ont été décrites, en particulier sur les dorsales « lentes » comme la dorsale médio-Atlantique.

Les études récentes ont montré que chaque segment de dorsale évolue dans le temps suivant un cycle volcano-tectonique fondamental, au cours duquel les processus magmatiques, tectoniques et hydrothermaux s'influencent réciproquement. La nécessité d'un cycle volcano-tectonique résulte du fait que les éruptions volcaniques des dorsales, comme celles du volcanisme aérien, sont intermittentes, alors que le processus de l'accrétion, lui, est continu. Chaque éruption volcanique est précédée et suivie d'une phase de quiescence plus ou moins longue. On peut distinguer ainsi des stades d'accrétion magmatique, relativement brefs dans le temps, correspondant à des éruptions volcaniques en surface, et des stades d'accrétion tectonique, correspondant à des phases d'arrêt du volcanisme, au cours desquelles la jeune croûte océanique axiale est soumise à des contraintes d'extension purement tectoniques.

Fumeurs noirs, oasis sous la mer et minerais métalliques

Dès sa consolidation dans la zone axiale de la dorsale, la croûte basaltique constituant le nouveau plancher océanique est immédiatement exposée au contact de l'eau de mer, qui s'infiltre par toutes les fissures et cavités, par tous les pores de la couche basaltique. L'interaction entre l'eau de mer et les roches de la croûte océanique entraîne de profondes modifications des propriétés physiques, chimiques et minéralogiques de la croûte océanique. Par ailleurs, ces échanges chimiques contribuent à contrôler la chimie de l'eau de mer, et à maintenir constante la composition des océans.

Les conséquences métallogéniques de l'interaction basalte-eau de mer au niveau des dorsales sont très importantes. La découverte relativement récente, sur la dorsale Est-Pacifique, de sources hydrothermales chaudes précipitant des sulfures polymétalliques riches en fer, cuivre et zinc (les célèbres « fumeurs noirs »), ainsi que des oxydes de fer et de manganèse, s'est étendue depuis à toutes les dorsales et aux bassins arrière-arc.

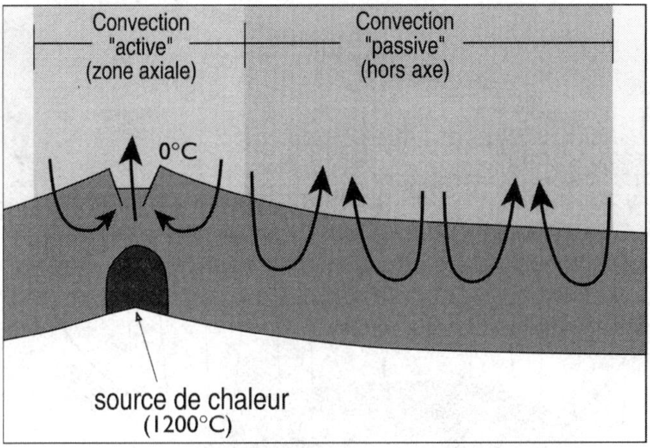

Figure 2 – Schéma illustrant les deux types de régimes convectifs dans la croûte océanique. D'après les conceptions de Lister (1982). Dans la cellule axiale, une circulation active de haute température est entretenue par la présence permanente d'une puissante source de chaleur (chambre magmatique, ou roches très chaudes). Dans le domaine hors axe, une circulation de plus basse température (< 200° C) est maintenue par le refroidissement passif de la croûte et de l'ensemble de la lithosphère.

CONVECTION « ACTIVE » ET CONVECTION « PASSIVE »

On peut distinguer deux types de régimes convectifs de l'eau de mer dans la croûte océanique *(Fig. 2)* :

— Les systèmes actifs sont strictement localisés à la zone axiale des dorsales, au toit de réservoirs magmatiques, où la chaleur est extraite à travers une couche limite. Dans de tels systèmes, les températures sont élevées (T > 300° C), et la circulation hydrothermale est vigoureuse et rapide.

— Les systèmes passifs se développent hors axe, la chaleur étant fournie simplement par le refroidissement lent de la croûte et de la lithosphère. Les températures sont nettement plus basses (T < 200° C), et les vitesses de circulation beaucoup plus lentes que dans les systèmes actifs. Les systèmes passifs sont beaucoup moins spectaculaires que les systèmes actifs, et donc plus difficiles à détecter et à étudier. Ce sont eux, cependant, qui évacuent la plus grande quantité de chaleur, au moins dix fois plus que les systèmes actifs.

La *figure 3* montre les différentes parties d'un système hydrothermal actif au niveau d'une dorsale océanique. Ce système comprend de nombreuses zones de recharge descendantes, par où l'eau de mer froide pénètre dans la croûte et se rapproche du toit de la chambre magmatique, en réagissant avec les basaltes traversés, à

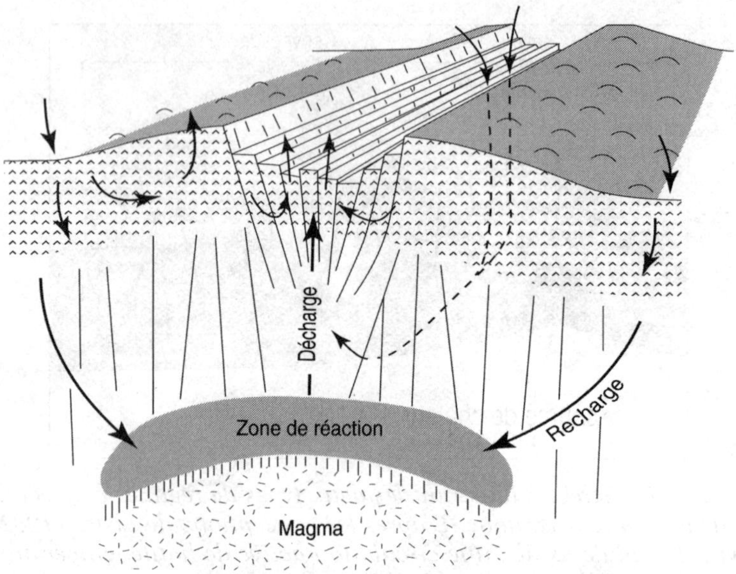

Figure 3 – Schéma montrant les différentes parties du système hydrothermal sous-marin développé au niveau des dorsales océaniques. L'eau de mer froide pénètre et descend dans la croûte par de vastes zones de recharge, et réagit avec la croûte à des températures croissantes au cours de sa migration vers le bas. Des réactions chimiques de haute température se développent dans la Zone de réaction, juste au-dessus de la source de chaleur (habituellement la chambre magmatique), d'où les fluides hydrothermaux remontent rapidement vers la surface par des zones de décharge focalisées ou diffuses.

des températures croissantes. Dans la « zone de réaction de haute température » (ZRHT), l'eau de mer s'est transformée en un fluide hydrothermal chaud et se charge en métaux dissous et en soufre réduit. Ce fluide de faible densité très proche des conditions critiques remonte vers la surface, et se canalise dans des zones de décharge focalisées ou diffuses.

Ainsi se dessine une véritable circulation convective de l'eau de mer à travers la croûte océanique.

ASPECTS MÉTALLOGÉNIQUES DE L'HYDROTHERMALISME OCÉANIQUE : LES DÉPÔTS DE SULFURES POLYMÉTALLIQUES MASSIFS

Les amas sulfurés massifs des fonds océaniques et la découverte des fumeurs noirs

Au cours des vingt dernières années d'exploration des océans, de nombreux dépôts de sulfures polymétalliques ont été découverts sur le plancher océanique profond, dans des sites géologiques variés *(Fig. 1)*. Tous ces dépôts ont en commun d'une part la proximité d'une source de chaleur, induisant la circulation hydrothermale de l'eau de mer à travers des roches fracturées et faillées, d'autre part le mélange du fluide hydrothermal avec l'eau de mer ambiante, provoquant la précipitation de sulfures métalliques et d'autres minéraux, à la surface ou juste sous le plancher océanique.

Ces dépôts contiennent de fortes concentrations en Zn, Cu, Pb, Ba, Ag ou Au. Dans des environnements fortement sédimentaires, certains d'entre eux peuvent atteindre une taille de plusieurs millions à plusieurs dizaines de millions de tonnes, comparables à certains dépôts analogues exploités à terre.

Bien que 1 % à peine des grands fonds océaniques aient été explorés en détail, on recense aujourd'hui plus d'une centaine de dépôts de sulfures polymétalliques sur le plancher océanique, dont l'immense majorité se situe dans l'océan Pacifique *(Fig. 1)*.

Les premières découvertes de sulfures polymétalliques eurent lieu au milieu des années 1960 dans plusieurs fosses de la région axiale de la mer Rouge. En 1977, des sources tièdes entourées de spectaculaires faunes hydrothermales furent découvertes sur le rift des Galapagos. En 1978, des cheminées de sulfures inactives furent découvertes et échantillonnées à l'axe de la dorsale Est-Pacifique à 21° N, lors d'une campagne franco-américaine de plongées. Un an plus tard en 1979, une expédition américano-française dans la même zone fit la remarquable découverte de l'activité hydrothermale de haute température, sous la forme de cheminées de sulfures crachant un fluide hydrothermal noir et tourbillonnant à 350° C, les célèbres fumeurs noirs (ou *black smokers* en anglais). Entourés d'une spectaculaire faune hydrothermale, ces fumeurs noirs sont essentiellement constitués de sulfures polymétalliques, de silice amorphe et de sulfates de calcium (anhydrite) et de baryum.

De tels champs hydrothermaux à fumeurs noirs furent ensuite découverts en de nombreux endroits de la dorsale océanique mondiale, ainsi que dans un certain nombre de bassins arrière-arc ou marginaux, et au sommet de certains *seamounts*.

Le modèle génétique

Cas extrêmement rare dans le panorama actuel de la métallogénie, les fumeurs noirs permettent d'observer en temps réel la formation d'un gisement métallifère, en l'occurrence d'un amas de sulfures polymétalliques. Les eaux hydrothermales chaudes précipitent directement des sulfures de fer, cuivre et zinc sur la paroi interne des cheminées. Celles-ci finissent par s'écrouler, et leurs fragments accumulés et enchevêtrés, cimentés par des minéraux de plus basse température, édifient petit à petit un « amas sulfuré » sur le plancher océanique basaltique.

Le modèle métallogénique est ici particulièrement clair, du moins dans ses grandes lignes *(Fig. 4)* : l'eau de mer froide s'infiltre

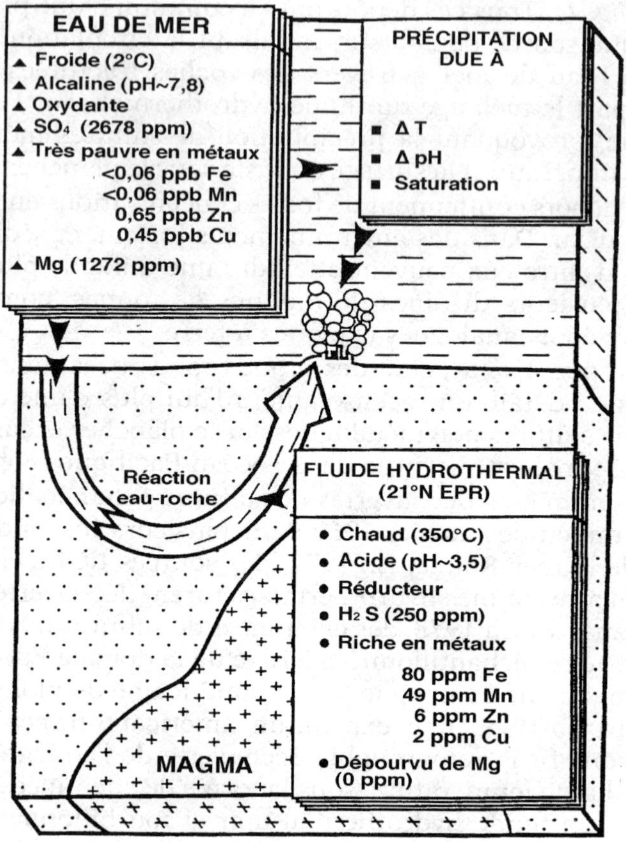

Figure 4 – Modèle métallogénique pour les dépôts hydrothermaux de la dorsale Est-Pacifique, utilisant les données acquises à 21 °N. D'après SCOTT (1992).
L'eau de mer froide, oxygénée et très pauvre en métaux, se transforme en un fluide hydrothermal chaud, réducteur et riche en métaux, par interaction avec les roches chaudes situées à quelques kilomètres du plancher océanique. Le fluide hydrothermal remonte rapidement et se mélange avec l'eau de mer ambiante pour précipiter une grande partie de sa charge minérale. Cette précipitation est une conséquence du refroidissement rapide et de la remontée du pH, par addition du sulfate de l'eau de mer. 1 ppb = 10^{-9} (partie par milliard, en masse).

dans la jeune croûte océanique par les innombrables fissure ouvertes qui s'y développent ; cette eau légèrement alcaline au départ (son pH est proche de 8) précipite ses sulfates et carbonates, au fur et à mesure qu'elle descend et se réchauffe progressivement à l'approche des réservoirs magmatiques. Vers 2 ou 3 km de profondeur, surchauffée à plus de 350° C et devenue très acide (son pH est devenu inférieur à 4) et corrosive, l'eau remonte vers la surface à l'axe de la dorsale, dissolvant sur son passage les métaux et le soufre contenus à l'état de traces dans la couche basaltique. En débouchant dans l'eau de mer glaciale, cette eau chaude chargée de métaux précipite ces sels dissous en masse. Une fraction de cette charge reste dans le panache hydrothermal qui s'étale à plusieurs centaines de mètres au-dessus des cheminées. Riche en hydroxydes de fer et de manganèse, ce panache déposera lentement ses fines particules tout autour du site.

Vers une meilleure compréhension des gisements terrestres

Du coup, nous comprenons beaucoup mieux comment de nombreux gisements métallifères, aujourd'hui terrestres, ont pu se former dans les océans du passé. À commencer par les gisements de sulfures polymétalliques riches en cuivre des ophiolites, ces fragments de lithosphère océanique égarés sur les marges continentales ou sur les arcs insulaires. Beaucoup d'entre elles contiennent des concentrations exploitables de sulfures de cuivre, de fer et de zinc, avec parfois des traces non négligeables d'or et d'argent.

Ces sulfures forment des amas à l'intérieur ou à la surface d'anciennes coulées basaltiques sous-marines à *pillow-lavas*, exactement comme à l'axe des dorsales actuelles. De plus, on y retrouve des fragments circulaires d'anciennes cheminées hydrothermales et même, dans certains cas, des restes fossiles de faunes hydrothermales. Tels ces tubes fossilisés découverts en 1985 dans le minerai de la mine de Bayda, dans les ophiolites des montagnes d'Oman, vieilles de cent millions d'années environ. La morphologie des empreintes de tubes évoque irrésistiblement les colonies d'Alvinella proliférant sur les « diffuseurs blancs » et les « fumeurs noirs » de la Dorsale Est-Pacifique.

Les analogies sont telles que la conclusion s'impose d'elle-même : ces amas sulfurés polymétalliques des ophiolites, connus et exploités à Chypre, en Oman, en Turquie, à Terre-Neuve ou aux Philippines, représentent d'anciens dépôts hydrothermaux formés par des fumeurs noirs, sur les dorsales d'océans aujourd'hui disparus *(Fig. 5)*.

Conclusions

Les ressources minérales de l'océan profond sont les sulfures polymétalliques massifs dans les zones d'accrétion (dorsales, bassins arrière-arc, etc.) et les sommets des volcans sous-marins ou *seamounts*, les nodules de manganèse des grandes plaines abyssales, et les encroûtements manganésifères sur les flancs des *seamounts* et des îles volcaniques.

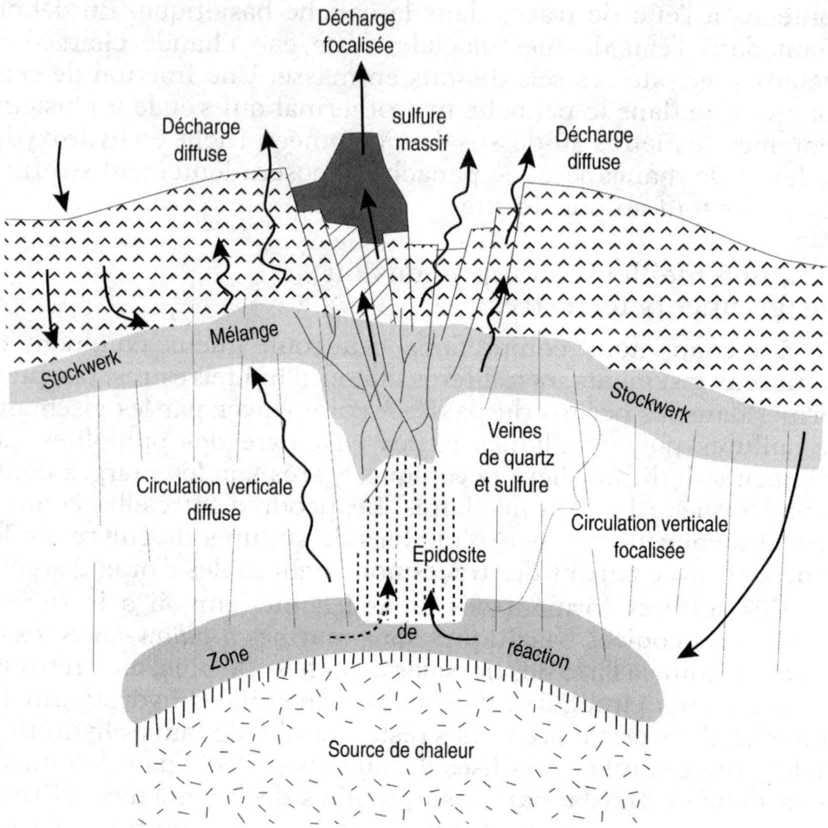

Figure 5 – Schéma d'une zone de décharge hydrothermale dans la zone axiale d'une dorsale océanique, d'après les études menées sur plusieurs complexes ophiolitiques (Oman, Chypre, Terre-Neuve, etc.). D'après Alt (1995).
Enracinées dans la zone de réaction, des épidosites massives, roches formées essentiellement d'épidote et de quartz, jalonnent les zones de remontée focalisées des fluides chauds, et passent vers le haut à des stockwerks *minéralisés (denses réseaux de veines hydrothermales anastomosées), alimentant en surface les fumeurs noirs déposant les amas sulfurés polymétalliques sur le plancher océanique.*

Les métaux potentiellement récupérables dans ces dépôts sont le cuivre, le zinc, le plomb et l'argent (sulfures), plus l'or et le baryum (sulfates) dans les amas sulfurés polymétalliques ; le cobalt, le nickel, le cuivre et le manganèse (oxydes/hydroxydes) et éventuellement les éléments du groupe du platine (ou PGE), dans les nodules et croûtes de Mn. Le fer est abondant dans tous ces dépôts, mais n'a pas de valeur commerciale.

N'en doutons pas, l'homme ira chercher les métaux de plus en plus loin sous la mer, lorsque les gisements terrestres seront épuisés, comme il l'a fait pour les hydrocarbures. Déjà des compagnies minières japonaises et australiennes demandent des permis d'exploration dans les bassins arrière-arc du sud-ouest Pacifique, potentiellement riches en dépôts hydrothermaux, plus proches des continents et moins profonds que les dorsales des grands océans terrestres. Les immenses champs de nodules de manganèse qui tapissent les grandes plaines abyssales des océans resteront, longtemps encore, inexploitables en raison de leur grande profondeur (plus de 5 000 m) et de leur éloignement des continents. Ce sont donc, en priorité, les dépôts hydrothermaux de sulfures polymétalliques massifs qui seront prospectés et exploités sur les fonds océaniques dès le XXIe siècle. Leur inventaire, pour l'essentiel, reste à faire.

El Niño, un phénomène issu de l'océan Pacifique tropical

par JOËL PICAUT

D'un point de vue historique, *El Niño* est un phénomène océanique que les pêcheurs péruviens connaissent depuis longtemps sous la forme d'une renverse de courant de surface qui se produit vers Noël, d'où le nom *El Niño* (en espagnol l'Enfant Jésus). Ce phénomène remplace les eaux habituellement froides des côtes de l'Équateur et du Pérou par des eaux chaudes d'origine équatoriale. Tous les deux à sept ans, ce réchauffement saisonnier se révèle supérieur à la normale. Si cette anomalie est d'amplitude faible, elle attire un peu plus de pluie et *El Niño* apparaît comme bénéfique pour les habitants de ces régions quasi désertiques. Lorsque le phénomène comme en 1997-1998 arrive à son paroxysme, il engendre des pluies qui peuvent atteindre trente fois la normale. Avec les torrents de boues dévastant les villages, l'effondrement des ponts, les pertes en vies humaines, *El Niño* apparaît alors comme une catastrophe majeure.

Afin d'identifier le côté anormal de ce phénomène, il est courant de représenter les paramètres météorologiques et océanographiques qui le caractérisent, en termes de déviations par rapport à un cycle saisonnier moyen. La partie supérieure de la *figure 1* représente les anomalies de températures de surface de la mer de 1968 à 1998, moyennées dans une bande équatoriale couvrant le centre du Pacifique. Sur cette figure, on constate la succession irrégulière d'événements caractérisés par des températures de surface de la mer anormalement chaudes, *El Niño*, et d'événements à températures froides, que l'on a appelé *La Niña* par opposition. Ces variations de température de surface de la mer sont très similaires à celles qui sont relevées le long des côtes d'Équateur et du Pérou,

Texte de la 204e conférence de l'Université de tous les savoirs donnée le 22 juillet 2000.

et c'est ainsi que les océanographes ont découvert qu'*El Niño* ne se limite pas à ces côtes mais qu'il couvre l'ensemble de l'océan Pacifique tropical. En fait ce système d'oscillations *El Niño* et *La Niña* concerne aussi l'atmosphère par l'existence d'une oscillation de pression atmosphérique, appelée « oscillation australe ». Cette oscillation atmosphérique a été découverte par Gilbert Walker, directeur des observatoires de l'Inde entre 1904 et 1920. Elle se situe entre le centre de haute pression, situé entre Tahiti et l'Île de Pâques, et le centre de basse pression situé au nord de l'Australie. Quand la pression augmente à Tahiti, elle diminue à Darwin et *vice-versa*. Cela a conduit à définir un indice d'oscillation australe, appelé SOI pour *Southern Oscillation Index*. Ces variations dans les champs de pression font que les vents oscillent. Les alizés le long de l'équateur décroissent lorsque les pressions à Tahiti sont inférieures à Darwin et augmentent à l'opposé. L'excellente opposition de phase entre la SOI et les variations de température de surface de l'océan Pacifique équatorial *(Fig. 1)* montre qu'il y a couplage entre l'océan et l'atmosphère à l'échelle du bassin Pacifique tropical.

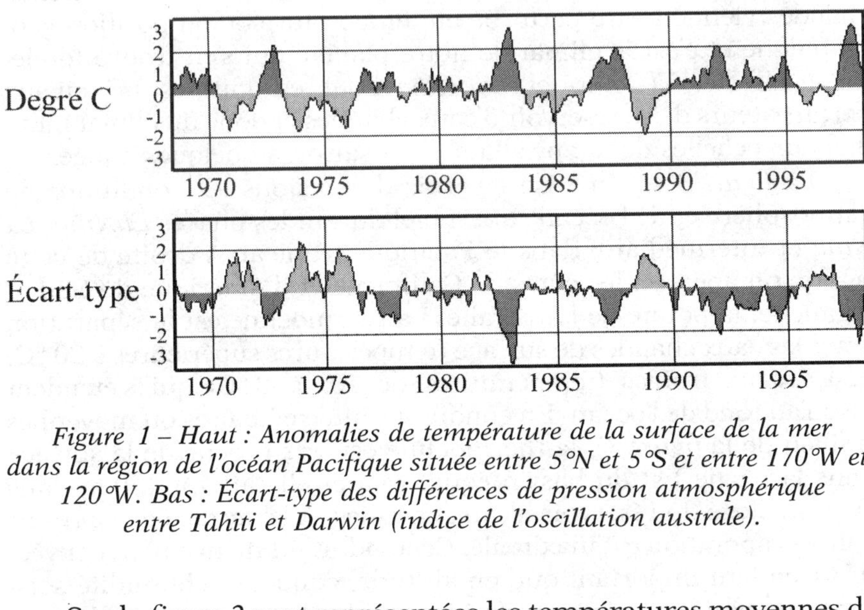

Figure 1 – Haut : Anomalies de température de la surface de la mer dans la région de l'océan Pacifique située entre 5°N et 5°S et entre 170°W et 120°W. Bas : Écart-type des différences de pression atmosphérique entre Tahiti et Darwin (indice de l'oscillation australe).

Sur la *figure 2* sont représentées les températures moyennes de surface de la mer sur l'ensemble de notre globe (climatologie sur près d'un siècle de mesures). Avec l'ensoleillement maximum propre aux tropiques, il est logique d'y trouver des températures de surface de la mer les plus élevées. Mais le plus intéressant, c'est l'existence d'une région où les températures de surface de la mer sont toujours supérieures à 28 °C. C'est une région qui recouvre tout l'Ouest du Pacifique tropical en débordant largement sur

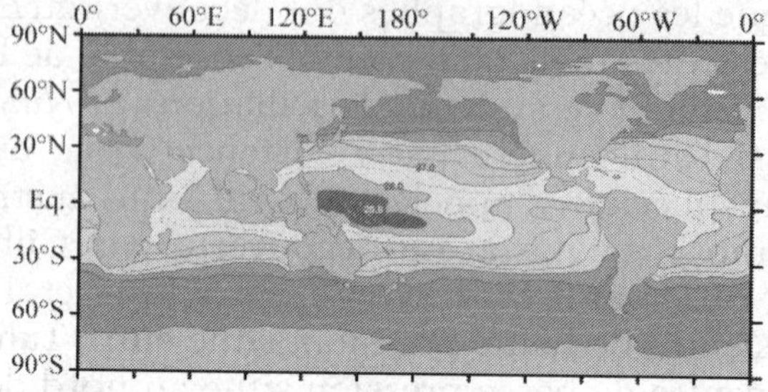

Figure 2 – Température de surface de la mer moyenne à l'échelle de notre planète.

l'océan Indien, avec un maximum dépassant légèrement les 29 °C dans la partie située au large des Philippines et de la Papouasie-Nouvelle-Guinée. D'une superficie supérieure à celle de l'Europe, ce maximum de température sur une profondeur de l'ordre de la centaine de mètres, forme le réservoir primordial de chaleur du système thermodynamique de notre globe. En effet, cette « bouilloire » évacue constamment de la chaleur de l'équateur vers les pôles par les courants océaniques et par l'atmosphère. Que ce réservoir d'eaux chaudes vienne à être perturbé en température ou en position géographique et c'est le climat de notre planète qui s'en trouve totalement affecté. *El Niño* et *La Niña* sont en fait les principaux perturbateurs de ce réservoir d'eaux chaudes et donc du climat mondial aux échelles de temps allant de la saison à quelques années.

La *figure 3* schématise en trois dimensions les conditions de l'atmosphère et de l'océan superficiel durant les phases *El Niño*, *La Niña* et intermédiaire dans le Pacifique tropical. À droite de cette figure, on aperçoit les côtes de Californie et d'Amérique du Sud et à gauche, la pointe de l'Australie. La thermocline est la séparation entre les eaux chaudes de surface (températures supérieures à 20 °C) et les eaux froides (températures de 10° à 0 °C) qui s'étendent jusqu'au fond de l'océan. En conditions intermédiaires ou moyennes (milieu de la *figure 3*), la thermocline est très proche de la surface dans la partie Est du bassin équatorial et elle atteint 150 m dans l'Ouest, siège du réservoir d'eaux chaudes. À la surface de ce réservoir, l'évaporation est maximale. Cela induit un mouvement convectif ascendant important qui, en altitude, condense l'humidité sous forme de pluies intenses. À titre d'exemple, dans les pays avoisinant le réservoir d'eaux chaudes, il pleut trois à sept fois plus qu'en Bretagne ou Normandie. Ce mouvement ascendant, libéré de son humidité, se poursuit dans la haute troposphère par un mouvement vers l'Est qui, par subsidence, ramène de l'air sec sur les côtes orientales du Pacifique équatorial. L'ensemble de ces mouvements atmosphériques se boucle avec les alizés de Nord-Est et de Sud-Est qui atteignent le réservoir d'eaux chaudes. Cet ensemble forme la

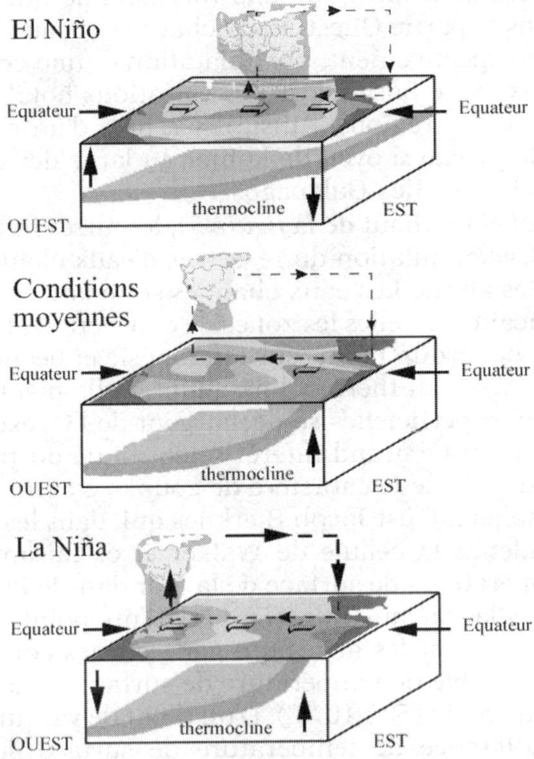

Figure 3 – Interactions entre l'océan Pacifique tropical et l'atmosphère durant les conditions d'El Niño (haut), moyennes (milieu) et de La Niña (bas).

cellule atmosphérique de Walker, en hommage à l'inventeur de l'oscillation australe. La surface de l'océan Pacifique équatorial est donc sujette en moyenne à des vents d'Est. Ces vents engendrent un courant de surface allant vers l'Ouest, appelé courant équatorial sud. L'effet *Coriolis*, lié à la rotation de la terre, dévie ce courant vers le Nord dans l'hémisphère du même nom et vers le Sud de l'autre coté de l'équateur. Cela crée, en surface et juste à l'équateur, une divergence qui va être compensée par une arrivée d'eaux froides de sub-surface. C'est le phénomène d'*upwelling* équatorial, très similaire dans son principe aux *upwellings* côtiers de la plupart des côtes occidentales des régions tropicales (Californie, Pérou, Chili, Mauritanie, Namibie...). Les eaux refroidies par l'*upwelling* équatorial sont transportées vers l'ouest par le Courant équatorial sud. Au cours de leur cheminement, ces eaux sont réchauffées par l'ensoleillement maximum. Les alizés accumulent les eaux chaudes dans la partie Ouest du Pacifique tropical, créant ainsi le réservoir d'eaux chaudes. À l'inverse de l'*upwelling* équatorial qui fait affleurer la thermocline dans la partie Est du bassin, cette accumulation d'eaux chaudes se traduit par une thermocline qui est bien plus profonde dans la partie Ouest. Eaux chaudes et eaux froides se traduisent par, respectivement, une dilatation et une contraction des masses d'eaux, et ce faisant par des variations notables du niveau de la mer dans ces régions. Ainsi, il y a près d'un mètre de différence entre le niveau moyen de la mer au large des côtes des Philippines et celui des Îles Galápagos.

Durant *El Niño* (haut de la *figure 3*), les alizés faiblissent, voire s'inversent. L'accumulation du réservoir d'eaux chaudes n'est plus retenue par les alizés. Les eaux chaudes se répandent vers l'Est du bassin, déplaçant avec elles les zones de convection atmosphérique. Ainsi il pleut beaucoup moins sur l'Indonésie et beaucoup plus sur les Îles Galápagos. La thermocline quant à elle pivote puisque les masses d'eaux superficielles se déchargent de l'Ouest vers l'Est du bassin équatorial. Le grand intérêt scientifique du phénomène *El Niño*, c'est qu'il révèle le caractère de couplage entre l'océan tropical et l'atmosphère. C'est Jacob Bjerknes qui, dans les années 1960, a mis en évidence la cellule de Walker et ce faisant le couplage entre les températures de surface de la mer dans le Pacifique équatorial et l'oscillation australe *(Fig. 1)*. D'un point de vue océanographique, ce sont les alizés qui génèrent les courants et donc la différence notable de température de surface de la mer entre les deux bords du bassin (5° à 10 °C). D'un point de vue atmosphérique, c'est cette différence de température de surface de la mer qui engendre des variations de pression atmosphérique et donc les alizés. On se retrouve ainsi devant le problème de « qui fait qui » de l'œuf et de la poule. Avec leur caractère turbulent et chaotique, les mouvements atmosphériques ont une mémoire faible, de l'ordre d'une dizaine de jours. Par contre, l'océan tropical superficiel a une mémoire de plusieurs années avec une capacité thermique environ mille fois plus grande que celle de l'atmosphère et avec le déplacement relativement lent d'énormes masses d'eaux sur plusieurs milliers de kilomètres. L'océan Pacifique tropical est donc la mémoire des variations de type *El Niño* ou de son contraire *La Niña*. À l'origine, *El Niño* était considéré comme un phénomène purement océanique. En fait *El Niño* et *La Niña* sont des phénomènes couplant les couches superficielles de l'océan Pacifique tropical avec l'oscillation australe, d'où leur dénomination récente d'ENSO pour *El Niño-Southern Oscillation*, avec une phase chaude *El Niño* et une phase froide *La Niña*.

La Niña peut être considéré comme l'accentuation des conditions intermédiaires ou moyennes (bas de la *figure 3*). Les alizés soufflent plus forts que la normale, et l'*upwelling* équatorial est à son maximum avec une thermocline qui affleure la surface. De l'autre côté du bassin, le réservoir d'eaux chaudes est poussé encore plus vers les côtes des Philippines, avec une thermocline pouvant atteindre 200 m de profondeur. La zone de convection atmosphérique associée déborde alors sur l'Indonésie. Il pleut encore plus dans cette région et encore moins dans l'Est Pacifique.

Suite à la découverte du couplage océan-atmosphère par Bjerknes, le phénomène *El Niño* et son contraire *La Niña* a commencé à réunir la communauté des océanographes et des atmosphériciens. Mais il a fallu l'arrivée inattendue de l'*El Niño* de 1982-1983 (à l'époque dit du siècle) avec sa chaîne de catastrophes, pour réaliser que les mécanismes de ce système couplé étaient loin d'être compris. En 1985, a été lancé un programme international de dix années, appelé TOGA pour *Tropical Ocean and Global Atmosphere*. Ce programme avait pour but de mieux décrire le couplage entre l'océan tropical et l'atmosphère globale, afin de déterminer dans quelles mesures ce système couplé pouvait être prédictible aux échelles de temps de quelques mois à quelques années. Pour cela il fallait développer un ensemble de modèles numériques de l'océan et de l'atmosphère et les coupler. Surtout il fallait mettre en place un système d'observations *in situ*, avec transmission des données en temps réel. Les principaux éléments d'observations océaniques de ce programme sont représentés sur la *figure 4*. De nombreuses bouées dérivantes de surface ont été larguées, donnant les températures et les courants de surface, grâce au système de positionnement et de collecte de données ARGOS. Les marégraphes existant dans les îles du Pacifique ont été pourvus de systèmes ARGOS, et complétés par des marégraphes supplémentaires. Des navires marchands ont été équipés de sondes thermiques à tête perdue, mesurant en marche un profil de température de la surface jusqu'à 700 m de profondeur. Le cœur de ce réseau d'observations océaniques a été la mise en place progressive de 70 bouées d'une tonne, ancrées par 3 000 à 5 000 m de profondeur, dans le cadre d'une coopération entre les États-Unis, la France, le Japon, Taiwan et la Corée du Sud. Ces bouées mesurent le vent, la température de l'air, et celle de la mer entre 0 et 500 m de profondeur. Parallèlement de nombreuses campagnes océanographiques ont été effectuées. Mon laboratoire d'océanographie physique du centre IRD de Nouméa, à lui seul, a effectué durant TOGA, 21 campagnes avec les navires de recherche de la Flotte nationale, pour un total de 23 mois à la mer.

Ces mesures *in situ*, transmises en temps réel ou échangées très rapidement au sein de notre communauté scientifique internationale, ont été complétées par des mesures satellitaires (température de surface, rayonnement, vent...). En août 1992 a été lancé le satellite franco-américain, TOPEX/Poseidon, coopération exemplaire entre le CNES et la NASA. Ce satellite, volant à une altitude de 1 300 km et une vitesse de trace au sol de 5 km/s, s'est avéré capable de mesurer, après de multiples corrections, les dénivellations moyennes de la surface de la mer avec une précision atteignant 2 cm. Sachant que les anomalies d'eaux chaudes durant *El Niño* se traduisent par une augmentation du niveau de la mer de

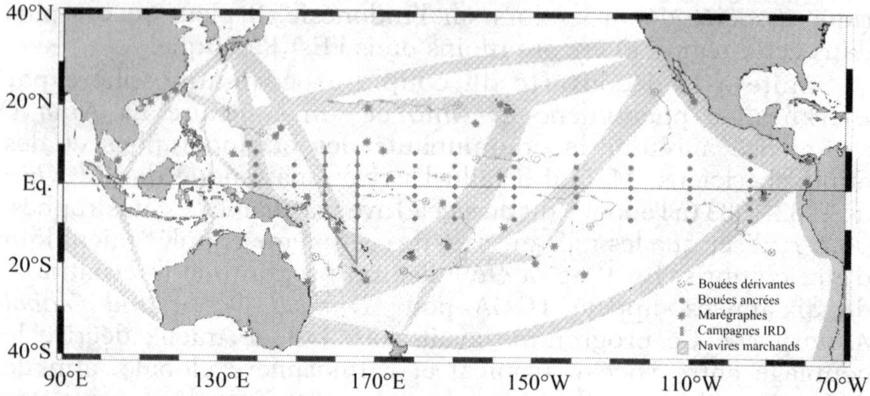

Figure 4 – Réseau d'observations océaniques mis en place dans le Pacifique à la fin du programme international TOGA en 1994.

l'ordre de 30 cm, ce satellite s'est révélé être un outil formidable pour étudier ce phénomène. Cela a justifié en partie la prolongation de ce type de mesure avec la série de satellites franco-américain Jason, dont le premier devrait être lancé en 2001.

Le programme TOGA s'est officiellement terminé à la fin 1994. La problématique d'*El Niño* est toujours aussi intéressante, mais elle a débordé de son cadre avec la recherche de ses variations à plus long terme (10 années, voire plus). La poursuite de ces recherches se fait maintenant dans le cadre du programme international CLIVAR pour *Climate Variability and predictability*. Ce programme plus général, qui cherche à comprendre la variabilité du climat de l'ensemble de notre planète à des échelles de temps allant de la saison à plusieurs centaines d'années, s'étend de 1995 à 2010.

Les recherches sur les variations à plus long terme d'*El Niño* ont été justifiées par l'arrivée en 1997 du second *El Niño* du siècle. Des modèles dynamiques couplant l'océan à l'atmosphère et quelques modèles statistiques ont bien prédit l'arrivée d'un événement chaud dès novembre 1996. Malheureusement ces modèles ont été incapables de prévoir sa très forte intensité avant que les premiers éléments de ce phénomène aient été détectés au printemps 1997 par les réseaux d'observations *in situ* et satellitaires. En particulier le réseau de bouées ancrées et le satellite TOPEX/Poseidon ont permis de détecter et de suivre dans le détail le signal initiateur de l'*El Niño* de 1997. En mars 1997, un fort coup de vent d'Ouest issu de l'océan Indien a généré un courant de surface intense vers l'Est. Ce courant a commencé à déplacer le réservoir d'eaux chaudes vers l'Est. À l'inverse des alizés, vents d'Est qui génèrent l'*upwelling* équatorial, ce coup de vent d'Ouest crée un enfoncement rapide de la thermocline, appelé *downwelling*. Avec l'inversion de la force de Coriolis des deux côtés de l'équateur, ce signal de *downwelling* est piégé le long de l'équateur et il se propage sous la forme d'une onde équatoriale dite de Kelvin à environ 200 km par jour. En deux mois, ce signal de *downwelling* est arrivé dans la partie Est du bassin Pacifique équatorial, arrêtant l'*upwelling* local et ce faisant induisant un réchauffement. Arrivée sur les côtes d'équateur, cette onde s'est réfléchie sous la forme d'ondes côtières de Kelvin qui se propagent vers le Nord et le Sud. Ces ondes côtières de *downwelling*, à leur tour, ont arrêté les *upwellings* locaux et apporté des eaux chaudes le long des côtes de Californie et d'Amérique du Sud. Dès juin 1997, le réservoir d'eaux chaudes a été déplacé sur plus de 5 000 km. Il a rejoint le réchauffement dans l'Est, et à la fin de l'année 1997 toute la bande équatoriale du Pacifique était couverte d'eaux supérieures à 29°C. Les ondes de Kelvin de *downwelling* se produisent à chaque *El Niño* et participent à son développement au même titre que le déplacement vers l'Est du réservoir d'eaux chaudes. Mais c'est le caractère exceptionnel du signal de mars 1997, en déplaçant fortement le réservoir d'eaux chaudes vers l'Est et en générant une puissante onde de Kelvin de *downwelling*, qui a très probablement aidé à faire de cet *El Niño*, l'égal sinon le supérieur de celui de 1982-1983.

Étant donné le manque de données scientifiques et socio-économiques précises à l'échelle du globe, il est impossible de déterminer avec précision les conséquences dévastatrices (mais aussi bénéfiques) de l'*El Niño* de 1997-1998. De plus l'hyper médiatisation de cet événement a généré tout un ensemble de rapports non scientifiques, où *El Niño* devenait le responsable de tout ce qui a été anormal dans le monde en 1997 et 1998. Rappelons par quelques exemples qu'*El Niño* n'est pas toujours synonyme de catastrophes. L'exportation des crevettes d'élevage par l'Équateur a augmenté de 40 % en 1997 ; l'activité cyclonique dans les Caraïbes et la côte Est des États-Unis a été considérablement réduite en 1997 ; les factures de chauffage au Nord des États-Unis et dans une partie du Canada ont été minimes en hiver 1997. Sur la base d'un rapport de l'Organisation mondiale de la météorologie, les conséquences dévastatrices de ce phénomène peuvent se résumer ainsi. Plus de 24 000 personnes auraient perdu la vie à cause de tempêtes et inondations. Plus de 110 millions de personnes auraient été affectées par cet *El Niño*, dont six millions obligées de quitter leur lieu d'habitation. Une estimation grossière du coût des pertes dépasserait les 40 milliards d'euros. Des inondations répétées dans maintes régions du globe ont entraîné des pertes sensibles au niveau de l'agriculture. L'effet négatif sur l'agriculture s'est retrouvé dans d'autres régions avec l'apparition de sécheresses notables, qui de plus ont causé des problèmes sérieux d'approvisionnement en eau potable. À cause des sécheresses, les feux de brousse et de forêt se sont considérablement accentués dans les régions indonésienne et amazonienne. Ces changements climatiques et humains ont entraîné la contamination des eaux potables et créé des conditions favorables pour le développement de maladies comme la malaria et la dengue. Plus notable est la disparité de pertes entre les pays industrialisés et les pays en voie de développement. Ces derniers sont situés majoritairement dans la ceinture tropicale où *El Niño* a le plus d'impacts. Mais la vulnérabilité humaine de ces pays n'a rien à voir avec celle des pays industrialisés. À titre d'exemple, la perte en vies humaines aux États-Unis se serait élevée à 560 personnes alors que pour l'Afrique le total dépasserait 13 000 personnes. À l'inverse, le coût économique serait de 5 milliards d'euros pour les États-unis contre 0,1 milliard pour l'Afrique. Les coûts d'une hutte et d'une maison climatisée ne sont certes pas les mêmes.

Pour comprendre un peu mieux comment ce phénomène affecte le climat de notre planète, sur la *figure 5* ont été reportées les principales zones d'anomalies de pluies et de températures de l'air, déduites de statistiques sur les *El Niño* depuis 1900. Bien entendu, les *El Niño* de 1982-1983 et 1997-1998 ont largement débordé de ce cadre. Au niveau du bassin Pacifique tropical, nous avons déjà noté que les zones de convection atmosphérique, et avec elles les pluies, sont déplacées vers le centre et l'Est du Pacifique. Le Nord de l'Australie, ainsi que les Philippines, la Malaisie et l'Indonésie sont alors affectés par des sécheresses. Le dérèglement de la circulation atmosphérique concerne toute la ceinture intertropicale. Il se fait surtout sentir sur le Nord du Brésil, l'Argentine, l'Afrique de l'Est et du Sud, l'Inde. Plusieurs courroies de transmissions permettent à *El Niño* d'affecter les régions tempérées. La principale consiste en une série de trains d'ondes atmosphériques, allant des zones anormalement chaudes du centre du Pacifique tropical par-dessus le pôle Nord. Située dans la haute troposphère, elle dérègle le climat de l'Amérique du Nord et du Canada, exceptionnellement celui de l'Europe. Le *jet-stream subtropical* est attiré vers l'équateur,

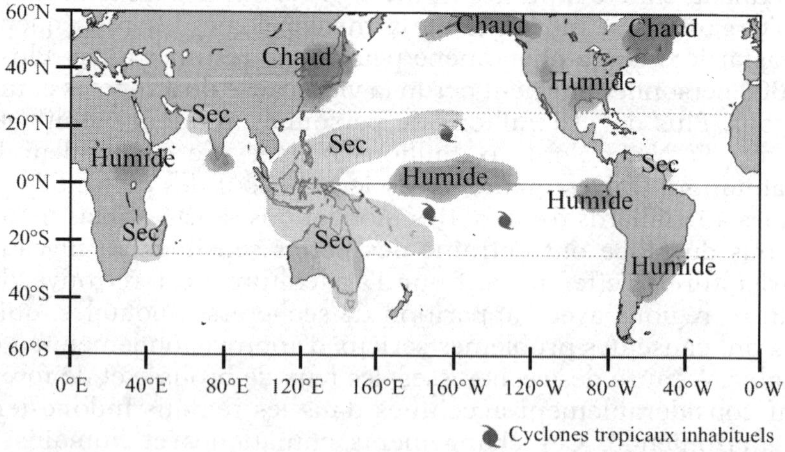

Figure 5 – Effets climatiques d'un El Niño moyen à l'échelle de notre planète. Dans une assez bonne approximation, l'effet est inversé durant La Niña.

permettant aux tempêtes de l'hiver boréal d'atteindre la Californie, et bloquant l'arrivée des cyclones sur les Caraïbes et la côte Est des États-Unis. Dans le Pacifique, les zones de formation des cyclones se trouvent, elles aussi, déplacées avec le réservoir d'eaux chaudes. En effet, la condition nécessaire (mais pas suffisante) pour la formation d'un cyclone est une température de surface de la mer au moins égale à 28°C. Lors d'*El Niño* importants, les cyclones du Pacifique ouest peuvent atteindre Hawaï et la Polynésie française. Le touriste français qui s'inquiète des saisons cycloniques n'a qu'à retenir que durant *El Niño* la Martinique et la Guadeloupe sont quasiment épargnées, alors qu'un risque existe en Polynésie française. Les statistiques s'inversent durant *La Niña*.

Ce dernier exemple illustre l'intérêt de pouvoir prévoir *El Niño* ou *La Niña* et leurs intensités de manière fiable plusieurs mois à l'avance. Les services météorologiques conçus pour la prévision du temps à court terme, ne sont pas vraiment adaptés à la prévision d'anomalies climatiques six mois à l'avance. Notre société a encore beaucoup de chemin à faire pour en tirer les bénéfices. Les premiers essais d'applications de prévision ont permis à l'État du Ceara, dans le Nord-Est du Brésil, de ne perdre que 10 % de sa production agricole durant l'*El Niño* de 1991-1992 à la suite de sécheresse. Par comparaison, cette même région avait perdu 75 % de sa production agricole lors de l'*El Niño* de 1986-1987. Mais les habitants de cet État gardent aussi en mémoire la mauvaise prédiction de l'*El Niño* de 1993-1994. Quant à l'*El Niño* de 1997-1998, son intensité extraordinaire n'avait pas été prévue, avant que l'effet du coup de vent de mars 1997 n'ait été ingéré dans les modèles de prévision. Un souci majeur de notre communauté scientifique est la croissance en fréquence et en intensité des *El Niño* depuis 20-30 ans. La *figure 6* représente l'index multivarié d'ENSO, qui intègre les variations de pressions atmosphériques, les composantes du vent, les températures de surface de la mer et la couverture nuageuse sur le Pacifique tropical depuis 1950. L'index d'Oscillation Australe mesuré depuis 1882 montre une répétition à peu près régulière (tous les quatre à sept années) d'*El Niño* et de *La Niña*. La *figure 6* suggère un changement de tendance depuis 1976, avec des *El Niño* plus intenses et rapprochés. Parallèlement à ces changements, la taille du réservoir d'eaux chaudes s'est accrue depuis 20-30 ans. Faute de mesure fiable de longue durée, il est difficile de savoir si ces accroissements ne sont que le reflet d'un changement naturel d'ENSO ou d'un changement dû au réchauffement global. Des équipes de modélisateurs essayent de simuler les variations d'*El Niño* et de *La Niña* avec des changements dans la teneur en gaz à effet de serre. D'autres chercheurs mesurent la pousse des arbres et des coraux plusieurs fois centenaires pour reconstruire des séries chronologiques du passé. S'ils retrouvent dans ces séries des variations

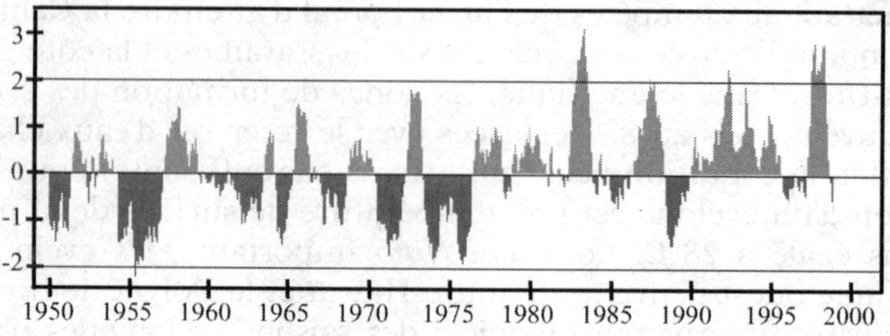

Figure 6 – Index multivarié d'El Niño et de La Niña de 1950 à 1998 (source NOAA).

rapides dans la fréquence et l'intensité d'ENSO, le changement récent pourrait être naturel.

Par le fait qu'il est le siège du plus grand réservoir de chaleur de notre planète, l'océan Pacifique tropical est la source de dérèglements climatiques pluriannuels très importants, connus maintenant sous le nom d'*El Niño* et de *La Niña*. Le programme international TOGA a été un grand succès scientifique avec la démonstration, pour la première fois dans l'histoire de l'humanité, qu'il était possible de prévoir, six mois à un an à l'avance, l'arrivée de certains de ces dérèglements climatiques. La mise en place et le développement de réseaux d'observations océaniques opérationnels *in situ* et satellitaires, et l'assimilation de ces observations dans des modèles numériques, devraient améliorer les prévisions. Notre société devrait donc être capable d'anticiper et de réduire l'impact néfaste de ces dérèglements climatiques, si elle s'en donne les moyens. Reste que cette même société pourrait être la cause d'une augmentation dans la fréquence et l'intensité d'*El Niño*.

RÉFÉRENCES

– ANONYME, *The 1997-1998 El Niño Event : A Scientific and Technical Retrospective*, Genève, Organisation mondiale de la météorologie, 1999, 96 p.

– GLANTZ (M. H.), *Currents of Change, El Niño Impact on Climate and Society*, Cambridge University Press, 1996, 194 p.

– PHILANDER (S. G.), *El Niño, La Niña, and the Southern Oscillation*, San Diego, Academic Press, 1990, 293 p.

– VOITURIEZ (B.) et JACQUES (G.), *El Niño, Réalités et fiction*, Paris, Éditions UNESCO, 1999, 116 p.

2

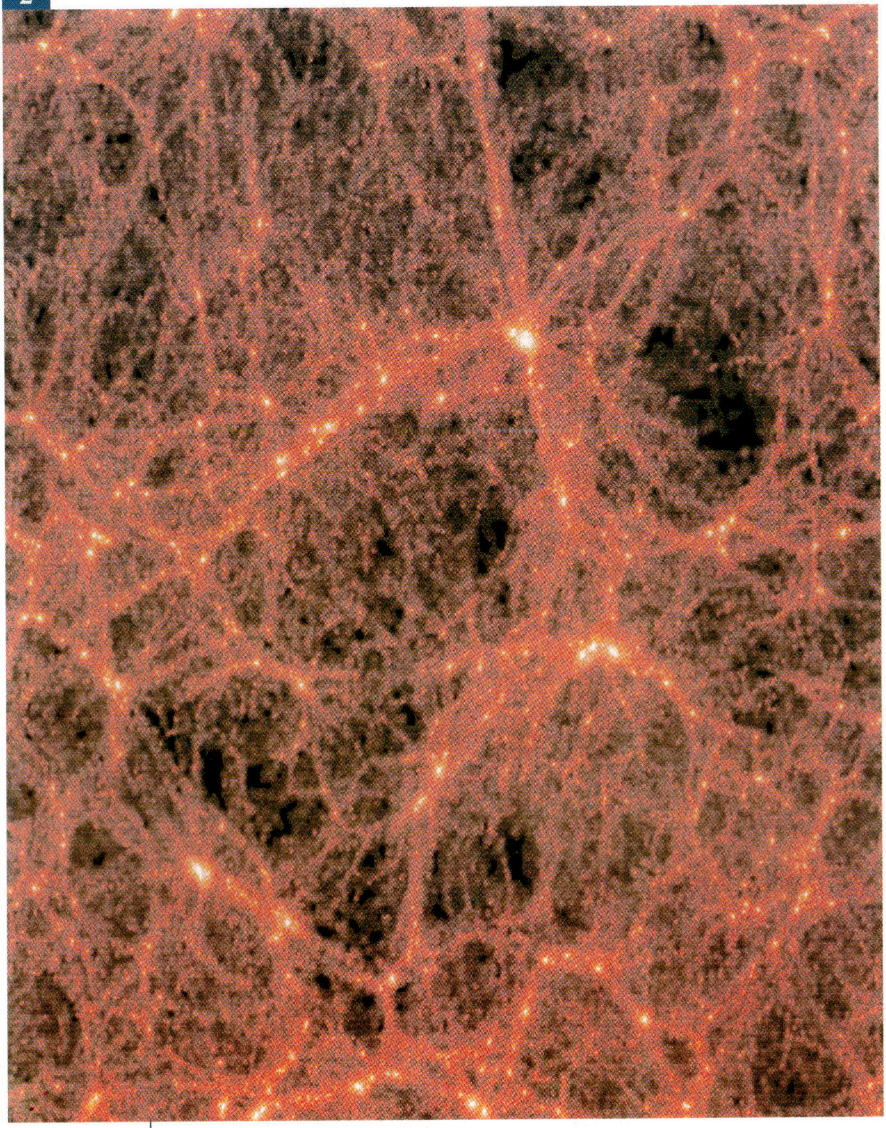

Conférence 177, figure 2

Amas de galaxies simulé par la Collaboration Virgo en 1996. Il s'agit d'une simulation tridimensionnelle comportant 256 × 256 × 256 particules.

9

Conférence 177, figure 9

Concentration d'un scalaire passif (polluant) transporté par un écoulement turbulent bidimensionnel du type que l'on trouve dans l'atmosphère et l'océan, simulé numériquement sur une grille 2048 × 2048. Le scalaire est fortement intermittent et possède des propriétés d'échelle « anomales » qui ne peuvent être prédites par l'analyse dimensionnelle. Concentrations les plus faibles en bleu et les plus fortes en jaune.
Figure de Celani (A.), Noullez (A.) et Vergassola (M.), Observatoire de la Côte d'Azur, laboratoire G.-D. Cassini, UMR 6529 ; simulations à l'IDRIS, CNRS.

5a

5b

5c

Conférence 180, figure 5

*Montagnes fractales de nulle part
et mesure numérique de la rugosité.*

Conférence 185, figure 4

Photographie du détecteur Super-Kamiokande pendant la phase de remplissage (cliché ICRR-Tokyo).

a

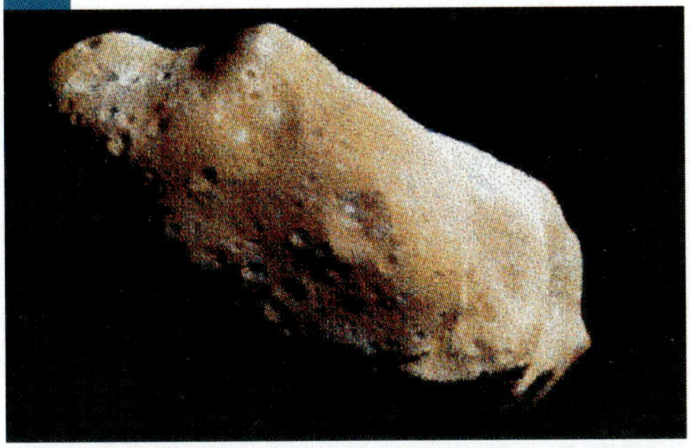

b

c

Conférence 189

Les petits corps du système solaire sont les résidus de sa formation.
(a), on distingue l'astéroïde Ida, accompagné d'un petit satellite, Dactyl.
[© NASA/JPL-Caltech]
(b), une comète exhibe une magnifique queue de plasma (partie bleue) et de poussières (partie jaune). [© Wally Pacholka]
(c), la planète Saturne et ses anneaux photographiée en novembre 1981 par la sonde Voyager 2. *On distingue trois satellites et l'ombre de l'un d'entre eux sur la planète.*
[© NASA/JPL-Caltech]

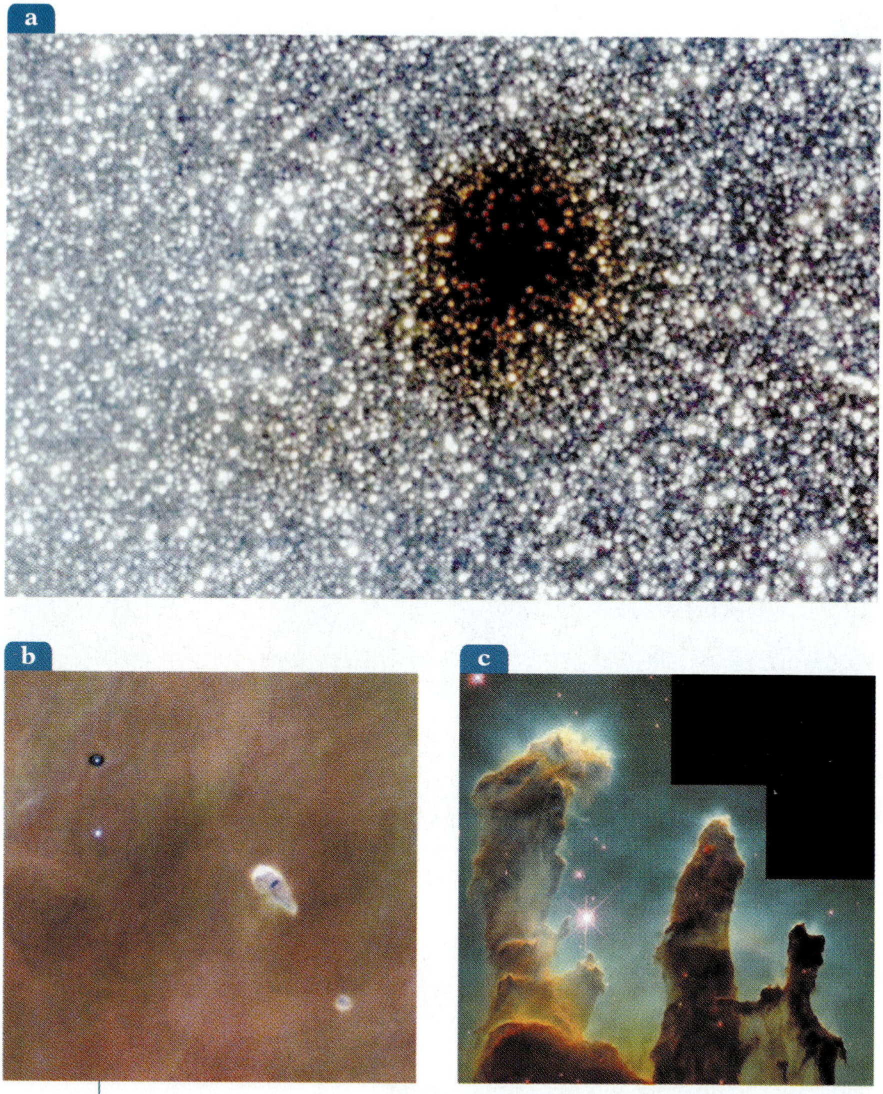

Conférence 189

Des étoiles se forment sans cesse dans le milieu interstellaire, où se trouve la matière première pour les fabriquer. (a), on voit un nuage de poussières, situé à moins de mille années-lumière de nous, qui bloque toute la lumière émise par les étoiles situées derrière.
(b), la nébuleuse de l'Aigle, maternité d'étoiles, est vue en lumière visible.
(c), un « cocon » de la taille de notre système solaire, véritable nurserie, est un disque de poussières et de gaz à l'intérieur duquel des planètes sont peut-être en train de se former.
[© NASA/ST ScI]

a

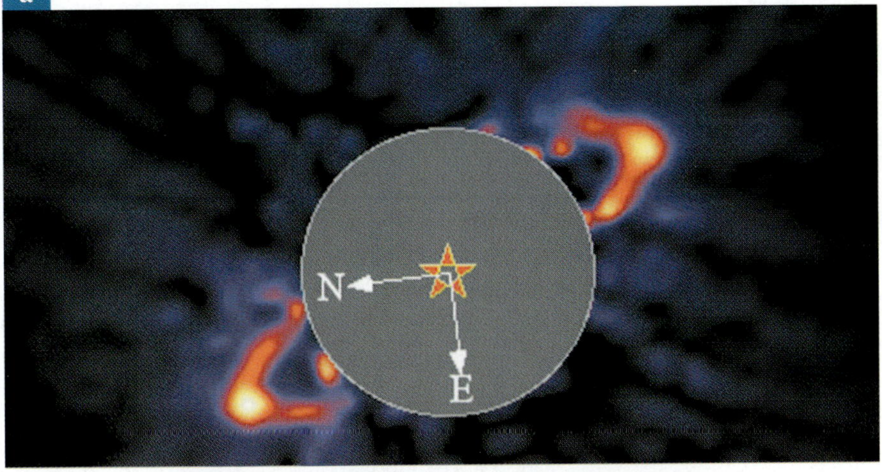

b

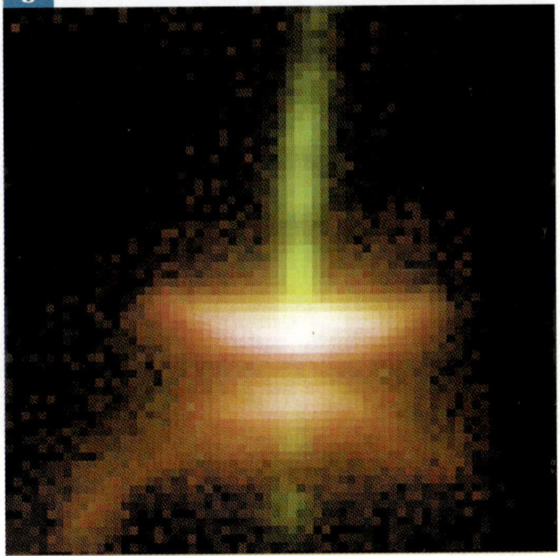

Conférence 189

Des disques et des jets de matière sont observés dans l'environnement immédiat des jeunes étoiles. Ces disques, situés dans le plan équatorial, forment un milieu favorable à l'apparition de planètes. Le document (a) montre un véritable anneau autour de la jeune étoile HR 4796 A. Cet anneau, deux fois plus gros que l'orbite de Neptune autour du Soleil et large de moins de 17 unités astronomiques, est probablement stabilisé par la présence de planètes non encore détectées. L'effondrement qui prélude à la formation d'une étoile s'accompagne d'expulsion de matière sous forme de jets polaires (partie verte du document b).
[© NASA]

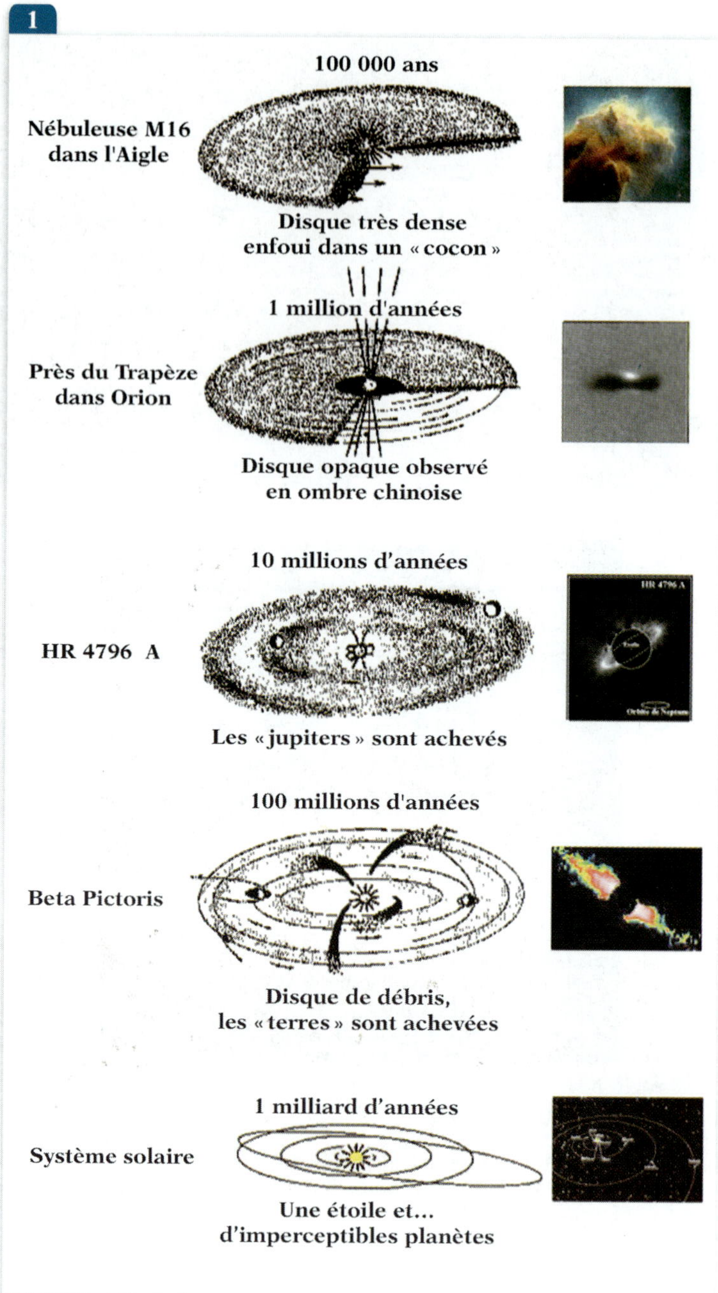

Conférence 194, figure 1

4a

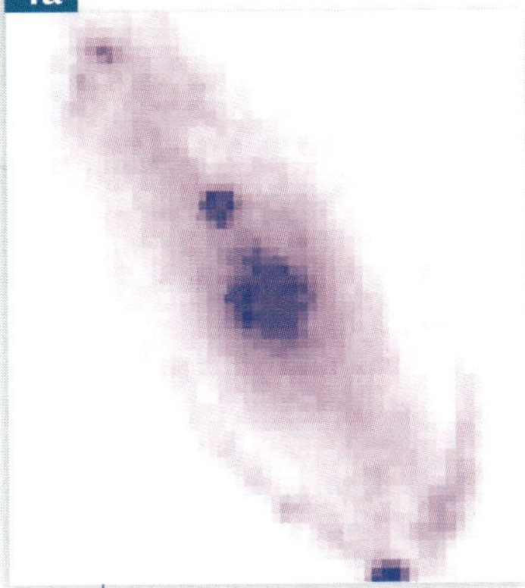

4b

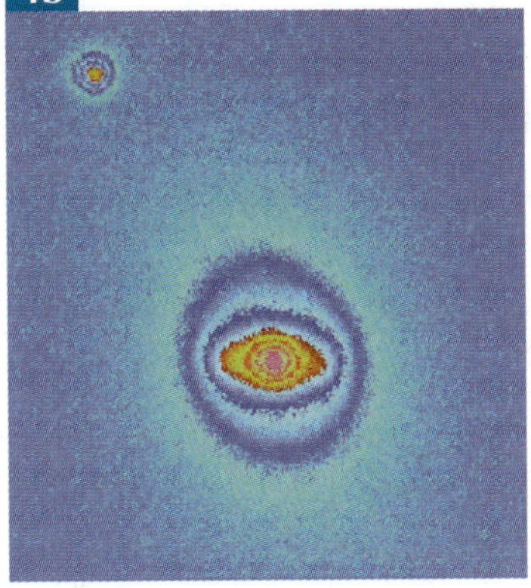

Conférence 195, figure 4a, 4b

Il peut se former deux barres emboîtées, comme des poupées russes. Ici une barre nucléaire (droite) au sein de la barre primaire (gauche). Noter l'étoile en haut à gauche de la barre nucléaire, qui se retrouve dans les deux images et donne l'échelle relative. La barre secondaire tourne plus vite que la barre primaire (d'après Combes et al. 2000).

5a

Conférence 195, figure 5a

Carte du gaz d'hydrogène atomique (HI à 21cm) obtenue en radio-astronomie, avec le VLA (Very Large Array, USA), dans le système de galaxies en interaction Messier 81-82.

7a

Conférence 195, figure 7a

La Roue de Charette (ou Cartwheel) est le résultat de la collision de plein fouet entre deux galaxies. Une onde en forme d'anneau se propage du centre au bord, en déclenchant la formation de nouvelles étoiles. Un deuxième anneau se développe au centre (image du Hubble Space Telescope).

8

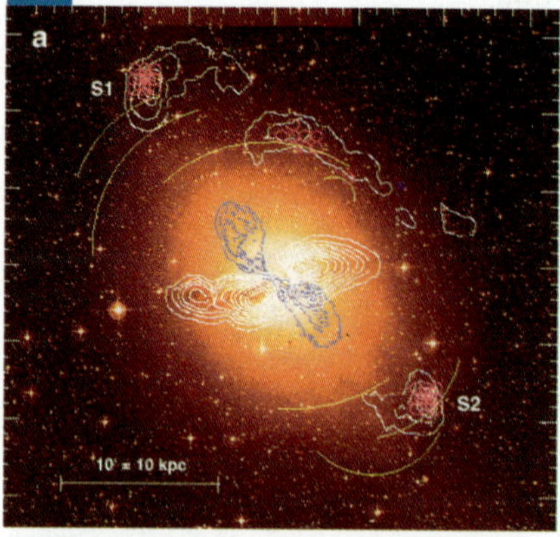

Conférence 195, figure 8

La galaxie Centaurus A est une galaxie elliptique à noyau actif. Un jet de plasma est visible en contours radio (ici en bleu). Des coquilles d'étoiles (soulignées en jaune), se sont formées tout autour, par l'accumulation des étoiles du compagnon qui a été avalé récemment. Les coquilles contiennent aussi du gaz (HI 21cm, contours ici en blanc), et du gaz moléculaire (observé dans les cercles rouges), d'après Charmandaris et al. (2000, A&A 356, L1).

10

Conférence 195, figure 10

Photo du ciel très profonde obtenue par le télescope spatial Hubble (Hubble Deep Field North). La région ne contient pas d'étoiles de notre propre galaxie, mais que des galaxies plus ou moins lointaines. Ceci permet de remonter dans le temps, et d'observer l'Univers tel qu'il était jusqu'à 5 % de son âge.

6

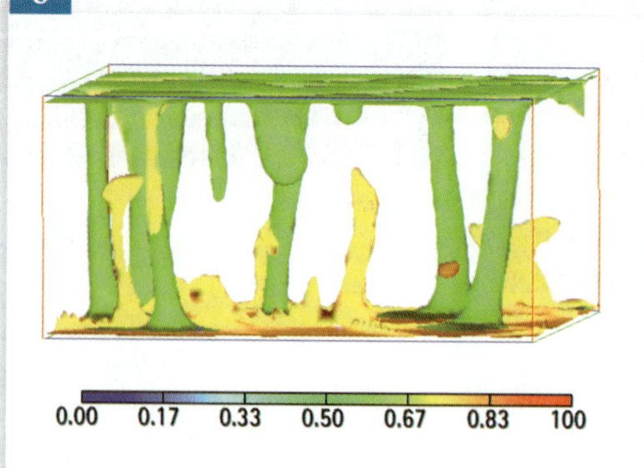

Conférence 196, figure 6

1

Conférence 221, figure 1

Tache rouge de Jupiter (cliché aimablement communiqué par la NASA, Jet Propulsion Laboratory).

3

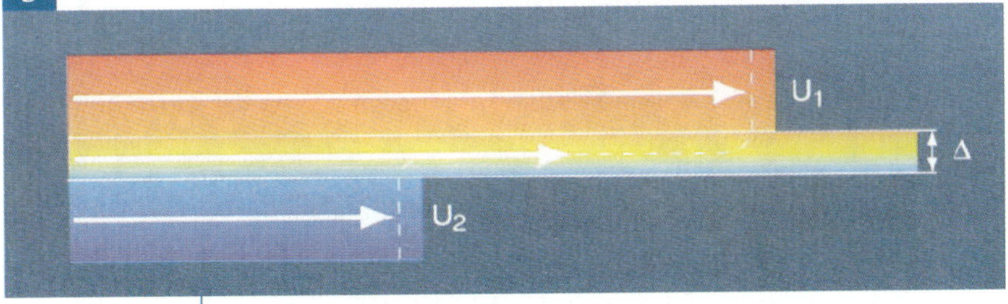

Conférence 221, figure 3

Schéma d'une nappe de vorticité, extrait de [4] p. 32 (avec l'autorisation de EDP/Grenoble-Sciences).

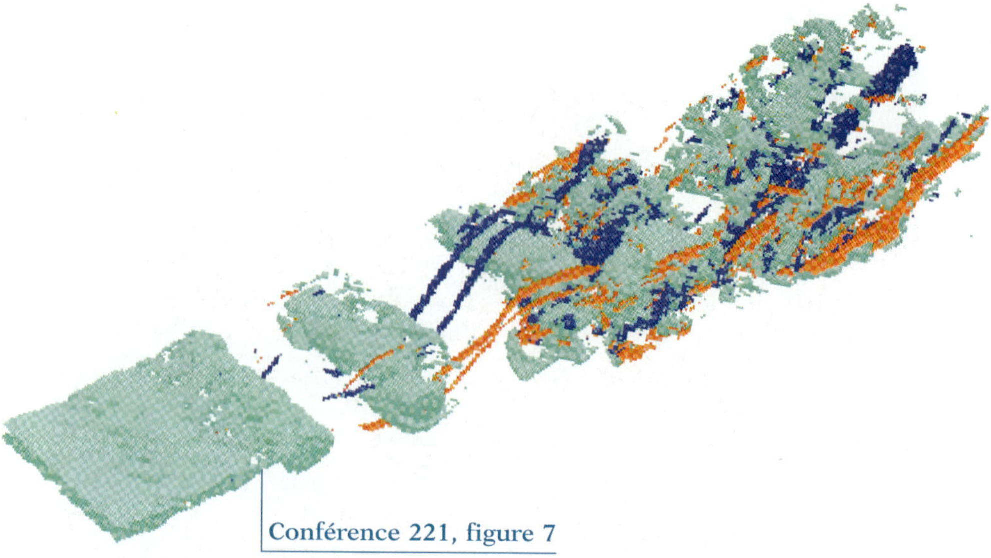

Conférence 221, figure 7

SGE de couche de mélange tridimensionnelle (cliché P. Begou, Grenoble. Extrait de [20], avec l'autorisation de EDP/Grenoble-Sciences).

9

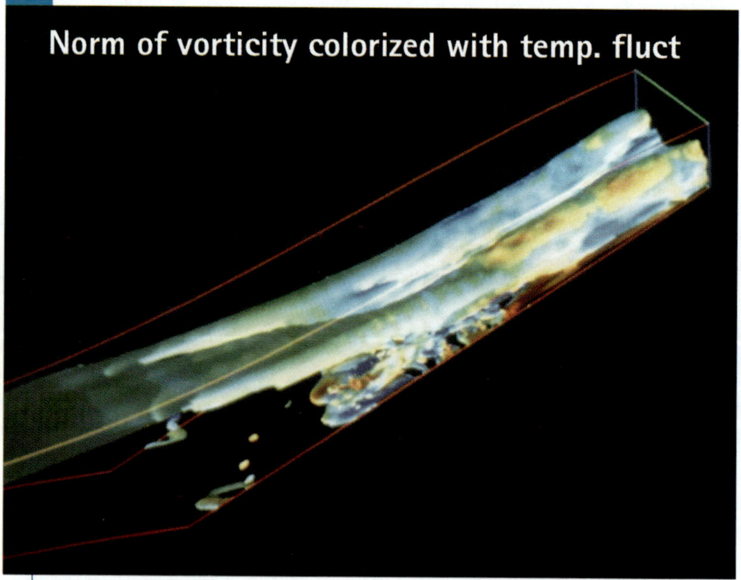

Conférence 221, figure 9

Tourbillons longitudinaux alternés sur le volet arrière d'Hermès (cliché E. David, Grenoble, extrait de [4] p. 189, avec l'autorisation de EDP/Grenoble-Sciences).

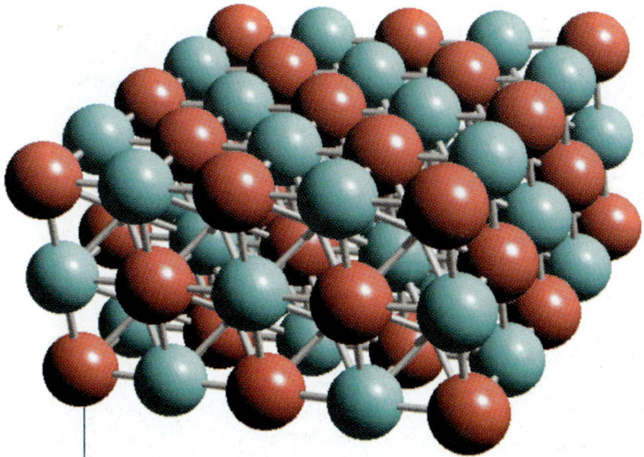

Conférence 222, figure 1

Un cristal est un assemblage triplement périodique d'atomes : ici quatre mailles cubiques à faces centrées de la structure de NaCl (groupe Fm3m).

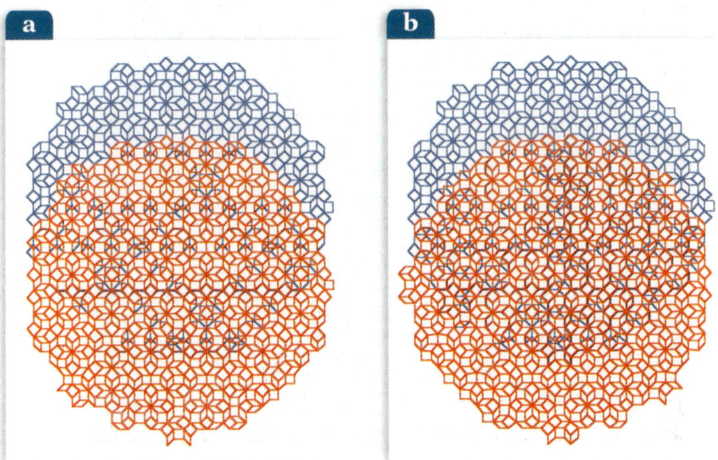

Conférence 222, figure 8

Superposition d'un pavage octogonal sur lui-même après (a) une translation du pavage, (b) une rotation de 2π/8 autour d'un point du pavage. Contrairement au cas des cristaux, on n'obtient pas une superposition complète, mais un nombre infini de points tombent néanmoins en coïncidence : le taux de recouvrement (fonction d'autocorrélation) du pavage ne décroît pas à l'infini, ce pavage est ordonné à longue distance et possède une symétrie d'ordre 8.

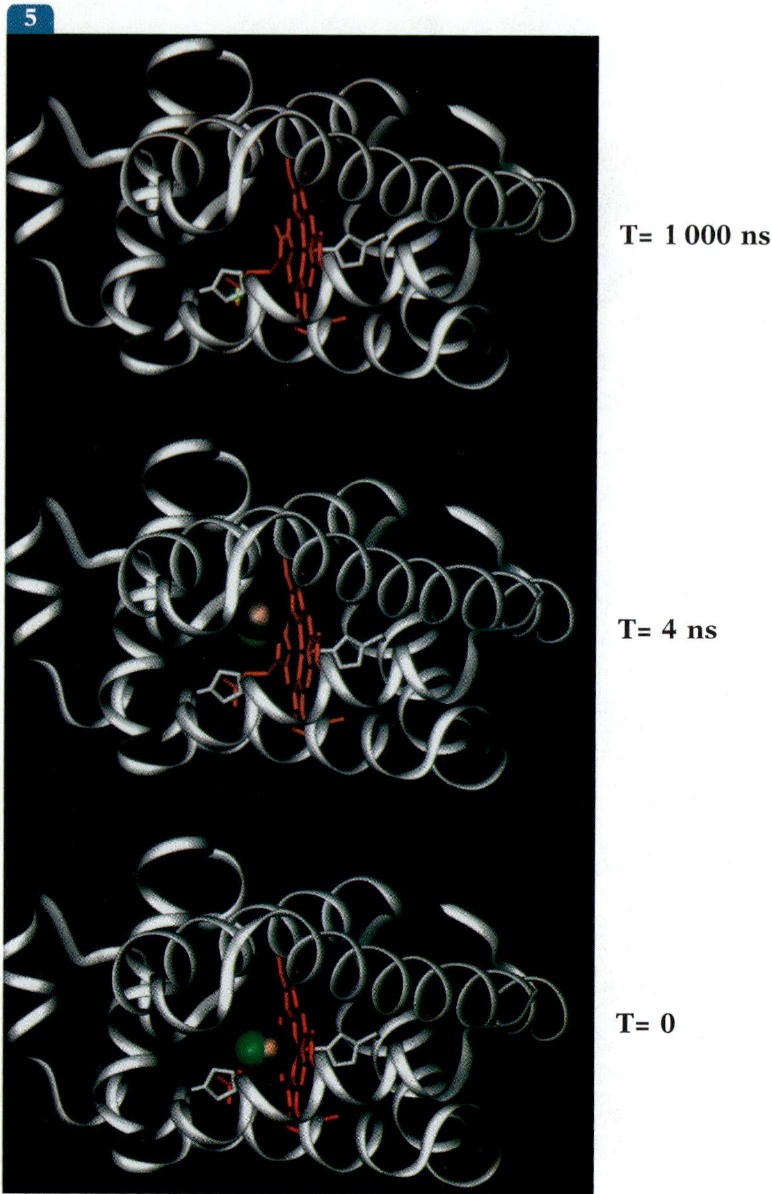

Conférence 229, figure 5

Modification de la structure de la myoglobine pendant une réaction biologique. A l'instant t=0 (à gauche) on casse avec un laser visible la liaison entre le fer et l'oxyde de carbone. L'atome d'oxygène est en vert, celui de carbone en gris, l'hème est rouge. Quatre nsec (milliardième de seconde) plus tard (au milieu) la molécule de CO s'est déplacée de 4 Å et s'est retournée de 90°. A droite, après un millionième de seconde, la molécule de CO est sortie de l'hème [Ref. 7].

6

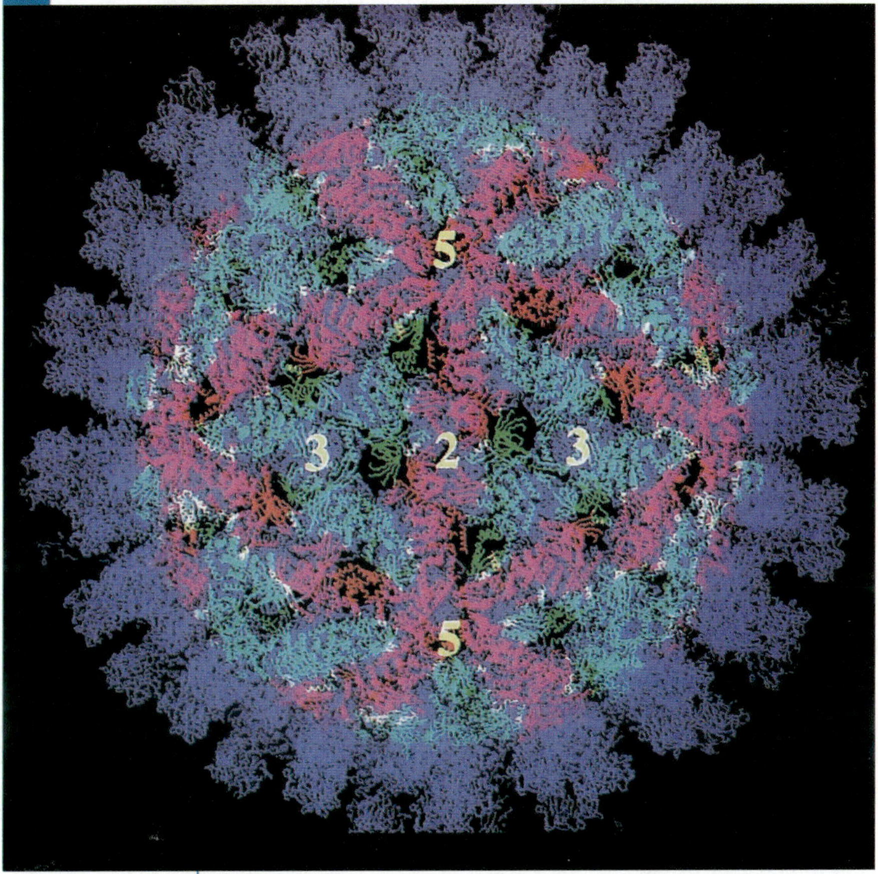

Conférence 229, figure 6

Noyau du virus de la langue bleue : le diamètre est de l'ordre de 800 Å [Ref. 8]. C'est encore aujourd'hui la plus grosse structure de virus résolue par rayons X.

3

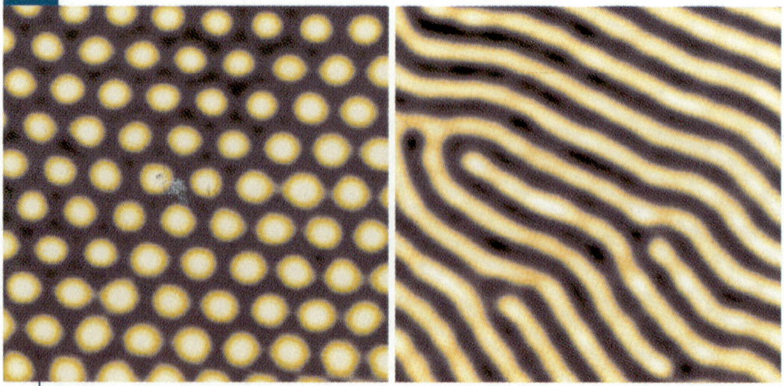

Conférence 237, figure 3

Motifs chimiques stationnaires, dits de Turing, observés dans un réacteur spatial ouvert, constitué d'un disque de gel d'agarose, lors que celui-ci est alimenté en permanence par des solutions de chlorite et iodure de potassium et d'acide malonique en présence d'amidon, un indicateur coloré d'iodométrie.
Les réactifs sont amenés uniformément à la surface du disque. Les motifs de taches formant un réseau hexagonal ou en bandes parallèles se développent spontanément au-delà de certaines valeurs critiques de la concentration des réactifs dans les solutions d'alimentation. La sélection du motif dépend aussi de cette variable de contrôle. Les changements de couleur du jaune au bleu traduisent les modulations spontanées de la concentration des ions iodure qui se développent à l'intérieur du gel.

6

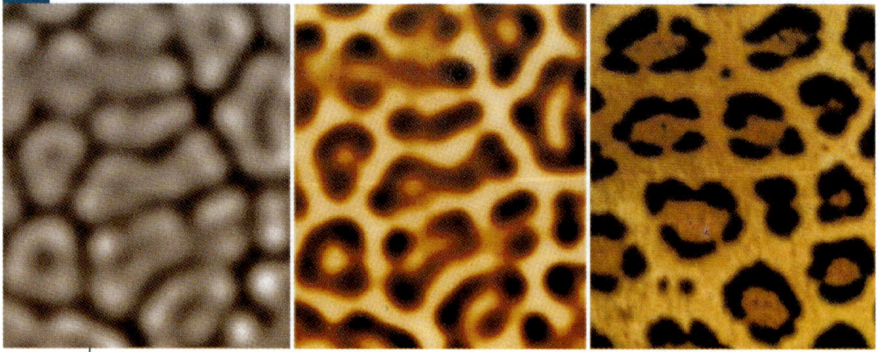

Conférence 237, figure 6

Analogie biologique : Motif chimique complexe pouvant simuler des motifs observés sur la fourrure du léopard lors la réaction CIMA qui est mise en œuvre dans un réacteur spatial ouvert. L'image de gauche est le résultat brut de l'expérience de chimie, l'image centrale correspond à la colorisation de l'observation expérimentale, l'image de droite correspond au dos d'un léopard.

L'action de l'Homme sur le climat

par HERVÉ LE TREUT

Les risques de modifications du climat de la planète par l'émission de gaz à effet de serre sont désormais bien connus. Les mesures qui sont nécessaires pour faire face à ce problème sont d'une ampleur considérable, et impliquent des choix importants, dans le domaine énergétique ou le système de transport par exemple. La science seule ne peut servir d'arbitre entre ces différentes options, c'est au niveau politique ou citoyen qu'elles doivent être décidées. Il est donc très important qu'un public large puisse percevoir non seulement la réalité du risque de changement climatique, mais aussi, et peut-être surtout, puisse se faire une idée aussi juste que possible des certitudes ou incertitudes qui entourent ce problème.

Les modifications de la composition chimique de l'atmosphère

Tout commence par une constatation qui ne souffre aucune ambiguïté : depuis le début de l'ère industrielle la composition chimique de la planète a subi une évolution brutale, sans précédent au cours des derniers milliers d'années. Cette constatation résulte de mesures qui ont été faites soit dans les bulles d'air emprisonnées par les glaciers, pour les climats anciens, soit plus directement à partir d'un réseau planétaire qui est allé en s'étoffant au cours des dernières décennies. La teneur en dioxyde de carbone dont la

Texte de la 205e conférence de l'Université de tous les savoirs donnée le 23 juillet 2000.

valeur au cours des 400 000 dernières années avait oscillé entre 180 et 280 ppm (parties par million) a brusquement dépassé 360 ppm. La concentration en méthane a presque triplé. Des composés largement nouveaux ont fait leur apparition, tels les CFCs, ou le protoxyde d'azote. Tous ces gaz ont un temps de recyclage relativement long (de la décennie pour le méthane, au siècle pour le dioxyde de carbone, ou à quelques siècles pour les CFCs) et donc tendent à s'accumuler dans l'atmosphère. De fait, au-delà de l'évolution déjà constatée de la composition chimique de l'atmosphère, c'est sa poursuite inéluctable qui pose problème. Le siècle prochain devrait voir l'équivalent d'un doublement de la teneur atmosphérique en CO_2 (cet équivalent étant obtenu en cumulant l'effet de tous les gaz à effet de serre) pour tous les scénarios actuellement envisageables.

Bien sûr, de nombreux paramètres peuvent moduler cette évolution, et rapprocher ou éloigner cette échéance. D'abord, bien sûr, les caractéristiques du développement économique et démographique de la planète, et les mesures politiques qui seront prises pour le modifier. Mais aussi un ensemble de mécanismes chimiques ou biochimiques complexes. Le dioxyde de carbone rejeté dans l'atmosphère, par exemple, n'est pas injecté dans un réservoir atmosphérique passif : il vient au contraire déstabiliser un système dynamique qui s'était équilibré au cours des derniers milliers d'années, où le carbone est en permanence recyclé entre la végétation continentale, l'océan et le phytoplancton. Actuellement le carbone correspondant au CO_2 produit par la combustion du charbon ou du pétrole représente environ 5 à 6 Gigatonnes (Gt, milliards de tonnes) par an auquelles s'ajoute la part de la déforestation, beaucoup plus difficile à évaluer car elle est partiellement compensée par une repousse de la végétation, mais qui est de l'ordre d'1 Gt, s'accumule dans l'atmosphère. Seule la moitié de ce carbone reste dans l'atmosphère, où il augmente d'environ 3 Gt par an. Le reste est repris par l'océan, ou la végétation continentale. Dans le futur, toutefois, comme nous le verrons plus loin, cette situation peut changer, si l'efficacité de ces puits océaniques et biosphériques se trouve modifiée par le changement climatique.

L'effet de serre

Si la croissance de ces gaz — par ailleurs peu toxiques — pose problème, c'est parce qu'elle amplifie un effet naturel tout à fait remarquable, que l'on désigne sous le nom d'effet de serre. Ce processus fait jouer un rôle considérable aux gaz minoritaires de l'atmosphère (vapeur d'eau, dioxyde de carbone, méthane, ozone) :

en empêchant le rayonnement infrarouge terrestre de quitter librement la planète, ils maintiennent suffisamment de chaleur près du sol pour rendre la planète habitable (elle aurait autrement une température moyenne de – 18 degrés). À un effet de serre naturel, vient donc s'ajouter un effet de serre additionnel, lié aux activités humaines, dont on peut calculer l'amplitude de manière assez précise. L'effet de l'augmentation déjà acquise des gaz à effet de serre est de 2,4 $W.m^{-2}$. Un doublement du CO_2 nous conduirait (ou plus exactement nous conduira, puisque nous avons vu que cette échéance est presque inéluctable) à 4 $W.m^{-2}$. Ces chiffres peuvent paraître faibles comparés au fonctionnement général de la machine climatique : le rayonnement solaire moyen absorbé au sommet de l'atmosphère, qui met en route le système climatique, est de 240 $W.m^{-2}$, et la perturbation anthropique est donc une perturbation au centième de la machine thermique « Planète Terre ». Mais si l'on songe que la température de notre planète est de 300 degrés absolus (ou Kelvin), cette modification est suffisante (comme nous le vérifierons à l'aide de modèles détaillés) pour modifier la température en surface de quelques degrés, ce qui est considérable, puisque seuls 5 à 6 degrés, par exemple, nous séparent d'un âge glaciaire. Il s'agit donc d'une perturbation forte du climat généralement très stable que nous avons connu depuis 8 à 10 000 ans.

La nécessité de la modélisation

Si l'on veut préciser l'amplitude ou les caractéristiques de cette évolution future du climat, le seul recours est la modélisation numérique. La réponse du système climatique à l'augmentation de l'effet de serre dépend très largement de mécanismes complexes : un réchauffement, par exemple, augmente la quantité de vapeur de l'atmosphère, ce qui amplifie l'effet de serre ; il fait aussi fondre la neige, ou la glace, qui vont moins réfléchir le rayonnement solaire. La composante dont le rôle est sans doute le plus difficile à apprécier est certainement la couverture nuageuse, qui peut réfléchir le rayonnement solaire, et donc refroidir la planète, mais qui crée aussi un effet de serre important, et est le lieu d'un important réchauffement associé à la condensation de l'eau.

Les modèles numériques sont une tentative de créer une planète virtuelle, régie par des systèmes d'équations qui représentent l'ensemble de ces processus : équations thermodynamiques liées au rayonnement solaire ou terrestre, équations dynamiques permettant de décrire l'évolution des courants océaniques ou de la circulation atmosphérique.

Au fil des années, ces modèles sont parvenus à représenter de manière particulièrement réaliste le fonctionnement de notre planète. Sous le seul effet des équations fondamentales de la physique, il est possible de simuler tous les grands modes de variabilité du climat : cycles saisonniers, moussons, alizés, jets atmosphériques, *Gulf Stream*, et même (encore imparfaitement) certains modes d'oscillations naturelles tels que les événements *El Niño*. Une fragilité conceptuelle de ces modèles tient au fait que pour résoudre les équations physiques sur lesquels ils se fondent, il faut se donner un maillage : les vents ou les courants, la température, la vapeur d'eau, les nuages, la salinité de l'eau océanique, tout est calculé aux nœuds d'un réseau assez lâche : quelques centaines de kilomètres selon l'horizontale, de l'ordre du kilomètre selon la verticale. La conception même des modèles repose ainsi sur l'idée que, pour les vents atmosphériques et les courants océaniques, la partie « grande échelle » de l'écoulement, qui s'organise à l'échelle de centaines ou de milliers de kilomètres, est dominante et suffit à déterminer (au moins de manière statistique) le rôle des échelles plus petites, et en particulier celles qui sont actives dans la formation des nuages, ou dans l'interaction avec la surface ou avec les côtes. Cette hypothèse apparaît généralement bien vérifiée, mais dans certaines limites, limites qui constituent une première source d'incertitude, d'ordre fondamental, affectant les résultats des modèles. Certains des mouvements qui sont ainsi représentés de manière simplifiée (« paramétrique »), par exemple les mouvements convectifs associés à la formation des cumulo-nimbus, comptent parmi ceux qui contrôlent le plus fortement la stratification verticale de l'atmosphère (ou de l'océan), c'est-à-dire la répartition verticale des températures, de l'humidité de l'air ou de la salinité de l'eau. Ces changements de stratification verticale jouent un rôle important dans la réponse climatique à l'effet de serre. Mais, même ainsi limités à un maillage encore grossier, les modèles climatiques saturent la puissance des ordinateurs les plus rapides et il n'existe pour le moment pas d'autre issue au problème. Dans le futur proche, toutefois, la situation pourrait évoluer : les machines d'une puissance de plusieurs dizaines de Teraflops qui sont annoncées au Japon ou aux États-Unis pourraient permettre de réaliser un saut qualitatif, en résolvant explicitement certains mouvements convectifs dans des modèles globaux de la circulation atmosphérique.

Quand on soumet ces planètes numériques à un effet de serre plus intense, elles réagissent toutes par une augmentation de la température moyenne. Cette augmentation est plus marquée vers les pôles que dans les régions intertropicales où la convection atmosphérique, en transportant la chaleur du sol vers les hautes couches de l'atmosphère, joue un rôle limitant. Elle s'accompagne d'une modification importante des régimes de précipitation, qui est au contraire plus marquée dans les régions de basse latitude. La sensibilité du cycle hydrologique à une augmentation de température est en effet plus grande dans des régions qui sont déjà plus chaudes. Au-delà de ces grands éléments de convergence, il peut y avoir aussi des différences notables entre modèles, qui correspondent pour une large part au traitement varié des effets de petite échelle que nous avons signalés plus haut, et en particulier à la représentation des nuages. Dans les scénarios les plus classiques où l'on considère une augmentation du CO_2 de 1 % par an (ce qui correspond à une extrapolation simple des tendances actuelles, si l'on confond le rôle de tous les gaz à effet de serre dans un « équivalent CO_2 »), l'augmentation de la température moyenne vers 2050 peut varier de 1 à 3 degrés environ selon les modèles. La *figure* montre le type d'accord que l'on peut attendre des modèles pour un champ particulièrement délicat à prédire, ou pourtant particulièrement important au niveaux des conséquences potentielles d'un changement climatique : le taux de précipitations. L'ensemble des modèles prévoit une activation du régime hydrologique, qui se marque par des régions humides plus humides — dans la zone équatoriale ou aux moyennes latitudes — et des régions sèches plus sèches — dans les régions subtropicales, vers 30 °N ou 30 °S. Mais cet effet moyen se traduit de manière quantitativement différente selon les modèles et les variations régionales peuvent être considérables.

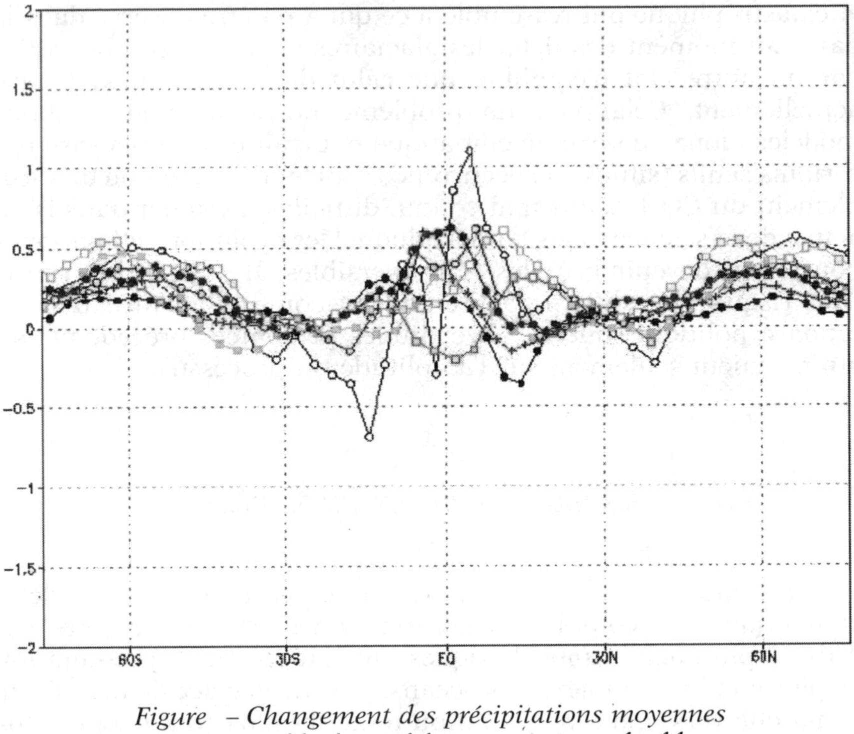

Figure – Changement des précipitations moyennes pour un ensemble de modèles soumis à un doublement du CO_2 atmosphérique (LeTreut and McAvaney, 2000).

L'océan, du fait de son énorme capacité calorifique, joue un rôle très différent, qui affecte en particulier la vitesse avec laquelle les changements climatiques peuvent se produire — parce que c'est le temps nécessaire pour chauffer les couches superficielles de l'océan qui donne le délai essentiel — et leur éventuelle irréversibilité. En effet l'océan, qui met plusieurs décennies à se réchauffer de manière significative, en mettra tout autant à se refroidir si l'on diminue les émissions de gaz à effet de serre. Mais il y a plus : la circulation océanique elle-même peut changer. La force inhabituelle des manifestations du phénomène *El Niño* au cours de cette fin de siècle pose le problème (encore non résolu) de son lien éventuel avec le début de réchauffement de la planète. Tous les modèles montrent également, dans le cas d'un réchauffement climatique, un ralentissement de la circulation océanique dans l'Atlantique Nord. Le moteur de cette circulation est la capacité des eaux de l'Atlantique Nord, près de l'Arctique, à plonger et former des eaux profondes. Cette propriété est liée à la salinité des eaux, qui tend justement à diminuer dans un climat plus chaud, par augmentation des précipitations. Tout d'abord cette évolution complique la prédiction de ce qui peut se passer sur l'Europe, où le climat pourrait se refroidir, même dans les conditions d'un réchauffement global. Mais, de plus, certains modèles peuvent aller jusqu'à un arrêt presque complet de la formation d'eau profonde, évolution rapide et catastrophique qui ressemble à ce qui a pu être observé dans le passé au moment des débâcles glaciaires : l'océan est alors attiré par un autre état d'équilibre que celui dans lequel il se trouve actuellement. Cela pose un problème nouveau : pour certains modèles, donc, le système climatique pourrait être caractérisé par certains seuils (situés en l'occurrence vers le triplement ou quadruplement du CO_2), seuils mal connu, difficiles à évaluer dans l'état actuel de la science, mais au-delà duquel les évolutions climatiques pourraient devenir brutales et irréversibles. Il s'agit d'une forme d'un risque plus difficile à prendre en compte, au niveau de la réponse politique, que les incertitudes présentées précédemment qui portaient seulement sur l'amplitude du processus.

Des modèles encore incomplets

Au cours des dernières années la construction des modèles climatiques a accompli des progrès considérables : les modèles d'abord purement atmosphériques ont intégré une représentation de plus en plus complexe des océans, puis de la glace de mer. Cette démarche vers une représentation toujours plus complexe et plus complète du système climatique est tout à fait fondamentale. Mais cette évolution est loin d'être achevée. Il existe par exemple un couplage étroit entre les cycles chimiques et biochimiques qui contrôlent la composition chimique de l'atmosphère et le climat lui-même. Pour reprendre l'exemple du cycle du carbone que nous avons décrit au début, des simulations réalisées à l'IPSL à Paris, ou au Hadley Centre en Angleterre, montrent que l'océan ou la végétation reprennent moins de CO_2 à l'atmosphère dans un monde plus chaud. Le réchauffement lié à l'effet de serre a aussi pu être masqué dans la période initiale par l'émission de poussières ou d'aérosols qui refroidissent le système climatique (mais qui ne s'accumulent pas dans l'atmosphère, et ne remettent pas en cause les grandes lignes des prévisions que nous venons de décrire). Pour prendre en compte ces effets les modèles évoluent : purement physiques au départ ils se compliquent peu à peu de modules chimiques, biochimiques, et leur complexité se rapproche peu à peu de la complexité du monde réel.

Les conséquences les plus redoutées des changements climatiques ne sont pas non plus toutes prédites de manière directe par les modèles, mais s'en dérivent par une étape supplémentaire du raisonnement. Par exemple, la dilatation de l'océan, la fonte des glaciers de montagnes devraient conduire à une élévation du niveau des mers de quelques dizaines de centimètres vers le milieu du siècle prochain. La fréquence et l'intensité des cyclones tropicaux pourraient aussi être modifiée. Nous savons que ces cyclones ne se développent qu'au-dessus des eaux à plus de 27 °C. Il est difficile de faire une prévision exacte : mais on peut penser que des régions qui ne sont pas habituellement touchées par les cyclones le seront dans un futur proche, ou que l'intensité des cyclones pourrait changer (par exemple : moins de cyclones, mais plus intenses). D'une manière générale, il est bien sûr très important d'estimer les conséquences régionales des changements climatiques, et des événements extrêmes qui peuvent y être associés. Ces conséquences sont nécessairement d'essence statistique, et ne peuvent pas non plus être décrites de manière explicite par les modèles. On essaie donc — avec des succès encore variés — de les associer à l'évolution d'indices climatiques, qui correspondent à une description de la circulation à grande échelle de l'atmosphère, et peuvent être prédits par les modèles. Sur l'Europe par exemple, une grande part de la variabilité organisée du climat, et en particulier un certain nombre des événements régionaux de forte amplitude (tempêtes récurrentes, hivers anormalement froids) sont associés à l'évolution de ce que l'on appelle indice de l'oscillation nord-atlantique (en anglais : NAO), qui correspond à une différence de pression au niveau de la mer entre les villes de Lisbonne et Reyjavick, et caractérise l'intensité relative de l'anticyclone des Açores et de la dépression d'Islande. Depuis quelques années cet indice augmente (irrégulièrement), ce qui correspond aussi à ce que prédisent la plupart des modèles pour un réchauffement du climat.

Conclusion

Si l'on essaie de synthétiser tous ces éléments, on peut considérer que le rôle de la modélisation tout au long des dernières années a été de fournir un cadre aussi rigoureux et contraignant que possible, pour explorer les futurs possibles de la planète. L'idée de départ est très simple : l'augmentation de gaz tels que le dioxyde de carbone ou le méthane crée un effet de serre qui peut amener un réchauffement de quelques degrés. Comme nous l'avons vu un argument physique de « bon sens » donne ce résultat — et c'est un calcul qu'avait déjà fait Arrhénius au début du siècle. Mais le fonctionnement de notre planète est très complexe et l'enjeu de nos recherches a été de déterminer si cette complexité peut permettre de renverser l'idée simple que l'on peut se faire initialement du problème. La réponse, après deux décennies d'études réalisées en parallèle dans une quinzaine de laboratoires, est toujours que, dans le cadre fortement contraint par les équations fondamentales de la physique fournit par les modèles, le système climatique est inévitablement appelé à se réchauffer : seul le spectre des futurs possibles s'est un peu élargi — plutôt dans un sens d'aggravation possible des risques. Cette convergence qualitative des modèles est un élément tout à fait remarquable, et, de ce point de vue, l'incertitude qui entoure encore leur prédiction reflète de moins en moins l'ignorance des scientifiques, et de plus en plus un facteur de risque lié à la complexité d'un monde réel qui n'est pas entièrement prévisible.

Par ailleurs plus que l'amplitude des changements climatiques à venir (qui sont moins importants que ce que la planète a pu connaître au moment des âges glaciaires par exemple) c'est la rapidité avec laquelle ils peuvent survenir qui constitue le facteur de risque majeur, et qui impose que des mesures soient prises dès maintenant. Depuis le début du siècle la température globale a augmenté de 0,6 à 0,9 °C. Si cette évolution continue les dernières ambiguïtés qui subsistent se lèveront d'elles-mêmes. Mais il sera bien tard pour intervenir.

RÉFÉRENCES

– FRIEDLINGSTEIN (P.), Bopp (L.), Ciais (P.), Dufresne (J.-L.), Fairhead (L.), Le Treut (H.), Monfray (P.) et ORR (J.) , *Positive Feedbacks of the Carbon Cycle on Future Climate Change (submitted)*.

– IPCC (Intergovernmental Panel on Climate Change), 1990 : *Climate Change : the IPCC Scientific Assessment*, J. T. Houghton, G.J. Jenkins and J. J. Ephraums (eds), Cambridge, UK, Cambridge University Press, 356 p.

– IPCC (Intergovernmental Panel on Climate Change), 1994 : *Climate Change 1994 : Radiative Forcing of Climate Change and an Evaluation of the IPCC IS92 Emission Scenarios*, J. T. Houghton, L. G. Meira Filho, J. Bruce, Hoesung Lee, B. A. Callander, E. Haites, N. Harris et K. Maskell (éds), Cambridge, UK, Cambridge University Press, 339 p.

– IPCC (Intergovernmental Panel on Climate Change), 1995 : *Climate Change 1995 : The science of Global Change*, J. T. Houghton, L. G. Meira Filho, B. A. Callander, N. Harris, A. Kattenberg et K. Maskell, Cambridge, UK, Cambridge University Press, 572 p.

– Le Treut et McAvaney, « A Model Intercomparison of Equilibrium Climate Change in Response to CO_2 doubling », *IPSL Note N° 18*, Paris, Institut Pierre Simon Laplace, 2000.

– Li (Z. X.), Le Treut (H.), « Cloud-radiation feedbacks in a general circulation model and their dependence on cloud modelling assumptions », *Climate Dynamics*, 7, 1992 p. 133-139.

– Manabe (S.) et Stouffer (R. J.), « Multiple-century response of a coupled ocean-atmosphere model to an increase of atmospheric carbon dioxide », *J. Climate*, 7, 1994 p. 5-23.

– Penner (J. E.), Charlson (R. J.), Hales (J. M.), N. S. Laulainen, R. Leifer, T. Novakov, J. Ogren, L. F. Radke, S. E. Schwartz et L. Travis, « Quantifying and minimizing uncertainty of climate forcing by anthropogenic aerosols », *Bull. Am. Met. Soc*, 75, 1994 p. 75-400.

– Roeckner (E.), Siebert (T.) et Feichter (J.), « Climatic Response to Anthropogenic sulfate forcing simulated with a general circulation model », *Aerosol Forcing of Climate*, R. Charlson and J. Heintzenberg (éd.), 1995 p. 349-362, John Wiley and Sons.

– Santer (B. D.), Taylor (K. E.), Wigley (T. M. L.), Penner (J. E.), Jones (P. D.) et Cubasch (U.), « Towards the detection and attribution of an anthropogenic effect on climate », *Clim. Dyn.*, 12, 1995, p. 77-100.

– Schlesinger (M.E.) and Mitchell (J.F.B.), « Climate model simulations of the equilibrium climatic response to increased carbon dioxide », *Rev. Geophys.*, 25, 1987, p. 760-798.

– Senior (C. A.) et Mitchell (J. F. B.), « Carbon dioxide and climate: The impact of cloud parameterization », *J. Climate*, 6, 1993, p. 393-418.

La Météorologie

par Olivier Talagrand

Les 26 et 27 décembre 1999, deux tempêtes, dont la force est apparemment sans précédent historique, ont successivement frappé la France. Bien que Météo-France ait dans chacun des deux cas annoncé des vents violents, l'intensité de ces tempêtes a largement dépassé ce qui était anticipé, et elles ont pris au dépourvu la plus grande partie de la population. Quelles sont les limites de la prévision météorologique ? Des progrès sont-ils encore possibles ? La prévision météorologique se réduit-elle simplement à une question de puissance de calcul, ou des progrès fondamentaux dans notre connaissance de l'atmosphère sont-ils encore nécessaires ? Ce sont là quelques-unes des questions que nous aborderons ici succinctement.

Chacun sait plus ou moins que c'est le Soleil qui est à l'origine des phénomènes météorologiques. Plus précisément, les mouvements de l'atmosphère et de l'océan sont causés par la différence d'échauffement entre les basses latitudes et les hautes latitudes. Cette différence crée des différences de pression, qui créent elles-mêmes des mouvements, dont l'effet est de transporter de l'énergie depuis les basses latitudes, les plus chauffées, vers les hautes latitudes, les moins chauffées. La différence d'insolation régénère en permanence la différence de température, et remet constamment en route la machine atmosphérique. Celle-ci est une immense machine thermique, dont la source chaude est le rayonnement solaire. Comme toute machine thermique, elle a une source froide, en l'occurrence l'énergie que la Terre émet vers l'espace extérieur sous forme de rayonnement infrarouge.

Texte de la 206e conférence de l'Université de tous les savoirs donnée le 24 juillet 2000.

La rotation terrestre est le deuxième ingrédient fondamental de la météorologie. Les particules fluides, déplacées en latitude sous l'effet de la différence de température, acquièrent un mouvement de rotation par rapport à la Terre elle-même. Les tourbillons ainsi formés, associés à des centres de basses et de hautes pressions, sont les dépressions et les anticyclones des cartes météorologiques. Ils sont constamment régénérés par la différence de température, et, dans les latitudes moyennes, la prévision météorologique consiste pour l'essentiel dans la prévision de leur formation, de leur amplification, de leur déplacement, de leurs interactions mutuelles, puis de leur disparition.

D'autres effets interviennent encore, et au premier chef le cycle de l'eau. L'eau est présente dans l'atmosphère terrestre sous ses trois phases solide, liquide et gazeuse. Les quantités d'énergie mises en jeu dans les changements de phases correspondants contribuent de façon significative au bilan énergétique de l'atmosphère. En outre, les propriétés radiatives de l'atmosphère dépendent de son contenu en eau, et des phases sous lesquelles celle-ci est présente. En ce qui concerne par exemple les nuages, non seulement ils réfléchissent une fraction importante du rayonnement solaire incident, mais ils absorbent, par « effet de serre », une partie du rayonnement infrarouge émis par la surface de la Terre et les couches atmosphériques sous-jacentes.

Les lois physiques qui régissent la météorologie sont parfaitement connues. Ce sont les lois de la « Mécanique » et de la « Thermodynamique » classiques, explicitement formulées et parfaitement comprises depuis plus d'un siècle. Comment se fait-il dans ces conditions que la prévision météorologique soit si difficile, et que l'incertitude puisse régner, à échéance quelquefois même d'un ou deux jours, quant à l'occurrence ou non d'une tempête ? Il y a à cela plusieurs raisons, mais la plus fondamentale d'entre elles avait été clairement comprise et expliquée par le mathématicien Henri Poincaré. « Pourquoi les météorologistes ont-ils tant de peine à prédire le temps avec quelque certitude ? Pourquoi les chutes de pluie, les tempêtes elles-mêmes semblent-elles arriver au hasard, de sorte que bien des gens trouvent tout naturel de prier pour avoir la pluie ou le beau temps, alors qu'ils jugeraient ridicule de demander une éclipse par une prière ? [...] un dixième de degré en plus ou en moins en un point quelconque, le cyclone éclate ici et non pas là, et il étend ses ravages sur des contrées qu'il aurait épargnées. Si on avait connu ce dixième de degré, on aurait pu le savoir d'avance, mais les observations n'étaient ni assez serrées, ni assez précises, et c'est pour cela que tout semble dû à l'intervention du hasard » (Science et Méthode, 1908). Aussi précise que soit notre connaissance de l'état présent de l'atmosphère, les incertitudes inévitables se transformeront rapidement en une grande incertitude sur l'état futur. Depuis Poincaré, cette vision a été largement confirmée par les travaux théoriques et les expériences menées avec des modèles numériques de l'écoulement atmosphérique. Elle a été popularisée par l'Américain E. N. Lorenz, sous la forme de l'image du papillon, dont un simple battement d'aile cause une perturbation qui, progressivement amplifiée, finit par créer un cyclone là où il n'y en aurait pas eu ou, à l'inverse, inhibe la formation du cyclone qui se serait produit.

Dans le vocabulaire contemporain, l'atmosphère est un système « chaotique », dans lequel toute incertitude initiale croîtra inéluctablement au cours du temps, pour atteindre une incertitude aussi grande que la variabilité naturelle du système. L'atmosphère partage avec de nombreux autres systèmes physiques cette propriété de « sensibilité aux conditions initiales »*. La plupart des écoulements fluides turbulents possèdent la même propriété, avec pour conséquence l'impossibilité pratique d'en prévoir les détails à longue échéance. Dans le cas de l'atmosphère, même avec l'optimisme le plus irréaliste quant à la densité et la précision des systèmes d'observation futurs, on évalue à une dizaine de jours l'échéance audelà de laquelle toute prévision météorologique détaillée restera à jamais impossible.

Quels sont dans ces conditions les moyens de la prévision météorologique ? L'outil le plus sûr et le plus efficace est de loin la « modélisation numérique », c'est-à-dire le calcul de proche en proche, à partir de l'état observé de l'atmosphère, de l'évolution future de l'écoulement. On n'a à ce jour trouvé aucune méthode (et il n'y a guère d'espoir qu'on en trouve jamais) qui permette l'économie du calcul explicite et détaillé de l'évolution de l'écoulement atmosphérique entre l'instant présent et l'instant auquel on souhaite une prévision. Les modèles numériques de prévision météorologique sont construits sur les lois fondamentales, déjà évoquées, de la mécanique et de la thermodynamique classiques. Il s'agit de la loi de conservation de la masse, qui exprime simplement que la masse est transportée par l'écoulement sans perte ni création, de la loi de conservation de l'énergie, qui exprime que la variation d'énergie interne d'une particule fluide est égale à la différence entre l'énergie qu'elle reçoit et l'énergie qu'elle perd, et de la loi de conservation de la quantité de mouvement, qui exprime que l'accélération d'une particule fluide est égale à la somme des forces mécaniques agissant sur cette particule. Il faut ajouter à cela les lois régissant des phénomènes physiques spécifiques, par exemple les lois régissant l'absorption ou l'émission de rayonnement par le gaz atmosphérique.

Pour mettre en œuvre les calculs requis, il faut d'abord formuler les lois physiques de base sous une forme adaptée. On définit à cette fin un maillage sur le volume de l'atmosphère, c'est-à-dire qu'on divise l'atmosphère en « boîtes » couvrant l'ensemble de son volume. L'état de l'écoulement est alors défini, dans les modèles

* Voir la 218e conférence de l'Université de tous les savoirs donnée par D. Ruelle

utilisés actuellement, par la spécification de la température, des deux composantes du vent horizontal et du contenu en humidité à l'intérieur de chacune des boîtes du maillage. Une fois l'état présent de l'écoulement ainsi défini, on calcule son évolution future sur la base des lois physiques qui viennent d'être mentionnées, et dans les limites permises par la qualité des conditions initiales, nécessairement imparfaites, et celle du modèle physique, nécessairement imparfait lui aussi.

La prévision météorologique numérique est ainsi fondée sur la force de calcul brute. Elle dépend entièrement de la disponibilité d'ordinateurs puissants. Elle est d'ailleurs née avec les premiers calculateurs électroniques, dans les années qui ont suivi la Seconde Guerre Mondiale, sous l'impulsion du mathématicien et physicien américain d'origine hongroise J. von Neumann. Avec les progrès réguliers de la puissance des ordinateurs, des algorithmes de calcul, des moyens d'observation et de notre connaissance des multiples processus mis en jeu dans l'atmosphère, la qualité des modèles et des prévisions s'est peu à peu améliorée. Les modèles, à l'origine limités à la mécanique et à la thermodynamique d'un gaz parfait stratifié sous l'effet de la pesanteur, ont progressivement été enrichis par la description explicite de processus de plus en plus variés : absorption du rayonnement solaire et émission du rayonnement propre atmosphérique, cycle de l'eau accompagné de ses effets radiatifs, échanges d'eau et effets de frottement entre l'atmosphère et les surfaces continentales et océaniques sous-jacentes, etc. Pour ce qui est des développements les plus récents, on peut mentionner la prise en compte des effets de la végétation, qui constitue un réservoir d'humidité et dont l'état module les propriétés radiatives de la surface et les forces de frottement exercées par cette dernière, la prise en compte de la couverture neigeuse et de ses variations temporelles, ou encore celle de la chimie de la stratosphère et de ses effets radiatifs.

On illustrera l'état de développement et les performances actuelles de la prévision météorologique numérique sur l'exemple du Centre Européen pour les Prévisions Météorologiques à Moyen Terme (CEPMMT). Ce centre, commun à dix-huit pays européens, et installé à Reading en Grande-Bretagne, produit chaque jour depuis 1979 une prévision numérique à échéance de dix jours pour la totalité de l'atmosphère. En 2000, le modèle utilisé est construit sur un maillage dont la résolution est d'environ 70 km dans la direction horizontale, et d'environ 1 km dans la direction verticale. Il faut dans ces conditions 25 millions de paramètres (température, composantes du vent,...) pour décrire l'état de l'écoulement à un instant donné à tous les points du maillage. L'évolution couplée de ces paramètres est calculée explicitement avec un pas temporel d'environ 20 minutes. Une heure de calcul est nécessaire sur un calculateur Fujitsu VPP 700 (d'une puissance de 200 Gflops) pour effectuer la prévision à échéance de dix jours.

L'évaluation de la qualité d'un système de prévision ne peut être que statistique, et l'étalon de référence le plus naturel est en l'occurrence la prévision climatologique, c'est-à-dire la prévision qui prévoit pour un jour de l'année le temps moyen observé dans le passé à ce même jour. Avec ce critère, les prévisions du CEPMMT sont statistiquement utiles jusqu'à une échéance d'environ sept jours. Les prévisions sont en moyenne meilleures en hiver qu'en été, des valeurs typiques de l'échéance d'utilité étant huit jours pour l'hiver et six jours pour l'été. Cela est dû à ce que la différence latitudinale de température qui, comme on l'a vu, est le « moteur » de la circulation atmosphérique, est plus intense en hiver, permettant ainsi une meilleure prévision à grande échelle. Les variations diurnes de l'ensoleillement sont en outre plus grandes en été qu'en hiver, et la météorologie estivale est souvent dominée par des phénomènes de petite échelle spatiale et temporelle, liés par exemple à l'échauffement local du sol pendant la journée. Ces phénomènes de petite échelle sont mal résolus par les modèles actuels, et mettent souvent en jeu des processus physiques eux-mêmes mal simulés par les modèles.

La qualité des prévisions du CEPMMT est représentative de celles des grands centres météorologiques. Si l'échéance d'utilité pratique des prévisions est statistiquement de sept jours environ, la qualité des prévisions individuelles est très variable d'une situation à l'autre. Certaines prévisions sont encore très bonnes au bout de dix jours, tandis que d'autres sont déjà de qualité médiocre au bout de trois ou quatre jours. Prévoir à l'avance la marge d'incertitude sur les prévisions individuelles est évidemment très souhaitable. C'est ce qui a conduit plusieurs centres météorologiques, dont le CEPMMT, à développer ces dernières années des systèmes de « prévision d'ensemble ». On a déjà dit que l'incertitude sur les prévisions résulte avant tout de l'incertitude sur les conditions initiales de l'écoulement atmosphérique. Dans les systèmes de prévision d'ensemble, au lieu d'effectuer une prévision unique à partir d'une condition initiale définie de façon à être aussi précise que possible, on effectue un ensemble de prévisions à partir d'un ensemble de conditions initiales dont la dispersion est censée représenter l'incertitude sur l'état présent de l'atmosphère. La dispersion des prévisions sera prise comme une mesure de l'incertitude sur l'état futur. Le CEPMMT effectue ainsi chaque jour 50 prévisions différentes. Ces prévisions d'ensemble s'avèrent déjà très utiles, en ce que l'erreur de prévision est effectivement, en moyenne statistique, plus petite quand la dispersion des prévisions de l'ensemble est plus petite. À plus long terme, ces systèmes de prévision d'ensemble devront se transformer progressivement en systèmes de « prévision probabiliste », qui produiront des probabilités quantifiées pour l'occurrence des événements météorologiques. Ces prévisions probabilistes, si elles sont fiables, seront très utiles, par exemple à ceux qui doivent prendre des décisions dans des situations où l'occurrence éventuelle d'un événement météorologique a des implications financières importantes.

La qualité des prévisions dépend fondamentalement de la qualité de leurs conditions initiales. Même si l'on sait que la prévision déterministe détaillée restera à jamais impossible, il importe de définir les conditions initiales aussi précisément que possible, et de tirer le meilleur profit des observations disponibles. On se heurte là à une difficulté substantielle : les observations sont elles-mêmes distribuées dans le temps. Les satellites fournissent par exemple un flot continu d'observations nouvelles. On est donc obligé, avant même de commencer la prévision, de prendre en compte l'évolution de l'atmosphère. L'« assimilation des observations » est la combinaison d'un modèle numérique de l'écoulement et d'observations distribuées dans le temps. Elle fait appel à des méthodes mathématiques puissantes, et a progressivement pris une importance croissante dans la prévision météorologique numérique. Elle est désormais utilisée à des applications de plus en plus variées, par exemple à la « réassimilation » d'observations passées, destinée à produire, sur la base des modèles et des moyens de calcul actuels, une description aussi précise que possible de l'écoulement passé.

Si la prévision détaillée et locale de la pluie, des nuages et de la température semble inéluctablement limitée à une dizaine de jours au plus, tout n'est pas pour autant totalement imprévisible au-delà de cette échéance aussi courte. Il y a des étés humides, des hivers doux, des périodes de sécheresse, tous phénomènes qui durent beaucoup plus de dix jours, et qu'il doit bien être possible de prévoir, sinon dans tous leurs détails, au moins dans leurs caractères généraux. L'atmosphère possède d'ailleurs un caractère qui peut sembler paradoxal : comment se fait-il que la météorologie puisse être très différente d'une année à l'autre alors que l'insolation est la même ? L'océan joue ici un rôle fondamental. Du fait de son inertie thermique plus grande, il répond beaucoup plus lentement que l'atmosphère aux variations de l'insolation. Les interactions mutuelles entre deux systèmes, dont chacun a déjà en lui-même un comportement complexe, et qui évoluent sur des échelles de temps différentes, augmentent encore la complexité de la machine météorologique. Mais elles y introduisent aussi des éléments de prévisibilité à long terme. Un excellent exemple est ici le phénomène *El Niño*, ce réchauffement des eaux superficielles de l'Océan Pacifique, au large de l'Équateur et du Pérou*. Le phénomène *El Niño*, qui se produit en moyenne tous les trois ou cinq ans, mais sans régularité identifiée, est désormais prévisible plusieurs mois ou un an à l'avance. Mais sa prévision requiert l'utilisation de modèles « couplés » de l'océan et de l'atmosphère. Ces modèles, sans être très détaillés sur le plan météorologique, représentent les

* Voir la 204e conférence de l'Université de tous les savoirs donnée par J. Picault.

échanges d'énergie et de quantité de mouvement entre l'atmosphère et l'océan. Ils sont de plus en plus utilisés, à un stade encore largement expérimental, pour la prévision saisonnière, c'est-à-dire à la prévision, plusieurs mois à l'avance, des caractères généraux d'une saison, comme le caractère particulièrement sec d'un été, ou particulièrement humide d'un hiver. On peut attendre que des prévisions saisonnières, ne prévoyant pas le détail quotidien de la pluie et du beau temps, mais les tendances générales des mois à venir, seront produites sur une base régulière, et diffusées auprès du public, dans les prochaines années.

Tout ce qui précède soulève une question fondamentale. Si tous les phénomènes météorologiques ne sont pas prévisibles à la même échéance, quels sont les phénomènes prévisibles, et à quelle échéance ? Des « vagues de froid » hivernales intenses frappent parfois l'Europe occidentale. Elles sont dues à que les météorologistes désignent du nom médiocrement banal de « blocage », c'est-à-dire à la présence d'un anticyclone sur l'Europe septentrionale. Cette situation est très stable, et peut durer plusieurs semaines. Autant que l'on comprenne, les échanges entre l'atmosphère et l'océan, contrairement au cas du phénomène *El Niño*, ne jouent pas là un rôle déterminant. Les blocages semblent simplement dus aux variations propres de l'atmosphère, qui passe de temps en temps, indépendamment de toute cause « externe », dans une phase particulièrement stable. Bien que l'occurrence et la disparition des blocages ne soient prévues à l'heure actuelle que quelques jours à l'avance, il y a évidemment là, au moins en ce qui concerne la durée des vagues de froid qui les accompagnent, et dans un contexte physique différent de celui d'*El Niño*, une possibilité de prévision qui va au-delà de l'échéance de prévision détaillée. Les progrès combinés de l'observation, des études théoriques et de la modélisation numérique nous permettent d'élucider peu à peu, et de comprendre de mieux en mieux la complexité de la machine atmosphérique. Mais la question d'identifier clairement quels caractères de l'atmosphère sont prévisibles à quelle échéance est encore très ouverte, et constitue peut-être la plus fondamentale des questions qui restent aujourd'hui à résoudre.

Quels progrès pouvons-nous attendre dans un avenir proche ? Pendant longtemps, les progrès de la prévision météorologique ont suivi ceux de la puissance des calculateurs. Lorsqu'un calculateur plus puissant devenait disponible, les météorologistes utilisaient la puissance additionnelle en augmentant la résolution spatiale de leurs modèles. Cela, associé aux progrès continus de la modélisation et, particulièrement, à la représentation dans les modèles de processus physiques de plus en plus détaillés, a longtemps suffi à assurer une augmentation lente mais continue de la qualité des prévisions. Ce processus s'est maintenant saturé, pour la simple raison qu'il n'y a pas suffisamment d'observations pour remplir les résolutions spatiales désormais permises par la puissance des calculateurs. Celle-ci peut donc être utilisée à d'autres fins, comme la prévision d'ensembles décrite plus haut. Mais on peut aussi attendre des progrès significatifs de l'amélioration des systèmes d'observation, qui, contrairement aux modèles numériques eux-mêmes, ont en fait peu évolué depuis une vingtaine d'années. Des observations satellitaires de plus en plus nombreuses, utilisant par exemple les ressources offertes par le réseau de satellites du Global Positioning System (GPS), permettront une description beaucoup plus détaillée et précise de l'état présent de l'écoulement atmosphérique. C'est probablement l'amélioration du système d'observation, associée à des méthodes d'assimilation de plus en plus puissantes, et à des méthodes de prévision statistique appropriées, qui conduira dans les prochaines années aux progrès les plus importants.

Le climat

par Robert Sadourny

Qu'est-ce que le climat ?

Comme la météorologie est la science des météores, en particulier du temps qu'il fait ou qu'il va faire, la climatologie est la science du climat, c'est-à-dire la science des probabilités ou des statistiques sur le temps. On entend trop souvent dire qu'une fête a été gâchée (par exemple) « en raison des mauvaises conditions climatiques », alors qu'il s'agit là, bien sûr, de mauvaises conditions météorologiques : le climat ne change pas quand en quelques jours, on passe du beau temps au mauvais temps !

Quand nous parlons de climat, de quel système physique parlons-nous ? Le « système climatique » inclut naturellement les basses couches de l'atmosphère où nous vivons, et les couches plus élevées dont le comportement est étroitement lié à celles-ci : principalement la troposphère et dans une moindre mesure, la stratosphère. Ce système inclut aussi les océans et les couches superficielles des terres émergées, qui échangent de l'eau et de la chaleur avec l'atmosphère, et bien sûr, les glaces de terre et de mer. Mais l'étude du climat ne se réduit pas à celle d'un système physique. Le climat interagit très fortement avec la chimie de l'atmosphère et de l'océan, et aussi avec la biosphère, c'est-à-dire l'ensemble des êtres vivants.

Étudier le climat, c'est non seulement observer continûment, sur l'ensemble du globe et durant de longues périodes, le comportement de l'atmosphère, de l'océan, des glaces et des terres émergées, mais aussi modéliser l'ensemble des mécanismes du système

Texte de la 207e conférence de l'Université de tous les savoirs donnée le 25 juillet 2000.

pour simuler son évolution. C'est en comparant le climat simulé au climat observé que nous mesurons notre niveau de compréhension des mécanismes, et donc nos capacités à prédire les évolutions futures. La climatologie s'est développée très rapidement à l'ère des satellites et des calculateurs. Les sondeurs spatiaux placés à bord de satellites à défilement, à orbite quasi polaire, comme la série météorologique opérationnelle américaine Nimbus, permettent de suivre l'évolution des profils verticaux de la température et de l'humidité sur l'ensemble du globe. Les radiomètres à bande large, comme ERBI, ScaRaB ou CERES nous permettent de suivre les variations spatio-temporelles du bilan d'énergie de la planète. Les satellites géostationnaires comme Météosat observent en permanence les tropiques et les latitudes moyennes de leur position équatoriale à 36 000 km d'altitude. L'altimètre de TOPEX-Poséidon mesure, avec une précision de quelques centimètres, l'altitude du niveau de la mer, ce qui nous renseigne sur la dynamique des courants.

Quant aux modèles de climat, ce sont bien sûr des modèles pronostiques, qui décrivent une évolution dans le temps à partir d'une situation initiale donnée, comme les modèles de prévision météorologique. Mais ils doivent inclure, en plus de l'atmosphère, des océans et des glaces de mer interactifs, ainsi que les couverts végétaux et l'hydrologie des terres émergées. Ces modèles simulent en particulier le cycle de l'eau dans son ensemble, la formation des divers types de nuages, la formation de glaces de mer ; ils commencent aujourd'hui à inclure une végétation interactive et certains cycles chimiques comme le cycle du carbone et celui de l'ozone stratosphérique. Le coût de calcul est tel que, dans la pratique, la durée d'une simulation dépasse rarement le siècle ; pour des simulations plus longues, il faut user de modèles simplifiés. Le résultat d'une simulation est une évolution, c'est-à-dire une succession d'états instantanés du système ; l'interprétation climatologique de cette simulation repose ensuite sur l'analyse statistique de cette succession d'états. C'est d'ailleurs bien parce que le climat est un problème statistique que nous pouvons prolonger nos simulations bien au-delà de la limite de prévisibilité de l'atmosphère (une douzaine de jours au plus) : on ne s'intéresse plus, comme dans la prévision du temps, aux perturbations individuelles, mais à leurs probabilités d'occurrence. Ces statistiques sont basées, soit sur des moyennes temporelles, soit sur des ensembles de simulations indépendantes. Ces dernières sont relativement faciles à construire. Il suffit par exemple de perturber très légèrement les états initiaux : à cause des instabilités du système, deux solutions initialement très proches deviennent totalement décorrélées dès qu'on atteint la limite de prévisibilité.

Énergie et climat

Le climat est d'abord une affaire d'énergie. L'apport d'énergie vient presque exclusivement du soleil ; il se répartit dans l'espace et dans le temps en fonction du mouvement orbital de la Terre, de la rotation de celle-ci sur elle-même, et des variations dans le temps de la puissance solaire. La façon dont cette énergie solaire incidente traverse l'atmosphère, pénètre à la surface, se transforme en d'autres types d'énergie comme l'énergie latente ou l'énergie potentielle, puis est réémise vers l'espace à travers l'atmosphère sous forme d'énergie infrarouge, dépend de la composition physico-chimique de l'atmosphère, du cycle de l'eau, des propriétés optiques de l'océan, de l'état des surfaces émergées et de leur couvert végétal, et enfin du transport d'énergie d'un endroit à l'autre de la planète par les mouvements de l'atmosphère et de l'océan. L'ensemble du système peut s'interpréter comme une sorte d'énorme machine thermique.

Intéressons-nous d'abord aux valeurs moyennes qui déterminent le climat terrestre. La luminosité solaire actuelle correspond à un flux incident d'énergie solaire d'environ 1 368 $W.m^{-2}$; si nous répartissons ce flux sur l'ensemble de la surface terrestre (soit quatre fois la section du cylindre intercepté par la Terre), nous obtenons une valeur moyenne de 342 $W.m^{-2}$. De ce flux incident, environ 30 %, soit 102 $W.m^{-2}$, est réfléchi ou rétrodiffusé vers l'espace par les nuages, les aérosols, la neige et les parties les plus réfléchissantes de la surface, notamment les déserts. Restent donc 240 $W.m^{-2}$ qui sont réellement absorbés par le système : environ 65 par l'atmosphère, le reste, environ 175, servant à chauffer la surface. Le fait que presque les trois quarts de l'énergie solaire absorbée le soit au niveau de la surface entraîne naturellement que la température de l'air décroît quand on s'élève ; mais l'effet de serre accentue très fortement cette décroissance. En effet, la surface chauffée par le rayonnement solaire restitue son énergie à l'espace principalement sous forme de rayonnement infrarouge, dont une partie est absorbée et réémise vers le bas par l'écran des gaz à effet de serre (vapeur d'eau, CO_2, méthane, N_2O, ozone, halocarbures) ainsi que par les nuages. Cet effet de serre piège ainsi une grande quantité de chaleur dans les basses couches, dont il contribue à élever encore la température. Le rayonnement intercepté par l'effet de serre est de l'ordre de 155 $W.m^{-2}$; cette valeur est une mesure de l'effet de serre total. Une autre mesure possible de l'effet de serre est le réchauffement qu'il entraîne pour la surface : 33 °C, calculé comme la différence entre la température moyenne de la surface

(288 K), et la température de la Terre vue de l'espace à travers l'atmosphère (255 K).

Les radiomètres à bandes larges comme ScaRaB (CNRS-CNES), qui mesurent le bilan radiatif depuis l'espace, nous renseignent sur les flux nets de rayonnement solaire et infrarouge irradiés par la Terre vers l'espace. Combinées avec les mesures de surface, les données de ces instruments permettent par exemple d'étudier la modulation de l'effet de serre par la température de surface, par la vapeur d'eau (le plus abondant des gaz à effet de serre) et par les nuages. D'après ScaRaB, la contribution des nuages à l'effet de serre global est d'environ 30 $W.m^{-2}$, alors qu'ils augmentent la réflectivité de la planète de 48 $W.m^{-2}$: l'effet radiatif net des nuages va donc dans le sens d'un refroidissement du climat par 18 $W.m^{-2}$. Bien sûr, il s'agit là d'une valeur moyenne : l'effet radiatif varie selon les types de nuages, et se répartit diversement en fonction des lieux et des saisons.

En moyenne sur le globe et dans le temps, le bilan d'énergie de la planète Terre est à peu près équilibré : la Terre irradie vers l'espace dans l'infrarouge une énergie sensiblement égale à celle qu'elle reçoit du soleil. Mais il est bien évident que cet équilibre ne peut être qu'approché, à cause des oscillations permanentes — diurnes, saisonnière et autres — du système climatique, et aussi, aujourd'hui, de la perturbation faible mais significative due à l'activité planétaire des hommes.

Le rôle de l'atmosphère et de l'océan

Par contre, en un point donné de la Terre, le bilan des échanges d'énergie avec l'espace est loin d'être équilibré. Dans les tropiques, la Terre reçoit plus d'énergie solaire qu'elle n'émet de rayonnement infrarouge ; dans les régions polaires, c'est l'inverse. Les régions d'excédent ou de déficit énergétique sont modulées par les saisons : l'hémisphère d'hiver est partout déficitaire, c'est-à-dire qu'en tout point, il perd de l'énergie vers l'espace. Certaines régions du globe sont même déficitaires durant toute l'année. C'est le cas des déserts subtropicaux comme le Sahara : l'air au-dessus du Sahara étant particulièrement sec et sans nuage, l'effet de serre est minimal, ce qui entraîne une forte perte d'énergie infrarouge (d'où des températures nocturnes très basses) ; en outre, l'absence de végétation se traduit par une forte réflectivité de la surface, qui renvoie vers l'espace 30 à 40 % de l'énergie solaire incidente. La conjugaison de ces deux mécanismes fait de la région saharienne un puits d'énergie qui persiste tout au long de l'année.

La distribution du bilan net, ou flux net d'énergie entre la Terre et l'espace, nous renseigne sur les mouvements de l'atmosphère et de l'océan. En effet, ce sera le rôle de ces deux fluides de transporter l'excès d'énergie reçue ici ou là, vers les régions où le déficit domine. En particulier, l'océan et l'atmosphère vont transporter l'énergie de la bande tropicale vers les moyennes et les hautes latitudes, plus particulièrement du côté de l'hémisphère d'hiver. Intégrés sur un parallèle et sur l'épaisseur de l'atmosphère et de l'océan, ces flux méridiens sont de l'ordre de 5×10^{15} Watts. L'océan et l'atmosphère prennent une part sensiblement égale à ces transferts.

Comment l'atmosphère et l'océan peuvent-ils transporter l'énergie d'un endroit à l'autre de la planète ?

Un premier mécanisme est le mélange horizontal des masses d'air. Il est surtout efficace dans l'atmosphère, aux latitudes moyennes et pendant l'hiver, là où la température varie très rapidement avec la latitude. L'instabilité de l'écoulement atmosphérique crée des perturbations (basses pressions autour desquelles l'air tourne à peu près horizontalement dans le sens inverse des aiguilles d'une montre) qui brassent l'air chaud et souvent humide venant des subtropiques, avec l'air froid et plutôt sec venant des hautes latitudes. Cet échange se traduit par un flux de chaleur et d'énergie latente (ou vapeur d'eau) allant des subtropiques vers les hautes latitudes. Le brassage par les perturbations n'est efficace pour transporter l'énergie que parce qu'il mélange des masses d'air subtropical très énergétique, avec des masses d'air subpolaire qui le sont beaucoup moins.

Dans la bande tropicale, ce type de transport devient totalement inefficace, car les températures sont horizontalement très uniformes, et il en est de même des niveaux d'énergie. L'énergie sera transportée par des mouvements tridimensionnels, organisés en rouleaux, avec des régions d'ascendance et des régions de subsidence, le fluide allant dans les hautes couches, des régions d'ascendance vers les régions de subsidence, et dans les basses couches, des régions de subsidence vers les régions d'ascendance. Pour comprendre comment des rouleaux verticaux peuvent transporter de l'énergie suivant l'horizontale, il nous faut dire quelques mots de deux propriétés très importantes de l'atmosphère et de l'océan : il s'agit de la « stratification » et de la « stabilité ».

L'atmosphère et l'océan sont des fluides presque partout stratifiés en densité, en pression et en température : la densité, la pression et la température varient beaucoup plus vite (par plusieurs ordres de grandeur) suivant la verticale que suivant l'horizontale. L'origine de la stratification en température de l'atmosphère est, on l'a vu, le chauffage par la surface et l'effet de serre ; quant à l'océan, il est aussi chauffé par la surface et la température décroît naturellement quand on s'enfonce. Il va de soi que, partout où ces stratifications sont établies, elles sont stables, c'est-à-dire que le fluide léger est situé au-dessus du fluide plus lourd ; les mouvements sont quasi hydrostatiques. On démontre qu'une stratification est stable si l'énergie croît quand on s'élève.

Puisqu'il en est ainsi, il est clair que dans une circulation en rouleaux, la branche supérieure transporte plus d'énergie des ascendances vers les subsidences, que la branche inférieure n'en transporte des subsidences vers les ascendances. Le bilan net sera donc un transport d'énergie des ascendances vers les subsidences : les régions excédentaires en énergie seront des régions d'ascendance, et les régions déficitaires, des régions de subsidence.

Dans l'atmosphère, les régions excédentaires se trouvent principalement dans les tropiques, là où l'atmosphère reçoit un fort apport d'énergie à la surface : sur les continents, là où le soleil est au zénith, et sur l'océan, là où la surface de l'eau est particulièrement chaude. Cet apport d'énergie à la base a un effet déstabilisateur : les ascendances s'accompagnent de puissants mouvements convectifs (cumulonimbus pouvant atteindre jusqu'à 20 km de hauteur) qui transportent l'énergie vers le haut et restabilisent la stratification. Les masses d'air léger, chaud et humide qui montent dans ces tours convectives se refroidissent, leur humidité se condense et retombe en pluie : le passage du soleil au zénith sur les continents tropicaux correspond ainsi à la saison des pluies ou mousson. C'est donc un air froid et sec qui atteint les hautes couches et se dirige vers les régions déficitaires en énergie comme les déserts, où il redescend vers la surface. Ainsi, la désertification favorise le développement d'une subsidence d'air sec, qui en retour, favorise la désertification. Le contraste entre les régions convectives et humides, et les régions de subsidence où l'air est sec sont particulièrement visibles sur les images du canal vapeur d'eau de Météosat.

Dans l'océan, c'est la déperdition d'énergie à la surface, aux hautes latitudes, qui tend à violer la condition de stabilité et déclenche la convection. Celle-ci se produit surtout dans les mers de Norvège et du Labrador, et, près de l'Antarctique, dans la mer de Weddell, où l'eau lourde, froide et salée plonge et alimente la circulation abyssale.

La vapeur d'eau dans l'atmosphère, le sel dans l'océan sont tous deux des facteurs déstabilisants pour la stratification. Les seules sources de la vapeur d'eau atmosphérique (ou énergie latente) se trouvent à la surface : c'est l'évaporation sur l'océan, les surfaces d'eau ou les sols humides, ou l'évapotranspiration des couverts végétaux. De plus, la pression de vapeur saturante décroît exponentiellement quand la température s'abaisse : un air très froid ne peut absorber que très peu de vapeur d'eau. L'énergie latente est donc confinée dans les tropiques et surtout dans les basses couches de l'atmosphère, ce qui va à l'encontre de la loi de stabilité. C'est la raison pour laquelle la convection tropicale est dominée par la convection humide. Dans l'océan, l'évaporation à la surface alourdit l'eau superficielle en la chargeant en sel. Aux hautes latitudes, la formation de glace de mer est une source additionnelle de sel :

le sel expulsé par la glace vient alourdir l'eau de surface, favorisant l'apparition de cheminées convectives, où se forme l'eau profonde.

Dans l'atmosphère tropicale, la circulation en rouleaux peut se schématiser en moyenne zonale sous le nom de cellule de Hadley, qui transporte l'énergie de ce que l'on appelle l'équateur météorologique, vers les subtropiques de l'hémisphère d'hiver. Au-delà des subtropiques, c'est le mélange horizontal qui prend le relais pour transporter l'énergie vers les pôles. Il est intéressant de noter que lorsqu'on s'élève, si l'énergie totale et bien sûr l'énergie potentielle croissent, la chaleur sensible et l'énergie latente décroissent. Si donc les rouleaux exportent de l'énergie totale des régions d'ascendance, ils y importent en même temps de l'énergie sensible et latente, favorisant ainsi la convection et le maintien des rouleaux.

L'analogue dans l'océan des circulations en rouleaux dans l'atmosphère est la circulation tridimensionnelle dite thermohaline, parce qu'elle est gouvernée par les variations de flottaison dues à la dilatation thermique et à la salinité. L'eau froide et salée qui plonge dans les mers de Norvège et du Labrador s'écoule lentement vers le sud au fond de l'Atlantique, franchit l'équateur et contourne le cap de Bonne Espérance pour rejoindre l'océan Indien où une partie remonte à la surface ; le reste poursuit sa route vers l'est et remonte à la surface à son tour dans le Pacifique équatorial. Sous l'effet des alizés, ces eaux de surface reprennent ensuite le chemin inverse, et remontent vers le nord de l'Atlantique où elles se refroidissent, se chargent en sel, et ainsi alourdies, plongent à nouveau. Cette circulation de « tapis roulant océanique » est extrêmement lente, puisque la durée du cycle est de l'ordre de 500 ans à 1 000 ans. C'est elle qui réchauffe aujourd'hui le climat européen et en fait, à latitude égale, le plus tempéré du globe.

L'atmosphère et l'océan nous apparaissent ainsi comme les deux acteurs principaux du grand jeu climatique. Le dialogue entre ces deux acteurs joue un rôle central : les vents entraînent les eaux superficielles de l'océan ; en retour le mouvement des masses d'eau transporte de grandes quantités de chaleur qui réchauffent à leur tour l'atmosphère, modifiant ainsi le régime des vents qui vont à leur tour entraîner l'océan. Les interactions de ce type, ou rétroactions, sont monnaie courante dans le système climatique ; elles engendrent les instabilités et les oscillations naturelles qui dominent le comportement du système.

Oscillations internes

Parmi les oscillations liées aux interactions océan-atmosphère, la plus connue est le phénomène portant les noms d'El Niño (pour sa partie océanique) et d'Oscillation australe (pour sa partie atmosphérique). Pour aborder les mécanismes d'El Niño, il faut indiquer tout d'abord que la rotation terrestre impose une domination des vents alizés (c'est-à-dire des vents d'est) dans les tropiques : c'est l'existence des alizés qui assure que la Terre solide transmet par friction sa rotation à l'atmosphère. L'entraînement des eaux superficielles du Pacifique tropical vers l'ouest par les alizés conduit à une accumulation d'eaux chaudes (plus de 30 °C) dans toute la partie ouest, et à des remontées d'eaux froides au voisinage des côtes du Pérou. L'énorme quantité d'énergie ainsi emmagasinée à l'ouest se transmet à l'atmosphère, et entretient au voisinage de l'Indonésie une activité convective intense. Il en résulte, comme nous l'avons vu plus haut, une circulation en rouleau dite circulation de Walker, avec des ascendances sur les eaux chaudes de l'ouest du Pacifique et des subsidences sur les eaux froides de l'est. L'établissement de cette circulation se traduit, dans sa branche basse, par un renforcement des alizés. Nous avons là un exemple de ces rétroactions qui conduisent à des oscillations propres du système. Dans les périodes d'intensification des alizés, le Pacifique oriental est très froid, la convection sur l'Indonésie très intense. Dans les périodes d'affaiblissement des alizés, la masse d'eau chaude superficielle reflue vers l'est, la convection quitte l'Indonésie pour le centre et l'est du Pacifique. Toute la circulation en rouleaux de la bande tropicale s'en trouve modifiée : on observe des sécheresses dramatiques dans certaines régions comme l'Indonésie ou l'Australie, et des pluies diluviennes sur d'autres comme le Pérou. Le schéma le plus simple de cette oscillation est un schéma unidimensionnel, dans lequel les constantes de temps de l'oscillation sont déterminées par la propagation longitudinale d'ondes équatoriales. La réalité est naturellement plus complexe, et met en jeu l'ensemble des interactions entre les circulations tridimensionnelles de l'atmosphère et de l'océan au voisinage du Pacifique équatorial. Ces phénomènes commencent d'ailleurs à être assez bien modélisés pour que l'on aborde le stade des prévisions expérimentales.

El Niño est une oscillation interannuelle, avec une pseudo-période de l'ordre de deux à quatre ans. Il existe aussi dans les tropiques des oscillations intrasaisonnières, dont les périodes sont de l'ordre de quelques décades ; elles sont caractérisées par la propagation d'amas convectifs vers l'est, de l'ouest de l'océan Indien vers le Pacifique équatorial. Ces oscillations sont elles aussi liées aux interactions océan-atmosphère ; elles interagissent avec la mousson asiatique et avec El Niño, ce qui leur confère une importance particulière pour l'économie et pour la société, dans des régions où la population dépasse aujourd'hui les deux milliards d'individus.

Plus proches de nous, il faut citer l'Oscillation Nord-atlantique, qui se traduit par des modulations d'intensité du contraste entre les basses pressions d'Islande et les hautes pressions des Açores. Elle concerne plus particulièrement les conditions hivernales sur l'Europe, quand ces systèmes de hautes et basses pressions sont particulièrement actifs. Un anticyclone des Açores plus intense que la normale correspond à une ligne des tempêtes atteignant l'Europe du nord : le temps y est alors plus doux et humide, tandis qu'il fait anormalement sec et froid sur l'Europe du sud. C'est l'inverse quand l'anticyclone s'affaiblit : la ligne des tempêtes atteint plutôt l'Europe du sud, y apportant davantage de précipitations.

Une autre oscillation interne, à des échelles de temps beaucoup plus longues, est la possibilité de modulation de la circulation thermohaline, donc du flux de chaleur océanique et de la formation d'eau profonde dans l'Atlantique nord. La densification des eaux de surface dans la mer de Norvège et la mer du Labrador est sensible, par exemple, à l'apport d'eau douce par les précipitations et par les fleuves, ou encore, par la fonte partielle des glaciers ou des calottes glaciaires. Un réchauffement temporaire des moyennes et hautes latitudes boréales, en activant les précipitations et la fonte des glaces, tend normalement à faire baisser la salinité de l'Atlantique nord, donc à affaiblir la circulation thermohaline, ce qui entraîne un refroidissement de l'Atlantique nord et des régions continentales qui le bordent, plus particulièrement l'Europe. Nous avons encore ici la source d'oscillations possibles, qui pourraient intervenir dans un certain nombre de changements climatiques rapides du passé, comme le début de l'épisode du Dryas Récent, brusque récession vers le froid intervenue en quelques décennies au cours de la dernière déglaciation, il y a environ 13 000 ans, ou d'autres épisodes de la dernière glaciation connues sous le nom d'oscillations de Dansgaard-Oeschger. De tels épisodes pourraient se produire de la même manière lors d'un réchauffement climatique dû aux perturbations anthropiques actuelles. La vitesse de ces variations climatiques rapides semble avoir pu atteindre dans le passé des valeurs de l'ordre de 10 °C en 50 ans ; c'est là un changement climatique intense à l'échelle d'une vie d'homme.

Oscillations forcées naturelles

Le système climatique nous apparaît donc comme un oscillateur assez complexe. Cet oscillateur a ses modes d'oscillation propres, dont nous venons de donner des exemples ; mais, bien sûr, il réagit aussi aux sollicitations externes.

Nous ne citerons que pour mémoire la dérive des continents qui, à l'échelle de quelques dizaines de millions d'années, change du tout au tout les climats régionaux et modifie même le climat global, par exemple en érigeant des montagnes, ou en limitant, voire en supprimant, la possibilité de formation de calottes glaciaires. Une Terre, par exemple, où les calottes arctiques et antarctiques seraient entièrement occupées par des océans ouverts ne connaîtrait sans doute pas de glaciations, les courants océaniques apportant suffisamment d'énergie jusqu'aux pôles.

À des échelles de temps moins longues, quelques dizaines de milliers d'années, la variabilité climatique a pour source principale les variations lentes de la distribution de l'insolation, due aux irrégularités du mouvement orbital de la Terre. Le mouvement de la Terre autour du soleil est en effet perturbé par l'attraction des autres planètes du système solaire. Il est possible, par des développements en série, de reconstituer ce mouvement de façon très précise sur des périodes de temps de quelques millions d'années. Les variations correspondantes de l'insolation sont entièrement définies par les variations dans le temps de trois paramètres : l'*excentricité* de l'ellipse, qui module le contraste entre une saison chaude globale où la Terre est proche du soleil, et une saison froide globale où elle est éloignée du soleil ; l'*obliquité* de l'équateur terrestre sur l'écliptique, qui module le contraste entre l'hémisphère d'été et l'hémisphère d'hiver ; et enfin, la *précession*, qui définit le déphasage entre la saison chaude globale et l'hiver ou l'été de l'un ou l'autre des deux hémisphères. L'excentricité varie entre 0 (cercle parfait) et 0,07, avec une période d'environ 100 000 ans. L'obliquité varie entre 22° et 25°, avec une période de 41 000 ans. La précession est un phénomène un peu plus compliqué : la précession astronomique est le mouvement de rotation de l'axe des pôles sur le cône de précession dont la période est 26 000 ans, auquel s'ajoute le mouvement de nutation ; mais pour arriver à ce que l'on appelle la précession climatique, c'est-à-dire à la phase des saisons le long de l'orbite, il faut aussi tenir compte de la rotation de l'orbite elle-même : d'où deux périodes principales de 19 000 ans et 23 000 ans.

Il est aujourd'hui universellement admis que les grandes variations du climat qui ont dominé les deux derniers millions d'années sont dues à ces variations orbitales et aux variations d'insolation qui en découlent. Les phénomènes les plus marquants sont les alternances d'époques glaciaires et interglaciaires, rythmées par la lente accumulation, puis la disparition relativement rapide d'énormes calottes de glace sur l'Amérique du Nord et le nord de l'Europe. Le dernier cycle glaciaire-interglaciaire a duré environ 120 000 ans.

L'accumulation de glace sur les pôles est toujours lente, car il faut beaucoup de temps à l'atmosphère pour transporter de la vapeur d'eau en quantité suffisante aux hautes latitudes où l'air est froid et peu porteur d'humidité. Le retour à l'interglaciaire par fonte ou déstabilisation des calottes est beaucoup plus rapide. Nous nous situons aujourd'hui à la fin d'une période interglaciaire qui a débuté il y a environ 10 000 ans. Le dernier maximum glaciaire, c'est-à-dire l'époque où le climat a été le plus froid et où les calottes glaciaires ont atteint leur extension maximale, s'est produit il y a environ 20 000 ans. À cette époque, le Canada et le nord des

États-Unis étaient recouverts par plus de 3,5 km de glace, et le nord de l'Europe et de la Russie, par plus de 2 km de glace ! La température moyenne du globe était de 5 à 6° plus basse qu'aujourd'hui, et les pôles étaient plus froids d'environ dix degrés. Juste après le retour à l'interglaciaire, il y a 6 à 10 000 mille ans, le climat était légèrement plus chaud qu'aujourd'hui : la précession était telle que la Terre était proche du soleil durant l'été boréal (c'est le contraire actuellement) : les étés de l'hémisphère nord étaient donc plus chauds, les moussons africaines et asiatiques étaient plus intenses et pénétraient plus au nord dans les deux continents : le sud de ce qui est aujourd'hui le désert saharien était relativement verdoyant et peuplé d'animaux et de pasteurs, comme le rappellent les fresques du Tassili.

Nous disposons sur les quatre derniers cycles glaciaires-interglaciaires, c'est-à-dire sur les quatre cent ou cinq cent mille dernières années, de ces véritables archives de l'évolution du climat que sont les calottes glaciaires et les sédiments marins ou lacustres, que l'on explore par carottage, stratigraphie, analyse isotopique et analyse chimique. La teneur des glaces, par exemple, en isotopes lourds de l'oxygène et de l'hydrogène nous renseigne sur l'histoire du cycle de l'eau (marquée lors de l'évaporation par des fractionnements isotopiques), donc sur les températures, les précipitations et le niveau des mers, qui, il y a 20 000 ans, à l'époque des grandes calottes glaciaires, était 120 mètres en dessous du niveau actuel (on allait à pied sec de France en Angleterre, et de l'Asie continentale jusqu'à Java et Bornéo). Les fines bulles d'air prisonnières de la glace nous permettent de retrouver la composition chimique de l'air (en particulier sa teneur en gaz à effet de serre : dioxyde de carbone et méthane) au moment où la glace s'est formée, jusqu'à il y a plusieurs centaines de milliers d'années.

Ce que nous disent ces archives et les modélisations que l'on peut faire de l'évolution du climat sur ces périodes de temps, c'est que le système climatique se comporte comme un amplificateur des impulsions orbitales, grâce aux multiples rétroactions dues par exemple au cycle de l'eau : la formation de calottes glaciaires et l'accroissement du manteau neigeux, en renvoyant davantage d'énergie solaire vers l'espace, intensifient le refroidissement ; ou encore, dues au dioxyde de carbone et au méthane. La teneur de ces gaz dépend de l'activité biologique et diminue lors des baisses d'insolation, avec pour conséquence un affaiblissement de l'effet de serre et donc un refroidissement supplémentaire.

Une autre cause naturelle, externe, de variations climatiques, est l'activité même du soleil. La « dynamo » solaire est modulée par des cycles de 22 ans ; la luminosité varie, elle, suivant des cycles de 11 ans, car elle ne dépend pas du signe du champ magnétique. Les périodes d'activité maximale du soleil se manifestent par la multiplication de taches solaires (surcompensées par des « facules » ou plages extrêmement brillantes). Nous disposons d'observations quantitatives de l'évolution de l'activité solaire depuis la fondation de l'Observatoire de Paris dans la deuxième moitié du XVIIe siècle (apparition, disparition, nombre de taches, variations du diamètre du soleil qui varie en raison inverse de son activité). Nous savons ainsi que la deuxième moitié du XVIIe siècle a été une période d'activité solaire particulièrement faible, allant jusqu'à une disparition totale des taches durant des périodes de plusieurs années. Aujourd'hui, des radiomètres à cavité, embarqués sur des plateformes spatiales, mesurent ces variations avec une grande précision en s'affranchissant des perturbations dues à l'absorption par l'atmosphère. Dans un cycle de 11 ans actuel, la luminosité solaire varie d'environ un Watt par mètre carré (sur une valeur moyenne d'environ 1 368 $W.m^{-2}$) : ces modulations sont donc très faibles et ne peuvent donner lieu à des effets climatiques importants, d'autant plus que 11 ans est une durée trop brève pour perturber l'inertie thermique de l'océan.

On sait toutefois que l'activité solaire est modulée par des cycles plus longs que le cycle de 11 ans ; le plus court est le cycle de Gleisberg (environ 80 ans). Ces cycles peuvent avoir des influences climatiques plus fortes. Néanmoins, nous ne disposons pas encore de véritables modèles tridimensionnels de la dynamo solaire et nous ne savons pas reconstruire très précisément les variations de la luminosité au cours des derniers siècles. Des modèles simplifiés ont permis d'estimer la baisse de puissance du soleil au XVIIe siècle, époque dite du minimum de Maunder, à environ 0,4 %, ce qui donne une diminution du flux solaire absorbé d'environ 1 $W.m^{-2}$ pendant au moins un demi-siècle. Cette époque semble avoir été particulièrement froide, comme en témoignent les canaux gelés des peintures hollandaises, et diverses archives climatiques (notamment la dendroclimatologie qui étudie les variations de la croissance passée des arbres et les relie aux variations de température et de pluviosité). Néanmoins, nous ne sommes pas sûrs que le refroidissement observé, qu'on a appelé assez suggestivement « petit âge glaciaire », ait été un phénomène réellement global ; il pourrait bien s'être en fait limité à l'Europe.

Perturbations anthropiques

Nous nous étendrons peu ici sur les conséquences climatiques de l'effet de serre anthropique, dû à l'injection dans l'atmosphère de produits de la combustion et d'autres activités humaines : celles-ci font l'objet d'un autre exposé dans cette même série*. On notera

* Voir la 205e conférence de l'Université de tous les savoirs donnée par Hérvé Le Treut.

seulement qu'il faut toujours replacer ces effets, avec leurs propres constantes de temps (de quelques décennies à plusieurs siècles) dans le cadre des variations naturelles du climat, auxquelles elles se superposent et avec lesquelles elles peuvent interagir. Par exemple, nous nous dirigeons aujourd'hui naturellement vers une nouvelle glaciation qui devrait se développer progressivement dans les 100 000 ans qui viennent. Certaines études montrent que la modification de cette évolution naturelle par le réchauffement climatique dû aux hommes pourrait perdurer sur plusieurs milliers d'années.

Revenons au présent ou à un avenir plus proche. L'effet de serre n'est pas, et de loin, la seule perturbation d'origine anthropique. Les divers types de combustion, dont les sociétés modernes font un si grand usage, injectent aussi dans l'atmosphère, à doses plus ou moins grandes, des pollutions visibles sous forme d'aérosols, petites particules en suspension dans l'air, à base de carbone suie, de carbone organique, de dioxyde de soufre, etc. Beaucoup de ces particules ont des tailles de l'ordre des longueurs d'onde du rayonnement solaire. Elles interceptent une partie de ce rayonnement et l'empêchent d'atteindre la surface, soit en le renvoyant vers l'espace, soit en l'absorbant. Dans une atmosphère très polluée, la couche d'aérosols peut être assez dense pour masquer complètement le soleil un jour de beau temps. À l'opposé de l'effet de serre, les aérosols tendent ainsi à refroidir la surface, et donc le climat. Le fait que certains aérosols, les aérosols soufrés, sont hygroscopiques les rend aptes à jouer en plus le rôle de noyaux de condensation : à quantité donnée de vapeur d'eau, la présence d'une grande quantité d'aérosols soufrés multiplie donc le nombre de gouttelettes ; les gouttelettes qui se forment sont plus petites, elles se forment donc en plus grandes quantités et restent en suspension plus longtemps : un même volume de gouttes d'eau offre ainsi une surface réfléchissante plus grande et plus persistante. Cet effet refroidisseur supplémentaire est ce que l'on appelle l'effet indirect des aérosols soufrés.

Contrairement aux gaz à effet de serre, les aérosols ont une durée de vie courte. Ceux dont la durée de vie est la plus longue sont les aérosols stratosphériques naturels, injectés dans la stratosphère par les grandes éruptions volcaniques tropicales comme récemment, El Chichon ou le Pinatubo : ils sédimentent lentement et leur rôle de refroidisseur n'excède pas deux ou trois ans. Les aérosols soulevés par le vent dans les déserts, et les aérosols anthropiques restent pour l'essentiel dans les basses couches et la plus grande partie (notamment les aérosols soufrés) sont lessivés rapidement par les pluies. Leur durée de vie est de l'ordre d'une semaine, leurs panaches ont une extension limitée, contrairement au CO_2, par exemple, qui est très bien mélangé dans l'ensemble de l'atmosphère. Néanmoins, ces panaches peuvent affecter notablement les climats régionaux. Pendant l'hiver 1999, la campagne

INDOEX a étudié le panache issu de l'Inde et de l'Asie du Sud, qui, poussé par les vents de nord-est, s'étale de décembre à mars sur tout le nord de l'océan Indien, jusqu'à la ligne des grands systèmes convectifs située vers 5 à 10°S, où la plupart sont lessivés. Le contraste est impressionnant, entre l'atmosphère lourdement polluée au nord de cette ligne convective, et l'atmosphère très pure située au sud. INDOEX a montré que ces pollutions régionales modifiaient fortement le bilan radiatif à la surface, créant des déficits d'énergie à la surface de la mer de l'ordre d'une vingtaine de Watts par mètre carré ; cela doit entraîner des perturbations notables de l'interaction océan-atmosphère, en particulier des déficits d'évaporation pouvant influencer les précipitations dans des endroits très éloignés. Certaines études ont montré que de même, pendant l'été, la pollution émise sur le sous-continent indien influençait négativement les précipitations de mousson, parce qu'elle limite l'excédent énergétique à la surface qui est le véritable moteur de la saison des pluies. Le problème est évidemment que la pollution, comme l'effet de serre, est directement liée au développement et à l'explosion démographique. Les effets climatiques étudiés par INDOEX ne pourront que croître très fortement dans les décennies à venir, même si des mesures anti-pollution commencent à être mises en œuvre.

Enfin, on ne peut pas parler des perturbations climatiques liées à l'activité humaine sans évoquer, au moins brièvement, l'évolution du climat du Sahel. Les années 1970 ont été marquées par une baisse catastrophique des précipitations dans la bande sahélienne. Cette évolution fut vraisemblablement due, en partie à des causes naturelles, en partie à des causes anthropiques.

Les causes naturelles peuvent être rapportées aux interactions océan-atmosphère. On a vu que les précipitations tropicales (la saison des pluies) étaient liées aux branches ascendantes des circulations en rouleaux. Celles-ci se développent au-dessus des continents, là où l'énergie solaire reçue est maximale, et, au-dessus des océans, là où la température de la mer est particulièrement élevée. On conçoit que ces deux mécanismes puissent interférer, et qu'une anomalie d'eau chaude sur l'océan, en créant de nouvelles ascendances et de nouvelles subsidences, puisse accentuer ou limiter les ascendances continentales. C'est ce qui se produit avec El Niño, qui entraîne des sécheresses sur l'Indonésie, l'Australie, le Mozambique et le Nordeste brésilien, ainsi que des moussons généralement médiocres sur l'Inde. De même, il existe de fortes corrélations entre certaines anomalies de température océanique, et les sécheresses sahéliennes. Cela dit, la région continentale où les pluies sont les mieux corrélées aux températures de l'océan semble bien être le Nordeste brésilien, qui réagit à la fois, aux oscillations El Niño-La Niña à l'Ouest, et aux oscillations nord-sud des températures de l'Atlantique tropical à l'Est. Les modèles de circulation générale de l'atmosphère simulent très bien ce genre de relations.

Mais pour en revenir au Sahel, le comportement des hommes semble aussi avoir joué son rôle. La destruction de la végétation par le surpâturage conduit à une augmentation de la réflectivité de la surface, et donc à une moindre absorption de l'énergie solaire. De là, comme nous l'avons déjà expliqué, un affaiblissement de la saison des pluies, qui renforce la tendance à la désertification : on retrouve ici encore, une de ces rétroactions qui rendent le système climatique si sensible aux perturbations externes. D'une façon beaucoup plus générale, il est clair que le développement de nos civilisations s'est toujours accompagné de déforestation intensive liée aux pratiques agricoles, à la navigation ou à la construction : dans l'Antiquité, tout le pourtour de la Méditerranée ; au Moyen Âge, l'Europe ; au siècle dernier, l'Amérique du Nord ; l'Inde aussi au cours des siècles passés ; et aujourd'hui, l'ensemble des forêts équatoriales, de l'Indonésie à l'Amazonie en passant par l'Afrique. L'évolution des climats n'a certes pas été insensible à toutes ces perturbations.

VI

DES PARTICULES À L'ANTIMATIÈRE : LA MATIÈRE ET SON ORGANISATION

La connaissance physique a-t-elle des limites ?

par JEAN-MARC LÉVY-LEBLOND

Il n'est pas indifférent que dans ce cycle de conférences de l'Université de *tous les savoirs*, la question des limites de la connaissance n'ait été posée qu'à la physique. C'est sans doute son statut implicite de science modèle qui lui vaut cet honneur. C'est aussi que, depuis le début du XXe siècle, la physique s'est à elle-même posé la question. « L'homme devrait garder son humilité devant la nature puisque la précision avec laquelle il peut l'observer rencontre des limitations intrinsèques. » Ainsi l'*Encyclopædia Britannica* conclut-elle son article sur le *principe d'incertitude* de Heisenberg. De fait, la révolution quantique a donné lieu à d'abondantes exégèses sur ce thème ; l'impossibilité de mesurer à la fois la position et la vitesse des corpuscules signalerait une limite absolue de nos connaissances. La Nature elle-même refuserait de se laisser dévoiler, et notre science la plus avancée buterait ainsi sur des frontières infranchissables. L'impossibilité de dépasser la vitesse de la lumière, mise en évidence par Einstein, a été interprétée dans la même veine ; nous ne pouvons savoir ce qui s'est passé sur le Soleil durant les huit dernières minutes, faute qu'aucun signal ne puisse nous en prévenir. Mais avec un recul de quelques décennies, cette conception résignée, traduite par des vocables qui paraissent aujourd'hui pour le moins inadaptés (relativité, incertitudes), a perdu sa pertinence. Loin d'imposer des bornes à notre savoir, ces découvertes ont au contraire permis à notre compréhension de considérables progrès, en réorientant nos conceptualisations et nos interrogations. Elles ont montré l'inadéquation au réel de nos formulations antérieures. Si certaines questions (« Que se passait-il

Texte de la 208e conférence de l'Université de tous les savoirs donnée le 26 juillet 2000.

sur le Soleil il y a deux minutes ? », « Où est l'électron et à quelle vitesse va-t-il ? ») n'admettent pas de réponses, c'est qu'elles sont dépourvues de pertinence. De même, la question « Qu'y a-t-il sur la Terre à 30 000 km au Sud de Paris ? » est-elle rendue caduque par la rotondité de la Terre et la connaissance de sa circonférence (40 000 km) ; dira-t-on pour autant que cette découverte impose une limitation à la géographie ? Les mutations théoriques de la physique du XXe siècle n'ont nullement découvert des limites intrinsèques à notre connaissance scientifique, mais, bien au contraire, lui ont ouvert de nouveaux espaces. En témoigne l'approfondissement considérable de notre maîtrise, intellectuelle mais aussi matérielle, du monde quantique. Reste que la persistance des interprétations négatives et des métaphores abusives (voir un récent article du *Monde* sur la « politique quantique de Jacques Chirac » !) montre bien cependant une limitation effective de nos connaissances — nous y reviendrons.

Au cours des dernières décennies, le défaitisme a plutôt cédé la place à un triomphalisme naïf, selon lequel la physique ne rencontrerait aucun obstacle et serait en mesure d'accéder à une connaissance complète de l'univers ; le réel obéirait à un petit nombre de lois fondamentales, que nous serions sur le point de découvrir ; c'est le fantasme de la *théorie ultime* ou d'une *théorie du Tout*. La connaissance physique rencontrerait alors, effectivement, ses limites ; finie par essence, elle toucherait bientôt à ses bornes, et s'épuiserait dans son succès. Une première réserve devant cette perspective, pourtant entretenue par des physiciens réputés, est suscitée par sa répétitivité ; déjà Newton pensait avoir découvert une théorie *universelle* de la gravitation, capable d'expliquer l'ensemble des phénomènes physiques ; le développement de l'électromagnétisme a fait litière de cette prétention. À la fin du XIXe siècle, un aussi grand esprit que Lord Kelvin considérait que la physique était (presque) terminée — juste avant que l'on ne découvre les interactions nucléaires… Que la physique depuis plus d'un demi-siècle n'ait mis en évidence aucune nouveauté radicale, ne l'autorise en rien à proclamer la clôture du registre des forces essentielles à l'œuvre dans la nature. Mais surtout, l'autosatisfaction des physiciens fondamentalistes repose sur une vision bien pauvre de la réalité ; la multiplicité des formes concrètes d'organisation de la matière, la richesse de comportement des innombrables objets de la nature, rend toujours plus large le hiatus entre les explications générales et la compréhension détaillée des faits. Un nombre croissant de phénomènes matériels, récemment découverts (la supraconductivité à haute température) ou connus depuis longtemps (la flottabilité de la glace) restent mal compris, bien que la théorie quantique abstraite qui les sous-tend soit connue. S'il y a une leçon à retenir du XXe siècle, c'est bien la faillite de tout réductionnisme naïf, selon lequel la connaissance théorique remonte nécessairement des principes à leurs manifestations. Une (très éventuelle) *théorie du Tout* ne serait certainement pas une théorie *de* tout... Le programme qui consiste à « remplacer du visible compliqué par de l'invisible simple » (selon les mots de Francis Perrin) ne saurait prétendre à l'universalité ; l'invisible aussi peut être compliqué et, tel le vivant, ne guère se plier aux méthodes éprouvées de la physique — expérimentations dûment reproductibles, formalisation mathématique sophistiquée. C'est dire *a fortiori* que la physique rencontre effectivement des limites ; celles des domaines où elle doit céder la place aux autres sciences. La scientificité ne peut se figer en critères généraux. Malgré ses prétentions à régir l'ensemble de nos connaissances scientifiques, ni son ancienneté, ni sa précision n'évitent à la physique de devoir reconnaître l'autonomie et la souveraineté des autres disciplines.

Mais on ne peut s'en tenir à un point de vue exclusivement épistémologique qui considèrerait la question des limites de la connaissance sous l'angle d'une confrontation abstraite entre la nature et l'esprit. Cet esprit est celui d'humains vivant en des sociétés particulières qui fournissent le cadre où se déroule le processus de connaissance, détermination qui à la fois permet et contraint la recherche de savoir. Il y eut des temps où ce conditionnement était essentiellement idéologique, comme le montre le rôle du christianisme dans la révolution scientifique du XVIIe siècle, rôle à la fois négatif (le procès de Galilée !) et positif (l'idée même du *Grand livre de la Nature*, liée au poids culturel des Écritures).

Aujourd'hui prime l'économie. Le succès pratique de la physique au XXe siècle (électronique, nucléaire, etc.) tend à l'assujettir à des programmes à court terme, au détriment de projets plus spéculatifs. En même temps, l'industrie fécondée par la science reflue en son propre sein, conduisant à la *Big Science* dont le gigantisme semble atteindre ses bornes. La proportion des ressources sociales consacrées à la recherche fondamentale plafonne depuis quelques années, pour la première fois en quatre siècles de science moderne. L'abandon par les États-Unis, voici dix ans, de la construction d'un accélérateur de particules géant (SSC), signale ce changement d'ère. Les hésitations du politique devant les projets d'instrumentation scientifique à grande échelle (voir le récent conflit autour du synchrotron *Soleil*) sont désormais la règle, ce qui ne saurait surprendre au vu de leurs budgets, couramment chiffrés en milliards de francs. Autant dire que la connaissance physique, dans certains de ses secteurs traditionnellement les plus prestigieux atteint les limites du socialement acceptable ; la recherche du boson de Higgs, aussi excitante soit-elle pour l'esprit (de qui ?), présente un rapport coût/intérêt assez élevé pour que soit justifié son examen critique par la collectivité. Comme pour d'autres projets scientifiques, un ajournement de quelques décennies ne constituerait peut-être pas un retard majeur dans le développement de l'humanité. Après tout, d'autres entreprises humaines atteintes de gigantisme ont connu un coup d'arrêt au plus fort de leur développement. Les pyramides du Haut-empire égyptien et les cathédrales de l'Europe gothique ont laissé la place à des projets plus modestes — mais non moins féconds. Le redéploiement, historiquement bien tardif d'ailleurs, d'une physique à notre échelle (turbulence, matière molle) pointe dans cette direction. Mais on peut comprendre l'amertume des chercheurs devant les difficultés de leurs desseins désintéressés les plus ambitieux, alors que, en même temps, c'est un développement débridé que connaît la poursuite du savoir lorsqu'elle se confond avec celle du profit. Les mêmes phénomènes affectent (plus rapidement et plus vivement encore) les autres sciences, celles de la vie tout particulièrement. Mais la relative ancienneté de la physique permet d'étudier son cas avec quelque lucidité — privilège d'une ancienne aristocratie sur une jeune bourgeoisie.

Pour autant, cette domination et cette limitation de la science par l'économie et la politique n'est pas sans rapports avec ses problèmes épistémiques. Car, s'il est légitime de s'interroger sur les limites de la connaissance, encore faut-il savoir quel sens attribuer au mot *connaissance*. La polysémie de ce terme l'écartèle entre une signification réduite, celle d'un savoir factuel et particulier (la connaissance de la valeur de la vitesse de la lumière, ou la connaissance des éléments du tableau de Mendeleïev), et une signification large, celle d'une compréhension profonde et générique (la connaissance du rôle structurel de la vitesse-limite pour l'espace-temps, ou le rapport entre le tableau de Mendeleïev et la théorie quantique de l'atome). Force est de reconnaître que la physique moderne a accumulé un retard considérable quant à la maîtrise intellectuelle de ses propres découvertes. Bien des pseudo-paradoxes et des formulations insatisfaisantes continuent à la hanter, faute d'une refonte conceptuelle menée à bien ; le plus difficile à comprendre quant aux remarquables développements récents sur la notion de *non-séparabilité* quantique, par exemple, est encore leur considérable délai historique. La sophistication de nos formalismes a crû beaucoup plus vite que notre capacité à en maîtriser le sens ; déjà Maxwell s'écriait, il y a plus d'un siècle, que « nos équations semblent plus intelligentes que nous ! ». C'est là le contrecoup de la technicisation de la science, et de la division du travail qui s'y accentue, sans parler de la pression productiviste de son organisation sociale. Il est probable que ce déficit de notre connaissance — au sens le plus noble et le plus ambitieux du terme — handicape fortement les possibilités pour la science physique de dépasser certaines de ses difficultés actuelles. Mais si cette limitation a de sérieux effets au sein de la communauté scientifique, elle en a de bien plus graves encore dans la société en général. Comment développer une véritable acculturation de la science si ses praticiens eux-mêmes sont en manque aigu à cet égard ? Et, faute d'une reconquête intellectuelle, peut-on espérer que la science puisse devenir l'objet du débat démocratique dont la nécessité se fait chaque jour plus vive ? Ainsi, l'analyse des limites de la connaissance scientifique exige-t-elle d'abord la reconnaissance des limites de la science.

RÉFÉRENCES

– Lévy-Leblond (J.-M.), *Aux contraires (l'exercice de la pensée et la pratique de la science)*, Gallimard, 1996.
– Lévy-Leblond (J.-M.), *Impasciences*, Bayard, 2000.

Qu'est-ce qu'une particule élémentaire ?

par ANDRÉ NEVEU

Introduction

De façon extrêmement pragmatique, une particule élémentaire est un constituant de la matière (ou du rayonnement) qui ne nous apparaît pas comme lui-même composé d'éléments encore plus élémentaires. Ce statut, composé ou élémentaire, est à prendre à un instant donné, et à revoir éventuellement avec l'affinement des procédés d'investigation. Mais il y a plus profond dans cet énoncé : chaque étape de l'investigation s'accompagne d'une interprétation, d'une recherche d'explication sur la manière dont ces particules interagissent pour former des entités composées à propriétés nouvelles, c'est-à-dire d'une construction théorique qui s'appuie sur des mathématiques de plus en plus abstraites, et qui, au cours de ce siècle, a contribué à plusieurs reprises au développement de cellesci. Le long de cette quête d'une construction théorique cohérente, des problèmes peuvent apparaître, qui conduisent à la prédiction de particules ou d'interactions non encore découvertes, et ce va-et-vient entre théorie et expérience également raffinées où chacune interpelle l'autre, n'est pas le moins fascinant des aspects de cette quête de l'ultime. Aspect qui se retrouve d'ailleurs dans bien d'autres domaines de la physique. C'est là qu'est la vie de la recherche, plus que dans la construction achevée : les faits nous interpellent et à notre tour, nous les interpellons.

Texte de la 209e conférence de l'Université de tous les savoirs donnée le 27 juillet 2000.

Où en sommes-nous aujourd'hui ?
Une brève descente dans l'infiniment petit

Comme chacun sait, la chimie et la biologie sont basées sur le jeu presque infini de molécules constituées d'atomes. Comme l'étymologie l'indique, on a cru ceux-ci élémentaires, et, effectivement, pour la chimie et la biologie, on parle toujours à juste titre d'éléments chimiques, oxygène, hydrogène, carbone, etc. L'ordre de grandeur de la dimension d'un atome est le dix milliardième de mètre. Depuis le début du siècle, on sait que chaque atome est formé d'électrons autour d'un noyau, cent mille fois plus petit que l'atome. Le noyau est lui-même constitué de protons et de neutrons liés entre eux par des forces de liaison nucléaires mille à dix mille fois plus grandes que les forces électrostatiques qui lient les électrons au noyau. Alors que les électrons restent à ce jour élémentaires, on a découvert il y a quarante ans environ que les protons et les neutrons eux-mêmes sont composés de quarks liés entre eux par des forces encore plus grandes, et nommées interactions fortes à ce titre (en fait, elles sont tellement fortes qu'il est impossible d'observer un quark isolé). Au cours de cette quête des cinquante dernières années, à l'aide principalement des grands accélérateurs comme ceux du CERN, on a découvert d'autres particules, neutrinos par exemples et des espèces d'électrons lourds (muon et lepton τ), et diverses espèces de quarks, la plupart de durée de vie extrêmement courte, leur laissant, même à la vitesse de la lumière, à peine le temps de faire une trace de quelques millimètres dans les appareils de détection, et aussi les antiparticules correspondantes.

La *figure 1* présente l'ensemble des particules actuellement connues et considérées comme élémentaires, quarks et leptons, et des vecteurs de forces (voir plus bas) entre eux. Alors que les leptons s'observent isolément, les quarks n'apparaissent qu'en combinaisons « non colorées » : par exemple, le proton est formé de trois quarks (deux u et un d), un de chaque « couleur », (laquelle n'a rien à voir avec la couleur au sens usuel) « vert », « bleu », « rouge », pour que l'ensemble soit « non coloré ». D'autres particules, pions π et kaons K par exemple, sont constituées d'un quark et d'un antiquark, etc., tout cela de façon assez analogue à la formation de molécules en chimie à partir d'atomes. Pour avoir une idée de toute la richesse de combinaisons possibles et en même temps de la complexité et du gigantisme des appareils utilisés pour les détecter, je vous invite vivement à visiter le site du CERN, http://www.cern.ch.

La *figure 2* est un piètre exemple en noir et blanc de ce qu'on peut trouver en splendides couleurs sur ce site, une donnée expé-

quarks		u	c	t
		d	s	b
leptons	neutrinos	ν_e	ν_μ	ν_τ
	chargés	e	μ	τ

Trois familles de matière

force forte : gluons
force électrofaible : γ, W^+, W^-, Z^0
force gravitationnelle : graviton

Vecteurs des forces

Figure 1 – Les particules élémentaires actuellement connues. À gauche les trois générations de fermions (quarks et leptons). Chaque quark existe en trois « couleurs », « vert », « rouge » et « bleu ». Chaque lepton chargé (électron e, muon μ et tau τ) est accompagné d'un neutrino. À droite les vecteurs de forces : gluons, photon γ, bosons W et Z, graviton.

rimentale presque brute sortie du grand détecteur Aleph au collisionneur électrons-positrons LEP : les faisceaux d'électrons et positrons arrivent perpendiculairement à la figure, de l'avant et de l'arrière, au point d'interaction IP, où ils ont formé un boson *Z* de durée de vie extrêmement courte, qui s'est désintégré en une paire quark-antiquark, rapidement suivis de la création d'autres paires qui se sont réarrangées pour donner les traces visibles issues de IP et d'autres invisibles, car électriquement neutres, mais éventuellement détectables au moment de leur désintégration en particules chargées (pion, kaons et électrons en l'occurrence). En mesurant les longueurs des traces et les énergies des produits de désintégration et leur nature, on parvient à remonter aux propriétés des quarks produits au point IP et des mésons qu'ils ont formés. Cette figure, par son existence même, est un exemple de va-et-vient théorie-expérience : il faut avoir une idée très précise du genre d'événement que l'on cherche, et d'une interprétation possible, car il s'agit vraiment de chercher une aiguille dans une meule de foin : il y a un très grand nombre d'événements sans intérêt, que les ordinateurs qui pilotent l'expérience doivent rejeter avec fiabilité.

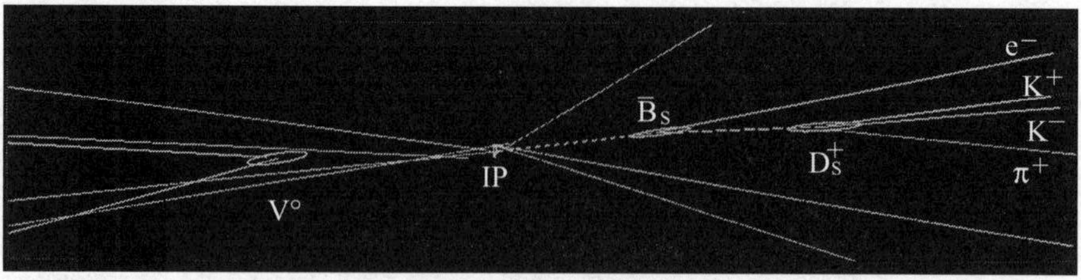

Figure 2 – Un événement observé aux anneaux de collision électrons-positrons du LEP.

Il est intéressant de noter que plusieurs membres de la *figure 1* ont été prédits par cohérence de la théorie (voir plus bas), les quarks *c*, *b*, *t*, et le neutrino du τ, détecté pour la première fois il y a quinze jours, et, dans une certaine mesure, les bosons *W* et *Z*. Comme l'appellation des trois « couleurs », les noms de beaucoup de ces particules relèvent de la facétie d'étudiants !

Après la liste des particules, il nous faut parler de leurs interactions, car si elles n'interagissaient pas entre elles, et finalement avec un détecteur, nous ne les connaîtrions pas ! En même temps que leurs interactions, c'est-à-dire leur comportement, nous aimerions comprendre comment on en a prédit certaines par cohérence de la théorie, mais aussi la raison de leur nombre, des caractéristiques de chacune, bref le pourquoi de tout (une ambition qui est fortement tempérée par l'indispensable humilité devant les faits) ! Dans le prochain paragraphe, nous tenterons cette explication.

Comprendre.
Symétries et dynamique :
la théorie quantique des champs

Ici, les choses deviennent plus difficiles.

Vous savez que les électrons tournent autour du noyau parce qu'ils sont négatifs et le noyau positif, et qu'il y a une attraction électrostatique entre les deux. Cette notion de force (d'attraction en l'occurrence) à distance n'est pas un concept compatible avec la relativité restreinte : une force instantanée, par exemple d'attraction électrostatique entre une charge positive et une charge négative, instantanée pour un observateur donné, ne le serait pas pour un autre en mouvement par rapport au premier. Pour les forces électrostatiques ou magnétiques par exemple, il faut remplacer la notion de force par celle d'échange de photons suivant le diagramme de la *figure 3a*. Ce diagramme décrit l'interaction entre deux électrons par l'intermédiaire d'un photon. Il peut aussi bien décrire les forces électrostatiques entre deux électrons d'un atome que l'émission d'un photon par un électron de la figure que vous êtes en train de regarder suivi de son absorption par un électron d'une molécule de rhodopsine dans votre rétine, qu'il amène ainsi dans un état excité, excitation ensuite transmise au cerveau. On remplace ainsi la force électromagnétique à distance par une émission et absorption de photons, chacune ponctuelle. Entre ces émissions et absorptions, photons et électrons se déplacent en ligne droite (le caractère ondulé de la ligne de photon n'est là que pour la distinguer des lignes d'électron. On dit que le photon est le vecteur de la force électromagnétique. Les autres vecteurs de force sur la *figure 3* sont les gluons *g*, vecteurs des interactions fortes entre les quarks, les bosons *W* et *Z*, vecteurs des interactions « faibles » responsables de la radioactivité *β*, et le graviton, responsable de la plus ancienne des forces connues, celle qui nous retient sur la Terre. Remarquons que l'on peut faire subir à la *figure 3a* une rotation de 90 degrés. Elle représente alors la formation d'un photon par une paire électron-antiélectron (ou positron), suivie par la désintégration de ce photon en une autre paire. Si on remplace le photon par un boson *Z*, et que celui-ci se désintègre en quark-antiquark plutôt qu'électron-positron, on obtient exactement le processus fondamental qui a engendré l'événement de la *figure 2*.

La *figure 3b* décrit un autre processus, où le photon se désintègre en une paire électron-positron. En redéfinissant les lignes, une figure identique décrit la désintégration β du neutron par la transformation d'un quark d en quark u avec émission d'un boson *W* qui se désintègre en une paire électron-antineutrino.

Si les « diagrammes de Feynman » de la *figure 3* (du nom de leur inventeur) sont très évocateurs de ce qui se passe dans la réalité *(Fig. 2)*, il est extrêmement important de souligner qu'ils ne sont pas qu'une description heuristique des processus élémentaires d'interactions entre particules. Ils fournissent aussi des règles pour calculer les probabilités de ces processus avec une précision en principe presque arbitraire si on inclut un nombre suffisant de diagrammes (par exemple, le diagramme de la *figure 3c* est une correction à celui de la *figure 3a*, dans laquelle il y a une étape intermédiaire avec une paire électron-positron, qui modifie légèrement les propriétés de l'absorption, par la ligne de droite, du photon qui avait été émis par la ligne de gauche). Ces règles sont celles de la théorie quantique des champs, un cadre conceptuel et opérationnel combinant la mécanique quantique et la relativité restreinte qu'il a fallu environ quarante ans pour construire, une des difficultés principales ayant été de donner un sens aux diagrammes du genre de la *figure 3c*. En même temps que la dynamique des particules, cette théorie donne des contraintes sur celles qui peuvent exister, ou plutôt des prédictions d'existence sur d'autres non encore découvertes, étant données celles qu'on connaît déjà. Ce fut le cas des quarks *c*, *b* et *t*, et du neutrino du *τ*. Elle implique aussi l'existence des antiparticules pour les quarks et leptons (les vecteurs de force sont leurs propres antiparticules).

Un des guides dans cette construction a été la cohérence, mais aussi l'unification par des symétries, de plus en plus grandes au fur et à mesure de la découverte de particules avec des propriétés nouvelles, et on a trouvé que cohérence et unification allaient ensemble.

Avoir un principe de symétrie est puissant, car il limite et parfois détermine entièrement les choix des particules et leurs interactions, mais aussi, une fois qu'on en connaît certaines, d'autres sont déterminées. Cela permet ainsi d'appréhender avec

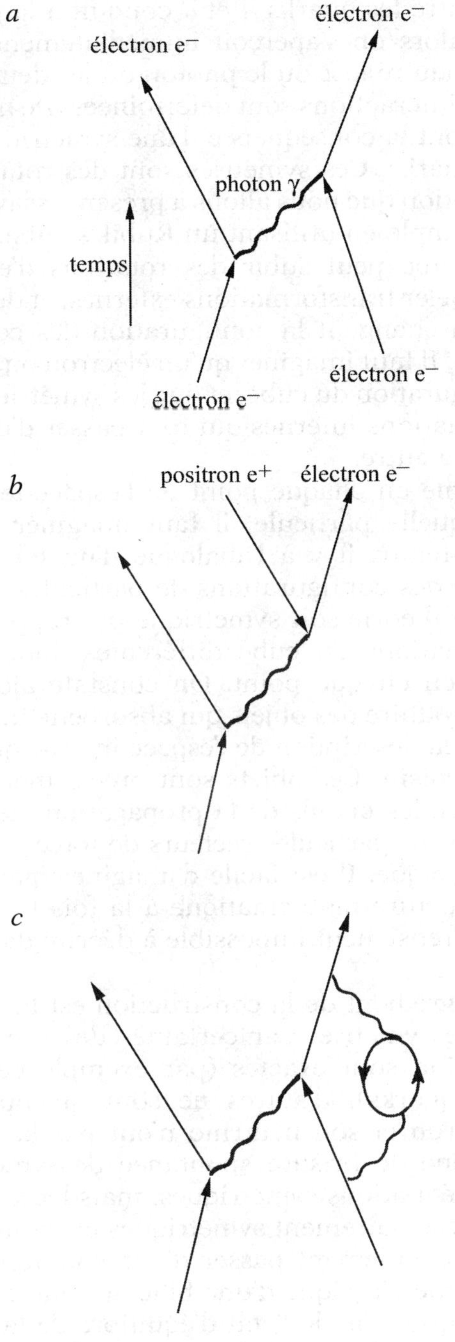

Figure 3 – Diagrammes de Feynman.
3a – Diffusion de deux électrons par échange d'un photon.
3b – Création d'une paire électron-positron.
3c – Une correction au processus 3a.

efficacité toute cette faune. Par exemple, la symétrie entre électron et neutrino, ou entre les quarks *u* et *d* conduit à la prédiction des bosons *W*, mais alors on s'aperçoit immédiatement qu'en même temps il faut introduire le *Z* ou le photon ou les deux, et en même temps aussi leurs interactions sont déterminées. De même, le gluon et la force forte sont la conséquence d'une symétrie entre les trois « couleurs » de quarks. Ces symétries sont des rotations dans un espace interne, notion que nous allons à présent essayer d'expliciter avec une image simple en utilisant un Rubik's cube.

Un Rubik's cube peut subir des rotations d'ensemble, que nous pouvons appeler transformations externes, et des transformations internes qui changent la configuration des couleurs de ses $9 \times 6 = 54$ facettes. Il faut imaginer qu'un électron ou un quark sont comme une configuration du cube, et que les symétries de la théorie sont les transformations internes qui font passer d'une configuration du cube à une autre.

En fait, comme en chaque point de l'espace-temps il peut y avoir n'importe quelle particule, il faut imaginer qu'en chaque point de l'espace-temps il y a l'analogue d'un tel Rubik's cube, espace « interne » des configurations de particules. Bien plus, on peut exiger que la théorie soit symétrique par rapport à l'application de transformations du cube différentes, indépendantes les unes des autres, en chaque point. On constate alors qu'on doit naturellement introduire des objets qui absorbent en quelque sorte le changement de la description de l'espace interne quand on passe d'un point à son voisin. Ces objets sont précisément les vecteurs des forces. De plus, les détails de la propagation, de l'émission et de l'absorption de ces particules vecteurs de forces sont prédits de façon à peu près unique. Il est facile d'imaginer que tout cela fait intervenir une structure mathématique à la fois très complexe et très riche, malheureusement impossible à décrire dans le cadre de cette conférence.

Un dernier ingrédient de la construction est la notion de brisure spontanée de symétrie. Car certaines des symétries dont il vient d'être question sont exactes (par exemple celles entre les « couleurs » des quarks), d'autres ne sont qu'approchées : par exemple, un électron et son neutrino n'ont pas la même masse. Dans le phénomène de brisure spontanée de symétrie, on part d'une théorie et d'équations symétriques, mais leurs solutions stables ne sont pas nécessairement symétriques chacune séparément, la symétrie faisant seulement passer d'une solution à une autre. Ainsi dans l'analogue classique d'une bille au fond d'une bouteille de Bordeaux : le problème de l'état d'équilibre de la bille au fond est symétrique par rotation, mais la position effectivement choisie par la bille ne l'est pas. Il y a une infinité de positions d'équilibre possibles, la symétrie par rotation du problème faisant seulement passer de l'une à une autre. La brisure de symétrie permet de comprendre le fait que les leptons chargés par exemple n'aient pas la même masse que leurs neutrinos associés, ou que le photon soit de masse nulle, alors que le *W* et le *Z* sont très lourds.

L'ensemble de la construction trop brièvement décrite dans ce chapitre a valu le prix Nobel 1999 à Gerhard t'Hooft et Martinus Veltman, qui en avaient été les principaux artisans dans les années 1970.

À l'issue de tout ce travail, on a obtenu ce que l'on appelle le Modèle Standard. C'est l'aboutissement actuel d'unifications successives des forces, commencées par Maxwell au siècle dernier entre électricité et magnétisme (électromagnétisme) qui à présent incluent les interactions faibles : on parle des forces électrofaibles pour englober le photon et les bosons *W* et *Z**. Le Modèle Standard prédit l'existence d'une particule, la seule non encore observée dans le modèle, le boson de Higgs, et comment celui-ci donne leur masse à toutes les particules par le mécanisme de brisure de symétrie. Ce dernier acteur manquant encore à l'appel fait l'objet d'une recherche intense, à laquelle le prochain accélérateur du CERN, le LHC, est dédiée.

S'il décrit qualitativement et quantitativement pratiquement toutes les particules observées et leurs interactions (le « comment »), le Modèle Standard laisse sans réponse beaucoup de questions « pourquoi ». Par exemple pourquoi y a-t-il trois générations (les colonnes verticales dans la *figure 1*) ? Pourquoi la force électrofaible comprend-elle quatre vecteurs de force (il pourrait y en avoir plus) ? Par ailleurs toutes les masses et constantes de couplage des particules sont des paramètres libres du modèle. Il y en a une vingtaine en tout, ce qui est beaucoup : on aimerait avoir des principes qui relient ces données actuellement disconnectées. Peut-on unifier plus : y a-t-il une symétrie reliant les quarks aux leptons ? De plus, des considérations plus élaborées permettent d'affirmer que dans des domaines d'énergie non encore atteints par les accélérateurs, le modèle devient inopérant : il est incomplet, même pour la description des phénomènes pour lesquels il a été construit. Plus profondément, il laisse de côté la gravitation. La satisfaction béate ne règne donc pas encore, et nous allons dans le chapitre suivant présenter les spéculations actuelles permettant peut-être d'aller au-delà.

Au-delà du Modèle Standard
Grande unification, supersymétrie et supercordes

La gravitation universelle introduite par Newton a été transformée par Einstein en la relativité générale, une théorie d'une

---

* Voir la 212e conférence de l'Université de tous les savoirs donnée par D. Treille.

grande beauté formelle et remarquablement prédictive pour l'ensemble des phénomènes cosmologiques. Mais il est connu depuis la naissance de la mécanique quantique que la relativité générale est incompatible avec celle-ci : quand on tente de la couler dans le moule de la théorie quantique des champs, en faisant du graviton le vecteur de la force de gravitation universelle, on s'aperçoit que les diagrammes de Feynman du type de la *figure 3c* où on remplace les photons par des gravitons sont irrémédiablement infinis : cela est dû au fait que lorsqu'on somme sur toutes les énergies des états intermédiaires électron-positron possibles, les états d'énergie très grande finissent par donner une contribution arbitrairement grande, entraînant l'impossibilité de donner un sens à la gravitation quantique. La relativité générale doit être considérée comme une théorie effective seulement utilisable à basse énergie. Trouver une théorie cohérente qui reproduise la relativité générale à basse énergie s'est révélé un problème particulièrement coriace, et un premier ensemble de solutions possibles (ce qui ne veut pas dire que la réalité est parmi elles !) est apparu de manière totalement inattendue vers le milieu des années 1970 avec les théories de cordes.

Dans cette construction, on généralise la notion de particule ponctuelle, élémentaire, qui nous avait guidés jusqu'à présent à celle d'un objet étendu, une corde très fine, ou plutôt un caoutchouc, qui se propage dans l'espace en vibrant. Un tel objet avait été introduit vers la fin des années 1960 pour décrire certaines propriétés des collisions de protons et autres particules à interactions fortes. Il se trouve qu'il y a là un très joli problème de mécanique classique qu'Einstein lui-même aurait pu résoudre dès 1905, s'il s'était douté qu'il était soluble ! De même qu'une particule élémentaire ponctuelle, en se propageant en ligne droite à vitesse constante minimise la longueur de la courbe d'espace-temps qui est sa trajectoire, la description de la propagation et des modes de vibration d'une de ces cordes revient à minimiser la surface d'espace-temps qu'elle décrit (l'analogue d'une bulle de savon, qui est une surface minimale !), ce qui peut être effectué exactement. Le nom de corde leur a été donné par suite de l'exacte correspondance des modes de vibration de ces objets avec ceux d'une corde de piano. Quand on quantifie ces vibrations à la façon dont on quantifie tout autre système mécanique classique, chaque mode de vibration donne tout un ensemble de particules, et on sait calculer exactement les masses de ces particules. C'est là que les surprises commencent ! On découvre tout d'abord que la quantification n'est possible que si la dimension de l'espace-temps est non point quatre, mais 26 ou 10 ! Cela n'est pas nécessairement un défaut rédhibitoire : les directions (encore inobservées ?) supplémentaires peuvent être de très petite dimension, et être donc encore passées inaperçues. On découvre simultanément que les particules les plus légères sont de masse nulle et que parmi elles il y a toujours un candidat ayant exactement les mêmes propriétés que le graviton à basse énergie. De plus, quand on donne la possibilité aux cordes de se couper ou, pour deux, de réarranger leur brins au cours d'une collision, on obtient une théorie dans laquelle on peut calculer des diagrammes de Feynman tout à fait analogue à ceux de la *figure 3*, où les lignes décrivent la propagation de cordes libres. Cette théorie présente la propriété d'être convergente, ce qui donne donc le premier exemple, et le seul connu jusqu'à présent, d'une théorie cohérente incluant la gravitation.

Les modes d'excitation de la corde donnent un spectre de particules d'une grande richesse. La plupart sont très massives, et dans cette perspective d'unification avec la gravitation, inobservables pour toujours : si on voulait les produire dans un accélérateur construit avec les technologies actuelles, celui-ci devrait avoir la taille de la galaxie ! Seules celles de masse nulle, et leurs couplages entre elles, sont observables, et devraient inclure celles du tableau de la *figure 1*. Remarquons ici un étrange renversement par rapport au paradigme de l'introduction sur l'« élémentarité » des particules « élémentaires » : elles deviennent infiniment composées en quelque sorte, par tous les points de la corde, qui devient l'objet « élémentaire » !

Au cours de l'investigation de cette dynamique de la corde au début des années 1970, on a été amené à introduire une notion toute nouvelle, celle de supersymétrie, une symétrie qui relie les particules du genre quarks et leptons (fermions) de la *figure 1* aux vecteurs de force. En effet, la corde la plus simple ne contient pas de fermion dans son spectre. Les fermions ont été obtenus en rajoutant des degrés de liberté supplémentaires, analogues à une infinité de petits moments magnétiques (spins) le long de la corde. La compatibilité avec la relativité restreinte a alors imposé l'introduction d'une symétrie entre les modes d'oscillation de ces spins et ceux de la position de la corde. Cette symétrie est d'un genre tout à fait nouveau : alors qu'une symétrie par rotation par exemple est caractérisée par les angles de la rotation, qui sont des nombres réels ordinaires, cette nouvelle symétrie fait intervenir des nombres aux propriétés de multiplication très différentes : deux de ces nombres, a et b disons, donnent un certain résultat dans la multiplication $a \times b$, et le résultat opposé dans la multiplication $b \times a$: $a \times b = - b \times a$. On dit que de tels nombres sont anticommutants. À cause de cette propriété nouvelle, et de son effet inattendu d'unifier particules et forces, on a appelé cette symétrie supersymétrie, et supercordes les théories de cordes ayant cette (super)symétrie.

A posteriori, l'introduction de tels nombres quand on parle de fermions est naturelle : les fermions (l'électron en est un), satisfont au principe d'exclusion de Pauli, qui dit que la probabilité est nulle d'en trouver deux dans le même état. Or la probabilité d'événements composés indépendants est le produit des probabilités de chaque événement : tirer un double un par exemple avec deux dés a la probabilité 1/36, qui est le carré de 1/6. Si les probabilités (plus précisément les amplitudes de probabilité) pour les fermions sont des nombres anticommutants, alors, immédiatement, leurs carrés sont nuls, et le principe de Pauli est trivialement satisfait ! Les extraordinaires propriétés des théories des champs supersymétriques et des supercordes ont été une motivation puissante pour les mathématiciens d'étudier de façon exhaustive les structures faisant intervenir de tels nombres anticommutants. Un exemple où on voit des mathématiques pures sortir en quelque sorte du réel.

De nombreux problèmes subsistent. En voici quelques-uns

— L'extension et la forme des six dimensions excédentaires : quel degré d'arbitraire y a-t-il dedans (pour l'instant, il semble trop grand) ? Un principe dynamique à découvrir permet-il de répondre à cette question ? Ces dimensions excédentaires ont-elles des conséquences observables avec les techniques expérimentales actuelles ?

— La limite de basse énergie des cordes ne contient que des particules de masse strictement nulle et personne ne sait comment incorporer les masses des particules de la *figure 1* (ou la brisure de symétrie qui les engendre) sans détruire la plupart des agréables propriétés de cohérence interne de la théorie. Une des caractéristiques des supercordes est d'englober toutes les particules de masse nulle dans un seul et même multiplet de supersymétrie, toutes étant reliées entre elles par (super)symétrie. En particulier donc, quarks et leptons, ce qui signifie qu'il doit exister un vecteur de force faisant passer d'un quark à un lepton, et donc que le proton doit pouvoir se désintégrer en leptons (positron et neutrinos par exemple) comme la symétrie de la force électrofaible implique l'existence du boson *W* et la désintégration du neutron. Or, le proton est excessivement stable : on ne connaît expérimentalement qu'une limite inférieure, très élevée, pour sa durée de vie. La brisure de cette symétrie quark-lepton doit donc être très grande, bien supérieure à celle de la symétrie électrofaible. L'origine d'une telle hiérarchie de brisures des symétries, si elle existe, est totalement inconnue.

— Doit-on s'attendre à ce qu'il faille d'abord placer les cordes dans un cadre plus vaste qui permettrait à la fois de mieux les comprendre et de répondre à certaines de ces questions ? Nul ne sait.

En attendant, toutes les questions passionnantes et probablement solubles dans le cadre actuel n'ont pas encore été résolues. Entre autres, les cordes contiennent une réponse à la question de la nature de la singularité présente au centre d'un trou noir, objet dont personne ne doute vraiment de l'existence, en particulier au centre de nombreuses galaxies. Également quelle a été la nature de la singularité initiale au moment du Big Bang, là où la densité d'énergie était tellement grande qu'elle engendrait des fluctuations quantiques de l'espace, et donc où celui-ci, et le temps, n'avaient pas l'interprétation que nous leur donnons usuellement d'une simple arène (éventuellement dynamique) dans laquelle les autres phénomènes prennent place.

Toutes ces questions contiennent des enjeux conceptuels suffisamment profonds sur notre compréhension ultime de la matière, de l'espace et du temps pour justifier l'intérêt des talents qui s'investissent dedans. Mais ces physiciens sont handicapés par l'absence de données expérimentales qui guideraient la recherche. Le mécanisme de va-et-vient expérience-théorie mentionné dans l'introduction ne fonctionne plus : le Modèle Standard rend trop bien compte des phénomènes observés et observables pour que l'on puisse espérer raisonnablement que l'expérience nous guide efficacement dans le proche avenir. Mais à part des surprises dans le domaine (comme par exemple la découverte expérimentale de la supersymétrie), peut-être des percées viendront de façon complètement imprévue d'autres domaines de la physique, ou des mathématiques. Ce ne serait pas la première fois. Quelle que soit la direction d'où viennent ces progrès, il y a fort à parier que notre vision de la particule élémentaire en sera une fois de plus bouleversée.

Jusqu'où peut-on produire des noyaux atomiques ?

par HUBERT FLOCARD

Il y a un peu plus de cent ans que le noyau atomique est devenu un objet de connaissance scientifique. La détection et la caractérisation d'une sous-structure au centre des atomes débutées par les travaux d'Henri Becquerel, de Marie et Pierre Curie et d'Ernest Rutherford ont repoussé l'horizon microscopique qui bornait la perception du monde de l'homme du XIXe siècle. Depuis le noyau a été analysé en composants encore plus élémentaires, le neutron et le proton, qui eux-mêmes… L'histoire s'est poursuivie jusqu'à la situation actuelle donnant aux quarks, à l'électron et un certain nombre d'autres particules un statut de plus petits éléments constitutifs de la matière. Entre-temps, le noyau a aussi cessé d'être exclusivement un objet de laboratoire. Il y a plus de cinquante ans que ses applications militaires et civiles influencent la vie politique et économique du monde. Alors que se développaient les technologies des armes et des centrales nucléaires, beaucoup plus discrètement il est vrai, l'analyse des propriétés fondamentales du système physique original qu'est le noyau, continuait de progresser auprès de machines dédiées à cette recherche. Se basant sur les connaissances ainsi acquises, les physiciens nucléaires envisagent maintenant d'explorer systématiquement l'ensemble de tous les noyaux atomiques qui ont existé, souvent pour un temps très bref, à un moment ou un autre de l'histoire de l'univers.

Dans un certain type de classement, les objets du monde submicroscopique sont caractérisés par une dimension spatiale et par une échelle d'énergie pertinente pour leur dynamique. Cela permet d'organiser le monde physique en strates dont l'expérience

Texte de la 210e conférence de l'Université de tous les savoirs donnée le 28 juillet 2000.

a montré qu'elles pouvaient être étudiées de façon partiellement indépendante les unes des autres. Le noyau atomique occupe une de ces strates. Sa taille, de l'ordre de quelques fermis ou fm (1 fm = 10^{-15} m), en fait un objet 10 000 fois plus petit que l'atome au centre duquel il se trouve et dont il ordonne la structure électronique. Les énergies que le physicien doit mettre en jeu pour l'étudier sont commensurables à celles qui gouvernent ses mouvements propres (c'est le cas pour une majorité des systèmes physiques). Une unité appropriée est le million d'électron-volt ou MeV (1 MeV = $1{,}6 \cdot 10^{-13}$ Joule). Cette valeur n'est qu'apparemment petite. Si on la compare à celle qui gouverne les réactions chimiques, comme par exemple la combustion des hydrocarbures dans un moteur de voiture, on trouve qu'elle est un million de fois plus grande ; par rapport aux énergies mises en jeu dans les phénomènes biologiques le rapport est de l'ordre du milliard. On conçoit donc qu'il soit nécessaire de mettre en œuvre des moyens puissants pour explorer cette physique. Ceux-ci reposent sur l'accélération d'atomes partiellement ou complètement épluchés de leur cortège électronique (c'est-à-dire les ions lourds) au moyen de champs électriques et magnétiques adaptés. Ces machines bien que moins puissantes que celles que nécessite l'étude de la physique des quarks (il faut dans ce cas atteindre des énergies de l'ordre du million de MeV) sont pourtant déjà suffisamment onéreuses pour ne pouvoir être construites qu'au niveau national voire continental pour servir la communauté scientifique de plusieurs pays.

Tout noyau est indexé par son nombre de protons (un nombre entier traditionnellement dénoté par la lettre *Z*) qui détermine complètement les propriétés chimiques de l'atome associé. Depuis la fin du XIXe siècle, on sait que *Z* est identique au nombre qui spécifie la place d'un élément chimique dans la classification de Mendeleïev. Les éléments présents sur notre Terre sont au nombre de 92. Après la découverte du neutron, on a vérifié que chaque noyau (ou nuclide) possédait aussi un nombre entier *N* de neutrons. Deux noyaux ayant même valeur de *Z* et des valeurs distinctes de *N* sont appelés isotopes. On a déterminé que le nombre de noyaux stables (c'est-à-dire éternels quand ils sont isolés) est voisin de 160. Cela implique qu'à chaque élément (*Z*) correspond un à deux isotopes naturels en moyenne (il y a quelques exceptions).

Toutefois les théories nucléaires et astrophysiques actuelles conduisent les physiciens à penser que le nombre de noyaux ayant à un moment ou un autre existé dans notre univers est largement supérieur ; de l'ordre de 6 000. Dans un plan pavé de carrés de côté unité, dont l'axe horizontal compte le nombre *N* et l'axe vertical le nombre de protons *Z*, ces 6 000 noyaux occupent une surface finie en forme de banane débutant à l'origine par l'hydrogène ($Z = N = 1$). La ligne médiane de la banane suit d'abord la première bissectrice ($N = Z$), puis s'incurve vers le bas pour se terminer à l'uranium ($Z = 92$, $N = 143$ et 146). Les 160 cases des noyaux stables sont réparties sur un arc voisin de cette ligne médiane. Pour cette raison on l'appelle « vallée de stabilité ». Par ailleurs, les physiciens nucléaires nomment « lignes d'écoulement » les limites latérales de la banane. La limite inférieure est la ligne d'écoulement neutron, la supérieure la ligne d'écoulement proton. Depuis les travaux d'Irène et Frédéric Joliot Curie, on sait créer de façon temporaire des nuclides hors de la vallée de stabilité. Aujourd'hui on en connaît déjà plus de mille.

Pourquoi l'ensemble des noyaux existants dans l'univers se présente-t-il ainsi dans le plan *N, Z* ? Pourquoi le nombre de noyaux stables sur terre est-il tellement inférieur à celui des noyaux existants ou ayant existé ? L'explication tient autant à la nature quantique du noyau qu'aux propriétés des trois interactions fondamentales qui gouvernent sa dynamique. Par ordre d'importance pour nos questions, ce sont les interactions forte, électromagnétique et faible. Il est commode d'étudier successivement leur influence sur l'existence ou non d'un noyau. Nous commençons donc par l'interaction forte. La théorie actuelle de cette interaction est appelée chromodynamique quantique (QCD). Telle qu'elle est utilisée dans le domaine de la physique des particules, la QCD ne permet pas encore d'expliquer les propriétés des noyaux. Pour remédier à cette situation, les physiciens ont élaboré une théorie phénoménologique qui incorpore directement les effets associés à la structure complexe du noyau. Ce sont les conséquences de cette phénoménologie que je décris plus loin. Comme il est difficile de transcrire en mots les modalités de la mécanique quantique, j'ai adopté une présentation dont je pense qu'en dépit de son côté parodique, elle incorpore la part de physique qui permet de comprendre l'existence et la position des limites naturelles que sont les lignes d'écoulement neutron et proton : ce sera le modèle du noyau comme un cirque de puces.

Notre cirque-noyau possède une ménagerie de *Z* puces proton et *N* puces neutron. Pour que les puces ne s'enfuient (ne s'écoulent) pas, nous plaçons l'arène à deux pistes (une pour chaque espèce) dans un trou (cirque) creusé dans le sol. Le noyau est considéré stable vis-à-vis de l'interaction forte si toutes ses puces se trouvent sous le niveau du sol. Dans leur numéro, les puces savantes montent sur deux échelles (une par piste) dont les barreaux symbolisent les états quantiques du noyau. Comme ces puces sont aussi des êtres quantiques, elles agissent en conformité avec un des principes scientifiques majeurs apporté par le XXe siècle : le principe de Pauli. Celui-ci exige que chaque barreau ne porte que deux puces au plus. Partant de la surface de la piste, les puces se placent ainsi sur les barreaux successifs de leur échelle, occupant le barreau suivant dès que l'un est rempli. Les dernières puces sont donc les plus près du sol.

Partons d'un noyau stable ($N = N_0$, $Z = Z_0$), et tentons d'organiser un cirque plus important (c'est-à-dire un autre noyau plus lourd). On peut le faire en ajoutant à la ménagerie, des puces neutron seulement, ou des puces proton ou autant de chaque (des combinaisons intermédiaires sont bien sûr possibles). Dans le premier cas que je considère d'abord, on se déplace horizontalement dans le plan *N*, *Z*, dans le second verticalement et dans le troisième suivant la première bissectrice. L'interaction forte spécifie que les caractéristiques du cirque qui retient les puces, sont en retour dépendantes de la composition de cette ménagerie. En particulier, l'addition de puces « neutron » entraîne l'abaissement du niveau de la piste « proton », alors que celui de la piste neutron reste inchangé. Comme l'interaction forte est symétrique dans l'échange des rôles des protons et des neutrons, l'inverse a lieu quand on ajoute des protons.

Si nous ajoutons quatre neutrons par exemple, le nombre de barreaux protons remplis reste le même alors que deux barreaux de plus sont occupés sur l'échelle neutron. Comme les protons se sont enfoncés leur espoir de fuite s'amenuise. Simultanément, l'altitude du pied de l'échelle neutron étant resté invariable, les derniers neutrons sont plus près de s'enfuir. Supposons toutefois qu'ils soient encore sous le niveau du sol. Alors, nous avons fabriqué un nouveau noyau stable ($N = N_0 + 4$, $Z = Z_0$). Toutefois, si on continue à ajouter des neutrons, la méthode atteint sa limite. En effet, l'échelle neutron ne bougeant pas et des échelons toujours plus élevés devenant occupés, il viendra un moment où la dernière puce neutron après avoir grimpé sur ses congénères arrivera sur un barreau au-dessus du sol. Elle quittera alors immédiatement le noyau qui ne pourra plus croître : on aura atteint la ligne d'écoulement neutron. En fait, lorsque le nombre de puces neutron augmente, l'échelle se contracte et ses barreaux se resserrent (il s'agit d'une conséquence du traitement de la mécanique quantique en trois dimensions). On peut donc ajouter plus de neutrons à un noyau quand N_0 est grand que quand il est petit. Du coup, la ligne d'écoulement neutron s'éloigne régulièrement de la première bissectrice suivant une ligne à peu près droite faisant avec elle un angle d'environ – 10°.

De façon symétrique, le même raisonnement conduit à prédire une ligne d'écoulement proton à + 10° de la bissectrice. Par contre, quand on ajoute simultanément neutrons et protons, l'adjonction de protons creuse la piste neutron. Cela abaisse le pied de l'échelle assurant que les nouvelles puces neutrons bien que placées en haut de leur échelle restent sous le niveau du sol. L'adjonction des protons ayant le même effet en sens inverse le nouveau noyau est aussi stable que le noyau originel. Ce processus peut se répéter indéfiniment. Donc, si l'univers n'était régi que par la seule interaction forte, tous les nuclides dans un secteur angulaire de ± 10° de part et d'autre de la bissectrice seraient stables. En particulier, il existerait un nombre infini de noyaux.

L'interaction électromagnétique explique qu'il n'en est pas ainsi dans notre monde. En effet, les protons qui sont chargés électriquement se repoussent. Alors que le scénario ci-dessus reste inchangé quand on ajoute des neutrons, l'adjonction de protons entraîne maintenant une élévation de la piste proton d'autant plus forte que Z_0 est grand (c'est une conséquence de la portée infinie de la force coulombienne). La ligne d'écoulement proton s'abaisse dans le plan (N, Z) ; pour éviter une fuite de la ménagerie proton, il faut ajouter toujours plus de puces neutron que proton. Le secteur angulaire de stabilité s'incurve donc vers le bas, s'éloigne peu à peu de la bissectrice et passe entièrement dans le demi-plan des noyaux tels que $N > Z$. Malheureusement, cet excès de neutrons mène à la rencontre avec la ligne d'écoulement neutron qui elle n'a pas bougé. Pour une certaine valeur de Z, il n'est plus possible d'ajouter les neutrons requis sans que certains ne se trouvent au-dessus du sol et ne s'échappent. Le secteur angulaire infini prédit par l'interaction forte a donc été réduit à la zone finie contenant 6 000 nuclides évoquée plus haut.

C'est l'interaction faible qui entraîne que le nombre de noyaux stables soit très inférieur à 6 000. Dans notre image de ménagerie, on peut comparer un processus faible à une transmutation biologique. Quand les conditions sont favorables, une puce neutron se transforme en puce proton (en fait un des trois quark du neutron se transforme en un autre quark avec émission d'un électron et d'un antineutrino). Ainsi dès que la plus haute puce neutron s'aperçoit que son barreau est plus haut que le premier barreau vide proton d'une énergie au moins égale à $mc^2 = 0{,}5$ MeV (m est la masse de l'électron), elle se transforme en proton, change de piste et va se placer en haut de l'échelle des protons. Le processus se poursuit tant que la différence d'énergie entre les derniers barreaux occupés des deux échelles excède 0,5 MeV. Alors, le noyau obtenu, stable pour l'éternité, a rejoint le panthéon des 160 noyaux qui forment notre environnement usuel. Le temps typique pour ces transmutations (en fait c'est ce qu'on appelle la radioactivité β) s'échelonne entre 10^{-4} s et plusieurs minutes.

Pourquoi les physiciens disent-ils donc que les 6 000 noyaux existent puisque la plupart sont intrinsèquement instables ? C'est une question d'échelle de temps. Considérons un être humain. Il est instable puisque mortel. Une unité de temps commode qui caractérise les actes de sa vie est par exemple la seconde. S'il vit longtemps, disons 100 ans, il aura vécu $3 \cdot 10^9$ s. Considérons maintenant un noyau dont nous avons dit que l'énergie caractéristique est le MeV. À cette énergie, la relation d'incertitude associe un temps typique égal à 10^{-22} s. Ce temps lié à l'activité du noyau est ce qui correspond à la seconde pour un homme. C'est par exemple le temps de fuite d'une puce pour un noyau fabriqué du mauvais côté d'une ligne d'écoulement. Un noyau instable par interaction faible qui se transforme au bout de 10^{-4} s aura donc vécu 10^{18} des unités de temps élémentaires de sa vie. Pour un humain, 10^{18} s correspond à une vie plus longue que celle de notre univers. Donc, de même qu'un tel être vivant sera considéré immortel, de même le physicien nucléaire qui évalue les noyaux en fonction de leur échelle de temps estimera qu'un noyau qui n'est instable que par interaction faible est en fait éternel.

Maintenant que j'ai répondu à la question du titre de ce texte, en indiquant les noyaux atomiques qu'il est possible de produire, il convient d'évoquer les raisons qui poussent les physiciens à les créer et les étudier. Elles sont multiples. Elles tiennent à la fois à la volonté d'approfondir les mécanismes de la dynamique nucléaire, au désir de maîtriser les bases énergétiques d'un vaste ensemble de mécanismes stellaires et à la recherche d'applications potentielles. Celles-ci concernent la destruction par transmutation des déchets radioactifs, la médecine aussi bien pour les traitements par irradiation ciblées de cellules (cancers) que pour l'imagerie et l'étude *in vivo* de matière biologique. La disponibilité d'une gamme étendue de traceurs radioactifs spécifiques est aussi d'un grand intérêt pour l'analyse de certains phénomènes physiques de la matière condensée.

Ce court document ne peut donner un panorama exhaustif des domaines de physique nucléaire fondamentale qui motivent les physiciens à proposer la construction de machines permettant une exploration complète du monde nucléaire délimité ci dessus. Je me contenterai d'en évoquer trois : les noyaux halos, les processus de nucléosynthèse stellaire et les noyaux superlourds.

Quand pour une valeur de Z fixée, on augmente le nombre N jusqu'à toucher la ligne d'écoulement neutron, on constate parfois que la taille du noyau s'accroît brusquement. Par exemple le nuclide ^{11}Li possédant $N = 8$ neutrons et $Z = 3$ protons est un isotope d'un des plus légers des éléments ; le lithium. Cependant son volume est proche de celui de noyaux stables ayant près de 200 neutrons et protons. Par comparaison, le ^{9}Li qui n'a que $N = 6$ neutrons a un volume dix fois plus petit que son isotope lourd. Par ailleurs, l'isotope $N = 7$ n'existe pas. On imagine actuellement que le système à 8 neutrons est constitué d'un cœur de ^{9}Li entouré d'un nuage neutronique étendu contenant deux neutrons liés l'un à l'autre (puisque ^{10}Li n'existe pas). L'étude de cette matière diffuse de neutrons permettra de préciser la dynamique nucléaire dans des domaines de densité jusqu'à maintenant inaccessibles à l'expérience. Tout le long de la ligne d'écoulement neutron, des nuclides dont la surface est très riche en neutron doivent aussi exister. Ils fourniront des informations en laboratoire sur un état nucléaire qui a été proposé pour expliquer le comportement des pulsars ; des étoiles à la fois massives (leur masse est 10 à 30 fois celle de notre soleil) et extrêmement petites (leur diamètre serait de quelques dizaines de km). De même, on a la certitude que les noyaux stables jouent un rôle marginal dans les processus de nucléosynthèse de l'univers. Ils en sont les reliques plutôt que les acteurs. La compréhension de l'activité des étoiles (les réactions nucléaires) exige donc une connaissance précise de noyaux loin de la stabilité. Ce seront par exemple ceux, très riches en neutrons $(N > Z)$, qui participent aux processus explosifs conduisant aux supernovae ou bien les riches en protons $(Z > N)$ qui se forment dans les systèmes spatiaux binaires conduisant à la production de jets de rayons X et gamma intenses.

La théorie indique que par suite d'effets quantiques supplémentaires (dans l'image du cirque de puces, ils correspondent à une échelle aux barreaux irrégulièrement implantés ; resserrés à certains endroits et espacés à d'autres), les systèmes pour lesquels les dernières puces sont sur un barreau très éloigné du suivant ont une stabilité accrue. Selon les modèles nucléaires actuels, il en résulte que des noyaux très lourds situés au-delà de la zone de stabilité, existent dans une région isolée du plan N, Z que l'on appelle pour cela l'îlot des « superlourds ». Parmi leurs caractéristiques intéressantes, on peut mentionner que la chimie des atomes associés devrait être modifiée par des effets de relativité. Par ailleurs, ce sont aussi des noyaux qui ne semblent pouvoir être formés par aucun mécanisme astrophysique actuellement connu.

La fabrication de l'ensemble des noyaux atomiques évoqués ci-dessus requiert des installations dédiées utilisant des accélérateurs de faisceaux intenses de particules chargées légères (des protons dans la plupart des projets). Leur collision avec des cibles d'éléments plus lourds (plomb ou uranium par exemple) créera la plupart des noyaux atomiques rares recherchés. Ceux-ci seront alors triés par des procédés électromagnétiques et envoyés dans des dispositifs expérimentaux d'analyse. À ce jour, le Japon a déjà entrepris la construction d'une telle installation qui devrait être mise en service dans la première moitié de cette décennie. Un projet similaire devrait être prochainement décidé aux USA. En Europe, des machines préparatoires seront bientôt opérationnelles au laboratoire GANIL à Caen et au CERN à Genève. La définition d'un projet pour une installation européenne aux ambitions comparables aux entreprises américaines et japonaise est attendue pour l'année qui vient.

La disponibilité de telles machines ouvrira aux physiciens les portes d'un monde nucléaire dont ils ont simplement commencé à entrevoir les richesses. Alors, l'extension de leurs connaissances, par-delà les noyaux stables, à l'ensemble des noyaux existants pourra, toutes proportions gardées, être comparée à celle réalisée par un scientifique qui, délaissant l'archéologie de reliques, passerait à l'étude de l'humanité.

La vie des molécules biologiques en temps réel : Laser et dynamique des protéines

par JEAN-LOUIS MARTIN

En aval des recherches autour des génomes, alors que le catalogue des possibles géniques et protéiques est en voie d'achèvement, nous sommes entrés dans l'ère fonctionnelle qui doit nous conduire à comprendre comment toutes les molécules répertoriées interviennent pour « faire la vie ». Le profit qui sera fait de cette masse d'informations, dépend de notre capacité à intégrer ces données moléculaires dans des schémas fonctionnels sous-tendant la constitution et l'activité des cellules voire des organes et des organismes.

Cette intégration va dépendre de domaines de recherche très variés, différents de ceux qui traditionnellement ont fait progresser la biologie des systèmes intégrés.

Au niveau cellulaire, l'approche fonctionnelle est déjà très avancée, en partie parce qu'elle s'appuie sur des compétences, des technologies et des concepts, largement communs à ceux développés par la génétique et la biologie moléculaire. Elle est toutefois, à ce jour, encore loin d'aboutir à une mise en cohérence du rôle fonctionnel des différents acteurs dont elle identifie le rôle au sein de la cellule : récepteurs, canaux ioniques, messagers, second messagers… Les progrès dans ce domaine vont être intimement liés à notre capacité à développer des outils autorisant à la fois un suivi *in situ* des différents acteurs, et une manipulation à l'échelle de la molécule.

Les développements technologiques spectaculaires dans le domaine des lasers impulsionnels a déjà permis le développement d'une nouvelle microscopie en trois dimensions : la microscopie

Texte de la 211e conférence de l'Université de tous les savoirs donnée le 29 juillet 2000.

confocale confocale non linéaire. Associée à la construction de protéines chimères fluorescentes, cet outil a déjà permis de progresser significativement dans la localisation d'une cible protéique ou dans l'identification de voies de trafic intracellulaire.

Cependant, le décryptage *in situ* et *in vivo* du rôle fonctionnel des différents acteurs, en particulier protéiques, ou plus encore, la compréhension des mécanismes sous-jacents, constituent des défis que peu d'équipes dans le monde ont relevés à ce jour. Il s'agit ici d'associer des techniques permettant de donner un sens à une cascade d'évènements qui s'échelonnent sur des échelles de temps allant de la centaine de femtoseconde* à plusieurs milliers de secondes.

Le fonctionnement des protéines en temps réel

Le fonctionnement des macromolécules biologiques — protéines, acides nucléiques — est intimement lié à leur capacité à modifier leurs configurations spatiales lors de leur interaction avec des entités spécifiques de l'environnement, y compris avec d'autres macromolécules. Le passage d'une configuration à une autre requiert en général de faibles variations d'énergie, ce qui autorise une grande sensibilité aux variations des paramètres de l'environnement, associée à une dynamique interne des macromolécules biologiques s'exprimant sur un vaste domaine temporel.

Dans une première approche, on peut considérer qu'une vitesse de réaction biologique est la résultante du « produit » de deux termes : une dynamique intrinsèque des atomes et une probabilité de transition électronique. C'est en général ce dernier facteur de probabilité qui limite la vitesse d'une réaction. Une réaction biochimique est généralement lente non pas comme conséquence d'évènements intrinsèquement lents, mais comme le résultat d'une faible probabilité avec laquelle certains de ces évènements moléculaires peuvent se produire.

Plus précisément, une réaction biologique qui implique, par exemple, une rupture ou une formation de liaison, est tributaire de deux classes d'évènement : d'une part un déplacement relatif des noyaux des atomes et d'autre part une redistribution d'électrons parmi différentes orbitales. Ces deux catégories d'évènements s'expriment sur des échelles de temps qui leur sont propres et qui dépendent de la structure électronique et des masses atomiques des éléments constituant la molécule. Ainsi la dynamique des atomes autour de leur position d'équilibre est, en première approximation,

* Femtoseconde : le milliardième de millionième de seconde.

celle d'oscillateurs harmoniques faits de masses ponctuelles couplées par des forces de rappels. Dans le cas des macromolécules biologiques, les milliers d'atomes que comporte le système évoluent sur une hypersurface d'énergie dont la dimension est déterminée par le nombre de degrés de liberté de l'ensemble du complexe.

Le « travail » que doit effectuer une protéine est de nature très variée : catalyse dans le cas des enzymes, transduction de signal dans le cas de récepteurs, transfert de charges de site à site, transport de substances... mais il existe une caractéristique commune dans le fonctionnement de ces protéines : la sélection de chemins réactionnels spécifiques au sein de cette surface de potentiel. À l'évidence le système biologique n'explore pas l'ensemble de l'espace conformationnel : le coût entropique serait fatal à la réaction... et à l'organisme qui l'héberge.

L'identification de ce chemin réactionnel au sein de l'édifice constitue l'objectif essentiel des expériences de femto-biologie.

L'approche expérimentale : produire un séisme moléculaire et le suivre par stroboscopie laser femtoseconde

Dans une protéine, qui comporte des milliers d'atomes, l'identification des mouvements participant à la réaction moléculaire n'est pas chose aisée.

Comment réussir à caractériser la dynamique conduisant à une conformation intermédiaire qui est elle-même à la fois très fugace et peu probable ?

La cinétique de ces mouvements est directement déterminée par les modes de vibration de la protéine. On peut donc s'attendre à des mouvements dans les domaines femtoseconde et picoseconde*. Pour espérer avoir quelques succès dans cette investigation, il est par ailleurs impératif d'utiliser un système moléculaire accessible à la fois à l'expérimentation et à la simulation, la signature spectrale de la dynamique des protéines n'apportant que des informations indirectes. De plus, la réaction étudiée doit pouvoir être induite de manière « synchrone » pour un ensemble de molécules. Il est donc nécessaire de perturber de manière physiologique un ensemble moléculaire dans une échelle de temps plus courte que celle des mouvements internes les plus rapides, donc avec une impulsion femtoseconde.

Cette approche « percussionnelle » est commune à la plupart des domaines de recherche utilisant des impulsions femtosecondes. La biologie ne se distingue sur ce point, que dans l'adaptation de

* Picoseconde : millionième de millionième de seconde = 1 000 femtosecondes.

la perturbation optique pour en faire une perturbation physiologique. Le problème est naturellement résolu dans le cas des photorécepteurs pour lesquels le photon est « l'entrée » naturelle du système. Ceci explique les nombreux travaux en photosynthèse : transfert d'électron dans les centres réactionnels bactériens, transfert d'énergie au sein d'antennes collectrices de lumière dans les bactéries, mais aussi les études de transferts de charges au sein d'enzymes de réparation de l'ADN ou responsable de la synchronisation des rythmes biologiques avec la lumière solaire, ainsi que les travaux sur les premières étapes de la vision dans la rhodopsine.

Il existe par ailleurs des situations favorables où la protéine comporte un cofacteur optiquement actif qui peut servir de déclencheur interne d'une réaction : c'est le cas des hémoprotéines comme l'hémoglobine que l'on trouve dans les globules rouges ou les enzymes impliquées dans la respiration des cellules comme la cytochrome oxydase. Dans ces hémoprotéines il est possible de rompre la liaison du ligand (oxygène, NO ou CO) avec son site d'ancrage dans la molécule par une impulsion lumineuse femtoseconde. On se rapproche ici des conditions physiologiques, la transition optique permettant de placer le site actif de l'hémoprotéine dans un état instable entraînant la rupture de la liaison site actif-ligand en moins de 50 femtosecondes. Cette méthode aboutit à la synchronisation de l'ensemble des réactions d'un grand nombre de molécules. Il est alors possible de suivre leur comportement pendant la réaction et d'identifier les changements de conformation lors du passage des cols énergétiques. On peut faire une analogie sportive : en suivant l'évolution de la vitesse d'un « peloton » de coureurs cyclistes lors d'une étape du tour de France, on peut retracer le profil de cols et de vallées de l'étape, à condition que les coureurs partent au même instant. Pour un « peloton » de molécules, c'est le laser femtoseconde qui joue le rôle du « starter » de l'étape.

Le paysage moléculaire dans les premiers instants d'une réaction : la propagation d'un séisme moléculaire

Dans les premiers instants qui suivent la perturbation (dissociation de l'oxygène de l'hème, par exemple), les premiers évènements moléculaires resteront localisés à l'environnement proche du site actif. À une discrimination temporelle dans le domaine femtoseconde, correspond donc une discrimination spatiale au sein de la molécule. Il devient ainsi possible de suivre la propagation du changement de conformation au sein de la molécule. Pour donner un ordre de grandeur, celui-ci s'effectue en effet en première approximation à la vitesse d'une onde acoustique (environ 1 200 m/s) qui, traduite à l'échelle de la molécule, est $1\,200 \times 10^{-12}$ soit 12 Å par picoseconde. En 100 fs la perturbation initiale est donc essentiellement localisée au site actif. Nous sommes au tout début du *séisme moléculaire*. En augmentant progressivement le retard de l'impulsion analyse par rapport à l'impulsion dissociation, il est possible de visualiser les chemins de changement conformationnel de la protéine et d'identifier les mouvements associés au fonctionnement de la macromolécule.

Ce simple calcul montre que la spectroscopie femtoseconde se distingue de manière fondamentale des techniques à résolution temporelle plus faible : il ne s'agit plus d'obtenir des constantes de réaction avec une meilleure précision, mais l'intérêt majeur des « outils femtosecondes » provient du fait que pour la première fois il est possible de décomposer les évènements à l'origine de ces réactions ou induits par la réaction.

Cette discrimination spatiale associée à une résolution temporelle femtoseconde a un autre intérêt qui est de « simplifier » un système complexe sans avoir à utiliser une approche réductionniste (par coupure chimique) qui peut conduire le biophysicien moléculaire à étudier un sous-ensemble d'un complexe moléculaire dont les propriétés n'auront que peu de choses à voir avec la fonction biologique de l'ensemble.

LA COMPRÉHENSION D'UN AUTOMATE MOLÉCULAIRE

Dès le début des années 1980, l'approche percussionnelle dans le régime femtoseconde a été développée dans le domaine de la dynamique fonctionnelle des hémoprotéines et en particulier pour l'étude de l'hémoglobine. Cette protéine qui comporte quatre sites de fixation de l'oxygène, les hèmes, est capable d'auto-réguler sa réactivité à l'oxygène : c'est une régulation dite « allostérique ». La régulation allostérique de l'hémoglobine se traduit par le fait que la dissociation ou la liaison d'une molécule d'oxygène entraîne une modification d'un facteur 300 de l'affinité des autres hèmes pour l'oxygène. La structure de l'hémoglobine est connue à une résolution atomique à la fois dans l'état ligandé (ou oxyhémoglobine) et dans l'état déligandé (désoxyhémoglobine). De ces travaux on sait que l'hémoglobine possède deux structures stables qui lui confèrent soit une haute affinité (état R) soit une basse affinité (état T) pour l'oxygène. Il s'agissait de déterminer le mécanisme, qui partant de la rupture d'une simple liaison chimique entre oxygène et fer induit un changement conformationel de l'ensemble du tétramère conduisant à distance à une modulation importante de l'affinité des autres sites de liaison.

Le débat de l'époque concernant la transition allostérique dans l'hémoglobine n'avait pas encore décidé du choix entre cause et conséquence au sein de l'édifice moléculaire. Nous connaissions les deux structures à l'équilibre avec une résolution atomique, grâce aux travaux de Max Perutz. Il était connu, même si cela n'était pas encore unanimement admis, que la dissociation de l'oxygène de l'hème entraînait « à terme » un changement conformationnel de ce dernier par déplacement de l'atome de fer en dehors du plan des pyrroles. Deux modèles s'opposaient : ce déplacement était-il la cause ou la conséquence du changement conformationnel impliquant la structure tertiaire et quaternaire de l'hémoglobine ? Dans la première hypothèse, cet évènement était crucial puisque le déclencheur de la communication hème-hème au sein de l'hémoglobine, c'est-à-dire le processus qui traduisait une perturbation très locale (rupture d'une liaison chimique en un « basculement » de la structure globale vers un autre état). En discriminant temporellement les évènements consécutifs à la rupture de la liaison ligand-fer, il a été montré que le premier événement est le déplacement du fer en dehors du plan de l'hème en 300 femtosecondes. Cet événement ultra-rapide constitue une étape cruciale dans la réaction de l'hémoglobine avec l'oxygène. Il contribue à donner à l'hémoglobine les propriétés d'un transporteur d'oxygène en autorisant une communication d'un site de fixation de l'oxygène à un autre. Un événement excessivement fugace et à l'échelle nanoscopique a donc un retentissement au niveau des grandes régulations physiologiques : ici l'oxygénation des tissus.

À ce jour, l'essentiel du scénario consécutif à cet événement initial, qui conduit à la communication hème-hème, reste à découvrir. Pour cela il est nécessaire de faire appel à des outils permettant de suivre la propagation de ce « séisme initial » au sein de l'édifice et d'identifier ainsi les mouvements atomiques contribuant au chemin réactionnel. Des nouveaux outils restent à découvrir, certains sont en cours de développement : diffraction RX femtoseconde, spectroscopie infra-rouge dans le domaine THz sont probablement les outils adaptés.

LA CATALYSE ENZYMATIQUE : LA CARACTÉRISATION DES ÉTATS DE TRANSITION

Dans son commentaire sur le prix Nobel en « femtochimie », l'éditeur de *Nature** écrit dans le dernier paragraphe : « *It seems inevitable that ultrafast change in biological systems will receive increasing attention* ».

Sur quoi se fonde une telle certitude ?

* Vol 401, p. 626, 14 octobre 1999.

Pour une part, sur une réflexion qui date d'un demi-siècle : celle de Linus Pauling qui était essentiellement de nature théorique. Pauling a proposé que le rôle des enzymes est d'augmenter la probabilité d'obtenir un état conformationnel à haute énergie très fugace ou, en d'autres termes, de *stabiliser l'état de transition* c'est-à-dire l'état conformationnel conduisant à la catalyse. En d'autres termes, il s'agit d'optimiser l'allure du « peloton » au sommet du Tourmalet. Dans les enzymes comme pour les coureurs, c'est à cet endroit que l'avenir de la réaction se joue, et c'est ici que les enzymes interviennent !

Le préalable à la compréhension du fonctionnement des enzymes est donc la caractérisation des états de transition. Une démonstration expérimentale indirecte a été la production d'anticorps catalytiques — ou abzymes — par Lerner *et al.* dans le début des années 1980. En effet, suivant le raisonnement de Pauling, les anticorps « reconnaissent » leur cible épitopique dans leur état fondamental (c'est-à-dire au minimum de la surface de potentiel, dans la vallée énergétique) alors que les enzymes reconnaissent leur cible, le substrat, dans son état de transition, au col énergétique. Les anticorps deviendront catalytiques si, produits en réponse à la présence d'une molécule mimant l'état de transition d'un substrat, ils sont mis en présence de ce dernier: ça marche... plus ou moins bien, mais ceci est une autre histoire.

La caractérisation de cet état de transition est donc un préalable à la compréhension des mécanismes de catalyse mais aussi à la conception d'effecteurs modifiant la réactivité. Dans une protéine, qui comporte des milliers d'atomes, l'identification des mouvements participant à la réaction moléculaire n'est pas chose aisée, l'interprétation des spectres ne pouvant plus être directe, comme dans le cas des molécules diatomiques. La cinétique de ces mouvements est directement déterminée par les modes de vibration de la protéine. On peut donc, ici aussi, s'attendre à des mouvements dans le domaine femtoseconde.

Il existe une classe d'enzymes pour laquelle la structure de l'état de transition est connue grâce à des approches théoriques : ce sont les protéases dont on sait qu'elles favorisent la configuration tétrahédrique du carbone de la liaison peptidique. Cette connaissance de l'état de transition a autorisé une approche rationnelle dans la conception de molécules « candidat-médicament » : les inhibiteurs de protéase. Il n'est donc pas surprenant qu'à ce jour, les seuls médicaments sur le marché — et non des moindres — issus d'une démarche scientifique véritablement rationnelle soient des inhibiteurs de protéases ou de peptidases : inhibiteurs de l'enzyme de conversion (IEC), inhibiteurs de protéase du virus HIV, base de « la tri-thérapie ».

En donnant l'espoir de photographier les états de transition, la femto-biologie ouvre la perspective d'une démarche rationnelle dans la conception d'inhibiteurs spécifiques. Avant qu'une telle possibilité ne soit offerte, il reste néanmoins à surmonter de sérieuses difficultés : le développement d'une méthode plus directe de visualisation des conformations, en particulier par diffraction RX femtoseconde, mais aussi la mise au point de méthodes de synchronisation à l'échelle femtoseconde de réactions enzymatiques au sein d'un cristal.

FILMER LES MOLÉCULES À L'ÉCHELLE FEMTOSECONDE A PERMIS DE METTRE EN ÉVIDENCE UN COMPORTEMENT INATTENDU D'ENZYMES DE LA RESPIRATION : L'UTILISATION DE MOUVEMENTS DE BALANCIER DES ATOMES AU PROFIT D'UNE GRANDE EFFICACITÉ DE RÉACTION

La vie de tous les organismes aérobies — dont nous sommes — dépend d'une classe d'enzyme : les oxydases et plus particulièrement pour les eucaryotes, de *cytochromes oxydases.* Cette enzyme est la seule capable de transférer des électrons à l'oxygène en s'auto-oxydant de manière réversible. Elle est responsable de la consommation de 90 % de l'oxygène de la biosphère.

Un dysfonctionnement de cette enzyme a un effet délétère sur la cellule, en particulier par production du très toxique radical hydroxyle $^{-}$OH. Au-delà d'un certain seuil de production, les systèmes de détoxification sont débordés. Le stress oxydatif qui en résulte peut se traduire par diverses pathologies. On retrouve une telle situation en période post-ischémique dans l'infarctus du myocarde, mais aussi dans des maladies neurodégénératives ou lors du vieillissement.

Cette enzyme catalyse la réduction de l'oxygène en eau à partir d'équivalents réducteur cédés par le cytochrome *c* soluble. Cette réduction à quatre électrons est couplée à la translocation de quatre protons à travers la membrane mitochondriale. L'oxygène et ses intermédiaires restent liés à un hème (l'hème a_3) dans un site très spécifique. Ce site comprend, outre l'heme a_3, un atome de cuivre, le CuB. Cet atome joue un rôle important dans le contrôle de l'accès des ligands vers ce site ou vers le milieu. Des ligands diatomiques (O_2, NO, CO) peuvent établir des liaisons soit avec le fer de l'hème a_3, soit avec le CuB, mais le site actif paraît trop encombré pour accommoder deux ligands.

Des études récentes en dynamique femtoseconde ont permis d'élucider le mécanisme de transfert de ligand (monoxyde de carbone (CO)), de l'hème a_3 vers le CuB. Le CO est une molécule de transduction du signal produite en faible quantité par l'organisme, qui inhibe la cytochrome c oxidase par formation d'un complexe heme a_3-CO stable. En suivant cette réaction par spectroscopie femtoseconde, il a été possible de mettre en évidence un mécanisme très efficace, et en toute sécurité, de transfert d'une molécule dangereuse pour la vie cellulaire. L'enzyme libère la molécule de CO d'un premier site en lui donnant une impulsion qui oriente sa trajectoire vers le site suivant en la protégeant de collisions avec l'environnement.

Dans ce dernier exemple l'enzyme a atteint un degré de sophistication supplémentaire : outre le franchissement du col énergétique de façon optimale, l'enzyme évite la diffusion d'une molécule dangereuse pour la survie cellulaire, tout en l'utilisant comme messager très efficace !

Vers le décloisonnement des disciplines

Le cinéma moléculaire n'en est qu'à ses débuts. Il est essentiellement muet. La filmothèque est à peine embryonnaire, le nombre de plan-séquences ne permet pas encore de révéler un véritable scénario. L'essentiel est donc à venir.

Reconstruire le film des évènements conduisant à la vie cellulaire, les intégrer dans des schémas fonctionnels, va donc constituer l'objectif des prochaines décennies.

Cette intégration va dépendre de domaines de recherche très variés, différents de ceux qui traditionnellement ont fait progresser la biologie de la cellule ou des organes. Le transfert des outils de la physique, et au-delà, l'invention de nouveaux outils, y compris moléculaires, l'émergence de nouveaux concepts, va nécessiter le développement de synergies entre acteurs évoluant jusqu'ici dans des sphères disjointes : biologistes cellulaire et moléculaire, physiciens, chimistes, bioinformaticiens... Dans ce cadre il sera utile de créer les conditions permettant de rassembler en un seul site, l'ensemble des compétences.

Pourquoi les particules ont-elles une masse ?

par DANIEL TREILLE

Introduction

Répondre de manière complète à cette fascinante question n'est pas encore possible. Par contre des pistes bien définies sont en cours d'exploration. Après une brève définition de la masse, l'état de nos connaissances et de notre compréhension actuelle du monde des particules, résumés dans le modèle standard, seront décrits. Les concepts et les principes ainsi introduits permettront d'aborder le mécanisme dont on soupçonne qu'il est à l'origine de la génération de la masse : le mécanisme de Higgs. L'idée qui le sous-tend sera expliquée. Les propriétés du vide quantique seront examinées et nous pourrons approfondir cette compréhension, en particulier dans le cadre d'une extension du modèle standard, appelée supersymétrie. Diverses alternatives seront évoquées, ainsi que, brièvement, les perspectives ouvertes par des spéculations plus radicales. Pour rester bref, je ne décrirai pas ici les recherches du boson de Higgs, en cours ou à venir, mais je résumerai brièvement l'état des choses.

De quoi parlons-nous ?

Nous définirons la masse d'une particule élémentaire comme un nombre *m* qui caractérise cette particule, et que nous exprimerons en unité d'énergie : l'électron-volt (eV) et ses multiples de un

Texte de la 212e conférence de l'Université de tous les savoirs donnée le 30 juillet 2000.

million, un milliard et mille milliards, le MeV (mega-eV), le GeV (giga-eV) et le TeV (tera-eV), respectivement. À titre de référence, la masse de l'électron est d'environ un demi MeV, celle du proton d'environ 1 GeV. Pourquoi en unité d'énergie ? Quel rapport avec la notion habituelle de masse, qui fait référence aux propriétés d'inertie et gravitationnelle d'un système ?

Dans nos accélérateurs* les particules voyagent à des vitesses très proches de la vitesse de la lumière dans le vide, c, que nous prendrons comme unité de vitesse : $c = 1$. On doit donc, pour les décrire, utiliser les lois de la cinématique relativiste. Pas de quoi s'effrayer. L'état cinématique d'une particule de masse m est décrit par son énergie E et par son impulsion**, un vecteur (une flèche), de longueur P. Ces quantités sont liées par la relation*** : $m^2 = E^2 - P^2$. E et P peuvent changer, mais pas m. La vitesse de la particule est $v = P/E$. Si la particule est au repos ($v = P = 0$), on trouve $m = E$, que nous appellerons E_0, énergie de la particule au repos. Cette relation n'est autre que le célèbrissime $E = mc^2$ avec $c = 1$. La masse est donc la quantité d'énergie qu'enferme une particule au repos, d'où la réponse à la première question.

Quand la particule est en mouvement, elle possède en outre une énergie cinétique égale à $E - E_0$. Pour les projectiles très énergiques que nous utilisons en physique des particules, E est très grand par rapport à m : donc E et P sont pratiquement égaux. Dans la suite de l'exposé, nous n'utiliserons en général que E.

Un cas particulier est $m = 0$. Alors $E = P$, $v = 1$. Une particule de masse nulle voyage toujours à la vitesse de la lumière et ne peut être mise au repos.

Dans une réaction entre deux particules, l'énergie totale (la somme de leurs énergies) et l'impulsion totale (la somme vectorielle de leurs impulsions) sont conservées et sont les mêmes dans l'état final que dans l'état initial.

Pour la seconde question, on peut montrer, avec des formules très simples, que, si la vitesse du système ou de la particule est petite devant celle de la lumière, la masse retrouve sa définition classique, qu'exprime la relation de Newton : force = masse × accélération.

Précisons tout de suite un point important. Historiquement la masse a été conçue comme une notion additive : dans le monde macroscopique on admet que la masse d'un corps est due à la

---

* Les grands accélérateurs ou collisionneurs, comme le LEP (électrons contre positrons) sont des « microscopes » dont le pouvoir de résolution atteint un dix-millième de fermi (le fermi, 10^{-13} cm, est à peu près le rayon du proton). Ce sont aussi en quelque sorte des « machines à remonter le temps » qui recréent, dans des collisions entre deux particules et non macroscopiquement, la physique qui prévalait ~ 10^{-11} seconde après le big-bang.

** L'impulsion, à vitesse petite devant c, n'est autre que la bonne vieille quantité de mouvement.

*** Le lecteur géomètre préférera tracer un triangle rectangle dont les côtés de l'angle droit sont respectivement m et P. L'hypoténuse est alors E. Le côté représentant m est fixe, mais le sommet du triangle peut bouger.

somme des masses de ses constituants. C'est assurément vrai pour le corps humain, considéré comme une somme d'atomes. Cela l'est encore, à 10^{-8} près, pour l'atome, lourd essentiellement de son noyau. Pour le noyau, fait de protons et de neutrons, la proposition est encore vraie, mais à ~ 1 % près. Pour le proton par contre, c'est dramatiquement faux : la masse du proton et du neutron n'est pas du tout faite de la somme des masses de leurs constituants (voir ci-dessous), qui sont quasi nulles pour les quarks haut et bas et nulle pour le gluon, mais plutôt de leur énergie. Au niveau des particules, la masse n'est absolument pas additive ! L'Univers visible, fait de protons et de neutrons, ne doit donc sa masse qu'à la « danse » de ses constituants ultimes.

Quant à ceux-ci, leptons et quarks, que nous allons présenter, la question ne se pose pas ainsi puisque nous les supposons, pour l'instant, élémentaires. Elle réapparaîtra bien entendu si on est forcé un jour de leur attribuer un caractère composite. C'est l'origine de leur masse qui sera le sujet central de cet exposé.

Où en sommes-nous ?

Un demi-siècle d'expérimentation vigoureuse en physique des particules a permis d'opérer une réduction à la Mendeleïev, à partir du foisonnement de particules des années 1960, vers un ensemble restreint de constituants élémentaires présenté dans la *figure 1*.

D'un côté, colonne de gauche, les leptons, ce qui signifie léger, qui se meuvent librement : l'électron, centenaire familier, le muon (un muon cosmique par seconde vous traverse la main) et le tau, découvert il y a vingt-cinq ans, ainsi que trois neutrinos associés.

De l'autre côté, les quarks, confinés dans les hadrons (particules à interaction forte). Les quarks ont été affublés d'appellations plus ou moins pittoresques. Les initiales sont celles de leurs noms anglais : *u* (up) = haut, *d* (down) = bas, *s* (strangeness) = étrangeté, *c* (charm) = charme, *b* (bottom) = fond, *t* (top) = sommet.

L'extraordinaire pouvoir de résolution des accélérateurs n'a pas pu mettre en évidence une taille finie pour ces objets élémentaires : ils apparaissent comme ponctuels à mieux que 10^{-3} fermi.

Ces constituants sont groupés en trois familles (les trois rangées horizontales).

L'Univers actuel, et nous-mêmes, sommes faits de la première. Les autres apparaissent fugitivement dans les collisions cosmiques naturelles et dans nos expériences, mais ils ont pleinement joué leur rôle dans l'Univers primitif. Nous savons grâce au LEP, le grand collisionneur électron-positron du CERN à Genève, qu'il n'existe pas d'autre famille, du moins possédant un neutrino léger.

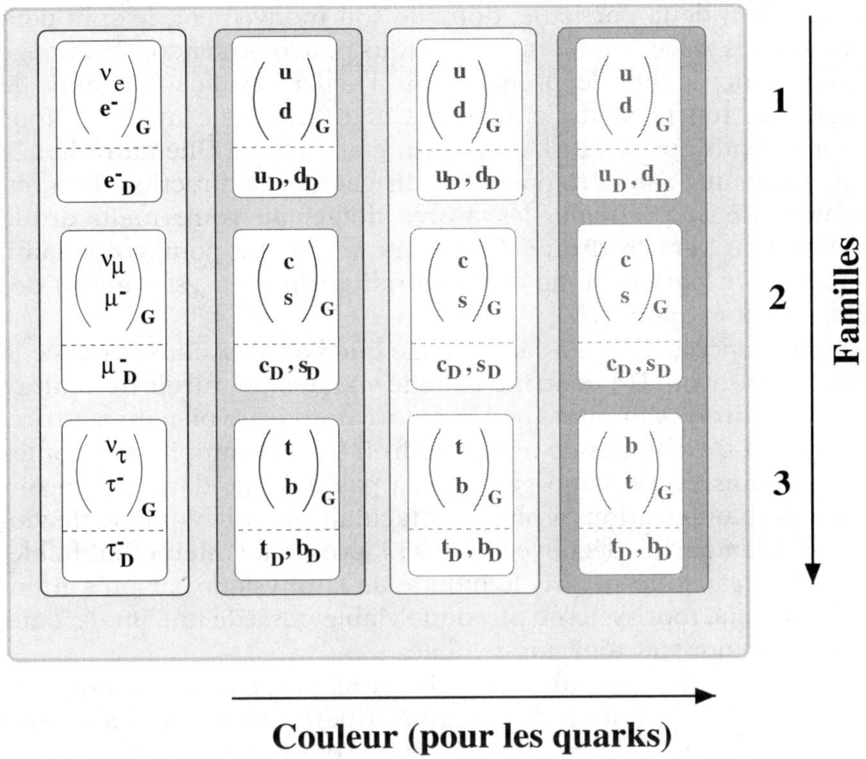

Figure 1 – Les constituants de la matière.

Par contre nous ignorons la raison de cette répétition des familles et je pourrai seulement évoquer ici quelques hypothèses à ce sujet.

Les masses observées pour ces constituants sont spectaculairement dispersées* : sans même parler des neutrinos**, entre la masse de l'électron et celle du quark top existe un facteur ~ 350 000.

Une autre constatation vient compliquer le tableau. Les particules possèdent un spin, c'est-à-dire un moment angulaire intrinsèque. Il est habituel de les comparer à des toupies mais cela n'explique pas grand-chose puisqu'ils sont ponctuels et que ce moment angulaire est quantifié. Le spin des constituants, en unité de moment angulaire élémentaire, est demi-entier, ce qui en fait des fermions (toujours du nom d'Enrico Fermi). Ce sont des particules qui obéissent au Principe de Pauli et ne tolèrent pas de

* Les masses des leptons sont : électron (0,5 MeV), μ (106 MeV), τ (1,78 GeV) et celles des quarks : haut (~ 4 MeV), bas (~ 8 MeV), étrange (0,15 GeV), charme (1,2 GeV), bottom (4,7 GeV), top (175 GeV).

** Il semble que des expériences récentes aient prouvé que les neutrinos ont une masse très petite mais non nulle. En fait ce qui a été mesuré est la différence de masse entre deux espèces de neutrinos.

se trouver à plus d'une dans le même état quantique. Le long de l'impulsion de la particule, donc de son mouvement, le spin peut prendre les valeurs + 1/2 ou – 1/2. Nous pouvons ici adopter l'image d'une hélice : dans le premier cas, l'hélice, avançant comme la particule, tourne dans le sens des aiguilles d'une montre. Nous l'appellerons état droit. L'autre sera état gauche. Une autre image est la suivante : si votre pouce est dirigé dans la direction du mouvement de la particule, les autres doigts de votre main droite s'enroulent vers la droite. C'est vers la gauche pour votre main gauche. On parlera donc de la chiralité (du grec *χειρ*, main) des états droit et gauche.

On rencontre ici un fait étrange que l'on peut illustrer avec le cas du neutrino. Un neutrino gauche vu dans un miroir devient un neutrino droit. Mais alors que la nature nous offre bien un neutrino gauche, il n'existe pas de neutrino droit ! Tel le vampire des contes transylvains, le neutrino gauche n'a pas d'image dans un miroir. C'est la manifestation la plus spectaculaire du phénomène de violation de la parité, découvert en 1957, propre à l'interaction faible, et qui a beaucoup surpris le monde de la physique car on s'attendait à ce que tout système physique viable possède une image dans un miroir qui soit tout aussi viable.

Notons ici une relation entre le problème de la masse, qui nous occupe ici, et la notion de chiralité. Une particule de masse non nulle peut toujours, en principe, être « doublée » par un « observateur » qui va plus vite qu'elle (mais moins vite que la lumière). Quand il la double, il voit la chiralité de la particule changer, par exemple de gauche à droite. Donc la notion de chiralité, considérée comme une propriété invariante, est réservée aux particules de masse nulle, qui voyageant à la vitesse de la lumière, ne peuvent être « doublées ».

La figure révèle un autre fait déroutant : on y voit que, du point de vue de l'interaction faible, les fermions gauches « vivent en couples », par exemple le couple [électron-neutrino-de-l'électron], ou le couple [quark étrange — quark charmé], alors que les fermions droits sont « célibataires ». La situation est inversée pour les antifermions. On appelle doublet un tel couple. On peut exprimer cette situation en disant que les fermions, en plus d'exister dans notre espace-temps, existent aussi dans un autre espace que l'on qualifie ordinairement d'abstrait ou interne. On passe d'un état à l'autre en effectuant une rotation dans l'espace interne, qu'on a baptisé l'espace de l'isospin faible*. Dans cet espace, par contre, un fermion

* On l'a appelé isospin parce que mathématiquement la description est identique à celle du spin. La rotation est une vraie rotation, comme celles qu'on effectue dans notre espace à trois dimensions. On appelle globale une rotation, c'est-à-dire un changement de convention quant à la définition de l'objet, qui est la même en tout point de l'espace. On appelle locale une rotation qui est choisie arbitrairement en chaque point.

droit est un simple nombre, un scalaire, que ces rotations ne concernent pas. Bizarre !

Autre chose : les quarks présentent une particularité qui leur est propre et qui se trouve être de la plus haute importance. Ils sont groupés en familles comme les leptons, et les états gauches d'une famille forment un doublet alors que les droits sont deux célibataires indépendants. Mais, de plus, chaque quark existe en trois variétés (les trois colonnes), dotées de trois valeurs différentes d'une charge nouvelle qu'on a baptisé couleur. Rien à voir bien sûr avec la notion habituelle de couleur, quoique la comparaison métaphorique présente un certain intérêt. Là encore on peut dire que les quarks, et les quarks seulement, vivent dans un autre espace abstrait à trois dimensions, l'espace de la couleur, et qu'on passe d'une couleur à l'autre par des « rotations* » effectuées dans cet espace. La charge de couleur donne la clé de l'interaction forte, réinterprétée dans sa version moderne que l'on appelle Chromodynamique.

Forces et bosons

Le zoo des constituants élémentaires reste ainsi lourd de mystère. Au contraire, il semble qu'on ait bien compris leurs modes d'interaction.

La règle est simple : deux fermions interagissent en échangeant un boson. Ce nom vient de Bose, collègue d'Einstein, et désigne les particules dont le spin est un entier. À l'opposé des fermions, les bosons peuvent être grégaires et s'accumulent volontiers dans le même état quantique. Notons seulement qu'un boson vecteur de masse nulle est un objet à deux degrés de liberté, deux modes de vibration transverses au mouvement et orthogonaux. S'il a une masse non nulle, il en faut trois : s'ajoute un mode de vibration longitudinale, le long du mouvement.

Le moment est venu d'introduire un graphe comme celui de la *figure 2*. De tels dessins sont appelés graphes de Feynman et ils fournissent aux spécialistes les règles de calcul des probabilités des phénomènes qu'ils représentent. Nous nous contenterons de les utiliser ici comme guides de pensée.

Deux fermions électriquement chargés interagissent ainsi par échange d'un photon : le photon « sent » la charge électrique, mais ne la porte pas : il est neutre. On sait que sa masse est inférieure à 10^{-16} eV, sans quoi les champs magnétiques planétaires ne seraient pas tels qu'on les observe. Pour de bonnes raisons,

* Le terme est ici entre guillemets car il ne s'agit pas vraiment d'une rotation, mais d'une transformation unitaire.

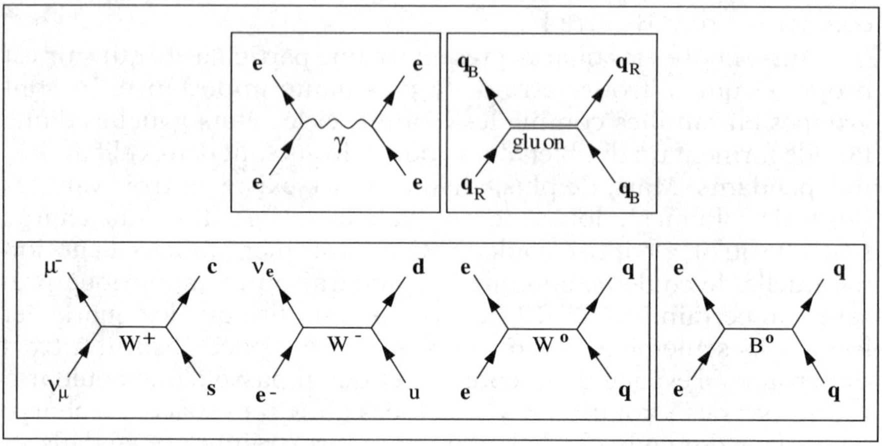

Figure 2 – Diagrammes décrivant les interactions, électromagnétique (en haut à gauche), forte (en haut à droite) et électrofaible, en bas.

que nous expliciterons, on pense que sa masse est strictement nulle. L'unité de charge électrique élémentaire *e* (définie aussi par $\alpha = c^2/4\,\pi \sim 1/137$) est exactement la même pour tous les leptons et hadrons, ce qui assure en particulier la stricte neutralité électrique de la matière.

Plus généralement il a été démontré que l'interaction électrofaible entre fermions dotés de charges faible et électrique se fait par échange d'un trio de bosons *W*, chargés et neutre, W^+, W^- et W^0, ainsi que d'un boson neutre solitaire B^0, couplés aux fermions avec les constantes de couplage *g* et *g′*, respectivement*. Les graphes indiquent bien quels sont les rôles des W^+, W^- et des bosons neutres. Les premiers interchangent deux partenaires d'un doublet gauche, par exemple un neutrino-électron en électron, ou un quark charmé en quark étrange, et réalisent donc les rotations dans l'espace de l'isospin faible dont nous parlions plus haut. Ils n'interagissent pas avec les fermions droits, qui ne possèdent pas de charge les concernant. Les bosons neutres laissent inchangés les fermions avec lesquels ils interagissent. L'échange des premiers correspond à ce qu'on appelle un courant chargé, celui des seconds à un courant neutre. Les courants neutres ont été mis en évidence au CERN en 1973.

Encore une petite complication : alors que les W^+ et W^- ainsi introduits sont bien les particules que nous produisons et détectons, le monde des bosons neutres est légèrement plus complexe : les deux bosons « physiques » existant réellement sont des mélanges, au sens quantique du terme, du W^0 et du B^0 : ce sont le Z^0 et le

* Avec *g* et *g′*, le lecteur possède déjà deux des trois paramètres de base du Modèle Standard. Le troisième, *v*, apparaîtra à propos du boson de Higgs.

photon. On passe d'une paire à l'autre par une transformation simple, qui est en fait une rotation d'un angle θ, dit angle de mélange faible*. Le fait expérimental que le photon et le Z^0, qui sont ainsi de si proches parents, soient si différents, l'un de masse nulle, l'autre presque aussi lourd que cent protons, est le mystère que nous allons tenter de percer. C'est l'exemple d'une brisure de symétrie où, bien que des équations soient symétriques, leur solution ne l'est pas.

Enfin l'interaction forte entre quarks se fait par l'échange d'autres bosons que l'on appelle des gluons, nom qui parle de lui-même. Ils échangent la couleur de deux quarks et sont donc eux mêmes bi-colorés. En termes un peu plus savants, ils forment un tenseur (un tableau à deux entrées) dans l'espace de la couleur, et sont au nombre de huit. Leur échange entre quarks réalise les rotations dans l'espace de la couleur que nous évoquions plus haut.

Alors que le photon sent la charge électrique mais ne la porte pas, les W et le Z^0 sentent la charge faible et la portent. De même le gluon, bi-coloré, porte la charge de couleur. Cela signifie que ces bosons, W et Z d'une part, gluons de l'autre de l'autre, peuvent se coupler à eux-mêmes, comme nous le verrons, à la différence du photon qui, faute de charge, n'a pas cette possibilité. Dans le cas des gluons cette propriété d'auto-interaction induit un effet spectaculaire, puisqu'il est responsable du confinement des quarks et des gluons à l'intérieur des hadrons ordinaires.

Le Modèle Standard (MS)

Le MS est l'ensemble des concepts et des équations qui décrivent ce que nous venons de présenter en phrases, le monde des fermions et les interactions qui opèrent entre eux. Malgré la modestie du terme, il s'agit de la représentation du monde physique la plus élaborée qui ait jamais été réalisée**. Il permet de calculer et de prédire de manière très précise un grand nombre de quantités physiques, et il se prête donc à une confrontation détaillée avec l'expérience. Le LEP, en particulier, l'a testé, souvent au pour mille ou mieux, dans de nombreux secteurs : le MS a jusqu'ici passé avec brio tous les examens auxquels il a été soumis.

Le MS est constitué de la théorie unifiée des interactions électromagnétique et faible, la théorie électrofaible, ainsi que de celle

---

* Le LEP a mesuré l'angle de mélange, en fait le carré de son sinus, au pour mille, $\sin^2 \theta$ vaut 0,2315. Les couplages électromagnétique et faible sont reliés par : $e = g \sin \theta$, ce qui montre bien que la force dite faible n'est pas plus faible que l'électromagnétique.

** Une introduction simple figure dans les ouvrages de G. Kane, en particulier « Supersymetry », dont nous nous inspirons ici.

de l'interaction forte dans sa version moderne, la chromodynamique. Nous avons indiqué la parenté qui existe entre ces forces, chacune étant due à l'échange de bosons entre deux fermions.

Le MS repose sur deux grands principes très généraux.

Le premier est que les lois de la nature ne changent pas quand certaines particules, apparemment différentes, sont interchangées dans les équations. On dit que la théorie est invariante lors de cet échange. Nous avons déjà attiré l'attention sur le fait que l'électron et son neutrino, ou encore le quark haut et le quark bas, sont, pour le monde des objets gauches, deux composantes d'un objet unique, et que ces deux composantes peuvent être échangées. Les équations de la théorie électrofaible sont donc invariantes par rapport aux rotations dans l'espace abstrait introduit à ce propos, celui de l'isospin faible. De même les équations de la chromodynamique le sont par rapport aux « rotations » effectuées dans l'espace de la couleur et échangeant la couleur des quarks.

Demander que les équations ne changent pas quand les particules sont échangées est une exigence qui impose des contraintes puissantes sur la forme de la théorie et ses prédictions. Par exemple, si on sait que l'un des membres d'une paire hypothétique existe, on en déduit que l'autre doit exister. Le quark de charme, une fois connu l'étrange, et le top, une fois connu le bottom, ont été prédits ainsi et découverts.

Le second grand principe du MS est le suivant : s'il existe une particule comme l'électron, portant une charge ou plusieurs types de charges, alors il est impossible de construire une théorie quantique viable sans postuler l'existence d'un ou plusieurs champs additionnels qui interagissent avec cette particule. Le lecteur est désormais familier avec de tels champs dont les quanta sont le photon, le W et le Z^0, et le gluon. Le second principe est une conséquence du premier lorsqu'on impose une invariance locale et non plus globale.

Expliquons cela. Soit un électron qui se déplace dans l'espace-temps. Sa densité de présence est donnée par une fonction complexe $\Psi(x)$, où x représente un point de l'espace-temps, fonction possédant une phase $\Phi(x)$. La valeur absolue de la phase n'a pas d'importance physique, mais une différence de phase en a une. Question : pouvons-nous tout de même avoir la liberté de choisir la phase de l'électron arbitrairement, en chaque point de l'espace ? Réponse : oui, cela est possible, mais seulement à condition d'introduire, en plus de l'électron, un champ, le champ électromagnétique. C'est en effet l'émission ou l'absorption de son quantum, le photon, qui a la fonction de changer la phase. Ayant ainsi « inventé » le photon, il est alors possible d'obtenir une formulation de l'électrodynamique invariante par rotation de la phase de l'électron arbitrairement en chaque point. La théorie qui en résulte s'appelle l'électrodynamique quantique et ses succès explicatifs et prédictifs ont été éclatants.

De manière analogue, considérons un doublet d'objets gauches, fait par exemple d'un électron et de son neutrino. Dans la description de l'interaction faible, nous voudrions être libres de les échanger. Plus précisément, nous voudrions avoir la liberté, indépendamment en chaque point de l'espace, de choisir s'il s'agit d'un électron ou d'un neutrino. Réponse : oui, nous pouvons acquérir cette liberté, mais à condition d'inventer le *W* : c'est en effet par émission d'un W^- que l'électron devient neutrino, comme nous l'avons déjà vu, ou bien qu'un quark étrange devient quark de charme. Autrement dit, à condition d'introduire le champ dont le *W* est le quantum, on peut construire une théorie dont les équations sont en tout point invariantes par rotation dans l'espace d'isospin faible : là encore, cela dicte pratiquement leur forme mathématique. Encore faut-il que les masses des bosons vecteurs soient nulles.

De même, en introduisant le champ de couleur, dont le gluon est le quantum, nous savons obtenir une théorie de l'interaction forte dont les équations sont en chaque point invariantes par rotation dans l'espace de la couleur.

Cette liberté revendiquée, et dont l'effet est de dicter la forme de la théorie, est accessible, mais cela conduit à « inventer » des objets nouveaux : les champs et leurs quanta. Il est remarquable que le *W* et le *Z*, requis par la théorie, aient été ainsi prédits avant d'être découverts.

La symétrie du MS, fondamentale pour la cohérence de la théorie, demande cependant que les particules soient sans masse. Dans ce cas, pour les bosons vectoriels, l'excitation des champs le long de la direction de propagation du quantum, qu'on appelle une onde longitudinale et qui a de très fâcheuses propriétés, est évitée. Une autre manière de le dire est que le MS est construit sur la notion de chiralité et, comme nous l'avons vu, cette propriété n'est invariante que pour des particules sans masse. Le MS, tel que nous l'avons présenté jusqu'ici, est bâti pour un monde fait de particules élémentaires sans masse. Ce n'est pas le cas du nôtre. Mais on peut trouver une fin heureuse à l'histoire…

Le Mécanisme de Higgs

Grâce à la liberté revendiquée et conquise de pouvoir changer la phase de l'électron en chaque point, ou interchanger en chaque point les deux partenaires d'un doublet d'isospin faible, ou bien encore interchanger des quarks de couleurs différentes, il a été possible de construire le MS et d'en faire une théorie mathématiquement cohérente. Hélas, nous venons de le signaler, cette belle construction, telle que nous l'avons décrite jusqu'ici, ne fonctionne que pour des fermions et des bosons de masse nulle. Nous sommes encore loin de la réalité physique décrite plus haut !

Rien ne sert de vouloir tenter d'introduire les masses de force et de l'extérieur dans le Modèle Standard : on ne ferait que gâcher ses belles propriétés d'invariance.

Il est remarquable qu'une solution à ce problème existe. Elle consiste à inventer un nouvel objet dont paradoxalement l'effet est d'abord de nous priver, apparemment, de la liberté revendiquée plus haut.

Il est intéressant de reprendre ici en détail le cas de l'électromagnétisme. Grâce au photon, on peut changer en chaque point la phase de l'électron, *sauf si* quelque propriété particulière du milieu ambiant s'y oppose. Or c'est précisément le cas qui se présente dans un milieu supraconducteur. On sait que dans un supraconducteur, les électrons, par suite d'une interaction subtile avec le réseau d'ions, se trouvent appariés deux à deux, formant une paire de Cooper, de charge électrique 2e. Une paire de Cooper est un objet macroscopique*, si bien qu'en chaque point de l'espace se superposent les effets d'un grand nombre de telles paires, créant un champ qui emplit le supraconducteur. Le résultat est le « blocage » de la phase possible pour un électron en ce point. Ainsi, à cause d'un fait nouveau, qui est l'existence du champ des paires de Cooper à l'intérieur du supraconducteur, la liberté de changer arbitrairement la phase d'un électron en tout point, même en inventant le photon, nous est refusée.

Cela a un résultat remarquable : le photon se couple au champ des paires de Cooper et devient massif. C'est l'effet Meissner : dans un supraconducteur, un champ magnétique ne peut pénétrer et s'atténue sur une courte distance, dite longueur de pénétration, λ, de l'ordre du dixième de micron. Tout se passe comme si le quantum de ce champ, le photon, ne pouvant se propager de plus de λ, avait, dans le supraconducteur, acquis une masse $m \sim 1/\lambda$. Rappelons au lecteur qu'il connaît l'effet Meissner, dont la réalité est attestée par l'effet de lévitation d'un supraconducteur au-dessus d'un aimant. L'idée d'un photon massif peut paraître une hérésie et contredire ce qui était dit plus haut. Mais il s'agit ici d'un photon qui n'est pas un photon libre, un peu comme le quantum du champ électromagnétique à l'intérieur d'un guide d'ondes. La théorie de la supraconductivité nous dit que la masse m est proportionnelle à la racine carrée de la densité d des paires de Cooper : $m \sim \sqrt{d}$.

À ce stade une petite gymnastique intellectuelle s'impose. La phase de la fonction d'onde de l'électron est un angle, et ses changements peuvent être visualisés comme des rotations faisant passer

* La taille typique est de l'ordre du micron. Le fait qu'une paire de Cooper, faite de deux fermions, soit un boson est crucial : ces bosons occupent tous le même état quantique et agissent de manière cohérente.

d'un point à un autre d'un cercle dont la circonférence est un espace à une dimension. On appelle $U(1)$ ce groupe de rotations.

Considérons maintenant, au lieu de cet espace à une dimension, l'espace de l'isospin faible et imaginons qu'un champ, analogue à celui des paires de Cooper, fixe une orientation dans cet espace et interdise donc d'y effectuer les rotations décrites plus haut* qui consistaient à échanger par exemple un électron et un neutrino au prix de l'absorption/émission d'un *W*.

Il se trouve qu'un tel champ est parfaitement concevable mathématiquement : c'est le champ de Higgs**, et son effet sur les bosons *W* et *Z* est analogue à celui du champ des paires de Cooper sur le photon dans un supraconducteur. Ils acquièrent une masse***, et la formule qui donne cette masse est très similaire à celle que nous citions plus haut. Par exemple : $M_W = \frac{1}{2} \cdot g \cdot v$, où g est le couplage faible du *W*, introduit précédemment, et où v est la « densité » du champ de Higgs, appelée ici sa « valeur attendue dans le vide ». v est le troisième paramètre fondamental du MS et numériquement vaut ~ 250 GeV.

Le champ de Higgs doit être choisi comme étant un doublet d'isospin faible afin qu'il puisse jouer son rôle****. Un doublet de quantités complexes possède quatre degrés de liberté : il est fait de quatre nombre réels. Trois de ces degrés de liberté sont annexés — on peut dire « mangés » — par les bosons *W* et *Z* qui acquièrent ainsi leur masse. Reste le quatrième, qui dans l'esprit du MS représente une particule scalaire***** à découvrir.

Le MS était, au début du chapitre sur le champ de Higgs, une belle construction, mais décrivant un monde de particules de masse nulle, qui n'était pas le nôtre. Voici les choses remises en place : ce qui nous a sauvé est que le vide quantique, aux énergies considérées, se comporte comme un supraconducteur. Mais, ainsi que le lecteur l'aura compris, c'est un supraconducteur****** de type particulier et l'analogie avec la supraconductivité ordinaire

---

* On appelle SU(2) le groupe de ces rotations.

** Du nom de Peter Higgs, physicien écossais. D'autres noms sont à citer à propos de ce mécanisme, dont celui de P. W. Anderson, physicien de la matière condensée.

*** Ainsi que la composante longitudinale qui leur manquait.

**** Dans l'espace de l'isospin faible, il constitue alors un vecteur par rapport auquel la direction du vecteur représentatif du doublet est fixée, nous privant ainsi de la liberté d'effectuer une rotation arbitraire.

***** Qu'il soit scalaire dans notre espace est nécessaire. S'il était un vecteur, la masse dépendrait de l'orientation dans l'espace, ce qui est contraire à l'expérience.

****** Nous avons souligné sa supraconductivité dans l'espace de l'isospin faible. Comme la supraconductivité ordinaire, elle est détruite au-dessus d'une certaine température appelée température critique. Ici la température critique est de l'ordre de grandeur de la quantité v. Soulignons d'autre part que le vide associé à la chromodynamique est un autre type de supraconducteur. L'équivalent de l'effet Meissner est l'impossibilité pour l'interaction de couleur de s'y propager à des distances de plus de ~ 1 fermi : c'est ce qui détermine la taille du nucléon. La température critique associée est cette fois de l'ordre de 200 MeV.

atteint vite ses limites. En d'autres termes les équations de la théorie possèdent une belle symétrie, nécessaire à sa cohérence, mais le vide ne la possède pas.

Le vide quantique

Intuitivement le vide est « ce qui reste quand on a tout enlevé » : si on sait vraiment tout enlever, il ne reste que le néant. Plus précisément, pour un système donné, il faut éliminer toutes les formes d'énergie présentes sous forme de matière ou de rayonnement. On atteint ainsi l'état d'énergie le plus bas accessible pour ce système, ce qui sera désormais notre définition du vide. Est-ce là le néant ?

Absolument pas ! Tous les champs, toute la physique sont présents dans le vide, et il suffit d'y apporter suffisamment d'énergie pour les voir apparaître et mettre en jeu toutes les particules connues. D'autre part, le vide « bouillonne » d'activité (M. Jacob). Cette activité est de type quantique. Le vide énergétique du système correspond à une valeur moyenne qui n'est bien définie que sur un temps assez long. Mais si nous l'observons durant un temps très court son énergie va nous sembler fluctuer, d'autant plus que le temps d'observation est bref, en accord avec le principe d'incertitude de Heisenberg.

Il est bon de se rappeler ici les ordres de grandeur en jeu. Un fermi (10^{-13} cm) correspond à un temps de ~ 10^{-13} cm/c, soit 3.10^{-24} seconde, et un tel intervalle donne la liberté de fluctuer du vide jusqu'à une énergie de l'ordre du GeV, ce qui suffit pour faire apparaître très fugitivement, par exemple une paire muon-antimuon. Une paire de W peut exister pendant ~ 3.10^{-27} seconde. De telles particules à l'existence éphémère, faute d'énergie pour les produire réellement, s'appellent des particules virtuelles.

On connaît la métaphore comparant le vide quantique à une banque qui avance d'autant plus d'argent (l'énergie) que le prêt est remboursé vite. Il faut évidemment savoir profiter vite de l'avance en question ! Il va de soi que dans la vie courante de telles fluctuations sont totalement hors de portée et que le vide apparaît comme extraordinairement calme. Mais une interaction entre particules de haute énergie, par exemple une collision $e^+ - e^-$ au LEP est extrêmement brève (le Z^0 est désintégré au bout de 3.10^{-25} seconde). Au LHC se feront des collisions encore plus brèves. De tels processus sont donc assez rapides pour être sensibles à des fluctuations du vide importantes et cela modifie légèrement les valeurs numériques trouvées pour les observables de la réaction. Inversement, en les mesurant avec une grande précision, on peut obtenir de l'information sur les objets en qui l'éphémère matérialisation a eu lieu.

C'est ainsi que le LEP, sans jamais avoir produit le top, faute d'énergie, n'en a pas moins donné sa masse avec une précision qui ne le cède guère aux mesures directes faites ultérieurement à Fermilab après sa découverte. Le prix Nobel 1999 a été attribué aux auteurs des développements théoriques du MS qui ont rendu possibles ces calculs raffinés*.

En plus de ces fluctuations quantiques, dont nous allons immédiatement dégager d'autres conséquences, le « vide » présente des aspects encore plus surprenants qui sont au cœur de notre sujet : il se trouve que l'énergie la plus basse d'un système peut être atteinte quand il reste encore quelque chose à l'intérieur, un ou des champs dont la valeur moyenne n'est pas nulle, même sur un temps d'observation très long. Le « vide », défini comme nous l'avons fait, N'EST PAS VIDE !

Les constantes qui ne le sont pas

Un autre effet de cette propriété du vide quantique est que les constantes — masses, couplages — que nous avons introduites ne sont pas exactement constantes, mais sont des quantités qui évoluent avec le pouvoir de résolution correspondant à l'observation. Cela se comprend puisqu'un pouvoir de résolution accru, synonyme de temps accessible plus court et naturellement d'énergie plus haute, donne accès à des fluctuations plus conséquentes, impliquant des particules virtuelles de plus en plus lourdes et conduisant à une dérive graduelle des quantités mesurées. En fait, le sens de la variation dépend des types de particules virtuelles qui interviennent et de leurs couplages. Pour l'interaction électromagnétique, on prédit et on observe que la force du couplage — la charge — augmente avec l'énergie. On peut dire aussi qu'elle augmente entre deux fermions quand leur distance décroît, comme si un effet d'écrantage entre leurs charges s'atténuait. Cet effet est dû aux paires virtuelles apparaissant et disparaissant, et que le champ polarise. C'est un peu comme si les deux fermions étaient deux lampes immergées dans une brume qui réduit la visibilité de l'une à l'autre d'autant plus qu'elles sont plus éloignées. Nous parlons bien ici de la charge, non de la force, dont il est normal qu'elle augmente quand la distance décroît.

Pour l'interaction forte — de couleur — c'est très étonnant : on prédit et on observe l'effet inverse à cause de la propriété qu'ont

* Il s'agit de M. Veltman et G. t'Hooft.

les gluons d'auto-interagir considérablement. Entre les basses énergies et celle du LEP l'effet est déjà très net.

Une grandeur petite, le couplage électromagnétique, qui augmente avec l'énergie, et deux plus grandes, dont le couplage fort, qui diminuent, voilà qui fait songer à la possibilité d'une rencontre !

L'extrapolation vers les très hautes énergies, bien au-delà du domaine des accélérateurs, à partir des mesures ultra-précises du LEP, est décrite par la *figure 3* pour le MS d'une part et pour une version modifiée de ce modèle, qu'on appelle le Modèle Standard Supersymétrique (MSS). Dans les deux cas une convergence se dessine. Mais tandis que dans le MS elle n'est qu'approximative, dans le MSS elle est quasi parfaite.

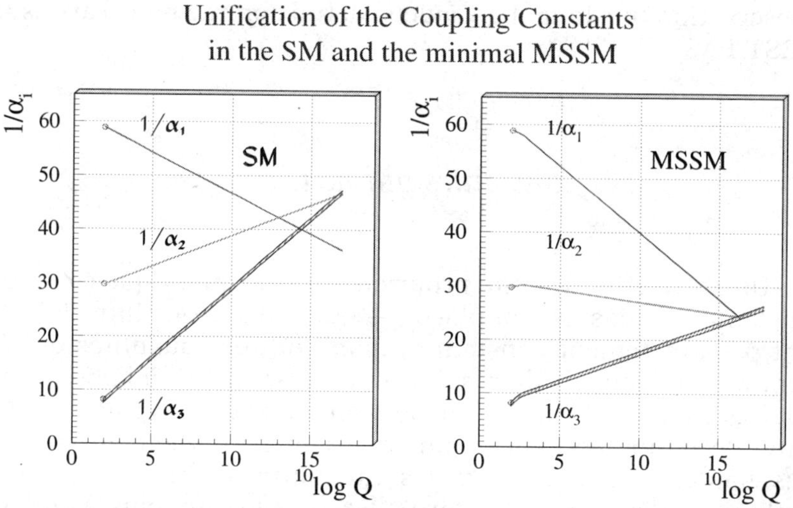

Figure 3 – L'évolution des constantes de couplage (en fait leur inverse) électrofaibles (les deux du haut) et forte (celle du bas) avec l'énergie. Dans le cas de la Supersymétrie la convergence est quasi parfaite. Q, en GeV, est l'énergie.

Cette convergence, qui signale sans doute une Grande Unification (GU), semble se produire à une énergie très élevée de 10^{16} GeV, treize ordres de grandeur plus haut que celles qui sont expérimentalement accessibles. Ce fait, démontré avec précision en 1991*, est un argument de poids en faveur de la réalité de la Supersymétrie, qui offre ainsi la possibilité d'une unification des trois forces à haute énergie, ou de façon équivalente, aux tous premiers instants (~ 10^{-38} s) de l'Univers.

* Grâce aux données très précises du LEP sur les constantes de couplage, et au calcul soigné des « pentes » gouvernant leur évolution en fonction de l'énergie.

Qu'est-ce que la Supersymétrie ?

La Supersymétrie (SUSY) n'est à l'heure actuelle qu'une hypothèse, mais solidement fondée sur le plan théorique, permettant la convergence des couplages des forces et offrant des explications que le MS ne peut pas donner, en particulier sur le mécanisme de Higgs, ainsi qu'un candidat idéal pour la matière noire de l'Univers. Si sa validité est prouvée, un spectre de particules nouvelles est à découvrir. Des questions fondamentales resteront cependant en suspens. Pourquoi trois familles ? Pourquoi ces masses ? Mais la Supersymétrie a ouvert la voie à une théorie plus ambitieuse, celle des Supercordes, que nous évoquerons rapidement, et qui pourrait contenir la clé de ces mystères.

Dans le MS l'asymétrie entre les constituants — des fermions — et les vecteurs des forces — des bosons — est totale, et semble distinguer des objets et des rôles irréductibles. Il est donc remarquable que les mathématiques offrent la possibilité de rétablir la symétrie et d'écrire des équations invariantes par substitution des bosons et des fermions. Il est nécessaire pour cela d'inventer une population-miroir de particules* telle qu'à chaque fermion (boson) connu corresponde un (au moins) boson (fermion) partenaire. Ces particules-miroir n'ayant pas été découvertes et ne possédant donc pas la même masse que leur partenaire, la symétrie correspondante ne peut être que brisée.

La population de particules prédite par la Supersymétrie étant différente de celle du MS, les phénomènes dus aux fluctuations du vide, et donc l'évolution des grandeurs lorsqu'on change d'échelle, sont différents. Nous l'avons vu pour celle des constantes de couplage. L'autre effet remarquable est que les fluctuations du vide, qui dans le MS provoquent une dérive inexorable de la masse du boson de Higgs vers la masse de Grande Unification, sont maintenant compensées par d'autres fluctuations impliquant les partenaires et qui interfèrent destructivement avec les premières, annulant presque l'effet. Il faut toutefois que ces partenaires ne soient pas de masse trop élevée, de l'ordre du TeV au plus.

Une autre vertu de la SUSY, du moins dans sa version habituelle, est de proposer une particule dont la présence dans l'Univers à l'état de fossile pourrait expliquer tout ou partie de la masse cachée. D'après le LEP celle-ci, si elle existe, est plus lourde que 40 GeV environ.

---

* Le partenaire d'un boson s'appelle comme lui, avec le suffixe -ino. Photon, photino ou gluon, gluino. Le partenaire d'un fermion s'appelle comme lui, avec un *s* initial. Par exemple top, stop.

Mais ce qui nous intéresse ici est le statut spécial du mécanisme de Higgs en Supersymétrie. D'une part, SUSY le légitime et en fournit le « pourquoi » alors que le MS se bornait à en décrire le « comment ». D'autre part, elle prédit pour le secteur de Higgs une phénoménologie précise, marquée par l'existence de plusieurs bosons de Higgs (5 dans la version minimale) et surtout par la nécessité que l'un au moins d'entre eux soit de masse très légère.

Le mécanisme de Higgs : du « comment » au « pourquoi »

Définissons à nouveau le vide comme l'état de plus basse énergie de l'Univers. Dans le MS on ajoute un champ de Higgs de façon *ad hoc* sans se soucier de lui inventer une source. Ce champ h augmente la densité d'énergie de l'Univers, et le MS postule que l'incrément d'énergie est donné par la formule :

$$E = \mu^2 h^2 + Ah^4$$

où A est positif (c'est tout ce qu'il faut savoir de lui).

Si μ^2 et A sont positifs, le lecteur se convaincra facilement que E ne peut que croître lorsque h croît lui-même à partir de zéro *(Fig. 4a)*.

En principe μ^2 s'interpréterait comme la masse au carré du quantum du champ de Higgs.

Le MS fait un pas supplémentaire : il postule que μ^2 est une quantité négative ! Un carré de masse négatif, si on s'en tient à l'interprétation classique, a de quoi surprendre, et nous prions le lecteur de bien vouloir patienter un instant. Si μ^2 est négatif, il se convaincra que E commence toujours par décroître quand h augmente à partir de zéro. Ensuite les choses s'inversent, et E a l'allure de la courbe de la *figure 4b* que nous ne savons pas dessiner exactement, faute de connaître μ^2 et A. On peut se la représenter comme le profil d'un paysage. Si vous y lâchez une balle, elle ira se caler au fond du puits dans l'état d'énergie minimale*. On voit que dans ce cas l'état d'énergie minimale n'est pas atteint pour une valeur nulle du champ h. Il l'est pour une valeur différente de zéro. L'Univers dans son état vide est supposé être ainsi rempli d'un champ de Higgs de valeur attendue non nulle.

Les particules du MS peuvent interagir avec le champ de Higgs. Le photon et le gluon ne le font pas. Celles qui le font acquièrent de la masse : tous les quarks et les leptons chargés, ainsi que le W et le Z, obtiennent ainsi leur masse de leur interaction avec le champ de Higgs. De manière imagée, on peut dire qu'interagir avec

* Le lecteur peut s'imaginer la *figure 4b* à trois dimensions. Les points bas deviennent un cercle de gorge. La balle peut *a priori* aller se caler en n'importe quel point du cercle (symétrie circulaire du potentiel). En fait elle finira en un point, brisant ainsi la symétrie.

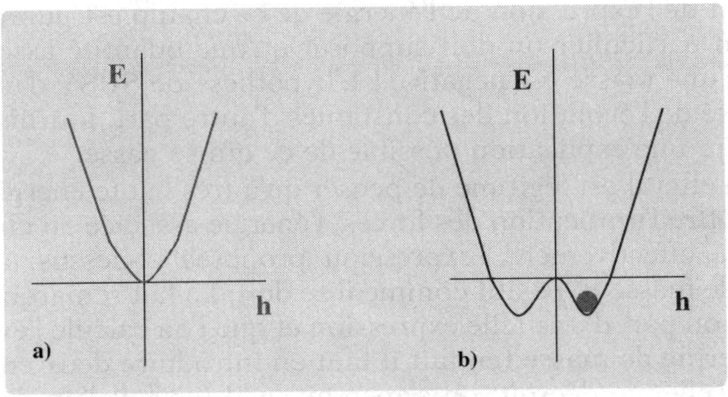

Figure 4 – La forme du potentiel de Higgs avec μ^2 positif, (à gauche), et μ^2 négatif, (à droite).

le champ de Higgs qui emplit le vide, c'est un peu comme marcher dans l'eau au lieu de marcher dans l'air : on doit fournir une force plus grande pour avancer comme si on était plus lourd.

Le MS donne au mécanisme de Higgs une description mathématique précise. Le fait que le photon, par exemple, conserve une masse nulle est facilement démontré. La masse prédite pour les bosons *W* et *Z* est exactement celle qui a été indiquée ci-dessus : elle était déjà à peu près correctement évaluée lorsque leur recherche a été entreprise au CERN et qu'ils ont été mis en évidence.

Pour les fermions, l'explication de l'origine de leur masse par interaction avec le champ de Higgs est également valable. Plus ils interagissent intensément avec ce champ, plus ils sont lourds. Par contre, on ne sait pas prédire la masse qu'ils acquièrent. Le mécanisme de Higgs ne fait ici que remplacer l'inconnue de leur masse par l'inconnue de leur intensité de couplage avec le champ de Higgs.

Le MS reste donc (et la Supersymétrie n'y changera rien) une théorie effective*, c'est-à-dire une théorie incomplète qui, étant incapable de les prédire elle-même, a besoin d'un apport de paramètres de l'extérieur.

Pourtant, ayant pénétré quelques aspects du vide quantique et compris qu'il contient en chaque point toute la physique potentielle, nous sommes arrivés à l'idée, expérimentalement démontrée, de l'évolution avec l'énergie des « constantes » physiques, masses et couplages, décrivant le monde des particules. Cela va nous permettre de comprendre un aspect jusqu'ici embarrassant du mécanisme de Higgs cité plus haut.

* Une théorie effective est valable dans un certain domaine d'énergie. Au-delà il faut la compléter par une théorie plus élaborée.

Nous avons vu que dans le MS l'introduction du champ de Higgs et de l'expression de l'énergie de ce champ est purement *ad hoc*. En particulier on doit supposer qu'une quantité associée au carré d'une masse est négative ! L'hypothèse de SUSY d'une part, la réalité de l'évolution des constantes d'autre part, fournissent au contraire une explication possible de ce qui se passe.

En effet il est légitime de penser qu'à très haute énergie, là où SUSY offre l'unification des forces, l'énergie associée au champ de Higgs a effectivement l'expression proposée ci-dessus, avec un terme de masse μ^2 positif comme il se doit. Le fait remarquable est que si l'on part d'une telle expression et que l'on calcule l'évolution de ce terme de masse (en fait il faut en introduire deux en SUSY) quand l'énergie décroît, on s'aperçoit qu'il (en fait l'un des deux) décroît lui-même et devient négatif aux énergies qui nous concernent : il est donc naturel qu'il en soit ainsi, et le choix *ad hoc* fait plus haut est justifié.

Toutefois, pour que ce mécanisme opère et que la masse devienne négative, il faut que son évolution, due à l'effet des particules virtuelles, soit forte et cela implique que le top, dont l'effet est dominant, soit très lourd. À l'époque où cette constatation a été faite, la masse du top était encore inconnue, et on peut dire que sa valeur élevée a été prédite en exigeant que le mécanisme de Higgs soit ainsi expliqué.

Faute de place, nous ne tracerons pas ici le portrait-robot du boson de Higgs. Pour le domaine de masse actuellement exploré au LEP, son mode de désintégration dominant est bottom-antibottom. À l'heure où nous écrivons nous avons exclu l'existence d'un boson plus léger que 113 GeV. La région de masse inférieure à 130 GeV environ est celle qu'annonce la version la plus simple du MS Supersymétrique, d'où le caractère brûlant de l'exploration actuelle.

D'autres pistes à explorer

La manière même dont le champ de Higgs a été introduit, par analogie avec le champ des paires de Cooper, dont la source est bien identifiée, laisse la porte ouverte à d'autres possibilités. Même si une paire de Cooper, association de deux électrons, c'est-à-dire deux fermions, peut être considérée comme un boson, on sait qu'il ne s'agit pas d'un objet élémentaire, mais d'un objet composé. Il pourrait en être de même du boson de Higgs, ou ce qui en tiendrait lieu. Cependant en physique des particules, il s'est avéré jusqu'ici que beaucoup des particules inventées intellectuellement étaient bien réelles et ont été mises en évidence : le neutrino, les antiparticules, le *W* et le *Z*, le charme, le top ont été des objets hypothétiques avant de devenir des objets réels. Aussi, tant que le contraire n'a pas été prouvé, le plus simple reste d'admettre qu'avec le boson (ou les bosons) de Higgs on a à faire à un (des) objets élémentaires à découvrir, comme nous l'avons discuté jusqu'ici. De plus la Supersymétrie, si elle correspond à la réalité, légitime l'existence de scalaires élémentaires.

Un des autres mérites du boson de Higgs est de sauver du désastre le Modèle Standard lorsque l'énergie atteint et dépasse la centaine de GeV. Sans lui, la probabilité d'interaction des bosons intermédiaires diverge quand l'énergie croit. S'il n'existe pas, il faut qu'autre chose joue ce rôle de modérateur. Une hypothèse serait qu'un nouveau type d'interaction apparaisse. Ce peut être un nouveau type d'interaction forte entre bosons *W* et *Z*, conduisant à une production non standard de ces bosons en paire dans les machines à venir (LHC et collisionneurs de leptons ultérieurs). De manière plus générale on peut concevoir une nouvelle population de fermions interagissant *via* de nouvelles interactions fortes, dues à leurs nouvelles charges. On a d'abord pensé pouvoir construire ces nouveautés en s'inspirant directement de l'interaction de couleur, d'où les noms de Technicouleur et de Technifermions. Ces interactions fortes créent des états liés de Technifermions qui joueront le rôle de paramètre d'ordre que les paires de Cooper et leur champ jouent en supraconductivité.

Ces théories, si elles veulent pouvoir expliquer l'origine de toutes les masses, sont très complexes. Les forces nouvelles ne peuvent pas être simplement calquées sur la force de couleur en se bornant à la transposer à une bien plus haute échelle de masse. Leurs versions les plus simples ne semblent pas être en bon accord avec les mesures de précision citées plus haut : on peut certes blâmer l'inadéquation des méthodes de calcul dans ces théories des quantités en question, mais cela ne renforce guère leur mérite, même si cela les sauve temporairement.

Elles ne possèdent pas de prédiction précise comme l'est celle du boson de Higgs léger de la Supersymétrie. On peut même dire qu'aucune version totalement cohérente n'en a jamais été complètement explicitée. En revanche, comme elles postulent l'existence de nouvelles « couches » dans la hiérarchie des objets élémentaires et de nouveaux types de forces, elles pourraient expliquer des faits que la Supersymétrie elle-même ne saurait aborder.

Pratiquement, la recherche des manifestations possibles de la Technicouleur ressemble beaucoup à celle du boson de Higgs. Le « marquage » de la beauté y reste essentiel, et on cherche le signe de la production en paires d'objets nouveaux* riches en beauté, ou leur

* Ce sont par exemple des Technipions, produits dans la désintégration d'un Technirho, et se désintégrant en bottom-antibottom, s'ils sont neutres.

production associée avec un boson *W*. Mais rien ne nous indique précisément à quelle masse on peut *a priori* espérer les trouver. Au LEP, puisqu'il ne donne accès qu'à un domaine limité de masses, on doit donc pratiquer la politique dite du « réverbère* ».

La musique des Supercordes

La Supersymétrie elle-même, si elle est prouvée, ne saurait être le bout du chemin : elle ne peut fournir qu'une théorie effective, au sens que nous avons donné à ce terme. Il faudra encore l'« approvisionner » de l'extérieur en paramètres qu'elle ne permet pas de calculer. Parmi ces paramètres figurent par exemple les masses des fermions. Ainsi, même si la Supersymétrie corrèle le mécanisme de Higgs à la valeur élevée de la masse du top, elle ne dit pas pourquoi le top est lourd. Il est clair que le rêve du physicien reste celui d'une théorie « primitive » qui permettrait de tout calculer et n'aurait pas recours à des paramètres venus de l'extérieur.

Une telle théorie est elle en vue ?

Certains, se référant à la théorie des Supercordes, l'envisagent. D'après cette théorie**, l'Univers est fait non pas de points, mais de petites cordes dont les différents modes résonnants de vibration sont l'origine microscopique des particules, de leurs masses et de leurs charges. Le passage du point, abstraction aux effets fâcheux, à un objet fondamental de taille finie est un grand pas en avant dans la résolution des problèmes mathématiques qui affligent la théorie au voisinage de l'échelle de Planck***. Le terme de petitesse mérite un commentaire : la taille de ces cordes est de l'ordre de la longueur de Planck, c'est-à-dire vingt ordres de grandeur en dessous de la taille du proton, et 17 en dessous de ce que les accélérateurs ont le pouvoir de résoudre. On voit qu'on est loin de la physique expérimentale ! Mais l'unification du monde des particules est saisissante, puisque chaque type de particule n'est alors qu'une note ou un ensemble d'harmoniques d'un même objet vibrant sur des modes différents. Les particules sont « la musique » des cordes.

---

* Elle consiste, quand on a perdu ses clés quelque part dans le noir, à les chercher sous un réverbère, car c'est le seul endroit où on a une chance de les retrouver. Cela peut d'ailleurs marcher...

** Voir par exemple l'excellent livre de Brian Greene, The Elegant Universe. L'expression « musique des Supercordes » lui est empruntée.

*** À cette échelle, la force de gravitation entre particules « rattrape » les autres en intensité. Le problème est que, jusqu'à la théorie des cordes, on ne possédait pas de théorie satisfaisant à la fois aux principes de la Relativité Générale, décrivant la gravitation, et à ceux de la Mécanique Quantique, qui s'appliquent aux particules.

La théorie des cordes a besoin de dimensions spatiales supplémentaires* ou extra-dimensions (ED). Elle en réclame six, ce qui fait « vivre » les cordes dans un espace à dix dimensions. Ces extra-dimensions doivent être « recroquevillées », c'est-à-dire enroulées sur une toute petite taille afin d'expliquer qu'on ne les ait pas décelées. Si cette taille est de l'ordre de la taille de Planck, ou seulement bien en-deçà de ce qui est accessible aux accélérateurs**, pas étonnant qu'elles nous aient échappé ! Mais une petite corde, elle, a la capacité d'explorer un petit espace.

Quand une corde se déplace en oscillant, la forme géométrique des extra-dimensions joue un rôle critique dans la détermination des modes résonnants de vibration, un peu comme la forme plus ou moins compliquée d'un instrument à vent détermine sa sonorité particulière. En particulier la topologie de cet espace pourrait détenir la clé du nombre de familles. Parmi toutes les formes possibles d'un espace à six dimensions, il faudrait savoir déterminer laquelle est la bonne, celle que la nature a retenue. Puis il faudrait avoir les moyens techniques de calculer les grandeurs qui nous intéressent, comme les masses des particules. On en est encore loin, mais il n'est pas exclu qu'on y parvienne.

Les Supercordes ayant réveillé l'intérêt porté aux extra-dimensions, il est actuellement très à la mode de réexaminer la physique des particules en admettant l'existence de ces ED et le fait que les divers types de particules pourraient après tout exister dans des espaces de dimensionalités différentes, et les diverses forces agir de même. L'intensité d'une force, telle que nous la percevons dans notre espace-temps à quatre dimensions, n'est pas forcément son intensité réelle : si elle s'exerce dans un espace de dimensionalité plus grande, elle nous apparaîtra plus faible qu'elle n'est en réalité. On pourrait imaginer que la gravité est plus forte qu'il n'y paraît, mais qu'elle s'exerce dans un espace de dimensionalité plus grande, auquel cas il n'est pas exclu que la Grande Unification soit plus « proche » que dans le scénario décrit jusqu'ici. Beaucoup de variantes sont possibles. Il a même été suggéré de fabriquer l'équivalent composite du boson de Higgs en ne se servant que des particules et des forces présentes dans le MS, à condition d'admettre que les champs du MS se propagent de façon adéquate dans des extra-dimensions bien choisies***.

Il n'aura pas échappé au lecteur que nous sommes vraiment entrés là dans le domaine enchanté de la spéculation, mais qui mérite le détour. Notons en particulier que les Supercordes, permettant

---

* Cela n'est pas étranger à l'existence des espaces abstraits que nous avons mentionnés tout au long de l'exposé.

** En fait jusqu'à une échelle de ~ 100 microns, elles pourraient nous avoir échappé !

*** Et en particulier de « grande taille », ce qui, exprimé en énergie, veut dire à l'échelle du TeV.

d'envisager une cosmologie antérieure au big-bang* et le « préparant », pourraient changer une réponse vieille de environ quinze siècles à la question légitime sur « ce qu'il y avait avant** » !

Cet exposé doit beaucoup à d'excellents textes de mes collègues Maurice Jacob et Ugo Amaldi. Deux livres récents et particulièrement inspirants sont *the Elegant Universe*, de Brian Greene, et *Supersymmetry* de Gordon Kane. J'ai apprécié des discussions fructueuses avec plusieurs de mes collègues du LEP, en particulier Luc Pape, et bénéficié de l'aide éclairée de Felicitas Pauss.

* En particulier par les travaux de G. Veneziano, du Cern, l'un des pères de la théorie des cordes.

** De Saint Augustin à nos jours, la réponse était : cette question n'a pas de sens car le temps est né avec le monde. Une autre réponse est maintenant possible : cette question n'a pas de sens car le temps a toujours existé.

Une exploration au cœur du monde quantique

par Serge Haroche

Cent ans de physique quantique

L'an 2000 marque le centenaire de la physique quantique. C'est en 1900 que Planck, pour comprendre les propriétés du rayonnement des corps chauffés, émit la fameuse hypothèse que les échanges d'énergie entre la matière et la lumière devaient se faire par quanta discrets, et non de façon continue. Einstein reprit cette notion de quanta cinq ans plus tard en montrant que la lumière elle-même était constituée de grains discrets, appelés par la suite « photons », et en interprétant à l'aide de cette idée révolutionnaire l'effet photoélectrique, l'émission d'électrons par les métaux éclairés. Dans les vingt ans suivants, la théorie quantique, cherchant à comprendre le comportement de la nature à l'échelle atomique, se développa à partir d'hypothèses hardies et d'intuitions géniales, notamment grâce aux travaux de Niels Bohr. En 1925 et 1926, Heisenberg, Schrödinger et Dirac arrivèrent indépendamment à la formulation complète de la théorie, qui constitue sans nul doute une des plus grandes conceptions de l'esprit humain.

La théorie quantique sert en effet de cadre essentiel à notre compréhension de la Nature, de l'infiniment petit à l'infiniment grand. La physique des particules dites élémentaires, celle des atomes et des molécules, toute la chimie sont basées sur les lois quantiques. Les ensembles d'atomes que constituent les solides obéissent également à ces lois, qui seules peuvent expliquer, par exemple, la conductivité électrique, le magnétisme ou la supraconductivité de

Texte de la 213e conférence de l'Université de tous les savoirs donnée le 31 juillet 2000.

certains métaux aux basses températures. Même la vie, dans la mesure où elle dépend de processus physico-chimiques au niveau de la molécule d'ADN, ne pourrait être comprise en dehors des lois quantiques. Enfin, la cosmologie, la science qui s'attache à l'étude de l'évolution de l'univers, donne une grande importance aux phénomènes quantiques qui se sont produits au moment du big bang initial.

Et pourtant, malgré ses succès éclatants, la physique quantique est souvent perçue comme étrange. Elle introduit en effet dans la description du monde des notions bizarres qui défient notre intuition classique. Il s'agit du principe de superposition des états qui implique qu'un système physique peut être comme suspendu entre différentes réalités, ou encore du concept d'intrication quantique qui introduit une notion troublante de non-localité en physique. Le caractère étrange de ces concepts provient en grande part de ce que nous n'en observons jamais les effets sur les objets macroscopiques qui nous entourent et que donc notre esprit n'est pas préparé à les comprendre. Cette étrangeté troublait les fondateurs de la théorie, et son interprétation a fait l'objet entre eux de discussions très animées. Ces débats se sont en particulier déroulés au cours des fameux Congrès Solvay, à l'époque de l'élaboration de la théorie. Les participants à ces congrès prirent l'habitude d'imaginer des expériences virtuelles dans lesquelles ils isolaient et manipulaient en pensée des particules obéissant aux lois quantiques pour essayer de mettre en évidence des contradictions internes de la théorie. Tous ces débats se conclurent par la victoire de la théorie quantique, à laquelle ni Einstein ni Schrödinger qui jouaient volontiers le rôle d'avocats du diable ne purent trouver de faille. L'intérêt de la majorité des physiciens se détourna alors de ces discussions sur des expériences infaisables, et se consacra à l'exploitation de la théorie pour comprendre la nature, avec le succès évoqué plus haut.

Depuis quelques années cependant, les progrès de la technologie ont permis de réaliser des versions simples des expériences de pensée des fondateurs de la théorie. On peut maintenant piéger des photons, des atomes ou des molécules un à un, les manipuler pour ainsi dire *in vivo* à l'aide de faisceaux lasers et ainsi construire des objets étranges, relativement complexes, obéissant à la logique quantique. On peut alors aborder à nouveau, mais de façon concrète, l'étude des fondements de la théorie. On peut également commencer à envisager des applications fascinantes. C'est à ces expériences de pensée, devenues réelles, qu'est consacré cet exposé, brève exploration au cœur du monde quantique.

Superpositions, interférences quantiques et complémentarité

Commençons par une introduction au principe de superposition. La théorie quantique nous dit que, d'une certaine manière, toute particule microscopique possède un don d'ubiquité. Alors que classiquement elle doit à tout instant être en un point bien précis, quantiquement, elle peut se trouver comme « suspendue » dans une superposition des états correspondant à toutes les positions classiques possibles. À chacune de ces positions est associé un nombre appelé fonction d'onde de la particule au point considéré. Cette fonction a été introduite par de Broglie et c'est Schrödinger qui a établi l'équation qui décrit son évolution, jetant ainsi les bases des lois de la dynamique quantique. La fonction d'onde est en général un nombre complexe. Alors qu'un nombre réel peut être symbolisé par un segment sur une droite, un complexe est représenté par un vecteur dans un plan et possède donc une amplitude (la longueur du vecteur) et une phase (sa direction). C'est le physicien Max Born qui donna l'interprétation physique de la fonction d'onde. Le carré de son amplitude représente la probabilité de trouver la particule au point correspondant lorsqu'une mesure est effectuée. Ainsi, d'après la théorie, l'ambiguïté quantique, la superposition, ne subsiste que tant que l'on ne cherche pas à savoir où est la particule. Si on cherche à déterminer sa position, on force la nature à abandonner son étrangeté quantique, la particule apparaît bien en un point et en un seul, mais cette apparition ne peut être que prévue statistiquement et non déterminée de façon absolue comme en physique classique. C'est ce qui fit dire à Einstein que selon la physique quantique « Dieu joue aux dés », ce qu'il se refusait personnellement à admettre.

La physique atomique permet d'illustrer un aspect élémentaire du principe de superposition. Les chimistes représentent l'état d'un électron dans un atome — par exemple le plus simple d'entre eux, l'hydrogène — par un volume de l'espace qu'on appelle son orbitale *(Fig. 1a)*. Ce volume est, pour l'état fondamental de l'hydrogène, une petite sphère centrée sur le noyau de l'atome d'environ un Angström (soit 10^{-10} m) de diamètre. Il décrit la région de l'espace dans laquelle l'électron est délocalisé. Il se trouve en fait dans une superposition de toutes les positions possibles à l'intérieur de cette sphère. Lorsque l'on porte l'électron de l'atome dans un niveau électronique excité en lui fournissant de l'énergie lumineuse, la forme de l'orbitale change, elle s'étire en général pour occuper des régions plus éloignées du noyau comme le montre la *figure 1b*. Les états très excités de l'atome s'appellent des états de Rydberg. Dans certains de ces états, l'électron occupe une orbitale très étendue, en forme de tore, dont le rayon peut atteindre un millier d'Angströms *(Fig. 1c)*. Ces états excités géants ont des propriétés très intéressantes que nous retrouverons plus loin.

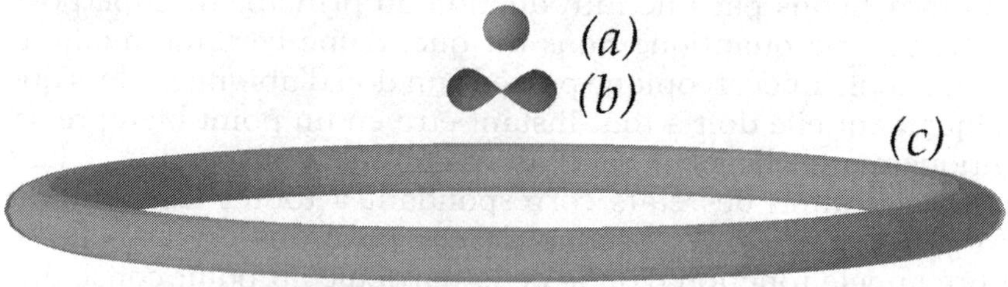

Figure 1 – Représentation des orbitales de l'état fondamental (a), du premier état excité (b) et d'un état de Rydberg très excité (c) de l'électron de l'atome d'hydrogène. La figure (c) n'est pas à l'échelle (une orbitale de Rydberg peut avoir un diamètre mille fois plus grand que celui d'un état fondamental).

Abordons maintenant une conséquence essentielle du principe de superposition, l'existence d'interférences quantiques. Considérons la fameuse expérience des fentes de Young réalisée au début du XIXe siècle avec de la lumière, c'est-à-dire des photons, et au XXe siècle avec des électrons, et plus récemment avec des atomes et des molécules : des particules traversent une paroi percée de deux fentes avant d'atteindre un écran. Les particules sont détectées en des points discrets sur l'écran, comme le montre la *figure 2a*. Après avoir enregistré l'arrivée d'un grand nombre de particules, on constate que les points d'impact se regroupent suivant un réseau de franges « brillantes », séparées par des franges « noires » où les particules n'arrivent jamais. L'expérience se comprend bien en termes de fonction d'onde des particules. Cette fonction possède en effet deux composantes, correspondant au passage de la particule par chacune des deux fentes. La fonction d'onde totale est la somme des deux composantes, au sens de l'addition des nombres complexes, ou encore des vecteurs qui les représentent. En certains points de l'écran, les ondes sont en phase, leurs vecteurs de même direction, et la probabilité de trouver la particule est importante. En d'autres points, les ondes sont en opposition de phase, leurs vecteurs opposés, et la particule a une probabilité nulle d'arriver. La figure d'interférence s'évanouit si on ferme une des deux fentes, puisque alors une des composantes de la fonction d'onde disparaît.

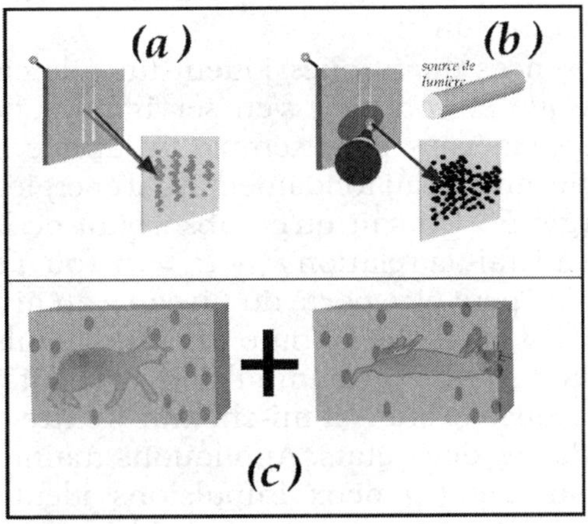

Figure 2 – Interférences quantiques :
(a) Expérience d'Young : chaque particule traverse l'interféromètre suivant deux chemins indiscernables et les points d'impact sur l'écran reproduisent une figure de franges. (b) Si on cherche à déterminer le chemin suivi, l'interférence disparaît (complémentarité). (c) quand on essaye de superposer deux états distincts d'un système macroscopique (superposition symbolisée par le signe + d'un « chat vivant » et d'un « chat mort » dans une boîte), l'environnement (molécules dans la boîte) s'intrique avec le système, supprimant très rapidement les effets d'interférence (décohérence).

Cette interprétation ondulatoire est étrange si l'on note que l'expérience peut être faite dans des conditions de flux très faible, où il ne se trouve à chaque instant qu'une particule dans l'appareil. On obtient alors les mêmes franges, après un temps de moyennage très long. On peut alors se demander comment une particule, seule dans l'interféromètre, peut « savoir » si les deux trous sont ouverts, auquel cas elle doit éviter les franges noires, ou si un trou est bouché, auquel cas elle peut arriver n'importe où ! On a là un exemple typique de logique non classique : un phénomène (arrivée de la particule en un point) est moins probable si deux possibilités sont offertes à la particule que si une seule ne l'est ! Un physicien classique posera immédiatement des questions simples : par quel trou passe réellement la particule ? Est-ce une onde (auquel cas on comprend les interférences mais pas l'arrivée discrète sur l'écran) ou une particule (auquel cas on comprend les impacts discrets mais plus les interférences). La mécanique quantique répond qu'en vertu du principe de superposition, la particule passe par les deux trous à la fois, aussi longtemps qu'on ne la force pas à choisir ! Notons enfin que de telles expériences, relativement faciles à réaliser avec des particules microscopiques, deviennent de plus en plus difficiles avec des particules de taille importante. C'est encore possible avec des molécules, mais pas avec des boules de billard ou un quelconque objet macroscopique !

Les interférences quantiques jouent un rôle capital en physique microscopique et l'on peut s'en servir pour des applications importantes. Considérons par exemple un atome possédant deux niveaux d'énergie, un niveau fondamental g d'énergie E_g, et un niveau excité e, d'énergie E_e. On sait qu'en absorbant de la lumière dont la fréquence ν satisfait la relation $E_e - E_g = h\nu$ (où h est la constante de Planck) l'atome peut être porté du niveau g au niveau e en absorbant un photon. Si on excite l'atome par une impulsion lumineuse et si on ajuste la durée de cette impulsion, on peut s'arranger pour que l'atome se trouve excité « à mi-chemin » entre e et g, dans une superposition de ces deux états. Appliquons maintenant à l'atome initialement dans l'état g deux impulsions identiques, séparées dans le temps, à deux instants t_1 et t_2. Chacune des impulsions superpose les deux états e et g. Mesurons enfin l'énergie de l'atome et, en recommençant l'expérience un grand nombre de fois, déterminons la probabilité de le trouver finalement dans l'état e. La fonction d'onde associée à l'atome va, comme dans le cas de l'expérience de Young, présenter deux termes. L'un correspond à l'excitation de l'atome de g à e à l'instant t_1, l'autre à l'instant t_2. À ces termes correspondent des amplitudes complexes qui interfèrent. Leur phase relative peut être variée en balayant la fréquence ν autour de la fréquence de résonance atomique. On observe alors que la probabilité de trouver l'atome dans l'état e oscille en fonction de ν. On obtient un signal d'interférence dit « de Ramsey », du nom du physicien qui a mis au point cette méthode interférométrique. Alors que dans l'expérience de Young l'interférence provient du fait que l'on ne sait pas par quelle fente la particule est passée, ici elle résulte de l'ambiguïté sur l'instant de l'excitation de l'atome. C'est en détectant de telles franges sur l'atome de Césium que l'on fait fonctionner l'horloge atomique qui définit actuellement la seconde.

Revenons un instant sur la question de savoir par quel chemin la particule est passée. L'interférence ne s'observe que si on n'a aucun moyen de connaître ce chemin. Si on cherche à le déterminer, il faut introduire un nouvel élément dans l'appareillage expérimental, par exemple ajouter dans l'expérience des fentes d'Young une source lumineuse, un laser, qui éclaire les fentes *(Fig. 2b)*. Lorsque la particule passe, elle diffuse de la lumière au voisinage de la fente correspondante et l'éclair lumineux peut être détecté pour déterminer le trajet de la particule. On constate bien alors que la particule passe aléatoirement par un trou ou par l'autre, mais aussi que les franges disparaissent : les points d'impact sont maintenant distribués de façon uniforme. En d'autres termes, la particule, en diffusant la lumière qui révèle son chemin a été perturbée de façon telle que les relations de phase existant entre les deux composantes de la fonction d'onde associée sont brouillées, entraînant la disparition des franges. Ce résultat exprime ce que

Bohr a appelé le principe de « complémentarité ». L'existence des franges et l'information sur le chemin suivi sont deux aspects exclusifs l'un de l'autre et complémentaires de la réalité physique. Ils nécessitent l'utilisation d'appareils différents. On est sensible tantôt à l'aspect ondulatoire de la particule, si on utilise un appareil rendant les chemins indiscernables, tantôt à l'aspect corpusculaire, si on utilise un appareil permettant de distinguer les chemins.

Intrication quantique, chat de Schrödinger et décohérence

Venons-en maintenant à une autre conséquence essentielle du principe de superposition, observable dans des systèmes constitués d'au moins deux particules qui interagissent entre elles, puis se séparent. Pour fixer les idées, considérons la collision de deux atomes identiques. Chacun de ces atomes possède deux niveaux d'énergie *e* et *g*. Supposons qu'avant la collision, l'atome 1 est excité (état *e*) et l'atome 2 est dans son état fondamental (état *g*). Au cours de la collision deux événements différents peuvent survenir. Ou bien les atomes conservent leurs énergies initiales, ou bien ils les échangent. Classiquement, les atomes devraient « choisir » l'une de ces deux possibilités. La règle quantique est différente. Ils peuvent suivre les deux voies à la fois. Le système se trouve après la collision dans une superposition de l'état où l'atome 1 est dans *e* et 2 dans *g* et de l'état où 1 est dans *g* et 2 dans *e*. À chacun de ces états est associée une amplitude complexe. Les modules élevés au carré de ces amplitudes représentent les probabilités de trouver l'une ou l'autre de ces deux situations au cours d'une mesure effectuée sur les deux atomes. Notons que si le résultat de la mesure sur chaque atome est aléatoire, les corrélations entre les résultats des mesures sont certaines. Si l'atome 1 est trouvé dans *e*, l'atome 2 est dans *g* et inversement. C'est cette corrélation parfaite, observable quel que soit le type de mesure effectué sur les atomes, que l'on appelle « intrication » (*entanglement* en anglais). Cette intrication subsiste même si les deux atomes se sont éloignés l'un de l'autre et se trouvent séparés après la collision par une distance arbitrairement grande. Elle décrit une « non-localité » fondamentale de la physique quantique. Une mesure de l'atome 1 peut avoir un effet immédiat à grande distance sur le résultat de la mesure de l'atome 2 ! Il y a donc entre les deux particules un lien quantique immatériel et instantané. C'est Einstein, avec ses collaborateurs Podolsky et Rosen, qui a discuté le premier en 1935 cet aspect troublant de la théorie quantique. On l'appelle depuis le problème EPR. Pour Einstein, il s'agissait là d'un défaut grave de la théorie puisqu'elle prévoyait des effets qui lui paraissaient manifestement absurdes. Depuis, le problème a été repris par d'autres physiciens, notablement John Bell dans les années 60, et des expériences effectuées sur des photons intriqués ont montré que la nature se comportait bien comme la théorie quantique le prescrit. L'une des expériences les plus probantes a été effectuée dans les années 1980 par Alain Aspect et ses collaborateurs à Orsay. Notons que la non-localité vérifiée par ces expériences ne contredit pas le principe de causalité. On ne peut se servir des corrélations EPR pour transmettre de l'information instantanément entre deux points.

Si l'intrication nous apparaît comme bizarre, c'est pour une bonne part parce que, comme les interférences quantiques, elle ne s'observe jamais sur des objets macroscopiques. Cela nous conduit à la métaphore fameuse du chat de Schrödinger. Réfléchissant sur le problème EPR, Schrödinger alla en effet plus loin. Qu'est ce qui empêcherait, se demanda-t-il, d'amplifier un phénomène d'intrication microscopique pour y impliquer un système macroscopique ? Considérons un atome excité qui émet un photon en se désexcitant. La mécanique quantique nous apprend qu'avant que le photon n'ait été émis de façon certaine, le système se trouve dans une superposition d'un état où l'atome est encore excité et d'un état où il s'est déjà désexcité. Chacun de ces termes est affecté de son amplitude complexe dans l'expression de l'état global du système. Mais, remarque Schrödinger, un seul photon peut déclencher un événement macroscopique. Imaginons en effet notre atome enfermé dans une boîte avec un chat. Supposons que le photon émis par l'atome déclenche un dispositif qui tue le chat. Si l'atome est dans une superposition d'un état où il a émis un photon et d'un état où il ne l'a pas encore émis, quel est à cet instant l'état du chat ? Si l'on admet que le chat peut être décrit par un état quantique bien défini (et l'on touche là, comme nous le montrons plus loin, à un aspect crucial du problème), on conclut immanquablement à l'existence d'une intrication du système « atome + chat » qui devrait se trouver dans une superposition du chat vivant associé à l'atome excité et du chat mort associé à l'atome désexcité. Une telle situation laissant le malheureux chat suspendu entre la vie et la mort, représentée sur la *figure 2c*, était jugée burlesque par Schrödinger. Ce problème a fait couler beaucoup d'encre. Certains ont dit que c'est au moment où on cherche à observer si le chat est vivant ou mort qu'un processus mental chez l'observateur « force » la nature à décider. D'autres se sont demandé s'il fallait tenir compte du processus mental du chat lui-même et la discussion a vite versé dans la métaphysique.

Si on veut éviter un tel débat, l'approche pragmatique de Bohr est utile. Pour savoir si la superposition d'états existe, il faut imaginer un dispositif d'observation spécifique. La superposition « chat vivant-chat mort » ne peut être prouvée que si l'on sait réaliser une expérience susceptible de révéler l'interférence des amplitudes complexes associées aux parties « vivante » et « morte » du chat. Schrödinger n'a pas poussé la discussion jusque-là, mais on peut par exemple songer à utiliser comme sonde de l'état du chat une souris « quantique » à qui l'on demanderait de traverser la boîte. La probabilité que la souris s'échappe devrait alors être le carré de la somme de deux amplitudes, une correspondant au chat vivant, l'autre au chat mort. Verra-t-on dans la probabilité finale un terme d'interférence ? C'est peu probable et fortement contraire à notre intuition.

La question qui se pose est alors : qu'est-il arrivé aux interférences, pourquoi ont-elles disparu ? La réponse fait intervenir la notion fondamentale de décohérence. La situation que nous avons schématisée à l'extrême a négligé un élément essentiel. Notre chat ne peut être isolé en présence d'un seul atome « décidant » de son sort. Le chat — comme en général tout système macroscopique — est en effet baigné par un environnement constitué de très nombreuses molécules, de photons thermiques, et son couplage avec cet environnement ne peut être négligé. Pour mieux comprendre ce qui se passe, revenons à l'expérience d'Young. Si l'on cherche à déterminer le chemin par lequel la particule est passée, on doit par exemple lui faire diffuser un photon *(Fig. 2b)*. On intrique alors ce photon avec la particule et on obtient une espèce de paire EPR dont un élément est la particule et l'autre le photon. Si on mesure le photon dans un état, on sait que la particule est passée par un trou. L'autre état a alors disparu. Il n'y a plus d'interférence. On comprend ainsi mieux la complémentarité comme un effet d'intrication de la particule avec l'environnement (ici le photon) qui interagit avec elle. La situation de notre chat est similaire. Notons tout d'abord que le point de départ de notre raisonnement, l'existence d'un état quantique bien déterminé pour le chat à l'instant initial de l'expérience, doit être remis en question. Dès cet instant, le chat est déjà intriqué avec son environnement et ne peut donc pas être décrit par un état quantique qui lui est propre. En admettant même que l'on puisse le découpler du reste du monde à cet instant initial, il serait impossible d'éviter son interaction avec l'environnement pendant qu'il interagit avec l'atome unique imaginé par Schrödinger. Dès qu'il serait placé dans un état de superposition, il interagirait aussi avec un bain de molécules et de photons qui se trouveraient rapidement dans des états quantiques différents suivant que le chat est vivant ou mort. Très vite, une information sur l'état du chat fuirait dans l'environnement, détruisant les interférences quantiques, de la même façon que le photon diffusé par la particule dans l'expérience de Young fait disparaître les franges. L'environnement agit comme un « espion » levant l'ambiguïté quantique.

Notons enfin que la décohérence se produit de plus en plus vite lorsque la taille des systèmes augmente. Cela est dû au fait que plus le système est gros, plus il est couplé à un grand nombre de degrés de libertés de l'environnement. Il n'est pas nécessaire de considérer des systèmes aussi macroscopiques qu'un chat pour que la décohérence domine. C'est déjà le cas pour les systèmes microscopiques au sens de la biologie que sont les macromolécules, les virus ou les bactéries. Le fait que l'on ait raisonné sur des êtres vivants n'a non plus rien d'essentiel ici. La décohérence est tout aussi efficace sur un objet inerte constitué d'un grand nombre de particules (agrégat d'atomes, grain de poussière...). L'image du chat n'est qu'une métaphore extrême imaginée par Schrödinger pour frapper les esprits.

Des atomes et des photons dans une boîte

Passons à la description de quelques expériences récentes sur l'intrication quantique, véritables réalisations des expériences de pensée. Il existe essentiellement trois systèmes sur lesquels des manipulations relativement complexes d'intrication ont été réalisées. Les sources de photons intriqués se sont considérablement améliorées depuis les expériences d'Aspect. On réalise à présent des paires de photons intriqués en décomposant dans un cristal non linéaire un photon ultraviolet en deux photons visibles ou infrarouge. De belles expériences sur ces paires de photons ont été récemment réalisées, à Innsbruck, à Genève et aux États-Unis. Dans certains cas, il est préférable de disposer de particules massives, qui restent un long moment dans l'appareil pour être manipulées, au lieu de photons qui s'échappent du système à la vitesse de la lumière. On peut alors utiliser des ions piégés dans un champ électromagnétique. Il s'agit d'atomes auxquels on a arraché un électron et qui possèdent ainsi une charge sensible aux forces électriques exercées sur elle par un jeu d'électrodes métalliques convenablement agencées. On peut ainsi piéger quelques ions observables par la lumière de fluorescence qu'ils émettent lorsqu'ils sont éclairés par un laser. D'autres lasers peuvent servir à manipuler les ions. De belles expériences d'intrication ont été ainsi faites à Boulder dans le Colorado.

Le troisième type d'expérience, réalisé à l'École normale supérieure à Paris, est intermédiaire entre les deux précédents. On y intrique à la fois des photons et des atomes. Les photons ne se propagent pas, mais sont piégés dans une cavité électromagnétique traversée par les atomes. La cavité est formée de miroirs métalliques en niobium supraconducteur à très basse température placés l'un en face de l'autre. Des photons micro-onde peuvent se réfléchir des dizaines de millions de fois sur ces miroirs et rester ainsi piégés pendant un temps de l'ordre de la milliseconde. Des atomes, préparés dans un état de Rydberg très excité, traversent un à un la cavité, interagissent avec les photons et sont ensuite ionisés et détectés. La grande taille de ces atomes *(Fig. 1c)* les rend extrêmement sensibles au couplage avec le rayonnement de la cavité, une condition essentielle à l'observation des phénomènes d'intrication quantique.

Nous donnerons ici simplement un aperçu général sur quelques expériences récentes d'intrication atome-cavité. Pour simplifier, admettons que nos atomes possèdent essentiellement deux niveaux de Rydberg appelés comme précédemment *e* et *g*. La séparation des miroirs est, dans un premier temps, réglée pour que les photons de la cavité soient résonnants avec la transition entre ces deux niveaux. Cela veut dire que si l'atome entre dans la cavité dans le niveau *e*, il peut, en conservant l'énergie, y émettre un photon en passant dans le niveau *g* et que s'il y entre dans *g*, il peut absorber un photon présent pour passer dans l'état *e*. Envoyons un atome dans *e* à travers la cavité initialement vide et réglons le temps de traversée de la cavité par l'atome pour que la probabilité d'émission d'un photon soit de 50 %. L'état final obtenu est une superposition d'un atome dans *e* avec une cavité vide et d'un atome dans *g* avec une cavité contenant un photon, ce qui constitue une intrication atome-photon. Cette intrication survit à la sortie de l'atome de la cavité.

Compliquons maintenant la situation en envoyant dans la cavité deux atomes, l'un dans *e*, l'autre dans *g*. Le premier atome a sa vitesse réglée pour émettre avec 50 % de probabilité un photon et le second interagit le temps qu'il faut pour absorber à coup sûr le photon s'il y en a un. Il s'agit donc d'un transfert d'énergie entre les deux atomes induit par la cavité. Si on se demande, après la traversée des deux atomes, si l'excitation a été transférée de l'un à l'autre, la théorie quantique nous donne une réponse ambiguë : oui et non à la fois. Le résultat est une paire d'atomes intriqués. Le schéma — illustré sur la *figure 3* — se généralise avec un plus grand nombre de particules. On peut réaliser des situations où deux atomes et un photon, ou encore trois atomes, sont intriqués…

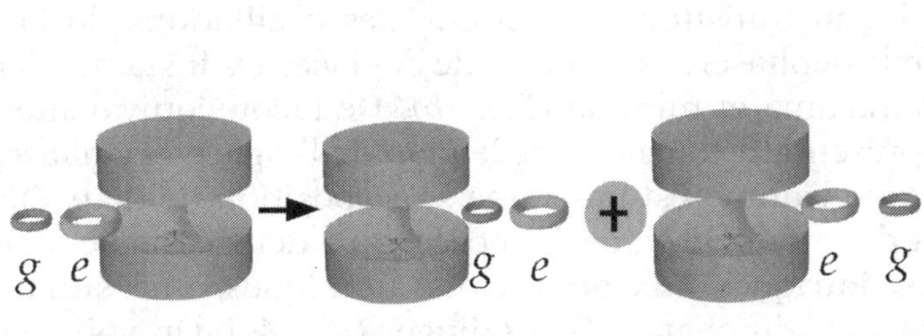

Figure 3 – Expérience préparant une paire d'atomes intriqués : deux atomes, le premier dans l'état e, *le second dans* g *sont envoyés dans une cavité initialement vide, formée de deux miroirs se faisant face. Si les temps d'interaction atome-champ sont convenablement réglés, les deux atomes émergent dans une superposition d'états.*

Une version de laboratoire du chat de Schrödinger

Envisageons maintenant une situation où la cavité est désaccordée par rapport à la fréquence de la transition atomique. La non-conservation de l'énergie interdit alors l'émission ou l'absorption de photons par l'atome. Cela ne veut pas dire cependant que les deux systèmes n'interagissent pas. La simple présence de l'atome dans la cavité modifie légèrement la fréquence du champ qu'elle contient. Cet effet dépend de l'état d'énergie de l'atome. La fréquence du champ est augmentée ou diminuée, suivant que l'atome se trouve dans un niveau ou l'autre. Que se passe-t-il alors si l'atome est dans une superposition des deux états ? Les lois quantiques disent que l'on doit avoir « en même temps » une fréquence diminuée « et » augmentée. Cette réponse ambiguë conduit à la possibilité de créer un nouveau type d'intrication.

Commençons par injecter entre les miroirs un champ contenant quelques photons à l'aide d'une source micro-onde couplée à la cavité par un guide d'onde, puis coupons cette source. Nous piégeons ainsi quelques photons dans la cavité pendant un temps d'une fraction de milliseconde. Le champ électrique de l'onde qui leur est associée est une fonction périodique du temps. On peut représenter cette fonction par un nombre complexe dont le module et la phase correspondent à ceux du champ. Ce nombre complexe est associé à un vecteur (on retrouve la représentation des nombres complexes évoquée plus haut, introduite en optique par Fresnel). L'extrémité du vecteur se trouve dans un petit cercle d'incertitude qui reflète l'existence pour de tels champs contenant quelques photons des fluctuations quantiques d'amplitude et de phase. Envoyons à présent dans la cavité notre atome dans une superposition des états *e* et *g (Fig. 4a)*. Sa présence a pour résultat de changer de façon transitoire la période des oscillations du champ et donc de le déphaser, c'est-à-dire de déplacer les instants où il passe par ses maxima et minima *(Fig. 4b)*. De façon équivalente, le vecteur représentatif tourne dans le plan de l'espace des phases. Mais du fait que l'atome est dans une superposition de deux états produisant des effets de signes opposés, on a deux états de phases différentes, intriqués aux deux états atomiques, une situation qui rappelle celle du chat de Schrödinger *(Fig. 4c)*. On voit également que le champ est une espèce d'aiguille de mesure qui « pointe » dans deux directions différentes du plan de Fresnel suivant que l'atome est dans *e* ou *g*, jouant ainsi le rôle d'un appareil de mesure qui « observe » l'atome.

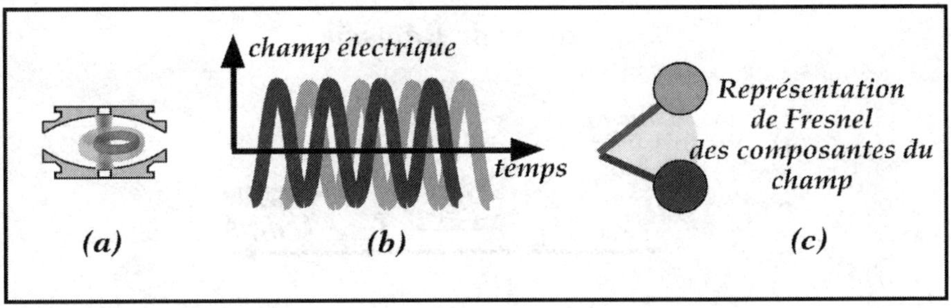

Figure 4 – Principe de la préparation d'un état « chat de Schrödinger » du champ dans la cavité : (a) Un atome dans une superposition de deux états traverse la cavité. (b) Il donne au champ deux phases à la fois. (c) Chaque composante de phase est représentée par un vecteur pointant dans une direction donnée.

Cette remarque nous conduit à décrire une expérience de démonstration simple du principe de complémentarité. Nous avons vu qu'en soumettant l'atome à deux impulsions lumineuses mélangeant les états *e* et *g*, aux instants t_1 et t_2 (en appliquant à l'atome deux impulsions dans les « zones de Ramsey » indiquées par des flèches sur la *figure 5a*), on obtient, pour la probabilité finale de trouver l'atome dans *g*, un signal de franges d'interférence. Ces franges ne s'observent que si rien dans le dispositif ne nous permet de savoir dans quel état se trouve l'atome entre les deux impulsions. Soumettons alors l'atome entre t_1 et t_2 à un petit champ non résonnant stocké dans une cavité. La phase de ce champ tourne d'un angle dépendant de l'état de l'atome. Le champ « espionne » l'atome et les franges vont donc s'effacer. C'est bien ce qu'on observe *(Fig. 5b)*. Si la rotation de phase du champ est faible, on ne peut en déduire avec certitude l'état atomique et les franges subsistent avec un contraste réduit. Elles disparaissent par contre totalement dans le cas d'une rotation de phase importante, rendant certaine l'information sur le chemin suivi par l'atome. On modifie simplement la rotation de phase du champ en changeant le désaccord de fréquence entre l'atome et la cavité.

La décohérence quantique saisie sur le vif

L'expérience que nous venons de décrire s'intéresse à la superposition des états de l'atome, influencée par la présence du champ. Que peut-on dire de la superposition des états du champ lui-même ? Combien de temps cette superposition d'états survit-elle ? L'environnement du champ est constitué par l'espace qui entoure

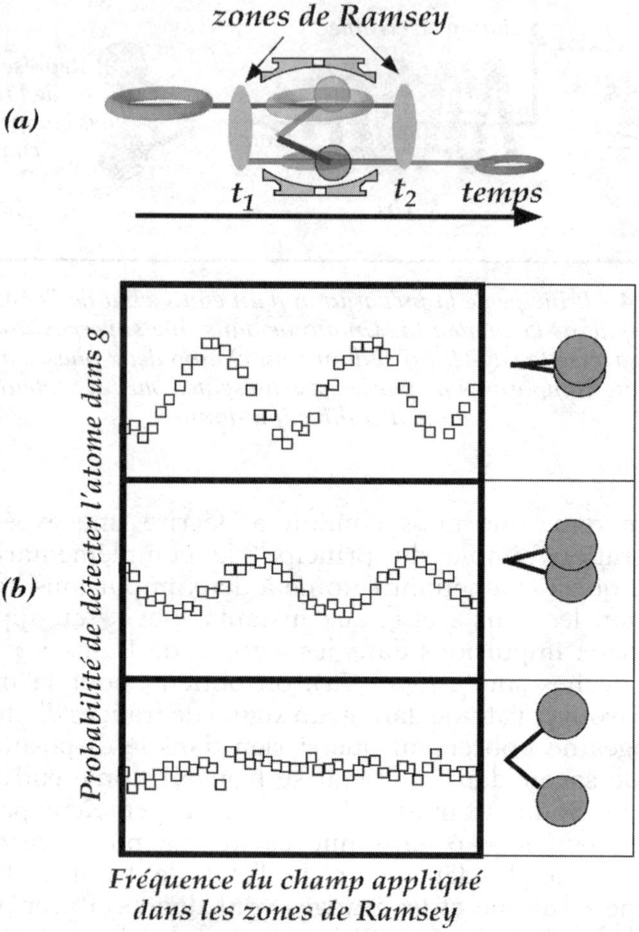

Figure 5 – Expérience de complémentarité :
(a) Principe : l'atome suit deux « chemins » entre les zones de Ramsey et la phase du champ dans la cavité fournit une information levant l'ambiguïté. (b) Signal : La probabilité de détecter l'atome dans le niveau g *est enregistrée en fonction de la fréquence appliquée dans les zones de Ramsey, pour trois valeurs du déphasage du champ. Les franges sont d'autant moins visibles que les deux composantes du champ dans la cavité sont plus séparées.*

la cavité, qui peut se remplir de photons diffusés par les défauts de surface des miroirs. En fait, c'est ce processus de diffusion qui limite dans notre expérience la durée de vie du champ à un temps T_{cav} d'une fraction de milliseconde. Si la cavité contient en moyenne n photons, un petit champ contenant environ un photon s'échappe donc dans l'environnement en un temps très court, T_{cav} divisé par n. Ce champ microscopique emporte une information sur la phase du champ restant dans la cavité. Ainsi, au bout d'un temps T_{cav}/n, la cohérence quantique entre les deux composantes du champ dans la cavité a disparu. Cela explique pourquoi des champs macroscopiques, pour lesquels *n* est très grand (de l'ordre d'un million ou plus), se comportent classiquement, la décohérence y étant quasi instantanée. Dans notre expérience cependant, *n* est de l'ordre de 3 à 10. Le temps de décohérence est alors assez long pour permettre l'observation transitoire d'interférences quantiques associées aux deux composantes de notre « chat de Schrödinger ». Pour cette observation, nous envoyons dans la cavité, après le premier atome qui prépare le « chat », un second atome jouant le rôle de la « souris quantique » évoquée plus haut. Cet atome recombine les composantes du champ séparées par le premier atome de telle sorte qu'il apparaît, dans un signal de corrélation entre les résultats des détections des deux atomes, un terme sensible à l'interférence associée aux deux composantes du chat créé par le premier atome. Ce signal d'interférence *(Fig. 6)* décroît lorsque le délai entre les deux atomes augmente. Ce phénomène est d'autant plus rapide que les deux composantes du « chat » sont plus séparées, ce qui illustre un des aspects essentiels de la décohérence, qui agit d'autant plus vite que le système est plus « macroscopique ». Cette expérience constitue une exploration de la frontière entre les mondes quantique (dans lequel les effets d'interférences sont manifestes) et classique (dans lequel ces effets sont voilés).

Vers une utilisation pratique de la logique quantique ?

En dehors de leur intérêt fondamental, quelles peuvent être les retombées pratiques de ces expériences et de celles qui sont effectuées sur des ions piégés ou des photons intriqués ? La logique qui y est à l'œuvre peut être décrite dans le cadre d'une branche en plein développement de l'informatique, qui s'intéresse à la façon dont on peut transmettre et manipuler de l'information en exploitant les lois quantiques. On peut en effet considérer les systèmes à deux états que nous avons considérés (atome à deux niveaux, cavité avec 0 ou 1 photon, champ présentant deux phases possibles) comme des « porteurs » d'information, des « bits » à l'aide desquels on peut coder deux valeurs, 0 ou 1. Nos expériences peuvent être vues comme des opérations sur ces bits, qui les couplent suivant une dynamique conditionnelle. On peut par exemple considérer que le champ (0 ou 1 photon) est un bit « contrôle » et que l'atome est un bit « cible ». On peut réaliser l'expérience en cavité de sorte que si le bit contrôle est dans l'état 0, le bit cible ne change pas, et que par contre il change d'état si le bit contrôle est dans l'état 1.

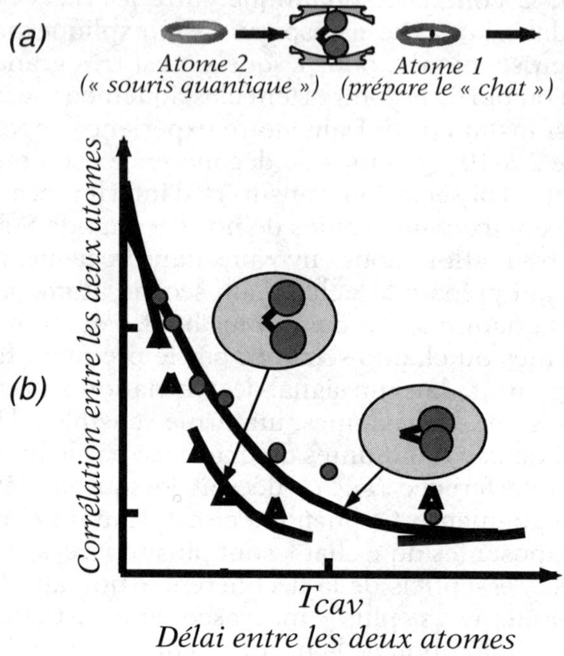

Figure 6 – Expérience de décohérence :
(a) Principe : l'atome 1 prépare la superposition d'états de phases différentes du champ dans la cavité et l'atome 2 la sonde après un délai variable.
(b) Signaux de corrélation à deux atomes en fonction du délai entre eux, obtenus en moyennant les résultats d'un grand nombre de réalisations. Le nombre moyen de photons est 3,3. L'expérience est effectuée pour deux séparations différentes des composantes du champ (cercles et triangles expérimentaux). Les courbes sont théoriques.

On obtient alors une porte conditionnelle analogue aux portes utilisées dans les ordinateurs classiques. La nouveauté de cette porte par rapport à celles des ordinateurs usuels est que les bits peuvent être mis dans des superpositions d'états. On manipule ainsi non pas seulement les valeurs 0 ou 1, mais aussi des superpositions de ces valeurs. On parle alors de bits quantiques ou « qubits ». Si on prépare le qubit contrôle dans une superposition de 0 et de 1, le fonctionnement de la porte conditionnelle génère en sortie deux bits intriqués. Cette intrication élémentaire peut être amplifiée en se servant de la sortie d'une porte comme entrée d'une porte en cascade et ainsi de suite. On peut construire de la sorte des combinaisons complexes d'opérations. L'intrication ainsi réalisée permettrait en principe d'obtenir des situations équivalentes à la superposition cohérente d'un grand nombre d'ordinateurs classiques, travaillant en parallèle et interférant entre eux. Pour certains types de calculs (comme la factorisation des grands nombres), on devrait gagner énormément en vitesse d'exécution par rapport à ce que permettent les algorithmes de calcul classiques.

Cette constatation explique en grande part l'engouement actuel pour ce type de recherche. Il faut cependant faire ici une réserve importante. La décohérence est un problème très sérieux pour ce genre de système. Ce que l'on cherche à construire ainsi n'est autre qu'un super chat de Schrödinger dont nous venons de voir la sensibilité extraordinaire au couplage avec l'environnement. Dès qu'un quantum s'échappe de l'« ordinateur », la cohérence quantique est perdue. Certains espèrent résoudre la difficulté en ajoutant des dispositifs correcteurs d'erreurs quantiques. Il s'agit de processus complexes, dont la mise en œuvre efficace est loin d'être évidente. L'avenir de l'ordinateur quantique reste — et c'est un euphémisme — bien incertain. D'autres applications de la logique quantique, moins sensibles à la décohérence, sont plus prometteuses. Le partage entre deux observateurs de paires de particules intriquées ouvre la voie à une cryptographie quantique permettant l'échange d'informations secrètes, suivant une procédure inviolable. Des expériences très encourageantes ont été réalisées en ce domaine. La téléportation quantique permet de reproduire à distance, en se servant des propriétés de l'intrication, l'état d'une particule quantique. Cet effet pourrait lui aussi être utilisé dans des dispositifs de traitement quantique de l'information.

Conclusion : la « gloire et la honte du quantum »

Au terme de cette brève exploration de la physique quantique, concluons sur un mot du physicien Archibald Wheeler, l'un des derniers survivants de la génération des fondateurs de la théorie. Réfléchissant sur ce siècle des quanta, il a parlé sous une forme lapidaire de « la gloire et de la honte du quantum ». La gloire c'est bien sûr l'immense succès de cette théorie pour nous faire comprendre la nature. La honte, c'est qu'au fond, on ne « comprend » pas la théorie. En essayant d'utiliser un langage issu de notre monde classique, on arrive à des problèmes d'interprétation troublants. En fait, beaucoup de physiciens ne se posent pas ces problèmes. La nature est ce qu'elle est, quantique sans doute, et ils l'admettent sans états d'âme, obéissant à l'injonction de Bohr à Einstein : « arrête de dire à Dieu ce qu'il doit faire » ! Pour d'autres, il manque encore une formulation de la théorie qui réconcilierait notre intuition avec le monde tel qu'il est. La nouveauté de cette fin de siècle est que ce problème, longtemps réservé aux théoriciens et aux « imagineurs » d'expériences de pensée, s'ouvre maintenant aux expériences réelles.

Réaliser ces expériences de pensée est un défi amusant et excitant. C'est un plaisir rare de pouvoir suivre *in vivo* la danse des atomes et des photons qui obéissent de façon si parfaite aux injonctions de la théorie quantique. Il faut cependant constater que ces expériences deviennent de plus en plus difficiles lorsqu'on augmente la taille du système. Maintenir ne serait-ce qu'un modèle réduit de chat de Schrödinger suspendu dans une superposition cohérente d'états est vraiment difficile. Même si l'ordinateur quantique n'est pas vraiment en vue, ce domaine de recherche nous réserve cependant encore bien des surprises. Il y aura sans doute des applications de toute cette physique, et, comme c'est souvent le cas, ce ne seront vraisemblablement pas celles que l'on prévoit.

RÉFÉRENCES

Sur l'intrication quantique et la décohérence :
– ZUREK (W.), « Decoherence and the Transition from Quantum to Classical », *Physics Today*, Vol. 44, n° 10, 1991, p. 36.

Sur les expériences d'atomes en cavité :
– BERMAN (P. R.), (éditeur), « Cavity Quantum Electrodynamics », *Academic Press*, Boston (1994).
– HAROCHE (S.), RAIMOND (J. M.) et BRUNE (M.), « Le chat de Schrödinger se prête à l'expérience », *La Recherche*, 301, Septembre 1997, p. 50.

Sur l'information quantique :
– BOUWMEESTER (D.), EKERT (A.) et ZEILINGER (A.) (éditeurs), « The physics of quantum information », *Springer Verlag*, Berlin, Heidelberg, 2000.

Quelques tests expérimentaux des fondements de la mécanique quantique (en optique)

par ALAIN ASPECT

Je vais vous parler de fondements conceptuels de la mécanique quantique, et de tests expérimentaux directs de ceux-ci. La mécanique quantique est une théorie élaborée au début du XXe siècle entre 1900 et 1925. Cette nouvelle théorie physique a eu immédiatement des succès considérables pour comprendre le monde physique qui nous entoure, de la structure de l'atome à la conduction électrique des solides. Toutes ces propriétés ne peuvent se décrire correctement que dans le cadre de la mécanique quantique.

La mécanique quantique est également le cadre naturel pour décrire l'interaction entre la lumière et la matière, par exemple pour expliquer comment la matière peut émettre de la lumière blanche quand elle est chauffée (c'est ce qui se passe dans les ampoules électriques ordinaires). Un processus d'émission particulier, l'émission stimulée, est à la base du laser dont on connaît les nombreuses applications, des lecteurs de disque compact aux télécommunications par fibre optique.

Est-il bien sérieux de vouloir tester une théorie manifestement bien confirmée par le simple fait qu'elle explique tant de phénomènes ? Nous allons montrer que la mécanique quantique a tellement bouleversé les cadres conceptuels dans lesquels s'exerçait la pensée scientifique, et même la pensée tout court, que dès son émergence les physiciens se sont préoccupé de vérifier expérimentalement ses prédictions les plus surprenantes. Cette quête n'a pas cessé, au gré des progrès techniques. Il est remarquable que la plupart de ces tests portent sur la lumière, phénomène au départ de la théorie

Texte de la 214e conférence de l'Université de tous les savoirs donnée le 1er août 2000.

quantique il y a un siècle, avec les travaux de Planck en 1900, et ceux d'Einstein sur l'effet photoélectrique en 1905.

Je vais aujourd'hui aborder deux points particulièrement fascinants dans la mécanique quantique : d'abord la dualité onde-particule ; puis les corrélations Einstein-Podolsky-Rosen, manifestation de l'intrication quantique.

À la fin du XIXe siècle, la physique est solidement établie sur deux piliers. Il y a d'un côté les particules, des corpuscules de matière, dont le mouvement est décrit par la mécanique newtonienne. Cette théorie extrêmement fructueuse est celle qui nous permet aujourd'hui de lancer des fusées aux confins du système solaire. La relativité a apporté quelques corrections à cette mécanique newtonienne, mais le cadre conceptuel a peu changé. On parle toujours de trajectoires des particules soumises à des forces. De l'autre côté il y a les ondes, au rang desquelles la lumière. L'électromagnétisme est une théorie bien établie qui explique parfaitement la propagation de la lumière, et qui a permis l'invention de dispositifs pour générer les ondes radio. Ces ondes ont des propriété typiques : elles interfèrent, elles diffractent. Pour la physique classique, les deux domaines sont parfaitement identifiés : il y a d'un côté, les particules, et de l'autre, les ondes.

La mécanique quantique au contraire mélange tout cela. Pour cette théorie, un électron est certes une particule mais aussi une onde, tandis que la lumière est non seulement une onde mais aussi une particule (le photon). Le premier test expérimental que je présenterai portera sur cette « dualité onde-particule ».

Un deuxième point radicalement incompatible avec les concepts de la physique classique a été mis en lumière en 1935 par Einstein et deux collaborateurs, Podolsky et Rosen. Ils ont en effet découvert que la mécanique quantique prévoit, dans certaines situations très rares, que deux particules peuvent avoir des corrélations étonnantes. Un long débat de nature épistémologique s'en est suivi, principalement entre Einstein et Bohr, mais sur le plan expérimental il n'était pas prouvé que ces corrélations EPR (pour Einstein, Podolsky et Rosen) pouvaient être observées dans la nature. Ce n'est qu'à partir des années 1970, après la contribution théorique de John Bell, que les expériences ont commencé à apporter une réponse. C'est à ce problème que nous allons consacrer la deuxième partie de cette conférence.

Commençons donc par la dualité onde-corpuscule, toujours aussi fascinante. Si elle a été mise en évidence dès 1925 pour l'électron, et largement confirmée depuis, la situation n'est devenue claire pour la lumière que vers les années 1970. Une expérience réalisée en 1982 à l'Institut d'Optique avec Philippe Grangier illustre particulièrement bien cette dualité. Dans un premier temps, nous analysons la lumière émise par une source *S*, à l'aide d'une lame semi-réfléchissante *B* suivie de deux détecteurs, un dans le faisceau transmis, l'autre dans le faisceau réfléchi *(Fig. 1)*. Chaque détecteur

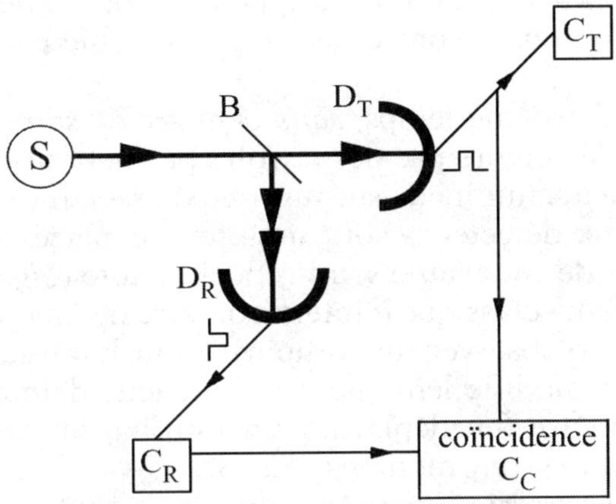

Figure 1 – Mise en évidence du caractère corpusculaire de la lumière émise par la source de photons uniques S. *On n'observe aucune détection en coïncidence sur les détecteurs* C_S *et* C_O, *placés derrière la lame semi réfléchissante* B. *Cette observation nous amène à décrire cette lumière comme formée de grains de lumière (les photons) qui sont soit transmis, soit réfléchis par* B, *mais pas divisé comme cela serait le cas pour une onde.*

(photomultiplicateur) fournit, lorsqu'il reçoit de la lumière, des impulsions électriques, d'autant plus nombreuses que la lumière est plus intense, et dont les taux sont mesurés par les compteurs C_T et C_R. Comme notre lame semi-réfléchissante est équipée (elle transmet 50 % de la lumière incidente, et elle en réfléchit 50 %), on observe des taux de comptages égaux.

Un compteur de coïncidences C_C est alors ajouté au dispositif. Il s'agit d'une sorte d'horloge extrêmement précise, capable de déterminer si deux détections dans les voies transmise et réfléchie sont simultanées à mieux que 5 milliardièmes de seconde près (5 nanosecondes). Qu'attend-on dans le cadre d'une description ondulatoire de la lumière ? L'onde incidente est partagée en deux ondes d'intensités égales, qui donnent lieu sur chaque détecteur à des impulsions produites à des instants aléatoires, mais dont les taux moyens sont égaux. On prévoit que de temps en temps, de façon aléatoire, deux détections dans les voies transmise et réfléchie se produiront simultanément : on doit observer un certain nombre de coïncidences.

Or, lorsque nous avons analysé la lumière issue d'une source très particulière, développée pour l'occasion, aucune coïncidence n'a été observée. Comme nous l'attendions, cette source émet de la lumière dont les propriétés apparaissent manifestement corpusculaires : la seule interprétation raisonnable de l'absence de coïncidences est que cette lumière se comporte non pas comme une onde, mais comme des grains de lumière séparés — des photons — qui sont soit transmis soit réfléchis, mais qui ne sont pas divisés en deux par la lame semi-réfléchissante. La source particulière permettant d'obtenir ce résultat est appelée « source de photons uniques ». Les photons y sont émis un par un, bien séparés dans le temps.

Dans un deuxième temps, *sans changer de source*, nous avons remplacé les détecteurs par des miroirs permettant de recombiner les deux faisceaux lumineux sur une deuxième lame semi-réfléchissante. Les deux détecteurs sont maintenant placés dans les deux voies de sortie de cette lame semi-réfléchissante *(Fig. 2)*. On a ainsi réalisé un schéma classique d'interféromètre de Mach-Zehnder, qui nous a permis d'observer un comportement habituel d'interférences : lorsqu'on modifie lentement la longueur d'un des deux bras de l'interféromètre (en déplaçant un miroir), on observe que les taux de comptage sont modulés *(Fig. 3)*.

Ce comportement s'interprète sans difficulté dans le cadre d'une description ondulatoire de l'expérience de la *figure 2*. L'onde incidente, décrite comme une vibration sinusoïdale du champ électromagnétique, est divisée par la première lame semi-réfléchissante en deux ondes (plus faibles) qui vont se recombiner sur la deuxième lame semi-réfléchissante. Suivant la différence des chemins parcourus entre les deux bras de l'interféromètre, les deux ondes vont se recombiner en phase ou en opposition de phase, et on comprend que le taux de comptage dépende de la différence des longueurs des deux bras.

Ainsi, dans l'expérience de la *figure 2*, la lumière émise par notre source se comporte comme une onde qui se partage en deux sur la première lame semi-réfléchissante, et qui se recombine sur la deuxième. Mais l'expérience de la *figure 1* mettait en évidence

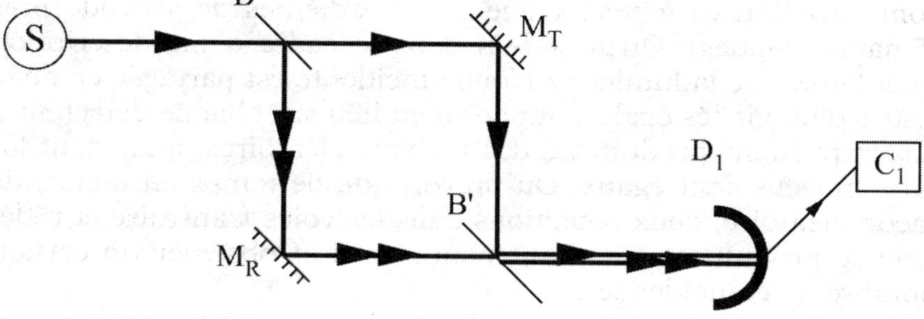

Figure 2 – Mise en évidence du caractère ondulatoire de la lumière émise par la même source S que pour l'expérience de la figure 1. Les faisceaux issus de B sont réfléchis par les miroirs M_R et M_T, puis recombinés sur une deuxième lame B', et détectés sur D_1. On observe que le taux de détection C_1 est modulé en fonction de la différence des longueurs des trajets BM_TB' et BM_RB'. Cette observation nous amène à décrire la lumière comme une onde partagée sur la lame B, et recombinée sur la lame B', ce qui donne lieu à interférence.

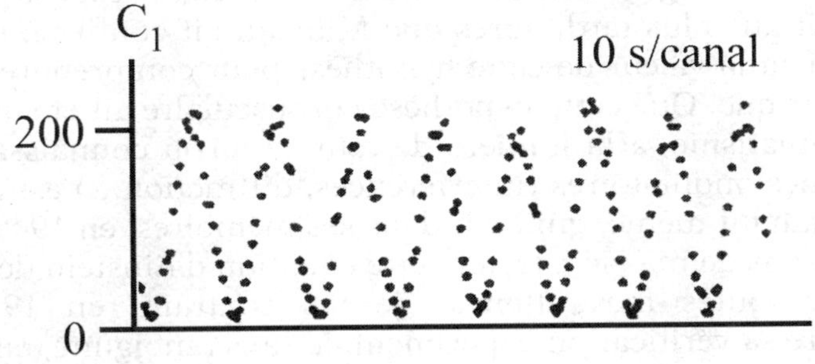

Figure 3 – Interférences à un seul photon, observées avec le montage de la figure 2. On porte le taux de comptage enregistré par le compteur C_1, *en fonction de la position du miroir* M_T. *On observe une modulation complète, de période égale à la longueur d'onde de la lumière, comme on s'y attend pour une onde. Au maximum, on détecte 200 photons en 20 secondes d'observation. La source* S *est la même que celle utilisée dans l'expérience de la figure 1.*

un comportement radicalement différent : la lumière y apparaissait formée de corpuscules — les photons — qui, au niveau de la première lame semi-réfléchissante, allaient soit dans une direction, soit dans l'autre, mais jamais des deux côtés à la fois. Or, il s'agit de la même source *S*, et de la même lame semi-réfléchissante *B*. Le problème de la dualité onde-corpuscule est contenu dans le fait que, suivant le dispositif expérimental placé après *B*, les observations nous conduisent à nous représenter la lumière soit comme une onde qui se partage en deux, soit au contraire comme un flux de corpuscules qui ne se divisent pas mais vont aléatoirement d'un côté ou de l'autre.

Les deux descriptions ne peuvent pas être réconciliées. Il s'agit d'un des problèmes conceptuels de base de la mécanique quantique. Bien que le formalisme mathématique de la mécanique quantique rende compte sans difficulté de ce double comportement, il n'existe pas d'image classique qui puisse le représenter.

Ce problème a provoqué de nombreuses interrogations et des réticences sérieuses chez de grands physiciens. Ainsi, lorsqu'en 1913 les quatre grands savants Planck, Warburg, Nernst et Rubens écrivent une lettre pour soutenir la candidature d'Einstein à l'Académie des Sciences de Prusse, ils ne peuvent s'empêcher de faire part de leurs réserves : « Il n'y a quasiment aucun grand problème de la physique moderne auquel Einstein n'a pas apporté une contribution importante. Le fait qu'il se soit parfois fourvoyé, comme par exemple dans son hypothèse des quanta de lumière, ne saurait vraiment être retenu contre lui, car il n'est pas possible d'introduire des idées fondamentalement nouvelles, même dans les sciences les plus exactes, sans prendre occasionnellement un risque. » Il est amusant de constater que c'est précisément pour cette hypothèse jugée hasardeuse qu'Einstein allait recevoir le prix Nobel huit ans plus tard, après que Millikan ait confirmé expérimentalement la valeur de cette hypothèse pour comprendre l'effet photoélectrique. Que cette hypothèse corpusculaire ait été un véritable traumatisme, à la lumière de tout ce qu'on connaissait des phénomènes ondulatoires (interférences, diffraction...) est attesté par Millikan lui-même, qui écrit dans ses mémoires, en 1949 : « Je passai dix ans de ma vie à tester cette équation d'Einstein de 1905, et, contre toutes mes attentes, je fus contraint en 1915 de reconnaître sa vérification expérimentale sans ambiguïté, en dépit de son caractère déraisonnable, car elle semblait violer tout ce que nous savions sur les interférences lumineuses... » En 1932, dans les Procès verbaux des séances de la Société des Sciences Physiques et Naturelles de Bordeaux, le jeune Alfred Kastler (futur prix Nobel de Physique pour ses travaux en optique), ne se montre pas plus rassuré : « Les efforts de conciliation de Louis de Broglie ont abouti à l'admirable synthèse de la mécanique ondulatoire ou mécanique quantique. Mais [...] une telle synthèse [...] continue à inquiéter le physicien. Pour lui, la dualité entre les aspects ondulatoires et corpusculaires de la lumière reste un mystère non résolu. »

Le mystère est-il résolu aujourd'hui ? Nous nous sommes habitués à cette dualité, mais je suis toujours incapable de vous donner une image de quelque chose qui soit en même temps une onde et un corpuscule. Tout ce que je peux vous dire c'est que le formalisme mathématique, en ce qui le concerne, englobe de façon harmonieuse et cohérente les deux concepts. Pouvons-nous nous en satisfaire ?

Les corrélations quantiques EPR posent des questions sans doute encore plus troublantes. Le problème fut posé en 1935 au travers de ce qu'on appelle l'expérience de pensée EPR, que je vais vous décrire dans sa version moderne, celle qui est devenue une expérience réelle.

Commençons par expliquer ce qu'est la polarisation de la lumière. Un faisceau lumineux peut être polarisé rectilignement, c'est-à-dire que le champ électrique lumineux oscille dans un plan bien défini, vertical, ou horizontal, ou oblique. (La polarisation peut également être circulaire, elliptique,... mais ne compliquons pas.) Un analyseur de polarisation, par exemple un prisme de Wollaston en spath d'Islande (ou le plus moderne séparateur de polarisation à couches diélectriques), permet de mesurer cette polarisation, car la lumière ne suivra pas le même trajet suivant qu'elle est polarisée dans un plan parallèle ou perpendiculaire à la direction d'analyse **a** que je suppose verticale *(Fig. 4)*. Dans le premier cas elle sort vers le haut (résultat +1), dans le deuxième elle sort vers le bas (résultat – 1). Si des compteurs de photons disposés dans les voies de sortie montrent que tous les photons sortent dans la voie + 1, je peux en conclure que la polarisation est parallèle à **a**. S'ils sortent tous dans la voie – 1, la polarisation est perpendiculaire à **a**. Dans les cas intermédiaires, les photons sont détectés aléatoirement dans l'un ou l'autre canal, et on ne peut conclure sur la polarisation qu'en tournant le polariseur pour chercher s'il existe une orientation *a'* où tous les photons sortent dans la même voie.

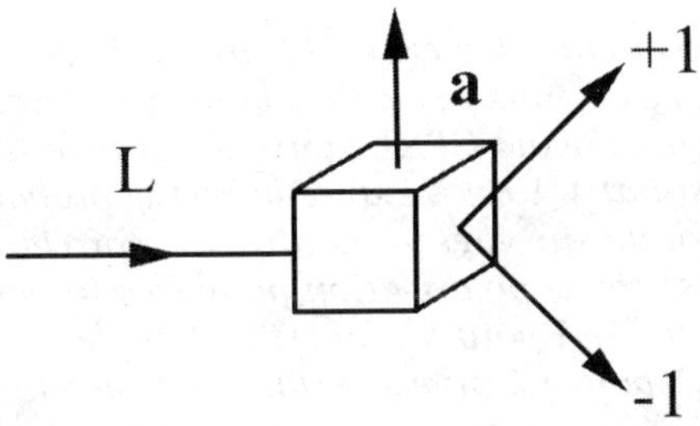

Figure 4 – Mesure de la polarisation de la lumière suivant la direction a. *Si la lumière est polarisée parallèlement à* a, *tous les photons sont détectés dans la voie de sortie* + 1. *S'ils sont polarisés perpendiculairement à* a, *ils sont détectés dans la voie* – 1. *Pour une polarisation intermédiaire, ils sortent en* + 1 *ou* – 1 *avec des probabilités dépendant de la polarisation.*

L'expérience d'Einstein-Podolsky-Rosen *(Fig. 5)* suppose que les photons sont émis par paires, dans des directions opposées, dans une situation (appelée aujourd'hui « état intriqué », ou état EPR), que nous ne savons décrire que par le formalisme de la mécanique quantique. Cet état est la superposition de deux situations faciles à décrire : dans la première (notée $|\updownarrow,\updownarrow\rangle$ en mécanique quantique), les deux photons sont polarisés verticalement ; dans la deuxième (notée $|\leftrightarrow,\leftrightarrow\rangle$ en mécanique quantique), les deux photons sont polarisés horizontalement. Mais pour l'état superposition, noté $(|\updownarrow,\updownarrow\rangle + |\leftrightarrow,\leftrightarrow\rangle)$, je n'ai plus de mots : les deux photons sont « à la fois tous les deux verticalement et tous les deux horizontalement polarisés ». Les deux photons sont liés de façon totalement indissoluble et seule la polarisation de l'ensemble, de la paire, a un sens. Dans un état intriqué, on ne peut pas parler des propriétés individuelles de chacun des photons, bien qu'ils soient en train de s'éloigner l'un de l'autre et n'interagissent plus.

À quoi puis-je m'attendre si je mesure les polarisations de ces deux photons *(Fig. 5)* ? La mécanique quantique nous donne les moyens mathématiques de calculer, pour un état intriqué, les probabilités d'observer les différents résultats : premier photon dans le canal + 1 ou – 1 de l'analyseur I, deuxième photon dans le canal + 1 ou – 1 de l'analyseur II. On peut ainsi calculer les probabilités simples, ou conjointes. Commençons par les simples. On trouve

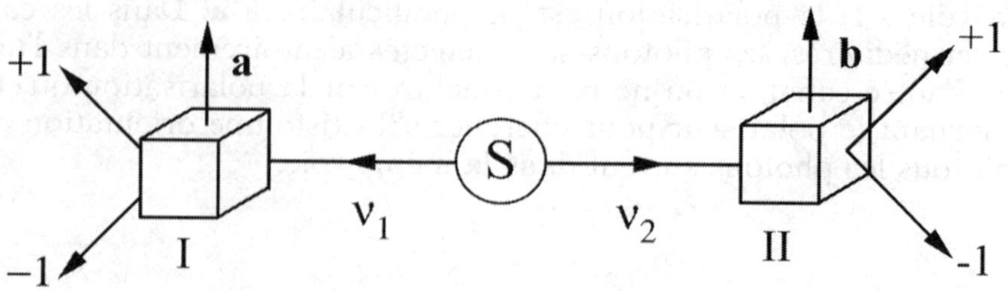

Figure 5 – Expérience de pensée d'Einstein-Podolsky-Rosen, sur des photons ν_1 *et* ν_2*, émis par paires dans des directions opposées. Pour des paires intriquées (états EPR), la mesure simple sur chaque photon donne un résultat* + 1 *ou* – 1 *avec la même probabilité* 1/2. *Mais la mesure conjointe sur* ν_1 *et* ν_2 *montre une corrélation qui est totale pour des analyseurs de polarisation parallèles* (**a** *parallèle à* **b**). *Dans ce cas, si on trouve* + 1 *pour* ν_1*, on est certain de trouver* + 1 *pour* ν_2 *; et on trouve* – 1 *pour* ν_1*, on est certain de trouver* – 1 *pour* ν_2.

par exemple que la probabilité de trouver + 1 pour le premier photon est de 1/2, quelle que soit l'orientation **a** de l'analyseur ; la probabilité de trouver – 1 est aussi de 1/2. On peut conclure que le premier photon n'a pas de polarisation définie, puisque le résultat de la mesure est totalement aléatoire quelle que soit la direction de mesure. Les mêmes résultats sont trouvés pour le deuxième photon, le résultat étant aléatoire quelle que soit la direction d'analyse **b**.

En fait, la situation se révèle beaucoup plus intéressante quand on calcule la probabilité « conjointe » des résultats pour les deux photons. On peut par exemple calculer la probabilité de trouver + 1 pour le premier photon et + 1 pour le second, les analyseurs de polarisation étant respectivement dans les orientations **a** et **b**. Si les deux analyseurs sont parallèles, l'angle entre **a** et **b** est nul, et on trouve que cette probabilité est de 1/2. On peut en conclure que les résultats de mesures qui — pris séparément — semblent aléatoires, sont en fait totalement corrélés. En effet, si la probabilité de trouver + 1 pour premier photon vaut 1/2, et que la probabilité conjointe de trouver + 1 pour le premier et + 1 pour le deuxième vaut également 1/2, alors la probabilité conditionnelle de trouver + 1 pour le deuxième quand on a trouvé + 1 pour le premier vaut 1. Une autre façon de présenter le résultat est la suivante : on a des probabilités égales de trouver + 1 ou – 1 pour le premier photon, et de même pour le deuxième. Mais si on trouve + 1 pour le premier, alors on est certain de trouver + 1 pour le deuxième. Et si on trouve – 1 pour le premier, on est certain de trouver – 1 pour le deuxième.

Einstein, Podolsky et Rosen se sont demandés comment se représenter ces corrélations prédites par la mécanique quantique entre les résultats de deux mesures effectuées à des endroits différents mais à des instants quasiment identiques.

On peut essayer de construire une image à partir du formalisme quantique. En voici une, dans laquelle on suppose que le photon ν_1 atteint le polariseur I en premier : le résultat de la mesure sur ν_1 est alors aléatoire (+ 1 ou – 1), mais aussitôt un résultat particulier obtenu, le postulat de réduction du paquet d'onde entraîne que le photon éloigné ν_2 acquiert « instantanément » la polarisation (parallèle ou perpendiculaire à **a**) trouvée pour ν_1. Cela permet de comprendre la corrélation, mais au prix d'une image inacceptable pour le père de la relativité : comment un événement situé au premier polariseur pourrait-il affecter instantanément le photon éloigné, s'il n'existe pas d'interaction se propageant plus vite que la lumière ?

En fait, on peut proposer une autre image dans l'esprit de la vision du monde défendue par Einstein, où les objets ont des propriétés physiques qui leur sont attachées, et où aucune interaction ne va plus vite que la lumière. Dans cette image, les corrélations entre les résultats de mesures en I et II sont dues à l'existence de propriétés identiques pour les deux membres de la paire. Plus précisément, on peut imaginer que lors de leur émission conjointe, les deux photons d'une même paire vont acquérir une même propriété de polarisation, qui prédétermine le résultat des mesures qui seront faites sur chaque photon. Il n'y a alors plus de difficulté à comprendre que les mesures soient corrélées. Si de plus cette propriété initiale commune fluctue aléatoirement d'une paire à l'autre, on rend compte sans problème du caractère aléatoire observé sur chaque mesure considérée séparément.

Cette image est extrêmement naturelle et raisonnable. Elle suit la démarche adoptée par des médecins qui, constatant que les jumeaux vrais sont touchés de façon corrélée par une certaine affection (les deux sont malades, ou les deux sont indemnes, mais on ne trouve jamais un jumeau malade et son frère indemne), en concluent que cette affection est de nature génétique, liée à l'existence d'un ou plusieurs chromosomes identiques.

Niels Bohr refusa immédiatement cette conclusion d'Einstein. En effet, le physicien danois était convaincu que la mécanique quantique donnait la connaissance ultime des choses, et qu'il ne pouvait donc pas y avoir de connaissance plus complète. Or le formalisme quantique décrit toutes les paires EPR par le même état quantique $(|\updownarrow,\updownarrow\rangle + |\leftrightarrow,\leftrightarrow\rangle)$, tandis que dans l'interprétation d'Einstein, les paires de photons ne sont pas toutes identiques, puisqu'il y a une caractéristique supplémentaire, cachée, qui distingue les paires : par exemple certaines sont $|\updownarrow,\updownarrow\rangle$, et d'autres sont $|\leftrightarrow,\leftrightarrow\rangle$.

Le débat entre les deux géants de la physique dura vingt ans, jusqu'à leur mort. Il ne s'agissait pas d'une divergence sur les faits, mais d'un débat sur l'interprétation de la mécanique quantique. Einstein ne remettait pas en doute le résultat du calcul quantique prévoyant les corrélations EPR. Il pensait simplement que le formalisme quantique ne constituait pas la description ultime des paires de photons, qu'il devait être complété. L'analyse de la situation EPR l'avait conduit à la conclusion qu'il y a une réalité physique sous-jacente plus fine, et qu'il fallait trouver le bon formalisme pour la décrire. Mais Bohr pensait que cette quête était vouée à l'échec, et que notre connaissance était fondamentalement limitée, les relations de Heisenberg indiquant l'existence d'une telle limite. S'il était fondamental sur le plan des concepts, ce débat purement épistémologique semblait sans grandes conséquences pour la physique.

En 1965, le problème change de nature avec l'entrée en scène de John Bell (du CERN à Genève). Poussant au bout de leur logique les idées d'Einstein, il introduit explicitement des « paramètres supplémentaires » λ (aussi parfois appelés « variables cachées ») identiques pour les deux membres d'une même paire, et déterminant le résultat de la mesure sur chaque membre de la paire. Il existe donc une fonction $A(\lambda, \mathbf{a})$ indiquant le résultat -1 ou $+1$ de la mesure au polariseur I (dans l'orientation **a**), pour un photon porteur du paramètre λ ; de façon analogue une fonction $B(\lambda, \mathbf{b})$ indique le résultat au polariseur II. Dans la source, un processus aléatoire va déterminer le paramètre λ particulier pris par chaque paire, et on le caractérise par une densité de probabilité $\rho(\lambda)$.

Une fois les quantités $A(\lambda, \mathbf{a})$, $B(\lambda, \mathbf{b})$, et $\rho(\lambda)$ données (ce qui correspond à un modèle à paramètres supplémentaires particulier), on peut en déduire les probabilités des résultats de mesures, simples ou conjointes. Il est en particulier possible de calculer le coefficient de corrélation de polarisation $E(\mathbf{a}, \mathbf{b})$ caractérisant le degré de corrélation entre les résultats de mesure, en fonction de l'angle $(\mathbf{a}, \mathbf{b})$ entre les polariseurs. L'espoir est alors de trouver un modèle particulier qui donne un coefficient de corrélation de polarisation $E(\mathbf{a}, \mathbf{b})$ identique à la prédiction $E_{MQ}(\mathbf{a}, \mathbf{b})$ de la mécanique quantique. Dans ce cas les corrélations EPR pourraient être interprétées par une image « à la Einstein ».

La découverte de Bell, c'est que cet espoir est vain. Le théorème de Bell montre qu'il est impossible de reproduire avec un modèle de ce type, *toutes* les prédictions de la mécanique quantique, pour *toutes* les orientations possibles **a** et **b** des polariseurs. Plus précisément, il s'intéresse à une quantité S combinaison des quatre coefficients de corrélation associés à deux orientations **a** et **a'** du polariseur I, et deux orientations **b** et **b'** du polariseur II. Et il montre que si ces corrélations peuvent être décrites à partir de paramètres supplémentaires suivant le schéma ci-dessus, alors S ne peut valoir plus de 2, ni moins de -2. Or il est facile de trouver des combinaisons d'orientations $(\mathbf{a}, \mathbf{a'}, \mathbf{b}, \mathbf{b'})$ pour lesquelles le résultat du calcul quantique donne une quantité S nettement supérieure à 2 (par exemple on peut avoir $S_{MQ} = 2\sqrt{2} = 2{,}83\ldots$). Dans ces situations, la *mécanique quantique viole les inégalités de Bell* : elle est donc « incompatible » avec les modèles à variables cachées.

Contrairement à ce que pensait Einstein, on ne peut donc à la fois croire aux prédictions quantiques pour les corrélations EPR, et vouloir décrire ces corrélations par ce modèle si naturel, dans le droit fil des idées d'Einstein, selon lequel les paires de photons possèdent dès le départ la propriété qui déterminera le résultat de la mesure ultérieure. À ce point, on pourrait penser que la mécanique quantique a été si souvent validée par les observations expérimentales que la cause est entendue, et qu'il faut renoncer aux modèles à paramètres supplémentaires. En fait, dans les années qui suivirent la parution de l'article de Bell, on s'aperçut que les situations d'intrication où l'incompatibilité apparaît sont extrêmement rares, et qu'il n'existait aucune donnée expérimentale permettant de trancher. Ne pouvait-on alors imaginer que le conflit entre prédictions quantiques et inégalités de Bell indiquait une frontière où la mécanique quantique atteindrait ses limites ? Pour le savoir, il fallait se tourner vers des expériences nouvelles.

Une série d'expériences fut conduite aux USA dans la première moitié des années 1970. Après quelques résultats contradictoires, ces expériences de première génération penchèrent en faveur de la mécanique quantique. Cependant, les schémas expérimentaux de l'époque ne suivaient pas vraiment le schéma idéal de la *figure 5*, et leur interprétation reposait sur un certain nombre d'hypothèses supplémentaires raisonnables certes, mais qui pouvaient être contestées par les partisans des variables cachées.

C'est pour se rapprocher du schéma idéal que nous avons construit à l'Institut d'Optique d'Orsay, au début des années 1980, une expérience bénéficiant des énormes progrès dans le domaine des lasers, de l'optoélectronique, du pilotage des expériences par ordinateur… Nous avons d'abord construit, grâce à une excitation à deux photons par deux lasers, une source de paires de photons intriqués des milliers de fois plus efficace que les sources précédentes. De plus, les progrès dans les traitements multicouches diélectriques nous ont permis de construire de véritables analyseurs de polarisation. Finalement, nous avons emprunté à la physique nucléaire les techniques de détection en coïncidence à plus de deux détecteurs, et l'ensemble nous a permis de faire en 1982, avec Philippe Grangier et Gérard Roger, une expérience suivant très exactement le schéma de la *figure 5*. Un point remarquable est qu'en une seule acquisition de durée 100 secondes, on peut mesurer les 4 taux de coïncidences N_{++}, N_{+-}, N_{-+}, et N_{--} relatifs à une orientation donnée (**a**, **b**) des polariseurs, et en déduire le coefficient de corrélation E (**a**, **b**) mesuré pour cette orientation. En répétant la mesure pour trois autres orientations (**a**, **b'**), (**a'**, **b**) et (**a'**, **b'**), on en tire une valeur mesurée S_{exp} (**a**, **a'**, **b**, **b'**) de la quantité soumise à l'inégalité de Bell. Pour un jeu d'orientations bien choisies (celui où la mécanique quantique prédit la plus grande violation), on a trouvé $S_{exp} = 2{,}697 \pm 0{,}015$ ce qui viole manifestement très fortement l'inégalité de Bell $S \leq 2$ et qui est en excellent accord avec la prédiction quantique pour cette situation expérimentale. La cause est-elle définitivement entendue ?

En fait, dès le début de notre programme, nous souhaitions aller plus loin et approfondir une question soulevée par John Bell dès son article initial : celle de la localité. De quoi s'agit-il ? Si on reprend le formalisme conduisant aux inégalités de Bell, on constate qu'il contient de façon implicite l'hypothèse que le résultat de la mesure par le polariseur I ne dépend pas de l'orientation **b** choisie pour le polariseur éloigné II (car sinon on aurait écrit $A(\lambda, \mathbf{a}, \mathbf{b})$ au lieu de $A(\lambda, \mathbf{a})$). Il en est évidemment de même pour la réponse du polariseur II que l'on suppose indépendante de l'orientation de I, et également pour la préparation des paires dans la source supposée indépendante des orientations **a** et **b** des polariseurs qui feront la mesure (puisqu'on l'écrit $\rho(\lambda)$ et non $\rho(\lambda, \mathbf{a}, \mathbf{b})$). Cette hypothèse est indispensable pour l'établissement des inégalités de Bell. Elle semble naturelle, mais comme l'a fait remarquer John Bell rien ne s'oppose, dans une expérience où les polariseurs sont statiques, à ce qu'une interaction entre les polariseurs, ou entre les polariseurs et la source, mette cette hypothèse en défaut. En revanche, si on pouvait réaliser une expérience dans laquelle les orientations des polariseurs seraient changées aléatoirement et très vite, avec des temps caractéristiques courts devant le temps de propagation de la lumière entre les polariseurs, alors l'hypothèse de localité deviendrait une conséquence immédiate du principe de causalité relativiste suivant lequel aucune interaction ne se propage plus vite que la lumière. On comprend que dans ce cas, la façon dont une paire est préparée ne puisse dépendre des orientations **a** et **b** des polariseurs qui feront la mesure, puisque ces orientations seront choisies après l'émission des photons, pendant leur propagation vers les polariseurs. Une telle expérience mettrait donc encore mieux l'accent sur le conflit entre les conceptions d'Einstein et la mécanique quantique.

Dans notre expérience, nous utilisions des analyseurs de polarisation ayant une masse de plusieurs dizaines de kilogrammes, et il était hors de question de les tourner en quelques nanosecondes. Pourtant, nous avons réussi à faire la première expérience avec polariseurs variables, avec Jean Dalibard qui était venu rejoindre notre équipe. L'astuce consistait à utiliser un aiguillage optique de notre invention, un commutateur rapide capable d'envoyer le photon ν_1 soit vers un polariseur I dans l'orientation **a**, soit vers un deuxième polariseur I' dans l'orientation **a'**. L'ensemble est équivalent à un polariseur unique basculant rapidement entre les orientations **a** et **a'**. Un dispositif analogue permet d'analyser le photon ν_2 soit suivant l'orientation **b**, soit suivant l'orientation **b'**. Les deux commutateurs rapides, placés à 12 mètres l'un de l'autre, étaient capables de basculer toutes les 10 nanosecondes, plus vite que le temps de propagation de la lumière entre eux (40 nanosecondes). Cette expérience était à la limite de ce qu'il était possible de faire en 1982, et elle n'était pas idéale parce que le basculement des polariseurs n'était pas strictement aléatoire. On avait pourtant toutes les raisons de penser que si la mécanique quantique devait être mise en défaut dans une expérience de ce type, cela se manifesterait sur les signaux expérimentaux. Mais les résultats furent sans appel en faveur de la mécanique quantique, contre les théories locales à variables cachées.

En 1998, une deuxième expérience avec polariseurs variables a abouti à Innsbruck dans l'équipe d'Anton Zeilinger. Cette expérience a tiré profit de la mise au point depuis une dizaine d'années de sources de photons EPR de troisième génération. Un avantage crucial de ces sources est que les photons peuvent être injectés dans des fibres optiques, ce qui conduit à des résultats spectaculaires. Ainsi, en utilisant le réseau de fibres optiques du téléphone Suisse, Nicolas Gisin a pu éloigner ses polariseurs à 30 kilomètres de la source ! Dans l'expérience d'Innsbruck, les photons se propagent dans 400 mètres de fibre optique seulement, mais ce délai est suffisant pour autoriser un basculement vraiment aléatoire des polariseurs. Cette expérience encore plus proche d'une expérience idéale a confirmé que même avec des polariseurs rapidement variables, on observe bien les corrélations quantiques, et on viole les inégalités de Bell.

Il faut se rendre à l'évidence : les photons intriqués ont un comportement « jumeau quantique » : les corrélations observées vont au-delà de ce qui serait explicable en terme de propriétés classiques communes, analogues à un patrimoine génétique commun. Les corrélations quantiques sont d'une autre nature, et on peut le vérifier par l'expérience.

Que conclure ? Einstein, qui ne connaissait pas le théorème de Bell, avait envisagé comme une hypothèse absurde la possibilité que l'on soit contraint de renoncer à une explication des corrélations par un modèle où chacun des photons, une fois séparé de son jumeau, possède une réalité physique autonome, et où les corrélations sont dues aux éléments communs de ces réalités physiques séparées dans l'espace temps. Si on renonçait à une telle description — nous dit Einstein — alors il faudrait :

— Soit laisser tomber l'exigence d'une existence autonome de la réalité physique présente en différentes portions de l'espace.

— Soit accepter que la mesure sur un système change (instantanément) la situation réelle de l'autre système éloigné.

La première option renonce à considérer qu'une fois les deux photons séparés dans l'espace-temps, ils constituent deux entités indépendantes. Elle conduit à admettre que deux particules intriquées, même éloignées, constituent un tout inséparable, qui ne peut être décrit que comme une entité globale. En fait, le formalisme de la mécanique quantique (où une paire intriquée est décrite par un vecteur d'état global) suggère d'accepter cette conclusion.

La deuxième option revient à accepter que des influences se propagent plus vite que la lumière, au moins au niveau des réalités physiques des systèmes séparés dans l'espace-temps. Notons ici que même si on l'accepte, cette conclusion n'entraîne pas pour autant la possibilité de transmettre plus vite que la lumière de vrais messages utilisables, dont on pourrait par exemple se servir pour déclencher le lancement d'un missile, ou pour passer un ordre à la bourse de Tokyo... ou qui nous permettrait d'assassiner nos parents avant qu'ils ne nous aient conçus !

En fait, je ne suis pas sûr que la deuxième option (il y a des influences instantanées entre les systèmes séparés) soit radicalement différente de la première (les photons intriqués constituent un tout inséparable). Comment imaginer que deux objets en interaction instantanée soient réellement séparés ? C'est pourquoi je préfère conclure que deux systèmes intriqués forment un tout inséparable dans l'espace-temps.

Pour conclure, je voudrais vous faire partager mon étonnement d'avoir vu ces discussions sur les fondements conceptuels de la Mécanique quantique, *a priori* très formelles, déboucher ces dernières années sur des idées d'applications de l'intrication quantique. Certes, il ne s'agit pas de télégraphier plus vite que la lumière. Mais en revanche la cryptographie quantique met à profit les propriétés des mesures quantiques (qui perturbent nécessairement l'état quantique du système mesuré) pour garantir qu'une communication n'a pas pu être interceptée. Vous avez aussi certainement entendu parler de téléportation quantique, expression utilisée à tort et à travers, mais phénomène qui laisse le physicien admiratif puisqu'il permet de faire une copie fidèle à distance d'un état quantique (en détruisant l'original) alors même que les lois fondamentales de la mécanique quantique nous interdisent de connaître la totalité de cet état. Quant à l'ordinateur quantique basé sur les états intriqués, il aurait une puissance de calcul formidablement plus grande que les ordinateurs actuels, à condition de savoir répondre à la question suivante (voir la conférence de Serge Haroche) : ces phénomènes quantiques sont-ils réservés à l'infiniment petit, ou peut-on les observer avec des objets macroscopiques, (pour ne pas parler d'organisme vivants comme le malheureux chat de Schrödinger) ? On sait aujourd'hui que les phénomènes de décohérence détruisent l'intrication quantique de façon d'autant plus efficace que les objets sont plus gros. Mais on n'a pas démontré l'impossibilité absolue l'intrication quantique avec des objets bien plus complexes que de simples photons. Il y a encore de beaux défis pour les expérimentateurs !

La lumière

par Michel Blay

Ce n'est qu'au XVIIe siècle que les théories physiques de la lumière, c'est-à-dire l'étude de la lumière et des phénomènes lumineux au sens où nous l'entendons encore aujourd'hui, connurent leur véritable essor. En effet, si depuis l'Antiquité les travaux sur la lumière n'ont pas manqué, la plupart d'entre eux s'inscrivent dans le cadre d'une réflexion centrée sur le problème de la vision et du regard plutôt que sur celui de la nature de la lumière.

C'est Johannes Kepler (1571-1630), prolongeant les remarquables études de Ibn-al-Haitham connu en Occident sous le nom d'Alhazen (c. 965-1039 ?), de Robert Grosseteste (1175-1253), de John Pecham (c. 1230-1292) et de Witelo ou Vitelion (c. 1230-c. 1285), qui assimile définitivement dans ses *Paralipomènes à Vitelion* (Francfort, 1604) l'œil à un dispositif optique conduisant à la formation d'une image réelle sur la rétine. L'optique physique acquiert son autonomie ; l'analyse de la lumière devient, en se libérant du problème de la sensation visuelle, un véritable objet de recherche.

Une nouvelle distribution du savoir se met alors en place avec Johannes Kepler et René Descartes (1596-1650) amenant à retenir trois champs d'investigation : la nature physique de la lumière, la transmission de l'image rétinienne au cerveau (anatomie, physiologie), et la représentation mentale. Nous ne nous attacherons ici qu'au premier de ces trois champs d'investigation : l'histoire des théories physiques de la lumière.

Texte de la 215e conférence de l'Université de tous les savoirs donnée le 2 août 2000.

La problématique mécaniste cartésienne

Le développement des théories physiques de la lumière au XVIIe siècle est associé, le plus souvent, à la construction de modèles mécaniques : comment expliquer à l'aide des seuls concepts de la physique mécaniste les propriétés connues de la lumière comme la propagation rectiligne, la réflexion, la réfraction ou la genèse des couleurs ?

Ce type d'approche a été véritablement initié par Descartes. Dans le monde plein cartésien la propagation de la lumière est caractérisée par une inclination au mouvement, une poussée, un effort, c'est-à-dire qu'elle se fait sans transport de matière.

Il n'en reste pas moins que dans les premières pages de la *Dioptrique*, publiée en 1637 après le *Discours de la méthode* avec la *Géométrie* et *Les Météores*, Descartes introduit trois « comparaisons » pour aider à concevoir la lumière « en la façon qui me semble la plus commode, pour expliquer toutes celles de ses propriétés que l'expérience nous fait connaître, et pour déduire ensuite toutes les autres qui ne peuvent pas si aisément être remarquées ». Or, dans la troisième comparaison (après celles du bâton de l'aveugle et de la cuve de raisin), consacrée à l'explication des phénomènes de la réflexion et de la réfraction, Descartes fait appel au mouvement d'une balle rencontrant une surface. C'est de l'étude de cette comparaison et de ce mouvement, dans le Discours second, que Descartes tire sa fameuse loi de la réfraction exprimant que le sinus de l'angle de réfraction et le sinus de l'angle d'incidence sont dans un rapport constant (l'expression de ce rapport, déjà présente dans un manuscrit arabe de Ibn Sahl au IXe siècle, a été retrouvée également au début du XVIIe siècle par divers savants comme Thomas Harriot et W. Snell) et que, de cela, il conclut que la lumière se déplace plus « aisément » dans les corps durs comme le cristal que dans les corps mous comme l'air.

Ce résultat est contesté dès 1657 par Pierre Fermat dans sa correspondance avec Marin Cureau de la Chambre. Fermat, en s'appuyant à la fois sur le principe affirmant que la lumière suit toujours la trajectoire qui minimise le temps du déplacement ainsi que sur sa nouvelle méthode mathématique de l'adégalisation, parvient à retrouver la loi de la réfraction mais en considérant que la vitesse de propagation de la lumière est plus grande dans les milieux rares que dans les denses.

Si la propagation de la lumière est bien considérée par Descartes comme une inclination au mouvement sans transport de matière, la troisième comparaison de la *Dioptrique*, celle de la balle, ouvre cependant la voie à une conception qui pourrait être corpusculaire de la lumière. Ainsi, tant chez Descartes que dans les discussions engagées par Fermat, se fait déjà jour le grand débat qui va gouverner le développement des théories physiques de la lumière : celle-ci est-elle une onde, c'est-à-dire un mouvement sans transport de matière ou un déplacement de matière (corpuscules, fluides, etc.) ?

Avant d'en venir à l'analyse et aux enjeux épistémologiques de ce débat, débat qui prend sa forme définitive avec les travaux de Christiaan Huygens (1629-1695) et d'Isaac Newton (1642-1727), il importe tout d'abord de faire le point sur les principales découvertes expérimentales qui ont marqué la deuxième moitié du XVIIe siècle.

Découvertes expérimentales

LA DIFFRACTION

Les premières expériences de diffraction de la lumière ont été réalisées par Francesco-Maria Grimaldi (1618-1663) et présentées dans son gros ouvrage intitulé *Physico-Mathesis de Lumine, Coloribus et Iride* (Bononiae, 1665). C'est d'ailleurs Grimaldi qui introduit le terme de diffraction pour caractériser les nouveaux phénomènes qu'il vient de découvrir.

Utilisant un faisceau très étroit de lumière naturelle, Grimaldi observe, par exemple dans une pièce sombre, que lorsqu'un petit objet est placé dans un cône lumineux émergeant d'une petite ouverture, l'ombre portée sur un écran blanc n'est pas, comme le suggère l'optique géométrique, nettement séparée de la zone lumineuse, mais que l'ombre est bordée par trois traînées lumineuses (« series lucidae ») et colorées.

Grimaldi multiplie les expériences et, à l'issue de ces travaux, rejette l'idée que les « series lucidae » pourraient être dues à la lumière directe, ou à de la lumière réfractée (les « series » ne dépendent pas de la nature de l'obstacle), ou bien encore à de la lumière réfléchie (les « series » ne dépendent pas du bord de l'obstacle). Grimaldi en conclut que la lumière doit se propager d'une autre façon bien distincte des trois précédentes et à laquelle il faut donner un nom : la diffraction.

L'OBSERVATION DE PHÉNOMÈNES D'« INTERFÉRENCE »

Les premiers travaux véritablement coordonnés sur ces phénomènes se rapportent aux observations des couleurs à la surface des lames minces. Ils furent l'œuvre de Robert Boyle (1627-1691) et apparurent dans les *Experiments and Considerations Touching Colours* (Londres, 1664).

Ces études sont prolongées par celles de Robert Hooke (1635-1703) dans son ouvrage consacré en particulier à des observations microscopiques intitulé *Micrographia* (Londres, 1665). Ce dernier remarque qu'une coloration apparaît sur une lame transparente limitée par deux surfaces réfléchissantes, de réfringence différente de celle de la lame, lorsque son épaisseur est comprise entre une limite supérieure et une inférieure au-delà desquelles ne peut être perçue aucune couleur, la lame devenant transparente. Dans le prolongement de ces expériences il réalise, entre autres, en plaçant deux lentilles l'une contre l'autre, celle dite aujourd'hui des anneaux de Newton. Ces phénomènes s'interprètent aisément depuis le début du XIXe siècle en termes d'interférence.

LA BIRÉFRINGENCE

En 1669, Érasme Bartholin (1625-1698) découvre la biréfringence en manipulant des cristaux de spath d'Islande (calcite). Il publie ses observations dans un petit Mémoire intitulé *Experimenta crystalli Islandici disdiaclastici* (Copenhague, 1669). Il y décrit en particulier comment ces cristaux dédoublent les images des objets ou des écrits sur lesquels ils sont placés et introduit les termes utilisés encore aujourd'hui, de réfraction ordinaire et de réfraction extraordinaire.

LA VITESSE DE LA LUMIÈRE

En 1676, l'astronome Ole Römer (1644-1710), alors qu'il séjourne à l'Observatoire de Paris tout nouvellement bâti, déduit des irrégularités apparentes de la période des satellites de Jupiter une méthode de mesures de la vitesse de la lumière.

Ses résultats sont publiés dans le *Journal des Sçavans* du lundi 7 décembre 1676. Römer parvient à une valeur approximative de la vitesse de la lumière de 215 000 kilomètres par seconde. Il montre ainsi que l'hypothèse cartésienne de la propagation instantanée n'est pas fondée. L'ensemble de ces mesures et observations impose une refonte complète de l'optique cartésienne.

La mise en place d'une nouvelle théorie cohérente de la nature de la lumière, susceptible de rendre compte de tous les nouveaux résultats, devient alors une tâche d'une extrême difficulté qui va occuper les savants jusqu'au milieu du XIXe siècle. Elle passe d'abord par les travaux newtoniens et la construction du fait général de la multiplicité des lumières homogènes.

Newton : le fait général de la multiplicité des lumières homogènes

Alors que l'épidémie de peste qui va ravager l'Angleterre jusqu'à l'incendie de Londres en 1666 conduit à la fermeture de l'Université, Newton mène dans son Lincolnshire natal ses premières recherches sur la lumière et les couleurs. Celles-ci apparaissent dans des Carnets de notes rédigés principalement en 1664 et 1666. À cette époque, les théories de la genèse des couleurs invoquent encore très largement les thèses aristotéliciennes. Celles-ci considèrent la lumière blanche comme pure et homogène tandis que les couleurs, caractérisées par leur éclat ou leur force, naissent d'une modification (atténuation ou obscurcissement) de la lumière incidente. La succession des couleurs est produite lorsque la lumière devient plus faible ou plus sombre : le rouge, couleur éclatante, par excellence contient plus de blanc et moins de noir que les autres couleurs, le vert plus de noir et moins de blanc que le rouge et le violet encore plus de noir. Une telle conception dénuée de tout support quantitatif susceptible de préciser le sens des concepts de force et de faiblesse, d'obscurité et de luminosité, ne trouve son fondement, son intelligibilité qu'en se référant directement aux impressions perçues par nos sens, à la manière dont subjectivement nous nous sentons affectés par telle ou telle couleur.

Quelques exemples permettent d'illustrer le sens de cette théorie et d'en préciser les diverses formes. Ainsi Giambattista della Porta (1533-1615) décrit ses expériences avec un prisme dans la proposition 26 de son *De Refractione Optices Parte libri novem* (Naples, 1558). Dans son texte, Porta stipule clairement que les couleurs dépendent de l'épaisseur du cristal traversé par la lumière, c'est-à-dire du degré de subtilité ou de finesse de la matière : les couleurs les plus vives (le rouge et le jaune) apparaissent vers le sommet, et les plus sombres (le vert et le bleu) vers la base.

Une analyse tout à fait semblable est donnée par Marco Antonio de Dominis (1566-1624) dans son *De radiis visus et lucis in vitris perspectivis et iride tractatus* (Venise, 1611) : « Nous pouvons dire qu'il y a trois couleurs intermédiaires. La première incorporation d'opacité qui assombrit d'une certaine quantité le blanc, engendre le rouge, et cette dernière est la plus lumineuse *(maxime lucidus)* des couleurs intermédiaires réparties entre les deux extrêmes, le blanc et le noir, comme cela apparaît de façon manifeste avec l'expérience du prisme *(in vitro oblongo triangulari)* ; les rayons du soleil qui pénètrent dans la partie la plus proche du sommet, dans celle qui a la moindre épaisseur et par là même le moins d'opacité, émergent rouge ; ensuite pour une épaisseur plus importante apparaît le vert et enfin, le violet pour l'épaisseur maximale [...] si l'opacité augmente apparaît le violet ou le bleu qui est la couleur la plus obscure *(maxime obscurus)*.»

Au cours du XVIIe siècle, se développent des recherches influencées par les thèses de la philosophie mécaniste et les travaux de Descartes. Ces recherches reprennent implicitement, dans le cas des théories de la genèse des couleurs, à travers la mise en place de modèles mécaniques explicites, les conceptions traditionnelles. Ainsi Descartes, prolongeant le modèle mécanique de la lumière dont nous avons précédemment donné les principaux éléments, parvient à l'idée que la multiplicité des couleurs est la représentation subjective des différentes tendances à la rotation, rotation acquise par exemple lors d'une réfraction, des boules du deuxième élément dont l'effort rectiligne correspondait à la transmission de la lumière de la source vers l'œil. Un tel modèle mécanique est dénué de tout support quantitatif : comment pourrait-on mesurer la vitesse angulaire de ces boules parfaitement inobservables et aux mouvements ou tendances aux mouvements, d'ailleurs hypothétiques ? Par conséquent, comment se fait-il que Descartes, indépendamment de toute détermination quantitative, puisse trouver, dans la correspondance établie entre la couleur perçue et la force avec laquelle les hypothétiques globules tendent à tourner, une explication satisfaisante ? Pourquoi estime-t-il avoir pleinement rendu compte de la genèse des couleurs en associant simplement, dans le cadre de son modèle mécanique, d'une part le rouge avec les globules qui tendent à tourner avec le plus de force et, d'autre part, le bleu avec les globules qui tendent à tourner avec le moins de force ?

En fait, dénuées de tout support quantitatif, ces relations associant telle vitesse de rotation ou de tendance à la rotation, à telle couleur, ne peuvent être qu'arbitraires, inspirées par la conceptualisation traditionnelle de style aristotélicien qui relie la force avec la teinte rouge, la faiblesse ou la diminution de force avec la teinte bleue. C'est la correspondance entre l'intensité de la perception subjective (le rouge par son éclat nous affectant plus que le bleu) et la force de la propension au mouvement de rotation qui donne à cette explication, aux yeux de Descartes, toute son intelligibilité et toute sa légitimité. Quelques années plus tard, en 1664, Robert Hooke imagine dans la *Micrographia* qu'au cours de la réfraction une obliquité apparaît dans la partie de l'impulsion originellement normale à la direction de propagation de la lumière (la notion du front d'onde ne sera précisée que par Christiaan Huygens en 1690). C'est cette obliquité qui permet à Robert Hooke d'expliquer la genèse des couleurs en considérant qu'une extrémité de l'impulsion oblique est plus affaiblie que l'autre et qu'ainsi se trouvent engendrées les différentes couleurs.

Ce cadre explicatif mécaniste qui fonde son intelligibilité sur des considérations subjectives est largement partagé par les contemporains de Newton. Il lui fournit le terreau dans lequel vont pouvoir s'enraciner ses recherches initiales.

Il les commence en 1664, par des expériences, dites aujourd'hui d'iridescence, inspirées par l'idée que les couleurs naissent de la lumière et de l'obscurité, à l'occasion desquelles, observant à travers un prisme deux bandes contiguës l'une claire et l'autre sombre, il constate la présence de diverses colorations dans la zone de contact. Puis, guidé par une conception corpusculaire de la lumière, il parvient en 1665 à une interprétation qui associe un modèle hétérogène de la lumière blanche (les corpuscules constituant les rayons incidents possèdent soit des vitesses soit des masses de grandeurs différentes) et un processus de la genèse des couleurs qui se situe dans le prolongement direct de la version mécaniste des théories traditionnelles de la modification. À cette date, la position de Newton reste donc très classique, du point de vue de la genèse des couleurs. Il s'attache d'ailleurs encore à l'automne 1665, comme ses contemporains, à tailler des verres de forme autre que sphérique pour résoudre le délicat problème de l'achromatisme des lentilles : on supposait alors que des verres de forme autre que sphérique pourraient remédier à ce défaut.

Au début de l'hiver 1666, Newton est cependant en possession de l'essentiel de sa théorie. C'est donc entre ces deux périodes qu'il a conçu son hypothèse définitive : il n'y a pas de surface susceptible de permettre à tous les rayons de converger en un foyer, c'est-à-dire qu'il n'y a pas de telle surface si la lumière est un mélange hétérogène de rayons différemment réfrangibles. Cette nouvelle hypothèse va constituer, pour Newton, un guide privilégié ouvrant la voie à une étude renouvelée des phénomènes de la lumière et des couleurs.

Newton reprend en premier lieu certaines des expériences de Robert Boyle contenues dans ses *Experiments and Considerations Touching Colours* (Londres 1664). Ses comptes rendus expérimentaux, comparés à ceux donnés par Boyle d'expériences identiques, sont très instructifs. Boyle, après avoir indiqué qu'une feuille d'or très fine apparaissait comme « pleine de pores », décrit le changement de couleur observé lors de la transmission de la lumière : « Mais la lumière qui traversait ces pores était, lors de son passage, si tempérée par de l'ombre et modifiée que l'œil ne discernait plus une couleur or, mais une couleur bleu-vert. » Quant à Newton, il écrit : « Les rayons réfléchis par une feuille d'or sont jaunes mais ceux qui sont transmis sont bleus comme cela apparaît en tenant une feuille d'or entre l'œil et une chandelle. » La comparaison de ces comptes rendus souligne une différence radicale dans les perceptions du même phénomène par les deux savants. Si Newton perçoit des rayons réfléchis jaunes et des rayons transmis bleus, Boyle perçoit dans la lumière transmise non pas des rayons d'une nature spécifique, mais de la lumière blanche modifiée et altérée dans sa nature par un mélange d'ombre. Boyle et Newton ne voient plus la même chose lorsqu'ils observent leurs feuilles d'or. De telles remarques pourraient être multipliées, mais c'est en décrivant les résultats fondamentaux de ses travaux sur le prisme que Newton rompt de la façon la plus nette avec les analyses classiques. En 1666 donc, Newton renouvelle totalement l'expérience du prisme en ce sens que, contrairement à ses contemporains, il se place systématiquement dans une pièce sombre, utilise un diaphragme pour limiter le faisceau incident de lumière solaire, installe le prisme dans une position correspondant au minimum de déviation, place l'écran à une grande distance du prisme, observe une tache spectrale d'une forme bien déterminée. Des conditions expérimentales, aussi bien définies et éloignées des pratiques usuelles des contemporains, soulignent la spécificité de l'expérience newtonienne du prisme et la nouveauté du regard, qui est maintenant le nôtre, de Newton. Loin d'être celle d'où aurait été déduite, comme on a l'habitude de le croire, toute la théorie, l'expérience du prisme apparaît bien plutôt comme une expérience mise en place pour développer l'hypothèse formulée antérieurement concernant la réfrangibilité spécifique des différents rayons. L'expérience du prisme au sens newtonien est une expérience construite et non donnée. Le regard, à présent porté sur la lumière et les couleurs par Newton inaugure, à proprement parler, le nôtre.

C'est en 1672 que Newton, alors qu'il vient d'être nommé *fellow* de la Royal Society pour son télescope à réflexion — il sait maintenant que la taille des verres est inutile pour résoudre les problèmes de l'achromatisme —, rédige sa célèbre lettre à Henry Oldenburg alors secrétaire de la Royal Society. Cette lettre, présentée aux membres de cette assemblée à la séance du 8 février 1672 puis publiée dans le numéro 80 du 19 février des *Philosophical Transactions* (3075-3087), constitue le véritable texte fondateur de la théorie newtonienne de la lumière et des couleurs. Il restera jusqu'en 1704 date de publication de l'*Opticks*, le seul exposé complet de sa pensée.

Sans entrer dans le détail de cette lettre, qui donne une refonte dans un style d'inspiration très baconien, requis par les membres de la Royal Society, des travaux que nous venons de présenter, Newton y formule sa théorie, sous sa forme définitive en s'appuyant sur son *Experimentum crucis*. Il va sans dire que le style de cette lettre associé à la mise en place de l'*Experimentum crucis* aidera fortement à créer l'image d'un Newton pour lequel ses acquis semblent résulter de la saisie d'un pur fait d'expérience comme s'il lisait directement les secrets de la nature.

Dans cet *Experimentum crucis* Newton utilise deux prismes et deux planches percées. Le premier prisme est placé à proximité du trou pratiqué dans le volet. Les rayons émergeant de ce prisme, produisant le spectre, passent par un petit trou réalisé dans l'une des deux planches, placée juste derrière le prisme. À 12 pieds de cette dernière, Newton fixe la deuxième planche percée également d'un trou et derrière laquelle il installe le deuxième prisme. Ce dernier peut ainsi recevoir les rayons émergeant du premier prisme. Par la rotation de ce dernier autour de son axe, tout en maintenant fixes les deux planches et le deuxième prisme, les rayons de telle ou telle espèce émergeant du premier prisme sont amenés en face du premier trou. Cela étant, seul le faisceau joignant les deux trous dans les deux planches et dont la direction, par conséquent, est constante, tombe sur le deuxième prisme (chaque faisceau parvient ainsi sous la même incidence au deuxième prisme). De cette façon, Newton peut observer sur le mur les diverses taches colorées correspondant aux divers rayons réfractés par le deuxième prisme, et constate alors que les plus réfractés (ou les moins réfractés) par le premier prisme sont encore ceux qui le sont le plus (ou le moins) par le deuxième prisme : « Et je vis, par les différentes positions de ces lieux, que la lumière tendant vers cette extrémité de l'image vers laquelle la réfraction du premier prisme avait lieu, subissait vraiment dans le second prisme une réfraction beaucoup plus importante que la lumière tendant vers l'autre extrémité. »

Là-dessus, Newton conclut que la lumière blanche est constituée de rayons différemment réfrangibles : « Et ainsi nous décelâmes que la véritable cause de la longueur de cette image n'était pas autre chose que celle-ci, à savoir que la lumière se composait de rayons différemment réfrangibles qui, sans égard à la différence de leurs incidences, étaient suivant leur degré de réfrangibilité transmis vers diverses parties du mur. »

Dans la deuxième partie de sa lettre de 1672, Newton remarque que l'*Experimentum crucis* montre que les rayons traversant le deuxième prisme conservent tout aussi bien leur couleur que leur degré de réfrangibilité. À chaque couleur correspond un certain degré de réfrangibilité, de telle sorte qu'entre la réfrangibilité et la couleur s'instaure une relation biunivoque. Par conséquent, corrélativement à leurs différences dans leurs degrés de réfrangibilité, les rayons diffèrent « dans leur disposition à présenter telle ou telle couleur particulière ». Ainsi, Newton peut conclure que « les couleurs ne sont pas des qualifications de la lumière dérivées de réfractions ou de réflexions sur les corps naturels (comme on le croit en général), mais des propriétés originelles et innées différentes suivant les rayons » de la même façon que le sont leurs degrés de réfrangibilité. Puis Newton établit que la couleur ou le degré de réfrangibilité d'un rayon donné sont inaltérables, soit par réfraction, soit par réflexion, soit encore « d'aucune autre façon que j'ai pu jusqu'à présent étudier ». Il n'en reste pas moins que des « transmutations apparentes de couleurs peuvent se produire là où s'opère tout mélange de rayons de diverses natures ». En fait, il y a deux sortes de couleurs : « les couleurs simples et primitives d'une part, leurs mélanges d'autre part ». Les couleurs primitives ou primaires étant « le rouge, le jaune, le vert, le bleu, un violet pourpre, avec aussi l'orange, l'indigo et une variété indéfinie de nuances intermédiaires ». Parmi tous les mélanges, « la composition la plus surprenante et la plus extraordinaire est celle du blanc ». Cette couleur est, de toutes celles obtenues par mélanges, la plus complexe puisque son analyse par le prisme fournit toutes les couleurs du spectre. Afin d'illustrer ce résultat, Newton imagine une expérience permettant de recomposer la lumière blanche à partir de la lumière dispersée par un prisme. Pour cela, il place une lentille convergente sur le trajet des rayons émergeant du prisme et observe que « la lumière ainsi reproduite était entièrement et parfaitement blanche, ne différant pas du tout de façon sensible de la lumière directe du soleil, sauf lorsque les verres que j'employais n'étaient pas suffisamment clairs, car dans ce cas, ils la modifieraient quelque peu vers leur couleur ». Newton conclut en affirmant que « de cela, par conséquent, il s'ensuit que le blanc est la couleur normale de la lumière ; car la lumière est un agrégat complexe de rayons dotés de toutes sortes de couleurs, qui sont dardés de façon désordonnée des différents points des corps luminescents ». Dans cette dernière proposition, la thèse de l'hétérogénéité prend sa forme définitive, et l'interprétation de l'*Experimentum crucis* acquiert toute sa force. Puisqu'à chaque degré de réfrangibilité correspond une couleur déterminée, par conséquent, les rayons susceptibles d'engendrer telle ou telle sensation de couleur et préalablement mélangés dans la lumière blanche sans perdre leur spécificité, sont, par le prisme, simplement « séparés et dispersés suivant leurs inégales réfractions sous une forme oblongue dans une succession ordonnée allant du rouge vif le moins réfracté au violet le plus réfracté ».

Dans ce texte de 1672, comme dans l'*Optique* de 1704, Newton introduit l'idée d'un nombre indéfini de lumières homogènes où prédominent sept tonalités principales. Chaque rayon se trouve caractérisé, non pas par une impression subjective, mais par un degré de réfrangibilité de telle sorte qu'il est possible, sur la base de la mesure de ces degrés de réfrangibilité de construire une échelle quantitative des rayons colorés, c'est-à-dire des rayons qui engendrent telle ou telle sensation de couleur, et ainsi, de parvenir à la mathématisation des phénomènes de la couleur (arc-en-ciel, lames minces). Newton peut ainsi expliquer pour quelles raisons telle ou telle couleur apparaît en tel ou tel endroit dans le ciel, s'il s'agit par exemple d'un arc-en-ciel, en revanche il ne dit pas dans ce cadre théorique en quoi dans sa nature le rouge diffère du bleu, ni *a fortiori* comment s'effectue la perception des couleurs.

À l'issue de ce travail expérimental se trouve établi, non pas comme le laisse entendre Newton l'hétérogénéité de la lumière blanche, mais le fait de la multiplicité des rayons différemment réfrangibles tel qu'à chaque degré de réfrangibilité corresponde une couleur donnée ; ou de façon plus concise, le fait de la multiplicité des lumières homogènes ou monochromatiques. Quelle est la nature de ce fait de la multiplicité des lumières homogènes ?

Ce fait, à partir duquel tous les phénomènes de la lumière et des couleurs vont être maintenant interprétés, présente un intérêt épistémologique tout particulier. D'une part, même s'il peut apparaître au physicien moderne comme une donnée quasi immédiate de l'expérience, ce n'est là qu'une simple impression produite par trois siècles d'utilisation et de confirmations successives dissimulant en réalité son origine hypothétique et conjecturale (voir supra) ; d'autre part, ce fait n'est établi qu'avec l'aide de l'*Experimentum crucis* qui, pour sa part, n'est construit que dans la perspective de fournir un moyen indirect pour saisir cette réalité non immédiatement perçue que constitue la multiplicité des lumières homogènes.

Ainsi, la démarche, par laquelle ce fait qui n'a pas d'existence au niveau des objets de la réalité immédiate est établi ou pour mieux dire construit, relève pour sa plus grande part du raisonnement, même si le recours à l'expérience est fondamental. À la réalité immédiatement perçue que s'efforçaient de décrire les théories traditionnelles, Newton a substitué un fait général qui va devenir le véritable objet dont traitera la science de la genèse des phénomènes de la couleur, son véritable point d'enracinement.

Nous avons souligné, plus haut, que ce qui se trouvait établi par Newton n'était pas l'hétérogénéité de la lumière blanche. Il importe de revenir brièvement sur ce point. La démonstration newtonienne associée à la mise en place de l'*Experimentum crucis* peut paraître concluante et pourtant, en aucun cas, elle n'est réellement décisive car elle repose sur l'idée que le résultat établi sur chaque rayon pris séparément est encore valable lorsque tous les rayons se trouvent mélangés. Pourquoi la lumière blanche ne serait-elle pas modifiée lors de la première réfraction de telle sorte qu'elle acquiert de nouvelles propriétés inaltérables aux réfractions suivantes ? ou bien de façon plus précise : pourquoi la première réfraction n'engendrerait-elle pas la multiplicité de lumières monochromatiques à partir d'une lumière blanche homogène ? Il est clair qu'une telle interrogation est essentiellement guidée par des conceptions homogènes de la lumière blanche qui, par conséquent, ne semblent pas dans cette perspective *a priori* incompatibles avec les résultats de l'*Experimentum crucis*. Aussi, les premières réactions anti-newtoniennes des contemporains viendront-elles principalement des tenants de l'optique des milieux qui perçurent facilement l'insuffisance de la démonstration de Newton ; mais c'est seulement au XIXe siècle que Georges Gouy, aidé d'un outillage mathématique perfectionné put conduire jusqu'à sa conclusion la critique de l'*Experimentum crucis* en répondant clairement aux questions posées ci-dessus. En revanche, l'interprétation newtonienne de l'*Experimentum crucis* se comprend parfaitement si l'on se place d'emblée comme Newton dans le cadre d'une approche corpusculaire de la lumière où le prisme n'a pour rôle que de séparer les divers corpuscules constituant la lumière incidente parvenant sur sa surface. Ainsi l'*Experimentum crucis* n'est un *Experimentum crucis* qu'au prix de l'introduction d'une hypothèse supplémentaire, non explicitée clairement par Newton, relative à la structure corpusculaire de la lumière. Une autre interprétation est possible en terme de théorie ondulatoire de la lumière. Cette dernière a donc été formulée par Georges Gouy en 1886 dans un Mémoire intitulé « Sur le mouvement lumineux », publié dans le *Journal de physique théorique* (p. 354-362) puis explicité avec soin par R. W. Wood dans son *Optique physique* de 1913 ainsi que par P. Fleury et J. P. Mathieu en 1970 dans le Tome V de leur *Physique générale et expérimentale* :

« Chaque centre lumineux dans un corps incandescent doit émettre des trains d'onde finis. On s'est jadis demandé si l'on devait considérer la lumière blanche comme formée d'un mélange de tous ces trains d'onde ou comme le résultat de leur composition. On sait aujourd'hui que la question est illusoire, en ce sens qu'on ne connaît pas d'expérience permettant de choisir entre les deux conceptions. Dans la première, les trains d'onde existent dans le faisceau de lumière blanche. Le spectroscope les sépare et ils sont capables d'interférer... Du second point de vue, les diverses vibrations émises par la source se composent en un mouvement résultant qui se propage sous la forme d'un train d'onde très court, ne présentant même plus aucun caractère de périodicité, et constituant une pulsation d'énergie rayonnante. »

Il en résulte que les thèses newtoniennes ne représentent qu'une conception possible de la lumière blanche, mais une conception privilégiée, en ce sens qu'elle permet de simplifier considérablement l'étude des phénomènes optiques. Il n'en reste pas moins que les travaux de Gouy impriment un caractère fondamentalement méthodologique au choix de l'interprétation newtonienne.

Cette discussion, associée finalement à la conception physique que l'on se fait de la lumière blanche nous conduit tout naturellement à revenir sur le débat onde/corpuscule.

Ondes et corpuscules

Très rapidement au cours du XVIIe siècle, deux grands courants se dessinent parmi les savants suivant que ceux-ci considèrent que la lumière est un corps ou bien le mouvement d'un corps sans transport de matière. Dans le premier cas, il s'agit des théories dites de l'émission dont le principal représentant est Newton, et, dans le second cas, des théories dites des milieux dont le principal représentant est Christiaan Huygens.

ISAAC NEWTON ET LES THÉORIES DE L'ÉMISSION

Il apparaît nettement, tant par la lecture des textes publiés que par celle des manuscrits, que la pensée newtonienne, bien que très prudente, est gouvernée par une conception corpusculaire de la lumière ; c'est d'ailleurs à ce prix que l'*Experimentum crucis* peut être un *Experimentum crucis*. Il faut en effet, comme nous l'avons vu, introduire l'hypothèse corpusculaire pour pouvoir conclure de la multiplicité des lumières homogènes après le premier prisme à la thèse de l'hétérogénéité de la lumière blanche.

Les sources lumineuses, suivant Newton, par exemple le soleil, émettent des corpuscules qui se propagent à travers le vide jusqu'à nos yeux. Une telle théorie permet d'expliquer assez facilement, comme Newton le montre dans la section XIV du Livre I des *Philosophiæ Naturalis Principia Mathematica* (Londres, 1687), la propagation rectiligne, la réflexion, la réfraction et la vitesse finie de la lumière. En revanche, elle reste pour l'essentiel inopérante dans le cas des autres phénomènes, en particulier lorsque interviennent des aspects périodiques. Ainsi, dans le cas des lames minces, Newton imagine sa théorie des Accès qui réintroduit d'une certaine façon la considération d'un milieu interagissant avec les rayons ou, dans un esprit plus strictement corpuscularisté, de nouvelles propriétés intrinsèques du rayon comme en témoigne, par exemple, son interprétation du phénomène de la réflexion partielle dont le rôle est si important, aujourd'hui, dans l'étude des phénomènes d'interférence. En effet, comment Newton peut-il interpréter le fait que des rayons soient ou bien transmis ou bien réfléchis en rencontrant une surface réfringente ? La réponse est donnée dans la Proposition XIII de la partie III du livre II de l'*Optique* (traduction Jean-Paul Marat) : « La raison pour laquelle les surfaces de tous les corps transparents épais réfléchissent une partie des rayons incidents et réfractent le reste, est qu'au moment de leur incidence, ces rayons se trouvent, les uns dans des Accès du facile réflexion, les autres dans des Accès de facile transmission [...] la lumière a ses Accès de facile réflexion et de facile transmission, avant de tomber sur les corps transparents : et il est à croire qu'elle les a dès qu'elle commence à émaner des corps lumineux, et qu'elle les retient durant tout son trajet. »

Ainsi, d'après Newton les Accès appartiennent probablement (« il est à croire [...] ») aux divers rayons dès leur origine de telle sorte qu'en rencontrant une surface réfringente ceux qui sont dans un Accès de facile réflexion sont réfléchis (réflexion partielle), et ceux qui sont dans un Accès de facile transmission, transmis, de façon à donner ensuite naissance, par exemple, aux anneaux colorés. La surface réfringente a donc pour rôle, non pas d'engendrer l'Accès de facile transmission, mais de sélectionner parmi l'ensemble des rayons l'atteignant ceux qui sont dans un état de facile transmission. De ce point de vue, la surface ne joue qu'un rôle d'analyseur (au même titre que le prisme vis-à-vis de la lumière blanche), chaque rayon possédant originellement tel ou tel état. Nous retrouvons dans cette saisie du phénomène le mode caractéristique d'appréhension de l'atomiste Newton.

L'interprétation du phénomène de la diffraction que Newton appelle de façon significative phénomène d'inflexion est de même extrêmement délicate dans le cadre des théories de l'émission. En effet, contrairement à Grimaldi, mais aussi à Robert Hooke qui vient de réaliser des expériences sur cette question au cours des réunions de la Royal Society, Newton n'introduit pas dans ce contexte expérimental l'idée d'un mode spécifique de propagation de la lumière. Pour lui, ces phénomènes résultent simplement d'une multiplicité de réfractions se produisant à proximité de la partie extrême de l'obstacle, soit en raison de la présence d'un milieu éthéré de densité variable entourant et pénétrant l'extrémité de l'objet placé sur le trajet de la lumière (*Lettre de Newton à Oldenburg* du 7 décembre 1675 ; Correspondance, I, 362 *sq.*) soit, comme dans les *Principia*, en faisant intervenir l'action attractive des corps frôlés sur les particules constituant les rayons : « Et les rayons en passant près des angles des corps opaques ou transparents tels que l'extrémité d'une lame de couteau, d'une pièce de monnaie, d'un morceau de verre, ou de pierre, etc. s'infléchissent autour de ces corps comme s'ils en étaient attirés : c'est ce qu'a découvert Grimaldi il y a longtemps en faisant entrer un rayon de lumière par un trou dans une chambre obscure, et ce que j'ai vérifié » (Livre I, section XIV).

Newton réalise au cours des années 1690 d'intéressantes observations, sans signaler néanmoins la présence de franges à l'intérieur de l'ombre, lorsqu'il présente ses résultats sur la diffraction-inflexion dans la troisième partie de l'*Optique*.

CHRISTIAAN HUYGENS ET LES CONCEPTIONS ONDULATOIRES

À l'inverse de la théorie newtonienne, celle de Huygens s'inscrit pleinement dans le cadre des théories des milieux. Cependant, par son approche très subtile du mode de propagation de la lumière, Huygens renouvelle l'ancien concept géométrique de rayon et dépasse très largement les travaux antérieurs de Thomas Hobbes (1588-1679), Robert Hooke (1635-1703), Isaac Barrow (1630-1677) ou Ignace-Gaston Pardies (1636-1673). En effet, dans le *Traité de la lumière* (Leyde, 1690), dont les premières rédactions datent de 1677-1678, Huygens compare la lumière au son et, en conséquence, assimile la lumière à la propagation, dans le temps, d'une vibration longitudinale, c'est-à-dire parallèle au rayon, à travers un milieu ou éther matériel. L'analyse du mouvement se produisant dans la matière éthérée conduit Huygens à considérer que tous les points d'une onde — il ne fait pas d'hypothèse sur sa périodicité — peuvent être le siège d'un nouvel ébranlement. Leur enveloppe constitue alors une nouvelle surface d'onde susceptible de se propager indéfiniment : « Il y a encore à considérer dans l'émanation de ces ondes, que chaque particule de la matière, dans laquelle une onde s'étend, ne doit pas communiquer son mouvement seulement à la particule prochaine, qui est dans la ligne droite tirée du point lumineux ; mais qu'elle en donne aussi nécessairement à toutes les autres qui la touchent, et qui s'opposent à son mouvement » (*Traité de la lumière*, p. 17).

Huygens dégage ainsi le cadre général du célèbre « Principe de Huygens-Fresnel » ou principe de l'enveloppe des ondes élémentaires dont le rôle est si important dans la construction de l'optique de Fresnel et dans la compréhension des phénomènes de diffraction au XIXe siècle, lorsque le développement de l'analyse mathématique permet enfin d'utiliser ce principe de façon pertinente. En effet, le modèle proposé par Huygens rend déjà très difficile, à strictement parler, l'interprétation de la propagation rectiligne si l'on ne possède pas une conceptualisation mathématisée adéquate. Newton dans la huitième section de ses *Principia intitulée* « De la propagation du mouvement dans les fluides » avait déjà soulevé les difficultés liées à la diffusion du mouvement lorsque celui-ci s'effectue dans un fluide ou plus exactement lorsque le fluide sert de support à la transmission du mouvement. Le titre de la Proposition XLII est à cet égard tout à fait révélateur : « Tout mouvement propagé dans un fluide s'éloigne de la ligne droite dans des espaces immobiles. »

S'appuyant toujours sur son modèle théorique, Huygens s'attache ensuite à rendre compte de la réfraction. Il est, contrairement à Newton et aux tenants des théories de l'émission, conduit à démontrer, comme Pierre Fermat que la lumière dans le cadre de sa théorie se propage plus vite dans l'air que, par exemple, dans le verre. Ces conséquences divergentes des théories de l'émission et des milieux seront mises à profit dans la première moitié du XIXe siècle pour rejeter, à la suite des expériences d'Hippolyte Fizeau (1819-1896) et de Léon Foucault (1819-1868), les théories de l'émission. En outre, dans la réfraction de Huygens et contrairement par exemple à l'approche hookienne dans la *Micrographia*, le front d'onde reste perpendiculaire à la direction de propagation.

Huygens consacre le chapitre V de son *Traité de la lumière* à étudier très longuement, avec beaucoup d'élégance, le phénomène de la double réfraction du spath d'Islande. À cette fin, il suppose que deux ondes se propagent avec des vitesses différentes à l'intérieur du spath : l'une ordinaire ou sphérique, l'autre extraordinaire ou elliptique (ellipsoïde de révolution). Il montre alors que la répartition régulière des parties constitutives du spath (réseau rhomboédrique) permet le dédoublement de la vitesse à l'intérieur du cristal et la réfraction des deux ondes conformément aux observations d'Érasme Bartholin.

À la fin de son analyse de la biréfringence, Huygens remarque, sans en donner d'interprétation, que les deux rayons issus d'un premier spath n'ont plus relativement à un second les mêmes comportements, et que, suivant les orientations respectives des deux cristaux, le nombre des rayons émergents comme leurs intensités varient.

Quoique Newton ne traite pas du spath d'Islande dans les grandes parties de son *Optique*, il y consacre cependant, dans le Troisième livre, les Questions 25 et 26. L'opposition existant entre le style de l'optique newtonienne et le style de l'optique hugonienne est saisissante. Newton conclut en effet : « Chaque rayon de lumière a donc deux côtés opposés doués d'une propriété essentielle, d'où dépend la réfraction extraordinaire, et deux autres côtés qui n'ont pas cette propriété. » (*Optique*, traduction de Jean-Paul Marat) Ainsi, de la réflexion partielle à la double réfraction, le rayon lumineux acquiert progressivement de nouvelles propriétés et devient bien complexe.

C'est Étienne-Louis Malus (1775-1812) qui introduit au tout début du XIXe siècle, dans le cadre de sa théorie corpuscularise, le terme de polarisation. Cette théorie, développée quelques années plus tard par Jean-Baptiste Biot (1774-1862), est rapidement supplantée par l'optique ondulatoire fresnelienne reposant sur l'hypothèse de la transversalité des vibrations lumineuses.

Si Huygens a magnifiquement traité de la double réfraction du spath d'Islande, il a, en revanche, laissé de côté l'analyse des phénomènes de la diffraction et des lames minces. Il est remarquable de constater que ces phénomènes, qui seront centraux dans l'élaboration des théories ondulatoires de la lumière au XIXe siècle sont absents des écrits de Huygens. Il n'a, tout simplement, dans le cadre de sa théorie, pu en donner une analyse cohérente et pleinement satisfaisante. Il a donc préféré ne rien présenter à la postérité.

Le dépassement du double aspect de la lumière

Au XVIIIe siècle newtonien et corpuscularise succède, après les expériences de Fizeau et Foucault et les splendides travaux théoriques d'Augustin Fresnel (1788 1827), un XIXe siècle ondulatoire. Celui-ci, tout d'abord marqué par l'hypothétique éther de Fresnel aux propriétés mécaniques difficilement conciliables, est ensuite investi, à partir des années 1870, par la théorie électromagnétique de James Clerk Maxwell (1831-1879).

Maxwell conclut, sur la base de ses fameuses Équations, que dans le cas d'un signal électromagnétique variable le milieu diélectrique peut être le siège d'ondes transversales dont la vitesse de propagation est similaire à celle de la lumière. Ainsi se trouvent rapprochés l'éther lumineux de Fresnel et l'éther des actions électromagnétiques. Cette intégration de la lumière dans les phénomènes électromagnétiques oriente alors Maxwell vers le délicat problème du mouvement relatif de la terre et de l'éther. Ce problème culmine avec la mise en place en 1887 de la célèbre expérience de Michelson et Morley, expérience qui conduit finalement à conclure qu'il est impossible, au moyen d'une expérience physique quelle qu'elle soit, de détecter le mouvement de la terre par rapport à l'éther. La voie est ouverte pour les théories einsteiniennes.

En 1905, Albert Einstein (1879-1955) publie simultanément son Mémoire sur l'électrodynamique des corps en mouvement qui pose les bases de la théorie de la relativité et celui sur l'effet photoélectrique qui introduit, en fait, l'hypothèse des quanta de lumière. Ce dernier Mémoire remet donc en question la nature strictement ondulatoire et continue de la lumière défendue au XIXe siècle.

C'est cette « double nature » de la lumière que Louis de Broglie (1892-1987) tente de comprendre et d'interpréter dans ses *Recherches sur la théorie des quanta* de 1924. Il émet dans sa thèse l'hypothèse que la dualité onde-corpuscule est une propriété générale des objets microscopiques et que la matière présente, comme la lumière, un double aspect ondulatoire et corpusculaire. Cette hypothèse se trouvera très vite confirmée par l'observation de phénomènes de diffraction avec des électrons (Expériences de Davisson et Germer en 1927, de G. P. Thomson en 1928 et de Rupp la même année).

En généralisant la notion d'ondes de matière, Erwin Schrödinger (1887-1961) parvient à l'équation bien connue de propagation de la fonction d'onde représentant un système quantique donné, associé au concept d'amplitude de probabilité qui donne son assise à celui de photon, ni onde ni particule. Finalement, l'élégant formalisme de la théorie quantique est mis en place autour des années 1925-1930 par Paul Dirac (1902-1984), Niels Bohr (1885-1962) et Werner Heisenberg (1901-1976). Il fixe le cadre à l'intérieur duquel les phénomènes lumineux sont aujourd'hui étudiés.

RÉFÉRENCES

– Blay (M.), *La Conceptualisation newtonienne des phénomènes de la couleur*, Paris, Vrin, 1983.
– Crombie (A. C.), *Robert Grosseteste and the Origins of Experimental Science, 1100-1700*, Oxford, Clarendon Press, 1971 (première éd., 1953).

– HALL (A. R.), *All was Light. An Introduction to Newton's Optick*, Oxford, Clarendon Press, 1993.
– MAITTE (B.), *La Lumière*, Paris, Le Seuil, 1981.
– RONCHI (V.), *Histoire de la lumière*, Paris, A. Colin, 1956.
– RASHED (R.), *Géométrie et Dioptrique au xe siècle. Ibn Sahl, Al-Qûhi et Ibn Al-Haytham*, Paris, Les Belles lettres, 1993.
– SABRA (A. I.), *Theories of Light from Descartes to Newton*, Cambridge University Press, 1981 (première éd. 1967).
– SIMON (G.), *Le Regard, l'être et l'apparence dans l'optique de l'Antiquité*, Paris, Le Seuil, 1988.

Les lasers

par ÉLISABETH GIACOBINO

Inventé il y a quarante ans, le laser reste un instrument un peu mystérieux, voire mythique, dont la notoriété dans le grand public doit beaucoup à la *Guerre des étoiles*. Le combat au sabre laser ou le laser rayon de la mort sont beaucoup mieux connus que d'autres utilisations, bien réelles celles-là, qui ont changé notre vie. Quand vous décrochez votre téléphone pour appeler au-delà de votre voisinage immédiat, il y a de fortes chances que votre conversation soit transmise par un laser, car les câbles téléphoniques sont maintenant en grande partie remplacés par des fibres optiques où circule la lumière laser. Sans les télécommunications par laser, capables de transmettre de très hauts débits d'information, l'expansion de l'Internet n'aurait pas été possible.

Depuis que le premier laser, un laser rouge à rubis, a fonctionné en 1960, la diversité des lasers en couleur, taille et puissance n'a fait que croître. Les plus petits lasers sont si minuscules qu'on ne peut les voir qu'au microscope, les plus gros consomment autant d'électricité qu'une ville moyenne, et nécessitent de véritables immeubles pour les abriter *(Fig. 1)*. Leurs longueurs d'onde dépassent largement les couleurs du spectre visible pour s'étendre des rayons X à l'infrarouge lointain.

Les lasers ont en commun la faculté d'émettre des rayons très parallèles, d'une couleur pure. D'où vient cette lumière extraordinaire, inconnue dans la nature et si différente de la lumière classique émise par une lampe ?

Texte de la 216e conférence de l'Université de tous les savoirs donnée le 3 août 2000.

100 microlasers à semi-conducteur, 1 mW continu

Nova : laser pour la fusion thermonucléaire, 16 TW, 2,5 ns

Figure 1 – Il existe des lasers de toutes tailles, depuis des lasers à semi-conducteurs microscopiques, jusqu'aux lasers ultra-puissants pour la fusion thermonucléaire, qui remplissent un immeuble.

L'émission stimulée, principe de base du laser

Comme dans une lampe ou dans un tube fluorescent, ce sont des atomes ou des molécules qui produisent la lumière. Quand les atomes sont chauffés, excités par un courant électrique ou quand ils absorbent de la lumière, leurs électrons gagnent de l'énergie. Mais ils ne peuvent stocker l'énergie que de manière très spécifique. Ainsi que l'a montré Niels Bohr en 1913, les atomes ont des niveaux d'énergie bien précis, dits quantifiés, entre lesquels ils peuvent transiter. Ce faisant, l'atome absorbe ou émet une particule de lumière dénommée photon, dont l'existence, tout d'abord postulée par Max Planck en 1900, a été affirmée par Einstein en 1905 *(Fig. 2)*. De même que les niveaux d'énergie de l'atome, l'énergie du photon échangé et donc sa longueur d'onde et sa couleur qui s'en déduisent, sont déterminées par le type d'atome ou de molécule concerné.

Dans les lampes habituelles, on fournit de l'énergie aux atomes avec un courant électrique, c'est-à-dire qu'on met un certain nombre de leurs électrons dans les états supérieurs ou « excités ». Ils en redescendent rapidement et retombent vers l'état de plus basse énergie en émettant de la lumière de manière spontanée et désordonnée, dans toutes les directions et sur plusieurs longueurs d'onde.

Mais outre cette émission spontanée, il existe un autre processus, découvert par Einstein en 1917, appelé émission stimulée. C'est lui qui est à la base du fonctionnement du laser. Laser est d'ailleurs un acronyme pour *Light Amplification by Stimulated Emission of*

Niels Max Albert

Figure 2 – Les travaux de Max Planck, Niels Bohr et Albert Einstein ont permis de comprendre l'interaction des atomes avec les particules de lumière, les photons.

Radiation (amplification de lumière par émission stimulée de rayonnement). La lumière peut forcer l'atome à redescendre de son état excité en cédant son énergie : un photon frappe un atome et deux photons en ressortent. L'intérêt de ce processus est que la lumière émise est exactement identique à la lumière incidente ; elle va dans la même direction, et les deux ondes sont exactement en accord de phase. L'émission stimulée produit ainsi une multiplication de photons identiques et une amplification cohérente de l'onde.

L'idée du laser a été proposée en 1958 par deux physiciens américains, C. H. Townes et A. L. Schawlow, et à peu près dans le même temps par les Soviétiques V. A. Fabrikant, A. M. Prokhorov et N. G. Basov. Townes, Basov et Prokhorov ont d'ailleurs eu le prix Nobel en 1964 pour cette invention. Schawlow l'a eu beaucoup plus tard, en 1981. Townes avait déjà inventé, quelques années auparavant, le « maser » qui est un laser fonctionnant en micro-ondes sur les mêmes idées. Mais on peut remarquer que tous les principes étaient là dans les années 1920. Est-ce à dire que le laser aurait pu être inventé bien avant ?

Le principal problème à résoudre était que l'émission stimulée est en compétition avec les autres voies d'interaction de la lumière avec les atomes. L'une d'elles est l'émission spontanée, déjà mentionnée plus haut, l'autre est l'absorption, par laquelle un photon arrivant sur un atome placé dans un certain niveau d'énergie disparaît tandis que l'atome passe dans un niveau d'énergie supérieure. Pour que l'absorption, comme d'ailleurs l'émission stimulée, se produise, il faut que l'énergie du photon corresponde exactement à l'énergie dont l'atome a besoin pour effectuer la transition entre les deux niveaux d'énergie. Les deux processus sont aussi probables l'un que l'autre, et celui qui domine dépend de la répartition des atomes entre les deux niveaux d'énergie concernés par la transition. Considérons, comme sur la *figure 1*, un ensemble de photons arrivant sur un groupe d'atomes. Si les atomes situés dans le niveau inférieur de la transition sont majoritaires, il se produit plus d'absorptions que d'émissions stimulées et le nombre de photons diminue. Au contraire, si les atomes du niveau supérieur sont majoritaires, c'est l'émission stimulée qui domine, et il ressort plus de photons qu'il n'y en avait au départ *(Fig. 3)*. Quand le nombre de photons est assez grand, l'émission stimulée devient beaucoup plus fréquente que l'émission spontanée.

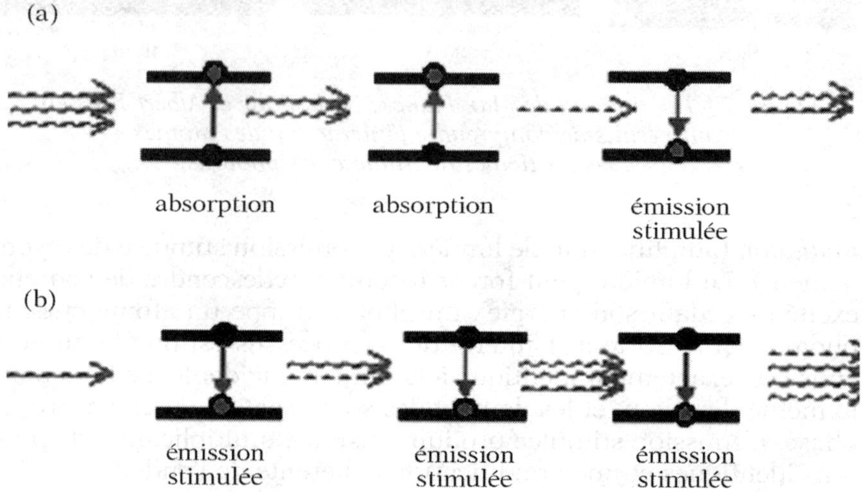

Figure 3 – La compétition entre l'absorption et l'émission stimulée se traduit par un affaiblissement de la lumière s'il y a plus d'atomes dans l'état inférieur que dans l'état supérieur (a), par une amplification dans le cas contraire (b).

En général, les atomes se trouvent dans les niveaux d'énergie les plus bas et la population dans les différents niveaux diminue au fur et à mesure que l'on monte. Pour faire fonctionner un laser, il faut mettre les molécules ou les atomes dans des conditions complètement anormales, où cette répartition est renversée. La population d'un certain niveau doit être plus grande que celle d'un des niveaux inférieurs : on parle d'inversion de population. L'émission stimulée peut alors l'emporter sur l'absorption.

Cette situation est difficile à réaliser et les scientifiques se sont basés sur des études de spectroscopie qui avaient été faites dans de nombreux matériaux, aussi bien gaz, liquides que solides pour déterminer ceux qui présentaient les caractéristiques les plus favorables. Dans certains lasers, on utilise un courant électrique pour porter une majorité d'atomes dans un état excité et les préparer pour l'émission stimulée ; dans d'autres, c'est une source auxiliaire de lumière (une lampe ou un autre laser) qui « pompe » les atomes vers le niveau supérieur. C'est le physicien français Alfred Kastler qui a le premier proposé l'idée du pompage optique, pour lequel il a reçu le prix Nobel de Physique en 1966.

Si l'amplification lors d'un passage dans le matériau en question n'est pas très forte, on peut la renforcer en refaisant passer l'onde dans le milieu grâce à un miroir, et même plusieurs fois avec deux miroirs, un à chaque extrémité. À chaque passage l'onde lumineuse accumule un certain gain qui dépend du nombre d'atomes portés dans l'état supérieur par le pompage. On pourrait penser que dans ces conditions l'onde est amplifiée indéfiniment. De fait, il n'en est rien. À chaque passage, l'onde subit aussi des pertes, pertes inévitables dues à l'absorption résiduelle du milieu et des autres éléments qui constituent le laser et surtout pertes à travers les miroirs pour constituer le faisceau laser utilisable à l'extérieur. L'onde grandit jusqu'à ce que le gain équilibre les pertes et le régime laser s'établit de manière stable dans la cavité formée par les deux miroirs. L'intensité du faisceau laser qui sort de cette cavité dépend à la fois du gain disponible dans le milieu matériel et de la transparence des miroirs. Le faisceau est d'autant plus parallèle et directif qu'il aura parcouru un grand trajet entre les deux miroirs de la cavité.

Des lasers de toutes sortes

Suite à la publication de l'article où Townes et Schawlow exposaient leur idée, une compétition féroce s'engage dans le monde entier pour mettre en évidence expérimentalement cet effet nouveau. Suivant de près le laser à rubis, mis au point par T. Maiman en juillet 1960, deux autres lasers fonctionnent cette année-là également aux États-Unis. L'un d'eux est le laser à hélium-néon, dont le faisceau rouge a longtemps été utilisé pour le pointage et l'alignement. Il est maintenant détrôné par le laser à semi-conducteur, qui a fonctionné pour la première fois en 1962. Ce sont des lasers à semi-conducteur qui sont utilisés dans les réseaux de télécommunications optiques. Au début des années 1960, une floraison de nouveaux lasers voit le jour, comme le laser à néodyme, dans l'infrarouge, très utilisé à l'heure actuelle pour produire des faisceaux de haute puissance, le laser à argon ionisé vert qui sert aux ophtalmologistes pour traiter les décollements de la rétine, ou le laser à gaz carbonique, infrarouge, instrument de base dans les découpes et les traitements de surface en métallurgie.

Après les nombreux allers-retours qu'il fait entre les deux miroirs avant de sortir, le faisceau d'un laser est très parallèle et peut être focalisé sur une surface très petite, ce qui permet de concentrer une très grande puissance lumineuse. Comme elle est due à la multiplication de photons identiques, la lumière laser est une onde pratiquement monochromatique, d'une couleur très pure. Il existe aussi un autre mode de fonctionnement, dans lequel toute l'énergie du laser est condensée sur des séries d'impulsions extrêmement brèves. Le record du monde se situe actuellement à quelques femtosecondes, soit quelques millionièmes de milliardièmes de seconde. Pendant ce temps très court se comprime toute la puissance du laser, qui peut alors atteindre plus de 100 térawatts, ou 100 000 milliards de watts, soit la puissance que fournissent 100 000 centrales électriques. On conçoit que cette impulsion ne peut pas durer longtemps ! De fait si une telle impulsion dure 10 femtosecondes, elle ne contient qu'une énergie modeste, 1 joule, ou 1/4 calorie.

Des applications très variées

Ce sont les qualités extraordinaires de la lumière laser qui sont exploitées dans les diverses applications, aussi bien dans la vie courante que dans les domaines de haute technologie ou pour la recherche. Le faisceau très parallèle émis par les lasers est utilisé aussi bien pour la lecture des disques compacts que pour le pointage et les relevés topographiques et pour le guidage des engins ou des missiles. Lorsque de plus le laser émet des impulsions brèves, il est aisé de mesurer la distance qui le sépare d'un objet éloigné : il suffit que ce dernier soit tant soit peu réfléchissant. On mesure le temps d'aller-retour d'une impulsion entre le laser et l'objet, impulsion qui se propage à la vitesse de la lumière, environ 300 000 km/s. Certaines automobiles seront bientôt porteuses d'un petit laser qui permettra de connaître la distance de la voiture précédente et de la maintenir constante. Un « profilomètre » laser en cours de développement permettra aux aveugles d'explorer les obstacles dans leur environnement bien plus efficacement qu'avec une canne blanche. Encore plus ambitieuse est la mesure de la distance de la terre à la lune : plusieurs observatoires, comme celui de la Côte d'Azur à Grasse, possèdent un laser dirigé vers la Lune. Il se réfléchit à la surface de la Lune sur des réflecteurs placés là par les missions Apollo, et revient, certes très affaibli, mais encore détectable sur terre *(Fig. 4)*. C'est ainsi que l'on sait que la lune s'éloigne de la terre de 3,8 cm par an ! La recherche des ondes gravitationnelles prédites par Einstein en 1918, mais jamais observées directement, utilise aussi un laser. Une onde gravitationnelle passant sur Terre modifie très légèrement les longueurs. Un laser permet de comparer avec une précision incroyable la longueur de deux bras d'un appareil appelé interféromètre où le faisseau laser circule. On espère détecter une variation de longueur bien inférieure au rayon d'un noyau d'atome sur une distance de plusieurs kilomètres.

Figure 4 – Mesure de la distance Terre-Lune. Un faisceau laser, envoyé de l'Observatoire de Grasse est renvoyé par des réflecteurs placés sur la Lune. En mesurant le temps d'aller-retour d'une impulsion laser, on détermine la distance Terre-Lune au centimètre près.

Les télécommunications optiques bénéficient aussi de cette possibilité qu'ont les lasers de former des faisceaux très fins et modulables en impulsions très brèves. Les câbles en cuivre ont été remplacés en grande partie par des câbles optiques dont le réseau s'étend aussi bien sous les océans que sur les continents. Dans ces câbles, des fibres optiques, fins cheveux de verre, guident les faisceaux lasers de l'émetteur au récepteur. Sur ces lasers sont inscrits en code numérique aussi bien les conversations téléphoniques que les données pour l'Internet. Les câbles transocéaniques les plus récents atteignent des capacités de transmission fabuleuses, équivalentes à plusieurs millions de communications téléphoniques. De nouveaux câbles assortis de lasers et de systèmes optiques de plus en plus performants vont permettre à la « toile » mondiale de continuer à se développer à un rythme toujours plus effréné. Une fois focalisé, le faisceau laser concentre une grande énergie. C'est ce qu'utilisent les imprimantes lasers avec des puissances relativement modestes. Les capacités de découpe et de perçage des lasers de grandes énergies comme le laser à gaz carbonique, sont largement exploitées en mécanique. Les lasers sont aussi utilisés couramment pour nettoyer les monuments historiques. Le laser permet d'enlever très exactement la couche de pollution qui s'est accumulée sur la pierre sans endommager cette dernière. En chirurgie le laser fait merveille en particulier en ophtalmologie où il remplace les bistouris les plus précis, et en dermatologie, où il permet des traitements esthétiques ou curatifs de nombreuses affections : verrues, tatouages ou rides disparaissent grâce au laser.

À la frontière extrême des lasers de puissance se situe le projet français de laser « Mégajoule » et son équivalent américain NIF (pour *National Ignition Facility*), dans lequel 240 faisceaux lasers seront focalisés pendant 16 nanosecondes avec une puissance totale de 500 Térawatts sur une cible de quelques millimètres carrés. La température de la matière située au point focal est portée à plusieurs millions de degrés. L'objectif principal est de produire la fusion thermonucléaire par laser, mais ces lasers sont aussi susceptibles de contribuer à la recherche sur la matière soumise aux conditions extrêmes qui règnent dans les étoiles.

Le laser est devenu un instrument de choix pour nombre de recherches fondamentales. En physique, la réponse optique des atomes lorsqu'on les éclaire par un laser est souvent une signature irremplaçable de leurs propriétés et permet de détecter et d'identifier des traces infimes de produits divers. En chimie et en biologie, on assiste à la naissance d'une nouvelle discipline : le femtochimie laser. Si les réactions chimiques d'ensemble prennent parfois plusieurs secondes ou minutes, au niveau des atomes, tout se passe à l'échelle de la femtoseconde. Pour sonder ce domaine, on envoie une impulsion laser ultra-brève qui est capable de déclencher à volonté des réactions de décomposition ou de recombinaison de molécules. D'autres impulsions envoyées quelques femtosecondes plus tard permettent de suivre l'évolution du système et de faire de véritables photographies en temps réel de la réaction chimique.

Exploitant la connaissance, accumulée par les chercheurs, des longueurs d'onde que peuvent absorber les molécules, la détection de la pollution atmosphérique par laser est appelée à se développer largement. La méthode LIDAR (pour *Light Detection and Ranging*, détection et mesure de distance par la lumière) utilise un laser de la couleur adéquate pour révéler la présence dans l'air des molécules indésirables, comme les oxydes d'azote ou l'ozone. Le laser envoie des impulsions vers la zone polluée. Une faible partie de celles-ci est diffusée en sens inverse, et l'analyse de la lumière qui revient permet de déterminer la concentration en polluant. Le temps d'aller-retour des impulsions donne quant à lui la distance et la dimension du nuage polluant *(Fig. 5)*. En balayant le laser dans toutes les directions, on peut ainsi réaliser une véritable carte à 3 dimensions de la composition atmosphérique. Des LIDAR sont déjà en fonctionnement ou en test dans plusieurs grandes villes françaises.

Le laser est issu de l'imagination de quelques chercheurs qui voulaient avant tout mettre en évidence de nouveaux concepts scientifiques. Même si ses inventeurs avaient imaginé quelques-unes des utilisations du laser, ils étaient loin de soupçonner les succès

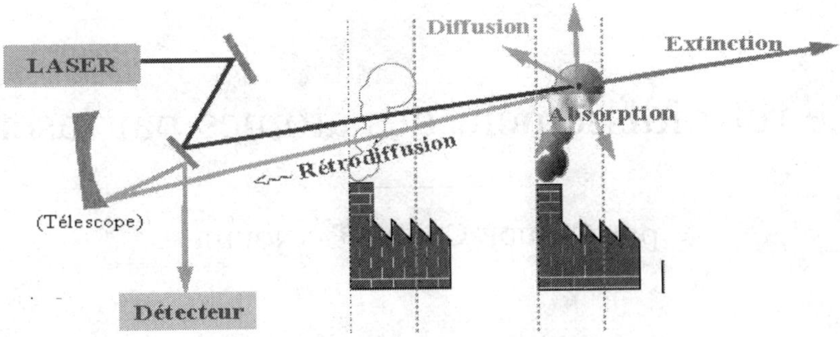

Figure 5 – Le principe du LIDAR. Une impulsion laser est envoyée dans l'atmosphère. Les particules et les gaz l'absorbent partiellement et la renvoient partiellement vers l'arrière. L'analyse de la lumière qui revient permet de connaître à la fois la composition de l'air, la nature des polluants et leur distance (Laboratoire LASIM, Lyon).

qu'il devait connaître. À l'époque, certains avaient même qualifié le laser de « solution à la recherche d'un problème ». Il aurait pu rester à ce stade. Si les sciences et les techniques vivent aujourd'hui à l'heure du laser, c'est aussi grâce au développement de techniques parallèles, comme les fibres optiques, à très faibles pertes, pour les télécommunications. En revanche, des recherches purement orientées vers une application donnée n'auraient jamais donné ce résultat. Aujourd'hui, dans un monde dominé par la rentabilité à court terme, de telles inventions nous rappellent que la recherche de la connaissance peut aussi déboucher sur des développements technologiques extraordinaires.

Le refroidissement des atomes par laser

par CLAUDE COHEN-TANNOUDJI

Introduction

Au cours des deux dernières décennies, des progrès spectaculaires ont été réalisés dans notre maîtrise du mouvement des atomes. En faisant interagir ces atomes avec des faisceaux laser de direction, de fréquence et de polarisation convenablement choisies, nous pouvons maintenant contrôler la vitesse de ces atomes, réduire leurs mouvements d'agitation désordonnée, en quelque sorte les assagir, ce qui revient à diminuer leur température. Ces nouvelles méthodes portent le nom de « refroidissement laser ». On sait également depuis peu contrôler la position des atomes et les maintenir confinés dans de petites régions de l'espace appelées « pièges ».

Le sujet de cet exposé est le refroidissement laser. Son objectif est double. Je voudrais tout d'abord expliquer en termes très simples comment fonctionne le refroidissement laser. Lorsqu'un atome absorbe ou émet de la lumière, il subit un recul. Comment peut-on utiliser ce recul pour ralentir et refroidir des atomes ? Je voudrais également dans cet exposé passer en revue les principales motivations de ces travaux, les nouvelles perspectives qu'ils ouvrent et essayer de répondre à quelques interrogations : À quoi peuvent servir les atomes ultrafroids ? Quels problèmes nouveaux permettent-ils d'aborder ? Quelles nouvelles applications peut-on envisager ?

Pour ceux d'entre vous qui ne sont pas familiers avec la physique des atomes et du rayonnement, j'ai pensé qu'il serait utile de commencer cet exposé par un rappel succinct de quelques notions de base très simples sur les photons et les atomes, sur les mécanismes

---

Texte de la 217e conférence de l'Université de tous les savoirs donnée le 4 août 2000.

d'absorption et d'émission de photons par les atomes. J'aborderai ensuite la description de quelques mécanismes physiques à la base du refroidissement laser : le recul de l'atome émettant ou absorbant un photon, ce qui se passe lorsqu'on place l'atome dans un faisceau laser résonnant, comment les reculs successifs que subit alors l'atome permettent de le ralentir et de le refroidir. Je terminerai enfin mon exposé en passant en revue quelques applications de ces travaux : les horloges à atomes froids, d'une extrême précision, puis l'interférométrie atomique qui utilise des phénomènes d'interférence résultant de la superposition des ondes de De Broglie atomiques, et enfin ces nouveaux états de la matière qui sont nommés condensats de Bose-Einstein. L'apparition, à des températures très basses, de ces nouveaux objets ouvre la voie vers de nouvelles applications comme les lasers à atomes qui sont analogues à des lasers ordinaires dans lesquels les ondes lumineuses seraient remplacées par des ondes de De Broglie.

Quelques notions de base

LA LUMIÈRE

La lumière est un objet d'études qui a toujours fasciné les physiciens et les scientifiques en général. Elle est apparue successivement au cours des siècles comme un jet de corpuscules ou comme une onde. Nous savons aujourd'hui qu'elle est à la fois une onde et un ensemble de corpuscules.

La lumière est tout d'abord une onde électromagnétique, c'est-à-dire un champ électrique et un champ magnétique oscillant à la fréquence ν et se propageant dans le vide à une vitesse considérable $c = 3 \times 10^8$ m/s. Comme toute onde, la lumière donne naissance à des phénomènes d'interférence. Lorsqu'on superpose deux ondes différentes d'égale amplitude, en certains points, les ondes vibrent en phase et l'amplitude est doublée, en d'autres points, les ondes vibrent en opposition de phase et l'interférence est destructive. Sur un écran, on peut ainsi apercevoir une succession de zones brillantes et de zones sombres appelées franges d'interférence.

La couleur de la lumière est liée à sa fréquence ν. Le spectre de fréquence des ondes électromagnétiques s'étend de quelques Hertz aux rayons X et gamma. La lumière visible ne couvre qu'une très petite région de ce domaine spectral. Il est possible d'analyser le contenu spectral d'un rayonnement grâce à des appareils dits dispersifs qui font subir à un rayon lumineux une déviation qui dépend de la fréquence. Ainsi, si l'on fait passer un rayon solaire à travers un prisme, ses différentes composantes de couleur sont déviées de manière différente et on observe ce que l'on appelle un spectre.

Au début du siècle, à la suite des travaux de Planck et d'Einstein, il est apparu que la lumière n'était pas seulement une onde, mais qu'elle était aussi une assemblée de corpuscules : les « photons ». À une onde lumineuse de fréquence ν, sont ainsi associés des corpuscules, les photons, qui possèdent une énergie $E = h\nu$ proportionnelle à ν, une quantité de mouvement $p = h\nu/c$ également proportionnelle à ν. Dans ces équations, c est la vitesse de la lumière, ν sa fréquence et h une constante que l'on appelle la constante de Planck, introduite en physique par Planck il y a exactement 100 ans.

L'idée importante qui s'est dégagée au cours du siècle précédent est la « dualité onde-corpuscule ». La lumière est à la fois une onde et un ensemble de corpuscules. Il est impossible de comprendre les divers phénomènes observés en termes d'ondes uniquement ou de corpuscules uniquement. Ces deux aspects de la lumière sont tous deux indispensables et indissociables.

LES ATOMES

Les atomes sont des systèmes planétaires analogues au système solaire. Ils sont formés de particules très légères, « les électrons », particules de charge négative, qui gravitent autour d'une particule de masse beaucoup plus élevée, dont la charge est positive : « le noyau ».

Pour comprendre le mouvement de ces électrons autour du noyau, les physiciens se sont vite rendu compte que la mécanique classique était inadéquate et conduisait à des absurdités. Ils ont alors « inventé » la mécanique quantique, qui régit la dynamique du monde à l'échelle microscopique. Il s'agit là d'une révolution conceptuelle aussi importante que la révolution de la relativité restreinte et de la relativité générale. Une des prédictions les plus importantes de la mécanique quantique est la quantification des grandeurs physiques, en particulier, la quantification de l'énergie.

Dans le système du centre de masse de l'atome, système qui coïncide pratiquement avec le noyau car le noyau est beaucoup plus lourd que les électrons, on observe que les énergies des électrons ne peuvent prendre que des valeurs discrètes, quantifiées, repérées par des « nombres quantiques ». Pour illustrer la quantification de l'énergie, j'ai représenté ici le niveau fondamental d'énergie la plus basse, le 1er niveau excité, le 2e niveau excité *(Fig. 1)*.

INTERACTION MATIÈRE-LUMIÈRE

Comment un tel atome interagit-il avec la lumière ?

Émission et absorption de lumière par un atome

Un atome, initialement dans un état supérieur E_b, peut passer de ce niveau à un niveau inférieur E_a. Il émet alors de la lumière

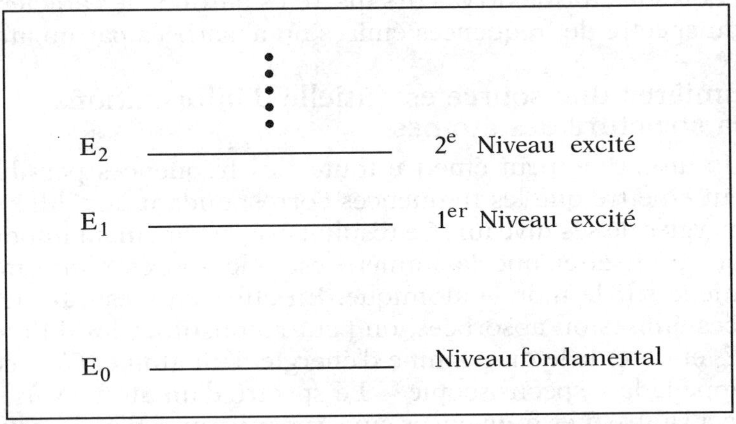

Figure 1 – Niveaux d'énergie d'un atome. Chaque trait horizontal a une altitude proportionnelle à l'énergie du niveau correspondant.

de fréquence ν, plus précisément un photon d'énergie $h\nu$, telle que $E_b - E_a = h\nu$. Autrement dit, l'énergie perdue par l'atome, lorsqu'il passe du niveau E_b au niveau E_a, est évacuée par le photon d'énergie $h\nu$. La relation entre la perte d'énergie de l'atome et la fréquence de la lumière émise n'est donc en fait que la traduction exacte de la conservation de l'énergie *(Fig. 2)*.

Le processus inverse existe, bien sûr : le processus d'absorption de lumière par un atome. L'atome, initialement dans un état inférieur E_a peut passer dans un niveau supérieur E_b en gagnant l'énergie $h\nu$ du photon absorbé. En d'autres termes, l'atome absorbe un photon et l'énergie du photon qu'il absorbe lui permet de passer de

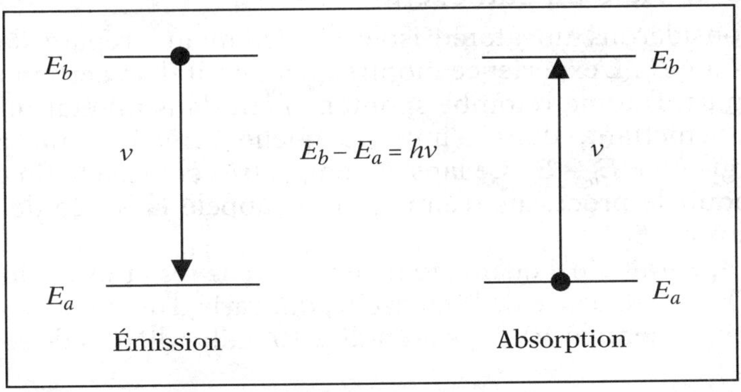

Figure 2 – Processus élémentaires d'émission (figure de gauche) et d'absorption (figure de droite) d'un photon par un atome.

E_a à E_b. Il apparaît ainsi clairement que la quantification de l'énergie atomique sous forme de valeurs discrètes entraîne le caractère discret du spectre de fréquences émises ou absorbées par un atome.

La lumière : une source essentielle d'informations sur la structure des atomes

Un atome ne peut émettre toutes les fréquences possibles, il ne peut émettre que les fréquences correspondant aux différences des énergies de ses niveaux. Ce résultat est extrêmement important. Il montre en effet que la lumière est une source d'information essentielle sur le monde atomique. En effet, en mesurant les fréquences émises ou absorbées, on peut reconstituer les différences $E_b - E_a$ et obtenir le diagramme d'énergie d'un atome. C'est ce que l'on appelle la « spectroscopie ». Le spectre d'un atome varie d'un atome à l'autre. Les fréquences émises par l'atome d'hydrogène diffèrent de celles émises par l'atome de sodium, de rubidium ou de potassium. Le spectre de raies émises par un atome constitue en quelque sorte son « empreinte digitale » ou, pour utiliser des termes plus actuels, son « empreinte génétique ». Il est possible d'identifier un atome par l'observation des fréquences qu'il émet. Autrement dit, en observant la lumière provenant de différents types de milieux, on peut obtenir des informations sur les constituants de ces milieux. Ainsi, en astrophysique, par exemple, c'est la spectroscopie qui permet de déterminer la composition des atmosphères planétaires et stellaires et d'identifier les molécules qui sont présentes dans l'espace interstellaire. L'observation du décalage des fréquences émises par des objets astrophysiques permet de mieux comprendre la vitesse de ces objets et de mesurer ainsi l'expansion de l'univers. L'observation du spectre de la lumière émise ou absorbée permet aussi d'étudier des milieux hostiles comme des plasmas ou des flammes et d'analyser *in situ* les constituants de ces milieux.

Durée de vie d'un état excité

Considérons un atome isolé, initialement préparé dans un état excité E_b. L'expérience montre qu'au bout d'un certain temps, très court, l'atome retombe spontanément dans un état inférieur E_a, en émettant, dans n'importe quelle direction, un photon d'énergie $h\nu = E_b - E_a$. Ce laps de temps, très court, à la fin duquel se produit le processus d'émission est appelé la durée de vie de l'état excité E_b.

Il apparaît ainsi qu'un atome ne peut pas rester excité indéfiniment. La durée de vie de l'état excité, qui varie d'un atome à l'autre, est typiquement de 10^{-8} s, c'est-à-dire 10 milliardièmes de seconde.

Les mécanismes physiques

Après ces brefs rappels de notions de base, abordons maintenant la seconde partie de cet exposé qui traite des mécanismes physiques à la base du refroidissement laser.

LE RECUL DE L'ATOME LORS DE L'ÉMISSION OU DE L'ABSORPTION D'UN PHOTON

En physique, il y a une loi fondamentale qui est « la conservation de la quantité de mouvement ». Considérons un atome excité dans un état E_b supérieur, initialement immobile, et supposons qu'à l'instant $t = 0$, cet atome émette un photon, lequel a une quantité de mouvement $h\nu/c$. Dans l'état initial, l'atome étant tout seul et immobile, la quantité de mouvement globale est nulle. Dans l'état final, comme le photon part avec une quantité de mouvement $h\nu/c$, l'atome recule avec la quantité de mouvement opposée $M\vartheta = -h\nu/c$ *(Fig. 3)*. Vous avez certainement déjà vu, en réalité ou à la télévision, un canon tirer un obus : lorsque le canon tire un obus, il recule. De même, lorsqu'un atome émet un photon, il recule à cause de la conservation de la quantité de mouvement. Sa vitesse de recul est donnée par $\vartheta_{rec} = h\nu/Mc$.

Le même phénomène de recul s'observe lors de l'absorption. Considérons un atome dans un état fondamental E_a, initialement immobile, et supposons qu'on envoie sur lui un photon : l'atome

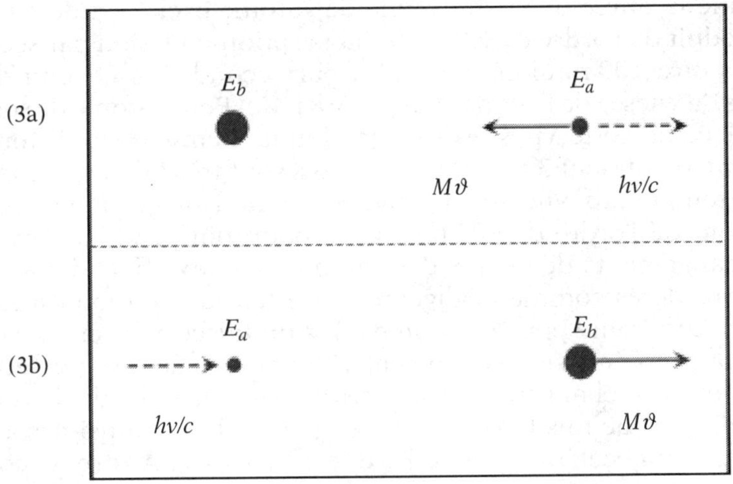

Figure 3 – Recul d'un atome lors de l'émission (figure 3a) ou de l'absorption (figure 3b) d'un photon par cet atome.

absorbe le photon et parvient à l'état excité. Il recule alors avec la même vitesse de recul $h\nu/Mc$. De même, lorsqu'on tire une balle sur une cible, la cible recule à cause de la quantité de mouvement qui lui est communiquée par le projectile.

Par ailleurs, nous savons que l'absorption de photon qui porte l'atome, initialement immobile, à l'état excité, est nécessairement suivie d'une émission puisque l'atome ne peut rester excité indéfiniment. Il retombe donc, au bout d'un temps qui est la durée de vie de l'état excité, dans l'état inférieur, en émettant spontanément un photon. Dans ce cycle absorption-émission au cours duquel l'atome absorbe un photon, recule puis émet un photon, la probabilité qu'il émette ce photon dans telle direction ou dans telle autre, dans un sens ou dans le sens opposé, est la même de sorte, qu'en moyenne, la vitesse qu'il perd lors de l'émission est nulle. Il s'ensuit donc que le changement de vitesse de l'atome est, en moyenne, uniquement lié au processus d'absorption et a pour valeur $\vartheta_{rec} = h\nu/Mc$. Ce résultat est important pour la suite.

L'ATOME DANS UN FAISCEAU LASER

Essayons maintenant de comprendre comment réagit l'atome en présence, non pas d'un seul photon incident, mais d'un faisceau laser résonnant. Un flot de photons arrive alors sur lui. Il en absorbe un premier, monte dans l'état excité, retombe en émettant un photon, puis absorbe un second photon laser, monte dans l'état excité, retombe en émettant un autre photon, puis en absorbe un troisième et ainsi de suite. L'atome, ainsi plongé dans un faisceau laser, enchaîne les cycles absorption-émission sans pouvoir s'arrêter et, à chacun de ces cycles, sa vitesse change en moyenne de $\vartheta_{rec} = h\nu/Mc$. Comme la durée de vie moyenne de l'atome excité est de 10^{-8} s, il se produit de l'ordre de 10^8 cycles absorption-émission par seconde, c'est-à-dire 100 millions de cycles par seconde ! À chacun de ces cycles, la vitesse de l'atome change de $h\nu/Mc$. Pour l'atome de sodium, le calcul de cette vitesse de recul donne 3 cm/s. Pour l'atome de césium, on obtient 3 mm/s. Ces vitesses sont très faibles, comparées par exemple aux vitesses des molécules de l'air qui nous entoure, qui sont de l'ordre de 300 m/s. C'est pourquoi pendant longtemps les changements de vitesse d'un atome dus aux effets de recul ont été considérés comme négligeables. En fait la situation est radicalement différente pour un atome dans un faisceau laser. Les cycles d'absorption-émission se répètent 100 millions de fois par seconde, générant un changement de vitesse par seconde de l'ordre de 100 millions de fois la vitesse de recul. On obtient ainsi des accélérations (ou décélérations) de l'ordre de 10^6 m/s^2. À titre de comparaison, prenons un exemple dans la vie courante : quand un objet tombe, l'accélération g qu'il subit du fait de la pesanteur est de 10 m/s^2. Un atome de sodium irradié par un faisceau laser est soumis à une accélération, ou une décélération, qui peut atteindre 10^5 g. À titre de comparaison encore, cette accélération est 100 000 fois supérieure à celle, de l'ordre de 1 g, que subit une voiture qui roule à 36 km/heure et qui s'arrête en 1 seconde.

RALENTISSEMENT D'UN JET ATOMIQUE

Cette force considérable qu'exerce la lumière sur les atomes, résultant de l'accumulation d'un très grand nombre de petits changements de vitesse, permet d'arrêter un jet atomique. Considérons un jet d'atomes sortant d'un four à la température de 300 °K ou 400 °K et se propageant à une vitesse de l'ordre de 1 km/s. Si ce jet est éclairé tête bêche par un faisceau laser résonnant, la force de pression de radiation que les atomes subissent va ralentir ces atomes, les arrêter et même leur faire rebrousser chemin. Un atome de vitesse initiale ϑ_0 de 1 km/s, soit 10^3 m/s, va être arrêté avec une décélération de 10^6 m/s², au bout de 10^{-3} seconde, c'est-à-dire en une milliseconde. En une milliseconde, il passe ainsi de 1 km/s à zéro ! La distance L parcourue par l'atome avant qu'il ne s'arrête est donnée par une formule classique de terminale. Elle est égale au carré de la vitesse initiale divisée par deux fois la décélération subie. On obtient ainsi $L = 0{,}5$ m. On peut donc ainsi, dans un laboratoire, sur une distance de l'ordre du mètre, arrêter un jet d'atomes avec un faisceau laser approprié. Évidemment, au fur et à mesure que les atomes sont ralentis, à cause de l'effet Doppler, ils sortent de résonance. Il faut donc modifier la fréquence du faisceau laser ou modifier la fréquence des atomes pour maintenir la condition de résonance et conserver la force à sa valeur maximale tout au long du processus de décélération.

Ralentir les atomes consiste à diminuer leur vitesse moyenne. Par contre la dispersion des valeurs de la vitesse autour de la valeur moyenne demeure en général inchangée. Il faut en fait faire une distinction très claire entre le mouvement d'ensemble caractérisé par la vitesse moyenne et le mouvement d'agitation désordonnée autour de la valeur moyenne de la vitesse. En physique, c'est cette vitesse d'agitation désordonnée qui caractérise la température. Plus un milieu est chaud, plus les vitesses d'agitation désordonnée de ses constituants sont élevées. Refroidir un système, cela veut dire diminuer les vitesses d'agitation désordonnée de ses constituants. Comment peut-on refroidir des atomes avec des faisceaux laser ?

REFROIDISSEMENT LASER DOPPLER

Le mécanisme de refroidissement laser le plus simple utilise l'effet Doppler et a été proposé au milieu des années 1970 par Hansch, Schawlow, Wineland et Dehmelt *(Fig. 4)*. L'idée est simple : l'atome est éclairé non plus par une seule onde laser, mais

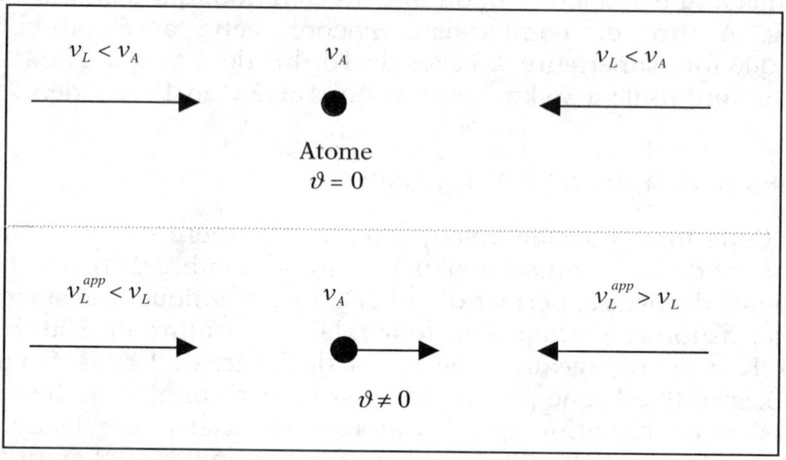

Figure 4 – Principe du mécanisme de refroidissement laser par effet Doppler. Pour un atome au repos (figure 4a) les deux forces de pression de radiation s'équilibrent exactement. Pour un atome en mouvement (figure 4b), la fréquence apparente de l'onde se propageant en sens opposé augmente et se rapproche de résonance. Elle exerce une force de pression de radiation plus grande que celle de l'onde qui se propage dans le même sens que l'atome et dont la fréquence apparente, diminuée par effet Doppler, s'éloigne de résonance.

par deux ondes laser se propageant dans des sens opposés. Ces deux ondes laser ont même intensité, et même fréquence ν_L, cette fréquence ν_L étant légèrement inférieure à celle ν_A, de la transition atomique. Que se passe-t-il alors ? Si l'atome est immobile, avec donc une vitesse nulle, $\vartheta = 0$, il n'y a pas d'effet Doppler. Dans ce cas, les deux faisceaux laser ont la même fréquence apparente. Les forces qu'ils exercent ont même module et des signes opposés. La force de pression de radiation venant de la gauche et la force de pression de radiation venant de la droite s'équilibrent donc exactement et l'atome n'est soumis à aucune force. Si l'atome se déplace vers la droite, avec une vitesse ϑ non nulle, à cause de l'effet Doppler, la fréquence de l'onde qui se propage en sens opposé apparaît plus élevée. Cette fréquence apparente est ainsi augmentée et se rapproche de résonance. Le nombre de photons absorbés est alors plus élevé et la force augmente. Par contre, l'onde qui se propage dans le même sens que l'atome a sa fréquence apparente qui est diminuée par effet Doppler et qui s'éloigne donc de résonance. Le nombre de photons absorbés est alors moins élevé et la force diminue. À cause de l'effet Doppler, les deux forces de pression de radiation ne s'équilibrent plus. C'est la force opposée à la vitesse qui l'emporte et l'atome est ainsi soumis à une force globale non nulle, opposée à sa vitesse. Cette force globale F peut être écrite pour une vitesse ϑ assez faible sous la forme $F = -\alpha\vartheta$ où α est un coefficient de friction. Autrement dit, l'atome qui se déplace dans cette configuration de deux faisceaux laser se propageant dans des sens opposés est soumis à une force de friction opposée à sa vitesse. Il se retrouve dans un milieu visqueux, que l'on appelle une « mélasse optique » par analogie avec un pot de miel. Sous l'effet de cette force, la vitesse de l'atome va être amortie et tendre vers zéro.

REFROIDISSEMENT SISYPHE

L'étude théorique du mécanisme de refroidissement laser Doppler permet de prédire les températures qui pourraient être obtenues par un tel mécanisme et qu'on trouve de l'ordre de quelques centaines de microkelvin, soit quelques 10^{-4} K. Ce sont des températures très basses comparées à la température ordinaire qui est de l'ordre de 300 K. En fait, quand, à la fin des années 1980, on a pu mesurer ces températures de manière plus précise, on s'est aperçu, et ce fut une réelle surprise, que les températures mesurées étaient 100 fois plus basses que prévues, ce qui signifiait que d'autres mécanismes étaient en jeu. C'est l'un d'eux, le refroidissement *Sisyphe* que nous avons, mon collègue Jean Dalibard et moi-même, identifié et étudié en détail.

Sans entrer dans les détails d'un tel mécanisme, essayons d'en donner une idée générale. Les expériences de refroidissement laser utilisent des paires d'ondes laser se propageant dans des sens opposés (voir par exemple la *figure 4*). Ces ondes interfèrent et l'onde résultante a donc une intensité et une polarisation qui varient périodiquement dans l'espace. Or, on peut montrer que les niveaux d'énergie d'un atome sont légèrement déplacés par la lumière, d'une quantité proportionnelle à l'intensité lumineuse et qui dépend de la polarisation lumineuse. De plus, chaque atome possède en général plusieurs « sous-niveaux » d'énergie dans son état fondamental, qui correspondent chacun à une valeur différente d'une grandeur physique qui, comme l'énergie, est quantifiée. En l'occurrence, il s'agit ici du moment cinétique, l'atome pouvant être considéré comme une petite toupie qui tourne sur elle-même. La *figure 5* représente deux tels sous-niveaux dont les énergies sont modulées dans l'espace sous l'effet de la lumière. L'atome en mouvement se déplace donc dans un paysage de collines et de vallées de potentiel, paysage qui change suivant le sous-niveau dans lequel il se trouve. Considérons alors un atome se déplaçant vers la droite et initialement au fond d'une vallée de potentiel, dans un certain sous-niveau *(Fig. 5)*. Cet atome gravit la colline de potentiel et atteint le sommet de cette colline où il peut avoir une probabilité importante d'absorber et d'émettre un photon, processus à l'issue duquel il va se retrouver dans l'autre sous-niveau d'énergie, au fond d'une vallée. Le même scénario peut alors se reproduire, l'atome gravissant à nouveau une colline de potentiel avant d'atteindre le sommet et d'être transféré dans l'autre sous-niveau au fond d'une vallée, et ainsi de suite… Comme le héros de la mythologie grecque, l'atome est ainsi condamné à recommencer sans cesse la même ascension, perdant à chaque fois une partie de son énergie cinétique. Au bout d'un certain temps, il est tellement épuisé qu'il n'arrive plus à gravir les collines et se retrouve pris au piège au fond d'un puits. L'étude théorique et la comparaison avec les résultats expérimentaux ont conforté la réalité de ce mécanisme de refroidissement qui permet d'atteindre le microkelvin, c'est-à-dire une température de 10^{-6} K. Nous avons aussi mis au point au laboratoire d'autres méthodes, que je n'ai pas le temps d'approfondir aujourd'hui, qui permettent d'aller encore plus loin et d'atteindre le nanokelvin, c'est-à-dire 10^{-9} K, un milliardième de Kelvin.

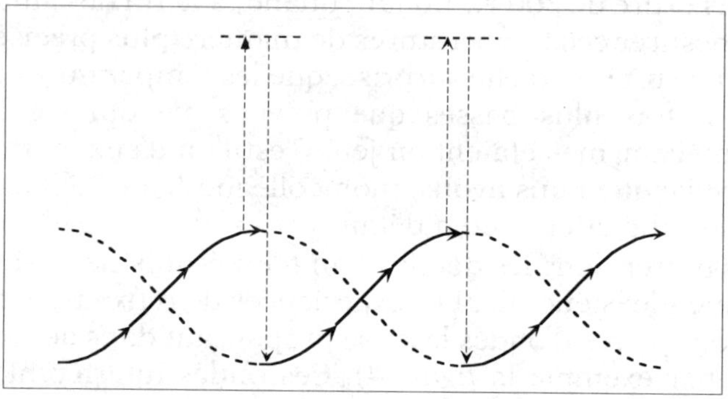

Figure 5 – L'effet Sisyphe.

À de telles températures, les vitesses des atomes sont de l'ordre du cm/s voire du mm/s alors qu'à température ordinaire, elles sont de l'ordre du km/s. Ces méthodes de refroidissement ont donc permis d'assagir considérablement le mouvement d'agitation désordonnée des atomes, de les rendre presque immobiles. Mentionnons également, sans entrer dans le détail des phénomènes, qu'on peut confiner les atomes dans une petite région de l'espace, appelée piège, grâce à l'utilisation de gradients d'intensité lumineuse ou de gradients de champ magnétique.

Description de quelques applications

LES HORLOGES ATOMIQUES

Les applications des atomes froids et les nouvelles perspectives qu'ils ouvrent sont essentiellement liées au fait qu'ils sont animés d'une très faible vitesse. Cette particularité permet de les observer pendant une durée beaucoup plus longue. Or, en physique, une mesure est d'autant plus précise que le temps d'observation est plus long. On comprend très bien alors que, grâce à l'extrême précision des mesures pouvant être faites sur des atomes ultrafroids, des progrès ont pu être réalisés, dans la conception des horloges notamment.

Rappelons tout d'abord en quoi consiste une horloge. C'est essentiellement un oscillateur, par exemple un quartz qui oscille à une certaine fréquence. Cependant, la fréquence d'un quartz livré à lui-même, fluctue au cours du temps. Elle accélère ou ralentit. Pour réaliser une horloge stable, il est donc nécessaire d'empêcher sa fréquence de dériver. Pour ce faire, on va maintenir la fréquence du quartz égale à la fréquence centrale d'une raie atomique.

Le principe de cette opération est schématisé sur la *figure 6*. Un oscillateur, piloté par le quartz, délivre une onde électromagnétique de même fréquence ν que la fréquence d'oscillation du quartz. Cette onde permet une « interrogation » des atomes utilisés pour stabiliser l'horloge. En l'envoyant sur les atomes et en balayant la fréquence ν du quartz, on observe une « résonance » quand ν coïncide avec la fréquence $\nu_0 = (E_b - E_a)/h$ correspondant à l'écart d'énergie $E_b - E_a$ entre deux niveaux d'énergie de cet atome. Un dispositif « d'asservissement » ajuste alors en permanence la fréquence ν du quartz pour la maintenir au centre de la raie atomique. On stabilise ainsi ν en forçant ν à rester égal à ν_0.

En fait, c'est l'atome de césium qui est utilisé pour définir l'unité de temps, la seconde. Par convention internationale, la seconde correspond à 9 192 631 770 périodes d'oscillation $T_0 = 1/\nu_0$,

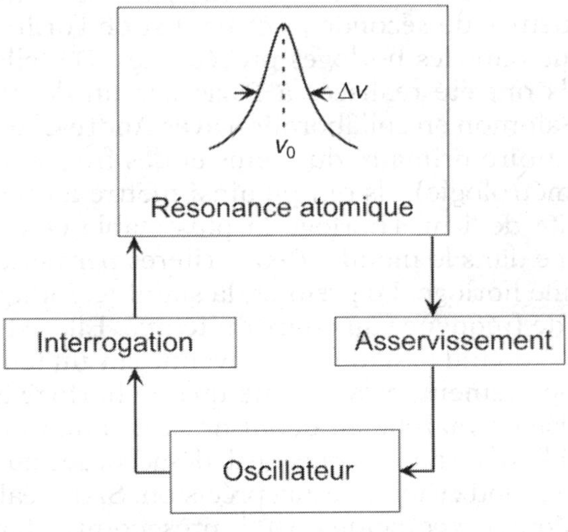

Figure 6 – Principe d'une horloge atomique.

où ν_0 est la fréquence correspondant à une certaine transition reliant deux sous-niveaux d'énergie de l'état fondamental de l'atome de césium. Cette fréquence ν_0 est universelle. Elle est la même pour tous les atomes de césium, où qu'ils se trouvent.

Les raies de résonance atomiques ne sont pas infiniment étroites. Elles ont une « largeur » $\Delta\nu$ *(Fig. 6)*. Plus cette largeur est faible, plus l'asservissement sera efficace, et plus l'horloge sera stable. Or, on peut montrer que la largeur d'une transition atomique reliant deux sous-niveaux de l'état fondamental d'un atome est inversement proportionnelle au temps d'observation T_{obs}. Plus T_{obs} est long, plus la raie est fine. Comme les atomes froids permettent d'allonger la durée de ce temps d'observation et par conséquence de disposer de raies très fines, il est aujourd'hui possible de réaliser des horloges extrêmement précises. Les horloges qui ont été réalisées jusqu'à ces dernières années utilisent des jets d'atomes de césium se propageant à des vitesses de l'ordre du km/s, dans des appareils dont la longueur est de l'ordre du mètre. Le temps d'observation accessible avec de tels systèmes est donc de l'ordre d'une milliseconde. Avec des atomes froids, il a été possible d'allonger ce temps d'observation par un facteur 100 et d'améliorer donc les performances des horloges atomiques par le même facteur. En fait, on n'utilise pas dans ces nouveaux dispositifs un jet horizontal d'atomes ralentis, car ils tomberaient rapidement dans le champ de pesanteur. Dans les nouvelles horloges, les jets atomiques sont verticaux. Plus précisément, les atomes refroidis dans une mélasse optique sont lancés vers le haut au moyen d'une impulsion laser et forment une sorte de « fontaine ». Ils traversent la cavité électromagnétique dans laquelle la résonance atomique est mesurée, une première fois dans leur mouvement ascendant, une seconde fois dans leur mouvement descendant quand ils retombent sous l'effet du champ de pesanteur. Les temps d'observation peuvent atteindre alors quelques dixièmes de seconde et être ainsi de l'ordre de cent fois plus longs que dans les horloges précédentes. De telles horloges à atomes froids ont été réalisées à Paris par un de mes collègues, Christophe Salomon en collaboration avec André Clairon du LPTF-BNM (Laboratoire primaire du temps et des fréquences et bureau national de métrologie). Ils ont pu ainsi mettre au point, avec une fontaine haute de 1 m, l'horloge la plus stable et la plus précise jamais réalisée dans le monde. Deux critères permettent de définir la qualité d'une horloge. Le premier, la stabilité, indique la fluctuation relative de fréquence au cours du temps. Elle est de l'ordre de quelques 10^{-16} quand le signal est moyenné sur un temps de l'ordre de 10^4 s. Concrètement, cela signifie qu'une horloge atomique qui aurait été mise en marche au début de la création de l'univers ne serait, dix milliards d'années plus tard, désaccordée que de quelques secondes. Le second critère, c'est la précision. Si on réalise deux horloges, leur fréquence coïncide à 10^{-15} près, compte tenu des déplacements de fréquence liés à des effets parasites.

Ces horloges à atomes froids ont de multiples applications : le GPS (« Global Positioning System »), système de positionnement par satellite, la synchronisation des réseaux de télécommunications à haut débit, les tests de physique fondamentale (relativité générale, variation des constantes fondamentales). Pourrait-on encore augmenter leurs performances en réalisant des fontaines plus hautes, de 10 mètres par exemple ? En fait, un tel projet ne serait pas réaliste car le temps d'observation ne croît que comme la racine carrée de la hauteur et il faudrait blinder le champ magnétique terrestre (qui peut déplacer la fréquence de l'horloge) sur des distances de plus en plus grandes. La solution qui s'impose alors de manière évidente consiste à se débarrasser de la gravité et c'est la raison pour laquelle nous nous sommes engagés en France dans des expériences de microgravité depuis 1993. Ces expériences se déroulent à bord d'un avion avec lequel le pilote effectue plusieurs paraboles d'une vingtaine de secondes chacune. Pour ce faire, le pilote accélère l'avion à 45° en phase ascendante, puis coupe brutalement les gaz. Pendant les 20 secondes qui suivent l'avion est en chute libre et sa trajectoire est une parabole. À l'intérieur de l'avion, les objets flottent et ne tombent plus sur les parois de l'avion. Tout se passe comme s'il n'y avait plus de gravité. Puis le pilote remet les gaz et redresse la trajectoire de l'avion pour se remettre en phase ascendante et effectuer une nouvelle parabole. On a donc pu ainsi effectuer des tests sur le comportement des divers composants de l'expérience dans ces conditions, et leurs résultats ont montré qu'il est possible de réaliser des horloges à atomes froids en apesanteur. À la suite de ces tests, un accord a été signé pour prolonger l'expérience et placer une horloge atomique à atomes froids à bord de la station spatiale internationale aux alentours de 2004.

LES INTERFÉRENCES ATOMIQUES

Depuis les travaux de Louis de Broglie, nous savons qu'à toute particule de masse M est associée une onde qu'on appelle « l'onde de De Broglie » dont la longueur d'onde λ_{dB}, donnée par l'équation $\lambda_{dB} = h/M\vartheta$, est inversement proportionnelle à la vitesse ϑ. Plus la vitesse est faible, plus la longueur d'onde de De Broglie est grande. Les atomes froids qui sont animés de faibles vitesses ont donc de grandes longueurs d'onde de De Broglie et leur comportement ondulatoire sera par suite beaucoup plus facile à mettre en évidence.

Considérons par exemple l'expérience des fentes de Young réalisée avec des ondes lumineuses. Une source lumineuse éclaire un écran percé d'une fente. La lumière issue de cette fente arrive sur une plaque percée de deux fentes en dessous de laquelle est placé un écran. L'onde lumineuse suit ainsi deux trajets passant par l'une ou l'autre de ces fentes avant d'arriver sur l'écran d'observation qui enregistre l'intensité lumineuse. Selon la position du point d'observation sur cet écran, les deux ondes qui arrivent en ce point et qui sont passées par les deux trajets possibles se superposent, en phase ou en opposition de phase. L'intensité de l'onde résultante varie donc entre une valeur élevée et une valeur nulle et on observe ce qu'on appelle « les franges d'interférence d'Young ».

Depuis quelques années, plusieurs expériences analogues ont été réalisées, non plus avec des ondes lumineuses, mais avec les ondes de De Broglie associées à des atomes froids. Des physiciens japonais de l'université de Tokyo, le professeur Fujio Shimizu et ses collègues, ont ainsi réalisé une expérience tout à fait spectaculaire. Elle consiste à laisser tomber en chute libre un nuage d'atomes froids initialement piégés au-dessus d'une plaque percée de deux fentes. Après traversée des deux fentes, les atomes viennent frapper une plaque servant de détecteur et l'on observe une succession d'impacts localisés. Au début, la localisation de ces impacts semble tout à fait aléatoire. Puis, au fur et à mesure que le nombre d'impacts augmente, on constate qu'ils s'accumulent préférentiellement dans certaines zones et on voit apparaître nettement une alternance de franges brillantes avec des impacts très denses et de franges sombres avec très peu d'impacts. Cette expérience illustre parfaitement la dualité onde-corpuscule. Les atomes sont des corpuscules dont on peut observer l'impact localisé sur un écran de détection. Mais en même temps, il leur est associé une onde et c'est l'onde qui permet de calculer la probabilité pour que le corpuscule se manifeste. Comme l'onde associée aux atomes peut passer par les deux fentes de la plaque, elle donne naissance au niveau de l'écran de détection à deux ondes qui interfèrent et qui modulent donc spatialement la probabilité de détection de l'atome. On est là au cœur de la mécanique quantique, de la dualité onde-corpuscule qui régit le comportement de tous les objets physiques.

LA CONDENSATION DE BOSE-EINSTEIN

Depuis quelques années, des progrès spectaculaires ont été réalisés dans un autre domaine : la condensation de Bose-Einstein. À température très basse et à densité suffisamment élevée, l'extension spatiale des ondes de De Broglie associée à chaque atome devient plus grande que la distance moyenne entre deux atomes de sorte que les paquets d'ondes se recouvrent et interfèrent. Il apparaît alors un phénomène nouveau, qu'on appelle « la condensation de Bose-Einstein » : tous les atomes se condensent dans le même état quantique, le niveau fondamental du puits qui les contient. Ce phénomène, prévu il y a longtemps par Bose et Einstein, joue un rôle important dans certains fluides, comme l'hélium superfluide. Il a été observé également il y a cinq ans, pour la première fois aux États-Unis, sur des systèmes gazeux, formés d'atomes ultrafroids.

Il fait actuellement l'objet de nombreuses études, tant théoriques qu'expérimentales dans de nombreux laboratoires.

L'ensemble des atomes condensés dans l'état fondamental du piège qui les contient porte le nom de « condensat ». Tous les atomes sont décrits par la « même » fonction d'onde. On obtient ainsi une onde de matière géante. De tels systèmes quantiques macroscopiques ont des propriétés tout à fait originales : cohérence, superfluidité, qui ont pu être observées et étudiées en grand détail. Plusieurs groupes s'efforcent également d'extraire d'un condensat de Bose-Einstein un faisceau cohérent d'atomes, réalisant ainsi un « laser à atomes », qui peut être considéré comme l'équivalent, pour les ondes de De Broglie atomiques, des lasers mis au point, il y a trente ans, pour les ondes électromagnétiques. Quand de telles sources cohérentes d'ondes de De Broglie atomiques deviendront opérationnelles, on peut raisonnablement penser qu'elles stimuleront un développement spectaculaire de nouveaux champs de recherche, comme l'interférométrie atomique, la lithographie atomique.

Conclusion

L'étude des propriétés de la lumière et de ses interactions avec la matière a fait faire à la physique des progrès fantastiques au cours du XXe siècle. Ces avancées ont eu plusieurs retombées. Elles ont donné lieu à une nouvelle compréhension du monde microscopique. La mécanique quantique est née. La dualité onde-corpuscule est maintenant une évidence. De nouvelles sources de lumière, les lasers, sont apparues.

J'espère vous avoir convaincu que la lumière n'est pas seulement une source d'information sur les atomes mais également un moyen d'agir sur eux. On sait maintenant « manipuler » les divers degrés de liberté d'un atome, contrôler sa position et sa vitesse. Cette maîtrise accrue de la lumière et de la matière ouvre aujourd'hui de nouvelles perspectives à la recherche. De nouveaux objets d'étude sont apparus, comme les ondes de matière, les lasers à atomes, les systèmes quantiques dégénérés, dont les applications, encore insoupçonnées, verront le jour demain, au XXIe siècle.

POUR EN SAVOIR PLUS

http://www.lkb.ens.fr/recherche/atfroids/tutorial/welcome.htm
– De la lumière laser aux atomes ultrafroids.
– Des explications simples sur le refroidissement et le piégeage d'atomes par laser et les applications de ce champ de recherche.

http://www.ens.fr/cct
– Le cours de Claude Cohen-Tannoudji au Collège de France.

– Étude et analyse des travaux de recherche récents sur la Condensation de Bose-Einstein.

L'auteur remercie Nadine Beaucourt pour son aide dans la rédaction de ce texte à partir de l'enregistrement de la conférence et Nicole Neveux pour la mise en forme du manuscrit.

Chaos, imprédictibilité et hasard

par David Ruelle

Pour interpréter le monde qui nous entoure nous utilisons un grand nombre de concepts très divers. Certains concepts sont concrets comme vache, puceron, papillon, d'autres abstraits comme espace, temps, hasard, ou causalité. Ces concepts sont des créations humaines : leur histoire est intimement liée à celle du langage, et leur contenu peut varier d'une culture à une autre. Nous pensons que des mots comme espace, temps, hasard, causalité correspondent à des réalités fondamentales, indépendantes de la culture où nous vivons, et même indépendantes de l'existence de l'homme. Mais il faut bien admettre que les concepts abstraits que nous venons d'énumérer ont évolué au cours de l'histoire, et que cette évolution reflète un progrès dans notre compréhension de la nature des choses. Dans ce progrès, la philosophie et la science ont joué un rôle important. Dès l'Antiquité, par exemple, les gens cultivés avaient acquis une certaine idée de l'immensité de l'univers grâce aux travaux des astronomes.

Des notions comme « erratique et imprévisible » ou « peu fréquent et improbable » ont sans doute une origine préhistorique ou même antérieure au langage. En effet, une bonne appréciation des risques peut aider à la survie. Ainsi si l'orage menace il est prudent de se mettre à l'abri. En général il faut se méfier des caprices des gens et de la nature, caprices qui expriment la liberté des hommes et des choses de se comporter parfois de manière aléatoire et imprévisible.

Si les notions liées au hasard et au libre choix sont d'une grande aide dans la pratique, la notion de cause est aussi une

Texte de la 218e conférence de l'Université de tous les savoirs donnée le 5 août 2000.

conceptualisation utile : la fumée par exemple a une cause qui est le feu. De même les marées ont une cause qui est la Lune : ce n'est pas tout à fait évident, mais la chose était connue des Anciens, et cette connaissance pouvait être fort utile. On peut ainsi essayer de tout expliquer comme un enchaînement plus ou moins évident de causes et d'effets. On arrive de cette manière à une vision déterministe de l'univers.

Si l'on y réfléchit un peu, le déterminisme, c'est-à-dire l'enchaînement bien ordonné des causes et des effets semble en contradiction avec la notion de hasard. Sénèque qui eut la charge d'éduquer le jeune Néron se penche sur le problème dans le *De Providentia* et dit ceci : « les phénomènes mêmes qui paraissent le plus confus et le plus irrégulier : je veux dire les pluies, les nuages, les explosions de la foudre… ne se produisent pas capricieusement : ils ont aussi leurs causes. » Cette affirmation porte en germe le déterminisme scientifique, mais, il faut bien voir que son contenu est surtout idéologique. Sénèque était un amateur d'ordre, un ordre imposé par une loi éternelle et divine. Le désordre et le hasard lui répugnaient.

Cependant, comme je l'ai dit, les notions liées au hasard sont utiles, pratiquement et conceptuellement, et l'on perd peut-être plus qu'on ne gagne à les évacuer pour des motifs idéologiques. On peut d'ailleurs reprocher de manière générale aux idéologies de vouloir supprimer des idées utiles, et cela s'applique encore aux idéologies modernes, dans leurs ambitions simplificatrices et leur intolérance aux fantaisies individuelles.

Mais quittons maintenant le domaine idéologique pour parler de science. Et puisque le feu est la cause de la fumée, allons voir un physico-chimiste spécialiste des phénomènes de combustion. Il nous apprendra des choses fascinantes, et nous convaincra que les problèmes de combustion sont importants, complexes, et encore mal compris. En fait si l'on s'intéresse aux problèmes de causalité et de déterminisme, plutôt que de passer sa vie à étudier les problèmes de combustion, mieux vaut choisir un problème plus simple. Par exemple celui d'une pierre jetée en l'air, surtout s'il n'y a pas d'air. On peut en effet, avec une très bonne précision, décrire par des équations déterministes la trajectoire d'une pierre jetée en l'air. Si l'on connaît les conditions initiales, c'est-à-dire la position et la vitesse de la pierre à l'instant initial, on peut calculer la position et la vitesse à n'importe quel autre instant. Au lieu d'une pierre jetée en l'air nous pouvons considérer le ballet des planètes et autres corps célestes autour du soleil, ou la dynamique d'un fluide soumis à certaines forces. Dans tous ces cas l'évolution temporelle du système considéré, c'est-à-dire son mouvement, satisfait à des équations déterministes. Si l'on veut, on peut dire que les conditions initiales d'un système sont la cause de son évolution ultérieure et la déterminent complètement. Voilà qui devrait satisfaire Lucius Annaeus Seneca.

Notons quand même que le concept de cause a été remplacé par celui d'évolution déterministe, ce qui n'est pas tout à fait la même chose. Par exemple, les équations de Newton qui déterminent les mouvements des planètes permettent à partir de conditions initiales données de calculer non seulement les états futurs du système solaire, mais également les états passés. On a oublié que la cause devait précéder l'effet. En fait, l'analyse scientifique du concept de cause montre qu'il s'agit d'une notion complexe et ambiguë. Cette notion nous est très utile pour vivre dans un monde complexe et ambigu, et nous ne voudrions pas nous en passer. Cependant la science préfère utiliser des concepts plus simples et moins ambigus, comme celui d'équation d'évolution déterministe. Notons d'ailleurs que l'idée de hasard semble incompatible avec la notion d'évolution déterministe tout autant qu'avec un enchaînement bien ordonné de causes et d'effets. Nous allons dans un moment revenir à ce problème.

Mais avant cela je voudrais discuter une précaution verbale que j'ai prise en parlant d'équations d'évolution déterministe valables « avec une très bonne précision ». Si vous demandez à un physicien des équations d'évolution pour tel ou tel phénomène, il vous demandera avec quelle précision vous les voulez. Dans l'exemple de la dynamique du système solaire, suivant la précision requise, on tiendra compte ou non du ralentissement de la rotation de la terre par effet de marée, ou du déplacement du périhélie de Mercure dû à la relativité générale. Il faudra d'ailleurs bien s'arrêter quelque part : on ne peut pas tenir compte, vous en conviendrez, des déplacements de chaque vache dans sa prairie, ou de chaque puceron sur son rosier. Même si, en principe, les déplacements de la vache et du puceron perturbent quelque peu la rotation de la Terre. En bref, la physique répond aux questions qu'on lui pose avec une précision qui peut être remarquable, mais pas absolument parfaite. Et cela n'est pas sans conséquences philosophiques, comme nous le verrons plus loin. J'ai parlé des équations d'évolution déterministes qui régissent les mouvements des astres ou ceux des fluides, de l'atmosphère ou des océans par exemple. Ces équations sont dites « classiques » car elles ne tiennent pas compte de la mécanique quantique. En fait la mécanique quantique est une théorie plus exacte que la mécanique classique, mais plus difficile à manier, et comme les effets quantiques semblent négligeables pour les mouvements des astres, de l'atmosphère ou des océans, on utilisera dans ces cas des équations classiques. Cependant, la mécanique quantique utilise des concepts irréductibles à ceux de la mécanique classique. En particulier la mécanique quantique, contrairement à la mécanique classique, fait nécessairement référence au hasard. Dans une discussion des rapports entre hasard et déterminisme, ne faudrait-il pas par conséquent utiliser la mécanique quantique plutôt que classique ?

La situation est la suivante : la physique nous propose diverses théories plus ou moins précises et dont les domaines d'application sont différents. Pour une classe donnée de phénomènes, plusieurs théories sont en principe applicables, et on peut choisir celle que l'on veut : pour toute question raisonnable la réponse devrait être la même. En pratique on utilisera la théorie la plus facile à appliquer. Dans les cas qui nous intéressent, dynamique de l'atmosphère ou mouvement des planètes, il est naturel d'utiliser une théorie classique. Après quoi il sera toujours temps de vérifier que les effets quantiques ou relativistes que l'on a négligés étaient réellement négligeables. Et que somme toute les questions que l'on s'est posées étaient des questions raisonnables. Les progrès de la physique ont montré que les équations d'évolution déterministe étaient vérifiées avec une précision souvent excellente, et parfois stupéfiante. Ces équations sont notre reformulation de l'idée d'enchaînement bien ordonné de causes et d'effets. Il nous faut maintenant parler de hasard, et essayer de reformuler ce concept en termes qui permettent l'application des méthodes scientifiques.

On dit qu'un événement relève du hasard s'il peut, pour autant que nous sachions, soit se produire soit ne pas se produire, et nous avons tendance à concevoir notre incertitude à ce sujet comme ontologique et fondamentale. Mais en fait l'utilité essentielle des concepts du hasard est de décrire une connaissance entachée d'incertitude, quelles que soient les origines de la connaissance et de l'incertitude. Si je dis qu'à cette heure-ci Jean Durand a une chance sur deux d'être chez lui, je fournis une information utile : cela vaut la peine d'essayer de téléphoner à son appartement. La probabilité un demi que j'attribue au fait que Jean Durand soit chez lui reflète ma connaissance de ses habitudes, mais n'a pas de caractère fondamental. En particulier, Jean Durand lui-même sait très bien s'il est chez lui ou pas. Il n'y a donc pas de paradoxe à ce que des probabilités différentes soient attribuées au même événement par différentes personnes, ou par la même personne à des moments différents. Le hasard correspond à une information incomplète, et peut avoir des origines diverses.

Il y a un siècle environ, Henri Poincaré a fait une liste de sources possibles de hasard. Il mentionne par exemple qu'au casino, c'est le manque de contrôle musculaire de la personne qui met en mouvement la roulette qui justifie le caractère aléatoire de la position où elle s'arrête. Pour des raisons historiques évidentes, Poincaré ne mentionne pas la mécanique quantique comme source de hasard, mais il discute une source d'incertitude qui a été analysée en grand détail beaucoup plus tard sous le nom de « chaos » et que nous allons maintenant examiner.

Prenons un système physique dont l'évolution temporelle est décrite par des équations déterministes. Si l'on connaît l'état du système à un instant initial, d'ailleurs arbitraire, on peut calculer son état à tout autre instant. Il n'y a aucune incertitude, aucun hasard. Mais nous avons supposé implicitement que nous connaissions l'état initial avec une totale précision. En fait, nous ne pouvons mesurer l'état initial qu'avec une précision limitée (et d'ailleurs les équations déterministes que nous utilisons ne représentent qu'approximativement l'évolution réelle du système physique qui nous occupe). Il faut donc voir comment une petite imprécision dans notre connaissance de l'état initial au temps 0 (zéro) va affecter nos prédictions sur un état ultérieur, au temps *t*. On s'attend à ce qu'une incertitude suffisamment petite au temps 0 donne lieu à une incertitude petite au temps *t*. Mais la question cruciale est de savoir comment cette incertitude va dépendre du temps *t*. Il se trouve que pour beaucoup de systèmes, dits chaotiques, l'incertitude (ou erreur probable) va croître rapidement, en fait « exponentiellement » avec le temps *t*. Cela veut dire que si l'on peut choisir un laps de temps *T* au bout duquel l'erreur est multipliée par 2, au temps 2*T* elle sera multipliée par 4, au temps 3*T* par 8, et ainsi de suite. Au temps 10*T* le facteur est 1 024, au temps 20*T* plus d'un million, au temps 30*T* plus d'un milliard... et tôt ou tard l'incertitude de notre prédiction cesse d'être petit pour devenir inacceptable. Le phénomène de croissance rapide des erreurs de prédiction d'un système physique, que l'on appelle « chaos », introduit donc du hasard dans la description d'un système physique, même si ce système correspond à des équations d'évolution parfaitement déterministes comme celles de la dynamique des fluides ou du mouvement des astres.

Voici ce que dit Henri Poincaré dans le chapitre sur le hasard de son livre *Science et Méthode* publié en 1908 : « Une cause très petite, qui nous échappe, détermine un effet considérable que nous ne pouvons pas ne pas voir, et alors nous disons que cet effet est dû au hasard. » Cette affirmation, Poincaré en donne un exemple emprunté à la météorologie : « Pourquoi les météorologistes ont-ils tant de peine à prédire le temps avec quelque certitude ? Pourquoi les chutes de pluie, les tempêtes elles-mêmes nous semblent-elles arriver au hasard, de sorte que bien des gens trouvent tout naturel de prier pour avoir de la pluie ou du beau temps, alors qu'ils jugeraient ridicule de demander une éclipse par une prière ? Nous voyons que les grandes perturbations se produisent généralement dans les régions où l'atmosphère est en équilibre instable. Les météorologistes voient bien que cet équilibre est instable, qu'un cyclone va naître quelque part ; mais où, ils sont hors d'état de le dire ; un dixième de degré en plus ou en moins en un point quelconque, le cyclone éclate ici et non pas là, et il étend ses ravages sur des contrées qu'il aurait épargnées. Si on avait connu ce dixième de degré, on aurait pu le savoir d'avance, mais les observations n'étaient ni assez serrées ni assez précises, et c'est pour cela que tout semble dû à l'intervention du hasard. »

Les affirmations de Poincaré sur la météorologie dépassent, il faut bien le dire, ce que la science du début du XXe siècle permettait d'établir scientifiquement. Les intuitions géniales de Poincaré ont été confirmées, mais on trouverait sans peine des intuitions d'autres savants qui se sont révélées fausses. Il est donc heureux que, après avoir été oubliées, les idées de Poincaré aient été redécouvertes, étendues, et soumises à une analyse scientifique rigoureuse. Cette nouvelle période commence avec un article de Lorenz relatif à la météorologie en 1963, un article de Takens et moi-même sur la turbulence en 1971, puis une foule de travaux dans les années 1970, 1980, 1990 qui édifient la théorie moderne du chaos. Le mot *chaos* lui-même apparaît dans son sens technique en 1975. Il n'est possible de donner ici qu'une vue très sommaire des aspects techniques de la théorie du chaos, mais j'insiste sur le fait que les résultats techniques sont essentiels. Ces résultats permettent de changer l'affirmation du sens commun suivant laquelle « de petites causes peuvent avoir de grands effets » en affirmations quantitatives comme celle concernant l'« effet papillon » dont nous parlerons dans un moment.

La théorie du chaos étudie donc en détail comment une petite incertitude sur l'état initial d'une évolution temporelle déterministe peut donner lieu à une incertitude des prédictions qui croît rapidement avec le temps. On dit qu'il y a « dépendance sensitive aux conditions initiales ». Cela veut dire que de petites causes peuvent avoir de grands effets, non seulement dans des situations exceptionnelles, mais pour toutes les conditions initiales. En résumé, le terme « chaos » désigne une situation où, pour n'importe quelle condition initiale, l'incertitude des prédictions croît rapidement avec le temps.

Pour donner un exemple, considérons un faisceau de rayons lumineux parallèles tombant sur un miroir convexe. Après réflexion, nous avons un faisceau divergent de rayons lumineux. Si le faisceau initial était divergent, il serait encore plus divergent après réflexion. Si au lieu de rayons lumineux et de miroir nous avons une bille de billard qui rebondit élastiquement sur un obstacle convexe, la situation géométrique est la même, et on conclut qu'une petite incertitude sur la trajectoire de la bille avant le choc donne lieu à une incertitude plus grande après le choc. S'il y a plusieurs obstacles convexes que la bille heurte de façon répétée, l'incertitude croît exponentiellement, et on a une évolution temporelle chaotique. Cet exemple était connu de Poincaré, mais ce n'est que bien plus tard qu'il a été analysé de manière mathématiquement rigoureuse par Sinaï. Comme l'étude mathématique des systèmes chaotiques est d'une grande difficulté, l'étude du chaos combine en fait trois techniques : les mathématiques, les simulations sur ordinateur, et l'expérimentation (au laboratoire) ou l'observation (de l'atmosphère, des astres). Notons que les simulations sur ordinateur n'existaient pas du temps de Poincaré. Ces simulations ont joué un rôle essentiel en montrant que les systèmes déterministes un tant soit peu complexes présentent fréquemment de la sensitivité aux conditions initiales. Le chaos est donc un phénomène très répandu.

La météorologie fournit une application exemplaire des idées du chaos. En effet, on a de bons modèles qui décrivent la dynamique de l'atmosphère terrestre. L'étude par ordinateur de ces modèles montre qu'ils sont chaotiques. Si l'on change un peu les conditions initiales, les prédictions après quelques jours deviennent assez différentes : on a atteint la limite de la fiabilité du modèle. Bien entendu les prédictions faites avec ces modèles décollent après quelques jours de la réalité observée, et l'on comprend maintenant pourquoi : le chaos limite la prédictibilité du temps qu'il va faire. Le météorologiste Ed Lorenz, que nous avons déjà mentionné, a rendu populaire le concept de sensitivité aux conditions initiales sous le nom d'« effet papillon ». Dans un article grand public, il explique comment le battement des ailes d'un papillon, après quelques mois, a un tel effet sur l'atmosphère de la terre entière qu'il peut donner lieu à une tempête dévastatrice dans une contrée éloignée. Cela rappelle ce qu'écrivait Poincaré, mais paraît tellement extrême qu'on peut se demander s'il faut accorder à l'effet papillon plus qu'une valeur métaphorique. En fait, il semble bien que l'affirmation de Lorenz doit être prise au pied de la lettre. On va considérer la situation où le papillon bat des ailes comme une petite perturbation de la situation où il se tiendrait tranquille. On peut évaluer l'effet de cette petite perturbation en utilisant le caractère chaotique de la dynamique de l'atmosphère. (Rappelons que les modèles de l'atmosphère terrestre montrent une dynamique chaotique aux grandes échelles ; aux petites échelles, on a aussi du chaos à cause de la turbulence généralisée de l'air où nous baignons.) La perturbation causée par le papillon va donc croître exponentiellement, c'est-à-dire très vite, et l'on peut se convaincre qu'au bout de quelques mois l'état de l'atmosphère terrestre aura changé du tout au tout. De sorte que des lieux éloignés de celui où se trouvait le papillon seront ravagés par la tempête.

La prudence m'incite à prendre ici quelques précautions verbales. Il s'agit d'éviter qu'un doute sur un point de détail ne jette le discrédit sur des conclusions par ailleurs bien assurées. On peut se demander comment des perturbations aux petites dimensions (comme la dimension d'un papillon) vont se propager aux grandes dimensions (comme celle d'un ouragan). Si la propagation se fait mal ou très mal, peut-être faudra-t-il plus que quelques mois pour qu'un battement d'ailes de papillon détermine un ouragan ici ou là. Cela rendrait l'effet papillon moins intéressant. À vrai dire, la turbulence développée reste mal comprise et la conclusion de Lorenz reste donc un peu incertaine. L'image du papillon est jolie cependant, il serait dommage qu'on doive l'enterrer et, jusqu'à plus ample informé, j'y reste personnellement attaché. Quoi qu'il en soit, la circulation générale de l'atmosphère n'est pas prédictible plusieurs mois à l'avance. C'est un fait bien établi. Un ouragan peut donc se déclencher ici ou là de manière imprévue, mais cela dépendra peut-être d'incertitudes autres que les battements d'ailes d'un papillon.

Si l'on y réfléchit un instant, on voit que le déclenchement d'une tempête à tel endroit et tel moment résulte d'innombrables facteurs agissant quelques mois plus tôt. Que ce soient des papillons qui battent des ailes, des chiens qui agitent la queue, des gens qui éternuent, ou tout ce qui vous plaira. La notion de cause s'est ici à ce point diluée qu'elle a perdu toute signification. Nous avons en fait perdu tout contrôle sur l'ensemble des « causes » qui, à un instant donné, concourent à ce qu'une tempête ait lieu ou n'ait pas lieu ici ou là quelques mois plus tard. Mêmes des perturbations infimes dues à la mécanique quantique, à la relativité générale, ou à l'effet gravitationnel d'un électron à la limite de l'univers observable, pourraient avoir des résultats importants au bout de quelques mois. Aurions-nous dû en tenir compte ? Il est clair qu'on n'aurait pas pu le faire. L'effet de ces perturbations infimes peut devenir important après quelques mois, mais un mur d'imprédictibilité nous interdit de le voir. Pour l'atmosphère terrestre, ce mur d'imprédictibilité est situé à quelques jours ou semaines de nous dans le futur.

Je voudrais revenir brièvement à mon implication personnelle dans l'histoire du chaos. À la fin des années 1960, je m'étais mis à l'étude de l'hydrodynamique, qui est la science de l'écoulement des fluides. Certains des écoulements que l'on observe sont tranquilles et réguliers, on les dit laminaires, d'autres sont agités et irréguliers, on les dit turbulents. Les explications de la turbulence que j'avais trouvées, en particulier dans un livre de Landau et Lifschitz sur l'hydrodynamique, ne me satisfaisaient pas, car elles ne tenaient pas compte d'un phénomène mathématique nouveau, dont j'avais appris l'existence dans les travaux de Smale. Quel est ce phénomène ? C'est l'abondance d'évolutions temporelles de nature étrange, avec dépendance sensitive aux conditions initiales. Je m'étais alors convaincu que la turbulence devait être liée à une dynamique « étrange ». Dans un article joint avec Takens, nous avons proposé que la turbulence hydrodynamique devait être représentée par des attracteurs étranges, ou chaotiques, et étudié le début de la turbulence, ou turbulence faible. Par la suite, de nombreux travaux expérimentaux ont justifié cette analyse. Cela ne résout pas le problème de la turbulence, qui reste l'un des plus difficiles de la physique théorique, mais on sait au moins que les théories « non chaotiques » jadis à l'honneur ne peuvent mener à rien. Quand le chaos est devenu à la mode, il a donné lieu à d'innombrables travaux. Certains de ces travaux développaient les aspects techniques de la théorie du chaos, et il n'est pas question d'en parler ici, d'autres analysaient diverses classes de phénomènes naturels dans l'espoir d'y trouver un comportement chaotique. C'est ainsi que j'ai proposé qu'il devait y avoir des oscillations chimiques chaotiques, ce qui effectivement a été démontré par l'expérience dans la suite. Ce fut une période féconde où, en réfléchissant un peu, on pouvait faire des découvertes d'un intérêt durable. Toutes les idées n'ont d'ailleurs pas été également bonnes. Ainsi, des essais d'application du chaos à l'économie et à la finance se sont révélés moins convaincants ; j'y reviendrai. Mais quand Wisdom et Laskar ont cherché du chaos dans la dynamique du système solaire, ils ont eu la main remarquablement heureuse.

Le mouvement des astres du système solaire semble extraordinairement régulier, puisque l'on peut par le calcul prédire les éclipses, ou retrouver celles qui ont eu lieu, il y a plus de mille ans. On a donc longtemps pensé que le mouvement des planètes, et en particulier de la Terre, était exempt de chaos. On sait maintenant que c'est faux. L'orbite de la Terre est une ellipse dont les paramètres varient lentement au cours du temps, en particulier l'excentricité, c'est-à-dire l'aplatissement. En fait on a maintenant montré que la variation temporelle de l'excentricité est chaotique. Il y a donc de l'imprédictibilité dans le mouvement de la Terre. Le temps nécessaire pour que les erreurs de prédiction doublent est de l'ordre de 5 millions d'années. C'est un temps fort long par rapport à la vie humaine, mais assez court à l'échelle géologique. Le chaos que l'on a trouvé dans le système solaire n'est donc pas sans importance, et les travaux dans ce domaine se poursuivent activement, mais ce n'est pas ici le lieu d'en discuter.

Les résultats accumulés depuis plusieurs décennies nous ont donné une assez bonne compréhension du rôle du chaos en météorologie, en turbulence hydrodynamique faible, dans la dynamique du système solaire, et pour quelques autres systèmes relativement simples. Qu'en est-il de la biologie, de l'économie, de la finance, ou des sciences sociales ? Il faut comprendre que les modélisations utiles dans le domaine du vivant sont assez différentes de celles qui nous satisfont pour des systèmes physiques simples. Les relations du hasard et la nécessité sont d'une autre nature. En fait le domaine du vivant est caractérisé par l'homéostasie qui maintient les organismes dans des conditions appropriées à la vie. L'homéostasie tend par exemple à maintenir la température de notre corps dans d'étroites limites. Elle supprime les fluctuations thermiques et est donc de nature antichaotique. La correction des fluctuations apparaît aussi au niveau du comportement individuel : un projet de voyage est maintenu même si une panne de voiture ou une grève fortuites obligent à changer de moyen de transport. Il s'agit ici de processus correctifs compliqués et qu'il est difficile de représenter par des modèles dynamiques simples auxquels on pourrait appliquer les techniques de la théorie du chaos. Clairement, de petites causes peuvent avoir de grands effets dans la vie de tous les jours, mais aux mécanismes causateurs de chaos s'ajoutent des mécanismes correcteurs, et il est difficile de débrouiller la dynamique qui en résulte.

Dans le domaine de l'économie, de la finance ou de l'histoire, on voit aussi que des causes minimes peuvent avoir des effets importants. Par exemple une fluctuation météorologique peut causer la sécheresse dans une région et livrer sa population à la famine. Mais des mécanismes régulateurs effaceront peut-être l'effet de la famine, et l'histoire poursuivra son cours majestueux. Peut-être, mais ce n'est pas certain. Une guerre obscure en Afghanistan a précipité la chute du colossal empire soviétique. Cette guerre obscure a concouru avec de nombreuses autres causes obscures à miner un empire devenu plus instable qu'on ne le pensait. En fait nous vivons tous dans un monde globalement instable : la rapidité des transports, la transmission presque instantanée de l'information, la mondialisation de l'économie, tout cela améliore peut-être le fonctionnement de la société humaine, mais rend aussi cette société plus instable, et cela à l'échelle de la planète. Une maladie virale nouvelle, ou un virus informatique, ou une crise financière font sentir leurs effets partout et immédiatement. Aujourd'hui comme hier, le futur individuel de chaque homme et chaque femme reste incertain. Mais jamais sans doute jusqu'à présent l'imprédictibilité du futur n'a affecté aussi globalement notre civilisation tout entière.

L'antimatière existe : je l'ai rencontrée

par CATHERINE THIBAULT

« L'antimatière existe : je l'ai rencontrée », ce titre volontairement provocateur a pour but de souligner que l'antimatière n'est pas un mythe, mais une réalité. En effet, il est possible de détecter l'antimatière, d'en faire des faisceaux, ou de la confiner dans des pièges afin de l'observer tout à loisir.

La matière et ses constituants

« Antimatière », ce terme a été inventé par opposition à celui de matière. Mais qu'est-ce au juste que la matière ? Le dictionnaire nous répond « ce dont une chose est faite » : notre corps est fait de matière, la terre sur laquelle nous vivons est faite de matière, le soleil et les planètes aussi.

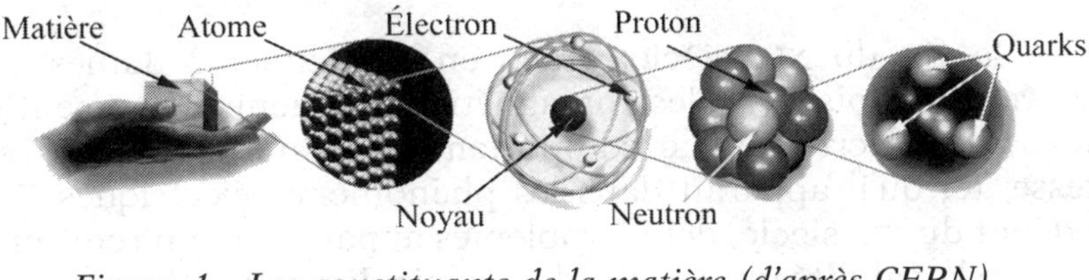

Figure 1 – Les constituants de la matière (d'après CERN).

En s'approchant du cœur de la matière grâce à des zooms de plus en plus puissants, dans le cas d'un cristal de silicium par exemple, on observe successivement *(Fig. 1)* que :

Texte de la 219e conférence de l'Université de tous les savoirs donnée le 6 août 2000.

— Le cristal est constitué d'« atomes » tous identiques disposés de façon très régulière.

— Chaque atome est constitué d'un noyau très dense doté d'une charge électrique positive (14+ pour le silicium) autour duquel gravite un nuage d'électrons. Les électrons notés e^- portent chacun une charge électrique négative, et l'atome est neutre. Le nombre d'électrons de l'atome détermine ses propriétés chimiques. L'atome de silicium est donc caractérisé par 14 électrons, tandis que, par exemple, l'hydrogène en a un seul, le carbone 6, et l'uranium 92.

— Le noyau lui-même est un agrégat de deux sortes de particules : des protons p porteurs d'une charge électrique positive et des neutrons n sans charge, neutres comme leur nom l'indique. Le noyau de silicium a donc 14 protons. Mais la charge électrique des protons produit une force de répulsion entre eux, ce qui interdit l'existence de noyaux composés uniquement de protons, excepté l'hydrogène qui en a un seul. Les neutrons, grâce à leur interaction « forte » avec les protons assurent la cohésion du noyau. Mais, les noyaux composés uniquement de neutrons n'étant pas viables non plus, il faut un dosage convenable de chacun des partenaires n et p. Le noyau de silicium a 3 isotopes stables, le 28, le 29 et le 30 nommés à partir du nombre total de protons plus neutrons (qui ont respectivement 14, 15 et 16 neutrons).

— Enfin, les protons et les neutrons sont eux-mêmes constitués de 3 quarks : 2 quarks up et 1 down pour le proton, 2 quarks down et 1 up pour le neutron.

Actuellement, on pense que la matière stable, celle dont nous sommes faits, est formée de ces 3 constituants ultimes : électrons, quarks up et quarks down, insécables. Mais il n'est pas absolument certain que les quarks soient insécables.

Les débuts de l'antimatière

À la fin du XIXe siècle, grâce en particulier à James Clerk Maxwell, les lois de l'électromagnétisme étaient fermement établies. Elles décrivaient le comportement d'un électron de faible vitesse, tel qu'il apparaît dans les phénomènes électriques. Mais, au début du XXe siècle, deux problèmes apparurent qui remirent en question la validité universelle de ces lois. En 1906, Albert Einstein établit la théorie de la relativité restreinte et montra que les lois de Newton n'étaient plus valables lorsque la vitesse des particules s'approchait de celle de la lumière. Puis, en 1926, vint la « Mécanique quantique » avec Wolfgang Pauli, Werner Heisenberg, et finalement Erwin Schrödinger qui montrèrent que l'électron a un spin + 1/2 ou – 1/2. Ce spin peut être associé au sens du mouvement de rotation de l'électron. Les équations proposées par Schrödinger décrivaient le comportement de l'électron en tenant compte des aspects quantiques, mais seulement à faible vitesse.

C'est alors qu'un jeune physicien anglais, Paul Dirac, s'attaqua au problème de décrire un électron à la fois quantique et doté d'une vitesse très proche de celle de la lumière. Dès 1929, alors qu'il n'avait que 27 ans, il donna le résultat. Mais l'équation avait deux solutions ! La question, très débattue à l'époque, fut alors de savoir si la deuxième solution correspondait ou non à une autre particule, et si oui, à laquelle ? Si la charge de la deuxième particule était négative comme celle de l'électron, son énergie était négative, ce qui n'avait pas de sens physique. Ce devait donc être une particule chargée positivement. La seule connue était le proton, mais sa masse était environ 2 000 fois supérieure à celle de l'électron. Cette hypothèse fut alors contestée par des physiciens tels que Heisenberg, Pauli ou Oppenheimer qui estimaient que la symétrie de l'équation impliquait l'égalité des masses des deux particules. Si la deuxième solution correspondait à une particule réelle, ce ne pourrait être qu'un « anti-électron » e^+ de masse identique à celle de l'électron et de charge opposée.

Le débat en était là quand à l'autre bout du monde, un autre jeune physicien, Carl Anderson, fit une curieuse découverte. Il étudiait le rayonnement cosmique qui est composé de particules de très grande énergie provenant de tout l'Univers. Pour visualiser le parcours des particules chargées, il utilisait une chambre de Wilson placée dans un champ magnétique qui courbe les trajectoires dans un sens ou dans l'autre selon le signe de la charge. Anderson détectait un grand nombre d'électrons, mais quelques-uns d'entre eux, qu'il appela « positons », tournaient en sens inverse comme s'ils avaient une charge positive. Lorsque Anderson publia cette observation, en 1932, le même phénomène avait aussi été observé à Cavendish par Blackett et Occhialini. Mais ces derniers n'osaient pas publier ce trop surprenant résultat sans le vérifier soigneusement. Ils le firent en 1933, avançant plusieurs explications dont celle de paires d'électrons négatifs et positifs. Il apparut alors que le positon découvert par Anderson n'était autre que l'anti-électron. Dirac eut le prix Nobel en 1933, et Anderson en 1936.

Après cette découverte sensationnelle, la question s'est immédiatement posée de savoir si les autres particules, comme le proton et le neutron avaient aussi leurs antipartenaires de mêmes masses et de charges opposées. La création et la disparition des antiparticules sont régies par la célèbre loi d'Einstein : $E = mc^2$ qui montre la possibilité de transformer de l'énergie E en masse M, et *vice-versa* (c est la vitesse de la lumière). Mais particule et antiparticule vont par paire : une paire se crée ou une paire « s'annihile ». Et si l'antiparticule est créée dans un environnement de matière, elle trouve très rapidement un partenaire d'annihilation. Le résultat final est de l'énergie sous forme de photons γ, c'est-à-dire de rayonnement lumineux.

Pour créer l'antiproton $\bar{p}$ (prononcé p-barre), ou l'antineutron $\bar{n}$ (n-barre), il faut créer une paire $p-\bar{p}$ ou $n-\bar{n}$. C'est beaucoup plus difficile que pour la paire $e^{-}-e^{+}$ car il faut 2 000 fois plus d'énergie. Il faut donc disposer d'un accélérateur de particules suffisamment puissant. Les Américains se lancèrent dans cette aventure, mais leur quête ne fut couronnée de succès que 23 ans plus tard grâce au Bevatron construit à Berkeley en Californie. $\bar{p}$ fut découvert en 1955 et $\bar{n}$ en 1956 (prix Nobel pour Chamberlain et Segré en 1959). Il était alors clair que, comme le proposaient les théoriciens, chaque particule a son antiparticule. Un cas très extraordinaire est celui du photon γ qui est sa propre antiparticule !

Par la suite, dans les années 1970, des antinoyaux associant quelques $\bar{p}$ et quelques $\bar{n}$ furent identifiés dans des chambres à bulles placées dans des faisceaux de protons de grande énergie à Brookhaven (USA), Serpukhov (URSS) ou au CERN, l'Organisation Européenne pour la Recherche Nucléaire. Enfin, en 1995, 9 antiatomes d'hydrogène (un antiproton autour duquel gravite un positon) ont été fabriqués au CERN. Fabriquer des anti-atomes est beaucoup plus difficile que des antinoyaux car il faut mettre le positon en orbite. C'est comme si on voulait capturer une voiture de course pour l'obliger à tourner sur un manège de chevaux de bois. Ces anti-atomes n'ont survécu que quelques milliardièmes de secondes jusqu'à leur détection par annihilation.

L'antimatière et la médecine

Les positons ont été découverts dans le rayonnement cosmique, et pourtant, ils sont émis par certains noyaux radioactifs. Les isotopes stables de silicium ont 14, 15 ou 16 neutrons. La *figure 2* indique les configurations stables pour les noyaux ayant 5 à 10 protons.

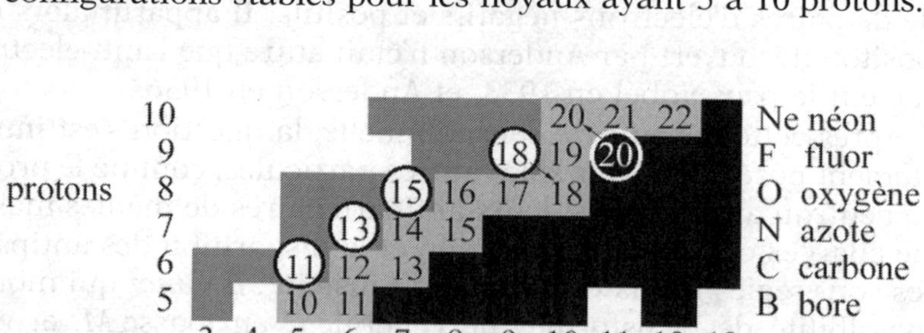

Figure 2 – Fragment de la charte des noyaux indiquant les noyaux stables (fond gris clair), les émetteurs β^{-} (fond gris foncé) et les émetteurs β^{+} (fond noir).

Si un noyau a un excès de neutrons, comme par exemple le fluor 20, un de ses neutrons va se transformer en proton :

$$n \rightarrow p + e^- + \bar{\nu}_e \qquad \text{soit} \qquad {}^{20}\mathrm{F} \rightarrow {}^{20}\mathrm{Ne}$$

C'est la radioactivité β^-, la plus connue. $\bar{\nu}_e$ est l'antineutrino associé à e^-. Il est très difficile à détecter car il interagit très peu avec la matière.

Si par contre le noyau n'a pas assez de neutrons, comme le fluor 18, c'est un de ses protons qui va se transformer en neutron :

$$p \rightarrow n + e^+ + \nu_e \qquad \text{soit} \qquad {}^{18}\mathrm{F} \rightarrow {}^{18}\mathrm{Ne}$$

et cette fois il y a production de positons. C'est la radioactivité β^+. Le carbone 11, l'azote 13, l'oxygène 15, le fluor 18 sont de tels émetteurs β^+ dont les demi-vies (temps nécessaire pour que la moitié des atomes se soient transformés) vont de quelques minutes à 2 heures. Ils peuvent être facilement produits par des petits cyclotrons et incorporés dans des molécules appropriées. Si ces molécules marquées sont injectées par voie intraveineuse dans le corps humain, le positon émis va immédiatement rencontrer un électron du milieu ambiant qui en regorge, et s'annihiler :

$$e^+ + e^- \rightarrow 2\gamma$$

L'annihilation produit 2 photons γ qui ont une énergie de 511 keV* exactement égale à la masse de l'électron et du positon. Ils partent dos à dos et émergent du corps humain. Leur détection simultanée par des détecteurs disposés en couronne permet de localiser dans l'espace la position des molécules émettrices. C'est le principe de la TEP (PET en anglais), la Tomographie par Émission de Positons.

La molécule la plus utilisée est le « Fluoro-Desoxy-Glucose » qui contient du fluor 18 (demi-vie 110 minutes). Le glucose se fixe préférentiellement sur les tumeurs malignes et sur certains organes. Il est aussi consommé par les parties du cerveau qui sont en activité.

Les nombreuses applications de la TEP sont liées à ses trois grandes qualités : sa sensibilité, son innocuité pour le patient, et sa réponse en temps réel. En médecine, elle est surtout utilisée pour le suivi des thérapies anticancéreuses. En recherche, elle permet d'étudier en temps réel le fonctionnement du cerveau (rôle des différentes zones, épilepsie, Parkinson, ...), les microcirculations et les métabolismes du cœur, du poumon ou du rein, la caractérisation de récepteurs ou l'identification de l'expression d'un gène, par exemple.

En thérapie anticancéreuse, une nouvelle utilisation de la radioactivité β^+ a été récemment mise en œuvre à Darmstadt en Allemagne.

---

* 1 eV (électron-volt) est l'énergie acquise par un électron accéléré par une différence de potentiel de 1 V. C'est une unité très petite. Ses multiples sont le keV (× 1 000), le MeV (× 1 million), le GeV (× 1 milliard). La masse de e^- est 511 keV, celles de p et n sont proches de 1 GeV.

Les tumeurs sont détruites en les bombardant avec des ions de carbone, accélérés à des vitesses proches de celle de la lumière. Ces ions ont la propriété de détruire les cellules sélectivement en fin de parcours. À ce même point, ils peuvent interagir avec le milieu ambiant et perdre un neutron. Le carbone 12 stable est alors transformé en carbone 11 radioactif β^+ dont la position peut être déterminée par un tomographe à positons. On peut ainsi contrôler en temps réel que la région détruite correspond effectivement à la tumeur visée. Depuis 1997, 67 patients ont déjà été traités avec succès.

Un outil pour les physiciens

Seules les particules qui constituent la matière stable ont été évoquées jusqu'à présent. Mais beaucoup d'autres particules existent. Elles sont plus massives, et leurs durées de vie sont très éphémères. Certaines, découvertes par hasard, ont donné bien du souci aux théoriciens. D'autres, en revanche, sont prédites par les théoriciens, et il faut vérifier leur existence pour valider ou invalider les théories. Le problème pour les expérimentateurs est que plus la masse de la particule hypothétique est grande, plus il faut d'énergie pour la créer. Et, comble de malheur, si on organise une collision entre une particule accélérée à une vitesse proche de celle de la lumière et une cible fixe, la relativité restreinte nous apprend qu'on ne dispose que d'une petite fraction de l'énergie cinétique. Pour un proton de 200 GeV on ne pourra transformer en masse que 20 GeV environ. Par contre, dans une collision frontale, toute l'énergie cinétique peut être transformée en masse : 2 particules de 200 GeV libéreront 400 GeV. Dans un accélérateur en forme d'anneau, les trajectoires sont courbées par des champs magnétiques. Il est donc possible de faire tourner en sens inverse, dans un seul et même anneau, une particule et son antiparticule, et d'organiser des points de rencontre entre elles. On a alors un collisionneur pour le prix d'un seul accélérateur.

Les premiers collisionneurs utilisant de l'antimatière ont été réalisés avec des positons qui sont faciles à obtenir à partir d'émetteurs β^+, et des électrons. Ils ont fait découvrir beaucoup de nouvelles particules. Par la suite, une source d'antiprotons a été réalisée au CERN en bombardant une cible fixe avec des protons de 25 GeV. Environ un proton sur 1 000 donne naissance à une paire proton-antiproton. Les antiprotons créés sont alors sélectionnés et stockés dans un anneau (typiquement de quelques dizaines de mètres de diamètre). Malheureusement seul 1 antiproton créé sur 1 000 va être ainsi récupéré, car c'est aussi difficile que lorsqu'un enfant essaie de remplir une bouteille d'eau en s'approchant d'un arroseur à gazon. Une fois stockés, les antiprotons sont extraits à la demande et peuvent être injectés dans le collisionneur de la même façon que les protons, excepté le fait qu'ils vont tourner en sens inverse.

C'est ainsi que Carlo Rubbia a découvert en 1983 les particules porteuses de l'interaction « faible », nommées W^+, W^- et Z^0, de masse 90 GeV environ, qui avaient été prédites par les théoriciens. Cette découverte lui valut le prix Nobel dès 1984, ainsi qu'à Simon Van der Meer qui était le principal artisan du stockage des protons. Récemment, aux USA, à FermiLab, près de Chicago, un collisionneur de même type a permis la découverte du top, le 6e quark très massif (175 GeV) qui manquait aux théoriciens. Enfin, au CERN, un très grand collisionneur électron-positon, le LEP, est installé dans un tunnel dont la circonférence équivaut à celle du périphérique de Paris. Il est utilisé pour la recherche d'une autre particule : le boson de Higgs, responsable de la masse des particules.

Les antiprotons, source d'énergie

Par annihilation proton-antiproton, toute la masse est transformée en énergie. C'est donc un carburant extrêmement efficace : 2 000 fois plus que la fission utilisée dans les réacteurs nucléaires, et 200 fois plus que les réactions de fusion dont le soleil tire son énergie. Mais il faut le fabriquer, ce qui nécessite un milliard de fois plus d'énergie qu'on en récupère. Les antiprotons accumulés au CERN pendant un an ne feraient fonctionner une ampoule électrique que pendant quelques secondes. Les applications ne peuvent donc être que pour des situations très particulières où le poids du carburant joue un rôle essentiel. L'application la plus intéressante serait pour les fusées ou les vaisseaux spatiaux, comme le propose la série de science-fiction *Star Trek* pour son vaisseau *Enterprise*. L'utilisation de l'antimatière permettrait d'aller plus rapidement sur Mars par exemple, et surtout, permettrait de réaliser des missions actuellement impossibles car le poids de carburant est totalement prohibitif. Il suffirait de quelques millionièmes de grammes d'antimatière, mais leur production correspond à 100 000 ans de fonctionnement du CERN ou de FermiLab… Il faut aussi un stockage plus compact et plus durable que le stockage dans un anneau. Cela est possible en décélérant les antiprotons et en les piégeant dans une « bouteille » électromagnétique. Des antiprotons ont pu être conservés plusieurs semaines ainsi confinés dans un espace de quelques centimètres. Mais le piège nécessite un excellent vide et des aimants supraconducteurs refroidis à quelques kelvin, si bien que son encombrement est quand même de plusieurs mètres, et il ne peut contenir qu'une très petite quantité d'antimatière. Et là aussi seul un antiproton sur 1 000 va se laisser piéger... Certains proposent aussi des armes, mais le problème du stockage sous un format compact est encore plus crucial, et les quantités nécessaires sont plutôt de l'ordre du milligramme. Ces applications futuristes ne sont donc pas pour demain !

Un sujet d'étude pour les physiciens

L'antimatière n'est pas seulement un outil, mais c'est un sujet d'étude passionnant pour les physiciens. La question essentielle est de savoir si toutes les propriétés sont exactement identiques au signe près, ou s'il existe certaines différences.

Une prédiction très forte est que les masses doivent être strictement identiques. Cette identité a pu être vérifiée avec une précision de 1 dix milliardième pour le proton et l'antiproton grâce au piège électromagnétique évoqué précédemment. La comparaison a été effectuée au CERN par une équipe américaine, en mesurant leurs fréquences de rotation dans le piège, qui sont inversement proportionnelles à leurs masses. C'est comme si on avait pesé un camion de 10 tonnes à 1 milligramme près. Pour une autre particule, le kaon neutre, des mesures indirectes montrent une égalité des masses à 10^{-19} près, soit une précision encore 1 milliard de fois supérieure. Une nouvelle « usine d'antimatière » vient de démarrer au CERN. Son but principal est d'essayer de fabriquer des anti-atomes d'hydrogène à partir des antiprotons et des positons stockés dans un piège. Leur très faible énergie permettra de les étudier pour chercher à déceler si d'infimes différences existent. Un autre type d'expérience consiste à remplacer un des électrons de l'atome par un antiproton qui a la même charge électrique afin d'étudier l'effondrement de ce système instable.

Cependant, une asymétrie matière-antimatière a quand même été observée dans un cas, mais seulement un, actuellement. Il s'agit du kaon neutre qui est une particule bien étrange puisqu'elle est formée d'un quark et d'un antiquark, l'un des deux étant le quark down et l'autre le quark nommé « étrange » justement, qui est instable. Depuis 1964, on sait qu'une asymétrie, appelée « violation de *CP* », existe entre le kaon neutre K^0 et son antiparticule, le $\overline{K^0}$. Mais l'expérience CP-LEAR, au CERN, a permis une observation directe de cette asymétrie. En effet, le kaon a l'étonnante propriété de pouvoir osciller entre matière et antimatière. CP-LEAR a comparé les probabilités des 2 processus : $K^0 \rightarrow \overline{K^0}$ et $\overline{K^0} \rightarrow K^0$. Il faut réussir à

« étiqueter » l'état matière ou antimatière du kaon à 2 instants différents : à l'instant de sa création, et à l'instant de sa disparition, qui ne sont séparés que par quelques milliardièmes de seconde. La création a été produite par annihilation d'un antiproton à l'arrêt dans une cible de protons, c'est-à-dire d'hydrogène. Le faisceau d'antiprotons était ralenti dans un décélérateur en anneau appelé LEAR *(Low Energy Antiproton Ring)* de telle sorte que les antiprotons terminaient leur parcours au centre de la cible.

La création du kaon est régie par les lois de l'interaction « forte » (π est une autre particule, appelée pion) :

$$\bar{p} + p \rightarrow K^0 + K^- + \pi^+$$

$$\bar{p} + p \rightarrow \overline{K^0} + K^+ + \pi^-$$

La disparition du kaon est régie par les lois de l'interaction « faible » :

$$K^0 \rightarrow e^+ + \pi^- + \nu_e$$

$$\overline{K^0} \rightarrow e^- + \pi^+ + \overline{\nu_e}$$

On voit donc que K^0 et $\bar{K}^0$ peuvent être étiquetés grâce au signe des charges électriques des particules associées aux deux processus. Le détecteur construit par la collaboration CP-LEAR à laquelle j'appartenais (une centaine de physiciens de 9 pays dont la France) a été optimisé pour identifier ces différentes particules et le signe de leur charge. L'asymétrie mesurée est de 0,7 % en faveur de la matière.

Un univers d'antimatière ?

Matière et antimatière ne peuvent coexister sans s'annihiler, produisant alors du rayonnement. Le monde qui nous entoure : notre corps, la terre, les autres planètes, le soleil, notre galaxie, les autres galaxies aussi loin qu'on puisse les observer est seulement fait de matière, car sinon nous détecterions le rayonnement provenant des zones frontières d'annihilation. La théorie du *Big Bang* doit pouvoir rendre compte de ce fait extraordinaire. Cette victoire de la matière sur l'antimatière est explicable en partie grâce à l'asymétrie décrite précédemment. Comme l'avait énoncé le physicien russe Andreï Sakharov dès 1967, il faut aussi que le proton soit instable, ce que les théories de grande unification prédisent, mais qui n'a pu être ni confirmé, ni infirmé par l'expérience. Le scénario du *Big Bang* prévoit qu'après quelques millisecondes, les protons et les neutrons vont s'annihiler avec leurs antiparticules, et, pour 1 000 000 000 d'annihilations, 1 seul proton ou neutron survivra, en bon accord avec les proportions photons/matière observées dans notre univers.

L'existence d'univers parallèles constitués d'antimatière ne peut être exclue expérimentalement, mais la séparation spatiale de la matière et de l'antimatière est difficile à imaginer dans le contexte du *Big Bang*.

Malgré tout, si jamais des extraterrestres d'un univers très lointain nous contactaient dans le but de nous rencontrer, il serait prudent de s'assurer au préalable qu'ils vivent bien dans un univers de matière comme le nôtre. C'est possible grâce à l'asymétrie observée pour le kaon puisque les K^0 qui sont en surnombre doivent se désintégrer en donnant naissance à des positons qui ne sont pas les constituants des atomes dont nous sommes faits.

VII

LES ÉTATS DE LA MATIÈRE : APPROCHES PHYSIQUES DE LA COMPLEXITÉ

Symétries et symétries brisées : la compétition ordre-désordre et les changements d'état de la matière

par ÉDOUARD BRÉZIN

Introduction

Le sentiment d'harmonie dégagé par les symétries des objets, naturels ou fabriqués, a sans aucun doute accompagné l'homme depuis ses origines. Peut-être est-ce la quasi-identité des moitiés gauche et droite de nombreuses espèces vivantes qui a conduit à l'adoption de canons esthétiques, présents à l'évidence dans la vision des premiers architectes égyptiens et grecs. Plus près de nous les cinq polyèdres réguliers platoniciens, de par leur perfection et leur unicité, apparaissaient encore à Kepler comme le modèle indispensable régissant les distances au soleil des cinq planètes du système solaire connues en son temps (la découverte en 1781 d'une sixième planète, Uranus, ne laissait plus aucune place à ce rêve).

Mais ce n'est qu'à partir de la fin du siècle dernier que, dépassant ces considérations géométriques et esthétiques, la symétrie s'est imposée progressivement comme instrument de compréhension de l'univers, et finalement, avec la notion contemporaine de symétrie locale, comme le concept premier et unificateur permettant de comprendre l'organisation de la matière, les interactions entre constituants élémentaires (électromagnétisme et forces nucléaires) et même la cosmologie de notre univers en inflation issu du big bang initial. Le rêve de Kepler s'est en quelques sorte enfin réalisé : la symétrie détermine le monde.

Le langage nous tend des pièges difficiles à éviter. C'est ainsi qu'à côté de symétrie-dissymétrie nous trouvons ordre et désordre

Texte de la 220e conférence de l'Université de tous les savoirs donnée le 7 août 2000.

qui leur sont étroitement associés. Mais que l'on y prenne garde, c'est à la symétrie qu'est associé le désordre, alors que l'ordre résulte de la symétrie brisée, qui n'est pas l'absence de symétrie, notion qu'il va donc nous falloir expliciter tout à l'heure.

Le dix-neuvième siècle

Deux pionniers de l'étude des symétries ont marqué le siècle dernier, Louis Pasteur et Pierre Curie. Ils nous ont laissé des concepts profonds, et des interrogations qui n'ont cessé de nous accompagner depuis lors.

Les expériences du jeune Pasteur visaient à préciser la propriété qu'ont certains cristaux, tel le quartz, de faire tourner le plan de polarisation de la lumière. En 1848 Pasteur, chimiste d'exception avant de devenir le biologiste génial que tout le monde connaît, cherchait à préciser le lien entre cette activité optique et la structure des cristaux ; il remarqua que les cristaux de paratartrate de sodium étaient un mélange de deux « énantiomères », c'est-à-dire de petits cristaux qui étaient tantôt identiques, tantôt identiques à l'image des précédents dans un miroir (de même qu'une main droite n'est pas identique à une main gauche, mais simplement à l'image de celle-ci dans un miroir). Il montrait alors que chacun de ces deux types de cristaux avait des propriétés optiques opposées, signe d'une chiralité moléculaire (du grec *kheir* main). Mais la découverte de Pasteur allait beaucoup plus loin puisqu'elle mettait en évidence une différence fondamentale entre la matière inerte et la matière vivante. En effet la synthèse des paratartrates en laboratoire produisait des mésotartrates optiquement inactifs, qui se révélèrent être toujours des mélanges en parts égales des deux énantiomères, alors que la vie est profondément asymétrique puisque les cristaux de paratartrate, issus des dépôts dans le vin, étaient exclusivement lévogyres*. Depuis la biochimie n'a cessé de nous révéler que les molécules constitutives du vivant (ADN, protéines, etc.) étaient asymétriques, avec une homochiralité universelle : ainsi toutes les hélices constitutives de l'ADN tournent toujours dans le même sens chez tous les êtres vivants.

Comment expliquer une telle différence entre la biochimie et la chimie du monde inanimé ? C'est bien un mystère, car les processus physiques qui régissent la constitution des atomes et molécules ne distinguent pas la droite de la gauche : une réaction chimique et celle qui serait constituée par l'image de cette dernière dans un miroir ont des probabilités égales de se produire. Notons tout de même que, rompant avec une conception qui faisait de cette

* Lévogyre : faisant tourner à gauche.

égalité un dogme, deux physiciens américains nés en Chine, T.-D. Lee et C.-N. Yang, formulèrent en 1956 l'hypothèse que les interactions nucléaires, responsables de la radioactivité bêta, n'étaient pas identiques à leur « image dans un miroir ». Cette non-conservation de la parité fut rapidement mise en évidence expérimentalement par la physicienne de l'université de Columbia Mme C.-S. Wu. Pour ne prendre qu'une image, cela signifie que nous avons bien la possibilité de faire connaître à des extraterrestres (connaissant les lois de la nature !) ce que nous appelons la droite et la gauche. Cette légère asymétrie serait-elle suffisante pour expliquer cette surprenante homochiralité du vivant ? D'autres préfèrent imaginer que les fluctuations statistiques dans des populations d'énantiomères droits et gauches *a priori* égales, peuvent produire une inégalité accidentelle qui s'autoamplifie et conduit à l'homochiralité du vivant. (Pour ma part je crois que ce mécanisme ne saurait suffire, sans invoquer également le précédent.) D'autres enfin, à la suite de J. Monod, voient dans cette homochiralité la preuve d'une origine unique commune à tous les êtres vivants. Il n'est pas question ici de trancher, mais on voit combien cette observation extraordinaire de Pasteur reste au cœur des préoccupations contemporaines sur l'origine de la vie.

C'est l'étude de la piézo-électricité du quartz, cette propriété aujourd'hui si abondamment utilisée, par exemple dans nos montres à quartz, mise en évidence en 1888 par les frères Curie, qui conduisit Pierre Curie à formuler un principe de symétrie profond et général. Réfléchissant en effet sur le lien entre la direction de la polarisation électrique du cristal et celle des contraintes mécaniques qui lui donnent naissance, Pierre Curie postula que « lorsque certaines causes produisent certains effets, les éléments de symétrie des causes doivent se retrouver dans les effets possibles ». Malgré son aspect très formel ce principe est d'utilisation parfaitement opératoire, tout spécialement en présence de champs électriques et magnétiques. C'est ainsi qu'il implique qu'il n'est pas possible de réaliser des synthèses chimiques « asymétriques », privilégiant l'un des composés, droit ou gauche, de molécules possédant une chiralité déterminée sous le simple effet d'un champ magnétique.

Nous savons aujourd'hui que ce principe de Curie, pris au pied de la lettre, ne couvre pas le champ important des symétries brisées, et il est paradoxal de constater que l'une de ces premières brisures connues, celle de la transition paramagnétique-ferromagnétique, a été découverte également par P. Curie.

Physique statistique : énergie et entropie

Il nous faut donc venir au concept important de brisure spontanée de symétrie et auparavant situer la compétition entre ordre et désordre qui régit l'organisation de la matière. Inscrite dans la thermodynamique, elle prit tout son sens lorsque Boltzmann et Gibbs établirent à la fin du siècle dernier les fondements de la physique statistique, science de la déduction des propriétés du monde macroscopique à partir des constituants élémentaires de la matière.

Examinons un processus simple et familier comme le gel d'un liquide. Le solide ainsi formé possède une structure régulière dans laquelle les atomes ou molécules constitutives se rangent au sommet d'un réseau spatial périodique. (Remarquons au passage le lien étonnant entre mathématiques et physique en ce domaine : les symétries sont exprimées mathématiquement à l'aide de la théorie des groupes, c'est-à-dire de la théorie des opérations qui laissent un objet inchangé. Cette théorie conduit à montrer qu'il n'existe que 230 structures périodiques possibles pour ces arrangements spatiaux des molécules, et les cristallographes ont bien identifié des structures solides réalisant chacune de ces 230 possibilités. Il faut également observer que la nature sait déjouer les théorèmes mathématiques puisque aucune des structures permises ne possède de symétrie d'ordre cinq : or, à la surprise générale, on découvrit en 1984 un « solide » possédant une telle symétrie interdite. Ces structures bien identifiées aujourd'hui et appelées quasicristaux sont en fait parfaitement apériodiques.) Si l'on tente d'imaginer le comportement des molécules constituantes lors de la solidification, le gigantisme du nombre de molécules contenues dans le moindre grain de matière rend le processus tout à fait stupéfiant. Une minuscule goutte d'eau est constituée de plusieurs milliards de milliards de molécules. Un infime abaissement de température de l'eau en dessous de 0° C, produit donc la mise en ordre spatial d'un nombre colossal d'objets sans que rien ne soit venu modifier ni les molécules ni les forces mutuelles d'interaction qui régissent leur comportement. Projetons en marche arrière le film de la fin d'un défilé au moment où tous les soldats s'éparpillent, et représentons-nous un défilé imaginaire avec de très nombreux milliards de participants et nous aurons une image microscopique de la solidification.

La transition solide-liquide est la manifestation de deux phénomènes antagonistes qui mettent en jeu énergie et entropie. Dans cette matière macroscopique en effet, les configurations des molécules sont innombrables ; chacune d'entre elles est susceptible de se réaliser avec une petite probabilité, d'autant plus grande que son énergie est basse et la température élevée. À basse température, dans la phase solide donc, les configurations de basse énergie, très ordonnées spatialement pour autoriser les molécules à « profiter » de leur attraction réciproque, ont un poids dominant. En revanche à plus haute température la multiplicité des configurations possibles conduit à rejeter les configurations ordonnées, à privilégier des configurations plus énergétiques, bien moins probables donc, mais si nombreuses que cette considération (identifiée par Boltzmann à l'entropie des thermodynamiciens) l'emporte. Comparons le liquide et le solide : le liquide est isotrope, aucune direction n'y est privilégiée. Il est également tout à fait homogène, identique en tous ses points. Le solide, lui, possède des axes cristallins privilégiés et des points qui servent de sommets au réseau périodique sur lequel sont venus se ranger les molécules. Il est donc, certes plus ordonné que le liquide, mais moins symétrique que lui puisque des opérations telles que des rotations ou des translations arbitraires qui ne changent rien au liquide, ne laissent pas le solide invariant. Cette brisure de symétrie, manifestée par l'ordre cristallin, est spontanée en ce sens qu'elle ne nécessite aucun agent extérieur, aucune interaction privilégiant des directions particulières.

Pour visualiser de manière plus intuitive une brisure spontanée de symétrie, on peut considérer le flambement d'une poutre sous l'effet d'une charge excessive. Même si la pression exercée coïncide bien avec l'axe de la poutre, celle-ci finira par flamber de manière asymétrique si la pression dépasse un certain seuil. On voit donc que cela implique de compléter quelque peu le principe de Curie : la symétrie d'un état particulier résultant d'une cause déterminée peut avoir moins de symétrie que cette dernière. Seul l'ensemble des états possibles sous l'effet de cette cause a la symétrie des effets qui l'ont provoquée.

Un grand nombre des changements d'état de la matière résultent donc de ce phénomène de symétrie brisée. Les « aimants » permanents présentent une aimantation dans une direction spatiale bien déterminée qui disparaît au-delà d'une certaine température (celle-ci porte le nom de Curie qui avait découvert cette transition entre un état « ferromagnétique » aimanté et présentant une orientation, et un état « paramagnétique » désorienté et donc tout à fait isotrope). De nos jours la supraconductivité, la superfluidité, les phases des cristaux liquides, et bien d'autres changements d'états, n'ont cessé d'enrichir le catalogue des symétries spontanément brisées que présente l'organisation de la matière. Les défauts à l'ordre eux-mêmes (un solide, ainsi que toute structure ordonnée, possède des défauts) s'organisent d'une manière tout à fait caractéristique des symétries brisées présentes dans la structure.

La compréhension du mécanisme de la compétition ordre-désordre (ou énergie-entropie) mise en jeu dans ces transitions s'est étendue sur de nombreuses décennies. Après de longues années d'interrogations non concluantes, les travaux de 1940 du physicien R. Peierls, qui avait fui le nazisme en Angleterre, montraient que la formulation statistique de la physique qui doit tant à Boltzmann, contenait bien la possibilité, la nécessité même, de transition de phase par brisure spontanée de symétrie. À la même époque, l'étude systématique par L. Landau en Union soviétique, des types de symétrie et de leurs brisures spontanées, mettait en quelque sorte fin au problème. Landau introduisait le concept fort important de paramètre d'ordre qui permet de caractériser la transition de phase et les phénomènes singuliers qui l'accompagnent. Dans la phase symétrique, c'est-à-dire désordonnée, ce paramètre est nul. En revanche dans la phase ordonnée, c'est-à-dire de symétrie brisée, il prend une valeur non nulle spontanément, c'est-à-dire en l'absence de toute sollicitation extérieure.

Mais le problème devait resurgir dans les années 1960 par l'arrivée de moyens expérimentaux nouveaux, tels que les lasers ou la diffraction des neutrons, qui révélaient que la théorie développée par Landau, bien que souvent qualitativement en accord avec l'expérience, était en fait quantitativement erronée. Que l'on me permette de ne pas tenter d'exposer ici les travaux sur le groupe de renormalisation, qui permirent de résoudre ce problème (et bien d'autres à sa suite) et valurent à l'américain K. Wilson le prix Nobel de physique 1981.

Symétries du monde subnucléaire

Les concepts de symétrie associée à des opérations qui laissent le système invariant, ont joué un rôle central dans les idées de la physique. Je me contenterai de citer, sans la développer ici, la contradiction entre les symétries galiléennes de la mécanique classique, et celles de Lorenz-Poincaré de l'électrodynamique de Maxwell. C'est elle qui conduisit Einstein à la relativité restreinte. Un peu plus tard Einstein, toujours guidé par le souci de décrire les lois de la physique de manière universelle, indépendante de l'état de mouvement des observateurs, aboutit par des considérations d'invariance, c'est-à-dire de symétrie, à la relativité générale, nouvelle théorie de la gravitation, base indispensable de la cosmologie contemporaine. Plus près de nous les quarks, éléments constitutifs de la matière « hadronique » (c'est-à-dire liée par des forces nucléaires fortes), ont été mis en évidence par les propriétés de symétrie présentées par la classification des particules élémentaires, une démarche qui rappelait l'élucidation de la structure des atomes à partir des régularités du tableau de Mendeleïev.

Mais je voudrais tenter de décrire ici les idées très importantes de symétrie locale (plus couramment appelées symétries de jauge, même si cette dénomination n'est pas très éclairante) qui ont permis de comprendre à la période contemporaine les interactions entre particules élémentaires (électromagnétiques ainsi que nucléaires faibles et fortes). La symétrie n'est plus cette fois une simple propriété de la structure, mais l'élément qui permet de fixer entièrement la dynamique des forces électromagnétiques et nucléaires.

En 1925 les travaux du physicien anglais P. A. M. Dirac établissaient une théorie de l'électron en interaction avec le rayonnement électromagnétique qui incorporait à la fois la nouvelle mécanique des quanta, la relativité et les équations de Maxwell de l'électromagnétisme. Le physicien-mathématicien H. Weyl réalisa que l'interaction entre les particules dotées d'une charge électrique et le rayonnement électromagnétique, telle qu'elle apparaissait dans la théorie de Dirac, résultait de manière unique d'une propriété de symétrie insoupçonnée. Renversant le raisonnement, cette symétrie de « jauge » est alors suffisante pour fixer la théorie de Maxwell-Dirac. Une explication précise demanderait un peu trop de formalisme. En quelques mots il faut savoir que les états d'une particule comme l'électron sont décrits en mécanique quantique par une fonction d'onde qui est un nombre complexe en chaque point de l'espace-temps (on peut se représenter cela par un vecteur dans un plan associé à chaque point de l'espace-temps). La théorie ne change pas si on modifie cette phase de la même quantité pour tous les points de l'espace-temps (c'est-à-dire si on fait tourner tous ces vecteurs du même angle dans le plan). Cette première symétrie n'est pas tout à fait banale, puisqu'elle implique que la charge électrique est « conservée », c'est-à-dire que dans tout processus la charge finale est la même que la charge initiale.

Peut-on modifier cette phase indépendamment pour chaque point de l'espace-temps ? *A priori* la réponse est négative, c'est-à-dire qu'en l'absence de champ électromagnétique, cette opération n'est certainement pas une symétrie de la théorie. Mais Weyl comprit que le champ électromagnétique avait précisément pour fonction d'instituer cette propriété d'invariance locale. Le champ résultant de cette invariance postulée obéit aux équations de Maxwell, et il introduit manifestement des interactions de portée infinie puisqu'il autorise de changer indépendamment les phases en des points arbitrairement espacés. Ce champ est constitué, en termes quantiques, de photons, comme l'avait compris Einstein, particules sans masse puisque porteuses d'une symétrie s'étendant à des distances arbitraires infinies (la portée est proportionnelle à l'inverse de cette masse).

La généralisation de ces idées à des symétries plus complexes qu'une simple rotation de vecteurs dans un plan, fut l'œuvre de Yang et Mills en 1956. Y apparaissent d'autres champs de « jauge » que les photons, qui ne reçurent initialement guère d'attention car, pour les mêmes raisons, les particules associées étaient elles aussi sans masse et donc les interactions médiées par ces champs de portée infinie. Les théoriciens en butte avec la compréhension des forces nucléaires, et en particulier les forces dites « faibles », responsables par exemple de la désintégration bêta de noyaux dotés d'un excès de neutrons, auraient volontiers adopté une théorie de Yang-Mills, mais la portée des forces nucléaires faibles ne dépassant guère quelques milliardièmes de milliardième de mètre, il paraissait impossible, absurde même, de vouloir les faire sortir d'une théorie dans laquelle la portée des interactions est arbitrairement grande. C'est la compréhension du mécanisme de symétrie brisée qui permit d'établir finalement cette théorie des interactions faibles, unifiée de surcroît avec la théorie de l'électromagnétisme (modèle de Weinberg-Salam et nombreux travaux dont ceux de t'Hooft et Veltman, prix Nobel 1999). On introduit, en plus des particules usuelles, un champ de matière supplémentaire, le « boson de Higgs » (toujours hypothétique et activement recherché expérimentalement). Dans une première phase symétrique, qui a peut-être existé pendant quelques infimes instants après le big bang, le scénario de Yang-Mills avec tous ses champs de masse nulle était à l'œuvre, mais une brisure spontanée de symétrie, une transition de phase analogue à celle de la supraconductivité évoquée à propos de la matière macroscopique, faisait apparaître une nouvelle phase, celle de notre monde d'aujourd'hui, dans laquelle certains des champs de Yang-Mills devenaient massifs, comme il se devait pour être conforme aux observations. La découverte expérimentale des particules Z et W± au CERN dans les années 1970, analogues aux photons dans leur rôle de porteurs d'une symétrie locale, mais massifs pour ne transmettre l'interaction que sur une courte portée, établissait la validité de cette extraordinaire construction.

Transitions de phase et cosmologie : les modèles d'univers en inflation

Le scénario classique du « big bang », univers en expansion adiabatique à partir d'une singularité initiale, a connu des succès multiples. Le plus notable est la prédiction, aujourd'hui abondamment confirmée, du rayonnement « fossile », abandonné à lui-même depuis des milliards d'années sans jamais interagir, dans lequel baigne l'univers. Mais diverses observations dont cette théorie devrait rendre compte, telles que la compréhension du rapport entre le nombre de particules massives et le nombre de photons observés aujourd'hui, ou encore la nécessité d'une courbure de l'univers excessivement faible dans les premiers instants du big bang, ont conduit là aussi à invoquer un mécanisme de symétrie spontanément brisée à l'origine de notre univers. Ces modèles d'univers en inflation, proposés par l'Américain A. Guth et le Russe (de Stanford désormais) A. Linde, résolvent les problèmes mentionnés ci-dessus si l'on suppose que l'univers a connu une transition de phase avec une brusque augmentation d'entropie, dans laquelle notre espace-temps est apparu, un peu comme une bulle de vapeur dans un liquide à son point d'ébullition. Diverses variantes de cette idée sont aujourd'hui considérées, telle l'inflation chaotique qui suppose la formation d'une écume de bulles, sans connexions causales mutuelles, évoluant chacune en différents types d'univers. Seule l'une d'entre elles serait devenue notre univers. La validation de ces divers scénarios repose sur leur capacité à reproduire les paramètres aujourd'hui observés de notre univers, et il est sans doute bien trop tôt pour conclure, mais les cosmologistes semblent très généralement devoir faire appel à une symétrie brisée pour modéliser l'évolution de l'univers.

Conclusion

Je suis conscient que ces quelques lignes doivent paraître souvent bien incompréhensibles. Je souhaiterais simplement que le lecteur qui m'aurait accompagné jusque-là partage notre émerveillement devant un monde dont l'évolution et dont les forces en présence, sont presque exclusivement fixées par ses symétries et leurs brisures. Jamais un si petit nombre de principes n'avaient suffi à embrasser une telle diversité de situations. En définitive, à l'échelle des constituants élémentaires de la matière, seule la compréhension d'une théorie quantique de la gravitation échappe encore à cette construction.

LECTURES COMPLÉMENTAIRES

Les actes du 4e colloque Physique et interrogations fondamentales, intitulé « Symétrie et brisure de symétrie » ont été publiés par EDP Sciences en 1999. Plusieurs contributions développent certains des thèmes évoqués ci-dessus.

Fluides et Tourbillons

par MARCEL LESIEUR

Introduction

Les récents ouragans sur la France de décembre 1999 nous ont brutalement rappelé l'importance des fluides tels que l'air et l'eau. L'air fait voler les avions, planeurs et parapentes, pousse les voiles des bateaux, actionne les éoliennes, dévie les coup-francs de Platini et Zidane dans les buts, propage le feu.

L'eau est bien entendu essentielle, et sa dynamique se manifeste sous de multiples formes dans les torrents de montagne, fleuves et rivières, courants marins, pompes et turbines, circuits de refroidissement des centrales nucléaires... D'autres fluides tels que le sang dans nos veines et artères sont tout aussi importants pour la vie, et les troubles cardio-vasculaires proviennent soit d'un comportement turbulent du sang, soit d'une trop grande viscosité de celui-ci. On trouve encore des fluides dans les atmosphères de planètes telles que Vénus et les planètes géantes (Jupiter en particulier, avec sa majestueuse tache rouge, montrée sur la *figure 1* (voir hors-texte), dans les atmosphères stellaires (dont le soleil), et dans les milieux extra-galactiques.

On commencera par rappeler les principes de la mécanique classique et de la thermodynamique permettant d'écrire les équations de la mécanique des fluides. Le principe de Bernoulli nous aidera en particulier à comprendre le lift des balles. On verra ensuite comment de fortes différences de vitesse (couche de mélange) engendrent de magnifiques tourbillons spiralés qui déferlent en

Texte de la 221e conférence de l'Université de tous les savoirs donnée le 8 août 2000.

turbulence à petite échelle, suivant la fameuse « cascade d'énergie » de Richardson-Kolmogorov.

À l'heure où les biologistes élucident la structure du génome humain, des progrès décisifs sur la structure de la turbulence et des tourbillons qui la composent ont pu être faits par la résolution numérique sur super-calculateur scientifique des équations du mouvement. On montera comment un traitement d'image performant permet de visualiser les tourbillons et de suivre leur évolution. Une avancée considérable a en particulier été faite grâce au concept de « simulation des grandes échelles », où les fluctuations à petite échelle sont éliminées et modélisées par une viscosité turbulente intelligente. On montrera des exemples de ces simulations réalisées à Grenoble (par « viscosité spectrale »), avec les anneaux-vortex (responsables des ronds de fumée) dans un jet, et les tourbillons quasi longitudinaux et en arche au voisinage d'une paroi. Nous discuterons du contrôle de ces tourbillons pour la réduction de traînée et de bruit en aéro- et hydrodynamique. On peut en fait, grâce au contrôle de la turbulence dans toutes les situations où elle se manifeste, espérer réduire de 30 % la consommation énergétique globale.

On terminera par deux « Premières » grenobloises en matière de simulation numérique, réalisées il y a quelques années :

— Le volet arrière de feu la navette spatiale européenne Hermès.

— La formation de tourbillons intenses dans les fronts atmosphériques, ayant de fortes analogies avec les tempêtes sur la France des 26 et 28 décembre 1999.

Équations du mouvement

MILIEU CONTINU

Nous travaillons dans le cadre d'une hypothèse de milieu continu, dans laquelle nous considérons des « petites » parcelles fluides, dans le sens suivant : elles ont une taille plus petite que les échelles caractéristiques des mouvements du fluide, mais beaucoup plus grande que le libre parcours moyen des molécules. Celui-ci est de l'ordre du millième de micron, alors que les plus petites longueurs d'onde caractéristiques des mouvements fluides (dites échelles visqueuses) sont par exemple dans l'air d'un micron sur une aile d'avion, et un millimètre en turbulence atmosphérique. Il y a donc bien pour l'air « séparation d'échelle » entre les mouvements fluides et moléculaires. Ce n'est que pour un écoulement hypersonique dont le nombre de Mach* est supérieur à 20 que les échelles

* Le nombre de Mach est le rapport entre une vitesse typique du fluide et la vitesse du son. Celle-ci est proportionnelle à la racine carrée de la température.

visqueuses deviennent du même ordre que les échelles moléculaires, et qu'il faut travailler dans le cadre de l'équation de Boltzman. Pour un liquide, les échelles fluides sont en général plus importantes que pour un gaz, en sorte que la séparation d'échelle est encore plus marquée.

CONSERVATION DE LA MASSE

On considère une petite (dans le sens défini ci-dessus) parcelle fluide de masse m, volume V, et masse volumique $\rho = m/V$, de forme quelconque*, que l'on suivra dans son mouvement avec le fluide. Dans l'approximation du milieu continu, m va être conservée. En effet, les transferts de masse par diffusion moléculaire à travers l'enveloppe de la parcelle fluide se font dans les deux sens, et se compensent pour les temps caractéristiques d'évolution du milieu continu qui sont grands devant les temps d'agitation moléculaire. Cette conservation de la masse de la parcelle dans le mouvement nous fournit la première relation entre les inconnues du problème, dite équation de continuité.

BILAN DES FORCES

Nous allons maintenant faire un bilan des forces. Nous rappelons le fameux premier principe fondamental de la mécanique classique de Newton pour un système matériel quelconque

$$\sum \vec{F} = m\vec{a}$$

où $\sum \vec{F}$ est la somme des forces extérieures, et $\vec{a}$ l'accélération du centre de gravité. Pour la parcelle fluide, les forces extérieures sont la gravité, les forces de pression extérieures sur l'enveloppe, qui sont normales à celle-ci, des forces de viscosité exercées par le fluide extérieur le long de l'enveloppe exprimées par l'hypothèse dite du « fluide Newtonien** », et d'éventuelles autres forces extérieures. L'équation obtenue par ce bilan de forces est appelée équation de Navier-Stokes. Elle a en fait été écrite par Navier[1] en 1822. La même équation sans viscosité avait été écrite par le mathématicien Euler dès 1750 (Équation d'Euler).

BILAN D'ÉNERGIE

Les deux bilans de masse et de force ci-dessus font intervenir trois quantités inconnues, vitesse, pression et masse volumique.

---

* Celle-ci peut d'ailleurs évoluer dans le temps.

** Parmi les trois principes de la Mécanique énoncés en 1687 par Newton, le troisième dit que *la résistance survenant [...] à l'intérieur d'un fluide [...] est proportionnelle à la vitesse avec laquelle les divers éléments du fluide se séparent l'un de l'autre.*

Une troisième équation est nécessaire, que l'on obtiendra en faisant un bilan d'énergie basé sur le premier principe de la thermodynamique. Pour un gaz parfait dont on néglige les échanges thermiques par diffusion moléculaire à travers l'enveloppe de la parcelle fluide, et s'il n'y a pas d'apports ou de pertes extérieures de chaleur (tel le rayonnement), on aboutit à la conservation de la quantité (p/ρ^γ ou pV^γ) en suivant le mouvement (où γ est le rapport des chaleurs spécifiques à pression et volume constant). C'est une relation que nous avons rencontrée au lycée, pour décrire justement la compression ou la dilatation adiabatique d'un gaz parfait. Qu'il s'agisse d'un gaz ou d'un liquide, les échanges de chaleur par diffusion moléculaire s'expriment grâce à la loi de Fourier[2]*.

Comme toutes les équations en physique, ces équations de Navier-Stokes ne sont qu'un modèle qu'il faut valider par comparaison à la réalité. Les validations sont les suivantes. En premier lieu, leurs prédictions théoriques sont bien vérifiées expérimentalement pour les écoulements laminaires tels que canal plan ou conduite (écoulements de Poiseuille**[3]), couche limite, couche de mélange ou jet. D'autre part, en écoulement turbulent, des simulations numériques de ces équations, effectuées grâce à des méthodes très précises*** dans le cas des mêmes écoulements, conduisent à des résultats sur les moyennes des principales variables en excellent accord avec les mesures expérimentales faites en laboratoire.

THÉORÈME DE BERNOULLI ET « LIFT »

On peut à partir de l'équation d'Euler (donc dans un fluide dont on néglige l'importance des effets visqueux), et en supposant l'écoulement indépendant du temps et incompressible, montrer facilement que les variations de pression en suivant le mouvement sont égales et opposées aux variations d'énergie mécanique (énergie cinétique plus énergie potentielle) par unité de volume. Il est remarquable qu'un résultat analogue (intégré sur le fluide) ait été trouvé en 1732 par Daniel Bernoulli (c'est-à-dire presque 20 ans avant l'équation d'Euler) par application de ce que l'on appelle le théorème de l'énergie cinétique de la mécanique classique. Ce résultat a de multiples applications en aérodynamique, pour expliquer la portance d'une aile ou d'une voile par exemple (voir Lesieur[4]). Il

* Qui suppose que le flux de chaleur, ou quantité de chaleur par unité de temps, passant dans une direction x à travers une unité de surface perpendiculaire à x, est proportionnel au gradient de température dans cette direction. Les méthodes mathématiques développées par Fourier pour résoudre son équation de la chaleur ont conduit au concept de *transformée de Fourier* (utilisé plus loin pour les études de turbulence).

** Poiseuille était médecin, et c'est dans le cadre de ses recherches sur le comportement du sang dans les veines qu'il établit les lois régissant ces écoulements.

*** Ce sont les méthodes spectrales, où les principaux paramètres de l'écoulement sont décomposés en séries de Fourier suivant les variables d'espace.

permet aussi de comprendre le « lift » d'une balle (voir *figure 2*, où on se place dans le repère lié à la balle).

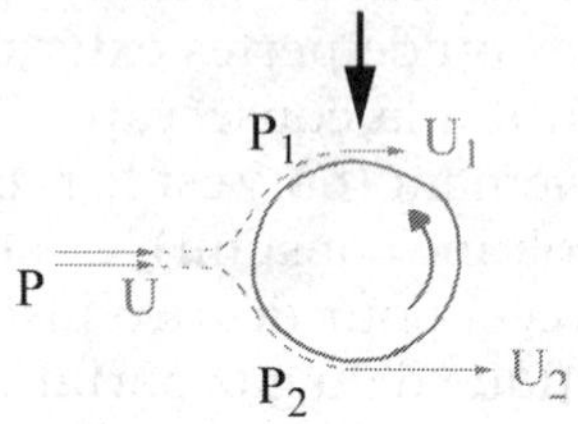

Figure 2 – Lift d'une balle, représenté dans un repère lié à celle-ci.

Considérons une balle sphérique tournant comme indiqué sur la figure. La balle est supposée aller de droite à gauche à la vitesse U, mais on se place dans un repère lié à la balle, où celle-ci est immobile et voit venir le vent de la gauche à la vitesse U. Soient deux parcelles fluides, de même vitesse U et pression p en amont, qui se séparent pour passer respectivement au-dessus (position 1, vitesse U_1, pression p_1) et au-dessous (position 2, vitesse U_2, pression p_2). En appliquant le théorème de Bernoulli (approximativement valable ici), on a :

$$p + \frac{1}{2}\rho U^2 = p_1 + \frac{1}{2}\rho U_1{}^2 = p_2 + \frac{1}{2}\rho U_2{}^2$$

Du fait de la rotation de la balle, l'air juste au-dessus de la balle sera ralenti par celle-ci, et l'air au-dessous accéléré. On aura donc $U_1 < U_2$, dont il résulte que $p_1 > p_2$. Il y a donc une anti-portance perpendiculaire à la trajectoire (effet Magnus). En football, de multiples buts marqués sur coup franc sont dus à cet effet : le ballon, brossé vers le haut par le pied du tireur qui lui imprime un mouvement de rotation sur elle-même, et envoyé au départ sur une trajectoire haute, revient vers le but. Il est d'autre part plus lourd que s'il ne tournait pas, et ces deux éléments surprennent souvent le goal. On rencontre le lift dans d'autres jeux de balle tels que tennis*, ping-pong ou rugby.

Tourbillons

Présentons maintenant ce que l'on appelle la « nappe de vorticité », à partir du modèle de couche de mélange schématique de

* Avec son opposé, le « slice » qui fait planer la balle.

la *figure 3* (voir hors-texte). Soient deux courants parallèles de vitesse différente U_1 (en haut) et U_2 (en bas, avec $U_2 < U_1$), qui se raccordent suivant une couche d'épaisseur Δ. On peut définir la vorticité intuitivement de la manière suivante : supposons (par la pensée) que l'on place dans l'écoulement une minuscule roue à aubes d'axe de rotation perpendiculaire au plan de la figure. Celle-ci ne bougera pas dans les deux courants constants U_1 et U_2. Par contre elle tournera dans le sens des aiguilles d'une montre dans la couche d'épaisseur Δ. On dira que la vorticité est partout nulle sauf sur cette couche où elle est négative. De façon plus précise, la vorticité sera définie mathématiquement comme le rotationnel du champ de vitesse (voir la référence 4 p. 43). C'est un champ de vecteurs, dont les lignes de champ sont appelées « filaments vortex ». Quand le fluide tourne, l'intensité de la vorticité est égale au double de la vitesse angulaire de rotation. En fait ce type de configuration est violemment instable, et source importante de tourbillons : si on fait osciller faiblement la nappe de vorticité sous l'effet d'une petite perturbation, on la verra s'enrouler en spirale pour donner finalement une série de tourbillons de même signe. Ces tourbillons spiraux sont appelés tourbillons de Kelvin-Helmholtz. Plus de détails sur cette instabilité sont donnés dans la référence 4 (pp. 56 et suivantes) et dans référence 5. Expérimentalement, on réalise de très jolies couches de mélange derrière le bord de fuite d'une plaque mince. Les expériences de Winant et Browand[6] dans l'eau et Brown et Roshko[7] dans un mélange d'hélium et d'azote, ainsi que de nombreuses simulations numériques, montrent aussi comment des tourbillons suffisamment proches tournent l'un autour de l'autre par induction mutuelle et s'apparient en un tourbillon deux fois plus gros. Nous montrons sur la *figure 4* (haut) une visualisation tirée de l'expérience de Brown et Roshko[7], qui est représentative du champ ρ. Cette expérience fameuse est la première mise en évidence de tourbillons de Kelvin-Helmholtz dans un écoulement très peu visqueux. La *figure 4* (bas) montre la simulation numérique directe bidimensionnelle* réalisée à Grenoble par Normand[8] d'un colorant numérique transporté dans une couche de mélange initialisée en amont par un profil de vitesse théorique en tangente hyperbolique. Les analogies sont importantes, quoiqu'il ne s'agisse que d'un calcul bidimensionnel alors que la réalité expérimentale est tridimensionnelle. Les films réalisés dans cette expérience et dans le calcul montrent clairement des appariements de tourbillons qui s'entraînent mutuellement et fusionnent pour donner un tourbillon deux fois plus gros. Appariements analogues à ceux peints par le visionnaire Van Gogh dans « La nuit étoilée » (voir la référence 4 p. 52).

En fait la *figure 4* (haut) montre que l'énergie « cascade » aussi des grandes échelles vers les petites échelles, où une agitation

* Voir plus loin pour les détails techniques de ce type de simulation.

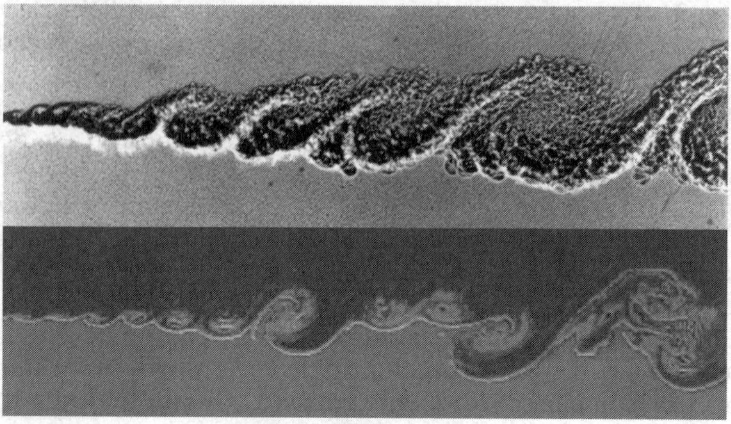

Figure 4 – Haut, photo de couche de mélange tirée de la référence 7 (avec l'autorisation de A. Roshko) ; bas, scalaire passif dans la simulation numérique directe bidimensionnelle d'une couche d'une couche de mélange (cliché tiré de, la référence 5 avec l'autorisation de Kluwer).

tridimensionnelle importante est visible. Ce processus explosif de cascade d'énergie vers la turbulence développée à petite échelle (cascade de Richardson-Kolmogorov) sera étudié plus loin.

Nous avons vu plusieurs exemples de ce que nous appellerons « tourbillons cohérents ». Il s'agit de tourbillons ayant une forme reconnaissable et gardant cette forme pendant des temps grands devant le temps de retournement du tourbillon*. Nous rencontrerons plus loin d'autres types de tourbillons cohérents (longitudinaux, en « arche », anneaux-vortex) *(Fig. 5)*.

Considérons maintenant la distribution de pression au sein du tourbillon. Si l'on suppose qu'une parcelle fluide tournant en périphérie du tourbillon est approximativement en équilibre sous l'effet de la force centrifuge (qui la déporte vers l'extérieur) et des forces de pression, il faut que ces dernières soient plus fortes à l'extérieur qu'à l'intérieur, donc que le tourbillon soit un minimum de pression. Cette corrélation tourbillon/dépression n'est plus valable si le fluide est lui-même dans un repère en rotation, comme l'atmosphère (aux échelles synoptiques supérieures à 500 km) ou les océans terrestres à méso-échelle (50 à 100 km) par exemple. Dans ce cas la force de Coriolis** doit être rajoutée au bilan de forces. Aux échelles mentionnées, on a un équilibre approximatif entre cette force et le gradient de pression (équilibre géostrophique). On trouve alors que les tourbillons cycloniques (c'est-à-dire tournant dans le même sens que la rotation de la terre) sont des dépressions,

* C'est le temps que met le fluide à la périphérie du tourbillon pour faire un tour.
** Cette force, « fictive » dans la mesure où elle n'existe pas si l'on travaille dans un repère Galiléen absolu, nous dévie vers la droite si l'on court sur un manège.

et les anticyclones des hautes pressions, comme nous le confirment quotidiennement les prévisions météorologiques. Nous reviendrons sur ce point plus loin.

Revenons au cas d'un tourbillon dans un repère non tournant. On voit que des candidats possibles pour l'identification du tourbillon sont l'analyse des dépressions ou des zones de forte vorticité. En fait les études par simulation numérique des équations de Navier-Stokes (voir plus loin) pour un écoulement à ρ constant montrent qu'une des meilleures façons d'identifier les tourbillons est le « critère Q », proposé par Hunt *et al.*[9], et caractérisant les régions correspondant à des iso-surfaces positives d'une quantité dite Q sélectionnant les régions où la rotation l'emporte sur la déformation. Nous montrons ici une application de ce critère dans une simulation numérique directe de jet coaxial (équivalent axisymétrique d'une couche de mélange) faite à Grenoble. Le jet intérieur va plus vite que le jet extérieur. On voit des anneaux vortex qui, comme dans les couches de mélange planes, s'apparient. Ces appariements génèrent l'étirement de fins tourbillons longitudinaux alternés. Ces tourbillons sont, par les fortes fluctuations de pression qu'ils provoquent, d'importantes sources de bruit au décollage dans les turboréacteurs d'avion. Le développement commercial d'avions de transport supersoniques du futur* ne pourra se faire tant que des concepts nouveaux de moteurs permettant de contrôler (voire d'éliminer) ces tourbillons n'auront pas été découverts. C'est un problème d'une extraordinaire complexité dont la résolution nécessite un effort de recherche considérable.

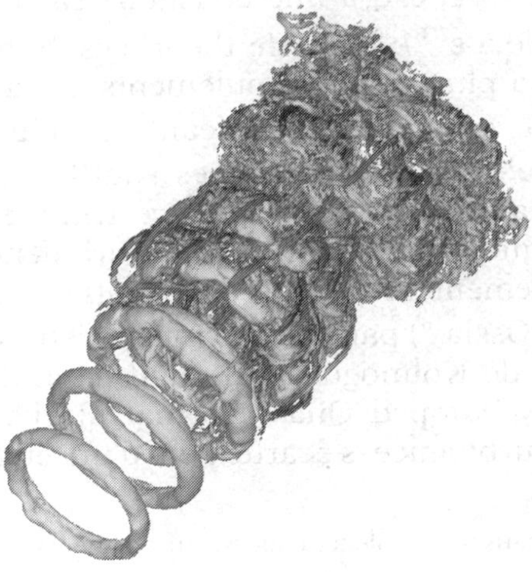

Figure 5 – Anneaux tourbillonnaires et tourbillons longitudinaux dans la simulation numérique d'un jet coaxial incompressible (cliché C. Silva, LEGI, Grenoble).

* Développement largement conditionné par les résultats de la commission d'enquête sur le malheureux crash du Concorde à Paris le 26 juillet 2000.

Turbulence développée

Le développement brutal de la turbulence vers les petites échelles que nous observons dans les couches de mélange et les jets correspond à la cascade de Richardson/Kolmogorov, mécanisme essentiel qui fabrique « explosivement » de la turbulence à petite échelle. En 1922, un génial météorologue anglais Richardson adapte le fameux sonnet de Jonathan Swift* : « Une puce a de plus petites puces, qui se nourrissent à ses dépens, et ces petites puces en ont d'encore plus petites qui les mordent, ainsi tout va à l'infini », sous la forme « Les gros tourbillons ont de petits tourbillons, qui se nourrissent de leur vitesse, et les petits tourbillons en ont de plus petits, et c'est ainsi jusqu'à la viscosité ». Richardson, encore lui**, mesure en 1926 la distance de séparation v_r de deux ballons distants de r dans l'atmosphère, et montre qu'elle est proportionnelle à $r^{1/3}$. En 1941, Kolmogorov[11], qui, selon son élève Yaglom[12], ignorait les travaux de Richardson, propose que le taux local de dissipation d'énergie v^2_r/T_r (*où* $T_r = r/v_r$ est le temps de retournement local) est indépendant de r et égal à ε, ce qui conduit à $v_r \sim (\varepsilon\, r)^{1/3}$. Dans l'« espace de Fourier » des fréquences spatiales k ε $1/r$, la densité d'énergie cinétique $E\ (k)$ (spectre) dans la bande passante $[k,\ k + \delta k]$ est, à une constante sans dimension C_K près, proportionnelle à $\varepsilon^{2/3}\ k^{-5/3}$. Cette théorie est approximativement*** vérifiée dans la plupart des écoulements à grand nombre de Reynolds****, que ce soit dans l'océan[13] ou dans la couche limite atmosphérique[14], ou dans certaines souffleries aéronautiques. Je termine ce chapitre sur la turbulence tridimensionnelle, en évoquant des résultats sur le déclin de la turbulence isotrope (c'est-à-dire statistiquement invariante par rotation) obtenus à Grenoble (cf. Lesieur et Ossia[16]) par une théorie statistique plus sophistiquée que la théorie de Kolmogorov. Il s'agit de la théorie EDQNM (en anglais « Eddy-Damped Quasi-Normal Markovian ») où on suppose que la turbulence s'écarte peu d'un état Gaussien (ce qui

* Écrit pour stigmatiser les voleurs d'idées, sujet toujours hélas d'actualité, même en sciences...

** Pour les références sur Richardson, voir la très intéressante compilation de ses œuvres complètes[10].

*** Approximativement dans le sens suivant : les spectres d'énergie E (k) représentés en diagramme dit « log-log » suivent bien une droite de pente proche de – 5/3, mais les mêmes spectres multipliés par $k^{5/3}$ et présentés en coordonnées semi-logarithmiques sont loin de suivre un plateau parfait.

**** Ce paramètre mesure le rapport entre les temps caractéristiques d'action des forces visqueuses et des forces d'inertie.

revient à négliger l'influence des tourbillons cohérents sur les spectres d'énergie). La *figure 6* montre en coordonnées logarithmiques la décroissance du spectre d'énergie à nombre de Reynolds initial de l'ordre de 10^9, ce qui est énorme pour le laboratoire ou l'environnement, mais pourrait correspondre au soleil. On voit la formation d'une magnifique cascade de Kolmogorov de plus de 5 décades (en effet, en coordonnées logarithmiques, une loi de puissance se traduit par une droite de pente l'exposant de la puissance), ainsi que la formation aux petits nombres d'onde d'un spectre proportionnel à k^1. Cela est bien validé par les simulations numériques de la turbulence[15, 17].

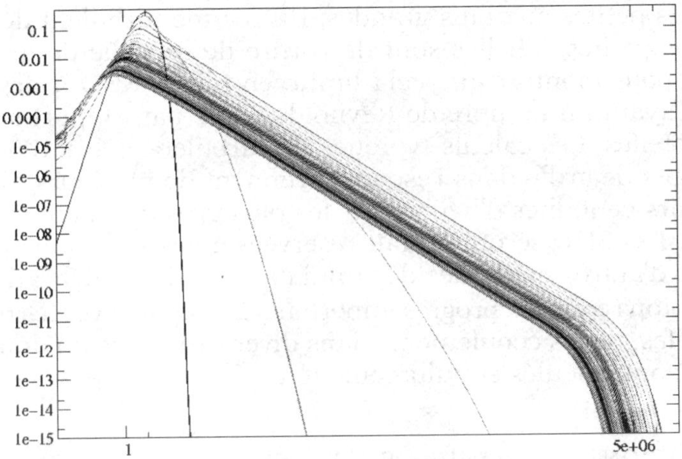

Figure 6 – Décroissance du spectre d'énergie cinétique en turbulence isotrope, étudiée par la théorie EDQNM (tiré de la référence 16).

Simulation numérique

Donnons maintenant quelques détails sur les outils de simulation numérique.

SIMULATION NUMÉRIQUE DIRECTE (SND)

Il s'agit d'une résolution numérique déterministe des équations du mouvement : on définit dans le domaine de calcul dans l'espace-temps une grille de pas (Δx, Δt). Ces pas peuvent être variables et la grille dans l'espace non orthogonale. L'opérateur de dérivée partielle en temps est calculé grâce à des développements en série de Taylor en puissances du pas de temps Δt. Les opérateurs de dérivée partielle en espace sont calculés soit par les méthodes spectrales évoquées plus haut si la géométrie s'y prête (par exemple périodicité dans une direction), soit par des développements en série de Taylor en puissances de Δx. Les calculs seront d'autant plus précis que l'ordre des développements est plus élevé. L'ordre trois est excellent pour les dérivées temporelles. Pour les dérivées spatiales, on a intérêt à prendre l'ordre le plus élevé possible en ce qui concerne les termes non linéaires des équations (six est à cet égard bien meilleur que deux). Dans ces simulations, on avance dans le temps de la façon suivante : la connaissance des variables aux instants t et $t - \Delta t$ permet de calculer ces variables à l'instant $t + \Delta t$, et ainsi de suite. En fait, les SND obligent à représenter sur l'ordinateur toutes les échelles suffisamment énergétiques de l'écoulement, des plus petites aux plus grandes. En régime turbulent développé, les plus petites échelles sont de l'ordre de l'échelle de dissipation l_D. On peut montrer que cela limite en fait la SND à des écoulements ayant un nombre de Reynolds faible par rapport aux situations réelles. Les calculs typiques de turbulence (1 à 100 millions de points de grille dans l'espace) prennent de plusieurs dizaines à plusieurs centaines d'heures sur les plus gros calculateurs scientifiques. Les SND seront en fait réservées à des situations-test pour valider d'autres méthodes de simulation ou de modélisation.

Notons enfin les progrès importants à attendre avec les machines parallèles, où les écoulements dans diverses parties du domaine de calcul sont calculés simultanément.

SIMULATION DES GRANDES ÉCHELLES

Dans le concept de simulation des grandes échelles (SGE), le pas de calcul Δx est plus grand que l'échelle visqueuse l_D. On considère des champs débarrassés de leurs fluctuations de longueur d'onde inférieure à Δx, en appliquant au champ turbulent un filtre passe-bas de largeur Δx. La première difficulté vient de ce que l'on ne connaît pas les équations satisfaites par les champs filtrés. C'est un problème de passage du « micro » au « macro », où l'on connaît les équations du milieu microscopique, à savoir Navier-Stokes. Rappelons que cette dernière équation résulte aussi du passage d'un « micro » (l'équation de Boltzmann pour la dynamique moléculaire) à un « macro » (l'écoulement de fluide) via l'hypothèse de milieu continu et l'introduction de la viscosité moléculaire proportionnelle au produit du libre parcours moyen et de la vitesse d'agitation des molécules. Cette hypothèse de viscosité moléculaire est justifiée par la séparation d'échelles existant entre les molécules et le milieu continu.

Par analogie, on suppose que le champ filtré est un fluide dont les molécules sont les mouvements d'échelle égale ou inférieure à Δx (échelles sous-maille), et que ceux-ci agissent sur la quantité de mouvement du champ filtré par le biais d'une viscosité turbulente, égale au produit du « parcours » des échelles sous-maille Δx et de la vitesse d'agitation turbulente de ces échelles. La détermination de cette dernière est difficile, d'autant plus que l'on n'a plus de séparation d'échelles. Pour résoudre ce difficile problème, nous travaillons à Grenoble dans l'espace de Fourier. Là, les échelles sous-maille de taille inférieure à Δx correspondent à des nombres d'onde supérieurs à $k_C = \pi/\Delta x$. On trouve que la viscosité turbulente spectrale se normalise sur formule 6. Nous avons déterminé analytiquement et numériquement celle-ci, en utilisant le modèle EDQNM évoqué plus haut. Quand on travaille dans l'espace physique, cela revient à associer à la viscosité turbulente classique une « hyper-viscosité » où l'opérateur « laplacien » (voir la référence 4 p. 32 pour une définition) associé à la viscosité est itéré trois fois[18]). En ce qui concerne les simulations des grandes échelles de gaz parfaits compressibles, on travaille à l'aide de moyennes pondérées par la masse de Favre[19], méthode qui simplifie considérablement les calculs. Notre originalité consiste, sur cette base, à introduire des concepts de macro-pression et macro-température, quantités reliées entre elles par une équation d'état.

Exemples de SGE

Nous montrons maintenant quelques exemples de SGE faites à Grenoble, qui sont illustrés dans la conférence par des films :

— Couche de mélange incompressible tridimensionnelle : le calcul présenté ci-dessus était bidimensionnel. Nous montrons maintenant sur la *figure 7* (voir hors-texte) un calcul de SGE tridimensionnel, forcé en amont par deux faibles perturbations aléatoires de même amplitude, l'une bidimensionnelle et l'autre tridimensionnelle. On visualise en gris clair une isosurface du module de la vorticité. On voit comment la nappe de vorticité amont se déstabilise en tourbillons de Kelvin-Helmholtz d'axe dirigé suivant l'envergure. On voit aussi, comme pour le jet coaxial présenté plus haut, des tourbillons longitudinaux très intenses qui sont étirés entre les tourbillons primaires. Ce genre de structure avait déjà été observé expérimentalement par Bernal et Roshko[21]. Si l'on reprend cette simulation avec les mêmes perturbations amont, mais un domaine plus large suivant l'envergure, cette topologie tourbillonnaire est changée, et les tourbillons de Kelvin-Helmholtz se disloquent.

— Jet rond : le film représente un jet issu d'un orifice circulaire, où l'on peut voir des anneaux-vortex quasi parallèles (qui créent les ronds de fumée du fumeur). Ici, le forçage est aléatoire, ce qui conduit les anneaux à s'incliner alternativement sur leur axe et s'apparier localement (« appariement alterné », voir la référence 4 p. 115). Cela conduit à une structure tourbillonnaire en double hélice. Comme nous l'avons déjà dit, l'étude du contrôle des jets compressibles est cruciale pour la mise au point des moteurs d'avion et de fusée, et la réduction du bruit excessif causé par les avions au décollage.

— Couches limites sur une plaque plane : on montre ici la turbulence développée dans un calcul fait à Grenoble (nombre de Mach de 0,3). L'animation montre que la structure cohérente la plus manifeste est un système de courants de haute et basse vitesse longitudinale, près de la paroi. On voit aussi grâce aux surfaces de basse pression au-dessus des courants de basse vitesse des éjections de tourbillons en arche se reconnectant à la paroi par des tourbillons quasi longitudinaux, qui ont été évoqués dans l'introduction. Ils ont un diamètre d'environ 25 unités de paroi*. La *figure 8* montre un de ces tourbillons[22], où on a représenté les dépressions (en blanc) et les filaments vortex. On voit que ceux-ci sont beaucoup plus resserrés dans une jambe du tourbillon que dans l'autre, ce qui traduit en fait le caractère fortement asymétrique du tourbillon. En fait, le frottement sur la paroi peut être réduit si l'on colle sur celle-ci un revêtement fait de fines rainures longitudinales (les « riblets ») de taille bien choisie. Certains avions Airbus en ont été équipés, ainsi que les quilles de voilier** et les dérives de planche à voile (« peaux de requin »). Plus récemment, certains nageurs de compétition ont adopté des maillots très longs (du cou aux chevilles) comportant ces stries, provoquant une controverse à l'occasion des prochains Jeux de Sydney. La largeur optimale de ces

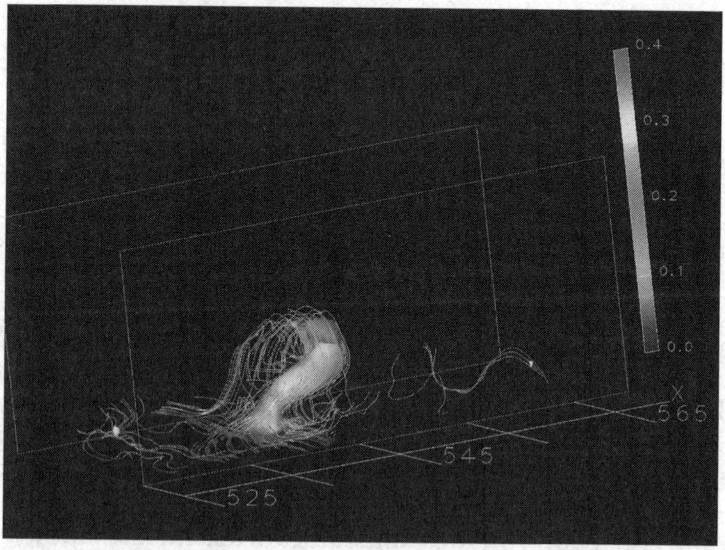

Figure 8 – Tourbillons quasi longitudinaux et en arche dans une SGE de couche limite à Mach 0,5 (cliché F. Ducros, Grenoble).

* C'est une échelle de dissipation particulière à la paroi, de l'ordre de 1 micron dans l'air et cent fois plus pour l'eau.

** Un exemple célèbre est la Coupe de l'América gagnée par Dennis Conner en 1986.

rainures fixée au départ empiriquement, est de l'ordre de 10 à 20 unités de paroi. En fait il a été montré par Choi *et al.*[23] grâce à l'outil de simulation numérique directe que, pour une telle taille de riblets, les tourbillons longitudinaux sont trop gros pour se placer dans les « vallées », et ne sont en contact avec les parois que par les arêtes. Le coefficient de frottement est alors réduit de 8 % par rapport à une paroi lisse. Si au contraire on prend des riblets plus larges que la largeur des tourbillons, ceux-ci vont s'installer au creux des rainures, et le frottement sera intensifié.

— Écoulement à Mach 0,9 (transsonique) sur une cavité parallélépipédique : on voit de gros tourbillons en arche qui prennent naissance en amont de la cavité et sont transportés vers l'aval. En aéronautique, ces tourbillons sont des sources de bruit importantes, et leur impact sur les structures peut causer des dommages. Ils peuvent aussi être à l'origine de graves trous de portance lors de leur interaction avec des chocs.

— Navette spatiale européenne Hermès : nous avions participé à ce programme, hélas prématurément abandonné, dans le cadre duquel nous avions réussi en 1993 à réaliser une première mondiale de SGE en aéronautique industrielle, la simulation de l'écoulement sur le volet arrière lors de la rentrée atmosphérique[24]. La *figure 9* (voir hors-texte) montre les tourbillons longitudinaux intenses obtenus dans ce calcul (où le nombre de Mach local est de 2,5), et causés par une instabilité de type centrifuge (voir la référence 4 p. 138). Pour un vol réel, un calcul simple basé sur une généralisation du principe de Bernoulli aux écoulements compressibles adiabatiques (voir la référence 4 p. 45), montre que des températures de l'ordre de 3 000 K pourraient être atteintes à la paroi, si les tourbillons y ramènent du fluide extérieur. Cela est bien supérieur aux 1 500 K admissibles par le matériau, et risque donc de l'endommager, ce qui peut mettre gravement en danger l'aéronef. Notons que ces tourbillons ne sont pas prédits par les modèles numériques industriels de conception de l'engin.

SIMULATION DES TEMPÊTES

Je présente maintenant un travail de SND et SGE réalisé dans notre équipe à Grenoble et publié il y a plusieurs années par Garnier *et al.*[25] [26], et dont les résultats présentent de fortes analogies avec les tempêtes des 26 et 28 décembre 1999 sur la France. Il s'agit d'une simulation tridimensionnelle d'un fluide dans une cuve en rotation, avec une stratification thermique verticale stable, et une stratification horizontale Nord (froid)/Sud (chaud). L'équation simulée est Navier-Stokes dans l'approximation dite de Boussinesq, qui est excellente pour prendre en compte ces effets de différence de densité, et ne fait pas d'hypothèse « hydrostatique » suivant la verticale* propre aux codes de prévision atmosphérique aux échelles synoptiques (plusieurs centaines ou milliers de kilomètres). Les paramètres du calcul correspondaient à des valeurs typiques atmosphériques à ces échelles. Les SND montrent la formation de tourbillons cycloniques primaires de longueur d'onde 800 km très cohérents suivants la verticale. Les tourbillons anticycloniques sont plus faibles et tridimensionnels. Les tourbillons cycloniques forment au sol et au sommet du domaine de calcul des fronts thermiques où l'on observe une très forte intensification de la vorticité cyclonique verticale (cf. animation, tirée de Lesieur *et al.*[27]). L'explication que nous en donnons est la suivante : dans le front au sol, l'air chaud monte sur l'air froid, induisant du fait de la rotation du repère une forte production de vorticité cyclonique que l'on peut comprendre par application du deuxième principe de Newton de conservation du moment cinétique dans un repère Galiléen absolu. Sous le toit, c'est l'air froid qui descend sous l'air chaud, avec encore intensification de la vorticité cyclonique. En fait la SND est trop visqueuse pour permettre le développement d'instabilités secondaires sur le front, chose que l'on observe au contraire dans la SGE. La *figure 10*, tirée de[25, 26], montre ce phénomène, et la formation en deux jours de deux tourbillons secondaires cycloniques. Leur vorticité est environ deux fois plus importante que celle des tourbillons primaires. En ce qui concerne les tempêtes de décembre dernier, les clichés satellite[27] montrent le 25 décembre au soir l'existence d'une perturbation sous forme d'un gros tourbillon au large de la Norvège. Elle induit un front froid qui coupe la France en deux**. C'est à partir de ce front que se sont développées les tempêtes du 26 et 28 décembre qui ont traversé la partie Nord de la France d'Ouest en Est. Au vu de nos résultats antérieurs, il est tentant d'associer ces tempêtes au développement d'instabilités secondaires sur un front. Ce n'est pas l'interprétation donnée par Météo-France sur son site web, où les trois tempêtes (25, 26 et 28 décembre) sont plutôt présentées comme des instabilités primaires ayant traversé l'Atlantique. Si notre interprétation se révélait correcte, il faudrait réfléchir au type de code météorologique de modélisation numérique nécessaire pour la prévision opérationnelle de ces quasi-ouragans, quand on sait que nos calculs de SGE pour obtenir des instabilités secondaires n'étaient pas hydrostatiques et utilisaient des méthodes numériques du 6e ordre verticalement avec 20 points de grille dans cette direction. Il faudrait sans doute s'orienter vers l'emploi pour les prévisions synoptiques de codes de calcul utilisés jusqu'à maintenant pour des prévisions locales.

---

* Cette hypothèse suppose que la pression en un point est simplement donnée par le poids de la colonne fluide au-dessus du point.
** Au même moment, un vent de Sud chaud soufflait à Grenoble.

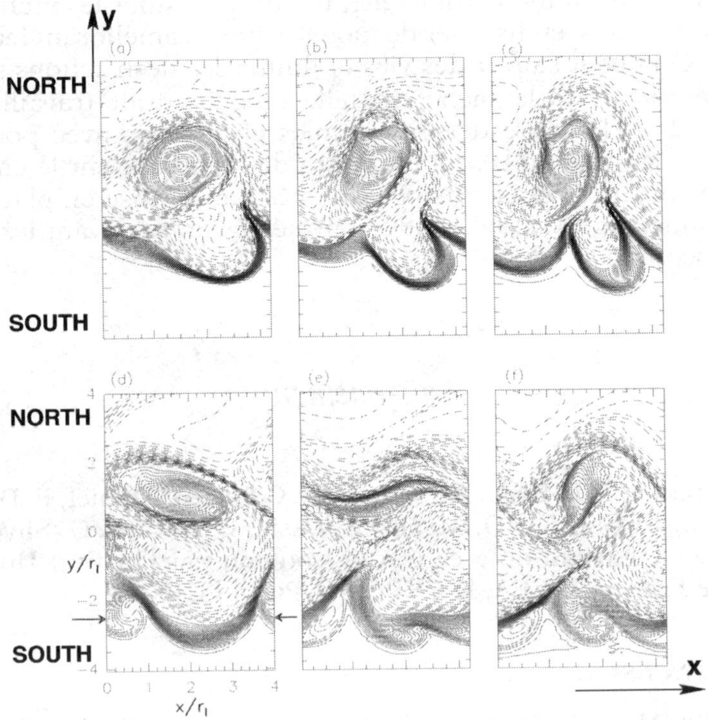

Figure 10 – SGE de tempêtes ; évolution du champ de température au sol dans le calcul de Garnier et al. [26]. Le temps va de gauche à droite et de haut en bas. L'ensemble de l'évolution montrée correspond à deux jours.

Les grands enjeux

Essayons de dégager les grands enjeux posés par la Mécanique des Fluides, et qui vont occuper de multiples chercheurs et ingénieurs dans le monde entier au cours du siècle qui s'ouvre.

D'un point de vue énergétique, il est vital de savoir contrôler les fluides et tourbillons en aérodynamique (autos, trains, avions), dans les moteurs et chambres de combustion, dans le nucléaire (fission, fusion)... On peut espérer des gains l'ordre de 30 %.

Le contrôle des fluides est impératif pour la réduction des nuisances sonores et de la pollution.

La simulation et modélisation numériques constituent des outils incomparables pour le contrôle. Ces modèles, développés dans un cadre interdisciplinaire (mécanique, physique, mathématiques appliquées, informatique, sciences de la Terre et de l'Univers, Génie Chimique), doivent être validés par des expérimentations adaptées. Ils permettent aussi des études fines instationnaires de phénomènes extrêmes gommés par les modèles moyennés.

En prévision météorologique, il faut intensifier les recherches sur les tempêtes, et disposer de modèles précis améliorant leur prévision. Cela peut sauver des vies et limiter les destructions.

L'ampleur de la tâche est telle qu'il faudrait travailler (au moins) dans le cadre de programmes européens, avec pourquoi pas, la création d'un centre européen de recherche sur le contrôle de la turbulence. Les coûts occasionnés par la mise en place et le fonctionnement d'un tel centre sont négligeables devant les bénéfices escomptés.

Remerciements

Je remercie P. Begou, E. Briand, P. Comte, Y. Dubief, F. Ducros, E. David, E. Garnier, O. Métais, S. Ossia, C. Silva et G. Silvestrini pour leur contribution à ce travail, soutenu par l'Institut Universitaire de France, le CEA, le CNRS, l'INPG et l'UJF.

RÉFÉRENCES

1. NAVIER (M.), *Mémoire sur les lois du mouvement des fluides*, présenté à l'Académie des Sciences, Paris, 1822.

2. FOURIER (J.), *La Propagation de la chaleur dans les corps solides*, Mémoire présenté le 21 décembre 1807 à l'Institut National, 1807.

3. POISEUILLE (J.), *Recherches expérimentales sur le mouvement des liquides dans des tubes de très petits diamètres*, C. R. Acad. Sci., Paris, 1841.

4. LESIEUR (M.), *La Turbulence*, Collection Grenoble Sciences, Presses Universitaires de Grenoble, 1994.

5. LESIEUR, (M.), *Turbulence in fluids*, 3e édition, Kluwer, 1997.

6. WINANT (C. D.) et BROWAND (F. K.), « Vortex pairing, the mechanism of turbulent mixing layer growth at moderate Reynolds number », *J. Fluid Mech.*, **63**, 1974, p. 237-255.

7. BROWN (G. L.) et ROSHKO (A.), « On density effects and large structure in turbulent mixing layers », *J. Fluid Mech.*, **64**, 1974, p. 775-816.

8. NORMAND (X.) 1990, Thèse de l'INP Grenoble.

9. HUNT (J. C. R.) WRAY (A. A.) et MOIN (P.), *Eddies, Stream, and Convergence Zones in Turbulent Flows*, CTR-88, Center For Turbulence Research, 1988, p. 193.

10. RICHARDSON (L. F.), *Œuvres complètes : Vol 1, Meteorology and numerical analysis*, P. G. Drazin ed., Cambrifge University Press, 1993.

11. KOLMOGOROV (A.), « The Local Structure of Turbulence in Incompressible Viscous Fluid for very large Reynolds Numbers », *Dokl. Akad. Nauk SSSR*, **30**, 1941, p. 301-305.

12. YAGLOM (A.), 2000, « A century of Turbulence », in *New trends in turbulence*, Les Houches 2000, M. Lesieur éd., EDP-Springer, à paraître.

13. GRANT (H.), STEWART (R.) et MOILLIET (A.), 1962, *Turbulent Spectra from a Tidal Channel, J. Fluid Mech*, **12**, p. 241-268.

14. Champagne (F.), Friehe (C.), LaRue (J.) et Wyngaard (J.), « Flux Measurements, Flux Estimation Techniques And Fine-scale Turbulence Measurements in the Unstable Surface Layer over Land », *J. Atmos, Sci.*, **34**, 1977, p. 515-530.
15. Lesieur (M.) et Rogallo (R.), « Large-Eddy Simulation of Passive-scalar Diffusion in Isotropic Turbulence », *Phys. Fluids A.* **1**, 1989, p. 718-722.
16. Lesieur (M.) et Ossia (S.), « 3D isotropic turbulence at very high Reynolds number EDQNM study », *J. of Turbulence*, **1**, 2000, 7.
17. Ossia (S.) et Lesieur (M.), « On Energy Backscatter in Large-Eddy Simulations of Isotropic Incompressible Turbulence », soumis à *J. of Turbulence* 2000.
18. Lesieur (M.) et Métais (O.), « New trends in Large-Eddy Simulations of Turbulence », *Ann. Rev. Fluid Mech.*, **28**, 1996, p. 45-82.
19. Favre (A.), J. de Mécanique, **4**, 1965, p. 361.
20. *Turbulence et Déterminisme*, M. Lesieur éd., Collection Grenoble Sciences, Presses Universitaires de Grenoble 1998.
21. Bernal (L. P.) et Roshko (A.), « Streamwise Vortex Structure in Plane Mixing Layer », J. Fluid Mech., **170**, 1986, p. 499-525.
22. Ducros (F.), Comte (P.) et Lesieur (M.) « Large-Eddy Simulation of Transition to Turbulence in a Boundary-Layer Developing Spatially over a Flat Plate », *J. Fluid Mech.*, **326**, 1996, p. 1-36.
23. Choi (H.) Moin (P.) et Kim (J.) « Direct-numerical Simulation of Turbulent Flow over Riblets », *J. Fluid Mech.*, **225**, 1993, p. 503-539.
24. David (E.), Thèse de l'INP Grenoble 1993.
25. Garnier (E.), Métais (O.) and Lesieur (M.), « Instabilités primaire et secondaire d'un jet barocline », *C. R. Acad. Sci.*, Paris, **323**, Ser. II b, 1996, p. 161-168.
26. Garnier (E.) Métais (O.) et Lesieur (M.), « Synoptic and Frontal-Cyclone Scale Instabilities in Baroclinic Jet Flows », *J. Atmos, Sci.*, **55**, 1998, p. 1316-1335.
27. Lesieur (M.), Métais (O.) et Garnier (E.), « Baroclinic instability and severe storms », *J. of Turbulence*, **1**, 2000, p. 2.

Cristallographie et quasi-cristallographie

par Denis Gratias

Un « cristal » est un solide dont les atomes se répartissent de façon triplement périodique dans l'espace. À cette définition, datant du début du siècle, l'Union internationale de cristallographie (IUCr) a ajouté en 1991, celle de « cristal apériodique », solide sans périodicité tridimensionnelle mais présentant un spectre de diffraction essentiellement discret. Ce sont les phases incommensurables, dont le premier exemple fut découvert en 1936 par Johnson et Linde, et les quasi-cristaux découverts en 1982 par Dany Shechtman. Ces nouveaux venus ont bouleversé le paysage de la cristallographie conduisant à la quasi-cristallographie, ou cristallographie à N dimensions, où N est un entier supérieur à 3.

La cristallographie s'appuie sur la notion de symétrie c'est-à-dire d'invariance. Celle-ci se rencontre en physique dans de multiples contextes. De la simple invariance géométrique de superposition d'un objet sur lui-même à la définition des grandeurs premières d'un système mécanique ou celle de la forme d'une équation d'état, la symétrie est la traduction rationnelle des redondances de la nature qui en permet une description minimale, nécessaire nulle part mais utile partout. La cristallographie utilise l'expression la plus élémentaire de la symétrie, celle immédiatement visuelle de la géométrie dont les éléments sont les isométries de l'espace euclidien : l'inversion, la rotation, la réflexion dans un miroir, auxquelles s'ajoute, un cristal idéal étant supposé infini, la translation dans l'espace. Déplacer le cristal d'un nombre entier de fois l'une, quelconque, de ses périodes revient à le superposer exactement ; c'est une opération d'invariance.

Texte de la 222e conférence de l'Université de tous les savoirs donnée le 9 août 2000.

L'ensemble de toutes les translations du cristal est la famille des vecteurs s'exprimant comme la somme à coefficients « entiers » des trois périodes de base. On l'appelle le « réseau », c'est le groupe de translation du cristal. Les trois vecteurs de base qui engendrent ce réseau définissent un parallélogramme qu'on appelle la « maille élémentaire ». Décrire le cristal à l'échelle microscopique consiste à décrire cette maille en donnant les longueurs de ses cotés, les angles entre trois de ses arêtes concourantes et en précisant ce qu'on appelle le motif, c'est-à-dire la nature chimique et les positions des atomes qu'elle contient. Construire le cristal macroscopique se fait ensuite par simple duplication de cette maille à l'infini en la décalant à chaque fois d'un vecteur du réseau. L'objet ainsi obtenu remplit l'espace au sens où chaque maille est adjacente à scs voisines, l'ensemble ne présentant ni interstices ni recouvrements (*Fig. 1*, voir hors-texte).

L'existence du réseau cristallin a d'importantes conséquences :

— La première est d'ordre géométrique. Les symétries de rotation d'angle θ du cristal laissant le réseau invariant, elles doivent transformer tout vecteur à coordonnées entières en un vecteur à coordonnées entières. Cela se traduit, à deux et trois dimensions, par la contrainte géométrique que $2\cos\theta$ doit être un nombre entier. Cela n'est satisfait que pour les angles $\theta = 0, \pi/3, \pi/2, 2\pi/3$ et π, et eux seuls : les cristaux ne peuvent présenter que les symétries binaire (π), « ternaire » ($2\pi/3$), « quaternaire » ($\pi/2$) et « sénaire » ($\pi/3$). C'est ainsi que les cristaux sont classés en sept systèmes cristallins répartis en 32 groupes de symétrie d'orientation et 230 groupes d'espace *(Fig. 2)*.

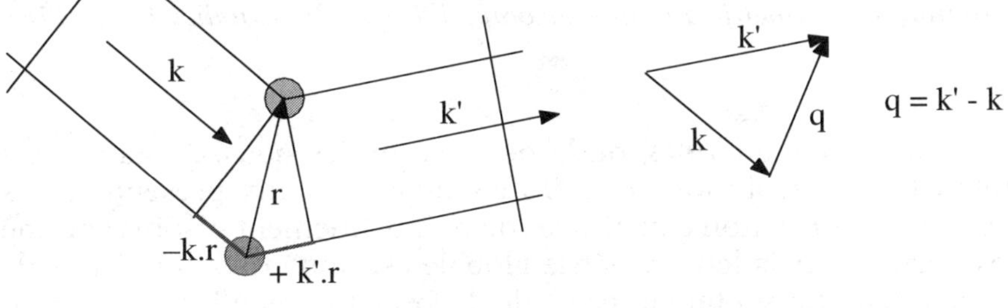

$$\delta\Phi = 2\Pi(k'.r - k.r) = 2\Pi q.r = 2\Pi n$$

Figure 2 – Diffraction cristalline :
un faisceau incident de vecteur d'onde k *n'est réfléchi dans la direction* k' *par deux motifs quelconques d'un cristal distant de* r *que lorsque leur différence de marche est un multiple de* 2π, *soit lorsque le vecteur d'onde* q = k' – k *est un vecteur du réseau réciproque (voir texte) du cristal.*

— La seconde conséquence de la périodicité est d'ordre physique. Quand on envoie un faisceau monochromatique de particules (photons, électrons, neutrons, etc.) sur un cristal, il se produit un phénomène de « diffraction » *(Fig. 3)* ; chaque atome du cristal diffuse les particules incidentes dans toutes les directions en sorte que les ondelettes émises se détruisent par interférence sauf lorsque les déphasages entre ondelettes sont tous d'un nombre entier de fois 2π, à partir de quoi les interférences sont constructives et donnent naissance à une diffraction. Ce phénomène se produit lorsque le vecteur d'onde construit par différence entre le vecteur d'onde de l'onde incidente et celui de l'onde diffracté est un vecteur dont le produit scalaire avec les translations de réseau est un entier. Les vecteurs d'onde possédant cette propriété forment un réseau, dual du réseau cristallin, qu'on appelle le « réseau réciproque ». Ainsi, pour certaines orientations du cristal, le faisceau incident se scinde en une série de faisceaux diffractés dont les vecteurs d'ondes appartiennent au réseau réciproque : on dit que le spectre de diffraction est discret. Cette propriété est à ce point fondamentale que l'observation d'un spectre de diffraction discret a été, jusqu'à une période récente, la signature de la périodicité cristalline.

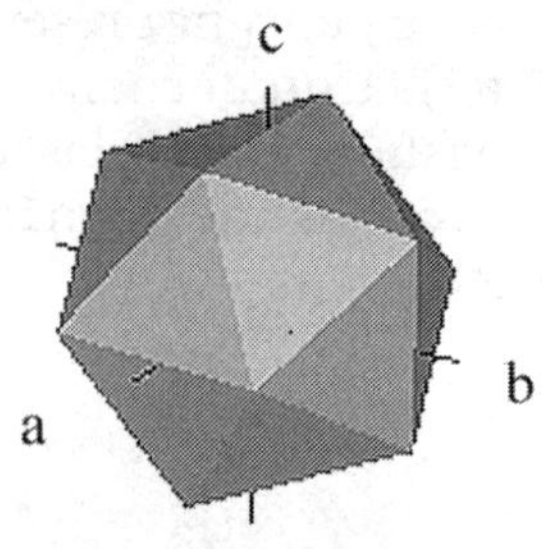

Figure 3 – Figure de diffraction d'électrons d'un alliage icosaédrique montrant une symétrie quinaire incompatible avec la périodicité cristalline.

L'annonce, en 1984, de la découverte des quasi-cristaux a eu l'effet d'une révolution *(Fig. 4)* : les quasi-cristaux présentent des figures de diffraction constituées de points finement résolus comme les cristaux, mais leur symétrie globale est non cristalline (ceux de Shechtman présentaient celle de l'icosaèdre régulier possédant, entre autres, des axes de symétrie quinaire). La cristallographie se trouvait devant un paradoxe, les quasi-cristaux de Shechtman avaient tous les attributs des cristaux... sauf la périodicité !

Les cristaux « apériodiques » étaient nés.

L'élaboration d'un formalisme unique incluant cristaux et quasi-cristaux basée sur la notion de « quasi-périodicité » s'est faite dans les quelques mois qui ont succédé à la découverte. Observés

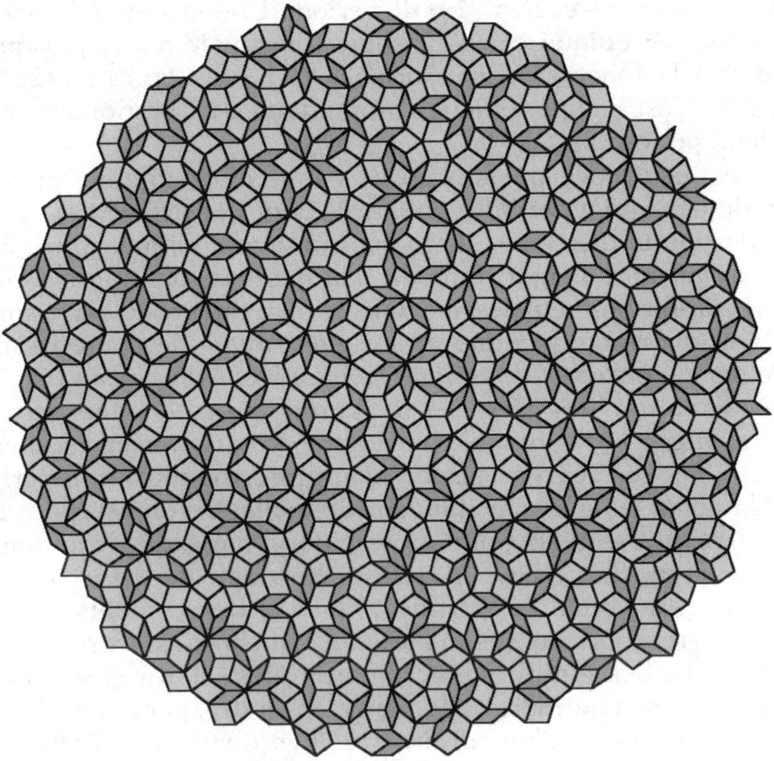

Figure 4 – Pavage de Penrose de symétrie quinaire archétype bidimensionnel de la structure atomique des quasi-cristaux. Ce pavage est constitué de deux tuiles prototypes, des losanges d'angle aigu respectivement 72° (2π/5) et 36° (2π/10). Malgré les nombreuses figures pentagonales que contient cette figure, il n'existe aucun point qui soit centre d'un axe de rotation quinaire au sens strict. Pourtant les figures de Penrose admettent une véritable symétrie quinaire, pour le physicien, qui n'est pas une symétrie approchée ou une pseudo-symétrie.

au microscope électronique à haute résolution, les quasi-cristaux présentent une remarquable régularité qui, avec les figures de diffraction, témoigne d'un ordre à longue distance. Ces « plus périodiques des solides non périodiques », selon l'expression de Louis Michel, cachent leurs symétries dans des espaces de plus grande dimension. C'est l'essence de la quasi-périodicité, notion introduite par C. Esclandon en 1899 et développée en 1925 par H. Bohr puis généralisée par A. Besicovic en 1932 dans son ouvrage sur l'étude des fonctions continues presque périodiques. Les fonctions quasi périodiques correspondent à des restrictions (coupes) à d variables de fonctions « périodiques » à $N > d$ variables. Par exemple, la fonction périodique de deux variables x et y de la forme $f(x,y) = \cos(2\pi x) + \cos(2\pi\sqrt{2}y)$ de période 1 selon x et $1/\sqrt{2}$ selon y, est quasi périodique selon la coupe diagonale x = y, puisqu'elle conduit à la fonction à une variable $F(x) = \cos(2\pi x) + \cos(2\pi\sqrt{2}x)$ qui, elle, n'est pas périodique compte tenu de l'irrationalité entre les deux périodes.

C'est cette idée très simple de coupe diagonale de fonctions périodiques, qui a été mise en œuvre pour construire des ensembles de points distribués de façon quasi périodique. Ainsi, John Conway propose l'algorithme dit « la méthode des cages » qui se décrit comme suit. On dessine dans le plan un réseau carré simple que l'on intersecte par une droite quelconque de pente irrationnelle par rapport aux directions de base x et y du réseau *(Fig. 5a)*. On collecte tous les carrés élémentaires qui sont intersectés par cette droite, on obtient ainsi une bande de carreaux en escalier où les marches se répartissent de façon uniforme mais non périodique, la pente de la droite étant irrationnelle. On choisit pour chaque carré intersecté un point représentatif, par exemple le sommet supérieur gauche, qu'on projette orthogonalement sur la droite *(Fig. 5b)*. On obtient ainsi une séquence de segments longs et courts correspondants, selon l'orientation choisie, aux projections sur la droite des sommets bordant les arêtes selon x et selon y des carrés. Un objet périodique du plan a engendré, par coupe d'orientation irrationnelle d'une droite, un objet quasi périodique à une dimension.

La quasi-périodicité repose sur l'irrationalité de la pente de la droite. Dès que la pente est rationnelle, la séquence est périodique. Un objet quasi périodique correspond ainsi à une interpolation irrationnelle entre objets périodiques. À une dimension, on peut en engendrer une infinité non dénombrable alors que les séquences périodiques sont, elles, dénombrables. Toute séquence quasi périodique peut être vue comme la limite d'une suite de séquences périodiques de période croissante construites à partir d'un faisceau de droites dont les pentes (rationnelles) convergent vers le nombre irrationnel caractéristique de la séquence quasi périodique limite. La proportion de segments courts par rapport aux longs dépend de la pente de la droite et la distribution relative entre longs et courts correspond, par construction, au mélange optimal. Les quasicristaux sont aux cristaux ce que les nombres irrationnels sont aux nombres rationnels : ils viennent enrichir la panoplie des solides ordonnés à longue distance* et partagent avec les cristaux la totalité de leurs propriétés géométriques, sauf la périodicité.

---

* Enrichir seulement, car la quasi-périodicité n'épuise pas toutes les solutions ordonnées possibles, loin s'en faut ! De très nombreux autres algorithmes déterministes de complexité finie existent qui donnent naissance à des objets parfaitement ordonnés à longue distance et qui ne sont ni périodiques ni quasi périodiques.

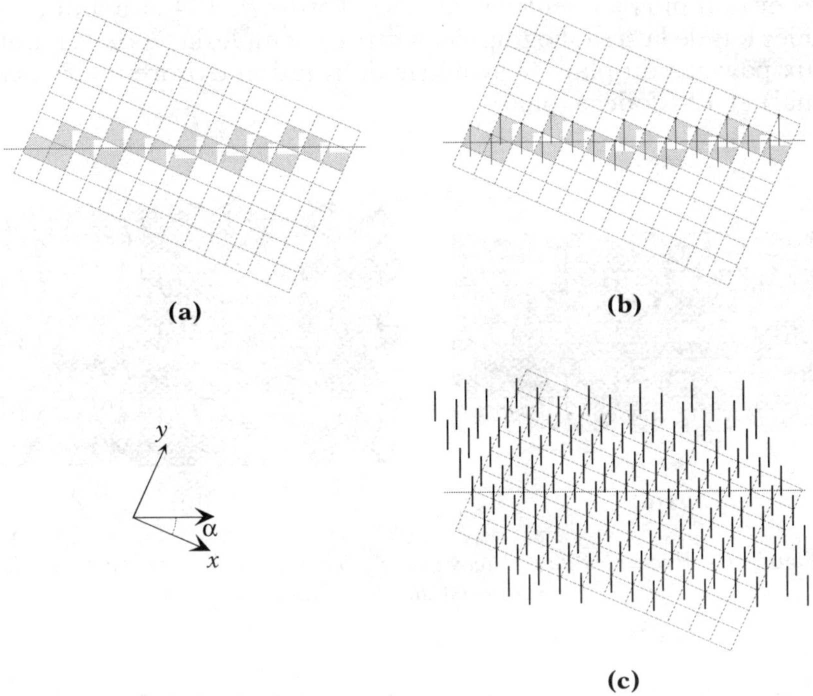

Figure 5 – Principe de construction d'une séquence monodimensionnelle quasi périodique de deux types de segments.
(a) On trace une droite de pente irrationnelle sur un réseau carré ;
(b) On collecte les sommets supérieurs gauches des carrés intersectés qu'on projette orthogonalement sur la droite ;
(c) La séquence de points ainsi obtenue est quasi périodique et peut être engendrée directement par intersection de petits segments verticaux copiés en chacun des nœuds du réseau avec la droite : c'est la méthode dite de « coupe ».

La version la plus utilisée aujourd'hui de l'algorithme générateur de quasi-cristaux est issue de celle proposée en 1985 indépendamment par M. Duneau et A. Katz en France, V. Elser aux USA et P. Kalugin, L. Levitov et M. Kitaev en Russie. Elle consiste, à partir d'un réseau dans un espace de dimension $N \geq d$, (ici $N = 2$, $d = 1$) à placer orthogonalement à un hyperplan de dimension d, irrationnellement orienté par rapport au réseau, une collection de volumes bornés (des segments de droite sur la *figure 5c*) de dimension $N - d$ et d'en collecter les intersections avec l'hyperplan : on obtient un ensemble de points qui constituent un pavage quasi périodique de l'hyperplan.

Cet algorithme appliqué dans des espaces de dimension supérieure a deux conduit, pour le pavage du plan, à des constructions admettant toutes les symétries d'ordre n (rotation de $2\pi/n$) possibles et non plus les seules symétries d'ordre 2, 3, 4 et 6 autorisées par les lois de la cristallographie. À titre d'exemple, la *figure 6*, montre deux pavages du plan de symétrie de rotation d'ordre $n = 8$ (octogonal) et 12 (dodécagonal).

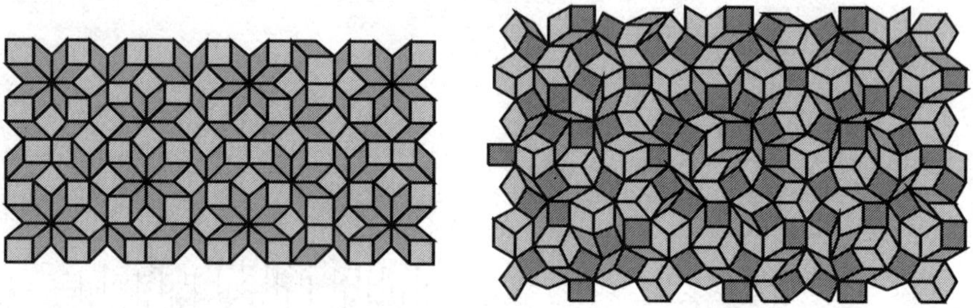

(a) (b)

Figure 6 – Exemples de pavages quasi périodiques du plan de symétrie non cristallographique.

Tous ces pavages partagent la propriété dite d'uniformité : toute partie finie du pavage se répète quasi périodiquement un nombre infini de fois dans le pavage. Ainsi, toute partie finie aussi grande que l'on veut de la séquence à une dimension de la *figure 5c* se répète régulièrement le long de la séquence de façon quasi périodique. La distance moyenne de répétition dépend de la partie choisie et croît avec la taille de celle-ci. Dans les cristaux, cette distance est constante, indépendante de la partie considérée, et est égale à la période du réseau. Une conséquence remarquable de cette propriété est que le nombre de configurations différentes dans une boule de rayon r fini d'un quasi-cristal est fini ; on peut ainsi classifier de manière exhaustive tous les environnements locaux des tuiles autour d'un point.

Le second théorème fondamental est relatif à l'action d'un déplacement vertical de la droite de coupe. Nous considérons cette fois deux séquences obtenues par deux droites de coupe distinctes parallèles. Nous supposons que le déplacement vertical qui fait passer de l'une à l'autre est générique et les deux séquences ainsi obtenues sont non superposables. Le théorème d'isomorphisme local stipule que* toute partie finie de l'un des pavages se retrouve dans l'autre et réciproquement. Avec le théorème d'uniformité, nous voyons que les deux pavages sont essentiellement indiscernables…

* Sous réserve que l'ensemble des points image orthogonal des pavages soit uniformément dense ce qui est le seul cas que nous considérons ici.

sauf à l'infini ! Nous ne pouvons pas les distinguer l'un de l'autre par examen d'une partie finie de pavage, aussi grande soit-elle. Ils sont localement isomorphes.

Peut-on dire que les figures de Penrose admettent une symétrie quinaire ? La réponse est oui, mais dans un sens un peu différent de celui de superposition géométrique d'un objet sur lui-même, il s'agit ici de quasi-symétrie, notion issue des deux théorèmes précédents, uniformité et isomorphisme local.

Pour en comprendre le sens, examinons d'abord la plus simple des symétries cristallines : celle de translation de réseau. Considérons pour cela la séquence quasi périodique de la *figure 5c* que nous déplaçons par rapport à elle-même d'une quantité égale à la distance entre deux quelconques de ses points.

Nous observons *(Fig. 7a)* alors, qu'une fraction seulement des points se superposent. Si nous comptons le nombre n de points en superposition dans un intervalle de taille d et le nombre total N de points dans l'intervalle, nous constatons que le taux de recouvrement, mesuré par le rapport n/N, tend vers une limite non nulle : un nombre infini de points sont superposés.

L'explication en est simple : la translation t étant la distance entre deux points existants de la séquence, elle est donc égale à la composante horizontale du vecteur T qui relie les nœuds du réseau carré portant les segments verticaux ayant donné naissance aux deux points en question. La séquence translatée peut être ainsi obtenue en déplaçant la droite de coupe du bas, *figure 7b*, d'une distance égale à la composante verticale du vecteur T pour donner la droite du haut. Ramenées à une même origine, les deux séquences sont localement isomorphes. Les points communs entre la séquence et sa translatée sont donc engendrés par les segments verticaux qui sont simultanément intersectés par les droites horizontales. Pour connaître le taux de recouvrement, il suffit de faire glisser (rectangle grisé sur le bas de la *figure 7b*) le long de l'horizontale les deux segments prototypes décalés l'un par rapport à l'autre du vecteur T pour les amener sur une même verticale : leur partie commune est un petit segment dont la longueur divisée par celle du segment prototype donne le taux de recouvrement qui, selon les points initiaux choisis, varie ainsi de 0 à 1, bornes exclues*. Plus la composante verticale du vecteur T est faible, plus la séquence et sa translatée ont de points communs. Pour les engendrer, il suffit d'appliquer l'algorithme de coupe en choisissant ce petit segment

* Tout vecteur du réseau carré admet une composante verticale non nulle car la droite de coupe est orientée irrationnellement par rapport au réseau ; cela exclut un taux de recouvrement strictement égal à 1 comme pour les cristaux qui correspondent, dans ce contexte, a une orientation rationnelle. Quant à un taux de recouvrement nul, il est exclu par hypothèse puisque les deux points définissant la translation sont des points de la séquence et donc correspondent aux intersections simultanées de deux segments prototypes dont les projections sur une droite verticale ont donc une partie commune non nulle.

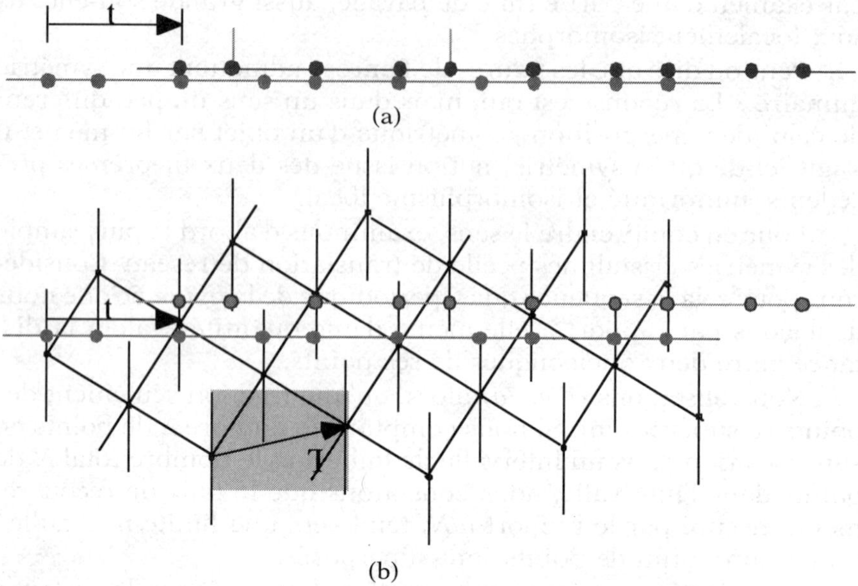

Figure 7 – Décaler une séquence quasi périodique d'une translation t, *entre deux quelconques de ses points ne conduit pas à une invariance exacte bien qu'un nombre infini de points se superposent. La séquence translatée est engendrée en décalant la droite de coupe du bas de la translation* T *du réseau à deux dimensions dont la composante horizontale correspond à la translation* t *originale.*

commun comme segment prototype : l'ensemble des points communs est une séquence quasi périodique ; le recouvrement partiel s'étend donc de façon régulière à l'infini*.

Peut-on qualifier la translation *t* d'opération de symétrie ? Puisque appliquer cette translation est équivalent à déplacer la droite de coupe verticalement, effectuons un déplacement vertical infinitésimal. La projection des nœuds du réseau carré sur la verticale étant un ensemble dense de point, il existe un endroit où la droite de coupe intersecte un segment générateur au voisinage immédiat d'une de ses extrémités. La translation infinitésimale a pour effet d'éliminer cette intersection au profit d'une nouvelle provenant du segment générateur dont l'une des extrémités se projette sur une droite verticale au même point que celle du segment précédent : un point de la séquence « saute » d'un site à un autre proche voisin *(phason)*. Cette situation critique se produit lorsque

* C'est cette propriété (ordre à longue distance) qui confère le caractère ponctué (pics de diffraction) du spectre de diffraction de la séquence.

la droite de coupe passe au centre d'un carré et donc lorsque la séquence admet un centre de symétrie à égale distance des deux points de saut. Ainsi, la configuration où l'on choisit le point de droite pour compléter la séquence est équivalente à celle où l'on choisit le point de gauche : elles se déduisent l'une de l'autre par inversion autour du centre. Un déplacement vertical fini consiste à appliquer une infinité de fois ce processus élémentaire autour d'une infinité de centres d'inversion différents. Nous désignerons ainsi par opération de quasi-symétrie « toute opération de symétrie de l'ensemble formé par les segments générateurs distribués sur le réseau carré et qui transforme la séquence en une autre localement isomorphe en laissant une fraction finie des points invariants ».

Cela se retrouve à l'identique pour les pavages quasi périodiques à deux et trois dimensions. Ainsi, la *figure 8a* (voir hors-texte) montre la superposition d'un pavage octogonal sur lui-même après translation. On peut, de même, effectuer une rotation de 2π/8 du pavage autour de l'un quelconque de ses points (*Fig. 8b*, voir hors-texte). La superposition conduit à un nombre infini de points en superposition et les deux pavages sont localement isomorphes.

Le sens physique de la quasi-symétrie est le suivant. Considérons deux copies d'un même pavage, par exemple octogonal, et faisons subir à l'une une rotation de 2π/8 autour d'un point quelconque du pavage. Prenons-en une partie finie aussi grande que l'on veut. Les deux pavages étant localement isomorphes, cette partie se retrouve une infinité de fois dans l'autre pavage : nous ne pouvons pas les différentier par examen local, ils sont localement indiscernables. En ce sens, la rotation de 2π/8 est bien une opération de symétrie du pavage. De même, toute configuration de taille finie dans un pavage octogonal se retrouve, avec la même fréquence, selon toutes les orientations équivalentes de l'octogone.

Ainsi, de la notion classique de symétrie, opération d'invariance par superposition globale d'un objet, nous sommes passés, avec les quasi-cristaux, à une notion plus souple, une sorte de version « locale » de la symétrie, où l'invariance se traduit par une superposition à l'échelle locale de toutes les parties finies de l'objet qui se redistribuent sous l'action de l'opération de symétrie en respectant leurs fréquences d'apparition initiales. Mais n'est-ce pas finalement cela le sens profond de la symétrie spatiale en physique ? Ce qui importe en effet n'est pas l'invariance de la façon dont les atomes se distribuent dans leur ensemble mais celle, plus subtile, de la façon dont ils se disposent « les uns par rapport aux autres ». Les opérations de quasi-symétrie respectent cette seconde invariance à toute échelle finie. À cet égard, elles sont pour le physicien, parfaitement équivalentes aux symétries cristallines. Les pavages de Penrose admettent bien une symétrie pentagonale au sens où leurs propriétés physiques sont les mêmes dans toutes les directions équivalentes du pentagone régulier. Ainsi, symétrie géométrique et équivalence physique ont cessé, avec les quasi-cristaux, d'être synonymes pour le physicien, l'équivalence physique étant plus permissive que la symétrie géométrique : il n'est pas nécessaire que l'ossature atomique soit géométriquement invariante pour qu'il y ait symétrie ; une opération est dite de symétrie si elle engendre un objet image qui est partout localement indistinguable de l'objet initial.

La superfluidité

par SÉBASTIEN BALIBAR

Il existe des liquides plus ordonnés que les autres, qu'on appelle « superfluides » parce que leur viscosité est nulle. Or la superfluidité est une propriété quantique, visible à l'œil nu et spectaculaire. L'hélium liquide par exemple, lorsqu'il devient superfluide, cesse de bouillir, jaillit en fontaine lorsqu'on le chauffe, s'écoule spontanément hors des récipients où l'on tente de l'enfermer, présente des tourbillons tous identiques, etc. De plus, notre compréhension détaillée de la superfluidité est à peine en train de s'achever en l'an 2000. Enfin si l'on réalise que la supraconductivité de certains métaux tient à la superfluidité de ses charges électriques, que l'intérieur des étoiles à neutrons est sans doute superfluide, et que l'on a découvert en 1999 que certaines vapeurs alcalines peuvent être superfluides et conduire à la réalisation de lasers à atomes, on voit que la superfluidité est très loin de n'être qu'une curiosité de laboratoire. Sa découverte au XXe siècle aura constitué un progrès scientifique majeur, reconnu par l'attribution de très nombreux prix Nobel, et dont les conséquences au XXIe siècle ne sont pas encore toutes connues.

Texte de la 223e conférence de l'Université de tous les savoirs donnée le 10 août 2000.

Une découverte historique

L'histoire de la superfluidité* débute en 1927, à Leiden en Hollande, lorsque W. H. Keesom et son équipe ont découvert, avec une certaine surprise j'imagine, que l'hélium liquide existait sous deux formes très différentes, bien qu'il soit constitué de petits atomes sphériques sans propriétés particulières, ni chimiques ni magnétiques. Entre ces deux formes d'hélium liquide, traditionnellement appelées « hélium I » et « hélium II », existe un vrai changement d'état physique que signale un pic de chaleur spécifique en forme de lettre grecque lambda, d'où le nom de « point lambda » attribué à la température de transition (T_λ = 2,17 Kelvin soit environ – 271 degrés centigrades). Au cours de la décennie suivante, on a ensuite compris qu'en dessous de ce point lambda l'hélium liquide cesse d'être un liquide léger classique : sa conductivité thermique devient remarquablement grande (W. H. Keesom et sa sœur A. P. Keesom, Leiden, 1936 ; J. F. Allen, R. Peierls and M. Z. Uddin, Cambridge, 1937) et sa viscosité disparaît (J. O. Wilhelm, A. D. Misener et A. R. Clark sous la direction de E. F. Burton, Toronto, 1935 ; J. F. Allen et A. D. Misener, Cambridge, 1938 ; P. Kapitza, Moscou, 1938). Inventeur du mot « superfluide » pour décrire l'hélium II, Kapitza a obtenu le prix Nobel, en 1978 peu avant de mourir.

Si l'on pompe sur de l'hélium liquide, dans un cryostat bien isolé thermiquement, il bout en se refroidissant, comme tout liquide ordinaire. Mais dès qu'on passe en dessous de 2,17 K l'ébullition cesse. En effet, la grande conductivité thermique impose tout à coup une remarquable homogénéité de la température dans tout le liquide et élimine tous les points chauds susceptibles de nucléer des bulles ; seule l'évaporation en surface demeure. La première impression visuelle que donne le plus largement répandu des superfluides est donc celle d'un liquide particulièrement calme. Cette impression d'ordre n'est pas fausse, mais pas simple à comprendre pour autant.

---

* Pour une première approche de cette histoire, on pourra consulter l'article « Superfluidité » que j'ai écrit dans l'Encyclopaedia Universalis et surtout les références qui s'y trouvent, en particulier le numéro 141 (1938) de la revue *Nature*. Les deux livres de J. Wilks, *The properties of liquid and solid helium*, Clarendon Press, Oxford 1970, et *Introduction to liquid helium*, Clarendon Press, Oxford 1987 restent des références incontournables pour la physique de l'hélium, ainsi que ceux de F. London (*Superfluids I and II*, Wiley, New York, 1950 and 1954). On pourra cousulter aussi K. Gavroglu, *Fritz London: a scientific biography*, Cambridge University Press, Cambridge 1995, et A. Griffin, « A brief history of our understanding of BEC: from Bose to Beliaev », *Comptes rendus de l'« Enrico Fermi Summer School* », CXL, Varenna, Italy, (IOS Amsterdam, 1999).

Comme par ailleurs la viscosité de l'hélium superfluide est nulle, il est susceptible de couler rapidement à travers d'infimes pores, capillaires ou fentes, même de dimensions atomiques, alors qu'à l'état normal c'est pratiquement impossible. Les fuites de superfluide sont donc le cauchemar des physiciens de ce domaine. Reprenant en 1936 des observations de Kammerlingh Onnes (Leiden, 1922), B. v. Rollin a mis en évidence une conséquence célèbre de cette absence de viscosité ; l'hélium superfluide est en effet capable de remonter le long des bords des récipients qui le contiennent pour se vider à l'extérieur. De nombreux liquides forment un tel film au contact d'une paroi, c'est une question classique de mouillage, mais l'épaisseur de ce film n'étant que de quelques dizaines de nanomètres, il ne peut s'écouler à une vitesse notable que si le liquide est infiniment fluide. Nous verrons que l'hélium superfluide possède encore d'autres propriétés surprenantes.

À la lecture du volume 141 de la revue *Nature* (1938), on perçoit l'intensité de la compétition qui a dû animer un polygone Toronto-Cambridge-Moscou-Paris-Oxford-Leiden-Kharkov au cours de l'hiver 1937-1938. À l'époque, aucune expérience n'était suffisamment précise pour fournir une indication du caractère quantique de la superfluidité. Pourtant, dès mars-avril 1938, Fritz London en eut l'intuition. Fuyant l'Allemagne nazie, de passage à l'Institut Henri Poincaré (Paris) avant de s'installer aux États-Unis, Fritz London eut l'idée que le point lambda devait résulter d'une « condensation de Bose-Einstein » des atomes d'hélium tout en signalant immédiatement les difficultés que son idée soulevait (cette « condensation » est une prédiction concernant des gaz alors que l'hélium dont il s'agit est liquide). On sait aujourd'hui que son intuition était bonne, mais on est à peine en train de comprendre comment résoudre la difficulté mentionnée, grâce en particulier à la découverte de superfluides gazeux. Un autre scientifique transitant par Paris au même moment avant de s'installer aux États-Unis, Laszlo Tisza, développa immédiatement une théorie phénoménologique de la superfluidité (le « modèle à deux fluides ») à partir des idées de London. C'est Tisza qui prédit le premier que dans un superfluide la chaleur ne se propage pas par diffusion comme dans un fluide normal, mais sous forme d'ondes. Ces ondes, plus tard appelées « deuxième son », devaient être découvertes par Peshkov, en 1946 à Moscou. Son modèle à deux fluides lui permit aussi d'expliquer que « l'effet fontaine », découvert par J. F. Allen et H. Jones en février 1938, est un effet de pression osmotique. Les idées de London et Tisza devaient être largement développées par la suite.

C'est en fait le grand théoricien L. D. Landau qui devait obtenir le prix Nobel pour la théorie de la superfluidité qu'il publia en 1941, après avoir été sauvé des geôles staliniennes par Kapitza*.

---

* L. D. Landau, *J. Phys USSR* 5, 71 (1941) et 11, 91 (1947), *Collected Papers* p. 301 et 466, ed. by D. Ter Haar (Pergamon Press, 1965).

Curieusement, sa théorie ne fait aucune mention de la condensation de Bose-Einstein bien qu'il s'agisse d'un modèle à deux fluides assez semblable à celui de Tisza. Le grand mérite de Landau est tout d'abord d'avoir décrit la réponse de l'hélium liquide à une excitation extérieure en termes de modes collectifs. Ces modes collectifs sont essentiellement des ondes sonores quantifiées, les « phonons », bien que Landau ait publié de longs développements sur d'autres modes collectifs, qu'il pensait être des tourbillons élémentaires, les « rotons ». On retient surtout qu'il en a déduit ensuite que la superfluidité ne pouvait exister au-delà d'une vitesse limite qu'il appela « vitesse critique ». Un superfluide ne s'écoule en effet sans viscosité apparente que si sa vitesse est inférieure à une certaine borne.

Quant à calculer la vitesse critique à partir de laquelle on observe l'apparition d'une dissipation d'énergie dans l'écoulement d'un superfluide, c'est un problème difficile qui est toujours d'actualité. On n'observe la vitesse critique de Landau que dans des cas très exceptionnels où l'écoulement est microscopique. C'est le cas dans les expériences de mobilité d'ions qu'ont réussies Peter McClintock et son équipe, à Lancaster au début des années 1980*, dans de l'hélium superfluide ultrapur et pressurisé. C'est aussi le cas dans les expériences très récentes du groupe que dirige Wolfgang Ketterle au MIT, où l'on déplace un pinceau de lumière dans une vapeur de sodium convenablement condensée**. En général, par exemple lorsqu'il s'agit d'écoulement d'hélium liquide à travers un trou, la vitesse critique observée est beaucoup plus faible. Les travaux de O. Avenel et E. Varoquaux (Saclay, 1985) ont montré qu'un écoulement superfluide perd de l'énergie cinétique par sauts quantifiés qui correspondent au passage à travers le trou de tourbillons eux aussi quantifiés***. Nous reviendrons sur ces tourbillons après avoir considéré le problème de la condensation de Bose-Einstein de façon un peu plus précise.

La condensation de Bose-Einstein

Un peu d'histoire s'impose à nouveau car de très grands noms y interviennent, à une époque qui était celle de la naissance de la physique quantique. En 1924, Satyendra Nath Bose, jeune étudiant bengali, avait publié un article sur la physique

* T. Ellis and P. V. E. McClintock, *Phil. Trans. R. Soc. A315*, 259 (1985).
** La revue de W. Ketterle, « Bose-Einstein condensation in dilute atomic gases: atomic physics meets condensed matter physics », *Physica B 280*, 11 (2000), est particulièrement claire et contient toutes les références nécessaires.
*** O. Avenel and E. Varoquaux, *Phys. Rev. Lett. 55*, 2704 (1985).

statistique des photons (les quanta de lumière). Au vu de cet article, Albert Einstein avait alors généralisé le travail de Bose à un gaz de particules massives identiques. L'article de De Broglie sur la dualité « onde-corpuscule », c'est-à-dire sur les ondes de matière, ne datait que de 1923 et l'article d'Einstein sur la condensation de Bose en constituait la première application. Certains pensent même que c'est en lisant l'article d'Einstein que Schrödinger découvrit le travail de De Broglie puis proposa sa célèbre équation*.

Einstein prévoyait donc qu'en dessous d'une certaine température critique, qui dépend de la densité du gaz, toutes les particules devaient commencer à se « condenser » c'est-à-dire à occuper ensemble le même état quantique fondamental. Avant de préciser cette notion délicate, il faut remarquer qu'Einstein, sceptique sur ses propres résultats, écrivit à Ehrenfest « the theory is pretty, but is there also some truth in it ? »** À la suite de la thèse d'Uhlenbeck, alors qu'on ne comprenait pas encore que la matière puisse changer d'état autrement que de manière discontinue (ce problème fut grandement débloqué par Landau), il semble même que la condensation de Bose-Einstein ait acquis la réputation d'être surtout une pathologie théorique dont l'existence était purement imaginaire.

De quoi s'agit-il donc ? La mécanique quantique associe une onde à toute particule, et décrit cette onde par une « fonction d'onde », solution de l'équation de Schrödinger. De même qu'une corde de violon peut vibrer selon différents modes et émettre ainsi des sons de hauteur différente, de même une particule quantique dans une boîte ou un électron dans un atome peuvent se trouver dans différents états quantiques correspondant à différentes fonctions d'onde et à différentes énergies. Einstein prédisait que les ondes représentant chaque particule s'accumulaient dans le mode fondamental de plus basse énergie, formant ainsi une onde macroscopique représentant le « condensat », fraction importante de l'ensemble des atomes devenus indiscernables les uns des autres. La condensation dont il s'agit n'est donc pas un changement de densité, comme lorsqu'un gaz se condense sous forme de liquide ou de solide. Elle représente un passage d'un comportement individuel désordonné des atomes à un comportement plus ordonné parce que collectif.

Arrêtons-nous un instant sur ce passage ordre-désordre. La Physique du XXe siècle a montré que tout changement d'état de la matière résulte d'un tel passage. Il peut cependant s'agir de différents types d'ordre. Ainsi, lorsqu'un liquide cristallise, ses constituants (atomes ou molécules) s'ordonnent dans l'espace ordinaire :

---

* A. Griffin, « A brief history of our understanding of BEC: from Bose to Beliaev », *Comptes rendus de l'« Enrico Fermi Summer School »*, *CXL*, Varenna, Italy, (IOS Amsterdam, 1999).

** « La théorie est élégante, mais qu'y a-t-il de vrai là-dedans ? »

leurs positions s'arrangent de manière régulière ce qui donne aux cristaux leurs formes symétriques. De même lorsqu'un matériau paramagnétique devient ferromagnétique c'est parce que tous les aimants microscopiques s'orientent dans une même direction. Dans le cas de la transition superfluide ce n'est pas une question d'ordre dans l'espace ordinaire des positions, mais dans l'espace des vitesses : les atomes adoptent un état de repos collectif ou un état de mouvement collectif ordonné en présence d'une sollicitation extérieure. On a parfois évoqué l'image d'une foule se mettant à marcher au pas mais cela me paraît mal adapté car les atomes ne figent pas leurs positions respectives, ils deviennent indiscernables et occupent collectivement l'espace, leur mouvement éventuel est collectif au lieu d'être individuel.

Il existe par ailleurs un critère simple pour estimer la température à laquelle cette condensation a lieu. Il s'agit de comparer la « longueur d'onde de Broglie » des particules constituant le gaz à la distance moyenne entre ces particules. Cette longueur d'onde dépend de la température T, elle augmente lorsque T diminue, et caractérise l'extension du paquet d'onde associé à la particule. Si cette portée est comparable à la distance entre particules, alors ces ondes se recouvrent, les particules perdent leur caractère individuel et le gaz, qui devient « dégénéré » c'est-à-dire quantique, se condense au sens de Bose-Einstein.

Tous les gaz, à suffisamment basse température (ou haute densité), sont-ils donc censés se condenser de cette manière ? Pas du tout. La matière a le choix entre différents types d'ordre. Lorsqu'on refroidit un gaz ou qu'on le comprime, généralement, il cristallise. L'hélium est une exception parce qu'à pression modérée il reste fluide même à température nulle ; c'est une conséquence du fait que ses atomes sont à la fois très légers et ceux qui, parmi tous les éléments, s'attirent le moins les uns les autres. De plus, et cela fut remarqué par Dirac en 1927, il existe deux sortes bien distinctes de particules quantiques. Les premières, dites « bosons », peuvent effectivement s'accumuler toutes dans le même état ; au contraire, les secondes, dites « fermions », ne peuvent en aucun cas occuper le même état en vertu du « principe d'exclusion de Pauli ». Les photons sont bien des bosons, mais les électrons, les protons et les neutrons sont des fermions. La différence entre ces deux types de comportement statistique est une question subtile de symétrie. Quant aux atomes d'hélium, tout dépend de l'isotope dont on parle. Dans les années 1930, seul l'hélium 4, constitué de deux protons, deux neutrons et deux électrons était disponible en quantités suffisantes. Avec son nombre pair de fermions, l'hélium 4 est bien un boson et peut effectivement se condenser. En revanche, l'hélium 3, isotope léger ne contenant qu'un seul neutron, est un fermion et l'histoire devait démontrer que cela fait bien une différence considérable.

Superfluidité, supraconductivité et condensation de Bose-Einstein

Quel lien y a-t-il entre superfluidité et condensation de Bose-Einstein ? London avait essentiellement remarqué deux choses. Tout d'abord que le calcul de la température à laquelle un gaz parfait, de même densité que l'hélium liquide, devait effectuer cette condensation donnait 3,1 K, une valeur proche des 2,17 K observés. Ensuite que la variation en température de la chaleur spécifique de l'hélium liquide passait par un maximum assez semblable à celui que prévoyait aussi la théorie d'Einstein à la température de transition. Avec le recul du temps, la comparaison entre hélium 4 et hélium 3 me semble fournir un argument beaucoup plus fort en faveur d'un effet de statistique quantique.

Sur terre, l'hélium 4 est le produit stable de la « radioactivité alpha » naturelle. Il s'accumule en quantités importantes dans les puits de pétrole dont on l'extrait facilement (il est aussi présent dans l'atmosphère, bien sûr). L'hélium 3 est aussi un produit stable de réaction nucléaire, mais il s'agit cette fois de la désintégration du Tritium, l'isotope lourd de l'Hydrogène. Les chercheurs n'ont pu se procurer suffisamment d'hélium 3 qu'après la Seconde Guerre mondiale, lorsque l'industrie militaire a manipulé suffisamment de Tritium pour ses bombes H. Quoi qu'il en soit des retombées très pacifiques de l'industrie de l'armement, on a démontré dans les années 1950 que l'hélium 3 liquide présentait quelques similitudes mais aussi de grosses différences avec l'hélium 4. L'hélium 3 et l'hélium 4 se liquéfient à des températures comparables (quelques degrés absolus) ; ils cristallisent aussi à des pressions comparables (une trentaine d'atmosphères). Mais entre 1 K et 0,005 K, là où la viscosité de l'hélium 4 disparaît, celle de l'hélium 3 augmente considérablement ! London et Tisza accueillirent ces résultats avec un soulagement qu'on imagine aisément. De fait, la différence de comportement statistique entre ces deux isotopes est telle qu'ils se séparent spontanément, comme l'huile du vinaigre, en dessous d'une fraction de Kelvin, une propriété qui sous-tend toute la technologie des réfrigérateurs « à dilution » modernes, c'est-à-dire toute la cryogénie entre 0,002 et 1 K.

Malgré tout, en 1971 à Cornell (États-Unis), D. D. Osheroff, R. C. Richardson et D. M. Lee ont découvert que l'hélium 3 devenait lui aussi superfluide, à une température 1 000 fois plus basse que l'hélium 4, aux alentours de 2 millikelvins. Comment est-ce possible ? En fait, Kapitza avait introduit le mot « superfluid » par analogie avec le mot « superconductor » (« supraconducteur » en français), sans réaliser à quel point les deux phénomènes sont semblables. On sait aujourd'hui que la supraconductivité n'est rien d'autre que la superfluidité d'un fluide chargé*. Elle fut découverte en 1911 à Leiden, par H. Kammerlingh Onnes qui mesurait la conductivité électrique du mercure. Mais il fallut attendre 1957 pour que J. Bardeen, L. N. Cooper et J.-R. Schrieffer en comprennent les mécanismes. À condition de se regrouper en paires (les « paires de Cooper »), les électrons devenaient bosons et étaient susceptibles de se condenser. Un métal qui devient supraconducteur voit sa résistance électrique disparaître parce que ses charges électriques mobiles deviennent superfluides. Au cours du XXe siècle, on a progressivement découvert que cela concernait de très nombreux autres métaux que le mercure, par exemple le plomb, l'étain, l'aluminium, le zinc... les alliages de Niobium sans lesquels l'imagerie médicale moderne ne serait pas ce qu'elle est, des composés organiques et de nombreux oxydes de cuivre, yttrium lanthane ou bismuth, découverts à partir des travaux de G. Bednorz et K. A. Muller à Zürich en 1986 et qui constituent la famille des « supraconducteurs à haute température critique » parce qu'ils montrent cette propriété remarquable aux alentours d'une centaine de Kelvins. Tous les chercheurs cités dans ce paragraphe ont été couronnés par le prix Nobel et nous allons en rencontrer quelques autres que je laisse au lecteur le soin de reconnaître.

Pour ce qui est donc de l'hélium 3, différents travaux franco-américains (P. W. Anderson et P. Morel en 1961 puis R. Balian et R. Werthamer en 1963) avaient proposé un mécanisme d'appariement entre atomes qui pouvait conduire à différents types de superfluidité. C'est bien ce qui fut découvert à Cornell et permit ensuite d'étudier une variété de propriétés physiques d'une incroyable richesse puisque l'hélium 3 présente dans la région du millikelvin trois états superfluides différents avec des textures comme les cristaux liquides et des ondes de spin comme les matériaux ferromagnétiques.

Il ne fait donc aucun doute que la superfluidité est liée aux propriétés statistiques quantiques de la matière. Le problème difficile à résoudre est celui d'une démonstration rigoureuse et quantitative de ce lien. Une étape importante a été franchie par N. N. Bogoliubov en 1947. Il considéra en effet un cas intermédiaire entre celui de Bose-Einstein-London-Tisza, c'est-à-dire le gaz idéal sans interactions entre atomes, et le cas du liquide où ces interactions sont fortes. Dans un gaz de Bose, avec des interactions faiblement répulsives entre atomes, il démontra qu'une condensation de Bose-Einstein généralisée pouvait exister et que les excitations individuelles disparaissaient au profit de modes collectifs se propageant à la vitesse du son. Dans un tel gaz, à suffisamment basse

* A. J. Leggett, « Superfluidity », *Rev. Mod. Phys.* 71, S318 (1999) et J.-R. Schrieffer and M. Tinkham « Superconductivity », *Rev. Mod. Phys.* 71, S313 (1999).

température, on s'attendait donc à trouver une condensation dans un état superfluide. Ce travail mit longtemps à être reconnu, Landau en particulier s'acharnait à ignorer le lien entre superfluidité et condensation de Bose-Einstein, London n'en entendit apparemment jamais parler. En 1956, Penrose et Onsager généralisèrent définitivement le concept de condensation de Bose-Einstein, démontrant que dans l'hélium liquide, à cause des interactions, la fraction des atomes formant le condensat n'était que d'environ 8 %, même à très basse température. De très difficiles expériences de diffusion de neutrons ont vérifié ce chiffre. Pourtant, une véritable chasse au superfluide gazeux commença, prenant parfois des allures de quête du Graal. Dans un tel gaz superfluide, tout serait calculable, et vérifiable avec précision.

Les gaz superfluides

Comme la longueur d'onde de De Broglie augmente lorsque la masse de la particule diminue, et comme refroidir la matière aux environs du zéro absolu n'est pas facile, on pensa longtemps que le meilleur candidat était l'hydrogène, premier élément de la classification périodique. Il est possible de dissocier les molécules d'hydrogène H_2 avec une décharge électrique, de stabiliser ensuite les atomes H avec un champ magnétique, de les piéger dans une région de l'espace correspondant à un minimum de ce champ, de les refroidir vers 50 microkelvins en les évaporant de manière sélective hors de ce piège. Reste alors à observer le milliard d'atomes restant dans ce piège et à détecter sa condensation de Bose. Une expérience d'une telle difficulté n'a été réussie, à ce jour, que par une seule équipe au monde, celle de D. Kleppner et T. Greytak au MIT en 1998*. La superfluidité de cet hydrogène atomique condensé n'a pas encore été mise en évidence.

Mais l'hydrogène s'est révélé, entre-temps, beaucoup moins bon candidat que divers alcalins. En 1995 en effet, l'équipe d'Eric Cornell et Carl Wieman à Boulder a réussi à utiliser le « refroidissement laser » pour ralentir considérablement une vapeur de Rubidium sortant d'un four, à confiner ces atomes dans un piège magnétique, à les refroidir davantage par évaporation, et à visualiser leur condensation de Bose-Einstein aux environs du microkelvin**. Presque simultanément, l'équipe de Wolfgang Ketterle au MIT a réussi une expérience semblable avec du sodium de même que celle de R. B. Hulet à Rice avec du Lithium***. Ces différentes

* W. Ketterle, *op. cit.*

** M. H. Anderson, J.-R. Ensher, M. R. Matthews, C. E. Wieman and E. A. Cornell, *Science 269*, 198 (1995).

équipes ont obtenu des images du nuage d'atomes avec de la lumière visible ce qui est heureusement plus facile que dans le cas de l'hydrogène qui exige de l'ultraviolet. On peut imaginer ce piège comme un bol dans lequel les atomes oscilleraient comme des billes. Le mode d'oscillation quantique fondamental étant celui de plus basse énergie, c'est aussi celui pour lequel la probabilité de présence des atomes au fond du bol est la plus grande. Lorsque la condensation de Bose-Einstein a lieu, on voit donc les atomes se regrouper au fond du piège alors que les atomes non encore condensés continuent d'occuper tout le volume du piège. Ces images, spectaculaires au moins pour des physiciens, ont eu un retentissement considérable lors de leur publication à partir de 1995. Des dizaines d'autres équipes dans le monde préparent désormais quotidiennement des condensats de Bose-Einstein avec ces vapeurs alcalines. Elles peuvent en observer les propriétés pendant plusieurs secondes, le temps que cet état de la matière, malgré tout métastable, retombe dans un état plus stable.

Il n'est pas possible ici de citer toutes les propriétés de ces condensats gazeux, que Claude Cohen-Tannoudji, prix Nobel 1997 pour ses travaux sur le refroidissement laser, a décrits lors de sa propre conférence. Je souhaite seulement terminer cette présentation abrégée de la superfluidité par une discussion de la température d'apparition de la superfluidité et par une description des tourbillons quantiques, l'une des preuves les plus remarquables du lien entre superfluidité et condensation de Bose-Einstein.

Ces différents gaz superfluides fournissent enfin ce que cherchaient les physiciens depuis longtemps : des condensats de Bose-Einstein dans lesquels l'intensité des interactions entre atomes est variable. Ces interactions sont très faibles dans l'hydrogène, un peu plus intenses dans le sodium et le rubidium 87, encore davantage dans le rubidium 85. Un test important de la théorie consistait donc à calculer puis à vérifier la variation de la température de transition superfluide avec les interactions. Cette température augmente-t-elle ou diminue-t-elle avec l'intensité de ces interactions ? Différentes réponses contradictoires ont été publiées, mais on admet généralement aujourd'hui les résultats de P. Grüter, D. Ceperley (Urbana) et F. Laloë (ENS, Paris*). Ces trois chercheurs ont prédit en 1997 que cette température augmente avant de diminuer. Or les travaux de J. Reppy à Cornell** semblent apporter un début de vérification de ce comportement non monotone, qu'il n'était pas facile d'imaginer *a priori*. Curieusement, Reppy travaille sur de l'hélium dilué dans un verre poreux et cette permanence de l'hélium sur le devant de la scène en physique a

*** W. Ketterle, *op. cit*.
* P. Grüter, D. Ceperley et F. Laloë, *Phys. Rev. Lett.* 79, 3549 (1997).
** J. D. Reppy, B. C. Crooker, B. Hebral, A. D. Corwin, J. He and G. M. Zassenhaus, *Phys. Rev. Lett.* 84, 2060 (2000).

quelque chose de vraiment étonnant. En fait, il semble que le candidat idéal pour une vérification précise de tout cela soit le rubidium 85 et que ces travaux soient en cours.

Venons en finalement aux tourbillons quantiques*. Le fait qu'on puisse représenter le superfluide par une fonction d'onde macroscopique a une autre conséquence remarquable, ainsi que l'a remarqué Feynman (1955) à la suite des travaux d'Onsager (1949). Cette fonction doit avoir une amplitude et une phase définies en chaque point de l'espace ; or la vitesse du superfluide n'est autre que la dérivée spatiale de cette phase, à une constante simple près. Un calcul élémentaire permet alors de démontrer que tous les tourbillons sont identiques dans un superfluide comme l'hélium 4 ou dans les vapeurs alcalines (le cas de l'hélium 3 est plus complexe) ; le fluide tourne autour d'un cœur normal de très faible diamètre et, à une distance r de ce cœur, la vitesse de rotation est égale à h/mr où h est la constante de Planck et m la masse des atomes. Que se passe-t-il donc lorsqu'on met un superfluide en rotation à vitesse croissante ? Au début, les parois tournent sans entraîner le fluide. Lorsqu'on atteint la vitesse critique, les tourbillons apparaissent, un par un. Ils forment alors un réseau régulier de lignes de plus en plus serrées à mesure que la vitesse de rotation augmente. La quantification des tourbillons a été vérifiée, par W. F. Vinen en 1961 puis par d'autres. À Berkeley en 1979–1982, E. J. Yarmchuk et R. E. Packard ont réussi à visualiser les réseaux de tourbillons dans ce même hélium 4. Enfin, au début de l'année 2000, l'équipe de Jean Dalibard, à l'ENS (Paris), a obtenu des images de tourbillons dans un condensat de rubidium qui sont remarquablement semblables à celles obtenues dans l'hélium. Aujourd'hui, plus personne ne peut donc douter que la superfluidité est un phénomène quantique, étroitement lié à la condensation de Bose-Einstein.

La superfluidité hors des laboratoires de recherche

Il existe d'autres superfluides, que je n'ai pas encore cités. La matière nucléaire en fournit au moins deux exemples importants. Dans un noyau, à l'intérieur d'un atome, la température n'est pas forcément basse mais la densité est énorme. L'étude de la rotation des noyaux atomiques a montré que lorsque le nombre de neutrons et le nombre de protons sont pairs, ils sont tous appariés, forment ainsi des bosons et sont condensés. Les noyaux impairs ont des propriétés de rotation très différentes des noyaux pairs. À une

* On trouvera tout sur les tourbillons quantiques dans le livre de R. J. Donnelly, *Quantized vortices in helium II*, Cambridge Studies in Low Temperature Physics, Cambridge University Press, (Cambridge, 1991).

échelle très différente, il est généralement admis que les sursauts des étoiles à neutrons sont liés à leur superfluidité. L'idée fut proposée par D. Pines en 1971, modifiée par P. W. Anderson et N. Itoh en 1975, et suscite toujours une abondante littérature scientifique*. Ces étoiles résultent de l'explosion d'une supernova, lorsque la masse totale n'est pas suffisante pour aboutir à un trou noir. Il faut imaginer la masse d'un soleil, concentrée sur un rayon de 10 km (10^{15} g/cm^3 !), et tournant à une vitesse folle (jusqu'à 30 tours par seconde !) en émettant de flashes lumineux. Or la fréquence de ces flashes saute parfois à une valeur différente pour revenir plus lentement à sa valeur initiale. On pense généralement que ces « sursauts » sont liés au décrochage du réseau de tourbillons quantiques dans un superfluide de neutrons appariés, sous une croûte de neutrons solides. Ainsi, la superfluidité est une propriété de la matière qui a des conséquences bien au-delà de nos laboratoires.

À quoi servent enfin les superfluides ? Bien sûr, l'hélium superfluide est un réfrigérant performant, sans lequel les aimants supraconducteurs de certains grands accélérateurs ne pourraient pas fonctionner. Mélangé à de l'hélium 3 non superfluide, il fournit aussi depuis plus de 30 ans les millikelvins nécessaires à une étude détaillée de la supraconductivité, de nombreuses propriétés des semi-conducteurs, du magnétisme, des verres, etc. De même que des dispositifs supraconducteurs (les « SQUIDS ») permettent de mesurer des champs magnétiques avec une très grande précision, il est possible de mesurer des rotations absolues avec un superfluide, par exemple la rotation de la terre, mais il n'est pas certain que cette méthode soit plus performante que d'autres. Par ailleurs, l'hélium superfluide étant plus ordonné qu'un liquide ordinaire, il a fourni un remarquable modèle pour l'étude des changements d'état de la matière qui, ceux là, ne sont pas forcément quantiques. J'ai ainsi longuement étudié l'évaporation de l'hélium 4 superfluide (un phénomène qui ressemble à l'effet photoélectrique), la cristallisation de l'hélium superfluide (ce qui m'a permis de comprendre beaucoup mieux pourquoi les cristaux ont des facettes), la cavitation et d'autres problèmes de nucléation, etc. Enfin, la transition superfluide elle-même est un modèle que l'on étudie jusque dans les navettes spatiales pour tester la théorie moderne (dite « de renormalisation ») des changements d'états continus de la matière.

L'une des perspectives d'applications les plus spectaculaires des gaz superfluides est sans doute la réalisation de lasers à atomes. En fait, un condensat de Bose gazeux n'est rien d'autre qu'une onde cohérente de matière où les atomes sont aussi indiscernables que les photons dans un laser habituel. Lorsque le condensat reste piégé, cette onde est stationnaire dans le piège. Mais il suffit, comme l'a montré Wolfgang Ketterle avec du sodium, de laisser

* D. Pines, *Proc. XII Int. Conf. Low Temp. Phys.*, ed. by E. Konda (Keigaku, Tokyo 1971) ; P.W. Anderson et N. Itoh, *Nature 256*, 25 (1975).

fuir un condensat à l'extérieur de son piège pour émettre une onde de matière qui se propage et est susceptible de montrer le même type d'interférences qu'un laser lumineux*. Quelles peuvent être un jour les applications d'un tel laser à atomes ? je crois que nous ne le savons pas encore. Une seule chose me paraît sûre : la liste des prix Nobel associés à la superfluidité, pourtant longue déjà, n'est pas close.

* W. Ketterle, *op. cit*.

Physique des tas de sable et de la matière molle

par Étienne Guyon

Qu'est-ce que la matière molle ?

Une communauté de scientifiques s'est formée depuis une trentaine d'années autour de l'étude de matériaux qui ne sont ni tout à fait des solides, des liquides ou des gaz. Les milieux granulaires* en sont un exemple classique et sur lequel pourtant existent des développements récents importants. Nous commençons par l'étude globale de ce que représente « la matière molle », un terme bien peu élégant auquel les Anglo-Saxons ont préféré le qualificatif de « doux » (*soft matter*), alors que de Gennes, un des scientifiques qui ont le plus contribué au sujet, parle « d'objets fragiles** ». On a longtemps parlé (par opposition aux états « bien » condensés de la physique des solides usuelle) de « matière mal condensée » : on y a étudié d'abord des liquides, des verres, des alliages, ce qui a inspiré la recherche actuelle sur la « matière en désordre ». L'appellation « systèmes moléculaires organisés » (SMO), objet d'un récent rapport à l'Académie des Sciences***, est aussi utilisée et évoque un assemblage structuré d'objets moléculaires qui peuvent être beaucoup plus grands que les molécules constitutives. Toutes ces appellations sont imprécises, parfois contradictoires (mou *vs* fragile ?) et mériteraient un effort de clarification linguistique.

Texte de la 224e conférence de l'Université de tous les savoirs donnée le 11 août 2000.
* Guyon (E.) et Troadec (J.-P.), *Du sac de billes au tas de sable*, Odile Jacob, 1994.
** Duran (J.), *Sables, poudres et grains*, Eyrolles, 1997. Gennes (P.-G. de) et Badoz (J.), *Les Objets fragiles*, Plon, 1994.
*** *Systèmes moléculaires organisés*, Rapport de l'Académie des Sciences, Tec et Doc, 2000.

Il est plus simple de nous arrêter sur un exemple, qui permettra de mieux cerner cette communauté scientifique. Nous avons choisi la gastronomie : sauces, soufflés et gelées sont bien des exemples courants de matériaux déformables.

Le « physico-chimiste » intéressé par les SMO, reconnaîtra dans ces trois exemples des « émulsions », des « mousses » et des « gels ». Il s'intéressera donc à la stabilité d'objets colloïdaux en suspension, aux interfaces qui encapsulent les bulles de vapeur d'eau d'un soufflé, et aux liaisons entre chaînes de polymères dans l'exemple des gels que nous allons suivre un peu plus longtemps. Par opposition aux solutions de « nouilles » de polymères enchevêtrées et libres de mouvement relatif, des liens physiques (comme des nœuds) ou chimiques (réactions entre chaînes) créent des ponts entre chaînes linéaires. En augmentant progressivement le taux des liens, on fait d'abord croître la viscosité de la solution (ou « sol ») jusqu'à une concentration critique C_{cr} où elle diverge. Au-delà de ce seuil, on a un « gel » qui est un solide élastique faible dont le module élastique, E, croît continûment à partir de zéro au seuil.

Si les systèmes polymériques et les mécanismes de réticulation sont variés, « le physicien statisticien », lui, s'attache à rechercher une universalité dans la gélification. Le seuil correspond à l'apparition du premier chemin moléculaire continu reliant des points très éloignés de la solution et peut être décrit à partir de la théorie statistique de la « percolation ». Ainsi, la divergence de la viscosité $\eta(c)$ est caractérisée par une loi $\eta(c) = \eta_o (c_{cr} - c)^{-s}$, où l'exposant s qui donne la rapidité de la divergence ne dépend pas du système physico-chimique. Il en est de même de l'exposant tl du module d'élasticité tel que $E(c) = E_O (c - c_{cr})^1$, alors que η_o, E_o et c_{cr} sont fonctions du détail de la physico-chimie. Cela un exemple d'un comportement universel des phénomènes critiques, tels qu'ils ont été décrits ici même par E. Brézin*.

À côté du chimiste et du physicien, le « rhéologue » (*panta rei* : tout s'écoule, dit Héraclite) s'intéresse aux lois mécaniques dépendantes du temps ou de la fréquence (comme pour une gelée qu'on secoue) ; un matériau pourra apparaître solide ou liquide suivant que le temps de sollicitation est court ou long devant celui qui constitue la déformation de la substance (par exemple : le temps pour que deux chaînes se désenchevêtrent).

La communauté de physiciens à laquelle j'appartiens s'est reconnue dans le groupe informel des « MIAM » (Milieux aléatoires macroscopiques ; encore une appellation !) que nous avions créé il y a vingt ans avec P.-G. de Gennes** et R. Blanc pour mettre en regard les problèmes de la matière en désordre — notre matière molle — et les outils affûtés par les physiciens en matière condensée.

---

* Voir la 220e conférence de l'Université de tous les savoirs.

** Gennes (P.-G. de), « La percolation », *La Recherche* 7, (1994).

Une caractéristique essentielle se dégage de ces études, que je propose d'appeler « principe 3M ». À l'échelle « microscopique », on observe des interactions locales entre éléments, par exemple entre deux grains ou deux maillons de chaînes de polymère. Pour obtenir les lois « macroscopiques », on peut chercher à faire tout d'un coup une moyenne des lois locales. De telles lois homogénéisées sont bien précieuses et oublient le détail local. Mais, le passage direct n'est souvent pas possible et il faut tenir compte des échelles de taille « mésoscopiques ». C'était le cas des gels précédemment où, au seuil de la percolation, il existe des boucles de toutes les échelles de taille qui contribuent au comportement mécanique. Une telle structure, dite « fractale* » (un autre outil de la physique statistique), résiste à tout traitement visant à homogénéiser le comportement, mais est justement bien prise en compte par la physique statistique des MIAM à partir de méthodes qui s'apparentent aux méthodes de récurrence en mathématiques.

Le tas de sable

Les empilements de grains constituent un exemple particulier que nous allons étudier. Le tas est constitué d'un ensemble de grains mais forme un tout (le « sorite » — ou tas — cher aux philosophes) qui est autre chose que la somme des propriétés individuelles de ses éléments. Si l'on s'intéresse à ses propriétés mécaniques par exemple, elles ne se réduisent pas à la connaissance du simple contact entre deux grains comprimés. On sait bien par le problème de Hertz que la déformation de deux grains élastiques δ croît avec la force pressante f comme $f^{2/3}$. Mais, pour un empilement, la déformation globale Δ augmente avec la force F plutôt comme F^x avec x = 1/5 à 1/4, c'est-à-dire beaucoup moins vite. Cela traduit le fait que, lorsque la force croît, de nouveaux contacts se créent : le matériau durcit. Il faut rouler longtemps sur une nouvelle chaussée pour homogénéiser ses contacts. L'hétérogénéité des contacts peut être vue optiquement par des mesures photoélastiques, et elle a été étudiée théoriquement et numériquement en tenant compte du fait qu'il n'existe de force entre grains que lorsqu'on les presse et non quand on les sépare (effet diode) : tout le monde sait que le paquet de café moulu perd ses qualités mécaniques lorsqu'on casse le vide, et que la précontrainte du béton vise justement à maintenir en permanence des grains sous compression. La *figure 1* montre le résultat d'une expérience numérique sur

* B. Mandelbrot, « Les objets fractals », Champs Flammarion (1995). Guyon (É.) et Stanley (H. E.), *Les Formes fractales*, Elsevier, Éditions de la Découverte, 1995.

un modèle de disques empilés (ou de cylindres d'axes parallèles). Les chaînes continues représentent des lignes de grains fortement comprimés et qui supportent pratiquement toute la charge. Tous les autres grains soit sont libres soit supportent de faibles charges et tiennent le système global. Il n'est pas question d'homogénéiser un tel problème de mécanique puisque c'est la géométrie multi-échelles (échelle mésoscopique) constituée de toutes ces chaînes continues qui contrôle la dureté de l'ensemble. Par contre, le problème s'apparente à un problème de « percolation » où les liens conducteurs seraient remplacés par des diodes. Cet exemple dégage aussi la notion classique de l'effet de « voûtes » : les chaînes comprimées forment des arches aléatoires qui « protègent » des efforts de grains qui sont en dessous d'elles.

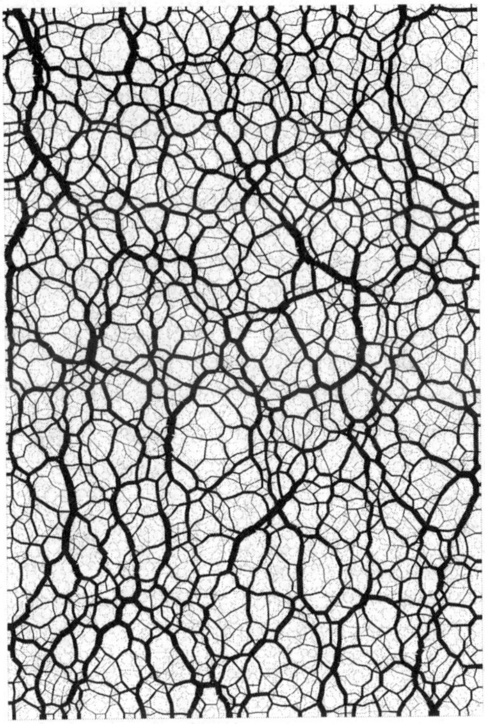

Figure 1 – Distribution des forces (la largeur des traits en donne l'intensité) dans un empilement numérique de disques soumis à compression. On constate la très grande hétérogénéité des efforts qui se distribuent le long des lignes de force et l'existence d'une majorité de grains très peu comprimés. (F. Radjai, S. Roux et J. J. Moreau, Phys. Rev. Lett. *80, p. 61 (1998).*

Ce solide cesse d'être pathologique si les grains sont soudés ensemble comme dans un grès, ou dans le cas de grains métalliques soudés entre eux à chaud ou sous pression formant un matériau « fritté ». L'exemple des « bétons à hautes performances » mérite d'être cité pour les avantages considérables qu'offrent ces nouveaux matériaux de construction, et pour leur relation avec les granulaires. Dans un milieu constitué de grains de même taille, la fraction de vide (ou porosité) *P*, peut être de 30 %. Le cas d'école du remplissage Appollonien est tel que si l'on place des grains de façon itérative en partant de gros grains et en remplissant par des grains plus petits de la bonne taille les vides laissés, et ainsi de suite : la porosité s'annule à la limite, environ comme $(d/D)^{1/5}$ où d et D sont les tailles ultimes. Dans le béton à hautes performances, on cherche à se rapprocher de cette limite par un remplissage en grains de tailles variées ce qui permet de diminuer la quantité d'eau ajoutée puisque la porosité est faible. Il en résulte de plus une diminution de la perméabilité aux agents extérieurs qui est une source de corrosion pour le béton. Il se trouve que les poudres fines de fumée de silice que l'on ajoute (l'échelle de taille petite d) sont aussi réactives et assurent une cohésion à l'ensemble. Le résultat : alors qu'un béton ordinaire résiste à une pression de 20 MPa en compression et très peu en tension (l'effet paquet de café sous vide), ces bétons peuvent résister à 600 MPa en compression et 20 MPa en tension ; on réalise presque des bétons « élastiques » ! Enfin, en ajoutant des adjuvants polymériques, on peut maintenir ces bétons, pourtant bien compacts et pauvres en eau, dans un état assez fluide au moment de leur mise en place. Le résultat peut être vu dans l'Arche de la Défense ou le Pont de Normandie.

Mais, revenons aux matériaux plus conformes à la notion initiale de matière molle, en allant sur une plage à marée basse. Lorsque nous imprimons avec le pied une pression sur le sable mouillé, nous constatons — oh paradoxe ! — que le sable s'assèche autour du pied. Ce phénomène dit de « dilatance » a été décrit en premier par Reynolds il y a un peu plus de cent ans. Si les grains sont serrés, il faut, pour déplacer les grains, d'abord desserrer l'empilement pour les déplacer. La porosité augmente, et l'eau est aspirée. Ce ne serait pas le cas si on était parti d'un empilement lâche que l'on comprimerait.

Il y a en fait de très grandes différences entre ces empilements limites, lâches et compacts, tous deux désordonnés, et on ne peut pas passer simplement de l'un à l'autre. Mais, même dans le cas le plus simple où les grains sont des sphères non déformables de même diamètre, on ne sait pas bien décrire l'ensemble des états d'empilement en désordre de grains qui correspondent à autant de façons différentes de faire des empilements en secouant et tassant ! La physique des empilements granulaires n'a toujours pas bénéficié de l'équivalent du travail de Boltzmann pour la compréhension de l'état gazeux !

Les écoulements de sable

Faire couler du sable entre les doigts évoque l'état liquide ; cependant, l'observation de l'écoulement d'un sablier va nous convaincre du contraire. À la différence d'une horloge à eau — la clepsydre — dont le débit diminue lorsque la hauteur d'eau de la couche supérieure diminue, le débit des horloges à sable reste constant presque jusqu'au bout : alors que la pression hydrostatique qui définit le débit diminue comme la hauteur de la couche liquide supérieure, la pression due au poids des grains s'applique par effet de voûte aux parois latérales du sablier, et n'influence pas le débit.

Mais l'effet le plus spectaculaire est sans conteste le fait que la surface d'équilibre du tas n'est pas horizontale *(Fig. 3)*. Le sable versé à partir d'une petite ouverture se dépose en formant un cône dont l'angle au sommet est bien défini. Cette simple expérience a fait couler beaucoup d'encre — pardon, de sable — depuis que le physicien Per Bak a proposé, il y a dix ans, que cet angle constant représentait un cas particulier de comportement critique dit auto-organisé (SOC ou *self organized criticality*)*. Dans un phénomène critique usuel, « on ne fait que passer » par le point critique (par exemple, par le seuil de gélation lorsqu'on augmente le nombre de liens entre chaînes). Ici, des avalanches (qui jouent le rôle de fluctuations près d'un point critique) « maintiennent » le système autour de son état critique. Des applications variées de la SOC ont été proposées : équilibre écologique planétaire ou effet « gaïa » ; sismologie ; fluctuations boursières. Cependant, l'archétype de départ n'est pas très bon. Il existe en fait deux angles critiques : l'angle maximum θ_M au-delà duquel se déclenchent les avalanches, un angle inférieur $\theta_I = \theta_M - \delta$ où elles s'arrêtent. L'angle δ de quelques degrés traduit l'effet de desserrement des grains nécessaire pour permettre l'écoulement (effet de dilatance).

Des modèles continus de la dynamique des avalanches ont été développés à Cambridge et Paris récemment**. Ils sont basés sur une description où une couche supérieure et mince mobile échange de la matière avec le substrat fixe, et rendent compte de nombreux phénomènes d'observation courante sur les tas. Le mouvement des dunes est une application étudiée actuellement, où se combinent l'effet d'avalanches en arrière de la dune qui est alimentée sur la face avant par des grains incidents, sous l'action du vent, par un mécanisme dit de « saltation ». L'écoulement de la couche super-

---

* Bak (P.), *Quand la nature s'organise,* Flammarion, 1999.
** Bouchaud (J.-P.), Cates (M.), Prakash (R.) et Edwards (S.-F.), *J. Phys.* 4 1383 (1994). Boutroux (T.) et Gennes (P.-G. de), *CRAS (Paris) 324* 85 (1997).

Figure 2 – Une avalanche de grains de deux tailles, de nature et couleur différentes, est créée en versant le mélange dans l'espace entre deux plaques de verre parallèles. On observe à la fois un effet de sédimentation et de ségrégation régulière dont les observations naturelles sur des massifs de roches sédimentaires nous offrent de nombreux exemples. (H. A. Makse, P. Cizeau and H. E. Stanley, Phys. Rev. Lett. *78, p. 3298 (1997).*

ficielle dans une avalanche fait penser à celui d'une couche liquide. On peut l'étudier en plaçant une couche épaisse de grains entre deux plaques que l'on déplace parallèlement l'une par rapport à l'autre : seules les couches proches de la plaque mobile se déplacent.

Au lieu de cette description continue, on peut s'intéresser au comportement d'un petit nombre de particules. À la limite, on regarde la descente d'un seul grain sur une couche rugueuse inclinée faite de grains fixes. Le mouvement désordonné de cette descente ressemble à un phénomène de « dispersion » où se superposent un mouvement moyen et une diffusion qui caractérise les petits effets aléatoires dus aux chocs. Mais si, dans un liquide, la diffusion et la dispersion favorisent le mélange, dans le cas des grains elle sépare. Il suffit d'observer un éboulis de montagne où les gros blocs se retrouvent en bas du pierrier. Des expériences modèles simples utilisant un mélange de grains de taille et de forme différentes que l'on verse pour faire un tas montrent que l'on peut obtenir à la fois des effets de sédimentation (séparation bas-haut) et de ségrégation de couches alternées de grains, comparables à petite échelle à des structures géologiques que l'on observe dans des coupes de roches sédimentaires *(Fig. 2)*. Des paramètres variés entrent en jeu : passage des petits grains à travers les espaces entre les gros ; chute plus rapide des gros grains en surface, variation de l'angle critique d'avalanche suivant l'angularité des grains. De tels effets de séparation spontanée, qui troublent l'intuition, sont courants dans la

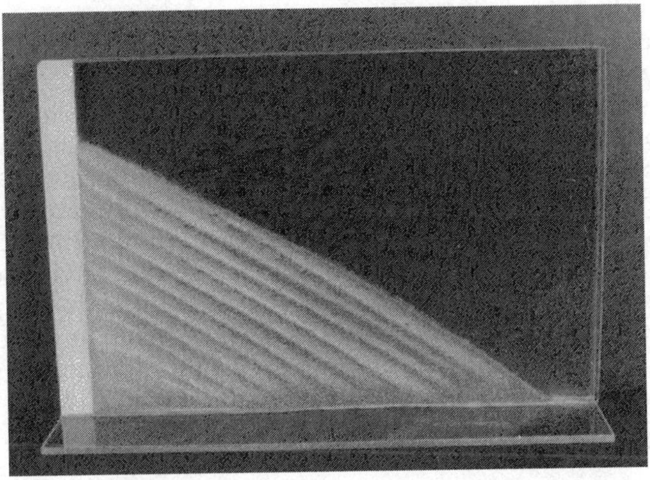

Figure 3 – La belle réalisation monumentale de Jean-Bernard Métais « temps imparti Éclipses 1999/2001 » installée au Jardin des Plantes à Paris dans le cadre des projets de l'an 2000 illustre diverses propriétés originales du sable qui s'écoule. (Photo Guy Durand.)

physique des granulaires et montrent bien que l'on ne peut les représenter comme un milieu fluide classique.

Un gaz de sable ?

Si des grains serrés en écoulement ne peuvent pas être bien représentés par un liquide, on peut penser que des grains séparés s'entrechoquant sont un modèle macroscopique d'un gaz, comme le suggérait l'intuition des philosophes de l'Antiquité.

Voyons d'abord les stratégies pour séparer les grains.

On peut les secouer en les plaçant sur une plaque vibrante horizontale. Si l'accélération verticale $a\omega^2$ (a amplitude, ω fréquence de la vibration) est suffisamment grande devant la gravité g, tout comme sur un trampoline des grains seront maintenus en l'air pendant une partie de la vibration. Les chocs entre grains font penser à l'agitation thermique des gaz, mais on n'a pas trouvé d'équivalent au théorème d'équipartition de l'énergie cinétique (qui est, dans ce cas, indépendante de la masse des particules). Pis, un mélange de grains secoués modérément va de nouveau se séparer suivant la taille, et on retrouvera les gros grains dans la partie supérieure du tas (on le constate couramment en secouant une boîte de corn flakes !). Par ailleurs, si l'accélération n'est pas trop grande la surface du tas ne reste pas horizontale mais se « crispe » en faisant des cônes réguliers où les grains montent au centre et redescendent en avalanche sur les bords latéraux.

Au lieu de combattre la gravité par une accélération verticale, on peut la compenser en créant un mouvement ascendant de fluide autour des grains. Un tas posé sur une grille horizontale fine au travers de laquelle on fait passer un gaz, décollera lorsque la force du frottement sur les grains, ou force de Stokes, est égale au poids de la bille. Plus qu'une simple expérience de laboratoire, ce procédé de « fluidisation » joue un rôle industriel considérable et on l'utilise toutes les fois que l'on veut réaliser un contact intime entre une phase granulaire et une phase fluide. Lorsque la vitesse fluide est assez élevée, le lit fluidisé occupe tout le volume du récipient cylindrique vertical qui le contient et devient instable en formant des bulles de fluide, pauvres en grains, qui montent dans un mélange grains-fluide plus concentré. Elles éclatent en surface, comme de vulgaires bulles de gaz dans un phénomène d'ébullition. Et, de fait, ces instabilités sont modélisées comme un phénomène usuel de convection d'une casserole posée sur le feu. De telles instabilités perturbent de façon grave les dispositifs industriels de fluidisation.

Une dernière façon de maintenir les grains suspendus est de les disperser dans un liquide de même densité. La dynamique d'un tel liquide chargé est celle d'un fluide dont la viscosité augmente avec la concentration en grains. Une formule classique obtenue par Einstein dit que la viscosité d'une suspension diluée de concentration volumique c croît comme (1 + 2,5c), donc de 10 % lorsqu'on met 4 % de grains en volume dans du liquide pur.

Mais, aux densités élevées de grains, de nouveau les effets d'encombrement des grains vont jouer, et la viscosité divergera lorsque tout mouvement deviendra bloqué. Cela dépendra naturellement de la géométrie de l'écoulement tout comme dans le cas de l'écoulement de grains secs. Une limite d'un empilement compact saturé d'eau est celui du « sable mouvant ». Si nous nous reportons à notre présentation de la rhéologie, on voit que pour du sable sollicité sur un temps court l'ensemble grains-liquide a peu de temps pour se réorganiser, et le milieu reste solide. Par contre, on s'enfoncera comme dans un liquide visqueux si on fait des mouvements lents*. À bon entendeur...

Ce qui n'a pas été dit

Notre présentation est loin d'épuiser les études sur la matière en grains. Nous avons utilisé des grains indéformables et de grande taille, pas des « grains mous » ou « cassables ». Le broyage concerne

* On relira la terrifiante description qu'en donne Victor Hugo dans *Les Misérables* (« la boue, mais l'âme ») ... lorsque « rien ne distingue le sol qui est solide du sol qui ne l'est plus ».

de très nombreuses industries et est une des sources majeures de consommation d'énergie sur terre (1 tonne par an et par habitant). Il est terriblement inefficace et reste mal compris. Clairement l'hétérogénéité des distributions de forces entre grains joue un rôle essentiel.

Les effets entre grains n'ont pas été pris en compte dans la présentation, sauf en ce qui concernait les effets élastiques entre grains comprimés. La cohésion du sable mouillé vient de l'existence de ponts capillaires entre grains proches ; il en résulte une dépression, due aux ménisques, qui attire les grains.

Dans les petits grains — de taille inférieure au micron — il faut tenir compte de « l'agitation thermique spontanée ». Par ailleurs, les effets chimiques d'interaction vont jouer alors un rôle dominant, et l'étude de nos empilements compacts sera de faible utilité pour comprendre les organisations souvent lâches et multi-échelles (fractales) de grains. Mais cela constitue un chapitre bien différent de la matière molle, l'étude des « colloïdes », digne à coup sûr d'une conférence de l'Utls !

Remerciements

Je remercie tous les partenaires du groupe de recherches CNRS sur les milieux hétérogènes qui sont bien les auteurs de cette contribution. Merci aussi à Farhang Radjai et Hernan Makse pour l'envoi de documents et à Julien Guyon pour des échanges critiques.

Comment les révolutions de l'information et des communications ont-elles été possibles ? Les semi-conducteurs

par CLAUDE WEISBUCH

Introduction

Les révolutions de l'information et des communications, issues des découvertes sur les semi-conducteurs, sont un des faits marquants du siècle passé et vont continuer à bouleverser dans ce nouveau siècle tous les domaines de l'activité humaine.

Le comité Nobel a rendu hommage en cette année 2000 aux pionniers qui ont rendu possible ces révolutions : après le prix Nobel de Bardeen, Brattain et Shockley en 1956 pour l'invention du transistor, c'est Kilby d'une part, Alferov et Kroemer d'autre part, qui sont récompensés respectivement pour l'invention du « circuit intégré », à la base de l'explosion de la micro électronique, et pour celle des « hétérostructures semi-conductrices », qui permettent, entre autres, d'obtenir des lasers pour télécommunications. Ce prix Nobel est remarquable à plus d'un titre, en particulier parce qu'il récompense des « inventions », qui ont été signifiées par des brevets (pour Kilby et Alferov), et non des « découvertes scientifiques » au sens habituel du terme, annoncées dans des revues scientifiques évaluées par les pairs.

Les semi-conducteurs, et leur mise en œuvre dans les transistors, les lasers et les circuits intégrés, tiennent ainsi une place particulière dans les grandes découvertes du XXe siècle, à cause de leur impact jusque dans nos modes de vie. Il y a bien d'autres raisons qui ajoutent à la place essentielle du domaine dans l'histoire des sciences et des techniques :

Texte de la 225e conférence de l'Université de tous les savoirs donnée le 12 août 2000.

— C'est un domaine technologique complètement né de la compréhension « fondamentale » de la matière solide. Aujourd'hui, les 90 milliards de composants fabriqués chaque seconde (15 par habitant de la terre et par seconde !) opèrent exactement comme prévu par les modèles physiques microscopiques utilisés dans les programmes de conception de circuits.

— Inversement, depuis quelques années, la technologie des circuits intégrés permet d'explorer de nouveaux champs fondamentaux. C'est ainsi que l'effet Hall quantique dans les hétérostructures a déjà donné lieu à deux prix Nobel. Il y en aura certainement encore d'autres basés sur les semi-conducteurs et leurs structures.

— Le domaine est né d'une recherche fondamentale à long terme, effectuée dans un laboratoire industriel. Cette expérience a longtemps été à la base du paradigme, accepté jusqu'au début des années 80, selon lequel l'industrie devait faire elle-même de la recherche fondamentale.

— Il y a un étonnement renouvelé devant le « progrès exponentiel » ininterrompu *(Fig. 1)*, à la fois en performance et en coût.

— Le domaine a ouvert de nouveaux champs industriels menant à un renouvellement des entreprises industrielles les plus importantes, et a donné naissance à ce qu'on appelle la « nouvelle économie ». De plus, son impact se retrouve dans tous les secteurs d'activité, industriels ou de service, à cause de son caractère de technologie « diffusante », transverse.

— Le domaine a été à l'origine de nouvelles formes d'organisations et dynamiques industrielles. La Silicon Valley tire son nom des entreprises de microélectronique en silicium, basées autour de San Francisco et de l'Université de Stanford. Ces entreprises ont défini un nouveau paradigme industriel, basé sur l'essaimage et la mobilité des personnes (la première entreprise, celle de Shockley est née des laboratoires Bell ; des transfuges de Shockley ont créé Fairchild, puis Intel). On peut tracer des liens d'hérédité entre des centaines d'entreprises de la Silicon Valley. Une autre caractéristique est la rapidité de développement des nouveaux produits et des entités industrielles de la nouvelle économie.

Ces révolutions de l'information et des communications sont nées du codage de l'information sous forme de paquets d'électrons (les « grains » d'électricité) ou de photons (les « grains » de lumière) (quelques dizaines de milliers de chaque pour l'élément d'information, le « bit »), et la capacité de manipuler et transmettre ces paquets d'électrons ou de photons de manière de plus en plus efficace et économique.

On nous annonce une société passant de biens « matériels » à l'« immatériel », la « société de la connaissance ». Cela peut être discuté, mais du point de vue physique il est vrai que les quantités portant l'information sont très petites : La plus grande bibliothèque du monde, celle du Congrès à Washington, a vingt millions de volu-

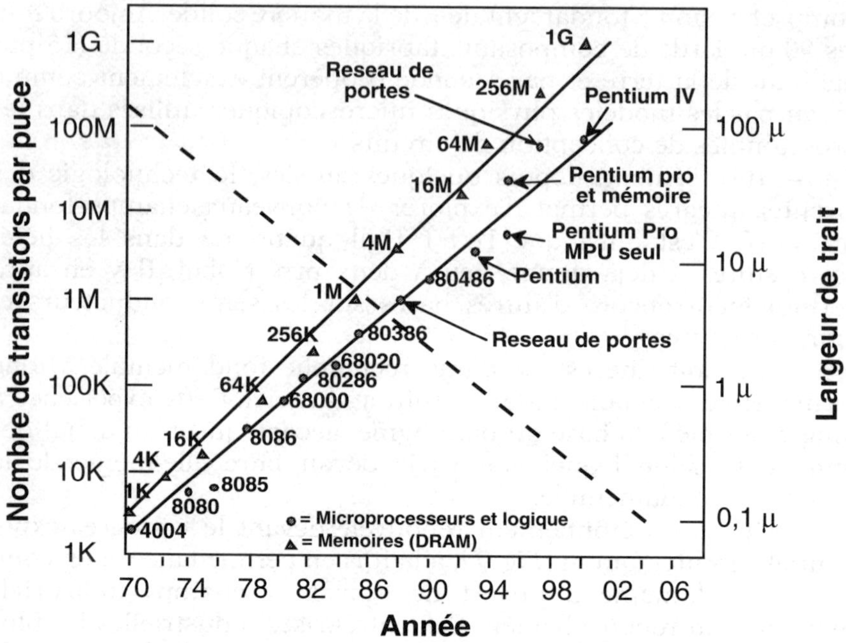

Figure 1 – Courbe de progression des circuits intégrés, microprocesseurs (unités centrales d'ordinateurs) ou mémoires dynamiques à accès aléatoire (DRAM). Cette progression est due à la miniaturisation, caractérisée par la « largeur de trait », le plus petit élément fabriqué dans une « génération » de circuits intégrés.

mes. Si on considère qu'un livre est codable sur 50 millions de bits, il faut 10^{15} bits pour coder tous les livres. Si on code chaque bit par la présence ou l'absence de la charge électrique de 10 000 électrons, la bibliothèque est portée par 10^{19} électrons, soit les électrons qui sont transportés dans un courant de 1 ampère en une seconde ! À notre échelle de tous les jours, le codage de l'information nécessite effectivement une quantité infime de matière. C'est pour cela que la manipulation en est facile et efficace. La capacité de communiquer l'information, grâce aux télécommunications, n'est pas en reste : une seule fibre optique, alimentée par des lasers à semi-conducteurs, transmet aujourd'hui 3. 10^{12} bits (3 terabits) par seconde. Il faut donc 300 s pour transmettre toute la librairie du Congrès ! Pour prendre la réelle mesure de la révolution de l'information, il suffit de considérer la quantité d'informations produites chaque année (voir http://www.sims.berkeley.edu/how-much-info/index.html), sous forme de livres et journaux, images fixes ou animées (films), données sur CD-Rom ou disques magnétiques (c'est ce dernier type d'archivage qui est le plus important) : 2 attooctets (1 octet = 8 bits, dont 0,003 % seulement sous forme imprimée), soit 350 gigaoctets par habitant de la terre ! De plus, une grande part de cette information est aujourd'hui accessible en ligne dans le monde entier

Tout cela a été rendu possible par les progrès des composants et systèmes semi-conducteurs, liés aux deux démarches simultanées d'*intégration* des éléments actifs sur un même support, la « puce », et de *miniaturisation*. Une des immenses surprises aura été le caractère « vertueux » de la miniaturisation : plus les composants sont petits, meilleur est leur fonctionnement ! On a pu ainsi gagner en 35 ans simultanément plusieurs facteurs de 100 millions à 1 milliard, en termes de complexité des circuits, en réduction de coût (la puce de plusieurs centaines de millions de transistors coûte le même prix qu'un transistor dans les années 60), en fiabilité, en rendement de fabrication.

Ce type de progrès exponentiel ne peut pas continuer indéfiniment. Le problème des limites physiques se pose de plusieurs manières : jusqu'où la miniaturisation peut-elle continuer ? Combien d'atomes faut-il pour faire un transistor qui fonctionne encore ? Y a-t-il des matériaux autres que les semi-conducteurs qui permettraient d'aller au-delà des limites physiques, ou bien encore existe-t-il d'autres moyens de coder l'information plus efficaces que les électrons ou les photons ? Ce sont les questions que se pose aujourd'hui le physicien, cherchant ainsi à « refonder » un domaine d'activité immense qu'il a contribué à créer.

Aux origines des révolutions de l'information et des communications

LA PHYSIQUE QUANTIQUE DES SOLIDES

À la base de la capacité à stocker, manipuler et transmettre l'information se trouvent les matériaux semi-conducteurs. Rien ne prédisposait ces matériaux à un tel destin : ils ont des propriétés « classiques » médiocres, que ce soit mécaniques, thermiques, optiques ou électriques. Comment en est-on arrivé à définir une catégorie de matériaux, les « semi-conducteurs », qui ne sont ni « bons » conducteurs (métalliques), ni « bons » isolants ! Ces matériaux ont longtemps mystifié ceux qui s'intéressaient à eux : contrairement aux métaux, leur conductivité s'améliore avec la température ; de plus, et là aussi contrairement aux métaux, leur médiocre conductivité à l'état pur s'améliore grandement si on leur ajoute des impuretés chimiques choisies (les « dopants »).

C'est justement les propriétés conductrices moyennes des semi-conducteurs, basées sur des quantités faibles de charges mobiles, qui les rendent « commandables ». Leur capacité à changer de conductivité électrique, devenue « contrôlée » par la compréhension physique des phénomènes et l'insertion locale d'impuretés chimiques, permet de commander le passage de courant par des électrodes. On a alors les effets d'amplification et d'interrupteur du transistor, à la base de la manipulation électronique de l'information. La sensibilité des semi-conducteurs aux flux lumineux en fait aussi les détecteurs de photons dans les communications optiques, et le phénomène inverse d'émission lumineuse les rend incontournables comme sources de photons pour les télécommunications.

La compréhension de ces phénomènes a constitué le grand triomphe de l'application de la mécanique quantique au mouvement des électrons dans les solides cristallins : la résolution des équations de la mécanique quantique pour des électrons se propageant dans l'arrangement périodique des ions d'un cristal a montré que leurs énergies possibles se répartissaient en bandes d'énergie ayant une certaine mémoire des niveaux d'énergie des atomes constituant le cristal. Chaque bande dans un cristal comportant N atomes aura νN places pour des électrons (« états quantiques » dans le langage de la mécanique quantique) dans chaque bande, si ν est le nombre de niveaux permis dans le niveau de l'atome de départ *(Fig. 2a)*. Suivant les positions de ces bandes d'énergie et le nombre d'électrons des atomes, en particulier ceux des électrons les moins liés au noyau (les électrons de « valence », assurant donc les propriétés chimiques) on va remplir entièrement ou non les bandes d'énergie permises par les électrons disponibles, à partir de l'énergie la plus basse *(Fig. 2b)*. Si les derniers électrons sont dans une bande où il reste dans le voisinage des places vides à plus haute énergie, un champ électrique appliqué pourra donner une impulsion et une énergie cinétique aux électrons. Il y aura conductivité électrique métallique. Si les électrons de valence du matériau remplissent complètement les bandes, ils ne peuvent pas prendre de l'énergie sous l'action d'un champ électrique appliqué. On a donc affaire à un isolant. On conçoit bien que pour des espèces chimiques différentes, ayant de très petites différences entre les niveaux d'énergie des « atomes isolés » de départ, on aura au final des « matériaux solides » isolants ou conducteurs, donc avec des propriétés électriques très différentes.

Les semi-conducteurs, dans cette description, sont en fait des isolants à faible « bande interdite » entre les derniers niveaux occupés de la bande de valence et les niveaux immédiatement supérieurs de la prochaine bande d'énergie permise, appelée bande de conduction. Du coup, certains électrons peuvent être excités de la bande de valence, dans laquelle ils laisseront un « trou », vers la bande de conduction *(Fig. 2b, 3d)*. Plus la température est élevée et plus il y a de tels électrons et trous, qui donc assurent une conductivité plus grande. Ainsi s'explique le mystère de la conductivité des semi-conducteurs qui *augmente* avec la température (celle

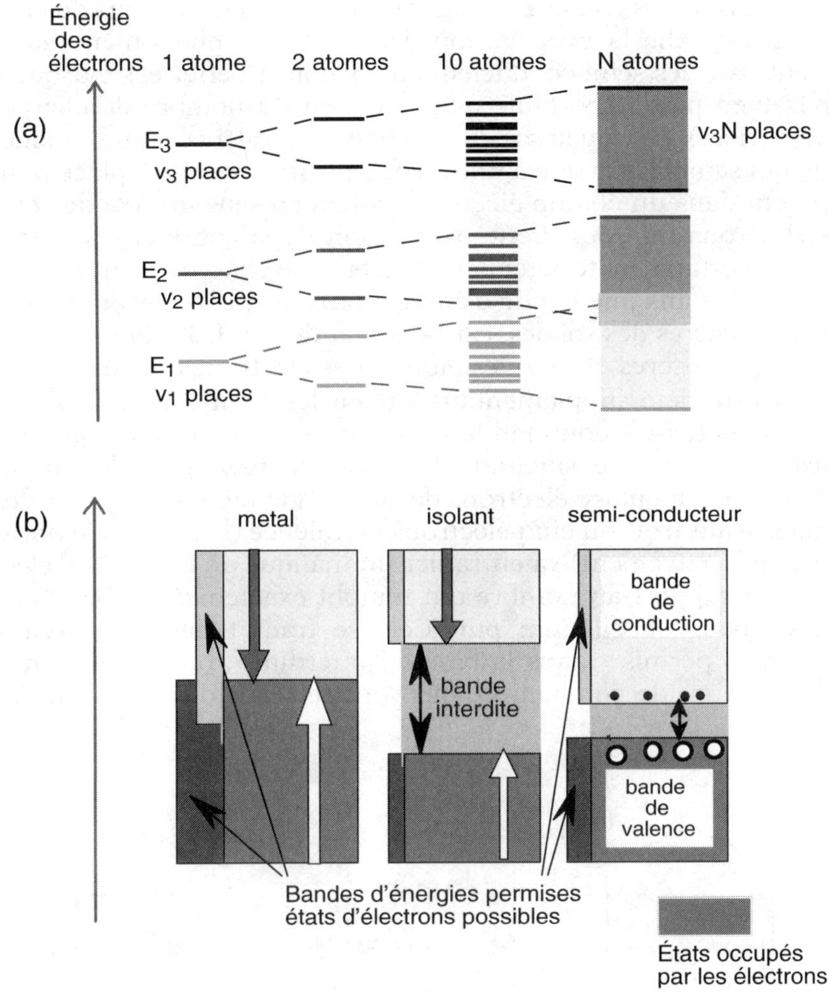

Figure 2 – (a) Schéma de la formation de bandes d'énergie dans les solides à partir des niveaux d'énergie des atomes séparés. Un niveau atomique comportant v places pour des électrons donnera vN places pour N atomes. (b) Remplissage des places disponibles dans les bandes d'énergie dans les solides par les électrons disponibles, par énergies croissantes. Suivant les cas, les derniers électrons sont dans une bande non pleine, ou pleine. Dans ce dernier cas, il n'y a pas de conductivité électrique, puisque les électrons ne peuvent pas prendre de vitesse ce qui leur confèrerait une énergie cinétique, et la nécessité d'occuper une place d'énergie immédiatement supérieure, ce qui n'est pas possible. On a un isolant. Dans le premier cas, comme quand les bandes se recouvrent (cas des bandes issues des niveaux 1 et 2 en (a)), il peut y avoir conduction électrique, métallique. Un semi-conducteur est un isolant à faible bande interdite : comme les derniers niveaux occupés sont proches énergétiquement des premiers niveaux vides, des électrons peuvent être excités thermiquement de la « bande de valence » vers la « bande de conduction », permettant ainsi une certaine conduction électrique (cf. infra *fig. 3).*

des métaux *baisse* à cause de l'agitation thermique des ions du cristal qui empêche la propagation des électrons, phénomène aussi présent dans les semi-conducteurs mais dont l'« effet est masqué » par la bien plus importante augmentation du nombre de charges conductrices). Le trou laissé dans la bande de valence a une conductivité qui semble être due à une charge positive, car le déplacement apparent dans un champ électrique a lieu en sens inverse de celui des électrons *(Fig. 3c)*. Cette explication de la conductivité apparente de certains matériaux par le « trou » de charge apparemment « positive » dans une bande d'énergie presque pleine résout un des grands mystères des solides, car on savait depuis J. J. Thomson que les charges légères et mobiles étaient des électrons négatifs !

La propriété supplémentaire qu'ont les semi-conducteurs est leur conductivité « commandable » par incorporation d'impuretés choisies : comme le silicium, matériau de base pour la microélectronique, a quatre électrons de valence, le fait d'incorporer des atomes ayant trois ou cinq électrons de valence (le bore ou le phosphore respectivement) va entraîner un manque ou un excès d'électrons par rapport au nombre qui remplit exactement la bande de valence pour du silicium pur. Cela se traduit par des niveaux d'énergie « permis » dans la bande « interdite », près de la bande de valence ou de conduction, qui vont relâcher des trous ou des

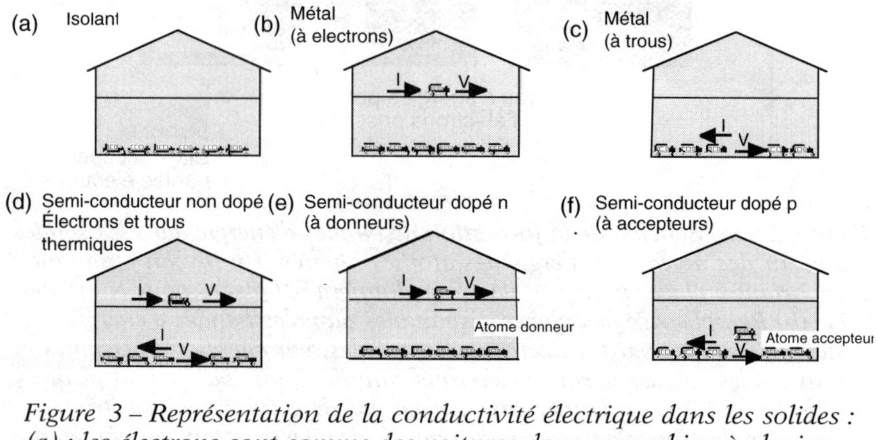

Figure 3 – Représentation de la conductivité électrique dans les solides : (a) : les électrons sont comme des voitures dans un parking à plusieurs étages. Si un étage est plein, il n'y a pas de possibilité de mouvement. (b) : S'il ne l'est pas, il peut y avoir mouvement. (c) : Noter que s'il est presque plein, le « trou » de voiture se déplace en sens inverse des voitures ! La conductivité des semi-conducteurs peut soit (d) provenir d'électrons et trous créés par l'excitation thermique d'un électron de l'étage plein du bas (laissant derrière lui un trou), soit (e) de charges créées par l'adjonction d'impuretés chimiques ayant un électron de plus (atomes donneurs, dopage de type n) ou de moins (f) que ceux du réseau (atomes accepteurs, dopage de type p).

électrons, en nombre exactement égal au nombre d'atomes dopants que l'on aura introduits *(Fig. 3e, 3f)*. On imagine sans peine à quelles erreurs cet effet de dopage a pu donner lieu : pour des métaux, la conductivité « augmente avec la pureté », car il y a moins d'ions étrangers pour s'opposer au passage du courant. Dans des semi-conducteurs, au contraire, la conductivité « augmente avec les impuretés » dopantes ! Tel chercheur croyait avoir un matériau pur parce qu'il conduisait bien alors qu'il était fortement dopé. Tel autre purifiait son matériau, s'attendant à le voir mieux conduire, et il devenait quasiment isolant !

Avec cette compréhension des semi-conducteurs dès 1930, fondée sur la mécanique quantique des solides cristallins, on avait les bases pour faire des composants électroniques. Il faudra cependant attendre 1947 pour que le transistor voie le jour.

Du semi-conducteur au transistor et au circuit intégré

LE TRANSISTOR

On a eu l'idée d'interrupteur (relais électrique) solide commandé par une tension électrique appliquée dès le début du siècle, avec des brevets décrivant correctement le fonctionnement du transistor à effet de champ dès 1923 *(Fig. 4)*. Cet effet « transistor », c'est-à-dire le contrôle d'un courant à travers un morceau de matériau semi-conducteur par une tension appliquée sur une grille de commande, a cependant nécessité de longs travaux dans les années 30 et 40. Il a fallu maîtriser la purification des semi-conducteurs, et l'incorporation contrôlée de dopants. Plus fondamentalement, il a fallu comprendre les barrières d'énergie existant dans les semi-conducteurs dopés de manière inhomogène, ou bien encore celles qui sont situées aux interfaces métal/semi-conducteur, ainsi que les effets de surface, qui tendaient à masquer tous les autres phénomènes.

C'est par une démarche délibérée de recherche d'un tel relais solide que les laboratoires Bell, d'American Telegraph and Telephone (ATT), monopole américain des télécommunications, se sont lancés dans l'aventure du transistor dès 1936. Leur analyse montrait que l'accroissement du trafic téléphonique serait tel que les réseaux seraient constamment en panne vu leur taille et la mauvaise fiabilité des commutateurs, qu'ils soient à relais électromécaniques ou à tubes à vide. Il fallait des interrupteurs hautement fiables basés sur un nouveau concept physique. Le transistor a donc été inventé dans une entreprise de télécommunications grâce à un programme de recherche à long terme et à haut risque, pour satisfaire ses besoins, en lançant une recherche fondamentale de très grande ampleur puisqu'il a fallu comprendre complètement

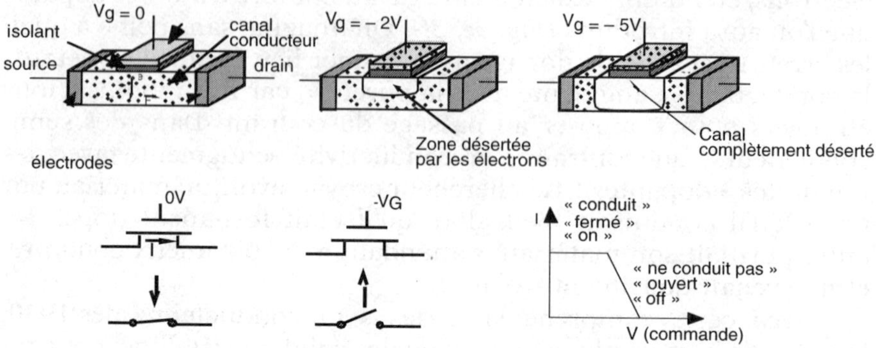

Figure 4 – Principe de fonctionnement d'un transistor à effet de champ : on contrôle le passage de courant dans un « canal » conducteur par un champ électrique appliqué par une électrode (la « grille » placée au-dessus du canal). Ici, le canal est constitué de semi-conducteur « dopé » n, avec des impuretés « donneuses » d'électrons (cf. fig. 3). Un champ électrique, créé par une tension négative appliquée sur la grille, repousse les électrons du canal qui se vide progressivement, jusqu'à être « déserté », non-conducteur. On a ainsi réalisé un interrupteur « solide ».

nombre de nouveaux phénomènes en physique et en chimie des matériaux semi-conducteurs. Il ne pouvait être inventé dans une entreprise d'ordinateurs tout simplement parce qu'ils n'existaient pas à l'époque.

LE TRANSISTOR ET L'ORDINATEUR

Le domaine où les progrès induits par les transistors, puis les circuits intégrés, ont été le plus spectaculaires est sans doute celui des ordinateurs. Ce n'était pas clairement un impact « attendu », les grands patrons de l'industrie se trompant parfois lourdement : Thomas Watson, PDG d'IBM, déclarait en 1943 que le marché mondial des ordinateurs serait de cinq unités. Ken Olsen, PDG de Digital, l'entreprise phare des mini-ordinateurs, déclarait en 1977 qu'il ne voyait pas pourquoi les gens auraient des ordinateurs chez eux.

Ce sont les progrès de la micro-électronique qui ont généralisé les ordinateurs dans un premier temps, puis rendu accessibles l'ordinateur personnel, et les services associés comme le courrier électronique ou le web. Ces progrès ont été rendus possibles par les propriétés physiques des transistors. C'est qu'elles sont particulièrement bien adaptées à la réalisation des fonctionnalités indispensables dans un ordinateur : rappelons que pour faire un ordinateur, il faut à la fois de la mémoire (pour stocker les programmes, les données d'entrée et les résultats de calcul) et une capacité de logique combinatoire (pour effectuer des calculs, *figure 5*). Le transistor permet de construire à la fois la fonction mémoire et la capacité logique nécessaires, car il peut fonctionner comme un *bon interrupteur*. Comme on le démontre à partir de l'algèbre de Boole, c'est-à-dire la combinatoire d'opérateurs logiques comme la porte « ET » de la *figure 5*, des interrupteurs associés à des résistances permettent de réaliser toute opération logique. Associé à un condensateur, un transistor fonctionnant en interrupteur permet aussi de réaliser un élément mémoire : c'est le principe des mémoires « dynamiques » DRAM *(Fig. 5)*.

Pourquoi dit-on que les propriétés physiques des transistors sont bien adaptées ? C'est que l'on peut réaliser cette fonctionnalité d'interrupteur de manière quasi parfaite, c'est-à-dire en consommant peu d'énergie et en isolant le courant contrôlé par l'interrupteur de la commande de cet interrupteur : on dit que la « sortie » du composant ne réagit pas sur l'« entrée ». Pour cela, le matériau isolant entre grille de commande et canal conducteur *(Fig. 4)* est déterminant pour la qualité du transistor. Il a fallu attendre 1960 pour enfin avoir un isolant de la qualité voulue, alors que les essais de fabrication des transistors à « effet de champ » avaient débuté dès 1930. Une autre propriété très importante des transistors est que chacun d'eux peut commander plusieurs autres transistors, avec une tension qui est référencée à la tension d'alimentation (cf. la tension de « sortie » de la porte « ET » de la *figure 5*), et non pas à la tension de commande (« 0 » ou « 1 »). On peut donc *mettre en cascade* des milliers de composants sans dégradation du signal de commande.

LE CIRCUIT INTÉGRÉ

Le circuit intégré n'est pas un concept aussi fondamental que le transistor : son invention résulte de l'association d'éléments déjà connus, sinon maîtrisés, en « réponse à un besoin pratique ». Kilby, prix Nobel 2000, l'a décrit dans un brevet et des conférences, pas dans une revue scientifique.

Dès l'invention du transistor, celui-ci remplace le tube à vide dans les appareillages électroniques, et les ingénieurs utilisent ses propriétés remarquables : miniaturisation, grâce à des techniques de micro-fabrication, conception de très grands systèmes grâce à une meilleure fiabilité des composants, à leur petite taille et surtout à leur faible consommation énergétique. Cette course à la miniaturisation est suscitée par des besoins, comme ceux des grands centraux téléphoniques, des très grands ordinateurs, ou encore le besoin des militaires de disposer d'électronique « portable » pour les communications, les missiles ou les satellites.

Pour toutes ces applications, on tente d'assembler, de façon compacte, le plus grand nombre de composants possible, par des

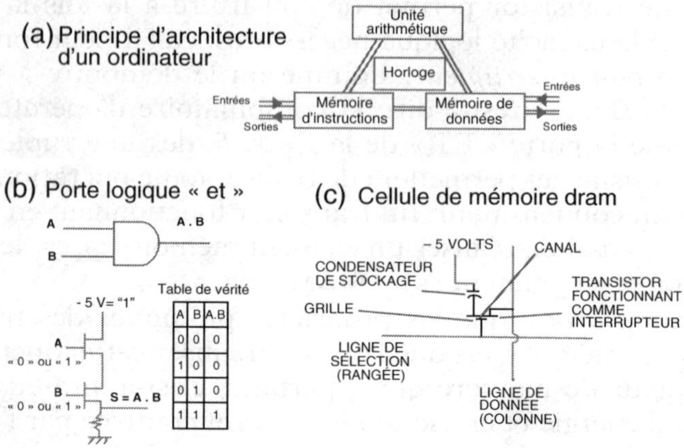

A	B	A.B
0	0	0
1	0	0
0	1	0
1	1	1

Figure 5 – (a) Schéma de principe d'architecture d'un ordinateur, permettant d'effectuer les opérations sur des données et l'enchaînement des instructions provenant de la mémoire d'instruction, au rythme de l'horloge. Les deux fonctionnalités nécessaires au fonctionnement de l'ordinateur sont la mémoire et la logique combinatoire (qui permet les opérations arithmétiques sur des « bits », « 0 » ou « 1 », en pratique des tensions, respectivement 0 ou – 5V). (b) Logique combinatoire dans les ordinateurs grâce au transistor fonctionnant en interrupteur : En associant des transistors et des résistances, on peut créer des circuits créant des portes logiques, comme le « ET ». Pour ce faire, il faut un circuit qui donne la tension « 1 » (ici – 5V) quand à la fois les entrées A et B sont au « 1 ». Dans tous les autres cas la sortie logique S doit être « 0 ». Pour réaliser la fonction, il suffit de mettre en série deux interrupteurs, qui ne laisseront passer du courant que s'ils sont tous les deux dans l'état « conducteur ». On représente tous les cas d'entrée et sortie par des tableaux dits « table de vérité ». Une propriété essentielle du transistor est clairement visible : la tension de sortie aux bornes de la résistance est directement liée à la tension d'alimentation et ne dépend pas des tensions de commande, tant que le transistor se comporte comme un interrupteur « parfait », sans résistance interne, ce qui est une bonne approximation. (c) Mémoire : on garde en mémoire une information (un bit) en chargeant un condensateur (niveau logique « 1 ») ou non (niveau logique « 0 ») à travers un transistor. Si l'on isole le condensateur (transistor « ouvert ») l'information reste stockée. Elle est inscrite en rendant le transistor conducteur (tension négative sur sa grille grâce à la ligne de « sélection ») et l'on charge le condensateur avec l'information « 0 » ou « 1 » suivant la tension que l'on applique sur la ligne de « données ». Inversement, on lit le « bit » d'information stocké en rendant conducteur le transistor, et en mesurant si le condensateur a été chargé lors de la séquence d'écriture. La mémoire est organisée en grande surface par des lignes et des colonnes, ce qui permet un accès « aléatoire » à l'information. C'est la mémoire dynamique DRAM, fort économique puisqu'elle ne nécessite qu'un transistor et un condensateur par bit d'information stocké. Ce condensateur joue un rôle dimensionnant en micro-électronique : il contient de manière standard un million d'électrons.

techniques dites « hybrides » : chaque composant (résistance, diode, condensateur, transistor, inductance) est fabriqué dans un matériau différent, et ils sont reliés, mécaniquement et électriquement, par d'autres matériaux encore. Cette approche hybride rencontre toutefois une limitation importante. Tandis que la fiabilité des transistors a beaucoup augmenté, celle des soudures des fils qui assurent la liaison électrique entre ceux-ci plafonne. Devra-t-on se contenter de circuits comportant au mieux quelques centaines de composants, qui ne nécessiteraient que quelques milliers de soudures ?

Quelques visionnaires proposent alors de fabriquer tous les composants électroniques avec un seul matériau, le semi-conducteur, qui servirait aussi de support, d'où le terme de « monolithique » (« une seule pierre »). J. Kilby, en mai 1958, conçoit une méthode pour réaliser les différents éléments de circuits (résistances, condensateurs et transistors) par attaque chimique localisée du silicium. La composition chimique verticale du silicium (on a incorporé lors de la croissance du cristal de silicium des impuretés chimiques qui dopent la conductivité), la profondeur de l'attaque et la géométrie des motifs attaqués déterminent les différents composants. Ce travail est suivi de près par celui de Robert Noyce, de la société Fairchild Electronics (il fondera plus tard Intel). Noyce décrit aussi un circuit intégré, mais, en plus, il propose la bonne méthode de fabrication : le procédé « planar ». Il reprend une idée développée chez Bell : l'utilisation de la silice SiO_2 comme masque de fabrication à cause de ses excellentes propriétés d'adhésion et d'isolation chimique : elle forme une espèce de cocon protégeant la partie de la puce qui n'est pas traitée dans l'opération (cf. infra *figure 6*).

Bien qu'il réponde à des besoins très concrets, le circuit intégré ne s'est pas imposé facilement. Au contraire ! La plupart des entreprises fabriquant des tubes à vide s'étaient mises à fabriquer des transistors, mais peu ont fait le saut vers les circuits intégrés : le bouleversement conceptuel était bien plus grand. Les transistors remplaçaient en effet les tubes « composant pour composant ». C'était simple et évident à faire. Au contraire, l'intégration monolithique se heurtait à plusieurs objections très pertinentes. D'abord, elle utilisait le très coûteux matériau semi-conducteur pour des fonctions peu nobles, de support par exemple. Ensuite, elle obligeait à des compromis sur les géométries et les compositions des composants : chacun était moins performant que s'il était fabriqué séparément. En outre, le rendement allait être bas, puisqu'on devait avoir d'un seul coup un ensemble de bons composants. Enfin, alors que l'on avait besoin de multiples fonctionnalités dans les assemblages de composants, que l'on pouvait concevoir et réaliser à la demande par l'approche hybride, il semblait impossible de satisfaire la variété de besoins par des circuits intégrés, à la fonctionnalité figée.

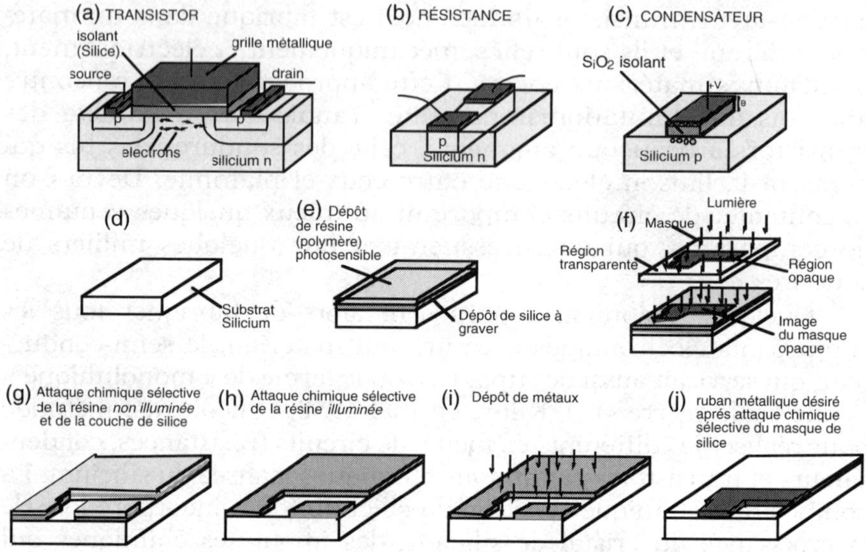

Figure 6 – Principes de fabrication des éléments des circuits intégrés ; Comme on le voit sur les schémas de transistor (a), résistance (b), condensateur (c), et leurs éléments de liaison, il faut déposer suivant des motifs géométriques des impuretés dopantes n ou p, des isolants, des métaux. Pour faire, par exemple, un motif métallique, on éclaire localement un polymère photosensible (f) qui permet, par des attaques chimiques sélectives (f-h), de créer un « masque » en silice à travers lequel on déposera le métal. Il suffit ensuite d'effectuer une autre attaque chimique sélective pour enlever le masque de silice et obtenir le motif métallique en final (i-j).

On sait ce qu'il en advint : l'intégration permit au contraire de franchir ces limitations, et d'aller bien au-delà. On utilise aujourd'hui des plaquettes de silicium de 30 centimètres de diamètre, ensuite découpées en une ou quelques centaines de « puces », sur lesquelles on fabrique en une trentaine d'opérations de base des « centaines de milliards » de composants ! On utilise en fait fort efficacement la surface, relativement coûteuse du silicium, grâce à l'extraordinaire miniaturisation, impossible à atteindre pour des composants discrets (ne serait-ce que parce que l'on ne pourrait pas manipuler des composants aussi petits que ceux qui sont intégrés). On fabrique de manière très contrôlée (propreté, conditions chimiques de surface, préparation des matériaux,...) et à l'identique des milliards de contacts électriques, qui du coup sont tous bons ! Ces performances ont nécessité de nombreuses recherches et un long apprentissage pour maîtriser parfaitement les procédés industriels. Mais il est aujourd'hui patent que l'intégration a multiplié les rendements et la fiabilité par plusieurs milliards. Incidemment, le coût a baissé dans les mêmes proportions : un circuit intégré, comportant bientôt un milliard de transistors, coûte aujourd'hui une dizaine de dollars, autant qu'un transistor dans les années 1950.

Quant au problème de la fonctionnalité limitée, il a été résolu en deux temps : au début des circuits intégrés, on ne réalisait que des fonctions universelles simples, les portes logiques (comme celle de la *figure 5*), dont l'assemblage permettait de constituer de grands ensembles fonctionnels, tels des commutateurs téléphoniques ou des ordinateurs. Compacts, ces circuits étaient aussi très fiables. Comprenant quelques dizaines de composants élémentaires, ils contribuaient déjà fortement à l'augmentation de rendement de fabrication des ensembles, en diminuant le nombre de soudures à effectuer. La grande révolution est cependant arrivée par le microprocesseur : au lieu de produire une fonctionnalité par assemblage d'éléments physiques, on la programme. Le microprocesseur est multifonctions, multi-applications. Bien entendu, un tel système est loin d'être optimum dans l'utilisation des composants électroniques, mais comme le coût de ceux-ci s'est effondré, ce n'est plus très important.

La course à la miniaturisation et ses limites

LES PRINCIPES DE LA FABRICATION

Le procédé de fabrication par lithographie s'apparente à l'imprimerie *(Fig. 6)* : on commence par dessiner les différents éléments de même nature que l'on pourrait fabriquer lors d'une même opération. Puis on projette optiquement cette image sur un matériau photosensible déposé sur la puce (le morceau de silicium portant le circuit intégré). Ce matériau est ensuite attaqué chimiquement de manière sélective pour transformer l'image originelle en matériau structuré. Il sert à définir les régions de la surface de la puce où l'on va opérer l'opération de fabrication voulue, par exemple un dépôt localisé de métal là où le matériau photosensible a été enlevé. On a donc transformé une image de la fonction « connectique » entre composants d'une puce en un ensemble de conducteurs sur la puce. On réalise de la même manière toutes les incorporations de matériaux structurés nécessaires à la puce telles que dépôt d'isolants, incorporation localisée d'impuretés chimiques dans le semi-conducteur, etc.

La fabrication des condensateurs, des transistors et de la connectique des circuits intégrés devient donc une succession d'opérations répétitives : fabrication d'une couche sur la plaquette de silicium, transfert d'une image et révélation de cette image par un procédé chimique. À chacune de ces images correspond le transfert spatial des éléments constituant les circuits intégrés : isolants, dopages en espèces chimiques, métaux de contact et d'interconnexion, etc. Aujourd'hui, la fabrication d'un composant semi-conducteur comporte 25 étapes principales (correspondant à autant de masques, images des motifs à reporter sur le composant), se décomposant en 600 étapes élémentaires qu'il faut réaliser parfaitement.

LES LOIS DE LA MINIATURISATION

Il ne faudrait pas croire que les progrès de la miniaturisation ont été sans heurts : l'histoire des semi-conducteurs est marquée par une succession de crises. La première crise remonte à 1962, déjà ! Elle était liée aux limites technologiques qui freinaient le développement de la lithographie. Dans les années 70, on s'inquiétait des erreurs de mémorisation dues aux rayons cosmiques absorbés dans les mémoires. Autre sujet de crise en 1982 : l'interconnexion entre éléments commence à son tour à poser problème car on peine à faire des connexions de taille micronique sans défauts.

Il y a aujourd'hui moins de crises, pour deux raisons : d'une part, on connaît les lois d'échelle, qui décrivent le comportement des composants quand on diminue toutes leurs dimensions d'un facteur. D'autre part, aujourd'hui, les industriels travaillent dans le consensus, dans un processus « coopétitif », en coopérant tout en restant des compétiteurs. Ce nouveau comportement, très typique de la nouvelle économie, vient de ce qu'ils se sont rendu compte qu'ils étaient tous gagnants s'ils définissaient ensemble comment l'industrie doit progresser en établissant des objectifs communs de progression, le « roadmap technologique ». Cela permet, en mettant toutes les ressources sur des objectifs techniques communs, de progresser plus rapidement et d'ouvrir de nouveaux marchés.

Les lois d'échelle

Les lois d'échelle sont appliquées lorsque toutes les dimensions ont été réduites d'un facteur α *(Fig. 7)*. Les composants sont alors plus rapides puisque les distances que parcourent les électrons sont plus petites. Leur densité surfacique augmente grâce à leur taille diminuée, mais comme chaque composant consomme moins, la puissance dissipée par unité de surface reste constante, ce qui est essentiel. Du coup, au global, la puissance logique a été multipliée par un facteur 1 000 pour une diminution de taille de 10.

Même si la physique du composant, via les lois d'échelle, indique que la miniaturisation est possible, la course vers la réalisation de circuits de plus en plus denses n'en est pas moins difficile : la lithographie des motifs les plus petits à reproduire sur une puce représente une frontière technologique qui se déplace. Aujourd'hui, les lignes de production passent au standard 0,18 micron. On est

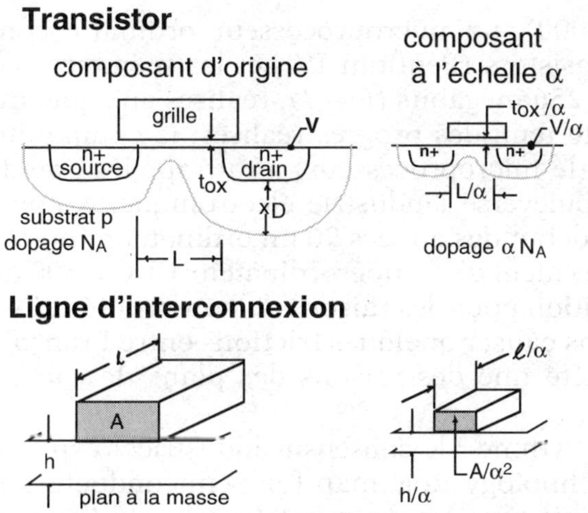

dimensions	**x 1/α**
dopage	**x α**
champ électrique	**x 1**
tension	**x 1/α**
vitesse du composant	**x α**
puissance dissipée (par composant)	**x 1/α^2**
densité composants	**x α^2**
puissance dissipée (par unité de surface)	**x 1**
puissance de calcul (par unité de surface)	**x α^3**
capacité C (par unité de longueur)	**x 1**
résistance R (par unité de longueur)	**x α^2**
delai de propagation RC (par unité de longueur)	**x α^2**

Figure 7 – Lois d'échelle en micro-électronique : comment varient les différentes grandeurs d'un circuit électronique quand on diminue toutes les dimensions d'un facteur α, en s'imposant de rester à vitesse des électrons constante, donc à champ électrique constant ? On note qu'une diminution de dimension de 10 (α = 10) entraîne une augmentation de 1 000 de la puissance de calcul et une augmentation de vitesse de composant individuel de 10, mais que l'ensemble de la puce est ralenti si on ne résout pas le problème de l'augmentation des délais de propagation RC des conducteurs d'interconnexion (on utilise pour cela deux approches : d'une part on crée une hiérarchie des conducteurs sur la puce : les plus longs gardent une section indépendante de la loi d'échelle ; d'autre part on utilise des matériaux de conductivité électrique de plus en plus élevée).

très proche des limites physiques de ce que l'optique peut faire, même si les optiques les plus performantes à l'heure actuelle sont de très loin celles qui sont utilisées en micro-électronique. Un des verrous technologiques est l'épaisseur de l'isolant en silice situé sous la grille : comme l'indiquent les lois d'échelle, il faut diminuer son épaisseur pour poursuivre la miniaturisation *(Fig. 7)*. Cette épaisseur est de 40 Å aujourd'hui (13 couches atomiques). Pour des épaisseurs plus faibles, on observe à la fois des fluctuations d'épaisseur inacceptables (au moins une couche atomique) et une fonction isolante insuffisante, car des électrons peuvent franchir la barrière de potentiel créée par la silice par effet tunnel, un effet purement quantique. Du coup, un champ d'exploration actuel extrêmement actif est celui portant sur la recherche d'isolants meilleurs que la silice (en l'occurrence avec une permittivité diélectrique plus élevée).

Le consensus industriel : le « roadmap »

Actuellement (mi-2000), un microprocesseur ordinaire contient 42 millions de transistors (Pentium IV), et les mémoires en production contiennent 256 mégabits *(Fig. 1)*, réalisés au standard de 0,18 microns. Compte tenu des progrès réalisés, le composant électronique individuel (le microprocesseur) a rattrapé les grands ordinateurs, ce qui a bouleversé l'industrie électronique. Notons, par exemple, que dès le début des années 90 un ordinateur personnel avait la puissance de calcul d'un superordinateur CDC 6 600 de 1965, interdit à l'exportation pour des raisons de non-prolifération, ce qui n'avait pas été sans causer quelques frictions entre Français et Américains et avait été une des raisons des plans de calculs français.

Où va-t-on et à quel rythme ? le consensus industriel s'exprime par l'« International Technology Roadmap for Semiconductors », le « roadmap », qui définit tous les deux ans (voir : http://public.itrs.net/Files/1999_SIA_Roadmap/Home.htm) l'évolution technique du domaine et les directions dans lesquelles les acteurs devraient s'engager. La dernière version, publiée à la fin de 1999, donne la vision jusqu'en 2014. Inutile de dire que s'il y a à court terme des solutions en vue pour la plupart des besoins, il y a beaucoup d'incertitude à plus long terme, à la fois sur le fonctionnement des circuits, les technologies de fabrication, les rendements et les coûts. Toutefois, la loi empirique de Moore (du nom de l'un des fondateurs d'Intel, qui l'a énoncée dès 1965), selon laquelle le nombre de transistors des circuits intégrés double tous les 18 mois, devrait rester valable pour une quinzaine d'années. Sur cette durée, le progrès est encore remarquable puisqu'en 2014 on commencera à produire en masse, avec des traits de 35 nm, des mémoires de 256 gigabits et des microprocesseurs comportant 4,4 milliards de transistors !

Les limites de la miniaturisation

À un moment, cette course à la miniaturisation doit s'arrêter : les dimensions deviendront tellement faibles que le transistor ne pourra plus fonctionner. Ces limites physiques à la miniaturisation changent avec le temps, à cause des progrès en composants, qui permettent de s'affranchir de certaines limites, en changeant la structure des transistors par exemple. On évalue cependant à 200 angströms (un cinquantième de micron) la taille minimum de grille d'un transistor. À cette taille apparaissent un ensemble de limites sur différents paramètres, et les lois d'échelle ne s'appliquent plus. De telles dimensions seront atteintes vers 2020–2025. Est-ce à dire que l'on ne continuera pas à miniaturiser après cette date ? Non, mais on pourrait s'orienter vers d'autres approches. Certains travaillent déjà sur des concepts de composants fonctionnant avec un seul électron, puisque l'extrapolation de la loi de

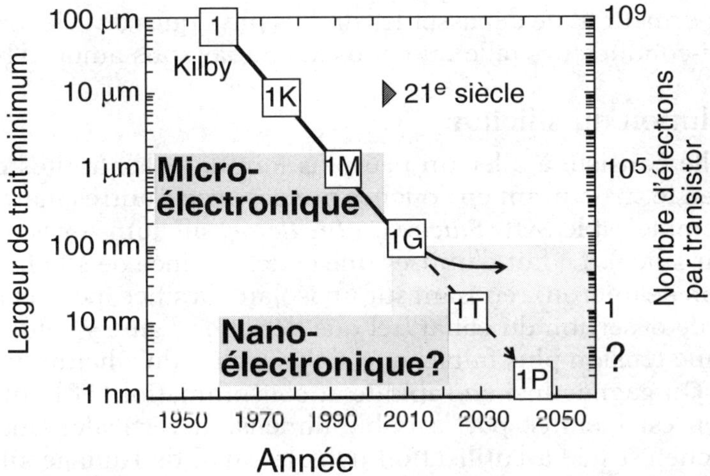

Figure 8 – Évolutions prévisibles de la largeur de trait, du nombre d'éléments actifs par puce, du nombre d'électrons par transistor, en supposant que l'on continue à progresser au rythme de la loi de Moore (doublement du nombre de composants par puce tous les 18 mois). Vers 2020-2025, des problèmes conceptuels surgissent alors que le transistor ne comporte qu'un seul électron.

Moore montre que cela sera la charge des composants vers 2025–2030 *(Fig. 8)*. Bien évidemment, il ne s'agira pas de transistors au sens où on l'entend aujourd'hui, ne serait-ce que parce que le composant ne pourra pas alimenter plusieurs autres composants : comment pourrait-on partager le seul électron entre ces composants ? Le progrès continuant sans doute, d'une manière ou d'une autre, on pourra acheter vers 2030 l'équivalent du cerveau humain (en termes de puissance de calcul) pour 1 000 dollars ! (http://www.transhumanist.com/volume1/moravec.htm).

En dehors et au-delà du silicium

On l'aura compris : le silicium s'est imposé comme le matériau de choix en micro-électronique, à cause de ses nombreuses propriétés : bonne résistance mécanique, pureté extrême, possibilité de masquage par la silice pendant les opérations de fabrication, excellentes propriétés d'isolation électrique de la silice, etc.

Cependant, toute l'électronique semi-conductrice n'est pas basée sur le silicium. Il faut distinguer entre les évolutions du silicium, l'utilisation de matériaux autres que le silicium le suppléant dans certaines fonctions qu'il remplit imparfaitement, et des solutions permettant de dépasser les limites physiques de l'électronique à semi-conducteurs telle que nous la connaissons aujourd'hui.

L'évolution du silicium

Elle consiste à aller un peu plus loin dans les limites du silicium en le structurant en couches minces avec d'autres matériaux ; un exemple est le SOI (*Silicon on Insulator*, silicium sur isolant, en fait sur silice). Le fait d'utiliser une couche mince de silicium (une fraction de micron) reposant sur un isolant, la silice, permet d'avoir l'effet de désertion du canal (tel que décrit en *figure 4*) plus net, et avec une tension plus faible, que si l'on utilise du silicium habituel épais. On gagne ainsi en rapidité et consommation, et la miniaturisation est facilitée par la faible dimension verticale. Une autre approche est liée à l'utilisation dans le canal de l'alliage silicium-germanium, dans lequel les électrons sont un peu plus mobiles. On gagne ainsi un facteur de l'ordre de 30 % sur la vitesse des circuits.

L'utilisation de nouveaux semi-conducteurs

L'idée d'utiliser d'autres matériaux semi-conducteurs vient de la physique de base des semi-conducteurs. On s'est en effet rendu compte que les électrons pouvaient se déplacer plus rapidement dans l'arséniure de gallium que dans le silicium. Du coup, ils sont très performants pour les circuits ultrarapides, comme en télécommunications. Ce même arséniure de gallium a de biens meilleures propriétés d'émission lumineuse que le silicium. Si on y injecte des paires électron-trou par des contacts électriques on obtient, par la recombinaison d'un électron avec un trou, l'émission d'un photon et donc une conversion directe d'électricité en lumière. Ce phénomène est largement utilisé dans des lampes solides, appelées diodes émettrices de lumière (DEL). Il s'en produit une cinquantaine de milliards par an dans le monde. Avec les progrès récents pour générer de la lumière verte grâce au semi-conducteur nitrure de gallium, on pense pouvoir remplacer les lampes classiques par des DELs à haut rendement et à longue durée de vie. Un autre domaine ayant des applications extrêmement importantes est celui des lasers à semi-conducteurs, très compacts, puisque leur surface typique est de 300 × 100 microns, utilisés largement dans les lecteurs optiques (compact-discs, DVD et CD-ROM), imprimantes laser, télécommunications…

Les concepts nouveaux de traitement de l'information

À long terme, on peut, et l'on doit commencer à envisager des alternatives au paradigme du silicium, et des circuits et architectures actuelles des microprocesseurs et ordinateurs, en trouvant soit des matériaux et structures remplaçant le silicium (électronique moléculaire par exemple), soit de nouveaux principes physiques de traitement de l'information (ordinateur quantique).

Une des premières approches consiste à agir sur les limites actuelles : la connectique des puces devient un facteur limitant : il faut aujourd'hui plusieurs centaines de liaisons électriques pour entrer ou sortir les données d'un microprocesseur, demain plusieurs milliers. Alors que les connexions sur la puce sont très rapides et raisonnablement gourmandes en énergie, celles qui sortent de la puce sont beaucoup plus lentes (typiquement dix fois) et nécessitent de forts courants pour alimenter des lignes d'interconnexion parfois assez longues ; on songe donc de plus en plus à transmettre les données optiquement, dans des architectures basées sur des interconnexions optiques.

Une autre approche est de reconsidérer les architectures d'ordinateur. Par exemple, on utilise mal la performance des composants individuels : alors qu'un composant consomme une énergie de l'ordre du femtojoule pour commuter d'un état logique à un autre, un microprocesseur performant utilise de l'ordre de 10 millions de fois cette énergie pour une opération (microprocesseur faisant 1 000 MOPS, millions d'opérations par seconde, consommant 10 watts). Bien entendu, une opération complexe sur 64 bits à la fois comporte de nombreuses opérations élémentaires (recherche en mémoire, opérations arithmétiques, retour en mémoire) mais il y a bien inefficacité de l'ensemble. C'est pourquoi on s'oriente vers de nouvelles architectures, classiques mais spécialisées (ensembles de portes logiques dédiés à une seule tâche) ou bien nouvelles, comme les architectures neuronales, biomimétiques du cerveau. De fait, il existe d'autres systèmes faisant des opérations logiques dans la nature, bien plus efficaces que nos composants électroniques : le cerveau de l'abeille a une puissance de calcul évaluée à 10 téraopérations logiques élémentaires par seconde, soit, pour une puissance dissipée de 10 microwatts, un millième de femtojoule par opération (250 kT). La réplication d'une molécule-base d'ADN (le « bit » d'information en biologie) ne nécessite que 20 kT, pour une opération relativement complexe avec recherche de la base à copier, la copie, la mise en mémoire, le contrôle de l'opération et son irréversibilité (on veut copier l'ADN, et que celui-ci ne copie pas l'ARN). Une voie explorée aujourd'hui en alternative au silicium est celle d'un traitement de l'information avec des molécules d'ADN.

On peut aussi songer à de nouveaux systèmes physiques permettant des fonctionnalités, similaires aux semi-conducteurs. L'approche la plus ambitieuse est celle de l'électronique moléculaire. Il s'agit de réaliser des fonctionnalités permettant de manipuler des bits d'information, codés par des paquets de charges électriques comme pour le silicium, par des molécules organiques. Les avantages sont bien sûr la compacité (la taille nécessaire pour un transistor ou mieux, une porte logique, est une molécule) et la facilité de fabrication (c'est la sélectivité de la synthèse organique qui procure une fabrication sans défaut à l'échelle atomique). Les obstacles à cette idée attrayante sont immenses : on n'a pas encore vraiment de molécules montrant un effet transistor, sauf celles qui sont basées sur des nanotubes en carbone. Les fonctionnalités établies sont plutôt celles de diodes. Or la mise en œuvre de circuits logiques complexes à partir de diodes pose des difficultés très fondamentales, rencontrées plusieurs fois au cours de l'histoire de la micro électronique, bien que les diodes, plus simples que les transistors et extrêmement rapides, puissent paraître être un meilleur composant actif. Même Shockley s'y est laissé prendre, en basant son entreprise sur un nouveau type de diode. Il a fait faillite, et les collaborateurs qui ne le suivaient pas dans cette voie, préférant le transistor, emmenés par Noyce, ont successivement fondé Fairchild, puis Intel, avec le succès que l'on sait. Robert Keyes, un pionnier de la micro-électronique, a exposé à de nombreuses reprises les avantages subtils du transistor, qui mène à des architectures robustes et cascadables, comme mentionné précédemment.

Une autre approche part de la théorie de l'information en général, et plus particulièrement des limites physiques au traitement de l'information. La question de l'énergie minimum pour traiter l'information (l'énergie même de l'information) a beaucoup intéressé physiciens et informaticiens. La théorie de l'information de Shannon mène à une énergie minimum par bit d'information de kTLog2 (kT quantum d'énergie thermique). Le composant actuel, dissipant un femtojoule, est bien loin de cette limite, d'un facteur 200 000. En fait, on peut montrer que la manipulation de l'information ne nécessite pas de dissipation d'énergie si elle est effectuée de manière réversible, au sens de la thermodynamique. Stimulés par de telles considérations les physiciens se sont demandé comment coder plus efficacement l'information que par la charge électrique d'électrons, pour mieux la manipuler. La réponse est venue dans les années 80, avec la proposition de l'ordinateur quantique, dont les principes ont été démontrés à la fin des années 90. L'information est portée par la fonction d'onde d'un système quantique, ce sont les coordonnées quantiques qui représentent les « 0 » et « 1 » de la logique. Un ensemble de N atomes (ou électrons, ou molécules,…peu importe la nature physique du système quantique) interagissant quantiquement entre eux (ils sont imbriqués au sens de la mécanique quantique) peut posséder 2^N composantes, donc bits classiques. Pour seulement 20 atomes, cela représente déjà un million de bits classiques ! Faisant des opérations quantiques sur ces *q*-bits (quantum bits-bits quantiques), on manipule à la fois 2^N bits classiques, réalisant donc une opération fort complexe en une seule manipulation du *q*-bit. C'est ce qu'on appelle le parallélisme quantique qui mène à une extraordinaire efficacité de l'ordinateur basé sur les *q*-bits. Encore faut-il qu'il y ait des problèmes dont la solution utilise le résultat des manipulations de *q*-bits, car les opérations quantiques ne sont efficaces que pour certaines classes de problèmes. Depuis quelques années, on a pu identifier quelques grands problèmes mathématiques, telle la décomposition de grands nombres en produits de nombres premiers, quasi insolubles avec des ordinateurs classiques, même en tenant compte des progrès à venir, et qui seraient aisément solubles par un ordinateur quantique. Le problème est de le fabriquer. Il faudrait des *q*-bits portant sur quelques centaines d'éléments. On en est à cinq, et les difficultés s'accroissent très vite avec le nombre d'éléments. L'autre problème est la très grande sensibilité des *q*-bits à toute perturbation, qui leur fait perdre toute mémoire.

L'ordinateur quantique n'en est pas moins fascinant par son implication de la mécanique quantique extrême, l'imbrication des fonctions d'onde, et par le retour aux sources qu'il implique, pour une informatique venue des semi-conducteurs, eux-mêmes nés de la mécanique quantique des années 30.

RÉFÉRENCES

Histoire et développement des semi-conducteurs et de la micro-électronique

Grâce au cinquantenaire du transistor en 1997, de nombreux livres et revues se sont ajoutés à une liste déjà importante d'ouvrages souvent excellents. Quelques titres :

– RODGERS (E.) et LARSEN (J.), *La Fièvre de Silicon Valley*, Londreys, 1985.
– RIORDAN (M.) et HODDESON (L.), *Crystal Fire*, Norton, 1997 (ouvrage très complet sur l'histoire du transistor) ; « The Moses of Silicon Valley », *Physics Today*, décembre 1997, p. 42.
– ROSENCHER (E.), *La Puce et l'ordinateur*, Dominos Flammarion, 1995 (excellent ouvrage simple).
– DAUVIN (J.-Ph.), OLLIVER (J.) et COULON (D.), *Les composants électroniques et leur industrie*, « Que sais-je ? », PUF, 1995 (ouvrage remarquable sur l'économie de la micro-électronique).
– « Fiftieth anniversary of the transistor », *Numéro spécial de Proceedings IEEE*, vol. 86, n° 1, January 1998, (nombreux articles originaux, dont ceux de Brattain et Bardeen, ainsi que celui où Moore énonce sa fameuse « loi », ainsi que quelques perspectives historiques).
– « Les défis de la micro-électronique », *Numéro spécial des Comptes-rendus de l'Académie des Sciences*, série IV tome 1, n° 7, septembre 2000.
– « The future of micro-electronics », *Numéro Spécial Nature*, vol. 406, August 31st 2000, p. 1021-1054.
– « The Transistor », *Numéro spécial de Bell Labs Technical Journal*, vol. 2, n° 4, Autumn 1997, (accessible en ligne : http://www.lucent.com/minds/techjournal/common/arc_issues.html).
– *Scientific American*, Microelectronics, september 1977, trad. fr., *La Micro-électronique*, Belin, 1980 (ouvrage ancien constituant cependant une remarquable introduction aux principes de la micro-électronique).
– CHAVEL (P.) et DE BEAUCOUDRAY (N.) (éds.), *Technologies futures de l'ordinateur*, Éditions Frontière, 1993.

Quelques livres et articles plus spécialisés, mais élémentaires :
– KEYES (R.W.), « Physics of Digital Devices », *Rev. Mod. Phys.*, 61, p. 279. (1989) ; *Physics of VLSI systems*, Addison-Wesley, Reading 1985 ; *Physical Limits in Information Processing* dans « Advances in Electron Physics », vol. 70, Academic, New York, 1988 ; *Limits and Alternatives in Electronic Information Processing* dans « Technologies Matérielles Futures de l'ordinateur », *loc. cit.*, « Limits and Challenges in microelectronics », *Contemporary Physics*, vol. 32, p. 403, 1991 ; « L'avenir du transistor », *Pour la science*, août 1993, p. 60.
– LLOYD (S.), « Les ordinateurs quantiques », *Pour la Science*, décembre 1995, p. 44.
– BENNETT (C.) et LANDAUER (R.), « Les limites physiques du calcul », *Pour la science*, septembre 1995, p. 18.
– REED (M.) et TOUR (J.), « Les ordinateurs moléculaires », *Pour la science*, août 2000, p. 78.
– Sur les alternatives au silicium, on pourra consulter le numéro de mars-avril 2000 de *Technology Review*, accessible sur le web http://www.techreview.com/past.htm (donne aussi de nombreux liens).

Remerciements

Je souhaite remercier pour leur aide et leurs conseils dans la préparation de cette conférence : J. Ph. Darwin, C. Ottariani, D. Thomas de ST Microelectronics, J. P. Noblanc de CEA industrie, M. Ratier, F. Chaput, M. Plapp de l'École Polytechnique.

Les propriétés électriques de la matière

par JACQUES LEWINER

L'observation

Chacun de nous a pu constater que certains matériaux transportent ou laissent passer l'électricité alors que d'autres l'arrêtent. Les fils électriques qui alimentent les nombreux appareils que nous utilisons comportent une partie métallique conductrice de l'électricité et une enveloppe extérieure isolante qui ne la laisse pas passer. Or, la matière est constituée d'atomes qui présentent beaucoup de points communs : un noyau autour duquel des électrons gravitent. Dans ces conditions, pourquoi certains matériaux sont-ils isolants et empêchent le passage du courant électrique alors que d'autres laissant les électrons libres de se déplacer sont des conducteurs ?

Pourquoi un électron initialement attaché à son noyau déciderait-il de l'abandonner en se laissant entraîner par des forces qui le sollicitent ? Les électrons ont-ils si peu de principes qu'ils seraient prêts à rejoindre le premier noyau qui les attire ?

Nous allons voir que les électrons qui sont naturellement assez volages respectent néanmoins un principe fort et que cela explique la plupart des propriétés électriques de la matière.

On abordera ainsi le cas des isolants, des conducteurs et des supraconducteurs. Ces derniers, qui constituent encore une énigme majeure, pourraient provoquer une révolution industrielle.

Texte de la 226e conférence de l'Université de tous les savoirs donnée le 13 août 2000.

L'ATOME

Nous allons décrire la matière en utilisant comme composant élémentaire l'atome. Il comporte, comme montré sur la *figure 1*, un noyau chargé positivement, formé de neutrons et de protons autour duquel gravitent des électrons qui sont chargés négativement. La charge totale des électrons compensant la charge du noyau, l'atome est électriquement neutre. Si l'on applique un champ électrique à un tel atome les électrons sont soumis à une force dans le sens opposé à celui du champ alors que le noyau est soumis à une force dans le même sens.

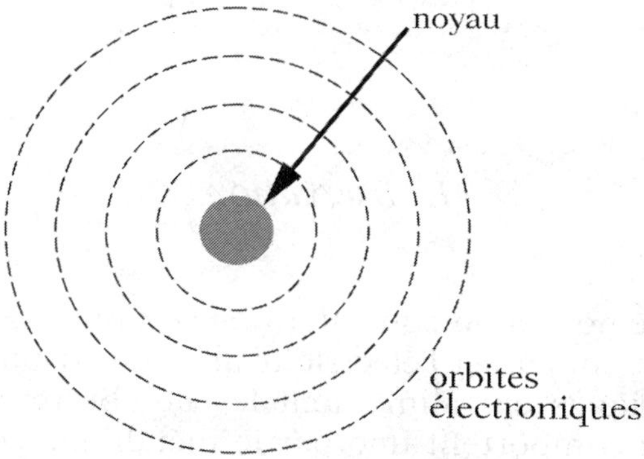

Figure 1 – Les électrons gravitent sur différentes orbites autour du noyau.

Compte tenu des forces internes à l'atome, les électrons et le noyau ne s'écartent que très peu les uns des autres et les électrons restent attachés à leur noyau. Cette situation est celle que l'on trouve dans les gaz ou dans les systèmes dans lesquels les atomes sont assez distants les uns des autres.

Pour voir apparaître un courant électrique, il faudrait arracher un ou plusieurs électrons de leur atome et pour cela leur fournir une énergie supérieure à celle qui les retient. En fait les électrons autour du noyau occupent des orbites caractérisées par des énergies très précises. Chaque orbite ne peut de plus contenir qu'un nombre fini d'électrons. Pour passer d'une orbite à une autre ou pour arracher un électron de l'atome il faut donc lui fournir soit l'énergie qui sépare les deux niveaux dans le cas d'un changement de niveau, soit l'énergie d'attachement à l'atome, dans le cas d'un arrachement de l'électron.

La nature nous fournit de telles possibilités. Ainsi les rayons cosmiques qui nous viennent de l'espace sont porteurs d'une grande énergie susceptible d'arracher les électrons. La radioactivité naturelle a le même effet. On a affaire, dans les deux cas, à des rayons ionisants. Ils séparent un atome neutre en un atome dont on a arraché un ou plusieurs électrons que l'on appelle ion, et des électrons libres. On a donc créé deux types de charges électriques qui sont, chacune, susceptibles d'être entraînées dans des directions opposées par application d'un champ électrique. On peut ainsi observer un léger courant électrique. C'est ce principe qui est utilisé dans de très nombreux instruments de mesure des rayonnements ionisants. C'était la technique utilisée par Pierre et Marie Curie pour mesurer les premiers radioéléments, le radium, le polonium, etc.

Lorsque l'on approche les atomes les uns des autres jusqu'à constituer un solide comme montré sur la *figure 2*, les orbites électroniques sont du même ordre de grandeur que la distance qui sépare les atomes. La tentation peut donc devenir grande pour un électron d'abandonner son noyau pour rejoindre le noyau voisin et ainsi, pour peu qu'un champ électrique exerce une force sur cet électron, de passer d'atome en atome en adoptant un comportement d'électron « libre ».

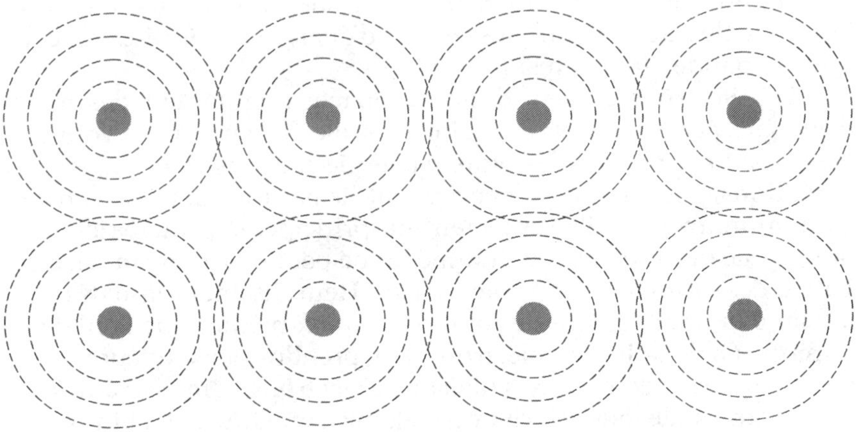

Figure 2 – Structure atomique d'un solide, un électron « libre » peut passer d'un atome à l'autre.

Afin de minimiser leur énergie, les atomes s'organisent en général de manière très régulière dans un arrangement périodique presque parfait au moins sur des distances courtes. Les électrons des couches profondes, les plus proches du noyau, sont fortement liés à leur atome. Au contraire, les électrons dans la dernière couche habitée sont ceux qui sont le plus susceptibles de se déplacer.

Nous désignerons par cœur de l'atome l'ensemble constitué par le noyau et les électrons des couches profondes. De cette manière l'atome peut être décrit comme un ou plusieurs électrons de charge négative, relativement libres gravitant autour d'un cœur d'atome positif. L'arrangement régulier des atomes est donc associé à un arrangement régulier des cœurs d'atomes, positifs, qui créent un champ électrique découlant d'un potentiel ayant la même périodicité que celle de l'arrangement des atomes.

Les électrons des couches périphériques sont soumis à ce potentiel périodique. Cette périodicité conduit à imposer aux électrons des valeurs de l'énergie permises et des valeurs de l'énergie interdites. Cette loi générale de la physique, liée aux systèmes périodiques, est dans certains cas directement sensible à nos sens par exemple quand nous regardons la surface d'un CD. En observant la lumière réfléchie par une telle surface, nous voyons apparaître des couleurs ou irisations qui résultent de l'extinction de certaines bandes de fréquence dans la lumière réfléchie. Cette lumière qui arrivait « blanche », c'est-à-dire comportant toutes les longueurs d'ondes que l'œil est capable de détecter, après réflexion sur la structure périodique que constitue l'arrangement régulier de micro-trous du CD, est devenue colorée pour l'œil. Certaines longueurs d'onde n'ont pu être réfléchies.

Les énergies permises pour les électrons d'un solide sont réparties de manière continue dans des bandes d'énergies permises, séparées les unes des autres par des zones d'énergies interdites que l'on appelle bandes interdites.

Les électrons doivent donc se répartir à l'intérieur des bandes d'énergies permises. Selon une loi générale de la nature ils vont chercher à se mettre dans les états d'énergie les plus faibles. Dans ces conditions, pourquoi ne se regroupent-ils pas tous dans l'état d'énergie minimum ? Car ils respectent un principe, le principe de Pauli, qui stipule que dans un état donné on ne peut mettre qu'un électron. La vie des électrons serait bien triste. Heureusement la nature leur a donné un mouvement de rotation sur eux-mêmes que l'on appelle « spin ». Or le spin de l'électron peut prendre deux valeurs, ce qui permet de créer deux petites maisons d'électrons à l'intérieur des états énergétiques tels que décrits précédemment. Grâce au spin on peut ainsi associer deux électrons sans s'opposer au principe de Pauli.

En respectant cette règle, les électrons de notre solide vont occuper progressivement tous les états permis en partant du plus profond. Ils vont ainsi remplir une première bande, puis lorsqu'elle sera pleine, la première bande libre au-dessus et ainsi de suite jusqu'à ce que tous les électrons aient été placés. On symbolise sur la *figure 3* le remplissage des bandes par des hachures. Deux situations sont donc possibles, telles qu'illustrées en *a* et *b*.

Soit la dernière énergie occupée par les électrons se trouve au sommet d'une bande permise *(Fig. 3a)*, soit elle se trouve au milieu d'une telle bande *(Fig. 3b)*. Cette différence apparemment minime a pourtant des conséquences considérables sur le comportement électrique du solide.

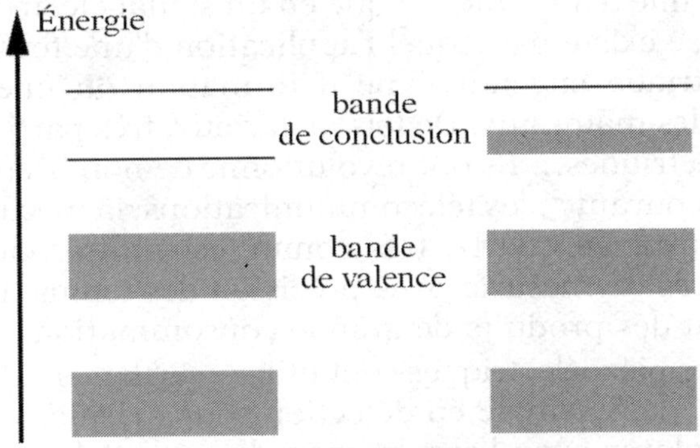

Figure 3 – Bandes d'énergie des électrons.
La dernière énergie occupée par les électrons est a) au sommet,
b) au milieu d'une bande permise
(les hachures indiquent les niveaux d'énergie occupés).

Les isolants

Considérons tout d'abord le cas présenté sur la *figure 3a*, à savoir deux bandes permises sont pleines et toutes les bandes permises au-dessus sont vides. Appliquons maintenant un champ électrique E en imposant par exemple une tension électrique aux bornes de notre matériau. Ce champ exerce une force $F = qE$ où q est la charge de l'électron. On serait tenté de penser que les électrons soumis à cette force vont être entraînés dans un mouvement à accélération constante. En réalité, le mouvement n'est pas possible. Comme tous les états autorisés sont pleins, les électrons ne peuvent malgré la force qui les sollicite, se laisser entraîner.

Tout se passe comme si à l'heure de pointe dans un wagon de métro on apercevait à l'autre extrémité du wagon une personne vers laquelle on aimerait aller (la force qui nous attire) mais on ne le peut car il n'y a pas de places libres par lesquelles on pourrait, par une succession de déplacements élémentaires, avancer. Cette absence de mouvement des électrons en présence d'un champ électrique permet d'interpréter un tel matériau comme un isolant de l'électricité.

Les isolants sont très utilisés dans les systèmes électriques pour séparer des conducteurs, pour nous protéger des dangers de l'électricité ou même pour transporter des informations comme dans les fibres optiques. Certains isolants possèdent en outre des propriétés tout à fait étonnantes. Par exemple, il existe des matériaux dans lesquels l'application d'une contrainte mécanique se traduit par l'apparition de charges électriques. Cela permet de transformer une action mécanique en un signal électrique. Le processus inverse existe par lequel l'application d'une tension ou d'un champ électrique engendre une déformation ou une contrainte mécanique des matériaux. De tels matériaux, très particuliers, sont dits piézoélectriques... Ils ont révolutionné de nombreux domaines de notre vie courante : les télécommunications, la mesure du temps et bien d'autres. Le quartz, très connu, est utilisé pour stabiliser des fréquences ou mesurer avec précision des temps. Les montres à quartz sont des produits de grande consommation.

Les corps piézoélectriques sont utilisés également dans d'autres applications, par exemple en détection sous-marine. Le sonar, qui permet d'explorer sous l'eau la zone devant un bateau, évite les accidents face à des écueils ou des icebergs. L'échographie médicale, maintenant largement répandue, par exemple en gynécologie, utilise des ondes ultrasonores produites et détectées par des transducteurs piézoélectriques.

D'autres isolants possèdent encore de nombreuses propriétés étonnantes. Ainsi certains corps, dits pyroélectriques, génèrent des charges électriques lorsqu'ils sont soumis à un léger réchauffement. Le simple rayonnement émis par le corps humain sous forme d'ondes infrarouges permet de déclencher l'ouverture de portes automatiques ou de détecter des intrus dans un local surveillé. Peut-être ces matériaux pyroélectriques permettront-ils de détecter un jour, de manière précoce, les cancers du sein.

Les semi-conducteurs

Supposons maintenant que l'écart entre la dernière bande pleine, dite bande de valence et la première bande vide, dite bande de conduction soit du même ordre de grandeur que l'énergie due à l'agitation thermique. Dans ce cas on peut imaginer, tout en respectant la conservation de l'énergie, que des grains d'énergie thermique sont absorbés par certains électrons qui sautent dans la bande de conduction. Un tel matériau possède des propriétés bien étranges. En le refroidissant, on diminue la probabilité que de telles transitions se produisent alors qu'en augmentant la température on augmente cette probabilité. De cette manière, à basse température, on a des bandes pleines surmontées de bandes vides. C'est donc un isolant. Au contraire, à haute température lorsque des électrons sont envoyés de la bande de valence vers la bande de conduction, deux effets complémentaires apparaissent. Dans la bande de valence les absences d'électrons constituent des opportunités pour permettre à ceux qui sont restés de se déplacer sous l'effet du champ (le wagon de métro s'est partiellement vidé et le mouvement devient possible). On a donc un courant en présence d'un champ électrique appliqué.

Mais de la même manière, les quelques électrons qui ont été envoyés dans la bande de conduction et qui sont entourés d'états libres peuvent très facilement se déplacer sous l'effet de la force due au champ appliqué. Ils produisent eux aussi un courant électrique. Ce matériau étrange, isolant à basse température et conducteur à température plus élevée est ce qu'on appelle un semi-conducteur intrinsèque. Ses propriétés électriques dépendent considérablement de la température ce qui le rend peu propice à être utilisé dans des applications industrielles. Qui accepterait d'avoir une télévision, une radio ou un téléphone qui ne fonctionnerait de manière satisfaisante qu'entre 20 et 21 °C ? Pour cette raison, l'industrie des semi-conducteurs utilise un artifice : le dopage. Cette opération consiste à rajouter à la place de certains atomes constituant le matériau des atomes autres ne possédant pas le même nombre d'électrons. Ainsi en substituant à un atome possédant 4 électrons périphériques comme dans le cas du germanium, un atome d'arsenic en possédant cinq, on se trouve avec un électron supplémentaire sans avoir créé une absence d'électrons dans la bande de valence. On a affaire à un semi-conducteur extrinsèque. Ce type de semi-conducteurs est tellement répandu qu'en général on n'ajoute même pas le mot « extrinsèque » ; on utilise tout simplement l'appellation réduite de semi-conducteurs.

Les photoconducteurs

Revenons à la *figure 3a* dans laquelle la bande de valence est pleine et la bande de conduction vide. Au lieu d'utiliser l'énergie d'agitation thermique pour envoyer un électron d'une bande vers la bande de conduction on utilise maintenant l'énergie d'un rayonnement électromagnétique. Une telle énergie est constituée de grains élémentaires appelés photons. Dans ce cas l'absorption d'un photon permet, en respectant le principe de conservation de l'énergie, d'envoyer un électron de la bande de valence vers la bande de conduction. On se retrouve ainsi dans une situation comparable à celle précédemment décrite : le matériau est devenu conducteur. Ces matériaux possèdent l'étrange propriété d'être isolants dans le noir et conducteurs à la lumière. On les appelle des photoconducteurs.

Nous utilisons sans le savoir dans notre environnement quotidien de tels matériaux, par exemple dans les photocopieurs ou dans les imprimantes laser. Quel en est le principe ? Comme présenté sur la *figure 4*, un cylindre conducteur, tournant autour de son axe, est recouvert d'une couche photoconductrice. On dépose le long d'une ligne sur ce cylindre une couche uniforme de charges électriques supposées ici positives. Ces charges réparties à la surface du photoconducteur ne peuvent s'écouler compte tenu de la nature isolante de ce matériau maintenu dans le noir. Si on projette par un système d'optique classique l'image d'un document à reproduire, certaines zones éclairées deviennent conductrices alors que d'autres zones restent dans le noir correspondant respectivement aux zones blanche (éclairées) ou noires (écrites) du document d'origine. De cette manière on crée une répartition de charges électriques à la surface du photoconducteur qui reproduit exactement la répartition des zones noires sur le document d'origine. On a ainsi obtenu une image électrique. Reste à révéler cette image. Pour cela il suffit de projeter une poudre colorée, noire par exemple, qui va être attirée par les zones chargées électriquement et d'amener une feuille de papier en contact avec la surface du photoconducteur porteur de ces grains colorés pour les transférer sur le papier. Enfin, en chauffant vigoureusement et rapidement la feuille porteuse de ces grains on les fait fondre ce qui leur permet de pénétrer légèrement dans le papier. Notre photocopie est terminée.

Le même principe s'applique aux imprimantes laser, sauf qu'au lieu d'utiliser un système optique pour projeter, sur le photoconducteur, l'image du document à reproduire, on utilise une source de lumière, par exemple des diodes laser, qui éclairent sélectivement le photoconducteur en fonction d'instructions reçues d'un ordinateur, ou dans le cas des télécopies d'une ligne téléphonique.

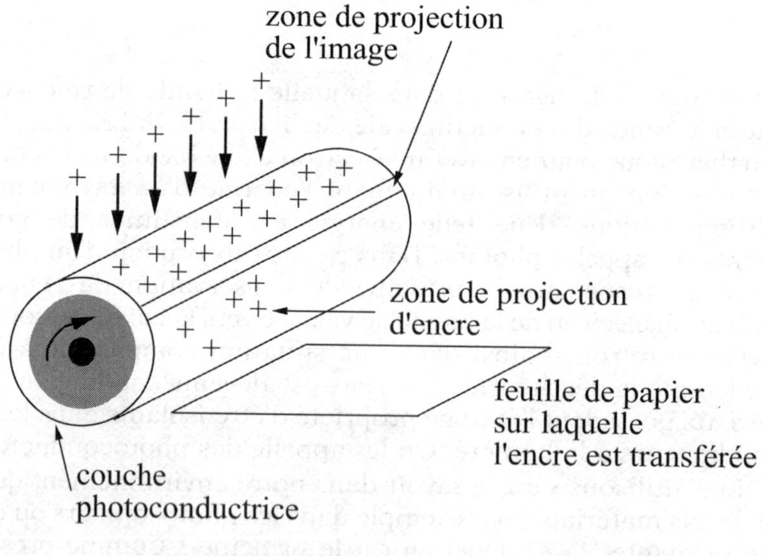

Figure 4 – Principe de fonctionnement d'un photocopieur.

Les conducteurs

Revenons maintenant à la situation décrite dans la *figure 3b* lorsque le niveau maximum de remplissage des électrons se situe à l'intérieur d'une bande d'énergie permise. Dans ce cas l'application d'un champ électrique et donc d'une force sur les électrons se traduit par un déplacement des électrons situés à la frontière entre les états occupés et les états libres. En effet, ces électrons, entourés d'états libre, peuvent se déplacer sous l'effet de ce champ. Un courant électrique s'établit. De tels matériaux sont des conducteurs de l'électricité, par exemple des métaux.

Les électrons d'un métal sont entraînés par le champ appliqué et soumis à un mouvement uniformément accéléré. Le courant devrait donc croître de manière ininterrompue or nous savons qu'il n'en est rien. Le courant se stabilise à une certaine valeur qui dépend de la résistance du conducteur utilisé.

D'où vient cette résistance ? Si le matériau était parfait, c'est-à-dire si le potentiel dans lequel navigue l'électron était strictement périodique, la trajectoire suivie ne serait pas perturbée. Dans la réalité, plusieurs phénomènes détruisent cette périodicité idéale. Les impuretés chimiques, tout comme les failles ou dislocations du matériau, se traduisent, en effet, par des ruptures locales de la périodicité.

Ces deux facteurs conduisent à limiter la distance que peut franchir un électron sans « collision », distance que l'on appelle libre parcours moyen. Cette distance dépend de la pureté chimique et de la qualité cristallographique. Ainsi, du cuivre pur est beaucoup moins résistant que du cuivre pollué. D'où l'importance du raffinage du cuivre dans l'industrie des fils électriques.

Par ailleurs, l'agitation thermique qui fait vibrer les atomes autour de leur position d'équilibre conduit à des déformations du potentiel périodique et, donc, à une limitation du libre parcours moyen... On voit donc apparaître un nouveau facteur influant la résistance électrique.

À haute température le libre parcours moyen des électrons est petit et la résistance est grande. En réduisant la température on augmente le libre parcours moyen, ce qui réduit la résistance comme indiqué sur la *figure 5*. Ainsi la résistance électrique du filament d'une ampoule à incandescence n'est pas la même selon que l'ampoule est allumée (chaude) ou éteinte (froide). En baissant la température d'un conducteur on réduit sa résistance jusqu'à ce que cette dernière soit conditionnée majoritairement par les collisions avec les impuretés chimiques ou les défauts cristallographiques et non par les défauts de périodicité engendrés par l'agitation thermique. Une telle situation correspond sur la *figure 5* au plateau horizontal dont le niveau caractérise la qualité du matériau.

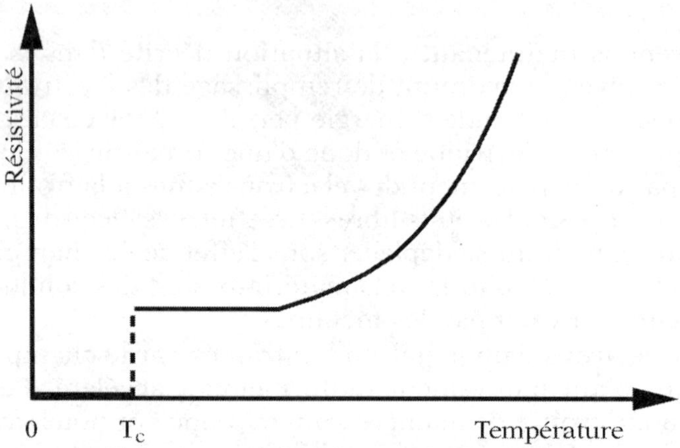

Figure 5 – Variation de la résistivité d'un conducteur en fonction de la température. Dans le cas présenté on observe, en outre, l'existence d'une température critique T_c *en dessous de laquelle le matériau est supraconducteur.*

Les supraconducteurs

Dans certains cas un phénomène étrange apparaît. En dessous d'une certaine température, dite température critique, la résistance électrique s'annule, et de nombreuses propriétés remarquables apparaissent, en particulier des propriétés magnétiques. Les matériaux qui présentent ce comportement sont dits supraconducteurs. Pourquoi ces matériaux ne sont-ils pas omniprésents dans notre vie quotidienne et dans l'industrie ? Pour une raison simple : la faible valeur de la température critique. Lors de leur découverte à Leiden en 1911, les températures critiques étaient de l'ordre de – 269 °C soit 4,2 K. L'intérêt scientifique et industriel pour les supraconducteurs a suscité des efforts considérables pour augmenter cette température. Jusqu'en 1986, que de travaux pour des résultats limités. En 75 ans, ce sont environ 20 degrés qui sont gagnés en faisant passer de – 269 °C à environ – 250 °C. Une telle température est encore bien décourageante. Là encore, qui aimerait avoir une radio, une télévision ou un téléphone fonctionnant dans ces conditions ?

Quelques applications industrielles ont néanmoins vu le jour, en particulier pour créer de forts champs magnétiques avec ce que l'on appelle des bobines supraconductrices. Par exemple, dans les hôpitaux beaucoup d'imageurs par résonance magnétique nucléaire utilisent de tels systèmes.

Pourquoi les électrons dans les supraconducteurs n'obéissent-ils plus aux lois qui expliquaient les comportements classiquement observés ? En dessous de la température critique les électrons se trouvent couplés par paires que l'on appelle des paires de Cooper. L'énergie d'une paire de Cooper est inférieure à la somme des énergies des deux électrons célibataires. Là encore, la nature va peupler rapidement ce niveau particulier d'énergie au détriment des états célibataires, car les paires de Cooper n'obéissent plus, contrairement aux électrons célibataires, au principe de Pauli. Leur comportement est donc complètement différent.

En 1986 une révolution secoue la communauté scientifique internationale et par ondes successives le monde industriel puis le monde politique : deux chercheurs Bednoz et Muller gagnent quelques degrés et dans les semaines qui suivent une frénésie s'empare de tous les laboratoires du monde. La température critique monte à grande vitesse et dépasse bientôt 77 K (environ – 200 °C), température de l'azote liquide, produit industriel facile à obtenir et d'usage courant.

Ces découvertes ouvrent la voie à de nombreux travaux et suscitent d'immenses espoirs de pouvoir augmenter encore cette température.

Divers laboratoires dans le monde travaillent aujourd'hui sur ces phénomènes encore mal compris. Sur la *figure 6* on voit un petit aimant magnétique en lévitation au-dessus d'un supraconducteur plongé dans de l'azote liquide. C'est l'une des très nombreuses applications de ces effets. Certains envisagent même de créer ainsi des trains en sustentation magnétique.

La découverte des supraconducteurs à température ambiante est-elle un rêve ou une réalité de demain ? Nul ne peut le prédire aujourd'hui. Les espoirs et la curiosité motivent cependant de nombreux chercheurs de par le monde.

Conclusion

Nous avons vu comment des différences, apparemment très minimes, de la structure des solides peuvent donner des propriétés électriques totalement différentes. Nous sommes ainsi passés de matériaux très isolants s'opposant vigoureusement au passage de

Photo D. Morisseau - E.S.P.C.I.

Figure 6 – Aimant en lévitation au-dessus d'un supraconducteur plongé dans l'azote liquide.

l'électricité aux matériaux supraconducteurs dans lesquels rien ne s'oppose au passage de l'électricité.

Ce grand domaine de la science a apporté de multiples applications dans notre vie quotidienne. La curiosité des scientifiques reste totale pour tenter de comprendre les nombreux mystères qui sont encore aujourd'hui inexpliqués.

Microscopies en champ proche

par Dimitri Roditchev

Résumé

L'invention, en 1981, du microscope à effet tunnel (STM de *Scanning Tunneling Microscope*) par Gerd Binnig et Heinrich Rohrer a ouvert un champ très vaste d'investigations scientifiques et d'applications technologiques. Cette nouvelle technique permet pour la première fois l'observation dans l'espace direct d'atomes et de structures atomiques superficielles dans une large variété d'environnements (ultravide, air, huile, eau, etc.). Depuis l'invention du microscope tunnel, d'autres microscopes à sonde locale ont été développés, et notamment le microscope à effet de force atomique qui permet d'imager non seulement des surfaces conductrices mais aussi des surfaces isolantes. Ces inventions préfigurent peut-être l'aube d'une révolution « nano » industrielle.

À travers les siècles, l'homme a toujours cherché à observer le monde qui l'entoure à une échelle de plus en plus fine. Pour cela il invente la loupe au XVe siècle pour observer des insectes, le microscope optique au XVIIe siècle pour observer des cellules sanguines ou des bactéries..., mais il semble impossible d'observer les éléments ultimes dont est faite la matière : les atomes. Il faut attendre la découverte de la mécanique ondulatoire pour que l'espoir renaisse. Les particules qui constituent la matière peuvent se comporter comme des ondes de longueur d'onde très petite : 0,1 nm (10^{-10} mètre), c'est-à-dire de la taille d'un atome. De cette dualité onde-corpuscule va naître le microscope électronique — où la source lumineuse du

Texte de la 227e conférence de l'Université de tous les savoirs donnée le 14 août 2000.

microscope optique est remplacée par une source d'électrons — et, tout récemment, le microscope à effet tunnel.

Le rêve de l'homme, « voir » les atomes un par un pour comprendre la matière, est devenu réalité grâce à l'invention, en 1982, de deux chercheurs de la société IBM (Zurich), Gerd Binnig et Heinrich Rohrer. Pour cette découverte, ces deux chercheurs obtinrent, à l'automne 1986, le prix Nobel de physique. Cette rapidité entre l'invention et la consécration de leurs auteurs tient au fait que cette nouvelle microscopie apporte un « regard » nouveau sur la matière et que son champ d'application est très vaste et concerne des domaines variés de la physique, de la chimie et de la biologie. On a pu observer, à l'échelle de l'atome, des surfaces de semi-conducteurs, de métaux et aussi des petits objets (« nano »- objets) : molécules, petits cristaux, déposés sur un substrat. Ce microscope fonctionne sans lentille et à toute température, de – 269 °C (température de l'hélium liquide) jusqu'au-dessus de la température ambiante.

Depuis l'invention de ce microscope, tout un ensemble d'autres microscopies sont apparues :

— Le microscope à force atomique, qui permet d'imager avec la résolution atomique la surface d'un isolant,

— le microscope à force magnétique, qui permet de déterminer la structure magnétique d'un échantillon,

— le microscope à conductance ionique, qui n'a pas la résolution atomique mais qui permet de visualiser en milieu liquide la surface d'une membrane biologique,

— le microscope optique à onde évanescente, qui permet d'imager des réseaux optiques avec une résolution de 10 nm, etc.

Tous ces microscopes ont un principe commun : une pointe-sonde est promenée au-dessus de la surface à analyser et l'image se fait en mesurant localement l'interaction entre la surface et la pointe. Cette interaction dépendant de la structure locale de l'échantillon, on dispose ainsi une sonde locale dans l'espace réel. Toutes les autres microscopies plus anciennes d'analyse des surfaces, qui font une moyenne sur la surface du faisceau incident (1 mm^2 à 1 μm^2) et qui s'accompagnent de phénomènes de diffraction, ne permettent pas de voir les détails fins de la surface.

Le microscope à effet tunnel

PRINCIPE DU MICROSCOPE À EFFET TUNNEL

Ce principe repose sur un effet quantique : l'effet tunnel. Il s'agit de la possibilité pour un électron appartenant initialement à une électrode métallique de se retrouver dans une autre en traversant une fine barrière de vide ou d'isolant qui sépare deux électrodes. La physique classique interdit un tel scénario : le courant électrique (le flux d'électrons) ne passe à travers la jonction que si les deux électrodes sont en contact. La physique quantique, en revanche, tient compte de la dualité vide-corpuscule et prédit l'effet tunnel. Les atomes sont constitués de lourds noyaux positivement chargés et d'électrons chargés négativement qui, attirés par les noyaux, gravitent autour. Quand un métal se forme, les atomes se trouvent à proximité et interagissent entre eux par de forces coulombiennes. Entouré d'autres atomes qui attirent les électrons de leurs voisins, chaque atome cède un électron, qui devient libre et peut ainsi voyager à l'intérieur du métal. Les atomes de surface se trouvent dans une situation différente : d'un côté ils interagissent avec des atomes du volume, mais de l'autre, il n'y a pas d'atomes. Ainsi un électron, libre de voyager à l'intérieur d'un métal est rappelé par les noyaux d'atomes de surface dès qu'il tente à quitter le solide pour se retrouver dans le vide. Si on considère la description quantique en termes d'ondes, l'électron dans le vide peut être décrit par une onde évanescente dont amplitude décroît très vite (exponentiellement) et — si le deuxième métal n'est pas trop loin (distance inférieure à 1-2 nm) — l'onde associée sera transmise et le courant pourra circuler. Pour cela, il suffit d'appliquer une faible tension continue entre les deux métaux, et les électrons passent d'un métal à l'autre : le courant est non nul. L'effet tunnel a été découvert en 1928 et mis en évidence dans des structures de type sandwich plan, métal-isolant-métal par I. Giaever (autre prix Nobel de physique), en 1960. Dans les jonctions tunnel le courant électronique dépend très fortement de la distance entre les électrodes et devient négligeable dès que la séparation entre deux métaux dépasse 2 nm (un fil coupé ne laisse pas passer le courant électrique !).

Cette dépendance rapide du courant tunnel avec la distance entre les deux métaux va être exploitée par Gerd Binnig et Heinrich Rohrer, qui eurent l'idée d'utiliser une pointe métallique comme première électrode. Le courant tunnel sera ainsi localisé entre le bout de la pointe et une deuxième électrode plane (métal ou semiconducteur). Il est ensuite possible de balayer la pointe devant la surface de cette électrode et de mesurer les variations, avec la position de la pointe, du courant tunnel. Une rugosité de 0,1 nm sur la surface examinée fait varier le courant tunnel d'un facteur 10.

En enregistrant pour chaque position de la pointe le courant tunnel, on réalise une image topographique de la surface dont la résolution sera fonction de la taille de la pointe-sonde, c'est-à-dire de l'ordre de la taille d'un atome. Il est donc possible de « voir » les atomes un par un avec un appareil fonctionnant sur ce principe. De plus, le courant tunnel contenant des informations importantes sur les propriétés d'électrons dans un solide, il est intéressant d'enregistrer sa valeur en fonction de la tension appliquée à travers la jonction. Ces mesures peuvent être réalisées soit dans un endroit choisi de la surface, soit à chaque point d'une image topographique. Dans ce dernier cas l'information complète (topographique et spectroscopique) est obtenue en même temps : on parle de spectroscopie tunnel à balayage ou STS (*Scanning Tunneling Spectroscopy*, en anglais).

Cependant, on constate tout de suite une limitation intrinsèque à cette méthode : le signal détecté utilisé pour faire une image est un courant électronique et, de ce fait, on ne peut visualiser que les surfaces des métaux et de semi-conducteurs.

ASPECT EXPÉRIMENTAL

Principe

La mise en œuvre expérimentale repose sur le principe suivant. Une pointe, en général de tungstène (ou Pt-Ir), est solidaire d'un trièdre de trois céramiques piézo-électriques (*X*, *Y*, *Z*) *(Fig. 1)*. La céramique *Z* contrôle la distance de la pointe à la surface à analyser, tandis que *X* et *Y* permettent le déplacement de la pointe parallèlement à celle-ci. Le courant tunnel est en fait lu par un système de contrôle et qui agit sur la tension appliquée à la céramique Z de façon à maintenir la valeur du courant tunnel égale à une valeur de référence. Cette tension (*Z*) est alors enregistrée en fonction de la position latérale (*X* et *Y*) de la pointe au-dessus de la surface. Les points expérimentaux les plus délicats sont, d'une part, l'isolation du microscope vis-à-vis des vibrations extérieures, d'autre part, la caractérisation de la pointe. En effet, l'ordre de grandeur des corrugations attendues sur la surface de l'échantillon est tel que la distance pointe-surface doit être contrôlée à mieux que 0,01 nm !

Il faut donc maintenir le niveau de vibration de la pointe par rapport à la surface en dessous de cette limite. Des moyens complémentaires sont mis en œuvre, car il faut non seulement filtrer les vibrations extérieures mais également rendre le dispositif aussi rigide que possible. Les microscopes qui ont été construits depuis 1982 diffèrent par les priorités accordées à l'un ou l'autre de ces aspects. Le premier microscope mis au point par Gerd Binnig et Heinrich Rohrer était découplé des vibrations ambiantes par un dispositif à lévitation magnétique. Depuis, la technologie s'est simplifiée, la plupart des appareils utilisant des dispositifs à base de ressorts. Pour amortir les vibrations, on utilise de matériaux absorbants tels que le viton ou bien, l'amortissement des courants de Foucault, induits dans des plaquettes de cuivre (fixes) par des aimants en mouvement. Les microscopes actuels utilisent souvent le translator *XYZ* piézo-électrique sous forme d'un cylindre creux, plus compact que son prédécesseur, le trièdre.

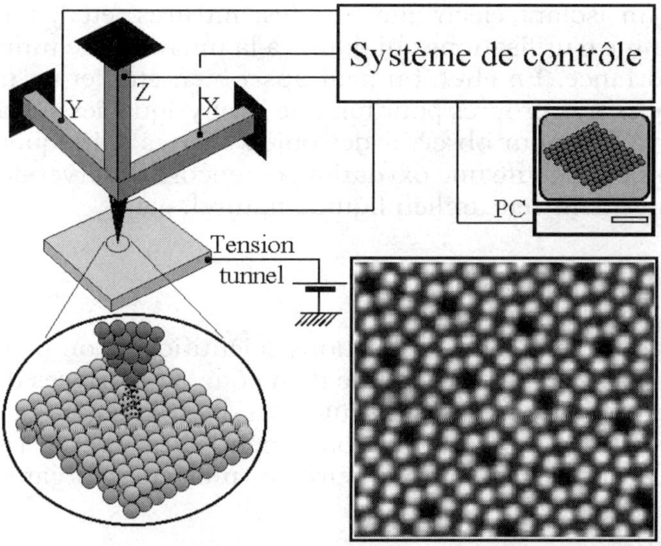

Figure 1 – Principe de fonctionnement du microscope à effet tunnel. En médaillon (bas droite) : la structure atomique de surface du silicium — reconstruction (7 × 7). Les boules (blanches) représentent des atomes de silicium.

La pointe

La pointe est évidemment l'un des éléments clés du microscope, car c'est elle qui détermine la résolution de l'appareil. La préparation des pointes reste encore, dans la plupart des cas, empirique. Les méthodes de préparation utilisent souvent une attaque électrochimique : les pointes doivent non seulement avoir une taille et une forme adaptées, mais également être stables dans le temps.

Le traitement de l'information

Un autre aspect de cette microscopie qui ne cesse de progresser concerne le traitement de l'information. On enregistre dans l'expérience un signal $Z(X, Y)$, Z indiquant le relief et (X, Y), les coordonnées d'un point quelconque de la surface. Ce signal électronique est traité à l'aide d'un ordinateur et transformé en nuance de gris ou de couleurs. En général, les points les plus hauts sont blancs, les plus bas noirs et les points intermédiaires convertis en nuances de gris. Différentes représentations sont alors possibles, vue de dessus, perspectives, couleurs, etc.

L'effet tunnel sur lequel repose le fonctionnement de ce microscope existe dès que deux métaux, ou plus généralement deux conducteurs, sont séparés par une fine barrière isolante. Celle-ci peut être le vide, mais aussi l'air, un liquide non conducteur quelconque, un isolant électrique (oxydes, nitrures, etc.). C'est cette large gamme d'utilisations qui donne à la microscopie tunnel toute son importance. En effet, on peut aussi bien étudier en ultravide des surfaces très propres pour faire de la physique des surfaces que se placer à l'air pour observer des objets inertes chimiquement ou voir comment débute une oxydation, ou encore observer des objets biologiques dans leur milieu liquide naturel, etc.

CHAMP D'APPLICATIONS

Du point de vue des utilisations scientifiques, on peut distinguer deux pôles d'intérêt : l'étude d'un côté, des surfaces des semi-conducteurs et des métaux, ce qui nécessite fréquemment d'observer ces surfaces dans un environnement ultravide, de l'autre de molécules absorbées sur une surface, molécules organiques ou d'intérêt biologique.

Les semi-conducteurs

Un cristal est formé de plans atomiques empilés périodiquement les uns sur les autres. Le dernier plan, qui définit la surface, est différent des autres et sa structure est très difficile à déterminer. Les atomes de surface, libres d'un côté, peuvent se réarranger entre eux pour trouver une structure qui minimise l'énergie de surface. On dit qu'il y a reconstruction de surface. Sur cette surface, on pourra déposer en films minces d'autres matériaux ou des petites molécules. Par exemple, dans le cas d'un semi-conducteur, on déposera sur la surface des structures intervenant dans la constitution des circuits intégrés et il est important de connaître l'état de cette surface à l'échelle nanométrique.

Les semi-conducteurs les plus étudiés sont le silicium (Si), pour ses applications en microélectronique, et l'arséniure de gallium (GaAs), pour ses applications en optoélectronique.

Sur la *figure 1* en médaillon, on peut voir la structure de surface du silicium — longtemps demeurée inconnue — la structure (7×7) où la maille que l'on doit répéter pour constituer la surface est un losange de 2,8 nm de côté possédant aux quatre coins un trou. Les boules (blanches) représentent des atomes de silicium.

Les métaux

Le graphite a été l'un des corps les plus étudiés en microscopie tunnel. Ayant une structure feuilletée, il se clive facilement à l'air et, comme il est inerte chimiquement, sa structure hexagonale a pu être observée dans différents milieux : vide, air, eau...

L'étude des surfaces métalliques étant importante pour ce qui concerne les problèmes de corrosion, d'oxydation et surtout de catalyse, beaucoup d'autres métaux ont été examinés. Citons l'or, l'argent, l'aluminium, le nickel, le cuivre, etc. Dans la plupart des cas, il a été possible d'obtenir la résolution atomique mais cependant avec beaucoup plus de difficultés que dans le cas des semi-conducteurs, qui présentent une topographie de surface beaucoup plus rugueuse.

La résolution atomique a été obtenue pour ces métaux. Par exemple pour l'or Au(111), on observe sur la *figure 2a* les atomes formant une structure hexagonale en surface sur laquelle se superpose une bande en zigzag. Cette bande provient d'une reconstruction de surface partielle par des atomes d'or de la dernière mono-couche.

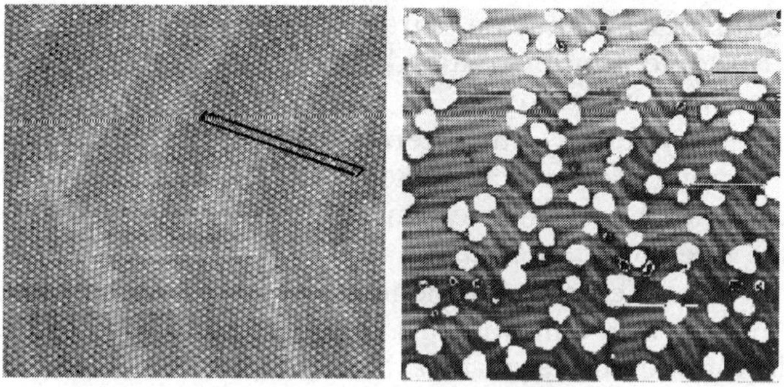

Figure 2 – a) À gauche, la surface d'or Au(111) vue par microscopie tunnel. On observe les atomes d'or formant une structure hexagonale sur laquelle se superpose une bande en zigzag. La taille de cette image est de 0,015 µm × 0,015 µm. b) À droite, les plots de cobalt se forment aux endroits de changement de direction des zig-zags. Sur cette image de 0,1 µm de côté, les plots s'organisent en rangées bien ordonnées (V. Repain, S. Rousset, J.-M. Berroir, Groupe de Physique des Silides, *CNRS, France).*

En utilisant cette surface comme substrat, on peut alors élaborer des nano-structures organisées en y déposant par exemple des atomes de cobalt. Les atomes déposés se regroupent en plots aux endroits de changement de direction des zigzags. Ils forment ainsi une structure auto-organisée en surface *figure 2b*. Les propriétés magnétiques de ces plots peuvent servir de « bits » d'information dans les mémoires à stockage magnétique à très haute densité.

Atomes et molécules déposés. Manipulation

Les applications les plus fréquentes de la microscopie tunnel à l'air ou dans un liquide concernent sans nul doute la biologie. La possibilité d'observer des macromolécules (ADN, protéines, lipides...), des virus, etc., adsorbés sur une surface conductrice (or ou graphite) est l'une des raisons principales de l'énorme intérêt que soulève cette nouvelle technique parmi les physiciens mais aussi parmi les biologistes.

Les premières images de la molécule d'ADN furent obtenues sur des répliques de complexes ADN-protéine (Rec A-ADN) obtenues par cryo-décapage et recouvertes d'un film conducteur (Pt-Ir-C). Ce traitement atténue beaucoup la structure moléculaire et ne permet qu'une résolution d'environ 10 nm. Par la suite, on a pu observer la forme naturelle de molécules d'ADN sur un substrat d'or, directement (sans réplique) à l'aide d'un microscope tunnel fonctionnant à l'air et même dans l'eau. On a même pu déceler sur un ADN synthétique (poly A) les bases d'adénine. Ces résultats laissent espérer qu'il sera un jour possible de « lire » la molécule d'ADN (ou d'ARN) par microscopie tunnel, mais d'ici là de nombreux problèmes restent encore à résoudre.

D'autres systèmes, qui intéressent plus les physiciens de la matière « molle » et les chimistes, ont été examinés. Citons un atome d'oxygène sur GaAs et une molécule de phtalocyanine de cuivre sur une surface de cuivre.

D'autres études ont été menées qui montrent qu'un pilotage local d'une réaction chimique est possible. La pointe accroche une molécule mobile sur la surface d'un échantillon ; cette molécule peut ensuite être déplacée et amenée au-dessus d'un site où l'on désire la faire réagir et, par une impulsion de tension, elle peut être décrochée de la pointe et réagir là où on le désire.

En utilisant le microscope tunnel fonctionnant à basse température, on a pu, à l'aide de la pointe, attraper un atome, le déplacer sur un support métallique de nickel et le déposer ensuite dans une position déterminée. Il est ainsi possible d'écrire des lettres à l'aide d'atomes et même de représenter des figures géométriques. Par exemple, sur la *figure 3a* on peut voir les différentes étapes de création d'un corral d'atomes de fer sur la surface de cuivre. Ce corral a des propriétés quantiques intéressantes qui ont été observées récemment. Sur la *figure 3b* on peut voir un « CO man », un bonhomme représenté à l'aide de molécules de monoxyde de carbone (CO). Ces manipulations d'atomes ou de molécules laissent imaginer la réalisation d'un ensemble de dispositifs électroniques fonctionnant à l'aide d'un atome ou d'une molécule (électronique moléculaire). En 1991, un chercheur californien d'IBM a réalisé un commutateur en utilisant la manipulation d'un unique atome. On est donc peut-être à l'aube d'une nano-électronique qui viendra remplacer la microélectronique d'aujourd'hui.

Applications de la microscopie tunnel en technologie

Jusqu'à présent, les résultats de microscopie tunnel décrits ci-dessus concernaient l'observation d'une surface de petites dimensions, car seule la résolution atomique était désirée. Aujourd'hui on peut imager des surfaces à grande échelle et mesurer des profils

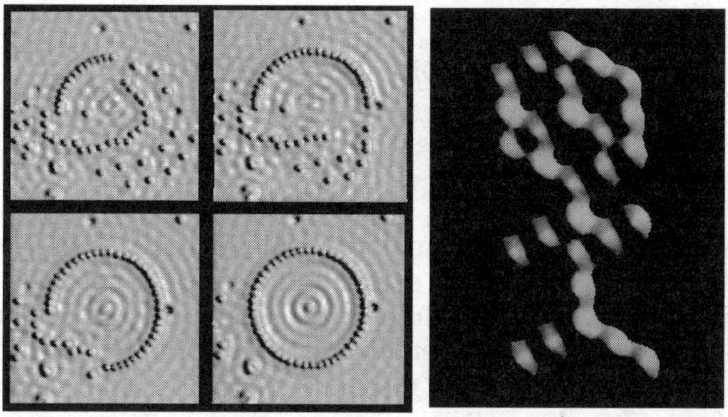

Figure 3 – Structures atomiques et moléculaires artificielles (réalisées dans l'équipe de D. M. Eigler de IBM Almaden Research Center aux États-Unis ; http://www.almaden.ibm.com/vis/stm/).
a) À gauche : quatre différentes étapes de création d'un corral à partir d'atomes de fer déposés sur la surface de cuivre (M. F. Crommie, C. P. Lutz, D. M. Eigler).
b) À droite : le « CO man », un bonhomme représenté à l'aide de molécules de monoxyde de carbone CO (P. Zeppenfeld, D. M. Eigler).

tridimensionnels de surface dans la gamme de 0,01 µm à 10 µm. La résolution verticale pour des échelles latérales de cet ordre reste meilleure que 1 nm.

L'une des premières applications industrielles a été la mesure du profil d'un réseau de diffraction, et le microscope tunnel sert aujourd'hui de guide pour la fabrication de réseaux. On a aussi caractérisé les têtes de lecture de films magnétiques ainsi que les films eux-mêmes. De même, la fabrication de disques compacts est déjà contrôlée par microscopie tunnel etc.

Ces exemples montrent comment certains processus de fabrication industriels peuvent être analysés et pilotés par microscopie tunnel pour assurer un contrôle de qualité. Plus les objets deviennent petits et plus la microscopie tunnel devient efficace, alors que les autres techniques de contrôle ont depuis longtemps atteint leur limite de résolution.

La lithographie à échelle du nanomètre a été faite à l'aide d'un microscope tunnel : des lignes de 2 nm de large ont pu être réalisées avec une pointe tunnel fonctionnant en émission de champ. De telles applications sont en pleine évolution et se diversifient constamment.

Le microscope à force atomique

PRINCIPE

Le microscope à effet tunnel ne permet d'imager, en général, que des surfaces métalliques ou semi-conductrices. Dans son principe même, il n'est pas possible d'imager des surfaces isolantes puisqu'un courant électrique ne peut s'établir entre la pointe et l'isolant.

En 1986, G. Binnig, C. F. Quate et C. Gerber inventèrent le microscope à force atomique. Son principe consiste à mesurer la force d'interaction entre l'atome du bout de la pointe et les atomes de la surface. La pointe est solidaire d'un bras de levier et l'échantillon est ici déplacé devant la pointe. Quand deux atomes (celui de la pointe et celui de la surface) se font face, ils s'attirent par interaction de Van der Waals ; dans l'espace entre deux atomes de la surface, la force d'attraction est moindre. En mesurant la déflexion du bras de levier, on obtient une mesure directe de la force pointe-substrat. La déflexion du bras de levier peut être mesurée par l'effet tunnel, interférométrie optique ou plus simplement par la déflexion d'un faisceau laser, réfléchi par un miroir monté à l'arrière du bras de levier. Le faisceau réfléchi tombe sur deux diodes photosensibles en branchées en opposition dans un circuit électronique de détection : une petite déviation du faisceau donne un signal différentiel aisément mesurable. Des forces aussi faibles que 10^{-9} N ont ainsi pu être détectées.

APPLICATIONS DU MICROSCOPE À FORCE ATOMIQUE

Le champ d'application de microscope à force atomique est déjà plus vaste que celui de microscope tunnel. Et il ne cesse de s'élargir. Ainsi cette microscopie rivalise aujourd'hui avec la microscopie tunnel et on examine souvent les surfaces des métaux ou des semi-conducteurs simultanément avec ces deux microscopies. Les informations enregistrées sur les images ne sont pas toujours les mêmes et on peut de cette manière obtenir une connaissance plus détaillée de la surface. La résolution atomique avec le microscope à force s'obtient pour les semi-conducteurs mais aussi pour les métaux. Cependant, un champ d'application privilégié de la microscopie à force atomique concerne la biologie, car les objets biologiques, de taille relativement importante, de l'ordre du micromètre, sont en général isolants. On a pu, par exemple, imager un globule rouge et un globule blanc, un cristal d'acide aminé, des molécules de collagène.

L'évolution actuelle de ces microscopies, après qu'un certain nombre d'obstacles techniques ont été surmontés, est vers la dynamique. Faire une image topographique d'un semi-conducteur ou d'un métal par déplacement d'une pointe au-dessus de la surface nécessitait environ une minute pour tous les microscopes existant à la fin des années 1990. Il faut en effet relever la valeur d'un courant ou mesurer la force au-dessus de la surface pour chaque position latérale de la sonde. En 1991, les nouveaux microscopes tunnels ou à force atomique construits dans les laboratoires de recherche sont beaucoup plus rapides et permettent désormais de faire une image en moins d'une seconde. Si un phénomène relativement lent se produit sur la surface examinée, il pourra donc être pratiquement filmé en prenant des images successives toutes les secondes par exemple. On peut ainsi filmer les déplacements d'objets microscopiques sur les surfaces.

Au titre d'exemple, on a pu filmer l'entrée d'un virus dans une cellule, avec un microscope à force atomique. À l'aide d'un microscope tunnel, on a pu enregistrer le mouvement de grosses molécules déposées sur la surface de graphite, etc.

AUTRES MICROSCOPIES À SONDE LOCALE

Après l'invention de ces deux microscopes, beaucoup de variantes ont été proposées. Cette nouvelle catégorie d'appareils peut être appelée microscopes à sonde locale ou SXM (de l'anglais *Scanning X-microscope*, où *X* peut représenter n'importe quel type d'interaction entre une pointe fine et un échantillon que l'on cherche à étudier). On balaie la pointe, à l'aide de céramiques piézoélectriques (tube cylindrique, en général), au-dessus de la surface à examiner, à quelques dixièmes de nanomètre de cette surface, l'espace séparant la pointe de la surface pouvant être rempli de n'importe quel gaz ou liquide.

Dans cet esprit, citons deux nouveaux microscopes :

SNOM

Dans le cas de la microscopie SNOM (sigle anglais pour *Scanning Near Field Optical Microscopy*), on utilise les propriétés qu'un champ électromagnétique augmente localement sur les parties courbes d'une surface. On considère une fibre optique terminée en pointe et telle que la lumière puisse être transmise ou réfléchie par une ouverture inférieure à $\lambda/25$ où λ est la longueur d'onde de la source. Comme la densité d'énergie change avec la distance et la constante diélectrique au-delà de l'ouverture, l'intensité de la lumière transmise et réfléchie varie avec la topographie et la composition de l'échantillon. Quoique sa résolution ne soit pas aussi bonne que celle d'un microscope tunnel — elle est de l'ordre de 10 à 20 nm — ce type de microscope se trouve très utile pour étudier non seulement la topographie de surfaces mais aussi les interactions optiques à l'échelle du nanomètre.

SICM

Dans ce deuxième cas (de l'anglais *Scanning Ion-Conductance Microscopy*), une microscopie à conductance ionique, développée à l'université de Santa Barbara en Californie, permet d'imager la topographie de surfaces non conductrices recouvertes d'un électrolyte. Dans cette microscopie particulière, la sonde est une micropipette remplie d'un électrolyte.

L'écoulement des ions à travers l'ouverture de la pipette est bloqué à courte distance entre la sonde et la surface, limitant ainsi la conductance ionique. Un dispositif d'asservissement permet de maintenir une conductance donnée qui, en retour, détermine la distance à la surface. On obtient ainsi une image topographique d'une surface quelconque. Ce type de microscope peut, par exemple, déterminer des courants ioniques à travers des canaux membranaires et permettre d'avoir une bonne image de la distribution de ces canaux. Il s'agit d'une application fondamentale pour la biologie.

Autres microscopies

D'autres microscopes à sonde locale balayée ont également vu le jour ces dernières années :

— Le microscope à force magnétique, où la sonde (pointe en matériau magnétique) en interaction avec les domaines magnétiques de la surface permet d'analyser la structure d'un échantillon magnétique,

— le microscope capacitif, où l'on mesure pour toute position de la pointe la capacité pointe-surface par une méthode de résonance. On peut alors analyser la distribution locale de charges électriques sur une surface,

— le microscope à sonde thermique, qui permet une analyse locale de la température de l'échantillon, etc.

Vingt ans après... Conclusions et perspectives

Depuis 1982, une nouvelle microscopie ou plutôt nanoscopie est née, qui a donné naissance à toute une série de microscopes à sonde locale. La microscopie tunnel a déjà démontré sa capacité pour l'étude de nanostructures dans de nombreux domaines de la science et de la technique. Tout d'abord, les études de semi-conducteurs, de contact métal-semi-conducteur, les problèmes de croissance épitaxique, avec une résolution atomique ou à plus grande échelle, ont montré l'importance de la microscopie tunnel en microélectronique. L'étude des métaux se développe aujourd'hui rapidement et les problèmes de passivation, d'oxydation ou de corrosion sont abordés. L'étude des petits agrégats métalliques, importante pour la catalyse hétérogène, débute également, le problème étant ici de relier réactivité chimique et structure atomique de l'agrégat. À côté de tous ces problèmes de structure, la tendance aujourd'hui est de faire des microscopes de plus en plus rapides afin d'étudier l'aspect dynamique. Tous les problèmes de diffusion de surface et de réactivité chimique en surface doivent pouvoir se visualiser.

Par ailleurs, l'autre tendance importante concerne la chimie sous pointe et les applications en biologie. En effet, on peut visualiser une molécule, la déplacer, la faire réagir localement grâce à l'interaction avec la pointe. La visualisation des molécules biologiques, de certaines protéines ou de certains virus avec la résolution atomique en utilisant soit le microscope à effet tunnel, soit le microscope à force atomique, constitue un domaine d'avenir. Par ailleurs, au-delà de la structure, il est possible d'envisager la possibilité de visualiser la dynamique de certains processus biologiques à l'échelle sub-micronique, comme le montrent certaines expériences préliminaires.

Les potentialités des microscopies à sonde locale sont immenses et encore loin des limites théoriques (quantiques) de la miniaturisation. Nous sommes sans doute à la veille d'une révolution nano-industrielle.

L'univers étrange du froid : à la limite du zéro absolu

par HENRI GODFRIN

Température et intuition...

Qu'est-ce que le froid ? Nous avons tous une réponse à cette question, car nos sens nous permettent de déceler avec une précision remarquable de très faibles différences de température. Nous avons pris l'habitude d'utiliser des thermomètres, soigneusement gradués en degrés Celsius aussi bien vers les températures positives que vers les négatives. Bien que ceux-ci ne couvrent qu'une petite gamme, par exemple de – 20 à + 40 °C, tout nous pousse à croire que l'on peut prolonger indéfiniment les graduations vers des températures infinies dans les deux sens. Pourtant, s'il est vrai que l'on peut chauffer un corps sans limitation en lui apportant une énergie aussi importante qu'il sera nécessaire, la Physique nous montre que la descente vers les basses températures bute contre un obstacle infranchissable : le Zéro Absolu.

Le premier qui semble avoir posé clairement la question de l'existence d'une limite inférieure à l'échelle de températures est un physicien français, Guillaume Amontons (1663-1705). Expérimentateur de génie, il arrive à une conclusion stupéfiante : la pression des gaz devient nulle à une température qu'il estime à une valeur correspondant à – 240 de nos degrés Celsius. Une précision remarquable pour l'époque !

Ce n'est qu'au XIXe siècle que se dégagent les grandes lignes de la science de la chaleur, la Thermodynamique. Ses lois, appelés « principes », sont déduites de l'expérience. La Thermodynamique apporte aussi sa contribution au problème des très basses températures :

Texte de la 228e conférence de l'Université de tous les savoirs donnée le 15 août 2000.

Carnot, dans son ouvrage *Réflexions sur la puissance motrice du feu et des machines propres à développer cette puissance* publié en 1824, introduit la notion de température absolue T. Le zéro de cette échelle de température, le Zéro Absolu, est associé à l'efficacité maximale des machines thermiques : 100 % si la source froide est à T = 0.

Température absolue et entropie

Les physiciens utilisent aujourd'hui l'échelle de températures absolues proposée en 1848 par William Thomson (Lord Kelvin). Celle-ci est définie par le Zéro Absolu (T = 0) et la valeur 273,16 degrés attribuée au point triple de l'eau, la température unique où coexistent la glace, l'eau et sa vapeur, qui correspond à t = 0,01 °C. Un degré de la nouvelle échelle (degré Kelvin) est identique à un degré Celsius, mais l'origine des deux échelles est décalée de 273,15 degrés : la température en Kelvins (T) s'exprime donc simplement en fonction de la température en degrés Celsius (*t*) par la formule T(K) = *t*(°C) + 273,15.

Par ailleurs, la description des échanges de chaleur fait intervenir une nouvelle grandeur physique, introduite par Clausius en 1850 : l'entropie. Elle caractérise l'état de la matière ; fournir de la chaleur à un corps revient à augmenter son entropie. La Thermodynamique nous propose aussi le principe de l'entropie maximum : l'entropie d'un système isolé ne peut que croître ou rester constante, ce qui définit l'évolution d'un système physique hors équilibre ; on introduit ainsi une distinction entre les deux sens du temps : contrairement aux Lois de la Mécanique, passé et futur ne sont plus symétriques !

Cependant, la Physique Thermique ne fournit qu'une description macroscopique : nous sommes bien loin des « atomes » imaginés de Démocrite...

Température et jeux de hasard : l'apport de la Statistique

Pourtant, grâce aux travaux de R. Clausius, J. Maxwell et L. Boltzmann, la Théorie Cinétique des gaz se met progressivement en place. Elle explique les propriétés des gaz par le mouvement désordonné de « molécules » : la pression exercée par un gaz sur un récipient est due aux très nombreuses collisions de ces molécules avec les parois. La température devient une mesure de l'énergie moyenne des molécules.

Le sort d'une molécule individuelle ne présente pas d'intérêt, lorsque l'on cherche à décrire les propriétés macroscopiques d'un corps. La Physique Statistique, développée dans l'incrédulité générale par L. Boltzmann, réussira l'exploit d'associer le comportement macroscopique d'un corps aux propriétés microscopiques sous-jacentes. Un exemple éclatant est l'obtention de l'équation d'état du gaz parfait, PV = NRT.

L'un des acquis fondamentaux de la Physique Statistique est la compréhension de l'origine de l'entropie. Du fait de la présence d'un grand nombre de molécules pouvant occuper un grand nombre d'états, il existe un très grand nombre de configurations possibles pour le système dans son ensemble, d'autant plus important que l'énergie totale à distribuer entre les molécules est élevée. Ce nombre de configurations est calculable par l'analyse combinatoire ; il est tellement grand que l'on est forcé de considérer son logarithme ! L'entropie est donc une mesure de la quantité d'états microscopiques accessibles au système : plus familièrement nous dirons qu'elle mesure le désordre !

La révolution de la Mécanique Quantique

L'avènement de la Mécanique Quantique, développée par M. Planck, N. Bohr, W. Heisenberg, P. A. M. Dirac et bien d'autres, allait permettre un nouveau progrès de la Physique Thermique, tout en s'appuyant fortement sur celle-ci. La Matière n'existe que dans des états « quantifiés », caractérisés par un nombre entier appelé nombre quantique, et par conséquent séparés en énergie. Ces états quantiques, similaires à ceux de l'électron autour d'un atome, fournissent l'outil idéal pour effectuer des calculs statistiques. En fait, ce que nous observons résulte d'une moyenne sur un nombre inimaginable de configurations (« états ») microscopiques. La température est une grandeur associée au « peuplement » de ces états quantiques par les molécules. La probabilité de trouver une molécule dans un état d'énergie E est donnée par le facteur de Boltzmann $\exp[-E/k_B T]$: plus la température T est élevée, plus on aura des chances de trouver une molécule dans un état d'énergie E élevée. La constante de Boltzmann k_B permet de comparer une température T à une énergie caractéristique du problème. Par exemple, la fusion d'un corps a lieu lorsque $k_B T$ est de l'ordre de E_0, énergie de liaison des atomes de ce corps. À chaque domaine d'énergie est associé un domaine de température.

La Mécanique Quantique apporte un nouvel éclairage au problème du Zéro Absolu. En effet, parmi tous les états quantiques, il en existe un qui nous intéresse au plus haut degré : c'est l'état de plus basse énergie, appelé « état fondamental ». À ce stade, la matière ne peut plus céder d'énergie : il n'existe aucun état d'énergie inférieure ! Ce qui ne signifie aucunement que son énergie soit nulle. Les molécules continuent d'être animées de mouvement : il subsiste une énergie dite « de point zéro », que l'on peut associer au principe d'incertitude de Heisenberg de la Mécanique Quantique.

Zéro Absolu et excitations élémentaires

Le Zéro Absolu de température correspond donc à la situation où la Matière est dans l'état fondamental. Mais il n'y a plus aucun désordre quand il ne reste qu'un choix possible. Contrairement à ce que l'on pensait encore au début du siècle, ce n'est pas l'énergie qui devient nulle au Zéro Absolu, mais l'entropie.

La Physique des basses températures est ainsi, d'une certaine manière, la Physique de l'ordre. Elle permet également de comprendre toute la riche panoplie des effets thermiques. En effet, si on laisse de côté le cas un peu scolaire du gaz parfait, nous sommes immédiatement confrontés au problème complexe des atomes en interaction. Considérons par exemple le cas d'un corps solide simple. Le mouvement des atomes consiste en de petites oscillations autour de leur position d'équilibre. Mathématiquement, le problème est équivalent à celui d'une collection de pendules, ou « oscillateurs harmoniques ». Mais l'énergie de ces pendules est quantifiée ! À température nulle, ils seront soumis à une vibration de point zéro d'origine quantique. Quand on chauffe le système, on augmente le degré de vibration des atomes. En proposant un modèle des solides décrivant leurs propriétés thermiques au moyen d'une collection d'oscillateurs harmoniques quantifiés indépendants, Einstein faisait faire à la Physique un énorme progrès : pour la première fois on comprenait l'origine quantique de la décroissance de la capacité calorifique des corps à basse température. Cette grandeur, qui correspond à la quantité de chaleur que l'on doit fournir à un corps pour élever sa température d'un degré, nous renseigne sur l'énergie des états quantiques de la Matière. Elle doit tendre vers zéro à basse température, tout comme l'entropie, et c'est bien ce que l'on observe expérimentalement.

La Matière à basse température

Le modèle d'Einstein s'applique à des oscillateurs indépendants, alors que dans un très grand nombre de corps solides les vibrations des atomes sont fortement couplées. Tout se passe comme si les atomes étaient des petites masses reliées les unes aux autres par des « ressorts », ceux-ci symbolisant les forces atomiques. Debye a pu montrer que des ondes sonores quantifiées, les « phonons », constituent les « excitations élémentaires » d'un solide.

Les propriétés électroniques de la matière sont également un domaine de recherches très fructueuses. L'un des effets les plus spectaculaires est l'apparition de la supraconductivité dans certains métaux*. À basse température, en effet, les électrons peuvent former des paires (paires de Cooper) et « condenser dans un état macroscopique cohérent » : tous les électrons de conduction du métal se comportent « en bloc », comme une molécule géante. Les impuretés et les défauts du métal qui donnaient lieu à une résistance électrique dans l'état « normal » ne peuvent plus arrêter cet « objet quantique » géant que sont devenus les électrons supraconducteurs : le courant circule sans dissipation. On a pu montrer que le courant piégé dans un anneau supraconducteur continuait de tourner sans faiblir pendant des années !

Les électrons d'un métal ou d'un semi-conducteur peuvent présenter bien d'autres propriétés très surprenantes à basse température comme, par exemple, l'« Effet Hall Quantique Entier » et l'« Effet Hall Quantique Fractionnaire », la « Transition Métal-Isolant », ou le « Blocage de Coulomb ».

Le froid est également intéressant pour étudier les phénomènes magnétiques. Ceux-ci sont dus à l'existence d'un « spin » associé à l'électron, c'est-à-dire une rotation de l'électron sur lui-même. De ce fait, l'électron se comporte comme un petit aimant élémentaire, qui aura tendance à s'aligner comme une boussole suivant un champ magnétique. Le désordre imposé par la température s'oppose à cet alignement. On voit alors évoluer les propriétés magnétiques des corps en fonction de la température et du champ magnétique. Au Zéro Absolu, les « spins » s'organisent pour former différentes structures magnétiques ordonnées : ferromagnétique, anti-ferromagnétique, hélicoïdale, etc.

Le domaine de prédilection des basses températures est l'étude des deux isotopes de l'hélium : ^{4}He et ^{3}He. L'^{4}He a un spinnul, et rentre de ce fait dans la catégorie des « bosons », regroupant toutes les particules de la Nature ayant un spin entier (0,1,2, etc.). L'^{3}He, par contre, a un spin 1/2, et fait partie des « fermions ». La Mécanique Quantique est à nouveau mise à contribution lorsque l'on tente de décrire les propriétés d'une collection de ces atomes, réalisée en pratique par l'hélium liquide. En effet, l'état fondamental des bosons est obtenu en plaçant tous les atomes dans le même état quantique ; pour l'^{4}He, on obtient un état macroscopique cohérent similaire à la supraconductivité des paires de Cooper électro-

* Voir à ce sujet les 220e et 223e conférences de l'Université de tous les savoirs données respectivement par E. Brézin et S. Balibar.

niques. On observe la superfluidité de l'^{4}He liquide en dessous de T = 2,17 Kelvins : il s'écoule alors sans aucun signe de frottement ou de viscosité, remontant même le long des parois du récipient qui le contient !

L'^{3}He se comporte de manière très différente. Les fermions, en effet, ne peuvent se retrouver dans le même état (cette interdiction quantique reçoit le nom de « principe d'exclusion de Pauli »). Les nombreux atomes que comporte un volume donné d'^{3}He liquide sont donc nécessairement dans des états quantiques différents ; si des atomes réussissent à se caser dans des états de basse énergie, les autres sont réduits à occuper des niveaux de plus en plus énergétiques : les états sont ainsi occupés jusqu'au « niveau de Fermi ». Cette physique se retrouve dans les métaux, car les électrons sont également des fermions. C'est pour cela que les études effectuées sur l'^{3}He liquide ont permis de mieux comprendre la physique des métaux.

Il serait injuste de ne pas citer ici l'un des plus beaux effets de la physique des basses températures : la superfluidité de l'^{3}He, observée par D. D. Osheroff, R. C. Richardson et D. Lee, prix Nobel de Physique. Tout comme les électrons, les atomes d'^{3}He forment des paires de Cooper qui condensent pour donner lieu à l'état superfluide. Les études conduites sur ce système ont permis de comprendre les propriétés observées vingt ans plus tard dans les « supraconducteurs à haute température critique ». D'autres analogies ont été développées, peut-être plus surprenantes comme, par exemple la description de la formation de cordes cosmiques dans l'Univers primordial à partir d'expériences réalisées dans l'^{3}He superfluide à ultra-basse température. En fait, l'ordre de la matière de l'Univers après le big bang est décrit par des symétries similaires à celles de l'^{3}He superfluide !

Les fluides cryogéniques

Si l'hélium joue un rôle important pour la physique des basses températures, il en est de même en ce qui concerne la technologie qui lui est associée : la Cryogénie. Des réservoirs contenant de l'^{4}He liquide sont présents dans tous les laboratoires de basses températures. Pourtant, la liquéfaction de l'hélium est relativement récente. Auparavant, des pionniers avaient ouvert la voie : Cailletet et Pictet, en liquéfiant l'oxygène (1877), Cailletet en obtenant de l'azote liquide la même année ; puis James Dewar, en 1898, en réussissant la liquéfaction de l'hydrogène. Finalement, en 1906 Heike Kammerlingh Onnes réussit à obtenir de l'hélium (^{4}He) liquide, dont il observera la superfluidité.

Actuellement, l'azote liquide et l'hélium liquide constituent la source de froid préférée des cryogénistes. L'azote liquide, sous la pression atmosphérique, est en équilibre avec sa vapeur à une température de 77 Kelvins. Le liquide se manipule facilement, même si des précautions doivent être prises pour éviter les « brûlures cryogéniques ». Afin de limiter son évaporation, on le stocke dans des conteneurs isolés thermiquement à partir desquels il est transféré dans les dispositifs que l'on souhaite refroidir : vases d'azote liquide destinés à des expériences, pièges cryogéniques, etc. Parfois, le stockage cryogénique n'est motivé que par le gain de place, le liquide étant plus dense que le gaz.

Le stockage et la manipulation de l'hélium posent des problèmes plus sévères. En effet, l'hélium n'est liquide qu'à 4,2 Kelvins (en équilibre avec sa vapeur, sous la pression atmosphérique). De plus, sa chaleur latente d'évaporation est très faible, ce qui conduit à l'utilisation de vases très bien isolés thermiquement. Les vases de Dewar, du nom de leur inventeur, sont constitués d'une double enceinte sous vide. Les parois du vase sont réalisées avec des matériaux conduisant très mal la chaleur. Grâce aux progrès de la Cryogénie, on réussit actuellement à limiter l'évaporation des conteneurs d'hélium à quelques litres par mois.

Réfrigération au-dessous de 1 K

Kammerlingh Onnes ne s'était pas contenté des 4,2 Kelvins correspondant à la température de l'hélium liquide sous la pression atmosphérique. En utilisant des pompes très puissantes, il avait rapidement obtenu des températures de l'ordre de 0,8 Kelvin. À basse pression, en effet, l'équilibre liquide-gaz se trouve décalé vers les basses températures. Malheureusement, la pression décroît exponentiellement à basse température, et à ce stade même les pompes les plus puissantes ne réussiront à arracher au liquide que très peu d'atomes. Le processus de réfrigération par pompage de l'^{4}He s'essouffle au voisinage de 1 Kelvin !

Les appareils de réfrigération (cryostats) utilisés dans les laboratoires comportent un vase de Dewar extérieur contenant de l'azote liquide (77 K) servant de première garde thermique et, à l'intérieur, un deuxième vase de Dewar contenant de l'hélium liquide (4,2 K). Au sein de l'hélium liquide se trouve un récipient étanche, sous vide, appelé « calorimètre ». C'est dans ce dernier, grâce à l'isolation thermique procurée par le vide et des écrans contre le rayonnement thermique, que l'on va pouvoir atteindre des températures encore plus basses. Pour refroidir un échantillon placé dans le calorimètre, on utilise une petite boîte « à 1 K », dans laquelle on laisse entrer par un tube capillaire un petit filet d'hélium liquide à partir du « bain » (c'est-à-dire du vase de Dewar contenant l'hélium). Un tuyau de grand diamètre permet de pomper efficacement cette boîte pour atteindre environ 1,4 K.

L'^{3}He, particulièrement cher, peut être mis en œuvre grâce à une technique similaire. Le cryostat décrit ci-dessus permet en effet d'atteindre une température suffisamment basse pour condenser, sous une faible pression, de l'^{3}He gazeux. Celui-ci est apporté dans le cryostat (circuit d'injection) par un tube capillaire passant dans l'hélium du « bain », puis rentrant dans le calorimètre où il est mis en contact thermique avec la boîte à 1 K afin de le condenser. L'^{3}He devenu liquide est introduit dans un petit récipient où il est pompé. Ces « cryostats à ^{3}He » opèrent « en mode continu » : en effet, le gaz pompé est réintroduit par le circuit d'injection, complétant le cycle. On atteint avec ces machines une température de l'ordre de 0,3 Kelvin !

La course vers le Zéro Absolu devait-elle s'arrêter là ? Il ne restait plus de candidats : l'hélium avait eu l'honneur d'être le dernier élément à subir la liquéfaction !

H. London proposa alors une idée séduisante : la dilution de ^{3}He dans ^{4}He liquide. Les premiers prototypes de réfrigérateurs à dilution atteignirent une température de 0,22 K, apportant la preuve que le principe fonctionnait. Plusieurs laboratoires, notamment à La Jolla et à Grenoble, ont développé des méthodes permettant d'obtenir en mode continu des températures de l'ordre de 2 milliKelvins.

Si l'on ne connaît pas aujourd'hui d'autre méthode permettant de refroidir en continu, il existe un moyen d'atteindre de manière transitoire des températures encore plus basses. Le principe, énoncé par W. F. Giauque en 1926, est fondé sur les propriétés des substances paramagnétiques. En appliquant un champ élevé, on peut aimanter les corps en question, ce qui produit un dégagement de chaleur, associé à la réduction de l'entropie : le système est « ordonné » par le champ. On isole ensuite le système en le découplant de son environnement au moyen d'un « interrupteur thermique ». L'entropie du système isolé reste constante si l'on procède à une réduction très lente du champ magnétique : il n'y a pas d'apport de chaleur, mais uniquement un « travail magnétique ». Cette « désaimantation adiabatique » permet de préserver le degré d'ordre des spins ; en réduisant progressivement le champ magnétique, l'agent extérieur qui avait induit cet ordre, on obtient donc une diminution de la température.

On peut atteindre des températures très inférieures à 1 milliKelvin en utilisant les spins nucléaires de certains atomes. Des fils de cuivre constituant l'étage à désaimantation nucléaire sont d'abord refroidis à moins de 10 milliKelvins au moyen d'un réfrigérateur à dilution sous un champ magnétique élevé (8 Teslas). On isole le système puis on le désaimante lentement. Cette méthode

(« désaimantation adiabatique nucléaire ») permet d'atteindre des températures extrêmement basses : les spins nucléaires peuvent être refroidis à des nanoKelvins !

Les vibrations atomiques (« phonons ») et les électrons, par contre, resteront plus chauds, car le couplage thermique devient très faible à basse température et les entrées de chaleur parasite sont inévitables. Les difficultés deviennent rapidement très importantes lorsque l'on souhaite refroidir un échantillon à ultra-basse température ; par exemple, l'^{3}He superfluide a été étudié à une centaine de microKelvins à Lancaster et à Grenoble en utilisant les dispositifs les plus performants.

Des méthodes très différentes, issues de l'optique et mettant en œuvre des lasers, ont permis récemment de refroidir à des températures de l'ordre des nanoKelvins des gaz très dilués d'atomes de Césium ou de Rubidium. Ce tour de force a montré de nombreux phénomènes analogues à ceux que nous avons évoqués pour l'hélium, comme la condensation de Bose, la cohérence quantique, la formation de tourbillons quantifiés, etc. Ce nouveau domaine de recherches est très riche et en fort développement*.

Thermométrie à basse température

La mesure de la température est une entreprise délicate, car il n'existe aucun thermomètre susceptible de fournir la température absolue T dans toute la gamme de températures ! On a donc mis au point une série de dispositifs thermométriques. Ceux-ci sont appelés « primaires » lorsqu'ils fournissent la température à partir de grandeurs mesurées indépendamment. C'est le cas du thermomètre à gaz, malheureusement limité à des températures supérieures à 10 K, de certains thermomètres magnétiques permettant d'effectuer des cycles thermodynamiques entre deux températures, et des thermomètres à bruit Johnson, où la température est déduite du bruit électrique sur une résistance. Les thermomètres secondaires, par contre, doivent être étalonnés par rapport à des thermomètres primaires. Dans certains cas, il est possible d'établir des « tables » de propriétés mesurées permettant de reproduire facilement l'échelle thermométrique officielle. C'est le cas de la tension de vapeur de l'^{3}He et l'^{4}He : la mesure de la pression d'équilibre liquide-vapeur permet de déterminer la température aux alentours de 1 Kelvin à partir des valeurs tabulées. L'Échelle Internationale de Températures reconnue actuellement, ITS90, ne définit la température

* Voir à ce sujet la 217e conférence de l'Université de tous les savoirs donnée par Claude Cohen-Tannoudji.

que jusqu'à 0,65 K. En octobre 2000 le Comité International des Poids et Mesures a adopté une échelle provisoire pour les basses températures, définie par la courbe de fusion de l'^{3}He (PLTS2000). Elle couvre la gamme de températures allant de 0,9 milliKelvin à 1 Kelvin.

Applications des basses températures

Les techniques cryogéniques permettent d'obtenir des gaz très purs. De ce fait, l'activité industrielle dans le domaine des gaz liquéfiés est très importante, notamment en France. Elle concerne le gaz naturel, l'azote, l'oxygène, l'hydrogène, l'hélium, etc. Les fluides cryogéniques sont utilisés dans de nombreux secteurs : électronique, métallurgie, chimie, espace, etc. Par exemple, le combustible des fusées Ariane 5 est constitué d'oxygène et d'hydrogène liquides, et la fabrication de composants semi-conducteurs, comme les microprocesseurs de nos ordinateurs, exige l'utilisation d'azote très pur obtenu par évaporation du liquide.

Des applications médicales de pointe ont vu le jour récemment. Les scanners RMN utilisent le champ magnétique produit par des bobines supraconductrices placées dans un vase de Dewar contenant de l'hélium liquide. La cryopréservation d'organes ou de cellules (sang, sperme, etc.) fait intervenir de l'azote liquide et des réservoirs de stockage cryogénique. On utilise également l'azote liquide dans le domaine de la cryochirurgie.

Les grands instruments scientifiques comptent parmi les utilisateurs du froid. Le futur accélérateur de particules du CERN, le LHC, sera équipé d'aimants supraconducteurs situés dans de l'^{4}He superfluide, sur un périmètre de 27 kilomètres. De nombreux laboratoires ont installé des aimants supraconducteurs destinés à fournir des champs très intenses. On les retrouve dans les installations d'expérimentation sur les plasmas (Tore Supra, par exemple), dont on espère obtenir une source d'énergie pour l'avenir.

À basse température, un très faible apport de chaleur provoque une augmentation de température perceptible, d'où l'idée d'utiliser les techniques cryogéniques pour détecter des particules cosmiques. Plusieurs instruments dits « bolométriques » existent actuellement dans les laboratoires d'Astrophysique.

Les propriétés quantiques de la matière permettent de concevoir de nouveaux étalons de grandeurs fondamentales ou appliquées : c'est le cas du Volt ou de l'Ohm, définis par l'effet Josephson et l'effet Hall Quantique et réalisés par des dispositifs à très basse température.

Les dispositifs électrotechniques supraconducteurs sont susceptibles d'autoriser un gain d'énergie important par rapport aux systèmes classiques. Dans le domaine de la forte puissance, transformateurs, alternateurs et limiteurs de courant sont progressivement installés sur les réseaux électriques. D'autre part, les applications dans le domaine des télécommunications se sont rapidement développées depuis quelques années, en particulier au niveau des filtres très sélectifs pour les téléphones mobiles, réalisés au moyen de supraconducteurs à « haute température critique » maintenus à la température de l'azote liquide.

D'autres applications ont pour motivation la très grande sensibilité et le faible bruit électrique de certains dispositifs fonctionnant à basse température, comme les amplificateurs cryogéniques. Les SQUIDs, instruments révolutionnaires, constituent les magnétomètres les plus sensibles existant actuellement ; ils sont capables de mesurer des tensions de l'ordre du picoVolt !

Les circuits électroniques atteignent des tailles nanométriques, et de ce fait ils sont particulièrement sensibles aux perturbations thermiques. Les nano-objets actuellement étudiés dans les laboratoires au voisinage du Zéro Absolu de température sont la source de nombreuses découvertes fondamentales sur lesquelles se bâtit la technologie de demain.

RÉFÉRENCES

Livres

- MENDELSSOHN (K.), *La Recherche du Zéro Absolu*, Hachette, 1966.
- CONTE (R. R.), *Éléments de Cryogénie*, Masson, 1970.
- POBELL (F.), *Matter and Methods at Low Temperatures*, Springer, 1996.
- TILLEY (D. R.) et TILLEY (J.), *Superfluidity and Superconductivity*, Institute of Physics Publishing, IOP London, 1996.
- GODFRIN (H.), *La Science au présent* (recueil), Éd. Encyclopaedia Universalis, « Vers le Zéro Absolu ».

Articles de revues

- BALIBAR (S.), « L'Hélium, un liquide exemplaire », *La Recherche 256*, juillet-août 1993.
- POBELL (F.), « La quête du Zéro Absolu », *La Recherche 200*, juin 1988.
- LOUNASMAA (O.), « Towards the Absolute Zero », *Physics Today*, déc. 1979, p. 32.
- BALIBAR (S.), « Aux frontières du Zéro Absolu », *La Recherche 157*, juillet-Août 1984.
- BÄUERLE (C.), BUNKOV (Y.), FISHER (S. N.), GODFRIN (H.) et PICKETT (G. R.), « L'Univers dans une éprouvette », *La Recherche 291*, 1996.

Utilisation des rayons X (rayonnement synchrotron) pour l'analyse de la matière

par Yves Petroff

Avant-propos

Les rayons X ont été découverts à la fin du XIXe siècle par Wilhelm Conrad Röntgen, qui obtint pour la première fois la radiographie d'une main. En quelques semaines, l'expérience fut reproduite dans des centaines de laboratoires à travers le monde. Les tubes à rayons X étaient faciles à construire et peu coûteux : on en installa des centaines, y compris dans les foires et chez les marchands de chaussures. Il fallut attendre plusieurs années avant que l'on ne se rende compte de certains effets néfastes. Pendant quelque temps, les applications des rayons X furent essentiellement médicales, qu'il s'agisse d'imagerie ou de thérapie. Quant à leur origine, durant toute cette période, elle demeura fort controversée.

En 1912, Max von Laue prédit que les rayons X devraient être diffractés par des cristaux. Grâce à ce procédé, il devenait en effet possible d'obtenir la position des atomes dans les solides, donc d'en décrire la structure. La première structure résolue fut celle du chlorure de sodium par Sir William Henry Bragg et son fils.

La fin des années 1940 fut marquée par trois événements importants :

— On observa pour la première fois le rayonnement émis par des électrons relativistes (dont la vitesse est proche de celle de la lumière) accélérés au moyen de champs magnétiques dans des machines (synchrotrons) construites pour l'étude de la physique des particules élémentaires. Ce rayonnement fut appelé rayonnement synchrotron.

Texte de la 229e conférence de l'Université de tous les savoirs donnée le 16 août 2000.

— À peu près à la même époque, on commença à observer les rayons X provenant de l'espace, grâce à des expériences faites à bord de fusées au-dessus de l'atmosphère terrestre. L'information arrivant du cosmos provient des ondes électromagnétiques émises, réfléchies ou diffusées par les corps célestes. Malheureusement, l'atmosphère qui règne autour de la Terre arrête la plus grande partie de ces rayonnements sauf la partie visible du spectre (0,7-0,4 μm), l'infrarouge ainsi que les ondes radio (de quelques millimètres à 15 m). L'astrophysique X est donc une science récente, qui a dû attendre l'avènement des fusées et des satellites pour se développer ; en effet, la détection des rayons X ne peut se faire qu'à 100 km au-dessus de la surface de la Terre. La première mesure fut faite en 1949, par le groupe de H. Friedman, du *Naval Research Laboratory* de Washington, à bord d'une fusée V2 récupérée à la fin de la Seconde Guerre mondiale. L'émission détectée par Friedman se révéla très faible et cela découragea de nombreux scientifiques. R. Giaconni décida de persévérer dans cette voie et, après deux tentatives malheureuses, obtint des résultats remarquables qui ouvrirent l'ère moderne de l'astrophysique X. Dans les années qui suivirent, de nombreuses sources X intenses furent découvertes : Taurus X-1 dans la nébuleuse du Crabe, Cygnus X-1 ainsi que les premières sources extragalactiques (M87, Centaurus A, 3C273...). Depuis le premier satellite d'étude des rayons X (*Uhuru*, lancé en 1970), une nouvelle mission a lieu tous les trois ou quatre ans. La moisson au cours de ces années a été extraordinairement riche puisque le satellite *Rosat* a répertorié plus de cent vingt mille sources de rayonnement X ! Tous ces résultats donnèrent lieu à un foisonnement de travaux théoriques. Les sources de rayons X dans le cosmos peuvent avoir des origines variées. Il peut s'agir de sources thermiques (gaz ou matière portés à des températures élevées). On sait que tout objet chauffé émet des ondes électromagnétiques. Le Soleil, qui a une température de 5 000 à 6 000 K à la surface, émet dans le visible ; mais la couronne solaire (10^6 K à 10^7 K) est également une source intense de rayons X. Cela peut être aussi du rayonnement synchrotron, du *bremsstrahlung* ou des transitions atomiques des éléments.

— Enfin, on commença à déterminer, grâce aux rayonnements X, les premières structures de protéines, systèmes biologiques complexes formés de plusieurs dizaines de milliers d'atomes.

Rayonnement synchrotron

On appelle rayonnement synchrotron l'émission d'ondes électromagnétiques (donc de rayons X) par des particules chargées accélérées à des vitesses voisines de celle de la lumière. Les propriétés de ce rayonnement ont été calculées pour la première fois en 1944 en Union soviétique et indépendamment aux États-Unis en 1945. Il a été observé pour la première fois dans le visible sur une petite machine de 70 MeV au laboratoire de la General Electric en 1947.

Lorsqu'une particule chargée (un électron, un positron ou un proton) est accélérée ou décélérée, elle émet des ondes électromagnétiques. Ce mécanisme existe dans le cosmos (nébuleuse du Crabe, ceintures de Jupiter) ou bien sur terre dans des accélérateurs circulaires (appelés souvent anneaux de stockage) construits pour l'étude de la physique des particules.

Les premières machines avaient des circonférences de quelques mètres et des énergies de quelques millions d'électronvolts (MeV). Le collisionneur actuel du Conseil Européen pour la Recherche Nucléaire (CERN), le LEP, a 27 km de circonférence et l'énergie des électrons et des positrons y est de 50 milliards d'électronvolts (GeV).

Dans de telles machines, le rayonnement synchrotron est produit lorsque les électrons sont accélérés par des aimants dipolaires, qui permettent aux électrons d'avoir une trajectoire circulaire. L'énergie des électrons dépend du domaine spectral que l'on veut obtenir : pour travailler dans l'ultraviolet et les rayons X mous (100 eV-300 eV) une énergie d'électrons entre 800 MeV et 1,5 GeV est suffisante. Si on a besoin de rayons X durs (10-150 keV), l'énergie des électrons doit atteindre 6 GeV. Il est évident que la taille de l'anneau dépend fortement de l'énergie des électrons : une machine de 1 à 2 GeV aura 100 à 250 m de circonférence, une machine de 6 à 8 GeV, 850 à 1 400 m.

Découvert en 1947, le rayonnement synchrotron mit plus de vingt ans avant d'être réellement exploité en tant que source de rayons X en URSS, au Japon, aux États-Unis, en Italie, en France, en Allemagne et en Grande-Bretagne. Contrairement à ce que l'on pourrait penser, la communauté scientifique est très conservatrice !

Les machines de la première génération avaient été élaborées pour l'étude de la physique des particules et on y avait installé en parasite quelques expériences servant à extraire les rayons X et l'ultraviolet.

Par la suite, c'est-à-dire dans les années 1980, des machines de la deuxième génération furent construites uniquement pour l'exploitation du rayonnement synchrotron. On s'aperçut alors que l'on pouvait gagner des facteurs mille ou dix mille en intensité de rayons X en installant des structures magnétiques appelées éléments d'insertion (ou onduleurs), en général de 3 ou 4 m de long, et le plus souvent constitués d'aimants permanents.

La troisième génération de sources de rayonnement synchrotron est fondée essentiellement sur ces éléments d'insertion.

Le rayonnement émis dans ces machines est polychromatique et va des ondes millimétriques aux rayons X durs. Avec des éléments d'insertion, il est émis dans un cône extrêmement étroit, assez voisin de celui d'un laser. Dans une machine de 6 GeV, la divergence des rayons X est très faible (de l'ordre de 0,1 milliradian), aussi faible que celle d'un rayon laser *(Fig. 1)*. Le rayonnement est pulsé, puisque les électrons sont groupés en paquets de quelques centimètres, ce qui donne des « bouffées » régulières de 50 à 200 picosecondes (ps) suivant la machine.

La brillance est le facteur essentiel qui caractérise la qualité optique de la source. Elle peut être dix milliards de fois supérieure à celle d'un tube à rayons X. Depuis le début du siècle, la brillance des sources de rayons X a beaucoup évolué *(Fig. 2)*. Pendant une cinquantaine d'années, elle est restée constante. Le rayonnement synchrotron lui a fait gagner un facteur 10^{10} (10 milliards) en trente ans. C'est un phénomène assez rare ; le seul exemple équivalent est celui du laser dans le domaine visible.

Du fait de ces propriétés exceptionnelles, et de la possibilité de réaliser une cinquantaine d'expériences autour d'un anneau de stockage, le rayonnement synchrotron, d'abord considéré comme une nuisance, aujourd'hui la source la plus intense de rayons X, est devenu très vite un outil indispensable pour la chimie, la biologie, la physique du solide, la physique des surfaces, la physique atomique et moléculaire.

Figure 1 – Faisceau de rayons X émis par un élément d'insertion de l'ESRF (Grenoble). Ce faisceau est rendu visible par le fait que la forte intensité (3 keV) ionise les molécules de l'air. On peut remarquer la faible divergence.

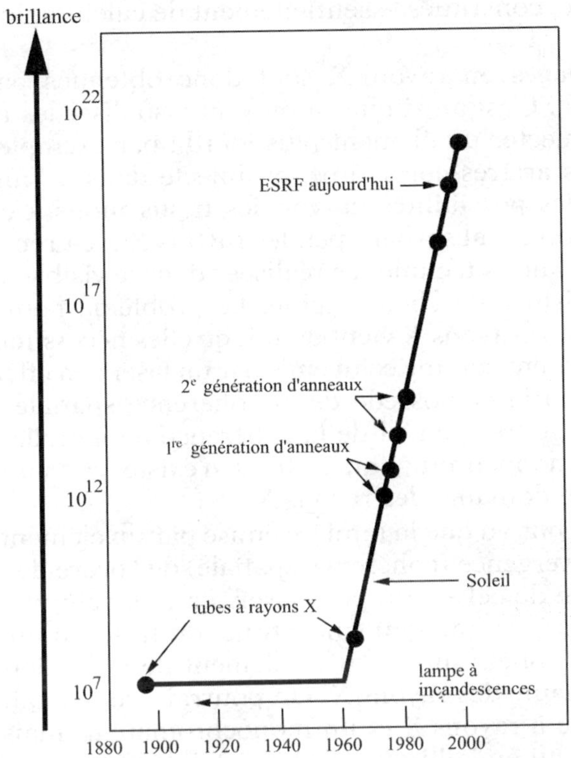

Figure 2 – Brillance des sources de rayons X, comparée à celle d'une lampe et du Soleil (de 1895 à 2000). La brillance est ce qui caractérise la qualité optique de la source. Depuis le début du siècle elle a considérablement progressé, notamment grâce au rayonnement synchrotron.

Il existe aujourd'hui une cinquantaine de centres dans le monde produisant du rayonnement synchrotron.

Quelques exemples de nouvelles possibilités offertes par le rayonnement synchrotron

IMAGERIE X

Lorsque l'on examine une radiographie du corps humain, on s'aperçoit immédiatement que l'on distingue parfaitement les os mais pas les tissus mous. La raison en est que, les os mis à part, l'eau représente 65 % du corps. L'eau, constituée d'éléments légers, l'hydrogène et l'oxygène absorbe peu les rayons X. Les os en revanche, constitués essentiellement de calcium, les absorbent fortement.

Les images en rayons X sont donc obtenues par contraste d'absorption. C'est ainsi que, si on veut visualiser les tissus mous, on doit y injecter un élément plus lourd ; par exemple, si on veut regarder les artères coronaires, on injecte dans le sang de l'iode. Existe-t-il des possibilités de voir les tissus mous, c'est-à-dire en général les objets absorbant peu les rayons X ? La réponse est oui, mais avec d'autres techniques réalisées dans le visible avec le laser, et assez voisines de l'holographie. Le problème pour élargir ces techniques aux rayons X vient du fait qu'elles nécessitent un rayonnement cohérent comme celui émis par un laser : en effet, la lumière émise par un laser possède de la cohérence spatiale, c'est-à-dire qu'elle diverge très peu, et de la cohérence temporelle, c'est-à-dire qu'elle est monochromatique. Or, il n'existe pas aujourd'hui de laser dans le domaine des rayons X.

Nous avons vu que la lumière émise par un élément d'insertion avait une divergence (cohérence spatiale) de l'ordre de 10^{-4} radian, assez voisine de celle d'un petit laser. La monochromatisation est facile à obtenir en mettant sur le trajet du faisceau un monochromateur. On obtient ainsi artificiellement de la lumière cohérente dans le domaine des rayons X. On pourrait, certes, faire de même avec un tube à rayons X et un monochromateur, mais le nombre de photons qui en jaillirait serait très faible et peu exploitable.

Ces nouvelles possibilités ouvrent la voie vers de nombreuses applications en métallurgie et en médecine. L'exemple que nous allons décrire a été obtenu récemment à l'ESRF (Grenoble) par P. Cloetens *et al*[1].

Jusqu'à très récemment, les images en rayons X étaient obtenues par contraste d'absorption. En fait, si on a la chance d'avoir des rayons X cohérents on peut produire des images par contraste de phase. Cela est particulièrement intéressant lorsqu'il s'agit de matériaux composés d'éléments légers (hydrogène, oxygène, carbone) qui absorbent très peu les rayons X. Nous avons représenté dans la *figure 3* deux images d'une mousse de polystyrène obtenues dans des conditions différentes :

— Une image obtenue à 18 keV, en plaçant le détecteur à 10 cm de l'objet. On n'exploite pas la cohérence et on a une image normale en absorption et donc on ne voit rien puisque l'absorption est très faible.

— On va obtenir des images en déplaçant le détecteur à des distances variables entre 10 cm et 100 cm de l'objet. Les interférences entres les faisceaux directs et les faisceaux réfractés par l'objet permettent de reconstruire une image à trois dimensions avec une résolution de l'ordre de 1 µm. Cette holotomographie a été obtenue à partir de 700 images et cela peut être fait en une heure.

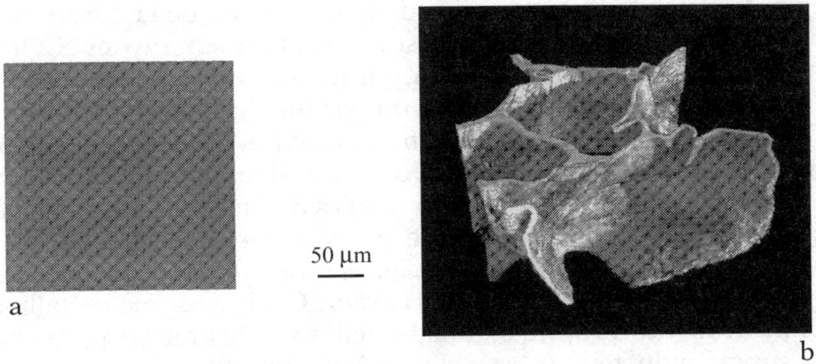

Figure 3 – Image d'une mousse de polystyrène obtenue à 18 keV.
a) En absorption classique : la mousse n'est pas visible puisqu'elle n'absorbe pas les rayons X.
b) L'image reconstituée en exploitant la cohérence de la lumière. La résolution (1 µm) est limitée par le détecteur. La différence est saisissante.

L'exploitation de la cohérence est une véritable révolution dans le domaine de l'imagerie X.

EXPÉRIENCES DE RAYONS X SOUS HAUTE PRESSION

Les rayons X permettent également de tester les modèles de l'intérieur de la terre. Grâce à leur aide, la structure des matériaux à très haute pression peut être révélée. Par très hautes pressions, nous entendons des pressions supérieures à 100 gigapascals [GPa] (approximativement un million d'atmosphères). Ces pressions sont celles qui règnent à l'intérieur de la Terre, mais aussi dans les planètes telles que Jupiter. Reproduire ces pressions en laboratoire est donc important pour la géophysique, l'astrophysique, la science des matériaux.

En effet, l'augmentation de la pression change considérablement l'interaction entre atomes, donc les propriétés chimiques et physiques. Elle permet aussi de vérifier la validité des modèles théoriques de la matière condensée.

Comment obtient-on des pressions aussi élevées ? D'une manière relativement simple : la pression étant une force appliquée sur une surface, pour l'augmenter, soit on accroît la force, soit on diminue la surface. C'est cette seconde possibilité que l'on exploite en général : l'échantillon à étudier est placé dans un trou aménagé dans un joint métallique et comprimé entre les pointes de deux diamants. Il s'agit de petits diamants de 0,1 à 0,4 carat (1 carat = 0,2 g). Pour obtenir des pressions de l'ordre de 300 GPa, le diamètre de l'échantillon ne doit pas dépasser 20 μm, ce qui veut dire que le faisceau de rayons X pour sonder l'échantillon ne devra pas dépasser 10 μm. Les cellules sont faites en diamant à cause de la dureté de ce matériau mais aussi parce qu'il est transparent aux rayons X. Si on a besoin de chauffer le matériau, on le fait en focalisant un laser infrarouge au centre de la cellule ou par un chauffage électrique.

À basse pression, l'hydrogène cristallise dans une structure hexagonale compacte donnant lieu à un solide moléculaire isolant, les molécules d'hydrogène étant orientées au hasard. La théorie prévoit depuis longtemps qu'à haute pression, entre 100 et 300 GPa, l'hydrogène devrait présenter une phase métallique atomique dans laquelle les molécules ont cessé d'exister. Cet hydrogène métallique devrait avoir des propriétés inhabituelles : il devrait en particulier être supraconducteur (c'est-à-dire avoir une résistivité nulle) à la température ambiante.

Il est donc important de voir s'il y a des changements de structure cristalline et d'étudier la variation du volume en fonction de la pression. Ces expériences sont très difficiles pour plusieurs raisons : d'une part, l'intensité diffractée dans une expérience de rayons X varie comme le carré du nombre d'électrons ; l'hydrogène n'en a qu'un, donc jusqu'à très récemment il était impossible d'observer les raies de diffraction de l'hydrogène. D'autre part, l'hydrogène diffuse dans la plupart des matériaux. Enfin, au-delà de 35 GPa, les monocristaux d'hydrogène se fragmentent, ce qui diminue l'intensité du signal de plusieurs ordres de grandeur.

Récemment, une équipe franco-américaine[2] a réussi à faire des mesures sur des pressions atteignant 120 GPa grâce à une astuce qui permet d'éviter la fragmentation. Pour cela, on fait pousser un cristal d'hydrogène au centre d'un cristal d'hélium. À haute pression, l'hydrogène et l'hélium ne sont pas miscibles et l'hélium sert de coussin hydrostatique. Cela a permis de mesurer la variation du volume en fonction de la pression : le résultat le plus notable est que l'on n'observe pas la phase métallique prévue par la théorie.

Actuellement, on pense que 88 % de Jupiter est formé d'hydrogène métallique. Une première couche de 17 500 km est composée d'hydrogène moléculaire isolant, le reste est de l'hydrogène métallique, excepté le petit noyau central. Malheureusement, le champ magnétique de Jupiter calculé à partir de ce modèle est beaucoup plus faible que celui mesuré par une sonde envoyée il y a quelques années. Le champ magnétique de Jupiter est le plus fort de toutes les planètes et il repousse le vent de particules chargées provenant du Soleil jusqu'à cent fois son rayon (contre dix pour la Terre).

La Terre, elle, s'est formée il y a environ 4,5 milliards d'années, lorsque les objets orbitant autour du Soleil en formation entrèrent en collision et s'agrégèrent. Au fur et à mesure, la gravitation força les éléments les plus lourds à migrer vers le centre de la Terre. Depuis sa surface jusqu'au cœur, elle est formée de couches concentriques de compositions et des propriétés chimiques très différentes. La lithosphère, la couche externe de la croûte terrestre, est constituée de plaques qui se déplacent les unes par rapport aux autres à raison de plusieurs centimètres par an. Les plaques océaniques sont recouvertes d'une croûte de 7 km d'épaisseur. Froides et plus denses que la couche inférieure (le manteau), elles ont tendance à s'enfoncer dans celui-ci à des endroits appelés zones de subduction. Les plaques continentales, plus épaisses, ne sont pas sujettes à ce phénomène. Aux frontières des plaques, il existe des zones volcaniques et des tremblements de terre. Le manteau supérieur est situé entre la lithosphère et le manteau inférieur. Son épaisseur est de l'ordre de 600 km. À 660 km à l'intérieur de la Terre, la température est de l'ordre de 1 900 K et la pression de 23 GPa. Le manteau inférieur s'étend entre 660 et 2 900 km. Il est essentiellement formé d'oxydes de fer et de magnésium ainsi que de silicates. À 2 900 km la température atteint 3 000 K et la pression est de 135 Gpa *(Fig. 4)*. Entre 2 900 et 5 100 km se trouve le cœur extérieur, composé d'un alliage liquide fer-nickel avec 10 % d'impuretés (hydrogène, soufre, carbone, oxygène, silicium...). Cet alliage liquide est un fluide qui se déplace de 1 km/an et est sujet à des courants électriques : par un effet dynamo, il est responsable du champ magnétique terrestre. En étudiant des roches magnétiques dont on peut mesurer avec précision l'âge, on s'est aperçu que la direction du champ magnétique terrestre avait changé de nombreuses fois depuis la création de la Terre (avec une période de quelques millions d'années). L'interface cœur liquide-manteau inférieur solide joue un rôle particulièrement important à cause des discontinuités des propriétés chimiques et physiques à cet endroit. Entre 5 100 et 6 400 km se trouve le cœur constitué de fer solide. Au centre de la Terre – 6 400 km, la pression atteint 360 GPa et la température avoisine 6 000 K[3].

D'où proviennent les informations sur cette composition et ces paramètres ? Essentiellement d'une seule technique : l'étude des ondes sismiques. Les ondes élastiques créées par des tremblements de terre traversent la planète avec des vitesses qui varient selon la densité, la pression et le module élastique des matériaux. Les tremblements de terre produisent des ondes longitudinales (compression) et des ondes transverses (cisaillement). Ces dernières ne se propagent pas dans les solides. Des détecteurs installés tout autour de la Terre permettent de mesurer les ondes réfléchies ou diffusées et d'obtenir le modèle actuel.

À quoi peuvent servir les rayons X ? À tester ce modèle : pour cela, on reconstitue en laboratoire les conditions de pression et de température qui règnent dans les différentes couches de la Terre sur les mêmes matériaux. Avec des rayons X, on peut étudier la structure des matériaux et les changements de phase.

Toutefois, on ne peut pas aujourd'hui reproduire en laboratoire les conditions qui règnent au centre de la Terre (6 400 K et 360 GPa). Par contre, on a pu atteindre pour la première fois

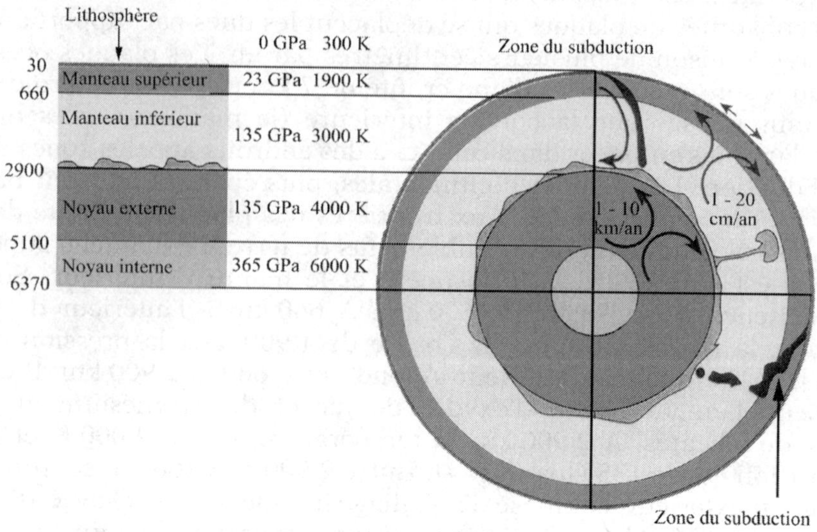

Figure 4 – Coupe de la terre présentant les différentes couches (lithosphère, manteau externe, manteau interne, noyau externe, noyau interne). Les pressions et les températures sont aussi indiquées. Le noyau interne comprend surtout du fer solide alors que le noyau externe est liquide. Les manteaux sont formés essentiellement de silicates[3].

récemment 304 GPa[4] et 1 300 K sur un échantillon de fer et étudier la structure hexagonale observée dans ces conditions. Cela correspond à des conditions assez voisines de l'interface fer liquide-fer solide et permet de tester avec précision des modèles de l'intérieur de la Terre[5].

DÉTERMINATION DE STRUCTURES BIOLOGIQUES

Le but de la biologie moléculaire est de comprendre les processus biologiques à partir des propriétés chimiques et physiques des macromolécules. Nous allons voir que cela nécessite la connaissance de la structure atomique à trois dimensions de ces macromolécules, ce qui n'est pas surprenant puisqu'on sait qu'en changeant la structure d'un semi-conducteur ou d'un métal (en faisant varier par exemple la température ou la pression), on change aussi ses propriétés chimiques et physiques.

Pourtant, il existe une différence fondamentale entre l'inerte et le vivant : la cellule élémentaire du silicium comporte quelques atomes, celle d'un virus plusieurs millions ! Seule la diffraction des rayons X permet de déterminer des structures aussi compliquées, et encore, à condition d'employer du rayonnement synchrotron.

Comme chaque cellule contient des millions de protéines, qui interagissent d'une manière complexe, la compréhension du fonctionnement de la cellule vivante est devenue l'un des défis majeurs de la science moderne.

La détermination de la structure des macromolécules biologiques (protéines, ribosomes, virus...) est facilitée par le fait qu'elles sont formées de séquences de sous-ensembles de petite dimension (quelques atomes) que sont les acides aminés pour les protéines et les nucléotides pour l'ADN.

Les premiers clichés de diffraction X de protéines furent obtenus à Cambridge en 1934 par le physicien anglais J. D. Bernal. Il a fallu attendre plus de vingt ans avant de pouvoir les interpréter et remonter à la structure même de ces protéines. La découverte de la structure de l'ADN en 1953 par Francis Crick et James Watson par ce procédé — et toujours à Cambridge ! — est considérée comme le point de départ de la biologie moléculaire.

Les acides aminés et les protéines

Les acides aminés sont les constituants fondamentaux des protéines : seuls vingt acides aminés sont utilisés par le vivant. Ils ont tous en commun un atome central de carbone Cα auquel est attaché un atome d'hydrogène H, un groupe aminé NH_2 (N = azote), un groupe COOH, appelé groupe carboxyle, et enfin une chaîne latérale considérée comme un radical, et appelée *R*, différente pour chaque acide aminé et spécifiée par le code génétique.

Les acides aminés forment des chaînes grâce à des liaisons peptidiques, dont la formation requiert l'élimination de molécules d'eau : un peptide comporte quelques acides aminés, un polypeptide peut atteindre cent cinquante acides aminés.

Les chaînes sont appelées « structures primaires de protéines ». Au-delà de la structure primaire, les chaînes forment, grâce aux liaisons hydrogène entre certains acides aminés, soit des hélices α soit des feuillets β. La structure d'hélice α fut décrite en 1951 par Linus Pauling qui montra qu'elle devait être un élément de base des protéines. Cela fut vérifié quelques années plus tard par Max Ferdinand Perutz, qui découvrit la structure de l'hémoglobine, et John Cowdery Kendrew en 1958 celle de la myoglobine, ce qui leur valut en 1962 le prix Nobel.

Mais ce n'est pas tout ! La protéine va encore changer de forme. Sous l'effet de paramètres divers dont certains demeurent encore inconnus, les feuillets β et les hélices α peuvent se replier pour former des amas globulaires : c'est la structure ternaire. L'eau joue un rôle très important dans ce repliement : en effet, les chaînes latérales hydrophobes sont tournées vers l'intérieur, créant un cœur hydrophobe et une surface hydrophile. C'est une des caractéristiques des protéines mises en évidence par Kendrew au cours de la détermination de la structure de la myoglobine. Finalement, l'association de plusieurs chaînes polypeptidiques par des liaisons faibles *aboutit* à la structure quaternaire : celle-ci se compose donc d'un assemblage de structures ternaires[6].

Certaines protéines ne contiennent que des hélices α : c'est le cas par exemple des globines. D'autres sont constituées uniquement de feuillets : les enzymes (qui sont des protéines servant comme catalyseurs), les anticorps ou bien les protéines qui entourent les virus. Toutefois, de nombreuses protéines comprennent aussi bien des hélices que des feuillets.

La myoglobine et l'hémoglobine ont une importance capitale pour l'organisme : elles permettent respectivement le stockage et le transport de l'oxygène dans les muscles et le sang. Les structures des globines furent les premières structures de protéines découvertes grâce aux rayons X.

Les nucléotides et les acides nucléiques

Deux acides nucléiques jouent un rôle fondamental : l'ADN et l'ARN. L'acide désoxyribonucléique (ADN) est le constituant principal des chromosomes et le support de l'hérédité, l'acide ribonucléique (ARN) possède de nombreuses variantes et se définit comme le messager entre les gènes et les sites de synthèse des protéines. Les acides nucléiques sont formés à partir de quelques nucléotides. Ces derniers sont constitués d'un sucre, d'une base et d'un groupe phosphate. Le sucre est soit un ribose (dans le cas de l'ARN), soit un désoxyribose (pour l'ADN).

Comme nous l'avons vu dans le cas des protéines, il existe aussi des structures primaires, secondaires et ternaires pour les nucléotides. La structure primaire est une chaîne de nucléotides (polynucléotide). La structure secondaire est la fameuse double hélice de Watson et Crick : elle est formée de deux chaînes polynucléotiques qui s'enroulent autour d'un axe commun. Elles sont unies par des liaisons hydrogène qui existent entre les paires de bases. L'adénine *(A)* ne se couple qu'avec la thymine *(T)* par deux liaisons hydrogène ; la guanine *(G)* se liant avec la cytosine *(C)* par trois liaisons hydrogène.

C'est la séquence précise des bases dans l'ADN qui détermine l'information génétique : les différents tronçons de cette double hélice forment les gènes. L'ADN se comporte comme un programme d'informatique qui indique à la cellule ce qu'elle doit faire.

Détermination de la structure des macromolécules

Pourquoi a-t-on besoin de connaître la structure des macromolécules ? Tout simplement parce que l'on sait aujourd'hui qu'il existe une relation entre la fonction biologique d'une macromolécule et la forme qu'elle prend dans un espace à trois dimensions : la connaissance de la structure d'un virus permet la mise au point de médicaments antiviraux : celle de la structure du ribosome est utile à la création de nouveaux antibiotiques, qui serviront à attaquer l'appareil génétique de la bactérie ; enfin, la connaissance de la structure du nucléosome permettra un meilleur contrôle des gènes et une plus grande efficacité du génie génétique.

Pour que cette observation soit possible, deux méthodes sont disponibles. La première est la résonance magnétique nucléaire (RMN) dans le détail de laquelle nous ne pouvons entrer ici. L'avantage de la RMN vient du fait qu'elle donne des résultats en phase liquide *(in vivo)* : elle ne nécessite pas l'obtention de cristaux. Mais elle ne peut résoudre que des structures ayant un poids moléculaire peu élevé (30 000 daltons)*.

La diffraction des rayons X est la seconde méthode, et de loin la plus utilisée. Les résolutions obtenues varient entre 1,5 et 3 Å. Elle présente l'inconvénient de nécessiter des monocristaux. La première question que l'on peut se poser et qui a fait l'objet de nombreuses controverses au début de la cristallographie des protéines est de savoir si les macromolécules conservent leurs fonctions biologiques dans la phase cristalline. La réponse est clairement positive et cela a été démonté en particulier pour les enzymes. Une des difficultés provient du fait qu'il est très difficile de faire « pousser » des monocristaux de grandes dimensions : de plus, durant les mesures, ils doivent rester en contact avec la solution qui a servi à les faire pousser. Au début de la cristallographie de molécules biologiques, il fallait plusieurs années pour découvrir la structure d'une protéine. Aujourd'hui, quelques heures ou quelques jours suffisent pour les cas les plus simples.

De nombreuses structures de protéines sont d'abord étudiées avec des tubes à rayons X pour « dégrossir ». Mais pour obtenir des structures à très haute résolution, pour déterminer la structure des ensembles de grandes dimensions tels que le ribosome et les virus, on doit impérativement utiliser le rayonnement synchrotron. En 1996, 70 % des structures découvertes l'ont été par rayonnement synchrotron.

La cristallographie des molécules biologiques

Nous avons vu comment se forment les protéines et les virus. Nous allons aborder maintenant plusieurs exemples d'expériences qui ne pouvaient être réalisées il y a quelques années : la première consiste à étudier les modifications de la structure d'une protéine à l'échelle de quelques milliardièmes de seconde pendant une réaction biologique, la seconde est la découverte de la structure d'un virus dont la cellule unitaire contient plusieurs millions d'atomes et les deux dernières concernent des ensembles de grandes dimensions, le nucléosome et le ribosome.

* Dalton : unité de masse égale au seizième de la masse de l'atome d'oxygène.

Pourquoi est-il important de réaliser des expériences résolues en un milliardième de seconde ? Parce que les molécules biologiques subissent des changements structuraux extrêmement rapides pendant qu'elles assument leur fonction biologique.

On sait que la myoglobine, une protéine que l'on trouve dans les muscles, emmagasine l'oxygène pour le convertir en énergie. Comme nous l'avons vu plus haut, l'oxygène se fixe sur le fer. Lorsque Kendrew résolut la structure de la myoglobine en 1960, il se posa immédiatement la question de savoir comment la molécule d'oxygène pouvait entrer ou sortir de la myoglobine, étant donné la compacité de sa structure. Sa conclusion fut que ladite structure ne pouvait être statique ; dynamique, elle « respire » grâce à des canaux qui s'ouvrent et se ferment pour permettre l'accès à l'hème. Quels sont ces canaux ? Quelle est la vitesse à laquelle la protéine répond à la dissociation de l'oxygène du fer ? On a aujourd'hui un début de réponse.

L'expérience a été faite avec un cristal de myoglobine[7] avec du monoxyde de carbone (CO) qui se fixe plus facilement que l'oxygène. À l'instant t = 0, on envoie sur le cristal une impulsion très courte d'un laser visible dont la longueur d'onde a été choisie pour casser la liaison entre le monoxyde de carbone et le fer. À l'instant t = 0, la molécule de CO est liée à l'atome de fer : quatre milliardièmes de seconde plus tard, la molécule de CO s'est éloignée de 4 Å et s'est retournée de 90 degrés (*Fig. 5*, voir hors-texte). Elle reste dans cette configuration pendant 350 ns. Après une microseconde, la molécule de CO a quitté l'hème. On peut observer simultanément le changement de position des hélices et de certains acides aminés.

On a donc pu réaliser pour la première fois un film des changements de structure d'une protéine pendant sa fonction biologique. Toutefois, pour arriver à observer les mécanismes fondamentaux, il faudrait gagner encore plusieurs ordres de grandeur en résolution temporelle, ce qui n'est pas impossible.

Structure de très gros virus

Chaque virus a sa forme propre, mais tous les virus ont des points communs. Le cœur contient un acide nucléique (ADN ou ARN). Il est entouré et protégé par une enveloppe composée d'une ou plusieurs protéines (capside), généralement identiques. Chez quelques virus, comme celui de la grippe, cet ensemble est lui-même entouré par une enveloppe riche en protéines, lipides et carbohydrates.

En 1998, une équipe d'Oxford[8] a réussi à déterminer à Grenoble la structure du virus de la langue bleue, qui atteint les ovins et n'est pas transmissible à l'homme. Ce virus est composé d'une enveloppe extérieure formée de 260 trimères. Le noyau central a un diamètre de 800 Å (*Fig. 6*, voir hors-texte) et un poids moléculaire de 60.10^6 daltons ! Il comprend 780 protéines d'une sorte et 120 d'une autre. L'information génétique se trouve en son intérieur sous la forme de dix molécules d'ARN comprenant 19 200 paires de bases.

C'est la plus grosse structure de virus jamais découverte, mais ce record ne devrait pas tenir très longtemps. L'information structurelle obtenue devrait permettre la mise au point d'un médicament.

Les nucléoprotéines

Il s'agit d'ensemble de très grandes dimensions (plusieurs centaines d'angströms) formés de protéines et d'acides nucléiques et jouent un rôle fondamental dans le corps humain :

— « Le nucléosome » : la structure élémentaire de la chromatine, consistant en deux cent paires de bases d'ADN et de deux copies de quatre histoires différentes. La structure a été résolue en 1997 par l'équipe de Richmond (Zürich)[9].

— « Le ribosome » : c'est le composant essentiel du mécanisme de traduction du code génétique c'est-à-dire de la synthèse des protéines autrement dit la « fabrique » de protéines du corps humain.

Trois équipes américaines[10] ont réussi en 1999 à obtenir une structure avec 5 Å de résolution (à NSLS — Brookhaven et ALS — Berkeley). Des études récentes faites à l'ESRF sont proches de 2,5-3 Å.

Conclusion

J'ai choisi d'une manière arbitraire deux ou trois exemples pour illustrer les nouvelles possibilités du rayonnement synchrotron. J'aurais pu aussi bien montrer le développement considérable de l'étude du magnétisme, en grande partie dû à la découverte de la magnétorésistance géante[11], des études de surface en particulier en catalyse ou des structures électroniques des supraconducteurs à haute température.

Le rayonnement synchrotron est devenu aujourd'hui un outil indispensable pour l'étude de matériaux[12]. Toutefois il ne faut pas oublier que l'on résout rarement un problème de physique avec une seule technique. C'est donc un outil qu'il faut compter avec d'autres techniques : lorsqu'on étudie une surface la diffraction de surface en rayons X et la microscopie tunel amènent des informations complémentaires.

RÉFÉRENCES

1. CLOETENS (P.) *et al.*, *Applied Phys. Lett.*, n° 75, 1999, p. 2912.
2. LOUBEYRE (P.) *et al.*, *Nature*, n° 383, 1996, p. 702.
3. GILLET (P.) et GUYOT (F.), *Phys. World*, n° 9, 1996, p. 27.
4. DUBROVINSKY (L. S.) *et al.*, *Phys. Rev. Lett.*, n° 84, 2000, p. 1720.
5. DZIEWONSKI (A. M.) et ANDERSON (D. L.), *Phys. Earth Planet. Inter.*, n° 25, 1981, p. 297.

6. BRÄNDÉN (C. I.) et TOOZL (J.), *Introduction to Protein Structure*, Garland Publ. Inc. New York — London 1991.
7. SRAJER (V.) *et al.*, *Science*, n° 274, 1996, p. 1726.
8. GRIMES (J. M.) *et al.*, *Nature*, n° 395, 1998, p. 470.
9. K. LUGER *et al.*, *Nature*, n° 389, 1997, p. 251.
10. CLEMONS (W. M.) *et al.*, *Nature*, n° 400, 1999, p. 833.
11. BAN (N.) *et al.*, *Nature*, n° 400, 1999, p. 841.
12. CATE R. *et al.*, *Science*, n° 285, 1999, p. 2095.

– BAIBICH (M. N.) *et al.*, *Phys. Rev. Lett.*, n° 61, 1988, p. 2472.
– PETROFF (Y.), *Les rayons X (de l'Astrophysique à la Nanophysique)*, Collection Dominos, Flammarion, 1998.

Les matériaux magnétiques : de la boussole à l'électronique de spin

par MICHEL PIECUCH

Les matériaux magnétiques sont omniprésents dans notre environnement. Une voiture moderne, par exemple, peut contenir jusqu'à 70 dispositifs différents utilisant ces matériaux comme des moteurs électriques, des actionneurs ou transmetteurs de mouvement, des capteurs... Leur présence cachée au sein d'innombrables objets techniques reste cependant mystérieuse comme le mot lui même. Nous essayerons, dans la suite, d'éclairer le fonctionnement de ces matériaux et les concepts scientifiques qui les sous-tendent.

Un peu d'histoire

L'histoire des matériaux magnétiques remonte à une époque très ancienne, à peu près contemporaine à la découverte du fer. Les premières mentions de l'existence des aimants écrites par les Grecs, datent d'environ 800 ans avant Jésus-Christ*, le nom de « magnétés » est rapporté par plusieurs philosophes. L'origine de ce nom est controversée, ma version préférée est celle de William Gilbert, médecin de la reine Élisabeth I qui dit la tenir de Pline, le nom de magnétite viendrait du nom du berger Magnés : « Les clous de ses sandales et le bout ferré de son bâton pastoral se sont collés à une pierre magnétique quand il gardait son troupeau. »

Texte de la 230e conférence de l'Université de tous les savoirs donnée le 17 août 2000.

* Des références historiques plus détaillées peuvent être trouvées dans « Magnétisme », volume 1 *Fondements*. Sous la direction d'Étienne du Trémolet de Lachaisserie, Presses universitaire de Grenoble 1999.

Parallèlement aux Grecs, les Chinois découvrirent également les aimants, mais ils remarquèrent, découverte décisive, la directivité des pierres d'aimants dans le champ magnétique terrestre. Un instrument directif constitué d'une cuillère posée sur un plateau est représenté dans une peinture datant d'environ 50 ans après Jésus-Christ. Une boussole chinoise classique est constituée d'un poisson en fine tôle de fer porté au rouge puis trempé dans l'eau froide et mis au-dessus d'un bol d'eau ; il indique le nord magnétique (vers l'an 1000).

En Europe, le premier livre sérieux sur le sujet *De Magnete* fut publié par Pierre Pèlerin de Maricourt en 1269. Il fut celui qui parla le premier de pôle magnétique.

La science moderne du magnétisme est plus tardive et date des découvertes de Charles Augustin Coulomb. En utilisant une balance de torsion, il établit la loi de variation de la force magnétique en fonction de la distance (1785).

Une expérience très importante fut faite en avril 1820 par le physicien danois Hans Christian Oersted. Il montra qu'un fil parcouru par un courant électrique produit un champ magnétique : « une boussole placée à proximité de ce fil est déviée quand le fil est parcouru par un courant électrique ». Cette découverte est à l'origine de tous les moteurs électriques : l'interaction d'un matériau magnétique avec un courant électrique produit du mouvement.

Michael Faraday découvrit, l'année suivante (1821), le phénomène d'induction : un champ magnétique variable placé à proximité d'une spire crée un courant électrique dans cette spire. C'est la découverte du processus qui produit de l'électricité dans les dynamos et les alternateurs. Avec les découvertes d'Oersted et de Faraday s'ouvrait l'ère de la deuxième révolution industrielle, on avait les moyens de produire de l'électricité et on savait l'utiliser pour faire des moteurs.

La physique du magnétisme

CONCEPTS DE BASE

Les deux concepts centraux dans la physique du magnétisme sont les concepts de champ et de moment magnétique.

L'objet magnétique le plus simple est un aimant permanent. Cet aimant exerce une force sur un autre aimant ou sur des matériaux magnétiques comme le fer. Si on observe deux aimants en train d'interagir, ils s'attirent ou se repoussent, il y a une action à distance, c'est le champ magnétique produit par l'un des aimants qui interagit avec l'autre aimant. Si l'un des deux aimants est libre, il tourne s'il est dans le « mauvais sens », on dit que l'aimant a deux pôles. Deux pôles identiques se repoussent, deux pôles différents s'attirent. Pour préciser cette notion de pôles, on définit le moment magnétique, qui est un vecteur allant du pôle sud au pôle nord. Un aimant possède donc un moment magnétique et ce moment produit un champ magnétique.

Le plus simple des circuits électriques est une boucle de courant. Elle est équivalente à un aimant permanent *(Fig. 1)*. Le moment magnétique de la boucle est un vecteur perpendiculaire au plan de la boucle et dont l'intensité est donnée par le produit de l'intensité du courant électrique passant dans la boucle par sa surface. Le champ magnétique produit par la boucle est alors donné par les mêmes formules que le champ électrique produit par un dipôle électrique (deux charges de signe contraire).

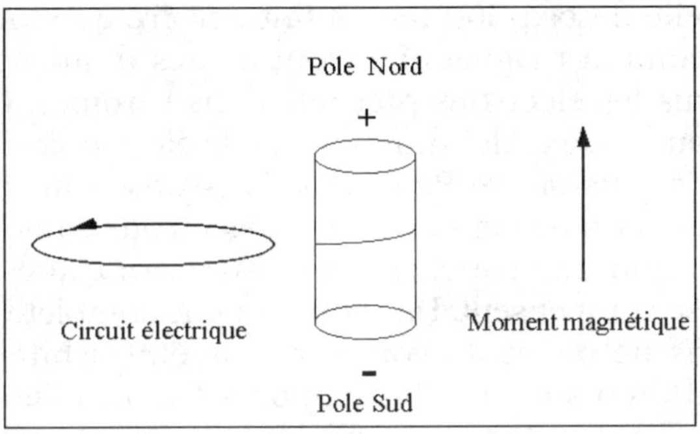

Figure 1 – Une boucle de courant (un circuit) et un aimant sont des sources de champ magnétique équivalentes, on les représente par un vecteur, le moment magnétique.

La force exercée par un champ magnétique sur un moment magnétique (par un aimant sur un autre aimant par exemple), repose sur un principe très simple : elle est fondée sur la recherche de l'énergie minimum. L'énergie d'interaction entre un champ magnétique et un moment magnétique est donnée par le produit scalaire des deux vecteurs :

$$E = \vec{m} \cdot \vec{B} = -mB\cos\theta$$

Où θ est l'angle entre les deux vecteurs. Le moment magnétique d'un aimant va donc vouloir s'aligner avec le champ magnétique (pour rendre l'angle plus petit ou le cosinus plus grand), il va tourner, et ensuite l'aimant va aller vers le champ maximum, comme le champ croît quand on s'approche d'un aimant, cela explique l'attraction entre deux aimants.

L'ORIGINE MICROSCOPIQUE

La mécanique quantique décrit le mouvement des électrons dans les atomes. Classiquement on peut imaginer un électron en train de décrire une orbite autour du noyau de l'atome. Cette charge électrique en train de tourner est équivalente à une boucle de courant et produit donc un champ magnétique, le moment magnétique correspondant est appelé moment magnétique orbital. L'électron a un autre moment magnétique, que l'on peut imaginer comme correspondant au mouvement de rotation propre de l'électron (l'électron comme la terre tourne autour du noyau (le soleil) et sur lui-même) mais qui, en fait, ne peut être compris qu'avec la mécanique quantique. Ce moment magnétique est proportionnel à un vecteur décrivant cet état de rotation propre que l'on appelle « le spin ». Une telle description tend à faire croire que tous les atomes portent un moment magnétique (somme des moments orbitaux et de spin de tous les électrons présents dans l'atome). Cependant, le principe de remplissage des différents états électroniques de l'atome, le principe d'exclusion de Pauli (les électrons sont d'incorrigibles individualistes et on ne peut avoir deux électrons dans le même état) et la construction par couches successives font que les moments magnétiques se compensent. Dans une couche complète, par exemple, deux électrons ne peuvent avoir le même état orbital que si leurs spins sont différents c'est-à-dire opposés (un des électrons tourne dans un sens, l'autre dans l'autre). Malgré tout, pour des couches atomiques incomplètes, il reste un moment magnétique atomique et donc presque tous les atomes portent un moment, l'unité de moment magnétique des atomes est le magnéton de Bohr qui correspond au moment de spin d'un électron indépendant.

Quand on construit des molécules, les mécanismes qui régissent les liaisons chimiques sont fondés sur la construction de couches complètes (deux atomes, dont l'un a N électrons de valence (les électrons de sa couche incomplète) et l'autre M, forment une liaison chimique si $M + N = 8$, c'est-à-dire si le nombre total d'électrons de valence correspond à une couche complète) et donc les molécules ne portent pas de moments magnétiques (dans une couche complète il y a autant d'électrons de spin dans un sens que dans l'autre et autant d'électrons tournent autour du noyau dans un sens que dans l'autre). Ces composés acquièrent cependant un moment sous l'action d'un champ magnétique, ce moment tend à créer une réaction au champ appliqué : il lui est opposé, ces matériaux dits diamagnétiques sont donc repoussés par un champ.

Quand les atomes possèdent des couches qui n'interviennent pas ou peu dans la liaison chimique, comme les électrons dits « d » des métaux de transition dont la première série va du scandium au cuivre en passant par le fer, le cobalt et le nickel, ou comme les électrons « f » des terres rares (série qui va du lanthane au lutécium en passant par le gadolinium), les atomes conservent un moment magnétique dans l'état solide. L'état le plus simple de ces solides est l'état paramagnétique où les moments magnétiques des différents atomes sont désordonnés, un paramagnétique a un moment global qui est donc la somme vectorielle de moments désordonnés, ce moment global est nul sous champ nul. Quand on applique un champ, il lui est proportionnel et est dans le même sens que lui.

LE COMPORTEMENT COLLECTIF DES MOMENTS MAGNÉTIQUES ATOMIQUES

Les moments magnétiques d'atomes différents interagissent entre eux, de façon directe parce qu'on appelle l'interaction dipolaire (le champ magnétique créé par un moment magnétique interagit avec un autre moment pour l'aligner dans le champ produit), mais aussi et surtout par des effets plus subtils que l'on appelle interaction d'échange, produisant une énergie d'interaction entre les moments magnétiques de deux atomes. Il existe deux types d'interactions : l'interaction ferromagnétique qui favorise la configuration où les deux moments magnétiques sont parallèles (et de même sens) et l'interaction antiferromagnétique qui favorise l'état où les deux moments sont antiparallèles (parallèles et de sens opposés). Un matériau ferromagnétique est un matériau où toutes les interactions sont ferromagnétiques. Il a donc un moment permanent macroscopique qui est la somme de tous les moments magnétiques de ses atomes (qui sont tous parallèles). Un matériau antiferromagnétique a ses moments alternativement dans un sens puis dans l'autre, il se comporte globalement comme un paramagnétique puisque son moment global (la somme des moments magnétiques atomiques ou aimantation) est également nul en l'absence de champ appliqué. La théorie du ferromagnétisme fut faite par Pierre Weiss au début de ce siècle, la théorie de l'antiferromagnétisme par Louis Néel en 1932 (prix Nobel 1970).

Cette description de l'ordre est valable au zéro absolu, si on augmente la température, deux mécanismes sont en compétition, la température, d'une part, tend à favoriser l'agitation thermique et donc le désordre des moments et l'énergie d'interaction, d'autre part, tend à aligner ces moments. Il y a donc, une température dite température de Curie (dans un ferromagnétique) au-dessous de laquelle les spins de tous les atomes sont rangés (au-dessus de la température de Curie le désordre l'emporte sur l'ordre et le solide devient paramagnétique).

LES MATÉRIAUX FERROMAGNÉTIQUES

La plupart des matériaux magnétiques utilisés dans des applications sont ferromagnétiques. Le comportement d'un ferromagnétique sous champ appliqué est décrit parce qu'on appelle le cycle d'hystérésis *(Fig. 2)*. Si on part d'une situation où le corps ferromagnétique a un moment global nul et l'on applique un champ, le moment magnétique mesuré va croître assez rapidement jusqu'à une situation où tous les moments magnétiques atomiques sont alignés avec le champ extérieur, c'est la saturation qui correspond pour du fer métallique, par exemple, à 2,2 magnétons de Bohr par atomes. Ensuite, si on abaisse le champ pour l'annuler, la courbe n'est pas réversible, en champ nul il reste un moment magnétique global ou aimantation rémanente, et il faut appliquer un champ magnétique négatif (le champ coercitif) pour supprimer ce moment.

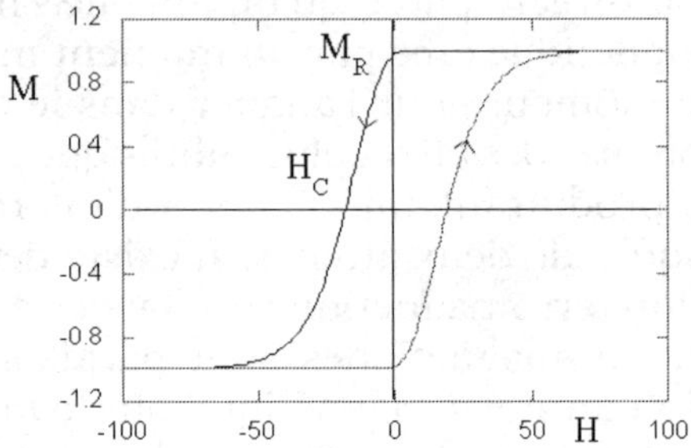

Figure 2 – Cycle d'hystérésis. Après saturation, la baisse du champ magnétique appliqué conduit à l'aimantation rémanente M_R et il faut appliquer un champ magnétique négatif suffisant, le champ coercitif H_C pour annuler à nouveau l'aimantation.

Ce cycle d'hystérésis est essentiellement expliqué par la théorie des domaines. Quand Pierre Weiss proposa sa théorie des matériaux ferromagnétiques, l'alignement spontané des moments magnétiques atomiques, une objection lui vint naturellement : pourquoi existe-t-il des états de ferromagnétiques où l'aimantation est nulle ? Il trouva la réponse, un matériau ferromagnétique dans son état totalement ordonné crée un champ magnétique considérable à l'extérieur mais aussi à l'intérieur de lui-même, ce champ dit champ démagnétisant est opposé à l'aimantation et donc son interaction avec les moments magnétiques coûte de l'énergie. Pour minimiser cet effet Pierre Weiss a proposé que, sous champ nul, une substance ferromagnétique soit constituée de nombreux domaines d'aimantations opposées, qui fassent que le champ démagnétisant soit diminué ou supprimé, c'est effectivement ce qu'on observe. On comprend alors la courbe d'hystérésis décrite plus haut : l'échantillon avait au départ une structure en domaines et une aimantation nulle. Le champ magnétique a déplacé les parois de domaines jusqu'à les supprimer pour atteindre la saturation. Quand on abaisse le champ, on peut créer des domaines, mais cela coûte de l'énergie (énergie de paroi) et il reste donc une aimantation rémanente.

Les applications

LES AIMANTS PERMANENTS OU MATÉRIAUX DURS

On classe les matériaux ferromagnétiques suivant la valeur de leurs champs coercitifs, les matériaux dits durs sont les matériaux qui ont un grand champ coercitif, les matériaux doux sont les matériaux qui ont un champ coercitif faible (historiquement, les aciers mécaniquement doux avaient le champ coercitif le plus faible). Les matériaux magnétiques les plus spectaculaires sont les aimants permanents, un aimant permanent est un matériau ferromagnétique à fort champ coercitif, c'est un matériau dur. Il est aimanté à saturation, puis on annule le champ appliqué et comme il a un champ coercitif très élevé, il garde une aimantation forte, les aimants permanents modernes sont des alliages de métaux de terre rare et de fer ou de cobalt. L'utilisation la plus courante de ces aimants permanents est la construction des moteurs électriques. Mais ils sont aussi utilisés dans de multiples capteurs.

LES MATÉRIAUX DOUX

Les matériaux doux dont le prototype est l'acier au silicium sont utilisés dans les transformateurs. Un transformateur est une boucle d'aimant, un enroulement électrique fait N tours autour de la boucle et aimante le matériau, les variations de flux produites (si le courant est alternatif) sont transmises à travers l'aimant à un autre enroulement de n spires et produisent dans ces spires une force électromotrice, le rapport des tensions est donné par le rapport n/N du nombre de spires. Un électroaimant fonctionne sur le même principe mais avec un seul circuit excitateur et une coupure dans le matériau magnétique, l'entrefer, où l'on peut utiliser le champ magnétique produit. Les matériaux doux sont aussi utilisés dans les alternateurs et dans de nombreux dispositifs de l'électrotechnique.

L'ENREGISTREMENT MAGNÉTIQUE

Une autre application courante est l'enregistrement magnétique. Le principe de l'enregistrement magnétique est extrêmement simple, on utilise l'hystérésis des matériaux magnétiques pour stocker des informations, un signal d'entrée aimante le média (disque ou bande) et le média conserve ensuite un moment magnétique proportionnel au signal (dans le cas analogique) ou un moment dans un sens (le 1) ou dans l'autre (le 0) dans le cas digital. Ensuite, en lecture, la tête passe devant le média et détecte des changements de flux en présence ou en absence de moment magnétique. Les médias sont en général des matériaux ferromagnétiques, les bandes magnétiques sont constituées de petits grains de divers matériaux (oxydes de fer, de chrome, fer métal...) dispersés dans une matrice plastique. Les disques durs d'ordinateurs comportent une couche mince de matériau magnétique déposée par les techniques modernes et gravée en pistes.

Les recherches actuelles

Les recherches actuelles sur les matériaux magnétiques ont été stimulées par une découverte faite à Orsay en 1998. Il s'agit de la magnétorésistance géante. La résistance d'un métal magnétique ordinaire dépend du champ magnétique extérieur appliqué mais cet effet est très faible, aussi le monde du magnétisme fut très surpris par la découverte du groupe d'Albert Fert à Orsay en 1988. Ces chercheurs ont mesuré la résistance sous champ magnétique d'une multicouche fer/chrome (empilement de quelques dizaines de couches identiques de fer et de chrome d'épaisseurs de l'ordre du nanomètre (milliardième de mètre) et ont trouvé une variation de résistance très importante (plusieurs dizaines de %) sous des champs appliqués relativement modestes). Albert Fert expliqua l'effet observé. Il était bien connu depuis les années 1960 que les électrons des deux types de spin dans un métal ferromagnétique ont une résistivité différente, les électrons dont le spin est antiparallèle à l'aimantation conduisent mieux que ceux qui ont un spin parallèle à cette aimantation (ou l'inverse suivant les métaux). Dans les multicouches fer/chrome, deux couches de fer voisines subissent une interaction antiferromagnétique à travers le chrome, leurs moments magnétiques sont donc opposés en champ nul, un champ élevé détruit cet ordre antiferromagnétique en mettant tous les moments parallèles. En champ nul, un électron a donc un spin parallèle à l'aimantation dans une couche et antiparallèle dans la couche adjacente, la résistance est la moyenne de la résistance des deux spins. En champ élevé, un électron a, soit son spin toujours parallèle à l'aimantation et une grande résistance, soit toujours antiparallèle et donc une résistance très faible. C'est cet effet de court-circuit pour une partie des électrons qui produit la magnétorésistance géante (un électron très bien portant vaut mieux que deux électrons à moitié malades).

Cette découverte encouragea la recherche technologique sur de nouveaux capteurs de champs magnétiques, on utilisa les techniques de gravure et de dépôts qui avaient été développées dans le domaine des semi-conducteurs durant les années 1980 pour construire des dispositifs gravés en couches très minces. Les applications de ces capteurs sont multiples (par exemple dans le freinage ABS des voitures) mais ils sont principalement utilisés dans les têtes de lecture des disques durs d'ordinateurs.

Une tête magnétorésistive typique est séparée en deux parties, une tête d'écriture qui est une spire génératrice de champ et une tête de lecture qui est magnétorésistive. Depuis l'introduction des têtes magnétorésistives, la capacité des disques durs croît deux fois plus vite, on approche actuellement de 1 gigabit/cm^2 (un disque standard actuel a une capacité de 2 gigabits mais une surface beaucoup plus grande que 2 cm^2). Les premières têtes magnétorésistantes, tout en utilisant les techniques de gravure et de films minces, reposaient sur la magnétorésistance classique, la deuxième génération utilise l'effet découvert par Albert Fert. Enfin la troisième reposera sur un nouvel effet, la magnétorésistance tunnel.

Au début des années 1990 des chercheurs du MIT à Boston ont redécouvert l'effet tunnel polarisé en spin qui avait été mis en évidence dans les années 1970 à Rennes par Jullière. Cet effet est depuis lors l'objet d'une compétition acharnée de part et d'autre de l'Atlantique pour préparer les capteurs de demain. La physique de base est extrêmement simple, on élabore un objet où deux couches ferromagnétiques sont séparées par une couche isolante très mince (quelques nanomètres), on trouve un moyen pour que les deux couches magnétiques aient la possibilité d'avoir leurs aimantations parallèles puis antiparallèles, enfin, on mesure le courant transmis à travers l'isolant dans les deux cas. Le courant peut varier énormément entre les deux configurations magnétiques. La possibilité de faire passer du courant à travers un isolant très mince est un effet purement quantique et est dû au caractère ondulatoire des électrons, les électrons passent à travers l'isolant qui devrait les arrêter comme la lumière passe à travers une couche très mince de métal alors qu'elle devrait être totalement réfléchie. L'intérêt par rapport aux couches à magnétorésistance géante est que la résistance du dispositif est relativement grande, ce qui permet de le rendre très petit.

L'existence de deux types d'électrons dans un ferromagnétique (ceux de spin parallèle à l'aimantation et ceux de spin antiparallèle) ayant des comportements de transport différent a amené les physiciens du magnétisme à faire l'analogie avec les semi-conducteurs où deux types de charges, les électrons et les trous, produisent des propriétés qui sont à la base de l'électronique moderne. On proposa donc le transistor magnétique : un transistor magnétique typique est constitué de trois couches avec une électrode de commande, la grille, qui contrôle le passage du courant entre les deux autres.

Plusieurs applications de ces transistors magnétiques sont envisagées comme les capteurs, les magnétomètres, l'enregistrement, l'électronique proprement dite (remplacement des transistors à semi-conducteurs) mais surtout les mémoires non volatiles. Actuellement, la mémoire centrale d'un ordinateur est une mémoire à semi-conducteur qui nécessite un rafraîchissement constant et surtout qui perd toutes ses informations quand on coupe le courant. Dans le dispositif à mémoire magnétique, l'élément de mémoire individuel est une tricouche comme celle décrite ci-dessus et les deux états 0 et 1 sont les états d'aimantation antiparallèle et parallèle, les temps d'accès de ces mémoires sont du même ordre de grandeur que celles à semi-conducteurs mais elles ont l'avantage considérable d'être permanentes, elles ne sont pas effacées quand on coupe le courant. Ces mémoires sont appelées MRAM *(Magnetic Random Access Memory)*.

Petite conclusion

Les matériaux magnétiques ont constamment accompagné l'histoire du progrès technique depuis le début de l'âge du fer. L'utilisation de la boussole a permis l'essor du commerce maritime qui est à l'origine de la première révolution industrielle. Les découvertes d'Oersted et de Faraday au siècle dernier ont permis le développement des moteurs électriques et des alternateurs et ont conduit à la deuxième révolution industrielle. De multiples dispositifs de mémoire magnétique sont utilisés et seront utilisés dans les ordinateurs et les machines d'enregistrement qui permettent la troisième révolution industrielle celle de l'information et de la communication.

La recherche actuelle sur les matériaux magnétiques est toujours très féconde et développe de nouvelles voies comme l'électronique de spin qui sera peut-être la technique dominante pour les machines intelligentes au début du siècle prochain.

VIII

LA CHIMIE
SCIENCE DES TRANSFORMATIONS

La chimie supramoléculaire

par JEAN-MARIE LEHN

Du Big bang à l'homme, des particules élémentaires au vivant, l'Univers tel que nous le percevons est sous-tendu dans son ensemble par les lois qui régissent la matière. Particules subatomiques s'agrégeant en atomes, atomes formant des molécules, molécules se rassemblant en constructions supramoléculaires, puis en cellules, et enfin en organismes vivants : telle est la longue chaîne de l'élémentaire au complexe que nous découvrons peu à peu.

La Chimie, science de la matière et de sa transformation, en trace la voie. Sa vocation première est de comprendre, d'analyser sans « réduire » la formidable complexité du monde qui nous entoure. De plus, grâce à elle, cet immense jeu de construction qu'est le monde microscopique nous est chaque jour plus familier : sa structure intime nous apparaît, ses transformations nous deviennent accessibles. Nous nous approprions un rôle nouveau : de spectateurs, nous nous transformons en acteurs, en créateurs.

Il serait hors de propos de décrire la trame de la chimie dans l'histoire de l'humanité. Cependant, brossons une esquisse rapide, et certes très incomplète, de l'évolution de la chimie et de ses paradigmes. Très tôt, l'homme a cherché à comprendre la matière afin de mieux la maîtriser. Il y eut en particulier les hypothèses et conjectures des anciens Grecs qui traversèrent les âges pour parvenir jusqu'à nous. Elles ont d'ailleurs été, comme ce fut le cas dans de nombreux autres domaines, à l'origine de la connaissance du Moyen Âge. Ces modèles étaient plus théoriques et philosophiques que basés sur des réalités expérimentales. Empédocle, cinq siècles avant notre ère, comprenait la matière en termes d'éléments : le

Texte de la 231e conférence de l'Université de tous les savoirs donnée le 18 août 2000.

feu, l'air, l'eau et la terre donnant en se combinant des propriétés : le chaud, l'humide, le froid et le sec. Cette conception ne fut remise en cause que très tardivement et laissa finalement la place à une nouvelle démarche fondée sur l'analyse. L'ambition des chimistes de la renaissance, et c'est encore la nôtre, était la compréhension par la décomposition d'un tout en une somme de composants plus simples, par des opérations comme la distillation, la dissolution, la cristallisation, etc.

C'est ainsi qu'à force d'expérimentation, d'analyses de plus en plus fines, l'on vint à comprendre que la matière était en fait composée de briques, d'éléments irréductibles, et l'on retourna vers l'idée d'atomes avancée par Démocrite. Peu à peu, tout un bestiaire d'éléments apparut au grand jour, sans qu'on puisse finalement le comprendre et y mettre de l'ordre. On constatait alors que tel élément se combinait facilement avec tel autre ou encore que deux autres avaient des propriétés similaires, ou bien qu'ils étaient radicalement différents. On chercha à les classer, à les regrouper : les métaux, les gaz, les acides, etc. Il fallait aussi trouver les relations entre les produits résultant d'une transformation chimique et les composés dont on était parti. Une loi, qui marque véritablement le point de départ de la chimie moderne, s'imposa et fut énoncée par Lavoisier en ces termes bien connus : « Rien ne se crée, rien ne se perd, tout se transforme. »

Mendeleïev ouvrit alors à la chimie des horizons insoupçonnés en présentant son fameux tableau périodique. Ce jeune savant russe avait eu la vision de l'ordre qui se cachait derrière l'apparent désordre : il réussit à rassembler en une même table, cohérente, organisée, l'ensemble des éléments connus à l'époque. Les éléments disposés sur la même colonne avaient en effet des propriétés identiques, les métaux se retrouvaient avec les métaux, les halogènes étaient regroupés... Certes, des trous (encore nombreux) parsemaient sa classification mais Mendeleïev affirmait que ceux-ci n'attendaient que les éléments correspondant fussent découverts pour être remplis. Malgré le scepticisme de ses pairs, l'histoire apporta bien vite sa réponse : Mendeleïev avait raison et la chimie possédait enfin sa pierre de Rosette.

Restait alors, le tableau périodique en main, à savoir l'utiliser. On avait compris que les éléments se combinaient, et qu'une sorte de « connectique » existait. L'oxygène, constatait-on par exemple, se liait aisément avec le carbone. Des modèles furent avancés, cherchant alors le passage de la formule brute, où sont simplement recensés les éléments d'un composé, à la formule développée, dans laquelle les connexions entre éléments sont explicites.

On peut citer Kékulé, Wurtz et Loschmidt, qui proposèrent tous trois des modèles d'écriture de la formule chimique des composés. Mais ceux-ci avaient en commun le défaut d'être plans, c'est-à-dire qu'ils se bornaient à indiquer quel atome était lié à quel autre, sans tenir compte de la nature tridimensionnelle de l'ensemble. C'est avec Van't Hoff et Le Bel que la formule chimique se déploya, et il apparut que la géométrie des molécules dans l'espace avait une importance fondamentale. Non seulement la géométrie, mais aussi la disposition relative des atomes dans la molécule comme le démontra Pasteur avec sa découverte de la chiralité. En effet les molécules, principalement celles du vivant sont orientées, comme l'est une main gauche par rapport à une main droite, et un composé « gauche » peut avoir des effets sur un organisme radicalement différents de son composé miroir, « droit ». C'est ainsi que peu à peu, les modèles que se faisait l'homme de la matière évoluèrent jusqu'à atteindre ceux que nous employons aujourd'hui.

Mais le chimiste n'attendait pas, fort heureusement, que tout soit formalisé pour accomplir son travail d'étude et de création. L'extraction de composés naturels, et surtout la synthèse de molécules, ne cessèrent jamais dc se développer.

La synthèse de l'urée réalisée par Woehler en 1828, bien avant Mendeleïev ou Pasteur, fut une étape importante *(Fig. 1)*. Pour la première fois une molécule organique, c'est-à-dire appartenant au monde biologique, fut obtenue *ex vivo*, à l'aide uniquement de composés minéraux, inorganiques. Cela réfuta alors le quasi-dogme de la « force vitale » qui supposait qu'un organisme vivant était indispensable à la formation de composés organiques. C'est ainsi que le 28 février 1828 Woehler écrivit à Berzelius : « Je peux faire l'urée sans avoir besoin d'un rein, ou somme de tout animal, qu'il soit homme ou chien. »

La synthèse organique se développa rapidement, enrichissant sans cesse la panoplie de ses outils par la découverte de nouvelles réactions et la mise au point de stratégies d'obtention de substances naturelles de plus en plus compliquées. Par toute une série de brillantes réalisations, où l'élégance des stratégies se combinait aux prouesses de rendement et de sélectivité, on aboutît aux grandes synthèses des trente dernières années, et notamment à celle que l'on s'accorde à considérer comme en étant l'apothéose, la synthèse de la vitamine B12 *(Fig. 1)*. Quelque cent cinquante ans après Woehler, cette molécule extrêmement complexe put ainsi être obtenue. Sa synthèse, réalisée par les équipes de Robert B. Woodward (Harvard University) et d'Albert Eschenmoser (ETH Zürich), nécessita une centaine d'étapes, et une centaine de personnes y prirent part.

Un tel exploit synthétique constitue un sommet de la chimie organique. Il permet d'affirmer que la synthèse de pratiquement n'importe quelle molécule devrait être possible, pour peu qu'on y mette les moyens. Avec une telle réalisation, la chimie moléculaire devenait adulte et acquerrait ses lettres de noblesse. Mais il ne faut pourtant pas voir en cet aboutissement, loin s'en faut, la fin du chemin.

Cette chimie-là, focalisée sur la molécule, ne repose en quelque sorte que sur les liaisons fortes, appelées « covalentes », qui

Vitamine B_{12}

Urée

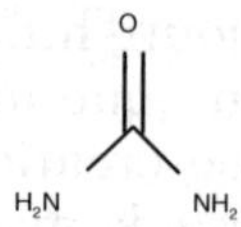

1828

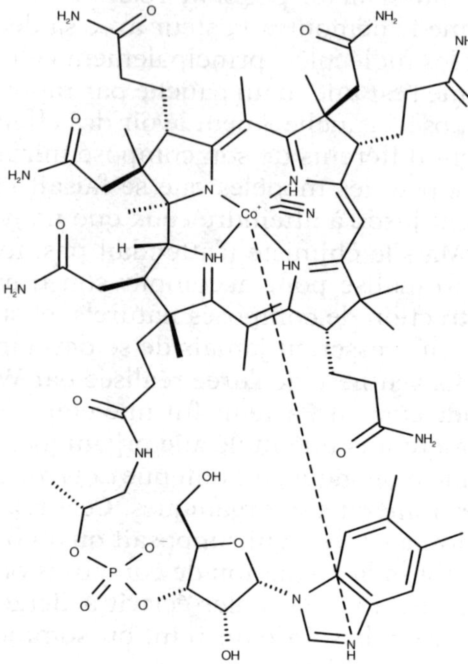

1976

Figure 1 – Deux étapes majeures de la chimie moléculaire : la synthèse de l'urée (1828) et de la vitamine B12 (1976).

connectent entre eux les atomes formant des molécules. Il existe pourtant d'autres types de liaisons, plus faibles. Elles sont de différentes natures : ce sont les forces électrostatiques, les liaisons hydrogène, les forces de Van der Waals, etc. Parce qu'en général négligeables au regard des liaisons covalentes, on les « oublie » lorsqu'on se concentre sur la molécule elle-même. Mais lorsque l'on considère le composé dans son environnement, en cherchant à savoir quelles sont les influences exercées sur lui par d'autres molécules, ces « interactions faibles » deviennent primordiales.

En effet, deux espèces interagissant, sans pourtant se « lier » au sens classique du terme, peuvent s'associer plus ou moins fortement et s'influencer tant et si bien que l'une d'elles peut même aider l'autre à accomplir une transformation chimique. C'est le phénomène bien connu de la catalyse.

Ainsi, au-delà de la chimie moléculaire, existe-t-il un domaine que l'on peut nommer *supramoléculaire*, dans lequel règne la chimie des interactions moléculaires, des associations de deux ou plusieurs espèces chimiques, des « complexes » et de la liaison intermoléculaire.

Le champ de la chimie des interactions moléculaires est extrêmement vaste. Cette science est en quelque sorte une métachimie s'étendant au-delà de l'espèce, vers le système et régissant ces constructions parfois fragiles que sont les édifices intermoléculaires.

C'est dans le domaine biologique que le rôle de ces interactions moléculaires est le plus frappant. Elles interviennent partout et à chaque instant entre les molécules biologiques et les processus qui régissent la vie : les enzymes accueillent des espèces bien précises et, en leur sein, pour effectuer leur transformation ; les hormones viennent se fixer à leurs récepteurs ; des unités protéiniques s'assemblent pour former l'hémoglobine ; les globules blancs reconnaissent et détruisent les corps étrangers ; le virus du sida trouve sa cible pour l'investir ; le code génétique se transmet par l'écriture et la lecture de l'alphabet des bases protéiniques... Les exemples sont innombrables !

Toutes ces machines merveilleuses ne sont pourtant que de « simples » molécules !

Comment est-il possible que cette matière, à la limite entre l'inerte et le vivant, puisse être en mesure de réaliser ces opérations multiples et si variées ?

Il est clair que ces interactions et ces transformations biologiques sont hautement sélectives. Elles doivent nécessairement reposer sur une caractéristique générale qui fait que les deux parties d'une association se reconnaissent et ignorent d'autres partenaires. Le premier à percevoir ce phénomène et à en saisir clairement la nature fut Emil Fischer. La spécificité de la réaction d'une enzyme avec son substrat (la molécule qu'elle « capture » pour la transformer) l'amena, dès 1894, à la conclusion que, pour se reconnaître et entrer en réaction, les molécules de substrat et de récepteur devaient s'ajuster, comme clé et serrure. C'est une image qui est encore valable de nos jours, même si les notions de clé et de serrure se sont évidemment élargies et précisées. On donne maintenant le nom de « reconnaissance moléculaire » à ce phénomène...

Il est important de percevoir le fait qu'une réaction mettant en jeu la reconnaissance moléculaire est « informée », c'est-à-dire qu'une information est impliquée. Une enzyme, on l'a dit, ne convertit qu'une seule molécule (son substrat) ; elle a donc été construite dans cet unique but et sa structure recèle forcément, de manière intrinsèque, l'information sur son substrat : elle y est gravée, « mémorisée ».

L'exemple le plus significatif de phénomène informé est bien entendu le stockage, le transfert, la lecture et la réplication des informations génétiques. Ce processus complexe en fait ne repose que sur deux interactions ! Il s'agit d'une part de la double interaction entre les bases adénine et thymine, et, d'autre part, de l'interaction triple entre les bases guanine et cytosine, qui composent les brins d'ADN *(Fig. 2)*. Ces deux couples de bases forment ainsi un système binaire de lecture de l'information.

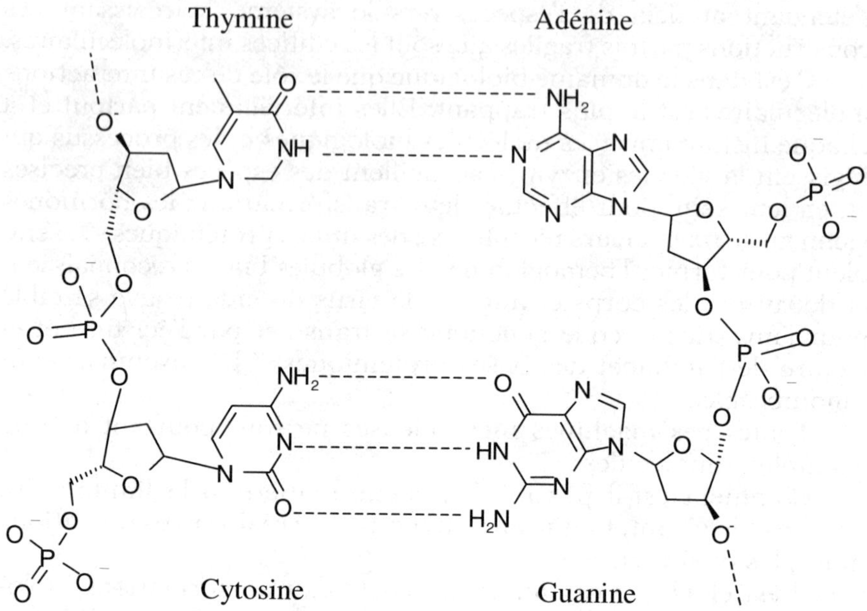

Figure 2 – Association de bases azotées dans une molécule d'ADN. En pointillé, les interactions intermoléculaires.

On est émerveillé par l'efficacité et l'élégance de ces phénomènes et on est naturellement tenté de les imiter, ne serait-ce que pour mieux les comprendre. Manipuler la reconnaissance moléculaire n'est certes pas chose facile. Il s'agit, pour les chimistes que nous sommes, d'une nouvelle étape, et, comme nos prédécesseurs l'ont fait avec la chimie moléculaire, nous devons découvrir les règles et inventer les processus qui nous permettront de créer les architectures et de contrôler les fonctions des édifices qui forment cette nouvelle chimie qu'est la chimie supramoléculaire.

La réaction de reconnaissance moléculaire la plus simple que l'on puisse réaliser en laboratoire est la capture sélective des substrats sphériques que sont les cations de métaux alcalins, soit, par ordre croissant de taille, les ions lithium, sodium, potassium, rubidium et enfin césium.

Les différences entre les diamètres sont très faibles (de l'ordre du dixième de nanomètre). Il est pourtant possible de concevoir des molécules réceptrices capables d'englober préférentiellement en leur sein l'une de ces espèces sphériques. Ces molécules sont appelées cryptants, du mot « crypte », en raison de la cavité qu'elles contiennent. Dans notre exemple d'ions alcalins, les cryptants en question sont des polyethers macropolycycliques azotés *(Fig. 3 et 4)*. En jouant, lors de leur synthèse, sur la taille des ponts reliant les parois de la « cage », il est possible de faire varier avec précision la dimension du réceptacle et donc de décider au préalable quel ion sera capturé formant ainsi un « cryptate ».

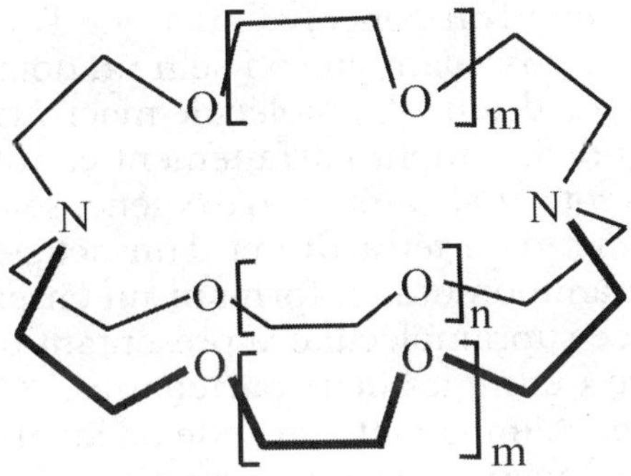

Figure 3 – Représentation générale d'un cryptant pour la complexation des cations des métaux alcalins.

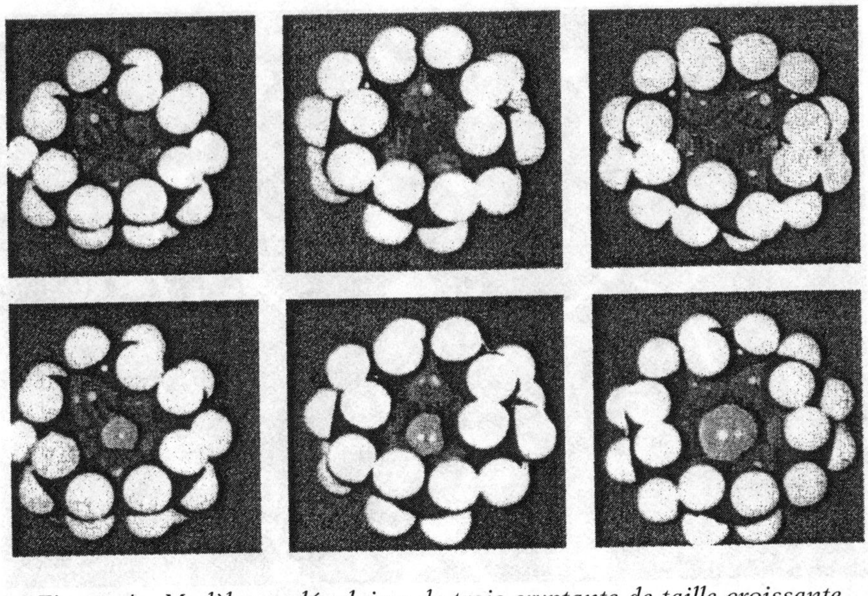

Figure 4 – Modèles moléculaires de trois cryptants de taille croissante (en haut) et des cryptates (cryptant + substrat) correspondants (en bas).

Bien que fort simple, cette reconnaissance est néanmoins directement en rapport avec la compréhension des phénomènes biologiques. En effet, les processus électriques qui se déroulent dans les parois des cellules nerveuses reposent sur la variation du gradient de concentration des ions sodium et potassium autour de la membrane cellulaire. Il doit donc y avoir dans les parois des cellules nerveuses des molécules, qui sont à même de différencier avec précision ces ions.

Un autre exemple de reconnaissance moléculaire concerne les composés, les « clés », de forme tétraédrique, comme le sont par exemple les ions ammonium NH_4^+. La liaison sélective d'un tel substrat nécessite que l'on conçoive puis que l'on synthétise une molécule réceptrice possédant en son sein un domaine, un site de reconnaissance tétraédrique. La molécule macrotricyclique, représentée dans la *figure 5*, remplit parfaitement ce rôle. Elle contient quatre atomes d'azote et six atomes d'oxygène, se trouvant respectivement au sommet d'un tétraèdre et d'un octaèdre. Cette molécule capture l'ion ammonium en formant un ensemble très stable *(Fig. 6)*, une espèce supramoléculaire présentant une complémentarité « clé-serrure » entre les deux partenaires.

Une conséquence immédiate de cette adéquation est la réduction importante de l'acidité de l'ion ammonium. En effet, l'ion perd facilement un proton (H^+), et c'est ce dernier qui est à l'origine de l'acidité. Lorsque l'ion est capturé, cette déprotonation est rendue beaucoup plus difficile et le caractère acide diminue. Cela illustre

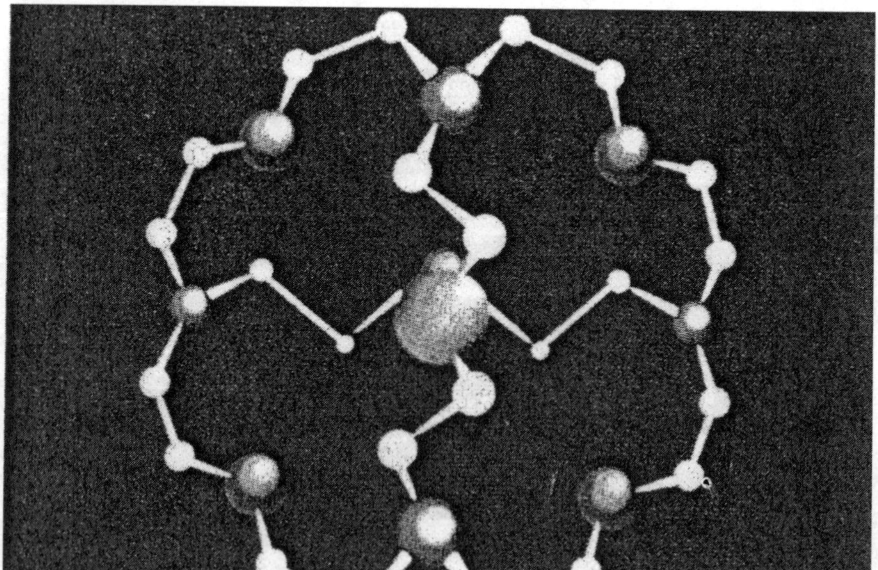

Figure 5 – Modèle moléculaire de cryptant de reconnaissance tétraédrique.

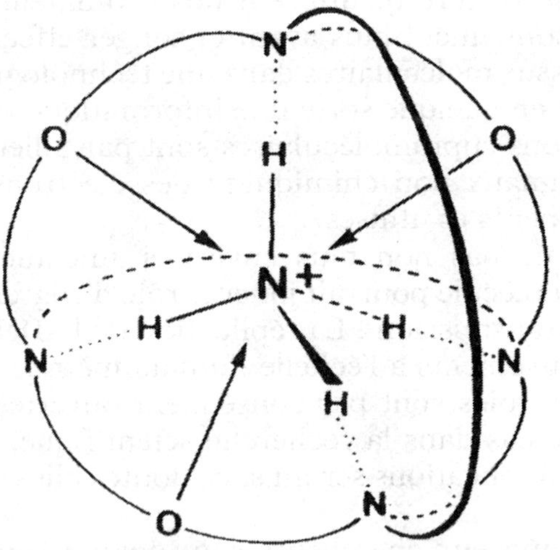

Figure 6 – Structure du cryptate tétraédrique.

bien combien les propriétés d'un substrat peuvent être modifiées lorsque ce dernier est lié, mettant ainsi en lumière les propriétés nouvelles d'un ensemble supramoléculaire, de là supermolécule, par rapport aux molécules qui la composent.

De par le monde de nombreuses équipes de chercheurs travaillent sur ces phénomènes de reconnaissance moléculaire et des récepteurs très variés ont été synthétisés, capables de reconnaître et de lier une grande diversité de substrats : sphériques, tétraédriques, linéaires, ramifiés, organiques, inorganiques... Ajoutons encore qu'il existe des récepteurs chiraux, permettant la reconnaissance de substances « orientées », dites « optiquement actives ».

Les applications que l'on peut imaginer dans le domaine de la chimie supramoléculaire en général et de la reconnaissance moléculaire en particulier sont innombrables. Le domaine vivant est, comme on l'a vu, en première ligne. On peut imaginer par exemple des entités capables, comme le sont les enzymes, d'interagir avec un substrat bien spécifique, et, à son contact, de produire un signal que nous serions capables de détecter. La molécule jouerait alors le rôle de sonde, infiltrée à notre avantage dans le milieu biologique.

D'autres molécules peuvent être conçues dans le but de transporter des substances actives au cœur de la cible choisie. Nous aurions alors des chevaux de Troie capables de faire franchir à leur passager, par exemple un fragment d'ADN destiné à la thérapie génique, des barrières normalement infranchissables que sont les membranes cellulaires.

La chimie supramoléculaire peut jouer un rôle majeur dans bien d'autres domaines comme la catalyse, bien évidemment, mais aussi dans des applications, peut-être plus surprenantes : je faisais tout à l'heure l'analogie entre l'information contenue dans l'ADN avec le système binaire qu'utilisent nos ordinateurs. On pourrait pousser le raisonnement plus avant et songer effectivement à utiliser ces processus moléculaires dans une technologie de l'information, en créant en quelque sorte une informatique « moléculaire ». Les constructions supramoléculaires sont par ailleurs à même de générer des signaux non chimiques ; des électrons, des photons peuvent être libérés et utilisés.

Pourquoi ne pas non plus envisager une mécanique moléculaire ? Une molécule pourrait jouer le rôle d'engrenage, de piston ou d'arbre de transmission ! La réplication de l'ADN est elle-même le siège de mouvements à l'échelle du nanomètre.

Différentes voies sont par conséquent ouvertes. D'ailleurs, et c'est souvent le cas dans la recherche scientifique, les principales découvertes et applications seront sans doute celles que l'on n'a pas prévues.

De très nombreux chercheurs sont donc à l'ouvrage. Ceux-ci développent puis fabriquent, patiemment, pièce par pièce, en quelque sorte « sur mesure », leurs structures supramoléculaires. Par-delà cette manière de procéder par « pré-organisation » on est frappé de voir avec quelle facilité des machineries autrement plus complexes se mettent en place, à chaque instant, dans nos cellules. On observe en fait une *auto-organisation* des molécules. Mélangées sans ordre apparent, les molécules-briques se retrouvent d'elles-mêmes, se reconnaissent puis, progressivement s'assemblent, pour conduire de façon spontanée mais parfaitement contrôlée à l'édifice supramoléculaire final.

Prenons l'exemple très parlant de l'auto-organisation du virus de la mosaïque du tabac. Pour construire celui-ci, 2 130 protéines simples, s'assemblent pour former une tour hélicoïdale *(Fig. 7)*.

La protéine de départ possède donc en elle l'intégralité l'information nécessaire à la construction ordonnée résultante ; il y a une reconnaissance moléculaire si précise qu'elle permet le développement dans l'espace jusqu'à l'obtention de l'architecture « voulue ». La réaction d'assemblage s'arrête de plus au bon moment. Cette interruption est obtenue ici par l'intervention de l'acide ribonucléique se trouvant à l'intérieur de l'édifice. Au total ce processus d'auto-organisation biologique se déroule ainsi en trois étapes : reconnaissance, croissance et terminaison.

Ne pourrait-on s'inspirer du savoir-faire que la nature nous dévoile et essayer nous aussi de faire surgir du désordre les constructions de notre choix ? Sommes-nous capables de concevoir aussi soigneusement nos briques moléculaires afin, qu'une fois mélangées, elles puissent se reconnaître et s'assembler d'elles-mêmes ? Pouvons nous stocker dans nos molécules toutes les informations, toute la programmation nécessaire à la construction de structures supramoléculaires complexes ? Évidemment que oui, car qu'elles soient naturelles, biologiques, ou artificielles, produites

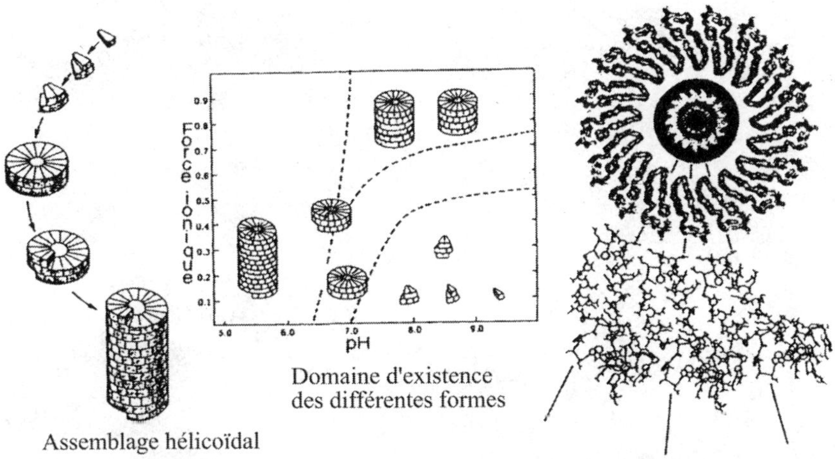

Figure 7 – Virus de la mosaïque du tabac. De type ARN, de masse molaire 40.10^{6}, il se présente sous forme d'une tige de 30 nm de longueur et de 16 nm d'épaisseur. Il se compose d'une hélice simple formée de 2 130 motifs identiques (protéine de Hüll). Au centre de la tige se trouve une molécule d'acide ribonucléique en forme d'hélice comportant 6 390 nucléotides. Le schéma de droite représente le virus en coupe. On observe les 17 protéines de Hull qui correspondent à un tour de l'hélice. Au-dessous sont représentées, agrandies, 3 de ces protéines.

en laboratoire, il s'agit toujours de molécules se constituant en édifices supramoléculaires. Je voudrais simplement illustrer cela par deux exemples, choisis parmi de très nombreux autres.

On peut ainsi fabriquer, ou plutôt on peut faire se fabriquer des structures en double ou en triple hélice en associant des ions métalliques adéquats avec des molécules linéaires du type oligobipyridine, comportant de deux à cinq groupes bipyridine *(Fig. 8)*. Il suffit de mélanger ces brins, de rajouter une « colle », que sont par exemple les ions cuivres (I) pour, spontanément, obtenir un assemblage en hélicate à double brin *(Fig. 9)*. En remplaçant les ions cuivre (I) qui se lient de manière tétraédrique par des ions nickel (II) se liant eux de manière octaédrique, on obtient cette fois une triple hélice *(Fig. 10)*.

Il est ainsi possible, de manière similaire, d'utiliser l'auto-organisation pour, à l'aide de deux molécules d'un polycycle plan et de trois molécules linéaires, induire l'assemblage d'une sorte de cage cylindrique *(Fig. 11)*. Six ions cuivre (I) (les points noirs de la figure) servent là aussi de ciment liant les briques moléculaires. On pourrait aussi mentionner des architectures en forme de « grilles » rappelant des géométries de circuits micro-électroniques.

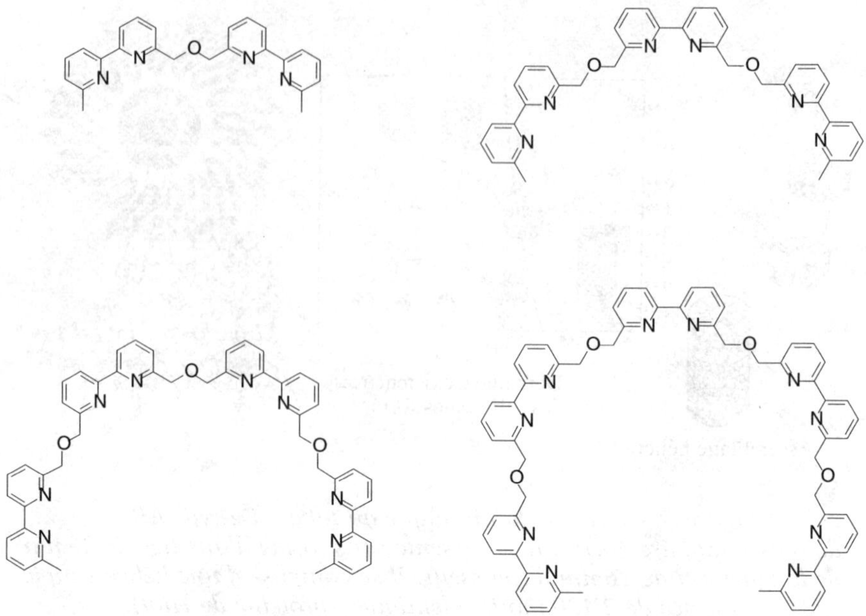

Figure 8 – Chaînes oligobipyridine comportant de deux à cinq groupes de type bipyridine pouvant donner des hélicates.

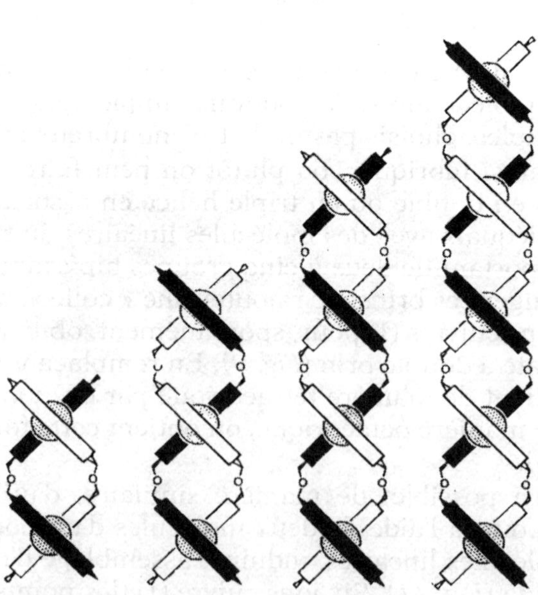

Figure 9 – Hélicates à doubles brins formés de deux à cinq groupes bipyridine

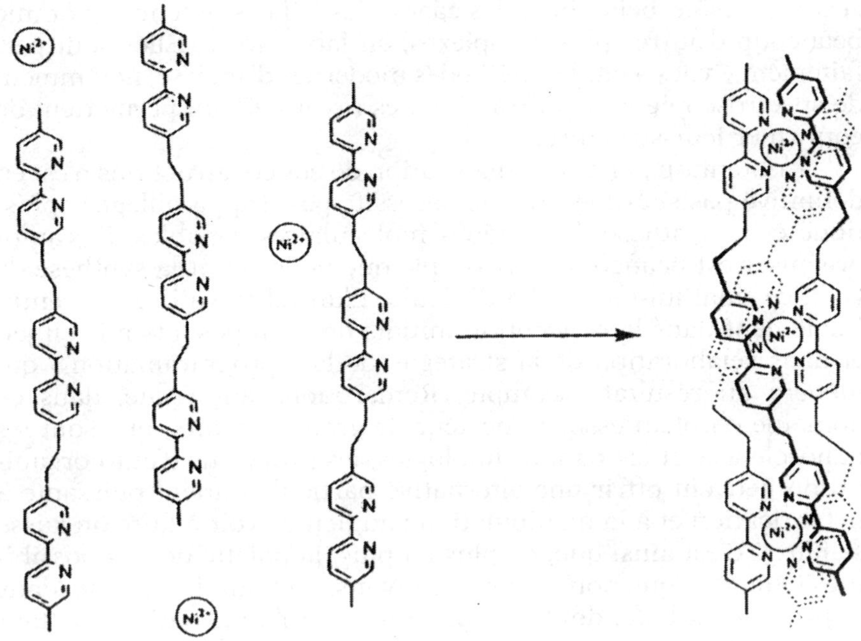

Figure 10 – Auto-organisation d'une triple hélice à partir de trois ligands, formés chacun de trois groupes 2,2'-bipyridine et de trois ions nickel Ni^{2+} de coordination octaédrique.

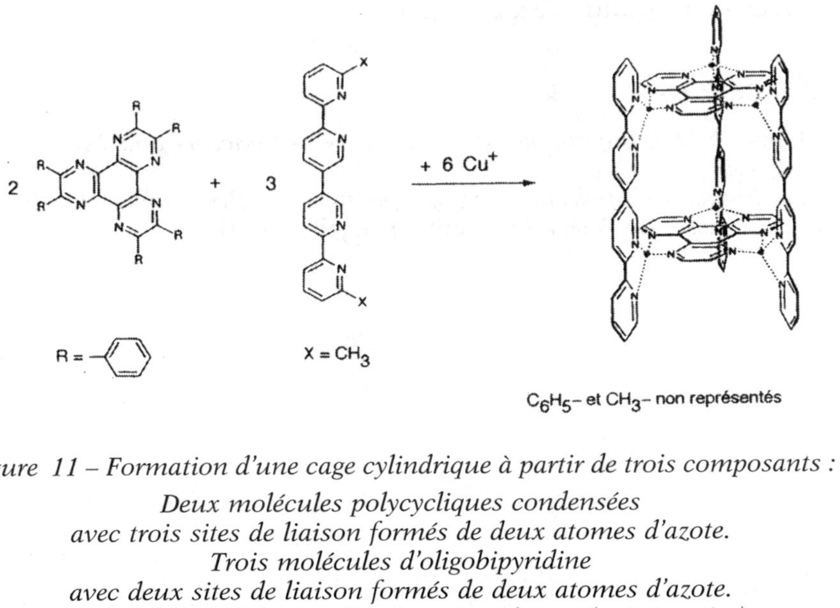

Figure 11 – Formation d'une cage cylindrique à partir de trois composants :
Deux molécules polycycliques condensées
avec trois sites de liaison formés de deux atomes d'azote.
Trois molécules d'oligobipyridine
avec deux sites de liaison formés de deux atomes d'azote.
Six ions cuivre I de coordination tétraédrique (points noirs).

Ces structures, faut-il l'ajouter, sont loin d'être des vues de l'esprit, ce sont bel et bien des cages, des hélices obtenues, comme beaucoup d'autres plus complexes, en laboratoire. Elles sont parfaitement « vues » par les méthodes modernes d'analyse, notamment de spectroscopie et de diffraction des rayons X, qui permettent de confirmer leur structure.

L'obtention par auto-organisation de ces constructions n'est en définitive pas si ardue. Elle ne nécessite pas d'appareillage sophistiqué et la synthèse des briques moléculaires capables de s'auto-organiser est beaucoup plus simple que ne le serait la synthèse de l'édifice final lui-même. La difficulté d'un tel travail se concentre finalement dans la conception initiale des composants mis en jeu et dans l'élaboration de la stratégie, de la « programmation » qui mènera au résultat escompté. Remarquons aussi que, dans ce domaine en plein essor et porteur de grands espoirs, que sont les nanosciences et les nanotechnologies, les processus d'auto-organisation peuvent offrir une alternative particulièrement puissante à la fabrication et à la manipulation : au lieu d'avoir à faire on laisse se faire ! C'est ainsi que, de plus en plus, la palette de nos possibilités s'étend et que nous nous retrouvons, au bout du compte, dans la peau de l'artiste, dont la seule limite est l'imagination, mettant clairement en lumière combien la chimie est une science dont le but n'est pas seulement la découverte, mais aussi, et sans doute surtout la création !

Elle participe ainsi à cette activité prométhéenne de l'homme déjà perçue par Léonard de Vinci quand il écrivait : « Là où la nature cesse de produire ses propres espèces, l'homme commence, en utilisant les choses naturelles et avec l'aide de cette nature même, à créer une infinité d'espèces... »

RÉFÉRENCES

– LEHN (J.-M.), *Supramolecular Chemistry — Concepts and Perspectives*, VCH, 1995.
– *La chimie supramoléculaire : Concepts et perspectives*, traduit de l'anglais par A. Pousse, De Boeck Université, Bruxelles, 1997.

La chimie, science des transformations

par Nguyên Trong Anh

En chinois, chimie se dit « science des transformations ». De fait, depuis des siècles, des techniques chimiques ont permis de transformer la matière en des produits de première nécessité. Sans chimie, plus de métaux, de briques, de mortier. Nous habiterions encore des cavernes. Plus de livres. Nous retournerions à l'âge de pierre. Car le bronze, c'est déjà de la chimie.

Si les arts chimiques sont très anciens, la science chimique est bien plus récente. Elle est née à la fin du XVIIIe siècle, quand l'homme ne s'est plus contenté de recettes empiriques et a cherché à comprendre ce qu'il faisait, ce qui posait trois problèmes.

D'abord, il faut connaître les « objets » qui se transforment, donc déterminer leurs « structures », c'est-à-dire préciser la nature des atomes constitutifs et la manière dont ils s'enchaînent entre eux. Il faut ensuite comprendre *comment* ces objets se transforment. Ce sont les « mécanismes de réaction ». Enfin, il s'agit d'*utiliser* ces connaissances pour la « synthèse ».

Les exemples qui suivent illustrent une caractéristique de la science chimique : les questions étudiées sont souvent très difficiles et leurs solutions étonnamment simples.

La détermination des structures

Imaginez Sherlock Holmes, mais un Holmes aveugle et n'ayant aucune idée de ce qu'est un château. Imaginez qu'on lui lise les

Texte de la 232e conférence de l'Université de tous les savoirs donnée le 19 août 2000.

livres de compte des architectes (Amboise, Blois… ont nécessité respectivement tant de pierres, d'ardoises, etc.) et que, muni de ces seuls renseignements, Holmes reconstitue « exactement » tous les châteaux de la Loire. Vous direz sans doute que c'est impossible, même pour Sherlock Holmes… et vous auriez tort.

Car les chimistes du XIXe siècle avaient réussi un exploit équivalent. C'étaient des aveugles car ils ne pouvaient voir les molécules, encore moins les atomes. En fait, vers 1800, on ignorait ce qu'était une molécule (le château de la parabole). Tout ce que les chimistes pouvaient faire était d'effectuer des réactions :

$$A + B \rightarrow C + D$$

et d'examiner A, B, C, D par analyse centésimale (équivalente des livres de compte), qui indique que dans tel composé, il y a tant pour cent de carbone, tant pour cent d'oxygène, etc. Cela leur avait suffi pour en déduire qu'un composé organique est un ensemble de « molécules » identiques, lesquelles sont formées d'« atomes », comme les maisons sont faites de briques et de tuiles… Mieux, ils avaient créé une théorie, la « chimie organique structurale », qui leur permettait d'établir par voie chimique, c'est-à-dire uniquement en faisant des réactions et des analyses, comment les atomes d'une molécule sont disposés dans l'espace.

Pour l'Américain R. P. Feynman, prix Nobel de physique 1965, c'était là « une des plus fantastiques enquêtes policières jamais réalisées. » Pour Sir F. G. Hopkins, prix Nobel de médecine 1929, la chimie organique structurale était « l'un des plus grands exploits de l'esprit humain. » Voici deux épisodes de cette fantastique enquête, qui a duré trois quarts de siècle.

LA LOI DES VOLUMES ET SON INTERPRÉTATION PAR AVOGADRO

En 1808, le Français L.-J. Gay-Lussac fit remarquer que les réactions entre gaz étaient très simples :

1 volume d'hydrogène + 1 volume de chlore =
2 volumes de chlorure d'hydrogène
2 volumes d'hydrogène + 1 volume d'oxygène =
2 volumes de vapeur d'eau
3 volumes d'hydrogène + 1 volume d'azote =
2 volumes d'ammoniac

C'était la célèbre « loi des volumes » : les volumes des gaz qui se combinent et ceux des produits formés sont dans des rapports simples : 1 à 1, 1 à 2, 2 à 3… Voici l'interprétation qu'en a donnée l'italien A. Avogadro (1811) : puisque les gaz se combinent dans des rapports simples, il est raisonnable de penser que la matière a une structure discontinue, chaque corps étant une juxtaposition « d'unités élémentaires » identiques. Cette « hypothèse atomique » est ici bien naturelle.

Mélangeons en effet du bleu avec du jaune, nous obtenons une gamme continue de vert. Il n'y a aucune raison de choisir un vert plutôt qu'un autre, c'est-à-dire de prendre du jaune et du bleu dans des proportions simples. Étudions maintenant un ensemble discontinu d'éléments en prenant comme analogie un ballet. À tout moment, le nombre de danseurs est un nombre entier, celui de danseuses aussi.

Et puisque l'hydrogène et le chlore se combinent volume à volume, il faut admettre en plus que :

— Dans un volume donné, quel que soit le gaz, il y a toujours le même nombre « d'unités élémentaires ». Pour saisir la nécessité de cette « hypothèse d'Avogadro », pensons à un bal où hommes et femmes sont en nombres égaux : personne ne fait tapisserie.

— L'analogie ne peut être poussée trop loin. Si une unité d'hydrogène se combine avec une unité de chlore pour donner une unité de chlorure d'hydrogène il résultera alors de l'hypothèse d'Avogadro qu'un volume d'hydrogène se combine avec un volume de chlore (ce qui est correct) pour donner *un* volume de chlorure d'hydrogène (ce qui est en désaccord avec l'expérience *(Fig. 1)*.

Figure 1

Pour retrouver les résultats observés, il faut admettre deux autres hypothèses :

— Les « unités » (appelées désormais molécules) ne sont pas les constituants ultimes de la matière mais sont formées d'une ou de plusieurs « particules » (atomes), identiques ou non.

— Chaque atome ne peut faire qu'un nombre déterminé de liaisons avec ses voisins. Ce nombre s'appelle sa valence.

Tout rentre alors dans l'ordre. Supposons que les molécules d'hydrogène et de chlore soient diatomiques et qu'un atome d'hydrogène s'unisse avec un atome de chlore pour donner une molécule de chlorure d'hydrogène. La réaction s'écrit symboliquement *(Fig. 2)* :

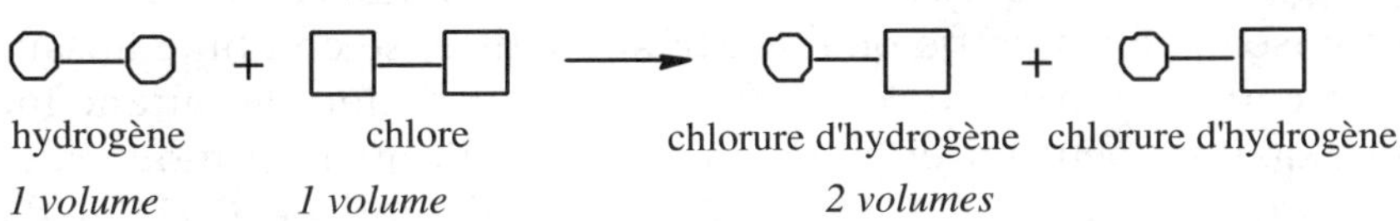

Figure 2

Si les molécules d'oxygène et d'azote sont diatomiques et si les atomes d'oxygène et d'azote se lient respectivement avec deux et trois atomes d'hydrogène, les réactions de formation de l'eau et de l'ammoniac seront *(Fig. 3)* :

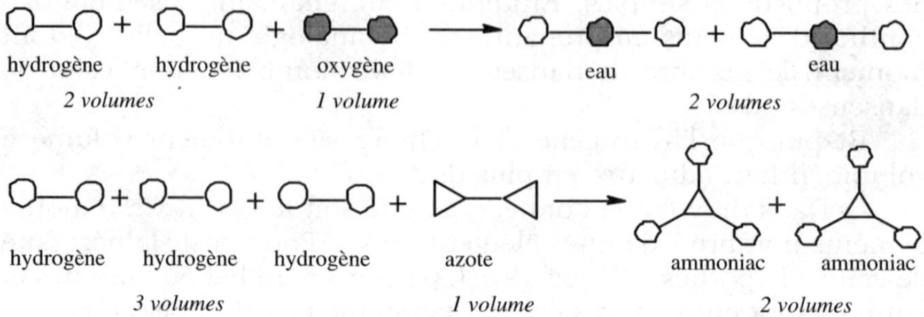

Figure 3

Cette théorie avait reçu un accueil mitigé. Elle contenait quatre hypothèses : la structure discontinue de la matière (hypothèse atomique), l'hypothèse d'Avogadro, l'existence de molécules et les valences fixes des atomes. Or les chimistes, positivistes, n'aimaient guère spéculer sur des objets non observables. Ainsi, l'hypothèse atomique était récusée par les Français J. B. Dumas, H. E. Sainte-Claire Deville et M. Berthelot. En Allemagne, le célèbre W. Ostwald ne l'a acceptée qu'en 1911. À plus forte raison, les gens rechignaient à admettre d'un coup quatre hypothèses extraordinaires basées sur des données expérimentales limitées.

La théorie d'Avogadro n'a été acceptée que cinquante ans après, quand les quatre hypothèses ont été expérimentalement prouvées, chacune de plusieurs manières. Voici une façon de déterminer les valences des atomes.

Vers 1850, le Britannique E. Frankland tenta de préparer le radical éthyle C_2H_5 en traitant l'iodure d'éthyle I-C_2H_5 par le zinc. La réaction de Zn avec I devrait libérer l'éthyle :

$$Zn + 2\ I\text{-}C_2H_5 \rightarrow I\text{-}Zn\text{-}I + 2\ C_2H_5$$ (deux radicaux éthyle)

En fait, il obtint la réaction que voici :

$$Zn + 2\ I\text{-}C_2H_5 \rightarrow I\text{-}Zn\text{-}I + C_2H_5\text{-}C_2H_5$$ (une molécule de butane)

Comment interpréter ce résultat ? L'éthyle a bien été engendré puisque l'iode de I-C_2H_5 s'est lié avec le zinc. Mais comme il n'a pu être isolé, cela signifie qu'il est très réactif et se combine aussitôt. Son couplage avec un seul congénère pour donner le butane indique qu'il ne peut faire qu'une liaison. On dit qu'il est monovalent.

Comme l'éthane C_2H_5-H résulte de l'union de C_2H_5 et d'un hydrogène, H est donc aussi monovalent. Les formules OH_2 (eau) et NH_3 (ammoniac) montrent que l'oxygène est divalent et l'azote trivalent. De proche en proche, on peut ainsi déterminer les valences de tous les atomes.

DÉTERMINATION D'UNE STRUCTURE INCONNUE

Schématiquement, la détermination de la structure d'un composé inconnu par *voie chimique* se fait de la manière suivante :

L'analyse centésimale donne les pourcentages des éléments constitutifs (la molécule contient tant pour cent de carbone, tant pour cent d'hydrogène).

La masse moléculaire est déterminée en mesurant la densité de vapeur ou en faisant appel aux lois de Raoult (les températures d'ébullition et de congélation d'une solution dépendent de la quantité et de la masse moléculaire du soluté). Couplée avec l'analyse centésimale, la masse moléculaire fournit la formule brute (nombres d'atomes de chaque espèce dans la molécule).

Les fonctions chimiques présentes sont reconnues grâce aux réactions caractéristiques. Ainsi, tous les alcools primaires possèdent les propriétés suivantes :

— Ils ont *un* hydrogène échangeable avec Na.

— Ils réagissent avec des acides carboxyliques pour donner des esters.

— Oxydés, ils perdent deux hydrogènes et donnent des aldéhydes.

— Traités par un acide fort, ils éliminent une molécule d'eau, créant une double liaison C = C.

À chaque fonction chimique correspond un groupe d'atomes déterminé. Par exemple, tous les alcools primaires possèdent le groupe $-CH_2OH$.

La molécule est découpée en morceaux assez petits pour que leurs structures puissent être facilement établies.

Il ne reste plus qu'à assembler les pièces du puzzle. En cas de doute, la structure envisagée peut être confirmée par synthèse.

L'écriture chimique

Les conventions sont les suivantes :

— Les valences doivent être respectées : l'hydrogène a une liaison, l'oxygène en a deux, l'azote trois, le carbone quatre. Chaque trait représente une liaison *(Fig. 4)* :

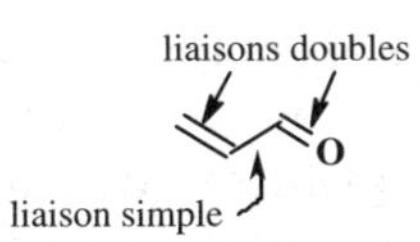

Figure 4

— Chaque atome est représenté par son symbole chimique : O (oxygène), N (azote)..., mais les carbones (C) et les hydrogènes (H) qui leur sont directement attachés ne sont pas toujours explicités. Il est facile de reconstituer la formule développée complète à partir de la formule simplifiée *(Fig. 5)* :

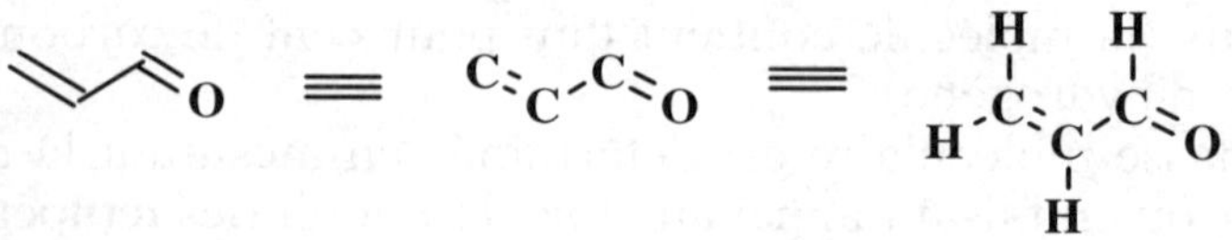

Figure 5

La détermination de structure par voie chimique d'un composé contenant 15 atomes de carbone consomme une centaine de grammes du produit inconnu et demande à un bon chimiste quatre à cinq ans de travail. Jusque vers 1960, on ne pouvait faire mieux. Depuis, la chimie analytique a progressé, en particulier dans deux domaines : la séparation des mélanges complexes et la détermination des structures par spectroscopies. Ces avancées ont des conséquences pratiques très importantes.

En effet, les produits naturels sont généralement des mélanges. Ainsi, l'essence de rose contient environ 200 composantes. Le phényléthanol en est le constituant principal, mais ce sont les produits secondaires qui font la finesse de l'essence. Une piquette peut avoir à 95 % la même composition qu'un Château Margaux, mais il n'est pas nécessaire d'être œnologue pour les distinguer ! Il est donc essentiel pour les contrôles de qualité de pouvoir analyser quantitativement les produits mineurs. La limite de détection d'un composé connu est actuellement de l'ordre de 10 fg (un femtogramme est un millionième de milliardième de gramme). Identifier une impureté de 10 fg dans un gramme de mélange équivaut à repérer 1 mm sur la distance terre-soleil.

La détermination de la structure d'un produit inconnu par spectroscopies n'exige que quelques millionièmes de gramme et quelques journées. C'est plus qu'un simple gain de produit et de temps. Chaque fois que la chimie analytique gagne quelques ordres de grandeur, des domaines inaccessibles avant s'ouvrent aux chercheurs. Supposons qu'on veuille examiner les métabolites d'un médicament. Comme la dose journalière est en général inférieure au gramme, si l'analyse requiert 100 g de chaque métabolite, une telle étude sera impossible.

Sans analyse de traces, l'écologie scientifique n'existerait pas. Par d'exemple, la réglementation européenne interdit d'émettre plus d'un milliardième de gramme de dioxines par mètre cube de fumée. Le mot « dioxines » doit être employé au pluriel. En effet, il en existe près d'une quarantaine, aux propriétés physiques et chimiques voisines, et toutes ne sont pas toxiques. Il y a quelques années, une usine était menacée de fermeture. Une analyse fine a montré qu'un produit, identifié comme toxique, est en réalité un mélange de plusieurs dioxines, la plupart non dangereuses. L'usine est donc aux normes et ma collègue très fière d'avoir sauvé plusieurs centaines d'emplois.

Sachant maintenant déterminer les structures, abordons le deuxième problème.

Les mécanismes de réaction

Le graphe suivant représente un chemin réactionnel *(Fig. 6)*. Le point **A** correspond au système de départ. Quand la réaction se produit, les structures et énergies des réactifs changent. En général, l'énergie du système augmente, passe par un maximum correspondant à l'état de transition, puis redescend vers le point **B**, représentatif des produits d'arrivée.

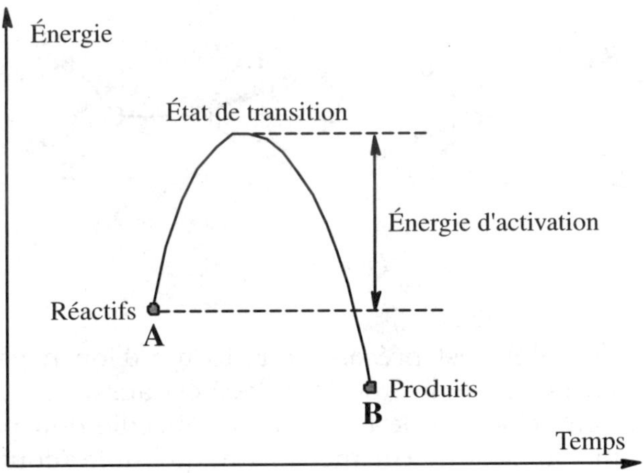

Figure 6

Sur le chemin réactionnel, seuls **A** et **B** correspondent à des systèmes stables, dont les structures peuvent être établies. Les autres points représentent des espèces fugitives, d'une durée de vie de l'ordre de la picoseconde (un millionième de millionième de seconde). Leurs structures ne peuvent être précisées. Or, un mécanisme de réaction devrait détailler les changements structuraux faisant passer des réactifs aux produits. Selon une boutade célèbre, proposer un mécanisme basé sur les structures des réactifs et des produits équivaut à regarder la scène d'exposition et la scène finale d'une pièce de théâtre et à de deviner ce qui se passe au milieu !

Ce n'est qu'une boutade. En fait, le chimiste examine une infinité de pièces apparentées. Il modifie la première scène et la Nature lui indique comment la scène finale sera changée. Il peut ainsi en déduire des renseignements sur les scènes intermédiaires.

Considérons par exemple la réaction du brome sur une double liaison C=C (alcène). La cinétique est du second ordre, ce qui signifie que la réaction a lieu quand une molécule de brome interagit avec une molécule d'alcène. Changeons maintenant de solvant. En passant d'un solvant non polaire à un solvant polaire (qui stabilise les charges électriques), la vitesse augmente. Or la vitesse de réaction dépend de l'énergie d'activation, différence d'énergie entre l'état de transition et le système initial. Plus l'énergie d'activation est faible, plus la vitesse est grande. Le système de départ étant composé d'alcène et de brome, sans charges électriques, son énergie ne doit pas varier avec le solvant. Si l'énergie d'activation diminue, cela veut donc dire que des charges sont apparues dans l'état de transition. Recommençons la réaction en ajoutant des ions chlorures Cl^-. À côté du dérivé dibromé « normal » apparaît un produit où l'un des bromes a été remplacé par un chlore *(Fig. 7)* :

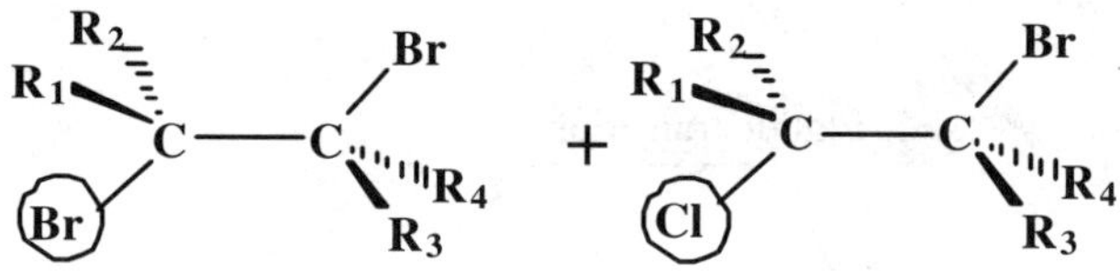

*Figure 7**

Comme le chlore est présent sous forme d'ion négatif, il est naturel de penser que le brome remplacé est aussi un ion Br^-. Le produit final étant neutre, le reste de la molécule doit par conséquent être un ion positif. Un mécanisme possible (confirmé par d'autres expériences) est le suivant. L'alcène arrache Br^+ à la molécule de brome pour former un ion cyclique en expulsant un bromure Br^-. Ce dernier attaque un carbone de l'ion positif pour donner le produit final dibromé. Évidemment, l'ion positif peut se combiner avec Cl^- pour conduire au dérivé chloré *(Fig. 8)*.

Par touches successives, on peut ainsi obtenir une image étonnamment précise d'un mécanisme de réaction. Dans ces mécanismes, les intermédiaires ne sont connus que par inférence. Depuis une vingtaine d'années, ils peuvent être étudiés directement. Grâce

* Un trait renforcé représente une liaison dirigée vers l'avant de la figure et un pointillé une liaison dirigée vers l'arrière.

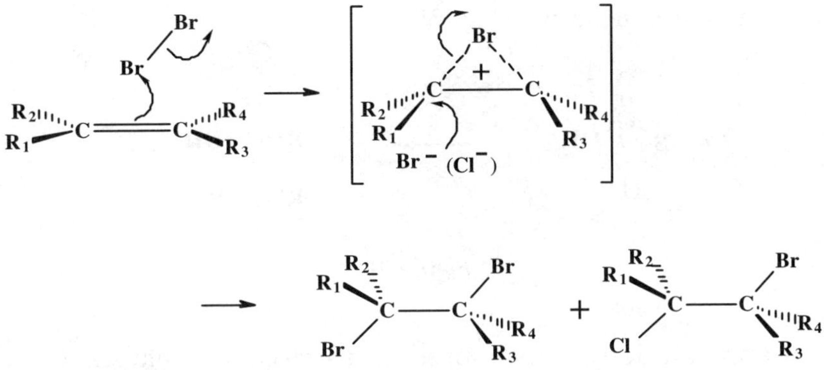

Figure 8

à des ordinateurs puissants, les structures et énergies des intermédiaires peuvent être calculées par la chimie quantique. L'importance de ces travaux a été reconnue par le prix Nobel 1998 attribué à l'Anglais J. A. Pople et à l'Américain W. Kohn. Les intermédiaires peuvent aussi être observés expérimentalement par la « femtochimie ». La méthode consiste à envoyer sur le système réactionnel une impulsion laser de quelques femtosecondes (millionièmes de milliardième de seconde) pour l'activer, puis une deuxième impulsion laser pour l'analyser. On obtient ainsi une « photographie » du système en évolution. Comme une réaction chimique dure quelques milliers de femtosecondes, cette technique fournit des instantanées de la transformation. L'américano-égyptien A. Zewail a reçu le prix Nobel 1999 pour ses contributions en ce domaine. Il est certain qu'un jour viendra où tous les points d'un chemin réactionnel pourront être décrits en détail. Pour l'instant la femtochimie reste limitée à des systèmes de 3 ou 4 atomes.

Actuellement, on doit donc se contenter des mécanismes « classiques », obtenus par inférence. Ils permettent déjà de choisir les bonnes conditions expérimentales et d'inventer éventuellement de nouvelles réactions. Prenons par exemple la réaction :

acide carboxylique + alcool ⇌ ester + eau

Peut-on la faire en milieu neutre ? Le mécanisme d'estérification indique qu'il se forme d'abord une liaison entre l'oxygène de l'alcool R'**O**H et le carbone de R-**C**-O_2H. La flèche allant de **O** vers **C** signifie que les deux électrons de liaison appartenaient à l'oxygène. Après liaison, ils sont partagés entre **C** et **O**. L'oxygène ayant ainsi cédé un électron négatif va avoir une charge positive. Comme un carbone ne peut être entouré que de 8 électrons périphériques, l'arrivée des électrons de l'alcool va chasser deux électrons initialement partagés par le **C** et l'**O** de l'acide carboxylique (deuxième flèche sur la figure). Cet oxygène reçoit un électron additionnel et aura une charge négative *(Fig. 9)* :

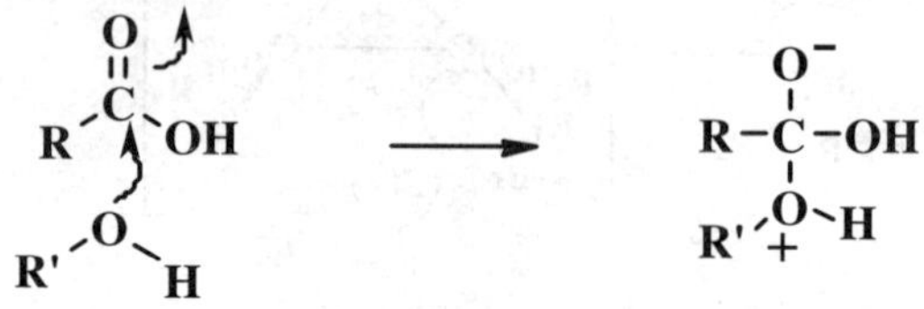

Figure 9

Il apparaît donc dans le produit d'arrivée des charges, ce qui coûte de l'énergie. Pour le montrer, Feynman aimait donner l'exemple suivant. On prend deux grains de sable de 1 mm de diamètre à 30 m de distance et on les ionise, l'un positivement, l'autre négativement. Ces grains vont s'attirer avec une force égale à 3 millions de tonnes ! L'estérification en milieu neutre sera par suite difficile.

Est-elle plus facile en milieu basique ? L'hydrogène marqué en gras de RCO_2**H** est dix milliards de fois plus acide que celui de l'alcool R'O**H**. Une base, en faibles quantités, va réagir exclusivement avec RCO_2H et le transformer en RCO_2^-, ion négatif peu apte à recevoir des électrons. La réaction sera plus difficile qu'en milieu neutre. Un excès de base sera encore pire. En effet, tous les protons sont alors arrachés et les réactifs transformés en RCO_2^- et $R'O^-$. Deux charges de même signe se repoussant, ces espèces ne réagiront pas.

Et en milieu acide ? Si un acide fort, source de proton H^+, est ajouté en excès, toutes les molécules sont protonées en $RCO_2H_2^+$ et $R'OH_2^+$. Ces espèces positives se repoussent et ne se combinent pas. Si maintenant l'acide est en quantités infimes, des molécules protonées et non protonées vont alors coexister. L'acide carboxylique protoné $RCO_2H_2^+$ est activé. En effet, le proton soutire des électrons à l'oxygène, qui se rattrape en soutirant des électrons au carbone voisin. Ce dernier aura une charge positive et accueillera volontiers les électrons de l'alcool. La réaction se fera entre $RCO_2H_2^+$ (activé) et R'OH (non désactivé). C'est la meilleure situation rencontrée jusqu'à présent. En milieu neutre, les réactifs ne sont pas activés. En milieu basique ou en présence d'un excès d'acide fort, les espèces sont désactivées. La situation est d'autant meilleure qu'il n'y a pas de création de charge comme dans la réaction en milieu neutre *(Fig. 10)*.

Il n'est donc pas nécessaire de tout apprendre par cœur. Les raisonnements très simples précédents montrent que l'estérification ne se fait qu'en milieu acide. Mais si l'acide fort est en excès, la réaction n'aura pas lieu.

Comment estérifier maintenant RCO_2H si R ne résiste aux acides ? La comparaison des formules RCO_2**H** et RCO_2**R'** montre

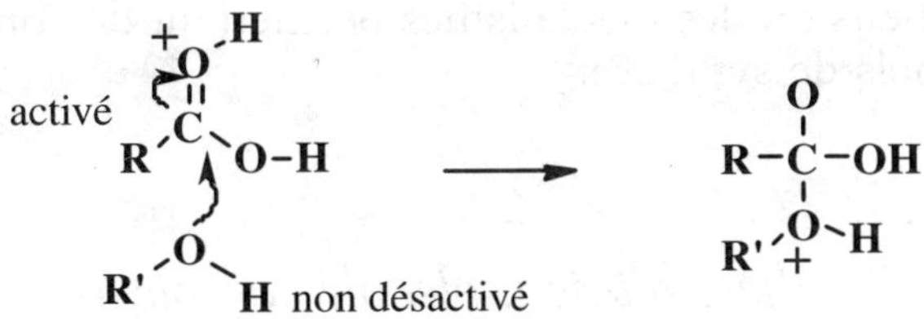

Figure 10

que l'estérification substitue **R'** à **H**. Une réaction de substitution n'est pas très facile et il est nécessaire d'activer RCO_2H ou le donneur de R'. L'ajout d'une base active RCO_2H sous forme de RCO_2^-. Le donneur peut être un iodure R'-I *(Fig. 11)*.

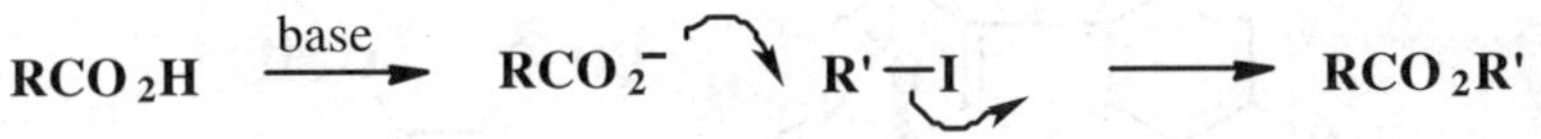

Figure 11

Supposons maintenant que R ne résiste ni aux acides, ni aux bases. Comment estérifier RCO_2H ? La réaction avec un alcool, qui exige un acide, est irréalisable. L'emploi d'une base étant exclu, l'estérification par substitution doit se faire par activation du donneur de R', en remplaçant I par un meilleur groupe partant, par exemple un diazo N_2^+.

Quand RCO_2H et le diazométhane $^-CH_2–N^+ \equiv N$ sont en présence, l'acide protone son partenaire, réaction difficile car elle crée deux ions. L'équilibre est donc largement déplacé vers la gauche. L'étape suivante, qui neutralise ces ions, est par contre facile. De plus, l'azote gazeux se dégage du milieu et rend cette étape irréversible, si bien que le premier équilibre est constamment déplacé et l'estérification est complète à température ambiante en quelques minutes *(Fig. 12)*.

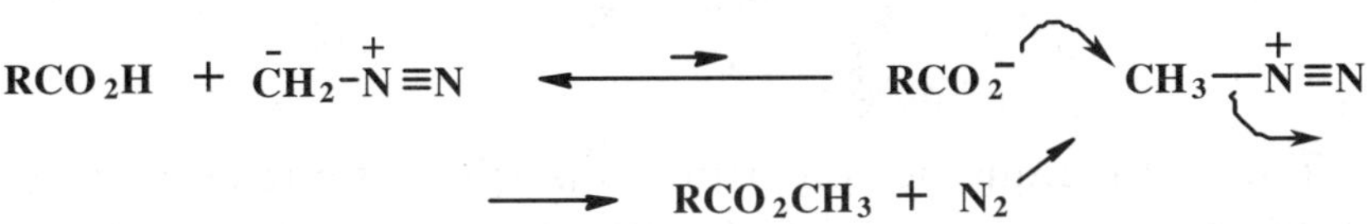

Figure 12

Si les réactions en constituent une part importante, ce n'est pas toute la chimie. Un objectif majeur du chimiste reste la création de produits pour résoudre une question théorique ou répondre à un besoin pratique. La connaissance de la structure de la cible et la compréhension des mécanismes permettent de concevoir des plans rationnels de synthèse.

Synthèse d'une molécule complexe

Rauwolfia serpentina est une plante utilisée dans la médecine traditionnelle de l'Inde. Son étude chimique, faite en 1955, a permis d'isoler un principe actif, la « réserpine » *(Fig. 13)*, maintenant employée pour le traitement de l'hypertension, des troubles nerveux et mentaux. Comment synthétiser ce composé ?

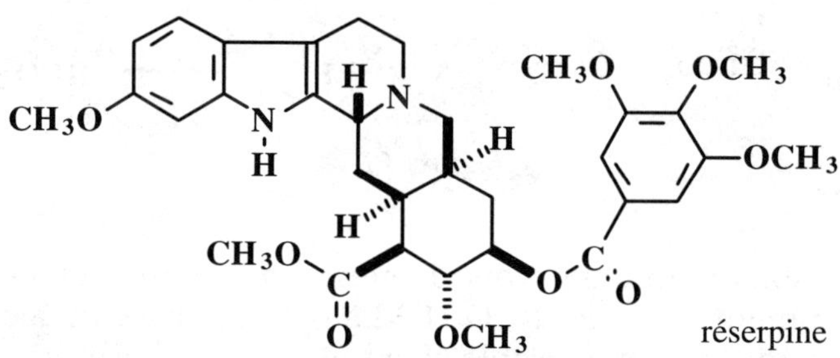

Figure 13

L'examen de sa formule montre une structure partielle connue, la méthoxytryptamine *(Fig. 14)* :

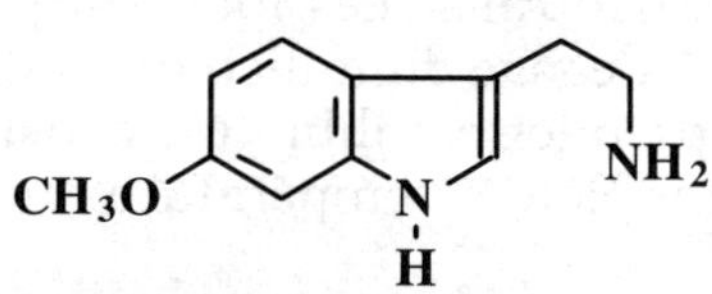

Figure 14

Il paraît logique de construire la partie restante et de la coupler ensuite avec la méthoxytryptamine. La cible intermédiaire **I** est un cycle à six chaînons portant cinq substituants différents : un aldéhyde CHO (permettant de lier ensuite le carbone au NH_2 de la méthoxytryptamine), une chaîne CH_2-CO_2H (la fonction CO_2H permettra de relier la chaîne à NH_2 et au cycle pentagonal), une fonction ester, une fonction éther et encore une fonction ester *(Fig. 15)*.

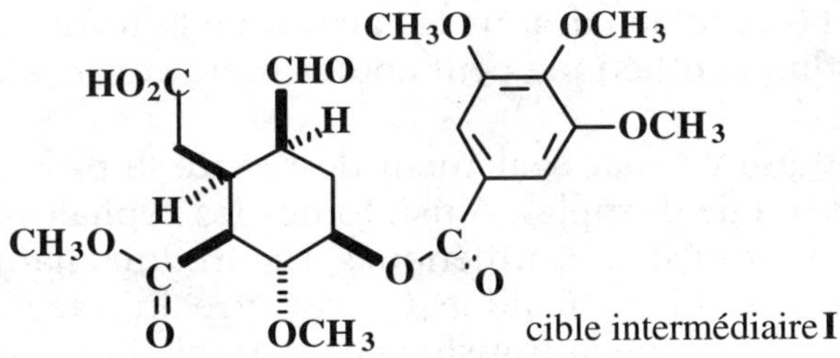

Figure 15

Chaque substituant pouvant prendre deux positions (en avant ou en arrière), il y a en tout 32 combinaisons différentes dont une seule est correcte. Toutes les difficultés sont pratiquement résolues en trois étapes, utilisant trois notions enseignées en première année de chimie :

— La réaction de Diels-Alder ;

— Un composé « courbe » est attaqué de préférence sur la face convexe, plus accessible *(Fig. 16)* :

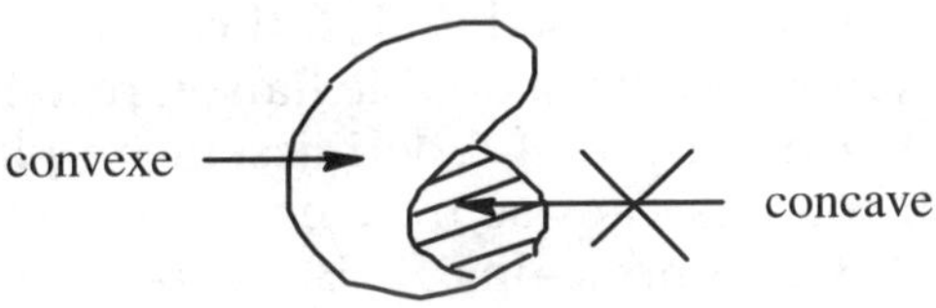

Figure 16

— L'addition de XY sur une double liaison se fait « trans », c'est-à-dire l'alcène étant plan, X va arriver par une face et Y par l'autre *(Fig. 17)* :

Figure 17

POURQUOI LA SYNTHÈSE ?

Il y a plusieurs raisons de synthétiser un composé d'origine naturelle. Une première est que les ressources ne sont souvent pas suffisantes. Si l'on voulait préparer le taxol — un anticancéreux — à partir de l'écorce de l'if, tous les arbres de la terre ne suffiraient pas. Le produit synthétique peut coûter moins cher. C'est le cas de la vitamine C.

La synthèse permet également de rendre le produit plus efficace ou plus facile d'emploi. Ainsi, toutes les céphalosporines (des antibiotiques) sont semi-synthétiques, les produits naturels n'étant pas assez actifs. La pénicilline G doit être injectée. Une légère modification chimique la transforme en ampicilline, utilisable par voie orale. En remplaçant le soufre de l'ypérite (un gaz de combat) par un azote portant un groupe uracile, on obtient un médicament antitumoral !

La première étape de la synthèse est une Diels-Alder, réaction découverte dans les années trente par les Allemands O. Diels et K. Alder. Cette réaction s'est avérée si utile que le prix Nobel 1950 leur fut attribué. Elle fait intervenir deux composantes : un « diène », ensemble de deux doubles liaisons (notées 1-2 et 3-4 sur la *figure 18*) et une double liaison 5-6. Ces composantes s'approchent l'une de l'autre dans deux plans à peu près parallèles. Par chauffage, il se crée deux liaisons simples 1-6 et 4-5 avec disparition concomitante de deux liaisons doubles. Il est facile de vérifier par les formules développées que la double liaison restante doit se trouver en 2-3. Les liaisons 1-6 et 4-5 définissent un plan. Fait remarquable, les deux composantes se trouvent de préférence du même côté de ce plan*. Les Américains R. B. Woodward** (prix Nobel 1965 pour ses synthèses) et R. Hoffmann (Polonais d'origine, Prix Nobel 1980) ont donné en 1965 une explication quantique de ces propriétés *(Fig. 18)*.

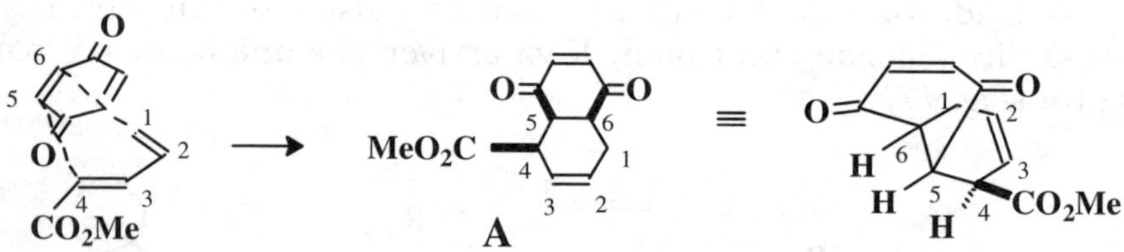

Figure 18

Le cycle inférieur de **A** est le précurseur de **I**. Notons que trois des chaînes latérales (en 4, 5 et 6) sont déjà correctement placées. Une addition sur 2-3 permettra d'introduire les substituants

* Si les réactifs sont superposables à leurs images spéculaires, il y a une égale probabilité pour qu'ils soient tous les deux à droite du plan 1-6-5-4 comme sur la figure, ou tous les deux à gauche. Pour la clarté de l'exposé, nous représentons un seul composé.
** Un des plus grands chimistes ayant jamais existé, aussi brillant en théorie qu'en synthèse.

restants. L'addition se faisant « trans », deux produits sont concevables *(Fig. 19)* :

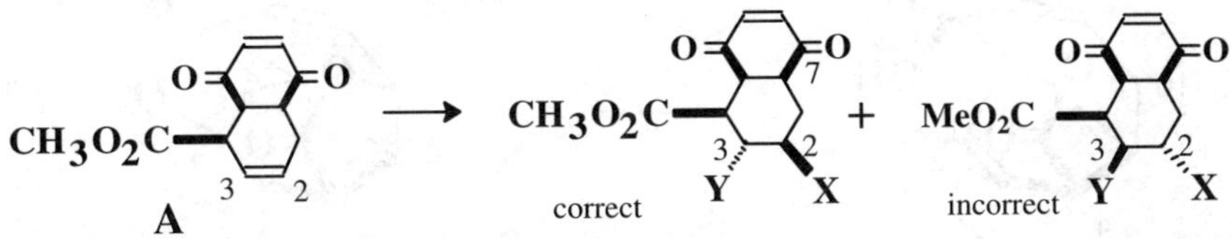

Figure 19

Dans le bon produit, les chaînes en 2 et 7 sont du même côté. L'emploi de l'oxygène en 7 comme réactif **X** forcera ce résultat. Quand on réduit **A**, les hydrogènes arrivent par la face convexe. L'oxygène en 10, repoussé vers l'avant, réagit avec l'ester en 4 pour donner un cycle pentagonal. La molécule prend alors une forme « cage » (**B**) où l'oxygène en 7, passé du côté concave, se retrouve au-dessus du carbone 2 *(Fig. 20)* :

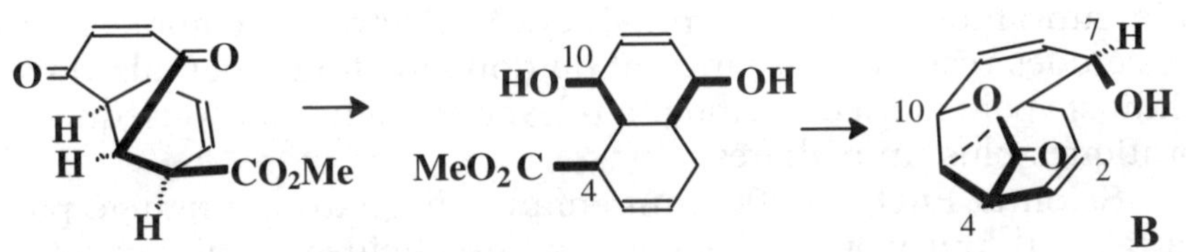

Figure 20

B est alors traité par du brome. L'addition sur 2-3 se faisant « trans », la réaction fournit **C**. En trois étapes, les 5 chaînes latérales sont correctement placées* ! Il reste à transformer **C** en **I**, puis à coupler ce dernier avec la méthoxytryptamine. Ce n'est pas beaucoup plus compliqué, mais trop long à expliquer et cette suite ne fait que confirmer le point essentiel de l'exposé précédent, à savoir qu'il est possible de synthétiser une molécule, quelle que soit sa complexité, en n'utilisant que des réactions connues. Ce n'est certes pas à la portée de tout le monde, comme de courir le « mile » en moins de 4 mn, mais ce n'est plus un exploit surhumain. Les nouvelles frontières de la chimie sont ailleurs *(Fig. 21)*.

* Il se forme aussi, en quantités égales, le produit image spéculaire de C (note 1). La séquence précédente ne permet d'éliminer « que » 30 combinaisons sur les 32 possibles. Il est cependant impossible de faire mieux, si les réactifs de départ sont superposables à leurs images. Cette synthèse de la réserpine (1958) est due à Woodward.

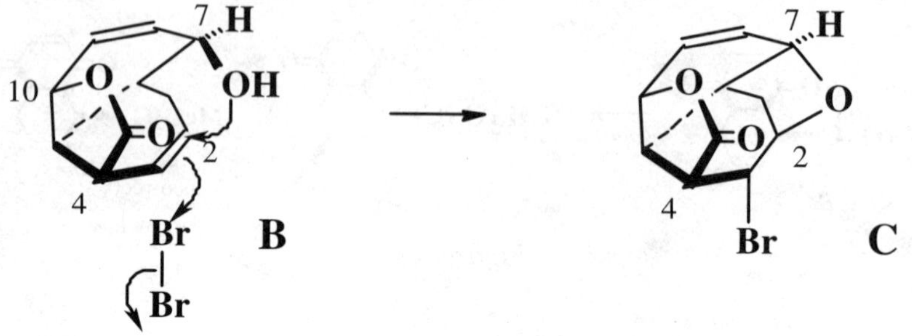

Figure 21

Deux des défis de la chimie actuelle

J. M. Lehn a signalé quelques pistes : chimie prébiotique, chimie supramoléculaire biomimétique*, électronique moléculaire. Ces études restent pour l'instant du domaine fondamental. Mais le chimiste peut aussi contribuer à relever des défis aux conséquences pratiques plus immédiates.

Selon la FAO, en 2000, un enfant sur quatre ne mange pas à sa faim. Il faut trouver des engrais, insecticides... qui permettent d'augmenter la production alimentaire tout en limitant la pollution. Ce n'est pas impossible. Comparons le DDT avec la deltaméthrine, insecticide introduit en 1982. La dose normale par hectare est de 0,5-3 kg de DDT et 0,01 kg de deltaméthrine. À doses égales, cette dernière est trois fois moins toxique. Elle persiste un mois dans le sol contre un à dix ans pour le DDT.

Les progrès de la chimie permettront aussi d'économiser de l'énergie. Actuellement, environ 40 % de l'énergie consommée dans l'industrie servent aux séparations et purifications. Ces opérations seront moins coûteuses si les rendements des réactions approchent des 100 %. Ce n'est pas irréaliste : une synthèse industrielle de la cortisone se faisait en une quarantaine d'étapes, avec un rendement global dépassant 90 %.

* La chimie est la clé de la vie. L'information génétique est stockée, lue et transcrite chimiquement. Des messagers chimiques donnent le signal de la multiplication et de la différenciation cellulaire, de la formation des organes, de l'arrêt de croissance. C'est la chimie qui permet à l'organisme de créer de nouvelles cellules et de remplacer les anciennes. L'énergie nécessaire à ces synthèses provient d'une réaction, l'oxydation lente des aliments. Les êtres « sans défense » combattent généralement leurs agresseurs par des armes chimiques. La communication chimique est très répandue et les phéromones sont utilisées par les bactéries comme par l'homme. La communication hormonale est bien connue. La propagation de l'influx nerveux nécessite des messagers chimiques, les « neurotransmetteurs ».

La chimie « douce » consomme moins d'énergie. Traditionnellement, les verres se fabriquent à ~ 2 000 °C. On sait maintenant les préparer à des températures inférieures à 100 °C. Ces techniques permettent de leur incorporer des molécules organiques créant des matériaux étonnants. Greffons à la surface d'un verre des molécules qui repoussent l'eau. Un pare-brise fabriqué avec un tel verre ne retient pas l'eau et permet de voir par temps de pluie, même quand l'essuie-glace fonctionne mal. Greffons à la place des molécules hydrophiles. Sur ce verre, les gouttelettes s'étalent pour donner un film transparent au lieu d'une buée opaque. Une lucarne arrière ainsi faite pourrait se passer de chauffage. Certaines voitures de rallye sont déjà équipées avec des pare-brises et lucarnes de ce type.

Toujours dans le domaine de l'automobile, remarquons que le rendement de la combustion de l'essence est misérable, de l'ordre de 30 %. Une augmentation de 5 % du rendement permettrait d'économiser 15 milliards de dollars par an, rien qu'aux États-Unis.

En guise de conclusion

G. B. Shaw faisait dire à un personnage d'une de ses comédies à peu près ceci : « La seule personne raisonnable que je connaisse est mon tailleur : il reprend mes mesures à chaque fois. Les autres me jugent une fois pour toutes. »

Je souhaite que la chimie ne soit pas, elle aussi, jugée une fois pour toutes.

Entre physique et chimie, une discipline métisse : la chimie quantique

par JEAN-PAUL MALRIEU

La chimie quantique est installée entre deux sciences majeures, à la charnière entre la physique, plus particulièrement la physique moléculaire et la physique du solide, et la chimie. Elle fait partie de ce qu'en France on appelle la chimie-physique, où le tiret signifie le rapprochement de deux substantifs, tandis que les Anglo-saxons distinguent *Chemical Physics* et *Physical Chemistry*, selon la pondération des intérêts et les outils mis en œuvre. La chimie quantique n'est qu'une partie de la chimie-physique. Il existe en effet une chimie-physique qui s'intéresse aux propriétés macroscopiques de la matière, et qui mobilise essentiellement des représentations classiques. La chimie quantique peut être vue comme une discipline qui s'intéresse d'abord à des propriétés et des phénomènes qui concernent l'univers des molécules, à des échelles microscopiques, celles de la molécule ou de l'atome, et qui ne peuvent être compris qu'à l'aide de la physique quantique. Il s'agit des propriétés des assemblées d'électrons que les atomes partagent pour construire les édifices moléculaires, et des propriétés caractérisant le mouvement des noyaux dans la molécule.

Quelques questions élémentaires caractérisent ce domaine :

— Comment, par quelles forces, tiennent ces édifices à longue durée de vie que sont les molécules ? Quels sont les différents types de liaisons chimiques entre les atomes, quelle est leur nature, leur solidité ?

— Comment les molécules répondent-elles à la lumière, à quelles longueurs d'onde répondent-elles, que se passe-t-il quand elles absorbent un ou plusieurs photons ?

Texte de la 233e conférence de l'Université de tous les savoirs donnée le 20 août 2000.

— Quelles interactions existe-t-il entre des molécules, quels compromis passent-elles, quels édifices d'édifices peuvent-elles construire dans les liquides, les membranes, les organisations supra-moléculaires dont vous parlait J.-M. Lehn* ?

— En quoi consiste la réaction chimique qui, de la rencontre de A avec B, construit la molécule AB, ou de celle entre AB et CD nous donne les molécules AC et BD ? Par quels chemins, à quelles conditions, doit passer le super-système des deux molécules qui entrent en collision ou s'approchent pour que se négocie le nouvel assemblage, produit de la réaction chimique ?

Mais à ces questions il peut être apporté deux types de réponses, les unes théoriques, par la chimie quantique, et les autres expérimentales, qui mobilisent les ressources très diversifiées des spectroscopies. La chimie-physique microscopique expérimentale est difficilement discernable de la physique moléculaire, si ce n'est par des frontières qui tiennent plus de la tradition que de la raison. Elle interpelle très subtilement, en augmentant sans cesse la résolution temporelle ou énergétique de ses interpellations, ou en croisant ces interpellations, les objets sur lesquels travaillent les chimistes quanticiens. Ceux-là mobilisent les postulats et les théorèmes de la Physique quantique, énoncés dès les années 1920, pour interpréter et/ou prédire, par des voies purement abstraites ou numériques, les propriétés des molécules. La chimie quantique est donc une discipline théorique, bien qu'on puisse la dire — j'y reviendrai — plus calculatoire que théorique.

Une scansion temporelle

D'abord un peu d'histoire sur les étapes par lesquelles est passée cette discipline, qui nous permettra d'en mieux cerner les enjeux.

Au début se trouvent d'une part un corpus théorique, celui de la Mécanique quantique, avec ses concepts fondamentaux, ses équations maîtresses, ses théorèmes, ses méthodes rigoureuses et ses approximations raisonnées, et d'autre part un legs, la somme des informations préliminaires et des expériences préalables apportées par la Physique atomique, qui a joué un rôle essentiel dans la naissance de la Mécanique quantique, et qui concerne les entités à partir desquelles se construisent les molécules.

Je n'écrirai pas d'équation, pas même l'équation maîtresse qui fixe les états stationnaires d'un système quantique, l'équation de Schrödinger, je procéderai par images et par métaphores abusives, forcément abusives. Je dois par exemple dire que les électrons

* Voir la 231e conférence de l'Université de tous les savoirs.

sont des particules chargées indiscernables, mais qu'ils ont une caractéristique, leur spin, qui ne peut prendre que deux valeurs et qu'on peut voir comme un sexe, si on veut une analogie facile.

LE LEGS DE LA PHYSIQUE ATOMIQUE

La physique atomique lègue d'abord une bonne simplification, en nous disant, avec Born et Oppenheimer, que les noyaux, qui sont aussi des particules quantiques, ont une masse tellement plus lourde que les électrons qu'on peut considérer leurs mouvements comme lents par rapport à ceux des électrons, ceux-ci adaptant instantanément leur répartition à la position des noyaux. Cette approximation, dans laquelle se placent 99,9 % des travaux, découple les problèmes électronique et nucléaire et nous laisse avec une population homogène d'électrons, se déplaçant dans le champ électrique attractif exercé sur eux par les noyaux. Autre leçon, qualitative, l'idée que l'état du système résulte d'une sorte de compromis entre trois composantes de l'énergie, l'attraction nucléaire d'une part, qui est négative (stabilisante), et grande quand les électrons orbitent très près des noyaux, ensuite la répulsion entre électrons, particules de même charge, qui les fait fuir, et enfin l'énergie cinétique, positive, qui n'est faible que si les électrons se promènent tranquillement dans de vastes espaces. Le compromis se joue donc entre des forces qui confinent les électrons près des noyaux et d'autres qui tendent à les éloigner, à les faire se mouvoir sur de plus vastes orbites.

La physique atomique introduit très tôt une vision hiérarchisée des populations d'électrons dans l'atome, un modèle en couches et sous-couches. Ces couches caractérisent des niveaux d'énergie et des extensions spatiales. Il y a des couches internes d'énergie très profonde, dont les électrons orbitent près du noyau, et des couches externes, dites de valence, d'énergies plus hautes et dont les électrons orbitent plus loin du noyau. Alors que les premières ne participeront pas aux liaisons chimiques, se contenteront en quelque sorte de s'y adapter par de petites modifications, ce seront les secondes qui participeront à la construction des liaisons entre atomes.

Les sous-couches peuvent être vues comme caractérisant des formes d'orbites des électrons, dans une image classique. C'est pourquoi on les appelle orbitales. Je les appellerai boîtes, ici atomiques. Disons qu'elles ont une forme et une extension spatiale, qui caractérisent par leur volume le domaine où l'électron qui l'occupe aime à se promener et par leur forme, le type de trajectoire qu'il y adopte. On a donc des boîtes sphériques, les orbitales de type « s », des boîtes allongées selon un axe avec deux lobes, de signes différents, les orbitales « p », etc.

Bref une petite zoologie de base que la chimie quantique va manipuler. Cette construction du modèle atomique, dans laquelle les électrons vont remplir gentiment, deux par deux de spins opposés, les couches et sous-couches d'énergies les plus basses, rationalise le tableau périodique de Mendeleïev, proposé cinquante ans plus tôt. C'est aussi à la physique atomique que la chimie quantique devra un certain nombre de ses outils, par exemple l'approximation dite de « champ moyen », et la conscience des difficultés du problème à N-corps, dont je reparlerai plus en détail.

PREMIER TEMPS, COMPRENDRE LA LIAISON CHIMIQUE (LES ANNÉES 1930)

Dès les années 1930, les quanticiens cherchent à comprendre la nature des différentes liaisons chimiques que postulaient les chimistes depuis presque cent ans. Ils appliquent donc, moyennant force simplifications, leurs outils à la compréhension des molécules les plus élémentaires, la molécule H_2^+, à un seul électron, et la molécule H_2, à deux électrons. L'idée clef est la suivante : à ne pas rester dans la boîte de l'atome dans lequel il est arrivé, et à se mouvoir près de l'autre noyau, un électron peut gagner en énergie cinétique puisqu'il orbite dans un volume plus large sans perdre en énergie potentielle, la liaison est liée à une délocalisation des électrons dans la liaison chimique. Cela va sans problème s'il n'y a qu'un électron dans la liaison ; s'ils sont deux, il faut qu'ils soient de sexes opposés, pour que l'électron de spin *up* apporté par l'atome A puisse aller se promener dans la boîte apportée par l'atome B, occupée par un électron de spin *down* et réciproquement.

On a donc un modèle, dit de la liaison de valence (Valence-Bond), qui manipule les boîtes atomiques de valence des atomes et construit des liaisons à 2 électrons de spins opposés, se déplaçant entre les deux boîtes apportées à la liaison par les deux atomes partenaires.

Une solution alternative consiste à déchirer la frontière entre les deux boîtes atomiques, à faire une seule boîte plus grande sur la liaison et à y mettre les deux électrons : c'est une orbitale moléculaire de liaison. Les électrons qui n'entrent pas dans des paires de liaison restent dans des boîtes atomiques, un peu déformées par les liaisons engagées, qu'on appelle « paires libres ».

Si les deux atomes sont de nature différente, les électrons peuvent préférer orbiter plutôt, voire seulement près de l'un d'eux, on aura alors une liaison partiellement ionique, comme dans LiH, ou très ionique comme dans NaCl.

En tout cas, la théorie quantique naissante vient rationaliser d'emblée le jeu de *Lego moléculaire* avec lequel les chimistes jouaient et pensaient depuis plus d'un demi-siècle, en écrivant leurs formules chimiques avec des lettres, les atomes, et des traits, les liaisons, supposées porter deux électrons. Cette conciliation de la Chimie constructiviste intuitive avec la théorie abstraite qui venait de naître est un événement épistémologique majeur trop occulté dans l'enseignement.

Un autre domaine de la chimie, la chimie organométallique, va bénéficier très vite de la physique atomique. On comprendra en effet comment les ions métalliques, qui sont entourés de ligands moléculaires ou d'ions non métalliques, sont perturbés par cet environnement, des sous-couches cessent d'avoir la même énergie, les plus basses acceptent les électrons qui sont sur le métal, et la spectroscopie de celui-ci est très différente de ce qu'elle était sans les ligands. C'est la théorie du champ cristallin, complétée ensuite par la prise en compte des délocalisations qui peuvent intervenir entre les orbitales et les électrons des ligands et du métal, pour devenir théorie du champ des ligands, un instrument conceptuel de base incontournable dans ce domaine, dépassant le modèle classique intuitif des paires électroniques de liaison.

Cette période voit aussi s'établir la compréhension du mouvement des noyaux, mouvement de rotation et de vibration, donnant lieu à des spectroscopies spécifiques, riches d'informations.

Dernier apport de cette époque pionnière, la compréhension de ce qui se passe entre les molécules quand elles s'approchent sans faire une réaction chimique : compréhension des forces qui les attirent, dont certaines sont d'ordre électrostatique mais d'autres, les forces dites de dispersion qui ne peuvent être comprises que dans le cadre de la théorie quantique, et des forces qui les repoussent, elles aussi d'origine quantique.

Ainsi s'est immédiatement construite une théorisation qualitative, interprétative, qui a mis de l'ordre dans des variétés d'édifices d'apparence disparate et fourni de nouveaux concepts, ce qui était énorme. Jusque-là pas d'ordinateur, des simplifications drastiques mais raisonnées permettant la rationalisation.

L'ÈRE DE LA DÉLOCALISATION ÉLECTRONIQUE (LES ANNÉES 1945-1960)

Tout ne pouvait coller aussi simplement avec le petit Lego des chimistes. S'il en avait été ainsi, la mécanique quantique n'aurait servi qu'à justifier une vision classique dans laquelle des noyaux sont liés par des ressorts de longueurs et rigidités différentes. Une mécanique moléculaire de type classique sera de fait développée après les années 1970 pour l'étude des conformations de grosses molécules, en particulier les biomolécules.

Deux types de problèmes vont donner à l'approche quantique un rôle irremplaçable. Le premier concerne les molécules où certains électrons ne forment pas des paires assignables à un couple d'atomes. Ce sont les hydrocarbures conjugués : les polyènes le benzène, le naphtalène, et leurs innombrables analogues. Ce sont des molécules dont les atomes sont dans un plan, dans lequel s'engagent des liaisons bien locales, porteuses de deux électrons, mais dont une partie des électrons se déplace dans des boîtes atomiques orientées perpendiculairement au plan de la molécule. Le second problème concerne la réponse de toutes les molécules, même les plus compatibles avec le *Lego moléculaire*, à la lumière, en particulier l'émission d'électrons (spectroscopie photo-électronique). Si vous considérez par exemple la famille des hydrocarbures saturés, méthane, éthane, propane, etc., vous avez la série la plus compatible avec le jeu de Lego moléculaire, l'énergie est très bien donnée par des additions d'énergies de liaisons, caractéristiques de la liaison CC et de la liaison CH respectivement. Et pourtant vous ne comprendrez rien à l'évolution des potentiels d'ionisation (énergie nécessaire à l'arrachement d'un électron) dans cette série, ni à leur dépendance à la structure moléculaire, à ses branchements.

Là s'ouvre le règne de la délocalisation électronique et s'installe une représentation en terme d'orbitales moléculaires délocalisées, aujourd'hui largement enseignée aux chimistes. Dans cette représentation les atomes apportent à l'édifice moléculaire leurs électrons de valence et les boîtes correspondantes, sans préjugé de partenariat, et les électrons vont se promener dans l'ensemble de ces boîtes atomiques. Mais plutôt que de considérer une théorie *Valence-Bond* généralisée, ce qui est possible mais ne conduit qu'à un traitement numérique, difficile et sans concept, on va construire à partir des boîtes atomiques des boîtes ou orbitales moléculaires, qui s'étendent sur l'ensemble du squelette moléculaire mais qui jouent sur les signes qu'on affecte aux boîtes atomiques dans les boîtes moléculaires. Par exemple si on considère un ensemble de quatre atomes alignés apportant chacun un électron et une boîte, on peut prendre quatre combinaisons totalement distinctes (on dit orthogonales), qui seront respectivement ++++, ++−−, +−−+ et +−+−. Si l'on calcule l'énergie d'un électron posé dans une de ces orbitales moléculaires on verra qu'elle dépend fortement de ces jeux sur les signes : plus il y a de changements de signes, plus l'énergie est élevée. Si on veut donc affecter la population électronique à cet ensemble d'orbitales moléculaires, on mettra deux électrons, toujours de spins opposés, dans les orbitales d'énergie les plus basses. Nous avons ainsi une vision de la population électronique selon laquelle les électrons vont encore par paires mais occupent des sortes d'appartements étendus sur l'ensemble de l'espace moléculaire, d'altitude énergétique différente, qui présentent de plus en plus de changements de signes, de cloisons si vous restez dans cette image immobilière, quand on monte dans les étages (en énergie). Quand on a mis tous les électrons ainsi dans les étages les plus bas, restent des appartements vides de haute énergie. Ioniser une molécule c'est arracher un électron d'un des niveaux occupés, ce qui coûte une énergie donnée, quantifiée, caractérisant ce niveau, et exciter une molécule c'est envoyer un électron d'un niveau occupé à un niveau vide, ce qui implique à nouveau une énergie déterminée.

En fait le jeu selon lequel on combine les orbitales atomiques pour construire les orbitales moléculaires ne manipule pas que les signes, il est plus quantitatif, réglé par l'opérateur quantique associé à l'énergie, l'hamiltonien. Une forme très simplifiée de celui-ci, pratiquement topologique (l'Hamiltonien de Hückel), a permis à la fois des calculs numériques sur les calculateurs mécaniques de l'époque, et de très jolies analyses algébriques. De 1945 à 1960 ce modèle, populaire aussi en physique du solide, multiplie les succès. La chimie quantique aura néanmoins ses martyrs dans l'URSS de Staline, où les chimistes quanticiens sont envoyés au Goulag comme apôtres d'une idéologie bourgeoise indéterministe. Si l'on songe que les physiciens soviétiques donnent à cette même période et à ce même pouvoir, à partir des mêmes outils conceptuels, les armes de la fission et de la fusion nucléaires, on mesurera que la chimie quantique n'est pas encore une technique très prédictive.

L'ÈRE DU COMPUT (1960-1975)

L'informatique va permettre à la discipline de se prendre au sérieux, elle va revenir de formes très simplifiées de l'Hamiltonien à son expression exacte. Certes on n'obtiendra pas les solutions exactes de l'équation maîtresse, on travaillera dans le cadre de deux approximations :

— La première, encore indépassée aujourd'hui sauf cas exceptionnels, consiste à travailler dans un espace vectoriel fini, c'est-à-dire avec un nombre fini de boîtes atomiques. Mais on en prendra un nombre de plus en plus grand, afin de donner plus de degrés de liberté dans la distribution spatiale et la forme des orbitales moléculaires.

— La seconde, provisoire, consiste à remplir les niveaux électroniques les plus bas avec deux électrons et à minimiser l'énergie totale. Dans cette approximation les électrons se meuvent dans un champ moyen, créé par les noyaux et les autres électrons.

Cette étape de la discipline bouleverse son visage, sa pratique et son impact. On veut reproduire l'expérience de façon quantitative, la dimension technique explose, il faut calculer, stocker et gérer des dizaines de milliers d'intégrales, penser stratégie computationnelle, taille-mémoire, rapidité des algorithmes. Un autre profil de compétence apparaît, passablement technique, proche de l'informatique dont il faut connaître les outils en rapide évolution. La discipline se fait numériste, elle perd en charme ce qu'elle gagne en précision. Mais elle vit avec exaltation la course à la prédictivité quantitative.

L'ÈRE DE LA RIGUEUR : LE DÉFI DE LA CORRÉLATION ÉLECTRONIQUE (1975-1990)

Heureusement pour l'intelligence de la discipline, la recherche de la solution exacte de l'équation maîtresse est une tâche plus que difficile, impossible. L'approximation qui consiste à poser les paires d'électrons dans des orbitales optimisées est grossière. Dans la réalité, ou dans la solution exacte, les électrons ne se déplacent pas dans un champ moyen fixe. Si deux électrons vont à la rencontre l'un de l'autre, ils infléchiront leur trajectoire pour diminuer leur répulsion, leurs mouvements seront corrélés et non plus indépendants. Ce problème de la corrélation entre électrons s'appelle « problème à N-corps quantique », il a exigé dans diverses disciplines de beaux efforts conceptuels et méthodologiques. Notons que sur ce terrain la chimie quantique s'est trouvée plus proche de la physique nucléaire que de la physique du solide, qui manipule pourtant elle aussi des électrons dans le champ de noyaux.

Ce problème de la corrélation a deux aspects, formel et physique. L'aspect formel concerne la distribution des électrons dans les boîtes mises à leur disposition, qu'elles soient locales (atomiques) ou étalées sur l'espace moléculaire. Un nombre possible de ces distributions de *n* électrons dans *p* boîtes, même sous contrainte de ne pas mettre plus de deux électrons par boîte, est trop grand et certaines distributions sont très défavorables. De très jolis formalismes ont été conçus, qui essayent de combiner rigueur formelle et praticabilité. Certains outils, très généraux, peuvent être exportés de la chimie quantique vers d'autres champs.

L'aspect physique concerne l'évitement des électrons dans l'espace. Si deux électrons ont même spin, la probabilité de les trouver dans un même point de l'espace est nulle, c'est une autre version de l'homophobie à l'œuvre dans la constitution des couples d'électrons, qu'on visualise par le « trou de Fermi ». Les électrons de spins opposés font meilleur ménage, on peut en trouver deux au même endroit, mais ils préfèrent garder quelque distance, du fait de leur répulsion électrostatique, et c'est une propriété très subtile de la fonction d'onde exacte que de présenter en tout point cette singularité qu'on appelle « trou de Coulomb ». Il est impossible de rendre compte de cette propriété en tout point de l'espace physique à l'aide d'un ensemble fini d'orbitales. Heureusement cet effet d'évitement à courte portée ou de dernière seconde n'a pas des effets énergétiques cruciaux et les calculs effectués avec un nombre fini d'orbitales, par exemple en donnant dix orbitales, judicieusement choisies, par électron, donnent des énergies suffisamment correctes pour la précision souhaitée par les chimistes. Néanmoins les méthodologistes s'efforcent de calculer l'effet du trou de Coulomb, avec un succès convaincant.

L'ÈRE DE L'EFFICIENCE SIMULATRICE (1990- ?)

Aujourd'hui donc les chimistes quanticiens sont capables de calculer de façon très précise les énergies et les géométries de molécules de moins de dix atomes dans leur état fondamental, sans introduire d'autre information empirique que la forme analytique des orbitales atomiques utilisées. C'est ce qu'on appelle la méthodologie *ab initio*, pour l'opposer aux simplifications semi-empiriques utilisées auparavant. Cette approche est aujourd'hui battue en brèche, parce qu'une alternative beaucoup moins coûteuse a été proposée.

Les calculs *ab initio* nécessitent en effet un temps de calcul qui croît comme une puissance du nombre *N* d'électrons : la puissance quatrième N^4 dans la méthode de champ moyen, une puissance sixième N^6 ou septième N^7 si on traite la corrélation entre électrons. L'étude de grosses molécules qui intéressent les expérimentateurs, les biochimistes, les inventeurs de matériaux nouveaux, les spécialistes de la catalyse, semblait impossible. Ce coût prohibitif tient en principe à ce que la fonction d'onde manipule les trois coordonnées des *N* électrons et travaille dans un espace de dimension *3N*.

Or un théorème, dû à Hohenberg et Kohn, établit qu'il doit exister une correspondance biunivoque entre la densité électronique dans l'espace physique, de dimension 3, et la fonction d'onde, donc l'énergie. Correspondance qu'on ne connaît que dans le cas idéal du gaz homogène d'électrons. D'où le rêve d'un formalisme qui travaillerait avec la seule densité électronique. Partant donc du cas idéal et de quelques sophistications destinées à tenir compte de l'inhomogénéité de densité, une « théorie de la fonctionnelle de la densité » (DFT) a été proposée, beaucoup plus économique que les méthodes principielles que j'ai décrites plus haut. Les fonctionnelles utilisées aujourd'hui ont des formes complexes, elles introduisent de nombreux paramètres, et donnent des résultats comparables à ceux des meilleurs calculs *ab initio*, à bien moindre coût. Bien sûr les valeurs données à ces paramètres ne découlent pas des principes, elles ont été ajustées par essais et erreurs sur un ensemble d'expériences numériques. Si bien que la méthode DFT est encore à ce jour une méthode semi-empirique. J'ai même soutenu qu'on pouvait à la limite lui donner le statut de réseau neuronal, c'est-à-dire d'une machine apprenante. Si un réseau neuronal, câblé à partir d'un ensemble d'expériences, ne donne pas une réponse satisfaisante dans un cas nouveau, on doit incorporer ce cas à l'ensemble d'apprentissage et réviser les câblages. C'est un peu ce que font les praticiens de la DFT à ce jour, bien que des recherches théoriques fondamentales soient aussi menées pour produire des fonctionnelles formellement fondées. Le rapport qualité des résultats obtenus/coût des calculs est en tout cas très attractif et balaie les scrupules éventuels d'une majorité d'utilisateurs. Et il n'y a pas lieu de faire la fine bouche si ce que l'on demande c'est une réponse très probable à une question précise concernant un système particulier.

Quelques beaux succès d'une discipline austère

Les succès de la chimie quantique sont d'ordres différents.

Elle donne d'abord une représentation qualitative de la population électronique. Elle est à la fois un traité des passions, une anthropologie et une sociologie. Elle dit les attirances et les exclusions, elle catégorise les liens, leur nature, elle pense les hiérarchies énergétiques, les partages, les complicités, les lois de la parenté et les compromis économiques. La théorie des orbitales moléculaires est désormais largement enseignée aux chimistes, ce qui leur a demandé de louables efforts, car on n'entre pas facilement dans le paradigme quantique. À ce stade, et dans la mesure où elle est manipulable analytiquement, ou avec les mains, la chimie quantique est parfois très esthétique. En particulier quand elle traite des électrons délocalisés des molécules conjuguées, le culmen dans ce domaine étant sans doute atteint par la formulation des règles qui gouvernent la stéréo-spécificité des réactions électrocycliques, question qu'on peut formuler ainsi : quand une molécule en forme de ruban se referme par ses deux extrémités, se ferme-t-elle en cylindre ou comme un ruban de Moebius ? Ces règles rationalisées par une démonstration simple ont valu à Woodward et Hoffmann un prix Nobel mérité. Ce qu'on peut par contre regretter c'est que l'approche des orbitales moléculaires délocalisées soit aussi hégémonique dans l'enseignement et que les approches alternatives en termes d'orbitales de liaisons, parfaitement équivalentes aux précédentes pour la description de l'état fondamental de la quasi-totalité des molécules, ne soient pas enseignées, alors qu'elles valident la représentation intuitive qu'utilisent les chimistes dans la vie quotidienne.

Un usage qualitatif spectaculaire concerne les édifices magnétiques, ceux où quelques électrons restent seuls dans leur boîte, la question étant de savoir si les électrons célibataires préfèrent avoir le même sexe ou des sexes opposés. Là les effets quantiques sont déterminants. Je voudrais saluer ici la façon dont des chimistes extrêmement créatifs, comme Olivier Kahn, mort prématurément cet hiver, ou Michel Verdaguer, savent mobiliser une vision théorique simple dans leur design de composés nouveaux aux propriétés remarquables. Ceux-là font mentir la fatalité qui divise expérimentateurs et théoriciens. Pour les théoriciens « purs », comme moi, la rencontre de ces partenaires et des beaux problèmes qu'ils nous soumettent est un plaisir stimulant.

Semi-quantitatives sont les informations qui concernent la spectroscopie. La symétrie des états impliqués dans les excitations, l'intensité des absorptions de photons, l'ordre énergétique des états de la molécule, leurs natures parfois qualitativement différentes, voilà autant de questions dont les réponses exigent la maîtrise de concepts quantiques et la manipulation des fonctions d'onde.

Puis viennent les succès quantitatifs, la spectaculaire précision des calculs les plus rigoureux, effectués sur des molécules de taille moyenne, vérifiables par confrontation avec les informations expérimentales. Les géométries d'équilibre, les longueurs des liaisons, les angles qu'elles forment entre elles, les énergies de dissociation, nécessaires à la rupture des liaisons, sont, sauf rares exceptions, reproduits au pour cent près. Longtemps les théoriciens ne se donnaient pour objectif que de reproduire aussi bien que possible les résultats de l'expérience, et à une époque ils prêtaient le flanc à l'ironie, quand par exemple ils s'échinaient à reproduire avec un ou deux ans de retard l'orientation du moment dipolaire de la misérable molécule CO, que les expérimentateurs révisaient périodiquement. Cette époque est bien révolue. La chimie quantique affirme et prédit. Elle a permis d'identifier des composés instables, présents dans l'espace interstellaire, responsables de raies en spectroscopie hertzienne, apparaissant dans des forêts de raies. Ces composés y existent du fait de l'extrême vide qui y règne, qui rend très rares les collisions qui les détruiraient, comme elles le font en laboratoire. Nous sommes capables de déterminer des architectures élusives, de calculer les intermédiaires très instables de réactions chimiques. Tout composé stable correspond à une conformation du squelette moléculaire, et s'en écarter, déplacer les noyaux, coûte de l'énergie. Une configuration d'équilibre est comme un lac entre des montagnes. Passer d'une configuration d'équilibre à une autre, donc faire une réaction chimique, c'est passer d'un lac à un autre, ou d'un lac à une vallée. La route doit franchir une crête, au mieux passer par un col. Et les chimistes quanticiens sont capables de dire la position du col, c'est-à-dire la position relative des noyaux, et son altitude. Ils peuvent même dire si la route qui y mène est directe ou tortueuse.

Ils peuvent aussi désormais explorer, avant les expérimentateurs et à bien moindre coût, des chimies utopiques susceptibles d'être réalisées. Par exemple : la chimie la plus pratiquée est celle des atomes légers, l'hydrogène, le carbone, l'azote et l'oxygène, et leurs analogues de la seconde ligne longue du tableau périodique. Que se passe-t-il si l'on remplace le carbone par un atome lourd, ayant le même nombre d'électrons externes, comme le germanium ou l'étain ? Conséquence indirecte de la relativité, ces atomes sont plus réticents que le carbone à engager leurs 4 électrons externes dans des liaisons, ils hésitent à se comporter comme le plomb, qui préfère n'en engager que deux, et ils construisent une chimie très versatile, avec des liaisons d'un type nouveau, à un seul ou à trois électrons, ce que l'expérience confirme peu à peu.

Autre utopie : des édifices assez stables mais qui pourraient stocker beaucoup d'énergie, libérable par dissociation. Par exemple le cube N_8 peut exister, il serait stable à température ordinaire, mais sa dissociation en quatre molécules N_2 dégagerait une énergie considérable. Les chemins de sa synthèse sont par contre ardus, car c'est un lac de montagne encore inaccessible, pour reprendre ma métaphore géographique.

Autre domaine où la chimie quantique s'est avérée utile, celui des petits agrégats d'atomes. Si vous considérez par exemple l'élément Sodium, vous trouverez à un extrême le cristal de sodium, métal où les électrons sont très délocalisés, et à l'autre extrême la molécule diatomique Na_2, avec une liaison plutôt covalente. Entre ces deux extrêmes, dans des édifices à 4, 10 ou 100 atomes, que se passe-t-il ? Comment se passe la transition vers le métal et son organisation ? Pour les petits agrégats, au moins, la chimie quantique apporte des réponses sûres ; pour les plus gros d'autres modèles, plus proches du gaz d'électrons, apportent les informations les plus pertinentes.

Autre forme de la matière, les liquides moléculaires. Là, les molécules glissent, tournent et vibrent les unes par rapport aux autres. On est ici dans un univers dynamique. Comprendre les propriétés d'un liquide exige de bien connaître les interactions entre deux molécules, dont on peut ensuite faire un potentiel à deux corps, à utiliser dans une mécanique statistique classique pour déterminer les propriétés macroscopiques du liquide. Parfois les termes à deux corps ne suffisent pas, des effets non additifs à trois, quatre ou six corps sont non négligeables. À cet égard, l'eau est particulièrement difficile à traiter. Mais on en sait désormais assez par les simulations temporelles sur la dynamique de l'eau pour savoir la labilité extrême des associations intermoléculaires locales et vous ne trouverez pas un chimiste quanticien pour parier un kopek sur la supposée « mémoire de l'eau » de Benvéniste.

Perspectives et paris

P.-G. de Gennes disait récemment de la chimie quantique qu'il faudrait, je cite, « en hâter l'agonie ». On doit ajouter qu'il la jetait dans une fosse commune en bonne compagnie, avec la physique du solide et la physique nucléaire. Mort du quantique ? Non, notre discipline, comme — et je dirai avec — la physique du solide, a du pain sur la planche et de belles ambitions.

Sur le plan conceptuel et méthodologique, le traitement des états excités est l'enjeu de gros efforts, parce que la définition d'une description d'ordre zéro, sur laquelle s'appuyer pour élaborer la fonction d'onde est difficile.

Sur le plan de la puissance et de la capacité à s'attaquer au traitement de grandes molécules une percée remarquable est en cours. Elle consiste à concevoir des algorithmes dont le temps d'exécution croisse linéairement avec la taille du système traité. Cette offensive s'appuie sur une remarque de bon sens : pour la quasi-totalité des molécules, et pour autant qu'on s'intéresse à leur état fondamental, il n'y a pas d'effet physique à longue portée, il est toujours possible de construire soit la densité soit la fonction d'onde à partir de briques locales d'extension finie, en interaction avec un nombre fini de briques voisines. Il s'agit là d'un retour aux descriptions localisées que les visions mettant l'accent sur la délocalisation avaient refoulées. L'idée s'applique à tous les Hamiltoniens et Scuselia dans un article récent rapportait un calcul concernant un footballène géant de 8 640 atomes de carbone, dont la géométrie avait été optimisée. Mais l'idée est pertinente aussi dans le cadre des méthodes *ab initio* dont certains pensaient il y a 5 ans que la révolution pragmatique de la DFT allait les envoyer au musée des Arts et Métiers sinon aux poubelles de l'Histoire. Mais la corrélation électronique, si difficile à traiter correctement, est à courte portée. Il est possible de déterminer directement des orbitales moléculaires locales et d'effectuer dans cette base des calculs élaborés de la corrélation électronique avec des temps de calcul qui ne croissent que proportionnellement au nombre des atomes. Le match qui oppose rigueur et efficacité pragmatique n'est pas définitivement joué. Ces approches ouvrent d'ailleurs la voie au traitement des solides périodiques par les techniques *ab initio*.

Autre perspective d'avenir, apporter à la physique des matériaux des connaissances cruciales sur la nature et l'amplitude des interactions locales, qui commandent les propriétés collectives de ces matériaux. Pour comprendre quand un empilement d'unités composées de deux donneurs plus un accepteur devient conducteur, il faut connaître les interactions entre les donneurs, leur dépendance aux changements de géométrie. La structure chimique est alors cruciale, ainsi que ces données que sont les énergies et les formes des orbitales moléculaires en jeu et leur position spatiale relative. De même pour les édifices magnétiques, les composés à magnétorésistance colossale ou les supraconducteurs à haute température critique : leurs propriétés spectaculaires ne peuvent être comprises qu'à l'aide non du Hamiltonien exact, trop compliqué, mais d'Hamiltoniens modèles réduisant le nombre des électrons impliqués et simplifiant leurs interactions. Mais telle ou telle simplification n'est-elle pas abusive ? Et quelle est la valeur de telle interaction ? Comment change-t-elle dans les déformations du réseau ? Autant de questions auxquelles l'expérience ne peut en général pas apporter de réponse univoque, et qui relèvent potentiellement des compétences de la chimie quantique. Je suis persuadé qu'il y a là un avenir très fructueux pour notre discipline. Lorsqu'il en est ainsi, lorsque nous apportons de telles informations à la physique, la chimie quantique, science de transfert, science hybride, n'est plus seulement la passerelle par laquelle une science plus scientifique, la physique, déverse sur une science moins noble, inférieure, le bienfait de ses connaissances. Par cette passerelle passent en sens inverse des connaissances indispensables à la Physique.

Encore faut-il savoir ce dont on est capable. Dès le début des années 1980 les chimistes quanticiens se sont engouffrés en masse vers un problème d'envergure et d'une grande importance économique, la catalyse hétérogène, processus par lequel une réaction chimique impossible en phase gazeuse ou liquide devient possible à la surface d'un métal. Mais cette question est celle de toutes les difficultés, car il s'agit d'un métal de transition, déjà difficile à traiter théoriquement, de sa surface, encore plus difficile, voire d'un défaut sur cette surface, et d'une réaction chimique sur celle-ci ! Les années hommes et les années computers englouties dans ce problème prématuré n'ont pas apporté de lumières convaincantes.

Par contre l'assistance théorique au design moléculaire, à la conception de nouvelles architectures, doit prendre son essor. Il faut des théoriciens imaginatifs qui conçoivent et mettent à l'épreuve de leurs calculs des composés doués par exemple de bistabilité, donc susceptibles de stocker de l'information à l'échelle de la molécule, ce qui représenterait un bond prodigieux dans la compacité du stockage. Et l'utopie d'une électronique moléculaire, avec ses fils, ses diodes, ses commutateurs, est déjà en marche, sous l'impulsion d'esprits hardis.

Questions impertinentes

Pour terminer et prendre un peu de champ je voudrais poser quelques questions qui débordent le cadre d'un exposé scientifique usuel, fut-il adressé à des non-spécialistes.

D'abord pourquoi des chimistes quanticiens ? La division expérience/théorie ne prend pas en physique la forme institutionnelle qu'elle a prise en chimie, où existent des laboratoires de chimie quantique. La réponse à cette question est à la fois pratique et culturelle. La distance est plus grande entre l'activité du chimiste de synthèse et celle du chimiste quanticien qu'entre celle du physicien expérimentateur, qui manipule des spectroscopies compliquées, déjà prises dans le paradigme quantique, et son collègue théoricien. À quoi s'ajoute le fait que la plupart des chimistes n'ont ni le goût ni les bases qui leur permettent de s'approprier des concepts abstraits et des outils formels non intuitifs. Mais ce fossé est peut-être imputable en partie au faible effort de transmission de leur savoir par les théoriciens.

Quelque chose est cependant en train de changer. Des logiciels sont désormais disponibles, moyennant finances, que des chimistes non-spécialistes peuvent utiliser comme des « boîtes noires » ou un autre type de spectromètre. Ils n'ont besoin que de recettes simples concernant la saisie de leur problème et la lecture des résultats. Cette révolution changera peut-être les rapports théorie/expérience. Elle pourrait en tout cas amener à reconsidérer le mode d'enseignement de la chimie quantique, qui suit jusqu'à ce jour les voies ardues de la déduction et laisse dans les premiers lacets de la route, entre formalismes obscurs et exercices dérisoires, des étudiants démotivés. Peut-être, faudrait-il mettre cet enseignement cul par-dessus tête, et convaincre d'abord les étudiants, grâce à l'usage de ces boîtes noires performantes, de la pertinence et de l'efficience de la chimie quantique, pour accrocher leur curiosité et les faire remonter, par les chemins du doute, vers le contenu des formalismes utilisés.

La théorie est-elle dirigée par une logique interne ou par une demande, une sorte d'effet de marché ? J'ai en effet mentionné ces codes boîtes noires, produits et vendus par des sociétés privées réunissant théoriciens et informaticiens. La chimie quantique, complexée par sa longue inutilité, a voulu faire ses preuves et certains ont cru nécessaire ou rentable de créer ces petites sociétés privées de quelques dizaines de personnes. Il s'agissait moins d'un marché déjà là que d'une anticipation sur une demande potentielle, celle des compagnies industrielles chimiques, pharmaceutiques et biochimiques. Il est certain que la cible escomptée — celle des « grosses molécules » — a infléchi la pratique de la discipline, accentué la conversion rapide de l'approche *ab initio* à la DFT. J. Pople fut un des participants actifs à la conception de la méthodologie *ab initio* en même temps qu'il fondait la première de ces sociétés privées. En juillet 1991 il ferraillait durement contre W. Kohn et la DFT, avant de se convertir en six mois à cette nouvelle approche, évidemment plus prometteuse pour le marché. Bien lui en a pris puisqu'il a partagé avec Kohn voici deux ans le prix Nobel de Chimie.

La Chimie quantique est-elle une science ou une technique ? Il est certain que cette discipline mobilise beaucoup de technologie. Dans la mesure où elle fonctionne largement, certains diraient exclusivement, à l'aide d'ordinateurs, l'attention aux ressources informatiques et leur évolution est essentielle. Je vois effectivement deux périls à une technicisation excessive de la discipline.

Le premier péril, c'est le culte du nombre, qui à la limite peut devenir dangereux pour la théorie elle-même. Lévy-Leblond a dit avec raison que la simulation numérique n'est pas de la théorie. La simulation peut être basée sur la mise en comput de la théorie, laquelle est faite de concepts, de lois et de déductions. Le calcul ne déduit pas, il s'effectue sans la participation de notre logique. Si elle dérive vers le réseau neuronal efficace, la simulation peut perdre le contact avec la théorie. Ne pourrait-elle alors tuer la théorie ?

L'autre péril est celui de la perte de séduction. À n'exalter que l'efficience, la puissance, on pose un idéal très besogneux, un profil d'informaticien appliqué, figure dont on peut craindre qu'elle n'attire pas les esprits les plus créatifs. Et de fait l'informatique capte, c'est une esclave asservissante. Mes jeunes collègues passent l'essentiel de leur temps devant leur écran, où ils lisent le verdict de leurs dernière tentative et lancent la suivante. Ils n'ont plus le temps, ou le laissent à des privilégiés-négriers de mon genre, de ces batailles logiques avec la structure d'un problème formel, ou de ces longues recherches du « passage du Nord-Ouest » qui caractérisent la théorie.

Même l'exploitation des résultats numériques souffre du numérisme. Vous travaillez sur un composé bizarre, hypothétique, et vos calculs confirment son existence donnent son énergie, sa structure, ses fréquences vibrationnelles. Mais ces résultats appelleraient d'autres analyses plus qualitatives : où sont les électrons, quelles liaisons chimiques tiennent cet édifice, s'agit-il d'un prototype nouveau, d'une pièce nouvelle à ajouter au Lego moléculaire des chimistes ? En campant dans le pré étroit du positivisme numérique, en affichant une telle répugnance au qualitatif, à la traduction imagée, en s'enfermant dans le puritanisme du fait, non seulement on manque à une des fonctions du théoricien, sa fonction langagière, de fournisseuse d'une représentation du monde, mais on se prive du plaisir esthétique.

Quelle place tient en effet l'esthétique dans cette science ?

Présentée souvent comme austère, cette discipline réserve pourtant de grands plaisirs. D'abord par le jeu de ses trois langages, la jonglerie des traductions entre le langage *Valence-Bond* (en terme de boîtes atomiques), celui des orbitales moléculaires de liaison, et celui des orbitales moléculaires délocalisées. Un effet physique peut être obscur dans une représentation et devenir limpide dans une autre.

Le plaisir du dévoilement ensuite. La chimie, à la différence de la physique, ne fonctionne pas par formulation de lois, elle est connaissance du spécifique. Mais elle connaît des « effets » assez universels, qu'on prend plaisir à identifier et comprendre.

Pour le théoricien formaliste, le plaisir est celui des défis logiques, qui sont branchés sur des problèmes universaux, dépassant le cadre étroit de la discipline. Il est aussi un plaisir d'ingénieur de concevoir une approche nouvelle, plus élégante et/ou plus rigoureuse que celles déjà disponibles.

Pour l'imaginatif c'est le bonheur des inventions d'architectures, le double plaisir de concevoir des utopies chimiques et de pouvoir en vérifier très vite la cohérence.

La Chimie quantique, science hybride entre Physique et Chimie, science inconfortable qui fait des siens des chauves-souris, physiciens abscons aux yeux des chimistes, pauvres chimistes aux yeux des physiciens ? Elle est autre chose qu'une passerelle ou une science de transfert, elle a produit une culture spécifique dans la tension où elle vit entre les trois pôles qui la stimulent et la déchirent :

— La fonction interprétative, de compréhension, de fournisseuse de représentations.

— Le souci de grande rigueur formelle, en particulier de manipuler l'Hamiltonien exact.

— Le souci acharné de la précision de ses prédictions.

Je suis persuadé que cette science, métisse mais originale, a un bel avenir et dispose de suffisamment de ressources et d'assez d'énigmes devant elle pour attirer de jeunes esprits exigeants.

La chimie des sols

par André Amblès

Le sol est un milieu essentiel pour de nombreux êtres vivants. Il constitue un véritable réacteur biologique dont les principaux processus concernent la transformation de la matière organique. Il joue également, hélas, un rôle d'interface dans tous les phénomènes de pollution de notre environnement. La matière organique qu'il contient reste encore mal connue des hommes, les travaux significatifs concernant sa structure n'ayant débuté qu'il y a environ vingt-cinq ans. Les recherches menées dans le domaine ont un intérêt fondamental certain, mais également un intérêt appliqué. En effet, l'accroissement de la population mondiale et le développement des activités humaines influencent de plus en plus le fonctionnement et les propriétés des sols. Pour des intérêts purement économiques, les pays industrialisés ont favorisé le développement de l'agriculture intensive, la réduction de la diversité des pratiques culturales et l'abus de la monoculture. Les engrais minéraux sont de plus en plus utilisés au détriment des fumures ou composts organiques. En conséquence, le taux de matière organique diminue. La matière organique constitue pourtant le substrat indispensable au développement de la vie biologique des sols, elle conditionne en fait leurs propriétés chimiques, physiques et biologiques. Le problème actuel grave de l'érosion des sols (érosion éolienne ou due au ruissellement des eaux) est pour une grande part une conséquence de teneurs insuffisantes en carbone organique.

La matière organique constitue le substrat indispensable au développement de la vie biologique, car elle est la source majeure de carbone et d'énergie pour les micro-organismes. Comme nous

Texte de la 234e conférence de l'Université de tous les savoirs donnée le 21 août 2000.

le verrons, elle conditionne les propriétés chimiques (stocks de carbone, d'azote et de phosphore) et physiques (perméabilité, capacité de rétention et de circulation de l'eau, stabilité structurale). Il est donc indispensable de mieux connaître les processus de fonctionnement des sols pour mieux les utiliser et les préserver. En conséquence, il importe d'étudier la matière organique qu'ils contiennent.

La matière organique des sols

ORIGINE DE LA MATIÈRE ORGANIQUE DES SOLS

Au départ la photosynthèse des végétaux supérieurs ou inférieurs permet de transformer le carbone minéral, le gaz carbonique ou CO_2, en carbone organique *(Fig. 1)*. Les végétaux synthétisent ainsi leurs constituants, tissus divers, lignine, subérine, etc. En milieu aquatique ou marin, le carbone minéral utilisable est sous forme carbonate (CO_3^{2-}) ou hydrogénocarbonate (HCO_3^-) en équilibre avec CO_2. Il faut noter que les végétaux sont incapables d'utiliser ou de transformer leurs déchets ou leurs débris organiques. Ce sont des autotrophes qui puisent dans le monde minéral ce qui leur faut pour réaliser la synthèse des molécules nécessaires à leur fonctionnement. Le nécessaire recyclage des matières premières implique l'existence d'hétérotrophes qui peuvent utiliser la matière organique déjà élaborée comme matière première et comme source d'énergie *(Fig. 1)*. C'est la notion de chaîne alimentaire, les végétaux sont des producteurs, interviennent ensuite les consommateurs et les décomposeurs. La respiration des divers acteurs, y compris les micro-organismes du sol, réinjecte du gaz carbonique dans l'atmosphère.

Dans le processus de décomposition des résidus animaux ou végétaux, une partie du carbone est assimilée dans les tissus microbiens, une autre part est transformée en humus stable. La décomposition des restes végétaux et animaux est une somme de processus biologiques qui permet par la minéralisation ou la respiration de réinjecter du carbone dans l'atmosphère sous forme de CO_2. L'azote disponible est transformé en ions nitrate (NO_3^-) ou ammonium (NH_4^+), le soufre et le phosphore en ions sulfate (SO_4^{2-}) et phosphate (PO_4^{3-}) ou formes équivalentes assimilables par les plantes.

TENEUR DES SOLS EN CARBONE ORGANIQUE

La teneur en matière organique des sols varie fortement selon leur nature. Elle peut représenter de 5 à 6 % du poids de sol sec pour une prairie (15 premiers centimètres) et moins de 1 % pour

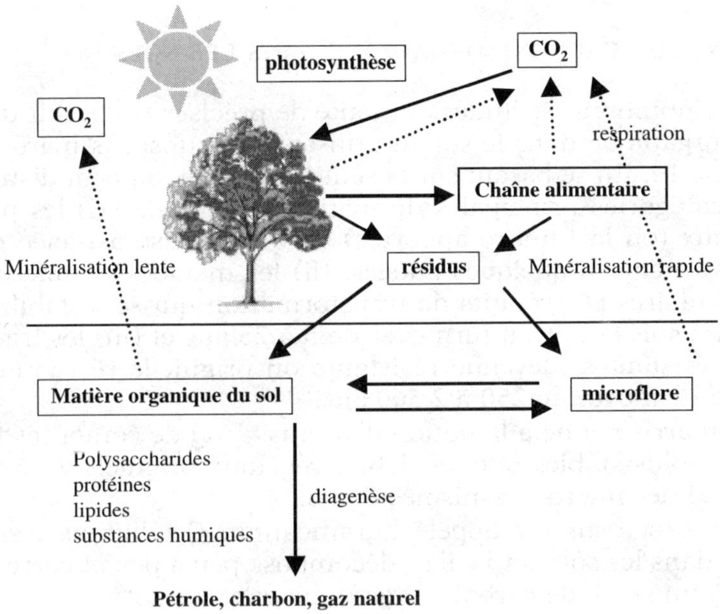

Figure 1 – Cycle du carbone.

les sols sableux. La teneur peut atteindre 10 % pour des sols pauvres mal drainés et 80 % ou plus dans les tourbières. Les sols tropicaux présentent des concentrations faibles, les conditions de température et d'humidité font que le *turn-over* de la matière organique est (trop) élevé. Les teneurs de carbone (C) et d'azote organique (N) varient généralement parallèlement (rapport C/N de 10 à 12 en moyenne).

Il est intéressant de comparer les quantités de carbone présent dans les sols et dans d'autres réservoirs de la surface de la planète Terre. On peut constater qu'en surface la quantité de carbone organique (30 à 50×10^{14} kg) est supérieure à la somme des autres réservoirs (CO_2 : 7×10^{14} kg ; biomasse : $4{,}8 \times 10^{14}$ kg ; eaux douces : $2{,}5 \times 10^{14}$ kg ; C marin : 5 à 8×10^{14} kg).

Un grand nombre de facteurs conditionnent la teneur en matière organique des sols. Parmi ces facteurs, on peut distinguer le climat qui conditionne la nature des plantes, la productivité végétale, l'activité microbienne. Les climats humides favorisent les forêts. Si l'humidité est suffisante, la production végétale est accrue. Les sols de prairie renferment de grandes quantités d'humus dont la formation est importante dans la rhizosphère. Si la température augmente, le taux d'humus décroît car il y a augmentation de l'activité microbienne. Ainsi, sous nos climats tempérés, une litière sous forêt met une année pour se décomposer. Il n'y a pratiquement pas de litière sous climat tropical (conditions favorables à la biodégradation).

DEVENIR DU CARBONE ORGANIQUE DANS LES SOLS

De nombreuses études ont tenté de préciser le devenir du carbone organique dans le sol en utilisant des substrats marqués au carbone 14. En se basant sur la seule cinétique, on peut distinguer trois catégories principales de matière organique : (i) les résidus végétaux (ou la fumure apportée) et la biomasse associée qui se transforment en quelques années, (ii) les métabolites microbiens ou cellulaires et produits de transformation qui se « stabilisent » dans les sols et ont un turn-over de 5 à 25 ans et (iii) les fractions dites résistantes (devenue résistante ou originelle résistante) qui ont un turn-over de 250 à 2 500 ans.

On arrive donc à la notion d'humus — ou de composés humiques — plus stables que les débris végétaux originels vis-à-vis de l'activité des micro-organismes du sol.

Le processus est appelé humification. Cet humus n'est pas inerte dans les sols actifs, il se décompose peu à peu et correspond donc à un stock de carbone organique dans les sols.

AGENTS RESPONSABLES DE LA TRANSFORMATION DU CARBONE ORGANIQUE DANS LES SOLS

La décomposition et la transformation de la matière organique dans les sols sont assurées par un certain nombre d'organismes ou de micro-organismes. Tout d'abord les vers de terre et divers animaux du sol réduisent la taille des débris végétaux frais. Les vers de terre jouent un rôle très important : ils excrètent de la matière organique fine étroitement associée à la matière minérale (constituant ainsi une sorte de pré-humus, un matériau voisin de celui que produisent les termites pour la construction des termitières). Il y a ensuite attaque microbienne (bactéries, champignons, etc.). Les substances organiques les plus facilement décomposables (sucres...) sont tout d'abord utilisées. Le carbone est en partie métabolisé — il sert d'énergie —, en partie utilisé pour la synthèse cellulaire (de 10 à 20 % selon le sol et les conditions climatiques) — il sert donc de matière première — et une autre partie est transformée peu à peu en humus.

À côté des vers de terre et autres animaux du sol, en nombre très variable, les agents assurant la transformation de la matière organique sont les bactéries (1 milliard par gramme de sol, voire davantage), les actinomycètes* (plusieurs centaines de millions par gramme de sol), les champignons (de 10 à 20 millions par gramme de sol), les algues et les protozoaires.

---

* Les actinomycètes sont des champignons microscopiques voisins des bactéries, ils forment un ordre.

Âge moyen du carbone organique. Notion de temps de résidence

Il est bien sûr tentant de déterminer un âge moyen de la matière organique dans un sol donné, c'est la notion de temps de résidence. Cela est difficile, les âges absolus ne peuvent être déterminés : il y a en effet décomposition continuelle de l'humus ancien et synthèse parallèle d'humus nouveau. On ne peut déterminer qu'un âge moyen.

Les diverses études conduites sur ce point montrent une très forte variabilité, de 250 à 1 900 ans pour des horizons de surface. Le temps de résidence moyen augmente avec la profondeur. À titre d'exemple, pour un sol du Canada, le temps résidence moyen est de 8 400 ans en profondeur, à comparer à 550 ans pour le niveau de surface. Le temps de résidence varie également selon la nature de la matière organique, l'humine étant généralement plus résistante que les lipides (ces catégories seront définies dans la suite de l'exposé). Ainsi dans un sol de prairie du Dakota, l'humine a un temps moyen de 1 150 ans, alors que le temps moyen pour la matière organique totale est de 870 ans ; cela indique la très grande diversité, l'hétérogénéité de la matière organique. Les fractions de matière organique associées aux argiles ont généralement des temps de résidence élevés, par exemple 8 000 ans. La matière organique adsorbée, ou incluse dans les feuillets de l'argile est protégée de l'activité biologique.

Rôle de la matière organique dans les sols

PROPRIÉTÉS CHIMIQUES

La matière organique représente le stock de carbone, phosphore (*P*), azote (*N*) et soufre (*S*) présent dans le sol. Comme nous l'avons vu, ce stock est nécessaire pour toutes les formes de vie présentes *sur* le sol (végétaux) et *dans* le sol (micro-organismes divers). Pour l'azote, le phosphore et le soufre, il y a équilibre entre les formes minérales et organiques. Les processus qui interviennent sont la minéralisation et l'immobilisation (notion de stock).

Minéralisation : P organique → P minéral, soit phosphate (PO_4^{3-})
S organique → S minéral, soit sulfate (SO_4^{2-})
N organique → N minéral, soit nitrate (NO_3^-)

Immobilisation : phosphate → P organique
sulfate → S organique
nitrate → N organique

Ces équilibres sont régis par de nombreux paramètres, de plus chaque élément majeur conditionne l'équilibre minéralisation — immobilisation de l'élément voisin (notion de rapport carbone/azote (C/N), carbone/phosphore (C/P), carbone/soufre (C/S) etc.].

Rappelons que seules les formes minérales peuvent être assimilées par les végétaux.

PROPRIÉTÉS BIOLOGIQUES

La matière organique est, comme nous l'avons vu, source de carbone et d'énergie pour les micro-organismes, lors de la synthèse de leur tissu par exemple. Il faut cependant noter que certaines molécules organiques peuvent jouer un rôle néfaste, par exemple certains terpènes naturels sous forêt de pin, ou des molécules issues de l'industrie chimique : rôle inhibiteur sur la germination des graines et sur la croissance des végétaux, toxicité envers la microflore... En conséquence la matière organique s'accumule trop et l'on arrive à la notion d'auto-intoxication dans les systèmes naturels pauvres.

PROPRIÉTÉS PHYSIQUES

La matière organique est un facteur prépondérant pour la stabilité structurale du sol, elle joue le rôle de liant entre les particules, permettant la formation d'agrégats. Les principales interactions sont les associations minéraux-minéraux, minéraux-argile, argile-argile. Elle permet en outre une meilleure aération du sol (paramètre important pour l'activité biologique) et sa présence en quantité suffisante est un facteur important pour la capacité de rétention en eau du sol (importante pour les végétaux) et la circulation de l'eau dans le sol.

On comprend alors mieux pourquoi les pratiques culturales modernes — agriculture intensive, monoculture, utilisation massive d'engrais minéraux (azote, phosphore, potassium) au détriment de fumures ou composts organiques, désherbage systématique, déboisement et arasement des haies — ont des conséquences si néfastes sur les propriétés des sols. Les exportations de carbone dues aux récoltes ne sont plus compensées, en conséquence le taux de matière organique diminue. Ainsi, l'érosion des sols est devenue un problème préoccupant même en France. Il y a ainsi érosion éolienne et érosion mécanique sous l'effet des pluies ; l'eau pénètre mal ou peu dans le sols et entraîne les particules de sol. Le problème est aggravé par la suppression de protections physiques (bois, haies, herbe qui de plus produisent du carbone organique à proximité de la zone de culture) et certaines pratiques comme le labour dans le sens de la pente. À titre d'exemple, le problème a été signalé récemment dans la presse nationale pour les vignes des coteaux du Sancerrois, aggravé par le désherbage systématique pratiqué aujourd'hui.

Étude qualitative de la matière organique des sols

Les formes persistantes (stables) de matière organique dans les sols sont les lipides et les substances humiques : acides fulviques, acides humiques et humine. Il est admis que les autres formes telles les protéines, les sucres, etc. sont très rapidement décomposées et utilisées. Ces fractions sont obtenues en appliquant le protocole suivant *(Fig. 2)* :

— Les lipides dits libres correspondent à la fraction soluble dans un solvant organique, ils sont donc directement extraits par un solvant organique à partir de l'échantillon de sol.

— Les lipides dits associés sont extraits après destruction des colloïdes organo-minéraux (argiles, etc.) par un traitement acide chlorhydrique/acide fluorhydrique.

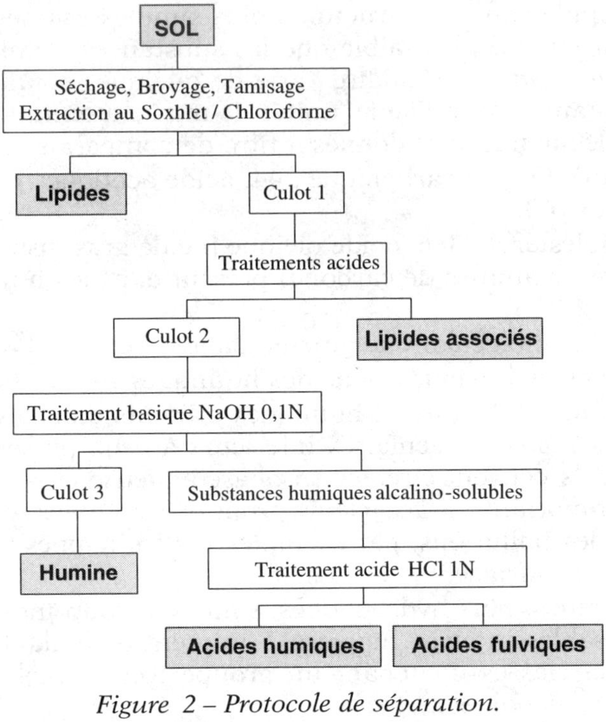

Figure 2 – Protocole de séparation.

— Les acides fulviques et humiques sont extraits en milieu basique (solution de soude). Ils ne sont donc pas solubles dans un solvant organique. En milieu acide, les acides humiques précipitent et sont donc séparés des acides fulviques qui restent solubles.

— Le résidu final, associé à la matière minérale restante, correspond à l'humine.

Ainsi en résumé, les quatre grandes classes de matière organique sont les lipides solubles dans les solvants organiques usuels, les acides fulviques solubles en milieu aqueux à toute valeur de *pH*, les acides humiques solubles en milieu aqueux alcalin et l'humine totalement insoluble. Il est important de signaler que ces catégories ne correspondent pas à des classes précises de composés organiques, mais ne sont, dans l'état actuel des connaissances, définies que sur la base d'un protocole analytique (d'extraction). C'est une difficulté, une imprécision qui gène actuellement beaucoup les scientifiques.

Les proportions de ces fractions organiques varient beaucoup d'un sol à un autre, les substances humiques sont particulièrement abondantes dans les sols tourbeux et les tourbes.

Les substances humiques contiennent de 40 à 60 % de carbone, 30 à 50 % d'oxygène avec très peu d'azote, de phosphore et de soufre. Les acides fulviques contiennent plus d'oxygène que les acides humiques. Acides humiques et humine ont des compositions proches, la totale insolubilité de l'humine est probablement due à une plus grande complexité structurale et à l'association avec la matière minérale, argile, métaux, etc.

Les lipides ont des structures plus simples et une gamme de poids moléculaire plus faible que les substances humiques. Pour celles-ci, le poids moléculaire varie de quelques centaines à plusieurs centaines de milliers d'unités de masse atomique. Quelques poids moléculaires sont donnés à titre de comparaison :

— Eau : 18, gaz carbonique : 44, acide acétique (présent dans le vinaigre) : 60.

— Cholestérol : 386, acide oléique [acide gras insaturé en C18 (possédant 18 atomes de carbone) présent dans les huiles alimentaires] : 282.

Le poids moléculaire augmente dans le sens :

acides fulviques $\rightarrow$ acides humiques $\rightarrow$ humine

Les acides fulviques et humiques présents dans les eaux possèdent des poids moléculaires inférieurs à ceux présents dans le sol. Ainsi, ils peuvent circuler en phase aqueuse et sont donc des vecteurs importants, grâce à leurs propriétés complexantes, de propagation des pollutions, par exemple vers les nappes phréatiques à partir de la surface.

Les lipides, plus hydrophobes, sont beaucoup moins mobiles ou mobilisables en phase aqueuse. Y migrent cependant un certain nombre de classes contenant un groupe fonctionnel hydrophile (acide gras, alcool, etc.).

LES LIPIDES

Les fractions de lipides « libres » ou « associés » contiennent un grand nombre de familles qui peuvent être séparées puis analysées principalement par des techniques de chromatographie en phase gazeuse capillaire, en phase liquide couplées à la spectrométrie de masse (ils sont appelés lipides simples). Ce n'est pas le cas des lipides complexes ou macromoléculaires qui ne peuvent être analysés directement (*vide infra*).

Dans les familles qui contiennent un grand nombre de molécules, certains composés peuvent être spécifiques d'une origine donnée, on les appelle marqueurs. Les hydrocarbures (constitués uniquement de carbone et d'hydrogène) majeurs dans les sols possèdent un nombre impair d'atomes de carbone, majoritairement 29 et 31 atomes de carbone (C_{29}, C_{31}). Ils proviennent des tissus de protection des végétaux supérieurs. Pour les végétaux inférieurs tels les algues, les hydrocarbures sont courts (C_{17}). Les acides gras (acides monocarboxyliques) constituent une classe intéressante *(Fig. 3)*. Ils sont linéaires, majoritairement à nombre pair d'atomes de carbone, de C_{10} à C_{36}. Ils sont saturés ou insaturés, une double liaison carbone-carbone remplaçant dans ce dernier cas deux atomes d'hydrogène (acide oléique). Les courts ($< C_{20}$) sont ubiquistes (ex. acides palmitiques et stéarique), les longs sont d'origine végétale. Les acides ramifiés, à chaîne non linéaire, iso- et anteiso C_{15} ou C_{17} sont typiquement bactériens. Les diacides et hydroxyacides *(Fig. 3)* sont naturels (subérine, liège) ou proviennent de l'oxydation des acides gras précédents. Ils possèdent donc des nombres pairs d'atomes de carbone. Les glycérides résultent de la combinaison d'un motif glycérol (glycérine) avec 1, 2 ou 3 acides gras pour donner des mono-, di- et triglycérides. Les stérols *(Fig. 3)* sont présents dans les membranes (agents assurant la rigidité) : le cholestérol est typiquement animal, le 24-éthylcholestérol est d'origine végétale. Leur squelette carboné peut résister aux temps géologiques et peut être identifié dans des sédiments très anciens.

LES FORMES MACROMOLÉCULAIRES

Les formes macromoléculaires (lipides complexes, acides fulviques, acides humique, humine de complexité structurale croissante) ne peuvent être étudiées directement comme les lipides simples du fait de leur complexité, de leur insolubilité et de leur hétérogénéité. Leur étude structurale fine impose la mise en œuvre de réactions dégradatives par voie chimique ou par pyrolyse, outil analytique nouveau en plein développement, voire par voie enzymatique. Les unités obtenues doivent ensuite être recombinées après identification pour reconstituer la structure initiale. Les techniques

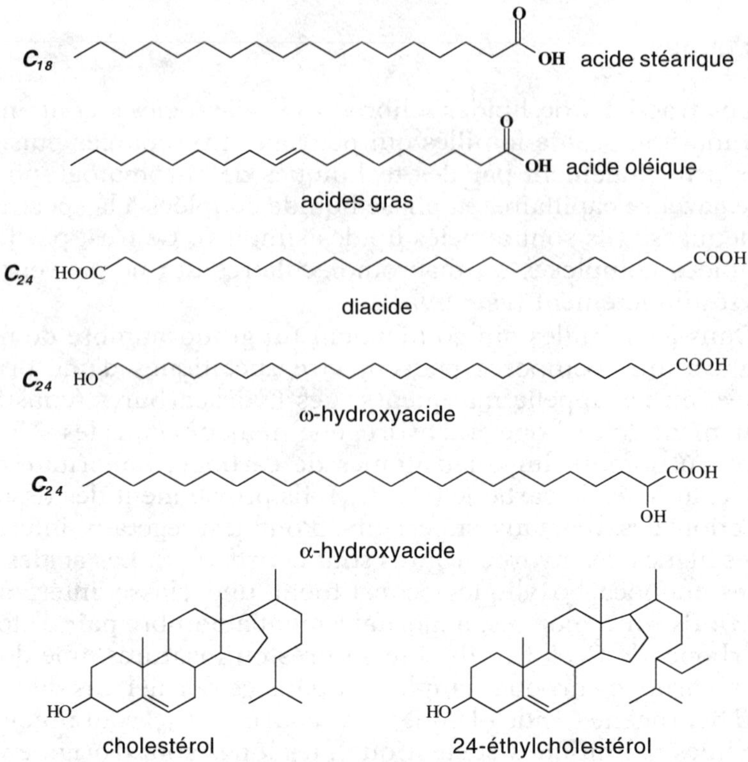

Figure 3 – Structure chimique de quelques lipides.

spectroscopiques telles l'ultraviolet, l'infrarouge, la résonance magnétique nucléaire (RMN) permettent une étude directe mais les informations sont globales (et non à l'échelle moléculaire), par exemple la proportion de carbones aliphatiques, aromatiques, etc.

L'investigation de la structure fine des formes organiques macromoléculaires des sols est très récente. Les résultats obtenus jusqu'à présent, grâce à l'identification de marqueurs d'origine tels les acides gras, alcools, etc. indiquent la présence de divers motifs d'origine végétale ou bactérienne incorporés dans la structure des substances humiques. Au total, les études conduites montrent des différences de structure significatives entre les acides humiques (forte contribution ligno-cellulosique, origine végétale) et l'humine (contribution lipidique importante, remaniement microbien important) qui présente des analogies structurales certaines avec les lipides macromoléculaires. Ces derniers présentent un caractère aliphatique très marqué et semblent constitués de polymères végétaux ou microbiens partiellement préservés, sur lesquels peuvent s'incorporer (par liaison chimique) des lipides simples (naturels ou allochtones). L'ensemble de ces résultats infirme encore l'hypothèse émise il y a quelques années d'une filiation :

lipides → acides fulviques → acides humiques → humine → charbons, roches pétroligènes

Transformation du carbone organique dans les sols. Son pouvoir « auto-épurateur »

Diverses techniques peuvent être utilisées pour déterminer les mécanismes d'évolution du carbone organique dans les sols : la modification des conditions de milieu en corrigeant des carences par exemple, ou l'ajout de substrats organiques purs ou en mélange, à des concentrations raisonnables. Le suivi à divers temps d'expérimentation est effectué au laboratoire en conditions contrôlées ; l'incubation se fait à 20 ou 24 °C pendant deux mois au maximum et parallèlement au champ en conditions naturelles. Les résultats sont comparés aux essais témoins correspondants. La modélisation au laboratoire permet d'accélérer les processus naturels et de mesurer la minéralisation (taux de gaz carbonique dégagé, relativement aux échantillons témoins).

BIOTRANSFORMATION DU CARBONE ORGANIQUE

L'addition de diverses argiles, fer, azote, etc. à des sols pauvres carencés (sols acides sous forêt de pins maritimes, etc.) où la matière organique tend à s'accumuler stimule l'activité biologique, donc accélère le *turn-over* du carbone organique dans ces sols acides. Ces résultats sont intéressants pour la détoxication des sols pauvres, riches en lipides toxiques ; la mise en œuvre est facile et peu onéreuse. Une étude a d'autre part montré que des additions répétées d'éléments N, P, K (azote, phosphore, potassium) qui améliorent la sylviculture en forêt landaise ne compromettait pas à long terme la fertilité du sol à long terme. Les principaux processus de transformation du carbone organique sont :

— La minéralisation, donc transformation de C organique en CO_2.

— La bioxydation limitée, par exemple l'oxydation d'hydrocarbures en méthylcétones, d'hydrocarbures en acides, les alcools étant dans ce processus des intermédiaires fugaces, à durée de vie très faible.

— L'hydrolyse enzymatique de glycérides, libérant des acides gras et du glycérol, ou de cérides, libérant des acides gras et des alcools. Ces réactions peuvent être accompagnées de nouvelles bioestérifications mais avec des motifs différents.

On peut donc, dans un certain nombre de cas, en corrigeant des carences, améliorer des sols pauvres et favoriser le *turn-over* de leur matière organique.

UTILISATION DU POUVOIR « AUTO-ÉPURATEUR » DU SOL

On est depuis une vingtaine d'années tenté d'utiliser (officiellement) le sol pour l'élimination des déchets les plus divers, d'abord les hydrocarbures puis les boues de station d'épuration, les graisses, etc. Le principe est en théorie intéressant puisqu'il s'agit d'apporter du carbone organique aux sols, mais les diverses études montrent que chaque cas doit être très sérieusement étudié. Deux cas seront étudiés à titre d'exemples.

Le *premier cas étudié* concerne les hydrocarbures, plus particulièrement les déchets lourds de l'industrie pétrolière. Leur élimination par le sol (technique du *landfarming* ou du *sludge farming*), technique économiquement très intéressante, a fait l'objet et fait encore l'objet de nombreux travaux. À titre d'exemple, une étude précédente a consisté à suivre le devenir d'une coupe pétrolière (fuel PW3D) sur un sol très actif à Grignon. Parallèlement, une modélisation avec un hydrocarbure pur en C_{20} (éicosane) et divers sols a permis de préciser les chemins réactionnels :

— Oxydation terminale fournissant l'alcool puis l'acide correspondant en C_{20} qui conduit ensuite classiquement aux acides plus courts en C_{18}, C_{16}, etc.

— Une réaction très originale trouvée dans trois sols est la formation de l'hydrocarbure insaturé (éicosène). L'éicosène peut ensuite s'oxyder comme précédemment. L'introduction d'une double liaison carbone-carbone est intéressante pour la biodégradation car celle-ci peut être oxydée assez facilement.

Il est intéressant de noter que l'éicosane introduit et ses produits dérivés sont en partie immobilisés par les argiles du sol. De même, on observe qu'une partie des acides dérivés du substrat initial s'incorpore à la structure chimique des lipides macromoléculaires. Cette immobilisation est manifestement réversible dans les sols considérés, elle l'est probablement beaucoup moins en milieu pauvre (problème de la rémanence de pollution).

L'étude au champ indique qu'après trois années, il reste un tiers du carbone initial non lipidique (plus extractible). Les limites de cette technique d'élimination des hydrocarbures sont les doses et les fréquences d'épandage (ici 40 kg/m^2 soit 40 T/ha) qui doivent être adaptées à chaque sol si on veut éviter la toxicité et la migration en profondeur. La présence de métaux lourds (qui ne sont pas biodégradables) constitue une limitation à la méthode (problème que l'on retrouve pour l'épandage des boues de station d'épuration).

Un *deuxième cas intéressant* est celui des graisses animales et végétales issues de l'industrie agroalimentaire. Plutôt que de construire une station d'épuration, les effluents graisseux du site sont, après passage dans un digesteur, épandues sur des parcelles agricoles (contrats avec les agriculteurs). Le cas étudié est celui d'une entreprise située dans le Centre-Ouest. L'étude sur site a été effectuée sur diverses parcelles et à divers temps d'épandage. Parallèlement, l'évolution d'une graisse modèle, la tristéarine (triglycéride formé à partir du glycérol et de trois motifs d'acide stéarique), a été suivie en conditions contrôlées au laboratoire (sur les mêmes sols). On observe l'hydrolyse rapide de la tristéarine, l'acide stéarique (C_{18}) formé étant rapidement transformé, comme précédemment, en acides plus courts C_{16}, C_{14}, etc. L'acide stéarique s'incorpore rapidement à la structure des lipides macromoléculaires, un peu plus lentement à celle des acides humiques et de l'humine.

Ces résultats sont totalement confirmés par l'expérimentation au champ. Le taux de matière organique s'accroît significativement lors des épandages et décroît ensuite doucement quand ceux-ci cessent. Une conséquence intéressante des épandages est que cette augmentation s'accompagne d'un accroissement significatif du taux d'agrégats stables de ces sols au départ fragiles et mal structurés *(Fig. 4)*. Si on ajoute que l'épandage en phase aqueuse accroît les rendements de la culture de maïs de 40 %, on dispose là d'une technique plus intéressante qu'un traitement en station d'épuration, les métaux lourds étant totalement absents. La matière organique est ainsi recyclée et ne contribue pas au stock de boues résiduaires. Cette technique est intéressante tant pour la gestion de l'eau que pour celle des déchets organiques et la restauration des sols. Le seul problème est la gestion des effluents, trop abondants en hiver pour les agriculteurs mais bien trop insuffisants en été.

Taux d'agrégats stables

	Témoin	Sol épandu
Sol GOV	5,1 ± 0,1	21,4 ± 0,7
Sol DOU	6,4 ± 0,4	13,3 ± 0,3

Figure 4 – Variation du taux d'agrégats stables de deux sols sans (témoin) et après épandage (sols épandus) d'effluents graisseux.

En conclusion, le sol est un milieu essentiel pour les êtres vivants. Il importe de mieux connaître les stocks de matière organique qu'il contient et leur transformation pour mieux connaître ses processus de fonctionnement, mieux le préserver et ne pas compromettre sa qualité à court, moyen ou long terme.

RÉFÉRENCES

– JUPIN (H.), *Le Cycle du carbone*, Hachette, 1996, 160 p.
– DUCHAUFOUR (Ph.), *Pédologie*, Masson, 1995, 324 p.

Localiser et identifier une molécule

par PATRICK CHAQUIN

Une activité essentielle de la recherche en chimie moléculaire est de découvrir ou de synthétiser des molécules nouvelles, qui pourront se retrouver dans des médicaments, des aliments, des cosmétiques, etc. Il est donc non moins essentiel de les identifier et de les décrire avec le plus de précision possible. Par ailleurs, notre désir de savoir nous pousse à connaître les molécules qui nous entourent, de notre environnement le plus immédiat aux confins de l'univers. Enfin nous avons besoin de détecter et d'identifier des poisons, des drogues, des dopants, etc.

Le problème de la localisation ne se pose guère lorsque l'expérimentateur dispose de l'échantillon à étudier. Mais il est aussi possible de déceler la présence de molécules dans des endroits inaccessibles, comme les atmosphères planétaires ou l'espace interstellaire.

Identifier une molécule nécessite la connaissance de la nature et du nombre des atomes qui la constituent, sa « formule brute ». Cela peut suffire dans le cas de petites molécules : seule l'ozone a pour formule brute O_3. En revanche plusieurs dizaines de molécules répondent à la formule brute $C_4H_8O_2$. Cependant la donnée de l'enchaînement des atomes, la « formule semi-développée » CH_3-(CO)-O-CH_2CH_3 définit sans ambiguïté l'acétate d'éthyle, solvant qui donne son odeur caractéristique au dissolvant de vernis à ongles. Mais il existe des molécules différentes ayant la même formule semi-développée, ainsi la (–) carvone (arôme de menthe verte) et la (+) carvone (odeur de cumin) qui sont, comme nos deux mains, l'image l'une de l'autre dans un miroir. L'identification nécessite

Texte de la 235e conférence de l'Université de tous les savoirs donnée le 22 août 2000.

alors la connaissance de la position relative des atomes dans l'espace, ou « stéréochimie » de la molécule.

Lorsqu'on est en présence d'un composé inconnu, on peut tout d'abord se demander s'il n'a pas été déjà rencontré et décrit. On cherchera dans la littérature ou dans des banques de données s'il y figure une molécule possédant les mêmes caractéristiques. Cette démarche s'apparente à celle de l'enquêteur qui recherche dans un fichier de police des empreintes identiques à celles qui ont été relevées sur le lieu d'un crime, recherche pouvant être automatisée en chimie comme en criminologie. Si cette entreprise échoue, il faudra reconstituer la structure moléculaire en assemblant, comme les pièces d'un puzzle, les indications fragmentaires fournies par diverses méthodes d'investigation.

L'avènement de la Spectroscopie en Chimie

Ces méthodes d'investigation ont considérablement changé depuis quelques dizaines d'années. Si on ouvre une revue de chimie du début du siècle, on y voit qu'une molécule nouvelle était essentiellement identifiée au moyen de tests chimiques, réactions au résultat visuellement perceptible, avec production de couleurs, de précipités que l'on pouvait purifier et dont on déterminait la température de fusion. Les notations de texture (liquide « mobile », « huileux ») sont fréquentes, celles d'odeurs ne sont pas rares. Le pouvoir sucrant de la saccharine fut découvert en 1879, à une époque où l'on goûtait systématiquement chaque nouveau produit. Tout cela a disparu de la littérature contemporaine, où les molécules sont généralement caractérisées par des données numériques traduisant ce qu'on appelle des « spectres ».

Un spectre est un graphe qui visualise la réponse d'une molécule à une excitation physique, impliquant un échange d'énergie. Les méthodes spectroscopiques que nous évoquerons ici sont la « spectroscopie ultraviolet (UV)-visible » ou « spectroscopie électronique », la « spectroscopie infrarouge » *(IR)* ou « spectroscopie de vibration », la « spectroscopie micro-ondes » ou « spectroscopie rotationnelle » puis la « résonance magnétique nucléaire » *(RMN)*. Ces méthodes ont en commun d'impliquer l'interaction de la molécule avec une onde électromagnétique. Nous présenterons enfin la enfin la « spectrométrie de masse » *(SM)*.

Rappelons qu'une onde électromagnétique (OEM) est constituée par la variation périodique et simultanée d'un champ électrique et d'un champ magnétique. L'une de ses caractéristique est sa longueur d'onde λ ou sa fréquence ν exprimée en Hertz (Hz), liées par la relation $\nu = c/\lambda$. (c est la vitesse de la lumière : 3.10^8 m/s).

Chaque méthode spectroscopique est associée à un domaine de longueurs d'onde. Le premier est constitué par la lumière visible, dont la longueur d'onde va de 400 nm (1 nm = 10^{-9} m) pour la lumière violette à 800 nm pour la lumière rouge, complété par le proche ultraviolet (UV) de 400 à 200 nm environ ; le second se situe dans l'infrarouge (IR) avec des longueurs d'onde de l'ordre du micron, le troisième dans les micro-ondes dont la longueur est de l'ordre du cm ; le dernier se situe dans les ondes radio de longueur de l'ordre du m, ces deux derniers domaines étant d'ordinaire plutôt caractérisés par leur fréquence en GHz (10^9 Hz) et MHz (10^6 Hz) respectivement.

L'interaction d'une OEM et d'une molécule peut être étudiée grâce à son « spectre d'absorption ». Une source de rayonnement électromagnétique, de longueur d'onde donnée et modifiable, dirige un faisceau sur l'échantillon. Un dispositif de détection détermine, à la sortie de l'échantillon, si l'onde a été plus ou moins absorbée. Le spectre obtenu porte en ordonnée une grandeur caractéristique de l'absorption et en abscisse la longueur d'onde (ou la fréquence) de l'OEM. L'apparition d'un *pic* ou *bande* à une longueur d'onde λ indique que la radiation correspondante est absorbée.

L'absorption correspond au transfert à la molécule d'une certaine quantité d'énergie électromagnétique. À l'échelle moléculaire, l'énergie est « quantifiée », ce qui signifie qu'elle ne peut s'échanger que par « paquets », quantités indivisibles, ou *quanta* d'énergie $\Delta E = h\nu$ où h est la constante de Planck.

Spectroscopie UV-Visible ou spectroscopie électronique

La *figure 1* montre la principale zone d'absorption de l'ozone dans le domaine UV-visible. On voit que les UV sont fortement absorbés, d'où le rôle protecteur de la « couche d'ozone » de la haute atmosphère. Le quantum d'énergie absorbé sert ici à augmenter l'énergie d'un électron de la molécule qui passe d'un niveau où il occupait une certaine localisation spatiale (correspondant à sa « fonction d'onde ») à un autre niveau, de localisation différente, d'où le nom de « spectroscopie électronique ». L'ordre de grandeur de cette énergie est celui des liaisons chimiques ce qui explique l'effet néfaste des UV, susceptibles de dégrader les molécules biologiques.

Ces spectres UV-visible peuvent suffire à l'identification de petites molécules comme les polluants NO_2, SO_2, O_3 et certains hydrocarbures aromatiques. Cependant l'information qu'ils contiennent est insuffisante pour une identification complète de molécules un tant soit peu complexes.

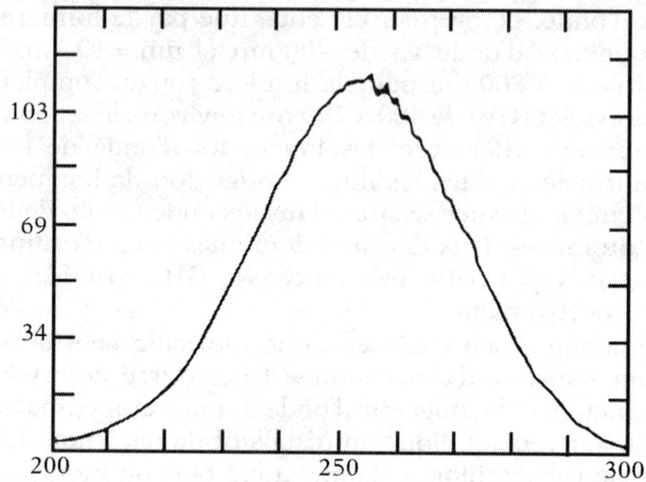

Figure 1 – Spectre d'absorption de l'ozone dans l'UV, entre 200 et 300 nm.

Spectroscopie IR ou spectroscopie de vibration

Le domaine de l'IR utilisée en Chimie correspond à des longueurs d'onde de 2 à 20 µm. Lorsque ces rayonnements sont absorbés par la molécule, ils sont convertis en « énergie de vibration ». Illustrons cette notion avec la molécule d'ozone. L'ozone possède des caractéristiques géométriques bien définies et qu'on peut déterminer avec beaucoup de précision : distance entre les noyaux des atomes (1,218 Å) et angle de liaison (116,8°). Mais il ne s'agit que de valeurs moyennes. Si on pouvait observer cette molécule, elle nous apparaîtrait comme animée de mouvements de déformations d'aspect chaotique, mais qui peuvent se décomposer en trois mouvements périodiques (ou « modes de vibration ») relativement simples représentés dans la *figure 2*, chacun s'effectuant à une fréquence bien définie ν_1, ν_2 et ν_3. La molécule peut absorber une OEM de l'une de ces fréquences ν : elle reçoit l'énergie correspondante ΔE qui se transforme en énergie mécanique avec augmentation de l'amplitude de ce mouvement.

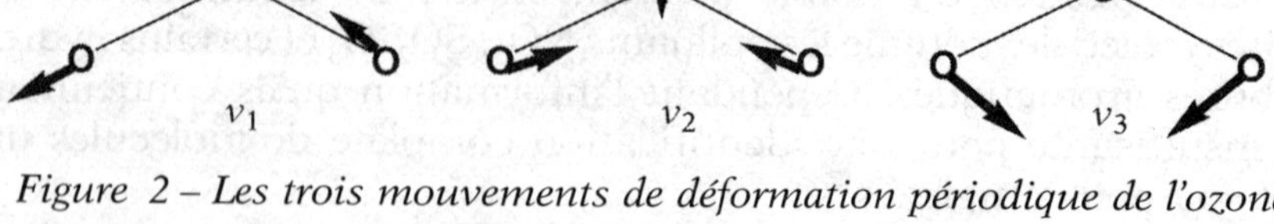

Figure 2 – Les trois mouvements de déformation périodique de l'ozone.

Une molécule comportant N atomes présente 3N – 6 modes de vibration. Il devient rapidement difficile d'associer à chaque bande la vibration correspondante, mais on peut reconnaître, même dans des molécules très complexes, des fréquences caractéristiques de couples ou de groupements d'atomes liés entre eux.

Ainsi dans le spectre *(Fig. 3)* de l'acétate d'éthyle qui comporte 36 modes de vibration, la bande à 5,75 μ ($1\mu = 10^{-6}$ m) est caractéristique de l'élongation périodique de la liaison C = O d'une fonction ester, confirmée par la bande à 8,05 μ de vibration de C – O ; la bande à 7,3 μ correspond à une déformation d'un groupement méthyle CH_3. À 3,30 μ on reconnaît les vibrations des liaisons C–H. Des renseignements négatifs importants apparaissent également, comme l'absence de fonction alcool ou acide (liaison OH) dans la région de 3 μ.

On peut aussi tirer parti de la complexité même de ces spectres à des fins d'identification avec une molécule déjà connue. La région de 6 à 12 μ en particulier constitue une véritable « empreinte digitale » de la molécule.

Les rayonnements venus de l'espace

Les fréquences caractéristiques de certaines molécules peuvent être détectées dans des régions qui nous sont inaccessibles, comme les atmosphères planétaires ou l'espace interstellaire. Il s'agit alors le plus souvent de rayonnements émis et non absorbés.

En effet, le phénomène d'absorption d'une onde électromagnétique peut être réversible : si une molécule a subi une excitation préalable l'ayant portée à un niveau d'énergie supérieur, elle peut restituer cette énergie ΔE sous la forme d'une radiation de fréquence ν telle que $\Delta E = h\nu$.

La *figure 4* montre les radiations IR émises par l'atmosphère de la planète Titan (satellite de Saturne), enregistrées par la sonde IRIS. Il apparaît des pics caractéristiques d'un certain nombre de molécules, formées essentiellement des éléments C, H et N. L'intérêt suscité par cette planète provient du fait que son atmosphère est supposée assez semblable à celle de la terre, avant l'apparition d'oxygène sous l'effet de la fonction chlorophyllienne végétale.

La région des micro-ondes n'est guère utilisée dans la chimie terrestre. Elle est cependant précieuse pour l'identification de molécules des espaces intersidéraux. Ce domaine est celui de « l'énergie de rotation » des molécules. Outre leurs déformations déjà évoquées, les molécules sont animées de mouvements de rotations que l'on peut décomposer en trois rotations autour de trois axes. À chacune de ces rotations est associée une fréquence caractéristique de chaque molécule, et l'absorption d'une onde électromagnétique de

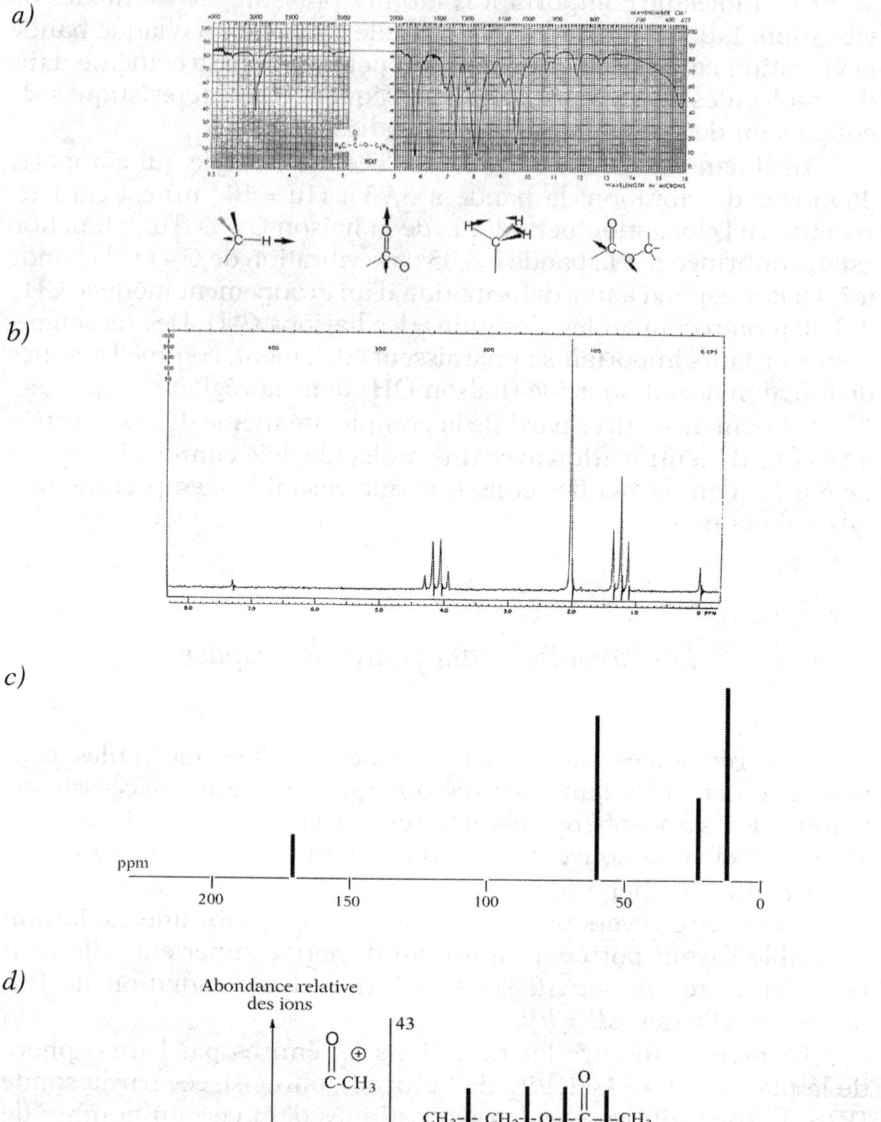

Figure 3 – Quatre spectres de l'acétate d'éthyle ; de haut en bas : a) spectre IR et représentations de quelques vibrations caractéristiques (N.B. l'absorption croît ici) : b) spectre de RMN de l'hydrogène avec un appareil fonctionnant à 60 MHz ; c) spectre de RMN du carbone ; d) spectre de masse.

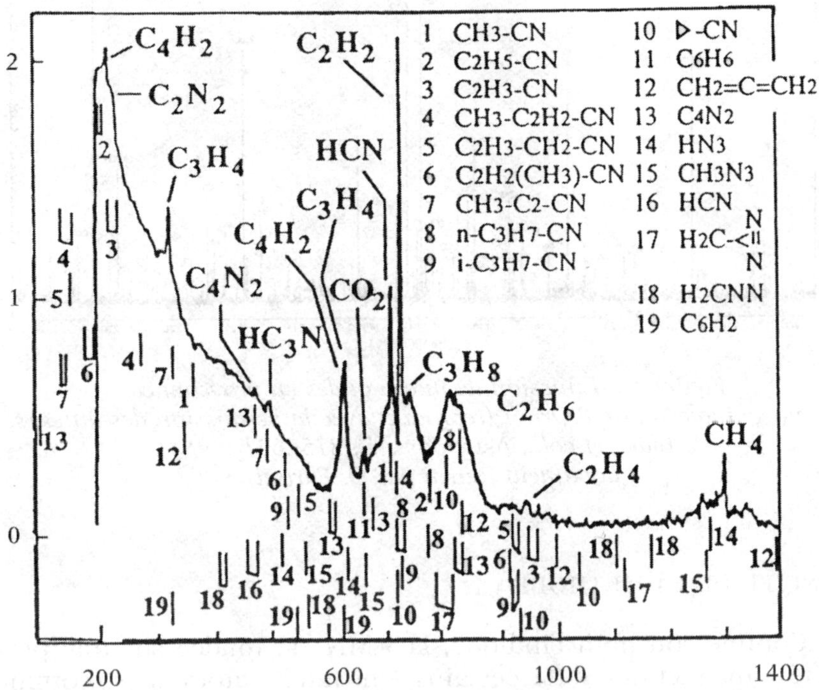

Figure 4 – Émission IR de l'atmosphère de Titan.
(F. Raulin et coll. Adv. Space Res. 12(11) 181 (1992),
reproduit avec la permission de Elsevier Science Ltd., Kidlington (GB) ;
document fourni par M.-C. Gazeau et J.Bénilan).

même fréquence a pour effet d'augmenter l'énergie cinétique de rotation. Inversement, une molécule peut perdre une partie de son énergie de rotation en émettant une radiation.

La *figure 5* présente les émissions de micro-ondes, aux environs de 200 GHz, d'une région de l'espace, le nuage moléculaire d'Orion, montrant la présence de dioxyde de soufre SO_2, de monoxyde de carbone CO, de méthanal CH_2O, de méthanol CH_3OH, etc., ainsi que de nombreuses autres espèces non encore identifiées, dont certaines sont sans doute inconnues sur terre.

La résonance magnétique nucléaire

La résonance magnétique nucléaire (RMN) est apparue vers 1960 dans les laboratoires de chimie et a connu depuis des progrès incessants qui en font sans doute la méthode la plus puissante de détermination des structures moléculaires.

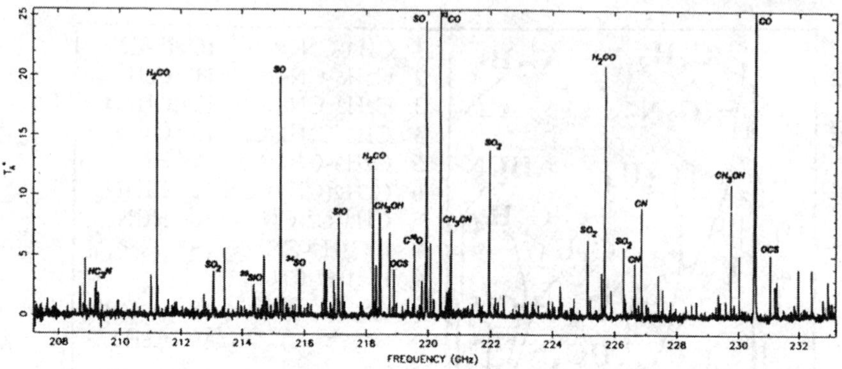

Figure 5 – Émission de micro-ondes en provenance du nuage moléculaire d'Orion (reproduit avec la permission des auteurs, A. Blake et coll., Astrophys. J., *315, 621 (1987), document fourni par O. Parisel).*

PRINCIPE DE LA MÉTHODE

Comme son nom l'indique, la RMN est fondée sur une propriété « magnétique » de certains « noyaux » atomiques, comme celui de l'hydrogène 1 (^{1}H), le proton. Un tel noyau possède un « spin » non nul qui lui confère un « moment magnétique ». Cela signifie qu'il se comporte comme un minuscule aimant et présente donc certaines analogies avec l'aiguille aimantée d'une boussole. Cette aiguille, soumise à un champ magnétique, par exemple le champ magnétique terrestre, s'oriente dans la direction de ce champ. Si on l'écarte de sa position d'équilibre, elle oscille à une fréquence qui dépend à la fois de ses propriétés intrinsèques (son aimantation, sa forme, sa masse...) et de l'intensité du champ magnétique auquel elle est soumise. Il en va de même pour les moments magnétiques nucléaires qui, dans un champ magnétique $\vec{B}$, adoptent un mouvement périodique de précession de fréquence ν proportionnelle à B : $\nu = (1/2\pi)\,\gamma$ B (la constante γ dépend de la nature du noyau : proton, ^{13}C, ^{19}F etc.). Ces moments magnétiques peuvent alors absorber une OEM de fréquence ν dont l'énergie est convertie en énergie magnétique. Dans les appareils de RMN, le champ $\vec{B}$ est des centaines de milliers de fois plus intense que le champ terrestre. Les premiers appareils de routine apparus dans les années 1960, utilisaient un champ d'environ 1,41 Tesla avec lequel la résonance du proton est observée à 60 MHz.

DÉPLACEMENT CHIMIQUE ET COUPLAGE SPIN-SPIN

Un premier phénomène permettant d'obtenir par RMN des renseignement sur la structure moléculaire est le « déplacement chimique ». Quand une molécule est soumise à un champ magnétique, ses électrons réagissent en créant localement des champs magnétiques parasitaires. Si deux noyaux atomiques de cette molécule possèdent des environnements moléculaires différents, ils sont soumis à des champs parasitaires différents et ne résonnent donc pas exactement à la même fréquence ; c'est le « déplacement chimique ». On obtient un spectre de RMN, selon la technique par « onde continue », en faisant varier progressivement la fréquence de l'onde électromagnétique et en détectant son éventuelle absorption. La variation de champ magnétique d'un point d'une molécule à l'autre est relativement faible, de l'ordre de quelques millionièmes du champ total : c'est pourquoi on l'exprime en *ppm* pour « parties par million ».

La *figure 3* montre le spectre de RMN du proton de l'acétate d'éthyle : on y observe trois signaux correspondant aux trois sites occupés par les hydrogènes, avec un déplacement chimique caractéristique de leur environnement, par exemple, un CH_3 lié à un CO vers 2 ppm, etc. On constate en outre que deux signaux sont formés d'un ensemble de plusieurs pics de forme caractéristique, présentant respectivement trois et quatre composantes. Ce phénomène est le « couplage spin-spin » et s'explique par une influence des protons du groupement voisin. Le CH_3 qui est situé à côté d'un CH_2 (deux voisins) donne 2 + 1 = 3 signaux. Inversement, le CH_2, situé à côté du CH_3 (trois voisins) donne 3 + 1 = 4 signaux. L'ensemble de ces signaux est caractéristique d'un groupement éthyle CH_2CH_3. On constate que l'autre CH_3 qui n'a pas de protons voisins, reste sous la forme d'un pic unique.

PROGRÈS RÉCENTS DE LA RMN

La méthode s'est peu à peu perfectionnée, d'une part par la construction d'appareils à champs magnétiques de plus en plus élevés, et d'autre part par le développement des « techniques par impulsions ».

Comme nous l'avons vu, il existe une proportionnalité entre la fréquence de résonance et le champ appliqué. On est passé progressivement d'appareils où le proton résonne à 60 MHz aux derniers appareils commercialisés fonctionnant à 800 MHz, ce qui correspond à un champ magnétique proche de 20 Tesla (un million de fois le champ terrestre). Il est difficile d'obtenir des champs magnétiques aussi intenses, qui doivent être en outre d'une grande homogénéité dans l'espace occupé par l'échantillon et d'une grande stabilité au cours du temps. Cela nécessite l'utilisation d'électroaimants à bobines supraconductrices, à la température de l'hélium liquide, pour obtenir des courants d'intensité souhaitée.

L'intérêt des appareils à champs magnétiques élevés est manifeste si on compare *(Fig. 6)* les spectres du menthol à 60 MHz et à 500 MHz dans la région de 1 à 2 ppm :

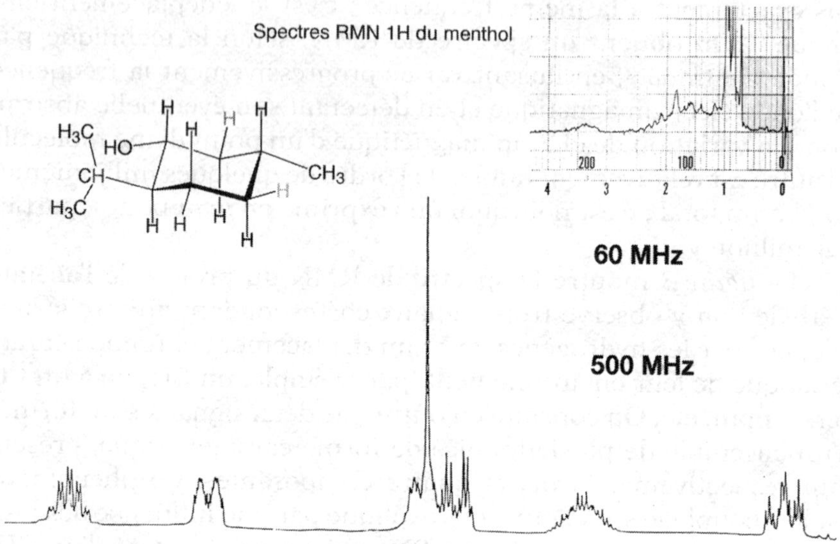

Figure 6 – Spectres de RMN de l'hydrogène du menthol. En haut, enregistré par un appareil fonctionnant à 60 MHz ; en bas région, de 1 à 2 ppm enregistrée à 500 MHz (les documents des figure 6 à 8 ont été fournis par N. Goasdoué et J.-C. Belloeil).

— Dans le premier, les signaux se superposent pour donner un « massif » difficilement exploitable.

— Dans le deuxième, chaque proton est bien individualisé et on voit apparaître les motifs symétriques caractéristiques des couplages qui permettent l'attribution assez aisée de tous les signaux.

Un autre progrès décisif a été le développement de la « RMN par impulsion ». Si on remplace l'excitation par onde continue par une impulsion magnétique brève et intense, tous les moments magnétiques adoptent un mouvement oscillatoire, chacun à sa fréquence propre, qui s'amortit rapidement. Le signal complexe alors « émis » par l'ensemble ces moments restitue, après un décryptage informatique, les mêmes informations qu'un spectre « classique » par onde continue mais dans un temps environ 100 fois plus court. Cela a permis le développement de la RMN du carbone, qui concerne toute la Chimie Organique. Le carbone naturel est en effet constitué essentiellement de l'isotope 12, dont le noyau a un spin nul et ne donne donc pas de RMN, et ne contient que 1,1 % de carbone

13 (^{13}C) qui possède un spin mais ne donne qu'un signal très faible. La RMN par impulsions permet l'accumulation de signaux en mémoire avant leur traitement, et donc l'obtention dans un temps raisonnable d'un spectre de ^{13}C. Le ^{13}C présente également le phénomène de déplacement chimique dans une gamme de l'ordre de 250 ppm. Le spectre de l'acétate d'éthyle *(Fig. 3)* montre l'existence de quatre carbones d'environnements chimiques différents.

LA RMN À DEUX DIMENSIONS

Le couplage spin-spin permet d'établir la connexion de certains groupements ; en pratique il nous dit que deux protons couplés entre eux sont séparés par trois ou quatre liaisons chimiques au maximum. Mais il peut être malaisé, dans un spectre complexe, d'identifier quels couples de signaux sont liés par cette interaction. La RMN à deux dimensions (RMN 2D) répond entre autres à cette question. Sa technique repose sur l'utilisation de séquences d'impulsions magnétiques de durées et d'intervalles convenablement choisis, pilotées par informatique. Un spectre COSY (COrrelated SpectroscopY ou spectroscopie corrélée) relatif aux couplages entre protons est présenté *(Fig. 7)*. L'abscisse et l'ordonnée sont les fréquences du spectre classique (1D), spectre qui se retrouve sur la diagonale du carré. La présence d'un signal en dehors de cette diagonale (comme celui qui est entouré) au point de coordonnées ν_1 et ν_2 signifie que les spins résonnant à ces fréquences sont couplés (indiqué par la flèche à deux têtes).

D'autres types de connexions peuvent être établis par RMN 2D. L'« effet Overhauser nucléaire » est un phénomène qui dépend de la distance de deux noyaux et met en évidence leur proximité « spatiale », indépendamment du nombre des liaisons chimiques les séparant. Étudié en 2D (spectres NOESY), il permet l'étude de propriétés structurales essentielles des molécules biologiques. Les molécules présentent une certaine plasticité et sont susceptibles de se déformer pour adopter certaines formes appelées « conformations » par des mouvements de torsion autour des liaisons simples. Les propriétés biologiques sont étroitement dépendantes de la conformation adoptée. Ainsi la maladie de la « vache folle » ne résulte que d'un changement de conformation, sous l'effet du « prion », de certaines protéines, sans que leur nature chimique ne soit véritablement altérée.

La « modélisation moléculaire sous contrainte spectroscopique » consiste à calculer à l'aide d'un programme informatique les positions relatives des atomes en tenant compte de deux types de données. D'une part, un logiciel de « mécanique moléculaire », intégrant les variations d'énergie liées à toute déformation de la molécule (variation de longueurs de liaison, d'angles de valence, etc.) détermine les conformations les plus stables de la molécule.

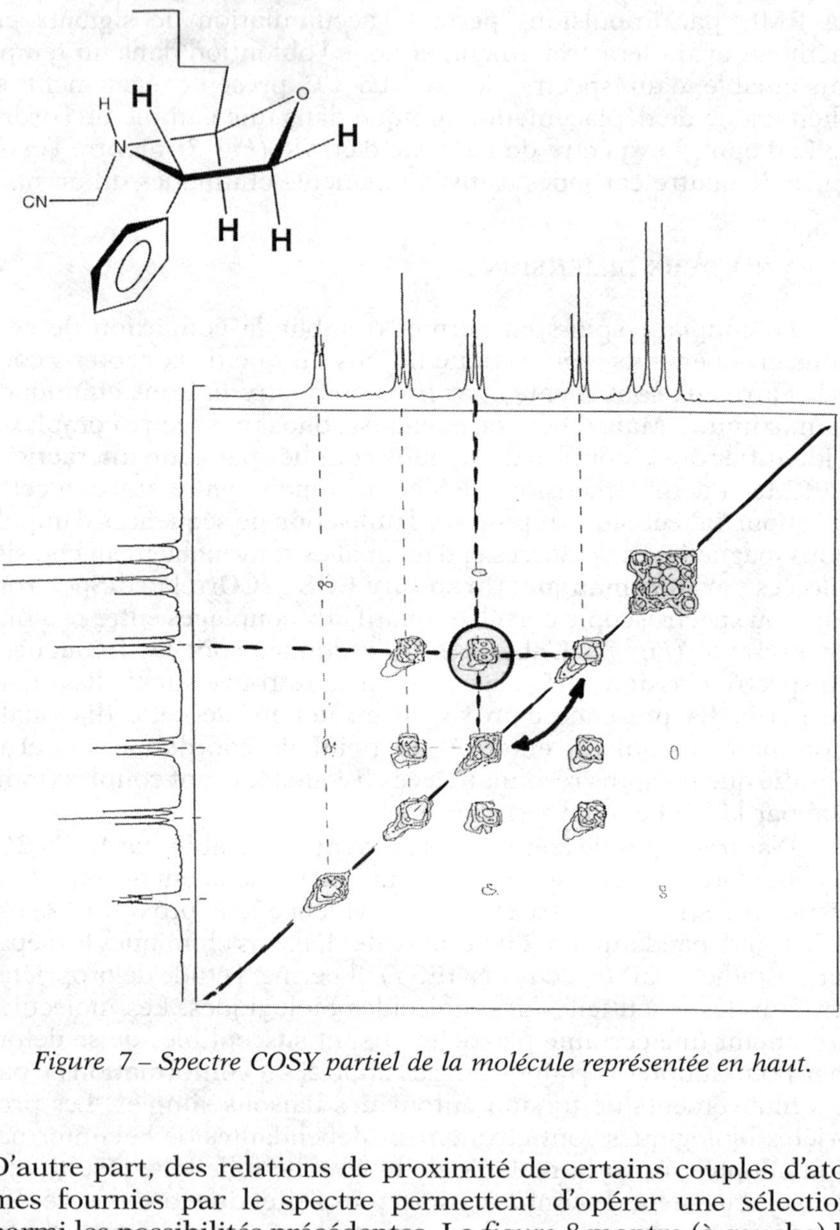

Figure 7 – *Spectre COSY partiel de la molécule représentée en haut.*

D'autre part, des relations de proximité de certains couples d'atomes fournies par le spectre permettent d'opérer une sélection parmi les possibilités précédentes. La *figure 8* montre (à gauche) le spectre NOESY partiel d'une protéine présente dans le lait, l'angiogénine bovine, avec des centaines de signaux dont chacun indique la proximité spatiale plus ou moins grande des deux protons dont les déplacements chimiques sont lus respectivement en abscisse et en ordonnée. La partie droite présente le résultat de la modélisation, dont les divers tracés traduisent une certaine incertitude, faible dans les parties centrales, plus importante à l'extrémité des chaînes.

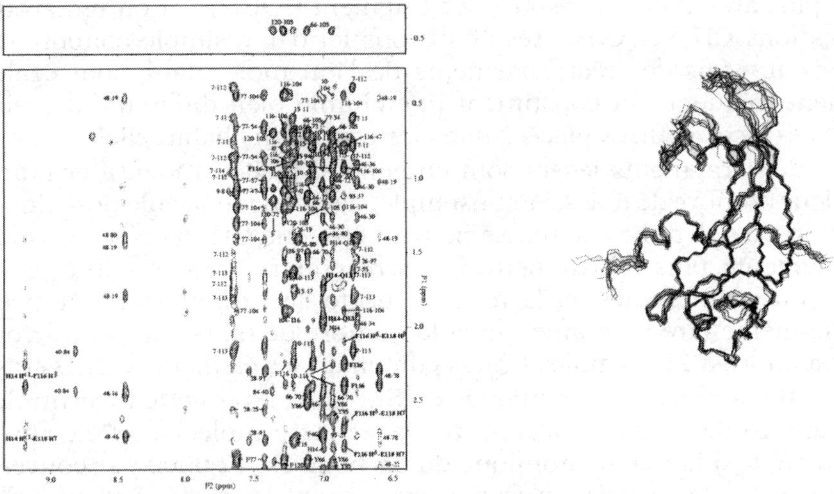

Figure 8 – Spectre NOESY partiel et modélisation sous contrainte spectroscopique de l'angiogénine bovine (Lequin et coll. Biochemistry 35 (1996), 8870).

Spectrométrie de masse

PRÉSENTATION DE LA MÉTHODE

La spectrométrie de masse (SM) est avec la RMN la méthode qui a connu récemment les progrès les plus spectaculaires. Nous nous contenterons d'en donner le principe et d'en évoquer quelques applications.

L'excitation à laquelle la molécule M est soumise ici consiste en un apport d'énergie suffisant pour lui arracher un électron, donnant « l'ion moléculaire » M^+. La méthode la plus classique consiste à bombarder la molécule, préalablement vaporisée, par un faisceau d'électrons (e^-) accélérés par un potentiel de quelques dizaines de volts :

$$M + e^- \rightarrow M^+ + 2e^-$$

Cette énergie peut entraîner la rupture de certaines molécules en divers points, donnant des fragments dont certains sont neutres et ne sont pas décelés, d'autres conservant la charge positive. L'étape suivante consiste à déterminer la masse des divers fragments chargés.

Un spectre de masse présente en abscisse le nombre de masse des ions et en ordonnée leur abondance relative, en % de l'ion le plus abondant. Pour reprendre l'exemple de l'acétate d'éthyle *(Fig. 3)*, on remarque au nombre de masse 88 l'ion moléculaire $C_4H_8O_2^+$. L'ion le plus abondant correspond au fragment $COCH_3^+$, et on remarque des ions CH_3^+ et $C_2H_5^+$ résultant tous ici d'une simple coupure de liaison. Mais des réarrangements de l'ion moléculaire sont également fréquents, et constituent une chimie bien différente de celle des espèces neutres placées dans les conditions habituelles.

Les fragments légers sont en général faciles à identifier grâce à leur nombre de masse. Par exemple, dans une molécule organique, un ion de 15 unités de masse ne peut être que CH_3 ou NH. Mais les fragments plus lourds peuvent correspondre à un nombre élevé d'entités différentes, et la formule brute de l'ion moléculaire peut elle-même être inconnue. Ainsi le nombre de masse 88 peut-il correspondre à 21 formules brutes contenant les éléments C,H,O et N.

Il y a plusieurs techniques en SM pour lever cette incertitude. L'une d'elles consiste à mesurer la « masse moléculaire exacte ». En effet, si la masse atomique du carbone est 12,0000 par convention, celle de l'oxygène n'est pas exactement 16, mais 15,9949, celle de l'hydrogène 1,0078, etc. La masse moléculaire exacte des molécules $C_4H_8O_2$ est alors 88,0524. Si on dispose d'un appareil de SM à « haute résolution », capable de déterminer les masses avec quatre décimales, il sera aisé de distinguer $C_4H_8O_2$ de $C_3H_8N_2O$ (88,0637) et des 19 autres entités de même nombre de masse.

ANALYSE D'UN MÉLANGE : LE COUPLAGE CHROMATOGRAPHIE-SPECTROMÉTRIE DE MASSE

Si les méthodes examinées jusqu'à présent permettent parfois l'identification des constituants d'un mélange brut, ce travail sera toujours plus aisé à partir d'un échantillon pur. Le problème de la séparation et de la purification des constituants d'un mélange est donc étroitement lié à celui de leur identification. Parmi les nombreuses méthodes de séparation, citons la « chromatographie en phase gazeuse ». Dans cette technique, le mélange est vaporisé et injecté à l'extrémité d'un tube de verre capillaire (d'environ 0,1 mm de diamètre), de quelques mètres de long, parcouru par un courant d'un gaz inerte (azote ou hélium). La paroi intérieure du tube est tapissée d'une substance appelée « phase stationnaire ». Les molécules du mélange tendent, d'une part, à être entraînées par le courant gazeux, mais, d'autre part, sont ralenties par des interactions avec la phase stationnaire. Ces interactions étant en général différentes avec des molécules différentes, les divers constituants du mélange évoluent à des vitesses différentes dans le tube et se séparent progressivement les uns des autres. Un dispositif détecte, à la sortie, la présence d'un produit qui a mis un certain temps, son « temps de rétention », à parcourir la longueur du tube. Ce temps de rétention est en lui-même une caractéristique de la molécule et peut suffire à son identification si on a affaire à un mélange familier comme par exemple des polluants dans l'atmosphère ou des hydrocarbures dans un carburant. La *figure 9* présente le « chromatogramme » d'un extrait de l'essence de lavande. Chaque pic correspond à un constituant, avec son temps de rétention exprimé en minutes et secondes.

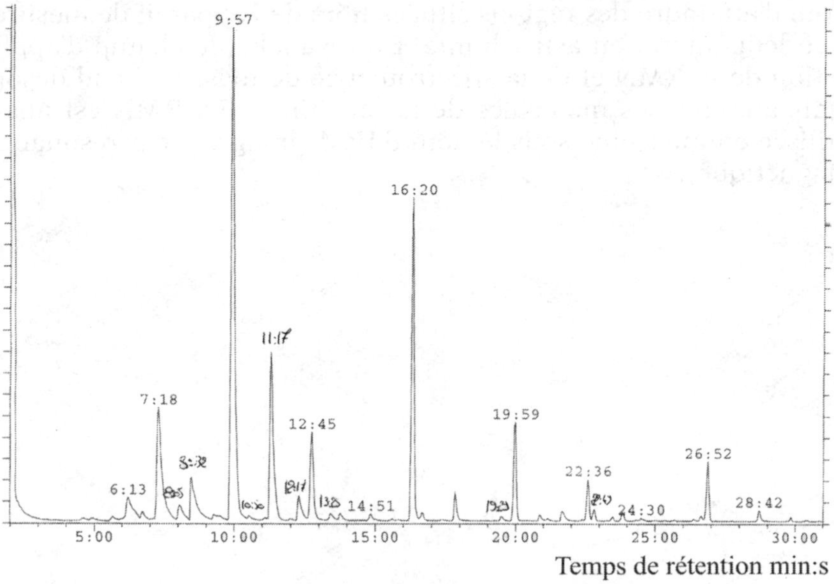

Figure 9 – Chromatogramme de l'essence de lavande. Le couplage avec la spectrométrie de masse a permis l'identification du camphre, de l'eucalyptol, du bornéol, du butyrate de linalyle etc. (document fourni par C. Loutelier-Bourhis).

Il est possible de coupler le chromatographe avec un appareil de SM. Lorsqu'un produit parvient au détecteur, il est envoyé dans la chambre d'injection du spectromètre. Le spectre de masse obtenu constitue une empreinte digitale et la molécule peut être identifiée par recherche informatisée dans une bibliothèque de spectres contenant jusqu'à des centaines de milliers de références. La légende de la *figure 9* signale quelques-uns des constituants du mélange.

Conclusion

L'avènement des spectroscopies a révolutionné le travail d'identification des molécules, se traduisant, au moins au niveau de la recherche, par l'abandon de méthodes chimiques au profit de méthodes physiques. Ces dernières sont pour la plupart non destructrices et ne requièrent qu'une faible quantité de matière, de l'ordre du mg en général, et jusqu'au nanogramme en spectrométrie de masse. Si les spectroscopies UV-visible, IR et micro-ondes sont limitées à l'identification de petites molécules, elles présentent l'avantage, sous la forme de la spectroscopie d'émission, d'atteindre des régions situées hors de l'appareil de mesure, d'où leur intérêt en astrochimie. En revanche, le champ d'application de la RMN et de la spectrométrie de masse s'étend désormais aux grosses molécules de la biochimie. La RMN est aussi utilisée en médecine sous le nom d'IRM (imagerie par résonance magnétique).

La catalyse

par Christian Minot

La définition

Pourquoi avoir sélectionné la catalyse parmi les thèmes des conférences de l'an 2000 ? C'est parce que les réactions catalytiques jouent un rôle important dans notre vie. Les processus catalytiques interviennent à tous les niveaux usuels de notre vie, dans notre corps et dans les produits quotidiens. La plupart des réactions biologiques du corps humain sont des réactions catalytiques : celles qui nous permettent de respirer, qui régissent le transport et l'assimilation des aliments, la photosynthèse des plantes… La catalyse joue un rôle également déterminant dans des processus industriels majeurs, pour fabriquer tous les produits chimiques de notre environnement : les engrais se font à partir de l'ammoniac dont la synthèse est un processus catalytique. Le pétrole extrait sous sa forme brute n'est pas utilisable ; sa transformation en un produit utilisable ne peut être faite que par un procédé catalytique, le raffinage. Les voitures et les usines produisent des composés nocifs (monoxyde de carbone ou oxydes d'azote) et leur élimination ne peut se faire qu'en les transformant en produits inoffensifs à l'aide de processus catalytiques. Pour les voitures, les catalyseurs sont des métaux précieux présents sous forme dispersée dans les pots catalytiques.

Je vais essayer d'expliquer ce qu'est la catalyse. Il faut tout d'abord souligner qu'il y a un grand enjeu industriel protégé par des brevets et que, d'un point de vue pragmatique, la compréhension du

---

Texte de la 236e conférence de l'Université de tous les savoirs donnée le 23 août 2000.

phénomène n'est pas le but premier ; la priorité est l'amélioration des performances ; si l'on dispose d'un catalyseur efficace, on peut améliorer son efficacité par tâtonnements. Il y a une recherche des catalyseurs nouveaux par chimie combinatoire en effectuant un large échantillonnage de réactifs pour sélectionner les systèmes prometteurs.

Parallèlement, expérimentateurs et théoriciens essaient d'expliquer les processus catalytiques. Comprendre un processus catalytique, c'est aller « au-delà d'un simple bilan », cela nécessite de décrire le parcours des réactifs dans leur environnement. C'est en cela que des progrès devraient voir le jour durant le prochain siècle.

Commençons par une histoire bien connue que mon grand-père m'avait racontée lorsque j'étais enfant. « Un homme avait 3 enfants et 17 chameaux ; à sa mort, son testament attribuait la moitié des chameaux à son fils aîné, le tiers au puîné et le neuvième au plus jeune mais interdisait bien entendu que l'on découpât un chameau. Les frères alors consultèrent un sage qui leur conseilla d'emprunter un chameau et de faire le partage sur le tout, 18 chameaux : 9 pour l'aîné, 6 pour le puîné, 2 pour le cadet. Au terme du partage, il était resté alors un chameau indemne pour rembourser l'emprunt. » Je ne connaissais pas assez les fractions à cet âge, mais le chameau emprunté et rendu me semblait mystérieux et me semble donner une bonne image de ce qu'est un catalyseur : un composé qui « rend possible une réaction chimique mais qui n'est pas lui-même modifié » lors de cette réaction ; comme le chameau, il rend possible le partage et en ressort indemne.

Le mot de catalyse a été créé en 1836 par Berzélius, un baron suédois à l'origine de la chimie moderne, à partir du grec *katalusis*, action de dissoudre. Ce n'est pas un bon exemple du phénomène catalytique qui doit impliquer l'intervention d'un composé extérieur. Actuellement, excepté si le solvant joue un rôle très spécifique, on ne le considère plus comme un corps étranger mais comme un paramètre physique.

UNE NOTION LIÉE À LA CINÉTIQUE

La notion de catalyse est liée à la *cinétique* par opposition à la *thermodynamique*. D'une manière simplifiée, c'est la thermodynamique qui nous dit si une réaction est possible ou non. La thermodynamique nous apprend qu'il existe des fonctions locales (ou fonctions d'état) qui sont associées aux quantités de matière. Pour simplifier, j'emploierai sans le préciser le terme d'énergie. Une transformation chimique se traduit par un gain ou une perte d'énergie ; ces variations ne dépendent que des réactifs et des produits et sont indépendantes du chemin pour passer des premiers aux derniers. En allant de Grenoble à Gènes, vous finirez toujours par avoir descendu 214 mètres, la différence d'altitude entre les deux villes.

L'altitude est une fonction locale qui est définie pour les deux villes, celle de départ et celle d'arrivée : la thermodynamique vous apprend qu'on doit pouvoir aller de Grenoble à Gênes sans trop se fatiguer puisqu'on arrive 214 mètres plus bas qu'on est parti. L'inverse est plus fatigant puisque l'on remonte. Il est évident que ce renseignement est insuffisant à décrire votre voyage. Vous pouvez passer par les Alpes et donc monter avant de descendre ; vous pouvez prendre l'avion et monter encore plus haut avant de redescendre ; vous pouvez contourner la montagne en passant par Marseille et la mer. Une voie est plus facile que l'autre. La cinétique étudie les vitesses des réactions. Dans la catalyse, pour poursuivre mon image, on va s'intéresser au moyen de transport et, comme dans la vie, il y a plusieurs choix : on peut choisir le voyage le plus rapide, le moins coûteux ou le plus touristique.

L'expérience montre que les processus contraires à la thermodynamique n'ont jamais lieu. On peut descendre sans effort ; on ne peut monter qu'en fournissant un effort. En revanche, les processus théoriquement permis peuvent aussi ne pas être observés. Il faut posséder le prix du billet pour le voyage mais cela ne garantit pas totalement l'arrivée. S'il y a un puits, personne n'est obligé de tomber au fond. Ainsi les réactions qui s'accompagnent d'un gain d'énergie ne sont pas spontanées :

$$H_2 + \frac{1}{2}\,O_2 \rightarrow H_2O \qquad \text{-56 kcal/mole}$$

gaz tonnant

Cette réaction, qui s'accompagne d'un gain d'énergie*, devrait se faire facilement ; cependant, elle n'a pas lieu dans les conditions naturelles. C'est en ajoutant du platine que la réaction devient instantanée et explosive. Vers 1817, Davy, et 1823, Döbereiner, avaient déjà observé que cette réaction s'accompagnait alors d'une petite flamme ; c'est le principe de la boîte à amadou utilisée pour produire du feu avant l'existence des allumettes. D'une certaine manière on peut être satisfait que les réactions qui peuvent se faire, ne se fassent pas toujours spontanément. Si cette réaction était spontanée, l'oxygène de l'air serait très vite consommé et la vie ne serait plus possible, l'air devenant irrespirable.

On modifie la vitesse d'une réaction de différentes manières en agissant sur l'environnement (en modifiant la température, en exposant à la lumière). La catalyse consiste à « ajouter un produit dans l'environnement pour modifier cette vitesse ».

Un catalyseur peut agir sur un acte élémentaire ou sur le bilan d'une réaction complexe ; enfin il peut orienter vers une réaction plutôt qu'une autre.

---

* Le signe moins traduit un gain d'énergie pour le milieu extérieur : les produits (l'eau) sont plus stables que les réactifs de départ (H_2 et O_2) ; l'excès d'énergie est rendu au milieu extérieur sous forme de chaleur.

AGIR SUR UN ACTE ÉLÉMENTAIRE

En général une réaction chimique consiste à casser des liaisons et à en reformer. Au cours du processus, on est souvent amené à casser avant de reconstruire et on passe d'abord par un intermédiaire qui est moins stable en énergie ; c'est ce que l'on appelle un état de transition. Le prix à payer est la montée, c'est-à-dire la différence d'énergie entre l'état de transition et les réactifs (énergie d'activation). Une fois passé le col, on redescend vers les produits sans effort. Un partenaire extérieur modifie les stabilités de l'état de transition et des réactifs. Il se peut que l'état de transition soit davantage stabilisé que les réactifs ; dans ce cas le prix à payer au départ diminue et la réaction est facilitée. On a alors à faire à un catalyseur.

AGIR SUR LE BILAN D'UNE RÉACTION COMPLEXE

Le bilan total d'une réaction peut être trompeur :

— Le catalyseur n'apparaît pas dans le bilan global, ce qui est normal : il est présent au début et à la fin et n'est pas modifié.

— Un bilan ne nous renseigne pas sur le trajet parcouru ; pour reprendre l'image du trajet de Grenoble à Gênes, la lecture d'un billet de train nous donne plus de renseignements en indiquant les stations intermédiaires.

La réaction de synthèse de l'ammoniac sur des catalyseurs à base de fer

$$3\,H_2 + N_2 \rightleftharpoons 2\,NH_3$$

implique la rencontre de quatre molécules ce qui est improbable :

3 fois	$H_2 \rightleftharpoons 2H_{ads}$
1 fois	$N_2 \rightleftharpoons N_{2\,ads}$
1 fois	$N_{2\,ads} \rightleftharpoons 2\,N_{ads}$
2fois	$N_{ads}+H_{ads} \rightleftharpoons NH_{ads}$
2fois	$NH_{ads}+H_{ads} \rightleftharpoons NH_{2ads}$
2fois	$NH_{2ads}+H_{ads} \rightleftharpoons NH_{3ads}$
1 fois	$NH_{3ads} \rightleftharpoons NH_3^-$
bilan	$3\,H_2 + N_2 \rightleftharpoons 2\,NH_3$

La réaction est une succession d'étapes avec adsorption* dissociative de l'hydrogène sur le catalyseur, adsorption moléculaire

* Le mot adsorption est à distinguer du mot absorption qui concerne les rayonnements ; la lumière est absorbée par un composé tandis qu'une molécule (l'adsorbat) se dépose (est adsorbée) sur un substrat.

de l'azote qui se dissocie ensuite sur la surface du catalyseur. Il y a ensuite migration des espèces adsorbées et recombinaison jusqu'à désorption de l'ammoniac formé.

La réaction qui permet d'éliminer les oxydes d'azote nocifs qui sont produits dans les usines est aussi une réaction complexe, elle s'écrit :

$$4\,NO + 4NH_3 + O_2 \rightarrow 4\,N_2 + 6H_2O \qquad -331.0\ kcal/mol.$$

Une équation faisant appel à neuf molécules ne peut pas être élémentaire : il est impensable de supposer la rencontre simultanée de neuf molécules, la rupture d'un grand nombre de liaisons et la formation d'autres. Quatre électrons doivent changer de place. La réaction globale n'est que le bilan d'une succession d'étapes élémentaires auquel le catalyseur doit participer. Le catalyseur est un oxyde de vanadium ; son écriture n'apparaît pas dans le bilan global car il n'est pas consommé lors de la réaction.

ORIENTER VERS UNE RÉACTION PLUTÔT QU'UNE AUTRE

Si vous partez en voyage depuis Grenoble, il n'est pas évident que vous souhaitiez aller finalement à Gènes, vous pouvez changer d'humeur. Les routes conduisent vers beaucoup de destinations plus tentantes ; il en est de même en chimie et des réactifs peuvent se combiner de multiples façons pour conduire à des produits différents en passant par des réactions concurrentes. Le catalyseur modifie les données du jeu et donc oriente vers un résultat plutôt qu'un autre ; on parle alors de « sélectivité ». Dans la réaction d'oxydation du propène, chaque catalyseur peut orienter vers un produit plutôt qu'un autre *(Fig. 1)*.

LE TURNOVER

Pour compléter la définition d'un catalyseur, il faut aussi introduire la notion de *turnover*. Une caractéristique du catalyseur est de ne pas être consommé par la réaction ; on dit qu'il est régénéré. Une conséquence immédiate de ce fait est que le catalyseur peut resservir après emploi. Les réactions se répètent en principe indéfiniment. Bien entendu, je décris là une situation idéale ; en réalité le catalyseur vieillit. Les catalyseurs métalliques sont recouverts d'espèces qui bloquent leur activité : il s'agit principalement de dépôt de carbone (cokage, dépôt de polymères) et d'empoisonnement par le soufre. L'efficacité du catalyseur dépend du nombre de réactions successives. Cela est traduit par le terme anglais de *turnover*. Si le bilan financier est favorable, les catalyseurs sont retraités. Le coût de récupération d'un métal précieux sur alumine se situe aux alentours de 30 F par kg. Dans le cas des pots catalytiques,

$H_2C=CHCH_3$	$+ O_2$ ∅	PRODUIT
	CATALYSEUR	
	$BiPO_4$	C_6H_6 (benzène)
	Th_2O_3	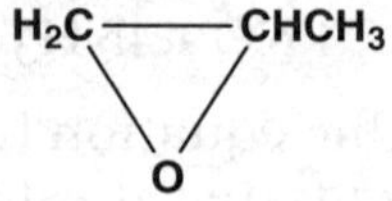
	$Bi_2(MoO_4)_3$	$H_2C=CHC=O$ (acroléine)
	$NiMoO_4 + MoO_3$	$H_2C=CHCO_2H$
	$CoTiO_3$	$HCHO + CH_3CHO$
	$SnO_2 + MoO_3$	CH_3COCH_3
	$Mo(CO)_6$	C_2H_4 +
$H_2C=CHC_2H_5$		
	Bi_2O_3	$H_2C=CHHC=CH_2$
	$CuCO_2O_4$	CO_2+H_2O

Figure 1 – Oxydation du propène

les quantités de métaux précieux sont en général trop faibles pour être récupérées. Enfin, comme « à toute chose malheur est bon », on peut profiter du phénomène d'empoisonnement. On peut utiliser une petite quantité de poison sous forme de prétraitement pour bloquer des réactions parasites et augmenter la sélectivité d'un catalyseur.

Les quatre principaux domaines de la catalyse

Maintenant que nous avons défini ce qu'est un catalyseur, je vais présenter les quatre principaux domaines de la catalyse qui concerne en fait presque toute la chimie : la chimie organique (c'est la catalyse acido-basique), la biochimie (ce sont les enzymes), la chimie organométallique (c'est la catalyse homogène) et la chimie des surfaces (la catalyse hétérogène).

LA CATALYSE ACIDO-BASIQUE

Gould, un chimiste organicien, a fait remarquer que la moitié des réactions décrites dans une encyclopédie (les 76 chapitres des 8 tomes de *Organic Reactions*) sont catalysées par des acides, des bases ou les deux. Plus l'acide ou la base sont forts, plus le catalyseur est puissant. La vitesse de la déshydratation des diols, des composés qui ont deux fonctions OH, corrèle avec l'acidité des acides carboxyliques qui sont utilisés comme catalyseurs.

La catalyse acido-basique « évite la rupture d'une liaison sans compensation initiale ».

Prenons comme exemple la transformation d'énol en cétone, deux composés qui ont la même formule brute. L'énol $H_2C{=}CH{-}OH$, le produit le moins stable, se transforme en une cétone $H_3C{-}CH{=}O$, l'acétaldéhyde, qui est le produit le plus stable, en milieu basique ou acide. L'isomérisation d'énol en cétone implique la migration d'un hydrogène de l'oxygène au carbone. Sans catalyseur, il faudrait qu'une liaison OH se rompe, ce qui coûte de l'énergie, avant que le proton puisse se déplacer et se lier au carbone. La dépense d'énergie précède le gain ce qui pose des problèmes de trésorerie ; il faut payer d'avance et se faire rembourser à la fin. Il est en général préférable que les formations et ruptures de liaisons soient concertées.

Dans la catalyse basique, la rupture de O-H s'accompagne de la formation d'une liaison B-H. On obtient alors un énolate que l'on peut écrire de deux manières et de là, la cétone *(Fig. 2)*.

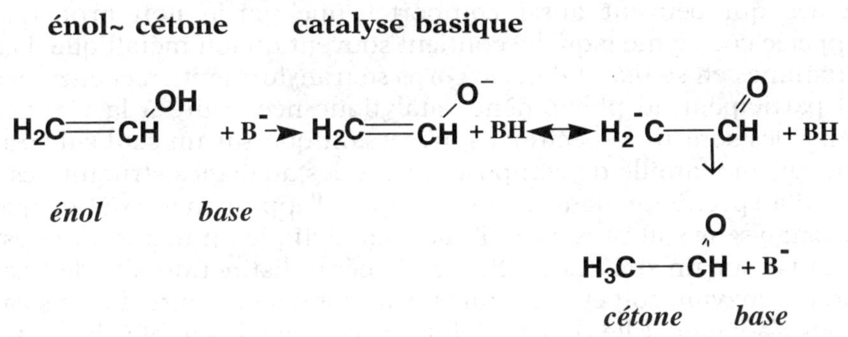

Figure 2

Dans la catalyse acide, la formation de liaison C-H précède la rupture de O-H. L'hydrogène qui se retrouve dans la liaison C-H n'est pas celui de la liaison O-H de l'énol *(Fig. 3)*.

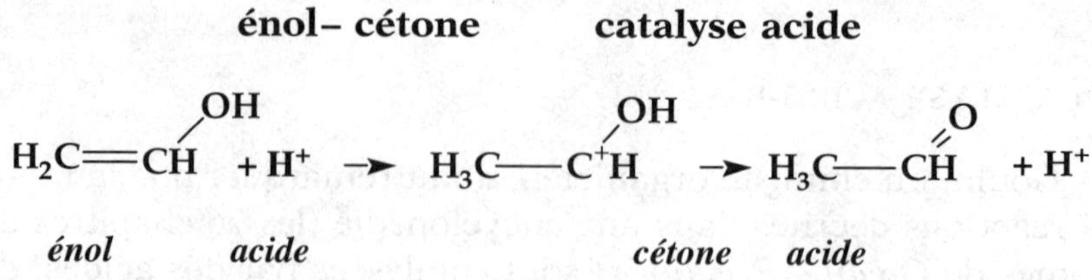

Figure 3

La dissociation de l'eau est difficile car les liaisons O-H sont fortes. Elle se fait néanmoins assez facilement sur une surface d'alumine en présence d'une seconde molécule d'eau *(Fig. 4)*. Il s'agit d'une catalyse à la fois acide et basique.

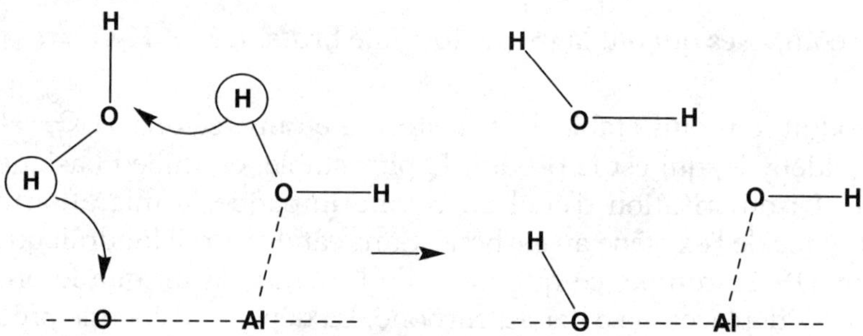

Figure 4

LES ENZYMES

Les enzymes sont des catalyseurs très sélectifs et très performants qui catalysent des réactions biochimiques. Ce sont des protéines qui peuvent aussi comporter une partie non protéique appelée coenzyme laquelle contient souvent un ion métallique. Les vitamines en se fixant dans le corps se transforment en coenzymes et participent au phénomène catalytique nécessaire à la vie. Les enzymes sont très spécifiques, n'agissant que sur un seul substrat ou sur une famille de composés ayant des analogies structurales.

La spécificité vient de 2 facteurs : « l'appariement » pour que le catalyseur soit présent et l'« acte catalytique lui-même » qui est localisé sur un site particulier, en général distinct du site de fixation. L'enzyme doit épouser une forme complémentaire du substrat pour s'adapter. Elle doit se déformer et pouvoir adopter la forme correcte (conformation). L'appariement est maintenu par des liaisons (ponts disulfure, liaisons hydrogène…). Ce rapprochement permet le contact en un site particulier différent des sites de fixation, « le site actif » où se produit la réaction catalysée.

L'adaptation géométrique est un préalable à l'acte catalytique. Le processus de repliement s'opère très rapidement (10^{-2} secondes).

Cette rapidité est surprenante (paradoxe de Levinthal, 1968) : s'il fallait échantillonner toutes les possibilités de formes d'une protéine (2^{100} conformations à une vitesse de l'ordre de celle des fréquences de vibrations 10^{13} Hz), l'âge de l'univers n'y suffirait pas. C'est une des difficultés de la simulation. L'acte catalytique lui-même est semblable à ceux des autres domaines de la catalyse qui peuvent servir de modèle à la catalyse enzymatique.

Les inhibiteurs empêchent la catalyse. Soit ils ressemblent au substrat et trompent l'enzyme qui se fixe sur eux et n'est plus disponible (concurrence-inhibiteurs compétitifs), soit ils modifient l'enzyme en se fixant sur le site actif sans empêcher la fixation du substrat.

LA CATALYSE HOMOGÈNE

L'appellation homogène s'oppose à celle d'hétérogène. Dans la catalyse homogène, le catalyseur est un complexe organométallique dans une solution qui constitue un milieu homogène. C'est un composé bien connu tant du point de vue géométrique qu'électronique. Dans la catalyse hétérogène, la catalyse se produit à l'interface d'un solide et d'une phase liquide ou gazeuse. Le catalyseur est un site de la surface du solide qui varie selon l'emplacement. L'intérêt de la catalyse homogène est qu'elle peut être davantage contrôlée ; elle concerne un site unique dont l'environnement est bien défini.

La réaction se produit au cours d'un « cycle catalytique » au cours duquel le complexe de métal de transition passe d'une forme moins stable à une forme plus stable puis est régénéré. On relie la stabilité des complexes métalliques à un décompte des électrons de valence : 16 ou 18, 18 pour les composés les plus stables, 16 dans les cas des catalyseurs que l'on utilise.

Le catalyseur dont je vais parler, $[Rh(CO)_2I_2]^-$, a quatre ligands (quatre groupes d'atomes liés au métal) et 16 électrons :

Rh^+ a 8 électrons de valence. Les 4 ligands I^- et CO apportent 2 électrons chacun soit un total de 16 pour 

.

La forme intermédiaire que l'on va retrouver est $[Rh(CO)_2I_3Me]^-$ a 6 ligands, les trois I^-, les deux CO et Me^- apportent 12 électrons pour 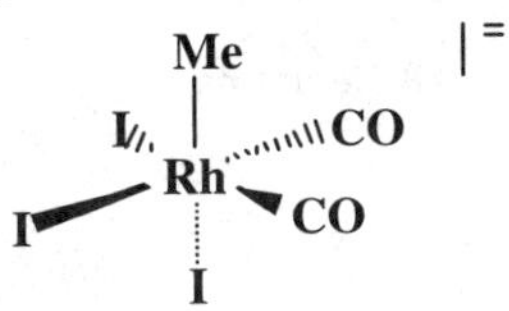

. Le rhodium est sous la forme de Rh^{3+} avec 6 électrons de valence. Cela conduit à un total de 18 électrons.

Ces complexes vont se retrouver dans le procédé Monsanto de formation de l'acide acétique. La production d'acide acétique est de 4 mégatonnes par an dont la moitié est réalisée par ce procédé extrêmement efficace. Le *turnover* est de 10 à 100 réactions par seconde et la durée de vie du catalyseur correspond environ à dix millions de réactions consécutives (quelques heures à une journée).

La réaction consiste en l'insertion d'un CO entre le carbone et l'oxygène du méthanol en présence du complexe métallique que je viens de décrire.

$$MeOH + CO \xrightarrow{[Rh(CO)_2I_2]^-} MeCOOH$$

Le méthanol est formé par un mélange CO/H_2 et le catalyseur, $[Rh(CO)_2I_2]^-$, est formé à partir de n'importe qu'elle source de rhodium et d'iodure *(Fig. 5)*.

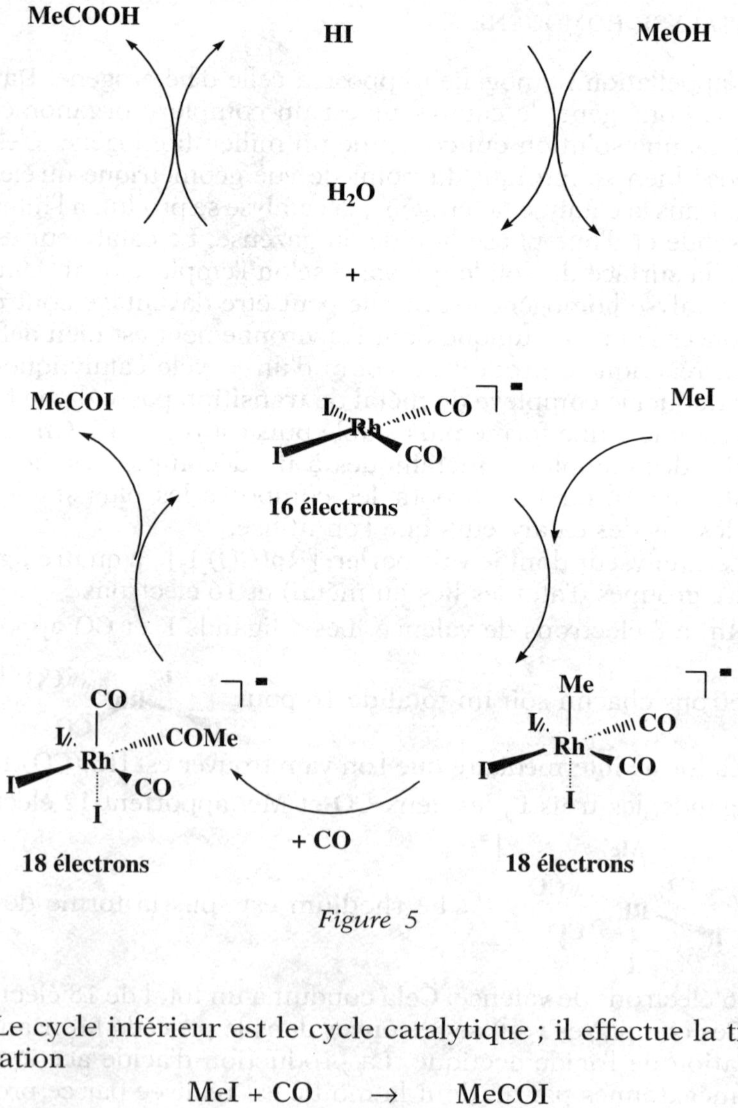

Figure 5

Le cycle inférieur est le cycle catalytique ; il effectue la transformation

$$MeI + CO \rightarrow MeCOI$$

et implique un complexe à 16 électrons qui permet l'addition du groupe méthyle en formant un complexe à 18 électrons. Celui-ci se réarrange pour insérer CO puis libérer MeCOI en reformant le complexe à 16 électrons. Le cycle supérieur correspond juste à un échange entre les groupes OH et I, catalysé par l'eau et HI.

$$\text{MeCOI} + \text{MeOH} \quad \rightarrow \quad \text{MeCOOH} + \text{MeI}$$

L'inconvénient majeur du procédé est le prix du catalyseur. Le complexe de rhodium est onéreux : 1 mole de complexe de rhodium coûte 210 000 F environ. Par contre, les iodures sont bon marché ; leur inconvénient est d'être corrosif.

Les processus homogènes à grand *turnover* sont hélas rares.

LA CATALYSE HÉTÉROGÈNE

La supériorité de la catalyse hétérogène sur la catalyse homogène vient précisément du *turnover*. Les réactions se reproduisent beaucoup plus vite sur un même site actif ; ces sites actifs sont beaucoup plus nombreux.

Les catalyseurs principaux sont les métaux, les oxydes de métaux et les zéolithes. Les métaux utilisés en catalyse sont ceux de la droite du tableau périodique ; ils comportent les métaux précieux, rhodium et platine. Les métaux servent principalement aux pots catalytiques (dans une proportion qui fait penser à un gaspillage), au raffinage pétrolier (il s'agit de transformer un hydrocarbure à faible indice d'octane en un autre à plus fort indice d'octane) et à la production de produits à valeur ajoutée, par exemple, la formation d'aromatiques utilisables ensuite pour la fabrication de nylon ou de polyesters, plus généralement pour les produits de base où intervient la chimie (les parfums, les colorants, l'habillement, les matériaux nouveaux et les médicaments ; c'est notre environnement quotidien et il vaut mieux utiliser le pétrole en le valorisant qu'en le brûlant). Les métaux sont aussi une denrée précieuse et limitée. Le coût du platine est de l'ordre de 160 000 F le kilo. En 1999, la joaillerie est restée l'usage majoritaire pour le platine (48 %), mais les pots catalytiques en ont consommé 27 %. L'industrie (en globalisant les usages pour la chimie, l'électricité, le pétrole et les verres) a seulement représenté 17 %.

L'inconvénient de la catalyse hétérogène est que le catalyseur est très difficile à caractériser. Il comporte de nombreux sites qui ne sont pas tous semblables et qui peuvent avoir des activités différentes.

Les différents substrats métalliques

Les métaux se présentent sous forme d'agrégats, de monocristaux ou de métal déposés sur un support, de la silice ou un oxyde de métal.

Les **agrégats** sont probablement les plus intéressants du point de vue industriel : la réaction se produisant en surface, il y a une forte proportion d'atomes en surface par rapport aux atomes enfouis à l'intérieur. Ces atomes ont peu de voisins et se lient donc plus facilement. Ils ont le défaut pour l'analyse d'être assez mal définis. Il y a beaucoup de structures proches et il est difficile de caractériser un site actif. Parallèlement, il est difficile de les modéliser par une approche théorique. C'est pourquoi il est utile de comprendre la catalyse à partir de **monocristaux** moins performants mais mieux caractérisés. Il est important de bien caractériser le système étudié dans des conditions reproductibles, la nature du site actif étant bien déterminée. Les faces cristallines des métaux purs se prêtent bien à la caractérisation. On peut tailler les cristaux ou les faire croître de façon à avoir une face bien définie où tous les sites sont semblables. La périodicité est utilisée pour les mesures spectroscopiques. Elle sert aussi au théoricien pour la modélisation. Toutefois, l'étude sur des surfaces bien propres a révélé des surprises.

À l'origine de la catalyse par les métaux, Sabatier (chimiste français du début du siècle dernier, prix Nobel en 1912) avait étudié des réactions d'hydrogénation et utilisait le fait que l'hydrogène se dissociait très facilement en présence de platine.

$$2Pt + H_2 \rightarrow 2\ Pt\text{-}H$$

Récemment, Somorjai, professeur à Berkeley, a montré que la probabilité de rompre une liaison H-H sur la face la plus stable du platine était en dessous de la limite de détection, 10^{-3}. Cette probabilité croît sur des faces moins denses et donc plus réactives ; elle est proche de l'unité sur des surfaces à marches et près des défauts.

Le plus souvent, la surface d'un catalyseur n'est pas une surface parfaite engendrée par une coupure franche du cristal ; il y a des défauts, des marches, des terrasses. Les adsorptions se font différemment sur ces irrégularités de la surface. L'adsorption peut être plus forte au sommet d'une marche parce que les atomes sont moins coordonnés ou au pied des marches car il y est plus facile de former plusieurs liaisons à la fois. Les espèces adsorbées qui vont intervenir dans la catalyse peuvent se retrouver majoritairement près des défauts.

Enfin, la présence d'un support peut modifier la chimisorption des réactifs et des produits. L'effet est très grand par exemple sur l'hydrogénation de CO. Cette réaction a lieu bien plus facilement quand le nickel est déposé sur de l'oxyde de titane que lorsque le nickel est massif.

FACTEURS CONTRÔLANT L'ADSORPTION

Le contrôle électronique

Dans les cristaux, le rhodium, le platine et le cuivre ont la même topologie (cubique à faces centrées) ; le mode d'adsorption, la force d'adsorption et la hauteur de la barrière d'adsorption varient avec la nature du métal. Ces variations reflètent bien l'importance du décompte électronique (ces métaux n'ont pas le même nombre d'électrons de valence, 9, 10 ou 11). Notons qu'à la différence des complexes de métaux de transition, on ne peut plus attribuer 2 électrons aux liaisons. Le nombre d'électrons par liaison varie et reste inférieur à 2. Il s'agit là d'une différence fondamentale avec les petits systèmes moléculaires où les électrons sont affectés par paires aux liaisons. Contrairement au complexe de métal de transition, aucun décompte des électrons n'obéit à des règles simples (comme le décompte de 16 ou 18 électrons).

En revanche, comme il y a un grand nombre d'atomes de métal, il y a un nombre encore plus grand d'électrons d'énergies très voisines. On peut facilement ajouter ou prendre un électron à ce total. Le niveau d'énergie le plus élevé des électrons du métal, le niveau de Fermi, va jouer un rôle déterminant. L'adsorbat va prendre ou donner des électrons suivant qu'il a la possibilité de loger ces électrons mieux ou moins bien en terme d'énergie. On dit que le « métal sert de réservoir d'électrons » *(Fig. 6)*.

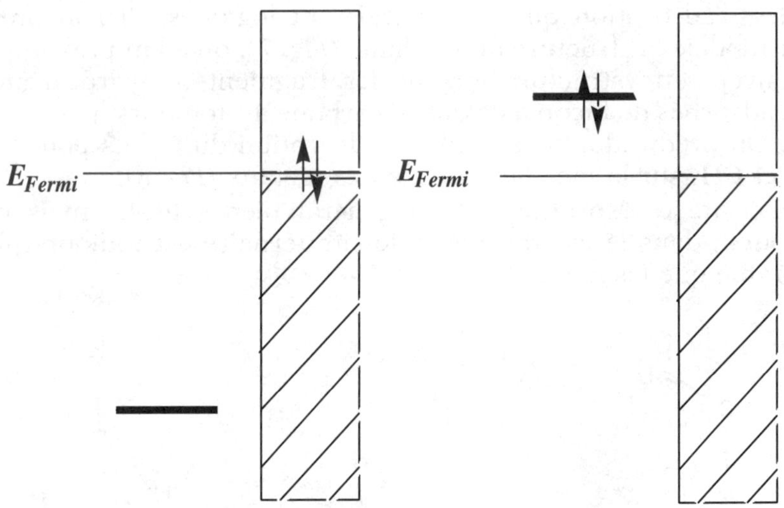

Transfert vers l'adsorbat ***Transfert vers le métal***

Figure 6

Les électrons transférés modifient la structure de l'adsorbat et forcent également le métal à se déformer. On dit qu'il y a reconstruction de la surface, induite par l'adsorption. On pense maintenant que cette reconstruction des atomes de surface peut avoir une influence importante sur la catalyse.

Le contrôle géométrique. Les symétries du site actif. L'analogie avec les structures familières

Il est difficile de séparer ce qui est géométrie de ce qui est interaction d'électron. Les interactions concernent les électrons mais pour qu'une interaction se fasse, il faut une parenté géométrique (une symétrie commune). Les premiers modèles d'adsorption ont recherché une analogie entre les structures des sites actifs et des adsorbats : le benzène est hexagonal et s'adsorbera bien sur la face « hexagonale » des métaux. S'il y a du vrai dans cette idée qui guide toujours lorsque l'on recherche un modèle plausible, son application est loin d'être automatique. L'adsorption se fait également sur la face « carrée ». Cette face est même assez réactive parce qu'elle est moins dense et que les atomes les moins coordonnés sont plus réactifs. Revenons à la face hexagonale qui possède trois sites principaux : au-dessus d'un atome, en pont entre deux atomes, au milieu de trois atomes. La meilleure façon de placer le benzène pour garder la symétrie hexagonale serait de centrer le benzène à la verticale d'un atome. Les deux autres sites conduisent à une perte de symétrie. Ce sont pourtant eux qui sont occupés : sur le rhodium, le benzène est centré au-dessus d'un site ternaire et sur le platine au-dessus d'un site en pont.

L'analogie avec les structures familières nous suggère des modes d'adsorption qui nous paraissent logiques. Si l'on prend pour modèle la structure du méthane *(Fig. 7)*, on a l'impression de retrouver cette structure lorsque les fragments d'hydrocarbures sont adsorbés de façon à ce que le carbone ait toujours quatre voisins. On prédit alors des modes d'adsorption différents pour CH, CH_2 et CH_3 sur la face hexagonale des métaux *(Fig. 8)*.

Le site d'adsorption est en général bien celui-là, mais pas toujours ; dans le cas du nickel, le site ternaire est toujours plus favorable que les autres.

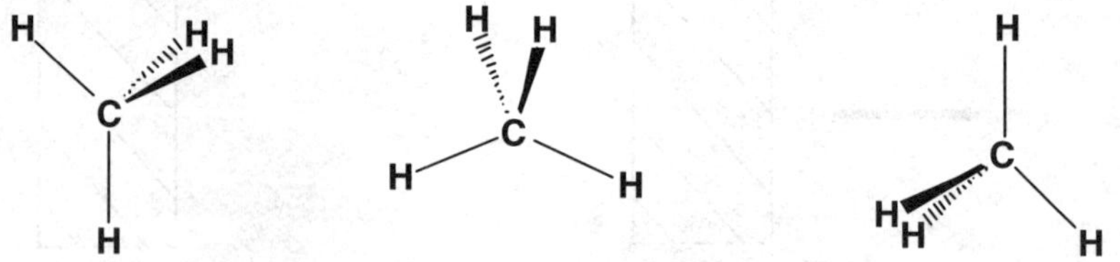

Figure 7 – Trois orientations du méthane.

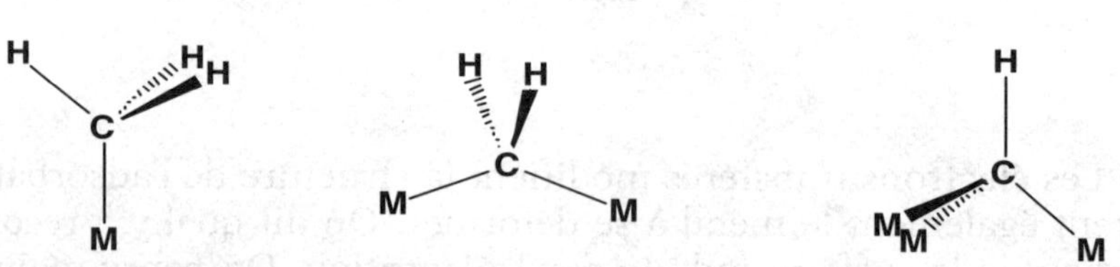

CH_3 au-dessus d'un atome CH_2 en pont CH en site ternaire

Figure 8 – L'adsorption des fragments d'hydrocarbure correspondante.

Adsorption et Catalyse

L'adsorption est nécessaire à la catalyse mais cette dernière ne se résume pas à l'adsorption. Sans adsorption il n'y a pas de catalyse possible, mais il ne faut pas qu'une adsorption soit trop forte *(Fig. 9)*. Sabatier avait déjà énoncé que la stabilisation de l'intermédiaire commun avec le catalyseur devait être « assez stable mais sans excès ». Un bon catalyseur doit former « des liaisons de force intermédiaire ». S'il forme des liaisons trop faibles, il est inefficace et s'il forme des liaisons trop fortes, les espèces adsorbées sont figées sur la surface et ne se recombinent plus. Il y a donc une situation optimale et l'efficacité des métaux, représentée en fonction de la force d'adsorption a une allure de volcan. En terme d'efficacité, il faut « remonter la pente ». Cela signifie adsorber plus fort pour les aromatiques et moins fort pour les alcynes. C'est une difficulté pour la compréhension de la catalyse, car il ne faut pas forcément tirer des modes d'adsorption des conclusions immédiates sur la réactivité.

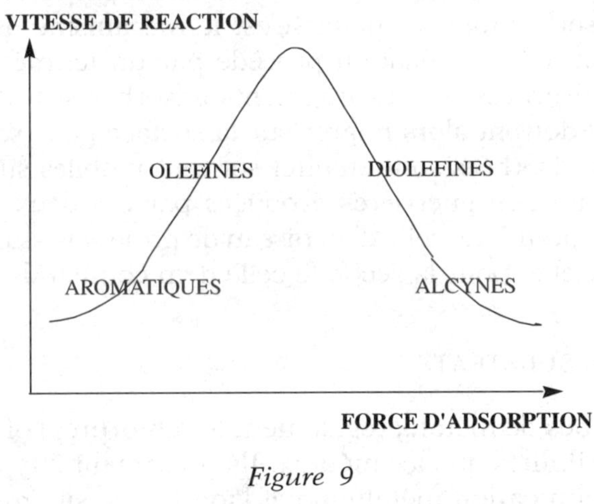

Figure 9

Un autre exemple distingant la science des surfaces, qui étudie l'adsorption, de la catalyse, concerne l'abondance des produits adsorbés. La première s'applique à observer les espèces adsorbées les plus nombreuses. Ce renseignement-là n'est pas forcément le bon pour la catalyse. L'adsorption de l'éthylène sur le rhodium conduit à plusieurs sortes de composés d'adsorption : majoritairement, on obtient un fragment fortement adsorbé, l'éthylidyne, CCH_3. C'est lui que l'on voit et que l'on calcule comme étant le plus stable. Pourtant, l'hydrogénation de l'éthylène concerne l'espèce moléculaire faiblement liée (complexe π) qui est très minoritaire sur la surface. La réaction impliquant cette espèce minoritaire est un million de fois plus rapide que celle impliquant le produit majoritaire !

LES MÉCANISMES DE RÉACTION

J'ai surtout parlé jusqu'à présent d'adsorption pour les métaux ; je vais dire maintenant quelques mots des mécanismes de réaction (mécanisme de type Ealey-Rideal). On a longtemps interprété l'hydrogénation catalytique de doubles liaisons en supposant qu'un seul des réactifs était adsorbé. L'hydrogénation se fait d'un même côté de la double liaison au contraire des additions en phase gazeuse. Dans ce modèle, l'adsorption ne concerne qu'un des deux réactifs, l'autre réagissant sous forme de gaz (la molécule gazeuse attrape au vol son partenaire adsorbé sur la surface). Le nickel dissocie l'hydrogène qui est adsorbé et réagit sur la face de l'éthylène qui se placerait au-dessus de lui. L'inverse conduirait à la même orientation pour les hydrogènes. Ce type de réaction qui implique des mécanismes peu sensibles à la surface puisque l'un des réactifs détache l'autre sans vraiment interagir avec la surface est en fait rare. Le mécanisme le plus courant n'est pas celui-là. Les réactifs sont adsorbés tous les deux ; c'est le mécanisme de Langmuir-Hinshelwood. L'hydrogénation procède par un tel mécanisme. Les molécules adsorbées (ou les fragments adsorbés si l'adsorption est dissociative) doivent alors migrer sur la surface pour se rencontrer. Les espèces adsorbées sont en effet souvent mobiles sur la surface. Les images un peu guerrières évoquées par ces deux mécanismes sont, pour la première, celle d'un oiseau de proie saisissant sa victime à partir du ciel et pour la seconde celle d'un combat de fantassins.

LES AUTRES SUBSTRATS

Les oxydes de métaux (également les chlorures) offrent davantage de possibilités que les métaux. Ils présentent 2 types d'atomes en surface : un cation métallique et l'ion $O^{=}$; le site métallique est acide et le site $O^{=}$ est basique. Sur les surfaces anhydres, tous les composés organiques, lorsqu'ils ne se dissocient pas, se lient aux cations métalliques qui sont des sites acides. Quand l'interaction est forte, ils se dissocient en une paire d'ions qui s'accouplent avec les sites de surface de charge opposée.

Les zéolithes. Les solides microporeux sont des structures dans lesquelles on peut incorporer des composés d'intercalation qui peuvent être confinés et réagir. Ils sont constitués de feuillets. Les silicates d'aluminium (zéolithes ou tamis moléculaires) sont constitués de réseaux de cages avec des sites acides et basiques. Ce sont d'excellents catalyseurs pour le craquage catalytique du pétrole. Encore une fois la structure poreuse imite la nature. Les os sont faits d'apatite dont la structure est très proche.

Perspectives

J'ai insisté sur le fait que la catalyse concernait presque toute la chimie ; les réactions élémentaires engendrées par la rencontre de deux réactifs sont rares. Le développement de la catalyse me semble être lié à celui de la chimie et correspondre à une prise en compte plus complète de ce qu'est une réaction ; j'ai insisté sur le fait qu'on doive aller au-delà d'un simple bilan. C'est peut-être un peu décevant de ne pas annoncer de révolution pour le prochain siècle mais la science est aussi faite d'évolutions et d'approfondissement. Nous avons les concepts pour comprendre la matière ; mais il reste un énorme travail de connaissance et il s'agit de dominer les transformations de matière pour en accepter certaines et en écarter d'autres.

La science moderne s'applique en ce moment à explorer l'action des catalyseurs à l'échelle moléculaire. La science des surfaces fournit des moyens de concevoir rationnellement la modification de l'activité catalytique et de la sélectivité. Le but est d'aller vers 100 % de sélectivité. Pour cela il faut utiliser différents ingrédients qui demandent de bien comprendre ce qui se passe :

— Bloquer des sites trop réactifs de manière à choisir le site actif.

— Utiliser des catalyseurs bifonctionnels : des alliages. Cela est déjà exploré pour les pots catalytiques.

— Modifier les propriétés par des interactions métal-support.

La catalyse est par excellence un domaine frontière. C'est vrai pour la catalyse enzymatique ; c'est vrai au premier degré pour la catalyse hétérogène qui se produit à l'interface solide-liquide, solide-gaz, solide-liquide ou solide-solide. C'est l'interface entre l'air, la mer et la terre ; celle des côtes qui a été très importante pour l'origine de la vie et l'évolution des espèces.

On fait à la catalyse, comme à la chimie, un mauvais procès en l'associant à un développement industriel effrayant parce que polluant. C'est une sorte d'injustice que de rejeter sur cet outil la crainte que nous avons de l'usage qu'en font les hommes. La catalyse est nécessaire à la vie et, dans l'usage que nous en faisons, les préoccupations de dépollution sont maintenant très importantes.

Au début du XXe siècle (1902), Ostwald développa le processus d'oxydation de l'ammoniac en monoxyde d'azote comme précurseur de la fabrication d'acide nitrique. Nous nous intéressons aujourd'hui à la réaction inverse, celle de la réduction du monoxyde d'azote pour protéger notre environnement. Comprendre la chimie c'est maîtriser les transformations. Comme tous les autres outils, et d'une façon plus générale comme toute connaissance, elle peut conduire à un bon ou un mauvais usage et les développements suivent les choix politiques et les financements qui en découlent.

Peut-on se diriger dans le monde des transformations de la matière dans un sens toujours favorable, en évitant des contreparties négatives ? La catalyse nous aide à faire les meilleurs choix. Je ne suis pas sûr que l'existence de contreparties soit tout à fait mauvaise. Quand j'ai parlé d'empoisonnement, j'ai dit qu'on pouvait détourner ce phénomène à notre profit. On a en ce moment tendance à faire du progrès une valeur négative ; il est vrai que chaque progrès s'accompagne d'inconvénients. Il en serait autrement, ce serait un facteur de déséquilibre pour le monde, l'évolution n'étant plus contrôlée. Ce que nous appelons inconvénient joue également à mon sens un rôle modérateur en freinant l'évolution et en permettant au monde de conserver son équilibre. Une meilleure connaissance des évolutions possibles devrait nous aider à faire les meilleurs choix et à réduire ces inconvénients.

Il me semble paradoxal d'opposer chimie et nature. La maxime de Lavoisier « rien ne se crée, rien ne se perd, tout se transforme » montre bien que la chimie ne fait que redistribuer les cartes qui sont dans la nature. J'ai voulu montrer que la catalyse aidait à contrôler ces redistributions. L'importance de la catalyse est primordiale dans le corps humain. Les réalisations que nous faisons dans le monde technologique et industriel ne sont encore que des imitations de processus naturels, souvent encore des imitations grossières, mais la catalyse devrait permettre de se rapprocher des transformations fines et maîtrisées que la nature sait opérer.

Morphogenèse chimique : les réactions créatrices des rythmes et de formes

par Patrick De Kepper

La chimie est la science des transformations moléculaires de la matière. Les réactions chimiques expriment au niveau macroscopique les bilans de ces transformations, autrement dit quantifient comment les composés initiaux (dits réactifs) sont convertis en d'autres composés plus stables (dits produits). Le plus souvent, ces opérations se font à travers des cascades de composés intermédiaires. Au niveau microscopique ces transformations résultent de recombinaisons et d'échanges d'éléments constitutifs (électrons, atomes ou groupes d'atomes) au cours de collisions aléatoires entre ces composés. Les collisions sont rendues possibles grâce aux mouvements aléatoires des molécules sous l'effet de l'agitation thermique (mouvement brownien). En principe, des collisions ultérieures entre les produits peuvent redonner naissance aux réactifs de départ mais l'efficacité des conversions n'est généralement pas identique dans les deux sens. Pour des conditions données, une direction de transformation est privilégiée. Dans un système fermé, par exemple un simple flacon, une concentration fixe de toutes les molécules est atteinte au bout d'un certain temps, quand les vitesses de transformation dans les deux sens sont égales. Cet état stationnaire où plus aucun changement global n'a lieu correspond à l'état d'équilibre thermodynamique. Dans un fluide (liquide ou gaz) les mouvements aléatoires dispersent les différentes molécules dans tout le milieu. Au niveau macroscopique ce phénomène de dispersion des molécules est le moteur de ce que l'on appelle la diffusion. La diffusion est un processus homogénéisant ; c'est ce qui fait

Texte de la 237e conférence de l'Université de tous les savoirs donnée le 24 août 2000.

qu'une goutte d'encre déposée dans un verre d'eau non agitée se répartit lentement et uniformément dans tout le contenu du verre.

L'application la plus connue de la réaction chimique est celle de la synthèse : matériaux, engrais, médicaments, etc. L'autre grande utilisation de la réaction chimique est liée à la production de chaleur qui lui est souvent associée. C'est le cas de la combustion (oxydation par l'oxygène de l'air) du charbon ou du fuel dans nos chaudières ou dans les centrales « thermiques ». Ce dégagement de chaleur et la dilatation des gaz qu'il entraîne est aussi mis à profit dans les moteurs de nos voitures ou dans la propulsion des fusées.

Mais la réaction chimique a une propriété à laquelle on pense beaucoup moins : sa capacité à générer des signaux périodiques dans le temps ou des motifs organisés dans l'espace. Cette propriété est directement liée aux aspects dynamiques des transformations chimiques (et paradoxalement aux processus de diffusion). Pourtant, ces phénomènes sont à l'œuvre dans la plus grande « industrie chimique » qu'il soit à la surface de nôtre planète, celle des êtres vivants.

L'objet de cette conférence est de vous présenter cet aspect encore bien souvent méconnu de la réaction chimique.

Des structures dissipatives

Les lois de la thermodynamique sont formelles, quelle que soit la complexité d'une réaction, aucune variation temporelle ou modulation spatiale des concentrations n'est possible en solution, à l'équilibre thermodynamique. Dans les années 1960, I. Prigogine (prix Nobel 1977) et ses collaborateurs de l'École de thermodynamique de Bruxelles établissent clairement dans quelles conditions des solutions réactionnelles peuvent présenter des phénomènes d'auto-organisation. Ceux-ci ne sont possibles que si le système évolue suffisamment loin de son état d'équilibre thermodynamique. Or, comme toute réaction chimique en système fermé évolue inexorablement vers l'équilibre, les pulsations et les motifs chimiques dont il sera ici question ne peuvent prendre naissance que lorsque les réactions n'ont pas encore consommé de façon significative les réactifs de départ, ou lorsqu'elles sont maintenues loin de l'équilibre par des apports constants de réactifs frais et par l'évacuation des produits de la réaction. Dans ce dernier cas, on dit que le système est ouvert. L'observation de nos phénomènes d'auto-organisation est donc subordonnée à une consommation d'énergie, ici il s'agit d'énergie chimique. On les qualifie de « structures dissipatives* ».

* G. Nicolis et I. Prigogine, « Self Organization in Nonequilibrium Systems », Wiley (1977).

Les réactions oscillantes

Loin de l'équilibre toutes les réactions ne donnent pas naissance à des structures dissipatives. Seules des réactions chimiques dont les mécanismes cinétiques présentent des boucles de rétroactions activatrices en sont capables. Le cas le plus simple d'une telle boucle de rétroaction est l'auto-catalyse (on entend par là qu'un produit de la réaction catalyse sa propre formation). Ce type de rétroaction est caractéristique des systèmes explosifs au sein desquels une réaction « s'emballe ». Dans les systèmes qui s'auto-organisent, il est évident que cette rétroaction doit à un moment ou à un autre être tempérée, inhibée par un processus antagoniste. De tels mécanismes cinétiques, où entrent en compétition des processus activateurs et inhibiteurs, se retrouvent dans une classe spéciale de réactions chimiques : les réactions chimiques oscillantes. Si celles-ci sont relativement exceptionnelles dans les réactions inorganiques, elles sont au contraire très courantes dans les systèmes biochimiques où elles régissent des processus physiologiques essentiels ainsi que la régulation de ceux-ci. Mentionnons, à titre d'exemple, les réactions de la glycolyse, le moteur énergétique des cellules, la production de l'AMP-cyclique chez certains amibes accrasiales, les pulsations des cellules nodales du cœur, les rythmes circadiens.*

Découvertes à l'aube de ce siècle, les réactions chimiques oscillantes en solution homogène n'ont donné lieu à une étude extensive que dans la deuxième moitié des années1970, après que l'on ait appris à les mettre en œuvre dans des réacteurs ouverts. Toutefois, on connaissait dès la fin du XIXe siècle des phénomènes oscillants impliquant des réactions chimiques mais, le plus souvent, ils mettaient en jeu des échanges à l'interface entre deux phases (liquide-solide, liquide-gaz)**. La première réaction chimique oscillante dont le mécanisme ne fait pas intervenir d'interface fut découverte, en 1921, par William Bray, de l'université de Californie, lors de ses études sur la décomposition de l'eau oxygénée par l'ion iodate. À l'époque, le caractère homogène de la réaction fut mis en doute par une grande majorité de chimistes qui, imprégnés des principes de la thermodynamique des systèmes à l'équilibre, ne pouvaient admettre que de telles oscillations puissent se produire dans des solutions monophasiques.

La découverte, en 1951, d'une autre réaction oscillante par Boris P. Belousov, biochimiste soviétique, ne reçut pas un meilleur

* « Cellular Oscillators », éds M. J. Berrridge, P. E. Rapp et J. E. Treherne, Cambridge University Press (1979).
** S. Veil, *Actualités scientifiques et industrielles*, (1934).

accueil de la part de ses pairs. Ce n'est qu'en 1958 que Belousov réussit à publier sa découverte dans un obscur journal de médecine. Mais sa découverte éveilla l'attention d'autres physico-chimistes et électrophysiologistes russes parmi lesquels Anatol Zhabotinsky, alors jeune étudiant à Moscou. Celui-ci proposa entre autres une version modifiée de la réaction de Belousov constituée d'une solution contenant initialement les ions bromate et céreux, de l'acide malonique, et un indicateur (red-ox) la ferroïne, permettant d'obtenir de spectaculaires changements périodiques de couleur, du rouge au bleu. Cette réaction, maintenant connue sous le nom de « réaction de Belousov-Zhabotinsky » (ou « réaction BZ »), est encore l'une des plus populaires. Le caractère homogène du processus oscillant de cette réaction fut admis, par un nombre croissant de chimistes au cours des années 1970, grâce à élucidation du mécanisme cinétique de la réaction par Richard Noyes et de ses collaborateurs de l'université de l'Oregon. L'histoire du développement des réactions oscillantes est rapportée dans un ouvrage récent par A. Pacault et J. J. Perraud*.

Les premières réactions oscillantes avaient été découvertes par pur hasard. Bien qu'à la fin des années 1970, de nombreuses variantes des deux premières réactions fussent connues, il n'existait pas de méthode systématique pour découvrir des réactions chimiques oscillantes réellement nouvelles. Durant toutes ces années, la plupart des études sur les réactions oscillantes étaient menées en réacteur fermé. Nous savons maintenant que, dans ces conditions, la grande majorité des réactions atteignent leur état d'équilibre en un temps plus court qu'une période d'oscillation et qu'en conséquence de tels réacteurs sont inappropriés pour la recherche de nouvelles réactions oscillantes. Pour une démonstration spectaculaire de réaction oscillante **(voir annexe 1)**.

Des réacteurs continûment alimentés et agités

Notre équipe au centre de recherche Paul Pascal à Bordeaux a été la première à faire un usage systématique de réacteurs ouverts dans l'étude des réactions oscillantes. Nous avons utilisé des réacteurs de volume constant, vigoureusement brassés, pour assurer l'homogénéité des solutions, et alimentés en continu par des solutions de réactifs frais, la conception de ces réacteurs a été empruntée au génie chimique. Dans de tels systèmes, le comportement oscillant d'une réaction peut être maintenu tant que le réacteur est alimenté. On a pu ainsi, non seulement observer de nombreux

* *Rythmes et formes en chimie*, « Que sais-je ? », n° 3235 (1997).

comportements périodiques mais aussi des oscillations non périodiques (chaos déterministe) et des phénomènes de multistabilité (phénomènes de mémoire dynamique). L'utilisation de ces réacteurs continus agités a aussi permis de développer des méthodes pour découvrir de nombreuses autres réactions chimiques oscillantes dont la réaction entre les ions chlorite, iodure et l'acide malonique, dite réaction CIMA. Celle-ci a joué un rôle important dans les développements récents de structures spatiales chimiques. On compte maintenant une trentaine de familles de telles réactions totalisant plus de trois cents variantes. Elles sont essentiellement fondées sur la chimie des composés oxygénés, des halogènes, du manganèse, du soufre et de certains composés azotés*.

Les ondes chimiques et les réacteurs « spatiaux ouverts »

Il est assez facile d'imaginer que, lorsqu'une solution chimique oscillante n'est plus rapidement uniformisée par brassage mécanique, l'on puisse, au moins temporairement, produire une différence de phase entre les différents points du système réactionnel et ainsi engendrer une onde de phase. Cette onde fait naître des différences de concentrations locales, qui peuvent être assez importantes. En principe, la diffusion moléculaire devrait graduellement estomper ces différences et, à terme, la solution devrait osciller uniformément, sans déphasage ; mais de telles inhomogénéités spatiales ne régressent pas toujours et des ondes peuvent subsister aussi longtemps que le système réactionnel évolue suffisamment loin de l'équilibre. Dans certains cas ces ondes sont liées aux propriétés fortement relaxationnelles de certains états oscillants ou des états stationnaires voisins de ces états oscillants. Le mécanisme de propagation sans amortissement de ces ondes est associé à un phénomène d'amplification chimique locale des variations de concentration, elles-mêmes induites de proche en proche par la diffusion. Par analogie avec la propagation d'un stimulus le long d'un axone, on qualifie ces ondes « d'ondes d'excitabilité ». Lorsque des mélanges appropriés de la réaction BZ **(voir annexe 2)** sont répandus en couche mince dans une boîte de Pétri ces ondes d'excitabilité peuvent former des motifs soit en forme de « cible » *(Fig. 1a)* dont les anneaux s'éloignent du centre pendant que, périodiquement, un autre anneau émerge au centre de la « cible », soit en forme de spirale d'Archimède *(Fig. 1b)* obtenue par rupture volontaire ou non

* « Oscillations and Travelling Waves in Chemical Systems », éds. R. J. Field et M. Burger, Wiley interscience (1985).

d'un front d'onde circulaire. Mais dans ces expériences en réacteur fermé le milieu évolue inexorablement vers son état d'équilibre thermodynamique et les ondes disparaissent au bout d'un temps plus ou moins court. Dans ces conditions, seules les propriétés les plus simples et les plus robustes de ces trains d'ondes pouvaient être examinées.

À partir du milieu des années 1980, un petit nombre d'équipes dont la nôtre a commencé à concevoir et construire différents réacteurs spatiaux ouverts. Ceux-ci devaient satisfaire à deux exigences

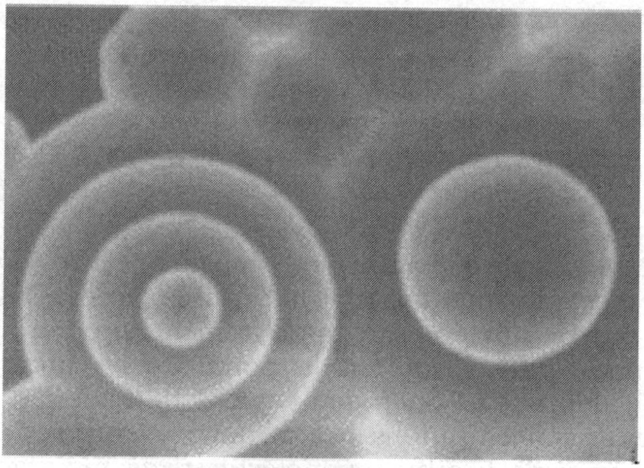

a

b

Figure 1 – Ondes d'oxydation se propageant dans une solution de la réaction de Belousov-Zhabotinsky (BZ) pour des conditions où cette solution réactionnelle est excitable : a) Structures « cibles » ; b) Structurelle en spirales obtenues après rupture d'un front d'onde (image A.-T. Winfree).

apparemment contradictoires : alimenter en permanence des mélanges réactionnels en réactifs frais, en tous points, et éviter de créer des écoulements fluides qui perturberaient le transport diffusif des molécules. Cela a été résolu en travaillant dans des réacteurs constitués par de minces blocs d'hydrogel (en forme de bande parallélépipédique, d'anneau ou de disque) alimentés à l'intérieur par diffusion de réactifs à partir de faces opposées en contact avec des réservoirs de réactifs constamment renouvelés. Rappelons qu'un gel est généralement constitué d'un réseau plus ou moins lâche de longues chaînes entrelacées de polymères, l'ensemble étant gonflé par un solvant (comme dans nos gélatines alimentaires). Dans notre cas le polymère est soit de l'agarose soit du polyacrylamide tandis que le solvant est de l'eau. La finesse des mailles du gel permettent de nous affranchir de tout grand mouvement convectif sans faire opposition aux processus de diffusion.

La première réaction oscillante étudiée dans ce type de réacteur ouvert fut la réaction BZ. Des études effectuées à l'université d'Austin, dans des réacteurs ouverts constitués de minces disques de gel, ont montré l'extraordinaire complexité de la dynamique des cœurs des ondes spirales, dynamique prévue depuis déjà de nombreuses années par les théoriciens mais mal contrôlée dans les expériences antérieures. Pour notre part, nous avons étudié avec cette même réaction de nouvelles formes d'ondes d'excitation dans un réacteur constitué d'un anneau plat de gel. Celles-ci ont alors une forme de fer à cheval et tournent perpétuellement en rond le long de la partie médiane de l'anneau, comme illustré dans la *figure 2*. Nous avons appelé « excyclons » ce type d'ondes d'excitation tournant comme un carrousel. Ces ondes sont généralement de forme identique et réparties de façon équidistantes le long de l'anneau. Toutefois, la symétrie de l'ensemble peut être inférieure au nombre des ondes et même varier au cours du temps de façon très complexe.

Les motifs chimiques immobiles

Tous les motifs chimiques qui bougent reposent sur des instabilités qui agissent dans le temps mais il existe d'autres mécanismes d'auto-organisation qui eux sont indépendants du temps et engendrent des motifs chimiques stationnaires. Un tel mécanisme d'apparition spontané de structures spatiales chimiques stationnaires fut proposé clairement pour la première fois en 1952 par le mathématicien anglais Alan Turing, dans un mémoire resté fameux et intitulé *Les Bases chimiques de la morphogenèse*. Alan Turing est avant tout célèbre pour avoir décrypté les codes secrets des armées

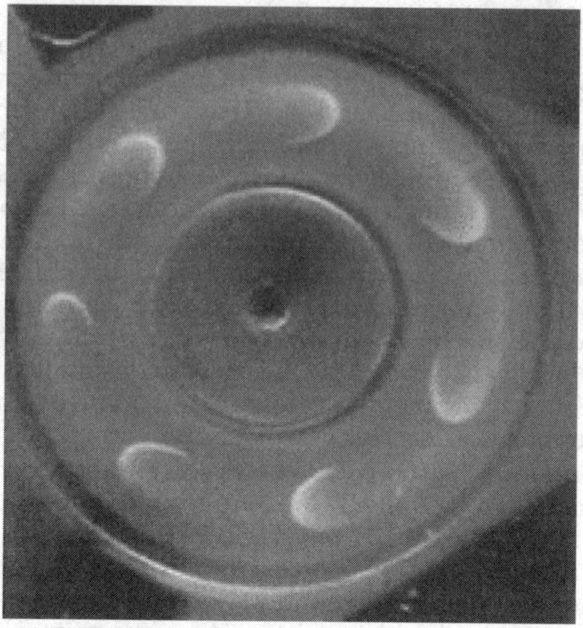

Figure 2 – Excyclons : Train de sept ondes d'excitation de la réaction BZ tournant indéfiniment dans un réacteur en forme d'anneau plat alimenté en réactif par diffusion à partir de ses bords intérieur et extérieur.

du IIIe Reich. Dans ce but, il a conçu et construit, en 1943, le premier calculateur électronique, *Colossus*. Pour ce fait et pour ses études de logique, il est considéré à juste titre comme l'un des pères de l'informatique. Grâce à son article de 1952 cité plus haut, Alan Turing est aussi l'un des pères de la biologie théorique moderne. Dans ce travail, Turing propose un mécanisme ingénieux d'apparition de formes fondé sur la synergie entre réactions chimiques et processus de diffusion.

Le secret des structures proposées par Turing réside dans la cinétique non linéaire de la réaction associée à des différences de diffusivité des espèces chimiques mises en œuvre. Plus précisément, l'inhibiteur doit diffuser plus vite que l'activateur. Ces conditions, assez difficiles à réunir dans les milieux chimiques classiques, sont fréquentes dans les systèmes biologiques où processus d'auto-activation et d'inhibition sont la règle, et où certaines molécules diffusent plus difficilement que d'autres du fait de leur très grande différence de masse ou de leur forte interaction avec le milieu. Les structures stationnaires obtenues résultent d'un bilan équilibré (d'un « équilibre dynamique ») entre vitesse de transformation chimique et vitesse de diffusion des constituants de la réaction. Ce ne sont pas, comme les cristaux, des structures d'équilibre. Quand on cesse de fournir des réactifs, la réaction s'épuise, le caractère homogénéisant de la diffusion reprend ses droits et les structures s'effacent.

Toutes les réactions chimiques oscillantes peuvent *a priori* satisfaire aux conditions cinétiques nécessaires à l'apparition de structures de Turing sauf que dans toutes les réactions non biologiques connues les espèces mises en jeu sont de faible masse moléculaire et, en solution, ont toutes un coefficient de diffusion de l'ordre de 10^{-5} cm^2/s. La nécessaire différence entre les coefficients de diffusion des composés activateurs et inhibiteurs ne peut donc pas être directement satisfaite. Heureusement dans les systèmes chimiques à plus de deux variables la condition n'est pas aussi restrictive. En fait, il suffit que la « diffusion apparente » de l'activeur soit plus faible que celle de l'inhibiteur. Cette subtilité n'a pas été clairement réalisée avant la première mise en évidence expérimentale de structures de Turing, en 1989, par notre équipe près de quarante ans après leur prédictions par Turing*.

On sait maintenant que le mécanisme de Turing fondé sur une activation locale couplée à une inhibition à longue portée est en fait un mécanisme assez répandu dans de nombreux autres domaines que la chimie. Il fournit une explication simple à un grand nombre de motifs que nous observons dans la nature et au laboratoire. Cette instabilité créatrice d'ordre brise la symétrie de translation de l'état initial pour donner naissance à une auto-organisation spatiale. Dans un système à une dimension celle-ci se présente sous la forme d'un alignement de pics d'activateur régulièrement espacés. La distance moyenne entre les pics est déterminée par des paramètres intrinsèques tels que les constantes cinétiques ou les coefficients de diffusion. Cette propriété différencie les structures de Turing d'un grand nombre de structures dissipatives comme par exemple les cellules convectives observées en hydrodynamique dont la longueur d'onde caractéristique est fixée par les dimensions géométriques du système. Selon la dimension de l'espace une plus ou moins grande variété de solutions géométriques est possible. À deux dimensions on prévoit aussi bien des taches réparties en motifs hexagonaux que des bandes. À trois dimensions, les structurations spatiales prédites théoriquement sont des feuillets parallèles, des réseaux de prismatiques hexagonaux de colonnes ainsi qu'un « cristal chimique dissipatif » dans lequel les maxima de concentration occupent les nœuds d'un réseau cubique centré. De telles organisations spatiales supra-moléculaires peuvent également apparaître dans des systèmes à l'équilibre thermodynamique comme dans les alliages polymères ou les cristaux liquides mais dans ce cas, la taille des motifs est intimement liée aux dimensions des molécules constitutives. Les structures chimiques de Turing

* « Chemical Waves and Patterns », éds R. Kapral et K. Showalter, Kluwer Academic Publisher (1994).

n'ont par contre aucune relation de taille avec celles des molécules mise en jeu !

Dans la réaction CIMA, utilisée dans la première mise en évidence de structures de Turing, les espèces jouant les principaux rôles d'activateur et d'inhibiteur sont respectivement les ions iodure et les ions chlorite. Le gel était imprégné d'amidon, indicateur coloré qui, en présence d'iode et d'iodure, forme un complexe bleu quand la concentration de l'iodure dépasse un certain seuil. Or l'amidon est une très grosse molécule qui reste bloqué entre les mailles du gel ; sa diffusivité est alors très inférieure à celle des autres espèces solvatées. Quand l'iodure se complexe à l'amidon, sa diffusivité effective s'en trouve fortement réduite par rapport aux autres espèces de faible masse moléculaire, sans interaction avec l'amidon, et la boucle est bouclée : la formation sélective d'un complexe réversible et immobile de l'activateur de la réaction oscillante introduit *de facto* la différence de diffusivité nécessaire à l'émergence de structures de Turing.

Les expériences, conduites dans des réacteurs « à disque de gel », produisent entre autres les magnifiques réseaux hexagonaux de taches ou les bandes parallèles prévus par la théorie, comme cela est illustré dans la *figure 3* (voir hors-texte). Ces organisations se sont développées spontanément au-delà d'une valeur critique des concentrations dans les flux d'alimentation des réservoirs dont les contenus sont en contact avec la pièce de gel. Elles brisent l'uniformité de l'alimentation imposée sur les faces du disque à l'intérieur desquelles elles se développent, phénomène caractéristique des structures prévues par Turing.

Intermittences spatio-temporelles et fleurs chimiques

Les systèmes chimiques, de par leur aptitude à s'organiser spontanément à la fois dans le temps et dans l'espace, offrent une panoplie très riche de comportements possibles, du fait d'interactions entre différentes classes d'auto-organisations. La réaction CIMA peut, produire non seulement des structures stationnaires de Turing, mais aussi, pour d'autres valeurs des paramètres chimiques, des structures d'ondes. Ces deux instabilités peuvent occuper des domaines adjacents du diagramme d'état du système de réaction-diffusion. Au voisinage des frontières entre ces deux types de structures, les instabilités spatiales et oscillantes peuvent se combiner pour faire émerger des comportements dynamiques inédits où oscillations et structures stationnaires se partagent l'espace, de façon apparemment aléatoire dans le temps et dans l'espace, pour donner naissance à ce que les spécialistes dénomment de l'intermittence spatio-temporelle. La *figure 4* présente un instantané d'une telle distribution où les zones purement oscillantes, qui apparaissent lisses, s'enchevêtrent dans des zones structurées de Turing à l'organisation très tourmentée.

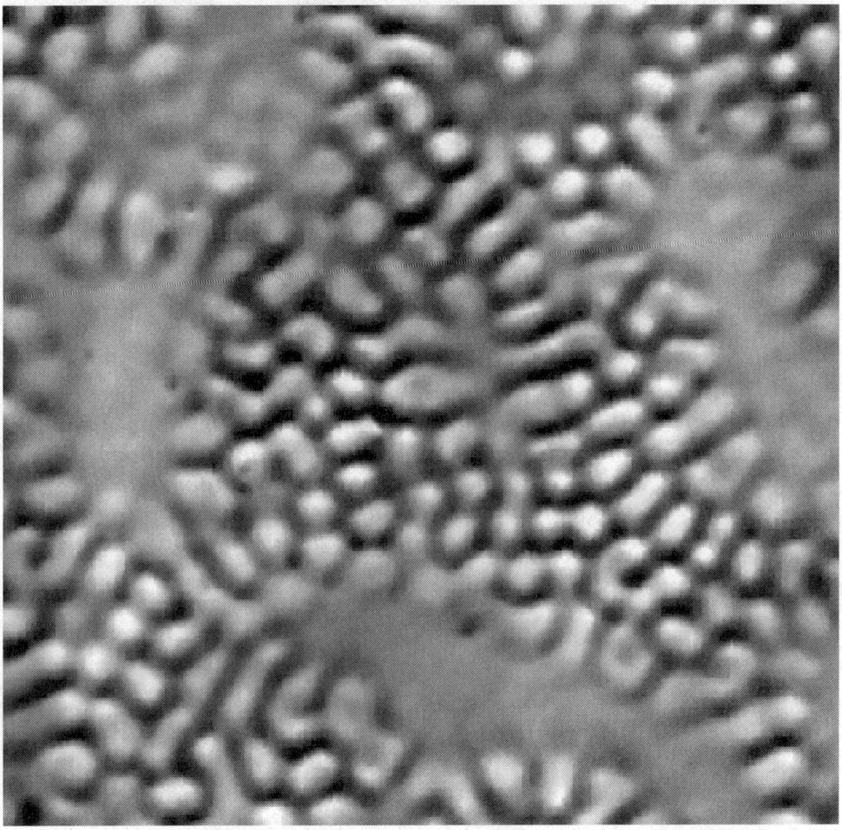

Figure 4 – Intermittence spatio-temporelle : Motif irrégulier, en perpétuel mouvement, résultant de la synergie entre l'instabilité spatiale de Turing et l'instabilité oscillante dans la réaction CIMA conduite dans un réacteur spatial ouvert.

On sait aussi que les systèmes chimiques avec rétroaction présentent très souvent, quand ils sont maintenus hors d'équilibre, des bistabilités entre différents états homogènes. Dans ce cas d'autres types d'organisations spatiales peuvent apparaître et se combiner avec l'instabilité de Turing et engendrer soit des croissances de structures par division de tâche, rappelant des divisions cellulaires, soit le déploiement de magnifiques motifs floraux transitoires lors de la naissance d'une structure de Turing en bandes *(Fig. 5)*.

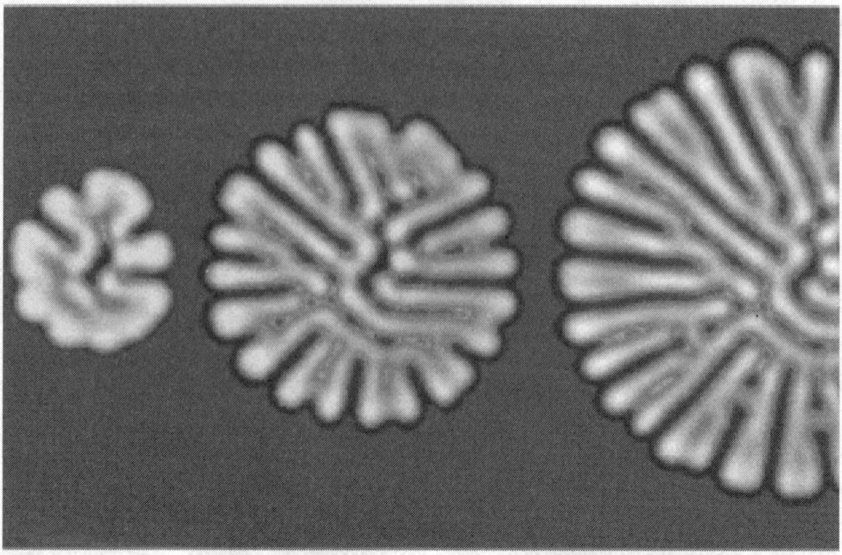

Figure 5 – Motif floral apparaissant au cour du développement d'une structure de Turing en bande dans des conditions où l'instabilité de Turing interagit avec une autre instabilité, « instabilité latérale de front ». Les images successives correspondent au même motif à des stades différents de son développement.

Universalité et motifs biologiques

La très grande variété des phénomènes d'auto-organisation spontanée dans les systèmes chimiques récompense largement les chercheurs qui se penchent sur la dynamique de ces systèmes hors d'équilibre. Au-delà de la production de belles images, l'étude des motifs chimiques permet également d'aborder la question plus philosophique de l'universalité des formes qui apparaissent dans la nature. En effet, on remarque que de nombreuses organisations spatiales et temporelles obéissent dans la nature souvent aux mêmes symétries (motifs sur le pelage des mammifères ou sur les coquillages, spirales en phyllotaxie). Il est tentant de penser que tous ces comportements sont régis par les mêmes lois fondamentales. Il ne faut certainement pas généraliser à outrance. Néanmoins, il est certain que les mécanismes décrits ici et qui soustendent les instabilités créatrices de formes se retrouvent dans d'autres domaines que les systèmes de réaction-diffusion. En effet, les processus d'activation et d'inhibition à la base des motifs chimiques ont des équivalents dans des domaines aussi variés que l'hydrodynamique, l'optique, la catalyse hétérogène et les semi-conducteurs par exemple. De même, à l'équilibre thermodynamique, la compétition entre forces antagonistes telles qu'une attraction à courte portée et une répulsion à grande distance peut donner naissance aux motifs en forme de labyrinthe que l'on observe dans les films magnétiques et les couches de ferrofluides. Le concept unificateur de ces diverses observations est celui de brisure de symétrie : ce qui compte d'abord c'est la diminution du nombre de symétries du système lors de la transition. Le détail du mécanisme physique, chimique ou autre à la base de l'instabilité devient alors secondaire car la nouvelle structuration peut être décrite en termes de la seule amplitude de la structure périodique par rapport à celle de l'état uniforme de référence. Les équations mathématiques décrivant l'évolution de cette amplitude prennent une forme universelle qui dépend uniquement des types de symétries brisées quand le système uniforme et stationnaire devient instable. C'est un peu magique de pouvoir ainsi unifier l'auto-organisation de systèmes très différents en terme d'un même formalisme. Notons toutefois que, dans le détail, les différents systèmes peuvent présenter leurs spécificités, mais il faut alors approfondir l'analyse.

La création de formes dans les systèmes chimiques trouve un grand intérêt dans toutes les applications impliquant une réactivité qui soit fonction de la localisation dans le système considéré. Il ne faut pas oublier que la chimie, on dira communément la biochimie, est à l'œuvre dans les êtres vivants et de nombreux chercheurs suggèrent que les processus de réaction-diffusion joueraient un rôle dans le développement de formes et de motifs chez les embryons, ce qu'on appelle la morphogenèse. Cette idée était d'ailleurs la motivation initiale de Turing.

Dans la partie la plus popularisée de ses travaux, J.-D. Murray, autre mathématicien britannique, s'efforce de rendre compte de la diversité des motifs sur le pelage des mammifères : par exemple rayures du zèbre, taches du léopard. Pour lui, l'organisation en taches ou en bandes serait liée à une distribution spatiale de la concentration d'un morphogène. Cette distribution résulterait d'une instabilité de réaction-diffusion de type Turing et constituerait un prémotif, formé très tôt au cours du développement embryonnaire. Celui-ci serait figé puis « lu » à un stade ultérieur. Le motif final sur le pelage des mammifères ne ferait que refléter ce prémotif : la forte ou la faible concentration de morphogène, suivant la position considérée dans le prémotif, influencerait la localisation ultérieure des mélanocytes (cellules sécrétrices du pigment, la mélanine)*. La *figure 6* (voir hors-texte) compare un motif chimique complexe que nous pouvons faci-

---

* J. D. Murray, *Mathematical Biology*, Springer (1993).

lement reproduire dans nos réacteurs spatiaux ouverts avec les motifs du pelage du léopard, la similitude est quelquefois saisissante.

D'une façon similaire Hans Meinhardt, biologiste théoricien allemand, est capable de reproduire avec une étonnante similitude les motifs les plus complexes observés sur une grande variété de coquillages à partir de modèles des réaction-diffusion fondés sur ce qui est connu de la physiologie des mollusques et des mécanismes de sécrétion des coquilles et des pigments*.

Aussi troublant que puissent être les analogies, elles n'en constituent pas des preuves des mécanismes mis en œuvre. Comme nous l'avons vu, le caractère universel des instabilités brisant les symétries ne permet pas de les attribuer de façon univoque à un mécanisme particulier mais seulement que le modèle mathématique ou expérimental appartient à la même classe d'instabilité. Les approches en termes de systèmes de réaction-diffusion des systèmes biologiques ne peuvent être considérées que comme des approches minimales ou simplifiées servant de support à la réflexion. Dans les systèmes biologiques réels bien d'autres mécanismes physiques sont connus pour intervenir dans les processus de morphogenèse telles que la tension superficielle, l'élasticité des tissus, la pression capillaire, les champs électriques et le champ gravitationnel. Toute chose qui peut rendre le système encore plus non linéaire élargit donc singulièrement les différentes voies pour que ces systèmes s'organisent spontanément dans le temps et dans l'espace. Le dernier mot aux biologistes pour l'identification des couples antagonistes agissant respectivement comme activateur local et comme inhibiteur à longue portée ; c'est un travail qui est encore loin d'être achevé.

Annexes : expériences de chimie

Recette 1 : Réaction chimique oscillante. Cette réaction initialement proposée par T. S. Briggs et C. W. Raucher** produit de spectaculaires changements périodiques de couleur de l'incolore au jaune-orangé puis au bleu. Préparer les trois solutions de base suivantes puis mélanger des volumes égaux de ces trois solutions dans un flacon :

— Solution 1 — eau oxygénée [H_2O_2] = 3,2 M + acide perchlorique [$HClO_4$] = 0,17 M.

— Solution 2 — acide malonique [$CH_2(COOH)_2$] = 0,15 M + sulfate de manganèse [$MnSO_4$] = 0,024 M + [Thiodène] = 20 g/litres,

* H. Meinhardt, *The Algorithmic Beauty of Sea Shels*, Spriger (1995).
** T. S. Briggs et C. W. Raucher, *J. Chem. Educ.*, n° 50, 1973, pp. 496.

indicateur coloré d'iodomètrie dérivé de l'amidon fabriqué par Prolabo.

— Solution 3 — iodate de potassium $[KIO_3]$ = 0,14 M.

Ne pas boucher le flacon durant l'expérience car il se produit un fort dégagement d'oxygène.

Recette 2 : Structures spatiales — ondes d'excitabilité de la réaction BZ. Des structures « cibles » ou « spirales » peuvent être obtenues en mélangeant, dans les proportions indiquées par les instructions, les solutions suivantes :

— Solution 1 — bromate de potassium $[KBrO_3]$ = 0,6 M + acide sulfurique $[H_2SO_4]$ = 0,6 M.

— Solution 2 — acide malonique $CH_2(COOH)_2]$ = 0,48 M.

— Solution 3 — bromure de potassium [KBr] = 0,007 M.

— Solution 4 — ferroïnc, indicateur redox solution commerciale à 0,025 M.

Mélanger dans un flacon les volumes suivants (en cm^3) des différentes solutions 14 de 1, 7 de 2, 2 de 3. Boucher le flacon. Il se forme alors du brome reconnaissable à sa couleur brune. Continuer à agiter jusqu'à disparition de toute coloration brune puis seulement ajouter 1 cm^3 de 4. Verser le mélange rouge sombre en couche mince (1 mm d'épaisseur environ) dans une boîte de Pétri. Recouvrir la boîte d'une plaque transparente pour éviter les courants d'air. Observer les ondes bleues apparaître après quelques minutes. « Déchirer » ces ondes pour obtenir des spirales.

L'étude de la matière à toutes les échelles

par MARIE-PAULE PILENI

Introduction

La matière à toutes les échelles est un vaste sujet qui nécessite une connaissance globale de la Science, ce qui est impossible de nos jours. Aussi, il est évident qu'en quelques lignes, cette approche ne peut être que partielle. On se limitera au cadre de la Chimie et nous limiterons notre propos à l'assemblage d'éléments.

Deux questions se posent : Qu'est-ce que la Matière et quelles sont les échelles ?

En ce qui concerne la matière, pour un chimiste, c'est l'association d'éléments de la classification périodique. Mendeleïev a classé les atomes par ordre de numéro atomique (c'est-à-dire par ordre de masse) croissant. Il a introduit une seconde notion d'ordre, qui est la configuration de la dernière couche électronique des atomes. Ainsi, tous les atomes, le long d'une même colonne, ont le même nuage électronique externe. Il existe des orbitales atomiques de type *s*, *p*, *d* et *f*. Les atomes ayant comme dernière couche des orbitales de type *d* sont dits « éléments de transition » comme l'aluminium, le cuivre, l'argent, etc.

L'échelle peut être l'évolution temporelle ou dimensionnelle. Le plus court laps de temps observé expérimentalement en chimie est la femtoseconde (10^{-15} s). Cette précision permet une bonne compréhension des mécanismes réactionnels, comme ceux existant par exemple lors de la photosynthèse. La dimension significative la plus petite pour un chimiste est l'Angström (10^{-10} m). Nous

Texte de la 238e conférence de l'Université de tous les savoirs donnée le 25 août 2000.

considérerons donc l'évolution de la matière de l'Angström à quelques millimètres (0,001 m).

Dans un premier temps, nous donnerons quelques définitions.

La matière organique est principalement constituée d'atomes d'hydrogène, d'azote, de carbone, d'oxygène et de phosphore. Un des assemblages le plus connu est l'ADN. Il est constitué de deux brins (collier de perles) qui s'enroulent. Chaque brin est une succession d'atomes associés par liaisons fortes dites covalentes. L'association des brins est possible grâce à des liaisons faibles.

La matière inorganique est l'association d'atomes provenant des éléments de transition.

L'état massif d'un matériau correspond à sa forme la plus stable à température ordinaire et pression atmosphérique (un lingot d'or, un collier d'or ou l'eau du robinet sont des matériaux à l'état massif).

Quand une réaction chimique est possible par les lois de la physique, il est impossible de prévoir à quel moment elle aura lieu. Il existe des éléments qui permettent de diminuer le temps au bout duquel la réaction a lieu : c'est le catalyseur. Il est restitué à la fin de la réaction chimique. Celle-ci est alors dite « catalysée ». Le catalyseur existe en proportion infinitésimale. Prenons l'exemple du platine qui est le catalyseur le plus utilisé dans l'automobile. L'essence est un hydrocarbure (formé de carbone et d'hydrogène). Lors de sa combustion, il se forme de l'oxyde de carbone, CO, qui est un composé extrêmement toxique. L'oxydation de CO en gaz carbonique, CO_2, est catalysée par du platine inséré dans les pots catalytiques.

Nous chercherons à répondre à deux questions :

— Un même assemblage d'atomes, de molécules organiques ou d'éléments inorganiques peut-il exister à différentes échelles et, dans ce cas, en quoi sont modifiées ses propriétés spécifiques ?

— Un assemblage organique peut-il être utilisé pour fabriquer une nouvelle entité organique ou inorganique ?

Nous traiterons tout d'abord l'assemblage inorganique puis organique. Dans chacun des cas, nous considérerons une entité isolée et nous montrerons ses propriétés spécifiques. Dans un second temps, nous associerons cette entité à elle-même et nous montrerons que ces assemblages ont des propriétés très différentes de l'entité isolée.

Assemblage d'éléments inorganiques à différentes échelles : propriétés spécifiques

L'ENTITÉ ISOLÉE

L'association d'atomes permet la fabrication de matériaux solides comme des semiconducteurs, des métaux ou des alliages. À l'état massif, le matériau est formé de plusieurs milliers d'atomes. Au début du siècle, la matière était principalement abordée par l'étude de l'atome. Tout n'est pas encore compris, mais nous avons à ce jour une bonne connaissance des atomes. Depuis une vingtaine d'années les chercheurs ont abordé l'étude du comportement de quelques atomes associés entre eux. De nombreuses études tant théoriques qu'expérimentales ont été entreprises. Depuis une dizaine d'années les chercheurs s'intéressent à des assemblages plus gros (de l'ordre de 100 atomes ou plus). Cela est principalement dû au fait qu'il est possible de les fabriquer en quantité assez grande et donc éventuellement de les utiliser pour les applications. Nous présentons donc deux classes de dimensionalité. La première correspond à un assemblage dont le nombre d'atomes est inférieur ou égal à 100, la seconde classe concerne un nombre d'atomes compris entre 100 et plus de 10 000.

Trois facteurs primordiaux* contrôlent les propriétés d'un matériau :

— La morphologie de l'entité.

— Le rapport du nombre d'atomes de surface sur le volume. Prenons un lingot d'or et considérons un atome en son centre. L'or cristallise selon un réseau cubique face centrée. L'atome considéré est donc entouré de 12 atomes voisins. On dit que l'atome est un atome de volume et sa coordinence est 12. Si l'on considère un atome situé à la surface du lingot, il ne sera plus entouré de ses 12 voisins mais d'un nombre inférieur d'atomes. On dit que c'est un atome de surface de coordinence inférieure à 12.

— La dimension de l'entité, qui gouverne ses propriétés électroniques. Ce sont non seulement les propriétés spécifiques du matériau, telles que, par exemple, l'énergie nécessaire à arracher un électron (énergie d'ionisation), ou les propriétés catalytiques mais aussi les propriétés optiques et magnétiques.

L'ensemble de ces facteurs intervient de façon simultanée ou consécutive. Il n'existe pas de loi générale rendant compte des propriétés spécifiques d'un matériau en fonction de sa dimension.

Entités constituées d'un nombre d'atomes compris entre 1 et 100

Un atome peut s'associer à un second pour former un agrégat constitué de deux atomes. L'association d'un troisième crée un nouvel agrégat et ainsi de suite. On peut donc fabriquer des agrégats (ou *clusters*) au nombre d'atomes près. La fabrication de ces agrégats se fait par évaporation sous vide, suivie d'une sélection en taille. L'intérêt de fabriquer de telles entités à l'atome près est

---

* Henry (C.), Chapon (C.), Giorgio (S.) et Goyhenex (C.), « Chemisorption and Reactivity of Clusters and Thin Films », NATO, ASI (2000).
Henry (C.), *Surface Science Reports* 31, 231, (1998).

surtout basé sur la compréhension de la physique fondamentale de la matière.

La morphologie de ces agrégats dépend du type de matériau qui le constitue. La *figure 1* montre que, pour un même nombre d'atomes, les agrégats de platine et de palladium diffèrent par leur forme.

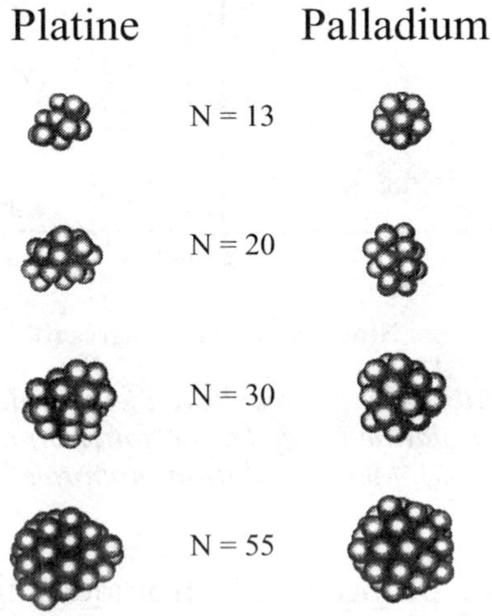

Figure 1 – Comparaison de la forme d'agrégats de platine et de palladium constitués d'un nombre déterminé d'atomes.

Du fait de la faible dimensionalité de l'agrégat et du grand nombre d'atomes de surface par rapport aux atomes de volume, les propriétés électroniques sont fortement modifiées par rapport à celles de l'état massif. Dans le cas du platine, l'énergie d'ionisation (énergie nécessaire pour arracher un électron à une entité) diminue quand la taille de l'agrégat augmente. L'agrégat reste constitué d'un faible nombre d'atomes quand il atteint le potentiel d'ionisation du platine à l'état massif.

Les propriétés catalytiques d'un agrégat augmentent avec sa taille. Cependant, il existe des limitations. Prenons comme exemple, la catalyse du monoxyde de carbone, CO, en gaz carbonique, CO_2. La quantité de CO_2 augmente avec le nombre d'atomes constituant le catalyseur (c'est-à-dire avec sa taille) *(Fig. 2a)*. Cependant, si l'on rapporte le pourcentage de molécules de CO_2 produites par atome constituant le catalyseur, des discontinuités dans le rendement sont observées *(Fig. 2b)*. L'activité est maximale pour 5, 11 et 16 atomes et minimale pour 8 et 13, puis elle diminue quand le nombre d'atomes est supérieur à 16. La plupart des études faites sur différents catalyseurs montre que l'activité catalytique augmente avec la taille des agrégats, mais que des discontinuités non prévisibles sont observées.

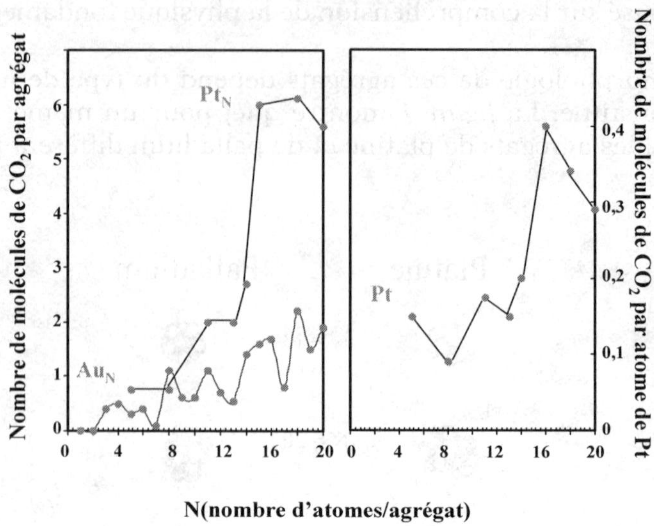

Figure 2 – Évolution comparée du rendement de production de CO_2 catalysée par du platine ou de l'or en fonction du nombre d'atomes constituant l'agrégat (a). Même évolution rapportée au nombre d'atomes (b).

Contrairement aux propriétés électroniques, il est donc impossible de déduire une loi générale de l'évolution catalytique des agrégats en fonction du nombre d'atomes.

Deux catalyseurs de nature différente (telle que le platine et l'or par exemple) constitués du même nombre d'atomes ont des activités très différentes. Ainsi, l'oxydation de CO catalysée par $(Pt)_N$ est bien supérieure à celle obtenue avec $(Au)_N$. Des différences similaires, observées avec le platine et le palladium, sont attribuées à un changement de morphologie qui induit des modifications des propriétés électroniques de l'agrégat.

En conclusion, les propriétés électroniques des agrégats dépendent du nombre d'atomes le constituant. Il est à remarquer qu'il existe très peu d'applications industrielles. Les études faites dans le domaine des agrégats de 1 à 100 atomes ont eu pour but principalement la compréhension du comportement de la matière. À l'inverse, comme nous le verrons ci-dessous, le domaine d'échelle compris entre 1 nm et 100 nm (entre 100 atomes et plus de 100 000) présente un grand nombre d'applications potentielles.

Entité de dimension comprise entre 1 nm et 100 nm

La préparation de telles entités fait maintenant appel à la chimie*. Le principe est basé sur le mélange de deux composés susceptibles de réagir entre eux pour produire soit une entité insoluble

* Pileni (M.-P.), *J. Phys. Chem.*, 97, 6961, (1993).

(coprécipitation), soit une réduction chimique (passage d'une espèce ionique à un état métal). Dans ce cas, les entités ne sont donc plus caractérisées par un nombre fixe d'atomes. Elles ont une taille moyenne donnée. Afin de fixer l'échelle, on peut rappeler qu'un agrégat de platine formé de 100 atomes correspond à un diamètre de 1,5 nm. On dit alors que l'entité est un nanomatériau. La morphologie, le rapport surface sur volume et la faible dimension restent les facteurs prépondérants pour les nanomatériaux de taille inférieure ou égale à 10 nm. Au-delà de cette taille, la structure cristalline ainsi que les propriétés optiques et magnétiques sont semblables à celles du massif. En ce qui concerne les propriétés catalytiques, elles restent différentes de celles du massif. Cela est principalement dû au fait que les processus catalytiques impliquent l'absorption des réactifs sur l'entité.

Nous présentons tout d'abord les propriétés optiques puis magnétiques et enfin catalytiques des nanomatériaux.

Les principales modifications des propriétés optiques en fonction de leurs tailles sont obtenues avec des semiconducteurs* et des métaux**. Elles sont principalement dues à des modifications électroniques du matériau. Considérons les semiconducteurs CdS, CdSe et CdTe de même taille moyenne de 2 nm. Leur spectre d'absorption dépend du type de matériau. La *figure 3* montre qu'il est possible de « balayer », en absorption, tout le domaine UV-Visible. Aux grandes longueurs d'onde, une augmentation abrupte de l'absorption suivie d'un pic bien défini est observée. Vers les faibles longueurs d'onde, l'augmentation de l'absorption est monotone. De plus, pour un nanomatériau donné, le spectre d'absorption se déplace vers les grandes longueurs d'onde quand la taille des nanocristaux augmente*** *(Fig. 4)*. On dit que c'est l'effet quantique de taille. Ainsi, en changeant, soit la taille du nanomatériau, soit le type de matériau, il est possible d'obtenir des matériaux de couleurs différentes. L'évolution de la couleur se fait continûment de l'incolore au noir. Cela permet un grand nombre d'applications, dont, par exemple, l'incorporation du nanomatériau dans les cosmétiques qui permet de produire des nouveaux produits cosmétiques. Les nanomatériaux ont une taille suffisamment réduite pour que la solution dans laquelle ils sont dispersés soit isotrope (transparente à la lumière). De plus, ils présentent une absorption qui disparaît brutalement. Cette propriété permet aussi de fabriquer des filtres optiques. Si l'on considère la fluorescence de ces nanomatériaux, on observe elle se déplace, comme l'absorption, vers les grandes longueurs d'onde quand la taille augmente *(Fig. 4)*. Il est à remarquer

* Lisiecki (I.) et Pileni (M.-P.), *J. Amer. Chem. Soc.*, 115, 3887, (1993), *J. Phys. Chem.*, 99, 5077 (1995).

** Petit (C.), Lixon (P.) et Pileni (M.-P.), *J. Phys. Chem.*, 97, 12974 (1993).

*** Ingert (D.), Feltin (N.), Levy (L.), Gouzerh (P.), et Pileni (M.-P.), *Adv. Materials*, 11, 220, (1999).

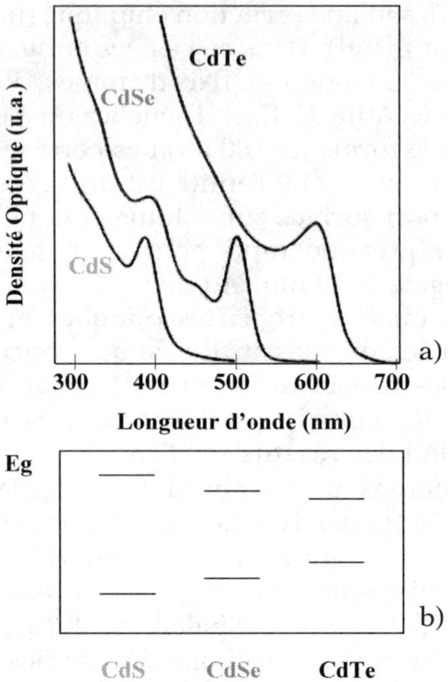

Figure 3 – a) Spectre d'absorption de nanocristaux de 2 nm de semi conducteurs de type II-VI (CdS, CdSe et CdTe). b) Évolution de la largeur de bande interdite pour des nanocristaux de même taille moyenne mais différent par leur nature propre.

que la bande d'émission est très étroite. Ainsi, quelle que soit la longueur d'excitation des nanomatériaux de CdTe, le spectre d'émission reste inchangé en énergie. Cette propriété s'étend à une très large gamme de semiconducteurs. Ainsi, différentes couleurs fluorescentes peuvent être observées quand on change la taille du nanomatériau. Cette propriété ouvre la voie à de nombreuses applications. Un des exemples est les traceurs en biologie. Les nanomatériaux permettent l'excitation dans un large domaine spectral mais une émission de fluorescence très précise. Il est ainsi possible de fixer un antigène sur le nanomatériau. Il se fixera sélectivement à son anticorps et la fluorescence du nanomatériau permettra alors de détecter de façon précise la localisation de l'anticorps.

Dans le cas des métaux, les électrons sont d'autant plus confinés que la taille du nanomatériau est petite. Cela induit une modification de la réponse optique et se traduit par un changement du spectre d'absorption*. Les nanomatériaux de cuivre, dispersés en

---

* Lisiecki (I.) et Pileni (M.-P.), *J. Amer. Chem. Soc.*, 115, 3887, (1993), *J. Phys. Chem.*, 99, 5077 (1995).
Petit (C.), Lixon (P.), et Pileni (M.-P.), *J. Phys. Chem.*, 97, 12974 (1993).
Taleb (A.), Petit (C.) et Pileni (M.-P.), *Chemistry Materials*, 9, 950 (1997).

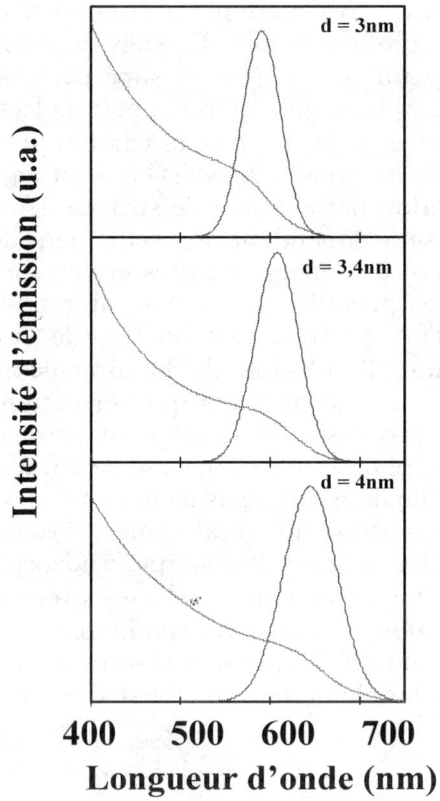

Figure 4 – Spectre d'absorption et d'émission de fluorescence de nanocristaux de CdTe différent par leur taille.

solution, présentent un spectre d'absorption monotone pour des matériaux de petites tailles. L'augmentation de la taille des nanomatériaux induit l'apparition d'un pic d'absorption qui est d'autant plus prononcé que la taille des nanocristaux est grande pour atteindre (vers 10 nm) les propriétés optiques du cuivre massif. Des résultats similaires sont obtenus avec l'argent ou l'or. À nouveau, les nanomatériaux métalliques peuvent être utilisés non seulement comme filtres mais aussi dans le domaine des cosmétiques. Le caractère semiconducteur ou métallique de ces nanomatériaux permet d'espérer des propriétés électroniques utilisables en micro-électronique.

Passons maintenant aux nanomatériaux magnétiques. Chaque atome constituant le nanocristal présente un moment magnétique. En première approximation, le moment magnétique de la particule est la somme des moments magnétiques de l'ensemble des atomes le constituant. Ainsi le nanocristal peut être assimilé à un « macro » moment magnétique. L'énergie magnétique est du même ordre de grandeur que l'énergie thermique. Sous l'action d'un champ magnétique, le macro moment s'oriente. Dès la rupture du champ appliqué, les nanomatériaux perdent leur orientation. Cela se traduit par une courbe de magnétisation ne présentant pas d'hystérésis. Néel* a défini un tel processus comme un comportement superparamagnétique, qui ne permet pas d'utiliser les nanomatériaux pour la lecture magnétique.

En ce qui concerne les propriétés catalytiques, elles sont régulées par le nombre de cycles *(turnover)* qui est en fait le rapport de la vitesse de réaction par élément de surface. L'activité et la sélectivité d'un catalyseur dépendent non seulement de la nature de ce dernier, mais aussi des énergies mises en jeu lors de l'adsorption des réactifs et des produits. Il est donc impossible de prédire le comportement d'un catalyseur en fonction de sa taille.

En conclusion, l'évolution de la dimensionalité induit des changements optiques importants qui permettent non seulement la recherche des processus fondamentaux mis en jeu, mais aussi de nombreuses applications. À l'inverse, le comportement magnétique à cette échelle ne permet pas d'envisager des applications. En ce qui concerne les propriétés catalytiques, elles dépendent du type de catalyseur utilisé et aussi de l'énergie d'adsorption des réactifs.

Au-delà de 10 nm, ces nanomatériaux présentent des propriétés tant optiques que magnétiques semblables à celles des mêmes éléments à l'état massif. La *figure 5* résume les différents facteurs mis en jeu quand les éléments sont considérés comme isolés. Nous

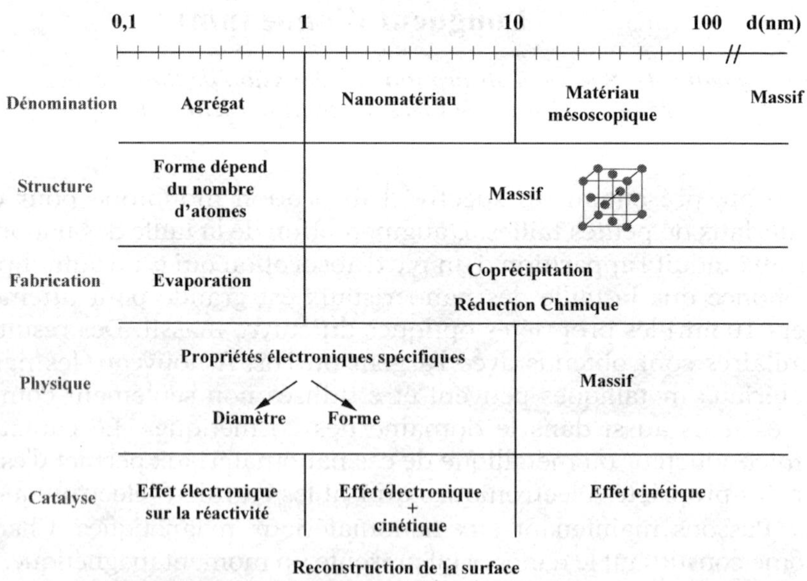

Figure 5 – Résumé des différents facteurs physiques responsables des changements des propriétés en fonction de la taille du matériau.

* Neel (L.) Ann. Geophys, 5, 99, (1949), *C.R. Acad. Sciences*, Paris, 252, 4075, (1961), 253, 9, (1961) ; 253, 203, (1961) ; 253, 1286, (1961).

chercherons à assembler ces nanomatériaux à l'échelle de quelques millimètres de façon à rechercher les propriétés collectives dues à cet assemblage.

ASSEMBLAGE DE NANOMATÉRIAUX

Pour assembler des nanomatériaux, il faut tout d'abord les « habiller » par de longues chaînes hydrocarbonées (on les « entoure de cheveux »), *(Fig. 6)*. Du fait de la présence de ces chaînes hydrocarbonées, ce matériau peut être dispersé dans un solvant non polaire (tel que l'huile). À faible concentration de particules, il peut être considéré comme isolé. Dans ces conditions, les propriétés physiques (optiques, magnétiques, etc.) seront celles du nanomatériau lui-même. Si l'on dépose une goutte de cette solution de particules sur un support, le solvant s'évapore et les chaînes ont tendance à s'interpénétrer et s'auto-organiser en réseau hexagonal compact *(Fig. 6)*, comme des oranges sur l'étal d'un marchand. Cette auto-organisation se produit sur de longues distances (plusieurs micromètres)*. Une question se pose alors : Les propriétés optiques de cet assemblage sont-elles identiques à celles des

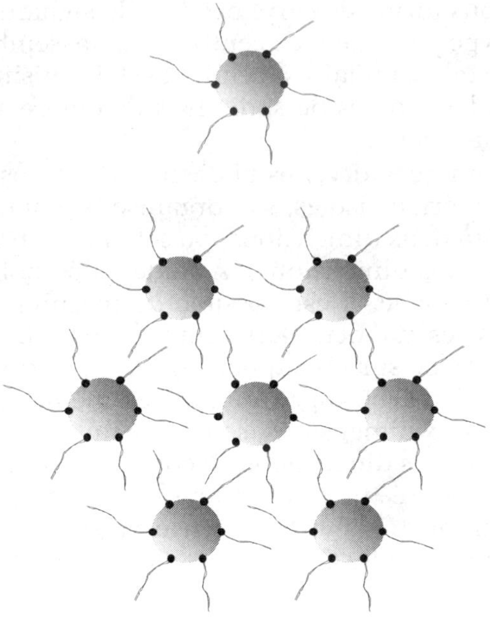

Figure 6 – Schéma de nanocristaux « habillés » par des cheveux qui se relient lors de l'évaporation du solvant.

* Motte (L.), Billoudet (F.) et Pileni (M.-P.), *J. Phys. Chem.*, 99, 16425, (1995).
Motte (L.), Billoudet (F.) et Pileni (M.-P.), *Advanced Materials*, 8, 1018, (1996).

nanomatériaux isolés ? Dans l'hexane, le spectre d'absorption des nanocristaux d'argent est caractérisé par une bande de résonance centrée à 2,9 eV. Quand les nanocristaux sont auto-organisés chacun d'eux est soumis à l'influence de ses voisins. Une nouvelle absorption apparaît à haute énergie*. Le spectre d'absorption des nanomatériaux auto-organisés diffère donc considérablement de celui de ces mêmes particules isolées. Cela est dû à des interactions dipolaires induites par le rayonnement**. Cette nouvelle absorption à haute énergie n'est observable que si les nanomatériaux sont organisés en réseau hexagonal compact. Ainsi, le mode d'organisation des nanomatériaux d'argent joue un rôle primordial sur les propriétés optiques de l'assemblage. Du point de vue pratique, les particules isolées peuvent jouer le rôle de filtre dans une gamme d'énergie comprise entre 2,5 eV et 3 eV alors qu'auto-organisées en réseau hexagonal compact le filtre s'étend de 2,5 eV à 5 eV. Si, maintenant, la quantité de particules (ou oranges) augmente, elles vont s'empiler couche par couche. Quand le nombre de couches empilées est de l'ordre de 4, il est possible d'observer la symétrie 4-4 (les nanomatériaux sont au sommet de carrés accolés les uns aux autres) *(Fig. 7a)*. Considérons une structure cubique face centrée *(Fig. 7b)* et jetons un œil sur la structure vue de haut du cristal. On peut voir non seulement des atomes dans le plan, mais aussi ceux hors du plan. Cet ensemble forme un carré *(Fig. 7b)*. Cette organisation sous forme de carré est donc la signature d'une phase cristalline de type cubique face centrée***. L'assemblage est maintenant un « cristal » similaire à celui du sel de cuisine (ou chlorure de sodium) où les atomes de sodium et de chlore sont remplacés par des nanomatériaux.

Par les techniques décrites ci-dessus, il est possible d'obtenir soit des nanomatériaux isolés, soit organisés selon un réseau hexagonal compact (à deux dimensions) ou selon une structure cubique face centrée (à trois dimensions). À l'aide d'une pointe de microscopie à champ proche, il est possible de mesurer le courant qui passe à travers les nanocristaux (entre la pointe et le support). Quand elle est isolée sur un support, il n'y a pas transport de courant (on dit qu'il y a blocage), quand ces mêmes particules sont organisées sur deux dimensions, seule une faible partie du courant passe, alors qu'à trois dimensions, le courant passe. L'organisation des nanoparticules crée un interrupteur nanométrique avec passage ou non du courant****. Cette propriété présente des applications potentielles importantes. C'est le premier exemple susceptible de

* Taleb (A.), Petit (C.) et Pileni (M.-P.), *J. Phys. Chem.*, 102, 2214, (1998).
Taleb (A.), Russier (V.), Courty (A.) et Pileni (M.-P.), *Phys. Rev. B 59*, 13350 (1999).
** Russier (V.), Petit (C.), Legrand (J.) et Pileni (M.-P.), *Phys. Rev. B 62*, 3910, (2000).
*** Motte (L.), Billoudet (F.), Douin (J.), Lacaze (E.) et Pileni (M.-P.), J. Phys. Chem., 101, 138, (1997).
**** Taleb (A.), Silly (F.), Gusev (A.-O.), Charra (F.) et Pileni (M.-P.), *Advanced Materials* 12, 633, (2000).

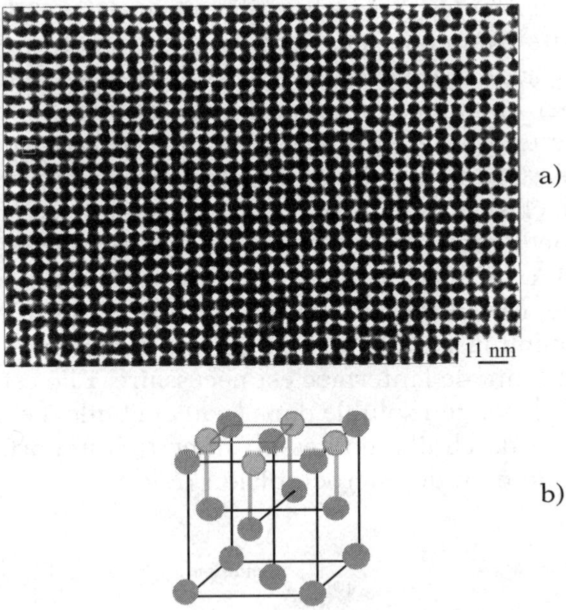

Figure 7 – Multicouche de nanocristaux d'argent en réseau 4 × 4 (a) et Réseau cubique face centrée (b).

montrer que les nanomatériaux, selon leurs organisations, peuvent être utilisés comme interrupteur. Pour ce faire, il faudra être capable d'organiser et désorganiser le système sur une échelle de temps très réduite.

Assemblages de molécules organiques

Il existe différents assemblages possibles*. Dans cette présentation, nous ne retiendrons que l'assemblage de tensioactifs. Ce sont des molécules constituées d'une tête polaire hydrophile (attirée par l'eau) et d'une chaîne hydrocarbonée hydrophobe (attirée par l'huile). C'est en fait du savon. Si l'on tente de solubiliser un tensioactif dans l'eau, les chaînes ont tendance à s'associer les unes aux autres pour former différents agrégats**. La forme du tensioactif joue un rôle considérable sur la formation de l'assemblage.

* Stupp (S.-I.), Son (S.), Lin (H.C.) et Li (L.-S.)., *Science*, 252, (1993) 59.
De la matière au vivant : Les systèmes moléculaires organisés, éd. CNRS (1994).
** *De la matière au vivant : Les systèmes moléculaires organisés*, éd. CNRS (1994).

Si les molécules de tensioactifs ont une tête polaire très large et une petite chaîne, le tensioactif a alors une forme de cône (ou cornet de glace), et les chaînes ont tendance à s'associer entre elles pour former un agrégat sphérique que l'on appelle micelle directe *(Fig. 8)*. Cette micelle est en général composée d'une centaine de tensioactifs. Quand la micelle directe est formée à très faible concentration, elle est sphérique et sa dimension, fixée par la longueur de la chaîne hydrocarbonée et par la taille de la tête polaire, est de l'ordre 100 Å. La taille de la micelle directe est augmentée par addition d'huile, ce qui a pour effet d'accroître le volume de l'agrégat. Pour maintenir la stabilité de l'édifice, une augmentation de la contribution polaire de l'interface est nécessaire. Elle est apportée par addition d'alcool peu soluble dans l'eau et l'huile. Le rapport relatif de l'alcool et de l'huile ajoutés est donc très important. L'agrégat porte alors le nom de microémulsion *(Fig. 8)*.

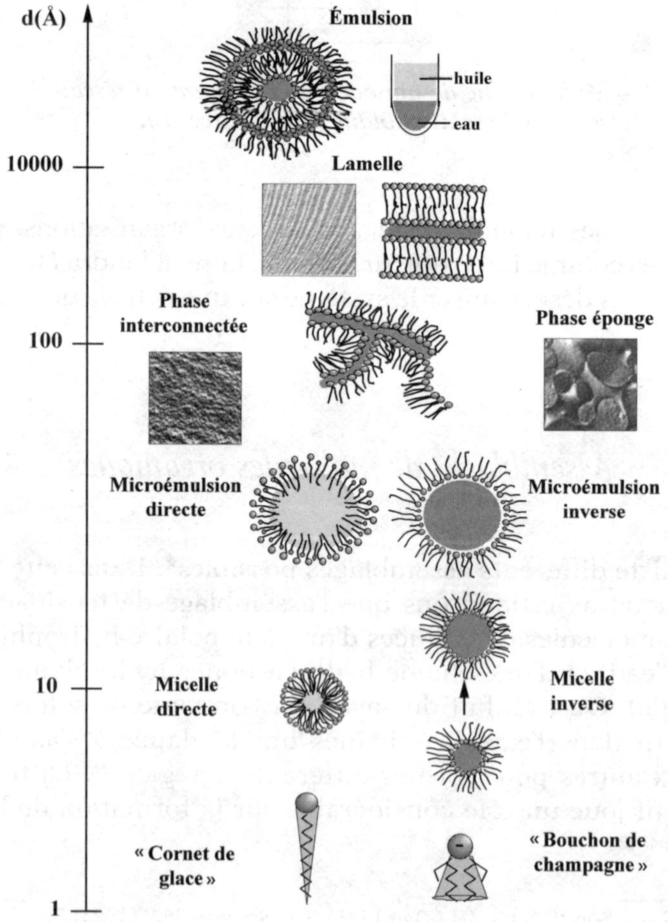

Figure 8 – Évolution de la taille d'agrégats fabriqués à partir de tensioactifs.

Si le tensioactif a la forme d'un bouchon de champagne (petite tête polaire et chaînes hydrocarbonées ramifiées) *(Fig. 8)*, les têtes polaires s'associent entre elles. On a alors affaire à une micelle inverse *(Fig. 8)*, qui est un agrégat sphérique. Contrairement à la micelle directe, sa dimension est variable. Elle dépend de la quantité d'eau ajoutée au système et varie de 40 à 180 Å. Comme pour les micelles directes, il est possible d'ajouter de l'alcool pour fabriquer des microémulsions de taille comprise entre 50 et 300 Å.

Si l'on ajoute trop d'eau à cette solution de micelles inverses, le système évolue ainsi que sa dimensionalité. Il se forme des assemblages ressemblant soit à une éponge, soit à des canaux d'eau interconnectés*. Dans ce dernier cas, l'espace est divisé en deux sous-volumes égaux et régulièrement imbriqués de sorte qu'en tout point, la surface a une forme de selle de cheval. On dit qu'il se forme des cylindres interconnectés. Ce sont des structures bicontinues, à la fois en eau et en huile. Un ajout supplémentaire d'eau induit une nouvelle transition de phase. Le système devient opalescent et biréfringent (la lumière est éteinte entre deux polariseurs croisés). Il se forme alors une phase lamellaire. Les molécules de tensioactifs s'organisent comme un film plan *(Fig. 8)*.

L'addition supplémentaire d'eau induit une démixion. Il n'y a plus assez de tensioactif pour couvrir l'interface eau-huile. Après agitation, la solution est trouble. C'est une émulsion *(Fig. 8)*. Elle se forme et disparaît dès que l'agitation cesse. Le système transite et une séparation de phase eau-huile apparaît. La taille de l'émulsion est de l'ordre du micromètre. Pour une émulsion d'un micromètre, la surface de contact entre l'eau et l'huile est de 1 m^2. C'est un phénomène qui se produit en mélangeant de l'huile et du vinaigre. Dès que l'agitation cesse, le vinaigre et l'huile se séparent. Cependant si on ajoute un jaune d'œuf (comprenant une lécithine qui est un tensioactif) et de la moutarde (qui est aussi un tensioactif), l'émulsion formée reste stable pendant plusieurs heures. Cependant si l'on met cette émulsion au frigidaire, plusieurs phases apparaissent. Même s'il est remis à température ordinaire, on n'obtiendra plus l'émulsion initiale. Le système est dit instable.

Ainsi, la micelle directe a une taille fixée par la chaîne et la tête polaire du tensioactif. La micelle inverse (gouttelettes d'eau dans l'huile) voit sa taille augmenter de 2 nm à 18 nm. Ces deux types d'agrégats sont sphériques. Par augmentation des quantités d'eau, il est possible de transiter vers des phases éponges ou cylindres interconnectés ou encore vers des émulsions. Selon les conditions expérimentales, l'association de tensioactif permet l'évolution du système dans un domaine de dimensionalité qui varie de 10 Å à plus de 10 000 Å *(Fig. 8)*.

---

* Clichés de cryofractures fournis par Dr T. Gulik du Centre de Génétique Moléculaire à Gif-sur-Yvette.

Récemment, il a été démontré qu'un système tensioactif-huile-eau peut former une émulsion stable*. C'est en fait un « supra agrégat ». Il contient des cylindres interconnectés dans sa phase interne et externe. En effet, une phase lamellaire (les tensioactifs s'organisent comme des lamelles) qui n'est plus plane mais forme un oignon (ou sphérulite). À l'intérieur de celui-ci, on retrouve une phase de cylindres d'eau interconnectés. Ainsi, la phase oignon contient d'autres types d'agrégats (cylindres interconnectés). Cette configuration est très favorable du point de vue énergétique. La présence des cylindres interconnectés augmente la quantité d'interfaces nécessaires pour rendre l'émulsion stable. La formation de ces émulsions peut s'expliquer par des considérations géométriques liées à la morphologie du tensioactif.

Un assemblage de molécules organiques peut-il permettre la fabrication de nouveaux matériaux organiques ou inorganiques ?

En d'autres termes, un assemblage de molécules organiques peut-il être considéré comme un nanoréacteur ou encore une « nano-usine » ?

Considérons des micelles inverses que sont des gouttelettes d'eau dans huile *(Fig. 8)*, dont la taille varie continûment selon la quantité d'eau ajoutée. Dispersées dans l'huile, ces gouttelettes se déplacent de façon aléatoire. On dit qu'elles sont soumises au mouvement Brownien. Lors des collisions, elles échangent leur contenu aqueux pour reformer deux micelles distinctes *(Fig. 9)***. Ces deux propriétés (taille et échange des contenus aqueux) permettent de les utiliser comme nanoréacteurs de tailles variables.

Soit deux réactifs A et B, l'un soluble dans l'eau et le second dans l'eau ou l'huile. Lors des échanges de cœur, A et B sont mis en contact et réagissent. Ainsi, il est possible d'effectuer des réactions de précipitation, des réductions chimiques ou encore des polymérisations. Ce procédé a été utilisé pour fabriquer un grand nombre de matériaux aussi bien organiques qu'inorganiques***.

Pour illustrer l'utilisation de ces nanoréacteurs nous décrivons ci-dessous différents types de réactions :

---

* André (P.), Filankembo (A.), Lisiecki (I.), Petit (C.), Tanori (J.), Gulik-Krzywicki (T.), Ninham (B.-W.) et Pileni (M.-P.), *Advanced Materials*, 12, 119, (2000).
** *Reverse micelles*, Ed. Pileni (M.-P.) Elsevier (1989).
*** Pileni (M.-P.), *J. Phys. Chem.*, 97, 6961, (1993).
Pileni (M.-P.), *Langmuir*, 13, 3266, (1997).
Hammouda (A.), Gulik (Th.) and Pileni (M.-P.), *Langmuir*, 11, 3656, (1995).

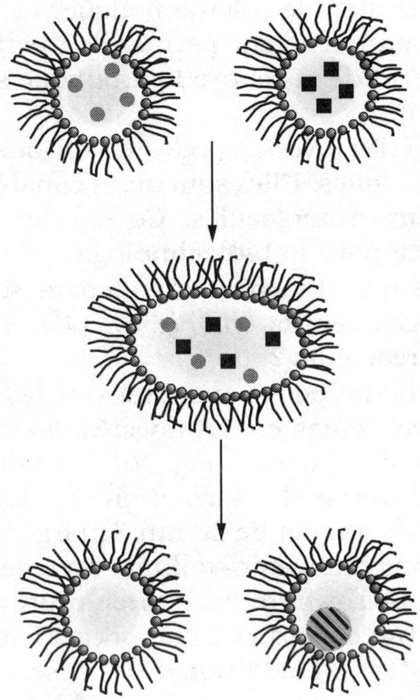

Figure 9 – Processus d'échange des micelles inverses.

— Une réduction chimique : La réduction d'un cuivre permet la fabrication de nanocristaux de cuivre. La taille des nanocristaux augmente avec la taille du nanoréacteur. Il est intéressant de noter qu'un tel nanoréacteur permet d'obtenir des matériaux métalliques très oxydables sans que la présence d'oxyde soit détectable.

— Une réaction entre un matériau inorganique et une molécule organique.

— Une fixation de « cheveux » (ou longues chaînes hydrophobes) sur des nanocristaux inorganiques : après synthèse du nanomatériau en micelles inverses, un dérivé thiol (R-SH) est ajouté à la solution micellaire. Il y a alors réaction entre les atomes à l'interface du nanomatériau et le groupement SH. Si le groupement R est une longue chaîne hydrocarbonée, le nanocristal est alors entouré de « cheveux ». Il suffit alors de casser les micelles inverses pour récupérer des nanocristaux « habillés » *(Fig. 6)* sous forme de poudre et de les disperser dans un solvant non polaire (huile).

— Une modification chimique d'enzymes* : la plupart des protéines et les enzymes se dénaturent en présence d'huile. Il est cependant possible de les mettre en contact si l'on utilise les micelles inverses. La macromolécule est solubilisée dans la gouttelette.

* Michel (F.) et Pileni (M.-P.), *Langmuir*, 10, 390, (1994).
Pitré (F.), Regnaut (C.), et Pileni (M.-P.), *Langmuir*, 9, 2855, (1993).

Le tensioactif joue alors le rôle de bouclier et la protège de toute dénaturation. Le nanoréacteur permet de modifier chimiquement la macromolécule et de la rendre hydrophobe sans pour autant la dénaturer.

Ainsi, les micelles inverses peuvent fabriquer des nanocristaux inorganiques sphériques. Elles sont aussi capables de modifier chimiquement des macromolécules. Ce dernier procédé est d'une grande importance pour la biotechnologie.

Une nouvelle question peut maintenant se poser. Les autres types d'assemblages décrits en *(Fig. 8)*, peuvent-ils se comporter comme des nanoréacteurs ?

Cette approche ne peut concerner que les matériaux inorganiques. Dans les systèmes interconnectés, il est possible d'obtenir des cylindres de cuivre métal* *(Fig. 10)*. L'addition de chlorure de sodium (NaCl) favorise la formation de longs « bâtons » de cuivre** de 1 µm de long et de 20 nm de large***. Ces bâtons sont caractérisés par une grande cristallinité avec des plans réticulaires bien définis****. Si l'on remplace le chlorure de sodium par du nitrate de sodium (un nouveau sel dit « spectateur »), seules des sphères sont observées*****. L'addition d'autres sels provoque aussi des

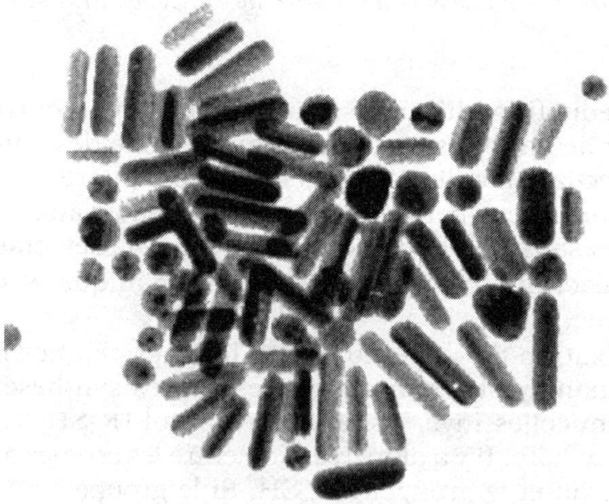

Figure 10 – Cylindres de cuivre obtenus dans une phase de cylindres interconnectés.

* Tanori (J.) et Pileni (M.-P.), *Langmuir*, 13, 639, (1997).
** Filankambo (A.) et Pileni (M.-P.), *J. Phys. Chem.*, 104, 5867, (2000).
*** Filankambo (A.) et Pileni (M.-P.), *J. Phys. Chem.*, 104, 5867, (2000).
Lisiecki (I.), Filankembo (A.), Sack-Kongehl (H.), Weiss (K.), Pileni (M.-P.) et Urban (J.), *Phys. Rev*, B 87, 1, (2000).
**** Tanori (J.) et Pileni (M.-P.), *Advanced of Materials*, 7, 862, (1995).
***** Lisiecki (I.), Filankembo (A.), Sack-Kongehl (H.), Weiss (K.), Pileni (M.-P.) et Urban (J.), *Phys. Rev*, B 87, 1, (2000).

modifications très importantes dans la structure du matériau, alors que sa forme n'a pas changée. Ceci est attribué à des modifications de la structure de l'eau à l'intérieur de la microphase.

Conclusion

L'échelle en dimension joue un rôle considérable sur le comportement de la matière. Pour des agrégats composés d'un nombre d'atomes inférieurs à 100, la modification de la morphologie s'accompagne de changements des propriétés électroniques et *vice-versa*. L'activité catalytique est aussi directement liée aux propriétés électroniques de l'agrégat. Dans ce dernier cas, il faut aussi tenir compte de l'énergie d'adsorption des réactifs et des produits sur l'agrégat. Bien qu'un grand nombre d'études aient été entreprises, il n'existe pas de loi générale susceptible de prédire la forme de l'agrégat et les modifications de ses propriétés électroniques et catalytiques. Cela montre la diversité de la matière et la difficulté qu'ont les chimistes et les physiciens à comprendre son comportement. Quand le nombre d'atomes de l'agrégat augmente, il est possible d'observer des lois générales, telles que l'effet quantique de taille des semiconducteurs ou les modifications optiques des métaux de tailles inférieures à 10 nm, sans oublier le comportement superparamagnétique des nanomatériaux magnétiques. Cependant, il est impossible de trouver des lois générales en ce qui concerne la catalyse. Cela est dû non seulement aux changements des propriétés électroniques du matériau, mais aussi aux processus cinétiques induits par la reconstruction de la surface. Celle-ci est à nouveau directement liée aux propriétés de chimisorption des réactifs, mais aussi des produits sur la surface du nanomatériau. Au-delà de 100 nm, les propriétés physiques du matériau sont similaires à celles du massif. En ce qui concerne les propriétés catalytiques, seuls les phénomènes cinétiques avec reconstruction des surfaces restent des processus dominants. L'association des nanocristaux sur longue distance permet d'observer des propriétés physiques différentes de celles de la particule isolée et de celles du matériau massif. Il peut s'agir d'une différence de solubilité comme dans le cas des tensioactifs ou encore des différences de réflexibilités. Chaque nanocristal est influencé par ses voisins. Nous avons pu aussi montrer l'existence de propriétés collectives tant optiques que magnétiques, mais aussi de transport électronique. Les processus d'auto-association sont aussi observés avec des molécules organiques qui ont des groupes fonctionnels différents. L'association de ces molécules permet d'obtenir des agrégats dont la taille peut varier de plusieurs ordres de grandeurs. Nous avons aussi montré que les systèmes colloïdaux permettent de fabriquer des nanocristaux de dimensions différentes. Ils permettent aussi de modifier chimiquement des macromolécules. Cette présentation est, bien sûr, très limitée par rapport à la chimie, mais montre qu'un même élément peut être présenté sous différentes formes et que ses propriétés diffèrent de façon considérable.

RÉFÉRENCES

– HEIZ (U.), et SCHNEIFER (W.-D.), *Metal Clusters and Dots*, éd. Meiwes-Broer (K.-H.) Spring Verlag, 1999.
– TALEB (A.), PETIT (C.) et PILENI (M.-P.), *J. Phys. Chem.*, 102, 2214, (1998).
– TALEB (A.), RUSSIER (V.), COURTY (A.) et PILENI (M.-P.), *Phys. Rev*, B, 59, 13350, 1999.
– STUPP (S.-I.), SON (S.), LI (L.), LIN (H.C.) et KESER (M.), *J. Amer. Chem. Soc.*, 117, 5 252, 1995.

Entropie, information : un concept protéiforme

par Roger Balian

Le terme *entropie* a été forgé en 1865 par le physicien allemand Clausius à partir de la racine grecque τροπή qui évoque l'idée de transformation ou de retour en arrière. Il introduisit cette grandeur, comme nous le préciserons plus loin, afin de caractériser mathématiquement l'irréversibilité de processus physiques tels qu'une transformation de travail en chaleur. Depuis cette époque, tel le dieu grec Protée, le concept d'entropie n'a cessé de se métamorphoser, d'échapper à qui voulait le saisir, et comme lui, il s'est référé à la prévision. Son importance s'est affirmée, et son champ d'application s'est étendu progressivement à la chimie, aux mathématiques, à l'informatique, à la biologie, à l'économie. Nous verrons en particulier que la notion de *quantité d'information*, utile en théorie de la communication ou en informatique, est étroitement apparentée à celle d'entropie, exemple remarquable d'unification entre champs du savoir fort éloignés en apparence.

En fait, il a fallu près de deux siècles pour réaliser cette unification, tant le cheminement de la science a été tortueux dans le domaine qui nous concerne ici. Ainsi, ce que nous appelons le « premier » principe de la thermodynamique, la conservation de l'énergie, n'a été reconnu qu'une vingtaine d'années après l'énoncé, en 1824, du « deuxième » principe par Sadi Carnot. C'est plus tôt encore, en 1811, que la loi de l'écoulement de la chaleur a été formulée par Joseph Fourier, alors que la nature physique de la chaleur n'a été élucidée qu'à la fin du XIXe siècle. Le concept de quantité d'information a été inspiré par celui

Texte de la 239e conférence de l'Université de tous les savoirs donnée le 26 août 2000.

d'entropie, plus ancien d'un siècle ; c'est pourtant lui qui apparaît aujourd'hui comme le plus fondamental, et c'est par lui que nous commencerons.

Quantité d'information ; manque d'information

La théorie de la communication a pour objet d'optimiser la transmission à distance de messages, qu'ils soient écrits, sonores ou visuels. Elle a été fondée en 1948 par Claude Shannon et Warren Weaver, mathématiciens américains qui travaillaient alors à l'amélioration des systèmes de téléphonie. Il leur fallait dans ce but comparer les performances de divers processus de transfert d'information, et une telle comparaison nécessitait de chiffrer la quantité d'information véhiculée par les messages à transmettre. Un problème semblable se pose en informatique lorsqu'on souhaite stocker dans une bande magnétique, un disque ou une mémoire d'ordinateur divers documents, qu'il s'agisse de données numériques, de textes, de musique, d'images réelles ou virtuelles. Il importe alors d'occuper le moins de place possible dans la mémoire, et on ne peut y parvenir systématiquement que si l'on sait évaluer numériquement la quantité d'information contenue dans ces documents.

On remarque d'abord que le message à transmettre (ou le document à stocker) n'a pas de signification en soi, mais qu'il est extrait d'une famille de messages, tous *a priori* susceptibles d'être émis. Ainsi, le nom du vainqueur d'une compétition d'athlétisme est extrait de la liste des concurrents. Chacun de ceux-ci, désigné par m, a une certaine probabilité p_m de vaincre. En apprenant que c'est l'athlète m qui a gagné, on acquiert une certaine quantité d'information I_m. Celle-ci doit être d'autant plus grande que m avait une probabilité p_m plus faible de gagner : si m était un outsider, sa victoire inattendue constitue une nouvelle importante ; si au contraire m était le grand favori, sa victoire ne nous apporte guère d'information. La quantité d'information I_m associée à un message m est donc une fonction décroissante de sa probabilité p_m. De plus, cette fonction doit être additive : si un message est constitué de deux parties statistiquement indépendantes (comme les résultats de deux épreuves), la quantité d'information qu'il apporte doit être la somme des quantités d'information apportées par chacune de ses deux parties, tandis que sa probabilité est le produit des probabilités de ses parties. Il en résulte que la quantité d'information véhiculée par un message m de probabilité p_m vaut :

$$I_m = \log_2 \frac{1}{p_m} \cdot \qquad (1)$$

Le choix de la base 2 pour le logarithme définit l'unité d'information, le *bit* : si le message se réduit à l'annonce du résultat d'un tirage à pile ou face, sa probabilité vaut $p_m = 1/2$, et il transporte un bit d'information.

Plaçons-nous avant transmission (ou avant mise en mémoire). Le destinataire ne connaît encore que l'ensemble des messages m susceptibles d'être reçus. Son incertitude I, sa perplexité, est mesurée par la valeur moyenne de la quantité d'information qu'il va acquérir lors de la réception de l'un d'eux. Ce « manque d'information » I s'obtient donc en pondérant l'information (1) associée à chaque message m par la probabilité p_m de recevoir ce message. Dans le cas particulier où les messages, en nombre total W, ont tous même probabilité $p_m = 1/W$, on obtient

$$I = \sum_m p_m I_m = \log_2 W. \qquad (2)$$

Ce concept de manque d'information est utilisé en pratique pour optimiser le transfert de messages ou le stockage de documents. Dans les deux cas, il est nécessaire de coder le message ou le document par des signaux, par exemple électriques ou magnétiques, qui seront émis ou mémorisés. L'emploi de l'expression (2) permis à Shannon et Weaver de démontrer une propriété remarquable : il existe pour toute famille de messages un mode de codage optimal qui permet de faire transiter un maximum d'informations dans une ligne de communication donnée, malgré des pertes éventuelles de signaux, ou de rendre minimal l'espace occupé par des documents dans une mémoire. La télévision numérique en fournit un exemple. Le codage optimal dépend des messages à transmettre : ce n'est pas le même pour la parole (téléphone) ou pour la musique (radio) ; ce n'est pas le même pour des textes écrits (fax) ou pour des photos.

Les notions de mémorisation, de communication et de codage sont devenues essentielles en biologie depuis que l'on a découvert le rôle de l'information génétique dans les mécanismes moléculaires du vivant. La séquence des nucléotides qui se succèdent le long des chaînes d'ADN forme un message, mémorisé dans les chromosomes ; ce message est codé par un alphabet de 4 lettres, les 4 nucléotides. Par ailleurs, les protéines assurent les principales fonctions vitales grâce à leur structure, elle-même gouvernée par la séquence d'acides aminés qui constitue chaque protéine. Ce type de séquence forme encore un message, codé cette fois par un alphabet de 20 lettres, les 20 acides aminés. C'est la transcription du message de l'ADN qui engendre l'enchaînement des acides aminés lors de la synthèse d'une protéine dans la cellule.

Probabilités et incertitude

La formule (2) permet d'associer à toute loi de probabilité un nombre I. Dans ce contexte (*Fig. 1*, deuxième colonne), les probabilités p_m sont affectées à des événements aléatoires quelconques m, et le nombre I fournit une mesure naturelle de l'*étalement* de la loi de probabilité, ou une *mesure de l'incertitude* associée. Pour un nombre donné d'événements, I est nul en cas de certitude, lorsque l'une des probabilités p_m vaut 1, les autres étant nulles ; I est maximal, et prend la valeur (2), lorsque les W événements ont la même probabilité. Cette valeur (2) croît avec W : l'incertitude sur un événement à venir est d'autant plus grande qu'il y a plus d'événements possibles, avec des probabilités $1/W$ égales.

La théorie de l'information rend ainsi quantitative la notion d'incertitude liée à une description probabiliste, en associant le nombre I au caractère incomplet de notre connaissance des événements m susceptibles de se produire. L'existence de cette mesure de l'incertitude a donné naissance à un critère dit d'entropie maximale, utilisé pour affecter des probabilités à des événements aléatoires, par exemple pour interpréter des images imparfaites : parmi les diverses lois de probabilité possibles, on choisit celle qui rend l'incertitude I maximale afin d'éviter des affirmations infondées.

	Communications	**Probabilités**	**Physique statistique**
m	message	événement	configuration
$\{p_m\}$	ensemble des messages	loi de probabilité	état thermodynamique
1, S	manque d'information	incertitude, étalement	entropie, désordre

Figure 1 – Correspondance entre théorie de la communication, probabilités et physique statistique.

L'entropie en thermodynamique

Venons-en au concept d'entropie, qui paraît à première vue étranger à celui de quantité d'information, quoique tous deux soient issus de considérations technologiques. L'information a été introduite pour améliorer le rendement des systèmes de communication. La thermodynamique, dont l'entropie est l'une des grandeurs fondamentales, est née en 1824 des « Réflexions sur la puissance motrice du feu » de Carnot, en liaison avec le rendement des machines à vapeur. Elle est devenue ensuite la science des transformations : elle fournit les lois générales qui régissent toute transformation susceptible de survenir dans la matière à l'échelle macroscopique, c'est-à-dire à notre échelle. Ces transformations peuvent être associées à des échanges de chaleur, à des phénomènes mécaniques, électromagnétiques ou encore chimiques. Certaines d'entre elles sont réversibles. Par exemple, un trampoline dont on néglige l'amortissement retourne périodiquement à son état initial ; les échanges alternent entre l'énergie élastique des ressorts, l'énergie cinétique du sauteur (qui croît avec sa vitesse verticale) et son énergie potentielle de gravité (qui croît avec son altitude). Il existe des moteurs électriques pouvant fonctionner en dynamo ; les énergies mécanique et électrique s'y transforment réversiblement l'une en l'autre. D'autres transformations sont irréversibles, comme la transformation d'énergie mécanique en chaleur dans un frein de voiture, comme un flux spontané de chaleur qui ne peut s'écouler que dans un sens, du chaud vers le froid, ou comme une combustion.

La thermodynamique repose sur deux grands principes. Le premier principe est basé sur le concept d'énergie : dans toute transformation d'un système isolé, n'échangeant rien avec l'extérieur, l'énergie est conservée. Le deuxième principe concerne l'irréversibilité des transformations, et fait intervenir une grandeur qui ne se conserve pas, l'entropie. Celle-ci, notée S, est une fonction des variables qui caractérisent à l'échelle macroscopique l'état du système considéré. Pour un fluide pur homogène, ces variables sont par exemple le volume, la masse et la température ; pour un système constitué de plusieurs parties, S s'obtient en ajoutant les entropies de chacune de ces parties. Le deuxième principe exprime qu'aucune transformation ne peut faire décroître S dans un système isolé.

Ce principe affirme l'existence de l'entropie mais ne fournit pas sa valeur en fonction des autres variables macroscopiques. Sa détermination expérimentale utilise des transformations réversibles où l'entropie est conservée.

La notion d'entropie a d'abord été utilisée pour caractériser mathématiquement l'irréversibilité de phénomènes thermiques. Considérons un processus où une source chaude cède de la chaleur, dont une partie est transformée en travail et dont le reste s'écoule vers une source froide. À la conservation de l'énergie s'ajoute la contrainte exprimant la croissance de l'entropie totale : le corps froid doit gagner plus d'entropie que le corps chaud n'en perd. Cette inégalité fournit une limite supérieure au travail que l'on peut extraire du processus, donc au rendement des machines thermiques. On a reconnu dans la seconde moitié du XIXe siècle que la croissance de l'entropie S d'un système isolé mesure plus généralement le degré d'irréversibilité des processus. Ainsi, l'entropie d'une tasse de café au lait est supérieure à la somme des entropies du café et du lait séparés ; la différence est l'entropie de mélange. De même, en chimie, une combustion fait croître l'entropie.

L'entropie en physique statistique

L'existence et les propriétés de l'entropie postulées par le deuxième principe en accord avec l'expérience demeurent quelque peu mystérieuses. Que signifie cette grandeur, dépendant des variables d'état de la matière, dont la croissance est associée à l'irréversibilité, c'est-à-dire à la « flèche du temps » ? Le concept d'énergie, abstrait, peut devenir intuitif grâce à sa propriété de conservation, mais celui d'entropie, plus abstrait encore, s'appréhende difficilement. Cette question n'a cessé de hanter Ludwig Boltzmann (1844-1906) qui a contribué à clarifier la nature de l'entropie et à en interpréter les variations.

Ses travaux reposent sur une idée-force, de type *réductionniste* : il faut chercher à expliquer les propriétés macroscopiques des objets en s'appuyant sur leur structure microscopique. Nous savons aujourd'hui qu'à l'échelle de l'angström (un dix-millième de micron) la matière qui nous entoure est constituée de molécules, d'atomes ou d'ions. Les lois, relativement simples, qui régissent ces particules sont *les mêmes* pour tous les matériaux, et l'immense variété des propriétés observées à notre échelle macroscopique résulte d'agencements divers entre les constituants élémentaires. Le *nombre immense* de ces derniers implique l'emploi de méthodes d'étude statistiques ; par exemple, une sphère d'air de 1 micron de diamètre contient 100 millions de molécules. Une science nouvelle, la physique statistique (ou mécanique statistique), s'est développée sur ces bases depuis le milieu du XIXe siècle avec un succès considérable.

La physique statistique est d'abord parvenue à interpréter à l'échelle microscopique les concepts de la thermodynamique et à en expliquer les principes généraux. Ainsi, la pression d'un gaz s'identifie à une force moyenne exercée par les molécules en raison de leur mouvement et de leurs chocs sur les parois. La température s'interprète comme la manifestation macroscopique de l'agitation désordonnée des constituants microscopiques, et la chaleur comme l'énergie cinétique associée. Le premier principe résulte alors de la conservation à l'échelle microscopique de l'énergie mécanique. Un second but de la physique statistique consiste à déduire les *lois du comportement* des divers matériaux de leur structure microscopique. Ainsi, pour les gaz, l'équation d'état empirique de Mariotte-Boyle, les équations dynamiques de Navier-Stokes, découlent des lois simples du mouvement des molécules.

Le passage d'une échelle à l'autre entraîne une modification qualitative radicale des concepts et des propriétés. La microphysique est discontinue, probabiliste, linéaire, réversible, alors que la physique macroscopique qui en découle est continue, déterministe, non linéaire, irréversible. C'est la compréhension de la remarquable émergence de tels comportements nouveaux qui rend fructueux le réductionnisme.

Afin d'appréhender ainsi les fondements microscopiques du deuxième principe et la signification de l'entropie, notons d'abord qu'un état thermodynamique, bien que caractérisé par la donnée de quelques variables macroscopiques, est à l'échelle microscopique mal connu. Par exemple, la thermodynamique d'un gaz repose sur la spécification de trois variables, le volume, la masse et la température, qui à l'échelle microscopique déterminent seulement le volume offert aux molécules, leur nombre et leur énergie cinétique totale. Il existe une quantité gigantesque, notée W, de configurations microscopiques compatibles avec les variables thermodynamiques : elles diffèrent les unes des autres par le détail des positions et vitesses des molécules. Ces dernières variables microscopiques, en nombre bien plus immense encore que celui des molécules, sont inaccessibles. Puisque nous ne savons pas dans quelle configuration particulière se trouve un système dont les variables thermodynamiques sont données, il est naturel de le décrire par une approche statistique où l'on affecte à chacune des W configurations possibles la même probabilité $1/W$.

La physique statistique a ainsi la structure d'une théorie probabiliste : chaque configuration correspond à un événement, un état thermodynamique à une loi de probabilité (*Fig. 1*, dernière colonne). Bien qu'un tel état paraisse bien défini à notre échelle, il fait intervenir à l'échelle microscopique une incertitude I, mesurée en bits par la formule (2). On peut démontrer que les propriétés de cette incertitude I sont les mêmes que toutes celles que la thermodynamique a empiriquement attribuées à l'entropie S. Par suite, les deux grandeurs I et S s'identifient, à un facteur près :

$$S = k \log_2 W, \quad k = 0{,}96.10^{-23}\ \mathrm{JK}^{-1}\ \mathrm{bit}^{-1}. \qquad (3)$$

Le nombre k, dit constante de Boltzmann, est déterminé par le choix de l'unité d'entropie, le joule par kelvin (JK^{-1}), unité usuelle adaptée à notre échelle. Sa petitesse va de pair avec l'immensité des valeurs de W, qui vaut $10^{3 \cdot 10^{22}}$ lorsque $S = 1\ \mathrm{JK}^{1}$. Puisque $1/k$ est de l'ordre du nombre d'Avogadro $6.10^{23}\mathrm{mol}^{-1}$, l'incertitude $I = S/k$ sur un système macroscopique est de l'ordre de grandeur du nombre de ses constituants élémentaires.

La formule (3) a été gravée sur la tombe de Boltzmann à Vienne. Il l'avait imaginée dès 1877 à la suite d'efforts obstinés et solitaires, à une époque où la plupart des savants se défiaient de l'atomisme en l'absence de preuve expérimentale de la structure discontinue de la matière. Elle est remarquable à plus d'un titre. Elle clarifie la nature de l'entropie, grandeur dont la thermodynamique se contentait de postuler empiriquement l'existence. Elle rend accessible à la théorie, pour des systèmes suffisamment simples, le calcul de leur entropie en le ramenant à un dénombrement de configurations ; elle ouvre ainsi la voie à la prévision de propriétés physiques spécifiques des matériaux à partir de leur structure microscopique. Elle a été à la source de deux nouvelles sciences, la physique statistique et la théorie de l'information ; c'est elle qui a inspiré Shannon lorsque, comme nous l'avons vu, il a eu l'idée en 1948 d'introduire une mesure de la quantité d'information. Reliant deux concepts étrangers en apparence, elle mériterait sans doute d'être aussi célèbre que la relation d'Einstein $E = mc^2$ qui relie énergie et masse.

L'entropie, mesure du désordre

Introduite par Clausius à l'échelle macroscopique, l'entropie s'est donc révélée avoir une origine « microscopique » et « statistique ». Même si elle se manifeste à notre échelle, nous ne pouvons comprendre sa signification que dans le cadre de la physique statistique, où elle s'identifie à une incertitude, un manque d'information : l'entropie d'un système n'est autre que la mesure de notre méconnaissance de ce système à l'échelle microscopique. Son expression (3) explique pourquoi elle croît (logarithmiquement) avec le volume pour un gaz : le nombre W de configurations est, pour chaque molécule, proportionnel au volume disponible. De même, S croît avec la température (ou avec l'énergie interne) parce qu'il y a de plus en plus de façons de partager l'énergie cinétique totale entre molécules lorsque cette énergie augmente.

L'entropie s'interprète aussi comme une *mesure du désordre*, notion assimilable à un manque d'information. Dire d'un paquet de cartes bien brassées qu'il est désordonné, c'est dire que l'on a perdu toute information sur leur arrangement, de sorte que l'on attribue à toutes les configurations possibles la même probabilité ; les prévisions que l'on peut faire sur un tirage sont aussi incertaines que possible. Au contraire, on peut prévoir avec certitude tout tirage pour un paquet de cartes classées par exemple dans l'ordre naturel du bridge ; l'entropie statistique est nulle pour cet ordre parfait. En thermodynamique, la croissance de l'ordre lorsque l'entropie diminue est parfois manifeste à notre échelle. Ainsi, lorsqu'un liquide, en se refroidissant, se transforme en cristal, il passe dans un état de la matière visiblement plus ordonné. L'augmentation d'entropie lorsque du café et du lait se mélangent traduit un accroissement du désordre dans la disposition des molécules.

Cette interprétation de l'entropie éclaire la signification microscopique du deuxième principe. Lors d'une transformation spontanée d'un système isolé, la croissance de S qui accompagne le changement des variables thermodynamiques signale une augmentation du nombre W des configurations inobservables qui leur est associé. Notre information microscopique résultante ne peut croître ; en d'autres termes, le système ne peut devenir moins désordonné qu'il n'était au départ. Ainsi, toute transformation irréversible, comme un transfert de chaleur d'un corps chaud vers un corps froid, un mélange ou une combustion, se produit dans le sens où le désordre *augmente* à l'échelle moléculaire. Une analyse de la dynamique microscopique confirme ce résultat de nature statistique. Le deuxième principe exprime donc la tendance d'un système isolé à accroître son désordre.

Lorsque plusieurs systèmes interagissent, rien n'interdit à l'un d'eux de devenir de plus en plus ordonné dès lors que le désordre total (ou l'entropie totale) croît. Dans un moteur thermique, l'énergie est fournie par la source chaude, mais en cédant de la chaleur celle-ci doit gagner de l'ordre. Une « source d'ordre » est donc indispensable : c'est le rôle que joue la source froide (tour de refroidissement dans une centrale électrique). Le désordre global augmente grâce à un flux de chaleur depuis la source chaude vers la source froide, et nous extrayons de l'énergie mécanique en détournant à notre profit une partie de ce flux grâce à un dispositif tel qu'une turbine. De même, refroidir l'intérieur d'un réfrigérateur domestique y augmente l'ordre ; mais cette augmentation doit être payée par une croissance plus forte, survenant ailleurs, du désordre ; de fait, l'électricité consommée pour faire tourner le compresseur du réfrigérateur n'est produite qu'au prix d'une augmentation de désordre dans la centrale électrique. Un autre exemple est le développement d'un être vivant, processus où l'ordre croît aux dépens du milieu environnant.

Nous avons identifié le manque d'information, grandeur subjective (ou plutôt *intersubjective* car commune à tous les observateurs disposant des mêmes informations), au désordre, grandeur en apparence objective. En réalité, l'ordre n'est pas une propriété des objets pouvant se définir de façon absolue. Un bureau considéré comme désordonné par un visiteur peut fort bien être ordonné pour son occupant s'il sait où trouver chaque document. Brassé par un prestidigitateur habile, un paquet de cartes initialement rangées peut sembler au spectateur être devenu désordonné ; cependant, le manipulateur qui a contrôlé ce brassage sait attribuer au paquet un ordre parfait, caché et connu de lui seul, de sorte qu'il est capable de restituer l'ordre initial. On a pu de même effectuer en physique des expériences de résonance magnétique nucléaire, dites d'échos de spin, où l'entropie thermodynamique croît d'abord normalement, mais décroît ensuite en violant le deuxième principe : les moments magnétiques élémentaires, orientés parallèlement à l'origine, se désordonnent de sorte que le matériau se désaimante ; mais on peut parvenir par une manipulation macroscopique à restaurer l'ordre initial apparemment perdu, comme si on remontait le temps. L'expérimentateur est capable en pareil cas de contrôler certaines variables microscopiques habituellement inaccessibles à la thermodynamique. Dans l'état intermédiaire désaimanté, il existe un *ordre caché* caractérisé par les valeurs de ces variables microscopiques contrôlables. L'état du système doit ici être caractérisé à chaque instant non seulement par les variables thermodynamiques, mais aussi par les variables cachées contrôlables. Le nombre W correspondant est plus faible que dans une description où l'on ignore ces variables cachées, et il croît comme il se doit tout au long du processus, de même que la nouvelle entropie (3) associée à ce nombre. Bien que de telles expériences se déroulent à notre échelle, leur analyse nécessite une description plus fine que celle inhérente à la thermodynamique.

Le démon de Maxwell

Un autre type de violation du deuxième principe se présente, du moins en apparence, dans une expérience de pensée imaginée par Maxwell en 1867. Considérons deux récipients accolés A et B séparés par une cloison percée d'un petit trou et thermiquement isolés. Ils contiennent au départ un gaz à l'équilibre, dont la densité est la même des deux côtés A et B. Un petit démon s'installe devant le trou, qu'il peut fermer à volonté à l'aide d'un opercule assez léger pour être manipulé sans apport d'énergie mécanique. En raison de l'agitation thermique, les N molécules de gaz peuvent se diriger vers le trou en venant soit d'un côté soit de l'autre. Le démon laisse passer celles qui vont de B vers A, et renvoie avec son opercule celles qui vont de A vers B. Tout le gaz finit par se retrouver dans A, de sorte que son volume s'est réduit sans compression par un piston. L'entropie du gaz a donc *décru* sans qu'il y ait eu apport de travail ni perte de chaleur, ce qui contredit le deuxième principe. Quoique cette expérience ne soit pas réalisable en pratique, l'argument de Maxwell n'en pose pas moins un sérieux problème conceptuel, et il a fallu plus d'un siècle pour élucider complètement le paradoxe.

Le progrès le plus significatif a été effectué en 1950 par Léon Brillouin. Déjà en 1929, Leo Szilard avait noté que le démon de Maxwell ne parvient à faire décroître l'entropie du gaz que grâce à des informations en sa possession : afin d'effectuer son tri, il a besoin de savoir au moins de quel côté du trou se présente chaque molécule. Peu après la naissance de la théorie de l'information, Brillouin donna une formulation mathématique à cet argument. On savait désormais chiffrer une quantité d'information disponible : par exemple, on connaît de quel côté se trouve chacune des N molécules représente N bits (1 bit par molécule puisque celle-ci a une chance sur deux de se trouver en A ou en B). Brillouin montra que la quantité d'information dont le démon doit disposer au départ pour faire décroître l'entropie d'une valeur ΔS est au moins égale à $\Delta S/k$. Après le tri, le démon n'a pas plus d'information que l'observateur extérieur qui constate que tout le gaz est en A. Compte tenu de l'identification $S = kI$ de l'entropie au désordre moléculaire (à la constante d'unité k près), l'action du démon revient donc à *transformer en ordre* dans le gaz une information qu'il possédait, avec des pertes éventuelles. Autrement dit, il nous a communiqué son information, au moins en partie.

Brillouin examina ensuite comment le démon avait pu acquérir l'information qu'il détenait. Pour détecter si une molécule se trouve en A ou en B, il faut par exemple l'observer optiquement. On éclaire pour cela l'intérieur du récipient à l'aide d'une source directive de lumière, et on analyse la lumière diffusée par les molécules. Cette diffusion désoriente le rayonnement et fait croître son désordre, donc son entropie. Plus généralement, toute acquisition d'information, toute mesure, nécessite l'emploi d'un dispositif physique au sein duquel se produit une transformation irréversible. Le gain d'une quantité d'information ΔI doit ainsi être payé par une croissance ΔS de l'entropie de l'appareil, croissance associée à cette irréversibilité, et l'on montre que ΔS doit être au moins égal à $k\Delta I$. La petitesse de k rend en général cette augmentation de l'entropie extrêmement faible. Cependant, pour le démon de Maxwell, la quantité d'information ΔI à acquérir est énorme puisqu'elle vaut N bits. Si l'on inclut alors dans le système, à côté du gaz lui-même, les nécessaires appareillages d'observation (ainsi que le démon, éventuellement remplacé par un dispositif automatisé), le bilan global d'entropie est conforme au deuxième principe.

La petitesse de k explique aussi l'efficacité du stockage de l'information dans la matière : envoyer dans une mémoire d'ordinateur un nombre considérable de bits ne modifie guère son entropie en unités thermodynamiques.

En définitive, à la constante d'unités k près, l'identification de l'entropie à un manque d'information est complète, l'une pouvant se transformer en l'autre, avec des pertes éventuelles d'ordre ou d'information. Toute acquisition d'information nécessite un accroissement de l'entropie de l'appareil de mesure, d'une quantité au moins équivalente ; une information peut inversement être exploitée pour créer une quantité au plus égale de *néguentropie* (c'est-à-dire de baisse d'entropie).

Conclusion

Au cours des dernières décennies, le concept d'entropie ou d'information a été appliqué à des domaines de plus en plus variés : théorie de la mémoire, problèmes d'optimisation, cosmologie, théorie du chaos, bio-informatique, etc. Il a aussi continué à subir diverses métamorphoses. Alors que l'entropie de la thermodynamique caractérise le désordre microscopique régnant à l'équilibre dans un système physique, l'entropie de Kolmogorov (1949) sert à préciser le caractère désordonné d'une dynamique et l'incertitude sur l'évolution d'un système. Par ailleurs, on a pu caractériser le désordre associé à un message ou une configuration unique, sans faire appel comme en (1) aux probabilités p_{m}. La quantité d'information est alors remplacée par le concept apparenté de *complexité algorithmique*, définie comme suit. On commence par numériser le message, c'est-à-dire le représenter par un nombre à l'aide d'un code. On imagine ensuite comment ce nombre peut être construit par des opérations algébriques dans un ordinateur idéal ; le logarithme de la longueur du programme informatique le plus économique pour y parvenir définit la complexité algorithmique. Pour une famille de messages, la moyenne de cette complexité s'identifie au manque d'information. Une autre direction de recherches actuelles porte sur la théorie quantique de l'information, en vue de l'élaboration d'hypothétiques ordinateurs quantiques ; ici, la notion de probabilité est modifiée afin de tenir compte du fait que les grandeurs physiques microscopiques sont représentées par des objets mathématiques qui ne commutent pas.

Entropie, manque d'information, incertitude, désordre, complexité, apparaissent donc comme des avatars d'un seul et même concept. Sous l'une ou l'autre de ces formes, l'entropie est associée à la notion de probabilité, et elle peut s'évaluer numériquement, ce qui en fait un outil efficace pour des applications variées. Elle caractérise non pas un objet en soi, mais la connaissance que nous en avons et nos possibilités de faire des prévisions. Elle a donc un caractère à la fois objectif et subjectif. Plus généralement, nous avons appris depuis un siècle que même les sciences les plus *dures*, la physique et la chimie, font intervenir l'humain. Elles reposent en effet sur la mécanique quantique et sur la physique statistique, disciplines théoriques où la notion de probabilité est incontournable. Or, cette notion elle-même est à cheval sur l'objet et sur l'observateur qui cherche à le décrire et à faire des prévisions. David Ruelle, dans sa conférence donnée dans ce cycle sur le chaos déterministe, a souligné que le hasard n'est que l'expression de nos incertitudes. Déjà Maxwell écrivait : « *Confusion, like the correlative term order, is not a property of material things in themselves, but only in relation to the mind which perceives them* », ce que je me permettrai de traduire par un jeu de mots : « L'entropie a un caractère anthropique ».

Les matériaux moléculaires ou : de la molécule au matériau...

par Michel Verdaguer

Il est trivial de dire que la notion de matériau a scandé l'histoire de l'humanité : les « âges » qui structurent l'histoire de l'homme portent le nom de matériaux : âge de la pierre, âge du bronze, âge du fer, âge du silicium ou du Nylon. Un seul de ces matériaux est un matériau (macro) moléculaire, c'est le Nylon, mais c'est le plus récent, le plus complexe, le plus seyant*.

Qu'est-ce qu'un matériau moléculaire ?

Avant toute chose, il est souhaitable de définir ce que l'on entend par matériau moléculaire.

Un matériau moléculaire est un matériau constitué de molécules**. Une molécule est un ensemble d'atomes reliés entre eux par des liaisons chimiques covalentes. Un matériau est une substance utile qui, convenablement mise en forme, est insérée dans un dispositif pour y remplir une fonction grâce à ses propriétés. C'est souvent un solide. Les matériaux moléculaires sont d'une grande diversité, de la nappe de l'incroyable pique-nique du 14 Juillet 2000

Texte de la 240e conférence de l'Université de tous les savoirs donnée le 27 août 2000.

* Elsa Triolet, *L'âge de Nylon*, Œuvres romanesques croisées d'Elsa Triolet et d'Aragon, Robert Laffont, Paris, 1959.

** Jacques Simon, Patrick Bernier, Michel Armand, Jacques Prost, Patrick Hémery, Olivier Kahn, Denis Jérôme, « Les matériaux moléculaires », p. 401-404, *La Science au présent*, Tome II, Encyclopædia Universalis, 1992.

P. Bassoul, J. Simon, *Molecular Materials*, Wiley, New York, 2000.

(composite de polymères) aux dispositifs d'affichage des écrans de micro-ordinateurs (cristaux liquides).

LES MATÉRIAUX MOLÉCULAIRES PARMI LES AUTRES MATÉRIAUX

Les grandes classes de matériaux utilisés par l'homme sont les métaux, les céramiques, les polymères*. Cette classification, pour une part arbitraire, ne comporte pas de matériau moléculaire au sens strict. Mais les polymères sont des molécules géantes (macromolécules). Chaque type de matériau a des propriétés caractéristiques (mécaniques, physiques, chimiques) correspondant à la structure et au type de liaison concerné : les métaux (liaison métallique) sont des assemblages d'atomes. Ils sont conducteurs, durs, à température de fusion élevée, malléables, ductiles, denses, réfléchissants et opaques. Les céramiques (liaison ionique) sont des assemblages d'ions isolants, réfractaires, denses, résistants mécaniquement et thermiquement mais cassants et fragiles. Les polymères (liaison covalente) sont légers, faciles à mettre en forme, isolants, peu rigides, souvent peu stables à la température. Quand un besoin n'est pas couvert par les grandes classes de matériaux, on fait appel à des composites, mélanges complexes de matériaux, ou on en crée de nouveaux. Il existe une véritable science des matériaux qui les étudie, les améliore et les crée**. Parmi les matériaux nouveaux figurent précisément les matériaux moléculaires. Contrairement aux céramiques et aux métaux, obtenus à très haute température (donc coûteux en énergie), les matériaux moléculaires et les polymères sont obtenus dans des conditions douces de température et de pression. Ils sont légers, transparents, souvent délicatement colorés, faciles à mettre en forme ; ils sont souvent biocompatibles, biodégradables, recyclables. Dans le cycle des matériaux *(Fig. 1)*, où le souci de l'environnement grandit, ces dernières propriétés sont importantes. Les matériaux moléculaires sont cependant fragiles et peuvent vieillir rapidement (sensibles à l'air, à la lumière, etc.).

LES MATÉRIAUX MOLÉCULAIRES DANS L'HISTOIRE

Un matériau répond le plus souvent à un besoin, individuel ou social. Dans l'histoire, l'apparition de nouveaux matériaux correspond à l'évolution des besoins et à la capacité de l'homme à maîtriser le processus de fabrication du matériau*** *(Fig. 2)*. La protection contre les éléments est à l'origine de l'utilisation des matériaux moléculaires

---

* J. P. Mercier, G. Zambelli, W. Kurz, *Introduction à la science des matériaux*, Presses polytechniques romandes, Lausanne, 1999.
** R. E. Hummel, *Understanding Materials Science*, Springer, Berlin, 1998.
*** André Leroi-Gourhan, *L'Homme et la matière*, Albin Michel, Paris, 1971.
B. Bensaude-Vincent, I. Stengers, *Histoire de la chimie*, La découverte, Paris, 1993.

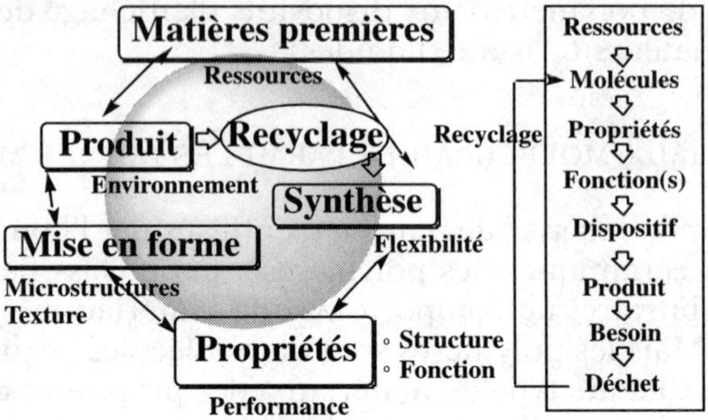

Figure 1 – Cycle de production et de recyclage des matériaux.

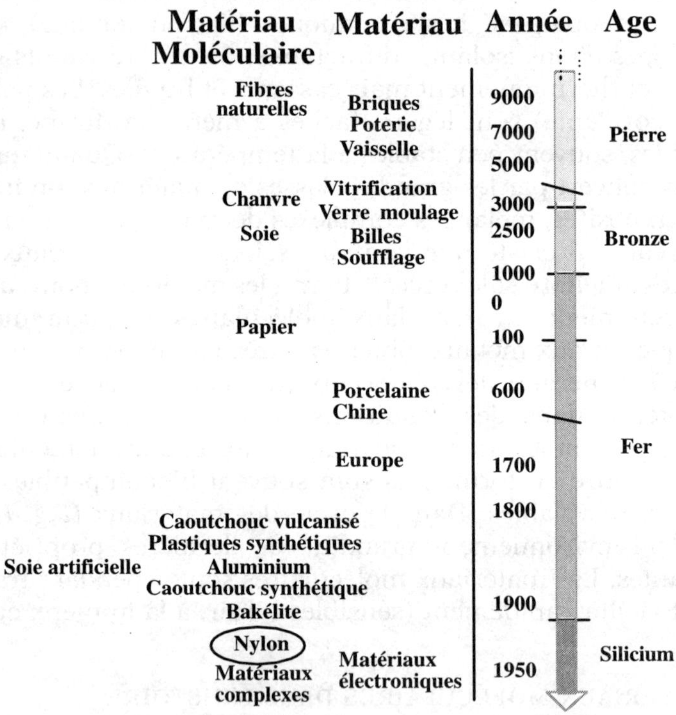

Figure 2 – Histoire et matériaux.

que sont les fibres naturelles végétales (lin, chanvre, coton à base de cellulose), ou animales (laine, soie à base de polypeptides), les fibres modifiant la matière première naturelle (soie artificielle, nitrate et acétate de cellulose...) ou plus tard les fibres purement synthétiques (Nylons)*. L'évolution du naturel au synthétique est une constante

* *Encyclopædia Universalis*, Paris, 1990, article Textiles (Fibres).
Pour la Science, n° spécial, « Fibres textiles et tissus biologiques », décembre 1999.

dans l'histoire des matériaux moléculaires : la nature et les systèmes biologiques sont une source permanente d'exemples, d'inspiration et d'espoir. L'époque contemporaine marque l'accélération vers l'utilisation de matériaux complexes, notamment moléculaires.

LE COÛT DES MATÉRIAUX MOLÉCULAIRES

La *figure 3* indique le coût des matériaux dans diverses branches industrielles, exprimé en euros par kilogramme. Les matériaux moléculaires interviennent peu dans les industries de la construction. Mais dès que le poids devient un critère de choix (emballage, transport), quand les autres exigences deviennent complexes (équipement sportif, santé, etc.), ils prennent une place importante. Les multiples travaux fondamentaux et appliqués pour leur production industrielle contribuent à l'élévation du coût par unité. Par exemple, les lentilles de contact sont de petits chefs-d'œuvre de transparence, de légèreté, de précision optique et mécanique...

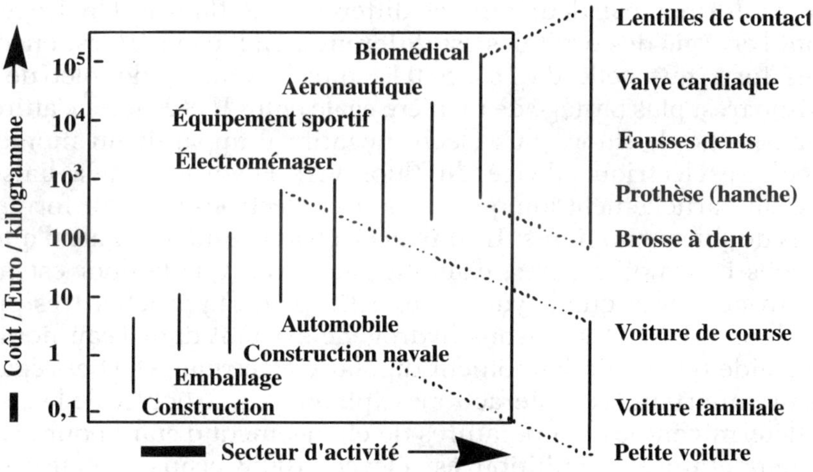

Figure 3 – Coût des matériaux par activité.

Comment créer un matériau moléculaire ?

L'élaboration d'un matériau est un long processus qui va de la matière première au produit*. Nous n'abordons ici que deux aspects fondamentaux :

* *Encyclopædia Universalis*, Paris, 1990, article Matériaux.

— La liaison covalente sur laquelle repose l'existence de molécules stables (dihydrogène, H_2 ou fluorure d'hydrogène, HF).

— Les interactions intermoléculaires sur lesquelles repose la construction des solides moléculaires.

Nous n'abordons pas les problèmes très importants de mise en forme qui permettent de passer du système moléculaire doté des propriétés requises au matériau.

L'existence d'une molécule repose sur l'interaction des atomes qui la constituent. Par combinaison et recouvrement des orbitales atomiques se forment des orbitales moléculaires qui décrivent les électrons dans la molécule*. Dans H_2, les deux orbitales atomiques forment deux orbitales moléculaires ; les deux électrons se placent dans l'orbitale moléculaire de plus basse énergie (dite liante). L'orbitale la plus haute reste vide (antiliante). La molécule est plus stable que les atomes séparés. Les électrons de la liaison forment un doublet liant. Ils sont également partagés par les deux atomes. La liaison est dite covalente. Pour la casser, il faut fournir une grande quantité d'énergie (environ 450 kiloJoules par mole — ou kJ mol^{-1} — ; la mole est l'unité de quantité de matière). Au contraire, la molécule *HF* est formée par deux atomes différents : le fluor et l'hydrogène dont l'énergie des orbitales est différente. La liaison *HF* est encore plus forte que celle de H_2 : 550 kJ mol^{-1}. Mais le doublet de la liaison n'est plus partagé de manière égale entre *H* et *F*, il est « attiré » par l'atome de fluor, plus électronégatif ; il apparaît un moment dipolaire électrique dirigé du fluor vers l'hydrogène ; la liaison devient partiellement ionique. Six autres électrons du fluor forment trois doublets non liants. Le dipôle électrique est à l'origine d'interactions intermoléculaires, d'autant plus fortes que le fluor est très électronégatif et que l'hydrogène, petit, peut s'approcher très près du fluor voisin. Ces liaisons hydrogène existent dans l'eau liquide ou solide (glace) où le moment dipolaire électrique O–H est également important. Ces interactions expliquent la structure de la glace et déterminent les températures de changement d'état : pour l'eau, la température d'ébullition est élevée, 100° Celsius, à cause des liaisons hydrogène. Pour le dihydrogène, apolaire, les interactions sont au contraire très faibles (interactions de van der Waals) et la température d'ébullition est très basse (– 253 °C !). Lorsque l'on place du chlorure de sodium NaCl (sel de cuisine) dans l'eau, le cristal est dissocié et les ions positifs sodium Na^+ (cations) et négatifs chlorure Cl^- (anions) se « solvatent » c'est-à-dire s'entourent de molécules d'eau grâce à des interactions ion-dipôle : cela est à la base des propriétés de solvant de l'eau et de ses extraordinaires

---

* *Encyclopædia Universalis*, Paris, 1990, articles Liaisons chimiques et Molécule.
J. P. Malrieu, ce volume.
L. Salem, *Molécule, la merveilleuse*, Interéditions, Paris, 1979.
Y. Jean, F. Volatron, *Atomistique et liaison chimique*, Édiscience, Paris, 1995.
T. A. Nguyen, *Introduction à la chimie moléculaire*, École Polytechnique, Ellipses, 1994.

propriétés de transport de matière en biologie et en géologie : l'eau dissout les matières polaires ou ioniques (par interaction hydrophile) et n'interagit pas avec les molécules (ou les parties de molécules) non polaires (par interaction hydrophobe).

C'est de la structure et de la nature de la liaison dans les molécules et des interactions entre les molécules que naissent les propriétés, la fonction et l'intérêt du matériau*.

Molécules et matériaux moléculaires au quotidien

Nous utilisons chaque jour des matériaux moléculaires** : fibres textiles (vêtements), savons (lessives), cristaux liquides (affichage : montres, ordinateurs, thermomètres) pour ne prendre que trois exemples.

POLYAMIDES, POLYESTERS***

Les fibres textiles artificielles sont des (macro) molécules, formées par l'addition ou la condensation multiple de petites molécules identiques : il se forme de longues chaînes****. Les propriétés du matériau reposent sur la structure des molécules de départ, sur les interactions entre les chaînes, puis sur la mise en forme. Ainsi les polyamides sont des polymères obtenus par la création de groupements amide ou peptidique, R–CO–NH–R', tandis que les polyesters comportent des groupements esters, R–CO–O–R'. La liaison hydrogène dans les polyamides renforce les interactions entre les chaînes, donc les propriétés mécaniques des polymères, qui sont excellentes *(Fig. 4)*. Par contre, elle permet l'interaction avec des molécules d'eau : le Nylon, qui est un polyamide, retiendra l'eau davantage que les polyesters (qui pourront donc être utilisés comme vernis au contact de l'eau). D'autres interactions entre les chaînes, par exemple des interactions de van der Waals entre les noyaux aromatiques dans le Kevlar *(Fig. 4)*, améliorent les propriétés mécaniques : le Kevlar est utilisé dans les tissus de protection anti-balles.

Le besoin en matériaux complexes conduit à la préparation de composites. Ainsi, la nappe du pique-nique de la méridienne du 14 Juillet 2000 assemble astucieusement de nombreux matériaux moléculaires : fibres de cellulose naturelle, liées par pulvérisation

---

* P. W. Atkins, *Molecules*, Freeman, New York, 1987 et trad. fr.

** Ben Selinger, *Chemistry in the Market Place*, Harcourt Brace, Sidney, 1998.

*** Jean Bost, *Matières plastiques* (Tomes I et II), Technique et Documentation, Paris, 1985. Groupement Français des Polymères, Les polymères, Paris.

**** *Encyclopædia Universalis*, Paris, 1990, articles Macromolécules, Polymères et Textiles (Fibres).

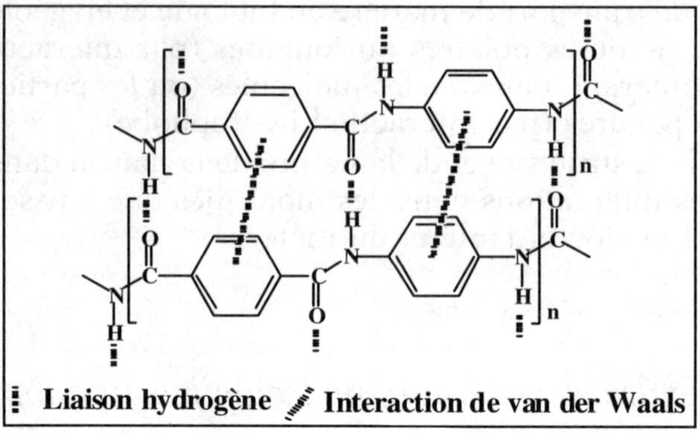

Figure 4 – Interactions interchaînes dans le Kevlar.

avec une émulsion aqueuse d'éthylène-acétate de vinyle ; polyéthylène pour le support imperméable de la face arrière ; styrène-butadiène en émulsion acqueuse pour lier le tout. L'impression est sérigraphique avec des encres dont le liant est à base de copolymère butadiène. L'épaississant est acrylique. Les encres contiennent des résines acryliques et des pigments minéraux et organiques exempts de métaux lourds*. Le revêtement du train à grande vitesse « Méditerranée », conçu par un grand couturier, est également un composite de matériaux moléculaires, intelligemment choisis et artistiquement disposés**.

SAVONS DANS LES LESSIVES***

Les savons sont obtenus à partir de corps gras, formés à partir de glycérol et d'acides carboxyliques à longues chaînes aliphatiques $-(CH_2)_n - CH_3$ *(Fig. 5A)*. La stéarine traitée à chaud par une base donne un savon, l'anion stéarate. L'extrémité carboxylate est chargée et hydrophile, l'extrémité aliphatique est hydrophobe. Il s'agit d'une molécule amphiphile ou « surfactant ». La graisse n'est pas soluble dans l'eau : une tache de graisse sur un tissu ne se dissout dans l'eau pure. On place alors un savon dans l'eau *(Fig. 5B, Schéma 1)* : l'extrémité hydrophobe interagit avec la graisse hydrophobe (2) ; l'extrémité hydrophile est solvatée par l'eau (3). Quand le nombre d'interactions devient suffisant, la graisse est entraînée en tout ou partie (4). Le nettoyage est évidemment favorisé par une température et une agitation adaptées. Les surfactants donnent une nouvelle illustration du remplacement des produits naturels (savons

* Communication de la société Fort Williams (Lotus), Gien.
** Communication du service commercial de la SNCF, Paris.
*** *Encyclopædia Universalis*, Paris, 1990, article Corps gras.
Ben Selinger, *Chemistry in the Market Place*, Harcourt Brace, Sidney, 1998.

issus de graisses animales ou végétales) par des dérivés de synthèse : les carboxylates ne sont pas très solubles en présence d'ions sodium ou potassium des eaux de lavage « dures » et sont remplacés par des composés plus solubles comme le benzènesulfonate à chaîne branchée, obtenu à partir d'un sous-produit de l'industrie pétrolière le méthylpropène, de benzène et d'acide sulfurique. C'est l'un des « détergents anioniques » des lessives. Les savons illustrent aussi le souci de l'environnement : les chaînes branchées ne sont pas biodégradables et encombrent les eaux, d'où l'apparition sur le marché d'autres détergents « non ioniques », non branchés, tout aussi solubles grâce à des groupements fonctionnels alcool et éther *(Fig. 5C)*.

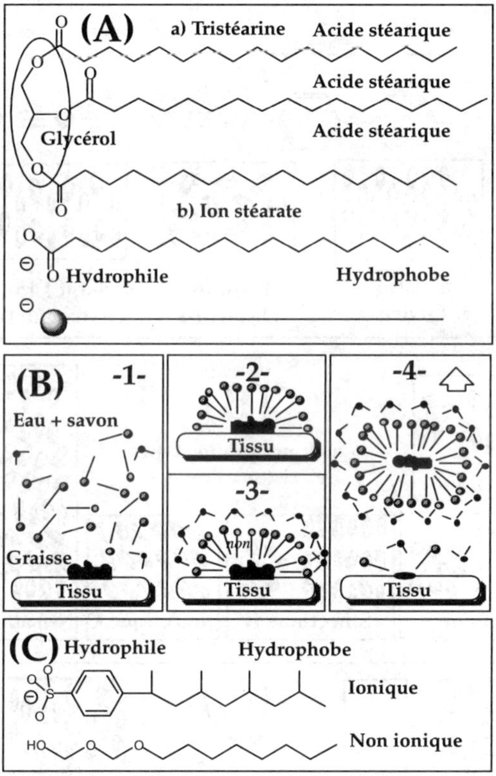

Figure 5 – (A) Corps gras et savons ; (B) Nettoyage d'une tache de graisse ; (C) Surfactants ioniques et non ioniques.

CRISTAUX LIQUIDES*

Les cristaux liquides sont des matériaux moléculaires qui représentent un nouvel état de la matière, l'état mésomorphe, dont l'organisation est intermédiaire entre l'ordre tridimensionnel du

* *Encyclopædia Universalis*, Paris, 1990, article Cristaux liquides et Mésomorphe (État).

cristal et le désordre relatif du liquide *(Fig. 6*A). Ils ne présentent pas de température de changement d'état liquide-solide mais des températures correspondant à des organisations intermoléculaires variées : nématiques, smectiques, etc. *(Fig. 6*B). Ces propriétés exceptionnelles reposent sur l'auto-organisation d'assemblées de molécules anisotropes, c'est-à-dire qui n'ont pas les mêmes propriétés dans les trois directions de l'espace (molécules allongées). La direction dans laquelle les molécules s'orientent en moyenne est appelée directrice. Les interactions entre les molécules qui conduisent à l'état mésomorphe sont faibles de type van der Waals*. Lorsque l'on applique un champ électrique, les molécules s'orientent de manière à minimiser l'énergie du système. Si on place un cristal liquide entre deux

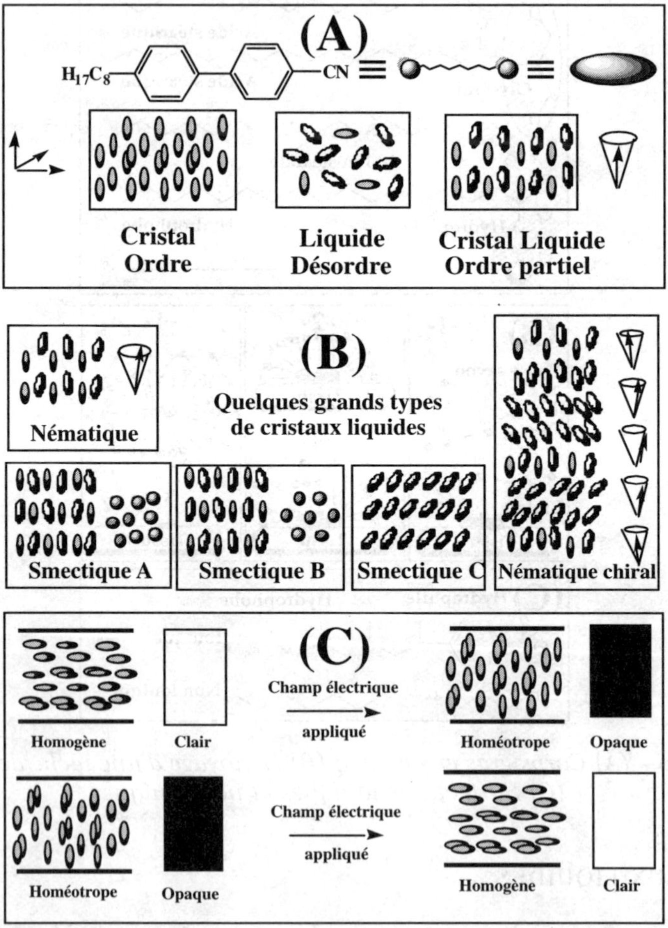

Figure 6 – (A) Phase mésomorphe, nouvel état de la matière ; (B) Grands types de cristaux liquides ; (C) Principe de l'affichage.

* *Encyclopædia Universalis*, Paris, 1990, article van der Waals.

plaques, l'une qui polarise la lumière, l'autre qui l'analyse, on peut disposer les polariseurs de manière à ce qu'aucune lumière ne passe (*Fig.* 6C). L'application d'un champ électrique oriente différemment les molécules et permet le passage de la lumière : le dispositif passe du noir à l'incolore (ou inversement), c'est le principe de l'affichage sur un écran. Des dispositifs électroniques de plus en plus élaborés (nématique « supertordu » et écrans « à matrice active » (où un transistor est associé à chaque domaine de cristal liquide) sont disponibles pour accélérer la vitesse d'affichage. Certains autres cristaux liquides (cholestériques chiraux) sont organisés de telle manière que la directrice tourne régulièrement autour d'un axe perpendiculaire à celle-ci. La directrice reprend la même orientation avec un pas *p*, dont dépend la réflexion de la lumière par le composé. Quand la température change, *p* varie (par contraction ou dilatation thermique) et le cristal liquide change de couleur : les thermomètres fondés sur ce principe sont très répandus.

Élaboration de nouveaux matériaux fonctionnels

L'un des problèmes importants posés aux laboratoires universitaires et industriels est la mise au point de nouveaux matériaux fonctionnels. Le concept de fonction est ici utilisé par opposition à celui de structure : le béton assure des propriétés structurales, le polymère des lentilles jetables assure de multiples fonctions (correction de la vue, transparence, perméabilité au dioxygène, hydrophilie). Les exemples ci-dessous montrent que la structure moléculaire contrôle les propriétés.

PROPRIÉTÉS OPTIQUES

La couleur des composés moléculaires est déterminée par la manière dont ils interagissent avec la lumière : ils peuvent la transmettre, la diffuser, la réfléchir de manière plus ou moins complexe en fonction de la structure moléculaire et de la microstructure du matériau*. Une lumière monochromatique de longueur d'onde λ est constituée de photons d'énergie $h\nu$ (h est la constante de Planck et ν la fréquence de la lumière). La lumière visible correspond à des longueurs d'onde λ comprises entre 400 et 800 nanomètres (nm). L'absorption de la lumière correspond à l'excitation d'un électron d'une orbitale moléculaire occupée vers une orbitale vacante. Seuls les photons dont l'énergie correspond exactement à la différence d'énergie entre les niveaux occupés et vacants sont absorbés. Par

* *Encyclopædia Universalis*, Paris, 1990, article Couleur.

transmission, l'œil voit les longueurs d'onde non absorbées : si un matériau absorbe dans le rouge (600-800 nm), il apparaît bleu par transmission. La structure des molécules peut être modifiée pour moduler les énergies des orbitales et donc la couleur. La garance, extraite de la racine de *Rubia tinctorum*, contient de l'alizarine qui peut être produite industriellement *(Fig. 7)*. C'est la compréhension de la structure moléculaire des colorants (alizarine, indigo) qui a permis à l'industrie chimique allemande, à la fin du XIXe siècle d'asseoir sa suprématie dans ce domaine, en ruinant l'industrie d'extraction des colorants naturels*. Au-delà de la couleur, l'interaction de la lumière avec les matériaux a de multiples applications : l'absence d'absorption conduit à des matériaux transparents (polymères des lentilles oculaires**) ; les crèmes de protection solaires ou les lunettes de soleil (verres photochromes***) protègent des rayons ultraviolets avec des molécules organiques conçues pour arrêter tout ou partie des rayons (écrans A, B), comme l'ozone le fait dans la haute atmosphère. D'autres matériaux, asymétriques, traversés par une lumière de fréquence donnée, créent une lumière de fréquence double ou triple (matériaux pour l'optique non linéaire). D'autres systèmes émettent de la lumière par désexcitation d'une molécule excitée : ver luisant, diode luminescente, bâton lumineux chimiluminescent à base de luminol). Le linge « plus blanc que blanc » existe bel et bien : il n'absorbe pas la lumière, il la diffuse et il en émet grâce à des additifs luminescents peroxygénés déposés sur les tissus par la lessive**** !

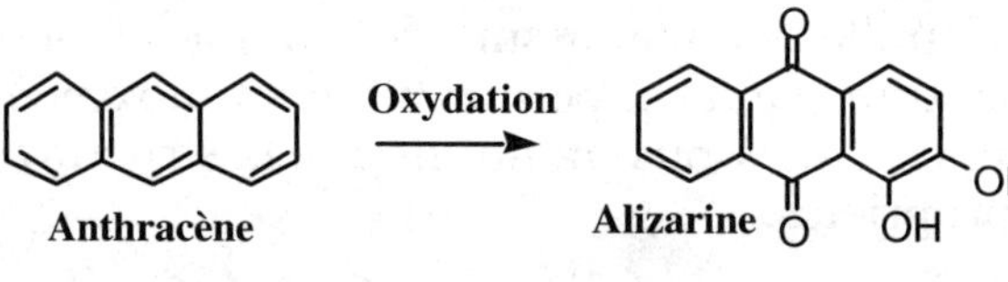

Figure 7 – Préparation et structure moléculaire de l'alizarine.

PROPRIÉTÉS ÉLECTRIQUES

La conductivité mesure la capacité d'un corps à conduire le courant. C'est l'une des grandeurs physiques qui varie le plus : plus de 20 ordres de grandeur entre les matériaux les plus isolants et les plus conducteurs. Les supraconducteurs ont même une conductivité qui tend vers l'infini. Les matériaux conducteurs métalliques sont généralement des métaux ou des oxydes. Les matériaux moléculaires sont pour la plupart isolants, mais les chimistes ont réussi à transformer

* *Pour la Science*, Dossier « La couleur », avril 2000, notamment G. Bram, N. T. Anh, L'avènement des colorants synthétiques p. 52.
** Communications de la société Ciba, Paris.
*** Communications de la Société Essilor, Paris.
**** Ben Selinger, *Chemistry in the Market Place*, Harcourt Brace, Sidney, 1998.

certains d'entre eux en conducteurs métalliques. L'idée est simple : en plaçant côte à côte un nombre infini d'atomes, on construit une bande d'énergie de largeur finie, formée d'une infinité de niveaux (ou d'orbitales) *(Fig. 8, schémas 1-5)*. Quand la bande est vide et séparée en énergie des autres bandes (1), il y a ni électron, ni conduction. Quand la bande est pleine, chaque O. M. contient deux électrons qui ne peuvent se déplacer (isolant). Pour qu'il y ait conductivité, certains niveaux de la bande doivent être inoccupés (vacants ou partiellement vacants – 3,4). Un semi-conducteur correspond au cas 5. La bande peut être construite par des orbitales atomiques du carbone dans un polymère comme le polyacétylène ou par l'empilement de molécules [tétrathiafulvalène (TTF) ou tétracyanoquinodiméthane (TCNQ)]. Le polyacétylène est isolant. Quand on l'oxyde, on enlève des électrons dans une bande qui devient partiellement occupée et le matériau devient conducteur. Il s'agit d'une discipline très active qui a valu le prix Nobel 2000 à trois chercheurs américains et japonais (A. J. Heeger, A. G. MacDiarmid, H. Shirakawa)*.

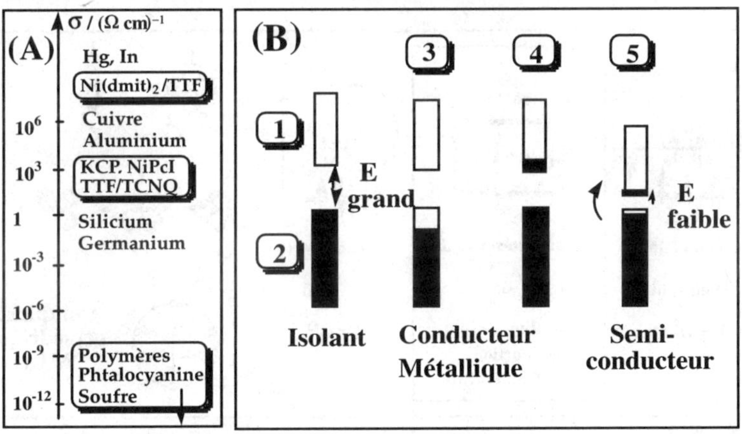

Figure 8 – (A) Matériaux conducteurs ; (B) Bandes et conductivité.

PROPRIÉTÉS MAGNÉTIQUES**

Ici encore, les matériaux magnétiques traditionnels sont des métaux ou des oxydes (aimants domestiques, moteurs, etc.). Les chimistes savent aujourd'hui construire des matériaux magnétiques moléculaires, à partir de complexes d'éléments de transition ou de radicaux organiques stables. À chaque électron est associé un spin $S = 1/2$ et un moment magnétique élémentaire. Les éléments de transition présentent 5 orbitales d où peuvent se placer

* *L'actualité Chimique*, Société Française de Chimie, novembre 2000, p. 64.
** O. Kahn, *Molecular Magnetism*, VCH, New York, 1993.
M. Verdaguer *et al.*, *Images de la Physique*, CNRS, Paris, 2000.

10 électrons. L'environnement chimique du métal constitué de molécules appelées ligands, permet de contrôler l'énergie des orbitales et la manière de les remplir avec des électrons : dans un complexe octaédrique ML_6, par exemple, l'élément de transition est entouré de six molécules. La symétrie permet de prévoir que les cinq orbitales *d* dans le complexe sont séparées en deux familles : trois orbitales appelées t_{2g}, deux orbitales appelées e_g, séparées par une énergie Δ_{oct}, variable avec les ligands. La théorie qui décrit le phénomène porte le joli nom de « champ cristallin » ou « champ des ligands ». Les électrons ont alors le choix : occuper le maximum d'orbitales (ce qui, pour les orbitales e_g, coûte l'énergie Δ, ou se mettre en paire dans une même orbitale (ce qui coûte une énergie d'appariement *P*). Prenons l'exemple de 5 électrons *(Fig. 9)* :

— Quand $\Delta < P$, le champ est faible et le spin est fort (S = somme des cinq spins parallèles = 5/2).

— Quand $\Delta > P$, les électrons se regroupent par paires dans les orbitales t_{2g} ; le champ est fort et le spin est faible (S = 1/2).

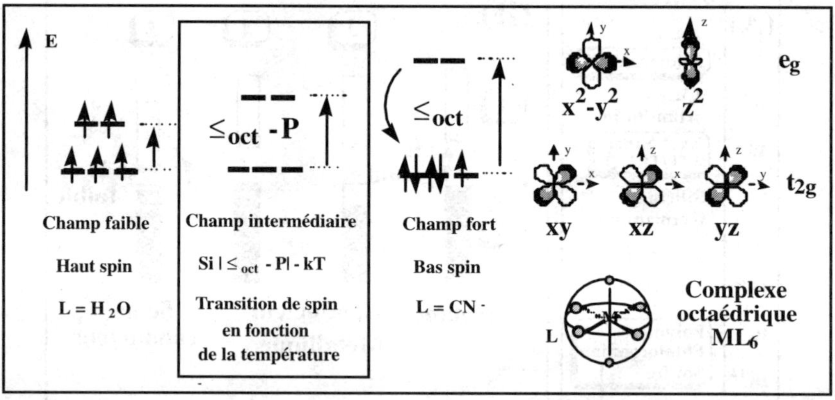

Figure 9 – Configuration électronique et champ des ligands.

Dans la situation intermédiaire où Δ est à peu près égal à *P*, le complexe peut être de spin fort ou faible, en fonction des contraintes appliquées (température, pression, lumière). C'est le phénomène de transition de spin qui se manifeste par un changement de propriétés magnétiques et de couleur (car Δ change lors de la transition). Quand la transition se manifeste à température ambiante, elle peut présenter le phénomène dit d'hystérésis : la température de la transition « spin fort → spin faible » (caractérisée par exemple par un changement de couleur blanc → rouge) est différente de celle de la transition « spin faible → spin fort » (qui implique, dans notre exemple, un changement rouge → blanc). C'est un système bistable, « à mémoire » en quelque sorte, qui « se souvient » de son histoire (thermique), utilisable pour l'affichage*.

Au-delà de cet exemple, l'application de règles simples permet de construire des matériaux magnétiques. Quand deux électrons occupent deux orbitales sur deux atomes voisins A et B, trois situations existent :

— Quand les orbitales se recouvrent, comme dans le cas de la molécule de dihydrogène, on obtient un couplage antiferromagnétique entre les spins (les spins sont d'orientation opposée, antiparallèle, le spin total $S_T = S_A - S_B = 0$).

— Quand les orbitales ne se recouvrent pas (elles sont orthogonales), les spins s'orientent parallèlement et le couplage est ferromagnétique $S = S_A + S_B = 1$).

— Une situation amusante naît quand les orbitales se recouvrent et que le nombre d'électrons est différent sur A et B, alors $S_T = S_A - S_B \neq 0$, le spin résultant est non nul. Paradoxalement et dialectiquement, l'antiferromagnétisme engendre son contraire, un magnétisme résultant. Cette idée a valu le prix Nobel à Louis Néel. En étendant de proche en proche l'interaction dans les trois directions de l'espace, jusqu'à l'infini, à une certaine température critique, T_{Curie}, un ordre magnétique à longue distance apparaît où tous les grands spins sont alignés dans un sens et tous les petits spins sont alignés en sens inverse. C'est ainsi qu'en utilisant la stratégie des orbitales orthogonales [c'est-à-dire avec du chromicyanure de potassium (3 orbitales t_{2g}) combiné avec du nickel (II) (2 orbitales e_g)], Véronique Gadet a obtenu un aimant ferromagnétique avec une température de Curie, 90 Kelvins (K), supérieure à la température de liquéfaction de l'azote liquide, 77 K**. En utilisant la stratégie du ferrimagnétisme, Sylvie Ferlay a obtenu un aimant qui s'ordonne un peu au-dessus de la température ambiante (42 °C ou 315 K)***. Deux points méritent d'être soulignés dans ce résultat : le caractère rationnel de l'approche et la possibilité qu'il offre désormais de passer aux applications pratiques des aimants à précurseurs moléculaires. Un exemple est donné sur la *figure 10*. L'aimant à précurseur moléculaire est dans une ampoule dans un gaz inerte (argon) car exposé à l'air, il perd ses propriétés. Il est suspendu à un point fixe, comme un pendule. Quand il est froid, il est attiré par un aimant permanent (1). En ce point, il est chauffé par un faisceau lumineux (lampe, soleil). Quand sa température dépasse la température d'ordre, il n'est plus attiré par l'aimant et repart vers la verticale (2). Hors du faisceau, l'air ambiant le refroidit (3) et il est à nouveau attiré : d'où un mouvement oscillant où l'énergie lumineuse se transforme en énergie mécanique, en utilisant deux sources gratuites d'énergie :

* O. Kahn, « Magnétisme moléculaire », *La Recherche*, Paris, 1994.
** V. Gadet *et al.*, *J. Am. Chem. Soc.*, 1992, 114, 9213-9214.
*** S. Ferlay *et al.*, *Nature*, 378, 701, 1995.

l'énergie solaire et l'air ambiant. Des millions de cycles ont ainsi été effectués sans fatigue du système.

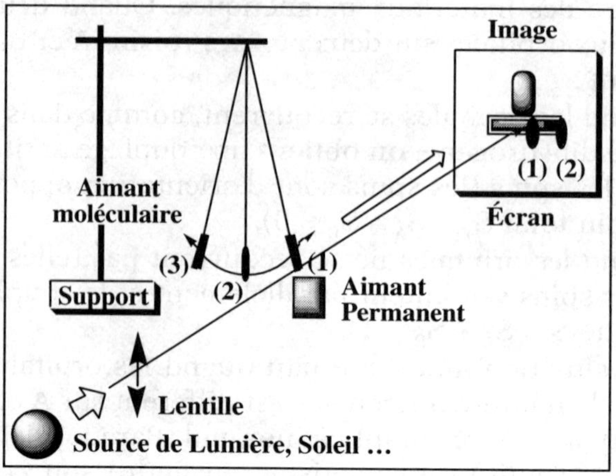

Figure 10 – Transformation d'énergie solaire en énergie mécanique.

La recherche de nouveaux matériaux magnétiques moléculaires est très active, au niveau national et international. Certains matériaux sont capables de présenter plusieurs fonctions (magnétisme modulé par la lumière pour l'enregistrement photomagnétique*), aimants optiquement actifs (qui font tourner à volonté la lumière polarisée soit à droite soit à gauche**)...

*Matériaux pour l'électronique moléculaire****

L'un des développements le plus excitant est celui des matériaux pour l'électronique moléculaire. Sous ce terme se cachent diverses interprétations : matériaux moléculaires pour l'électronique (dont les cristaux liquides ou les polymères sont des exemples) ou l'électronique à l'échelle de la molécule. Tous les exemples que nous avons cités jusqu'à présent faisaient intervenir des ensembles macroscopiques de molécules, c'est-à-dire des moles de molécules. La recherche se développe pour concevoir et réaliser des molécules se

* M. Verdaguer, *Science*, 272, 698, 1996.
A. Bleuzen, *J. Am. Chem. Soc.*, 2000, 122, 6648.
C. Cartier *ibid.* 6653. d) H. Hashimoto *et al.*, *ibid.* 704.
** M. Gruselle, C. Train, travail en cours.
*** M. C. Petty, M. R. Bryce, D. Bloor, *Molecular Electronics*, Edward Arnold, Londres, 1995.
J. Jortner, M. Ratner, *Molecular Electronics*, IUPAC, Blackwell Science, 1997.

prêtant à des expériences d'électronique sur une seule entité moléculaire avec notamment des techniques de microscopie à champ proche (où la molécule joue le rôle de conducteur, de diode, de photodiode, etc.). Par exemple le mouvement de miniaturisation de l'électronique (électronique portable, enregistrement de quantités de plus en plus grande d'information sur des surfaces de plus en plus petites, calcul quantique, etc.) peut aboutir à la mise au point de dispositifs permettant de stocker l'information à l'échelle ultime, celle d'une seule molécule*. Le présent se conjugue déjà au futur.

Conclusion

Dans un monde qui va vers plus de complexité, le développement des matériaux moléculaires n'en est qu'à son début. Les possibilités offertes par la flexibilité de la chimie moléculaire et supramoléculaire qui ont ouvert ce cycle de leçons**, la chimie des métaux de transition et la chimie du carbone, sont pour l'essentiel inexplorées mais immenses***. La compréhension fondamentale et pluridisciplinaire des propriétés de la matière, la capacité du chimiste à maîtriser la synthèse pour obtenir les propriétés souhaitées peuvent permettre de répondre de mieux en mieux aux nouveaux besoins de l'homme et de la société.

À eux d'en faire bon usage.

Remerciements

Ce travail sur les matériaux moléculaires a été alimenté par de nombreuses discussions dans mon équipe, dans mon laboratoire et dans les nombreux établissements que j'ai fréquentés et financé par le ministère de l'Éducation nationale, le CNRS, les contrats européens M3D et Molnanomag, l'ESF (Molecular Magnets). Les expériences ont été préparées par F. Villain. Les matériaux présentés

---

* D. Gatteschi, R. Sessoli *et al.*, *Nature* 1993, 365, 141.
V. Marvaud, travail en cours.

** J.-M. Lehn, *Chimie supramoléculaire*, VCH, New York, 1997.
T. A. Nguyen, J. -M. Lehn, ce volume.

*** Dossier : 1999, « Année internationale de la chimie », *Pour la Science*, décembre 1999, p. 69-84 : J. M. Lehn, J.-P. Launay, T. Ebbesen, G. Ourisson...
« La Science au présent », *Encyclopædia Universalis*, 1998 ; a) M.W. Hosseini, b) J.-P. Sauvage, c) P. Bernier.

ont été aimablement prêtés par de nombreux fournisseurs auxquels je suis reconnaissant.

Je dédie cette contribution à la mémoire de deux scientifiques français dont j'ai beaucoup appris, Olivier Kahn décédé en décembre 1999 et Louis Néel, prix Nobel de Physique 1970, dont j'apprends la disparition.

Les auteurs

André Amblès Professeur à l'université de Poitiers, chef du département de chimie de l'Institut universitaire de technologie de Poitiers.

Alain Aspect Directeur de recherche au CNRS (laboratoire Charles Fabry de l'Institut d'Optique à Orsay), professeur à l'École polytechnique.

Jean Audouze Directeur de recherche au CNRS, directeur du Palais de la Découverte

Roger Balian Conseiller scientifique au CEA, Membre de l'Académie des sciences.

Sébastien Balibar Directeur de recherche au CNRS ; membre du laboratoire de physique statistique de l'École normale supérieure à Paris.

Eva Bayer Directrice de recherche au CNRS (Besançon).

Philippe Biane Directeur de recherche au CNRS, maître de conférences à l'École polytechnique.

Jean-Pierre Bibring Professeur de physique à l'université Paris-Sud (centre scientifique d'Orsay), astrophysicien à l'Institut d'astrophysique spatiale (IAS) d'Orsay.

Michel Blay Directeur adjoint chargé de la recherche à l'ENS lettres de Lyon, anciennement Fontenay/Saint-Cloud.

Jean-Pierre Bourguignon Directeur de l'Institut des hautes études scientifiques (IHES).

André BRAHIC Professeur d'astrophysique à l'université Paris-VII Denis-Diderot. Il dirige l'équipe universitaire gamma-gravitation du CEA à Saclay.

Édouard BRÉZIN Professeur de physique à l'université Pierre-et-Marie-Curie.

Michel CAMPILLO Professeur à l'université Joseph-Fourier de Grenoble, directeur du laboratoire de géophysique interne et tectonophysique.

Michel CASSÉ Astrophysicien au CEA et à l'Institut d'astrophysique de Paris.

Patrick CHAQUIN Professeur à l'université Pierre-et-Marie-Curie Paris-VI.

Claude COHEN-TANNOUDJI Professeur au Collège de France (chaire de physique atomique et moléculaire), prix Nobel de physique en 1997.

Françoise COMBES Astronome à l'Observatoire de Paris.

Alain CONNES Professeur au Collège de France (chaire d'Analyse et Géométrie).

Thibault Damour Professeur à l'Institut des hautes études scientifiques (IHES).

Stanislas DEHAENE Directeur de recherche à l'Institut national de la Santé et de la Recherche médicale (INSERM).

Patrick DE KEPPER Directeur de recherche au CNRS.

Ivar EKELAND Professeur de mathématiques à l'université Paris-IX-Dauphine.

Hubert FLOCARD Directeur de recherche au CNRS.

Uriel FRISCH Directeur de recherche au CNRS, membre correspondant de l'Académie des sciences.

Élisabeth GIACOBINO Directeur de recherche au CNRS, directeur du Laboratoire Kastler Brossel (ENS-Paris-VI).

Jean-Yves GIRARD Directeur de recherche au CNRS (Institut de mathématiques de Marseille-Luminy).

Henri GODFRIN Directeur de recherche au CNRS, président de la commission sur les basses températures de l'Union internationale de physique pure et appliquée.

Denis Gratias Directeur de recherche au CNRS, professeur à l'École polytechnique et à l'École nationale supérieure de Chimie de Paris.

Étienne Guyon Directeur de l'École normale supérieure de la rue d'Ulm, Paris.

Serge Haroche Professeur de physique à l'université Pierre-et-Marie-Curie Paris VI, professeur à l'École normale supérieure, Paris.

Yves Hellegouarch Professeur de mathématiques à l'université de Caen.

Claude Jaupart Professeur à l'université Denis-Diderot-Paris-VII, directeur de l'Institut de physique du globe de Paris.

Thierry Juteau Professeur à l'Institut universitaire européen de la Mer (université de Bretagne Occidentale).

Jean-Pierre Kahane Professeur émérite à l'université de Paris-Sud, membre de l'Académie des sciences.

Étienne Klein Assistant du Directeur des sciences de la matière au CEA, professeur à l'École centrale de Paris.

Marc Lachièze-Rey Directeur de recherche au CNRS.

Jean-Marie Lehn Professeur au Collège de France (chaire de chimie des interactions moléculaires), directeur du laboratoire de chimie supramoléculaire de l'université Louis-Pasteur de Strasbourg, prix Nobel de chimie en 1987.

Jean-Louis Le Mouël Directeur du département de géomagnétisme de l'Institut de physique du globe de Paris, directeur des observatoires magnétiques.

Xavier Le Pichon Professeur au Collège de France (chaire de géodynamique), directeur du laboratoire de géologie de l'École normale supérieure de la rue d'Ulm à Paris.

Christian Le Provost Directeur de recherche au CNRS, directeur du laboratoire d'études en géophysique et océanographie spatiale de Toulouse.

Marcel Lesieur Professeur à l'Institut national polytechnique de Grenoble.

Hervé Le Treut Directeur de recherche au laboratoire de météorologie dynamique (CNRS/École normale supérieure/École polytechnique/ université Paris-VI).

Jean-Marc LÉVY-LEBLOND Professeur de physique à l'université de Nice.

Jacques LEWINER Directeur scientifique de l'École supérieure de physique et de chimie industrielles de la Ville de Paris, professeur dans cette école.

Pierre-Louis LIONS Professeur à l'université Paris IX-Dauphine.

Jean-Pierre LUMINET Directeur de recherche au CNRS, astrophysicien à l'observatoire de Meudon.

Jean-Paul MALRIEU Directeur de recherche au CNRS.

Benoît MANDELBROT Professeur de sciences mathématiques à l'Université de Yale, et Fellow émérite au centre de recherche IBM T. J. Watson.

Ghislain de Marsily Professeur de géologie appliquée à l'université Paris-VI, directeur de recherche au CNRS.

Jean-Louis MARTIN Professeur à l'École polytechnique et directeur de recherche à l'INSERM.

Philippe MASSON Professeur de géologie planétaire et de planétologie à l'université Paris-Sud (Orsay).

Yves MEYER Professeur à l'université Paris-Dauphine Paris-IX.

Christian MINOT Professeur au Laboratoire de chimie théorique de l'université Pierre-et-Marie Curie Paris-VI.

Jean-François MINSTER Président directeur général de l'Institut français de recherche pour l'exploitation de la mer (IFREMER).

André NEVEU Directeur de recherche au CNRS.

NGUYEN TRONG ANH Directeur de recherche au CNRS, professeur à l'École polytechnique.

Yves PETROFF Directeur Général de l'ESRF (European Synchrotron Radiation Facility) de Grenoble.

Joël Picaut Directeur de recherche à l'Institut pour la recherche et le développement (IRD).

Michel Piecuch Professeur à l'université Nancy-I.

Marie-Paule Pileni Professeur à l'université Pierre-et-Marie-Curie Paris-VI, membre de l'Institut universitaire de France.

Jim Ritter Maître de conférences au département de mathématiques de l'université Paris-VIII.

Dimitri Roditchev Chargé de recherche au CNRS (groupe de physique des solides).

David Ruelle Professeur de physique théorique à l'Institut des hautes études scientifiques (IHES).

Robert Sadourny Directeur de recherche émérite au CNRS.

Olivier Talagrand Directeur de recherche au CNRS.

Catherine Thibault Directeur de recherche au CNRS (centre de spectrométrie nucléaire et de spectrométrie de masse).

Jacques Tits Professeur au Collège de France (chaire de théorie des groupes).

Daniel Treille Chercheur en physique des particules au CERN.

François Vannucci Professeur de physique à l'université Paris-VII, Denis-Diderot.

Sylvie Vauclair Professeur à l'université Paul-Sabatier (Toulouse-III).

Michel Verdaguer Professeur à l'université Pierre-et-Marie-Curie Paris-VI, directeur du laboratoire de chimie inorganique et matériaux moléculaires.

Alfred Vidal-Madjar Directeur de recherche au CNRS (Institut d'astrophysique de Paris).

Laurent Vigroux Chef du service d'astrophysique du CEA-Saclay.

Claude Weisbuch Directeur de recherche au CNRS.

Table

I

PERSPECTIVES SUR LES MATHÉMATIQUES ACTUELLES

II

LES GRANDES QUESTIONS DE LA COSMOLOGIE

III

LE SYSTÈME SOLAIRE

IV

ÉTOILES ET GALAXIES

V

LA TERRE, LES OCÉANS, LE CLIMAT

VI

DES PARTICULES À L'ANTIMATIÈRE : LA MATIÈRE ET SON ORGANISATION

VII

LES ÉTATS DE LA MATIÈRE : APPROCHES PHYSIQUES DE LA COMPLEXITÉ

VIII

LA CHIMIE SCIENCE DES TRANSFORMATIONS

Que soient ici remerciés le Conservatoire national des arts et métiers (CNAM) qui accueille l'Université de tous les savoirs et les partenaires qui participent au rayonnement national et international de l'Utls : *Télérama, Le Monde* et France Culture, Radio France, la chaîne parlementaire-Assemblée nationale, La 5e, *Le Monde des débats,* Sanofi-Synthélabo.

CET OUVRAGE A ÉTÉ COMPOSÉ
ET MIS EN PAGE CHEZ NORD COMPO (VILLENEUVE-D'ASCQ)
ET ACHEVÉ D'IMPRIMER
PAR L'IMPRIMERIE FLOCH (MAYENNE)
EN JANVIER 2001

N° d'impression : 50526.
N° d'édition : 7381-0917-X.
Dépôt légal : janvier 2001.

Imprimé en France